U0299656

住房和城乡建设领域专业人员岗位培训考核系列用书

质量员专业管理实务
（土建施工）

（第二版）

江苏省建设教育协会　组织编写

中国建筑工业出版社

图书在版编目（CIP）数据

质量员专业管理实务（土建施工）/江苏省建设教
育协会组织编写. —2版. —北京：中国建筑工业出
版社，2016.8
住房和城乡建设领域专业人员岗位培训考核系列
用书
ISBN 978-7-112-19743-9

Ⅰ.①质… Ⅱ.①江… Ⅲ.①建筑工程-质量管
理-岗位培训-教材②土木工程-工程施工-质量管理-岗
位培训-教材 Ⅳ.①TU712

中国版本图书馆 CIP 数据核字(2016)第 210843 号

本书作为《住房和城乡建设领域专业人员岗位培训考核系列用书》中的一本，
依据《建筑与市政工程施工现场专业人员职业标准》JGJ/T 250—2011、《建筑与
市政工程施工现场专业人员考核评价大纲》及全国住房和城乡建设领域专业人员
岗位统一考核评价题库编写。全书共 12 章，内容包括：建筑工程质量管理，建筑
工程施工质量验收统一标准，地基与基础工程，地下防水工程，混凝土结构工程，
砌体工程，钢结构工程，木结构工程，屋面工程，建筑地面工程，建筑装饰装修
工程，民用建筑节能工程（土建部分）。本书既可作为土建施工质量员岗位培训考
核的指导用书，又可作为施工现场相关专业人员的实用工具书，也可供职业院校
师生和相关专业人员参考使用。

责任编辑：万 李 刘 江 岳建光 范业庶
责任校对：王宇枢 李欣慰

住房和城乡建设领域专业人员岗位培训考核系列用书
质量员专业管理实务（土建施工）（第二版）
江苏省建设教育协会 组织编写

*

中国建筑工业出版社出版、发行（北京西郊百万庄）
各地新华书店、建筑书店经销
北京科地亚盟排版公司制版
北京市安泰印刷厂印刷

*

开本：787×1092 毫米 1/16 印张：47 字数：1138 千字
2016 年 9 月第二版 2018 年 2 月第六次印刷
定价：**120.00** 元
ISBN 978 - 7 - 112 - 19743 - 9
(28766)

3

出版说明

为加强住房和城乡建设领域人才队伍建设，住房和城乡建设部组织编制并颁布实施了《建筑与市政工程施工现场专业人员职业标准》JGJ/T 250—2011（以下简称《职业标准》），随后组织编写了《建筑与市政工程施工现场专业人员考核评价大纲》（以下简称《考核评价大纲》），要求各地参照执行。为贯彻落实《职业标准》和《考核评价大纲》，受江苏省住房和城乡建设厅委托，江苏省建设教育协会组织了具有较高理论水平和丰富实践经验的专家和学者，编写了《住房和城乡建设领域专业人员岗位培训考核系列用书》（以下简称《考核系列用书》），并于2014年9月出版。《考核系列用书》以《职业标准》为指导，紧密结合一线专业人员岗位工作实际，出版后多次重印，受到业内专家和广大工程管理人员的好评，同时也收到了广大读者反馈的意见和建议。

根据住房和城乡建设部要求，2016年起将逐步启用全国住房和城乡建设领域专业人员岗位统一考核评价题库，为保证《考核系列用书》更加贴近部颁《职业标准》和《考核评价大纲》的要求，受江苏省住房和城乡建设厅委托，江苏省建设教育协会组织业内专家和培训老师，在第一版的基础上对《考核系列用书》进行了全面修订，编写了这套《住房和城乡建设领域专业人员岗位培训考核系列用书（第二版）》（以下简称《考核系列用书（第二版）》）。

《考核系列用书（第二版）》全面覆盖了施工员、质量员、资料员、机械员、材料员、劳务员、安全员、标准员等《职业标准》和《考核评价大纲》涉及的岗位（其中，施工员、质量员分为土建施工、装饰装修、设备安装和市政工程四个子专业）。每个岗位结合其职业特点以及培训考核的要求，包括《专业基础知识》、《专业管理实务》和《考试大纲·习题集》三个分册。

《考核系列用书（第二版）》汲取了第一版的优点，并综合考虑第一版使用中发现的问题及反馈的意见、建议，使其更适合培训教学和考生备考的需要。《考核系列用书（第二版）》系统性、针对性较强，通俗易懂，图文并茂，深入浅出，配以考试大纲和习题集，力求做到易学、易懂、易记、易操作。既是相关岗位培训考核的指导用书，又是一线专业岗位人员的实用工具书；既可供建设单位、施工单位及相关高职高专、中职中专学校教学培训使用，又可供相关专业人员自学参考使用。

《考核系列用书（第二版）》在编写过程中，虽然经多次推敲修改，但由于时间仓促，加之编著水平有限，如有疏漏之处，恳请广大读者批评指正（相关意见和建议请发送至JYXH05@163.com），以便我们认真加以修改，不断完善。

本书编写委员会

主　　编：金孝权

副 主 编：冯　成　郭清平

编写人员：沈沂波　张旭伟　金瑞娟　杨永胜

　　　　　芮万平　殷　伟　邓志良　朱金波

　　　　　盛熊灵　何　凯　顾明芬　马　健

第二版前言

根据住房和城乡建设部的要求，2016年起将逐步启用全国住房和城乡建设领域专业人员岗位统一考核评价题库，为更好贯彻落实《建筑与市政工程施工现场专业人员职业标准》JGJ/T 250—2011，保证培训教材更加贴近部颁《建筑与市政工程施工现场专业人员考核评价大纲》的要求，受江苏省住房和城乡建设厅委托，江苏省建设教育协会组织业内专家和培训老师，在《住房和城乡建设领域专业人员岗位培训考核系列用书》第一版的基础上进行了全面修订，编写了这套《住房和城乡建设领域专业人员岗位培训考核系列用书（第二版）》（以下简称《考核系列用书（第二版）》），本书为其中的一本。

质量员（土建施工）培训考核用书包括《质量员专业基础知识（土建施工）》（第二版）、《质量员专业管理实务（土建施工）》（第二版）、《质量员考试大纲·习题集（土建施工）》（第二版）三本，反映了国家现行规范、规程、标准，并以国家质量检查和验收规范为主线，不仅涵盖了现场质量检查人员应掌握的通用知识、基础知识、岗位知识和专业技能，还涉及新技术、新设备、新工艺、新材料等方面的知识。

本书为《质量员专业管理实务（土建施工）》（第二版）分册，全书共12章，内容包括：建筑工程质量管理，建筑工程施工质量验收统一标准，地基与基础工程，地下防水工程，混凝土结构工程，砌体工程，钢结构工程，木结构工程，屋面工程，建筑地面工程，建筑装饰装修工程，民用建筑节能工程（土建部分）。本书中采用楷体字的内容为标准的条款，黑体字为强制性条文，宋体字为相关资料。

本书既可作为质量员（土建施工）岗位培训考核的指导用书，又可作为施工现场相关专业人员的实用工具书，也可供职业院校师生和相关专业人员参考使用。

第一版前言

为贯彻落实住房城乡建设领域专业人员新颁职业标准，受江苏省住房和城乡建设厅委托，江苏省建设教育协会组织编写了《住房和城乡建设领域专业人员岗位培训考核系列用书》，本书为其中的一本。

质量员（土建施工）培训考核用书包括《质量员专业基础知识（土建施工）》、《质量员专业管理实务（土建施工）》、《质量员考试大纲·习题集（土建施工）》三本，反映了国家现行规范、规程、标准，并以国家质量检查和验收规范为主线，不仅涵盖了现场质量检查人员应掌握的通用知识、基础知识和岗位知识，还涉及新技术、新设备、新工艺、新材料等方面的知识。

本书为《质量员专业管理实务（土建施工）》分册。本书根据《建筑工程施工质量验收统一标准》及现行相关专业规范和众多技术标准编写，对工程质量验收的检验批、分项、分部（子分部）工程如何划分、如何检查作了较为详尽的介绍；以相关标准的条文为主线，并结合涉及的有关标准，逐条逐项进行分析，为质量检查验收提供了方便，同时对工程创优、治理质量通病、住宅工程的分户验收、建筑节能相关标准作了详尽的介绍。

本书中采用楷体字的内容为标准的条款，黑体字为强制性条文，宋体字为相关资料。

本书既可作为质量员（土建施工）岗位培训考核的指导用书，又可作为施工现场相关专业人员的实用手册，也可供职业院校师生和相关专业技术人员参考使用。

目　录

9

第1章　建筑工程质量管理

1.1　实施工程建设强制性标准监督内容、方式、违规处罚的规定

《建筑工程施工质量验收统一标准》（GB 50300—2013）及相应的专业验收规范均规定了强制性条文，用黑体字表示，强制性条文是必须严格执行的条文，无论工程质量如何，违反强制性条文的都应按 2000 年 8 月 25 日建设部令第 81 号《实施工程建设强制性标准监督规定》进行处罚。《实施工程建设强制性标准监督规定》如下：

第一条　为加强工程建设强制性标准实施的监督工作，保证建设工程质量，保障人民的生命、财产安全，维护社会公共利益，根据《中华人民共和国标准化法》、《中华人民共和国标准化法实施条例》和《建设工程质量管理条例》，制定本规定。

第二条　在中华人民共和国境内从事新建、扩建、改建等工程建设活动，必须执行工程建设强制性标准。

第三条　本规定所称工程建设强制性标准是指直接涉及工程质量、安全、卫生及环境保护等方面的工程建设标准强制性条文。

国家工程建设标准强制性条文由国务院建设行政主管部门会同国务院有关行政主管部门确定。

第四条　国务院建设行政主管部门负责全国实施工程建设强制性标准的监督管理工作。

国务院有关行政主管部门按照国务院的职能分工负责实施工程建设强制性标准的监督管理工作。

县级以上地方人民政府建设行政主管部门负责本行政区域内实施工程建设强制性标准的监督管理工作。

第五条　工程建设中拟采用的新技术、新工艺、新材料，不符合现行强制性标准规定的，应当由拟采用单位提请建设单位组织专题技术论证，报批准标准的建设行政主管部门或者国务院有关主管部门审定。

工程建设中采用国际标准或者国外标准，现行强制性标准未作规定的，建设单位应当向国务院建设行政主管部门或者国务院有关行政主管部门备案。

第六条　建设项目规划审查机关应当对工程建设规划阶段执行强制性标准的情况实施监督。

施工图设计文件审查单位应当对工程建设勘察、设计阶段执行强制性标准的情况实施监督。

建筑安全监督管理机构应当对工程建设施工阶段执行施工安全强制性标准的情况实施监督。

工程质量监督机构应当对工程建设施工、监理、验收等阶段执行强制性标准的情况实

施监督。

第七条 建设项目规划审查机关、施工图设计文件审查单位、建筑安全监督管理机构、工程质量监督机构的技术人员必须熟悉、掌握工程建设强制性标准。

第八条 工程建设标准批准部门应当定期对建设项目规划审查机关、施工图设计文件审查单位、建筑安全监督管理机构、工程质量监督机构实施强制性标准的监督进行检查，对监督不力的单位和个人，给予通报批评，建议有关部门处理。

第九条 工程建设标准批准部门应当对工程项目执行强制性标准情况进行监督检查。监督检查可以采取重点检查、抽查和专项检查的方式。

第十条 强制性标准监督检查的内容包括：

（一）有关工程技术人员是否熟悉、掌握强制性标准；

（二）工程项目的规划、勘察、设计、施工、验收等是否符合强制性标准的规定；

（三）工程项目采用的材料、设备是否符合强制性标准的规定；

（四）工程项目的安全、质量是否符合强制性标准的规定；

（五）工程中采用的导则、指南、手册、计算机软件的内容是否符合强制性标准的规定。

第十一条 工程建设标准批准部门应当将强制性标准监督检查结果在一定范围内公告。

第十二条 工程建设强制性标准的解释由工程建设标准批准部门负责。

有关标准具体技术内容的解释，工程建设标准批准部门可以委托该标准的编制管理单位负责。

第十三条 工程技术人员应当参加有关工程建设强制性标准的培训，并可以计入继续教育学时。

第十四条 建设行政主管部门或者有关行政主管部门在处理重大工程事故时，应当有工程建设标准方面的专家参加；工程事故报告应当包括是否符合工程建设强制性标准的意见。

第十五条 任何单位和个人对违反工程建设强制性标准的行为有权向建设行政主管部门或者有关部门检举、控告、投诉。

第十六条 建设单位有下列行为之一的，责令改正，并处以 20 万元以上 50 万元以下的罚款：

（一）明示或者暗示施工单位使用不合格的建筑材料、建筑构配件和设备的；

（二）明示或者暗示设计单位或者施工单位违反工程建设强制性标准，降低工程质量的。

第十七条 勘察、设计单位违反工程建设强制性标准进行勘察、设计的，责令改正，并处以 10 万元以上 30 万元以下的罚款。

有前款行为，造成工程质量事故的，责令停业整顿，降低资质等级；情节严重的，吊销资质证书；造成损失的，依法承担赔偿责任。

第十八条 施工单位违反工程建设强制性标准的，责令改正，处工程合同价款 2% 以上 4% 以下的罚款；造成建设工程质量不符合规定的质量标准的，负责返工、修理，并赔偿因此造成的损失；情节严重的，责令停业整顿，降低资质等级或者吊销资质证书。

第十九条 工程监理单位违反强制性标准规定，将不合格的建设工程以及建筑材料、建筑构配件和设备按照合格签字的，责令改正，处 50 万元以上 100 万元以下的罚款，降低资质等级或者吊销资质证书；有违法所得的，予以没收；造成损失的，承担连带赔偿责任。

第二十条 违反工程建设强制性标准造成工程质量、安全隐患或者工程事故的，按照

《建设工程质量管理条例》有关规定，对事故责任单位和责任人进行处罚。

第二十一条　有关责令停业整顿、降低资质等级和吊销资质证书的行政处罚，由颁发资质证书的机关决定；其他行政处罚，由建设行政主管部门或者有关部门依照法定职权决定。

第二十二条　建设行政主管部门和有关行政主管部门工作人员，玩忽职守、滥用职权、徇私舞弊的，给予行政处分；构成犯罪的，依法追究刑事责任。

第二十三条　本规定由国务院建设行政主管部门负责解释。

第二十四条　本规定自发布之日起施行。

强制性条文背景

1. 我国的工程建设强制性标准

我国工程建设标准规范体系总计约 3600 本规范标准中的绝大多数（97%）是强制性标准；其中有关房屋建筑的内容，总计约 15 万条。这样多的条文给监督和管理带来诸多不便。而且，这些标准尽管是强制性的，但其中也掺杂了许多选择性和推荐性的技术要求。例如，在标准规范中表达为"宜"和"可"的规定就完全不具备强制性质。加上强制性标准数量多、内容杂，在实际执行时往往冲击了真正应该强制的重要内容，反而使"强制"逐渐失去了其威慑力，淡化了其作为强制性要求的作用。

2. 强制性条文编制

原建设部在北京集中了我国有关房屋建筑重要强制性标准的主要负责专家 150 人，从各自管理的强制性标准规范的十余万条技术规定中，经反复筛选比较，挑选出重要的，对建筑工程的安全、环保、健康、公益有重大影响的条款 1500 条，编制成《工程建设强制性条文（房屋建筑部分）》。经有关专家、领导审查鉴定，2000 年 5 月《工程建设标准强制性条文》正式公布。2000 年 8 月又公布了《实施工程建设强制性标准监督规定》，对其执行作出规定。现在最新的《工程建设标准强制性条文》为 2013 版。

3. 强制性条文的作用

强制性条文具备法律性质。

违反强制性条文，不管是否发生工程质量事故，一经查出都要追究责任。这就如同交通规则一样，由于其是法律，只要违反，不管是否肇事都必须处罚。强制性条文就具有类似的法律性质。

违反强制性条文的处罚力度远大于违反一般的强制性标准。

与其相比，一般的强制性标准不具备法律性质。即使违反，只要不出事故一般也不会追究。只有在追查工程质量事故时，才会根据强制性标准的有关条款判断有关的责任，且处罚力度也小得多，因为其只是技术问题，还不具备法律性质。相比之下，强制性条文的法律性质是显而易见的。

1.2　房屋建筑工程和市政基础设施工程竣工验收备案管理的规定

1.2.1　房屋建筑和市政基础设施工程竣工验收规定

2013 年 12 月 2 日住房和城乡建设部印发了《房屋建筑和市政基础设施工程竣工验收规定》（建质〔2013〕171 号），对竣工验收的程序、要求、内容作出了规定。

第一条 为规范房屋建筑和市政基础设施工程的竣工验收，保证工程质量，根据《中华人民共和国建筑法》和《建设工程质量管理条例》，制定本规定。

第二条 凡在中华人民共和国境内新建、扩建、改建的各类房屋建筑和市政基础设施工程的竣工验收（以下简称工程竣工验收），应当遵守本规定。

第三条 国务院住房和城乡建设主管部门负责全国工程竣工验收的监督管理。

县级以上地方人民政府建设主管部门负责本行政区域内工程竣工验收的监督管理，具体工作可以委托所属的工程质量监督机构实施。

第四条 工程竣工验收由建设单位负责组织实施。

第五条 工程符合下列要求方可进行竣工验收：

（一）完成工程设计和合同约定的各项内容。

（二）施工单位在工程完工后对工程质量进行了检查，确认工程质量符合有关法律、法规和工程建设强制性标准，符合设计文件及合同要求，并提出工程竣工报告。工程竣工报告应经项目负责人和施工单位有关负责人审核签字。

（三）对于委托监理的工程项目，监理单位对工程进行了质量评估，具有完整的监理资料，并提出工程质量评估报告。工程质量评估报告应经总监理工程师和监理单位有关负责人审核签字。

（四）勘察、设计单位对勘察、设计文件及施工过程中由设计单位签署的设计变更通知书进行了检查，并提出质量检查报告。质量检查报告应经该项目勘察、设计负责人和勘察、设计单位有关负责人审核签字。

（五）有完整的技术档案和施工管理资料。

（六）有工程使用的主要建筑材料、建筑构配件和设备的进场试验报告，以及工程质量检测和功能性试验资料。

（七）建设单位已按合同约定支付工程款。

（八）有施工单位签署的工程质量保修书。

（九）对于住宅工程，进行分户验收并验收合格，建设单位按户出具《住宅工程质量分户验收表》。

（十）建设主管部门及工程质量监督机构责令整改的问题全部整改完毕。

（十一）法律、法规规定的其他条件。

第六条 工程竣工验收应当按以下程序进行：

（一）工程完工后，施工单位向建设单位提交工程竣工报告，申请工程竣工验收。实行监理的工程，工程竣工报告须经总监理工程师签署意见。

（二）建设单位收到工程竣工报告后，对符合竣工验收要求的工程，组织勘察、设计、施工、监理等单位组成验收组，制定验收方案。对于重大工程和技术复杂工程，根据需要可邀请有关专家参加验收组。

（三）建设单位应当在工程竣工验收 7 个工作日前将验收的时间、地点及验收组名单书面通知负责监督该工程的工程质量监督机构。

（四）建设单位组织工程竣工验收。

1. 建设、勘察、设计、施工、监理单位分别汇报工程合同履约情况和在工程建设各个环节执行法律、法规和工程建设强制性标准的情况；

2. 审阅建设、勘察、设计、施工、监理单位的工程档案资料；

3. 实地查验工程质量；

4. 对工程勘察、设计、施工、设备安装质量和各管理环节等方面作出全面评价，形成经验收组人员签署的工程竣工验收意见。

参与工程竣工验收的建设、勘察、设计、施工、监理等各方不能形成一致意见时，应当协商提出解决的方法，待意见一致后，重新组织工程竣工验收。

第七条 工程竣工验收合格后，建设单位应当及时提出工程竣工验收报告。工程竣工验收报告主要包括工程概况，建设单位执行基本建设程序情况，对工程勘察、设计、施工、监理等方面的评价，工程竣工验收时间、程序、内容和组织形式，工程竣工验收意见等内容。

工程竣工验收报告还应附有下列文件：

（一）施工许可证。

（二）施工图设计文件审查意见。

（三）本规定第五条（二）（三）（四）（八）项规定的文件。

（四）验收组人员签署的工程竣工验收意见。

（五）法规、规章规定的其他有关文件。

第八条 负责监督该工程的工程质量监督机构应当对工程竣工验收的组织形式、验收程序、执行验收标准等情况进行现场监督，发现有违反建设工程质量管理规定行为的，责令改正，并将对工程竣工验收的监督情况作为工程质量监督报告的重要内容。

第九条 建设单位应当自工程竣工验收合格之日起15日内，依照《房屋建筑和市政基础设施工程竣工验收备案管理办法》（住房和城乡建设部令第2号）的规定，向工程所在地的县级以上地方人民政府建设主管部门备案。

1.2.2 房屋建筑和市政基础设施工程质量监督管理规定

国务院发布的《建设工程质量管理条例》明确了建设工程质量实行监督制度，住房和城乡建设部以第5号令发布了《房屋建筑和市政基础设施工程质量监督管理规定》，明确了建设工程质量监督机构的法律地位、基本结构和权利、责任、监督内容等要求。《房屋建筑和市政基础设施工程质量监督管理规定》如下：

第一条 为了加强房屋建筑和市政基础设施工程质量的监督，保护人民生命和财产安全，规范住房和城乡建设主管部门及工程质量监督机构（以下简称主管部门）的质量监督行为，根据《中华人民共和国建筑法》、《建设工程质量管理条例》等有关法律、行政法规，制定本规定。

第二条 在中华人民共和国境内主管部门实施对新建、扩建、改建房屋建筑和市政基础设施工程质量监督管理的，适用本规定。

第三条 国务院住房和城乡建设主管部门负责全国房屋建筑和市政基础设施工程（以下简称工程）质量监督管理工作。

县级以上地方人民政府建设主管部门负责本行政区域内工程质量监督管理工作。

工程质量监督管理的具体工作可以由县级以上地方人民政府建设主管部门委托所属的工程质量监督机构（以下简称监督机构）实施。

第四条　本规定所称工程质量监督管理，是指主管部门依据有关法律法规和工程建设强制性标准，对工程实体质量和工程建设、勘察、设计、施工、监理单位（以下简称工程质量责任主体）和质量检测等单位的工程质量行为实施监督。

本规定所称工程实体质量监督，是指主管部门对涉及工程主体结构安全、主要使用功能的工程实体质量情况实施监督。

本规定所称工程质量行为监督，是指主管部门对工程质量责任主体和质量检测等单位履行法定质量责任和义务的情况实施监督。

第五条　工程质量监督管理应当包括下列内容：

（一）执行法律法规和工程建设强制性标准的情况；

（二）抽查涉及工程主体结构安全和主要使用功能的工程实体质量；

（三）抽查工程质量责任主体和质量检测等单位的工程质量行为；

（四）抽查主要建筑材料、建筑构配件的质量；

（五）对工程竣工验收进行监督；

（六）组织或者参与工程质量事故的调查处理；

（七）定期对本地区工程质量状况进行统计分析；

（八）依法对违法违规行为实施处罚。

第六条　对工程项目实施质量监督，应当依照下列程序进行：

（一）受理建设单位办理质量监督手续；

（二）制订工作计划并组织实施；

（三）对工程实体质量、工程质量责任主体和质量检测等单位的工程质量行为进行抽查、抽测；

（四）监督工程竣工验收，重点对验收的组织形式、程序等是否符合有关规定进行监督；

（五）形成工程质量监督报告；

（六）建立工程质量监督档案。

第七条　工程竣工验收合格后，建设单位应当在建筑物明显部位设置永久性标牌，载明建设、勘察、设计、施工、监理单位等工程质量责任主体的名称和主要责任人姓名。

第八条　主管部门实施监督检查时，有权采取下列措施：

（一）要求被检查单位提供有关工程质量的文件和资料；

（二）进入被检查单位的施工现场进行检查；

（三）发现有影响工程质量的问题时，责令改正。

第九条　县级以上地方人民政府建设主管部门应当根据本地区的工程质量状况，逐步建立工程质量信用档案。

第十条　县级以上地方人民政府建设主管部门应当将工程质量监督中发现的涉及主体结构安全和主要使用功能的工程质量问题及整改情况，及时向社会公布。

第十一条　省、自治区、直辖市人民政府建设主管部门应当按照国家有关规定，对本行政区域内监督机构每三年进行一次考核。

监督机构经考核合格后，方可依法对工程实施质量监督，并对工程质量监督承担监督责任。

第十二条　监督机构应当具备下列条件：

（一）具有符合本规定第十三条规定的监督人员。人员数量由县级以上地方人民政府建设主管部门根据实际需要确定。监督人员应当占监督机构总人数的75％以上；

（二）有固定的工作场所和满足工程质量监督检查工作需要的仪器、设备和工具等；

（三）有健全的质量监督工作制度，具备与质量监督工作相适应的信息化管理条件。

第十三条 监督人员应当具备下列条件：

（一）具有工程类专业大学专科以上学历或者工程类执业注册资格；

（二）具有三年以上工程质量管理或者设计、施工、监理等工作经历；

（三）熟悉掌握相关法律法规和工程建设强制性标准；

（四）具有一定的组织协调能力和良好职业道德。

监督人员符合上述条件经考核合格后，方可从事工程质量监督工作。

第十四条 监督机构可以聘请中级职称以上的工程类专业技术人员协助实施工程质量监督。

第十五条 省、自治区、直辖市人民政府建设主管部门应当每两年对监督人员进行一次岗位考核，每年进行一次法律法规、业务知识培训，并适时组织开展继续教育培训。

第十六条 国务院住房和城乡建设主管部门对监督机构和监督人员的考核情况进行监督抽查。

第十七条 主管部门工作人员玩忽职守、滥用职权、徇私舞弊，构成犯罪的，依法追究刑事责任；尚不构成犯罪的，依法给予行政处分。

第十八条 抢险救灾工程、临时性房屋建筑工程和农民自建低层住宅工程，不适用本规定。

第十九条 省、自治区、直辖市人民政府建设主管部门可以根据本规定制定具体实施办法。

第二十条 本规定自2010年9月1日起施行。

1.3 房屋建筑工程质量保修范围、保修期限和违规处罚的规定

建设部2000年6月30日发布了《房屋建筑工程质量保修办法》，自发布之日起施行。《房屋建筑工程质量保修办法》内容如下：

第一条 为保护建设单位、施工单位、房屋建筑所有人和使用人的合法权益，维护公共安全和公众利益，根据《中华人民共和国建筑法》和《建设工程质量管理条例》，制订本办法。

第二条 在中华人民共和国境内新建、扩建、改建各类房屋建筑工程（包括装修工程）的质量保修，适用本办法。

第三条 本办法所称房屋建筑工程质量保修，是指对房屋建筑工程竣工验收后在保修期限内出现的质量缺陷，予以修复。

本办法所称质量缺陷，是指房屋建筑工程的质量不符合工程建设强制性标准以及合同的约定。

第四条 房屋建筑工程在保修范围和保修期限内出现质量缺陷，施工单位应当履行保修义务。

第五条　国务院建设行政主管部门负责全国房屋建筑工程质量保修的监督管理。

县级以上地方人民政府建设行政主管部门负责本行政区域内房屋建筑工程质量保修的监督管理。

第六条　建设单位和施工单位应当在工程质量保修书中约定保修范围、保修期限和保修责任等，双方约定的保修范围、保修期限必须符合国家有关规定。

第七条　在正常使用条件下，房屋建筑工程的最低保修期限为：

（一）地基基础工程和主体结构工程，为设计文件规定的该工程的合理使用年限；

（二）屋面防水工程、有防水要求的卫生间、房间和外墙面的防渗漏，为 5 年；

（三）供热与供冷系统，为 2 个采暖期、供冷期；

（四）电气管线、给排水管道、设备安装为 2 年；

（五）装修工程为 2 年。

其他项目的保修期限由建设单位和施工单位约定。

第八条　房屋建筑工程保修期从工程竣工验收合格之日起计算。

第九条　房屋建筑工程在保修期限内出现质量缺陷，建设单位或者房屋建筑所有人应当向施工单位发出保修通知。施工单位接到保修通知后，应当到现场核查情况，在保修书约定的时间内予以保修。发生涉及结构安全或者严重影响使用功能的紧急抢修事故，施工单位接到保修通知后，应当立即到达现场抢修。

第十条　发生涉及结构安全的质量缺陷，建设单位或者房屋建筑所有人应当立即向当地建设行政主管部门报告，采取安全防范措施；由原设计单位或者具有相应资质等级的设计单位提出保修方案，施工单位实施保修，原工程质量监督机构负责监督。

第十一条　保修完成后，由建设单位或者房屋建筑所有人组织验收。涉及结构安全的，应当报当地建设行政主管部门备案。

第十二条　施工单位不按工程质量保修书约定保修的，建设单位可以另行委托其他单位保修，由原施工单位承担相应责任。

第十三条　保修费用由质量缺陷的责任方承担。

第十四条　在保修期限内，因房屋建筑工程质量缺陷造成房屋所有人、使用人或者第三方人身、财产损害的，房屋所有人、使用人或者第三方可以向建设单位提出赔偿要求。建设单位向造成房屋建筑工程质量缺陷的责任方追偿。

第十五条　因保修不及时造成新的人身、财产损害，由造成拖延的责任方承担赔偿责任。

第十六条　房地产开发企业售出的商品房保修，还应当执行《城市房地产开发经营管理条例》和其他有关规定。

第十七条　下列情况不属于本办法规定的保修范围：

（一）因使用不当或者第三方造成的质量缺陷；

（二）不可抗力造成的质量缺陷。

第十八条　施工单位有下列行为之一的，由建设行政主管部门责令改正，并处 1 万元以上 3 万元以下的罚款：

（一）工程竣工验收后，不向建设单位出具质量保修书的；

（二）质量保修的内容、期限违反本办法规定的。

第十九条 施工单位不履行保修义务或者拖延履行保修义务的，由建设行政主管部门责令改正，处 10 万元以上 20 万元以下的罚款。

第二十条 军事建设工程的管理，按照中央军事委员会的有关规定执行。

第二十一条 本办法由国务院建设行政主管部门负责解释。

第二十二条 本办法自发布之日起施行。

1.4 建设工程专项质量检测、见证取样检测的规定

建设部令第 141 号《建设工程质量检测管理办法》于 2005 年 9 月 28 日发布，自 2005 年 11 月 1 日起施行。

《建设工程质量检测管理办法》对专项质量检测和见证检测做了规定，检测的具体参数和抽样数量在各专业验收规范或有关标准做了规定，具体查阅本书或有关标准的相关内容。

第一条 为了加强对建设工程质量检测的管理，根据《中华人民共和国建筑法》、《建设工程质量管理条例》，制定本办法。

第二条 申请从事对涉及建筑物、构筑物结构安全的试块、试件以及有关材料检测的工程质量检测机构资质，实施对建设工程质量检测活动的监督管理，应当遵守本办法。

本办法所称建设工程质量检测（以下简称质量检测），是指工程质量检测机构（以下简称检测机构）接受委托，依据国家有关法律、法规和工程建设强制性标准，对涉及结构安全项目的抽样检测和对进入施工现场的建筑材料、构配件的见证取样检测。

第三条 国务院建设主管部门负责对全国质量检测活动实施监督管理，并负责制定检测机构资质标准。

省、自治区、直辖市人民政府建设主管部门负责对本行政区域内的质量检测活动实施监督管理，并负责检测机构的资质审批。

市、县人民政府建设主管部门负责对本行政区域内的质量检测活动实施监督管理。

第四条 检测机构是具有独立法人资格的中介机构。检测机构从事本办法附件一规定的质量检测业务，应当依据本办法取得相应的资质证书。

检测机构资质按照其承担的检测业务内容分为专项检测机构资质和见证取样检测机构资质。检测机构资质标准由附件二规定。

检测机构未取得相应的资质证书，不得承担本办法规定的质量检测业务。

第五条 申请检测资质的机构应当向省、自治区、直辖市人民政府建设主管部门提交下列申请材料：

（一）《检测机构资质申请表》一式三份；

（二）工商营业执照原件及复印件；

（三）与所申请检测资质范围相对应的计量认证证书原件及复印件；

（四）主要检测仪器、设备清单；

（五）技术人员的职称证书、身份证和社会保险合同的原件及复印件；

（六）检测机构管理制度及质量控制措施。

《检测机构资质申请表》由国务院建设主管部门制定式样。

第六条 省、自治区、直辖市人民政府建设主管部门在收到申请人的申请材料后，应

当即时作出是否受理的决定，并向申请人出具书面凭证；申请材料不齐全或者不符合法定形式的，应当在 5 日内一次性告知申请人需要补正的全部内容。逾期不告知的，自收到申请材料之日起即为受理。

省、自治区、直辖市建设主管部门受理资质申请后，应当对申报材料进行审查，自受理之日起 20 个工作日内审批完毕并作出书面决定。对符合资质标准的，自作出决定之日起 10 个工作日内颁发《检测机构资质证书》，并报国务院建设主管部门备案。

第七条 《检测机构资质证书》应当注明检测业务范围，分为正本和副本，由国务院建设主管部门制定式样，正、副本具有同等法律效力。

第八条 检测机构资质证书有效期为 3 年。资质证书有效期满需要延期的，检测机构应当在资质证书有效期满 30 个工作日前申请办理延期手续。

检测机构在资质证书有效期内没有下列行为的，资质证书有效期届满时，经原审批机关同意，不再审查，资质证书有效期延期 3 年，由原审批机关在其资质证书副本上加盖延期专用章；检测机构在资质证书有效期内有下列行为之一的，原审批机关不予延期：

（一）超出资质范围从事检测活动的；

（二）转包检测业务的；

（三）涂改、倒卖、出租、出借或者以其他形式非法转让资质证书的；

（四）未按照国家有关工程建设强制性标准进行检测，造成质量安全事故或致使事故损失扩大的；

（五）伪造检测数据，出具虚假检测报告或者鉴定结论的。

第九条 检测机构取得检测机构资质后，不再符合相应资质标准的，省、自治区、直辖市人民政府建设主管部门根据利害关系人的请求或者依据职权，可以责令其限期改正；逾期不改的，可以撤回相应的资质证书。

第十条 任何单位和个人不得涂改、倒卖、出租、出借或者以其他形式非法转让资质证书。

第十一条 检测机构变更名称、地址、法定代表人、技术负责人，应当在 3 个月内到原审批机关办理变更手续。

第十二条 本办法规定的质量检测业务，由工程项目建设单位委托具有相应资质的检测机构进行检测。委托方与被委托方应当签订书面合同。

检测结果利害关系人对检测结果发生争议的，由双方共同认可的检测机构复检，复检结果由提出复检方报当地建设主管部门备案。

第十三条 质量检测试样的取样应当严格执行有关工程建设标准和国家有关规定，在建设单位或者工程监理单位监督下现场取样。提供质量检测试样的单位和个人，应当对试样的真实性负责。

第十四条 检测机构完成检测业务后，应当及时出具检测报告。检测报告经检测人员签字、检测机构法定代表人或者其授权的签字人签署，并加盖检测机构公章或者检测专用章后方可生效。检测报告经建设单位或者工程监理单位确认后，由施工单位归档。

见证取样检测的检测报告中应当注明见证人单位及姓名。

第十五条 任何单位和个人不得明示或者暗示检测机构出具虚假检测报告，不得篡改或者伪造检测报告。

第十六条 检测人员不得同时受聘于两个或者两个以上的检测机构。

检测机构和检测人员不得推荐或者监制建筑材料、构配件和设备。

检测机构不得与行政机关，法律、法规授权的具有管理公共事务职能的组织以及所检测工程项目相关的设计单位、施工单位、监理单位有隶属关系或者其他利害关系。

第十七条 检测机构不得转包检测业务。

检测机构跨省、自治区、直辖市承担检测业务的，应当向工程所在地的省、自治区、直辖市人民政府建设主管部门备案。

第十八条 检测机构应当对其检测数据和检测报告的真实性和准确性负责。

检测机构违反法律、法规和工程建设强制性标准，给他人造成损失的，应当依法承担相应的赔偿责任。

第十九条 检测机构应当将检测过程中发现的建设单位、监理单位、施工单位违反有关法律、法规和工程建设强制性标准的情况，以及涉及结构安全检测结果的不合格情况，及时报告工程所在地建设主管部门。

第二十条 检测机构应当建立档案管理制度。检测合同、委托单、原始记录、检测报告应当按年度统一编号，编号应当连续，不得随意抽撤、涂改。

检测机构应当单独建立检测结果不合格项目台账。

第二十一条 县级以上地方人民政府建设主管部门应当加强对检测机构的监督检查，主要检查下列内容：

（一）是否符合本办法规定的资质标准；

（二）是否超出资质范围从事质量检测活动；

（三）是否有涂改、倒卖、出租、出借或者以其他形式非法转让资质证书的行为；

（四）是否按规定在检测报告上签字盖章，检测报告是否真实；

（五）检测机构是否按有关技术标准和规定进行检测；

（六）仪器设备及环境条件是否符合计量认证要求；

（七）法律、法规规定的其他事项。

第二十二条 建设主管部门实施监督检查时，有权采取下列措施：

（一）要求检测机构或者委托方提供相关的文件和资料；

（二）进入检测机构的工作场地（包括施工现场）进行抽查；

（三）组织进行比对试验以验证检测机构的检测能力；

（四）发现有不符合国家有关法律、法规和工程建设标准要求的检测行为时，责令改正。

第二十三条 建设主管部门在监督检查中为收集证据的需要，可以对有关试样和检测资料采取抽样取证的方法；在证据可能灭失或者以后难以取得的情况下，经部门负责人批准，可以先行登记保存有关试样和检测资料，并应当在 7 日内及时作出处理决定，在此期间，当事人或者有关人员不得销毁或者转移有关试样和检测资料。

第二十四条 县级以上地方人民政府建设主管部门，对监督检查中发现的问题应当按规定权限进行处理，并及时报告资质审批机关。

第二十五条 建设主管部门应当建立投诉受理和处理制度，公开投诉电话号码、通讯地址和电子邮件信箱。

检测机构违反国家有关法律、法规和工程建设标准规定进行检测的，任何单位和个人都有权向建设主管部门投诉。建设主管部门收到投诉后，应当及时核实并依据本办法对检测机构作出相应的处理决定，于30日内将处理意见答复投诉人。

第二十六条 违反本办法规定，未取得相应的资质，擅自承担本办法规定的检测业务的，其检测报告无效，由县级以上地方人民政府建设主管部门责令改正，并处1万元以上3万元以下的罚款。

第二十七条 检测机构隐瞒有关情况或者提供虚假材料申请资质的，省、自治区、直辖市人民政府建设主管部门不予受理或者不予行政许可，并给予警告，1年之内不得再次申请资质。

第二十八条 以欺骗、贿赂等不正当手段取得资质证书的，由省、自治区、直辖市人民政府建设主管部门撤销其资质证书，3年内不得再次申请资质证书；并由县级以上地方人民政府建设主管部门处以1万元以上3万元以下的罚款；构成犯罪的，依法追究刑事责任。

第二十九条 检测机构违反本办法规定，有下列行为之一的，由县级以上地方人民政府建设主管部门责令改正，可并处1万元以上3万元以下的罚款；构成犯罪的，依法追究刑事责任：

（一）超出资质范围从事检测活动的；

（二）涂改、倒卖、出租、出借、转让资质证书的；

（三）使用不符合条件的检测人员的；

（四）未按规定上报发现的违法违规行为和检测不合格事项的；

（五）未按规定在检测报告上签字盖章的；

（六）未按照国家有关工程建设强制性标准进行检测的；

（七）档案资料管理混乱，造成检测数据无法追溯的；

（八）转包检测业务的。

第三十条 检测机构伪造检测数据，出具虚假检测报告或者鉴定结论的，县级以上地方人民政府建设主管部门给予警告，并处3万元罚款；给他人造成损失的，依法承担赔偿责任；构成犯罪的，依法追究其刑事责任。

第三十一条 违反本办法规定，委托方有下列行为之一的，由县级以上地方人民政府建设主管部门责令改正，处1万元以上3万元以下的罚款：

（一）委托未取得相应资质的检测机构进行检测的；

（二）明示或暗示检测机构出具虚假检测报告，篡改或伪造检测报告的；

（三）弄虚作假送检试样的。

第三十二条 依照本办法规定，给予检测机构罚款处罚的，对检测机构的法定代表人和其他直接责任人员处罚款数额5%以上10%以下的罚款。

第三十三条 县级以上人民政府建设主管部门工作人员在质量检测管理工作中，有下列情形之一的，依法给予行政处分；构成犯罪的，依法追究刑事责任：

（一）对不符合法定条件的申请人颁发资质证书的；

（二）对符合法定条件的申请人不予颁发资质证书的；

（三）对符合法定条件的申请人未在法定期限内颁发资质证书的；

（四）利用职务上的便利，收受他人财物或者其他好处的；

（五）不依法履行监督管理职责，或者发现违法行为不予查处的。

第三十四条 检测机构和委托方应当按照有关规定收取、支付检测费用。没有收费标准的项目由双方协商收取费用。

第三十五条 水利工程、铁道工程、公路工程等工程中涉及结构安全的试块、试件及有关材料的检测按照有关规定，可以参照本办法执行。节能检测按照国家有关规定执行。

第三十六条 本规定自 2005 年 11 月 1 日起施行。

附件一：质量检测的业务内容

一、专项检测

（一）地基基础工程检测

1. 地基及复合地基承载力静载检测；

2. 桩的承载力检测；

3. 桩身完整性检测；

4. 锚杆锁定力检测。

（二）主体结构工程现场检测

1. 混凝土、砂浆、砌体强度现场检测；

2. 钢筋保护层厚度检测；

3. 混凝土预制构件结构性能检测；

4. 后置埋件的力学性能检测。

（三）建筑幕墙工程检测

1. 建筑幕墙的气密性、水密性、风压变形性能、层间变位性能检测；

2. 硅酮结构胶相容性检测。

（四）钢结构工程检测

1. 钢结构焊接质量无损检测；

2. 钢结构防腐及防火涂装检测；

3. 钢结构节点、机械连接用紧固标准件及高强度螺栓力学性能检测；

4. 钢网架结构的变形检测。

二、见证取样检测

（一）水泥物理力学性能检验；

（二）钢筋（含焊接与机械连接）力学性能检验；

（三）砂、石常规检验；

（四）混凝土、砂浆强度检验；

（五）简易土工试验；

（六）混凝土掺加剂检验；

（七）预应力钢绞线、锚夹具检验；

（八）沥青、沥青混合料检验。

1.5 工程质量管理及控制体系

1.5.1 工程质量管理概念和特点

1. 质量及质量管理的概念

我国国家标准 GB/T 19000—2008 中关于质量的定义是一组固有特性满足要求的程度。

我国国家标准 GB/T 19000—2008 中对质量管理的定义是：在质量方面指挥和控制组织的协调的活动。

质量管理的首要任务是确定质量方针、明确质量目标和岗位职责。质量管理的核心是建立有效的质量管理体系，通过质量策划、质量控制、质量保证和质量改进这四项具体活动，确保质量方针、目标的切实实施和具体实现。

施工项目质量管理应由参加项目的全体员工参与，并由项目经理作为项目质量的第一责任人，通过全员共同努力，才能有效地实现预期的方针和目标。

2. 建筑工程质量管理的特点

建筑工程施工是一个十分复杂的形成建筑实体的过程，也是形成最终产品质量的重要阶段，在施工过程中对工程质量的控制是决定最终产品质量的关键，因此，要提高房屋建筑工程项目的质量，就必须狠抓施工阶段的质量管理。但是，由于项目施工涉及面广，加之项目位置固定、生产流动、结构类型不一、质量要求不一、施工方法不一、体型大、整体性强、建设周期长、受自然条件影响大等特点，导致施工项目的质量比一般工业产品的质量更难控制，主要表现在以下方面：

（1）影响质量的因素多

设计、材料、机械、地形、地质、水文、气象以及施工工艺、操作方法、技术措施的选择都将对施工项目的质量产生不同程度的影响。

（2）容易产生质量变异

由于项目没有固定的生产流水线，也没有规范化的生产工艺、成套的生产设备和稳定的生产环境，在施工中要严防出现系统性因素的质量变异，要把质量变异控制在偶然性因素范围内。

（3）质量隐蔽性

工序交接多，中间产品多，隐蔽工程多是建设工程项目的主要特点，应重视隐蔽工程的质量控制，尽量避免隐蔽工程质量事件的发生。

（4）质量检查不能解体、拆卸

施工项目产品建成后，不可能像某些工业产品那样，再拆卸或解体检查内在的质量，或者重新更换零件。

（5）质量要受投资、进度的制约

施工项目的质量，受投资、进度的制约较大，因此，项目在施工中，还必须正确处理质量、投资、进度三者之间的关系，使其达到对立的统一。

（6）评价方法的特殊性

工程质量的检查评定及验收是按检验批、分项工程、分部工程和单位工程进行的。工程质量是在施工单位按合格质量标准自行检查评定的基础上，由监理工程师（或建设单位项目负责人）组织有关单位、人员进行检验确认验收。

1.5.2 质量控制体系的组织框架

质量控制是质量管理的重要组成部分，其目的是为了使产品、体系或过程的固有特性达到要求，即满足顾客、法律、法规等方面所提出的质量要求（如适用性、安全性等）。所以质量控制是通过采取一系列的作业技术和活动对各个过程实施控制的。

工程项目经理部是施工承包单位依据承包合同派驻工程施工现场全面履行施工合同的组织机构。其健全程度、组成人员素质及内部分工管理的水平，直接关系到整个工程质量控制的好坏。组织模式一般可分为：职能型模式、直线型模式、直线——职能型模式和矩阵型模式4种模式。由于建筑工程建设实行项目经理负责制，项目经理全权代表施工单位履行施工承包合同，对项目经理部全权负责。实践中，一般宜采用直线——职能型模式，即项目经理根据实际的施工需要，下设相应的技术、安全、计量等职能机构，项目经理也可根据工程特点，按标段或按分部工程等下设若干施工队，项目经理负责整个项目的计划组织和实施及各项协调工作，既能使权力集中；权、责分明、决策快速，又有职能部门协助处理和解决施工中出现的复杂的专业技术问题（图1.5.1）。

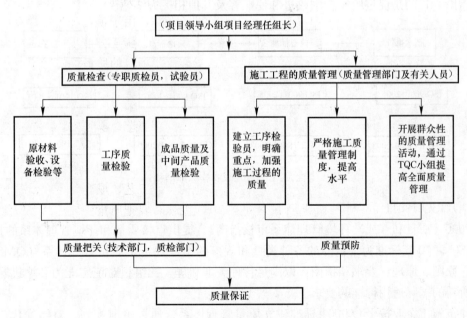

图 1.5.1　施工质量保证体系示意图

1.5.3 模板、钢筋、混凝土等分部分项工程的施工质量控制流程

模板工程质量控制、钢筋质量控制、混凝土工程质量控制见第5章混凝土结构工程。

1.6 ISO 9000 质量管理体系

1.6.1 ISO 9000 质量管理体系标准的基本的要求

1. ISO 9000 质量管理标准简介

ISO 9000 是指质量管理体系标准，不是指一个标准，而是一族标准的统称，是由国际标准化组织（ISO）质量管理和质量保证技术委员会（TC176）编制的一族国际标准。

其核心标准有 4 个，如图 1.6.1 所示。我国按等同采用的原则，翻译发布后，标准号为 GB/T 19＊＊＊，由于发布时间的差异，因此标准发布的年号与 ISO 标准有差异。

（1）ISO 9000

2005《质量管理体系 基础和术语》，表述质量管理体系基础知识，并规定质量管理体系术语。

（2）ISO 9001

2008《质量管理体系 要求》，规定质量管理体系要求，用于证实组织具有提供满足顾客要求和适用法规要求的产品的能力，目的在于增进顾客满意度。

（3）ISO 9004

2000《质量管理体系 业绩改进指南》，提供考虑质量管理体系的有效性和效率两方面的指南，目的是促进组织业绩改进和使顾客及其他相关方满意。

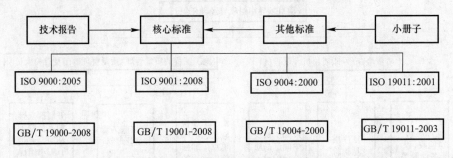

图 1.6.1 ISO 9000 族标准结构

（4）ISO 19011

2000《质量和（或）环境管理体系审核指南》，提供审核质量和环境管理体系的指南。

ISO 9000 族标准为全世界的各种类型和规模的组织规定了质量管理体系（QMS）的术语、原则、原理、要求和指南，以满足各种类型和规模的组织对证实能力和增进顾客满意度所需的国际通用标准的要求。

建筑施工企业按 ISO 9001 标准建立质量管理体系，通过事前策划、整体优化、过程控制、持续改进等一系列的质量管理活动，通过抓管理质量、工作质量促进建筑施工质量的提高，具有重要的现实意义和积极的促进作用。

值得注意的是，人们通常所说的 ISO 9000 质量管理体系认证，实际上仅指按 ISO 9001（GB/T 19001—2008）标准进行的质量管理体系的认证，就 ISO 9000 族标准而言，这也仅是以顾客满意为目的的一种合格水平的质量管理，要达到高水平的质量管理，还要按 ISO 9004（GB/T 19004—2000）的要求，不断进行质量管理体系的改进和优化。

2. ISO 9000 质量管理体系标准的基本的要求

产品质量是企业生存的关键。影响产品质量的因素很多，单纯依靠检验只不过是从生产的产品中挑出合格的产品。这就不可能以最佳成本持续稳定地生产合格品。

一个组织所建立和实施的质量体系，应能满足组织规定的质量目标。确保影响产品质量的技术、管理和人的因素处于受控状态。无论是硬件、软件、流程性材料还是服务，所有的控制应针对减少、消除不合格，尤其是预防不合格。这是 ISO 9000 族的基本指导思想，具体地体现在以下方面：

（1）控制所有过程的质量。

ISO 9000 族标准是建立在"所有工作都是通过过程来完成的"这样一种认识基础上的。一个组织的质量管理就是通过对组织内各种过程进行管理来实现的，这是 ISO 9000 族关于质量管理的理论基础。当一个组织为了实施质量体系而进行质量体系策划时，首要的是结合本组织的具体情况确定应有哪些过程，然后分析每一个过程需要开展的质量活动，确定应采取的有效的控制措施和方法。

（2）控制过程的出发点是预防不合格。

在产品寿命周期的所有阶段，从最初的识别市场需求到最终满足要求的所有过程的控制都体现了预防为主的思想。例如：

1）控制市场调研和营销的质量，在准确地确定市场需求的基础上，开发新产品，防止盲目开发而造成不适合市场需要而滞销，浪费人力、物力。

2）控制设计过程的质量。通过开展设计评审、设计验证、设计确认等活动，确保设计输出满足输入要求，确保产品符合使用者的需求。防止因设计质量问题，造成产品质量先天性的不合格和缺陷，或者给以后的过程造成损失。

3）控制采购的质量。选择合格的供货单位并控制其供货质量，确保生产产品所需的原材料、外购件、协作件等符合规定的质量要求，防止使用不合格外购产品而影响成品质量。

4）控制生产过程的质量。确定并执行适宜的生产方法，使用适宜的设备，保持设备正常工作能力和所需的工作环境，控制影响质量的参数和人员技能，确保制造符合设计规定的质量要求，防止不合格品的生产。

5）控制检验和试验。按质量计划和形成文件的程序进行进货检验、过程检验和成品检验，确保产品质量符合要求，防止不合格的外购产品投入生产，防止将不合格的工序产品转入下道工序，防止将不合格的成品交付给顾客。

6）控制搬运、贮存、包装、防护和交付。在所有这些环节采取有效措施保护产品，防止损坏和变质。

7）控制检验、测量和实验设备的质量，确保使用合格的检测手段进行检验和试验，确保检验和试验结果的有效性，防止因检测手段不合格造成对产品质量不正确的判定。

8）控制文件和资料，确保所有的场所使用的文件和资料都是现行有效的，防止使用过时或作废的文件，造成产品或质量体系要素的不合格。

9）纠正和预防措施。当发生不合格（包括产品的或质量体系的）或顾客投诉时，即应查明原因，针对原因采取纠正措施以防止问题的再发生。还应通过各种质量信息的分析，主动地发现潜在的问题，防止问题的出现，从而改进产品的质量。

10）全员培训，对所有从事对质量有影响的工作人员都进行培训，确保他们能胜任本岗位的工作，防止因知识或技能的不足，造成产品或质量体系的不合格。

（3）质量管理的中心任务是建立并实施文件化的质量体系。

质量管理是在整个质量体系中运作的，所以实施质量管理必须建立质量体系。ISO 9000 族认为，质量体系是有影响的系统，具有很强的操作性和检查性。要求一个组织所建立的质量体系应形成文件并加以保持。典型质量体系文件的构成分为三个层次，即质量手册、质量体系程序和其他质量文件。质量手册是按组织规定的质量方针和适用的 ISO 9000 族标准描述质量体系的文件。质量手册可以包括质量体系程序，也可以指出质量体系程序在何处进行规定。质量体系程序是为了控制每个过程质量，对如何进行各项质量活动规定有效的措施和方法，是有关职能部门使用的文件。其他质量文件包括作业指导书、报告、表格等，是工作者使用的更加详细的作业文件。对质量体系文件内容的基本要求是：该做的要写到，写到的要做到，做的结果要有记录，即"写所需，做所写，记所做"的九字真言。

（4）持续的质量改进：

质量改进是一个重要的质量体系要素，GB/T 19004.1 标准规定，当实施质量体系时，组织的管理者应确保其质量体系能够推动和促进持续的质量改进。质量改进包括产品质量改进和工作质量改进。争取使顾客满意和实现持续的质量改进应是组织各级管理者追求的永恒目标。没有质量改进的质量体系只能维持质量。质量改进旨在提高质量。质量改进通过改进过程来实现，是一种以追求更高的过程效益和效率为目标。

（5）一个有效的质量体系应满足顾客和组织内部双方的需要和利益。

即对顾客而言，需要组织能具备交付期望的质量，并能持续保持该质量的能力；对组织而言，在经营上以适宜的成本，达到并保持所期望的质量。即满足顾客的需要和期望，又保护组织的利益。

（6）定期评价质量体系。

其目的是确保各项质量活动的实施及其结果符合计划安排，确保质量体系持续的适宜性和有效性。评价时，必须对每一个被评价的过程提出如下三个基本问题：

1）过程是否被确定？过程程序是否恰当地形成文件？

2）过程是否被充分展开并按文件要求贯彻实施？

3）在提供预期结果方面，过程是否有效？

（7）搞好质量管理关键在领导。

组织的最高管理者在质量管理方面应做好下面五件事：

1）确定质量方针。由负有执行职责的管理者规定质量方针，包括质量目标和对质量的承诺。

2）确定各岗位的职责和权限。

3）配备资源。包括财力、物力（其中包括人力）。

4）指定一名管理者代表负责质量体系。

5）负责管理评审。达到确保质量体系持续的适宜性和有效性。

1.6.2　质量管理的八项原则

GB/T 19000 质量管理体系标准是我国按等同原则，从 2000 版 ISO 9000 族国际标准转化而成的质量管理体系标准。

八项质量管理原则是 2000 版 ISO 9000 族标准的编制基础，八项质量管理原则是世界各国质量管理成功经验的科学总结，其中不少内容与我国全面质量管理的经验吻合。它的贯彻执行能促进企业管理水平的提高，并提高顾客对其产品或服务的满意程度，帮助企业达到持续成功的目的。

质量管理的八项原则的具体内容如下：

（1）以顾客为关注焦点

组织（从事一定范围生产经营活动的企业）依存于其顾客，组织应理解顾客当前的和未来的需求，满足顾客要求，并争取超越顾客的期望。

（2）领导作用

领导确立本组织统一的宗旨和方向，并营造和保持员工充分参与实现组织目标的内部环境。因此领导在企业的质量管理中起着决定性的作用，只有领导重视，各项质量活动才能有效开展。

（3）全员参与

各级成员都是组织之本，只有全员充分参与，才能使他们的才干为组织带来收益。产品质量是产品形成过程中全体人员共同努力的结果，其中也包含着为他们提供支持的管理、检查和行政人员的贡献。企业领导应对员工进行质量意识等各方面的教育，激发他们的积极性和责任感，为其能力、知识、经验的提高提供机会，发挥创造精神，鼓励持续改进，给予必要的物质和精神鼓励，使全员积极参与，为达到让顾客满意的目标而奋斗。

（4）过程方法

将相关的资源和活动作为过程进行管理，可以更高效地得到期望的结果。任何使用资源生产活动和将输入转化为输出的一组相关联的活动都可视为过程。2000 版 ISO 9000 标准是建立在过程控制的基础上。一般在过程的输入端、过程的不同位置及输出端都存在着可以进行测量、检查的机会和控制点，对这些控制点实行测量、检测和管理，便能控制过程的有效实施。

（5）管理的系统方法

将相互关联的过程作为系统加以识别、理解和管理，有助于组织提高实现其目标的有效性和效率。不同企业应根据自己的特点，建立资源管理、过程实现、测量分析改进等方面的关联关系，并加以控制。即采用过程网络的方法建立质量管理体系，实施系统管理。一般建立实施质量管理体系包括：①确定顾客期望；②建立质量目标和方针；③确立实现目标的过程和职责；④确定必须提供的资源；⑤规定测量过程有效性的方法；⑥实施测量确定过程的有效性；⑦确定防止不合格产品并消除其产生原因的措施；⑧建立和应用持续改进质量管理体系的过程。

（6）持续改进

持续改进总体业绩是组织的一个永恒目标，其作用在于增强企业满足质量要求的能力，包括产品质量、过程及体系的有效性和效率的提高。持续改进是增强和满足质量要求能力的循环活动，使企业的质量管理走上良性循环的轨道。

（7）基于事实的决策方法

有效的决策应建立在数据和信息分析的基础上，数据和信息分析是事实的高度提炼。以事实为依据做出决策，可防止决策失误。为此企业领导应重视数据信息的收集、汇总和分析，以便为决策提供依据。

（8）与供方互利的关系

组织与供方是相互依存的，建立双方的互利关系可以增强双方创造价值的能力。供方提供的产品是企业提供产品的一个组成部分，处理好与供方的关系，涉及企业能否持续稳定提供顾客满意产品的重要问题。因此，对供方不能只讲控制，不讲合作互利，特别是关键供方，更要建立互利关系，这对企业与供方双方都有利。

1.6.3 建筑工程质量管理中实施 GB/T 19000—ISO 9000 族标准的意义

大量的事实告诉我们 ISO9000 族标准的发布与实施，已经引发了一场世界性的质量竞争，形成了新的国际性质量大潮，特别是我国已加入世界贸易组织（WTO）的情况下，广大企业将面临国内市场和国外市场两个方面的更为激烈的竞争（国家已对外承诺开放工程管理、施工、咨询市场）。面对这个扑面而来的大潮，作为一个企业是无法回避，也别无选择，只能责无旁贷地去迎接这场挑战，并站在以质量求生存、求发展、求效益的战略高度来正确对待学习贯彻实施 GB/T 19000—ISO 9000 族标准的工作。建筑工程质量管理中实施 GB/T 19000—ISO 9000 族标准的意义主要体现在：

（1）为建筑施工企业站稳国内、走向国际建筑市场奠定基础

认真贯彻 ISO 9000 族标准，通过质量体系认证，施工企业可以向社会、业主提供一种证明，证明施工企业完全有能力保证建筑产品的质量，从而为施工企业在国内建筑市场的激烈竞争中站稳脚跟。同时也有利于和国际接轨，参与国际建筑工程的投标，为企业走向国际建筑市场创造有利条件。

（2）有利于提高建筑产品的质量、降低成本

采用 ISO 9000 族标准的质量管理体系模式建立、完善质量管理体系，便于施工企业控制影响建筑产品的各种影响因素，减少或消除质量缺陷的产生，即使出现质量缺陷，也能够及时发现并能及时进行处理，从而保证建筑产品的质量。同时也有利于减少材料的损耗，降低成本。

（3）有利于提高企业自身的技术水平和管理水平，增强企业的竞争力

使用 ISO 9000 族标准进行质量管理，便于企业学习和掌握最先进的生产技术和管理技术，找出自身的不足，从而全面提高企业的素质、技术水平和管理水平，提高企业产品的质量，增强企业的信誉，确保企业的市场占有率，增强企业自身的竞争力。

（4）有利于保证用户的利益

贯彻和正确使用 ISO 9000 族标准进行质量管理，就能保证建筑产品的质量，从而也保护了用户的利益。

1.7　施工质量计划的内容和编制方法

1.7.1　质量策划的概念

现代质量管理的基本宗旨定义为："质量出自计划，而非出自检查"。只有做出精确标准的质量计划，才能指导项目的实施、做好质量控制。

《质量管理体系基础和术语》GB/T 19000—2000 中对"质量计划"的定义为："针对特定的产品、项目或合同规定专门的质量措施、资源和活动顺序的文件"。质量计划提供了一种途径将某一产品、项目或合同的特定要求与现行的通用质量体系程序联系起来。虽然要增加一些书面程序，但质量计划无需开发超出现行规定的一套综合的程序或作业指导书。一个质量计划可以用于监测和评估贯彻质量要求的情况，但这个指南并不是为了用作符合要求的清单。质量计划也可以用于没有文件化质量体系的情况，在这种情况下，需要编制程序以支持质量计划。

质量策划是质量管理的一部分。

质量管理是指导和控制与质量有关的活动，通常包括质量方针和质量目标的建立、质量策划、质量控制、质量保证和质量改进。显然，质量策划属于"指导"与质量有关的活动，也就是"指导"质量控制、质量保证和质量改进的活动。在质量管理中，质量策划的地位低于质量方针的建立，是设定质量目标的前提，高于质量控制、质量保证和质量改进。质量控制、质量保证和质量改进只有经过质量策划，才可能有明确的对象和目标，才可能有切实的措施和方法。因此，质量策划是质量管理诸多活动中不可或缺的中间环节，是连接质量方针（可能是"虚"的或"软"的质量管理活动）和具体的质量管理活动（常被看作是"实"的或"硬"的工作）之间的桥梁和纽带。

1. 质量策划致力于设定质量目标

质量方针是指导组织前进的方向，而质量目标是这种方向上的某一个点。质量策划就是要根据质量方针的规定，并结合具体情况来确立这"某一个点"。由于质量策划的内容不同、对象不同，因而这"某一个点"也有所不同，但质量策划的首要结果就是设定质量目标。因此，它与我们平时所说的"计策、计谋和办法"是不同的。

2. 质量策划要为实现质量目标规定必要的作业过程和相关资源

质量目标设定后，如何实现呢？这就需要"干"。所谓"干"就是作业过程，包括"干"什么，怎样"干"，从哪儿"干"起，到哪儿"干"完，什么时候"干"，由谁去"干"等。于是，又涉及相关资源，"干"也好，作业过程也好，都需要人、机（设备）料（材料、原料）法（方法和程序）环（环境条件）。这一切就构成了"资源"。质量策划除了设定质量目标，就是要规定这些作业过程和相关资源，才能使被策划的质量控制、质量保证和质量改进得到实施。

3. 质量策划的结果应形成质量计划

通过质量策划，将质量策划设定的质量目标及其规定的作业过程和相关资源用书面形式表示出来，就是质量计划。因此，编制质量计划的过程，实际上就是质量策划过程的一部分。

1.7.2 施工质量计划的内容和编制方法

在合同环境下，质量计划是企业向顾客表明质量管理方针、目标及其具体实现的方法、手段和措施的文件，体现企业对质量责任的承诺和实施的具体步骤。工程项目质量计划在工程项目的实施过程中是不可缺少的，必须把工程质量计划与施工组织设计结合起来，才能以工程项目质量计划既可用于对业主的质量保证，又适用于指导施工。针对施工项目质量计划编制的内容，编制施工项目质量计划也要对每一项提出相应的编制方法及步骤。质量计划的内容一般应包括以下几个方面的内容：

1. 编制依据

（1）工程承包合同、施工组织设计文件；

（2）施工企业的《质量手册》及相应的程序文件；

（3）施工操作规程及作业指导书；

（4）各专业工程施工质量验收规范；

（5）《建筑法》、《建设工程质量管理条例》、环境保护条例及法规；

（6）安全施工管理条例等。

2. 工程概况及施工条件分析

（1）工程概况

工程概况应对建设工程的工程总体概况、建筑设计概况、结构设计概况和专业设计概况等做出简要的描述。工程概况可以用文字形式描述，也可以采用表格形式表达。

（2）施工条件分析

由于建筑本身具有固定性；体积庞大，生产周期长；资源消耗品种多、数量大，参与建设的责任主体多；影响因素诸如合同条件、相关市场条件、自然条件、政治、法律和社会条件；现场条件的因素多等的一系列特点。因此，建筑施工不可能有相对固定的生产产品、生产条件、生产环境和管理模式。所以，编制建筑施工质量计划时应针对招标文件的要求分析上述条件对竞争及施工管理，特别是对质量的影响做客观的分析与评价，以便于制定相应的管理措施，施工各种影响因素始终处于受控状态。

3. 质量总目标及其分解目标

组织的质量目标建立后，应把质量目标体现到组织的相关职能和层次上，经过全员的参与，共同努力以达到质量目标（要求）。这就要求组织对质量目标进行分解策划。

质量目标的分解方法根据行业、企业和项目的特点有不同的分解方法，就一般项目而言，通常是依据质量目标的实现过程建立。一个组织总质量目标通常包含有产品质量和服务质量的目标要求，就其产品和服务实现过程而言，其间又有许多分过程或子过程，而每一个分过程或子过程又可细分为更小的过程。在按质量目标的实现过程进行分解时，需要仔细地分析总质量目标涉及哪些过程、各过程需要实现哪些目标等。

（1）质量总目标

建筑施工企业获得工程建设任务签订承包合同后。企业或授权的项目管理机构应依据企业质量方针和工程承包合同等确立本项目的工程建设质量目标。工程建设总目标应当是对工程承包合同条款的承诺和现企业的管理水平体现。如某企业在其一个施工项目质量目标："严格遵守《建设工程质量管理条例》及国家施工质量验收标准，全部工程确保一次验收合格率 100%，工程质量保证合格，争市优"。

（2）质量目标分解

质量目标必须分解到组织中与质量管理体系有关的各职能部门及层次（如决策层、执行层、作业层）中，相关职能和层次的员工都应把质量目标转化或展开为各自的工作任务。这样做，能增加质量目标的可操作性，有利于质量目标的具体落实和实现。质量目标分解到哪一层次，要视组织的具体情况而定。关键是能确保质量目标的落实和实现。质量目标的展开，是为了实现总的质量目标。在展开质量目标时，应注意各部门之间的配合和协调关系，不能因为某个分质量目标定得过高或过低出现资源等划分不合理的现象而影响总质量目标的实现。质量目标的分解方法很多，不能一概而论，质量目标的可操作性强，有利于质量目标的具体落实和实现的分解方法就是好方法。

4. 质量管理组织机构和职责

组织建设和制度建设是实现质量目标的重要保障，项目班子以及各级管理人员建立起明确、严格的质量责任制，做到人人有责任是实现质量目标的前提。项目经理是企业法人在工程项目上的代表，是项目工程质量的第一责任人，对工程质量终身负责。项目经理部应根据工程规划、项目特点、施工组织、工程总进度计划和已建立的项目质量目标，建立由项目经理领导，由项目工程师策划、组织实施，现场施工员、质量员、安全员和材料员等项目管理中层的中间控制，区域和专业责任工程师检查监督的管理系统，形成项目经理部、各专业承包商、专业化公司和施工作业队组成的质量管理网络。

建立健全项目的质量保证体系、落实质量责任制度。因此，项目经理应根据合同质量目标和按照企业《质量手册》的规定，建立项目部质量保证体系，绘制质量管理体系结构图，选聘岗位人员并明确各岗位职责。

5. 施工准备及资源配置计划

（1）施工准备

俗话说"未雨绸缪"，可见在开展每项工作前的准备工作是十分重要的。对于集诸多不确定因素于一体的建筑安装工程来说，准备工作尤为重要。随着社会的不断向前发展，工程建设项目规模越来越大，功能、结构越来越复杂，造价越来越高，涉及的方方面面也越来越多，因此，在工程施工前将各项影响施工质量所必需的技术、材料物资、机具设备、劳动力组织、生活设施等各方面的准备工作做好就显得越来越重要，越来越迫切。质量计划施工准备工作主要包含以下几个方面：

1）施工技术准备

施工前技术准备工作主要指把本工程今后施工中所需要的技术资料、图纸资料、施工方案、施工预算、施工测量、技术组织等搜集、编制、审查、组织好。

2）编制工程质量控制预案

① 根据工程实际情况，确定工程施工过程中的质量预控点，明确应达到的质量标准。根据规范要求及以往施工经验做法，将施工工序进行分解，形成思路清晰、工序明确、便于各级人员操作的预案。

② 根据分解后的工序，选择重点环节进行节点控制，明确需要控制的细部节点及预控措施。施工过程中当预案与实际发生偏差时，实事求是，及时调整。

3）编制"四新"

四新即"新技术、新工艺、新材料、新设备"应用计划。

4）列出本工程所需的检验试验计划

列出本工程所需的检验试验计划，建立工程所需监视和测量装置台账，并有专人控制实施。

5）编制工程纠正预防措施

根据工程特点，吸取以往的施工经验和教训，编制消除潜在的不合格品产生原因的预防措施，防止不合格品的产生。需单独编制，单独审批。

6）编制工程防护措施

包括施工过程的防护和对已完成工作的产品保护，对工程所有材料应有防火、防雨、防潮等措施；对基坑边坡、混凝土模板、预埋预留等的产品有保护措施；对已完成的墙面、门窗、管线等有防污染措施。

（2）主要资源配置计划

1）劳动组织准备

① 建立工作队组

根据施工方案、施工进度和劳动力需要量计划要求，明确施工各个过程所需人力资源情况，确定工作形式，并建立队组领导体系，在队组内部工人技术等级比例要合理，并满足劳动组合优化要求。制定劳动力需要量计划表。对有持证上岗要求的工种应审核上岗证书。

② 做好劳动力培训工作

根据劳动力需要量计划，组织上岗前培训，培训内容包括规章制度、安全施工、操作技术和精神文明教育等，并附特种作业人员持证上岗情况表。

2）施工物资准备

① 建筑材料准备：确定工程施工所需各个过程和它们所需的各种材料资源；制定建筑材料需要量计划表。

② 预制加工品准备：制定预制加工品需要量计划表。

3）施工机具准备

在选择施工机械时，要充分考虑工程特点、机械供应条件和施工现场空间状况，合理确定主导施工机械类型、型号和台数。

（3）施工现场准备

1）施工现场临时用水、用电、施工道路、临时设施、各类加工棚、库房等的准备，同时应附有施工现场排水平面图、用电系统图。

2）现场控制网测量。

（4）施工管理措施

1）季节性施工措施

根据施工网络计划中所确定的季节施工项目，编制相应的技术措施（方案），明确季节性施工应采取的技术安全措施等。如雨期基础工程施工排水措施；冬期钢筋混凝土结构工程施工供热、养护措施；冬期室内装修工程施工封闭、供热、采暖措施及有关质量、安全消防措施等。

2）质量技术管理措施

① 对于材料的采购、贮存、标识等做出明确的规定，保证不合格材料不得用于工程。写明顾客提供产品的颜色、贮存和出现不合格时处理的方法。

② 施工技术资料管理目标及措施。

推行技术资料标准化、规范化，实现技术资料目标管理。明确技术资料管理责任人，实现技术资料搜集、整理与收入挂钩，奖优惩劣。

③ 工程施工难点、重点所采取的技术措施、质量保证措施等。

3）安全施工技术措施

① 确定本工程的环境安全目标及指标，识别重大安全因素和重要环境因素，并制定环境安全管理方案，具体参见《环境安全作业指导书汇编》中"安全施工组织设计编制要求"和《建筑施工安全检查标准》。

② 对于采用的新工艺、新材料、新技术和新设备，须制订有针对性、行之有效的专门安全技术措施，以确保施工安全。

③ 预防自然灾害的措施。如沿海防台风，雨季防雷击，山区防洪排水，夏季防暑降温，冬季防冻防寒防滑等措施。

④ 防灾防爆及消防措施。如露天作业要选择安全地点，使用氧气瓶要防振、防暴晒，使用乙炔发生器防回火等，并编写消防措施。

⑤ 劳动保护措施。包括安全用电、高空作业、交叉施工、施工人员上下、防有毒气体毒害等措施。

⑥ 应急救援预案。应针对工程实际情况编制模板、脚手架、临时用电、防火及高空坠落等的应急措施。

⑦ 对达到一定规模的危险性较大的分部分项工程编制专项安全施工方案，并附安全验算结果。

4）施工成本控制措施

分解工程成本控制目标，采取有效控制措施，保证成本控制。

5）文明施工管理措施

按照《建设工程施工现场管理规定》中的文明施工管理规定，编写文明施工管理计划。

6）工期保证措施

根据合同要求工期，从施工部署、工序穿插等方面采取措施，确保按期交工。

6. 确定施工工艺和施工方案

施工工艺是否先进合理，技术措施与组织方案得当与否，直接影响到工程建设质量、进度、投资以及低碳和绿色施工等各个方面，同时施工工艺、施工方法合理可靠也直接影响到施工安全，因此在编制工程质量计划时，制定和采用技术先进、经济合理、安全可靠、低排放、符合绿色施工要求等的施工技术方案和组织方案是质量计划的重要内容之一，施工工艺方案应包括以下几个方面：

（1）在充分调研施工现场自然环境、施工质量管理环境、施工作业环境等的基础上，群策群力、集思广益的深入正确地分析工程特征、技术关键及环境条件等资料，明确质量目标、验收标准、质量控制的重点和难点，特别是对于"高、大、特、新"以及不熟悉的建筑，则需要开展 QC 活动、技术攻关以及专家论证等方法制定相应的技术方案和组织方案。

（2）技术方案应当包括施工准备（材料、机具和模板、脚手架等施工设备、作业条件等），操作工艺（工艺流程、施工方法、检验试验等），质量标准（主控项目、一般项目、质量控制资料等），成品保护以及质量控制的难点重点和应注意的安全问题等。

（3）施工工艺的组织方案主要包括，施工段的划分，施工的起点、流向，流水施工的形式和劳动组织，合理规划施工临时设施，合理布置施工总平面图和各阶段施工平面图等。

7. 施工质量的检验与检测控制

（1）加强检测控制

质量检测是及时发现和消除不合格工序的主要手段。质量检验的控制，主要是从制度上加以保证。例如：技术复核制度、现场材料进货验收和现场见证取样送检制度、工程验收的三检制度，隐蔽验收制度，首件样板制度，质量联查制度和质量奖惩办法等。通过这些检测控制，有效地防止不合格工序转序，并能制订出有针对性的纠正和预防措施。

（2）工程检测项目方法及控制措施

根据工程项目的进度及各个阶段的特点，规定材料、构件、施工条件、结构形式在什么条件、什么时间验，验什么，谁来验等，也就是说要编制检（试）验计划书。如钢材进场必须进行型号、钢种、炉号、批量等内容的检验，要进行外观质量检查、重量偏差检查，要现场随机取样送检等，以上这些检查和检验，什么时间验、谁来验、质量标准是什么等都要在质量计划中明确。同时规定施工现场必须设立试验室（室、员），配置相应的试验设备，完善试验条件，规定试验人员资格和试验内容；对于特定要求要规定试验程序及对程序过程进行控制的措施。当企业和现场条件不能满足所需各项试验要求时，要规定委托上级试验或外单位试验的方案和措施。当有合同要求的专业试验时，应规定有关的试验方案和措施。对于需要进行状态检验和试验的内容，必须规定每个检验试验点所需检验及试验的特性、所采用程序、验收准则、必需的专用工具、技术人员资格、标识方式、记录等要求，例如结构的荷载试验等。

当有业主亲自参加见证或试验的过程或部位时，要规定该过程或部位的所在地，见证或试验时间，如何按规定进行检验试验，前后接口部位的要求等内容。

8. 质量记录

这里讲的质量记录主要是指建筑施工质量记录，建筑施工质量记录就是建筑施工企业从签订施工合同开始，一直到完成合同规定施工任务与工程或产品质量相关的记录，包括来自分承包方的质量记录。

对质量记录进行控制，为证明工程质量满足规定要求提供客观证据。为在有可追溯性要求的场合和制定与实施纠正及预防措施时提供证实。质量记录要求主要有以下几个方面：

（1）明确质量记录部门和各个相关岗位的职责。

（2）质量记录的范围和内容。

（3）质量记录工作程序。

（4）工程质量记录的形式和标识。

（5）工程质量记录的收集与管理。

（6）工程质量记录的处置。

（7）质量记录相关支持文件。

1.8 工程质量控制的方法

1.8.1 影响质量的主要因素

1. 质量控制概述

质量控制是质量管理的一部分，是致力于质量要求的一系列相关的活动。质量控制是在明确的质量目标的条件下通过行为方案和资源配置的计划、实施、检查和监督来实现预期目标的过程。其目的是实现预期的质量目标，使产品满足质量要求，有效预防不合格产品的出现。质量控制应贯穿于产品形成的全过程。

施工质量控制的系统过程：

1）按工程施工过程的阶段划分

工程项目是从施工准备开始，经过施工和安装到竣工检验这样一个过程。所以施工阶段的质量控制就是由前期（事前）质量控制或称施工准备阶段质量控制，经过施工过程（事中）质量控制，到后期（事后）质量控制或竣工阶段质量控制，如图1.8.1所示。

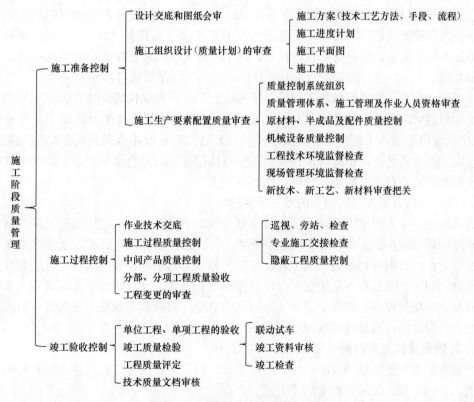

图 1.8.1　工程施工质量控制过程

① 施工准备质量控制（事前控制）

施工准备阶段的质量控制即事前控制，是指在各工程对象正式施工活动开始前，对各项准备工作及影响质量的各因素和有关方面进行质量控制。施工准备阶段的质量控制是一种前馈式控制，它必须在事情发生之前采取控制措施。这就要求预先进行周密的质量计划，包括质量策划、管理体系、岗位设置，把各项质量职能活动，包括作业技术和管理活动建立在有充分能力、条件保证和运行机制的基础上。

② 施工阶段质量控制（事中控制）

施工阶段质量控制是指在施工过程中对实际投入的生产要素质量及作业技术活动的实施状态和结果所进行的控制，包括质量活动主体的自我控制和他人监控的控制方式。这里，自我控制是第一位的，即作业者在作业过程中对自己的质量活动行为的约束和技术能力的发挥，以完成预定质量目标的作业任务。他人监控是指作业者的质量活动和结果，接受来自企业内部管理者和来自企业外部有关方面的检查验收，如建设方、政府质量监督部门、工程监理机构等的监控。施工阶段质量控制的目标是确保工序质量合格，杜绝质量事故发生。

在此阶段，施工单位要严格按照审批的施工组织设计进行施工，对技术要求高、施工难度大的，或采用新工艺、新材料、新技术的工序和部位，须设置质量控制点。对各项工序首次施工前须进行作业技术交底；在施工过程中通过巡视、旁站等措施检查各道工序质量；做好隐蔽工程的质量验收；做好自检、互检、交接检。

③ 竣工验收质量控制（事后控制）

它是指对通过施工过程所完成的某一工序、分项工程或分部工程的质量进行控制，也称为事后质量控制，以使不合格的工序或产品不流入后一道工序、不流入市场。事后质量控制的任务就对质量结果进行评价、认定，对工序质量偏差进行纠正，对不合格产品进行整改和处理。

从理论上来看，如果我们施工前进行了周密的质量计划和预控，并在施工期间严格自控，并加强监管，那么实现预期目标的可能性也就越大。理想的状态就是"一次成活"、"一次交检合格率达到100％"，但是实际上要达到这样的管理和控制水平是非常不容易的，即使付出了不懈的努力，也有可能在个别工序或部位施工质量会出现偏差，因为在作业过程中不可避免地会存在一些难以预料或偶然的因素。

2）按工程项目施工层次划分的系统控制过程

通常任何一个大中型工程建设项目可以划分为若干层次。例如：建筑工程项目按照国家标准可以划分为单位工程、分部工程、分项工程、检验批等层次，而诸如水利水电、港口交通等工程项目则可划分为单项工程、单位工程、分部工程、分项工程等几个层次。各组成部分之间的关系具有一定的施工先后顺序的逻辑关系。显然，施工作业过程的质量控制是最基本的质量控制。它决定了有关检验批的质量，而检验批的质量又决定了分项工程的质量。各层次间的质量控制系统过程如图1.8.2所示。

2. 影响质量的主要因素

全面质量管理要坚持"预防为主、防治结合"的基本思路，将管理重点放在影响工作质量的人、材、机、法和环境等因素上面。

（1）人

人是质量活动的主体，这里泛指与工程有关的单位、组织及个人，包括建设、勘察设计、施工、监理及咨询服务单位，也包括政府主管及工程质量监督、检测单位，单位组织的施工项目的决策者、管理者和作业者等。

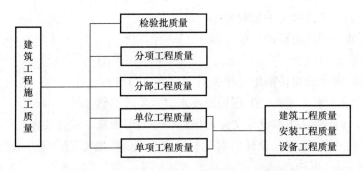

图 1.8.2　按工程项目施工层次划分的系统过程

（2）材料

材料控制包括原材料、成品、半成品和构配件等的控制，应严把质量验收关，保证材料正确合理使用，建立管理台账，进行收、发、储、运等各环节的技术管理，避免混料和材料混用。

材料质量控制的内容主要有：材料的质量标准，材料的性能，材料的取样、试验方法，材料的适用范围和施工要求等。

材料质量检验一般有书面检验、外观检验、理化检验和无损检验等 4 种方法。

根据材料信息和保证资料的具体情况，材料的质量检验程度分免检、抽检和全部检查 3 种。

（3）机械设备

施工机械设备的选用，除了需要考虑施工现场的条件、建筑结构类型、机械设备性能等方面的因素外，还应结合施工工艺和方法、施工组织与管理和建筑技术经济等各种影响因素，进行多方案论证比较，力求获得较好的综合经济效益。

机械设备的选用，应着重从机械设备的选型、机械设备的主要性能参数和机械设备的使用操作要求等三方面予以控制。

要健全"人机固定"制度、"操作证"制度、岗位责任制度、交接班制度、"技术保养"制度、"安全使用"制度和机械设备检查制度等，确保机械设备处于最佳使用状态。

（4）工艺方法

施工项目建设期内所采取的技术方案、工艺流程、组织实施、检测手段和施工组织设计等都属于工艺方法的范畴。

（5）环境

影响施工项目质量的环境因素较多，有工程技术环境、工程管理环境、劳动环境。环境因素对质量的影响，具有复杂而多变的特点。因此，根据工程特点和具体条件，应对影响质量的环境因素，采取有效的措施严加控制。尤其是施工现场，应建立文明施工和文明生产的环境，保持材料工件堆放有序，道路畅通，工作场所清洁整齐，施工程序井井有条，为确保质量、安全创造良好条件。

1.8.2　施工准备阶段的质量控制方法

施工准备阶段的质量控制是指项目正式施工活动开始前，对项目施工各项准备工作及影响项目质量的各因素和有关方面进行的质量控制。主要包括：

（1）技术资料、文件准备的质量控制。

（2）设计交底和图纸审核的质量控制。

1）设计交底

工程施工前，由设计单位向施工单位有关技术人员进行设计交底，其主要内容包括：

① 地形、地貌、水文气象、工程地质及水文地质等自然条件。

② 施工图设计依据：初步设计文件，规划、环境等要求，设计规范。

③ 设计意图：设计思想、设计方案比较、基础处理方案、结构设计意图、设备安装和调试要求、施工进度安排等。

④ 施工注意事项：对基础处理的要求，对建筑材料的要求，采用新结构、新工艺的要求，施工组织和技术保证措施等。

2）图纸审核

图纸审核是设计单位和施工单位进行质量控制的重要手段，也是使施工单位通过审查熟悉了解设计图纸，明确设计意图和关键部位的工程质量要求，发现和减少设计差错，保证工程质量。图纸审核的主要内容包括：

① 对设计者的资质进行认定。

② 设计是否满足抗震、防火、环境卫生等要求。

③ 图纸与说明是否齐全。

④ 图纸中有无遗漏、差错或相互矛盾之处，图纸表示方法是否清楚，是否符合标准要求。

⑤ 地质及水文地质等资料是否充分、可靠。

⑥ 所需材料来源有无保证，能否替代。

⑦ 施工工艺、方法是否合理，是否切合实际，是否便于施工，能否保证质量要求。

⑧ 施工图及说明书中涉及的各种标准、图册、规范和规程等，施工单位是否具备。

（3）采购质量控制。

采购质量控制主要包括对采购产品及其供货方的质量控制。

采购物资应符合设计文件、标准、规范、相关法规及承包合同要求，如果项目部另有附加的质量要求，也应予以满足。

（4）质量教育与培训。

通过教育培训和其他措施提高员工的能力，增强质量和顾客意识，使员工满足所从事的质量工作对员工能力的要求。

1.8.3 施工阶段的质量控制

施工过程体现在一系列的作业活动中，作业活动的效果将直接影响到施工过程的施工质量。因此，质量检查员的质量控制工作应体现在对作业活动的控制上。

质量检查员要对施工过程进行全过程全方位的质量监督、控制与检查。就整个施工过程而言，可按事前、事中、事后进行控制。就一个具体作业而言，质量检查员控制管理仍涉及事前、事中及事后。质量检查员的质量控制主要围绕影响工程施工质量的因素进行。

1. 施工阶段的质量控制

（1）技术交底

按照工程重要程度，单位工程开工前，应由企业或项目技术负责人向承担施工的负责人或分包人进行全面技术交底。各分项工程施工前，应由项目技术负责人向参加该项目施工的所有班组和配合工种进行交底。

技术交底的主要内容包括图纸交底、施工组织设计交底、分项工程技术交底和安全交底等。交底的形式有书面、口头、会议、挂牌、样板、示范操作等。

（2）测量控制

1）对于有关部门提供的原始基准点、基准线和参考标高等的测量控制点应做好复核工作，经审核批准后，才能进行后续相关工序的施工。

2）施工测量控制网的复测。及时保护好已测定的场地平面控制网和主轴线的桩位，它是待建项目定位的主要依据，是保证整个施工测量精度、保证工程质量及工程项目顺利进行的基础。因此，在复测施工测量控制网时，应抽检建筑方格网、控制高程的水准网点以及标桩埋设位置等。

（3）材料控制

1）对供货方质量保证能力进行评定。

2）建立材料管理制度，减少材料损失、变质。

3）对原材料、半成品和构配件进行标识。

4）加强材料检查验收。

5）发包人提供的原材料、半成品、构配件和设备。

6）材料质量抽样和检验方法：材料质量抽样应按规定的部位、数量及采选的操作要求进行。材料质量的检验项目分为一般试验项目和其他试验项目。材料质量检验方法有书面检验、外观检验、理化检验和无损检验等。

（4）机械设备控制

1）机械设备的使用形式

机械设备的使用形式包括自行采购、租赁、承包和调配等。

2）注意机械配套

机械配套有两层含义：其一，是一个工种的全部过程和作业环节的配套；其二，是主导机械与辅助机械在规格、数量和生产能力上的配套。

3）机械设备的合理使用

合理使用机械设备，按照要求正确操作，是保证项目施工质量的重要环节。应贯彻人机固定原则，实行定机、定人、定岗位责任的"三定"制度。

4）机械设备的保养与维修

保养分为例行保养和强制保养。例行保养的主要内容：有保持机械的清洁、检查运转情况、防止机械腐蚀和按技术要求润滑等。强制保养是按照一定周期和内容分级进行保养。

（5）环境控制

1）建立环境管理体系，实施环境监控。

2）对影响施工项目质量的环境因素的控制：

① 工程技术环境：工程技术环境包括工程地质、水文地质、气象等状况。施工时需

要对工程技术环境进行调查研究。

② 工程管理环境：工程管理环境包括质量管理体系、环境管理体系、安全管理体系和财务管理体系等。

③ 劳动环境：劳动环境包括劳动组织、劳动工具、劳动保护与安全施工等方面的内容。

（6）计量控制

施工中的计量工作，包括施工生产时的投料计量、施工测算监测计量以及对项目、产品或过程的测试、检验和分析计量等。

计量控制的主要任务是统一计量单位制度，组织量值传递，保证量值的统一。

（7）工序控制

工序亦称"作业"。工序是工程项目建设过程基本环节，也是组织生产过程的基本单位。一道工序，是指一个（或一组）工人在一个工作地对一个（或几个）劳动对象（工程、产品、构配件）所完成的一切连续活动的总和。

工序控制的实质是工序质量控制，即使工序处于稳定受控状态。

（8）特殊过程控制

特殊过程是指该施工过程或工序施工质量不易或不能通过其后的检验和试验而得到充分的验证，或者万一发生质量事故则难以挽救的施工过程。

特殊过程是施工质量控制的重点，设置质量控制点就是要根据施工项目的特点，抓住影响工序施工质量的主要因素进行强化控制。

（9）工程变更控制

工程变更可能导致项目工期、成本以及质量的改变。对于工程变更必须进行严格的管理和控制。

在工程变更控制中，应考虑以下几个方面：

1）注意控制和管理那些能够引起工程变更的因素和条件。

2）分析论证各方面提出的工程变更要求的合理性和可行性。

3）当工程变更发生时，应对其进行严格的跟踪管理和控制。

4）分析工程变更而引起的风险并采取必要的防范措施。

（10）成品保护

加强成品保护，要从两个方面着手，首先需要加强教育，提高全体员工的成品保护意识。同时要合理安排施工顺序，采取有效的保护措施。

成品保护的措施：

1）护

护就是提前保护，防止对成品的污染及损伤。如外檐水刷石大角或柱子要立板固定保护。为了防止清水墙面污染，应在相应部位提前钉上塑料布或纸板。

2）包

包就是进行包裹，防止对成品的污染及损伤。如在喷浆前对电气开关、插座和灯具等设备进行包裹。铝合金门窗应用塑料布包扎。

3）盖

盖就是表面覆盖，防止堵塞、损伤。如高级水磨石地面或大理石地面完成后，应用苫布覆盖。落水口、排水管安好后应加覆盖，以防堵塞。

4）封

封就是局部封闭。如室内塑料墙纸、木地板油漆完成后，应立即锁门封闭。屋面防水完成后，应封闭上屋面的楼梯门或出入口。

2. 施工作业过程的质量控制

施工作业过程的质量控制，即是对各道工序的施工质量控制。

（1）施工工序质量控制的要求

1）坚持预防为主。事先分析并找出影响工序质量的主导因素，提前采取措施加以重点控制，使质量问题消灭在发生之前或萌芽状态。

2）进行工序质量检查。利用一定的方法和手段，对工序操作及其完成的可交付成果的质量进行检查、测定，并将实测结果与操作规程、技术标准进行比较，从而掌握施工质量状况。具体的检查方法为工序操作、质量巡查、抽查及重要部位的跟踪检查。

3）按目测、实测及抽样试验程序，对工序产品、分项工程做出合格与否的判断。

4）对合格工序产品应及时提交监理，经确认合格后予以签认验收。

5）完善质量记录资料。质量记录资料主要包括各项检查记录、检测资料及验收资料。质量记录资料应真实、齐全、完整，它既可作为工程质量验收的依据，也可为工程质量分析提供可追溯的依据。

（2）施工工序质量检验

1）质量检验的内容

① 开工前检查。主要检查工程项目是否具备开工条件，开工后能否连续正常施工，能否保证工程质量。

② 工序交接检查。对于重要的工序或对工程质量有重大影响的工序，在自检、互检的基础上，还要组织专职人员对工序进行交接检查。

③ 隐蔽工程检查。凡是隐蔽工程均应检查认证后方能掩盖。

④ 停工后复工前的检查。因处理工程项目质量问题或由于某种，原因停工后需复工时，亦应经检查认可后方能复工。

⑤ 分项、分部工程完工后，需经过检查认可，签署验收记录后，才能进行下一阶段施工项目施工。

⑥ 成品保护检查。检查成品有无保护措施，或保护措施是否可靠。

此外，还应经常深入现场，对施工操作质量进行巡视检查。必要时，还应进行跟班或追踪检查，以确保工序质量满足工程需要。

2）质量检查的方法

现场进行工序质量检查的方法主要有目测法、实测法和试验法3种。

① 目测法。其手段可归纳为"看、摸、敲、照"4个字。

② 实测法。就是通过实测数据与施工规范及质量标准所规定的允许偏差对照，以此判别工程质量是否合格。实测检查法的手段，可归纳为"靠、吊、量、套"4个字。

靠，是用直尺、塞尺检查墙面、地面、屋面等的平整度。

吊，是用托线板以线坠吊线检查垂直度。

量，是用测量工具和计量仪表等检查断面尺寸、轴线、标高、湿度和温度等的偏差。

套，是以方尺套方，辅以塞尺检查。

③ 试验检查。指必须通过试验手段，才能对质量进行判断的检查方法。

3. 竣工验收阶段的质量控制

建筑工程质量验收可以划分为检验批、分项工程、分部工程和单位工程四个部分。其中单位工程质量验收也称质量竣工验收，是建筑工程投入使用前的最后一次验收，也是最重要的一次验收。验收合格的条件有5个，除构成单位工程的各分部工程应该验收合格、质量控制资料应完整以外，还须进行以下3方面的验收：

其一，所含分部工程中有关安全、节能、环境保护和主要使用功能的检查资料应完整；

其二，对主要使用功能进行抽查；

其三，由参加验收的各方人员共同对工程项目进行观感质量检查。

对于工程质量缺陷，可采用以下处理方案。

（1）修补处理

当工程的某些部分的质量虽未达到规定的规范、标准或设计要求，存在一定的缺陷，但经过修补后还可达到标准的要求，在不影响使用功能或外观要求的情况下，可以做出进行修补处理的决定。

（2）返工处理

当工程质量未达到规定的标准或要求，有十分严重的质量问题，对结构的使用和安全都将产生重大影响，而又无法通过修补办法给予纠正时，可以做出返工处理的决定。

（3）限制使用

当工程质量缺陷按修补方式处理不能达到规定的使用要求和安全，而又无法返工处理的情况下，不得已时可以做出结构卸荷、减荷以及限制使用的决定。

（4）不做处理

某些工程质量缺陷虽不符合规定的要求或标准，但其情况不严重。经过分析、论证和慎重考虑后，可以做出不做处理的决定。具体分为以下几种情况：不影响结构安全和正常使用要求；经过后续工序可以弥补的不严重的质量缺陷；经复核验算，仍能满足设计要求的质量缺陷。

1.8.4　设置施工质量控制点的原则和方法

1. 质量控制点的概念

质量控制点是为保证工序处于受控状态，在一定的时间和一定的条件下，在产品制造过程中需重点控制的质量特性、关键部件或薄弱环节。质量控制点也称为"质量管理点"。设置质量控制点是保证达到施工质量要求的必要前提，项目技术负责人或质量检查员在拟定质量控制工作计划时，应予以详细地考虑，并以制度来保证落实。对于质量控制点，一般要事先分析可能造成质量问题的原因，再针对原因制定对策和措施进行预控。

质量控制点是根据对重要的质量特性需要进行重点质量控制的要求而逐步形成的。任何一个施工过程或活动总是有许多项的特性要求，这些质量特性的重要程度对工程使用的影响程度不完全相同。质量控制点就是在质量管理中运用"关键的少数、次要的多数"这一基本原理的具体体现。

质量控制点一般可分为长期型和短期型两种。对于设计、工艺方面要求的关键、重要项目，是必须长期重点控制的，而对工序质量不稳定、不合格品多的或用户反馈的项目或因为材料供应、生产安排等在某一时期内的特殊需要，则要设置短期适量控制点。当技术改进项目的实施、新材料的应用、控制措施的标准化等经过一段时间有效性验证后，可以相应撤销，转入一般的质量控制。

如果对产品（工程）的关键特性、关键部位和重要因素都设置了质量控制点，得到了有效控制，则这个产品（工程）的质量就有了保证。同时控制点还可以收集大量有用的信息，为质量改进提供依据。所以设置质量控制点，加强工序管理是企业建立质量体系的基础环节。

2. 质量控制点选择的一般原则

在什么地方设置质量控制点，需要通过对工程的质量特性要求和施工过程中的各道工序进行全面分析来确认。设置质量控制点一般应考虑以下原则：

（1）对产品（工程）的适用性（可靠性、安全性）有严格影响的关键质量特性、关键部位或重要影响因素，应设置质量控制点。

（2）对工艺有严格要求，对下道工序有严重影响的关键部位应设置质量控制点。

（3）对经常容易出现不良产品的工序，必须设立质量控制点。

（4）对会影响项目质量的某些工序的施工顺序，必须设立质量控制点。

（5）对会严重影响项目质量的材料质量和性能，必须设立质量控制点。

（6）对会影响下道工序质量的技术间歇时间，必须设立质量控制点。

（7）对某些与施工质量密切相关的技术参数，要设立质量控制点。

（8）对容易出现质量通病的部位，必须设立质量控制点。

（9）某些关键操作过程，必须设立质量控制点。

（10）对用户反馈的重要不良项目应设立质量控制点。

建筑产品（工程）在施工过程中应设置多少质量控制点，应根据产品（工程）的复杂程序，以及技术文件上标记的特性分类、缺陷分级的要求而定。选择那些施工质量难度大的、对质量影响大的或者是发生质量问题时危害大的对象作为质量控制点。

3. 质量控制点重点控制的对象

（1）人的行为：某些工序或操作重点应控制人的行为，避免人的失误造成质量问题。如对高空作业、水下作业、危险作业、易燃易爆作业、重型构件吊装或多机抬吊、动作复杂而快速运转的机械操作、精密度和操作要求高的工序、技术难度大的工序等，都应从人的生理缺陷、心理活动、技术能力、思想素质等方面对操作者全面进行考核。事前还必须反复交底，提醒注意事项，以免产生错误行为和违纪违章现象。

（2）物的状态：在某些工序或操作中，则应以物的状态作为控制的重点。如加工精度与施工机具有关；计量不准与计量设备、仪表有关；危险源与失稳、倾覆、腐蚀、毒气、振动、冲击、火花、爆炸等有关；也与立体交叉、多工种密集作业场所有关等。也就是说，根据不同工序的特点，有的应以控制机具设备为重点，有的应以防止失稳、倾覆、腐蚀等危险源为重点，有的则应以作业场所作为控制的重点。

（3）材料的质量与性能：材料的质量和性能是直接影响工程质量的主要因素。尤其是某些工序，更应将材料的质量和特性作为控制的重点。如预应力筋加工，就要求钢筋匀质、弹性模量一致，含硫（S）量和含磷（P）量不能过大，以免产生热脆和冷脆。Ⅳ级钢筋可焊性差，易热脆，用作预应力筋时，应尽量避免对焊接头，焊后要进行通电热处理。

又如，石油沥青卷材，只能用石油沥青冷底子油相石油沥青胶铺贴，不能用焦油沥青冷底子油和焦油沥青胶铺贴，否则就会影响质量。

（4）关键的操作：如预应力筋张拉，在张拉程序为 $0-1.05\sigma_{con}$（持荷 2min）$-\sigma$ 中，要进行超张拉和持荷 2min。超张拉的目的，是为了减少混凝土弹性压缩和徐变，减少钢筋的松弛、孔道摩阻力、锚具变形等原因所引起的应力损失，持荷 2min 的目的，是为了加速钢筋松弛的早发展，减少钢筋松弛的应力损失。在操作中，如果不进行超张拉和持荷 2min 就不能可靠地建立预应力值，若张拉应力控制不准，过大或过小，亦不可能可靠地建立预应力值，这均会严重影响预应力构件的质量。

（5）施工技术参数：有些技术参数与质量密切相关，亦必须严格控制。如外加剂的掺量；混凝土的水灰比；沥青胶的耐热度；回填土、三合土的最佳含水量；灰缝的饱满度；防水混凝土的抗渗等级等，都直接影响强度、密实度、抗渗性和耐冻性，亦应作为工序质量控制点。

（6）施工顺序：有些工序或操作，必须严格控制相互之间的先后顺序。如冷拉钢筋，一定要先对焊后冷拉，否则，就会失去冷强。屋架的固定，一定采取对角同时施焊；以免焊接应力使已校正好的屋架发生倾斜。

（7）技术间歇：有些作业之间需要有必要的技术间歇时间。例如砖墙砌筑后与抹灰工序之间，以及抹灰与粉刷或喷涂之间，均应保证有足够的间歇时间。混凝土浇筑后至拆模之间也应保持一定的间歇时间，混凝土大坝坝体分块浇筑时，相邻浇筑块之间也必须保持足够的间歇时间等。

（8）新工艺、新技术、新材料的应用：红黏土等特殊土地基的处理，以及大跨度结构、高耸结构等技术难度较大的施工环节和重要部位，更应特别控制。

（9）产品质量：产品质量不稳定、不合格率较高及易发生质量通病的工序应把它们列为重点，并仔细分析、严格控制。例如防水层的铺设、供水管道接头的渗漏等。

（10）易对工程质量产生重大影响的施工方法：例如；液压滑模施工中的支承杆失稳问题、升板法施工中提升差的控制等；都是一旦施工不当或控制不严，即可能引发重大质量事故的问题，也应作为质量控制的重点。

（11）特殊地基或特种结构：如大孔湿陷性黄土、膨胀土等特殊土地基的处理，大跨度和超高结构等难度大的施工环节和重要部位等都应予特别重视。

（12）常见的质量通病：如渗水、渗漏、起壳、起砂、裂缝等，都与工序操作有关，均应事先研究对策，提出预防措施。

总之，质量控制点的选择要准确、有效。一方面需要由有经验的工程技术人员进行选择，另一方面也要集思广益，集中群体智慧，由有关人员充分讨论。在此基础上进行选择，选择时要根据对重要的质量特性进行重点控制的要求，选择质量控制的重点部位、重点工序和重点的质量因素作为质量控制点，进行重点控制和预控，这是进行质量控制的有效方法。

4. 质量控制点实施

根据质量控制点的设置原则，质量控制点的落实与实施一般有以下几个步骤：

（1）确定质量控制点，编制质量控制点明细表。

（2）绘制"工程质量控制程序图"及"工序质量流程图"明确标出建立控制点的工

序、质量特性、质量要求等。

（3）组织有关人员进行工序分析，绘制质量控制点设置表。

（4）组织有关部门对质量部门进行分析，并应明确质量目标、检查项目、达到标准及各质量保证相关部门的关系及保证措施等，并编制质量控制点内部要求。

（5）组织有关人员找出影响工序质量特性，主导因素，并绘制因果分析图和对策表。

（6）编制质量控制点工艺指导书。

（7）按质量评定标准进行验评。为保证质量，严格按照建筑工程质量验评标准进行验评。

1.8.5　地基基础工程与地下防水工程的质量控制点

地基基础工程与地下防水工程的质量控制点见表1.8.1。

地基基础工程与地下防水工程的质量控制点　　　　　　　　表1.8.1

分部工程	子分部（分项）工程	质量控制点
地基与基础	无支护土方	1. 标高、长度、宽度、边坡尺寸 2. 坑底土质、土体扰动 3. 回填土分层厚度
	有支护土方	1. 支护方案、监测方案 2. 降水、排水措施 3. 维护检测 4. 维护监测：位移、沉降、支撑力 5. 标高、长度、宽度、边坡尺寸 6. 坑底土质、土体扰动 7. 回填土分层厚度、分层压实度
	钻孔灌注桩	1. 桩位测设、孔深、孔径、桩孔垂直度、泥浆比重、沉渣厚度、入持力层厚度 2. 钢筋笼制作：直径、长度、主筋、箍筋间距、钢筋接头 3. 钢筋笼安放与连接：焊接长度、焊接质量、钢筋笼长度与顶部标高、保护层 4. 水下混凝土浇筑：水泥品种、标号、骨料直径、砂率、混凝土强度、坍落度、第一次浇筑量、导管底埋入混凝土深度、浇筑高度、混凝土浇筑量 5. 低应变测试、高应变测试
	人工挖孔桩	1. 桩位、护壁、孔深、孔径、桩孔垂直度、扩大头直径、高度、孔底淤泥、沉渣、持力层土（岩）质 2. 钢筋笼制作：直径、长度、主筋、箍筋间距、钢筋接头 3. 钢筋笼安放与连接：焊接长度、焊接质量、钢筋笼长度与顶部标高、保护层 4. 水下混凝土浇筑：水泥品种、标号、骨料直径、砂率、混凝土强度、坍落度、第一次浇筑量、导管底埋入混凝土深度、浇筑高度、混凝土浇筑量 5. 干作业方式浇筑混凝土：渗水量、孔底集水坑、混凝土强度 6. 低应变测试、高应变测试
	静压桩	1. 预制桩验收 2. 轴线与桩位 3. 桩身垂直度 4. 接桩 5. 压桩机最终压力值与桩顶标高

分部工程	子分部（分项）工程	质量控制点
地基与基础	沉管灌注桩	1. 轴线、桩位 2. 原材料进场验收 3. 埋设桩尖、复合桩位 4. 桩基就位 5. 沉管垂直度 6. 钢筋笼制作：直径、长度、主筋、箍筋间距、钢筋接头 7. 钢筋笼安放与连接：焊接长度、焊接质量、钢筋笼长度与顶部标高、保护层 8. 混凝土强度、充盈系数 9. 拔管 10. 桩端进入持力层深度和灌入深度双控桩长
	混凝土基础	1. 持力层土质、土体扰动、基础埋深 2. 混凝土浇筑：原材料、强度等级、配合比、坍落度、外加剂、振捣 3. 施工缝、变形缝、后浇带处理 4. 穿墙管道、预埋件构造处理
	防水混凝土	1. 防水混凝土浇筑：原材料、强度等级、配合比、坍落度、外加剂、振捣 2. 抗压、抗渗试块取样、制作 3. 施工缝、变形缝、后浇带处理 4. 穿墙管道、预埋件构造处理

1.8.6 确定砌体、多层混凝土结构和单层钢结构房屋工程的质量控制点

砌体、多层混凝土结构和单层钢结构房屋工程的质量控制点见表1.8.2。

砌体、多层混凝土结构和单层钢结构房屋工程的质量控制点　　　　表1.8.2

分部工程	子分部（分项）工程	质量控制点
主体结构	混凝土结构	1. 轴线、标高、垂直度 2. 断面尺寸 3. 钢筋：品种、规格、尺寸、数量、连接、位置 4. 预埋件：尺寸、位置、数量、锚固 5. 混凝土浇筑：原材料、强度等级、配合比、坍落度、外加剂、振捣 6. 施工缝处理 7. 混凝土试块取样、制作 8. 结构实体检测 9. 混凝土保护层厚度
	砌体结构	1. 立皮数杆、砌体轴线 2. 砂浆配合比 3. 砌体排列、错缝、灰缝 4. 圈梁和构造柱混凝土浇筑：原材料、强度等级、配合比、坍落度、外加剂、振捣 5. 门窗孔位置 6. 外墙及特殊部位防水 7. 预埋件：尺寸、位置、数量、锚固
	钢结构	1. 钢结构焊接：焊接材料（焊条、焊剂、电流）、一、二级焊缝的无损探伤检测 2. 紧固件连接：高强度螺栓（品种、规格、性能）、扳手标定、高强度螺栓连接接触面加工处理、高强度螺栓连接副的终拧 3. 钢结构涂料：涂料、涂装遍数和厚度 4. 钢结构安装：基础和支承面验收、钢结构吊装（吊装方案、设备、吊具、索具、地锚）、连接与固定、整体垂直度、平面弯曲

1.8.7 确定住宅地面、屋面工程的质量控制点

住宅地面、屋面工程的质量控制点见表1.8.3。

住宅地面、屋面工程的质量控制点 表 1.8.3

分部工程	子分部（分项）工程	质量控制点
建筑装饰装修工程	地面工程	1. 水泥、砂等材料品种、性能及配合比 2. 地面回填土分层厚度、压实度 3. 基层清理、抹灰分层及防裂措施 4. 面层厚度、平整度、防水要求、养护 5. 厨房、卫生间等有防水要求的楼地面、翻高及蓄水试验
	建筑屋面	1. 保温材料的堆积密度或表观密度、导热系数及板材的强度、吸水率、保温层的含水率、铺设厚度找平层的材料质量及配合比、排水坡度、突出部位的交接处理和转角处的处置 2. 卷材防水层的卷材及其配套材料的质量，粘结或热熔、在细部的防水构造，渗漏或积水检验 3. 涂膜防水层的防水涂料和胎体增强材料质量，涂膜平均厚度、与基层粘结、在细部的防水构造、渗漏或积水检验 4. 刚性防水屋面的细石混凝土材料及配台比、厚度、钢筋位置、分隔缝、平整度和在细部的防水构造、渗漏或积水检验

1.8.8 确定一般装饰装修工程的质量控制点

一般装饰装修工程的质量控制点见表1.8.4。

一般装饰装修工程的质量控制点 表 1.8.4

分部工程	子分部（分项）工程	质量控制点
建筑装饰装修	楼、地面、抹灰、门窗	1. 水泥、砂等材料品种、性能及配合比 2. 地面回填土分层厚度、压宴度 3. 基层清理、抹灰分层及防裂措施 4. 面层厚度、平整度、防水要求、养护 5. 厨房，卫生间等有防水要术的楼地面，翻高及蓄水试验
	吊顶	1. 材料材质，品种，规格，截面形状及尺寸，厚度 2. 标高，尺寸，起拱，造型 3. 吊筋间距、安装 4. 饰面材料安装
	饰面板（砖）	1. 饰面板（砖）的品种，规格，颜色、性能及花型、图案 2. 饰面扳孔、槽的数量，位置和尺寸 3. 找平层、结合层、粘结层、嵌缝、勾缝、密封等所用材料的品种和技术性能 4. 饰面板安装工程的预埋件（或后置埋件）、连接件的数量、规格、位置、连接方法和防腐处理 5. 龙骨的规格、尺寸，形状、锚固、连接扣安装 6. 后置埋件现场拉拔检测 7. 饰面板安装的排线、安装固定、局部饰面处理和嵌缝 8. 饰面砖粘贴的排列方式、分格、图案，伸缩缝设置．变形缝部位排砖，接缝和墙面凹凸部位的防水、排水

分部工程	子分部（分项）工程	质量控制点
建筑装饰装修	幕墙	1. 幕墙材料、构件、组件、配件等的质量 2. 幕墙的造型、立面分格和颜色、图案 3. 预埋件、连接件、紧固件、后置埋件的数量、规格、位置、安装牢固和后置埋件的拉拔力 4. 金属框架立柱与主体结构预埋件的连接、立柱与横梁的连接、连接件与金属框架的连接 5. 隐框或半隐框、明框、点支承玻璃幕墙的安装、各连接接点的安装要求、结构胶与密封胶的打注、开启窗的安装、位置与开启 6. 金属幕墙的面板安装、防火、保温.防潮材料设置、各种变形缝及墙角的连接接点，板缝注胶 7. 石材幕墙的石材孔、槽的数量、深度、位置及尺寸，连接件与石材面板连接、防火、保温、防潮材科设置、各种变形缝及墙角的连接点、石材表面及板缝处理、板缝注胶 8. 幕墙易渗部位淋水检查 9. 幕墙防雷装置与主体结构防雷装置的可靠连接

1.9 施工试验的内容、方法和判定标准

1.9.1 砂浆、混凝土的试验内容、方法和判定标准

1. 砂浆

建筑砂浆是由胶凝材料、细骨料和水配制而成的建筑工程材料。与普通混凝土相比，砂浆又称无粗骨料混凝土。建筑砂浆在建筑工程中是一项用量大、用途广泛的建筑材料。将砖、石、砌块等粘结成为砌体的砂浆称为砌筑砂浆。它起着粘结砌块、传递荷载的作用，是砌体的重要组成部分。

砂浆的组成材料包括胶凝材料、细骨料、掺合料、水和外加剂。

砂浆的技术性能、砌筑砂浆质量检验见第 6 章砌体工程。

2. 混凝土

混凝土检验见第 5 章混凝土结构工程。

1.9.2 钢材及其连接的试验内容、方法和判定标准

钢材试验检验要求见第 5 章混凝土结构工程。

钢材连接试验要求见第 5 章混凝土结构工程。

1.9.3 土工及桩基的试验内容、方法和判定标准

土工试验、桩基检测的要求见第 3 章地基与基础工程。

1.9.4 屋面及防水工程的施工试验内容、方法和判定标准

防水材料是防水工程的重要物质基础，是保证建筑物与构筑物防止雨水侵入、地下水

等水分渗透的主要屏障，防水材料质量的优劣直接关系到防水层的耐久年限。

屋面及防水工程的施工试验内容、方法和判定标准见第4章地下防水工程和第9章屋面工程。

1.9.5 房屋结构实体检测的内容、方法和判定标准

对涉及混凝土结构安全的重要部位，应进行结构实体检验，结构实体检验应在监理工程师（建设单位项目专业技术负责人）见证下，由施工项目技术负责人组织实施，承担结构实体检验的试验室应具有相应的资质。

结构实体检验主要包括现场结构混凝土强度检测、钢筋保护层检测以及工程合同约定的项目，必要时可检验其他项目。

结构实体检验的内容见第5章混凝土结构工程。

1.10 工程质量问题的分析、预防及处理方法

1.10.1 工程质量问题的分类与识别

工程质量问题一般分为工程质量缺陷、工程质量通病、工程质量事故。

1. 工程质量缺陷

工程质量缺陷是指建筑工程施工质量中不符合规定要求的检验项或检验点，达不到技术标准允许的技术指标的现象。按其程序可分为严重缺陷和一般缺陷。严重缺陷是指对结构构件的受力性能或安装使用性能有决定性影响的缺陷；一般缺陷是指对结构构件的受力性能或安装使用性能无决定性影响的缺陷。

2. 工程质量通病

工程质量通病是指各类影响工程结构、使用功能和外形观感的常见性质量损伤，犹如"多发病"一样，而称为质量通病。

1.10.2 建筑工程中常见的质量问题（通病）

建筑施工项目中有些质量问题，如"沉、渗、漏、泛、堵、壳、裂、砂、锈"等，由于经常发生，犹如"多发病"、"常见病"一样，而成为质量通病。最常见的质量通病主要有：

1. 地基基础工程中的质量通病

（1）地基不均匀下沉；

（2）预应力混凝土管桩桩身断裂；

（3）挖方边坡塌方；

（4）基坑（槽）回填土沉陷。

2. 地下防水工程中的质量通病

（1）防水混凝土结构裂缝、渗水；

（2）卷材防水层空鼓；

（3）施工缝渗漏。

3. 砌体工程中的质量通病

（1）小型空心砌块填充墙裂缝；

（2）砌体砂浆饱满度不符合规范要求；

（3）砌体标高、轴线等几何尺寸偏差；

（4）砖墙与构造柱连接不符合要求；

（5）构造柱混凝土出现蜂窝、孔洞和露筋；

（6）填充墙与梁、板接合处开裂。

4. 混凝土结构工程中的质量通病

（1）混凝土结构裂缝；

（2）钢筋保护层不符合规范要求；

（3）混凝土墙、柱层间边轴线错位；

（4）模板钢管支撑不当导致结构变形；

（5）滚轧直螺纹钢筋接头施工不规范；

（6）混凝土不密实，存在蜂窝、麻面、空洞现象。

5. 楼地面工程中的质量通病

（1）混凝土、水泥楼（地）面收缩、空鼓、裂缝；

（2）楼梯踏步阳角开裂或脱落、尺寸不一致；

（3）卫间楼地面渗漏水；

（4）底层地面沉陷。

6. 装饰装修工程中的质量通病

（1）外墙饰面砖空鼓、松动脱落、开裂、渗漏；

（2）门窗变形、渗漏、脱落；

（3）栏杆高度不够、间距过大、连接固定不牢、耐久性差；

（4）抹灰表面不平整、立面不垂直、阴阳角不方正。

7. 屋面工程中的质量通病

（1）水泥砂浆找平层开裂；

（2）找平层起砂、起皮；

（3）屋面防水层渗漏；

（4）细部构造渗漏；

（5）涂膜出现粘结不牢、脱皮、裂缝等现象。

8. 建筑节能中的质量通病

（1）外墙隔热保温层开裂；

（2）有保温层的外墙饰面砖空鼓、脱落。

1.10.3 工程质量问题（事故）常见的成因

工程质量问题的表现形式千差万别，类型多种多样，例如结构倒塌、倾斜、错位、不均匀或超量沉陷、变形、开裂、渗漏、强度不足、尺寸偏差过大等，但究其原因，归纳起来主要有以下几方面。

1. 违背建设程序

建设程序是工程项目建设过程及其客观规律的反映，但有些工程不按建设程序办事，例如不经可行性论证，未做调查分析就拍板定案；没有搞清工程地质情况就仓促开工；无证设计、无图施工；任意修改设计，不按图施工；不经竣工验收就交付使用等，它常是导致重大工程质量事故的重要原因。

2. 违反法规行为和工程合同的规定

例如，无证设计；无证施工；越级设计；越级施工；工程招、投标中的不公平竞争；超常的低价中标；擅自转包或分包；多次转包；擅自修改设计等。

3. 工程地质勘察失误或地基处理失误

（1）工程地质勘察失误

诸如未认真进行地质勘察或勘探时钻孔深度、间距、范围不符合规定要求，地质勘察报告不详细、不准确、不能全面反映实际的地基情况等，从而使得或地下情况不清，或对基岩起伏、土层分布误判，或未查清地下软土层、墓穴、孔洞等，它们均会导致采用不恰当或错误的基础方案，造成地基不均匀沉降、失稳，使上部结构或墙体开裂、破坏，或引发建筑物倾斜、倒塌等质量事故。

（2）地基处理失误

对软弱土、杂填土、冲填土、大孔性土或湿隐性黄土、膨胀土、红黏土、熔岩、土洞、岩层出露等不均匀地基未进行处理或处理不当也是导致重大事故的原因。必须根据不同地基的特点，从地基处理、结构措施、防水措施、施工措施等方面综合考虑，加以治理。

4. 设计差错

诸如盲目套用图纸，采用不正确的结构方案，计算简图与实际受力情况不符，荷载取值过小，内力分析有误，沉降缝或变形缝设置不当，悬挑结构未进行抗倾覆验算，以及计算错误等，都是引发质量事故的隐患。

5. 施工与管理不到位（失控）

施工与管理失控是造成大量质量问题的常见原因。其主要表现为：

（1）图纸未经会审即仓促施工；或不熟悉图纸，盲目施工。

（2）未经设计部门同意，擅自修改设计，或不按图施工。例如将铰接做成刚接，将简支梁做成连续梁；用光圆钢筋代替异形钢筋等，导致结构破坏。挡土墙不按图纸设滤水层、排水导孔，导致压力增大，墙体破坏或倾覆。

（3）不按有关的施工质量验收规范和操作规程施工。例如浇筑混凝土时振捣不良，造成薄弱部位；砖砌体包心砌筑，上下通缝，灰浆不均匀饱满等均能导致砖墙或砖柱破坏。

（4）缺乏基本结构知识，蛮干施工，例如将钢筋混凝土预制梁倒置吊装；将悬挑结构钢筋放在受压区等均将导致结构破坏，造成严重后果。

（5）施工管理紊乱，施工方案考虑不周，施工顺序错误，技术交底不清，违章作业，疏于检查、验收等，均可能导致质量问题。

6. 使用不合格的原材料、制品及设备

诸如，钢筋物理力学性能不合格会导致钢筋混凝土结构产生裂缝或脆性破坏；骨料中活性氧化硅会导致碱骨料反应使混凝土产生裂缝；水泥安定性不良会造成混凝土爆裂；水泥受潮、过期、结块、砂石含泥量及有害物质含量、外加剂掺量等不符合要求时，会影响混凝土强度、和易性、密实性、抗渗性，从而导致混凝土结构强度不足、裂缝、渗漏、蜂窝等质量问题。此外，预制构件断面尺寸不足，支承锚固长度不足，未可靠地建立预应力值，漏放或少放钢筋，板面开裂等均可能出现断裂、坍塌事故。

7. 自然环境因素

施工项目周期长，露天作业，受自然条件影响大，空气温度、湿度、暴雨、风、浪、洪水、雷电、日晒等均可能成为质量事故的诱因，施工中应特别注意并采取有效的措施预防。

8. 使用不当

对建筑物或设施使用不当也易造成质量问题。例如未经校核验算就任意对建筑物加层；任意拆除承重结构部；任意在结构物上开槽、打洞、削弱承重结构截面等也会引起质量事故。

1.10.4 工程质量问题（事故）的处理方法

对施工中出现的建筑工程质量事故，一般有如下 6 种处理方法：

1. 修补处理

这种方法适用于通过修补可以不影响工程的外观和正常使用的质量事故，它是利用修补的方法对工程质量事故予以补救，这类工程事故在工程施工中经常发生的。

2. 加固处理

主要是针对危及承载力缺陷质量事故的处理。通过对缺陷的加固处理，使建筑结构恢复或提高承载力，重新满足结构安全性、可靠性的要求，使结构能继续使用或改作其他用途。

3. 返工处理

对于严重未达到规范或标准的质量事故，影响到工程正常使用的安全，而且又无法通过修补的方法予以纠正时，必须采取返工重做的措施。

4. 限制使用

当工程质量缺陷按修补方法处理后仍无法保证达到规定的使用要求和安全要求，而又无法返工处理的情况下，不得已时可做出诸如结构卸荷或减荷以及限制使用的决定。

5. 不作处理

工程质量缺陷虽已超出标准规范的规定而构成事故，但是可以针对工程的具体情况，通过分析论证，从而做出不需要专门处理的结论。常见的有以下几种情况：

（1）不影响结构安全和正常使用：例如有的建筑物错位事故，如要纠正，困难很大或将造成重大损失，经过全面分析论证，只要不影响生产工艺和正常使用，可以不作处理。

（2）施工质量检验存在问题：例如有的混凝土结构检验强度不足，往往因为试块制作、养护、管理不善，其试验结果并不能真实地反映结构混凝土质量，在采用非破损检验等方法测定其实际强度已达到设计要求时，可不作处理。

（3）不影响后续工程施工和结构安全：例如后张法预应力屋架下弦产生少量细裂缝、

小孔洞等局部缺陷，只要经过分析验算证明，施工中不会发生问题，就可继续施工。因为一般情况下，下弦混凝土截面中的施工应力大于正常的使用应力，只要通过施工的实际考验，使用时不会发生问题，因此不需要专门处理，仅需作表面修补。

（4）利用后期强度：有的混凝土强度虽未达到设计要求，但相差不多，同时短期内不会满荷载（包括施工荷载），此时可考虑利用混凝土后期强度，只要使用前达到设计强度，也可不作处理，但应严格控制施工荷载。

（5）通过对原设计进行验算可以满足使用要求：基础或结构构件截面尺寸不足，或材料力学性能达不到设计要求，而影响结构承载能力，可以根据实测的数据，结合设计的要求进行验算，如仍能满足使用要求，并经设计单位同意后，可不作处理。但应指出：这是在挖设计潜力，因此需要特别慎重。

最后要强调指出：不论哪种情况，事故虽然可以不处理，但仍然需要征得设计等有关单位的同意，并备好必要的书面文件，经有关单位签证后，供交工和使用参考。

6. 报废处理

通过分析或实践，采用上述处理方法后仍不能满足规定要求或标准的，必须予以报废处置。

1.11   调查、分析质量事故，提出处理意见

工程质量事故是指由于建设、勘察、设计、施工、监理等单位违反工程质量有关法律法规和工程建设标准，使工程产生结构安全、重要使用功能等方面的质量缺陷，造成人身伤亡或者重大经济损失的事故。

依据住房和城乡建设部《关于做好房屋建筑和市政基础设施工程质量事故报告和调查处理工作的通知》（建质［2010］111 号）文件要求，按工程质量事故造成的人员伤亡或者直接经济损失将工程质量事故分为四个等级。

（1）特别重大事故，是指造成 30 人以上死亡，或者 100 人以上重伤，或者 1 亿元以上直接经济损失的事故；

（2）重大事故，是指造成 10 人以上 30 人以下死亡，或者 50 人以上 100 人以下重伤，或者 5000 万元以上 1 亿元以下直接经济损失的事故；

（3）较大事故，是指造成 3 人以上 10 人以下死亡，或者 10 人以上 50 人以下重伤，或者 1000 万元以上 5000 万元以下直接经济损失的事故；

（4）一般事故，是指造成 3 人以下死亡，或者 10 人以下重伤，或者 100 万元以上 1000 万余以下直接经济损失的事故。

本等级划分所称的"以上"包括本数，所称的"以下"不包括本数。

1.11.1   提供质量事故调查处理的基础资料

1. 质量事故周密翔实的报告

报告的主要内容包括事故发生的时间、部位；事故的类型、人员伤亡、财产损失严重程度；事故的动态变化及观察记录等。

2. 与施工有关的技术文件、档案和资料

其中应主要包括：有关的施工图、设计说明及其他设计文件；施工组织设计或施工方案；施工日志记载的施工时环境状况；施工现场质量管理和质量控制情况，施工方法、工艺及操作过程；有关建筑材料和现场配置材料的质量证明材料和检验报告等。

3. 建筑施工方面的法规和合同文件

建筑施工方面的法规是具有权威性、约束性、通用性的依据；合同文件是与工程相关的具有特定性质和特定指向的法律依据。

1.11.2 分析质量事故的原因

1. 分析质量事故

主要是调查事故的内容、范围、性质，同时还要调查为进行事故原因的分析和确定处理方法所必需的资料。调查一般分为基本调查与补充调查两类。

基本调查是指对建筑物现状和已有资料的调查，主要内容有：事故发生的时间和经过，事故发展变化的情况，设计图纸资料的复查与验算，施工情况调查与技术资料检查等。

补充调查的主要内容有：补充勘测地基情况，测定建筑物中所用材料的实际强度与有关性能，鉴定结构或构件的受力性能，以及对建筑物的裂缝和变形进行较长时间的观测检查等。

2. 事故原因分析

事故原因的分析应当建立在调查的基础上，其主要目的是分清事故的性质、类别及其危害程度，并为事故处理提供必要的依据。因此，原因分析是事故分析与处理中的一项最重要的工作。在分析大量事故实例后，不难发现不少事故的原因错综复杂，只有经过周详的分析，去伪存真，才能找到事故的主要原因。

3. 提出处理意见

对事故进行调查并分析了产生的原因后，才能确定事故是否需要处理和怎样进行处理。其目的是消除缺陷或隐患，以保证建筑物正常、安全使用，或创造必要的施工条件。

对事故处理的基本要求是：满足使用要求；安全可靠，不留隐患；经济合理；处理方便、安全；处理用的机具、设备、材料及技术力量能够满足要求。

1.12 评价土建工程中主要材料的质量

1.12.1 检查评价混凝土原材料、预拌混凝土的质量

现场拌制混凝土原材料的质量要求、抽样检测要求见第5章混凝土结构工程。

预拌混凝土运到现场后，由监理、施工单位和混凝土厂家共同进行检查、验收。核定所供混凝土品种、等级是否与工程部位要求相符，三方共同见证下制作试块，并应对坍落度经常进行抽查、检验。

混凝土强度取样检验、结构混凝土的强度评定见第5章混凝土结构工程。

1.12.2 检查评价砌体材料的外观质量、质量证明文件、复验报告

砌体原材料主要有砌筑砂浆、石、砌块等。

砌筑砂浆用水泥、砂质量要求见第5章混凝土结构工程。

砌筑砂浆、石、砌块和砂浆的强度评定等要求见第6章砌体工程。

1.12.3 检查评价防水、节能材料的外观质量、质量证明文件、复验报告

地下工程防水材料质量要求见第4章地下防水工程。

屋面工程防水材料质量要求见第9章屋面工程。

节能材料质量要求见第12章民用建筑节能工程。

1.13 编制质量控制措施等质量通病控制文件,实施质量交底

1.13.1 编制砌体工程、混凝土工程、模板工程、防水工程等分项工程的质量通病控制文件

质量员应参与编写《工程质量通病控制方案和施工措施》,经监理单位审查、建设单位批准后实施。

施工单位一是要认真编写《工程质量通病控制方案和施工措施》,二是要报监理单位审查和建设单位批准。根据实践经验做法,施工单位具体实施时,还应做好以下工作:

(1)原材料、构配件和工序质量的报验工作。

(2)在采用新材料时,除应有产品合格证、有效的新材料鉴定证书外,还应进行必要检测。

(3)记录、收集和整理通病控制的方案、施工措施、技术交底和隐蔽验收等相关资料。

(4)根据批准的《工程质量通病控制方案和施工措施》,对作业班组技术交底,样板引路。

(5)专业分包单位应提出分包工程的通病控制措施,由总包单位核准,监理单位审查,建设单位批准后实施。

(6)工程完工后,总包单位应总结住宅工程质量通病控制的经验。

1.13.2 砌体工程、混凝土工程、模板工程、防水工程等分项工程的质量交底资料

质量交底是施工企业极为重要的一项技术管理工作,其目的是使参与建筑工程施工的技术人员与工人熟悉和了解所承担的工程项目的特点、设计意图、技术要求、施工工艺及应注意的问题。质量员应能够根据质量交底的要求和相关内容为工程质量交底提供相关资料。

质量交底应按下列要求进行:

(1)工程质量交底必须符合建筑工程施工及验收规范、技术操作规程(分项工程工艺标准)、质量检验评定标准的相应规定。同时,也应符合各行业制定的有关规定、准则以

及所在省（区）市地方性的具体政策和法规的要求。

（2）工程质量交底必须执行国家各项技术标准，包括计量单位和名称。有的施工企业还制定企业内部标准，如建筑分项工程施工工艺标准、混凝土施工管理标准等等。这些企业标准在技术交底时应认真贯彻实施。

（3）质量交底还应符合与实现设计施工图中的各项技术要求，特别是当设计图纸中的技术要求和技术标准高于国家施工及验收规范的相应要求时，应作更为详细的交底和说明。

（4）应符合和体现上一级技术领导质量交底中的意图和具体要求。

（5）应符合和实施施工组织设计或施工方案的各项要求，包括技术措施和施工进度等要求。

（6）对不同层次的施工人员，其质量交底深度与详细程度不同，也就是说对不同人员其交底的内容深度和说明的方式要有针对性。

（7）质量交底应全面、明确，并突出要点；应详细说明怎么做，执行什么标准，其技术要求如何，施工工艺与质量标准和安全注意事项等应分项具体说明，不能含糊其辞。

（8）在施工中使用的新技术、新工艺、新材料，应进行详细交底，并交代如何作样板间等具体事宜。

1.14 土建工程质量检查、验收、评定

1.14.1 常见土建工程质量检查仪器、设备

1. 垂直检测尺（又称直检测尺或靠尺）

检测尺为可展式结构，合拢长 1m，展开长 2m。主要用于垂直度检测和水平度检测，与楔形塞尺配合可用于平整度的检测。

垂直检测尺是土建施工和装饰装修工程质量检测使用频率最高的一种检测工具，用来检测墙瓷砖是否平整、垂直，地面是否水平、平整。

2. 楔形塞尺

缝隙大小检测。使用时将塞尺头部插入缝隙中，插紧后退出，游码刻度就是缝隙大小，检查缝隙是否符合要求。

楔形塞尺用于平整度检测，检测尺侧面靠紧被测面，其缝隙大小用楔形塞尺检测，其数值即平整度偏差。

3. 水平尺

水平度检测尺侧面装有水准管，可检测水平度，用法同普通水平仪。

4. 内外直角检测尺

内外直角检测尺又称阴阳直角尺，主要用于检测柱、墙面等阴阳角是否方正。主要用于检测建筑物墙、柱、梁的内外（阴阳）直角的偏差，及一般平面的垂直度与水平度，还可用于检测门窗边角是否呈 90°。通过测量可以知道建筑（构件）转角处是否方正，门窗做的是否有严重的变形。

内外直角检测尺的规格为 200mm×130mm，测量范围为 ±7/130mm，检测精度误差

为 0.5mm。

功能：内外直角检测；还可用于检测一般平面的垂直度和水平度。

5. 卷线器

卷线盒是塑料盒式结构，内有尼龙丝线，拉出全长为 15m，可检测建筑物的平直，如砖墙砌体灰缝、踢脚线（用其他检测工具不易检测物体的平直部位），检测时，拉紧两端丝线，放在被测处，目测观察对比，检测完毕后，用卷线手柄顺时针旋转，将丝线收入盒内，然后锁上方扣。

6. 检测反光镜

检测反光镜：手柄处有 M6 螺孔，可装在伸缩杆或对角检测尺上，检测建筑物体的上冒头、背面、弯曲面等肉眼不易直接看到的地方，以便于高处检测。

7. 对角检测尺

对角检测尺为三节伸缩式结构，前端有 M6 螺栓，可装楔形塞尺，检测镜，活动锤头等，是辅助检测工具。

主要用于检查门、窗洞口等方形物体两对角线长度对比的偏差值，还可与检测反光镜配合用于检测较高处眼睛不能直接观察检查的部位。

8. 小锤

小锤，又称响鼓锤。通过敲击的响声，来检测瓷砖和地面的空鼓率。

（1）响鼓锤（锤头重 25g）。用锤轻轻敲打抹灰后的墙面，可以判断墙面的空鼓程度及灰砂与砖、水泥冻结的粘合质量。

（2）钢针小锤（锤头重 10g）。用小锤轻轻敲打玻璃、马赛克、瓷砖，可以判断空鼓度及黏合质量。钢针小锤还可以拔塑料手柄，里面是箭头钢针，钢针向被检物上戳几下，可探查多孔板缝隙、砖缝等砂浆是否饱满等。

9. 百格网

百格网尺寸为 240mm×115mm×3mm，采用高透明度塑料制成，展开后检测面积等同于标准砖长×宽，其上均布 100 个小格，专用于检测砌体砖面砂浆涂覆的饱满度，即覆盖率。

10. 钢卷尺

钢卷尺是建筑施工和质量检查的常用工具。主要用来度量和检查施工完成的线面尺寸和弧形尺寸。钢卷尺规格较多，常用的有 1m、2m、5m 等。

11. 线坠

依靠重力作用检验施工作业线面垂直度。

1.14.2 实施对检验批和分项工程的检查验收评价，填写检验批和分项工程质量验收记录

检验批是工程质量正常验收过程中的最基本单元，是确定工程质量的基础，分项工程划分成检验批进行验收有助于及时纠正施工中出现的质量问题，确保工程质量，也符合施工实际需要。在整个施工资料中，检验批的量是最大也是最重要的。检验批、分项工程的验收程序、质量合格标准应符合《建筑工程施工质量验收统一标准》（GB 50300）及各专业质量验收规范的规定，质量验收记录的填写见本书第 2 章。

1.14.3 协助验收分部工程和单位工程质量

分部工程应由总监理工程师组织施工单位项目负责人和项目技术负责人等进行验收。质量员可协助验收。

分部工程、单位工程的验收程序、质量合格标准应符合《建筑工程施工质量验收统一标准》（GB 50300）及各专业质量验收规范的规定，质量验收记录的填写见本书第2章。

1.14.4 隐蔽工程验收

建筑工程在施工过程中，工序之间交接多，隐蔽工程多。若在施工中不及时进行质量检查和验收，事后就很难发现内在的质量问题，这样就容易产生判断错误。因此隐蔽工程在隐蔽前要进行检查和验收，是质量控制的重要过程，隐蔽验收未经检查或验收未通过，不允许进行下一道工序的施工。

（1）施工单位自检合格后，填写隐蔽工程检查记录表，向项目监理工程师申报隐蔽工程验收。

（2）由监理工程师组织参建单位有关人员对本专业隐蔽工程验收，验收符合要求后，签署验收审核意见。

（3）验收合格并经各方签字确认后才能进行下一道工序的施工。

隐蔽工程验收项目应符合各个专业验收规范的要求，具体见本书各个章节。

1.15 识别质量缺陷，进行分析和处理

工程中的缺陷，是由人为的（勘察，设计、施工、使用）或自然的（地质、气候）原因，使建筑物出现影响正常使用、承载力、耐久性、整体稳定性的种种不足的统称。它按照严重程度不同，又可分为三类：

（1）轻微缺陷。它们并不影响建筑物的近期使用，也不影响结构的承载力，刚度及其完整性，但却有碍观瞻或影响耐久性。例如，建筑物墙面不平整，混凝土构件表面局部缺浆、起砂，钢板上有划痕、夹渣等。

（2）使用缺陷。它们虽不影响建筑结构的承载力，却影响其使用功能或使结构的使用性能下降，有时还会使人有不舒适感和不安全感。例如，建筑物的屋面和地下室渗漏，装饰物受损，墙体因温差而出现斜向和竖向裂纹等。

（3）危及承载力缺陷。它们或表现为采用材料的强度不足，或表现为结构构件截面尺寸不够，或表现为连接构造质量低劣。例如，混凝土振捣不实，配筋欠缺，钢结构焊接有裂纹、咬边现象，地基发生过大的沉降等。这类缺陷威胁到结构的承载力和稳定性，如不及时消除，可能导致局部或整体的破坏。

缺陷可能是显露的，如屋面渗漏；也可能是隐蔽的，如配筋不足。后者更为危险，因为它有良好外表的假象，一旦有所发展，后果可能很严重。缺陷的发展是破坏，而破坏的本身又经历着一个过程。对建筑结构来说，是指结构构件从临近破坏到破坏，再由破坏到即将倒塌或坍塌的过程。

作为项目质量员应能够识别工程质量缺陷，进行分析和处理。

质量缺陷有多种多样，本书在相关工程中仅举一例分析缺陷的项目，从设计、材料、施工等方面分析采取预防措施。

1.15.1 识别地基基础工程的质量缺陷并能分析处理

桩身质量（地基处理强度）缺陷

设计

（1）人工挖孔桩不应用于软土或易发生流砂的场地。地下水位高的场地，应先降水后施工。在有砂卵石、卵石或流塑淤泥夹层的土层中，在没有可靠措施时，不宜采用挖孔桩；

（2）水泥土搅拌法不应用于泥炭土、有机质土、塑性指数 I_p 大于 25 的黏土、地下水具有腐蚀性的土的处理。无工程经验的地区，必须通过现场试验确定其适用性；

（3）当桩尖位于基岩表面且岩层坡度大于 10% 时，桩端应有防滑措施。

施工

（1）桩基施工时应严格监测，垂直偏差应小于 0.5%；采用沉管复打时，应保证两次沉管的垂直度一致；施工中遇大块石等障碍物导致桩身（管）倾斜时，应及时予以清除或处理。

（2）对预制桩进场检验结果有怀疑时，应进行破损和抗弯试验（管桩，同一生产厂家、同一规格的产品，每进场 300 节必须抽一节做破损检验和见证取样抗弯试验），对桩身开裂等超过规定的不合格桩不得使用。

（3）灌注桩混凝土浇筑。

1）浇筑顶面应高于桩顶设计标高和地下水位 0.5～1.0m 以上，确有困难时，应高于桩顶设计标高不少于 2m，混凝土浇筑应测量桩顶标高，当混凝土充盈系数异常（小于 1.0 或大于 1.3）时，应及时分析原因并采取措施进行处理。

2）在有承压水的地区，应采用坍落度小、初凝时间短的混凝土，混凝土的浇筑标高应考虑承压水头的不利影响。

3）钢筋笼应焊接牢固，并采用保护块（水下混凝土每 2～3m 设立一层，每层 3～4 块）、木棍、吊筋固定，以控制钢筋笼的位置。

（4）沉管灌注桩。

1）预制桩尖的强度和配筋应符合要求，拔管之前，先测量孔内深度，以防预制桩尖进入桩管。

2）严格控制拔管速度，一般土层 1～1.2m/min，软土地区 0.6～0.8m/min，在地质软硬层分界处，可采用停振反插。

3）复打桩复打拔管后，应清除管壁泥土；反插时，反插深度不应大于活瓣桩尖的 2/3 或不大于 0.5～1.0m。

（5）钻孔灌注桩。

1）护筒底部应安放在不透水层并保证稳定。

2）泥浆护壁钻孔桩在钻进过程中及清孔前，应在泥浆顶部和孔底分别测量泥浆性能，泥浆比重一般为 1.1～1.3，在卵石、砂卵石或塌孔回填重钻孔时，应为 1.3～1.5；钻进过程中应保证护筒内的水头高度高于地下水位 1～2m 以上。

3）成孔后应采用井径仪和沉渣仪分别测量孔径和沉渣厚度，数量均不少于总桩数的

10%；挤扩桩成孔后，应采用井径仪全数检查扩径尺寸。

4）泥浆护壁钻孔桩二次清孔后 2h 内（嵌入遇水软化、膨胀岩中的桩基 0.5h 内）必须浇筑混凝土，否则应重新清孔；混凝土浇筑前应对导管连接密封性进行水压试验，浇筑过程中导管埋深应控制在 1～6m，每次拆除导管长度不应大于 5m，在每次拔管和拆除导管前，应测量导管内外的混凝土标高。

（6）人工挖孔桩。

1）采用砖砌护壁时，不应干码堆砌，砌体、砌筑质量及砂浆试块的留置应符合砌体验收规范的要求，砌体与土体之间必须用 M5.0 以上的砂浆填实。

2）持力层为泥岩等遇水软化岩层时，验孔后应采用高于桩身强度一个等级或以上，且不低于 C30 的干硬混凝土封底。

3）混凝土浇筑前，应对孔中积水排除干净。混凝土浇筑时，应采用串筒或溜槽，每次浇筑混凝土的厚度不大于振捣棒影响深度的 1.5 倍，当孔中积水或护壁淋水较多时，必须采用水下混凝土浇筑。

（7）水泥土搅拌桩。

1）施工前对局部泥炭土、有机质土、暗塘（浜）进行挖除换土，对松散填土区宜采取压实处理措施。

2）计量（压力、灰浆泵入量、深度等）器具应经标定并保证正常工作。

3）施工中保证供浆的连续性，控制水灰比、喷浆压力（0.4～0.6MPa）、喷浆提升速度（0.3～0.5m/min）和每米每次的喷浆量并专人记录；因故停浆时，应将搅拌头下沉至停浆点以下 0.5m 处，待恢复时提升喷浆。

4）水泥土搅拌桩应在成桩 7d 内，按总桩数的 2%，用轻便触探检查桩身均匀性和判断桩身强度；成桩 7d 后，按总桩数的 5%，开挖桩头检查搅拌均匀性和成桩直径。

（8）桩基（地基处理）施工中，应合理安排机械行走路线，避免压坏（偏）已施工的桩基等；表层土应有足够的承载力保证机械行走过程中的稳定性；承载力不满足要求时，应在表层采取铺垫等压实处理措施。

1.15.2 识别地下防水工程的质量缺陷并能分析处理

柔性防水层空鼓、裂缝、渗漏水缺陷

设计

（1）应选用耐久性和延伸性好的防水卷材或防水涂料作地下柔性防水层，且柔性防水层应设置在迎水面。

（2）柔性防水层的基层宜采用 1∶2.5 水泥砂浆找平。

施工

（1）找平层表面应洁净、干燥，如有污物、油渍等，应洗刷干净、晾干后方可施工。

（2）柔性防水层施工期间，地下水位应降至垫层 300mm 以下。

（3）柔性防水层施工前，先涂刷基层处理剂，卷材宜采用满贴法铺贴，确保铺贴严密；防水材料应薄涂多遍成活。

（4）柔性防水层的施工还应符合相关规范和操作规程的要求。

（5）柔性防水层施工完毕后，应采取可靠的保护措施。

1.15.3　识别砌体工程的质量缺陷并能分析处理

砌体裂缝

设计

（1）建筑物外围护结构应采用符合节能规范和标准要求的保温措施，且优先采用外墙外保温措施。

（2）建筑物长度大于 40m 时，应设置变形缝；当有其他可靠措施时，可在规范范围内适当放宽。

（3）顶层圈梁、卧梁高度不宜超过 300mm。有条件时（防水及建筑节点处理较好）宜在顶屋盖和墙体间设置水平滑动层。外墙转角处构造柱的截面积不应大于 240mm×240mm；与楼板同时浇筑的外墙圈梁，其截面高度应不大于 300mm。

（4）砌体工程的顶层和底层应设置通长现浇钢筋混凝土窗台梁，高度不宜小于 120mm，纵向配筋不少于 4φ10，箍筋 φ6@200；其他层在窗台标高处，应设置通长现浇钢筋混凝土板带，板带的厚度不小于 60mm，混凝土强度等级不应小于 C20，纵向配筋不宜少于 3φ8。

（5）顶层门窗洞口过梁宜结合圈梁通长布置，若采用单独过梁时，过梁伸入两端墙内每边不少于 600mm，且应在过梁上的水平灰缝内设置 2～3 道不小于 2φ6@300 通长焊接钢筋网片。

（6）顶层及女儿墙砌筑砂浆的强度等级不应小于 M7.5。粉刷砂浆中宜掺入抗裂纤维或采用预拌砂浆。

（7）混凝土小型空心砌块、蒸压加气混凝土砌块等轻质墙体，当墙长大于 5m 时，应增设间距不大于 3m 的构造柱；每层墙高的中部应增设高度为 120mm，与墙体同宽的混凝土腰梁，砌体无约束的端部必须增设构造柱，预留的门窗洞口应采取钢筋混凝土框加强。

（8）当框架顶层填充墙采用灰砂砖、粉煤灰砖、混凝土空心砌块、蒸压加气混凝土砌块等材料时，墙面粉刷应采取满铺镀锌钢丝网等措施。

（9）屋面女儿墙不应采用轻质墙体材料砌筑。当采用砌体结构时，应设置间距不大于 3m 的构造柱和厚度不少于 120mm 的钢筋混凝土压顶。

（10）洞口宽度大于 2m 时，两边应设置构造柱。

材料

（1）砌筑砂浆应采用中、粗砂，严禁使用山砂和混合粉。

（2）蒸压灰砂砖、粉煤灰砖、加气混凝土砌块的出釜停放期不应小于 28d，不宜小于 45d；混凝土小型空心砌块的龄期不应小于 28d。

施工

（1）填充墙砌至接近梁底、板底时，应留有一定的空隙，填充墙砌筑完并间隔 15d 以后，方可将其补砌挤紧；补砌时，对双侧竖缝用高强度等级的水泥砂浆嵌填密实。

（2）框架柱间填充墙拉结筋应满足砖模数要求，不应折弯压入砖缝。拉结筋宜采用预埋法留置。

（3）填充墙采用粉煤灰砖、加气混凝土砌块等材料时，框架柱与墙的交接处宜用

15mm×15mm 木条预先留缝，在加贴网片前浇水湿润，再用 1：3 水泥砂浆嵌实。

（4）通长现浇钢筋混凝土板带应一次浇筑完成。

（5）砌体结构砌筑完成后宜 60d 后再抹灰，并不应少于 30d。

（6）每天砌筑高度宜控制在 1.8m 以下，并应采取严格的防风、防雨措施。

（7）严禁在墙体上交叉埋设和开凿水平槽；竖向槽须在砂浆强度达到设计要求后，用机械开凿，且在粉刷前，加贴钢丝网片等抗裂材料。

（8）宽度大于 300mm 的预留洞口应设钢筋混凝土过梁，并且伸入每边墙体的长度应不小于 250mm。

这些措施主要是为了防止施工过程中的操作不规范而引起墙体产生裂缝。

1.15.4　识别混凝土结构工程的质量缺陷并能分析处理

混凝土保护层偏差

材料

严禁使用碎石及短钢筋头作梁、板、基础等钢筋保护层的垫块。梁、板、柱、墙、基础的钢筋保护层宜优先选用塑料垫卡支垫钢筋；当采用砂浆垫块时，强度应不低于 M15，面积不小于 40mm×40mm。

施工

梁、柱垫块应垫于主筋处。

用钢筋支架和马凳，保证钢筋在混凝土构件中的位置，防止施工中人为踩踏造成钢筋移位，不能充分发挥钢筋的作用

1.15.5　识别楼地面工程的质量缺陷并能分析处理

水泥楼地面起砂、空鼓、裂缝

设计

（1）面层为水泥砂浆时，应采用 1：2 水泥砂浆，强度等级不应小于 M15，面层厚度不应小于 20mm。

（2）细石混凝土面层的混凝土强度等级不应低于 C25，细石混凝土面层厚度不应小于 40mm。

针对水泥楼地面起砂的质量通病，从设计、材料选用及施工控制几方面提出了明确要求。砂子过细，拌料时需水量大，则水灰比大，易使得面层混凝土强度降低，这是水泥楼地面发生起砂的主要原因之一，所以，规定应用中、粗砂。低温条件下，水泥砂浆或混凝土面层易受冻强度降低，所以，规定环境温度低于 5℃时，应采取防冻措施。

材料

（1）宜采用早强型的硅酸盐水泥和普通硅酸盐水泥。

（2）选用中、粗砂，含泥量≤3%。

（3）面层为细石混凝土时，细石粒径不大于 15mm，且不大于面层厚度的 2/3；石子含泥量应≤1%。

施工

（1）浇筑面层混凝土或铺设水泥砂浆前，基层应清理干净并湿润，消除积水；基层处

于面干内潮时，应均匀涂刷水泥素浆，随刷随铺水泥砂浆或细石混凝土面层。

（2）严格控制水灰比，用于面层的水泥砂浆稠度应≤35mm，用于铺设地面的混凝土坍落度应≤30mm。

（3）水泥砂浆面层要涂抹均匀，随抹随用短杠刮平；混凝土面层浇筑时，应采用平板振捣器或辊子滚压，保证面层强度和密实。

（4）掌握和控制压光时间，压光次数不少于 2 遍，分遍压实。

（5）地面面层施工 24h 后，应进行养护，并加强对成品的保护，连续养护时间不应少于 7d；抗压强度达到 5MPa 后方可上人行走；当环境温度低于 5℃ 时，应采取防冻施工措施。

楼地面不规则裂缝产生的主要原因，是材料选用不当或施工养护不到位，本条从这两方面提出了要求。基层表面存在浮灰等杂物时，与面层之间出现隔离层，这是楼地面空鼓的主要原因，因此，规定基层必须清洗干净。采用涂刷界面剂或水泥浆增强基层与面层的粘结力是克服楼地面空鼓的有效措施。但是，若涂刷后间隔很长时间才浇筑面层，此时，涂刷的界面剂或水泥浆已结硬失去粘结力并形成隔离层，反而会造成地面空鼓，因此，界面剂或水泥浆涂刷与浇筑面层要随刷随浇筑。

1.15.6 识别装饰装修工程的质量缺陷并能分析处理

外窗变形、渗漏缺陷

设计

（1）设计应明确外门窗抗风压、气密性和水密性三项性能指标。1～6 层的抗风压性能和气密性不低于 3 级，水密性不低于 2 级；7 层及以上的抗风压性能和气密性不低于 4 级，水密性不低于 3 级。

（2）组合门窗拼樘料必须进行抗风压变形验算。拼樘料应左右或上下贯通，并直接锚入洞口墙体上。拼樘料与门窗框之间的拼接应为插接，插接深度不小于 10mm。

（3）铝合金窗的型材壁厚不得小于 1.4mm，门的型材壁厚不得小于 2mm。

（4）塑钢门窗型材必须选用与其相匹配的热镀锌增强型钢，型钢壁厚应满足规范和设计要求，但不小于 1.2mm。

（5）选用五金配件的型号、规格和性能应符合国家现行标准和有关规定要求，并与门窗相匹配。平开门窗扇的铰链或撑杆等应选用不锈钢或铜等金属材料。

施工

（1）安装完毕后，按有关规定、规程委托有资质的检测机构进行现场检验。

（2）门窗框安装固定前，应对预留墙洞尺寸进行复核，用防水砂浆刮糙处理后，再实施外框固定。外框与墙体间的缝隙宽度应根据饰面材料确定。

（3）门窗安装应采用镀锌钢片连接固定，镀锌钢片厚度不小于 1.5mm，固定点从距离转角 180mm 处开始设置，中间间距不大于 500mm。严禁用长脚膨胀螺栓穿透型材固定门窗框。

（4）门窗洞口应干净干燥后，施打发泡剂，发泡剂应连续施打，一次成型，充填饱满。溢出门窗框外的发泡剂应在结膜前塞入缝隙内，防止发泡剂外膜破损。

（5）门窗框外侧应留 5mm 宽的打胶槽口；外墙装饰面为粉刷层时，应贴"⊥"形塑料条做槽口。

（6）打胶面应清理干净干燥后方可施打，并应选用中性硅酮密封胶。严禁将密封胶施打在涂料面层上。

（7）塑料门窗五金安装时，必须设置金属衬板，其厚度不应小于 3mm。紧固件安装时，必须先钻孔，后拧入自攻螺钉。严禁直接锤击打入。

（8）为防止推拉门窗扇脱落，必须设置限位块，其限位块间距应小于扇宽的 1/2。

1.15.7　识别屋面工程的质量缺陷并能分析处理

刚性屋面防水层渗漏缺陷

设计

（1）对于体积吸水率大于 2％的保温材料，不得设计为倒置式屋面。

（2）对女儿墙、高低跨、上人孔、变形缝和出屋面管道、井（烟）道等节点应设计防渗构造详图；变形缝宜优先采用现浇钢筋混凝土盖板的做法，其强度等级不得低于 C30；伸出屋面井（烟）道周边应同屋面结构一起整浇一道钢筋混凝土防水圈。

（3）膨胀珍珠岩类及其他块状、散状屋面保温层必须设置隔气层和排气系统。排气道应纵横交错、畅通，其间距应根据保温层厚度确定，最大不宜超过 3m；排气口应设置在不易被损坏和不易进水的位置（即高出屋面的墙体和女儿墙）。

施工

（1）细石混凝土防水层不应直接摊铺在砂浆基层上，与基层间应设置隔离层，隔离层可用纸胎油毡、聚乙烯薄膜、纸筋灰、1∶3 石灰砂浆。

（2）在出屋面的管道处与防水层相交的阴角处，应留设缝隙，用密封材料嵌填，并加设柔性防水附加层；收头固定密封，其泛水宜做成圆弧形，并适当加厚。

（3）在梯间墙与防水层之间应设置分隔缝，缝宽 15～20mm，并嵌填密封材料，上部铺贴防水卷材，离缝边每边宽度不小于 100mm。

（4）细石混凝土防水屋面施工除应符合相关规范要求外，还应满足以下要求：

1）钢筋网片应采用焊接型网片。

2）混凝土浇捣时，宜先铺 2/3 厚度混凝土，并摊平，再放置钢筋网片，后铺 1/3 的混凝土，振捣并碾压密实，收水后分两次压光。

3）格缝应上下贯通，缝内不得有水泥砂浆等杂物。待分格缝和周边缝隙干净干燥后，用与密封材料相匹配的基层处理剂涂刷，待其表面干燥后立即嵌填防水油膏，密封材料底层应填背衬泡沫棒，分格缝上口粘贴不小于 200mm 宽的卷材保护层。

4）混凝土养护不小于 14d。

1.16　编制、收集、整理质量资料

工程质量验收资料的编制、收集、整理是工程档案资料管理中的一部分内容，其要求和工程档案资料管理要求一致。

（1）工程档案资料的形成应符合国家相关的法律、法规、工程建设标准、工程合同与设计文件等规定。

（2）工程文件资料应真实有效、完整及时、字迹清楚、图样清晰、图表整洁并应留出装订边。工程文件资料的填写、签字应采用耐久性强的书写材料，不得使用易褪色的书写材料。

（3）工程文件资料应使用原件，当使用复印件时，提供单位应在复印件上加盖单位印章，并应签字、注明日期，提供单位应对资料的真实性负责。

（4）工程档案资料管理应建立岗位责任制。

（5）建设、监理、勘察、设计、施工等单位工程项目负责人应对本单位工程文件资料形成的全过程负总责。建设过程中工程文件资料的形成、收集、整理和审核应符合有关规定，签字并加盖相应的资格印章，质量验收资料有关规定主要是《建筑工程施工质量验收统一标准》（GB 50300）的规定。

（6）施工单位的工程质量验收记录应由工程质量检查员填写，质量检查员必须在现场检查和资料核查的基础上填写验收记录，应签字并加盖岗位证章，对验收文件资料负责，并负责工程验收资料的收集、整理。其他签字人员的资格应符合《建筑工程施工质量验收统一标准》（GB 50300）的规定。

（7）单位工程、分部工程、分项工程和检验批的验收程序和记录应形成符合《建筑工程施工质量验收统一标准》（GB 50300）的规定

（8）工程资料员负责工程文件资料、工程质量验收记录的收集、整理和归档工作。

（9）移交给城建档案馆和本单位留存的工程档案应符合国家法律、法规和规范的规定，移交给城建档案馆的纸质档案由建设单位一并办理，移交时应办理移交手续。

（10）工程档案资料应实行数字化管理。

1.16.1 编制、收集、整理隐蔽工程的质量验收单

隐蔽工程验收的目的是把工程质量问题消灭在工程隐蔽之前。

隐蔽工程是指上一道工序结束，被下一关系密切工序所掩盖，正常情况下无法进行复查的项目。隐蔽工程的项目在各专业验收规范中均有明确要求，应执行相应的验收规范。

隐蔽工程的验收应按下列要求进行：

（1）确定隐蔽工程的部位和内容，隐蔽验收的内容应符合相关标准的要求；

（2）检查隐蔽工程所使用的材料的质量合格证明文件，质量合格文件包括质量合格证书、出厂检验报告（可和质量合格证书合并）有效期内型式检验报告（有要求时）材料进场抽样检测报告（有要求时）；

（3）检查实体质量，填写隐蔽工程质量验收记录，隐蔽工程质量验收记录可按表1.16.1填写。

隐蔽工程验收记录 表1.16.1

工程名称	试运行	工程地点		
施工单位	省建公司	项目经理		专业工长
分包单位		分包负责人		专业工长
分部工程		分项工程名称		
隐蔽工程名称		施工图编号		

隐蔽工程验收内容和设计及规范要求		
隐蔽工程验收部位	施工单位自查记录	
	使用的主要材料检查记录	施工质量检查记录
......		
监理（建设）单位验收意见： 监理工程师： 年 月 日	施工单位检查意见： 质量员： 项目经理： 年 月 日	

1.16.2　编制、汇总分项工程、检验批的验收检查记录

检验批应由专业监理工程师组织施工单位项目专业质量检查员、专业工长等进行验收。验收记录表使用《建筑工程施工质量验收统一标准》（GB 50300—2013）规定的表格。

该表由质量检查员填写，并应做好下列工作：

（1）核对各工序中所用的原材料、半成品、成品、设备质量证明文件；

（2）检查各工序中所用的原材料、半成品、成品、设备是否按专业规范和试验方案进行现场抽样检测，检测结果是否符合要求，检测结果不符合要求的不得用于工程；

（3）检查主控项目是否符合要求；

（4）检查一般项目是否符合要求，允许偏差项目实测实量；

（5）填写检验批表格，随着国家对信息化的重视，建立工程电子档案是必然趋势，因此应使用符合要求的工程资料软件，有的省已制定工程资料管理规范，明确资料软件和建立电子档案的要求，对有要求的省份，应按要求使用资料软件，建立电子档案。

1）表头的填写。使用资料软件的表头中的相关内容应自动生成，未使用资料软件的表头应按实填写，要注意的是"施工执行标准名称及编号"一栏，该栏填写的是施工执行的标准如施工规范、操作规程、工法等操作标准，而不是验收规范，操作标准是约束操作行为，验收标准是约束验收行为，操作标准有的要求应高于验收标准，两者是有原则区别的，不能填写验收标准的名称及编号。

2）"验收规范的规定"一栏可填写主要内容，不必把全部条款均录入，但应反映主要规定。

3）"施工、分包单位检查记录"一栏，填写的内容应能反映工程质量状况，如所用材料的主要规格型号、质量证明文件、现场抽样检测报告等基本情况，现场实测的有允许偏差要求的应填写实测的偏差，资料软件要求填写实测值的按资料软件的设置填写。

4）"施工、分包单位检查结果"一栏，使用资料软件的将检查记录输入资料软件后，应自动计算允许偏差合格率，自动评价检验批检查结果，建立电子档案；未使用资料软件

不能自动评价的应在施工、分包单位检查结果中填写检查结果，检查结果应明确合格（或优质）及不合格。如不合格的应按不合格工程的处理程序进行处理后重新评定，不合格工程的处理程序应符合《建筑工程施工质量验收统一标准》（GB 50300）的规定。当符合验收要求时，项目专业质量检查员签字提交给监理工程师。

（6）监理工程师收到检验批验收记录表格后，应核查每一项内容，如真实、有效，应在"监理单位验收记录"栏中签署验收意见。在"监理单位验收结论"签署结论性意见，专业监理工程师签字。如使用资料软件，监理工程师在资料软件上签名确认，建立完整电子档案。

分项工程应由监理工程师组织施工单位项目专业技术负责人等进行验收。验收记录表使用《建筑工程施工质量验收统一标准》（GB 50300）规定的表格，验收记录表应由专业技术负责人填写签字，质量检查员协助，并应做好下列工作：

（1）核对分项工程中各检验批验收记录，验收程序是否正确、验收内容是否齐全、验收记录是否完整、验收部位是否正确、验收时间是否准确、验收签字是否合法；

（2）填写分项工程验收记录表。

1）填写表头，使用资料软件应自动生成表头。

2）"检验批名称、部位、区段"每一个检验批占一行，按实填写。

3）"施工、分包单位检查结果"将检验批验收记录中的检查结果填入。

4）"监理单位验收结论"将检验批验收记录中的验收结论填入。

5）"施工单位检查结果"一栏，根据分项工程质量验收标准评定分项工程的检查结果。项目专业技术负责人签字后提交给监理工程师。

（3）监理工程师收到分项工程质量验收记录表格后，经核查属实后在"监理单位验收结论"签署结论性意见，专业监理工程师签字。如使用资料软件，该表格应能自动生成，监理工程师在资料软件上签名确认，建立完整电子档案。

1.16.3 收集原材料的质量证明文件、复验报告

检查原材料的质量证明文件、复验报告是为了确认原材料质量合格，确认原材料合格主要从两个方面进行，一是检查实物的质量，二是检查质量合格证明文件，通常称为质保书，在工程技术资料整理时，主要收集下列资料：

1. 产品合格证书

产品合格证书一般包括产品的技术指标，实测的指标，结果判定，应有"合格"标记。

2. 产品检测报告

产品检测报告是产品出厂时按照产品标准要求的检验批次和检测项目进行检测而根据其检测结果出具的检测报告，该检测报告所检测的项目应和产品标准规定的出厂检测项目一致，不一定是产品的全部检测项目，其检测项目和检测结果只要符合产品标准中规定的出厂检测要求就可以了，产品检测报告可以和产品合格证合并出具。

3. 型式检验报告

型式检验报告是对产品所有指标进行检测的报告。一般在产品开盘时应做一个型式检验，然后按照产品标准的规定在相隔一定时间（一般为两年）的有效期内做一次型式检验。如果验收标准要求材料进场时提供型式检验报告，则材料生产厂家或材料供应商在提

供材料质量证明文件时同时提供型式检验报告，如果验收标准没有要求提供型式检验报告，材料进场时不必要求提供型式检验报告。

4. 材料进场抽样检测报告

材料、设备、半成品进场后应按设计或相关专业验收规范的要求进行抽样检测，由具有检测资质的第三方检测机构根据检测结果出具的检测报告为进场抽样检测报告，也称复验报告。《建筑工程施工质量验收统一标准》、国家专业验收规范对材料进场抽样检测的说法不一致，一种说法叫复验，一种说法叫进场抽样检测。

1.16.4 收集结构实体、功能性检测报告

结构实体、功能性检测报告是工程验收时应提供的证明结构实体和主要功能符合要求的报告，主要收集以下报告：

1. 现场实体检测报告

现场实体检测报告主要依据《混凝土结构工程施工质量验收规范》（GB 50204）和《建筑节能工程施工质量验收规范》（GB 50411）两个专业规范的要求，对混凝土强度、钢筋保护层厚度、保温材料的厚度、外窗气密性进行检测的报告。

2. 系统耐候性检测报告

系统耐候性检测报告是指建筑节能系统应用于工程之前对其耐候性进行检测的报告，当耐候性满足要求时，该系统方可用于工程，检查耐候性检测报告主要检查现场所用的材料是否和做耐候性检测时所用的材料一致，如果不一致，应禁止使用。

3. 热工性能检测报告

依据《建筑节能工程施工质量验收规范》（GB 50411）的规定，当具备热工性能检测条件时，应提供热工性能检测报告。

4. 系统节能性能检测报告

依据《建筑节能工程施工质量验收规范》（GB 50411）的规定，对空调、电气安装等系统应进行检测，根据检测结果提供系统节能性能检测报告。

5. 外窗气密性检测报告

依据《建筑节能工程施工质量验收规范》（GB 50411）的规定，对外窗气密性进行检测的报告。

1.16.5 收集分部工程、单位工程的验收记录

分部工程应由总监理工程师组织施工单位项目负责人和项目技术负责人等进行验收。

勘察、设计单位项目负责人和施工单位技术、质量部门负责人应参加地基与基础分部工程的验收。

设计单位项目负责人和施工单位技术、质量部门负责人应参加主体结构、节能分部工程的验收。

由于地基与基础、主体结构工程要求严格，技术性强，关系到整个工程的安全，为保证质量，严格把关，规定勘察、设计单位的项目负责人应参加地基与基础分部工程的验收。设计单位的项目负责人应参加主体结构、节能分部工程的验收。施工单位技术、质量部门的负责人也应参加地基与基础、主体结构、节能分部工程的验收。

（1）分部工程是单位工程的组成部分，因此分部工程完成后，由施工单位项目负责人组织检验评定合格后，向监理单位提出分部工程验收的报告，其中地基基础、主体工程、幕墙等分部，还应由施工单位的技术、质量部门配合项目负责人做好检查评定工作，监理单位的总监理工程师组织施工单位的项目负责人和技术、质量负责人等有关人员进行验收。工程监理实行总监理工程师负责制。总监理工程师享有合同赋予监理单位的全部权力，全面负责受监委托的监理工作。因为地基基础、主体结构和幕墙工程的主要技术资料和质量问题归技术部门和质量部门掌握，所以规定施工单位的项目技术、质量负责人参加验收是符合实际的。目的是督促参建单位的技术、质量负责人加强整个施工过程的质量管理。

（2）鉴于地基基础、主体结构等分部工程在单位工程中所处的重要地位，结构、技术性能要求严格，技术性强，关系到整个单位工程的建筑结构安全和重要使用功能，规定这些分部工程的勘察、设计单位工程项目负责人和施工单位的技术、质量部门负责人也应参加相关分部工程质量的验收。

单位工程中的分包工程完工后，分包单位应对所承包的工程项目进行自检，并应按本标准规定的程序进行验收。验收时，总包单位应派人参加。分包单位应将所分包工程的质量控制资料整理完整，并移交给总包单位。

由于《建设工程承包合同》的双方主体是建设单位和总承包单位，总承包单位应按照承包合同的权利义务对建设单位负责。分包单位对总承包单位负责，亦应对建设单位负责。因此，分包单位对承建的项目进行检验时，总承包单位应参加，检验合格后，分包单位应将工程的有关资料整理完整后移交给总承包单位，建设单位组织单位工程质量验收时，分包单位负责人应参加验收。

单位工程完工后，施工单位应组织有关人员进行自检。总监理工程师应组织各专业监理工程师对工程质量进行竣工预验收。存在施工质量问题时，应由施工单位及时整改。整改完毕后，由施工单位向建设单位提交工程竣工报告，申请工程竣工验收。

单位工程完成后，施工单位应首先依据验收规范、设计图纸等组织有关人员进行自检，对检查结果进行评定并进行必要的整改。监理单位应根据《建设工程监理规范》的要求对工程进行竣工预验收。符合规定后由施工单位向建设单位提交工程竣工报告和完整的质量控制资料，申请建设单位组织竣工验收。

建设单位应根据国家规定及时将验收人员、验收时间、验收程序提前一个星期报当地工程质量监督机构。

预验收是2013年修订统一标准提出的要求，施工企业必须使自己施工的产品应达到国家标准的要求，才算完成了一个施工企业的基本任务，这是一个企业立业之本，用数据、事实来证明自己企业的成果，当建设单位组织验收时。施工企业及监理企业自己要有底，已进行了预验收。

预验收包括两个方面的内容，一是实体质量，要保证达到或超过国家验收规范的要求；二是工程验收资料，《中华人民共和国建筑法》第六十条规定："交付竣工验收的建筑工程，必须符合规定的建筑工程质量标准，有完整的工程技术资料……"。这就要求施工单位在单位工程完工后，首先要依据建筑工程质量标准、设计图纸等组织有关人员进行自检，并对检查结果进行评定，符合要求后，形成质量检验评定资料。

建设单位收到工程竣工报告后，应由建设单位项目负责人组织监理、施工、设计、勘察等单位项目负责人进行单位工程验收。

单位工程质量验收应由建设单位项目负责人组织，由于勘察、设计、施工、监理单位都是责任主体，因此各单位项目负责人应参加验收，施工单位项目技术、质量负责人和监理单位的总监理工程师也应参加验收。

在一个单位工程中，对满足生产要求或具备使用条件，施工单位已自行检验，监理单位已预验收的子单位工程，建设单位可组织进行验收。由几个施工单位负责施工的单位工程，当其中的子单位工程已按设计要求完成，并经自行检验，也可按规定的程序组织正式验收，办理交工手续。在整个单位工程验收时，已验收的子单位工程验收资料应作为单位工程验收的附件。

第2章 建筑工程施工质量验收统一标准

建筑工程施工质量验收应执行现行国家标准《建筑工程施工质量验收统一标准》（GB 50300—2013）及相配套的各专业验收规范，同时还应执行地方标准。《建筑工程施工质量验收统一标准》规定了建筑工程质量验收的划分、合格条件、验收程序和组织。该标准共分六章、8个附录，并有两条强制性条文。GB 50300—2013 在 GB 50300—2001 的基础上主要对下列内容进行了修订：

1. 增加符合条件时，可适当调整抽样复验、试验数量的规定。
2. 增加制定专项验收要求的规定。
3. 增加检验批最小抽样数量的规定。
4. 增加建筑节能分部工程，增加铝合金结构、地源热泵系统等子分部工程。
5. 修改主体结构、建筑装饰装修等分部工程中的分项工程划分。
6. 增加计数抽样方案的正常检验一次、二次抽样判定方法。
7. 增加工程竣工预验收的规定。
8. 增加勘察单位应参加单位工程验收的规定。
9. 增加工程质量控制资料缺失时，应进行相应的实体检验或抽样试验的规定。
10. 增加检验批验收应具有现场验收检查原始记录的要求。

本书中条款号引用原规范的条款号。

2.1 总　　则

1.0.1　为了加强建筑工程质量管理，统一建筑工程施工质量的验收，保证工程质量，制定本标准。

1.0.2　本标准适用于建筑工程施工质量的验收，并作为建筑工程各专业验收规范编制的统一准则。

《建筑工程施工质量验收统一标准》适用于施工质量的验收，设计和使用中的质量问题不属于《建筑工程施工质量验收统一标准》约束的范畴。

1.0.3　建筑工程施工质量验收，除应符合本标准外，尚应符合国家现行有关标准的规定。

建筑工程的质量验收的有关规定，主要包括：

1. 建设行政主管部门发布的有关规章。
2. 施工技术标准、操作规程、管理标准和有关的企业标准等。
3. 试验方法标准、检测技术标准等。
4. 施工质量评价标准等。

2.2 术　语

2.0.1　建筑工程　building engineering

通过对各类房屋建筑及其附属设施的建造和与其配套线路、管道、设备等的安装所形成的工程实体。

2.0.2　检验　inspection

对被检验项目的特征、性能进行量测、检查、试验等，并将结果与标准规定的要求进行比较，以确定项目每项性能是否合格的活动。

2.0.3　进场检验　site inspection

对进入施工现场的建筑材料、构配件、设备及器具等，按相关标准的要求进行检验，并对其质量、规格及型号等是否符合要求做出确认的活动。

2.0.4　见证检验　evidential testing

施工单位在工程监理单位或建设单位的见证下，按照有关规定从施工现场随机抽取试样，送至具备相应资质的检测机构进行检验的活动。

2.0.5　复验　repeat test

建筑材料、设备等进入施工现场后，在外观质量检查和质量证明文件核查符合要求的基础上，按照有关规定从施工现场抽取试样送至试验室进行检验的活动。

2.0.6　检验批　inspection lot

按相同的生产条件或按规定的方式汇总起来供抽样检验用的，由一定数量样本组成的检验体。

2.0.7　验收　acceptance

建筑工程质量在施工单位自行检查合格的基础上，由工程质量验收责任方组织，工程建设相关单位参加，对检验批、分项、分部、单位工程及其隐蔽工程的质量进行抽样检验，对技术文件进行审核，并根据设计文件和相关标准以书面形式对工程质量是否达到合格做出确认。

2.0.8　主控项目　dominant item

建筑工程中对安全、节能、环境保护和主要使用功能起决定性作用的检验项目。

2.0.9　一般项目　general item

除主控项目以外的检验项目。

2.0.10　抽样方案　sampling scheme

根据检验项目的特性所确定的抽样数量和方法。

2.0.11　计数检验　inspection by attributes

通过确定抽样样本中不合格的个体数量，对样本总体质量做出判定的检验方法。

2.0.12　计量检验　inspection by variables

以抽样样本的检测数据计算总体均值、特征值或推定值，并以此判断或评估总体质量的检验方法。

2.0.13　错判概率　probability of commission

合格批被判为不合格批的概率，即合格批被拒收的概率，用 α 表示。

2.0.14 漏判概率 probability of omission

不合格批被判为合格批的概率，即不合格批被误收的概率，用 β 表示。

2.0.15 观感质量 quality of appearance

通过观察和必要的测试所反映的工程外在质量和功能状态。

2.0.16 返修 repair

对施工质量不符合标准规定的部位采取的整修等措施。

2.0.17 返工 rework

对施工质量不符合标准规定的部位采取的更换、重新制作、重新施工等措施。

2.3 基本规定

3.0.1 施工现场应具有健全的质量管理体系、相应的施工技术标准、施工质量检验制度和综合施工质量水平评定考核制度。施工现场质量管理可按本标准附录 A 的要求进行检查记录。

附录 A 规定施工现场质量管理检查记录应由施工单位按表 A.0.1（本书表 2.3.1）填写，总监理工程师进行检查，并做出检查结论。施工现场质量管理检查主要是检查施工企业的质量管理水平，首先应根据工程实际情况制定施工企业必要的管理制度和准备有关资料。

施工单位在填写该表格时应逐条检查、按实填写，并应有资料备查，总监理工程师（未委托监理的由工程建设单位项目负责人）应对该表的内容逐条核查，并应核查原始资料。

施工现场质量管理检查记录　　　　　　　　　　**表 2.3.1**

开工日期：

工程名称			施工许可证号		
建设单位			项目负责人		
设计单位			项目负责人		
监理单位			总监理工程师		
施工单位		项目负责人		项目技术负责人	
序号	项目			主要内容	
1	项目部质量管理体系				
2	现场质量责任制				
3	主要专业工种操作上岗证书				
4	分包单位管理制度				
5	图纸会审记录				
6	地质勘察资料				
7	施工技术标准				
8	施工组织设计编制及审批				
9	物资采购管理制度				
10	施工设施和机械设备管理制度				
11	计量设备配备				
12	检测试验管理制度				
13	工程质量检查验收制度				
14					
自检结果：			检查结论：		
施工单位项目负责人　　　　年　月　日			总监理工程师　　　　年　月　日		

注：本表摘自《建筑工程施工质量验收统一标准》（GB 50300—2013）附录 A。

（一）项目部质量管理体系

施工现场应有一个管理班子，这个管理班子由项目部全体人员组成。质量管理体系的建立主要是明确质量责任，明确上下级关系，明确目标，可以用框图来表示，质量管理框图参考图 2.3.1。

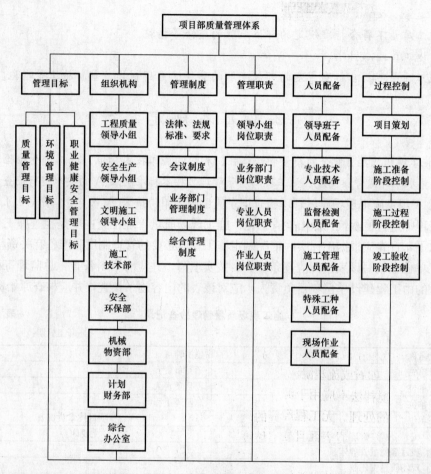

图 2.3.1　质量管理参考框图

在检查项目部质量管理体系时，主要检查下列内容：

1. 质量管理组织机构（图）；

2. 分项工程施工过程控制框图；

3. 质量管理检查制度；

4. 技术质量管理奖罚制度；

5. 质量管理例会制度；

6. 质量事故报告制度等。

（二）现场质量责任制

1. 企业经理责任制

建筑工程虽然实行的是项目负责人制，但企业经理对于每个工程项目来说，是总负责，具有企业管理的决策权，担负企业经营的策划、运作、决策、管理，虽然管理要灵活，但也不能随心所欲，必须有制度约束。

1）经理是企业质量保证的最高领导者和组织者，对本企业的工程质量负全面责任。

2）贯彻执行国家的质量法律、法规、政策、方针，并批准本企业具体贯彻实施的办法、细则。

3）组织有关人员制定企业质量目标计划。

4）及时掌握全企业的工程质量动态及重要信息情报，协调各部门、各单位的质量管理工作的关系，及时组织讨论或决定重大质量决策。

5）坚持对职工进行质量教育。组织制定或批准必要的质量奖惩政策，奖励质量工作取得显著成绩的人员，惩罚造成重大事故的责任者，审批质量管理部门的质量奖惩意见或报告。

6）批准企业《质量保证手册》。

7）检查总工程师的工作和质量保证体系。

2. 总工程师（主任工程师）责任制

1）总工程师执行经理质量决策意志，对质量保证负责具体组织、指导工作。

2）对本企业质量保证工作中的技术问题负全面责任。

3）认真组织贯彻国家各项质量政策、方针及法律、法规；组织做好有关国家标准、规范、规程、技术操作规程的贯彻执行工作；组织编写企业的工法、企业标准、工艺规程等具体措施和组织《质量保证手册》的编写与实施。

4）组织审核本企业质量指标计划，审查批准工程施工组织设计并检查实施情况。

5）参加组织本企业的质量工作会议，分析本企业质量工作倾向及重大质量问题的治理决策，提出技术措施和意见，组织重大质量事故的调查分析，审查批准处理实施方案。

6）听取质量保证部门的情况汇报，有权制止任何严重影响质量的决定的实施。有权制止严重违章施工的继续，乃至有权决定返工。

7）组织推行新技术，不断提高企业的科学管理水平。组织制定本企业新技术的运用计划并检查实施情况。

3. 质量技术部门责任制

1）对本企业质量保证的具体工作负全面责任。

2）贯彻执行上级的质量政策、规定，经理、总工程师关于质量管理的意见及决策，组织企业内各项质量管理制度、规定和质量手册的实施。

3）组织制定保证质量目标及质量指标的措施计划，并负责组织实施。

4）组织本系统质量保证的活动，监督检查所属各部门、机构的工作质量，对发现的问题，有权处理解决。

5）有权及时制止违反质量管理规定的一切行为，有权提出停工要求或立即决定停工，并上报经理和总工程师。

6）分析质量动态和综合质量信息，及时提出处理意见并上报经理和总工程师。

7）负责组织本企业的质量检查，参加或组织质量事故的调查分析及事故处理后的复查，并及时提出对事故责任者的处理意见。

8）执行企业质量奖惩政策，定期提出企业内质量奖惩意见。

9）对于工程质量不合格交工或因质量保证工作失误造成严重质量问题，应负管理责任。

4. 项目负责人（建造师）责任制

1）项目负责人（建造师）是单位工程施工现场的施工组织者和质量保证工作的直接领导者，对工程质量负有直接责任。

2）组织施工现场的质量保证活动，认真落实《质量保证手册》及技术、质量管理部门下达的各项措施要求。

3）接受质量保证部门及检验人员的质量检查和监督，对提出的问题应认真处理或整改，并针对问题性质及工序能力调查情况进行分析，及时采取措施。

4）组织现场有关管理人员开展自检和工序交接的质量互检活动，开展质量预控活动，督促管理人员、班组做好自检记录和施工记录等各项质量记录。

5）加强基层管理工作，树立正确的指导思想，严格要求管理人员和操作人员按程序办事，坚持"质量第一"的思想，对违反操作规程，不按程序办事而导致工程质量低劣或造成工程质量事故的应予以制止，并决定返工，承担直接责任。

6）发生质量事故后应及时上报事故的真实情况，并及时按处理方案组织处理。

7）组织开展有效活动（样板引路、无重大事故、消除质量通病、QC小组攻关、竣工回访等），提高工程质量。

8）加强技术培训，不断提高管理人员和操作者的技术素质。

5. 项目技术负责人责任制

1）对工程项目质量负技术上的责任。

2）依据上级质量管理的有关规定、国家标准、规程和设计图纸的要求，结合工程实际情况编制施工组织设计、施工方案以及技术交底、具体措施。

3）贯彻执行质量保证手册有关质量控制的具体措施。

4）对质量管理中工序失控环节存在的质量问题，及时组织有关人员分析判断，提出解决办法和措施。

5）有权制止不按国家标准、规范、技术措施要求和技术操作规程施工的行为，及时纠正。已造成质量问题的，提出处理意见。

6）检查现场质量自检情况及记录的正确性及准确性。

7）对存在的质量问题或质量事故及时上报，并提出分析意见及处理方法。

8）组织工程的分项、分部工程质量评定，参加单位工程竣工质量评定，审查施工技术资料，做好竣工质量验收的准备。

9）协助质量检查员开展质量检查，认真做好测量放线、材料、施工试验、隐蔽预检等施工记录。

10）指导 QC 小组活动，审查 QC 小组活动成果报告。

6. 专职质量检查员责任制

1）严格按照国家标准、规范、规程进行全面监督检查，持证上岗，对管辖范围的检查工作负全面责任。

2）严把材料检验、工序交接、隐蔽验收关，审查操作者的资格和技术熟练情况，审查检验批工程评定及有关施工记录，漏检漏评或不负责任的，追究其质量责任。

3）对违反操作规程、技术措施、技术交底、设计图纸等情况，应坚持原则，立即提出或制止，可决定返修或停工，通过项目负责人或行政负责人并可越级上报。

4）负责区域内质量动态分析和事故调查分析。

5）做好分项工程检验批的验收工作。

6）协助技术负责人、质量管理部门做好分项、分部（子分部）工程质量验收、评定工作，做好有关工程质量记录。

7）做好工程验收资料的记录、汇总工作。

7. 专业工长、施工班（组）长责任制

1）专业工长和施工班（组）长是具体操作的组织者，对施工质量负直接责任。

2）认真执行上级各项质量管理规定、技术操作规程和技术措施要求，严格按图施工，切实保证本工序的施工质量。

3）组织班组自检，认真做好记录和必要的标记。施工质量不合格的，不得进行下道工序，否则追究相应的责任。

4）接受技术、质检人员的监督、检查，并为检查人员提供相应的条件和数据。

5）施工中发现使用的建筑材料、构配件有异变，及时反映，拒绝使用不合格的材料。

6）对出现的质量问题或事故要实事求是地报告，提供真实情况和数据，以利事故的分析和处理，隐瞒或谎报的，追究工长和班组长的责任。

8. 操作者责任制

1）施工操作人员是直接将设计付诸实现，在一定程度上，对工程质量起决定作用的责任者，应对工程质量负直接操作责任。

2）坚持按技术操作规程、技术交底及图纸要求施工。违反要求造成质量事故的，负直接操作责任。

3）按规定认真做好自检和必备的标记。

4）在本岗位操作做到三不：不合格的材料、配件不使用；上道工序不合格不承接；本道工序不合格不交出。

5）接受质量检查员和技术人员的监督检查。出现质量问题主动报告真实情况。

6）参加专业技术培训，熟悉本工种的工艺操作规程，树立良好的职业道德。

除部门、人员质量责任制以外，还应有以下制度：

1. 技术交底制度

技术部门应针对特殊工序编制有针对性的作业指导书。每个工种、每道工序施工前要组织进行各级技术交底，包括项目工程技术人员对工长的技术交底，工长对班组长的技术交底，班组长对作业班组的技术交底。

交底应形成制度，形成程序，层层有交底，步步有记录，每次交底要有人负责。

2. 施工挂牌制度

主要工种如钢筋、混凝土、模板、砌体、抹灰等，施工过程中要在现场实行挂牌制，注明管理者、操作者、施工日期，并做相应的图文记录，作为重要的施工档案保存。因现场不按规范、规程施工而造成质量事故的，要追究有关人员的责任。

3. 过程三检制度

实行自检、交接检、专职检制度，自检要作文字记录。隐蔽工程要由工长组织项目技术负责人、质量检查员、班组长作检查验收，并做出较详细的文字记录。自检合格后报现场监理工程师签字确认，《建设工程质量管理条例》规定：隐蔽工程在隐蔽前，施工单位应当通知建设单位和建设工程质量监督机构。

4. 质量否决制度

对不合格分项、子分部、分部和单位工程必须进行处理。不合格分项工程流入下道工序，要追究班组长的责任；不合格分部工程流入下道工序，要追究工长和项目负责人的责任；不合格工程流入社会，要追究公司经理和项目负责人的责任。

5. 成品保护制度

应当像重视工序的操作一样重视成品保护。项目管理人员应合理安排施工工序，减少工序的交叉作业。上下工序之间应做好交接工作，并做好记录。如下道工序的施工可能对上道工序的成品造成影响时，应征得上道工序操作人员及管理人员的同意，并避免破坏和污染，否则，造成的损失由下道工序操作及管理人员负责。

6. 竣工服务承诺制度

工程竣工后应在建筑物醒目位置镶嵌标牌，注明建设单位、设计单位、施工单位、监理单位以及开竣工的日期，这是一种纪念，更是一种承诺。施工单位要主动做好回访工作，按有关规定或约定实行工程保修制度，对建筑物结构安全在合理使用寿命年限内终身负责。

7. 培训上岗制度

工程项目所有管理及操作人员应经过业务知识技能培训，并持证上岗。因无证指挥、无证操作造成工程质量不合格或出现质量事故的，除要追究直接责任者外，还要追究企业主管领导的责任。

8. 工程质量事故报告及调查制度

工程发生质量事故，施工单位要马上向当地质量监督机构和建设行政主管部门报告，并做好事故现场抢险及保护工作，建设行政主管部门要根据事故的等级逐级上报，同时按照"三不放过"的原则，按照调查程序的有关规定负责事故的调查及处理工作。对事故上报不及时或隐瞒不报的要追究有关人员的责任。

（三）主要专业工种操作上岗证书

建筑施工队伍的管理者和操作者，是建筑工程施工的主体，是工程产品形成的直接创造者，人员的素质高低及质量意识的强弱都直接影响到工程产品的优劣。所以，要认真抓好操作人员的素质教育，不断提高操作者的生产技能。我国建筑工程的勘察、设计、施工、监理、检测、造价等均实行准入制度，一方面，对管理者和从事技术的专业人员实行注册或持证上岗制度，另一方面对操作者实施持证上岗制度，因此在施工过程中要严格控制操作者的岗位资格。原建设部 2002 年印发了《关于建设行业生产操作人员实行职业资格证书制度有关问题的通知》（建人教〔2002〕73 号），要求按照《招用技术工种从业人员规定》（劳动保障部令第 6 号）和《建筑业企业资质管理规定》（建设部令第 87 号）（编者注：第 87 号令已作废，现行为 159 号令）对生产作业人员的持证上岗要求，实行就业准入和持证上岗制度。根据《招用技术工种从业人员规定》及其附件《持职业资格证书就业的工种（职业）目录》，建筑业的主要技术工种有焊工、手工木工、精细木工、土石方机械操作工、砌筑工、混凝土工、钢筋工、架子工、防水工、装饰装修工、电气设备安装工、管工、起重装卸机械操作工。根据《建筑业企业资质管理规定》劳务分包企业资质标准，要求相关技术工种为木工、砌筑工、抹灰工、石制作工、油漆工、钢筋工、混凝土工、架子工、模板工、焊接工、水暖、电工、钣金工、架线作业工。

（四）分包单位管理制度

总承包单位对单位工程的全部工程质量向建设单位负责。按有关规定进行工程分包的，总承包单位对分包工程进行全面质量控制，分包单位对其分包工程施工质量向总承包单位负责。《中华人民共和国建筑法》规定：总承包单位和分包单位就分包工程对建设单位承担连带责任。禁止总承包单位将工程分包给不具备相应资质条件的单位，禁止分包单位将其承包的工程再分包。

总承包单位应制定对分包单位的管理制度，管理制度应包括下列内容：

1. 分包单位必须按照甲方工程进度要求，服从总包单位进度计划制定相应的进度计划并负责实施。

2. 承包单位必须服从总包单位的日常管理，承担对分包工程的质量、安全、进度的连带责任；分包单位在分包范围内承担管理主要责任。

3. 项目实施过程中分包单位和分包单位之间的工作协调由总包单位负责。

4. 分包单位编制的专项施工方案应由总包单位总工程师审批后报监理单位建设单位。

5. 分包单位的进度付款申请、工程结算单首先由总承包单位签署意见后方可上报审批。

6. 分包单位应向总包单位缴纳 $n\%$ 的总包管理费，该笔费用由建设单位直接从分包单位工程款中扣除（明确总承包单位提供的各种条件）。

7. 分包单位用于工程的材料、部品应按规定报验、现场抽样检测。

8. 分包单位施工的分部、分项工程、检验批质量验收，应通过总包单位验收后报监理单位或建设单位。

9. 分包单位负责其施工工程成品的保护工作，直至所施工的工程验收。

10. 分包单位施工的工程资料必须与工程同步，符合相关标准的要求，及时向总承包单位汇总。

（五）图纸会审记录

首先明确对什么图纸进行会审。设计院签章齐全的图纸行吗？回答是否定的，因为我国实行的是设计图纸审查制度，只有当图纸经过具有图纸审查资质的机构审查并取得审查合格证后，该图纸才是合法有效的图纸。图纸会审是在施工企业已熟悉设计文件后对设计文件有不理解、不清楚或对设计文件有什么建议或者需要沟通时召集的一个专门会议，这个会议是由建设单位组织，是一项技术准备工作，它的正常做法是按设计单位先技术交底、后会审的次序进行。技术交底是设计单位向施工单位全面介绍设计思想的基础上，对新结构、新材料、新工艺、重要结构部位和易被施工单位忽视的技术问题，进行技术上的交代，并提出确保施工质量方面的具体技术要求。在此基础上由建设单位（或监理单位）和施工单位对施工图进行阅图和自审，然后由建设单位组织设计、施工单位进行图纸的会审。通过技术交底、自审和会审，将有利于施工单位对图纸结构的加深理解，并提出施工图设计中的问题和矛盾及技术事项，共同制定修正方案。

对图纸会审记录的审查，就是对会审时记录的内容、签证等项目的审查。审查的内容有：

1. 会审或交底的时间、地点和参加会审或交底的单位、人员等。

2. 会审或交底的工作程序。

3. 会审和交底的内容。建设单位（监理单位）或施工单位对设计单位提出的各项问题和要求，对图纸中出现的问题要求修改的内容，以及会审或交底时所讨论的其他内容。

4. 会审或交底时所决定的事项。也就是根据图纸所提出的问题达成最终的决定。

5. 所遗留下来的问题及解决的时间和任务的分工。

6. 各单位在会审记录上的签证。

（六）地质勘察资料

工程地质勘察是为建设项目查明建设场地的工程地质、水文地质条件而进行的测试、勘探，并进行综合评定和可行性研究的工作。

工程项目的地质勘察报告，是为了查明建设地址的地形、地貌、地层土壤、岩石特性、地质构造、水文条件和各种自然地质现象等进行测量、测绘、测试、地质调查、勘探、鉴定和综合评价等系列工作。地质勘察分为选择场地勘察阶段、初步勘察阶段和详细勘察阶段。

在核查勘察报告时，首先核查勘察单位是否具备勘察资质，勘察使用的标准是否现行有效，勘察的质量是否符合有关规定。勘察报告至少包括以下各阶段的内容：

1. 建筑物范围内的地层结构、岩石和土质的物理力学性质，并有对地基稳定性及承载能力作出正确评价的内容。

2. 对不良地质作出科学的防治措施。

3. 地下水的埋藏条件和侵蚀性；必要的时候，还应有地层的渗透性、水位变化幅度及规律。

4. 地基岩石和土及地下水在建筑物施工和使用过程中可能产生变化及影响的判断分析及防治措施。

5. 建筑物场地关于氡浓度是否符合标准的说明。

关于氡浓度也可以专门进行检测。

（七）施工技术标准

《建筑工程施工质量验收统一标准》（GB 50300—2013）的落实和执行，还需要有关标准规范的支持，专业验收规范国家已经制定，是工程施工质量验收的依据，而不是施工技术标准。施工企业在工程施工时，每一个工序都应有操作依据，操作依据称为操作标准，如：工法、工艺标准、操作规程、企业标准、工作标准、管理标准、优良工程评优标准，每一个工种、每一个分项工程都应有相应的标准作为指导，以上内容均可作为施工技术标准。验收规范不是施工技术标准，不约束施工操作行为。

施工操作标准是施工操作的依据，约束操作行为，其要求应高于或等于验收标准。验收规范是工程质量验收的依据，约束验收行为，其要求不会高于施工操作标准的质量要求。

（八）施工组织设计编制及审批

施工组织设计的编制和审批应符合国家标准《建筑施工组织设计规范》（GB/T 50502—2009）的规定。施工组织设计按编制对象，可分为施工组织总设计、单位工程施工组织设计和施工方案。施工组织设计是指以施工项目为对象编制的，用以指导施工的技术、经济和管理的综合性文件。施工组织总设计是指以若干单位工程组成的群体工程或特大型项目为主要对象编制的施工组织设计，对整个项目的施工过程起统筹规划、重点控制的作用。单位工程施工组织设计指以单位（子单位）工程为主要对象编制的施工组织设计，对单位（子单位）工程的施工过程起指导和制约作用。施工方案是指以分部（分项）工程或专项工程为主要对象编制的施工技术与组织方案，用以具体指导其施工过程。施工组织设计应包括编制依据、工程概况、施工部署、施工进度计划、施工准备与资源配置计划、主要施工方法、施工现场平面布置及主要施工管理计划等基本内容。施工组织设计的编制和审批应符合下列规定：

1. 施工组织设计应由项目负责人主持编制，可根据需要分阶段编制和审批。

2. 施工组织总设计应由总承包单位技术负责人审批；单位工程施工组织设计应由施工单位技术负责人或技术负责人授权的技术人员审批；施工方案应由项目技术负责人审批；重点、难点分部（分项）工程和专项工程施工方案应由施工单位技术部门组织相关专家评审，施工单位技术负责人审批。

3. 由专业承包单位施工的分部（分项）工程或专项工程的施工方案，应由专业承包单位技术负责人或技术负责人授权的技术人员审批；有总包单位时，应由总承包单位项目技术负责人核准备案。

4. 规模较大的分部（分项）工程和专项工程的施工方案应按单位工程施工组织设计进行编制和审批。

《建设工程监理规范》（GB 50319—2013）第 3.2.1 条规定总监理工程师的职责有组织审查施工组织设计、（专项）施工方案。注意：审查不是审批。

（九）物资采购管理制度

施工企业应建立合格材料供应商的档案，并从列入档案的供应商中采购材料。施工企业对其采购的建筑材料、构配件和设备的质量承担相应的责任，材料进场必须进行材料产品外观质量的检查验收和材质复核检验，同时要检查厂家或供应商提供的"质保书"、"准用证（规定有要求的）"、"检测报告"，不合格的材料不得使用在工程上。当工程质量验收规范或应用技术规程有要求进行现场抽样检测的，未经现场抽样检测或抽样检测不合格的，不得用于工程。施工企业应建立物资采购管理制度。

（十）施工设施和机械设备管理制度

施工设施和机械设备管理制度至少应包括下列内容：

1. 机械设备档案的建立。

2. 机械设备的保管。

3. 机械设备的使用及使用记录。

4. 机械设备的维护保养。

5. 机构设备的维修。

6. 机械设备的报废。

（十一）计量设备配备

计量设备配备，事关工程质量，如混凝土搅拌系统的计量配备，目前大多数大中城市已集中使用商品（预拌）混凝土，但尚有一些小城市采用现场拌制混凝土的方法，其配合比对混凝土强度的影响至关重要，其配合比设计应满足强度、工作性、耐久性、经济性等要求，而在混凝土搅拌计量时其计量标准与否对混凝土的性能有着十分大的影响。施工现场应有计量设备配备表，将计量设备登记造册，载明计量设备的检定日期、检定有效期、计量精度、量程等内容。计量设备还应建立设备档案，设备档案中留存购置合同、设备使用说明书、计量设备检定证明或校验记录、设备维修记录等。

（十二）检测试验管理制度

本条所述的检测试验管理制度，主要包括但不限于以下管理制度：

1. 材料进场抽样检测、现场实体检测、热工性能检测、系统节能性能检测方案的制定。

2. 检测取样、送样的规定。

3. 见证取样检测的规定。

4. 检测试验报告核查的规定。

5. 检测结果应用的规定。

6. 检测结果不合格的处理规定。

（十三）工程质量检查验收制度

施工企业按国家、地方有关标准、规范进行工程质量检查验收，既作为工程质量的记录，也作为工程量核算及操作人员考核的依据。对于隐蔽工程，在工程隐蔽前，需要进行隐蔽工程验收。

工程质量检查验收制度应包括下列主要内容：

1. 用于建筑工程的材料、成品、半成品、建筑构配件、器具和设备进行现场验收和按规定进行现场抽样检测制度。

2. 施工的各道工序应按施工技术标准进行质量控制，每道工序完成后，应进行工序交接检验的制度。

3. 专职质量检查员检查制度，专职质量检查员检查时要有质量一票否决权，专职质量检查员检查发现工程质量不合格而需要返工的必须进行返工，返工的工程不计操作者的工作量，要与操作者的工作业绩挂钩。

4. 班组检验、操作者检验制度，操作者对自己施工的工程质量必须进行检查，可以以个人为单位，可以以班组为单位进行检查，制定与其工程量挂钩的制度。

5. 各专业工程之间，应进行中间交接检验，明确质量责任。

3.0.2 未实行监理的建筑工程，建设单位相关人员应履行本标准涉及的监理职责。

根据《建设工程监理范围和规模标准规定》（建设部令第 86 号），对国家重点建设工程、大中型公用事业工程等必须实行监理。对于该规定包含范围以外的工程，也可由建设单位完成相应的施工质量控制及验收工作。

3.0.3 建筑工程的施工质量控制应符合下列规定：

1 建筑工程采用的主要材料、半成品、成品、建筑构配件、器具和设备应进行进场检验。凡涉及安全、节能、环境保护和主要使用功能的重要材料、产品，应按各专业工程施工规范、验收规范和设计文件等规定进行复验，并应经监理工程师检查认可。

2 各施工工序应按施工技术标准进行质量控制，每道施工工序完成后，经施工单位自检符合规定后，才能进行下道工序施工。各专业工种之间的相关工序应进行交接检验，并应记录。

3　对于监理单位提出检查要求的重要工序，应经监理工程师检查认可，才能进行下道工序施工。

　　1. 各专业工程施工规范、验收规范和设计文件未规定抽样检测的项目不必进行检测，但如果对其质量有怀疑时需进行检测。

　　2. 为保障工程整体质量，应控制每道工序的质量。目前各专业的施工技术规范正在编制，并陆续实施，有的省如江苏省已制定了施工操作规程，施工单位可按照执行。考虑到企业标准的控制指标应严格于行业和国家标准指标，鼓励有能力的施工单位编制企业标准，并按照企业标准的要求控制每道工序的施工质量。施工单位完成每道工序后，除了自检、专职质量检查员检查外，还应进行工序交接检查，上道工序应满足下道工序的施工条件和要求；同样相关专业工序之间也应进行交接检验，使各工序之间和各相关专业工程之间形成有机的整体。

　　3. 工序是建筑工程施工的基本组成部分，一个检验批可能由一道或多道工序组成。根据目前的验收要求，监理单位对工程质量控制到检验批，对工序的质量一般由施工单位通过自检予以控制，但为保证工程质量，对监理单位有要求的重要工序，应经监理工程师检查认可，才能进行下道工序施工。什么叫重要工序，没有统一的定义，由监理单位根据工程状况确定。

3.0.4　符合下列条件之一时，可按相关专业验收规范的规定适当调整抽样复验、试验数量，调整后的抽样复验、试验方案应由施工单位编制，并报监理单位审核确认。

　　1　同一项目中由相同施工单位施工的多个单位工程，使用同一生产厂家的同品种、同规格、同批次的材料、构配件、设备；

　　2　同一施工单位在现场加工的成品、半成品、构配件用于同一项目中的多个单位工程；

　　3　在同一项目中，针对同一抽样对象已有检验成果可以重复利用。

　　1. 相同施工单位在同一项目中施工的多个单位工程，使用的材料、构配件、设备等往往属于同一批次，如果要求每一个单位工程分别进行抽样检验势必会造成重复，形成浪费，因此适当调整抽样检验的数量是可行的，但总的批量要求不应大于相关专业验收规范的规定。

　　2. 施工现场加工的成品、半成品、构配件等抽样检验，可用于多个工程。但总的批量应符合相关标准的要求，对施工安装后的工程质量应按分部工程的要求进行检测试验，不能减少抽样数量，如结构实体混凝土强度检测、钢筋保护层厚度检测等。

　　3. 在工程实践中，同一专业内或不同专业之间对同一对象有重复检验的情况，并需分别填写验收资料。例如装饰装修工程和建筑节能工程中对门窗的气密性试验等。因此本条规定可避免对同一对象的重复检验，可重复利用检验成果。

　　调整抽样检验数量或重复利用已有检验成果应有具体的实施方案，实施方案应符合各专业验收规范的规定，并事先报监理单位认可。施工或监理单位认为必要时，也可不调整抽样复验、试验数量或不重复利用已有检验成果。

3.0.5　当专业验收规范对工程中的验收项目未做出相应规定时，应由建设单位组织监理、设计、施工等相关单位制定专项验收要求。涉及安全、节能、环境保护等项目的专项验收要求应由建设单位组织专家论证。

为适应建筑工程行业的发展，鼓励"四新"技术的推广应用，保证建筑工程验收的顺利进行，本条规定对国家、行业、地方标准没有具体验收要求的分项工程及检验批，可由建设单位组织制定专项验收要求，专项验收要求应符合设计意图，包括分项工程及检验批的划分、抽样方案、验收方法、判定指标等内容，监理、设计、施工等单位可参与制定。

为保证工程质量，重要的专项验收要求应在实施前组织专家论证。

3.0.6 建筑工程施工质量应按下列要求进行验收：

1 工程质量验收均应在施工单位自检合格的基础上进行；

2 参加工程施工质量验收的各方人员应具备相应的资格；

3 检验批的质量应按主控项目和一般项目验收；

4 对涉及结构安全、节能、环境保护和主要使用功能的试块、试件及材料，应在进场时或施工中按规定进行见证检验；

5 隐蔽工程在隐蔽前应由施工单位通知监理单位进行验收，并应形成验收文件，验收合格后方可继续施工；

6 对涉及结构安全、节能、环境保护和使用功能的重要分部工程，应在验收前按规定进行抽样检验；

7 工程的观感质量应由验收人员现场检查，并应共同确认。

（一）内容解释

本条文规定了 7 款内容，都是建筑工程质量验收的重要环节和事项，将这些环节的工作搞好，有利于保证建筑工程质量验收的工作质量。

1．"工程质量验收均应在施工单位自检合格的基础上进行"。这款应说明三个问题，一是分清责任，施工单位应对检验批、分项、分部（子分部）、单位（子单位）工程按操作依据的标准（企业标准）等进行自行检查评定，待检验批、分项、分部（子分部）、单位（子单位）工程符合要求后，再交由监理工程师、总监理工程师进行验收，以突出施工单位对施工的工程质量负责。二是企业应按不低于国家验收规范质量指标的企业标准来操作和自行检查评定。监理或总监理工程师应按国家验收规范验收。三是验收应形成资料，由企业项目专业质量检查员和监理单位的监理工程师和总监理工程师在相应的表格上签字认可。

2．检验批、分项工程质量的验收应为监理单位的监理工程师，施工单位的则为专业质量检查员、项目技术负责人；分部（子分部）工程质量的验收应为监理单位的总监理工程师；勘察、设计单位的单位项目负责人；分包单位、总包单位的项目负责人；单位（子单位）工程质量的验收应为监理单位的总监理工程师、施工单位的单位项目负责人、设计单位的单位项目负责人、建设单位的单位项目负责人。单位（子单位）工程质量控制资料核查与单位（子单位）工程安全和功能检验资料核查和主要功能抽查，应为监理单位的总监理工程师；单位（子单位）工程观感质量检查应由总监理工程师组织三名以上监理工程师和施工单位（含分包单位）项目负责人等参加。各有关人员应按规定资格持上岗证上岗。

由于各地的情况不同，工程的内容、复杂程序不同，对专业质量检查员、项目技术负责人、项目负责人等人员，不能规定死，非要求什么技术职称才行，标准只提一个原则要求，具体的由各地建设行政主管部门去规定，但有一点一定要引起重视，施工单位的质量检查员是掌握企业标准和国家标准的具体人员，他是施工企业的质量把关人员，要给他充分的权力，给他充分的独立的质量否决权。各企业以及各地都应重视质量检查员的培训和选用。这个岗位一定要持证上岗。

3. "检验批的质量应按主控项目和一般项目验收"。这里包括两个方面的意思，一是验收规范的内容不全是验收的内容，除了检验批的主控项目、一般项目外，还有总则、术语及符号、基本规定、一般规定等，对其施工工艺、过程控制、验收组织、程序、要求等的辅助规定。辅助规定除了黑体字的强制性条文应作为强制执行的内容外，其他条文不作为验收内容。二是检验批的验收内容，只按主控项目、一般项目的条款来验收，只要这些条款达到规定后，检验批就应通过验收。不能随意扩大内容范围和提高质量标准。如需要扩大内容范围和提高质量标准时，应在承包合同中规定，并明确增加费用及扩大部分的验收规范和验收的人员等事项。

这些要求既是对执行验收的人员做出的规定，也是对各专业验收规范编写时的要求。

4. "对涉及结构安全、节能、环境保护和主要使用功能的试块、试件及材料，应在进场时或施工中按规定进行见证检验"。为了加强工程结构安全的监督管理，保证建筑工程质量检测工作的科学性、公正性和准确性。建设部 2005 年以 141 号令发布了《建设工程质量检测管理办法》，规定的见证取样项目为：

1）水泥；
2）钢筋；
3）砂、石；
4）混凝土、砂浆强度；
5）简易土工；
6）掺加剂；
7）沥青、沥青混合料；
8）预应力钢绞线、锚夹具。

141 号令正在修订中，《建筑节能工程施工质量验收规范》（GB 50411）也规定了见证取样项目。见证检验不等于现场抽样复验，现场抽样复验的项目及参数应符合各专业规范的要求，本书均有介绍。

5. "隐蔽工程在隐蔽前应由施工单位通知监理单位进行验收，并应形成验收文件，验收合格后方可继续施工"。本款与原标准区别在于原标准规定施工单位应对隐蔽工程先进行检查，符合要求后通知建设单位、监理单位、勘察设计单位和质量监督机构等。现行标准虽未规定施工单位先进行检查验收，但在实际操作中，建议施工单位先填好验收表格，并填上自检的数据、质量情况等，然后再由监理工程师验收、并签字认可，形成文件。监理可以旁站或平行监理，也可抽查检验，这些应在监理方案中明确。

值得注意的是，2001 年 1 月 30 日国务院令第 279 号《建设工程质量管理条例》第三十条规定："隐蔽工程在隐蔽前，施工单位应当通知建设单位和建设工程质量监督机构"，该条款并未废止，建设单位委托监理的应由监理工程师验收签字，未委托监理的工程由建设单位项目负责人验收签字，建设工程质量监督机构接通知后可到现场也可不到现场，到现场后发现问题向施工单位提出，没有问题可验收，不必签字。

6. "对涉及结构安全、节能、环境保护和使用功能的重要分部工程应在验收前按规定进行抽样检验"，本款中的重要分部工程并没界定，在执行中，仍然按照相关专业规范的要求进行实体检测。如钢筋位置，绑扎完钢筋检查，位置都是符合要求的，但将混凝土浇筑完，钢筋的位置是否保持原样，就不好判定了，就需要验证检测。还有混凝土强度的实体检测、防水效果检测、管道强度及畅通的检测等，都需要验证性的检测。这样对正确评价工程质量很有帮助。这些项目在分部（子分部）工程中给出，可以由施工、监理、建设单位等一起抽样检测，也可以由施工方进行，请有关方面的人员参加。监理、建设单位等也可自己进行验证性抽测。但抽测范围、项目应严格控制，以免增加工程费用。建议以验收规范列出的项目为准，不宜再扩大和增加。

7. "工程的观感质量应由验收人员通过现场检查，并应共同确认"。观感质量可通过观察和简单的测试确定，观感质量的综合评价结果应由验收各方共同确认并达成一致。对影响观感及使用功能或质量评价为差的项目应进行返修。由于观感质量受人为及评价人情绪的影响较大，对不影响安全、功能的装饰等外观质量，只评出好、一般、差。而且规定并不影响工程质量的验收。好、一般都没有什么可说，通过验收就完了；但对差的评价，能修的就修，不能修的就协商解决。其评好、一般、差的标准，原则就是各分项工程检验批的主控项目及一般项目中的有关部分，由验收人员综合考虑。故提出通过现场检查，并应共同确定。现场检查，房屋四周尽量走到，室内重要部位及有代表性房间尽量看到，有关设备能运行的尽可能要运行。验收人员以监理单位为主，由总监理工程师组织，不少于3个监理工程师参加，并有施工单位的项目负责人、技术、质量部门的人员及分包单位项目负责人及有关技术、质量人员参加，其观感质量的好、一般、差，经过现场检查，在听取各方面的意见后，由总监理工程师为主导和监理工程师共同确定。

这样做既能将工程的观感质量进行一次宏观全面评价，又不影响工程的结构安全和使用功能的评价，突出了重点，兼顾了一般。

（二）贯彻的措施和判定

这一条措施是对整个建筑工程施工质量验收而设立的，面广、宏观，对贯彻其所采取的措施就更宏观了，在贯彻落实中应执行，统一标准本身应执行，各专业规范也应执行。在一定意义上，本条本身就是一个贯彻落实建筑工程施工质量验收规范、保证建筑工程施工验收质量的措施。

同时，为保证本条的贯彻落实，提出了相应的措施。

1. "工程质量的验收均应在施工单位自检合格的基础上进行"。其落实措施应包括三个方面：

1) 在施工中应执行操作标准，也就是相应的操作规程或操作规范，国家正在制定施工操作规范，按规范或规程进行培训、交底和具体操作，在分项、分部（子分部）、单位（子单位）工程的交付验收前，必须自行检查评定，达到质量指标，同时应符合国家施工质量验收统一标准和相应施工质量验收规范的要求，才能交监理或建设单位进行验收。

2) 当地建设行政主管部门有健全的监督检查制度，对施工单位不经自行组织检查评定合格，或不经检查评定，不执行操作标准和国家质量验收规范，将不合格的工程［含检验批、分项、分部（子分部）、单位（子单位）工程］交出验收的，要进行处罚或给予不良行为记录。同时，对监理单位（或建设单位）不按国家工程质量验收规范验收，将达不到合格的工程验收，应对监理（或建设）单位进行处罚或给予不良行为记录。

3）应保证工程质量施工企业先检查评定合格，再验收的基本程序的贯彻落实。

判定：各项验收记录表各方按程序签认，即为正确。

2."参加工程施工质量验收的各方人员应具备规定的资格"。国家对相关人员的技术职称没有具体的规定，但大多数岗位国家已实施注册制度，具体要求应符合国家、行业和地方有关法律、法规的规定，尚无规定时可由参加验收的单位协商确定。

判定：主要的有关人员符合国家、行业和地方有关法律、法规的规定即为正确。

3."检验批的质量应按主控项目和一般项目验收"。其落实措施按规定使用检验批验收表并按条款及时进行验收。

判定：按条款及时验收，即为正确。

4."对涉及结构安全、节能、环境保护和主要使用功能的试块、试件及材料，应在进场时或施工中按规定进行见证检验"。抽测的项目已在各专业验收规范分部（子分部）工程中作出了规定，为保证其抽样及时，在材料进场时应进行抽样。

判定：按规定的项目检测，结果符合要求，即为正确。

5. 隐蔽工程的验收落实措施重点是施工企业要建立隐蔽工程验收制度，在施工组织设计中，对隐蔽验收的主要部位及项目列出计划，与监理工程师进行商量后确定下来。这样的好处，一是落实隐蔽验收的工作量及资料数量；二是使监理等有关方面心中有数，到了一定的部位就可主动安排时间，施工单位一通知，就能马上到；三是督促了施工单位必要的部位要按计划进行隐蔽验收。通知可提前一定的时间，但也应是自行验收合格后，再请监理工程师验收。隐蔽工程验收前还应通知建设单位和工程质量监督机构。

判定：该监理到的能及时到场验收，即为正确。

6."对涉及结构安全、节能、环境保护和使用功能的重要分部工程应在验收前按规定进行抽样检验"。重要分部工程并未界定，功能性检测时，应尽量在分部（子分部）工程验收前抽测，不要等到单位工程验收时才检测。为保证其规范性，施工单位应在施工开始就制订质量检验制度，明确检测项目、检测时间、使用的方法标准、检测单位等，提高检测的计划性。保证检测项目的及时进行。

其落实措施是：

1）功能性检测的项目应符合相关专业验收规范的要求，并在相关章节中进行介绍。

2）功能性检测的单位应具有相应的资质。

3）检测人员应具备相应的检测能力并取得岗位证书。

4）见证人员应对见证试样的代表性和真实性负责。见证人员应作见证记录，并归入施工技术档案。

判定：以上条款基本做到，即为正确。

7."工程的观感质量应由验收人员通过现场检查，并应共同确认"。其落实措施是由总监理工程师负责，在监理计划中写明并实施到位。

判定：通过到现场的程序即可。

3.0.7 建筑工程施工质量验收合格应符合下列规定：

1 符合工程勘察、设计文件的规定；

2 符合本标准和相关专业验收规范的规定。

（一）内容解释

本条文规定了两款内容，都是建筑工程质量验收的依据，不满足这款的要求不得验收。

1. "符合工程勘察、设计文件的规定"。这条是本系列质量验收规范的一条基本规定。包括两个方面的含义，一是施工依据设计文件进行，按图施工这是施工的常规。勘察文件是对设计及施工需要的工程地质提供的地质资料及现场资料情况，是设计的主要基础资料之一。设计文件是将工程项目的要求，经济合理地将工程项目形成设计文件，设计符合有关技术法规和技术标准的要求，条款中所述的设计文件是经过施工图设计文件审查机构的审查才是合法有效的施工图设计文件。施工符合设计文件的要求是确保建设项目质量的基本要求，是施工必须遵守的。二是工程勘察还应为施工现场地质条件提供地质资料，在进行施工总平面规划、地下施工方案的制订以及判定桩基施工过程的控制效果等，工程勘察报告将起到重要作用。

2. "符合本标准和相关专业验收规范的规定"。这款说明三个层次的问题。一是建筑工程施工质量验收有统一要求，同时，规定了单位工程的验收内容，就是说单位工程的验收由统一标准来完成。这个验收规范体系是一个整体。二是建筑工程质量验收其质量指标是一个对象只有一个标准，没有别的标准要求。施工单位施工的工程质量达到这个标准，就是合格的工程，就是完成了任务。建设单位应按这个标准来验收工程，不应降低这个标准。三是这个规范体系只是质量验收的标准，仅规范验收行为，不规范操作行为，不规定完成任务的施工方法，这些方法由操作规范来规定、约束，尽管质量指标是一个，但完成这个指标的方法是多种多样的，施工企业可去自由发挥。

（二）贯彻的措施和判定

质量验收时应依据本条规定的两个条款进行，不应降低标准也不应随意增加验收内容。

1. "符合工程勘察、设计文件的要求"。其落实措施要做到三点：

1) 按照《建设工程质量管理条例》落实质量责任制，按图施工是施工企业的重要原则，必须先做好自身的工作，尽到自己的责任。

2) 制定出修改设计文件的制度和程序，施工中不得随意改变设计文件。如必须修改时，应按程序由原设计单位进行修改，并出正式手续，涉及主要结构、地基基础、建筑节能的变更应重新进行图纸审查。

3) 在制定施工组织设计时，必须首先阅读工程勘察报告，根据其对施工现场提供的地质评价和建议，进行施工现场的总平面设计，制定地基开挖措施等有关技术措施，以保证工程施工的顺利进行。

判定：按图施工，设计变更符合程序要求，即为正确。

2. "符合本标准和相关专业验收规范的规定"。其落实措施的重点是强调这是一个系列标准，一个单位工程的质量验收，是由统一标准和相关专业验收规范共同完成的，在统一标准第一章（本书本章第2.1节）总则中已明确了，第1.0.2条、第1.0.3条都说明了这个原则。在各专业验收规范的第一章总则中，都做出了明确规定。这是保证这个系列规范统一协调的基础。

同时，其落实措施最具体的是推出检验批、分项工程、分部（子分部）工程、单位

（子单位）工程的整套验收表格，来具体落实统一标准和各专业验收规范共同验收一个单位工程的质量。

判定：只要按制定的表格逐步验收，签字齐全就是正确的。

3.0.8 检验批的质量检验，可根据检验项目的特点在下列抽样方案中选择：

1 计量、计数或计量—计数的抽样方案；

2 一次、二次或多次抽样方案；

3 对重要的检验项目，当有简易快速的检验方法时，选用全数检验方案；

4 根据生产连续性和生产控制稳定性情况，采用调整型抽样方案；

5 经实践证明有效的抽样方案。

计数检验是指在抽样的样本中，记录每一个体有某种属性或计算每一个体中的缺陷数目的检查方法。

计量检验是指在抽样检验的样本中，对每一个体测量其某个定量特性的检查方法。

对于检验项目的计量、计数检验，可分为全数检验和抽样检验两大类。

对于重要的检验项目且可采用简易快速的非破损检验方法时，宜选用全数检验。对于构件截面尺寸或外观质量等检验项目，宜选用考虑合格质量水平的生产方风险 α 和使用方风险 β 的一次或二次抽样方案，也可选用经实践检验有效的抽样方案。

在各专业规范中，已经根据统一标准的要求，确定了抽样方案，在工程验收时，按各专业规范规定的抽样方案执行。

3.0.9 检验批抽样样本应随机抽取，满足分布均匀、具有代表性的要求，抽样数量应符合有关专业验收规范的规定。当采用计数抽样时，最小抽样数量应符合表 3.0.9（本书表2.3.2）的要求。

明显不合格的个体可不纳入检验批，但应进行处理，使其满足有关专业验收规范的规定，对处理的情况应予以记录并重新验收。

检验批最小抽样数量　　　　　　　　　　　　　　　　　　　　　表 2.3.2

检验批的容量	最小抽样数量	检验批的容量	最小抽样数量
2～15	2	151～280	13
16～25	3	281～500	20
26～90	5	501～1200	32
91～150	8	1201～3200	50

本条规定了检验批的抽样要求。目前对施工质量的检验大多没有具体的抽样方案，样本选取的随意性较大，有时不能代表母体的质量情况。因此本条规定随机抽样应满足样本分布均匀、抽样具有代表性等要求。

对抽样数量的规定依据国家标准《计数抽样检验程序 第 1 部分：按接收质量限（AQL）检索的逐批检验抽样计划》（GB/T 2828.1—2012），给出了检验批验收时的最小抽样数量，其目的是要保证验收检验具有一定的抽样量，并符合统计学原理，使抽样更具代表性。最小抽样数量有时不是最佳的抽样数量，因此本条规定抽样数量尚应符合有关专业验收规范的规定。检验批中明显不合格的个体主要可通过肉眼观察或简单的测试确定，这些个体的检验指标往往与其他个体存在较大差异，纳入检验批后会增大验收结果的离散性，影响整体质量水平的统计。同时，也为了避免对明显不合格个体的人为忽略情况，本条规定对明显不合格的个体可不纳入检验批，但必须进行处理，使其符合规定。

3.0.10 计量抽样错判概率 α 和漏判概率 β 可按下列规定采取：

　　1 主控项目：对应于合格质量水平的 α 和 β 均不宜超过 5%；

　　2 一般项目：对应于合格的质量水平的 α 不宜超过 5%，β 不宜超过 10%。

　　对于所给出的 α 和 β 的概念，虽然在工业产品生产中早已应用，在 GB 50300—2001 中也提出了该概念，但是对我国建筑施工企业应用似有一定困难。统一标准将其引出，主要是引导建筑工程质量验收应逐步向采用数理统计原理的科学抽样方法过渡，使检查验收更趋于科学化。在实践中，我们应对上述概念尽量理解和应用。

　　为了了解上述基本规定，我们需要简要学习关于抽样方案中的几个主要概念：

　　1. 合格质量：指抽样检查中对应于一个确定的较高接受概率的被认为满意的质量水平，以不合格品率或每单位平均缺陷数表示。

　　2. 极限质量：抽样检查中对应于较低接受概率的被认为不容许更劣的批质量水平。

　　3. 错判概率 α 为生产方风险：质量为合格质量的批之拒收概率。

　　4. 漏判概率 β 为使用方风险：质量为极限质量的批之接收概率。

　　通俗地讲，关于合格质量水平的生产方风险 α，是指合格批被判为不合格的概率，即合格批被拒收的概率；所谓使用方风险 β，则是不合格批被判为合格批的概率，即不合格批被误收的概率。

　　在实践中，抽样检验必然存在这两类风险，要求抽样检验中的所有检验批 100% 合格既不合理，也不可能。在抽样检验中，两类风险一般控制范围是：对于主控项目，其 α、β 均不宜超过 5%；对于一般项目，α 不宜超过 5%，β 不宜超过 10%。

　　对于住宅工程，业主（住户）不愿意承担使用方风险，经常出现业主投诉事件，因此，目前已推广竣工验收前的分户质量验收。

2.4　建筑工程质量验收的划分

4.0.1 建筑工程施工质量验收应划分为单位工程、分部工程、分项工程和检验批。

　　施工质量验收时，将建筑工程划分为单位工程、分部工程、分项工程和检验批的方式已被采纳和接受，在建筑工程验收过程中应用情况良好，已沿用多年，继续使用。

4.0.2 单位工程应按下列原则划分：

　　1 具备独立施工条件并能形成独立使用功能的建筑物或构筑物为一个单位工程；

　　2 对于规模较大的单位工程，可将其能形成独立使用功能的部分划分为一个子单位工程。

　　随着经济发展和施工技术进步，大量建筑规模较大的工程项目和具有综合使用功能的建筑物，几万平方米以上建筑物已不鲜见。这些建筑物的施工周期长，受多种因素影响，诸如后期建设资金不足，部分停建、缓建，对已建成并具备使用条件的部分，拟需投入使用，因此，设定了子单位工程进行验收的规定。

4.0.3 分部工程应按下列原则划分：

　　1 可按专业性质、工程部位确定；

2 当分部工程较大或较复杂时，可按材料种类、施工特点、施工程序、专业系统及类别将分部工程划分为若干子分部工程。

建筑工程中分部工程的划分，考虑了发展和特点以及材料、设备、施工工艺的较大差异，便于施工和验收，当分部工程量很大且较复杂时，将其中相同部分的工程或能够形成独立专业系统的工程划分为子分部工程，子分部工程成一个体系，对施工和验收更能准确地判定其工程质量水平。

建筑物内部设施也越来越多样，按建筑的重要部位和安装专业划分的分部工程已不适应要求，为此，又增设了子分部工程，有利于正确评价工程质量和验收。

4.0.4 分项工程可按主要工种、材料、施工工艺、设备类别进行划分。

4.0.5 检验批可根据施工、质量控制和专业验收的需要，按工程量、楼层、施工段、变形缝进行划分。

检验批是工程质量正常验收过程中的最基本单元，分项工程划分成检验批进行验收有助于及时纠正施工中出现的质量问题，确保工程质量，也符合施工实际需要。根据检验批划分原则，通常多层及高层建筑工程中主体分部的分项工程可按楼层或施工段来划分检验批，单层建筑工程中的分项工程可按变形缝等划分检验批；地基基础分部工程中的分项工程视施工情况划分检验批，有地下室的基础工程可按不同地下室划分检验批；屋面分部工程中的分项工程不同楼层屋面可划分为不同的检验批；其他分部工程中的分项工程，一般按楼层划分检验批；对于工程量较少的分项工程可统一划分为一个检验批。安装工程一般按一个设计系统或设备组别划分为一个检验批。室外工程统一划分为一个检验批。散水、台阶、明沟等含在地面检验批中。

地基基础中的土石方、基坑支护子分部工程及混凝土工程中的模板工程，虽不构成建筑工程实体，但它是建筑工程施工不可缺少的重要环节和必要条件，其施工质量如何，不仅关系到能否施工和施工安全，也关系到建筑工程的质量，因此将其列入施工验收内容是应该的。对这些内容的验收，更多的是过程验收。

4.0.6 建筑工程的分部工程、分项工程划分宜按本标准附录B（本书表2.4.1）采用。

建筑工程的分部工程、分项工程划分　　　　　　　　　　　　　　表2.4.1

序　号	分部工程	子分部工程	分项工程
1	地基与基础	地基	素土、灰土地基，砂和砂石地基，土工合成材料地基，粉煤灰地基，强夯地基，注浆地基，预压地基，砂石桩复合地基，高压旋喷注浆地基，水泥土搅拌桩地基，土和灰土挤密桩复合地基，水泥粉煤灰碎石桩复合地基，夯实水泥土桩复合地基
		基础	无筋扩展基础，钢筋混凝土扩展基础，筏形与箱形基础，钢结构基础，钢管混凝土结构基础，型钢混凝土结构基础，钢筋混凝土预制桩基础，泥浆护壁成孔灌注桩基础，干作业成孔桩基础，长螺旋钻孔压灌桩基础，沉管灌注桩基础，钢桩基础，锚杆静压桩基础，岩石锚杆基础，沉井与沉箱基础
		基坑支护	灌注桩排桩围护墙，板桩围护墙，咬合桩围护墙，型钢水泥土搅拌墙，土钉墙，地下连续墙，水泥土重力式挡墙，内支撑，锚杆，与主体结构相结合的基坑支护
		地下水控制	降水与排水，回灌
		土方	土方开挖，土方回填，场地平整
		边坡	喷锚支护，挡土墙，边坡开挖
		地下防水	主体结构防水，细部构造防水，特殊施工法结构防水，排水，注浆

序号	分部工程	子分部工程	分项工程
2	主体结构	混凝土结构	模板，钢筋，混凝土，预应力，现浇结构，装配式结构
		砌体结构	砖砌体，混凝土小型空心砌块砌体，石砌体，配筋砌体，填充墙砌体
		钢结构	钢结构焊接，紧固件连接，钢零部件加工，钢构件组装及预拼装，单层钢结构安装，多层及高层钢结构安装，钢管结构安装，预应力钢索和膜结构，压型金属板，防腐涂料涂装，防火涂料涂装
		钢管混凝土结构	构件现场拼装，构件安装，钢管焊接，构件连接，钢管内钢筋骨架，混凝土
		型钢混凝土结构	型钢焊接，紧固件连接，型钢与钢筋连接，型钢构件组装及预拼装，型钢安装，模板，混凝土
		铝合金结构	铝合金焊接，紧固件连接，铝合金零部件加工，铝合金构件组装，铝合金构件预拼装，铝合金框架结构安装，铝合金空间网格结构安装，铝合金面板，铝合金幕墙结构安装，防腐处理
		木结构	方木与原木结构，胶合木结构，轻型木结构，木结构的防护
3	建筑装饰装修	建筑地面	基层铺设，整体面层铺设，板块面层铺设，木、竹面层铺设
		抹灰	一般抹灰，保温层薄抹灰，装饰抹灰，清水砌体勾缝
		外墙防水	外墙砂浆防水，涂膜防水，透气膜防水
		门窗	木门窗安装，金属门窗安装，塑料门窗安装，特种门安装，门窗玻璃安装
		吊顶	整体面层吊顶，板块面层吊顶，格栅吊顶
		轻质隔墙	板材隔墙，骨架隔墙，活动隔墙，玻璃隔墙
		饰面板	石板安装，陶瓷板安装，木板安装，金属板安装，塑料板安装
		饰面砖	外墙饰面砖粘贴，内墙饰面砖粘贴
		幕墙	玻璃幕墙安装，金属幕墙安装，石材幕墙安装，陶板幕墙安装
		涂饰	水性涂料涂饰，溶剂型涂料涂饰，美术涂饰
		裱糊与软包	裱糊，软包
		细部	橱柜制作与安装，窗帘盒和窗台板制作与安装，门窗套制作与安装，护栏和扶手制作与安装，花饰制作与安装
4	屋面	基层与保护	找坡层和找平层，隔汽层，隔离层，保护层
		保温与隔热	板状材料保温层，纤维材料保温层，喷涂硬泡聚氨酯保温层，现浇泡沫混凝土保温层，种植隔热层，架空隔热层，蓄水隔热层
		防水与密封	卷材防水层，涂膜防水层，复合防水层，接缝密封防水
		瓦面与板面	烧结瓦和混凝土瓦铺装，沥青瓦铺装，金属板铺装，玻璃采光顶铺装
		细部构造	檐口，檐沟和天沟，女儿墙和山墙，水落口，变形缝，伸出屋面管道，屋面出入口，反梁过水孔，设施基座，屋脊，屋顶窗

注：本表摘自《建筑工程施工质量验收统一标准》（GB 50300—2013）附录B土建部分，建筑节能和安装部分见《质量员专业管理实务（设备安装）》（第二版）。

4.0.7 施工前，应由施工单位制定分项工程和检验批的划分方案，并由监理单位审核。对于附录B（本书表2.4.1）及相关专业验收规范未涵盖的分项工程和检验批，可由建设单位组织监理、施工等单位协商确定。

随着建筑工程领域的技术进步和建筑功能要求的提升，会出现一些新的验收项目，并需要有专门的分项工程和检验批与之相对应。对于本标准附录B及相关专业验收规范未涵盖的分项工程、检验批，可由建设单位组织监理、施工等单位在施工前根据工程具体情况协商确定，并据此整理施工技术资料和进行验收。

4.0.8 室外工程可根据专业类别和工程规模按本标准附录C（本书表2.4.2）的规定划分单位工程、分部工程和分项工程。

室外工程的单位工程、分部工程划分 表 2.4.2

单位工程	子单位工程	分部工程
室外设施	道路	路基、基层、面层、广场与停车场、人行道、人行地道、挡土墙、附属构筑物
	边坡	土石方、挡土墙、支护
附属建筑及室外环境	附属建筑	车棚、围墙、大门、挡土墙
	室外环境	建筑小品，亭台，水景，连廊，花坛，场坪绿化，景观桥

注：本表摘自《建筑工程施工质量验收统一标准》（GB 50300—2013）附录C。

室外工程目前国家没有专门的质量验收标准，其验收可参照相关分项工程的质量标准。

2.5 建筑工程质量验收

建筑工程质量验收时一个单位工程划分为四个层次进行验收，即：单位、分部、分项、检验批。

由于楼层、施工段、变形缝等的影响，或者由于进场时间、进场批次的不同，同一种样本有可能划分为一个或多个检验批。

对于每个验收层次的验收，国家标准只给出了合格的条件，没有给出优良条件，也就是说现行国家质量验收标准作为强制性标准，对于工程质量验收只设合格一个质量等级，如果在工程质量验收合格之后，希望评定更高的质量等级可以按照另行制定的优质工程标准进行验收。

5.0.1 检验批质量验收合格应符合下列规定：

1 主控项目的质量经抽样检验均应合格；

2 一般项目的质量经抽样检验合格。当采用计数抽样时，合格点率应符合有关专业验收规范的规定，且不得存在严重缺陷。对于计数抽样的一般项目，正常检验一次、二次抽样可按本标准附录D（本书表2.5.1、表2.5.2）判定；

3 具有完整的施工操作依据、质量验收记录。

一般项目正常检验一次抽样判定 表 2.5.1

样本容量	合格判定数	不合格判定数	样本容量	合格判定数	不合格判定数
5	1	2	32	7	8
8	2	3	50	10	11
13	3	4	80	14	15
20	5	6	125	21	22

注：本表摘自《建筑工程施工质量验收统一标准》（GB 50300—2013）附录D。

抽样次数	样本容量	合格判定数	不合格判定数	抽样次数	样本容量	合格判定数	不合格判定数
(1)	3	0	2	(1)	20	3	6
(2)	6	1	2	(2)	40	9	10
(1)	5	0	3	(1)	32	5	9
(2)	10	3	4	(2)	64	12	13
(1)	8	1	3	(1)	50	7	11
(2)	16	4	5	(2)	100	18	19
(1)	13	2	5	(1)	80	11	16
(2)	26	6	7	(2)	160	26	27

注：1. （1）和（2）表示抽样次数，（2）对应的样本容量为二次抽样的累计数量。
2. 本表摘自《建筑工程施工质量验收统一标准》（GB 50300—2013）附录 D。

检验批虽然是工程验收的最小单元，但它是分项工程乃至整个建筑工程质量验收的基础。检验批是施工过程中条件相同并具有一定数量的材料、构配件或施工安装项目的总称，由于其质量基本均匀一致，因此可以作为检验的基础单位组合在一起，按批验收。

按照上述规定，检验批验收时应进行资料检查和实物检验。

资料检查主要是检查从原材料进场到检验批验收的各施工工序的操作依据、质量检查情况以及控制质量的各项管理制度等。由于资料是工程质量的记录，所以对资料完整性的检查，实际是对过程控制的检查确认，是检验批合格的前提。

实物检验，应检验主控项目和一般项目。其合格指标在各专业质量验收规范中给出，本书中将详细介绍。对具体的检验批来说，应按照各专业质量验收规范对各检验批主控项目、一般项目规定的指标，逐项检查验收。

检验批的合格质量主要取决于对主控项目和一般项目的检验结果。主控项目是对检验批的质量起决定性影响的检验项目，因此必须全部符合有关专业工程验收规范的规定。这意味着主控项目不允许有不符合要求的检验结果，即主控项目的检查结论具有否决权。如果发现主控项目有不合格的点、处、构件，必须修补、返工或更换，最终使其达到合格。

标准附录 D.0.1 规定：对于计数抽样的一般项目，正常检验一次抽样可按表 D.0.1-1（本书表 2.5.1）判定，正常检验二次抽样可按表 D.0.1-2（本书表 2.5.2）判定。抽样方案应在抽样前确定。

标准附录 D.0.2 规定：样本容量在表 D.0.1-1 或表 D.0.1-2 给出的数值之间时，合格判定数可通过插值并四舍五入取整确定。

依据《计数抽样检验程序 第 1 部分：按接收质量限（AQL）检索的逐批检验抽样计划》（GB/T 2828.1—2012）给出了计数抽样正常检验一次抽样、正常检验二次抽样结果的判定方法。

举例说明表 D.0.1-1（本书表 2.5.1）和表 D.0.1-2（本书表 2.5.2）的使用方法：对于一般项目正常检验一次抽样，假设样本容量为 20，在 20 个试样中如果有 5 个或 5 个以下试样被判为不合格时，该检测批可判定为合格；当 20 个试样中有 6 个或 6 个以上试样被判为不合格时，则该检测批可判定为不合格。对于一般项目正常检验二次抽样，假设样本容量为 20，当 20 个试样中有 3 个或 3 个以下试样被判为不合格时，该检测批可判定为合格；当有 6 个或 6 个以上试样被判为不合格时，该检测批可判定为不合格；当有 4 或 5 个试样被判为不合格时，应进行第二次抽样，样本容量也为 20 个，两次抽样的样本容量为 40，当两次不合格试样之和为 9 或小于 9 时，该检测批可判定为合格，当两次不合格试样之和为 10 或大于 10 时，该检测批可判定为不合格。

表 D.0.1-1（本书表 2.5.1）和表 D.0.1-2（本书表 2.5.2）给出的样本容量不连续，对合格判定数和不合格判定数有时需要进行取整处理。例如样本容量为 15，按表 D.0.1-1（本书表 2.5.1）插值得出的合格判定数为 3.571，不合格判定数为 4.571，取整可得合格判定数为 4，不合格判定数为 5。

检验批质量验收是整个工程质量验收的基础，检验批质量验收记录规定由专业质量检查员填写。专业质量检查员必须取得省建设主管部门颁发的岗位证书，无岗位证书即无资格验收签字。根据强制性条文的有关规定，无资格人员签字可处工程合同价款 2% 以上、4% 以下的罚款。

检验批的质量验收记录由施工项目专业质量检查员检查填写，监理工程师（建设单位项目专业技术负责人）组织项目专业质量检查员等进行验收，并按表 2.5.3 记录。

_____检验批质量验收记录　　编号：____ 　表 2.5.3

单位（子单位）工程名称		分部（子分部）工程名称			分项工程名称	
施工单位		项目负责人			检验批容量	
分包单位		分包单位项目负责人			检验批部位	
施工依据				验收依据		
		验收项目	设计要求及规范规定	最小/实际抽样数量	检查记录	检查结果
主控项目	1					
	2					
	3					
	4					
	……					
一般项目	1					
	2					
	3					
	4					
	……					
施工单位检查结果				专业工长： 项目专业质量检查员： 年　月　日		
监理单位验收结论				专业监理工程师： 年　月　日		

注：本表摘自《建筑工程施工质量验收统一标准》（GB 50300—2013）附录 E。

表中"施工依据"系指施工操作执行的施工工艺标准，它可以是工法、工艺标准、操作规程、企业标准，而不是工程质量验收规范，无论什么分项工程，施工操作必须有依据，并将依据填入表格中相应栏目。

1. 主控项目。主控项目的条文是必须达到的要求，是保证工程安全和使用功能的重要检验项目，是对安全、卫生、环境保护和公众利益起决定性作用的检验项目，是确定该检验批主要性能的。如果达不到规定的质量指标，降低要求就相当于降低该工程项目的性能指标，就会严重影响工程的安全性能；如果提高要求就等于提高性能指标，就会增加工程造价。如混凝土、砂浆的强度等级是保证混凝土结构、砌体工程强度的重要性能。所以要求必须全部达到要求。

主控项目包括的内容主要有：

1) 重要材料、构件及配件；成品及半成品；设备性能及附件的材质；技术性能等。检查出厂证明及检测报告，如水泥、钢材的质量；预制楼板、墙板、门窗等构配件的质量；风机等设备的质量。检查出厂证明，其技术数据、项目符合有关技术标准规定。

2) 结构的强度、刚度和稳定性等检验数据、工程性能的检测。如混凝土、砂浆的强度；钢结构的焊缝强度；管道的压力试验；风管的系统测定与调整；电气的绝缘、接地测试；电梯的安全保护、试运转结果等。检查测试记录，其数据及项目要符合设计要求和验收规范规定。

对一些有龄期要求的检测项目，在其龄期不到，不能提供数据时，可先将其他评价项目先评价，并根据施工现场的质量保证和控制情况，暂时验收该项目，待检测数据出来后，再填入数据。如果数据达不到规定数值，以及对一些材料、构配件质量及工程性能的测试数据有疑问时，应进行复试、鉴定及现场检验。

2. 一般项目。一般项目是除主控项目以外的检验项目，其条文也是应该达到的，只不过对少数条文可以适当放宽一些，也不影响工程安全和使用功能的。有些条文虽不像主控项目那样重要，但对工程安全、使用功能，观感质量都有较大影响的。这些项目在验收时，绝大多数抽查的处（件），其质量指标都必须达到要求，其余20%虽可以超过一定的指标，也是有限的，通常不得超过规定值的50%，即最大偏差不得大于1.5倍允许偏差，此项规定服从各专业验收规定。与"验评标准"比，这样就对工程质量的控制更严格了，进一步保证了工程质量。

一般项目包括的内容主要有：

1) 允许有一定偏差的项目，而放在一般项目中，用数据规定的标准，可以有允许偏差范围，并有不到20%的检查点可以超过允许偏差值，但对偏差值有一定限制，应符合相应规范的要求。

2) 对不能确定偏差值而又允许出现一定缺陷的项目，则以缺陷的数量来区分。如砖砌体预埋拉结筋，其留置间距偏差；混凝土钢筋露筋，露出一定长度等。

3) 一些无法定量的而采用定性的项目。如碎拼大理石地面颜色协调，无明显裂缝和坑洼；油漆工程中，中级油漆的光亮和光滑项目、卫生器具给水配件安装项目，接口严密，启闭部分灵活；管道接口项目，无外露油麻等。这些就要靠监理工程师来掌握了。

5.0.2 分项工程质量验收合格应符合下列规定：

1 所含的检验批的质量均应验收合格；

2 所含的检验批的质量验收记录应完整。

分项工程的验收在检验批的基础上进行。一般情况下，两者具有相同或相近的性质，只是批量的大小不同而已。因此，将有关的检验批汇集构成分项工程。分项工程合格质量的条件比较简单，只要构成分项工程的各检验批的验收资料文件完整，并且均已验收合格，则分项工程验收合格。

分项工程质量应由监理工程师（建设单位项目专业技术负责人）组织项目专业技术负责人等进行验收，并按表 2.5.4 记录。

_____分项工程质量验收记录　　　　　　　　表 2.5.4

编号：____

单位（子单位）工程名称		分部（子分部）工程名称		
分项工程数量		检验批数量		
施工单位		项目负责人		项目技术负责人
分包单位		分包单位项目负责人		分包内容

序号	检验批名称	检验批容量	部位/区段	施工单位检查结果	监理单位验收结论
1					
2					
3					
⋯⋯					

说明：	
施工单位检查结果	项目专业技术负责人： 　　　　　年　月　日
监理单位验收结论	专业监理工程师： 　　　　　年　月　日

注：本表摘自《建筑工程施工质量验收统一标准》（GB 50300—2013）表 F。

5.0.3 分部工程质量验收合格应符合下列规定：

1 所含分项工程的质量均应验收合格；

2 质量控制资料应完整；

3 有关安全、节能、环境保护和主要使用功能的抽样检验结果应符合相应规定；

4 观感质量应符合要求。

首先，分部工程的各分项工程必须已验收合格且相应的质量控制资料文件必须完整，质量控制资料的项目按本标准要求进行检查，这是验收的基本条件。此外，由于各分项工程的性质不尽相同，因此作为分部工程不能简单地组合加以验收，尚须增加以下两类检查。

涉及有关安全、节能、环境保护和主要使用功能的抽样检验结果符合相关规定，对于主要使用功能并没有明确的界定，但本条要求符合相关规定，这个规定是在各个专业验收规范中，也就是本书各个章节中有相应的要求，因此可理解为要求抽样检验的为主要功能。

关于观感质量验收，这类检查往往难以定量，只能以观察、触摸或简单量测的方式进行，并由个人的经验和主观印象进行判断，显然，这种检查结果给出"合格"或"不合格"的结论是不科学、不严谨的，而只应综合给出质量评价。对于"差"的检查点应通过返修处理等补救。

分部（子分部）工程质量应由总监理工程师组织施工项目负责人和有关勘察、设计单位项目负责人进行验收，并按表 2.5.5 记录。

_____分部工程质量验收记录   表 2.5.5

编号_____

单位（子单位）工程名称			子分部工程数量		分项工程数量	
施工单位			项目负责人		技术（质量）负责人	
分包单位			分包单位负责人		分包内容	
序号	子分部工程名称	分项工程名称	检验批数量	施工单位检查结果		临理单位验收结论
1						
2						
3						
……						
	质量控制资料					
	安全和功能检验结果					
	观感质量					
综合验收结论						
施工单位项目负责人： 年 月 日		勘察单位项目负责人： 年 月 日		设计单位项目负责人： 年 月 日		监理单位总监理工程师： 年 月 日

注：1. 地基与基础分部工程的验收应由施工、勘察、设计单位项目负责人和总监理工程师参加并签字；

    2. 主体结构、节能分部工程的验收应由施工、设计单位项目负责人和总监理工程师参加并签字；

    3. 本表摘自《建筑工程施工质量验收统一标准》（GB 50300—2013）附录 G。

分部、子分部工程的验收内容、程序都是一样的，在一个分部工程中只有一个子分部工程时，子分部就是分部工程。当不是一个子分部工程时，可以一个子分部一个子分部地进行质量验收，然后，应将各子分部的质量控制资料进行核查；对有关安全、节能、环境保护和主要使用功能的抽样检验结果的资料核查；观感质量评价结果的综合评价。其各项内容的具体验收：

1. 分部（子分部）工程所含分项工程的质量均应验收合格的验收。实际验收中，这项内容也是项统计工作，在做这项工作时注意三点：

1）检查每个分项工程验收是否正确；

2）注意查对所含分项工程，有没有漏、缺，或有没有进行验收；

3）注意检查分项工程的资料完整不完整，每个验收资料的内容是否有缺漏项，以及分项验收人员的签字是否齐全及符合规定。

2. 质量控制资料应完整的核查。这项验收内容，实际也是统计、归纳和核查，主要包括三个方面的资料：

1）核查和归纳各检验批的验收记录资料，查对其是否完整。

2）在检验批验收时，其应具备的资料应准确完整才能验收。在分部、子分部工程验收时，主要是核查和归纳各检验批的施工操作依据、质量检查记录，查对其是否配套完整，包括有关的试验资料的完整程度。一个分部、子分部工程能否具有数量和内容完整的质量控制资料，是验收规范指标能否通过验收的关键，但在实际工程中，资料的类别、数量会有欠缺，不够完整，这就要靠我们验收人员来掌握其程度，具体操作可参照单位工程的做法。

3）注意核对各种资料的内容、数据及验收人员的签字是否规范等。

3. 有关安全、节能、环境保护和主要使用功能的抽样检验结果应符合有关规定的检查。

这项验收内容，包括安全及功能两方面的检测资料。抽测其检测项目在各专业质量验收规范中已有明确规定，在验收时应注意三个方面的工作：

1）检查各规范中规定的检测的项目是否都进行了验收，未进行检测的项目应该查清原因并做出处理，确保质量。

2）检查各项检测记录（报告）的内容、结果是否符合要求，包括检测项目的内容，所遵循的检测方法标准、检测结果的数据是否达到规定的标准。

3）核查资料是否由有资质的机构出具，其检测程序、有关取样人、审核人、试验负责人，以及盖章、签字是否齐全等。

4. 观感质量验收应符合要求的检查。分部（子分部）工程的观感质量检查，是经过现场工程的检查，由检查人员共同确定评价等级的好、一般、差，在检查和评价时应注意以下几点：

1）分部（子分部）工程观感质量评价是2001年系列验收规范修订新增加的，目的有两个。一是现在的工程体量越来越大、越来越复杂，等单位工程全部完工后再检查，有的项目已看不见了，看了还应修的修不了，只能是既成事实。另一方面竣工后一并检查，由于工程的专业多，而检查人员又不能太多，专业不全，不能将专业工程中的问题看出来。再就是有些项目完工以后，工地上就没有事了，其工种人员就撤出去了，即使检查出问题来，再让其来修理，用的时间也长。二是新建筑企业资质就位后，分层次有了专业承包公司，对这些企业分包承包的工程，完工以后也应该有个评价，也便于这些企业的监管。这样可克服上述的一些不足，同时，也便于分清质量责任，提高后道工序对前道工序的成品保护。

2）在进行检查时，检查人员一定要在现场，将工程的各个部位全部看到，能操作的应操作，观察其方便性、灵活性或有效性等；能打开观看的应打开观看，不能只看"外观"，应全面了解分部（子分部）的实物质量。

3）评价方法，由于标准没有将观感质量放在重要位置，只是一个辅助项目，其评价内容只列出了项目，其具体标准没有具体化。基本上是各检验批的验收项目，多数在一般项目内。检查评价人员宏观掌握，如果没有较明显达不到要求的，就可以评一般；如果某些部位质量较好，细部处理到位，就可评好；如果有的部位达不到要求，或有明显的缺陷，但不影响安全或使用功能的，则评为差。

有影响安全或使用功能的项目，不能评价，应修理后再评价。

评价时，施工企业应先自行检查合格后，由监理单位来验收，参加评价的人员应具有相应的资格，由总监理工程师组织，不少于三位监理工程师来检查，在听取其他参加人员的意见后，共同做出评价，但总监理工程师的意见应为主导意见。在做评价时，可分项目评价，也可分大的方面综合评价，最后对分部（子分部）做出评价。

5.0.4 单位工程质量验收合格应符合下列规定：

1 所含分部工程的质量均应验收合格；

2 质量控制资料应完整；

3 所含分部工程中有关安全、节能、环境保护和主要使用功能的检验资料应完整；

4 主要使用功能的抽查结果应符合相关专业验收规范的规定；

5 观感质量应符合要求。

单位工程质量竣工验收记录应按附录 H（本书表 2.5.6）填写。由谁来填写验收表格，本统一标准附录 H 做出了明确的规定：验收记录由施工单位填写，验收结论由监理单位填写。综合验收结论经参加验收各方共同商定，由建设单位填写，应对工程质量是否符合设计文件和相关标准的规定及总体质量水平做出评价。

表 2.5.6 中的验收记录一栏的填写要有依据，质量控制资料检查栏中应根据单位（子单位）工程质量控制资料检查记录中的项数，逐项检查，检查时注意是否有漏项。安全和主要使用功能检查及抽查结果一栏中应根据单位（子单位）工程安全和功能检验资料检查及主要功能抽查记录填写，检查系指该工程中应有的全部项目，并不得缺项，抽查结果系指工程质量验收时验收组协商确定抽查的项目，该抽查可以是验收组现场抽查，也可是委托检测单位检测。

单位（子单位）工程质量验收是"统一标准"的主要内容之一，这部分内容只在"统一标准"中有，其他专业质量验收规范中没有。这部分内容是单位（子单位）工程的质量验收，是工程质量验收的最后一道把关，是对工程质量的一次总体综合评价。

为加深理解单位工程的合格条件，分别进行叙述。

1. 所含分部工程的质量均应验收合格

这项工作，总承包单位应事前进行认真准备，将所有分部、子分部工程质量验收的记

单位工程质量竣工验收记录

表 2.5.6

工程名称		结构类型		层数/建筑面积	
施工单位		技术负责人		开工日期	
项目负责人		项目技术负责人		完工日期	

序号	项目	验收记录	验收结论
1	分部工程验收	共　分部，经查符合设计及标准规定　分部	
2	质量控制资料核查	共　项，经核查符合规定　项	
3	安全和使用功能核查及抽查结果	共核查　项，符合规定　项，共抽查　项，符合规定　项，经返工处理符合规定　项	
4	观感质量验收	共抽查　项，达到"好"和"一般"的　项，经返修处理符合要求的　项	
5	综合验收结论		

参加验收单位	建设单位	监理单位	施工单位	设计单位	勘察单位
	(公章) 项目负责人： 　年　月　日	(公章) 总监理工程师： 　年　月　日	(公章) 项目负责人： 　年　月　日	(公章) 项目负责人： 　年　月　日	(公章) 项目负责人： 　年　月　日

注：1. 单位工程验收时，验收签字人员应由相应单位的法人代表书面授权；
　　2. 本表摘自《建筑工程施工质量验收统一标准》(GB 50300—2013) 附录 H 表 H.0.1-1。

录表，及时进行收集整理，并列出目次表，依序将其装订成册。在核查及整理过程中，应注意以下几点：

1）核查各分部工程所含的子分部工程是否齐全。

2）核查各分部、子分部工程质量验收记录表的质量评价是否完善，有分部、子分部工程质量的综合评价、有质量控制资料的评价、地基与基础、主体结构和设备安装分部、子分部工程规定的有关安全及功能的检测和抽测项目的检测记录，以及分部、子分部观感质量的评价等。

3）核查分部、子分部工程质量验收记录表的验收人员是否是规定的有相应资质的技术人员，并进行了评价和签认。

2. 质量控制资料应完整

单位（子单位）工程质量控制资料检查的项目应按表 2.5.7 要求，并应按表 2.5.7 填写检查记录。

工程名称				施工单位			
序号	项目	资料名称	份数	施工单位		监理单位	
				核查意见	核查人	核查意见	核查人
1	建筑与结构	图纸会审记录、设计变更通知单、工程洽商记录					
2		工程定位测量、放线记录					
3		原材料出厂合格证书及进场检验、试验报告					
4		施工试验报告及见证检测报告					
5		隐蔽工程验收记录					
6		施工记录					
7		地基、基础、主体结构检验及抽样检测资料					
8		分项、分部工程质量验收记录					
9		工程质量事故调查处理资料					
10		新技术论证、备案及施工记录					
11							

结论：

施工单位项目负责人：　　　　　　　　　　　　总监理工程师：

　　　　　　　　　年　月　日　　　　　　　　　　　　　　　年　月　日

注：本表摘自《建筑工程施工质量验收统一标准》（GB 50300—2013）附录表 H.0.1-2 建筑与结构部分，建筑节能和安装部分在《质量员专业管理实务（设备安装）》（第二版）中介绍。

总承包单位将各分部、子分部工程应有的质量控制资料进行核查，图纸会审及变更记录、定位测量放线记录、施工操作依据、原材料、构配件等质量证书、按规定进行检验的检测报告、隐蔽工程验收记录、施工中有关施工试验、测试、检验等，以及抽样检测项目的检测报告等，由总监理工程师进行核查确认，可按单位工程所包含的分部、子分部分别核查，也可综合抽查。其目的是强调建筑结构、设备性能、使用功能方面主要技术性能的检验。每个检验批规定了"主控项目"，并提出了主要技术性能的要求，检查单位工程的质量控制资料，对主要技术性能进行系统的核查。如一个空调系统只有分部、子分部工程综合调试，才能取得需要的数据。

1）工程质量控制资料的作用

施工操作工艺、企业标准、施工图纸等设计文件，工程技术资料、工程施工的依据和施工过程的见证记录，是企业管理重要组成部分。因为任何一个基本建设项目，只有在运营上满足它的使用功能要求，才能充分发挥它的经济效益。只有工程符合社会需要，才能使它的劳动消耗得到承认，才能使它的经济价值和使用价值得以实现，这才算是有了真正的经济效益。

因此，确保建设工程的质量，将是整个基本建设工作的核心。为了证明工程质量，证明各项质量保证措施的有效运行，质量保证资料将是整个技术资料的核心。从工程质量管理出发可将技术资料分为：工程质量验收资料、工程质量资料、施工技术管理资料和竣工图等。

建筑工程质量控制资料是反映建筑工程施工过程中，各个环节工程质量状况的基本数据和原始记录；反映完工项目的测试结果和记录。这些资料是反映工程质量的客观见证，是评价工程质量的主要依据。工程质量资料是工程的"合格证"和技术证明书。由于工程质量整体测试，只能在建造的施工过程中分别测试、检验或间接的检测。由于工程的安全性能要求高，所以工程质量资料比产品的合格证更重要。从广义质量来说，工程质量资料就是工程质量的一部分，同时，工程质量资料是工程技术资料的核心，是企业经营管理的重要组成部分，更是质量管理的主要方面，是反映一个企业管理水平高低的重要见证。通过资料的定期分析研究，能帮助企业改进管理。在贯彻执行 ISO 9000 质量管理体系系列标准中，资料是其一项重要内容，是证明管理有效性的重要依据，资料也是质量管理体系的重要组成部分，是评价管理水平的重要见证标准。从质量体系要素中的质量体系文件来看，一般包括四个层次：

（1）质量手册。主要内容是阐述某企业的质量方针、质量体系和质量活动的文件。有企业的质量方针；企业的组织机构及质量职责；各项质量活动程序；质量手册的管理办法。

（2）程序文件。是落实质量管理体系要素所开展的有关活动的规章制度和实施办法。按性质分为管理和技术性程序文件。管理性程序文件，包括有关规章制度、管理标准和工作标准，质量活动的实施办法等；技术性程序文件，包括技术规程、工艺规程、检验规程和作业指导书等。

（3）质量计划。包括应达到的质量目标；该项目各个阶层中责任和权限的分配；采用的特定程序、方法和作业指导书；有关试验、检验、验证和审核大纲；随项目的进展而修改和完善质量计划的方法；为达到质量目标必须采取的其他措施。

（4）质量记录。是证明各阶段产品质量是否达到要求和质量体系运行有效的证据。包括设计、检验、试验、审核、复审的质量记录和图表等，这些质量记录都是质量管理体系活动执行情况达到规定的质量要求，并验证质量体系运行是否具有效性的证据。

在验收一个分部、子分部工程的质量时，为了系统核查工程的结构安全和它的重要使用功能，虽然在分项工程验收时，已核查了规定提供的技术资料，但仍有必要再进行复核，只是不再像验收检验批、分项工程质量那样进行微观检查，而是从总体上通过核查质量控制资料来评价分部、子分部工程的结构安全与使用功能。但目前由于材料供应渠道中的技术资料不能完全保证，加上有些施工企业管理不健全等情况，因此往往使一些工程中资料不能达到完整，当一个分部、子分部工程的质量控制资料虽有欠缺，但能反映其结构安全和使用功能，是满足设计要求的，则可以认定该工程的质量控制资料为完整。如钢材，按标准要求既要有出厂合格证，又要有试验报告，即为完整。实际中，如有一批用于非重要构件的钢材没有出厂合格证，但经法定检测单位检验，该批钢材物理及化学性能均符合设计和标准要求，则可以认为该批钢材的技术资料是完整。再如砌筑砂浆的试块应按规范要求的频率取样，在施工过程中，个别少量部位由于某种原因而没有按规定频率取样，但从现场的质量管理状况及有的试块强度检验数据，反映具有代表性时，也可认为是完整。

由于每个工程的具体情况不一，因此什么是完整，要视工程特点和已有资料的情况而定。总之，有一点要掌握，即验收或核验分部、子分部工程质量时，核查的质量控制资料，看其是否可以反映和达到上述要求，即使有些欠缺也可认为是完整。

工程质量的控制资料，是从众多的工程技术资料中，筛选出的直接关系和说明工程质量状况的技术资料。多数是提供实施结果的见证记录、报告等文件材料。对于其他技术资料，由于工程不同或环境不同，要求也就不尽相同。各地区应根据实际情况增减。所以作为一个企业的领导，应该时刻注意管理措施的有效性，研究每一项资料的作用，有效的保留，作用小的改进，无效的去掉，劳而无功的事不干。有效的质量资料是工程质量的见证，少一张也不行，无用的多一张也不要。对非要不可的见证资料，一定要做到准、实、及时，对不准不实的资料宁愿不要，也不充数。

对一个单位工程全面进行技术资料核查，还可以防止局部错漏，从而进一步加强工程质量的控制。对结构工程及设备安装系统进行系统的核查，便于同设计要求对照检查，达到设计效果。

2) 单位（子单位）工程质量控制资料的判定

质量控制资料对一个单位工程来讲，主要是判定其是否能够反映保证结构安全和主要使用功能是否达到设计要求，如果能够反映出来，即或按标准及规范要求有少量欠缺时，也可以认可。因此，在标准中规定质量控制资料应完整。但在检验批时都应具备完整的施工操作依据、质量检查资料。对单位工程质量控制资料完整的判定，通常情况下可按以下三个层次进行判定：

(1) 该有的资料项目有了

在表 2.5.7 中，应该有的项目的资料有了，如建筑与结构项目中，共有 10 项资料。如果没有使用新材料、新工艺，该第 10 项的资料可以没有。如果该工程施工过程没有出现质量事故，该第 9 项的资料也就没有了。其该有的项目为 8 项就行了。

(2) 在每个项目中该有的资料有了。

表 2.5.7 中应有的项目中，应该有的资料有了，没有发生的资料应该没有，对工程结构、功能及有关质量不会出现影响其性能的资料，有缺点的也可以认可。如第 3 项中的钢材，按"规定既要有质量合格证，也应有试验报告为完整"。但有个别非重要部位用的钢材，由于多方原因没有合格证，经过有资质的检测单位检验，该批钢材物理及化学性能符合设计和标准要求，也可以认为该批钢材的材料是完整的。

(3) 在每个资料中该有的数据有了。

在各项资料中，每一项资料应该有的数据有了。资料中应该证明的材料、工程性能的数据就是有这样的资料，也证明不了该材料、工程的性能，也不能算资料完整，如水泥复试报告，通常其安定性、强度、初凝、终凝时间必须有确切的数据及结论。再如钢筋复试报告，通常应有力学性能的数据及结论，符合设计及钢筋标准的规定。这样可判定其应有的数据有了。

由于每个工程的具体情况不一，因此什么是资料完整，要视工程特点和已有资料的情况而定，总之，有一点验收人员应掌握的，看其是否可以反映工程的结构安全和使用功能，是否达到设计要求。如果资料保证该工程结构安全和使用功能，则可认为是完整。

3. 所含分部工程中有关安全、节能和环境保护和主要使用功能的检验资料应完整。

所含分部工程中有关安全、节能和环境保护和主要使用功能的检验项目应符合表 2.5.8 的规定，并应按表 2.5.8 填写检查记录。

工程名称			施工单位				
序号	项目	安全和功能检查项目	份数	核查意见	抽查结果	核查（抽查）人	
1	建筑与结构	地基承载力检验报告					
2		桩基承载力检验报告					
3		混凝土强度试验报告					
4		砂浆强度试验报告					
5		主体结构尺寸、位置抽查记录					
6		建筑物垂直度、标高、全高测量记录					
7		屋面淋水或蓄水试验记录					
8		地下室渗漏水检测记录					
9		有防水要求的地面蓄水试验记录					
10		抽气（风）道检查记录					
11		外窗气密性、水密性、耐风压检测报告					
12		幕墙气密性、水密性、耐风压检测报告					
13		建筑物沉降观测测量记录					
14		节能、保温测试记录					
15		室内环境检测报告					
16		土壤氡气浓度检测报告					
结论：							
施工单位项目负责人：　　年　月　日				总监理工程师：　　年　月　日			

注：1. 抽查项目由验收组协商确定。
　　2. 该表摘自《建筑工程施工质量验收统一标准》（GB 50300—2013）附录 H.0.1-3 建筑与结构部分，其他部分在《质量员专业管理实务（设备安装）》（第二版）中介绍。

安全和功能检验的目的是确保工程的安全和使用功能。在分部、子分部工程提出了一些检测项目，在分部、子分部工程检查和验收时，应进行检测来保证和验证工程的综合质量和最终质量。检验应由施工单位来检测，检测过程中可请监理工程师或建设单位有关负责人参加监督检测工作，达到要求后，并形成检测记录签字认可。在单位工程、子单位工程验收时，监理工程师应对各分部、子分部工程应检测的项目进行核对，对检测资料的数量、数据及使用的检测方法标准、检测程序进行核查，以及核查有关人员的签认情况等。核查后，将核查的情况填入表 2.5.8，需要检测机构检测的项目应委托检测机构进行检测，核查后对表 2.5.8 的各项内容做出通过或通不过的结论。

4. 主要功能项目的抽查结果应符合相关专业质量验收规范的规定

主要功能抽测是现行验收规范的特点之一，目的主要是综合检验工程质量能否保证工程的功能，满足使用要求。这项抽查检测多数还是复查性的和验证性的。

主要功能抽测项目已在各分部、子分部工程中列出，有的是在分部、子分部完成后进行检测，有的还要待相关分部、子分部工程完成后试验检测，有的则需要等单位工程全部完成后进行检测。这些检测项目应在单位工程完工，施工单位向建设单位提交工程验收报告之前，全部进行完毕，并将检测报告写好。至于在建设单位组织单位工程验收时，抽测什么项目，可由验收委员会（验收组）来确定。但其项目应在表2.5.8中，不能随便提出其他项目。如需要检测表2.5.8没有的检测项目时，应进行专门研究来确定。

通常主要功能抽测项目，应为有关项目最终的综合性的使用功能，如室内环境检测、建筑节能检测、屋面淋水检测、照明全负荷试验检测、智能建筑系统运行等。只有最终抽测项目效果不佳，或其他原因，必须进行中间过程有关项目的检测时，要与有关单位共同制定检测方案，并要制订成品保护措施，采取完善的保护措施后进行，总之，主要功能抽测项目的进行，不要损坏建筑成品。

主要功能抽测项目进行，可对照该项目的检测记录逐项核查，可重新做抽测记录表，也可不形成抽测记录，在原检测记录上注明签认。

住宅工程质量分户验收时，还应按《住宅工程质量分户验收规程》（DGJ32/J 103—2010）的规定对建筑外窗做现场抽测（江苏省地标，其他省市可参考）。

5. 观感质量验收应符合要求

观感质量评价是工程的一项重要评价工作，是全面评价一个分部、子分部、单位工程的外观及使用功能质量，促进施工过程的管理、成品保护，提高社会效益和环境效益。观感质量检查绝不是单纯的外观检查，而是实地对工程的一个全面检查，核实质量控制资料，核查分项、分部工程验收的正确性，及对在分项工程中不能检查的项目进行检查等。如工程完工，绝大部分的安全可靠性能和使用功能已达到要求，但出现不应出现的裂缝和严重影响使用功能的情况，应该首先弄清原因，然后再评价。地面严重空鼓、起砂、墙面空鼓粗糙、门窗开关不灵、关闭不严等项目的质量缺陷很多，就说明在分项、分部工程验收时，掌握标准不严。分项分部无法测定和不便测定的项目，在单位工程观感评价中，给予核查。如建筑物的全高垂直度、上下窗口位置偏移及一些线角顺直等项目，只有在单位工程质量最终检查时，才能了解得更确切。

系统地对单位工程检查，可全面地衡量单位工程质量的实际情况，突出对工程整体检验和为用户着想的观点。分项、分部工程的验收，对其本身来讲虽是产品检验，但对交付使用一幢房子来讲，又是施工过程中的质量控制。只有单位工程的验收，才是最终建筑产品的验收。所以，在标准中，既加强了施工过程中的质量控制（分项、分部工程的验收），又严格进行了单位工程的最终评价，使建筑工程的质量得到有效保证。

观感质量的验收方法和内容与分部、子分部工程的观感质量评价一样，只是分部、子分部的范围小一些而已，只是一些分部、子分部的观感质量，可能在单位工程检查时已经看不到了。所以单位工程的观感质量是更宏观一些的。

其内容按各有关检验批的主控项目、一般项目有关内容综合掌握，给出好、一般、差的评价。

检查时应将建筑工程外檐全部看到，对建筑的重要部位、项目及有代表性的房间、部位、设备、项目都应检查到。对其评价时，可逐点评价再综合评价；也可逐项给予评价；也可按大的方面综合评价。评价时，要在现场由参加检查验收的监理工程师共同确定，确定时，可多听取被验收单位及参加验收的其他人员的意见。并由总监理工程师签认，总监理工程师的意见应有主导性。

观感质量检查应按表2.5.9填写。

工程名称			施工单位		
序号		项目	抽查质量状况	质量评价
1		主体结构外观	共检查　点，好　点，一般　点，差　点	
2		室外墙面	共检查　点，好　点，一般　点，差　点	
3		变形缝、雨水管	共检查　点，好　点，一般　点，差　点	
4	建筑与结构	屋面	共检查　点，好　点，一般　点，差　点	
5		室内墙面	共检查　点，好　点，一般　点，差　点	
6		室内顶棚	共检查　点，好　点，一般　点，差　点	
7		室内地面	共检查　点，好　点，一般　点，差　点	
8		楼梯、踏步、护栏	共检查　点，好　点，一般　点，差　点	
9		门窗	共检查　点，好　点，一般　点，差　点	
10		雨罩、台阶、坡道、散水	共检查　点，好　点，一般　点，差　点	
	观感质量综合评价			
结论 施工单位项目负责人： 　　　　年　月　日			总监理工程师： 　　　　年　月　日		

注：1. 对质量评价为差的项目应进行返修；
　　2. 观感质量现场检查原始记录应作为本表附件；
　　3. 本表摘自《建筑工程施工质量验收统一标准》（GB 50300—2013）附录表 H.0.1-4 建筑与结构部分，建筑节能和安装部分在《质量员专业管理实务（设备安装）》（第二版）中介绍。

5.0.5　建筑工程质量验收记录可按下列规定填写：

　　1　检验批质量验收记录可按本标准附录 E（本书表 2.5.3）填写，填写时应具有现场验收检查原始记录。

　　2　分项工程质量验收记录可按本标准附录 F（本书表 2.5.4）填写。

　　3　分部工程质量验收记录可按本标准附录 G（本书表 2.5.5）填写。

　　4　单位工程质量竣工验收记录、质量控制资料核查记录、安全和功能检验资料核查及主要功能抽查记录、观感质量检查记录应按本标准附录 H（本书表 2.5.6、表 2.5.7、表 2.5.8、表 2.5.9）填写。

　　建筑工程质量验收记录是工程档案资料的主要内容，它反映了工程质量状况，是工程质量的一部分，验收记录应做到下列几个方面：验收程序正确、验收内容齐全、验收记录完整、验收部位正确、验收时间及时、验收签字合法。

5.0.6　当建筑工程施工质量不符合要求时，应按下列规定进行处理：

　　1　经返工或返修的检验批，应重新进行验收；

　　2　经有资质的检测机构检测鉴定能够达到设计要求的检验批，应予以验收；

　　3　经有资质的检测机构检测鉴定达不到设计要求、但经原设计单位核算认可能够满足安全和使用功能的检验批，可予以验收；

　　4　经返修或加固处理的分项、分部工程，满足安全及使用功能要求时，可按技术处理方案和协商文件的要求予以验收。

　　本条是当质量不符合要求时的非正常验收办法。一般情况下，不合格现象在最基层的验收单位——检验批时就应发现并及时处理，否则将影响后续检验批和相关的分项工程、分部工程的验收。因此所有质量隐患必须尽快消灭在萌芽状态，这也是标准以强化验收促进过程控制原则的体现。

非正常情况的处理有以下四种情况：

第一种情况，是指在检验批验收时，其主控项目不能满足验收规范规定或一般项目超过偏差限值的子项不符合检验规定的要求时，应及时进行处理的检验批。其中，严重的缺陷应推倒重来；一般的缺陷通过翻修或更换器具、设备予以解决，应允许施工单位在采取相应的措施后重新验收。如能够符合相应的专业工程质量验收规范，则应认为该检验批合格。

第二种情况，是指个别检验批发现试块强度等不满足要求等问题，难以确定是否验收时，应请具有资质的法定检测单位检测。当鉴定结果能够达到设计要求时，该检验批仍应认为通过验收。

第三种情况，如经检测鉴定达不到设计要求，但经原设计单位核算，仍能满足结构安全和使用功能的情况，该检验批可以予以验收。一般情况下，规范标准给出了满足安全和功能的最低限度要求，而设计往往在此基础上留有一些余量。不满足设计要求和符合相应规范、标准的要求，两者并不矛盾。

如果某项质量指标达不到规范的要求，多数也是指留置的试块失去代表性、或是因故缺少试块的情况，以及试块试验报告有缺陷，不能有效证明该项工程的质量情况，或是对该试验报告有怀疑时，要求对工程实体质量进行检测。经有资质的检测单位检测鉴定达不到设计要求，但这种数据距达到设计要求的差距有限，差距不是太大。经过原设计单位进行验算，认为仍可满足结构安全和使用功能，可不进行加固补强。如原设计计算混凝土强度应达到 26MPa，故只能选用 C30 混凝土，经检测的结果是 26.5MPa，虽未达到 C30 的要求，但仍能大于 26MPa，是安全的。又如某五层砌体结构，一、二、三层用 M10 砂浆砌筑，四、五层为 M5 砂浆砌筑。在施工过程中，由于管理不善等，其三层砂浆强度最小值为 7.4MPa，没达到规范的要求，按规定应不能验收，但经过原设计单位验算，砌体强度尚可满足结构安全和使用功能，可不返工和加固，由设计单位出具正式的认可证明，有注册结构工程师签字，并加盖单位公章。由设计单位承担质量责任。因为设计责任就是设计单位负责，出具认可证明，也在其质量责任范围内，可进行验收。

以上三种情况都应视为是符合规范规定质量合格的工程。只是管理上出现了一些不正常的情况，使资料证明不了工程实体质量，经过对实体进行一定的检测，证明质量是达到了设计要求或满足结构安全要求，给予通过验收是符合规范规定的。

第四种情况，更为严重的缺陷或者超过检验批的更大范围内的缺陷，可能影响结构的安全性和使用功能。若经法定检测单位检测鉴定以后认为达不到规范标准的相应要求，即不能满足最低限度的安全储备和使用功能，则必须按一定的技术方案进行加固处理，使之能保证其满足安全使用的基本要求。这样会造成一些永久性的缺陷，如改变结构外形尺寸，影响一些次要的使用功能等。为了避免社会财富更大的损失，在不影响安全和主要使用功能条件下可按处理技术方案和协商文件进行验收，但责任方应承担相应的经济责任，这一规定，给问题比较严重但可采取技术措施修复的情况一条出路，不能作为轻视质量而回避责任的一种理由，这种做法符合国际上"让步接受"的惯例。

这种情况实际是工程质量达不到验收规范的合格规定，应算在不合格工程的范围。但在《建设工程质量管条例》的第二十四条、第三十二条等条都对不合格工程的处理做出了规定，根据这些条款，提出技术处理方案（包括加固补强），最后能达到保证安全和使用功能，也是可以通过验收的。为了维护国家利益，不能出了质量事故的工程都推倒报废。只要能保证结构安全和使用功能的，仍作为特殊情况进行验收。是一个给出路的做法，不能列入违反《建设工程质量管理条例》的范围。但加固后必须达到保证结构安全和使用功能。例如，有一些工程出现达不到设计要求，经过验算满足不了结构安全和使用功能要求，需要进行加固补强，但加固补强后，改变了外形尺寸或造成永久性缺陷。这是指经过补强加大了截面，增大了体积，设置了支撑，加设了牛腿等，使原设计的外形尺寸有了变化。如墙体强度严重不足，采用双面加钢筋网灌喷豆石混凝土补强，加厚了墙体，缩小了房间的使用面积等。

造成永久性缺陷是指通过加固补强后，只是解决了结构性能问题，而其本质并未达到原设计要求的，均属造成永久性缺陷。如某工程地下室发生渗漏水，采用从内部增加防水层堵漏，满足了使用要求，但却使那部分墙体长期处于潮湿甚至水饱和状态；又如工程的空心楼板的型号用错，以小代大，虽采用在板缝中加筋和在上边加铺钢筋网等措施，使承载力达到设计要求，但总是留下永久性缺陷。

上述情况，工程的质量虽不能正常验收，但由于其尚可满足结构安全和使用功能要求，对这样的工程质量，可按协商验收。

5.0.7 工程质量控制资料应齐全完整。当部分资料缺失时，应委托有资质的检测机构按有关标准进行相应的实体检验或抽样试验。

实际工程中偶尔会遇到因遗漏检验或资料丢失而导致部分施工验收资料不全的情况，使工程无法正常验收。对于遗漏检验或资料丢失标准给出了出路，第一种情况可有针对性地进行工程质量检测，采取实体检测或抽样试验的方法确定工程质量状况。此项工作应由有资质的检测机构完成，检测报告可用于施工质量验收。第二种情况当然可以用前述方法，但最佳方法还是建立电子档案，防止资料的丢失。

5.0.8 经返修或加固处理仍不能满足安全或重要使用要求的分部工程及单位工程，严禁验收。

本条为强制性条文。

1. 列为强制性条文的目的

这条规定是确保使用安全的基本要求。在实际中，总还是有极少数、个别的工程，质量达不到验收规范的规定。就是进行返工或加固补强也难达到保证安全的要求，或是加固代价太大，不值得，或是建设单位不同意。这样的工程必须拆掉重建，不能保留。为了保证人民群众的生命财产安全、社会安定，政府工程建设主管部门必须严把这个关，这样的工程不能允许流向社会。同时，对造成这些劣质工程的责任主体，要进行严格的处罚。

2. 内容解释

这种情况是在对工程质量进行鉴定之后，加固补强技术方案制定之前，就能进行判断的情况，由于质量问题的严重，使用加固补强效果不好，或是费用太大不值得加固处理，加固处理后仍不能达到保证安全、功能的情况。这种工程不值得再加固处理了，应坚决拆除。

3. 措施及判定

就是用检测手段取得有关数据，特别要处理好检测手段的科学性、可靠性，检测机构要有相应的资质，人员要有相应的责任，持证上岗。召开专家论证会来确定是否有加固补强的意义，如能采取措施使工程发挥作用的，尽可能挽救。否则，必须坚决拆除。这条作为强制性条文，必须坚决执行。

2.6　建筑工程质量验收的程序和组织

6.0.1　检验批应由专业监理工程师组织施工单位项目专业质量检查员、专业工长等进行验收。

6.0.2　分项工程应由专业监理工程师组织施工单位项目专业技术负责人等进行验收。

1. 检验批和分项工程验收突出了监理工程师和施工者负责的原则。

《建设工程质量管理条例》第三十七条规定："……未经监理工程师签字……施工单位不得进行下一道工序的施工"。施工过程的每道工序，各个环节每个检验批的验收对工程质量起到把关的作用，首先应由施工单位的项目技术负责人组织自检评定，符合设计要求和规范规定的合格质量，项目专业质量检查员和项目专业技术负责人，分别在检验批和分项工程质量检验记录中相关栏目签字，此时表中有关监理的记录和结论暂时先不填，然后提交监理工程师或建设单位项目技术负责人进行验收。

2. 监理工程师拥有对每道施工工序的施工检查权，并根据检查结果决定是否允许进行下道工序的施工。对于不符合规范和质量标准的验收批，有权并应要求施工单位停工整改、返工。

施工企业的质量检查人员（包括各专业的项目质量检查员），将企业检查评定合格的检验批、分项工程、分部（子分部）工程、单位（子单位）工程，填好表格后及时交监理单位，对一些政策允许的建设单位自行管理的工程，应交建设单位。监理单位或建设单位的有关人员应及时组织有关人员到工地现场，对该项工程的质量进行验收。可采取抽样方法、宏观检查的方法，必要时进行抽样检测，来确定是否通过验收。由于监理人员或建设单位的现场质量检查人员，在施工过程中是进行旁站、平行或巡回检查，根据自己对工程质量了解的程度，对检验批的质量，可以抽样检查或抽取重点部位或是认为有必要查的部位进行检查。

在对工程进行检查后，确认其工程质量符合标准规定，监理或建设单位人员要签字认可，否则，不得进行下道工序的施工。

如果认为有的项目或地方不能满足验收规范的要求时，应及时提出，让施工单位进行返修。

3. 分项工程施工过程中，应对关键部位随时进行抽查。所有分项工程施工，施工单位应在自检合格后，填写分项工程评定表。属隐蔽工程，还应将隐检单报监理单位，监理工程师必须组织施工单位的工程项目负责人和有关人员严格按每道工序进行检查验收。合格者，签发分项工程验收记录。

6.0.3　分部工程应由总监理工程师组织施工单位项目负责人和项目技术负责人等进行验收。

勘察、设计单位项目负责人和施工单位技术、质量部门负责人应参加地基与基础分部工程的验收。

设计单位项目负责人和施工单位技术、质量部门负责人应参加主体结构、节能分部工程的验收。

由于地基与基础、主体结构工程要求严格，技术性强，关系到整个工程的安全，为保证质量，严格把关，规定勘察、设计单位的项目负责人应参加地基与基础分部工程的验收。设计单位的项目负责人应参加主体结构、节能分部工程的验收。施工单位技术、质量部门的负责人也应参加地基与基础、主体结构、节能分部工程的验收。

1. 分部工程是单位工程的组成部分，因此分部工程完成后，由施工单位项目负责人组织检验评定合格后，向监理单位提出分部工程验收的报告，其中地基基础、主体工程、幕墙等分部，还应由施工单位的技术、质量部门配合项目负责人做好检查评定工作，监理单位的总监理工程师组织施工单位的项目负责人和技术、质量负责人等有关人员进行验收。工程监理实行总监理工程师负责制。总监理工程师享有合同赋予监理单位的全部权力，全面负责受监委托的监理工作。因为地基基础、主体结构和幕墙工程的主要技术资料和质量问题归技术部门和质量部门掌握，所以规定施工单位的项目技术、质量负责人参加验收是符合实际的。目的是督促参建单位的技术、质量负责人加强整个施工过程的质量管理。

2. 鉴于地基基础、主体结构等分部工程在单位工程中所处的重要地位，结构、技术性能要求严格，技术性强，关系到整个单位工程的建筑结构安全和重要使用功能，规定这些分部工程的勘察、设计单位工程项目负责人和施工单位的技术、质量部门负责人也应参加相关分部工程质量的验收。

6.0.4 单位工程中的分包工程完工后，分包单位应对所承包的工程项目进行自检，并应按本标准规定的程序进行验收。验收时，总包单位应派人参加。分包单位应将所分包工程的质量控制资料整理完整，并移交给总包单位。

由于《建设工程承包合同》的双方主体是建设单位和总承包单位，总承包单位应按照承包合同的权利义务对建设单位负责。分包单位对总承包单位负责，亦应对建设单位负责。因此，分包单位对承建的项目进行检验时，总承包单位应参加，检验合格后，分包单位应将工程的有关资料整理完整后移交给总承包单位，建设单位组织单位工程质量验收时，分包单位负责人应参加验收。

6.0.5 单位工程完工后，施工单位应组织有关人员进行自检。总监理工程师应组织各专业监理工程师对工程质量进行竣工预验收。存在施工质量问题时，应由施工单位及时整改。整改完毕后，由施工单位向建设单位提交工程竣工报告，申请工程竣工验收。

单位工程完成后，施工单位应首先依据验收规范、设计图纸等组织有关人员进行自检，对检查结果进行评定并进行必要的整改。监理单位应根据《建设工程监理规范》的要求对工程进行竣工预验收。符合规定后由施工单位向建设单位提交工程竣工报告和完整的质量控制资料，申请建设单位组织竣工验收。

建设单位应根据国家规定及时将验收人员、验收时间、验收程序提前一个星期报当地工程质量监督机构。

预验收是 2013 年修订统一标准提出的要求，施工企业必须使自己施工的产品应达到国家标准的要求，才算完成了一个施工企业的基本任务，这是一个企业立业之本，用数据、事实来证明自己企业的成果，当建设单位组织验收时。施工企业及监理企业自己要有底，已进行了预验收。

预验收包括两个方面的内容：一是实体质量，要保证达到或超过国家验收规范的要求；二是工程验收资料，《中华人民共和国建筑法》第六十条规定："交付竣工验收的建筑工程，必须符合规定的建筑工程质量标准，有完整的工程技术资料……"。这就要求施工单位在单位工程完工后，首先要依据建筑工程质量标准、设计图纸等组织有关人员进行自检，并对检查结果进行评定，符合要求后形成质量检验评定资料。

6.0.6 建设单位收到工程竣工报告后，应由建设单位项目负责人组织监理、施工、设计、勘察等单位项目负责人进行单位工程验收。

本条为强制性条文。

单位工程质量验收应由建设单位项目负责人组织，由于勘察、设计、施工、监理单位都是责任主体，因此各单位项目负责人应参加验收，施工单位项目技术、质量负责人和监理单位的总监理工程师也应参加验收。

在一个单位工程中，对满足生产要求或具备使用条件，施工单位已自行检验，监理单位已预验收的子单位工程，建设单位可组织进行验收。由几个施工单位负责施工的单位工程，当其中的子单位工程已按设计要求完成，并经自行检验，也可按规定的程序组织正式验收，办理交工手续。在整个单位工程验收时，已验收的子单位工程验收资料应作为单位工程验收的附件。

1. 本条列为强制性条文的目的

这条也是一个程序性条文，也是明确建设单位的质量责任，以维护建设单位的利益和国家利益，在工程投入使用前，进行一次综合验收，以确保工程的使用安全和合法性。

2. 内容解释

这条规定是体现建设单位对建设项目质量负责的条文，建设单位应组织有关人员按设计、施工合同要求，全面检查工程质量，做出验收不验收的决定。这是建设单位应进行的程序，用强制性标准条文规定下来，便于建设单位的质量行为进行检查。也是建设单位对工程的一次全面评价检查，对工程项目进行总结的一个重要部分。

3. 措施及判定

建设单位应制定工程管理制度，将工程竣工验收作为一项重要内容，是要求监理单位协助做好有关技术工作和具体事项。按规定，在接到施工单位提交的工程质量验收报告后，在规定时间内组织竣工验收。在实际工作中，不一定等施工单位的报告，可同时进行准备竣工验收事项，报告只是一个程序而已。按验收程序及工程质量验收规范的规定，逐项进行检查、评价。技术工作应由监理单位提供有关资料。在综合验收的基础上，最后给出通过或不通过的综合验收结论。对不按程序、不按验收规范规定进行验收，或将不合格项目验收为合格等都是违法的。

单位工程（包括子单位工程）竣工后，组织验收和参加验收的单位及必须参加验收的人员，《建设工程质量管理条例》第十六条规定"建设单位……应当组织设计、施工、工程监理等有关单位进行竣工验收"。这里规定设计、施工单位负责人或项目负责人及施工单位的技术、质量负责人和工程监理单位的总监理工程师参加竣工验收，目的是突出了参建单位领导人及技术、质量负责人都要关心工程质量状况和质量水平，督促本单位各部门正确执行技术法规和质量标准。

在一个单位工程中，可将能满足生产要求或具备使用条件，施工单位已预验，监理工程师已初验通过的某一部分，建设单位可组织进行子单位工程验收。由几个施工单位负责施工的单位工程，当其中的施工单位所负责的子单位工程已按设计完成，并经自行检验评定，也可组织正式验收，办理交工手续。在整个单位工程进行全部验收时，对已验收的子单位工程验收资料作为单位工程验收的附件而加以说明。

2013 年 12 月 2 日，住房和城乡建设部印发了《房屋建筑和市政基础设施工程竣工验收规定》，对竣工验收的程序、要求、内容作出了规定。主要内容见本书第一章第 1.2 节。

2009 年 7 月，住房和城乡建设部以第 2 号令发布了关于修改《房屋建筑工程和市政基础设施工程竣工验收备案管理暂行办法》的决定，建设单位在竣工验收后 15 日内应到备案机关对已验收的工程进行备案。

第3章 地基与基础工程

地基与基础工程是建筑物的重要分部，它影响着建筑物的结构安全。本章主要依据《建筑地基基础工程施工质量验收规范》（GB 50202—2002）编写。由于它涉及砌体、混凝土、钢结构、地下防水工程以及桩基检测等有关内容，验收时尚应符合相关规范的规定：

《砌体结构工程施工质量验收规范》（GB 50203—2011）

《混凝土结构工程施工质量验收规范》（GB 50204—2015）

《钢结构工程施工质量验收规范》（GB 50205—2001）

《地下防水工程质量验收规范》（GB 50208—2011）

《建筑基桩检测技术规范》（JGJ 106—2014）

《建筑地基处理技术规范》（JGJ 79—2012）

《建筑地基基础设计规范》（GB 50007—2011）

《建筑工程施工质量验收统一标准》（GB 50300—2013）

本章的条款号按《建筑地基基础工程施工质量验收规范》（GB 50202—2002）的条款号编排。

3.1 总　　则

1.0.1 为加强工程质量监督管理，统一地基基础工程施工质量的验收，保证工程质量，制定本规范。

1.0.2 本规范适用于建筑工程的地基基础工程施工质量验收。

1.0.3 地基基础工程施工中采用的工程技术文件、承包合同文件对施工质量验收的要求不得低于本规范的规定。

1.0.4 本规范应与现行国家标准《建筑工程施工质量验收统一标准》（GB 50300）配套使用。

1.0.5 地基基础工程施工质量的验收除应执行本规范外，尚应符合国家现行有关标准规范的规定。

3.2 术　　语

2.0.1 土工合成材料地基　geosynthetics foundation

在土工合成材料上填以土（砂土料）构成建筑物的地基，土工合成材料可以是单层，也可以是多层。一般为浅层地基。

2.0.2 重锤夯实地基　heavy tamping foundation

利用重锤自由下落时的冲击能来夯实浅层填土地基，使表面形成一层较为均匀的硬层来承受上部载荷。强夯的锤击与落距要远大于重锤夯实地基。

2.0.3 强夯地基 dynamic consolidation foundation

工艺与重锤夯实地基类同,但锤重与落距要远大于重锤夯实地基。

2.0.4 注浆地基 grouting foundation

将配置好的化学浆液或水泥浆液,通过导管注入土体孔隙中,与土体结合,发生物化反应,从而提高土体强度,减小其压缩性和渗透性。

2.0.5 预压地基 preloading foundation

在原状土上加载,使土中水排出,以实现土的预先固结,减少建筑物地基后期沉降和提高地基承载力。按加载方法的不同,分为堆载预压、真空预压、降水预压三种不同方法的预压地基。

2.0.6 高压喷射注浆地基 jet grouting foundation

利用钻机把带有喷嘴的注浆管钻至土层的预定位置或先钻孔后将注浆管放至预定位置,以高压使浆液或水从喷嘴中射出,边旋转边喷射的浆液,使土体与浆液搅拌混合形成一固结体。施工采用单独喷出水泥浆的工艺,称为单管法;施工采用同时喷出高压空气与水泥浆的工艺,称为二管法;施工采用同时喷出高压水、高压空气及水泥浆的工艺,称为三管法。

2.0.7 水泥土搅拌桩地基 soil-cement mixed pile foundation

利用水泥作为固化剂,通过搅拌机械将其与地基土强制搅拌,硬化后构成的地基。

2.0.8 土与灰土挤密桩地基 soil-lime compacted column

在原土中成孔后分层填以素土或灰土,并夯实,使填土压密,同时挤密周围土体,构成坚实的地基。

2.0.9 水泥粉煤灰、碎石桩 cement flyash gravel pile

用长螺旋钻机钻孔或沉管桩机成孔后,将水泥、粉煤灰及碎石混合搅拌后,泵压或经下料斗投入孔内,构成密实的桩体。

2.0.10 锚杆静压桩 pressed pile by anchor rod

利用锚杆将桩分节压入土层中的沉桩工艺。锚杆可用垂直土锚或临时锚在混凝土底板、承台中的地锚。

3.3 基本规定

3.0.1 地基基础工程施工前,必须具备完备的地质勘察资料及工程附近管线、建筑物、构筑物和其他公共设施的构造情况,必要时应作施工勘察和调查以确保工程质量及邻近建筑的安全。施工勘察要点详见附录 A。

地基与基础工程的施工,均与地下土层接触,地质资料极为重要。基础工程的施工又影响邻近房屋和其他公共设施,对这些设施的结构状况的掌握,有利于基础工程施工的安全与质量,同时又可使这些设施得到保护。近几年由于地质资料不详或对邻近建筑物和设施没有充分重视而造成的基础工程质量事故或邻近建筑物、公共设施的破坏事故,屡有发生。施工前掌握必要的资料,做到心中有数是必要的。

《建筑地基基础工程施工质量验收规范》(GB 50202—2002)附录 A 的内容如下:

A.1 一般规定

A.1.1 所有建(构)筑物均应进行施工验槽。遇到下列情况之一时,应进行专门的施工勘察：

    1 工程地质条件复杂，详勘阶段难以查清时；

    2 开挖基槽发现土质、土层结构与勘察资料不符时；

    3 施工中边坡失稳，需查明原因，进行观察处理时；

    4 施工中，地基土受扰动，需查明其性状及工程性质时；

    5 为地基处理，需进一步提供勘察资料时；

    6 建（构）筑物有特殊要求，或在施工时出现新的岩土工程地质问题时。

A.1.2 施工勘察应针对需要解决的岩土工程问题布置工作量，勘察方法可根据具体情况选用施工验槽、钻孔取样和原位测试等。

A.2 天然地基基础基槽检验要点

A.2.1 基槽开挖后，应检验下列内容：

    1 核对基坑的位置、平面尺寸、坑底标高；

    2 核对基坑土质和地下水情况；

    3 空穴、古墓、古井、防空掩体及地下埋设物的位置、深度、性状。

A.2.2 在进行直接观察时，可用袖珍式贯入仪作为辅助手段。

A.2.3 遇到下列情况之一时，应在基坑底普遍进行轻型动力触探：

    1 持力层明显不均匀；

    2 浅部有软弱下卧层；

    3 有浅埋的坑穴、古墓、古井等，直接观察难以发现时；

    4 勘察报告或设计文件规定应进行轻型动力触探时。

A.2.4 采用轻型动力触探进行基槽检验时，检验深度及间距按表 A.2.4（本书表 3.3.1）执行。

轻型动力触探检验深度及间距表（m）   表 3.3.1

排列方式	基槽宽度	检验深度	检验间距
中心一排	<0.8	1.2	1.0～1.5m 视地层复杂情况定
两排错开	0.8～2.0	1.5	
梅花型	>2.0	2.1	

A.2.5 遇下列情况之一时，可不进行轻型动力触探：

    1 基坑不深处有承压水层，触探可造成冒水涌砂时；

    2 持力层为砾石层或卵石层，且其厚度符合设计要求时。

A.2.6 基槽检验应填写验槽记录或检验报告。

A.3 深基础施工勘察要点

A.3.1 当预制打入桩、静力压桩或锤击沉管灌注桩的入土深度与勘察资料不符或对桩端下卧层有怀疑时，应核查桩端下主要受力层范围内的标准贯入击数和岩土工程性质。

A.3.2 在单柱单桩的大直径桩施工中，如发现地层变化异常或怀疑持力层可能存在破碎带或溶洞等情况时，应对其分布、性质、程度进行核查，评价其对工程安全影响程度。

A.3.3 人工挖孔混凝土灌注桩应逐孔进行持力层岩土性质的描述及鉴别，当发现与勘察资料不符时，应对异常之处进行施工勘察，重新评价，并提供处理的技术措施。

A.4 地基处理工程施工勘察要点

A.4.1 根据地基处理方案，对勘察资料中场地工程地质及水文地质条件进行核查和补充；对详勘阶段遗留问题或地基处理设计中的特殊要求进行有针对性的勘察，提供地基处理所需的岩土工程设计参数，评价现场施工条件及施工对环境的影响。

A.4.2 当地基处理施工中发生异常情况时，进行施工勘察，查明原因，为调整、变更设计方案提供岩土工程设计参数，并提供处理的技术措施。

A.5 施工勘察报告

A.5.1 施工勘察报告应包括下列主要内容：

1 工程概况；

2 目的和要求；

3 原因分析；

4 工程安全性评价；

5 处理措施及建议。

3.0.2 施工单位必须具备相应专业资质，并应建立完善的质量管理体系和质量检验制度。

国家基本建设的发展，促成了大批施工企业应运而生，但这些企业良莠不齐，施工质量得不到保证。尤其是地基基础工程专业性较强，没有足够的施工经验，应付不了复杂的地质情况、多变的环境条件、较高的专业标准。为此，必须强调施工企业的资质，对重要的、复杂的地基基础工程应由具有相应资质的施工单位施工。资质指企业的信誉，人员的素质，设备的性能及施工实绩。

指定分包的（桩）基础施工单位应服从总包单位的统一管理，并及时移交相关技术资料。

3.0.3 从事地基基础工程检测及见证试验的单位，必须具备省级以上（含省、自治区、直辖市）建设行政主管部门颁发的资质证书和技术质量监督部门颁发的计量认证合格证书。

基础工程为隐蔽工程，工程检测与质量见证检测的结果具有重要的影响，必须有权威性。只有具有一定资质水平的单位，才能保证其结果的可靠性与准确性。

3.0.4 地基基础工程是分部工程，如有必要，根据现行国家标准《建筑工程施工质量验收统一标准》（GB 50300）规定，可再划分若干个子分部工程。

有些地基与基础工程规模较大，内容较多，既有桩基又有地基处理，甚至基坑开挖等，可按工程管理的需要，根据《建筑工程施工质量验收统一标准》所划分的范围，确定子分部工程。

3.0.5 施工过程中出现异常情况时，应停止施工，由监理或建设单位组织勘察、设计、施工等有关单位共同分析情况，解决问题，消除质量隐患，并应形成文件资料。

地基基础工程大量都是地下工程，虽有勘探资料，但常有与地质资料不符或没有掌握到的情况发生，致使工程不能顺利进行。为避免不必要的大事故或损失，遇到施工异常情况应停止施工，待妥善解决后再恢复施工。

建筑物的地基变形允许值，按表3.3.2规定采用。对表中未包括的建筑物，其地基变形允许值应根据上部结构对地基变形的适应能力和使用上的要求确定。

《民用建筑工程室内环境污染控制规范》（GB 50325—2010）对工程勘察设计提出了要求。

其中，第 4.1.1 条为强制性条文规定：新建、扩建的民用建筑工程设计前，应进行建筑工程所在城市区域土壤中氡浓度或土壤表面氡析出率调查，并提交相应的调查报告。未进行过区域土壤中氡浓度或土壤表面氡析出率测定的，应进行建筑场地土壤中氡浓度或土壤表面氡析出率测定，并提供相应的检测报告。

工程地点土壤中氡浓度调查及防氡《民用建筑工程室内环境污染控制规范》（GB 50325—2010）规定的内容如下：

1 新建、扩建的民用建筑工程的工程地质勘察资料，应包括工程所在城市区域土壤氡浓度或土壤表面氡析出率测定历史资料及土壤氡浓度或土壤表面氡析出率平均值数据。

2 已进行过土壤中氡浓度或土壤表面氡析出率区域性测定的民用建筑工程，当土壤氡浓度测定结果平均值不大于 10000Bq/m³ 或土壤表面氡析出率测定结果平均值不大于 0.02Bq/(m²·s)，且工程场地所在地点不存在地质断裂构造时，可不再进行土壤氡浓度测定；其他情况均应进行工程场地土壤中氡浓度或土壤表面氡析出率测定。

3 当民用建筑工程场地土壤氡浓度不大于 20000Bq/m³ 或土壤表面氡析出率不大于 0.05Bq/(m²·s) 时，可不采取防氡工程措施。

4 当民用建筑工程场地土壤氡浓度测定结果大于 20000Bq/m³，且小于 30000Bq/m³，或土壤表面氡析出率大于 0.05Bq/(m²·s) 且小于 0.1Bq/(m²·s) 时，应采取建筑物底层地面抗开裂措施。

5 当民用建筑工程场地土壤氡浓度测定结果大于或等于 30000Bq/m³，且小于 50000Bq/m³，或土壤表面氡析出率大于或等于 0.1Bq/(m²·s) 且小于 0.3Bq/(m²·s) 时，除采取建筑物底层地面抗开裂措施外，还必须按现行国家标准《地下工程防水技术规范》（GB 50108）中的一级防水要求，对基础进行处理。

6 当民用建筑工程场地土壤氡浓度测定结果大于或等于 50000Bq/m³，或土壤表面氡析出率平均值大于或等于 0.3Bq/(m²·s) 时，应采取建筑物综合防氡措施。

7 当 I 类民用建筑工程场地土壤氡浓度大于或等于 50000Bq/m³，或土壤表面氡析出率大于或等于 0.3Bq/(m²·s) 时，应进行工程场地土壤中的镭－226、钍－232、钾－40 比活度测定。当内照射指数（I_{Ra}）大于 1.0 或外照射指数（I_r）大于 1.3 时，工程场地土壤不得作为工程回填土使用。

8 民用建筑工程场地土壤中氡浓度测定方法及土壤表面氡析出率测定方法应按本规范附录 E 的规定。

注：由法定检测单位进行检测，检测机构掌握测定方法，本书略去附录 E。

建筑物的地基变形允许值   表 3.3.2

变形特征	地基土类别	
	中、低压缩性土	高压缩性土
砌体承重结构基础的局部倾斜	0.002	0.003
工业与民用建筑相邻柱基的沉降差 （1）框架结构 （2）砌体墙填充的边排柱 （3）当基础不均匀沉降时不产生附加应力的结构	0.002*l* 0.0007*l* 0.005*l*	0.003*l* 0.001*l* 0.005*l*

变形特征		地基土类别	
		中、低压缩性土	高压缩性土
单层排架结构（柱距为 6m）柱基的沉降量（mm）		(120)	200
桥式吊车轨面的倾斜（按不调整轨道考虑） 纵向 横向			0.004 0.003
多层和高层建筑的整体倾斜	$H_g \leqslant 24$ $24 < H_g \leqslant 60$ $60 < H_g \leqslant 100$ $H_g > 100$		0.004 0.003 0.0025 0.002
体型简单的高层建筑基础的平均沉降量（mm）			200
高耸结构基础的倾斜	$H_g \leqslant 20$ $20 < H_g \leqslant 50$ $50 < H_g \leqslant 100$ $100 < H_g \leqslant 150$ $150 < H_g \leqslant 200$ $200 < H_g \leqslant 250$		0.008 0.006 0.005 0.004 0.003 0.002
高耸结构基础的沉降量（mm）	$H_g \leqslant 100$ $100 < H_g \leqslant 200$ $200 < H_g \leqslant 250$		400 300 200

注：1. 本表数值为建筑物地基实际最终变形允许值。
　　2. 有括号者仅适用于中压缩性土。
　　3. l 为相邻柱基的中心距离（mm）；H_g 为自室外地面起算的建筑物高度（m）。
　　4. 倾斜指基础倾斜方向两端点的沉降差与其距离的比值。
　　5. 局部倾斜指砌体承重结构沿纵向 6～10m 内基础两点的沉降差与其距离的比值。
　　6. 本表摘自《建筑地基基础设计规范》（GB 50007—2011）。

3.4 地　　基

本节适用于地基土处理（包括灰土地基、砂和砂石地基、土工合成材料地基、强夯地基、注浆地基、水泥土搅拌桩地基、夯实水泥土桩复合地基等）各分项工程的质量验收。

4.1 一般规定

4.1.1 建筑物地基的施工应具备下述资料：

　　1 岩土工程勘察资料。

　　2 邻近建筑物和地下设施类型、分布及结构质量情况。

　　3 工程设计图纸、设计要求及需达到的标准检验手段。

4.1.2 砂、石子、水泥、钢材、石灰、粉煤灰等原材料的质量、检验项目、批量和检验方法应符合国家现行标准的规定。

下列材料进场前应按《混凝土结构工程施工质量验收规范》（GB 50204）规定进行复验：

1. 砂、石子、水泥、钢材、石灰；

2. 粉煤灰及其他外掺剂。

材料质量是保证工程质量的重要前提，必须严格把关，具体标准和复验数量、方法，可参照"混凝土结构工程"的要求。

4.1.3 地基施工结束，宜在一个间歇期后，进行质量验收，间歇期由设计确定。

地基施工考虑间歇期是因为地基土的密实，空隙水压力的消散，水泥或化学浆液的固结等均需有一个期限，施工结束即进行验收有不符实际的可能。至于间歇多长时间在各类地基规范中有所考虑，但仅是参照数字，具体可由设计人员根据要求确定。有些大工程施工周期较长，一部分已达到间歇要求，另一部分仍在施工，就不一定待全部工程施工结束后再进行取样检查，可先在已完工程部位进行，但是否有代表性就应由设计方确定。

4.1.4 地基加固工程，应在正式施工前进行试验段施工，论证设定的施工参数及加固效果。为验证加固效果所进行的载荷试验，其施加载荷应不低于设计载荷的 2 倍。

试验工程目的在于取得数据，以指导施工。对无经验可查的工程更应强调，这样做的目的，能使施工质量更容易满足设计要求，既不造成浪费也不会造成大面积返工。对试验荷载考虑稍大一些，有利于分析比较，以取得可靠的施工参数。

若载荷试验不合格，应由设计、施工等部门进行协商处理，调整设计和施工参数。直到试验工程合格后方可大面积施工。

4.1.5 对灰土地基、砂和砂石地基、土工合成材料地基、粉煤灰地基、强夯地基、注浆地基、预压地基，其竣工后的结果（地基强度或承载力）必须达到设计要求的标准。检验数量，每单位工程不应少于 3 点，1000m² 以上工程，每 100m² 至少应有 1 点，3000m² 以上工程，每 300m² 至少应有 1 点，每一独立基础下至少应有 1 点，基槽每 20 延米应有 1 点。

本条为强制性条文。

该条是指单一形式的地基。这类地基形式很多，规范所列出的地基形式，是目前国内常用的。其他形式的地基可参照规范中类似的内容。地基处理的质量好坏，最终都由其强度或承载力来体现，这两项指标能满足要求，被处理的地基便能发挥应有的功能。为此，将该要求列为强制性标准。由于各地、各设计单位的习惯、经验等，对地基处理后要求的指标及该指标应达到的标准均不一样，有的用标贯、静力触探、十字板剪切强度，有的就用承载力。对此，本条用何指标不予规定，按设计要求而定。

地基处理工程有大小，条文要求的数量应是基本要求，设计如有更高的需求，仍应按设计规定执行。"单位工程"的含意，在《建筑工程施工质量验收统一标准》（GB 50300—2013）里已有明确规定。

各种指标的检验方法可按国家现行行业标准《建筑地基处理技术规范》（JGJ 79）的规定执行。

1. 措施

1）地基处理工程的施工是特殊性专业施工，专业性强，对施工单位应具备必要的资质。

该要求在规范中虽不是强制性条文，但是必须切实做到。要求参加施工的单位，具有相应专业的施工业绩，专业设备及具备专业管理水平的技术人员。只有这样，才能在施工中正规按专业要求施工，施工过程中有完整的质量保证体系及质量检验制度，从而使工程质量符合验收要求。

2）要有针对性强，切实可行的施工组织设计。

针对性强是指抓住工程的关键工序，重点突出，围绕质量目标，有较严密的措施予以保证。这与面面俱到，但什么也抓不住的施工组织设计不一样。后者看来很全面，但起不到指导施工、保证工程验收质量的目的。

切实可行是结合工程实际，一本施工组织设计不是放到哪里都能用的。各工程均有其自身的特殊条件与要求。施工组织设计就是要根据这些条件与要求，结合自身的认识与条件，制定出一套严密的施工质量保证措施，这才是切实可行的。

3）监理要有大纲，监理人员应具备一定专业技术并取得资格。

监理大纲类似施工组织设计，对整个工程的监理工作起指导性作用。为发挥大纲的作用，替工程把好关，大纲同施工组织设计一样，应有针对性，抓住关键部位，认真把关。

地基工程施工质量监理，必须具有专业知识且应从事相关专业工作相当的时间。一个毫无专业技术的监理人员，是不可能在施工中发现问题，也无法去监督施工操作的正确与否。

4）加强施工过程的控制。

一项工程的最终施工成果，是工程各施工阶段质量好坏的反映，如果施工过程中的各环节没有严格把关，其最终成果也不会达到验收要求，应做到施工全过程的监控，工程质量才能得到保证。

《规范》中已列出各类地基在施工过程中检查的项目，有些项目虽是一般项目，但应认真抽检，随时发现问题予以整改。这些项目不严格检查，听任施工人员随便应付，必招致工程的隐患，最终达不到验收要求。

2. 检查监督

对地基强度或地基承载力的检查。因单一地基的种类较多，施工工艺、设备都不一样，加之各地区惯用的检查手段与要求也不尽相同。条文没有强调一定要用地基强度还是地基承载力，应根据设计要求进行检查。数量按条文规定的要求检查。如用十字板剪切强度、标准贯入试验、静力触探、动力触探等方法检验时，其操作要求应符合相关的技术规程。也即取样或数据的获取，数值的统计分析，最终试验数值的确定都应按相关的技术规程要求进行。荷载板的尺寸应由设计确定。

检查数量已有规定，但具体操作时应尽量分布均匀，以具有广泛的代表性。实际在确定某一位置时，应根据施工过程中的情况，有下述条件之一的应重点检查：

1）对施工质量有怀疑或吃不准的地点；

2）原材料有变化的场所；

3）气象条件较差时进行施工的地段；

4）下有暗浜、沟渠或地质条件较差的区域；

5）其他有必要检查的地方。

所有检查应在设计规定的间歇期后进行。

3. 判定

施工单位执行与否以及执行程度如何的判定，主要看条文规定的检查数量及标准检查的结果是否每个都能满足设计要求。如果都满足又无其他异常情况，应判定为工程满足验收要求。如果检查中有不满足设计要求的，应根据实际达到数值，经设计单位核算，可满足结构安全和使用功能的，可予以验收。如经核算不能满足，则应返工，并重新进行检验，如检验结果满足设计要求，可予以验收。如进行补充加固处理也能满足设计要求，则可按技术处理方案和协商文件进行验收。经返工或补充加固处理仍不能满足要求的，不应验收。

4.1.6 对水泥土搅拌桩复合地基、高压喷射注浆桩复合地基、砂桩地基、振冲桩复合地基、土和灰土挤密桩复合地基、水泥粉煤灰碎石桩身复合地基及夯实水泥土桩复合地基，其承载力检验，数量为总数的 0.5%～1%，但不应少于 3 处。有单桩强度检验要求时，数量为总数的 0.5%～1%，但不少于 3 根。

本条为强制性条文，是指复合地基。这类地基的形式也很多，规范中放入的复合地基，相对而言应用较普遍。作为复合地基施工后的最终评价应是地基承载力，可采用单桩或多桩复合地基承载力，单桩的检查数量为桩总量的 0.5%～1%，且不应少于 3 处，如采用多桩复合地基承载力，其数量计入上述总数量中。有时对复合地基中的桩体，设计要求做强度检验，此时抽检的数量为桩总数的 0.5%～1%，且不应少于 3 根。

1. 措施

同 4.1.5 条。

2. 检查监督

本条检查的是复合地基承载力。是检查单桩还是多桩复合地基承载力，应根据设计要求而定。条文中规定的数量包括了单桩和多桩复合地基承载力的检查数量。即一个单位工程既做了单桩复合地基承载力又做了多桩复合地基承载力，则两者总数应满足规定要求。承压板的尺寸按设计要求确定。承载力试验的方法及承载力的确定按相关的技术规范规定执行，由检测单位落实。

选择检查的位置应有代表性，上条中指明的重点检查部位，本条也适用。所有检查应在设计规定的间歇期后进行。

检查时按国家现行行业标准《建筑基桩检测技术规范》（JGJ 106）的规定。

3. 判定

同 4.1.5 条。

4.1.7 除本规范第 4.1.5、4.1.6 条指定的主控项目外，其他主控项目及一般项目可随意抽查，但复合地基中的水泥土搅拌桩、高压喷射注浆柱、振冲桩、土和灰土挤密桩、水泥粉煤灰碎石桩及夯实水泥土桩至少应抽查 20%。

上面第 4.1.5、4.1.6 条规定的各类地基的主控项目及数量是至少应达到的，其他主控项目及检验数量由设计确定，一般项目可根据实际情况，随时抽查，做好记录。复合地基中的桩的施工是主要的，应保证 20% 的抽查量。

4.2 灰土地基

4.2.1 灰土土料、石灰或水泥（当水泥替代灰土中的石灰时）等材料及配合比应符合设计要求，灰土应搅拌均匀。

灰土的土料宜用黏土及塑性指数大于 4 的粉质黏土。严禁采用冻土、膨胀土和盐渍土等活动性较强的土料。土料中有机物含量不得超过 5%，土料应过筛，颗粒不得大于

15mm。石灰应用Ⅲ级以上新鲜块灰，含氧化钙、氧化镁越高越好，石灰消解后使用，颗粒不得大于 5mm，消石灰中不得夹有未熟化的生石灰块粒及其他杂质，也不得含有过多的水分。灰土采用体积配合比，一般宜为 2∶8 或 3∶7。

4.2.2　施工过程中应检查分层铺设的厚度、分段施工时上下两层的搭接长度、夯实时加水量、夯压遍数、压实系数。

验槽发现有软弱土层或孔穴时，应挖除并用素土或灰土分层填实。最优含水量可通过击实试验确定。分层厚度可参考表 3.4.1 所示数值。

灰土最大虚铺厚度　　　　　　　　　　　　　　　表 3.4.1

序	夯实机具	质量（t）	厚度（mm）	备注
1	石夯、木夯	0.04~0.08	200~250	人力送夯，落距 400~500mm，每夯搭接半夯
2	轻型夯实机械	—	200~250	蛙式柴油打夯机
3	压路机	机重 6~10	200~300	双轮

4.2.3　施工结束后，应检验灰土地基的承载力。

4.2.4　灰土地基的质量验收标准应符合表 4.2.4（本书表 3.4.2）的规定。

灰土地基质量检验标准　　　　　　　　　　　　　表 3.4.2

项	序	检查项目	允许偏差或允许值		检查方法
			单位	数值	
主控项目	1	地基承载力	设计要求		按规定方法
	2	配合比	设计要求		按拌合时的体积比
	3	压实系数	设计要求		现场实测
一般项目	1	石灰粒径	mm	≤5	筛分法
	2	土料有机质含量	%	≤5	试验室焙烧法
	3	土颗粒粒径	mm	≤15	筛分法
	4	含水量（与要求的最优含水量比较）	%	±2	烘干法
	5	分层厚度偏差（与设计要求比较）	mm	±50	水准仪

注：本表摘自《建筑地基基础工程施工质量验收规范》（GB 50202—2002）。

主控项目

1. 主控项目第一项

检验方法：地基承载力一般采用静载荷试验或其他原位测试方法。

检验数量：每单位工程不应少于 3 点，1000m² 以上工程，每 100m² 至少应有 1 点，3000m² 以上工程，每 300m² 至少应有 1 点。每一独立基础下至少应有 1 点，基槽每 20 延米应有 1 点。

压实填土的承载力是设计的重要参数，也是检验压实填土质量的主要指标之一。在现场采用静载荷试验或其他原位测试方法，其结果较准确，可信度高。

当采用静载荷试验检验压实填土的承载力时，应考虑压板尺寸与压实填土厚度的关系。压实填土厚度大，压板尺寸也要相应增大或采取分层检验。否则，检测结果只能反映上层或某一深度范围内压实填土的承载力。

2. 主控项目第二项

检验方法：现场检查拌合时的体积比。

检查数量：柱坑按总数抽查 10%，但不少于 5 个；基坑、沟槽每 10m² 抽查 1 处，但不少于 5 处。

灰土配合比对垫层承载力影响较大，特别是灰土中活性氧化钙含量。如以灰土中活性氧化钙含量 81.74% 的灰土强度为 100% 计，当氧化钙含量为 74.59% 时，相对强度就降到 74%；当氧化钙含量降为 69.49% 时，相对强度就降到 60%，所以在检查时要重点看灰土中石灰的氧化钙含量大小。

3. 主控项目第三项

检验方法：采用环刀法或其他方法。

检查数量：应分层抽样检验土的干密度，当采用贯入仪或钢筋检验垫层的质量时，检验点的间距应小于 4m。当取土样检验垫层的质量时，对大基坑每 50～100m² 应不少于 1 个检验点；对基槽每 10～20m 应不少于 1 个点；每个单独柱基应不少于 1 个点。

当采用环刀法抽样时，取样点应位于每层 2/3 的深度处。

合格标准：经抽检求得的压实系数不得低于设计要求，设计无要求时应符合表 3.4.3 的规定。

压实填土的质量控制　　　　　　　　　　表 3.4.3

结构类型	填土部位	压实系数 λ_c	控制含水量（%）
砌体承重结构和框架结构	在地基主要受力层范围内	≥0.97	$W_{op} \pm 2$
	在地基主要受力层范围以下	≥0.95	
排架结构	在地基主要受力层范围内	≥0.96	
	在地基主要受力层范围以下	≥0.94	

注：1. 压实系数 λ_c 为压实填土的控制干密度 ρ_d 与最大干密度 ρ_{dmax} 的比值，W_{op} 为最优含水量。
　　2. 地坪垫层以下及基础底面标高以上的压实填土，压实系数不应小于 0.94。
　　3. 本表摘自《建筑地基基础设计规范》（GB 50007—2011）。

表 3.4.3 中压实填土的最大干密度和最优含水量，宜采用击实试验确定，当无试验资料时，最大干密度可按下式计算：

$$\rho_{dmax} = \eta \frac{\rho_w d_s}{1 + 0.01 W_{op} d_s}$$

式中　ρ_{dmax}——分层压实填土的最大干密度；

　　　η——经验系数，粉质黏土取 0.96，粉土取 0.97；

　　　ρ_w——水的密度；

　　　d_s——土粒相对密度（比重）；

　　　W_{op}——填料的最优含水量。

利用贯入仪检验垫层质量，必须首先通过现场试验，在达到设计要求压实系数的垫层试验区内，利用贯入仪测得的贯入深度，然后再以此作为控制施工压实系数的标准，进行施工质量检验。

一般项目

1. 一般项目第一项

检查方法：筛分法试验，现场观察检查。

检查数量：同主控项目第二项。

2. 一般项目第二项

检查方法：现场取样，试验室焙烧，查试验报告。

检查数量：根据土料供货稳定和质量随机抽查。

有机质含量较高将影响到垫层的质量，必须严格控制。

3. 一般项目第三项

同第一项。

4. 一般项目第四项

检查方法：查试验报告及现场抽查。

检查数量：同主控项目第三项。

为获得最佳夯压效果，宜采用垫层材料的最优含水量 W_{op} 作为施工控制含水量。对于素土和灰土，现场可控制在最优含水量 $W_{op} \pm 2\%$ 的范围内；当使用振动碾压时，可适当放宽下限范围值，即控制在最优含水量 W_{op} 的 $-6\% \sim +2\%$ 范围内。最优含水量可按现行国家标准《土工试验方法标准》（GB/T 50123）中轻型击实试验的要求求得。在缺乏试验资料时，也可近似取 0.6 倍液限值；或按照经验采用塑限 $W_{op} \pm 2\%$ 的范围值作为施工含水量的控制值。若土料湿度过大或过小，应分别予以晾晒、翻松，掺加吸水材料或洒水湿润，以调整土料的含水量。当无试验条件时，一般可按经验在现场直接判断，其方法为手握灰土成团，两指轻捏即碎。这时，灰土基本上接近最优含水量。

5. 一般项目第五项

检查方法：现场量测。

检查数量：同主控项目第二项。

分层厚度是根据不同的施工机械设备及设计要求的压实系数通过现场试验确定的。为了保证满足设计要求，必须控制每层的虚铺厚度。

4.3 砂和砂石地基

4.3.1 砂、石等原材料质量、配合比应符合设计要求，砂、石应搅拌均匀。

砂：宜用颗粒级配良好，质地坚硬的中砂或粗砂，当用细砂、粉砂应掺加粒径25%～30%的卵石（或碎石），最大粒径不大于 5mm，但要分布均匀。砂中不得含有杂草、树根等有机物，含泥量应小于 5%。

砂石：采用自然级配的砂砾石（或卵石、碎石）混合物，最大粒径不大于 100mm，不得含有植物残体、有机物垃圾等杂物。

4.3.2 施工过程中必须检查分层厚度、分段施工时搭接部分的压实情况、加水量、压实遍数、压实系数。

1. 砂垫层施工中的关键是将砂加密到设计要求的密实度。加密的方法常用的有振动法（包括平振、插振、夯实）、水撼法、碾压法等，见表3.4.4。这些方法要求在基坑内分层铺砂，然后逐层振密或压实，分层的厚度视振动力的大小而定，一般为 15～20cm。每层铺筑厚度不宜超过表3.4.4所规定的数值。分层厚度可用样桩控制。施工时，应在下层的密实度经检验合格后，方可进行上层施工。

砂和砂石垫层每层铺筑厚度及最优含水量 表 3.4.4

项次	捣实方法	每层铺筑厚度（mm）	施工时最优含水量（%）	施工说明	备注
1	平振法	200～250	15～20	用平板式振捣器往复振捣	不宜使用于细砂或含泥量较大的砂所铺筑的砂垫层
2	插振法	振捣器插入深度	饱和	1. 用插入式振捣器 2. 插入间距可根据机械振幅大小决定 3. 不应插至下卧黏性土层 4. 插入振捣器完毕后所留的孔洞，应用砂填实	
3	水撼法	250	饱和	1. 注水高度应超过每次铺筑面 2. 钢叉摇撼捣实，插入点间距为100mm 3. 钢叉分四齿，齿的间距为80mm，长300mm，木柄长90mm，重40N	湿陷性黄土、膨胀土地区不得使用
4	夯实法	150～200	8～12	1. 用木夯或机械夯 2. 木夯重400N，落距400～500mm 3. 一夯压半夯，全面夯实	
5	碾压法	250～350	8～12	60～100kN压路机往复碾压	1. 适用于大面积砂垫层 2. 不宜用于地下水位以下的砂垫层

注：在地下水位以下的垫层其最下层的铺筑厚度可比上表增加 50mm。

2. 铺筑前，应先行验槽。浮土应清除，边坡必须稳定，防止塌土。基坑（槽）两侧附近如有低于地基的孔洞、沟、井和墓穴等，应在未做垫层前加以填实。

3. 开挖基坑铺设砂垫层时，必须避免扰动软弱土层的表面，否则坑底土的结构在施工时遭到破坏后，其强度就会显著降低，以致在建筑物荷重的作用下，将产生很大的附加沉降。因此，基坑开挖后应及时回填，不应暴露过久或浸水，并防止践踏坑底。

4. 砂、砂石垫层底面宜铺设在同一标高上，如深度不同时，基坑地基土面应挖成踏步或斜坡搭接，各分层搭接位置应错开 0.5～1.0m 距离，搭接处应注意捣实，施工应按先深后浅的顺序进行。

5. 人工级配的砂石垫层，应将砂石拌合均匀后，再行铺填捣实。

6. 捣实砂石垫层时，应注意不要破坏基坑底面和侧面土的强度。因此，对基坑下灵敏度大的地基土，在垫层最下一层宜先铺设一层 15～20cm 的松砂，只用木夯夯实，不得使用振捣器，以免破坏基底土的结构。

7. 采用细砂作为垫层的填料时，应注意地下水的影响，且不宜使用平振法、插振法和水撼法。

8. 水撼法施工时，在基槽两侧设置样桩，控制铺砂厚度，每层为25cm。铺砂后，灌水与砂面齐平，然后用钢叉插入砂中摇撼十几次，如砂已沉实，便将钢叉拔出，在相距10cm处重新插入摇撼，直至这一层全部结束，经检查合格后铺第二层（不合格时需再插撼）。每铺一次、灌水一次进行摇撼，直至设计标高为止。

4.3.3 施工结束后，应检验砂石地基的承载力。

4.3.4 砂和砂石地基的质量验收标准应符合表 4.3.4（本书表 3.4.5）的规定。

砂及砂石地基质量检验标准

表 3.4.5

项	序	检查项目	允许偏差或允许值		检查方法
			单位	数值	
主控项目	1	地基承载力	设计要求		按规定方法
	2	配合比	设计要求		检查拌合时的体积比或重量比
	3	压实系数	设计要求		现场实测
一般项目	1	砂石料有机质含量	%	≤5	焙烧法
	2	砂石料含泥含量	%	≤5	水洗法
	3	石料粒径	mm	≤100	筛分法
	4	含水量（与要求的最优含水量比较）	%	±2	烘干法
	5	分层厚度偏差（与设计要求比较）	mm	±50	水准仪

注：本表摘自《建筑地基基础施工质量验收规范》（GB 50202—2002）。

主控项目

1. 主控项目第一项

参见灰土地基主控项目第一项。

2. 主控项目第二项

检查方法：检查拌合时的体积比或重量比。

检查数量：柱坑按总数抽查 10%，但不少于 5 个；基坑、沟槽每 $10m^2$ 抽查一处，但不少于 5 处。

配合比应基本符合设计要求。

由于配合比主要在拌合时检查，所以上述检查数量可作为控制指标，检查人员应随机抽查。

3. 主控项目第三项

检查方法：可采用灌水（砂）法或贯入法或环刀法。

检查数量：参见"灰土地基"中的规定。

合格标准：经抽检求得的压实系数不得低于设计要求，设计无要求时应符合表 3.4.3 的规定。

利用贯入仪或钢筋检验垫层质量，必须首先通过现场试验。在达到设计要求压实系数的垫层试验区内，利用贯入仪或钢筋测得标准的贯入深度，然后再以此作为控制施工压实系数的标准，进行施工质量检验。用钢筋检验砂垫层质量时，通常可用 φ20mm 的平头钢筋，长 1.25m，垂直举离砂表面 0.7m，自由落下，测其贯入深度。检验砂垫层使用的环刀容积不应小于 $200cm^3$，以减少其偶然误差。在粗粒土垫层中可设置纯砂检验点，按环刀取样法检验，或采用灌水法、灌砂法进行检验。

一般项目

1. 一般项目第一项

检查方法：现场取样，试验室焙烧。

检查数量：参见"灰土地基"中相应项。

2. 一般项目第二项

检查方法：查试验报告。

检查数量：

1）石子的取样、检测

用大型工具（如火车、货船或汽车）运输至现场的，以 400m³ 或 600t 为一验收批；用小型工具（如马车等）运输的，以 200m³ 或 300t 为一验收批。不足上述数量者以一验收批。

按现行行业标准《普通混凝土用砂、石质量及检验方法标准》JGJ 52 取样、检测。

2）砂的取样、检测

用大型的工具（如火车、货船或汽车）运输至现场的，以 400m³ 或 600t 为一验收批；用小型工具（如马车等）运输的，以 200m³ 或 300t 为一验收批。不足上述数量者以一验收批。

按现行行业标准《普通混凝土用砂、石质量及检验方法标准》（JGJ 52）取样、检测。

3. 一般项目第三项

检查方法：查试验报告及现场观察检查。

检查数量：同第二项。

4. 一般项目第四项

检查方法：查试验报告。

检查数量：一般每 50～100m² 不少于 1 个检验点。

为获得最佳夯压效果，宜采用垫层材料的最优含水量 W_{op} 作为施工控制含水量。对于素土和灰土，现场可控制在最优含水量 W_{op} ±2% 的范围内；当使用振动碾压时，可适当放宽下限范围值，即控制在最优含水量 W_{op} 的 −6%～+2% 范围内。最优含水量可按现行国家标准《土工试验方法标准》（GB/T 50123）中轻型击实试验的要求求得。在缺乏试验资料时，也可近似取 0.6 倍液限值；或按照经验采用塑限 W_{op} ±2% 的范围值作为施工含水量的控制值。若土料湿度过大或过小，应分别予以晾晒、翻松，掺加吸水材料或洒水湿润，以调整土料的含水量。对于砂石料则可根据施工方法不同按经验控制适宜的施工含水量，即当用平板式振动器时可取 15%～20%；当用碾或蛙式夯时可取 8%～12%；当用插入式振动器时宜为饱和。对于碎石及卵石，应充分浇水湿透后夯压。

5. 一般项目第五项

检查方法：现场量测。

检查数量：柱坑按总数抽查 10%，但不少于 5 个；基坑、沟槽每 10m² 抽查一处，但不少于 5 处。

分层厚度可通过现场试验确定或参照表 3.4.4 选用。

4.4 土工合成材料地基

在我国沿江、沿海及其他地区，大量的工程建设项目都面临着软土地基的增强处理，比如：公路地基、铁路地基、集装箱堆场、飞机场等大面积处理工程中，目前的方法很多，如碾压夯实法、排水固结法、拌入法、化学加固法、振动挤密法、加筋法、换土法、减轻自重法。道路通过软土地基，一般的简单的处理方法是换土或在软土基上铺一层砾石或碎石后压实。换土法费工费料、不经济，辅筑砾石后压实，粒料被挤入软基土中，粒料相混，降低材料强度，路面在行车作用下将出现沉陷。如果把土工格栅直接铺设在软基上，再辅粒料基层，这样不但能保证粒料与基土不相混而且由于格栅和粒料间咬合作用加强，基层具有抗拉强度，从而改善软地基的承载能力。

土工合成材料包括土工格栅和土工织物等。土工格栅可以在较小的应变下发挥作用；土工织物则透水性较好，目前土工布原料大多采用高分子聚合物，其中用得最多的是聚丙烯原料（包括纤维）。

土工聚合物在土工中应用的主要作用有反滤、排水、隔离和加固补强四种。

土工纤维设置在两种不同土或材料，或者土与其他材料之间把它们相互隔开，避免混杂产生不良的效果。其作用原理是依靠土工纤维的高抗拉、抗顶穿及撕裂强度，整体连续性和广泛的柔韧性以及良好的耐酸碱、生物侵蚀性等适应受力、变形和各种环境变化的影响而不破损。利用土工纤维的高强度、韧性等力学性能，能分散荷载，增大土体的刚度模量，改善土体或作为筋材构成加筋土以及各种复合土工结构，从而提高土体的强度。

4.4.1 施工前应对土工合成材料的物理性能（单位面积的质量、厚度、相对密度）、强度、延伸率以及土、砂石料等做检验。土工合成材料以 $100m^2$ 为一批，每批应抽查5%。

所用土工合成材料的品种与性能和填料土类，应根据工程特性和地基土条件，通过现场试验确定，垫层材料宜用黏性土、中砂、粗砂、砾砂、碎石等内摩阻力高的材料。如工程要求垫层排水，垫层材料应具有良好的透水性。

4.4.2 施工过程中应检查清基、回填料铺设厚度及平整度、土工合成材料的铺设方向、接缝搭接长度或缝接状况、土工合成材料与结构的连接状况等。

土工合成材料如用缝接法或胶接法连接，应保证主要受力方向的连接强度不低于所采用材料的抗拉强度。

铺设土工合成材料时，土层表面应均匀平整，防止土工合成材料被刺穿、顶破。铺设时端头应固定或回折锚固，且避免长时间暴晒或暴露；连接宜用搭接法、缝接法和胶结法。搭接法的搭接长度宜为 300～1000mm，基底较软者应选取较大的搭接长度。当采用胶结法时，搭接长度不应小于 100mm，并均应保证主要受力方向的连接强度不低于所采用材料的抗拉强度。

4.4.3 施工结束后，应进行承载力检验。

4.4.4 土工合成材料地基质量检验标准应符合表4.4.4（本书表3.4.6）的规定。

土工合成材料地基质量检验标准　　　　　　　　　　　表 3.4.6

项	序	检查项目	允许偏差或允许值		检查方法
			单位	数值	
主控项目	1	土工合成材料强度	%	≤5	置于夹具上做拉伸试验（结果与设计标准相比）
	2	土工合成材料延伸率	%	≤3	置于夹具上做拉伸试验（结果与设计标准相比）
	3	地基承载力	设计要求		按规定方法
一般项目	1	土工合成材料搭接长度	mm	≥300	用钢尺量
	2	土石料有机质含量	%	≤5	焙烧法
	3	层面平整度	mm	≤20	用2m靠尺
	4	每层铺设厚度	mm	±25	水准仪

注：本表摘自《建筑地基基础施工质量验收规范》（GB 50202—2002）。

主控项目

1. 主控项目第一项

抽查方法：检查试验报告，并和设计标准比较。

抽查数量：以 100m² 为一批，每批抽查 5%。

土工布的工作环境恶劣，很多情况下是泡在水中或铺于湿度很大的土中，所以必须具有良好的抗水解性能和湿态机械性能。

2. 主控项目第二项

抽查方法和数量同第一项。

3. 主控项目第三项

参见"灰土地基"相应项。

一般项目

1. 一般项目第一项

抽查方法：现场钢尺量测。

抽查数量：抽搭接数量的 10% 且不少于 3 处。

2. 一般项目第二项

抽查方法：检查试验报告。

抽查数量：根据土石料供货质量及稳定情况随机抽查。

3. 一般项目第三项

抽查方法：现场用 2m 靠尺检查。

抽查数量：柱坑按总数抽查 10%，但不少于 5 个；基坑、沟槽每 10m² 抽查一处，但不少于 5 处。

4. 一般项目第四项

抽查方法：用尺量或水准仪校验标高。

抽查数量同第三项。

4.5 粉煤灰地基

粉煤灰是电厂的工业废料，选用的粉煤灰含 SiO_2、Al_2O_3、Fe_2O_3 总量越高越好，颗粒宜粗，烧失量宜低，含 SO_3 宜小于 0.4%，以免对地下金属管道等具有腐蚀性。粉煤灰中严禁混入植物、生活垃圾及其他有机杂质。

4.5.1 施工前应检查粉煤灰材料，并对基槽清底状况、地质条件予以检验。

粉煤灰材料可用电厂排放的硅铝型低钙粉煤灰。$SiO_2 + Al_2O_3$（或 $SiO_2 + Al_2O_3 + Fe_2O_3$）总含量不低于 70%，烧失量不大于 12%。

4.5.2 施工过程中应检查铺筑厚度、碾压遍数、施工含水量控制、搭接区碾压程度、压实系数等。

粉煤灰填筑的施工参数宜试验后确定。每摊铺一层后，先用履带式机具或轻型压路机初压 1~2 遍，然后用中、重型振动压路机振碾 3~4 遍，速度为 2.0~2.5km/h，再静碾 1~2 遍，碾压轮迹应相互搭接，后轮必须超过两施工段的接缝。

4.5.3 施工结束后，应检验地基的承载力。

4.5.4 粉煤灰地基质量检验标准应符合表 4.5.4（本书表 3.4.7）的规定。

项	序	检查项目	允许偏差或允许值		检查方法
			单位	数值	
主控项目	1	压实系数	设计要求		现场实测
	2	地基承载力	设计要求		按规定方法
一般项目	1	粉煤灰粒径	mm	0.001~2.000	过筛
	2	氧化铝及二氧化硅含量	%	≥70	试验室化学分析
	3	烧失量	%	≤12	试验室烧结法
	4	每层铺筑厚度	mm	±50	水准仪
	5	含水量（与最优含水量比较）	%	±2	取样后试验室确定

主控项目

1. 主控项目第一项

检查方法：查试验报告或现场抽查。

检查数量：参见"灰土地基"中的规定。

合格标准：经抽检求得的压实系数不得低于设计要求。

2. 主控项目第二项

检查方法和数量参见"灰土地基"中的相应项。

一般项目

1. 一般项目第一项

检查方法：查试验报告或质保书。

检查数量：按同一厂家、同一批次为一批。

2. 一般项目第二项

检查方法：查质保书或试验报告。

检查数量：同第一项。

氧化铝和二氧化硅含量越高，加固性能越好。

3. 一般项目第三项

检查方法和数量同上。

烧失量主要反映了粉煤灰中未燃碳粉的含量，其值高低取决于电厂燃煤的工艺和效率。烧失量高的粉煤灰对加固土体的密实度影响较大。

4. 一般项目第四项

检查方法：现场量测。

检查数量：柱坑总数抽查 10%，但不少于 5 个；基坑、沟槽每 $10m^2$ 抽查一处，但不少于 5 处。

5. 一般项目第五项

参见"灰土地基"相应项。

4.6　强夯地基

强夯法适用于处理碎石土、砂土、低饱和度的粉土与黏性土、湿陷性黄土、杂填土和素填土等地基。对高饱和度的粉土与黏性土等地基，当采用在夯坑内回填块石、碎石或其他粗颗粒材料进行强夯置换时，应通过现场试验确定其适用性。

4.6.1 施工前应检查夯锤重量、尺寸，落距控制手段，排水设施及被夯地基的地质。

强夯施工前，应在施工现场有代表性的场地上选取一个或几个试验区，进行试夯或试验性施工。试验区数量应根据建筑场地复杂程度、建设规模及建筑类型确定。

强夯法的有效加固深度应根据现场试夯或当地经验确定。在缺少试验资料或经验时可按表 3.4.8 预估。

强夯法的有效加固深度（m） 表 3.4.8

单击夯击能（kN·m）	碎石土、砂土等	粉土、黏性土、湿陷性黄土等
1000	5.0～6.0	4.0～5.0
2000	6.0～7.0	5.0～6.0
3000	7.0～8.0	6.0～7.0
4000	8.0～9.0	7.0～8.0
5000	9.0～9.5	8.0～8.5
6000	9.5～10.0	8.5～9.0

注：强夯法的有效加固深度应从起夯面算起。

强夯的单位夯击能，应根据地基土类别、结构类型、荷载大小和要求处理的深度等综合考虑，并通过现场试夯确定。在一般情况下，对于粗颗粒土可取 1000～3000kN·m/m²；细颗粒土可取 1500～4000kN·m/m²。

强夯施工宜采用带有自动脱钩装置的履带式起重机或其他专用设备。采用履带式起重机时，可在臂杆端部设置辅助门架，或采取其他安全措施，防止落锤时机架倾覆。

当地下水位较高、夯坑底积水影响施工时，宜采用人工降低地下水位或铺填一定厚度的松散性材料。夯坑内或场地积水应及时排除。

强夯施工前，应查明场地范围内的地下构筑物和各种地下管线的位置及标高等，并采取必要的措施，以免因强夯施工而造成损坏。

当强夯施工所产生的振动，对邻近的建筑物或设备产生有害的影响时，应采取防振或隔振措施。影响范围为 10～15m。

强夯施工可按下列步骤进行：

1. 清理并平整施工场地；

2. 标出第一遍夯点位置，并测量场地高程；

3. 起重机就位，使夯锤对准夯点位置；

4. 测量夯前锤顶高程；

5. 将夯锤起吊到预定高度，待夯锤脱钩自由下落后，放下吊钩，测量锤顶高程，若发现因坑底倾斜而造成夯锤歪斜时，应及时将坑底整平；

6. 重复步骤 5，按设计规定的夯击次数及控制标准，完成一个夯点的夯击；

7. 重复步骤 3 至 6，完成第一遍全部夯点的夯击；

8. 在规定的间隔时间后，按上述步骤逐次完成全部夯击遍数，最后用低能量满夯，将场地表层松土夯实，并测量夯后场地高程。

4.6.2 施工中应检查落距、夯击遍数、夯点位置、夯击范围。

1. 强夯施工过程中应有专人负责下列监测工作：

1）开夯前应检查夯锤重和落距，以确保单击夯击能量符合设计要求；

2）在每遍夯击前，应对夯点放线进行复核，夯完后检查夯坑位置，发现偏差或漏夯应及时纠正；

3）按设计要求检查每个夯点的夯击次数和每击的夯沉量。

2. 施工过程中应对各项参数及施工情况进行详细记录。

3. 强夯施工结束后应间隔一定时间方能对地基质量进行检验。对于碎石土和砂土地基，其间隔时间可取1～2周；对于低饱和度的粉土和黏性土地基，可取2～4周。

4.6.3 施工结束后，检查被夯地基的强度并进行承载力检验。

4.6.4 强夯地基质量检验标准应符合表4.6.4（本书表3.4.9）的规定。

强夯地基质量检验标准   表3.4.9

项	序	检查项目	允许偏差或允许值		检查方法
			单位	数值	
主控项目	1	地基强度	设计要求		按规定方法
	2	地基承载力	设计要求		按规定方法
一般项目	1	夯锤落距	mm	±300	钢索上设标志
	2	锤重	kg	±100	称重
	3	夯击遍数及顺序	设计要求		计数法
	4	夯点间距	mm	±500	用钢尺量
	5	夯击范围（超出基础范围距离）	设计要求		用钢尺量
	6	前后两遍间歇时间	设计要求		

注：本表摘自《建筑地基基础施工质量验收规范》（GB 50202—2002）。

主控项目

1. 主控项目第一项

检查方法：根据土性选用原位测试和室内土工试验；对于一般工程应采用两种或两种以上的方法进行检验。检查数量：应根据场地复杂程度和建筑物的重要性确定。对于简单场地上的一般建筑物，每个建筑物地基的检验点不应少于3处；对于复杂场地或重要建筑物地基应增加检验点数。检验深度应不小于设计处理的深度。参见"灰土地基"相应项。

2. 主控项目第二项

检查方法：现场大压板载荷试验。检查数量：同第一项。

一般项目

1. 一般项目第一项

检查方法：钢索上设标志，观察检查。

检查数量：每工作台班不少于三次。

落距根据单位夯击能除以锤重确定，控制落距，就等于控制了强夯的能量。

2. 一般项目第二项

检查方法：施工前称重。

检查数量：全数检查。

一般情况下夯锤重可取10～25t，其底面形式宜采用圆形。锤底面积宜按土的性质确定，锤底静压力值可取25～40kPa，对于细颗粒土锤底静压力宜取较小值。锤的底面宜对称设置若干个与其顶面贯通的排气孔，孔径可取 250～300mm。

3. 一般项目第三项

检查方法：现场观察计数，检查记录。

检查数量：全数检查。

夯点的夯击次数，应按现场试夯得到的夯击次数和夯沉量关系曲线确定，且应同时满足下列条件：

1）最后两击的平均夯沉量不大于 50mm，当单击夯击能量较大时不大于 100mm；

2）夯坑周围地面不应发生过大的隆起；

3）不因夯坑过深而发生起锤困难。

夯击遍数应根据地基土的性质确定，一般情况下，可采用 2～3 遍，最后再以低能量满夯一遍。对于渗透性弱的细颗粒土，必要时夯击遍数可适当增加。

4. 一般项目第四项

检查方法：用钢尺量、观察检查和查施工记录。

检查数量：一般可按夯击点数抽查 5%。

夯击点位置可根据建筑结构类型，采用等边三角形、等腰三角形或正方形布置。第一遍夯击点间距可取 5～9m，以后各遍夯击点间距可与第一遍相同，也可适当减小。对处理深度较深或单击夯击能较大的工程，第一遍夯击点间距宜适当增大。

夯击点布置是否合理与夯实效果有直接的关系。夯击点位置可根据建筑结构类型进行布置。对于某些基础面积较大的建筑物或构筑物，为便于施工，可按等边三角形或正方形布置夯点；对于办公楼、住宅建筑等，可根据承重墙位置布置夯点，一般可采用等腰三角形布点，这样保证了横向承重墙以及纵墙和横墙下均有夯击点；对于工业厂房来说，也可按柱网来设置夯击点。

夯点间距的确定，一般根据地基土的性质和要求处理的深度而定。对于细颗粒土，为便于超静孔隙水压力的消散，夯点间距不宜过小。当要求处理深度较大时，第一遍的夯点间距更不宜过小，以免夯击时在浅层形成密实层而影响夯击能往深层传递。此外，若各夯点之间的距离太小，在夯击时上部土体易向侧向已夯成的夯坑中挤出，从而造成坑壁坍塌、夯锤歪斜或倾倒，影响夯实效果。根据国内经验，本条规定第一遍夯击点间距一般为 5～9m，以后各遍夯击点间距可与第一遍相同，也可适当减小。对处理深度较深或单击夯击能较大的工程，第一遍夯击点间距宜适当增大。

5. 一般项目第五项

检查方法和数量同第四项。

强夯处理范围应大于建筑物基础范围。每边超出基础外的宽度宜为设计处理深度的 1/2～2/3，并且不宜小于 3m。

6. 一般项目第六项

检查方法：观察检查（施工记录）。

检查数量：全数检查并记录。

两遍夯击之间应有一定的时间间隔。间隔时间取决于土中超静孔隙水压力的消散时间。当缺少实测资料时，可根据地基土的渗透性确定，对于渗透性较差的黏性土地基的间隔时间，应不少于 3～4 周；对于渗透性好的地基，可连续夯击。

4.7 注浆地基

注浆法的实质是用气压、液压或电化学原理，把某些能固化的浆液注入各种介质的裂缝或孔隙，以改善地基的物理力学性质。

注浆的主要目的如下：

1. 防渗：降低渗透性，减少渗流量，提高抗渗能力，降低孔隙压力。

2. 堵漏：截断渗透水流。

3. 加固：提高岩土的力学强度和变形模量，恢复混凝土结构及水工建筑物的整体性。

4. 纠正建筑物偏斜：使已发生不均匀沉降的建筑物恢复原位。

4.7.1 施工前应掌握有关技术文件（注浆点位置、浆液配比、注浆施工技术参数、检测要求等）。浆液组成材料的性能应符合设计要求，注浆设备应确保正常运转。

为确保注浆加固地基的效果，施工前应进行室内浆液配比试验及现场注浆试验，以确定浆液配方及施工参数。常用浆液类型见表 3.4.10。

常用浆液类型   表 3.4.10

浆 液		浆液类型
粒状浆液（悬液）	不稳定粒状浆液	水泥浆
		水泥砂浆
	稳定粒状浆液	黏土浆
		水泥黏土浆
化学浆液（溶液）	无机浆液	硅酸盐
	有机浆液	环氧树脂类
		甲基丙烯酸酯类
		丙烯酰胺类
		木质素类
		其他

4.7.2 施工中应经常抽查浆液的配比及主要性能指标，注浆的顺序、注浆过程中的压力控制等。

1. 对化学注浆加固的施工顺序宜按以下规定进行：

1）加固渗透系数相同的土层应自上而下进行。

2）如土的渗透系数随深度而增大，应自下而上进行。

3）如相邻土层的土质不同，应首先加固渗透系数大的土层。

检查时如发现施工顺序与此有异，应及时制止，以确保工程质量。

2. 常用注浆工艺有单管注浆、套管注浆、布袋注浆、埋管注浆。

单管注浆的质量控制要点如下：

1）单管注浆（或花管注浆）施工必须根据设计要求并考虑周围环境条件进行。施工前，设计单位应向施工单位提交注浆设计文件并负责技术交底，注浆设计文件一般应包括下列资料：

（1）注浆工程设计图和设计说明书；

（2）注浆区的工程地质和水文地质资料；

（3）加固地区及附近的建筑物地下管线位置图；

（4）注浆质量要求及检验标准。

2）施工单位应对设计文件、地质情况和施工条件等进行实地了解和研究，制定施工措施和计划。如发现设计情况与实际情况有出入时，应提请设计单位修改。

3）单管注浆法施工的场地事先应予平整，并沿钻孔位置开挖沟槽与集水坑，以保持场地的整洁、干燥。

4）单管注浆工程系隐蔽工程，对其施工情况必须如实和准确地记录，且应对资料及时整理分析，以便于指导工程的顺利进行，并为验收工作做好准备。记录的内容有：

（1）钻孔记录；

（2）注浆记录；

（3）浆液试块测试报告；

（4）浆液性能现场测试报告。

5）单管注浆法施工可按下列步骤进行：

（1）钻机与灌浆设备就位；

（2）钻孔；

（3）插入注浆花管进行注浆；

（4）注浆完毕后，应用清水冲洗残留浆液，以利下次再行重复注浆。

6）注浆孔的钻孔宜用旋转式机械，孔径一般为 70～110 mm，垂直偏差应小于 1%，注浆孔有设计角度时，应预先调节钻杆角度，此时机械必须用足够的锚栓等特别牢固地固定。

7）注浆开始前应充分做好准备工作，包括机械器具、仪表、管路、注浆材料、水和电等的检查及必要的试验，注浆一经开始即应连续进行，避免中断。

8）注浆的流量一般为 7～10L/min，对充填型灌浆，流量可适当加快，但也不宜大于 20L/min。

9）注浆使用的原材料及制成的浆体应符合下列要求：

（1）制成浆体应能在适宜的时间内凝固成具有一定强度的结石，其本身的防渗性和耐久性应能满足设计要求；

（2）浆体在硬结时其体积不应有较大的收缩；

（3）所制成的浆体短时间内不应发生离析现象。

4.7.3　施工结束后，应检查注浆体强度、承载力等。检查孔数为总量的 2%～5%，不合格率大于或等于 20% 时，应进行二次注浆。检验应在注浆后 15d（砂土、黄土）或 60d（黏性土）进行。

1. 对注浆效果的检查，应根据设计提出的注浆要求进行，可采用以下方法：

1）统计计算浆量，对注浆效果进行判断。

2）静力触探测试加固前后土体强度指标的变化，以确定加固效果。

3）抽水试验测定加固土的渗透系数。

4）钻孔弹性波试验测定加固土体的动弹性模量和剪切模量。

5）标准贯入试验测定加固土体的力学性能。

6）电探法或放射性同位素测定浆液的注入范围。

2. 注浆工程结束后，施工单位应整理编制出以下图表及文字说明：

1）注浆竣工图——应包括注浆孔的实际位置、编号和深度。

2）注浆成果统计表。

3）量测成果表及分析报告。

4）注浆竣工报告——应说明工程概况、完成情况、施工方法和过程、施工控制、效果分析及结论等。

4.7.4 注浆地基的质量检验标准应符合表4.7.4（本书表3.4.11）的规定。

注浆地基质量检验标准 表3.4.11

项	序	检查项目		允许偏差或允许值		检查方法
				单位	数值	
主控项目	1	原材料检验	水泥	设计要求		查产品合格证书或抽样送检
			注浆用砂：粒径 细度模数 含泥量及有机物含量	mm %	<2.5 <2.0 <3	试验室试验
			注浆用黏土：塑性指数 黏粒含量 含砂量 有机物含量	 % % %	>14 >25 <5 <3	试验室试验
			粉煤灰：细度 烧失量	不粗于同时使用的水泥 %	 <3	试验室试验
			水玻璃：模数	2.5～3.3		抽样送检
			其他化学浆液	设计要求		查产品合格证书或抽样送检
	2	注浆体强度		设计要求		取样检验
	3	地基承载力		设计要求		按规定方法
一般项目	1	各种注浆材料称量误差		%	<3	抽查
	2	注浆孔位		mm	±20	用钢尺量
	3	注浆孔深		mm	±100	测量注浆管长度
	4	注浆压力（与设计参数比）		%	±10	抽查压力表读数

注：本表摘自《建筑地基基础施工质量验收规范》（GB 50202—2002）。

主控项目

1. 主控项目第一项

1）注浆所用的水泥宜采用普通硅酸盐水泥

一般不得超过出厂日期三个月，受潮结块的不得使用，水泥的各项技术指标应符合现行国家标准，并应附有出厂试验单。不宜采用矿渣硅酸盐水泥（简称矿渣水泥）或火山灰质硅酸盐水泥（简称火山灰水泥）进行注浆。

2）注浆用砂

检查砂的检测报告。

3）注浆用黏土

检查方法查试验报告。

检查数量：根据土料供货质量和货源情况抽查。

质量标准：塑性指数大于14；黏粒含量大于25%，含砂量小于5%；有机物含量小于 3%。

即使在低浓度下，黏土都具有吸收水分和形成胶凝结构的能力，故常被用来提高水泥浆液的稳定性，防止沉淀和析水。

黏土是含水的铝硅酸盐，其矿物分为高岭石、蒙脱石及伊里石三种基本组分。以蒙脱石为主的土叫膨润土，这种土尤其是钠膨润土对制备优质浆液最为有利，因为蒙脱石的晶胞由两层硅氧四面体和一层铝氧八面体组成，晶胞之间都是 O—O 联结，处于相互排斥状态，结晶格架比较松散，水和其他极性分子容易进入晶层间使之膨胀分裂。因此，膨润土是一种水化能力极强、膨胀性大和分散性很高的活性黏土，在国外灌浆工程中被广泛采用。

4）粉煤灰

检查方法同上。

检查数量：按同一厂家，同一批次为一批。

质量标准：细度不粗于同时使用的水泥；烧失量小于 3%。

在满足强度要求的前提下，可用磨细粉煤灰或粗灰部分替代水泥，掺入量应通过试验确定。

5）水玻璃

检查方法：查质保书或试验报告。

检查数量：同一厂家、同一品种为一批。

加速浆体凝固的水玻璃，其模数应为 3.0～3.3。当为 3.0 时，密度应大于 1.41。不溶于水的杂质含量应不超过 2%，水玻璃掺量应通过试验确定。

6）其他化学浆液

产品合格证或抽样送检，查检测报告。

化学浆材的品种很多，包括环氧树脂类、甲基丙烯酸酯类、聚氨酯类、丙烯酰胺类、水质素类和硅酸盐等类。

常用的有聚氨酯，其性能指标见表 3.4.12。

聚氨酯浆液性能指标　　　　　　　　　　　　　　　　　表 3.4.12

编　号	游离［NCO］含量%	相对密度	黏度（Pa・s）	固砂体		抗渗标号
				屈服抗压强度（9.8×10^4 Pa）	弹模（9.8×10^4 Pa）	
SK—1	21.2	1.12	2×10^{-2}	160	4550	>B_{20}
SK—3	18.1	1.14	1.6×10^{-1}	100	2870	>B_{10}
SK—4	18.3	1.15	1.7×10^{-1}	100	2962	>B_{10}

2. 主控项目第二项

检查方法：钻孔取样室内试验，查试验报告。

检查数量：孔数总量的 2%～5%，且不少于 3 个。检查时间应在注浆后 15d（砂土、黄土）或 60d（黏性土）进行。不合格率大于或等于 20% 时，应进行二次注浆。

1）以控制地基沉降为目的的加固工程，加固后的强度测试标准应取试块作无侧限抗压试验，其强度不得低于设计强度的 90%，被加固土的抗剪强度应为原来的 2 倍左右。

2）在以抗渗为目的的加固工程中，被加固后的土体渗透系数应降低 1～2 个数量级。

3）有特殊要求的工程，其检测标准应根据具体情况而定。例如：建筑物纠偏范围；加固后的固结沉降量等。

3. 主控项目第三项

检查方法：荷载板试验，查试验报告。

检查数量：同第二项。

检查方法：查试验报告。

检查数量：参见"砂石地基"相应项要求。

质量标准：粒径应小于 2.5mm；细度模数小于 2.0；含泥量及有机物含量小于 3%。

在较大的孔隙和裂隙中灌浆时，常在水泥浆中加砂，以形成经济的浆液。有时，为了防止浆液扩散过远，还可用掺砂的办法提高浆液的固体含量和降低其含砂量，从而使浆液获得较高的摩擦剪切强度。

选择砂子的原则与制备混凝土相似，要考虑耐久性、流动性、收缩性和碱性反应。一般由坚硬大块岩石碾碎的砂粒比扁平、带棱角的或薄片状材料优越，因后者能使浆液的流动降低。级配均匀的砂比较有利，最大颗粒以不超过 2.5mm 为宜。有些规范规定，当输浆距离超过 300m 时，砂的最大颗粒应减小至 0.5mm。

一般项目

1. 一般项目第一项

检查方法：现场抽查及查看注浆记录。检查数量：随机抽查。每一台班不少于三次。

2. 一般项目第二项

检查方法：现场量测及查看记录。

检查数量：抽孔数的 10% 且不少于 3 个。

注浆孔的布置原则，应能使被加固土体在平面和深度范围内连成一个整体。

3. 一般项目第三项

检查方法：现场量测注浆管长度及查看记录。

检查数量：同第二项。

4. 一般项目第四项

检查方法：检查压力表读数及查看记录。检查数量：同第一项。

在浆液注浆的范围内应尽量减少注浆压力。注浆压力的选用应根据土层的性质和其埋深确定。在砂性土中的经验数值是 0.2～0.5MPa；在粉土中的经验数值一般要比砂土大；在软黏土中的经验数值是 0.2～0.3MPa。注浆压力因地基条件、环境影响、施工目的等不同而不能确定时，也可参考类似条件下成功的工程实例来决定。

4.8 预压地基

预压法分为加载预压法和真空预压法两类，适用于处理淤泥质土、淤泥和冲填土等饱和黏性土地基。

对预压法处理地基应预先通过勘察查明土层在水平和竖直方向的分布和变化、透水层的位置及水源补给条件等。勘察孔间距一般为 15～25m。应通过土工试验确定土的固结系数、孔隙比和固结压力关系、三轴试验抗剪强度以及原位十字板抗剪强度等。

对重要工程，应预先在现场选择试验区进行预压试验，在预压过程中应进行竖向变形、侧向位移、孔隙水压力等项目的观测以及原位十字板剪切试验。根据试验区获得的资料分析地基的处理效果，与原设计预估值进行比较，对设计作必要的修正，并指导全场的设计和施工。

对主要以沉降控制的建筑，当地基经预压消除的变形量满足设计要求且受压土层的平均固结度达到80%以上时，方可卸载；对主要以地基承载力或抗滑稳定性控制的建筑，在地基土经预压增长的强度满足设计要求后，方可卸载。

4.8.1 施工前应检查施工监测措施，沉降、孔隙水压力等原始数据，排水设施，砂井（包括袋装砂井）、塑料排水带等位置。塑料排水带的质量标准应符合本规范附录B（本书表3.4.13、表3.4.14）的规定。

不同型号塑料排水带的厚度 表 3.4.13

型　号	A	B	C	D
厚　度	＞3.5	＞4.0	＞4.5	＞6

注：本表摘自《建筑地基基础施工质量验收规范》（GB 50202—2002）附录 B。

塑料排水带的性能 表 3.4.14

项　目		单　位	A 型	B 型	C 型	条　件
纵向通水量		cm^3/s	≥15	≥25	≥40	侧压力
滤膜渗透系数		cm/s		≥$5×10^{-4}$		试件在水中浸泡24h
滤膜等效孔径		μm		＜75		以D_{98}计，D为孔径
复合体抗拉强度（干态）		kN/10cm	≥1.0	≥1.3	≥1.5	延伸率10%时
滤膜抗拉强度	干态	N/cm	≥15	≥25	≥30	延伸率10%时
	湿态		≥10	≥20	≥25	延伸率15%时，试件在水中浸泡24h
滤膜重度		N/m^2	—	0.8		

注：1. A型排水带适用于插入深度小于15m；
　　2. B型排水带适用于插入深度小于25m；
　　3. C型排水带适用于插入深度小于35m；
　　4. 本表摘自《建筑地基基础施工质量验收规范》（GB 50202—2002）附录 B。

软土的固结系数较小，当土层较厚时，达到工作要求的固结度需时较长，为此，对软土预压应设置排水通道，其长度及间距宜通过试压确定。

4.8.2 堆载施工应检查堆载高度、沉降速率。真空预压施工应检查密封膜的密封性能、真空表读数等。

堆载预压，必须分级堆载，以确保预压效果并避免坍滑事故。一般每天沉降速率控制在10～15mm，边桩位移速率控制在4～7mm。孔隙水压力增量不超过预压荷载增量60%，以这些参考指标控制堆载速率。

真空预压的真空度可一次抽气至最大，当连续5d实测沉降小于每天2mm或固结度≥80%，或符合设计要求时，可停止抽气，降水预压可参考本条。

预压地基质量控制要点：

1. 加载预压法

预压法处理地基必须在地表铺设排水砂垫层，其厚度宜大于400mm。

132

砂垫层砂料宜用中粗砂，含泥量应小于 5%，砂料中可混有少量粒径小于 50mm 的石粒。砂垫层的干密度应大于 $1.5t/m^3$。

在预压区内宜设置与砂垫层相连的排水盲沟，并将地基中排出的水引出预压区。

砂井的砂料宜用中粗砂，含泥量应小于 3%。

砂井的灌砂量，应按井孔的体积和砂在中密时的干密度计算，其实际灌砂量不得小于计算值的 95%。

灌入砂袋的砂宜用干砂，并应灌制密实，砂袋放入孔内至少应高出孔口 200mm，以便埋入砂垫层中。

袋装砂井施工所用钢管内径宜略大于砂井直径，以减小施工过程中对地基土的扰动。

2. 真空预压法

真空预压法处理地基必须设置砂井或塑料排水带。设计内容包括：砂井或塑料排水带的直径、间距、排列方式和深度的选择；预压区面积和分块大小；要求达到的膜下真空度和土层的固结度；真空预压和建筑荷载下地基的变形计算；真空预压后地基土的强度增长计算等。

真空预压的总面积不得小于建筑物基础外缘所包围的面积，每块预压面积宜尽可能大且相互连接。

真空预压的膜下真空度应保持在 600mmHg 以上，压缩土层的平均固结度应大于80%。

对真空预压处理地基，应进行真空预压和建筑荷载下地基的变形计算。

对于表层存在良好的透气层以及在处理范围内有充足水源补给的透水层等情况，应采取有效措施切断透气层及透水层。

真空预压的抽气设备宜采用射流真空泵，真空泵的设置应根据预压面积大小、真空泵效率以及工程经验确定，但每块预压区至少应设置两台真空泵。

真空管路的连接点应严格进行密封，为避免膜内真空度在停泵后很快降低，在真空管路中应设置止回阀和阀门。

水平向分布滤水管可采用条状，梳齿状或羽毛状等形式。滤水管一般设在排水砂垫层中，其上宜有 100~200mm 砂覆盖层。滤水管可采用钢管或塑料管，滤水管在预压过程中应能适应地基的变形。滤水管外宜围绕钢丝、外包尼龙纱或土工织物等滤水材料。

密封膜应用抗老化性能好、韧性好、抗穿刺能力强的不透气材料。密封膜热合时宜用两条热合缝的平搭接，搭接长度应大于 15mm。

密封膜宜铺设 3 层，覆盖膜周边可采用挖沟折铺、平铺并用黏土压边、围捻沟内覆水以及膜上全面覆水等方法密封。当处理区内有充足水源补给的透水层时，应采用封闭式板桩墙、封闭式板桩墙加沟内覆水或其他密封措施隔断透水层。

4.8.3 施工结束后，应检查地基土的强度及要求达到的其他物理力学指标，重要建筑物地基应做承载力检验。

一般工程在预压结束后，做十字板剪切强度或标贯、静力触探试验即可，但重要建筑物地基应做承载力检验。如设计有明确规定应按设计要求进行检验。

4.8.4 预压地基和塑料排水带质量检验标准应符合表 4.8.4（本书表 3.4.15）的规定。

项	序	检查项目	允许偏差或允许值		检查方法
			单位	数值	
主控项目	1	预压载荷	%	≤2	水准仪
	2	固结度（与设计要求比）	%	≤2	根据设计要求采用不同的方法
	3	承载力或其他性能指标	设计要求		按规定方法
一般项目	1	沉降速度（与控制值比）	%	±10	水准仪
	2	砂井或塑料排水带位置	mm	±100	用钢尺量
	3	砂井或塑料排水带插入深度	mm	±200	插入时用经纬仪检查
	4	插入塑料排水带时的回带长度	mm	≤500	用钢尺量
	5	塑料排水带或砂井高出砂垫层距离	mm	≥200	用钢尺量
	6	插入塑料排水带的回带根数	%	<5	目测

注：1. 如真空预压，主控项目中预压载荷的检查为真空度降低值<2%；
　　2. 本表摘自《建筑地基基础施工质量验收规范》（GB 50202—2002）。

主控项目

1. 主控项目第一项

检查方法：现场检查和量测。

检查数量：全数检查。

预压荷载的大小应根据设计要求确定，通常可与建筑物的基底压力大小相同。对于沉降有严格限制的建筑，应采用超载预压法处理地基，超载数量应根据预定时间内要求消除的变形量通过计算确定，并宜使预压荷载下受压土层各点的有效竖向压力等于或大于建筑荷载所引起的相应点的附加压力。

加载的范围不应小于建筑物基础外缘所包围的范围。

2. 主控项目第二项

检查方法：根据设计要求采用不同的方法。一般采用实测沉降量和孔隙水压力来推算求出固结度并和设计比较。

检查数量：全数检查。

在预压期间应及时整理变形与时间、孔隙水压力与时间等关系曲线，推算地基的最终固结变形量、不同时间的固结度和相应的变形量，以分析处理效果并为确定卸载时间提供依据。

3. 主控项目第三项

检查方法：对于以抗滑稳定控制的重要工程，应在预压区内选择代表性地点预留孔位，在加载不同阶段进行不同深度的十字板抗剪强度试验和取土进行室内试验，以验算地基的抗滑稳定性，并检验地基的处理效果。

一般工程在预压结束后进行十字板、静力触探或钻孔取土进行室内试验，重要建筑物应按设计要求做现场载荷试验。真空地基尚应量测真空度。

检查数量：原位试验应满足每个加固区、每个阶段或某种时间不少于2个的要求，载荷试验可参见"灰土地基"相应项要求。

一般项目

1. 一般项目第一项

检查方法：检查沉降观测记录。

检查数量：全数检查，每天进行。

对加载预压工程，应根据设计要求分级逐渐加载，在加载过程中应每天进行竖向变形、边桩位移及孔隙水压力等项目的观测，根据观测资料严格控制加载速率，竖向变形每天不应超过 10mm，边桩水平位移每天不应超过 4mm。

在加载预压过程中，地基因排水固结而强度逐渐增长，同时随着荷载的加大地基中的剪应力也增大。如剪应力的增大超过土体的强度增长，则可导致该土体的剪切破坏。因此，加载速率应与土的强度增长相适应。特别是在预压荷载较大时，应进行各级荷载下地基的稳定性分析，以保证工程安全。

2. 一般项目第二项

检查方法：现场量测。

检查数量：抽 10% 且不少于 3 个。

砂井分普通砂井和袋装砂井。普通砂井直径可取 300～500mm，袋装砂井直径可取 70～100mm。塑料排水带的当量换算直径可按下式计算：

$$D_p = \alpha \frac{2\ (b+\delta)}{\pi}$$

式中　D_p——塑料排水带当量换算直径；

　　　α——换算系数，无试验资料时可取 $\alpha = 0.75～1.00$；

　　　b——塑料排水带宽度；

　　　δ——塑料排水带厚度。

砂井的平面布置可采用等边三角形或正方形排列。一根砂井的有效排水圆柱体的直径 d_e 和砂井间距 s 的关系按下列规定取用：

等边三角形布置　　$d_e = 1.05s$

正方形布置　　$d_e = 1.13s$

砂井的间距可根据地基土的固结特性和预定时间内所要求达到的固结度确定。通常，砂井的间距可按井径比 n（$n = d_e/d_w$，d_w 为砂井直径）确定。普通砂井的间距可按 $n = 6～8$ 选用；袋装砂井或塑料排水带的间距可按 $n = 15～20$ 选用。

砂井的砂料应采用中粗砂，含泥量应小于 3%，其渗透系数宜大于 $1 \times 10^{-2} cm^3/s$。

砂井间距的选择，应根据地基土的固结特性、预定时间内所要求达到的固结度以及施工影响等通过计算、分析确定。对不考虑井阻和涂抹作用的理想井情况，采用小直径密排列的砂井地基，固结效果较好，即工程上所称的"细而密"的布置原则。但实际上，对于同样深度的砂井，砂料渗透系数相同时，直径越小，其井阻影响越显著。间距越小，砂井施工对土结构的扰动越显著。根据我国的工程实践，普通砂井井径比取 6～8，袋装砂井或塑料排水带井径比取 15～20，均取得较好的处理效果，故建议按以上井径比选取砂井间距。

3. 一般项目第三项

检查方法和数量同第二项。

砂井的深度应根据建筑物对地基的稳定性和变形的要求确定。

对以地基抗滑稳定性控制的工程，砂井深度至少应超过最危险滑动面 2m。

对以沉降控制的建筑物，如压缩土层厚度不大，砂井宜贯穿压缩土层；对深厚的压缩土层，砂井深度应根据在限定的预压时间内应消除的变形量确定，若施工设备条件达不到设计深度，则可采用超载预压等方法来满足工程要求。

砂井的深度，根据压缩土层的厚度以及建筑物对地基的稳定性和变形要求确定，这是合理的，但砂井过深，则深层土层的固结效果较差。

4. 一般项目第四项

检查方法和数量同第二项。

袋装砂井或塑料排水带施工时，平面井距偏差应不大于井径，垂直度偏差宜小于 1.5%。拔管后带上砂袋或塑料排水带的长度不宜超过 500mm。

塑料排水带应有良好的透水性，应有足够的湿润抗拉强度和抗弯曲能力。

塑料排水带需要接长时，应采用滤膜内芯板平搭接的连接方式，搭接长度宜大于 200mm。

5. 一般项目第五项

检查方法和数量同第二项。

砂井的灌砂量应按井孔的体积和砂在中密时的干密度计算，其实际灌砂量不得小于计算值的 95%。

灌入砂袋的砂宜用干砂，并应灌制密实，砂放入孔内至少应高出孔口 200mm，以便埋入垫层中。

6. 一般项目第六项

抽检方式和数量同第二项。

塑料排水带通过插带机插入土中，要求插带机械具有较低的接地压力，较高的稳定性，移动迅速，对位容易，插入快，对土的扰动小，使用方便，易于操作。插带机械可用挖掘机、起重机、打桩机改装，也可制作专用机械。按其类型一般可分为：①门架式；②步履式；③履带式；④插带船。为使塑料带能顺利打入，需在套管端部配上混凝土制成的管尖，或用薄金属板或塑料制成的管靴。

4.9 振冲地基

振冲法分为振冲置换法和振冲密实法两类。振冲置换法适用于处理不排水，且抗剪强度不小于 20kPa 的黏性土、粉土、饱和黄土和人工填土等地基。振冲密实法适用于处理砂土和粉土等地基。不加填料的振冲密实法仅适用于处理黏粒含量小于 10% 的粗砂、中砂地基。

对大型的、重要的或场地复杂的工程，在正式施工前应在有代表性的场地上进行试验。

1. 振冲置换法质量控制要点

处理范围应根据建筑物的重要性和场地条件确定，通常都大于基底面积。对一般地基，在基础外缘宜扩大 1~2 排桩；对可液化地基，在基础外缘应扩大 2~4 排桩。

桩位布置，对大面积满堂处理，宜用等边三角形布置；对独立或条形基础，宜用正方形、矩形或等腰三角形布置。

桩的间距应根据荷载大小和原土的抗剪强度确定，可用1.5～2.5m。荷载大或原土强度低时，宜取较小的间距；反之，宜取较大的间距。对桩端未达相对硬层的短桩，应取小间距。

桩长的确定，当相对硬层的埋藏深度不大时，应按相对硬层埋藏深度确定；当相对硬层的埋藏深度较大时，应按建筑物地基的变形允许值确定。桩长不宜短于4m。在可液化的地基中，桩长应按要求的抗震处理深度确定。

在桩顶部应铺设一层200～500mm厚的碎石垫层。

升降振冲器的机具可用起重机、自行井架式施工平车或其他合适的机具设备。

振冲施工可按下列步骤进行：

1）清理平整施工场地，布置桩位；

2）施工机具就位，使振冲器对准桩位；

3）启动水泵和振冲器，水压可用400～600kPa，水量可用200～400L/min，使振冲器徐徐沉入土中，直至达到设计处理深度以上0.3～0.5m，记录振冲经各深度的电流值和时间，提升振冲器至孔口；

4）重复上一步骤1～2次，使孔内泥浆变稀，然后将振冲器提出孔口；

5）向孔内倒入一批填料，将振冲器沉入填料中进行振密，此时电流随填料的密实而逐渐增大，电流必须超过规定的密实电流，若达不到规定值，应向孔内继续加填料振密，记录这一深度的最终电流量和填料量；

6）将振冲器提出孔口，继续制作上部的桩段；

7）重复步骤5、6，自下而上地制作桩体，直至孔口；

8）关闭振冲器和水泵。

施工过程中，各段桩体均应符合密实电流、填料量和留振时间三方面的规定。这些规定应通过现场成桩试验确定。

2. 振冲密实法控制要点

处理范围应大于建筑物基础范围，在建筑物基础外缘每边放宽不得小于5m。

当可液化土层不厚时，振冲深度应穿透整个可液化土层；当可液化土层较厚时，振冲深度应按要求的抗震处理深度确定。

振冲点宜按等边三角形或正方形布置。间距与土的颗粒组成、要求达到的密实程度、地下水位、振冲器功率、水量等有关，应通过现场试验确定，可取1.8～2.5m。

每一振冲点所需的填料量随地基土要求达到的密实程度和振冲点间距而定，应通过现场试验确定，填料宜用碎石、卵石、角砾、圆砾、砾砂、粗砂、中砂等硬质材料。

加填料的振冲密实施工可按下列步骤进行：

1）清理平整场地、布置振冲点；

2）施工机具就位，在振冲点上安放钢护筒，使振冲器对准护筒的轴心；

3）启动水泵和振冲器，使振冲器徐徐沉入砂层，水压可用400～600kPa，水量可用200～400L/min，下沉速率宜控制在1～2m/min范围内；

4）振冲器达设计处理深度后，将水压和水量降至孔口有一定量回水，但无大量细颗粒带出的程度，将填料堆于护筒周围；

5）填料在振冲器振动下依靠自重沿护筒周壁下沉至孔底，在电流升高到规定的控制值后，将振冲器上提 0.3~0.5m；

6）重复上一步骤，直至完成全孔处理，详细记录各深度的最终电流值、填料量等；

7）关闭振冲器和水泵。

不加填料的振冲密实施工方法与加填料的大体相同。使振冲器沉至设计处理深度，留振至电流稳定地大于规定值后，将振冲器上提 0.3~0.5m。如此重复进行，直至完成全孔处理。在中粗砂层中施工时，如遇振冲器不能贯入，可增设辅助水管，加快下沉速率。

振冲密实的施工顺序宜沿平行直线逐点进行。

4.9.1 施工前应检查振冲器的性能、电流表、电压表的准确度及填料的性能。

为确切掌握好填料量、密实电流和留振时间，使各段桩体都符合规定的要求，应通过现场试桩确定这些施工参数。填料应选择不溶于地下水，或不受侵蚀影响且本身无侵蚀性和性能稳定的硬粒料。对粒径控制的目的，确保振冲效果及效率。粒径过大，在边振边填过程中难以落入孔内；粒径过细小，在孔中沉入速度太慢，不易振密。

4.9.2 施工中应检查密实电流、供水压力、供水量、填料量、孔底留振时间、振冲点位置、振冲器施工参数等（施工参数由振冲试验或设计确定）。

振冲置换造孔的方法有排孔法，即由一端开始到另一端结束；跳打法，即每排孔施工时隔一孔造一孔，反复进行；帷幕法，即先造外围 2~3 圈孔，再造内圈孔，此时可隔一圈造一圈或依次向中心区推进。振冲施工必须防止漏孔，因此要做好孔位编号并施工复查工作。

检查振冲施工和各项施工记录，如有遗漏或不符合规定要求的桩或振冲点，应补做或采取有效的补救措施。

4.9.3 施工结束后，应在有代表性的地段做地基强度或地基承载力检验。

4.9.4 振冲地基质量检验标准应符合表 4.9.4（本书表 3.4.16）的规定。

振冲地基质量检验标准　　　　　　　　　　　　表 3.4.16

项	序	检查项目	允许偏差或允许值		检查方法
			单位	数值	
主控项目	1	填料粒径	设计要求		抽样检查
	2	密实电流（黏性土） 密实电流（砂性土或粉土） （以上为功率 30kW 振冲器） 密实电流（其他类型振冲器）	A A A_0	50~55 40~50 (1.5~2.0) A_0	电流表读数 电流表读数，A_0 为空振电流
	3	地基承载力	设计要求		按规定方法
一般项目	1	填料含泥量	%	<5	抽样检查
	2	振冲器喷水中心与孔径中心偏差	mm	≤50	用钢尺量
	3	成孔中心与设计孔位中心偏差	mm	≤100	用钢尺量
	4	桩体直径	mm	<50	用钢尺量
	5	孔深	mm	±200	量钻杆或重锤测

注：本表摘自《建筑地基基础施工质量验收规范》（GB 50202—2002）。

主控项目

1. 主控项目第一项

检查方法：现场抽查和查看试验报告。

检查数量：参见"混凝土结构"相关章节内容。

桩体材料可用含泥量不大的碎石、卵石、角砾、圆砾、粗砂、中砂等硬质材料。材料的最大粒径不宜大于80mm。对碎石，常用的粒径为20～50mm。砂子的粒径越大，挤密效果越好，只要小于0.074mm的细颗粒含量不超过10%，都可得到挤密效应。

2. 主控项目第二项

检查方法：抽查电流表读数并查施工记录。

检查数量：每工作台班不少于3次。

振冲施工通常可用功率为30kW的振冲器。在既有建筑物邻近施工时，宜用功率较小的振冲器。有条件时也可用较大功率的振冲器。升降振冲器的机具可用起重机、自行井架式施工平车或其他合适的机具设备。

施工的质量关键是填料量、密实电流和留振时间，这三者实际上是相互联系的，只有在一定的填料量的情况下，才可能保证达到一定的密实电流，而这时也必须要有一定的留振时间，才能把填料挤紧振密。

在较硬的土或砂性较大的地基中，振冲电流有时会超过密实电流规定，随着在留振的过程中电流会缓慢地下降。这是由于振冲器瞬时较快地进入石料产生的瞬时电流较高峰，决不能以此电流来控制桩的质量。密实电流必须是在振冲器留振过程中稳定下来的电流值。

在黏性土地基中施工，由于土层中常夹有软弱层，这会影响填料量的变化。有时，在填料量达到的情况下，密实电流还不一定能够达到规定值，这时就不能单纯用填料量来检验施工质量，而要更多地注意密实电流是否达到规定值。

3. 主控项目第三项

振冲桩的施工质量检验可用单桩载荷试验。试验用圆形压板的直径与桩的直径相等。可按每200～400根桩随机抽取一根进行检验，但总数不得少于3根。

对砂土或粉土层中的振冲桩，除用单桩载荷试验检验外，尚可用标准贯入、静力触探等试验对桩间土进行处理前后的对比检验。

对大型的、重要的或场地复杂的振冲置换工程应进行复合地基的处理效果检验。检验方法宜用单桩复合地基载荷试验或多桩复合地基载荷试验。检验点应选择在有代表性的或土质较差的地段，检验点数量可按处理面积大小取2～4组。

对不加填料的振冲密实法处理的砂土地基，处理效果检验宜用标准贯入、动力触探或其他合适的试验方法。检验点应选择在有代表性的或地基土质较差的地段，并位于振冲点围成的单元形心处。检验点数量可按100～200个振冲点选取1孔，总数不得少于3孔。

检查数量尚应符合第4.1.7条的要求。

振冲施工对原土结构造成扰动，强度降低。因此，质量检验应在施工结束后间歇一定时间后进行，对砂土地基间隔1～2周，黏性土地基间隔3～4周，对粉土、杂填土地基间隔2～3周。桩顶部位由于周围约束力小，密实度较难达到要求，检验取样应考虑此因素。对振冲密实法加固的砂土地基，如不加填料，质量检验主要是地基的密实度，可用标准贯入、动力触探等方法进行，但选点应有代表性。在具体操作时，宜由设计、施工、监理（或业主方）共同确定位置后，再进行检验。

一般项目

1. 一般项目第一项

检查方法：查复试报告。

检查数量：参见"混凝土结构工程"中相关章节内容。

2. 一般项目第二项

检查方法：现场量测。

抽样数量：抽孔数的 20% 且不少于 5 根。

在加固过程中，要有足够的压力水通过橡皮管引入振冲器的中心水管，最后从振冲器的孔端喷出 $400\sim600kPa$ 的压力水，水量为 $20\sim30m^3/h$。因此，为保证成孔和桩体质量，必须控制喷水中心位置。

3. 一般项目第三项

检查方法和数量同第二项。

4. 一般项目第四项

检查方法和数量同第二项。

桩的直径可按每根桩所用的填料计算，也可根据工程要求、地质情况和成桩设备等因素确定，采用 30kW 振冲器成桩时，桩径一般为 $0.7\sim1.0m$，对饱和黏性土地基宜选用较大的直径，一般为 $0.8\sim1.2m$。

5. 一般项目第五项

检查数量和方法同第三项。

加固深度应根据软弱土层的性能、厚度或工程要求按下列原则确定：

1. 如果软弱土层厚度不大，则桩体可贯穿整个软弱土层，直达相对硬层，此时桩体在荷载作用下主要起应力集中的作用，从而使软弱土负担的压力相应减少，与原天然地基相比，复合地基的承载力有所提高，而压缩性也有所减少；

2. 当相对硬层的埋藏深度较大时，对按变形控制的工程，加固深度应满足碎石桩复合地基加固后变形值不超过建筑物地基容许变形值的要求；

3. 对按稳定性控制的工程，加固深度应不小于最危险滑动面的深度；

4. 在可液化地基中，加固深度应按要求的抗震处理深度确定；

5. 桩长不宜短于 4m。

4.10　高压喷射注浆地基

高压喷射注浆法适用于处理淤泥、淤泥质土、黏性土、粉土、黄土、砂土、人工填土和碎石土等地基。

当土中含有较多的大粒径块石、坚硬黏性土、大量植物根茎或有过多的有机质时，应根据现场试验结果确定其适用程度。

高压喷射注浆法可用于既有建筑和新建建筑的地基处理、深基坑侧壁挡土或挡水、基坑底部加固、防止管涌与隆起、坝的加固与防水帷幕等工程。

对地下水流速过大和已涌水的工程，应慎重使用。

高压喷射注浆法的注浆形式分旋喷注浆、定喷注浆和摆喷注浆三种。根据工程需要和机具设备条件，可分别采用单管法、二重管法和三重管法。加固形状可分为柱状、壁状和块状。

在制定高压喷射注浆方案时，应掌握场地的工程地质、水文地质和建筑结构设计资料等。对既有建筑尚应搜集竣工和现状观测资料、邻近建筑和地下埋设物等资料。

高压喷射注浆方案确定后，应进行现场试验、试验性施工或根据工程经验确定施工参数及工艺。

4.10.1　施工前应检查水泥、外掺剂等的质量，桩位、压力表、流量表的精度和灵敏度，高压喷射设备的性能等。

高压喷射注浆工艺宜用普通硅酸盐水泥，强度等级不得低于 42.5 级，水泥用量及压力宜通过试验确定，如无条件可参考表 3.4.17。

1m 桩长喷射桩水泥用量表　　　　　　　　表 3.4.17

桩径（mm）	桩长（m）	强度为 42.5 级普通硅酸盐水泥单位用量	喷射施工方法		
			单管	二重管	三重管
φ600	1	kg/m	200～250	200～250	—
φ800	1	kg/m	300～350	300～350	—
φ900	1	kg/m	350～400（新）	350～400	—
φ1000	1	kg/m	400～450（新）	400～450	700～800
φ1200	1	kg/m	—	500～600（新）	800～900
φ1400	1	kg/m	—	700～800（新）	900～1000

注："新"系指采用高压水泥浆泵，压力为 36～40MPa，流量 80～110L/min 的新单管法和二重管法。

水灰比为 0.7～1.0 较妥，为确保施工质量，施工机具必须配置准确的计量仪表。

高压喷射注浆的施工顺序为机具就位、贯入注浆管、喷射注浆、拔管及冲洗等。

钻机与高压注浆泵的距离不宜过远。钻孔的位置与设计位置的偏差不得大于 50mm。实际孔位、孔深和每个钻孔内的地下障碍物、洞穴、涌水、漏水及与工程地质报告不符合等情况均应详细记录。

当注浆管贯入土中，喷嘴达到设计标高时，即可喷射注浆。在喷射注浆参数达到规定值后，随即分别按旋喷、定喷或摆喷的工艺要求，提升注浆管，由下而上喷射注浆。注浆管分段提升的搭接长度不得小于 100mm。由于喷射压力较大，容易发生窜浆，影响邻孔的质量，应采用间隔跳打法施工，一般两孔间距大于 1.5m。

对需要扩大加固范围或提高强度的工程，可采取复喷措施，即先喷一遍清水再喷一遍或两遍水泥浆。

4.10.2　施工中应检查施工参数（压力、水泥浆量、提升速度、旋转速度等）及施工程序。

在高压喷射注浆过程中出现压力骤然下降、上升或大量冒浆等异常情况时，应查明产生的原因并及时采取措施。

当高压喷射注浆完毕，应迅速拔出注浆管。为防止浆液凝固收缩影响桩顶高程，必要时可在原孔位采用冒浆回灌或第二次注浆等措施。

当处理既有建筑地基时，应采取速凝浆液或大间距隔孔旋喷和冒浆回灌等措施，以防旋喷过程中地基产生附加变形和地基与基础间出现脱空现象，影响被加固建筑及邻近建筑。同时，应对建筑物进行沉降观测。

施工中应如实记录高压喷射注浆的各项参数和出现的异常现象。

4.10.3 施工结束后，应检验桩体强度、平均直径、桩身中心位置、桩体质量及承载力等。桩体质量及承载力检验应在施工结束后 28d 进行。

4.10.4 高压喷射注浆地基质量检验标准应符合表 4.10.4（本书表 3.4.18）的规定。

高压喷射注浆地基质量检验标准　　　　　　　　表 3.4.18

项	序	检查项目	允许偏差或允许值		检查方法
			单位	数值	
主控项目	1	水泥及外掺剂质量	符合出厂要求		查产品合格证书或抽样送检
	2	水泥用量	设计要求		查看流量表及水泥浆水灰比
	3	桩体强度或完整性检验	设计要求		按规定方法
	4	地基承载力	设计要求		按规定方法
一般项目	1	钻孔位置	mm	≤50	用钢尺量
	2	钻孔垂直度	%	≤1.5	经纬仪测钻杆或实测
	3	孔深	mm	±200	用钢尺量
	4	注浆压力	按设定参数指标		查看压力表
	5	桩体搭接	mm	＞200	用钢尺量
	6	桩体直径	mm	≤50	开挖后用钢尺量
	7	桩身中心允许偏差		≤0.2D	开挖后桩顶下 500mm 处用钢尺量，D 为桩径

注：本表摘自《建筑地基基础施工质量验收规范》（GB 50202—2002）。

主控项目

1. 主控项目第一项

检查方法：查产品合格证或抽样送检。

检查数量：参见"混凝土结构工程"相关章节的要求。

高压喷射注浆的主要材料为水泥，对于无特殊要求的工程，宜采用 42.5 级普通硅酸盐水泥。根据需要可加入适量的速凝、悬浮或防冻等外加剂及掺合料。所用外加剂和掺合料的数量，应通过试验确定。

2. 主控项目第二项

检查方法：查看流量表及水泥浆水灰比（记录）。

检查数量：每工作台班不少于三次。

水泥用量对地基强度的影响较大，而水泥用量和水灰比有关，水泥浆液的水灰比应按工程要求确定，可取 1.0～1.2，常用 1.0。

水泥浆液的水灰比越小，高压喷射注浆处理地基的强度越高。在生产中因注浆设备的原因，水灰比小于 0.8 时，喷射有困难，故水灰比取 1.0～1.2，生产实践中常用 1.0。

由于生产、运输和保存等原因，有些水泥厂的水泥成分不够稳定，质量波动较大，可导致高压喷射水泥浆凝固时间过长，固结强度降低。因此，事先应对各批水泥进行检验，合格后才能使用。对拌制水泥浆的用水，只要符合《混凝土用水标准》即可使用。

3. 主控项目第三项

检查方法：检查试验报告或观察检查。

检查数量：施工注浆孔数的 2%～5%，且不少于 2 个。

对桩身强度可采用钻孔取芯、标准贯入等方法进行；对完整性可采用开挖检查等方法，检验点应布置在下列部位：

1）建筑荷载大的部位；

2）帷幕中心线上；

3）施工中出现异常情况的部位；

4）地质情况复杂，可能对高压喷射注浆质量产生影响的部位。

旋喷桩强度受许多因素影响，其强度在黏性土中可达 1～5MPa，砂土中可达 4～10MPa。一般应通过试验确定，当无现场试验资料时，亦可参照相似土质条件下其他旋喷工程的经验。质量检验应在高压喷射注浆结束 4 周后进行。

4. 主控项目第四项

检查方法：查载荷试验报告。

检查数量：见 4.1.6 条。

在旋喷固结体进行载荷试验之前，须对固结体的加载部位进行加强处理，以防固结体产生局部破坏。垂直载荷试验时，需在其顶部 0.5～1.0m 的范围内，浇筑 0.2～0.3m 厚的钢筋混凝土桩帽；水平载荷试验时，在固结体的加载受力部位应浇筑 0.2～0.3m 厚的钢筋混凝土加载垫块，并考虑其不产生冲切破坏。

一般项目

1. 一般项目第一项

检查方法：现场量测。

检查数量：抽 20%，不少于 5 个。

实际施工孔位与设计孔位偏差较大时，会影响加固效果，因此必须严格控制。

2. 一般项目第二项

检查方法和数量同第一项。

3. 一般项目第三项

检查方法和数量同上。

我国目前建筑地基高压喷射注浆处理深度可达 30m 以上。

4. 一般项目第四项

检查方法：现场抽查压力表及查施工记录。

检查数量：每工作台班不少于三次。

高压喷射注浆单管法及二重管法的高压水泥浆液流和三重管法高压水射流的压力宜大于 20MPa，三重管法使用的低压水泥浆液流压力宜大于 1MPa，气流压力宜取 0.7MPa，提升速度可取 0.1～0.25 m/min。

由于高压喷射注浆的压力越大，处理地基的效果越好，因此单管法、二重管法及三重管法的高压水泥浆液流或高压水射流的压力宜大于 20MPa，气流的压力以空气压缩机的最大压力为限，通常在 0.7MPa 左右，低压水泥浆的灌注压力，宜在 1.0MPa 左右，提升速度为 0.1～0.25m/min，旋转速度可取 10～20rpm。

5. 一般项目第五项

检查方法：现场量测或查施工记录。

检查数量第一项。

当注浆管不能一次提升完成而需分次卸管时，卸管后喷射的搭接长度不得小于100mm，以保证固结体的整体性。当注浆过程中出现异常时，需查明原因并采取相应的措施。

1）流量不变而压力突然下降时，应检查各部位的泄漏情况，必要时拔出注浆管，检查密封性能。

2）出现不冒浆或断续冒浆时，若系土质松软则视为正常现象，可适当进行复喷；若系附近有空洞、通道，则应不提升注浆管继续注浆直至冒浆为止或拔出注浆管待浆液凝固后重新注浆。

3）在大量冒浆压力下降时，可能系注浆管被击穿或有孔洞，使喷射能力降低。此时，应拔出注浆管进行检查。

4）压力陡增超过最高限值，流量为零，停机后压力仍不变动时，则可能系喷嘴堵塞，应拔管疏通喷嘴。

6. 一般项目第六项

检查方法和数量第一项。

旋喷桩直径可通过试验确定。其实测平均直径和设计比一般不大于 50mm。

7. 一般项目第七项

检查方法和数量第一项。

4.11 水泥土搅拌桩地基

水泥土搅拌法适用于处理淤泥、淤泥质土、粉土和含水量较高且地基承载力标准值不大于 120kPa 的黏性土地基。当用于处理泥炭土或地下水具有侵蚀性时，宜通过试验确定其适用性。冬期施工时应注意负温对处理效果的影响。

工程地质勘察应查明填土层的厚度和组成，软土层的分布范围、含水量和有机质含量，地下水的侵蚀性质等。

设计前必须进行室内加固试验，针对现场地基上的性质选择合适的外掺剂，为设计提供各种配比的强度参数。

当用于处理泥炭土地基时，宜通过试验确定其适用性。如某建筑场地原系大海，后围海造田形成耕地，地表下数十米均为沼泽相沉积和湖泊相沉积的软土，其上部沼泽相沉积的黑色泥炭土夹大量水草腐殖物，结构松散，含水量高达 500%，孔隙比高达 8.47，压缩模量仅 900kPa，承载力为 40kPa。单独掺入水泥的加固效果较差，1 个月龄期的强度为290kPa，不能满足加固要求。而使用 42.5 级水泥，掺入比大于 20%，并加入适量的外掺剂后，水泥加固泥炭土的强度可超过 600kPa，满足深层搅拌法对桩身强度的要求。

4.11.1 施工前应检查水泥及外掺剂的质量、桩位、搅拌机工作性能及各种计量设备完好程度（主要是水泥浆流量计及其他计量装置）。

影响水泥搅拌桩的因素除了水泥及外掺剂外还有：

1. 填土层的组成，特别是大块物质（石块、树根等）的尺寸和含量。大块石对深层搅拌施工速度有很大的影响。某工程实测表明,深层搅拌法穿过 1m 厚的含大石块的人工回填土层需要 40~60min,而穿过一般软土仅需 2~3min。

2. 土的含水量。当水泥土配方相同时,其强度随土样的天然含水量的降低而增大。试验表明,当土样含水量在 50%~85% 范围内变化时,含水量每降低 10%,强度可提高 30%~50%。

3. 有机质含量。对于有机质含量较高的软土,用水泥加固后的强度一般较低。因为有机质使土层具有较大的水容量和塑性,较大的膨胀性和低渗透性,并使土层具有一定的酸性,这些都阻碍水泥水化反应的进行,故影响水泥土强度增长。

4. 地下水的侵蚀性。其中尤以硫酸盐(例如 Na_2SO_4)侵蚀为甚。许多种普通水泥不适应硫酸盐的结晶性侵蚀,甚至丧失强度。

4.11.2　施工中应检查机头提升速度、水泥浆或水泥注入量、搅拌桩的长度及标高。

4.11.3　施工结束后,应检查桩体强度、桩体直径及地基承载力。

4.11.4　进行强度检验时,对承重水泥土搅拌桩应取 90d 后的试件;对支护水泥土搅拌桩应取 28d 后的试件。

强度检验取 90d 的试样是根据水泥土的特性而定,如工程需要(如作为围护结构用的水泥土搅拌桩)可根据设计要求,以 28d 强度为准。

试验资料表明,水泥土的强度随龄期的增长而增大。一般情况下,7d 时水泥土强度可达标准强度的 30%~50%;30d 可达标准强度的 60%~75%;90d 约为 180d 的 80%;而 180d 以后,水泥土强度增加仍未终止。另外,根据电子显微镜的观察,水泥土的硬凝反应也需要 3 个月才能完成。因此,选用龄期 3 个月时间的强度作为水泥土的标准强度。

搅拌桩施工时,还应注意下列问题:

1. 搅拌桩平面布置可根据上部建筑对变形的要求,采用柱状、壁状、格栅状、块状等处理形式。可只在基础范围内布桩。

1)柱状处理形式。当处理局部饱和软黏土夹层和表层与桩端土质较好的建筑物地基时,采用柱状处理形式可以充分利用桩身强度与桩周摩擦力。

2)壁状和格栅状处理形式。在深厚软土层或土层分布很不均匀的场地,对于上部建筑长度比大、刚度小、易产生不均匀沉降的长条状住宅楼,采用壁状与格栅状处理形式可以有效减少不均匀沉降。尤其是采用搅拌桩纵横方向搭接成壁的格栅状处理形式,使全部搅拌桩形成一个整体,减少了产生不均匀沉降的可能性。

3)长短桩相结合的处理形式。当地质条件复杂、同一建筑物坐落在两类不同性质的地基土时,采用长短桩相结合的处理形式可以调整沉降量和节省材料降低造价。当设计计算的桩数不足以使纵横方向相连接时,可用 3m 左右的短桩将相邻长桩连成壁状或格栅状,从而大大增加整体刚度。

2. 施工的场地应事先平整,清除桩位处地上、地下一切障碍物(包括大块石、树根和生活垃圾等)。场地低洼时应回填黏性土料,不得回填杂填土。

基础底面以上宜预留 500mm 厚的土层,桩施工到地面,开挖基坑时应将上部质量较差桩段挖去。

施工可按下列步骤进行:

1)搅拌机械就位;

2）预搅下沉；

3）喷浆搅拌提升；

4）重复搅拌下沉；

5）重复搅拌提升直至孔口；

6）关闭搅拌机械。

3. 施工前应标定搅拌机械的灰浆泵输浆量、灰浆经输浆管到达搅拌机喷浆口的时间和起吊设备提升速度等施工参数，并根据设计要求通过成桩试验，确定搅拌桩的配比和施工工艺。

4. 施工过程中应随时检查施工记录，并对每根桩进行质量评定。对于不合格的桩应根据其位置和数量等具体情况，分别采用补桩或加强邻桩等措施。

5. 基槽开挖后，应检验桩位、桩数与桩顶质量，如不符合规定要求，应采取有效补救措施。

搅拌桩施工时，由于各种因素的影响均有可能造成桩位偏离，但偏离的程度只有在基槽开挖后才能确定和加以补救，因此搅拌桩的施工验收工作宜在开挖基槽时进行。

1）桩位、桩数检验。基槽开挖后测放建筑物轴线或基础轮廓线，记录实际桩数和桩位，根据偏位桩的数量、部位、程序进行安全度分析，确定补救措施。

2）桩顶强度检验。可用直径 $\phi16\text{mm}$、长度 2m 的平头钢筋，垂直放在桩顶。如用人力能压入 100mm（龄期 28d），表明桩顶施工质量有问题。一般可将桩顶挖去 0.5m，再填入 C20 的混凝土或 M10 砂浆即可。

4.11.5 水泥土搅拌地基质量检验标准应符合表 4.11.5（本书表 3.4.19）的规定。

水泥土搅拌桩地基质量检验标准　　　　　　表 3.4.19

项	序	检查项目	允许偏差或允许值		检查方法
			单位	数值	
主控项目	1	水泥及外掺剂质量	设计要求		查产品合格证书或抽样送检
	2	水泥用量	参数指标		查看流量计
	3	桩体强度	设计要求		按规定办法
	4	地基承载力	设计要求		按规定办法
一般项目	1	机头提升速度	m/min	≤0.5	量机头上升距离及时间
	2	桩底标高	mm	±200	测机头深度
	3	桩顶标高	mm	+100　−50	水准仪（最上部 500mm 不计入）
	4	桩位偏差	mm	<50	用钢尺量
	5	桩径		<0.04D	用钢尺量，D 为桩径
	6	垂直度	%	≤1.5	经纬仪
	7	搭接	mm	>200	用钢尺量

注：本表摘自《建筑地基基础施工质量验收规范》（GB 50202—2002）。

主控项目

1. 主控项目第一项

检查方法：查产品合格证或试验报告。

检查数量：参见"混凝土结构工程"相关章节的要求。

水泥土强度随水泥强度的提高而增加，水泥强度等级提高一级，水泥土的强度增大50%～90%。如要求达到相同的强度，水泥强度等级提高一级，可降低水泥掺入比（2%～3%）。

外掺剂可根据工程需要选用具有早强、缓凝、减水、节省水泥等性能的材料，但应避免污染环境。

外掺剂对水泥土强度有着不同的影响，掺入合适的外掺剂，有可能节省水泥用量或提高水泥土的强度，如表3.4.20所示，在水泥土中掺入一定量的粉煤灰，可提高加固效果。

粉煤灰对水泥土强度的影响 表3.4.20

试件编号	水泥掺入比 α_w（%）	粉煤灰掺入量（占水泥重量的百分数）	水泥土强度（kPa）
1	10	0	1827
		100	2036
2	10	0	2823
		100	3086
3	12	0	2613
		100	2893

2. 主控项目第二项

检查方法：查看流量计和施工记录。

检查数量：每工作台班不少于3次。

水泥土搅拌桩对水泥压入量要求较高，必须在施工机械上配置流量控制仪表，以保证一定的水泥用量。水泥用量越大，水泥土强度越高。

当其他条件相同，在同一土层中水泥掺入比不同时，水泥土强度也不同。当水泥掺入比大于10%时，标准强度可达0.3～2MPa以上。但因场地土质与施工条件的差异，掺入比的提高与水泥土强度增加的百分比是不完全一致的。如掺入比由10%增加到12%时，水泥土强度可增加10%～26%。但当掺入比小于5%时，水泥与土的反应过弱，固化程度偏低，试件强度离散性较大。故实际工程中选用掺入比宜大于5%，一般可使用7%～15%。

3. 主控项目第三项

检查方法：轻便触探或其他检测方法（取芯、单桩载荷、开挖检验等）。查试验报告。

检查数量：不少于桩总数的2%。

1）搅拌桩可在成桩后7d内用轻便触探器钻取桩身加固土样，观察搅拌均匀程度，同时根据轻便触探击数用对比法判断桩身强度（超过7d，不易取样）。

检验搅拌均匀性。用轻便触探器中附带的勺钻，在搅拌桩身中心钻孔，取出水泥土桩芯，观察其颜色是否一致，是否存在水泥浆富集的"结核"或未被搅匀的土团。

触探试验。根据现有的轻便触探击数（N_{10}）与水泥土强度对比关系来看，当桩身1d龄期的击数 N_{10} 已大于15击时，桩身强度已足能满足设计要求；或者7d龄期的击数 N_{10} 已大于原天然地基的击数 N_{10} 的1倍以上，桩身强度也已能达到设计要求。

轻便触探的深度一般不超过4m。

2）在下列情况下尚应进行取芯、单桩载荷试验或开挖检验：

（1）经触探检验对桩身强度有怀疑的桩应钻取桩身芯样，制成试块并测定桩身强度；

（2）场地复杂或施工有问题的桩应进行单桩载荷试验，检验其承载力；

（3）对相邻桩搭接要求严格的工程，应在桩养护到一定龄期时选取数根桩体进行开挖，检查桩顶部分外观质量。

用作止水挡土的壁状深层搅拌桩体，在必要时可挖开桩顶 3~4m 深度，检查其外观搭接状态。另外，也可沿壁状加固体轴线，斜向钻孔，使钻杆通过三四根桩身，即可检查深部相邻桩的搭接状态。

取芯芯样进行无侧限强度试验时，可视取样时对桩芯的损坏程度，将设计强度指标乘以 0.7~0.9 的折减系数。

4. 主控项目第四项

检查方法：载荷板试验，查试验报告。

检查数量：参见本章第 3.4 节 4.1.6 条要求。

对于单桩复合地基载荷试验，载荷板的大小应根据设计置换率来确定，即载荷板面积应为一根桩或多根桩所承担的处理面积，否则应予修正。试验标高与基础底面设计标高相同。对单桩静载荷试验，在桩顶上要做一个桩帽，以便受力均匀。

载荷试验应在 28d 龄期后进行，检验点数每个场地不得少于 3 点。若试验值不符合设计要求时，应增加检验点的数量；若用于桩基工程，其检验数量应不少于第一次的检验量。

一般项目

1. 一般项目第一项

检查方法：现场量测及查看施工记录。

检查数量：每工作台班不少于 3 次。

搅拌机喷浆提升的速度和次数必须符合施工工艺的要求，应有专人记录搅拌机每米下沉或提升的时间，深度记录误差不得大于 50mm，时间记录误差不得大于 5s，施工中发现的问题及处理情况均应注明。

水泥土搅拌施工过程中，为确保搅拌充分及桩体质量均匀，搅拌机头提速不宜过快，否则会使搅拌桩体局部水泥量不足或水泥不能均匀地拌合在土中，导致桩体强度不一，因此规定了机头提升速度。

2. 一般项目第二项

检查方法：现场量测机头深度，查施工记录。检查数量：抽 20% 且不少于 3 个。

桩底高程应在施工过程中测量，一般应超深 100~200mm。

3. 一般项目第三项

检查方法：现场量测。

检查数量：见 4.1.7 条。

现场量测时最上部 500mm 不应计入。

4. 一般项目第四项

检查方法和检查数量同第三项。

施工前应在桩中心插桩位标，施工后将桩位标复原，以便验收。

5. 一般项目第五项

检查方法和检查数量同第三项。

目前，我国常用搅拌机中片外径为 600mm 左右，一次加固面积达 0.7m² 左右。桩径偏差主要控制负偏差。

6. 一般项目第六项

检查方法和检查数量同第三项。

每根桩施工时均应用水准尺或其他方法检查导向架和搅拌轴的垂直度，间接测定桩身垂直度。当设计对垂直度有严格要求时，应按设计要求。

7. 一般项目第七项

检查方法和检查数量同第三项。

对侧向围护桩，相邻桩体要搭接施工，搭接长度不小于 200mm。施工应连续，间歇时间不宜超过 8～10h。

4.12 土和灰土挤密桩复合地基

土或灰土挤密桩法适用于处理地下水位以上的湿陷性黄土、素填土和杂填土等地基。处理深度宜为 5～15m。

当以消除地基的湿陷性为主要目的时，宜选用灰土挤密桩法。

当以提高地基的承载力或稳定性为主要目的时，宜选用灰土挤密桩法。

当地基土的含水量大于 23% 及其饱和度大于 0.65 时，不宜选用上述方法。

对重要工程或在缺乏经验的地区，施工前应按设计要求，在现场选点进行试验。如土性基本相同，试验可在一处进行，如土性差异明显，应在不同的地段分别进行试验。

4.12.1 施工前应对土及灰土的质量、桩孔放样位置等做检查。

施工前应在现场进行成孔、夯填工艺和挤密效果试验，以确定填料厚度、最优含水量、夯击次数及干密度等施工参数及质量标准。成孔顺序应先外后内，同排桩应间隔施工。填料含水量如过大或过小，宜预干或预湿处理后再填入。

1. 土或灰土挤密桩处理地基的宽度应大于基础的宽度。

局部处理时，对非自重湿陷性黄土、素填土、杂填土等地基，每边超出基础的宽度不应小于 0.25b（b 为基础短边宽度），并不应小于 0.5m；对自重湿陷性黄土地基不应小于 0.75b，并不应小于 1m。

整片处理宜用于 III、IV 级自重湿陷性黄土场地，每边超出建筑物外墙基础外缘的宽度不宜小于处理土层厚度的 1/2，并不应小于 2m。

2. 土或灰土挤密桩的施工，应按设计要求和现场条件选用沉管（振动、锤击）、冲击或爆扩等方法进行成孔，使土向孔的周围挤密。

成孔和回填夯实的施工顺序，宜间隔进行，对大型工程可采取分段施工。

4.12.2 施工中应对桩孔直径、桩孔深度、夯击次数、填料的含水量等做检查。

1. 成孔施工时地基土宜接近最优含水量，当含水量低于 12% 时，宜加水增湿至最优含水量。

成孔施工时，地基土的含水量是否适中至关重要。

工程实践表明，当土的含水量低于 12% 时，土呈坚硬或半固体状态，成孔很困难，且设备容易损坏；当土的含水量大于 23%、饱和度大于 0.65 时，拔管过程中桩孔缩颈，不易成型；当土的含水量接近塑限（或最优）含水量时，成孔施工速度快，挤密效果好。因此，在成孔施工过程中，应掌握好地基土的含水量，不宜过大或过小。最优含水量是成孔挤密施工的理想含水量，但实际情况往往有出入。如只允许在最优含水量施工，则不符合最优含水量的土需采取晾干等措施，这样施工很麻烦，而且不易掌握准确。为此，对含水量介于12%～23%的土，只要成孔挤密施工顺利，不一定需要采取加水或晾干措施，故未作硬性规定。

2. 基础底面以上应预留0.7～1.0m厚的土层，待施工结束后，将表层挤松的土挖除或分层夯压密实。

施工过程中，应有专人监测成孔及回填夯实的质量并做好施工记录。如发现地基地质与勘察资料不符，并影响成孔或回填夯实时，应立即停止施工，待查明情况或采取有效措施处理后，方可继续施工。

3. 雨期或冬期施工，应采取防雨、防冻措施，防止土料和灰土受雨水淋湿或冻结。

4.12.3 施工结束后，应检验成桩的质量及地基承载力。

施工结束后，对土或灰土挤密桩处理地基的质量，也应及时进行抽样检验。

对一般工程，主要应检查桩和桩间土的干密度、承载力和施工记录。

对重要或大型工程，除应检测上述内容外，尚应进行载荷试验或其他原位测试。也可在地基处理的全部深度内取土样测定桩间土的压缩性和湿陷性。

4.12.4 土和灰土挤密桩地基质量检验标准应符合表4.12.4（本书表3.4.21）的规定。

土和灰土挤密桩地基质量检验标准　　　　　　　　　　表3.4.21

项	序	检查项目	允许偏差或允许值		检查方法
			单位	数值	
主控项目	1	桩体及桩间土干密度		设计要求	现场取样检查
	2	桩长	mm	+500	测桩管长度或垂球测孔深
	3	地基承载力		设计要求	按规定的方法
	4	桩径	mm	−20	用钢尺量
一般项目	1	土料有机质含量	%	≤5	试验室焙烧法
	2	石灰粒径	mm	≤5	筛分法
	3	桩位偏差	满堂布桩≤0.40D 条基布桩≤0.25D		用钢尺量，D为桩径
	4	垂直度	%	≤1.5	用经纬仪测桩管
	5	桩径	mm	−20	用钢尺量

注：1. 桩径允许偏差负值是指个别断面；
　　2. 本表摘自《建筑地基基础施工质量验收规范》（GB 50202—2002）。

主控项目

1. 主控项目第一项

检查方法：取土样或采用触探击数对比法等，查试验报告。

检查数量：随机抽取不少于桩孔总数的2%。

桩间土的挤密效果可通过检测桩间土的平均干密度及压实系数确定，通常宜在施工前或土层有显著变化时，由设计单位提出检验要求，并根据检测结果及时调整桩孔间距的设计。

桩孔内填料夯实质量的检验，可采用触探击数对比法、小孔深层取样或开剖取样试验等方法。对灰土挤密桩采用触探法检验时，为避免灰土胶凝强度的影响，宜于施工当天检测完毕。

桩孔内的填料，应根据工程要求或处理地基的目的确定，压实系数 λ_c 不应小于 0.95；当用灰土回填夯实时，压实系数 λ_c 不应小于 0.97，灰与土的体积配合比宜为 2∶8 或 3∶7。

桩孔内的填料与土或灰土垫层相同，填料夯实的质量规定用压实系数控制。但目前有部分设计人员仍习惯用夯实后的干密度指标作为桩孔填料夯实的质量标准，实际上夯（压）实土或灰土的力学性质指标如湿陷系数、压缩模量及抗压强度等均与压实系数关系密切，而其干密度指标则随土的种类、灰土的配合比等因素变化。

表 3.4.22 列出了不同土类拌合的 3∶7 灰土的抗压强度 f_{cu} 随夯实质量控制标准的变化。显然，单纯按干密度指标控制夯实质量，灰土的强度相差 9～16 倍，夯击次数相差 5～10 倍，按压实系数控制，灰土强度与夯击次数则基本接近。对素土夯实后的湿陷性试验结果也得到相似的结论。表 3.4.22 中 n 为用标准击实仪达到规定的夯实质量标准所需的夯击次。

3∶7 灰土无侧限抗压强度 f_{cu} 与夯击次数 n 的关系　　　　表 3.4.22

夯实质量的控制标准	对比项目	土的种类		
		粉土	亚黏土	黏土
干密度 $\rho_d = 1.5 t/m^3$	f_{cu}（kPa）	50	470	800
	n（击次）	6	30	63
压实系数 $\lambda_c = 1.0$	f_{cu}（kPa）	450	560	690
	n（击次）	40	40	40
土的最大干密度 ρ_{dmax}（t/m³）		1.74	1.54	1.46

用压实系数 λ_c 控制夯实质量的标准规定为：对素土不应小于 0.95；对灰土不应小于 0.97。这些规定与国外有关规范规定相比略为偏小，这是因为目前国内使用的夯实机械多为施工单位自行设计制造的，其夯击能偏低。为了保证桩孔内填料夯实的质量及其力学性质指标，促进夯实机械的发展，适当提高夯击功能和夯实标准对保证工程质量将是有益的。

2. 主控项目第二项

检查方法：现场量测，查施工记录。

检查数量：随机抽总桩数的 20%。

国内常采用的沉管法，其深度应与设计值相同；对爆扩法及冲击法，孔深不应小于设计深度的 0.5m。

由于受到桩架高度和锤击力的限制，沉管法孔深一般不超过 8～10m。冲击法、爆扩法不受其限，成孔深度可以达到 20m 以上。

测量方法采用测桩管长度或用重球测量。

3. 主控项目第三项

检查方法：查载荷试验报告。

检查数量：参见本章第 3.4 节 4.1.6 条。

对重要和大型工程项目，以及挤密效果或桩孔夯填效果较差的一般工程项目，尚应进行载荷试验或其他原位试验。

土或灰土挤密桩处理地基的承载力标准值，应通过原位测试或结合当地经验确定。当无试验资料时，对土挤密桩地基，不应大于处理前的 1.4 倍，并不应大于 180kPa；对灰土挤密桩地基，不应大于处理前的 2 倍，并不应大于 250kPa。

4. 主控项目第四项

检查方法：现场量测，查施工记录。

检查数量：随机抽桩总数的 20％。

桩孔直径对沉管法应与设计相同；对冲击法或爆扩法，其误差一般为设计值的（＋70，－20）。

桩孔设计直径宜为 300～600mm，并可根据所选用的成孔设备或成孔方法确定。桩孔宜按等边三角形布置。

目前，国内大都利用沉管法成孔，使土挤向管壁周围形成桩孔，沉桩机的吨位一般为 0.6～2.5t，相应的桩管直径为 0.3～0.6m，选用时应使两者相适应，否则沉桩困难或柴油锤不能连续爆发。

有效挤密范围与桩管的直径、地基处理前土的含水量及其干密度等因素有关，以往在工程实践中通常用干密度 1.5t/m^3 作为有效挤密范围（或界限）的最小值，考虑国家有关规范均采用压实系数 λ_c 控制挤密及夯（压）实质量，为了统一，规定桩间土的平均压实系数不宜小于 0.93。

桩间距的设计应保证桩间土的平均压实系数达到上述数值，便能消除桩间土的湿陷性、降低压缩性、提高承载力、减小渗透性。

根据测试结果，桩孔位置按等边三角形布置与按正方形、梅花形布置相比，前者桩周土体挤密较均匀，有效挤密面积达 96％以上，为此规定宜按等边三角形布置桩孔。

一般项目

1. 一般项目第一项

检查方法：查土工试验报告。

检查数量：同一土场质量稳定的土料为一批。

土料应选用纯净的黄土或一般黏性土或粉土，有机质含量不得超过 5％，同时不得含有杂土、砖瓦和石块，冬季应剔除冻土块，土料粒径不宜大于 50mm。当用于拌制灰土时，土块粒径不得大于 15mm。土料最好选用就近挖出的土方，以降低费用。

2. 一般项目第二项

检查方法：查质保书或观察检查。

检查数量：随机抽查。

应选用新鲜的消石灰粉，其颗粒直径不得大于 5mm。石灰的质量标准不应低于Ⅲ级，活性 CaO＋MgO 含量（按干重计）不低于 50％。在市区施工，也可采用袋装生石灰粉。

3. 一般项目第三项

检查方法：现场量测。

检查数量：抽桩总数量的 20％。

对箱（筏）形基础，桩位偏差可比条基稍宽。

4. 一般项目第四项

检查方法：现场量测，查施工记录。

检查数量：抽桩总数的 20%。

现场可采用经纬仪测桩管的方法来控制桩的垂直度。

允许偏差值的规定，既考虑到能保证地基处理的技术效果，又考虑到现场施工条件的实际可能性，如桩孔垂直度偏差较大时，不仅使深入桩距离增大，桩间土挤密不匀，同时使夯锤难以自由落入孔底，降低夯实效果。反之，如要求过严，现场难以做到并影响施工进度。所以本条规定，桩孔垂直度偏差不应大于 1.5%。

5. 一般项目第五项

检查方法：现场测量。

检查数量：随机抽查桩总数的 20%。

4.13 水泥粉煤灰碎石桩复合地基

水泥粉煤灰桩，简称 CFG 桩（C 指 Cement、F 指 Flyash、G 指 Gravel），由碎石、石屑、粉煤灰掺适量水泥加水拌合，用各种成分制成的具有可变粘结强度的桩型。通过调整水泥掺量及配比，可使桩体强度等级在 C5～C20 之间变化。桩体中的粗骨料为碎石；石屑为中等粒径骨料，可使级配良好；粉煤灰具有细骨料及低强度等级水泥的作用。

CFG 桩和桩间土一起，通过褥垫层形成 CFG 桩复合地基。此处的褥垫层，不是基础施工时通常做的 10cm 厚素混凝土垫层，而是由粒状材料组成的散体垫层。

工程中，对散体桩（如碎石桩）和低粘结强度桩（如石灰桩）复合地基，有时可不设置褥垫层，也能保证桩与土共同承担荷载。CFG 桩系高粘结强度桩，褥垫层是 CFG 桩和桩间土形成复合地基的必要条件，亦即褥垫层是 CFG 桩复合地基不可缺少的一部分。

1. CFG 桩复合地基的工程特性。

1）承载力提高幅度大，可调性强

CFG 桩桩长可从几米到二十多米，并可全桩长发挥桩的侧阻力。

当地基承载力较好时，荷载又不大，可将桩长设计得短一些，荷载大时桩长可以长一些。特别是天然地基承载力较低而设计要求的承载力较高，用柔性桩难以满足设计要求时，则 CFG 桩复合地基比较容易实现。

2）适用范围广

对基础形式而言，CFG 桩既可适用于独立基础和条形基础，也可适用于筏形基础和箱形基础。

就土性而言，CFG 桩可用于填土、饱和及非饱和黏性土。既可用于挤密效果好的土，又可用于挤密效果差的土。

当 CFG 桩用于挤密效果好的土时，承载力的提高既有挤密分量又有置换分量；当 CFG 桩用于不可挤密土时，承载力的提高只与置换作用有关。CFG 桩和其他桩型相比，它的置换作用很突出是一重要特点。

当天然地基承载力标准值 $f_k \leqslant 50kPa$ 时，CFG 桩的适用性取决于土的性质。

当土是具有良好挤密效果的砂土、粉土时，振动可使土大幅度挤密或振密。

塑性指数高的饱和软黏土，成桩时土的挤密分量接近于零。承载力的提高唯一取决于桩的置换作用。由于桩间土承载力太小，土的荷载分担比较低，此时不宜直接做复合地基。

3) 桩体的排水作用

CFG 桩在饱和粉土和砂土中施工时，由于成桩的振动作用，会使土体内产生超孔隙水压力，刚刚施工完的 CFG 桩是一个良好的排水通道，孔隙水将沿着桩体向上排出，直到 CFG 桩体结硬为止。这样的排水过程可延续几小时。

4) 时间效应

利用振动成桩工艺施工，将会对桩间土产生扰动，特别是对高灵敏度土，结构强度丧失、强度降低。施工结束后，随着恢复期的增长，结构强度的恢复，桩间土承载力会有所增加。

以南京造纸厂某工程为例，天然地基承载力为 87kPa，施工后 14d 桩间土承载力比天然地基承载力降低 43.8%；恢复期超过 32d 后，桩间土承载力大于天然地基载力；恢复期 53d 时，桩间土承载力为天然地基承载力的 1.2 倍。

CFG 桩复合地基，通过改变桩长、桩距、褥垫厚度和桩体配比，可使复合地基承载力提高幅度有很大的可调性。沉降变形小、施工简单、造价低，具有明显的社会效益和经济效益。

2. 施工前，应对基础底面以下的土层做灵敏度试验。查明这些土层灵敏度的大小，为褥垫层施工提供依据。对中、高灵敏度土，褥垫层施工时应尽量避免对桩间土产生扰动，防止产生"橡皮土"。

3. CFG 桩常用施工方法：

1) 长螺旋钻孔灌注成桩

适用于地下水埋藏较深的黏性土，成孔时不会发生坍孔现象，且对周围环境要求噪声、泥浆污染比较严格的场地。

2) 泥浆护壁钻孔灌注成桩

适用于分布有砂层的地质条件，以及对振动噪声要求严格的场地。

3) 长螺旋钻孔泵压混合料成桩

适用于分布有砂层的地质条件，以及对噪声和泥浆污染要求严格的场地。

施工时，首先用长螺旋钻钻孔达到预定标高，然后提升钻杆，同时用高压泵将桩体混合料通过高压管路及长螺旋钻杆的内管压到孔内成桩。这一工艺具有低噪声、无泥浆污染的优点，是一种很有发展前途的施工方法。

4) 振动沉管灌注成桩

适用于无坚硬土层和密实砂层的地质条件，以及对振动噪声限制不严格的场地。

当遇坚硬黏性土层时，振动沉管会发生困难，此时可考虑用长螺旋钻预引孔，再用振动沉管机成孔制桩。

就目前国内情况，振动沉管机灌注成桩用得比较多。这主要是由于振动沉管打桩机施工效率高，造价相对较低。

4. 施工要点：

1) 桩机进入现场，根据设计桩长、沉管入土深度确定机架高度和沉管长度，并进行设备组装。

2）桩机就位，调整沉管与地面垂直，确保垂直度偏差不大于1%。

3）启动马达沉管到预定标高，停机。

4）沉管过程中做好记录，每沉1m记录电流表上的电流一次。并对土层变化处予以说明。

5）停机后立即向管内投料，直到混合料与进料口齐平。混合料按设计配比经搅拌机加水拌合，拌合时间不得少于1min，如粉煤灰用量较多，搅拌时间还要适当放长。加水量按坍落度3～5cm控制，成桩后浮浆厚度以不超过20cm为宜。

6）启动马达，留振5～10s，拔管速度一般为1.2～1.5m/min（拔管速度为线速度，不是平均速度），如遇淤泥或淤泥质土，拔管速度还应放慢。如上料不足，须在拔管过程中空中投料，以保证成桩后，桩顶标高达到设计要求。成桩后，桩顶标高应考虑入保护桩长。

7）沉管拔出地面，确认成桩符合设计要求后，用粒状材料或湿黏性土封顶。然后，移机进行下一根桩的施工。

8）施工过程中，抽样做混合料试块，一般一个台班做一组（3块），试块尺寸为15cm×15cm×15cm，并测定28d抗压强度。

4.13.1 水泥、粉煤灰、砂及碎石等原材料应符合设计要求。

4.13.2 施工中应检查桩身混合料的配合比、坍落度和提拔钻杆速度（或提拔套管速度）、成孔深度、混合料灌入量等。

4.13.3 施工结束后，应对桩顶标高、桩位、桩体质量、地基承载力以及褥垫层的质量做检查。

4.13.4 水泥粉煤灰碎石桩复合地基的质量检验标准应符合表4.13.4（本书表3.4.23）的规定。

水泥粉煤灰碎石桩复合地基质量检验标准　　　　表 3.4.23

项	序	检查项目	允许偏差或允许值		检查方法
			单位	数值	
主控项目	1	原材料	设计要求		查产品合格证书或抽样送检
	2	桩径	mm	—20	用钢尺量或计算填料量
	3	桩身强度	设计要求		查28d试块强度
	4	地基承载力	设计要求		按规定的办法
一般项目	1	桩身完整性	按桩基检测技术规范		按桩基检测技术规范
	2	桩位偏差	满堂布桩≤0.40D 条基布桩≤0.25D		用钢尺量，D为桩径
	3	桩垂直度	%	≤1.5	用经纬仪测桩管
	4	桩长	mm	+100	测桩管长度或垂球测孔深
	5	褥垫层夯填度	≤0.9		用钢尺量

注：1. 夯填度指夯实后的褥垫层厚度与虚体厚度的比值；
　　2. 桩径允许偏差负值是指个别断面；
　　3. 本表摘自《建筑地基基础施工质量验收规范》(GB 50202—2002)。

主控项目

1. 主控项目第一项

原材料包括水泥、砂、碎石、粉煤灰等材料。水泥、砂、石检查方法和数量参见"混凝土结构工程"相应章节内容；粉煤灰的抽检参见本章"粉煤灰地基"中的具体内容。

2. 主控项目第二项

检查方法：现场量测。

检查数量：抽桩总数的 20%。

桩径允许偏差负值是指个别断面，直径平均值应不小于设计要求。

一般桩径为 350～400mm，桩距为 (3～6)d。桩距大小取决于设计要求的承载力。

3. 主控项目第三项

检查方法：查 28d 混合料试块报告。

检查数量：一个台班一组试块。

桩身强度对地基承载力影响较大，施工时必须严格控制，当强度不均匀或有其他严重缺陷时，可采用单桩静载试验来测定。

4. 主控项目第四项

检验方法：载荷板试验，查试验报告。

检查数量：参见本章第 3.4 节 4.1.6 条。

复合地基检测可采用单桩复合地基试验或多桩复合地基试验。对于重要工程，试验用荷载板尺寸尽量与基础宽度接近。

复合地基检验应在桩体强度符合试验荷载条件时进行，一般宜在施工结束后 2～4 周后进行。

一般项目

1. 一般项目第一项

检查方法：按桩基检测技术规程或开挖检查，查试验报告。

检查数量：抽总桩数的 10%。

在饱和软土中成桩，桩机的振动力较小，当采用连打作业时，新打桩对已打桩的作用主要表现为挤压，即使得已打桩被挤扁成椭圆形或不规则形，严重的产生缩颈和断桩。因此，必须严格控制。

2. 一般项目第二项

检查方法：现场量测。

检查数量：抽总桩数的 20%。

对箱（筏）形基础，桩位偏差控制比条基稍宽。

3. 一般项目第三项

检查方法：现场量测；查施工记录。

检查数量：同第二项。

现场可采用经纬仪测桩管的方法来控制桩的垂直度。

4. 一般项目第四项

检查方法：现场量测；查施工记录。

检查数量：同第二项。

可采用测桩管长度或用重球测孔深的办法量测。测量时应减去"保护桩长"。所谓保护桩长，是指成桩时预选设定加长的一段桩长，基础施工时将其凿掉。

保护桩长是基于以下几个因素而设置的：

1）成桩时桩顶不可能正好与设计标高完全一致，一般要高出桩顶设计标高一段长度；

2）桩顶一段由于混合料自重压力较小或由于浮浆的影响，靠桩顶一段桩体强度较小；

3）已打桩尚未结硬时，施打新桩可能导致已打桩受振动挤压，混合料上涌，使桩径缩小。

如果已打桩混合料表面低于地表较多，则桩径被挤小的可能性更大，增大混合料表面的高度即增加了自重压，可使抵抗周围土挤压的能力提高，特别是基础埋深很大时，空孔太长，桩径很难保证。

综上所述，保护桩长必须设置，并建议遵照如下原则：

1）设计桩顶标高离地表的距离不大时（不大于 1.5m），保护桩长可取 50～70cm，上部再用土封顶；

2）桩顶标高离地表的距离较大时，可设置 70～100cm 的保护桩长，上部再用粒状材料封顶直到接近地表。

5. 一般项目第五项

检查方法：现场量测。

检查数量：柱坑按总数抽查 10%，但不少于 5 个；槽沟每 10m 长抽查 1 处，且不少于 5 处；大基坑按 50～100m² 抽查 1 处。

夯填度指夯实后的褥垫层厚度与虚体厚度的比值。

褥垫层厚度一般取 10～30cm 为宜，当桩距过大时，褥垫厚度还可适当加大。

褥垫层材料可用碎石、级配砂石（限制最大粒径）、粗砂或中砂。

褥垫层所用材料多为级配砂石，限制最大粒径一般不超过 3cm，也可采用粗砂或中砂等材料。

桩头处理后，桩间土和桩头处在同一平面，褥垫层虚铺厚度按下式控制：

$$H' = \frac{H}{\lambda}$$

式中　H'——褥垫层虚铺厚度；

　　　H——设计褥垫层厚度；

　　　λ——夯填度，一般取 0.87～0.9。

虚铺后多采用静力压实，当桩间土含水量不大时亦可夯实。

褥垫层的宽度应比基础宽度大，其宽出的部分不宜小于褥垫层的厚度。

4.14　夯实水泥土桩复合地基

夯实水泥土桩是将水泥和土在孔外充分拌合，在孔内分层夯实成桩，与柔性褥垫形成复合地基。

夯实水泥土桩与搅拌水泥土桩（浆喷、粉喷桩）的主要区别在于：搅拌水泥土桩桩体强度与现场土的含水量、土的类型密切相关，搅拌后桩体密度增加很少，桩体强度主要取决于水泥的胶结作用，由于地层的不均性，桩体强度也存在不均匀性。夯实水泥土桩水泥和土在孔外拌合，均匀性好，桩体强度以水泥的胶结作用为主，桩体密度增加也是构成桩体强度的重要分量，桩体强度是均匀的。

夯实水泥土桩复合地基适用很广，适用于粉土、黏土、素填土、杂填土、淤泥质土等地基，施工机具简单，施工质量容易控制，施工速度快、工期短、不受停水、停电影响，造价低廉，且施工文明，无泥浆、无噪声。通常复合地基承载力可达 180～300kPa。根据目前施工机具水平，多用于地下水位埋藏较深的地基土，当有地下水时，适于渗透系数小于 10^{-5} cm/s 的黏性土及桩端以上 50～100cm 有水的地质条件。当天然地基承载力标准值 f_k＜60kPa 时可考虑挤土成孔，以利于桩间土承载力的提高和发挥。

对于没有振密和挤密效应的地基宜采用排土法成孔，一般用长螺旋钻和洛阳铲成孔。对于有挤密和振密效应的地基，当需要提高桩间土承载力时，可用挤土法成孔，一般采用锤击式打桩机或振动打桩机成孔。用挤土成孔以利于桩间土承载力的提高和发挥。

可采用人工或机械夯实法夯实成桩，夯实压实系数应大于 0.93，保证桩体设计强度。

4.14.1　水泥及夯实用土料的质量应符合设计要求。

4.14.2　施工中应检查孔位、孔深、孔径、水泥和土的配比、混合料含水量等。

4.14.3　施工结束后，应对桩体质量及复合地基承载力做检验，褥垫层应检查其夯填度。

4.14.4　夯实水泥土桩的质量检验标准应符合表 4.14.4（本书表 3.4.24）的规定。

4.14.5　夯扩桩的质量检验标准可按本节执行。

夯实水泥土桩复合地基质量检验标准　　　　　　　　　表 3.4.24

项	序	检查项目	允许偏差或允许值		检查方法
			单位	数值	
主控项目	1	桩径	mm	−20	用钢尺量
	2	桩长	mm	＋500	测桩孔深度
	3	桩体干密度	设计要求		现场取样检查
	4	地基承载力	设计要求		按规定的办法
一般项目	1	土料有机质含量	％	≤5	熔烧法
	2	含水量（与最优含水量比）	％	±2	烘干法
	3	土料粒径	mm	≤20	筛分法
	4	水泥质量	设计要求		查产品质量合格证书或抽样送检
	5	桩位偏差	满堂布桩≤0.40D 条基布桩≤0.25D		用钢尺量，D 为桩径
	6	桩孔垂直度	％	≤1.5	用经纬仪测桩管
	7	褥垫层夯填度	≤0.9		用钢尺量

注：本表摘自《建筑地基基础施工质量验收规范》（GB 50202—2002）。

主控项目

1. 主控项目第一项

检查方法：现场量测。检查数量：抽总桩数的 20％。

桩径允许偏差负值是指个别断面。

2. 主控项目第二项

检查方法和数量同第二项。

一般应在成孔后测量。

3. 主控项目第三项

检查方法：查土工试验或触探试验报告。

检查数量：随机抽取不少于桩孔总数的 2％。

采用轻便触探检验时，为避免灰土胶凝强度的影响，一般宜在当天进行（最长不得超过 7d）。

夯实水泥土强度随混合料成型干密度不同而异，在压实系数为 0.9 时，其强度仅为最大干密度对应强度的一半。现场施工时，压实系数应大于 0.93。

4. 主控项目第四项

检查方法：查载荷试验报告。

检查数量：桩总数的 0.5%～1%，且不少于 3 处。

承载力检验一般为单桩的载荷试验，对重要、大型工程应进行复合地基载荷试验。

检验应在桩体强度符合试验荷载条件下进行，一般宜在施工结束后 2～4 周后进行。

一般项目

1. 一般项目第一项

检查方法和数量参见"灰土地基"相应项的要求。

2. 一般项目第三项

检查方法：现场抽查，查试验报告。

检查数量：基坑每 50～100m² 应不少于 1 处；基槽每 10～20m 不少于 1 处。

当夯实最佳含水量为土料最佳含水量 $W_{op}\pm$（1%～2%），此时的夯实水泥土有最大强度。

3. 一般项目第四项

检查方法：现场观察检查。

检查数量：柱坑按总数抽查 10%，但不少于 5 个；基坑、沟槽每 10m² 抽查 1 处，但不少于 5 处。

4. 一般项目第四项

检查方法：查水泥质保书和试验报告。

检查数量：参见"混凝土结构工程"相关章节的要求。

5. 一般项目第五项

检查方法：现场量测。

检查数量：抽总桩数 20%。

6. 一般项目第六项

检查方法：现场量测，查施工记录。

检查数量：同第五项。

7. 一般项目第七项

检查方法：现场量测。

检查数量：柱坑按总数抽查 10%，但不少于 5 个；沟槽按 10m 长抽查 1 处，且不少于 5 处；大基坑按 50～100m² 抽查 1 处。

夯填度的性能要求可参见"水泥粉煤灰碎石桩复合地基"的相应内容。

4.15 砂桩地基

1. 砂桩的选用范围。

砂桩法适用于挤密松散砂土、素填土和杂填土等地基。对在饱和黏性土地基上主要不以变形控制的工程，也可采用砂桩置换处理。

砂桩法是指用简单机械通过振动或锤（冲）击作用把砂料灌入松软地层处理地基的方法。

砂桩用于砂土及素填土、杂填土地基，主要靠桩的挤密和施工中的振动作用使桩周围土的密度增大，从而使地基的承载能力提高，压缩性降低。国内外的实际工程经验证明，砂桩法处理砂土及填土地基效果显著，并已得到广泛应用。此外，经过地震的检验，这种方法也是处理可液化地基防止液化的可靠方法。

砂桩法用于处理软土地基，国内外也有较多的工程实例。但应注意，由于软黏土含水量高、透水性差，砂桩很难发挥挤密效用，其主要作用是部分置换并与软黏土构成复合地基，同时加速软土的排水固结，从而增大地基土的强度，提高软基的承载力。在软黏土中应用砂桩法有成功的经验，也有失败的教训。因而不少人对砂桩处理软黏土持有疑义，认为黏土透水性差，特别是灵敏度高的土在成桩过程中，土中产生的孔隙水压力不能迅速消散，同时天然结构受到扰动将导致其抗剪强度降低，如置换率不够高是很难获得可靠的处理效果的。此外，认为如不经过预压，处理后地基仍将发生较大的沉降，对沉降要求严格的建筑结构难以满足允许的沉降要求。所以，用砂桩处理饱和软黏土地基，应按建筑结构的具体条件区别对待，最好是通过现场试验后再确定是否采用。对于在饱和黏性土地基上主要不以变形控制的工程，也可采用砂桩法处理。

2. 采用砂桩法处理地基应补充设计、施工所需的有关技术资料，包括砂土的相对密实度、砂料特性、可采用的施工机具及性能等。

施工可用的机械及方法是进行设计和施工的基本前提，不同的机具具有不同的特性参数和性能，它关系到砂桩的布置、桩距及用料的确定以及效果的预测等，必须事前有所了解。

砂桩填料用量并没有一定的技术规格要求，故应预先勘察确定取料场及储量、材料的性能、运距等。

砂土的最大、最小孔隙比以及原地层的天然密度是设计的基本依据，应事先提供资料。

3. 砂桩孔位宜采用等边三角形或正方形布置。

砂桩直径可采用 300～800mm，根据地基土质情况和成桩设备等因素确定。对饱和黏性土地基宜选用较大的直径。

砂桩的间距应通过现场试验确定，但不宜大于砂桩直径的 4 倍。对于砂土地基，因靠砂桩的挤密提高桩周土的密度，所以采用等边三角形更有利，它使地基挤密较为均匀。对于软黏土地基，主要靠置换，因而选用任何一种均可。

砂桩直径的大小取决于施工设备桩管的大小。小直径桩管挤密质量较均匀但施工效率低；大直径桩管需要较大的机械能量，工效高，采用过大的桩径，一根桩要承担的挤密面积大，通过一个孔要填入的砂料多，但不易使桩周土挤密均匀。对于软黏土宜选用大直径桩管，以减小对原地基土的扰动程度，同时置换率较大可提高处理的效果。目前使用的桩管直径一般为 300～600mm，但也有小于 200mm 或大于 800mm 的。

砂桩处理松砂地基的效果受地层、土质、施工机械、施工方法、填砂石的性质和数量、砂桩排列和间距等多种因素的综合影响，较为复杂。国内外虽已有不少实践，并曾进行了一些试验研究，积累了一些资料和经验，但是有关设计参数和桩距、灌砂量以及施工质量的控制等仍须通过施工前的现场试验才能确定。

桩距不能过小，也不宜过大，根据经验提出桩距一般可控制在 4 倍桩径之内。合理的桩距取决于具体的机械能力和地层土质条件。当合理的桩距和桩的排列布置确定后，一根桩所承担的处理范围即可确定。土层密度的增加靠其孔隙的减小，把原土层的密度提高到要求的密度，孔隙要减小的数量可通过计算得出。这样可以设想只要灌入的砂料能把需要减小的孔隙都充填起来，那么土层的密度也就能够达到预期的数值。

4. 当地基中的松软土层厚度不大时，砂桩宜穿过松软土层；当松软土层厚度较大时，桩长应根据建筑地基的允许变形值确定。

对可液化砂层，桩长应穿透可液化层。

关于砂桩的长度，通常应根据地基的稳定和变形验算确定，为保证稳定，桩长应达到滑动弧面之下，当软土层厚度不大时，桩长宜超过整个松软土层。标准贯入和静力触探沿深度的变化曲线也是提供确定桩长的重要资料。

对可液化的砂层，为保证处理效果，一般桩长应穿液化层，如果液化层过深，则应按国家标准《建筑抗震设计规范》GB 50011 有关规定确定。

5. 砂桩挤密地基的宽度应超出基础的宽度，每边放宽不应少于 1～3 排；砂桩用于防止砂层液化时，每边放宽不宜小于处理深度的 1/2，并不应小于 5m。当可液化层上覆盖有厚度大于 3m 的非液化层时，每边放宽不宜小于液化层厚度的 1/2，并不应小于 3m。

6. 砂桩的施工，应选用与处理深度相适应的机械。可用的砂桩施工机械类型很多，除专用机械外，还可利用一般的打桩机改装。砂桩机械主要可分为两类，即振动式砂桩机和锤击式砂桩机。此外，也有用振捣器或叶片状加密机，但应用较少。

用垂直上下振动的机械施工的称为振动成桩法，用锤击式机械施工成桩的称为锤击成桩法，锤击成桩法的处理深度可达 10m。砂桩机通常包括桩机架、桩管及桩尖、提升装置、挤密装置（振动锤或冲击锤）、上料设备及检测装置等部分。为了使砂有效地排出或使桩管容易打入，高能量的振动砂桩机配有高压空气或水的喷射装置，同时配有自动记录桩管贯入深度、提升量、压入量、管内砂位置及变化（灌砂及排砂量），以及电机电流变化等检测装置。国外最新式的设备还装有微机，根据地层阻力的变化自动控制灌砂量并保证沿深度均匀挤密全面，达到设计标准。

7. 施工前应进行成桩挤密试验，桩数宜为 7～9 根。如发现质量不能满足设计要求时，应调整桩间距、填砂量等有关参数，重新试验或改变设计。

8. 不同的施工机具及施工工艺用于处理不同的地层会有不同的处理效果。常遇到设计与具体情况不符合或者处理质量不能达到设计要求的情况，因此施工前在现场的成桩试验具有重要的意义。

通过现场成桩试验检验设计要求和确定施工工艺及施工控制要求，包括填砂量、提升高度、挤压时间等。为了满足试验及检测要求，试验桩的数量应不少于 7～9 个［正三角形布置至少要 7 个（即中间 1 个周围 6 个）；正方形布置至少要 9 个（3 排 3 列，每排每列各 3 个）］。如发现问题，则应及时会同设计人员调整设计或改进施工。

振动法施工应根据沉管和挤密情况，控制填砂量、提升高度和速度、挤压次数和时间、电机的工作电流等，以保证挤密均匀和桩身的连续性。施工中应选用适宜的桩尖结构，保证顺利出料和有效挤密。

振动法施工，成桩步骤如下：

1）移动桩机及导向架，把桩管及桩尖对准桩位；

2）启动振动锤，将桩管下到预定的深度；

3）向桩管内施加规定数量的砂料（根据施工试验的经验，为了提高施工效率，装砂也可在桩管下到便于装料的位置时进行）；

4）把桩管提升一定的高度（下砂顺利时提升高度不超过 1～2m），提升时桩尖自动打开，桩管内的砂料流入孔内；

5）降落桩管，利用振动及桩尖的挤压作用使砂密实；

6）重复 4）、5）两道工序，桩管上下运动，砂料不断补充，砂桩不断增高；

7）桩管提至地面，砂桩完成。

施工中，电机工作电流的变化反映挤密程序及效率。电流达到一定不变值，继续挤压将不会产生挤密效能。施工中不可能及时进行效果检测，因此按成桩过程的各项参数对施工进行控制是重要的环节，必须予以重视，有关记录是质量检验的重要资料。

9. 锤击法施工有单管法和双管法两种，但单管法难以发挥挤密作用，故一般宜用双管法。

双管法的施工根据具体条件选定施工设备，也可临时组配。并应根据锤击的能量，控制分段的填砂量和成桩的长度。

此法优点是砂的压入量可随意调节，施工灵活，特别适合小规模工程。

其他施工控制和检测记录参照振动法施工的有关规定。

施工中成孔一般常用振动沉管工艺。

10. 以挤密为主的砂桩施工时，应间隔（跳打）进行，并宜由外侧向中间推进，以保证施工效果。

11. 为保证处理质量，施工完了对高出基础底部标高的松土层应予清除，对低于基础的松土应予以夯压密实以保证地基处理效果。

4.15.1 施工前应检查砂料的含泥量及有机质量、样桩的位置等。

4.15.2 施工中检查每根砂桩的桩位、灌砂量、标高、垂直度等。

4.15.3 施工结束后，应检验被加固地基的强度或承载力。

4.15.4 砂桩地基的质量检验标准应符合表 4.15.4（本书表 3.4.25）的规定。

砂桩地基质量检验标准　　　　　　　　　　　表 3.4.25

项	序	检查项目	允许偏差或允许值		检查方法
			单位	数值	
主控项目	1	灌砂量	%	≥95	实际用砂量与计算体积比
	2	地基强度	设计要求		按规定方法
	3	地基承载力	设计要求		按规定方法
一般项目	1	砂料的含泥量	%	≤3	试验室测定
	2	砂料的有机质含量	%	≤5	焙烧法
	3	桩位	mm	≤50	用钢尺量
	4	砂桩标高	mm	±150	水准仪
	5	垂直度	%	≤1.5	经纬仪检查桩管垂直度

注：本表摘自《建筑地基基础工程施工质量验收规范》（GB 50202—2002）。

主控项目

1. 主控项目第一项

检查方法：实际用砂量与设计计算体积比，查看施工记录。

检查数量：不少于桩总数的 20%。

砂桩施工完后，当设计或施工投砂量不足时地面会下沉；当投料过多时地面会隆起，同时表层 0.5~1.0m 常呈松软状态。如遇到地面隆起过高，也说明填砂量不适当。实际观测资料证明，砂在达到密实状态后进一步承受挤压又会变松，从而降低处理效果。遇到这种情况应注意适当减少填砂量。

施工场地土层可能不均匀，土质多变，处理效果不能直接看到，也不能立即测出。为了保证施工质量，使在土层变化的条件下施工质量也能达到标准，应在施工中进行详细的观测和记录。观测内容包括桩管下沉随时间的变化；灌砂量预定数量与实际数量；桩管提升和挤压的全过程（提升，挤压，砂桩高度的形成随时间的变化）等。有自动检测记录仪器的砂桩机施工中可以直接获得有关的资料，无此设备时须由专人测读记录。根据桩管下沉时间曲线可以估计土层的松软变化，随时掌握投料数量。

2. 主控项目第二项

检查方法：标准贯入、静力触探或动力触探等方法，查试验报告。

检查数量：不少于桩孔总数的 2%。

经检测如有占检测总数 10% 的桩未达到设计要求时，应采取加桩或其他措施。

地基强度通过砂桩及周围土的密实度来反映，可以说，砂桩处理地基最终是满足承载力、变形或抗液化的要求，标准贯入、静力触探以及轻便触探可直接提供检测资料，所以可用这些测试方法检测砂桩及其周围土的挤密效果。对于重要或大型工程，为了可靠地判定砂桩处理地基的承载力和变形特性，规定应进行载荷试验。

应在桩位布置的等边三角形或正方形中心进行砂桩处理效果检测，因为该处挤密效果较差。只要该处挤密达到要求，其他位置就一定会满足要求。此外，由该处检测的结果还可判明桩间距是否过大。

砂桩施工时，饱和土地基在桩周围一定范围内，土的孔隙水压力上升，如果此压力尚未消散，检测结果偏低，将不能代表实际处理效果。因此，原则上应待孔压消散后进行检测。黏性土孔隙水压的消散需要的时间较长，砂土则很快。根据实际工程经验规定黏性土为 1~2 周，砂土可适当减少。对非饱和土不存在此问题，一般在桩施工后 3~5d 即可进行。

3. 主控项目第三项

检查方法：载荷试验，查检测报告。

检查数量：抽桩数 0.5%~1%，且不少于 3 个。

对于重要或大型工程，宜进行载荷试验，或采用其他有效手段综合评定地基的处理效果。

一般项目

1. 一般项目第一项

检查方法：查看试验报告。

检查数量：参见"混凝土结构工程"相应章节内容。

关于砂桩用料的要求，对于砂基，条件不严格，只要比原土层砂质好且易于施工即可，一般应注意就地取材。按照各有关资料的要求最好用级配较好的中粗砂。对饱和黏性土因为要构成复合地基，特别是当原地基土较软弱、侧限不大时，为了有利于成桩，宜选用级配好、强度高的砂砾混合料。填料中最大颗粒尺寸的限制取决于桩管直径和桩尖的构造，以能顺利出料为宜，本条规定最大不应超过50mm。考虑有利于排水，同时保证具有较高的强度，规定砂桩用料中小于0.005mm的颗粒含量（即含泥量）不能超过3%。

　　2. 一般项目第二项

　　检查方法和数量同第一项。

　　3. 一般项目第三项

　　检查方法：现场量测。

　　检查数量：抽桩数的20%。

　　实测桩孔中心和设计桩位比较。

　　4. 一般项目第四项

　　检查方法：采用水准仪量测。

　　检查数量：抽桩数20%。

　　5. 一般项目第五项

　　检查方法：用经纬仪检查桩管垂直度。

　　检查数量：抽桩数的20%。

　　施工时应注意保持桩身连续垂直。

3.5 桩 基 础

5.1 一般规定

　　一、本节适用于静力压桩、预应力管桩、混凝土预制桩、钢桩、混凝土灌注桩等分项工程的质量验收。

　　二、桩基设计应具备以下资料：

　　1. 岩土工程勘察资料

　　1）按照现行《岩土工程勘察规范》要求整理的工程地质报告和图件；

　　2）桩基按两类极限状态进行设计所需用的岩土物理力学性能指标值；

　　3）对建筑场地的不良地质现象，如滑坡、崩塌、泥石流、岩溶、土洞等，有明确的判断、结论和防治方案；

　　4）已确定和预测的地下水位及地下水化学分析结论；

　　5）现场或其他可供参考的试桩资料及附近类似桩基工程经验资料；

　　6）抗震设防区按设防烈度提供的液化地层资料；

　　7）有关地基土冻胀性、湿陷性、膨胀性的资料。

　　2. 建筑场地与环境条件的有关资料

　　1）建筑场地的平面图，包括交通设施、高压架空线、地下管线和地下构筑物的分布；

　　2）相邻建筑物安全等级、基础形式及埋置深度；

　　3）水、电及有关建筑材料的供应条件；

4）周围建筑物及边坡的防振、防噪声的要求；

5）泥浆排泄、弃土条件。

3. 建筑物的有关资料

1）建筑物的总平面布置图；

2）建筑物的结构类型、荷重及建筑物的使用或生产设备对基础竖向及水平位移的要求；

3）建筑物的安全等级；

4）建筑物的抗震设防烈度和建筑（抗震）类别。

4. 施工条件的有关资料

1）施工机械设备条件、制桩条件、动力条件以及对地质条件的适应性；

2）施工机械设备的进出场及现场运行条件。

5. 供设计比较用的各种桩型及其实施的可能性

三、桩基的详细勘察除满足现行勘察规范有关要求外尚应满足以下要求：

1. 勘探点间距

1）对于端承桩和嵌岩桩：主要根据桩端持力层顶面坡度决定，宜为 12～24m。当相邻两个勘探点揭露出的层面坡度大于 10% 时，应根据具体工程条件适当加密勘察探点；

2）对于摩擦桩：宜为 20～30m 布置勘探点，但遇到土层的性质或状态在水平方向分布变化较大，或存在可能影响成桩的土层存在时，应适当加密勘探点；

3）复杂地质条件下的柱下单桩基础应按桩列线布置勘探点，并宜每桩设一勘探点。

2. 勘探深度

1）布置 1/3～1/2 的勘探孔为控制性孔，且安全等级为一级建筑桩基，场地至少应布置 3 个控制性孔；安全等级为二级的建筑桩基应不少于 2 个控制性孔。控制性孔深度应穿透桩端平面以下压缩层厚度，一般性勘探孔应深入桩端平面以下 3～5m。

2）嵌岩桩钻孔应深入持力岩层不小于 3～5 倍桩径；当持力岩层较薄时，应有部分钻孔钻穿持力岩层。岩溶地区，应查明溶洞、溶沟、溶槽、石笋等的分布情况。

3）在勘察深度范围内的每一地层，均应进行室内试验或原位测试，提供设计所需参数。

5.1.1　桩位的放样允许偏差如下：群桩 20mm；单排桩 10mm。

5.1.2　桩基工程的桩位验收，除设计有规定外，应按下述要求进行：

1　当桩顶设计标高与施工场地标高相同时，或桩基施工结束后，有可能对桩位进行检查时，桩基工程的验收应在施工结束后进行。

2　当桩顶设计标高低于施工场地标高，送桩后无法对桩位进行检查时，对打入桩可在每根桩桩顶沉至场地标高时，进行中间验收，待全部桩施工结束，承台或底板开挖到设计标高后，再做最终验收。对灌注桩可对护筒位置做中间验收。

桩基验收时应包括下列资料：

1. 工程地质勘察报告、桩基施工图、图纸会审纪要、设计变更单及材料代用通知单等；

2. 经审定的施工组织设计、施工方案及执行中的变更情况；

3. 桩位测量放线图，包括工程桩位线复核签证单；

4. 成桩质量检查报告；

5. 单桩承载力检测报告；

6. 基坑挖至设计标高的基桩竣工平面图及桩顶标高图。

人工挖孔桩终孔时，应进行桩端持力层检验。单桩单柱的大直径嵌岩桩，应视岩性检验桩底下 3D 或 5m 深度范围内有无空洞、破碎带、软弱夹层等不良地质条件。

人工挖孔桩应逐孔进行终孔验收，终孔验收的重点是持力层的岩土特征。对单柱单桩的大直径嵌岩桩，承载能力主要取决于嵌岩段特征和下卧层的持力性状，终孔时，应用超前钻逐孔对孔底下 3D 或 5m 深度范围内持力层进行检验，查明是否存在溶洞、破碎带和软夹层等，并提供岩芯抗压强度试验报告。

5.1.3 打（压）入桩（预制混凝土方桩、先张法预应力管桩、钢桩）的桩位偏差，必须符合表 5.1.3（本书表 3.5.1）的规定。斜桩倾斜度的偏差不得大于倾斜角正切值的 15%（倾斜角系桩的纵向中心线与铅垂线间夹角）。

预制桩（钢桩）桩位的允许偏差（mm）　　　　　　　　　表 3.5.1

项	项目	允许偏差
1	有基础梁的桩： （1）垂直基础梁的中心线 （2）沿基础梁的中心线	$100+0.01H$ $150+0.01H$
2	桩数为 1～3 根桩基中的桩	100
3	桩数为 4～16 根桩基中的桩	1/2 桩径或边长
4	桩数大于 16 根桩基中的桩： （1）最外边的桩 （2）中间桩	1/3 桩径或边长 1/2 桩径或边长

注：1. H 为施工现场地面标高与桩顶设计标高的距离；

2. 本表摘自《建筑地基基础工程施工质量验收规范》（GB 50202—2002）。

本条是强制性条文，是针对打（压）入桩的成桩质量的。桩位偏差要求是桩基工程中的最基本要求。实际施工时，因成桩工序不当，测量控制桩走位，轴线放样错误或成桩工艺、设备不完善，造成成桩的最终桩位偏差过大的事例不少，以致承台面积扩大，或增加桩量，原桩报废。为此，作为强制性要求，必须确保桩位的准确，控制在允许的偏差范围之内。条文中对桩数多的群桩中的边桩与中心桩提出了不同的要求。与老规范比，对桩数多的群桩适当提高了标准。

表 3.5.1 中的数值未计及由于降水和基坑开挖等造成的位移，但由于打桩顺序不当，造成挤土而影响已入土桩的位移，是包括在表列数值中。为此，必须在施工中考虑合适的顺序及打桩速率。布桩密集的基础工程应有必要的措施来减少沉桩的挤土影响。

1. 措施

同 4.1.5 条，对灌注桩施工，必须强调质监人员的跟踪监督，尤其在进行清孔、混凝土灌注时，更要检查其作业情况，随时纠正，才能保证灌注桩的质量。

2. 检查监督

桩位偏差，是桩基中各基桩的最终偏位状况的检查，应在基坑或承台开挖后进行。在其他条文中曾提及中间验收，如果两者结果差别很大，特别是中间验收时，偏位均满足规范要求，而开挖后不满足规范要求，就应分析原因，是否开挖方式或打桩顺序所致。对较长的送桩（或称替打桩）要计及 1‰ 垂直度的影响，这部分偏位是允许的。但不管如何，桩的偏位结果仍是开挖后的结果，上述分析仅是从起因及分清责任着眼。数量应是每根桩均作检查。

3. 判定

1) 经过检查如都能满足要求，又无其他异常情况，应予以验收。

2) 桩位偏移过大，应由设计单位核算，如能满足结构的使用功能及安全要求可予以验收。

5.1.4 灌注桩的桩位偏差必须符合表 **5.1.4**（本书表 **3.5.2**）的规定，桩顶标高至少要比设计标高高出 **0.5m**，桩底清孔质量按不同的成桩工艺有不同的要求，应按本章的各节要求执行。每浇注 **50m³** 必须有 **1** 组试件，小于 **50m³** 的桩，每根桩必须有 **1** 组试件。

灌注桩的平面位置和垂直度的允许偏差　　　　　表 3.5.2

序号	成孔方法		桩径允许偏差（mm）	垂直度允许偏差（%）	桩位允许偏差（mm）	
					1～3 根、单排桩基垂直于中心线方向和群桩基础的边桩	条形桩基沿中心线方向和群桩基础的中间桩
1	泥浆护壁钻孔桩	$D\leqslant1000mm$	±50	<1	$D/6$ 且不大于 100	$D/4$ 且不大于 150
		$D>1000mm$	±50		$100+0.01H$	$150+0.01H$
2	套管成孔灌注桩	$D\leqslant500mm$	−20	<1	70	150
		$D>500mm$			100	150
3	干成孔灌注桩		−20	<1	70	150
4	人工挖孔桩	混凝土护壁	+50	<0.5	50	150
		钢套管护壁	+50	<1	100	200

注：1. 桩径允许偏差的负值是指个别断面；

2. 采用复打、反插法施工的桩，基桩径允许偏差不受上表限制；

3. H 为施工现场地面标高与桩顶设计标高的距离，D 为设计桩径；

4. 本表摘自《建筑地基基础设计规范》(GB 50007—2011)。

本条为强制性条文，是针对混凝土灌注桩的。成桩偏位的要求理由同上条。鉴于混凝土灌注桩质量是工程界普遍关注的问题，比打（压）入桩更容易产生质量事故，条文对灌注桩的工艺质量及混凝土试件的要求都作了具体规定。在工程实践中，施工单位普遍反映当桩身混凝土用量较少时，每根桩都要做一组试块，工作量太大，似乎不合理，规范编制单位曾作过一些说明，如果桩身混凝土用量较少，又是群桩，可和规范编制单位上海市基础工程公司联系，以请教解决办法。灌注桩工艺质量的要求应是较多的，但因设备、工艺、检测手段等，不同的施工单位均有差异，很难统一，条文就清孔的质量作了统一规定，而且清孔彻底与否对整根桩的质量影响也是很大的。

1. 措施

同 4.1.5 条。

2. 检查监督

清孔不能满足要求，应禁止下道工序进行，到真正满足为止，方可浇筑混凝土。

混凝土灌注桩的桩位偏差检查同打（压）桩，但因灌注桩都是把桩顶浇高 50cm 以上，这部分不良混凝土应予凿除后再检查。对清孔质量，摩擦桩及端承桩有不同要求，唯一的是检查人员的操作因人而异，宜专人检查，使用工具常用重锤，但如果有较先进的，效果又好的电子仪器，当然更好。要求每根桩均作清孔检查，并做好记录。灌注桩的混凝土试件应作见证检查，并置于与实体桩相类同的条件下养护。灌注桩的直径应在混凝土浇筑前用测径仪测，混凝土灌注量仅作参考，不能作为桩径估算依据。

　　3. 判定

　　灌注桩的直径、试件强度或试件数量不能满足要求时，应由设计单位作校核，如得到设计单位的认可，则予以验收。

5.1.5　工程桩应进行承载力检验。对于地基基础设计等级为甲级或地质条件复杂、成桩质量可靠性低的灌注桩，应采用静载荷试验的方法进行检验，检验桩数不应少于总数的 1%，且不应少于 3 根，当总桩数少于 50 根时，不应少于 2 根。

　　本条是强制性条文，工程验收承载力要求做检验，是必须做到的。《建筑地基基础设计规范》、《建筑基桩检测技术规范》都作了规定，但是具体做静载单桩竖向抗压承载力检验，还是高应变动测检验，由设计单位确定。检验的数量，因建筑物的设计等级，各地区地质条件的复杂程度，桩的形式不同而异，按设计文件中规定执行。

　　1. 措施

　　同 4.1.5 条。

　　2. 检查监督

　　工程桩的承载力检验，数量及检验方式没有作强制规定。对甲级或地质条件复杂、成桩质量可靠性低的桩，按设计或检测规范，应采用静载试验方法进行检验，数量可按总桩数的 1%，且不少于 3 根。总桩数少于 50 根时，不少于 2 根。由于各地区的经验、地质条件不一，对土质均匀、总桩数又很多时，数量可由设计酌情而定。

　　当工程试桩用作工程桩时，试验结果可作为承载力的检验结果。

　　施工中如发现异常情况，如打入桩贯入度过大，灌注桩发生二次开灌等，这些桩应先作低应变动测检验，如仍不能作结论，再进行承载力检验，如静载试验无条件做，也可做高应变动测。

　　3. 判定

　　承载力抽查不合要求，应由设计、监理、施工等多方协商，用可行的方法扩大检查数量后，根据结果分析后再作判定结论，或由设计要求实测结果作核算，如能满足结构使用功能与安全要求，可予以验收。前述措施都不能满足要求，则应采取补桩或其他措施后，按技术处理方案和协商文件验收。

　　关于静载荷试验桩的数量，如果施工区域地质条件单一，当地又有足够的实践经验，数量可根据实际情况，由设计确定。承载力检验不仅是检验施工的质量而且也能检验设计是否达到工程的要求。因此，施工前的试桩如没有破坏又用于实际工程中应可作为验收的依据。非静载荷试验桩的数量，可按国家现行行业标准《建筑基桩检测技术规范》（JGJ 106）的规定执行，地基基础设计等级见表 3.5.3。

　　下列情况之一的桩基工程，应采用静载试验。其他桩可采用可靠的动测法对工程桩单桩竖向承载力进行检测（抽 2% 且不少于 5 根）。

　　1. 工程桩施工前未进行单桩静载试验的一级建筑桩基。

　　2. 工程桩施工前未进行单桩静载试验，且有下列情况之一者：地质条件复杂、桩的施工质量可靠性低、确定单桩竖向承载力的可靠性低、桩数多的二级建筑桩基。

根据地基复杂程度、建筑物规模和功能特征以及由于地基问题可能造成建筑物破坏或影响正常使用的程度，将地基基础设计分为三个设计等级，设计时应根据具体情况，按表 3.5.3 选用。

地基基础设计等级   表 3.5.3

设计等级	建筑和地基类型
甲级	重要的工业与民用建筑物 30 层以上的高层建筑 体型复杂，层数相差超过 10 层的高低层连成一体建筑物 大面积的多层地下建筑物（如地下车库、商场、运动场等） 对地基变形有特殊要求的建筑物 复杂地质条件下的坡上建筑物（包括高边坡） 对原有工程影响较大的新建建筑物 场地和地基条件复杂的一般建筑物 位于复杂地质条件及软土地区的二层及二层以上地下室的基坑工程
乙级	除甲级、丙级以外的工业与民用建筑物
丙级	场地和地基条件简单，荷载分布均匀的 7 层及 7 层以下民用建筑及一般工业建筑物；次要的轻型建筑物

注：本表摘自《建筑地基基础设计规范》（GB 50007—2011）。

5.1.6 桩身质量应进行检验。对设计等级为甲级或地质条件复杂、成桩质量可靠性低的灌注桩，抽检数量不应少于总数的 30%，且不应少于 20 根；其他桩基工程的抽检数量不应少于总数的 20%，且不应少于 10 根；对混凝土预制桩及地下水位以上且终孔后经过核验的灌注桩，检验数量不应少于总桩数的 10%，且不得少于 10 根。每个柱子承台下不得少于 1 根。

5.1.7 对砂、石子、钢材、水泥等原材料的质量、检验项目、批量和检验方法，应符合国家现行标准的规定。

5.1.8 除本规范第 5.1.5、5.1.6 条规定的主控项目外，其他主控项目应全部检查，对一般项目，除已明确规定外，其他可按 20% 抽查，但混凝土灌注桩应全部检查。

5.2 静力压桩

5.2.1 静力压桩包括锚杆静压桩及其他各种非冲击力沉桩。

静力压桩的方法较多，有锚杆静压、液压千斤顶加压、绳索系统加压等，凡非冲击力沉桩均按静力压桩考虑。

静力压桩适用于软弱土层，当存在厚度大于 2m 的中密以上砂夹层时，不宜采用静力压桩。

5.2.2 施工前应对成品桩（锚杆静压成品桩一般均由工厂制造，运至现场堆放）做外观及强度检验，接桩用焊条或半成品硫黄胶泥应有产品合格证书，或送有关部门检验，压桩用压力表、锚杆规格及质量也应进行检查。硫黄胶泥半成品应每 100kg 做一组试件（3 件）。

半成品硫黄胶泥必须在进场后做检验。压桩用压力表必须标定合格方能使用，压桩时的压力数值是判断承载力的依据，也是指导压桩施工的一项重要参数。

5.2.3 压桩过程中应检查压力、桩垂直度、接桩间歇时间、桩的连接质量及压入深度。

重要工程应对电焊接桩的接头做10％的探伤检查。对承受反力的结构应加强观测。

施工中检查压力的目的在于检查压桩是否正常。接桩间歇时间对硫黄胶泥必须控制，间歇过短，硫黄胶泥强度未达到，容易被压坏，接头处存在薄弱环节，甚至断桩。浇注硫黄胶泥时间必须快，慢了硫黄胶泥在容器内结硬，浇注入连接孔内不易均匀流淌，质量也不易保证。

为避免或减小沉桩挤土效应和对邻近建筑物、地下管线等的影响，施打大面积密集桩群时，可采取下列辅助措施：

1. 预钻孔沉桩，孔径约比桩径（或方桩对角线）小50～100mm，深度视桩距和土的密实度、渗透性而定，深度宜为桩长的1/3～1/2，施工时应随钻随打；桩架宜具备钻孔锤击双重性能。

2. 设置袋装砂井或塑料排水板，以消除部分超孔隙水压力，减少挤土现象。袋装砂井直径一般为70～80mm，间距为1～1.5m，深度为10～12m；塑料排水板深度、间距与袋装砂井相同。

3. 设置隔离板桩或地下连续墙。

4. 开挖地面防震沟可消除部分地面震动，可与其他措施结合使用，沟宽0.5～0.8m，深度按土质情况以边坡能自立为准。

5. 限制打桩速率。

6. 沉桩过程应加强邻近建筑物、地下管线等的观测、监护。

插桩是保证桩位正确和桩身垂直度的重要开端，插桩应用两台经纬仪从两个方向来控制插桩的垂直度，并应逐桩记录，以备核对查验。

5.2.4 施工结束后，应做桩的承载力及桩体质量检验。

5.2.5 锚杆静压桩质量检验标准应符合表5.2.5（本表书3.5.4）的规定。

静力压桩质量检验标准 表3.5.4

项	序	检查项目		允许偏差或允许值		检查方法
				单位	数值	
主控项目	1	桩体质量检验		按基桩检测技术规范		按基桩检测技术规范
	2	桩位偏差		见本规范表5.1.3		用钢尺量
	3	承载力		按基桩检测技术规范		按基桩检测技术规范
一般项目	1	成品桩质量：外观 外形尺寸 强度		表面平整，颜色均匀，掉角深度<10mm，蜂窝面积小于总面积0.5％，见本规范表5.4.5（本书表6.5.13） 满足设计要求		直观 见本规范表5.4.5（本书表6.5.13） 查产品合格证或钻芯试压
	2	硫黄胶泥质量（半成品）		设计要求		查产品合格证或抽样送检
	3	接桩	电焊接桩：焊缝质量	见本规范表5.5.4-2		见本规范表5.5.4-2
			电焊结束后停歇时间	min	>1.0	秒表测定
			硫黄胶泥接桩：胶泥浇注时间 浇注后停歇时间	min min	<2 >7	秒表测定 秒表测定

项	序	检查项目	允许偏差或允许值		检查方法
			单位	数值	
一般项目	4	电焊条质量	设计要求		查产品合格证书
	5	压桩压力（设计有要求时）	%	±5	查压力表读数
	6	接桩时上下节平面偏差 接桩时节点弯曲矢高	mm	<10 <l/1000	用钢尺量 用钢尺量，l 为两节桩长
	7	桩顶标高	mm	±50	水准仪

注：本表摘自《建筑地基基础工程施工质量验收规范》（GB 50202—2002）。

主控项目

1. 主控项目第一项

检查方法：可采用动测（大、小应变）法；查检测报告。

检查数量：不少于总桩数的 10%，且不得少于 10 根，每个柱子承台下不得少于 1 根。

2. 主控项目第二项

检查方法：现场量测及查施工记录。

检查数量：100%。

3. 主控项目第三项

竖向承载力检验的方法和数量可根据地基基础设计等级和现场条件，结合当地可靠的经验和技术确定。复杂场地条件下的工程桩竖向承载力的检验宜采用静载荷试验，检验桩数不得少于同条件下总桩数的 1%，且不得少于 3 根（当总桩数少于 50 根时，不应少于 2 根）。

压桩的承载力试验，在有经验地区可以将最终压入力作为承载力估算的依据，如果有足够的经验是可行的。但最终应由设计确定。

一般项目

1. 一般项目第一项

检查方法：外观抽查；外形尺寸现场量测；混凝土强度检查试验报告。

检查数量：抽 20%，混凝土强度试块数量参见"混凝土结构工程"相关章节。

混凝土预制桩质量要求：尚应符合"混凝土结构工程"中相关规定。

1）外观应表面平整，颜色均匀，掉角深度<100mm，蜂窝面积小于总面积的 0.5%。

2）强度应符合设计要求。

3）外形尺寸允许偏差应符合规范表 5.4.5（本书表 3.5.13）要求。

4）设计要点：混凝土预制桩的截面边长不应小于 200mm；预应力混凝土预制桩的截面边长不宜小于 350mm；预应力混凝土离心管桩的外径不宜小于 300mm。

预制桩的桩身配筋应按吊运、打桩及桩在建筑物中受力等条件计算确定。预制桩的最小配筋率不宜小于 0.80%。如采用静压法沉桩时，其最小配筋率不宜小于 0.6%，主筋直径不宜小于 $\phi 14$，打入桩桩顶（2~3）d 长度范围内箍筋应加密，并设置钢筋网片。

预制桩的混凝土强度等级不应低于 C30，采用静压法沉桩时，可适当降低，但不宜低于 C20，预应力混凝土桩的混凝土强度等级不应低于 C40，预制桩纵向钢筋的混凝土保护层厚度不宜小于 30mm。

预制桩的分节长度应根据施工条件及运输条件确定。接头不宜超过两个，预应力管桩接头数量不宜超过四个。

预制桩的桩尖可将主筋合拢焊在桩尖辅助钢筋上，在密实砂和碎石类土中，可在桩尖处包以钢板桩靴，加强桩尖。

5）混凝土预制桩可以在工厂或施工现场预制，但预制场地必须平整、坚实。

制桩模板可用木模板或钢模，必须保证平整牢靠，尺寸准确。

6）钢筋骨架的主筋连接宜采用机械连接和焊接。

7）预制桩钢筋骨架的允许偏差应符合表 3.5.5 的规定。

8）桩的表面应平整、密实，制作允许偏差应符合表 3.5.6 的规定。

预制桩钢筋骨架的允许偏差 表 3.5.5

项次	项目	允许偏差（mm）
1	主筋间距	±5
2	桩尖中心线	10
3	箍筋间距或螺旋筋的螺距	±20
4	吊环沿纵轴线方向	±20
5	吊环沿垂直于纵轴线方向	±20
6	吊环露出桩表面的高度	±10
7	主筋距桩顶距离	±5
8	桩顶钢筋网片位置	±10
9	多节桩锚固钢筋长度（胶泥接桩用）	±10
10	多节桩锚固钢筋位置（胶泥接桩用）	5
11	多节桩预埋铁件位置	±3

预制桩制作允许偏差（mm） 表 3.5.6

桩型	项目	允许偏差（mm）
钢筋混凝土实心桩	①横截面边长	±5
	②桩顶对角线之差	10
	③保护层厚度	±5
	④桩身弯曲矢高	不大于 1‰桩长且不大于 20
	⑤桩尖中心线	10
	⑥桩顶平面对桩中心线的倾斜	≤3
	⑦锚筋预留孔深	0～+20
	⑧浆锚预留孔位置	5
	⑨浆锚预留孔径	±5
	⑩锚筋孔的垂直度	≤1%

9）确定桩的单节长度时应符合下列规定：

（1）满足桩架的有效高度、制作场地条件、运输与装卸能力；

（2）应避免桩尖接近硬持力层或桩尖处于硬持力层中接桩。

10）为防止桩顶击碎，浇注预制桩的混凝土时，宜从桩顶开始浇注，并应防止另一端的砂浆积聚过多。

11）重叠法制作预制桩时，应符合下列规定：

（1）桩与邻桩及底模之间的接触面不得贴边；

（2）上层桩或邻桩的浇注，必须在下层桩或邻桩的混凝土达到设计强度的30%以后，方可进行；

（3）桩的重叠层数，视具体情况而定，不宜超过4层。

2. 一般项目第二项

检查方法：查产品合格证书或抽样送检。

检查数量：每100kg做一组试件（3件），且一台班不少于1组。

硫黄胶泥适用于软土层，其配合比应通过试验确定，其物理力学性能应符合表3.5.7的规定。

硫黄胶泥的主要物理力学性能指标   表3.5.7

物理性能	1. 热变性：60℃以内强度无明显变化；120℃变液态；140～145℃密度最大且和易性最好；170℃开始沸腾；超过180℃开始焦化，且遇明火即燃烧 2. 重度：2.28～2.32g/cm³ 3. 吸水率：0.12%～0.24% 4. 弹性模量：5×10^5 kPa 5. 耐酸性：常温下能耐盐酸、硫酸、磷酸、40%以下的硝酸、25%以下铬酸、中等浓度乳酸和醋酸
力学性能	1. 抗拉强度：4×10^3 kPa 2. 抗压强度：4×10^4 kPa 3. 握裹强度：与螺纹钢筋为 1.1×10^4 kPa；与螺纹孔混凝土为 4×10^3 kPa 4. 疲劳强度：对照混凝土的试验方法，当疲劳应力比值 p 为 0.38 时，疲劳修正系数 $r > 0.8$

3. 一般项目第三项

电焊接桩质量检查方法：现场观测量测及探伤检测。

检查数量：重要工程焊缝探伤抽10%；其他项目抽20%做常规检查。

质量标准：1）焊缝质量详见表3.5.19；2）电焊结束后停歇时间不小于1.0min。

采用焊接接桩时，应先将四角点焊固定，然后对称焊接，并确保焊缝质量和设计尺寸。

硫黄胶泥接桩

检查方法：秒表测定，查施工记录。

检查数量：全数检查。

质量标准：1）胶泥浇注时间小于2min；2）浇注后停歇时间大于7min。

停歇时间一般和气温及桩截面尺寸有关，表3.5.8是停歇时间参考表。

硫黄胶泥灌注后的停歇时间   表3.5.8

项次	桩断面（mm）	不同气温下的停歇时间（min）									
		0～10℃		11～20℃		21～30℃		31～40℃		41～50℃	
		打桩	压桩	打桩	压桩	打桩	压桩	打桩	压桩	打桩	压桩
1	400×400	6	4	8	5	10	7	13	9	17	12
2	450×450	10	6	12	7	14	9	17	11	21	14
3	500×500	13	/	15	/	18	/	21	/	24	/

施工要点：1) 锚筋应刷清并调直；

2) 锚筋孔内应有完好螺纹，无积水、杂物和油污；

3) 接桩时接点的平面和锚筋孔内应灌满胶泥。

4. 一般项目第四项

检查方法：查产品合格证书。

检查数量：全数检查。

焊条采用和钢板材料配套的型号，一般采用 E43。

5. 一般项目第五项

检查方法：查施工记录及现场抽查。

检查数量：一台班不少于 3 次。

压桩压力应通过试验确定，并在设计图纸上注明，当有异常情况时应及时和设计人员联系处理。

6. 一般项目第六项

检查方法：现场量测。

检查数量：抽桩总数的 20%。

7. 一般项目第七项

检查方法：现场水准仪量测。

检查数量：抽总桩数 20%。

按标高控制的桩，桩顶标高应符合此项规定。

5.3 先张法预应力管桩

先张法预应力管桩的质量检验应符合《先张法预应力混凝土管桩》（GB 13476—2009）规定。

1. 管桩按混凝土强度等级分为预应力混凝土管桩和预应力高强混凝土管桩。预应力混凝土管桩代号为 PC，预应力高强混凝土管桩的代号为 PHC。

管桩按外径分为 300mm、350mm、400mm、450mm、500mm、550mm、600mm、800mm 和 1000mm 等规格，按管桩的抗弯性能或混凝土有效预压应力值分为 A 型、AB 型、B 型和 C 型。管桩的抗弯性能应进行抗裂及极限弯矩试验；A 型、AB 型、B 型和 C 型管桩的混凝土有效预应力值分别为 $4.0N/mm^2$、$6.0N/mm^2$、$8.0N/mm^2$ 和 $10.0N/mm^2$，其计算值应在各自规定值的 ±5% 范围内。

2. 管桩基本尺寸见表 3.5.9。

管桩基本尺寸   表 3.5.9

外径 D (mm)	最小壁厚 t_{min} (mm)		长度 L (m)
	PC	PHC	
300	60	60	7~11
350	65	60	7~11
400	75	65	7~12
450	80	70	7~12

外径 D (mm)	最小壁厚 t_{min} (mm)		长度 L (m)
	PC	PHC	
500	90	80	7～15
550	90	85	7～15
600	100	90	7～15
800	120	110	7～15
1000	140	130	7～15

3. 预应力混凝土管桩用混凝土强度等级不得低于 C50，预应力高强混凝土管桩用混凝土强度等级不得低于 C80。

放张预应力筋时，预应力混凝土管桩的混凝土抗压强度不得低于 35MPa，预应力高强混凝土管桩的混凝土抗压强度不得低于 40MPa。

混凝土保护层：预应力筋的混凝土保护层厚度不得小于 25mm。

4. 水泥应采用不低于 52.5 级的硅酸盐水泥等水泥。细骨料宜采用洁净的天然硬质中粗砂，细度模数为 2.3～3.4，其质量应符合《建设用砂》（GB/T 14684）的规定。粗骨料应采用碎石，其最大粒径应不大于 25mm，且应不超过钢筋净距的 3/4，其质量应符合《建设用卵石、碎石》（GB/T 14685）的规定。

预应力钢筋应采用预应力混凝土用钢棒、预应力混凝土用钢丝，其质量应分别符合《预应力混凝土用钢棒》（GB/T 5223.3）、《预应力混凝土用钢丝》（GB/T 5223）的规定。

凡小于表 3.5.9 规定最小壁厚的先张法预应力混凝土管桩称为预应力混凝土薄壁管桩，代号 PTC。其质量验收可参照"管桩"执行。质量标准详见《先张法预应力薄壁管桩》（JC 888）。

5.3.1 施工前应检查进入现场的成品桩，接桩用电焊条等产品质量。

先张法预应力管桩均为工厂生产后运到现场施打，工厂生产时的质量检验应由生产的单位负责，但运入工地后，打桩单位有必要对外观尺寸进行检验并检查产品合格证书。

5.3.2 施工过程中应检查桩的贯入情况、桩顶完整状况、电焊接桩质量、桩体垂直度、电焊后的停歇时间。重要工程应对电焊接头做 10% 的焊缝探伤检查。

先张法预应力管桩，强度较高，锤击性能比一般混凝土预制桩好，抗裂性强。因此，总的锤击数较高，相应的电焊接桩质量要求也高，尤其是电焊后有一定间歇时间，不能焊完即锤击，这样容易使接头损伤。为此，对重要工程应对接头做 X 光拍片检查。

施工要点（采用锤击法施工为主）：

1. 沉桩前必须处理架空（高压线）和地下障碍物，场地应平整，排水应畅通，并满足打桩所需的地面承载力。

2. 桩锤的选用应根据地质条件、桩型、桩的密集程度、单桩竖向承载力及现有施工条件等决定，也可按表 3.5.10 执行。

锤型		柴油锤（t）					
		20	25	35	45	60	72
锤的动力性能	冲击部重（t）	2.0	2.5	3.5	4.5	6.0	7.2
	总重（t）	4.5	6.5	7.2	9.6	15.0	18.0
	冲击力（kN）	2000	2000～2500	2500～4000	4000～5000	5000～7000	7000～10000
	常用冲程（m）	1.8～2.3					
桩的截面尺寸	预制方桩、预应力管桩的边长或直径（cm）	25～35	35～40	40～45	45～50	50～55	55～60
	钢管桩直径（cm）	40			60	90	90～100
持力层 黏性土 粉土	一般进入深度（m）	1～2	1.5～2.5	2～3	2.5～3.5	3～4	3～5
	静力触深比贯入阻力 P_s 平均值（MPa）	3	4	5	>5	>5	>5
持力层 砂土	一般进入深度（m）	0.5～1	0.5～1.5	1～2	1.5～2.5	2～3	2.5～3.5
	标准贯入击数 N（未修正）	15～25	20～30	30～40	40～45	45～50	50
锤的常用控制贯入度（cm/10击）		2～3			3～5	4～8	
设计单桩极限承载力（kN）		400～1200	800～1600	2500～4000	3000～5000	5000～7000	7000～10000

注：1. 本表仅供选锤用；
2. 本表适用于 20～60m 长预制钢筋混凝土桩及 40～60m 长钢管桩，且桩尖进入硬土层有一定深度。

3. 桩打入时应符合下列规定：

1）桩帽或送桩帽与桩周围的间隙应为 5～10mm；

2）锤与桩帽，桩帽与桩之间应加设弹性衬垫，如硬木、麻袋、草垫等；

3）桩锤、桩帽或送桩应和桩身在同一中心线上；

4）桩插入时的垂直度偏差不得超过 0.5%。

4. 打桩顺序应按下列规定执行：

1）对于密集桩群，自中间向两个方向或向四周对称施打；

2）当一侧毗邻建筑物时，由毗邻建筑物处向另一方向施打；

3）根据基础的设计标高，宜先深后浅；

4）根据桩的规格，宜先大后小，先长后短。

5. 桩停止锤击的控制原则如下：

1）桩端（指桩的全断面）位于一般土层时，以控制桩端设计标高为主，贯入度可作参考；

2）桩端达到坚硬、硬塑的黏性土、中密以上粉土、砂土、碎石类土、风化岩时，以贯入度控制为主，桩端标高可作参考；

3）贯入度已达到而桩端标高未达到时，应继续锤击 3 阵，按每阵 10 击的贯入度不大于设计规定的数值加以确认，必要时施工控制贯入度应通过试验与有关单位会商确定。

6. 当遇到贯入度剧变，桩身突然发生倾斜、移位或有严重回弹，桩顶或桩身出现严重裂缝、破碎等情况时，应暂停打桩并分析原因，采取相应措施。

7. 当采用内（外）射水法沉桩时，应符合下列规定：

1) 水冲法打桩适用于砂土和碎石土；

2) 水冲至最后 1～2m 时，应停止射水，并锤击至规定标高。

5.3.3 施工结束后，应做承载力检验及桩体质量检验。

5.3.4 先张法预应力管桩的质量检验应符合表 5.3.4（本书表 3.5.11）的规定。

先张法预应力管桩质量检验标准　　　　表 3.5.11

项	序	检查项目		允许偏差或允许值		检查方法
				单位	数值	
主控项目	1	桩体质量检验		按基桩检测技术规范		按基桩检测技术规范
	2	桩位偏差		见本规范表 5.1.3		用钢尺量
	3	承载力		按基桩检测技术规范		按基桩检测技术规范
一般项目	1	成品桩质量	外观	无蜂窝、露筋、裂缝、色感均匀、桩顶处无孔隙		直观
			桩径 管壁厚度 桩尖中心线 顶面平整度 桩体弯曲	mm mm mm mm 	±5 ±5 <2 10 <$l/1000$	用钢尺量 用钢尺量 用钢尺量 用水平尺量 用钢尺量，l 为桩长
	2	接桩：焊缝质量 　　电焊结束后停歇时间 　　上下节平面偏差 　　节点弯曲矢高		见本规范表 5.5.4-2 min mm 	 >1.0 <10 <$l/1000$	见本规范表 5.5.4-2 秒表测定 用钢尺量 用钢尺量，l 为两节桩长
	3	停锤标准		设计要求		现场实测或查沉桩记录
	4	桩顶标高		mm	±50	水准仪

注：本表摘自《建筑地基基础工程施工质量验收规范》（GB 50202—2002）。

主控项目

1. 主控项目第一项

检查方法：采用动测法，也称小应变法，查检测报告。

检查数量：不少于总桩数的 10%，且不少于 10 根；对设计等级为甲级或地质条件复杂的桩不少于总桩数的 20%，且每个柱子承台下不得少于 1 根。

由于锤击次数多，对桩体质量进行检验是有必要的，重点检查桩体是否被打裂、电焊接头是否完整。

2. 主控项目第二项

检查方法：现场量测，查施工记录。

检查数量：全数检查。

质量标准：详见第 5.1.3 条表 5.1.3（本书表 3.5.1）的要求。

3. 主控项目第三项

检查方法：静载或大应变检测。

检查数量：参见本节 5.1.5 条规定。须进行静载试验的，其数量从其规定；可进行大应变检测的，其数量为 2% 且不少于 5 根。

1. 一般项目第一项

检查方法：外观抽查，外形尺寸量测。

检查数量：抽桩数的 20%。

质量标准：

1）外观：无蜂窝、露筋、裂缝，色感均匀、桩顶处无裂隙。

2）外形尺寸：桩径：±5mm；管壁厚度：±5mm；桩尖中心线：<2mm；顶面平整度：<10mm；桩体弯曲：$<\frac{1}{1000}l$（l 为桩长）。

2. 一般项目第二项

检查方法：现场观测量测及探伤检测。

检查数量：焊缝探伤数量为 10% 接头；其他检查项目为 20% 桩接头数。

质量标准：

1）焊缝质量详见表 3.5.19；

2）电焊结束后停歇时间大于 1min；

3）上下节平面偏差小于 10mm；

4）节点弯曲矢高小于 1‰ 桩长（二节）。

管桩接头宜采用端板焊接，端板宽度不应小于桩的壁厚。由于预应力管桩总的锤击数较高，因此对电焊接桩质量要求也高，尤其是间隙时间。对重要工程尚应做 X 光拍片检查。

3. 一般项目第三项

检查方法：现场实测或查沉桩记录。

检查数量：抽 20%。

质量标准：可参见 5.3.2 条"施工要点"第 5 款规定，且应满足设计要求。

4. 一般项目第四项

检查方法和数量参见本节"静力压桩"相应项要求。

5.4 混凝土预制桩

5.4.1 桩在现场预制时，应对原材料、钢筋骨架见［表 5.4.1（本书表 3.5.12）］、混凝土强度进行检查；采用工厂生产的成品桩时，桩进场后应进行外观及尺寸检查。

预制桩钢筋骨架质量检验标准（mm）　　　　　　　　　　表 3.5.12

项	序	检查项目	允许偏差或允许值	检查方法
主控项目	1	主筋距柱顶距离	±5	用钢尺量
	2	多节桩锚固钢筋位置	5	用钢尺量
	3	多节桩预埋铁件	±3	用钢尺量
	4	主筋保护层厚度	±5	用钢尺量
一般项目	1	主筋间距	±5	用钢尺量
	2	桩尖中心线	10	用钢尺量
	3	箍筋间距	±20	用钢尺量
	4	桩顶钢筋网片	±10	用钢尺量
	5	多节桩锚固钢筋长度	±10	用钢尺量

注：本表摘自《建筑地基基础工程施工质量验收规范》（GB 50202—2002）。

5.4.2 施工中应对桩体垂直度、沉桩情况、桩顶完整状况、接桩质量等进行检查，对电焊接桩，重要工程应做10%的焊缝探伤检查。

5.4.3 施工结束后，应对承载力及桩体质量做检验。

5.4.4 对长桩或总锤击数超过500击的锤击桩，应符合桩体强度及28d龄期的两项条件才能锤击。

混凝土桩的龄期，对抗裂性有影响。这是经过长期试验得出的结果，不到龄期的桩就像不足月出生的婴儿，有先天不足的弊端。经长时期锤击或锤击拉应力稍大一些便会产生裂缝。故有强度龄期双控的要求，但对短桩，锤击数又不多，满足强度要求一项应是可行的。有些工程进度较急，桩又不是长桩，可以采用蒸养以求短期内达到强度，即可开始沉桩。

施工要点可参见"先张法预应力管桩"相应项的规定。

原材料及混凝土的检查数量和质量标准详见"混凝土结构工程"相关章节的内容。钢筋安装质量检查数量按20%考虑，经抽查，一般项目应有80%合格，且最大偏差不超过允许偏差1.5倍；主控项目必须符合验收标准规定。预制桩混凝土保护层厚度不宜小于30mm。

5.4.5 钢筋混凝土预制桩的质量检验标准应符合表5.4.5（本书表3.5.13）的规定。

钢筋混凝土预制桩质量检验标准 表3.5.13

项	序	检查项目	允许偏差或允许值		检查方法
			单位	数值	
主控项目	1	桩体质量检验	按基桩检测技术规范		按基桩检测技术规范
	2	桩位偏差	见本规范表5.1.3		用钢尺量
	3	承载力	按基桩检测技术规范		按基桩检测技术规范
一般项目	1	砂、石、水泥、钢材等原材料（现场预制时）	符合设计要求		查出厂质保文件或抽样送检
	2	混凝土配合比及强度（现场预制时）	符合设计要求		检查称量及查试块记录
	3	成品桩外形	表面平整，颜色均匀，掉角深度<10mm，蜂窝面积小于总面积的0.5%		直观
	4	成品桩裂缝（收缩裂缝或起吊、装运、堆放引起的裂缝）	深度<20mm，宽度<0.25mm，横向裂缝不超过边长的一半		裂缝测定仪，该项在地下水有侵蚀地区及锤击数超过500击的长桩不适用
	5	成品桩尺寸：横截面边长 桩顶对角线差 桩尖中心线 桩身弯曲矢高 桩顶平整度	mm mm mm mm	±5 <10 <10 <l/1000 <2	用钢尺量 用钢尺量 用钢尺量 用钢尺量，l为桩长 用水平尺量
	6	电焊接桩：焊缝质量 电焊结束后停歇时间 上下节平面偏差 节点弯曲矢高	见本规范表5.5.4-2 min mm	>1.0 <10 <l/1000	见本规范表5.5.4-2 秒表测定 用钢尺量 用钢尺量，l为两节桩长
	7	硫黄胶泥接桩：胶泥浇注时间 浇注后停歇时间	min min	<2 >7	秒表测定
	8	桩顶标高	mm	±50	水准仪
	9	停锤标准	设计要求		现场实测或查沉桩记录

注：本表摘自《建筑地基基础工程施工质量验收规范》（GB 50202—2002）。

主控项目

1. 主控项目第一项

检查方法和数量参见"先张预应力管桩"内容。

2. 主控项目第二项

检查方法和数量参见"先张预应力管桩"内容。

3. 主控项目第三项

检查方法和数量参见"先张预应力管桩"内容。

一般项目

1. 一般项目第一项

成品桩质量包括外观、尺寸、裂缝。

1）外观和尺寸质量标准、检查方法和数量详见本节"静力压桩"相应内容规定。

2）成品桩裂缝（收缩裂缝或起吊、装运、堆放引起的裂缝）质量标准为：

深度<20mm，宽度<0.25mm，横向裂缝不超过边长的一半。

检查方法：裂缝测定仪。检查数量：全数检查。

若经查有不合格点应进行处理。

2. 一般项目第二项

抽检内容、方法、数量可参见本节"先张法预应力管桩"相应内容的要求。

3. 一般项目第三、四项

抽检内容、方法、数量可参见本节"静力压桩"相应内容的要求。

4. 一般项目第五项

检验内容、方法、数量参见本节"先张法预应力管桩"相应内容的要求。

5. 一般项目第六、七、八、九项

检查施工记录。

5.5 钢桩

5.5.1 施工前应检查进入现场的成品钢桩，成品桩的质量标准应符合本规范表 5.5.4-1（本书表 3.5.14）的规定。

5.5.2 施工中应检查钢桩的垂直度、沉入过程、电焊连接质量、电焊后的停歇时间、桩顶锤击后的完整状况。电焊质量除常规检查外，应做 10% 的焊缝探伤检查。

5.5.3 施工结束后应做承载力检验。

5.5.4 钢桩施工质量检验标准应符合表 5.5.4-1（本书表 3.5.14）及表 5.5.4-2（本书表 3.5.15）的规定。

成品钢桩质量检验标准 表 3.5.14

项	序	检查项目	允许偏差或允许值		检查方法
			单位	数值	
主控项目	1	钢桩外径或断面尺寸；桩墙桩身		$\pm0.5\%D$ $\pm1D$	用钢尺量，D 为外径或边长
	2	矢高		$<l/1000$	用钢尺量，l 为桩长

项	序	检查项目	允许偏差或允许值		检查方法
			单位	数值	
一般项目	1	长度	mm	+10	用钢尺量
	2	端部平整度	mm	≤2	用水平尺量
	3	H钢桩的方正度　$h>300$ 　　　　　　　$h<300$	mm mm	$T+T'≤8$ $T+T'≤6$	用钢尺量，h、T、T'见图示
	4	端部平面与桩中心线的倾斜值	mm	≤2	用水平尺量

注：本表摘自《建筑地基基础工程施工质量验收规范》（GB 50202—2002）。

钢桩施工质量检验标准　　　　　　　　　　表 3.5.15

项	序	检查项目	允许偏差或允许值		检查方法
			单位	数值	
主控项目	1	桩位偏差	见本规范表 5.1.3		用钢尺量
	2	承载力	按基桩检测技术规范		按基桩检测技术规范
一般项目	1	电焊接桩焊缝： （1）上下节端部错口 　（外径≥700mm） 　（外径<700mm） （2）焊缝咬边深度 （3）焊缝加强层高度 （4）焊缝加强层宽度 （5）焊缝电焊质量外观 （6）焊缝探伤检验	 mm mm mm mm mm 无气孔，无焊瘤，无裂缝 满足设计要求	 ≤3 ≤2 ≤0.5 2 2 	 用钢尺量 用钢尺量 焊缝检查仪 焊缝检查仪 焊缝检查仪 直观 按设计要求
	2	电焊结束后停歇时间	min	>1.0	秒表测定
	3	节点弯曲矢高		<$l/1000$	用钢尺量，l 为两节桩长
	4	桩顶标高	mm	±50	水准仪
	5	停锤标准	设计要求		用钢尺量或沉桩记录

注：本表摘自《建筑地基基础工程施工质量验收规范》（GB 50202—2002）。

钢桩包括钢管桩、H 型钢桩等，一般在工厂生产，也可分两部分完成。因此标准包含了桩施工及成品桩现场检验内容。

1. 钢桩的分段长度不宜超过 12～15m（参见"混凝土预制桩"部分）；常用截面尺寸见表 3.5.16、表 3.5.17。

钢管桩截面尺寸（mm）　　　　　　　　　　表 3.5.16

钢管桩截面外径尺寸	壁厚			
400	9	12		
500	9	12	14	
600	9	12	14	16
700	9	12	14	16
800	9	12	14	16
900	12	14	16	18
1000	12	14	16	18

公称尺寸	截面尺寸				图示
	H	B	t_1	t_2	
200×200	200	204	12	12	
250×250	244	252	11	11	
	250	255	14	14	
300×300	294	300	12	12	
	300	300	10	15	
	300	305	15	15	
350×350	338	351	13	13	
	344	354	16	16	
	350	350	12	19	
	350	357	19	19	
400×400	388	402	15	15	
	394	405	18	18	
	400	400	13	21	
	400	408	21	21	
	404	405	18	28	
	428	407	20	35	

2. 钢桩的端部形式，应根据桩所穿越的土层、持力层性质、桩的尺寸、挤土效应等因素综合考虑确定。

钢管桩可采用下列桩端形式：

1）敞口：

带加强箍（带内隔板、不带内隔板）；

不带加强箍（带内隔板、不带内隔板）。

2）闭口：

平底；

锥底。

H 型钢桩可采用下列桩端形式：

1）带端板。

2）不带端板。

锥底：

平底（带扩大翼、不带扩大翼）。

3. 地下水有侵蚀性的地区或腐蚀性土层中用的钢桩，沉桩前必须要按设计要求做好防腐处理。

钢桩的防腐处理应符合下列规定：

1）钢桩的腐蚀速率当无实测资料时，可按表 3.5.18 确定。

钢桩年腐蚀速率

表 3. 5. 18

钢桩年处环境		单面腐蚀率（mm/y）
地面以上	无腐蚀性气体或腐蚀性挥发介质	0.05～0.1
地面以下	水位以上	0.05
	水位以下	0.03
	波动区	0.1～0.3

注：mm/y 为毫米/年。

2）钢桩防腐处理可采用外表面涂防腐层，增加腐蚀余量及阴极保护；当钢管桩内壁同外界隔绝时，可不考虑内壁防腐。

施工前应检查进入现场的成品钢桩：

1）材料要求

（1）国产低碳钢（Q235 钢），加工前必须具备钢材合格证和试验报告。

（2）进口钢管：在钢桩到港后，由商检局作抽样检验，检查钢材化学成分和机械性能是否满足合同文本要求，加工制作单位在收到商检报告后才能加工。

（3）焊丝或焊条应有出厂合格证，焊接前必须在 200～300℃温度下烘干 2h，避免焊丝不烘干，引起烧焊时含氢量高，使焊缝容易产生气孔而降低强度和韧性。烘干应留有记录。

2）钢桩制作的允许偏差应符合表 3.5.14 的要求。

3）钢桩的焊接应符合下列规定：

（1）端部的浮锈、油污等脏物必须清除，保持干燥；下节桩顶经锤击后的变形部分应割除。

（2）上下节桩焊接时应校正垂直度，对口的间隙为 2～3mm。

（3）焊丝（自动焊）或焊条应烘干。

（4）焊接应对称进行。

（5）焊接应用多层焊，钢管桩各层焊缝的接头应错开，焊渣应清除。

（6）气温低于 0℃或雨雪天，无可靠措施确保焊接质量时，不得焊接。

焊接质量受气候影响很大，雨雪天气在烧焊时，由于水分蒸发含有大量氢气，混入焊缝内形成气孔。大于 10m/s 的风速会使自保护气体和电弧火焰不稳定。无防风避雨措施，在雨天或刮风天气不能施工。

（7）每个接头焊接完毕，应冷却一分钟后方可锤击。

（8）焊接质量应符合国家钢结构施工质量验收规范和建筑钢结构焊接规程，每个接头除应按表 3.5.19 规定进行外观检查外，还应按接头总数的 10％做超声或 2％做 X 拍片检查，在同一工程内，探伤检查不得少于 3 个接头。

电焊接桩焊缝质量标准

表 3. 5. 19

序	检查项目	允许偏差或允许值		检查方法
		单位	数值	
1	上下节端部错口 （外径≥700mm） （外径<700mm）	mm mm	≤3 ≤2	用钢尺量 用钢尺量

序	检查项目	允许偏差或允许值		检查方法
		单位	数值	
2	焊缝咬边深度	mm	≤0.5	焊缝检查仪
3	焊缝加强层高度	mm	2	焊缝检查仪
4	焊缝加强层宽度	mm	2	焊缝检查仪
5	焊缝电焊质量外观	无气孔，无焊瘤，无裂缝		直观
6	焊缝探伤检验	满足设计要求		按设计要求

施工要点可参见"先张法预应力管桩"相应项目规定。

钢管桩如锤击沉桩有困难，可在管内取土以助沉。H 型钢桩断面刚度较小，锤重不宜大于 4.5t 级（柴油锤），且在锤击过程中桩架前应有横向约束装置，防止横向失稳。

持力层较硬时，H 型钢桩不宜送桩。

地表层如有大块石、混凝土块等回填物，则应在插入 H 型钢桩前进行触探并清除桩位上的障碍物，保证沉桩质量。

主控项目

成品钢桩

1. 主控项目第一项

检查方法：现场尺量。

检查数量：全数检查。

D 为外径或边长。

2. 主控项目第二项

检查方法和数量同第一项，l 为桩长。

钢桩施工

1. 主控项目第一项

检查方法和数量、标准参见"先张法预应力管桩"相应项的规定。

2. 主控项目第二项．

检查方法和数量详见"先张法预应力管桩"相应项内容。

一般项目

成品钢桩

1. 一般项目第一项

检查方法：现场量测。

检查数量：抽总桩数的 20%。

2. 一般项目第二项

检查方法：用水平尺现场量测。

检查数量：抽总桩数的 20%。

端部平整度影响沉桩质量，必须加以控制。

3. 一般项目第三项

检查方法和数量同第一项。

该项内容主要是查 H 型钢，表 3.5.14 中的 h 为腹板高；T 和 T' 分别为上、下翼板倾斜值。

4. 一般项目第四项

检查方法和数量同第二项。

钢桩施工

1. 一般项目第一项

检查方法：现场目测或量测；探伤检验可采用超声法或 X 拍片。

检查数量：目测或量测部分全数检查；探伤检验部分，采用超声法时抽 10％接头，采用 X 拍片时可抽查 2％。

2. 一般项目第二项

检查方法：秒表测定。

检查数量：抽总接头数的 20％。

钢桩锤击性能较混凝土桩好，因而锤击次数要高得多，相应对电焊质量要求较高，故对电焊后的停歇时间，桩顶是否损坏均应做检查。

3. 一般项目第三项

检查方法：现场量测。

检查数量：抽接头数的 20％。l 为两节桩长。

4. 一般项目第四项

检查方法：现场水准仪量测。

检查数量：抽桩数的 20％。

5. 一般项目第五项

抽检内容、方法、数量及标准详见本节"先张法预应力管桩"要求。

5.6 混凝土灌注桩

混凝土灌注桩根据不同土质条件，选用不同机械进行成孔，一般可分成泥浆护壁成孔灌注桩、沉管灌注桩和内夯灌注桩、干作业成孔灌注桩。在灌注桩施工中，应检查地质资料，检查设备、工艺及技术要求是否符合设计要求，不管用哪一种方法成孔制成灌注桩，桩在施工前应进行"试成孔"（同一场地内有完整的成孔资料除外）。

1. 灌注桩构造设计要点：

1）经计算不需配筋的灌注桩，其桩身可按构造配筋，其要求如下：

（1）设计等级为一级的建筑桩基，应配置桩顶与承台的连接钢筋笼，其主筋采用 6～10 根 $\phi12～14$，配筋率不小于 0.2％，锚入承台 30 倍主筋直径，伸入桩身长度不小于 10 倍桩身直径，且不小于承台下软弱土层层底深度。

（2）二级建筑桩基，根据桩径大小配置 4～8 根 $\phi10～12$ 的桩顶与承台连接钢筋，锚入承台至少 30 倍主筋直径且伸入桩身长度不小于 $5d$。对于沉管灌注桩，配筋长度不应小于承台软弱土层层底深度。

（3）三级建筑桩基可不配构造钢筋。

一级、二级、三级建筑由设计规范规定，设计人员选用。

2）需配筋的灌注桩，其构造要求如下：

（1）配筋率：当桩身直径为 300～2000mm 时，截面配筋率可取 0.65％～0.20％（小桩径取高值，大桩径取低值）；对受水平荷载特别大的桩、抗拔桩和嵌岩端承桩根据计算确定配筋率。

（2）配筋长度：端承桩宜沿桩身通长配筋。

承受水平荷载的摩擦型桩（包括受地震作用的桩基），配筋长度宜采用 $4.0/\alpha$（α 为桩的水平变形系数）；对于单桩竖向承载力较高的摩擦端承桩宜沿深度分段变截面配通长或局部长度筋；对承受负摩阻力和位于坡地岸边的基桩应通长配筋；桩基承台下存在淤泥、淤泥质土或液化土层时，配筋应穿过淤泥，淤泥质土层或液化土层。

专用抗拔桩应通长配筋；因地震作用、冻胀或膨胀力作用而受拔力的桩，按计算配置通长或局部长度的抗拉筋；桩径大于 $\phi600$ 的钻孔灌注桩，构造钢筋的长度不宜小于桩长的 2/3。

（3）对于受水平荷载的桩，主筋不宜小于 $8\phi10$，对于抗压桩和抗拔桩，主筋不应小于 $6\phi10$，纵向主筋应沿桩身周边均匀布置，其净距不应小于 60mm，并尽量减少钢筋接头。

（4）箍筋采用 $\phi6\sim8@200\sim300$，宜采用螺旋式箍筋；受水平荷载较大的桩基和抗震桩基，桩顶（$3\sim5$）d 范围内箍筋应适当加密；当钢筋笼长度超过 4m 时，应每隔 2m 左右设一道 $\phi12\sim18$ 焊接加劲箍筋。

3）桩身混凝土及混凝土保护层厚度应符合下列要求：

（1）混凝土强度等级，不得低于 C20，混凝土预制桩尖不得低于 C30。

（2）主筋的混凝土保护层厚度，不应小于 35mm，水下灌注混凝土，不得小于 50mm。

4）扩底灌注桩扩底端尺寸宜按下列规定确定：

（1）当持力层承载力低于桩身混凝土受压承载力时，可采用扩底。扩底端直径与桩身直径比 D/d，应根据承载力要求及扩底端部侧面和桩端持力层土性确定，最大不超过 3.0。

（2）扩底端侧面的斜率应根据实际成孔及支护条件确定，扩底端侧面的斜率一般取 1/3～1/2，砂土取约 1/3，粉土、黏性土取约 1/2。

（3）扩底端底面一般呈锅底形，矢高 h_b 取（0.10～0.15）D。

2. 灌注桩施工应具备下列资料：

1）建筑物场地工程地质资料和必要的水文地质资料；

2）桩基工程施工图（包括同一单位工程中所有的桩基础）及图纸会审纪要；

3）建筑场地和邻近区域内的地下管线（管道、电缆）、地下构筑物、危房、精密仪器车间等的调查资料；

4）主要施工机械及其配套设备的技术性能资料；

5）桩基工程的施工组织设计或施工方案；

6）水泥、砂、石、钢筋等原材料及其制品的质检报告；

7）有关荷载、施工工艺的试验参考资料。

3. 施工组织设计应结合工程特点，有针对性地制定相应质量管理措施，主要包括下列内容：

1）施工平面图：标明桩位、编号、施工顺序、水电线路和临时设施的位置；采用泥浆护壁成孔时，应标明泥浆制备设施及其循环系统。

2）确定成孔机械、配套设备以及合理施工工艺的有关资料，泥浆护壁灌注桩必须有泥浆处理措施。

    3）施工作业计划和劳动力组织计划。

    4）机械设备、备（配）件、工具（包括质量检查工具）、材料供应计划。

    5）桩基施工时，对安全、劳动保护、防火、防雨、防台风、爆破作业、文物和环境保护等方面应按有关规定执行。

    6）保证工程质量、安全生产和季节性（冬、雨期）施工的技术措施。

    4. 基桩轴线的控制点和水准基点应设在不受施工影响的地方。开工前，经复核后应妥善保护，施工中应经常复测。

    施工前应组织图纸会审，会审纪要连同施工图等作为施工依据一并列入工程档案。

    5. 不同桩型的适应条件：

    1）泥浆护壁钻孔灌注桩适用于地下水位以下的黏性土、粉土、砂土、填土、碎（砾）石土及风化岩层；以及地质情况复杂，夹层多、风化不均，软硬变化较大的岩层；冲孔灌注桩除适应上述地质情况外，还能穿透旧基础、大孤石等障碍物，但在岩溶发育地区应慎重使用。

    2）沉管灌注桩适用于黏性土、粉土、淤泥质土、砂土及填土；在厚度较大、灵敏度较高的淤泥和流塑状态的黏性土等软弱土层中采用时，应制定质量保证措施，并经工艺试验成功后方可实施。

    夯扩桩适用于桩端持力层为中、低压缩性黏性土、粉土、砂土、碎石类土，且其埋深不超过 20m 的情况。

    3）干作业成孔灌注桩适用于地下水位以上的黏性土、粉土、填土、中等密实以上的砂土、风化岩层。人工挖孔灌注桩在地下水位较高，特别是有承压水的砂土层、滞水层、厚度较大的高压缩性淤泥层和流塑淤泥质土层中施工时，必须有可靠的技术措施和安全措施。

    6. 钻（冲）孔机具的适用范围可按照表 3.5.20 选用。

钻（冲）孔机具的适用范围   表 3.5.20

成孔机具	适用范围
潜水钻	黏性土、粉土、淤泥、淤泥质土、砂土、强风化岩、软质岩
回转钻（正反循环）	碎石类土、砂土、黏性土、粉土、强风化岩、软质与硬质岩
冲抓钻	碎石类土、砂土、砂卵石、黏性土、粉土、强风化岩
冲击钻	适用于各类土层及风化岩、软质岩

    成孔设备就位后，必须平正、稳固，确保在施工中不发生倾斜、移动。为准确控制成孔深度，在桩架或桩管上应设置控制深度的标尺，以便在施工中观测记录。

    7. 成孔的控制深度应符合下列要求：

    1）摩擦型桩：摩擦桩以设计桩长控制成孔深度；端承摩擦桩必须保证设计桩长及桩端进入持力层深度；当采用锤击沉管法成孔时，桩管入土深度控制以标高为主，以贯入度控制为辅。

    2）端承型桩：当采用钻（冲）、挖掘成孔时，必须保证桩孔进入设计持力层的深度；

当采用锤击沉管法成孔时，沉管深度控制以贯入为主，设计持力层标高对照为辅。

8. 施工前应对水泥、砂、石子（如现场搅拌）、钢材等原材料进行检查。

1）粗骨料：选用卵石或碎石，含泥量控制按设计混凝土强度等级从符合《普通混凝土用砂、石质量及检验方法标准》（JGJ 52）标准的石子中选取，粗骨料粒径用沉管成孔时不宜大于 50mm；用泥浆护壁成孔时粗骨料粒径不宜大于 40mm，并不得大于钢筋间最小净距的 1/3；对于素混凝土灌注桩，不得大于桩径的 1/4，并不宜大于 70mm。

2）细骨料：选用中、粗砂，含泥量控制按设计混凝土强度等级从符合《普通混凝土用砂、石质量及检验方法标准》（JGJ 52）标准的砂中选取。

3）水泥：宜选用普通硅酸盐水泥、矿渣硅酸盐水泥、粉煤灰硅酸盐水泥，当灌注桩浇注方式为水下混凝土时，严禁选用快硬水泥作胶凝材料。

4）钢筋：钢筋的质量应符合国家标准《钢筋混凝土用钢》（GB 1499）的有关规定。进口热轧变形钢筋应符合《进口热轧变形钢筋应用若干规定》的有关规定。

以上四种材料进场时均应有出厂质量证明书，材料到达施工现场后，取样复试合格后才能投入使用于工程。对于钢筋进场时应保证标牌不缺损，按标牌批号进行外观检验，外观检验合格后再取样复试，复试报告上应填明批号标识，施工现场核对批号标识进行加工。

9. 人工挖孔桩施工要点：

1）人工挖孔桩的孔径（不含护壁）不得小于 0.8m，当桩净距小于 2 倍桩径且小于 2.5m 时，应采用间隔开挖。排桩跳挖的最小施工净距不得小于 4.5m，孔深不宜大于 40m。

2）人工挖孔桩混凝土护壁的厚度不宜小于 100mm，混凝土强度等级不得低于桩身混凝土强度等级，采用多节护壁时，上下节护壁间宜用钢筋拉结。

3）人工挖孔桩施工应采取下列安全措施：

（1）孔内必须设置应急软爬梯；供人员上下井，使用的电葫芦、吊笼等应安全可靠并配有自动卡紧保险装置，不得使用麻绳和尼龙绳吊挂或脚踏井壁凸缘上下。电葫芦宜用按钮式开关，使用前必须检验其安全起吊能力。

（2）每日开工前必须检测井下的有毒有害气体，并应有足够的安全防护措施。桩孔开挖深度超过 10m 时，应有专门向井下送风的设备，风量不宜少于 25L/s。

（3）孔口四周必须设置护栏，一般加 0.8m 高围栏围护。

（4）挖出的土石方应及时运离孔口，不得堆放在孔口四周 1m 范围内，机动车辆的通行不得对井壁的安全造成影响。

（5）施工现场的一切电源、电路的安装和拆除必须由持证电工操作；电器必须严格接地、接零和使用漏电保护器。各孔用电必须分闸，严禁一闸多用。孔上电缆必须架空 2.0m 以上，严禁拖地和埋压土中，孔内电缆、电线必须有防磨损、防潮、防断等保护措施。照明应采用安全矿灯或 12V 以下的安全灯，并遵守《施工现场临时用电安全技术规范》（JGJ 46）的规定。

10. 灌注桩的桩位偏差必须符合表 3.5.21 的规定，桩顶标高至少要比设计标高高出 0.5m。

序号	成孔方法		桩径允许偏差（mm）	垂直度允许偏差（%）	桩位允许偏差（mm）	
					1～3 根、单排桩基垂直于中心线方向和群桩基础的边桩	条形桩基沿中心线方向和群桩基础的中间桩
1	泥浆护壁钻孔桩	$D \leqslant 1000mm$	±50	<1	$D/6$，且不大于 100	$D/4$，且不大于 150
		$D > 1000mm$	±50		$100+0.01H$	$150+0.01H$
2	套管成孔灌注桩	$D \leqslant 500mm$	−20	<1	70	150
		$D > 500mm$			100	150
3	干成孔灌注桩		−20	<1	70	150
4	人工挖孔桩	混凝土护壁	+50	<0.5	50	150
		钢套管护壁	+50	<1	100	200

注：1. 桩径允许偏差的负值是个别断面；
    2. 采用复打、反插法施工的桩，其桩径允许偏差不受上表限制；
    3. H 为施工现场地面标高与桩顶设计标高的距离，D 为设计桩径。

11. 施工要点：

1）泥浆护壁成孔灌注桩施工

（1）泥浆制备和处理的施工质量控制要点

制备泥浆的性能指标按表 3.5.22 执行。

制备泥浆的性能指标   表 3.5.22

项次	项目	性能指标	检验方法
1	比重	1.1～1.15	泥浆比重计
2	黏度	10～25s	50000/70000 漏斗法
3	含砂率	<6%	
4	胶体率	>95%	量杯法
5	失水量	<0mL/30min	失水量仪
6	泥皮厚度	1～3mm/30min	失水量仪
7	静切力	1min 20～30mg/cm² 10min 50～100mg/cm²	静切力计
8	稳定性	<0.03g/cm²	
9	pH 值	7～9	pH 试纸

一般地区施工期间护筒内的泥浆面应高出地下水位 1.0m 以上。

在受潮水涨落影响地区施工时，泥浆面应高出最高水位 1.5m 以上。

以上数据应记入开孔通知单或钻进班报表中。

在清孔过程中，要不断置换泥浆，直至浇注水下混凝土时才能停止置换，以保证已清好符合沉渣厚度要求的孔底沉渣不应由于泥浆静止渣土下沉而导致孔底实际沉渣厚度超厚的弊病。

浇筑混凝土前，孔底 500mm 以内的泥浆相对密度应小于 1.25、含砂率≤8%、黏度≤28s。

(2) 正反循环钻孔灌注桩施工质量控制要点

孔深大于 30m 的端承型桩，钻孔机具工艺选择时宜用反循环工艺成孔或清孔。

为了保证钻孔的垂直度，钻机应设置导向装置。

潜水钻的钻头上应有不小于 3 倍钻头直径长度的导向装置。

利用钻杆加压的正循环回转钻机，在钻具中应加设扶正器。

钻孔至设计深度时应清孔，安置完钢筋笼后应二次清孔，灌混凝土前的孔底沉渣厚度应符合下列规定：

① 端承桩≤50mm；

② 摩擦端承桩，端承摩擦桩≤100mm；

③ 摩擦桩≤150mm。

(3) 冲击成孔灌注桩施工质量控制要点

冲孔桩护筒的内径应大于钻头直径 200mm，护筒设置要求同正反循环钻孔法相同。

冲击成孔验孔的要求：

每钻进 4～5m 深度验一次孔，在更换钻头前或地质资料揭示容易缩孔处，均应及时验孔。

对嵌岩桩，成孔进入基岩石：

① 非桩端持力层为钻进 300～500mm 应清孔取样一次；

② 桩端持力层为钻进 100～300mm 应清孔取样一次。

清孔为终孔验收做好准备

清孔后浇注混凝土之前的泥浆指标和孔底沉渣允许厚度同上。

(4) 水下混凝土浇筑施工质量控制要点

钢筋笼吊装完毕，应进行隐蔽工程验收，合格后应立即浇筑水下混凝土。

水下混凝土配制的强度等级应有一定的余量，能保证水下灌注混凝土强度等级符合设计强度的要求（并非在标准条件下养护的试块达到设计强度等级即判定符合设计要求）。

水下混凝土必须具备良好的和易性，坍落度宜为 180～220mm，水泥用量不得少于 360kg/m³。

水下混凝土的含砂率宜控制在 40%～45%，粗骨料粒径应小于 40mm。

水下混凝土必须连续施工，缓凝时间根据单桩浇筑的时间控制。每根桩的浇筑时间按初盘混凝土的初凝时间控制，对浇筑过程中的一切故障均应记录备案。

导管使用前应试拼装、试压，试水压力取 0.6～1.0MPa，防止导管渗漏发生堵管现象。

隔水栓应有良好的隔水性能，并能使隔水栓顺利从导管中排出，保证水下混凝土灌注成功。

用以储存混凝土的初灌斗的容量，必须满足第一斗混凝土灌下后能使导管一次埋入混凝土面以下 0.8m 以上。

灌注水下混凝土时应有专人测量导管内混凝土面标高，保证混凝土在埋管 2～6m 深时，才允许提升导管。当选用吊车提拔导管时，必须严格控制导管提拔时导管离开混凝土面的可能，从而防止发生断桩事故。

严格控制浮桩标高，凿除泛浆高度后必须保证暴露的桩顶混凝土达到设计强度值；详细填写水下混凝土浇筑记录。

2）沉管灌注桩和内夯灌注桩施工

沉管灌注桩按沉管方法不同又可分为锤击沉管灌注桩和振动、振动冲击沉管灌注桩。

（1）锤击沉管灌注桩施工质量监督要点

群桩基础和桩中心距小于4倍桩径的桩基，应有保证相邻桩桩身不受锤击振动破坏的技术措施。

混凝土预制桩尖的强度应能经受反复锤击，桩尖的外形尺寸和与沉管钢管套合部位的桩肩应匹配并密封，防止管锤击过程击碎桩尖，桩管吞没桩尖，桩管进水、进泥。

钢桩尖的加工质量和与桩管的连接良好，接触处密封性佳，桩尖活瓣动作灵活，能保证桩孔内不进泥、进水。

沉管到达设计标高后，立即灌注混凝土，灌注前检验桩管有无吞桩尖、进水、进泥，如有发生应处理干净后再浇捣。

第一次拔管高度应控制在能容纳第二次所需灌入的混凝土量为限，拔管时应有专用测锤或浮标检查混凝土面的下降情况，每次拔管都应做详细记录。

混凝土充盈系数不得小于1.0，对于充盈系数小于1.0的桩，必须在第一次灌注的混凝土初凝之前，在第一次桩的中心线上进行第二次沉管，全长复打；对记录中记载可能断桩、缩颈桩的，应进行局部复打，局部复打要超过缺陷区1m以上，并做好详细记录。

（2）振动、振动冲击沉管灌注桩施工质量监督要点

单打法必须遵守下列规定：

必须按设计要求或试桩所得到的最后30s的电流、电压值进行严格控制。

必须遵守以下程序：桩管内灌满混凝土→先振动5～10s→开始边振边拔0.5～1.0m，停拔振动5～10s，如此反复，直至桩管全部拔出。

停拔振动是促使桩管内的混凝土下落和把桩孔内混凝土振密实，防止出现桩管内混凝土随桩管提升与下段桩身混凝土脱开的拉裂现象。

在一般土层内，拔管速度宜为1.2～1.5m/min；在软弱土层中，宜控制在0.6～0.8m/min。

反插法必须遵守下列规定：

桩管灌满混凝土→先振动拔管→每次拔出0.5～1m→把桩管反插下0.3～0.5m，使桩身混凝土密实。

在桩尖处的1.5m范围内，宜多次反插使桩端部断面扩大，保证承载能力。

（3）夯压成型灌注桩施工质量控制要点

施工前宜进行试成桩，详细记录混凝土分次灌入量，外管上拔高度，内管夯击次数，双管同步沉入深度，并检查外管的封底情况（用干硬性混凝土或无水混凝土）有否进水、涌泥等。

上述试成桩的施工参数、管塞用材、管塞施工方法经核定后作为施工控制的依据。

桩外管比内夯管长100mm，管塞一般为100mm，管塞形成后经检验内外管间隙不进水、涌泥时，才能浇注桩身混凝土，拔管时内夯管与桩锤必须施压于外管中的混凝土面上，边压边拔，使混凝土夯锤密实。管塞及扩底端见图3.5.1、图3.5.2。

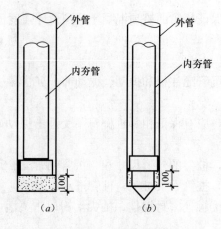
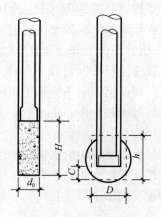

图 3.5.1 内外管及管塞
(a) 平底内夯管；(b) 锥底内夯管

图 3.5.2 扩底端

3）干作业成孔灌注桩

（1）钻孔（扩底）灌注桩施工质量控制要点

成桩前宜根据不同地质条件进行试成孔，根据电流值变化，不断调整钻进速度，使钻孔直孔部分均匀一致达到设计孔径的要求，并记录通过不同土层的施工参数，作为钻孔成桩的依据。

扩底直径符合设计要求后，立即清底扫膛，孔底虚土应符合下列规定：

端承桩≤50mm；端承摩擦桩≤100mm；摩擦桩≤150mm。

对放置钢筋笼的钻孔或钻孔扩底桩，第一次混凝土浇到钢筋笼底面以下或浇到扩底端的顶面，随即把钢筋笼下一段或扩底端顶面以下混凝土振捣密实。

浇筑桩顶以下5m范围内混凝土时，每次浇筑高度不得超过1.5m，随浇随振动，保证桩顶质量。

（2）人工挖孔灌注桩施工质量控制要点

挖孔井圈护壁中心线与设计桩中心点偏差不得大于20mm；第一节井圈护壁钢筋要插入第二节井圈不小于50mm。

挖下节井圈时，要及时把上节井圈周围黏着的土清理干净，为终孔验收及时做好清膛清底工作。

挖至设计标高时，再一次从桩顶到桩底做一次清除井壁渣土淤泥、孔底残渣、积水，办理终孔隐蔽工程验收后，应立即封底和浇筑桩身混凝土。

检查孔底持力层土（岩）性，对嵌岩桩必须有桩端持力层的岩性报告。

12. 灌注桩质量保证资料检查要求

1）工程地质勘察报告、桩基施工图及施工桩号图、图纸会审纪要、设计变更单、技术核定单、材料代用签证单等；

2）经审定的施工组织设计、施工方案及执行中的变更情况；

3）试成孔和施工参数的确认记录和签证；

4）桩位测量放线图应附标高依据和放线依据，与设计图有出入时应有设计签证单；

5）每个桩成桩的过程质量检查记录：以泥浆护壁灌注桩为例应有开孔通知单、成孔钻进班报表、钢筋笼制作和沉放（孔口焊接质量检验和抽样送检）验收、成孔后灌注前隐蔽工程验收记录（包括下灌注导管和旋转隔水栓）、水下混凝土灌注记录；

6）砂、石、水泥、外加剂、外掺料、钢筋的出厂质量证明书和材料进场后的抽样复试报告；

7）混凝土配合比设计和现场搅拌计量检查和坍落度检查记录；

8）混凝土试块强度测试报告和强度评定；

9）单桩承载力检测报告；

10）桩身完整性检测报告；

11）桩顶标高和桩位偏差竣工图和记录。

5.6.1 施工前应对水泥、砂、石子（如现场搅拌）、钢材等原材料进行检查，对施工组织设计中制定的施工顺序、监测手段（包括仪器、方法）也应检查。

5.6.2 施工中应对成孔、清渣、放置钢筋笼、灌注混凝土等进行全过程检查，人工挖孔桩尚应复验孔底持力层土（岩）性。嵌岩桩必须有桩端持力层的岩性报告。

5.6.3 施工结束后，应检查混凝土强度，并应做桩体质量及承载力的检验。

5.6.4 混凝土灌注桩的质量检验标准应符合表 5.6.4-1（本书表 3.5.23）、表 5.6.4-2（本书表 3.5.24）的规定。

混凝土灌注桩钢筋笼质量检验标准（mm） 表 3.5.23

项	序	检查项目	允许偏差或允许值	检查方法
主控项目	1	主筋间距	±10	用钢尺量
	2	长度	±100	用钢尺量
一般项目	1	钢筋材质检验	设计要求	抽样送检
	2	箍筋间距	±20	用钢尺量
	3	直径	±10	用钢尺量

注：本表摘自《建筑地基基础工程施工质量验收规范》（GB 50202—2002）。

主控项目

1. 主控项目第一项

检查方法：用钢尺量。

检查数量：每桩必检。

可随机抽查两端及中间，取其平均值，并和设计值比较。

主筋净距必须大于混凝土粗骨料粒径三倍以上，当因设计含钢量大而不能满足时，应通过设计调整钢筋直径，加大主筋之间净距，以确保混凝土灌注时达到密实的要求。

加劲箍宜设在主筋外侧，主筋不设弯钩，必须设弯钩时，弯钩不得向内圆伸露，以免钩住灌注导管，妨碍导管正常工作。

沉放钢筋笼前，在预制笼上套上或焊上主筋保护层垫块或耳环，使主筋保护层偏差符合以下规定：

水下灌注混凝土桩 　　　　　　　±20mm

非水下浇注混凝土桩 　　　　　　±10mm

2. 主控项目第二项

检查方法：现场尺量。

检查数量：查全部桩钢筋笼。

分节制作的钢筋笼，主筋接头宜用焊接，由于在灌注桩孔口进行焊接口能做单面焊，搭接长度按 $10d$ 留足。

一般项目

1. 一般项目第一项

检查方法：查质保书及试验报告。

检查数量：详见"混凝土结构工程"相应项要求。

2. 一般项目第二项

检查方法：现场量测。

检查数量：抽 20% 桩数。

箍筋采用 $\phi6\sim8@200\sim300$mm，宜采用螺旋式箍筋；受水平荷载较大的桩基和抗震桩基，桩顶 $3\sim5d$ 范围内箍筋应适当加密；当钢筋笼长度超过 4m 时，应每隔 2m 左右设一道 $\phi12\sim18$ 焊接加劲箍筋。

3. 一般项目第三项

检查方法和数量同第二项。

钢筋笼的内径应比导管接头处的外径大 100mm 以上。

安放要对准孔位，避免碰撞孔壁，就位后应立即固定。

混凝土灌注桩质量检验标准（mm） 表 3.5.24

项	序	检查项目	允许偏差或允许值		检查方法
			单位	数值	
主控项目	1	桩位	见本规范表 5.1.4		基坑开挖前置护筒，开挖后量桩中心
	2	孔深	mm	+300	只深不浅，用重锤测，或测钻杆、套管长度，嵌岩桩应确保进入设计要求的嵌岩深度
	3	桩体质量检验	按基桩检测技术规范。如钻芯取样，大直径嵌岩桩应钻至桩尖下 50cm		按基桩检测技术规范
	4	混凝土强度	按设计要求		试件报告或钻芯取样送检
	5	承载力	按基桩检测技术规范		按基础检测技术规范
一般项目	1	垂直度	见本规范表 5.1.4		测套管或钻杆，或用超声波探测，干施工时吊垂球
	2	桩径	见本规范表 5.1.4		井径仪或超声波检测，干施工时用钢尺量，人工挖孔桩不包括内衬厚度
	3	泥浆比重（黏土或砂性土中）	1.15~1.20		用比重计测，清孔后在距孔底 50cm 处取样
	4	泥浆面标高（高于地下水位）	m	0.5~1.0	目测
	5	沉渣厚度：端承桩 摩擦桩	mm mm	≤50 ≤150	用沉渣仪或重锤测量
	6	混凝土坍落度：水下灌注 干施工	mm mm	160~220 70~100	坍落度仪
	7	钢筋笼安装深度	mm	±100	用钢尺量
	8	混凝土充盈系数	>1		检查每根桩的实际灌注量
	9	桩顶标高	mm	+30　　−50	水准仪，需扣除桩顶浮浆层及劣质桩体

主控项目

1. 主控项目第一项

检查方法：基坑开挖前量护筒，开挖后量桩中心。

检查数量：全数检查。

2. 主控项目第二项

检查方法：用重锤测，或测钻杆、套管长度。

检查数量：全数检查。

摩擦型桩以设计桩长控制成孔深度；端承摩擦型桩以设计桩长控制成孔深度为主，贯入度为辅。端承桩当采用钻（冲）、挖掘成孔时，以设计桩长为主；当采用锤击沉管法成孔时，以贯入度为主。

3. 主控项目第三项

检查方法：采用（低应变）动测法等方法。

检查数量：设计等级为一级或地区条件复杂抽 30％且不少于 20 根。其他抽 20％且不少于 10 根。每根柱子承台下不少于 1 根。

当桩身完整性差的比例较高时，应扩大检验比例甚至 100％检验。

4. 主控项目第四项

检查方法：查试件报告或钻芯取样。

检查数量：每浇注 50m³ 必须有 1 组试件，浇注小于 50m³ 的桩，每根桩应有 1 组试件。

5. 主控项目第五项

检查方法：静载或大应变检测。

检查数量：参见本节 5.1.5 条规定。

一般项目

1. 一般项目第一项

检查方法：测套管或钻杆，或用超声波探测，干施工时吊重球。

检查数量：全数检查。

2. 一般项目第二项

检查方法：井径仪或超声波检测，干作业时用钢尺量，人工挖孔桩不包括内衬厚度。

检查数量：全数检查。

3. 一般项目第三项

检查方法：用比重计测，清孔后在距孔底 50cm 处取样；

检查数量：全数检查。

4. 一般项目第四项

检查方法：目测或量测。

检查数量：全数检查。

5. 一般项目第五项

检查方法：用沉渣仪或重锤测量。

检查数量：全数检查。

沉渣厚度应在钢筋笼放入后，混凝土浇筑前测定，成孔结束后，放钢筋笼、混凝土导管都会造成土体跌落，增加沉渣厚度，因此，沉渣厚度应是二次清孔后的结果。沉渣厚度的检查目前均用重锤，但因人为因素影响很大，应专人负责，用专门的重锤，有些地方用较先进的沉渣仪，这种仪器应预先做标定。人工挖孔桩一般对持力层有要求，而且到孔底察看土性是有条件的。

6. 一般项目第六项

检查方法：坍落度仪。

检查数量：每 50m³ 或一根桩或一台班不少于一次。

7. 一般项目第七项

检查方法：现场量测。

检查数量：全数检查。

8. 一般项目第八项

检查方法：检查每根桩的实际灌注量，查施工记录。

检查数量：全数检查。

9. 一般项目第九项

检查方法：水准仪量测（扣除浮浆层）。

检查数量：全数检查。

在凿除浮桩混凝土后检验桩顶标高、桩位偏差，并绘制竣工图。

5.6.5 人工挖孔桩、嵌岩桩的质量检验应按本节执行。

3.6 土 方 工 程

6.1 一般规定

本节适用于土方开挖、土方回填等分项工程检验批的质量验收。

6.1.1 土方工程施工前应进行挖、填方的平衡计算，综合考虑土方运距最短、运程合理和各个工程项目的合理施工程序等，做好土方平衡调配，减少重复挖运。

土方平衡调配应尽可能与城市规划和农田水利相结合将余土一次性运到指定弃土场，做到文明施工。

土方的平衡与调配是土方工程施工的一项重要工作。一般先由设计单位提出基本平衡数据，然后由施工单位根据实际情况进行平衡计算。如工程量较大，在施工过程中还应进行多次平衡调整，在平衡计算中，应综合考虑土的松散率、压缩率、沉陷量等影响土方量变化的各种因素。

为了配合城乡建设的发展，土方平衡调配尽可能与当地市、镇规划和农田水利等结合，将余土一次性运到指定弃土场，做到文明施工。

平整场地前应具备的资料和条件：

1. 当地实测的地形图；

2. 原有地下管线、周围建筑物（构筑物）的竣工图；

3. 土石方施工图；

4. 工程地质、水文、气象等技术资料；

5. 规划给出的平面控制桩；

6. 勘察测绘提供的水准点；

7. 根据施工图要求，施工方编制的土石方施工组织设计和施工方案。

6.1.2 当土方工程挖方较深时，施工单位应采取措施，防止基坑底部土的隆起并避免危害周边环境。

基底土隆起往往伴随着对周边环境的影响，尤其当周边有地下管线、建（构）筑物、永久性道路时应密切注意。

6.1.3 在挖方前，应做好地面排水和降低地下水位工作。

6.1.4 平整场地的表面坡度应符合设计要求，如设计无要求时排水沟方向的坡度不应小于2‰。平整后的场地表面应逐点检查。检查点为每100～400m² 取1点，但不应少于10点；长度、宽度和边坡均为每20m取1点，每边不应少于1点。

6.1.5 土方工程施工，应经常测量和校核其平面位置、水平标高和边坡坡度。平面控制桩和水准控制点应采取可靠的保护措施，定期复测和检查。土方不应堆在基坑边缘。

在土方工程施工测量中，除开工前的复测放线外，还应配合施工对平面位置（包括控制边界线、分界线、边坡的上口线和底口线等），边坡坡度（包括放坡线、变坡等）和标高（包括各个地段的标高）等经常进行测量，校核是否符合设计要求。上述施工测量的基准——平面控制桩和水准控制点，也应定期进行复测和检查。

6.1.6 对雨季和冬季施工应遵守国家现行有关标准。

由于各地地质情况不同，可参照相应地方标准执行。

6.2 土方开挖

基坑开挖前需做好查勘施工现场、学习和审查施工图纸、编制施工方案、清除现场障碍物、平整施工场地、进行地下勘探、做好排水设施、设置测量控制桩、修建临时设施、修筑临时道路、准备机具物资等。应检查定位放线、排水和降低地下水位系统，合理安排土方运输车的行走路线及弃土场。

1. 常用场地排水方法

场地排水方法有直接排水和间接排水两种。

1）基坑内挖明沟排水法

设若干集水井与明沟相连，用水泵直接排水。

2）分层明沟排水法

当基坑开挖土层由多种土组成，中部夹有透水性强的砂类土，为避免上层地下水冲刷基坑下部边坡，造成塌方，可在基坑边坡上设置2～3层明沟及相应的集水井分层阻截，排除上部土层中的地下水。

3）深沟排水法

当地下设备基础成群，基坑相连，土层渗水量和排水量面积大，为减少大量设置排水沟的复杂性，可在基坑外、距坑边6～30m或基坑内深基础部位开挖一条明排水深沟，使附近基坑地下水均通过深沟自流入水沟，或设集水井用水泵排到施工场地以外沟道。在建筑物四周或内部设支沟与主沟连通，将水流引至主沟排走。

4）暗沟或渗排水层排水法

在场地狭窄地下水很大的情况下，设置明沟困难，可结合工程设计，在基础底板四周设暗沟（又称盲沟）或渗排水层，暗沟或渗排水层的排水管（沟）坡向集水坑（井）。在挖土时先挖排水沟，随挖随加深，形成连通基坑内外的暗沟排水系统，以控制地下水位，至基础底板标高后做成暗沟，或渗排水层，使基础周围地下水流向永久性下水道或集中到设计永久性排水坑，用水泵将地下水排走，使水位降低到基础底板以下。

5）工程设施排水法

选择基坑附近深基础先施工，作为施工排水的集水井或排水设施，使基础内及附近地下水汇流至较低处集中，再用水泵排走；或先施工建筑物周围或内部的正式防水、排水设计的渗排水工程或下水道工程，利用其排水作为排水设施，在基础一侧或两侧设排水明沟或暗沟，将水流引入渗排水系统或下水道排走。本法利用永久性工程设施降排水，省去大量挖沟工程和排水设施，因此最为经济。适用于工程附近有较大型地下设施（如设备基础群、地下室、油库等）工程的排水。

6）综合排水法

在深沟截水的基础上，如中部有透水性强的土层，再辅以分层明沟排水或在上部再铺以轻型井点截水等方法同时使用，以达到综合排除大量地下水的目的。本法排水效果好，可防止流砂现象。但多一道设施，费用稍高。适用于土质不均，基坑较深，涌水量较大的大面积基坑排水。

7）排水沟截面选择

排水沟截面选择与土质、基坑面积有关，参见表 3.6.1。

2. 人工降低地下水方法

井点降水方法的种类有：单层轻型井点、多层轻型井点、喷射井点、电渗井点、管井井点、深井井点、无砂混凝土管井点以及小沉井井点等；各种井点的适用范围见表 3.6.2；各种井点的方法原理见表 3.6.3。

基坑（槽）排水沟常用截面表　　　　　　　　　　表 3.6.1

图示	基坑面积（m²）	截面符号	粉质黏土 地下水位以下的深度（m）				黏土 （m）	
			4	4~8	8~12	<4	4~8	8~12
	5000 以下	a	0.5	0.7	0.9	0.4	0.5	0.6
		b	0.5	0.7	0.9	0.4	0.5	0.6
		c	0.3	0.3	0.3	0.2	0.3	0.3
	5000~10000	a	0.8	1.0	1.2	0.5	0.7	0.9
		b	0.8	1.0	1.2	0.5	0.7	0.9
		c	0.3	0.4	0.4	0.3	0.3	0.3
	10000 以上	a	1.0	1.2	1.5	0.6	0.8	1.0
		b	1.0	1.5	1.5	0.6	0.8	1.0
		c	0.4	0.4	0.5	0.3	0.3	0.4

各种井点的适用范围　　　　　　　　　　表 3.6.2

项次	井点类别	土层渗透系数（m/d）	最低水位深度（m）
1	单层轻型井点	0.1~50	3~6
2	多层轻型井点	0.5~50	6~12

项次	井点类别	土层渗透系数（m/d）	最低水位深度（m）
3	喷射井点	0.1～3	8～20
4	电渗井点	<0.1	根据选用的井点确定
5	管井井点	20～200	3～5
6	深井井点	5～250	>10

注：小沉井井点、无砂混凝土管井点适于土层渗透系数为 10～250m/d，降水深度为 5～10m。

3. 土方开挖完成后应立即对基坑进行封闭，防止水浸和暴露，并应及时进行地下结构施工。基坑土方开挖应严格按设计要求进行，不得超挖。基坑周边堆载，不得超过设计荷载限制条件。

有不少施工现场由于缺乏排水和降低地下水位的措施，而对施工产生影响，土方施工应尽快完成，以避免造成集水、坑底隆起及对环境影响增大。

在开挖全过程中，用水准仪跟踪控制挖土标高；机械挖土时坑底留 200～300mm 厚余土，进行人工修土。

4. 施工过程中应整理收集好以下资料：

1）测量定位记录；

2）开工报告；

3）施工日记；

4）自检记录。

5. 施工过程中应检查平面位置、水平标高、边坡坡度、压实度、排水、降低地下水位系统，并随时观测周围的环境变化。

各种井点的适用范围及方法原理

表 3.6.3

名称	适用范围	方法原理
单层轻型井点	适用于渗透系数为 0.5～50 m/d 的砂土、黏性土，降水深度为 3～5m	在工程外围竖向埋设一系列井点管深入含水层内，井点管的上端通过连接弯管与集水总管连接，集水总管再与真空泵和离心水泵相连，启动真空泵，使井点系统形成真空，井点周围形成一个真空区，真空区通过砂井向上向外扩展一定范围，地下水便在真空泵吸力作用下，使井点附近的地下水通过砂井、滤水管被强制吸入井点管和集水总管，排除空气后，由离心水泵的排水管排出，使井点附近的地下水位得以降低
多层轻型井点	当一级轻型井点不能满足降水深度时，可用二级或多级轻型井点；降水深度为 6～12m	
喷射井点	适用于渗透系数为 3～50m/d 的砂土或渗透系数 0.1～3m/d 的粉砂、淤泥质土、粉质黏土	在井点管内部装设特制的喷射器，用高压水泵或空气压缩机通过井点管中的内管向喷射器输入高压水（喷水井点）或压缩空气（喷气井点），形成水气射流，将地下水经井点外管与内管之间的间隙抽出排走
电渗井点	适用于渗透系数为 0.1～0.02m/d 的黏土和淤泥	利用黏性土中的电渗现象和电泳特性，使黏性土空隙中的水流动加快，起到一定疏干作用，从而使软土地基排水效率得到提高
管井井点	适用于渗透系数为 20～200 m/d、地下水丰富的土层、砂层；降水深度为 3～5m	由滤水井管、吸水管和抽水机械等组成

名称	适用范围	方法原理
深井井点	适用于渗透系数为 10～250 m/d 的砂类土及地下水丰富，降水深，面积大，时间长的降水工程	在深基坑的周围埋设深于基底的井管，使地下水通过设置在井管内的潜水泵将地下水抽出，使地下水位低于坑底
小沉井井点	适用于渗透系数为 5～250 m/d、涌水量大的粉质黏土、粉土、砂土、砂卵石层	在基坑的周围或基坑部位下沉深于基坑底的小型沉井，使地下水通过设在沉井底的滤砂笼和潜水泵，将地下水降低至基坑以下 500mm
无砂混凝土管井点	适用于渗透系数为 10～250 m/d 的各种土层，特别适于砂层、砂质黏土层	在基坑的周围或基坑部位埋设多个无砂混凝土滤水管井点在管内设潜水泵，将地下水位降至要求深度

基坑开挖应根据设计要求进行监测，实施动态设计和信息化施工。

基坑开挖监测内容包括支护结构的内力和变形，地下水位变化及周边建（构）筑物、地下管线等市政设施的沉降和位移等。

基坑开挖对邻近建（构）筑物的变形监控应考虑基坑开挖产生的附加沉降与原有沉降的叠加。

边坡工程施工过程中，应严格记录气象条件、挖方、填方、堆载等情况。爆破开挖时，应监控爆破对周边环境的影响。

6. 土方开挖应具有一定的边坡坡度，防止塌方和发生施工安全事故。对于永久性场地挖方，边坡坡度应按设计要求放坡；若无设计规定，按不同土质可按表 3.6.4～表 3.6.7 选用。

挖方上边缘至坡脚的距离，应根据挖方深度、边坡高度和土的类别确定。当土质干燥密实时，不得小于 3m；当土质松软时，不得小于 5m。

永久性土工构筑物挖方的边坡坡度　　　　　　　　表 3.6.4

项次	挖土性质	边坡坡度
1	在天然湿度、层理均匀、不易膨胀的黏土、粉质黏土和砂土（不包括细砂、粉砂）内挖方深度不超过 3m	1：1.00～1：1.25
2	土质同上，深度为 3～12m	1：1.25～1：1.50
3	干燥地区内土质结构未经破坏的干燥黄土，深度不超过 12m	1：0.10～1：1.25
4	在碎石土和泥灰岩石的地方，深度不超过 12m，根据土的性质、层理特性和挖方深度确定	1：0.50～1：1.50
5	在风化岩内挖方，根据岩石性质、风化程度、层理特性和挖方深度确定	1：0.20～1：1.50
6	在微风化岩石内的挖方，岩石无裂缝且无倾向挖方坡脚的岩层	1：0.10
7	在未风化的完整岩石的挖方	直立

使用时间较长的临时性挖方边坡坡度值　　　　　　　　表 3.6.5

土的类别		容许边坡值（高度比）	
		坡高在 5m 以内	坡高在 5～10m
砂土（不含细砂、粉砂）		1：1.00～1：1.15	1：1.00～1：1.50
黏性土及粉土	坚硬	1：0.75～1：1.00	1：1.00～1：1.25
	硬塑	1：1.00～1：1.25	1：1.25～1：1.50

土的类别		容许边坡值（高度比）	
		坡高在5m以内	坡高在5～10m
碎石土	密实	1：0.35～1：0.50	1：0.50～1：0.75
	中密	1：0.50～1：0.75	1：0.75～1：1.00
	精密	1：0.75～1：1.00	1：1.00～1：1.25

注：1. 使用时间较长的临时性挖方是指使用时间超过一年的临时工程、临时道路等的挖方；
  2. 应考虑地区性水文、气象等条件，结合具体情况使用；
  3. 表中碎石土的充填物为坚硬或硬塑状态的黏性土、粉土；对于砂土或充填物为砂土的碎石土，其边坡坡度容许值均按自然休止角确定；
  4. 混合土可参照表中相近的土执行。

黄土挖方边坡坡度值   表 3.6.6

地质年代	容许边坡值（高宽比）		
	坡高5m以内	坡高在5～10m	坡高在10～15m
次生黄土 Q₄	1：0.50～1：0.75	1：0.75～1：1.00	1：1.00～1：1.25
马兰黄土 Q₃	1：0.30～1：0.50	1：0.50～1：0.75	1：0.75～1：1.00
离石黄土 Q₂	1：0.20～1：0.30	1：0.30～1：0.50	1：0.50～1：0.75
午城黄土 Q₄	1：0.10～1：0.20	1：0.20～1：0.30	1：0.30～1：0.50

注：1. 使用时间较长的临时性挖方是指使用时间超过一年的临时工程、临时道路等的挖方；
  2. 应考虑地区性水文、气象等文件，结合具体情况使用；
  3. 本表不适用于新近堆积黄土。

岩石边坡容许坡度值   表 3.6.7

岩石类别	风化程度	容许边坡值（高宽比）		
		坡高在8m以内	坡高8～15m	坡高15～30m
硬质岩石	微风化	1：0.10～1：0.20	1：0.20～1：0.35	1：0.30～1：0.50
	中等风化	1：0.20～1：0.35	1：0.35～1：0.50	1：0.50～1：0.75
	强风化	1：0.35～1：0.50	1：0.50～1：0.75	1：0.75～1：1.00
软质岩石	微风化	1：0.35～1：0.50	1：0.50～1：0.75	1：0.75～1：1.00
	中等风化	1：0.50～1：0.75	1：0.75～1：1.00	1：1.00～1：1.50
	强风化	1：0.75～1：1.00	1：1.00～1：1.25	

临时性挖方的边坡值应符合表 3.6.8 的规定。

临时性挖方边坡值   表 3.6.8

土的类别		边坡值（高：宽）
砂土（不包括细砂、粉砂）		1：1.25～1：1.50
一般性黏土	硬	1：0.75～1：1.00
	硬、塑	1：1.00～1：1.25
	软	1：1.50 或更缓
碎石类土	充填坚硬、硬塑黏性土	1：0.50～1：1.00
	充填砂土	1：1.00～1：1.50

注：1. 设计有要求时，应符合设计标准；
  2. 如采用降水或其他加固措施，可不受本表限制，但应计算复核；
  3. 开挖深度，对软土不应超过4m，对硬土不应超过8m；
  4. 本表摘自《建筑地基基础工程施工质量验收规范》（GB 50202—2002）。

7. 基坑（槽）开挖的一般要求：

1) 基坑（槽）和管沟开挖上部应有排水措施，防止地面水流入坑内，以防冲刷边坡造成塌方和破坏基土。

2) 基坑（槽）开挖不加支撑时的容许深度应执行表 3.6.9 的规定，挖深在 5m 之内不加支撑的最陡坡度应执行表 3.6.10 的规定。

基坑（槽）和管沟不加支撑时的容许深度　　　　　表 3.6.9

项次	土的种类	容许深度（m）
1	中密的砂土和碎石类土（充填物为砂土）	1.00
2	硬塑、可塑的粉质黏土及粉土	1.25
3	硬塑、可塑的黏土和碎石类土（充填物为黏性土）	1.50
4	坚硬的黏土	2.00

深度在 5m 内的基坑（槽）、管沟边坡的最陡坡度（不加支撑）　　　　表 3.6.10

岩石类别	边坡坡度（高宽比）		
	坡顶无荷载	坡顶有静载	坡顶有动载
中密的砂土	1:1.00	1:1.25	1:1.50
中密的碎石类土（充填物为砂土）	1:0.75	1:1.00	1:1.25
硬塑的粉土	1:0.67	1:0.75	1:1.00
中密的碎石类土（充填物为黏性土）	1:0.50	1:0.67	1:0.75
硬塑的粉质黏土、黏土	1:0.33	1:0.50	1:0.67
老黄土	1:0.10	1:0.25	1:0.33
软土（经井点降水后）	1:1.00		

注：1. 静载指堆土或材料等，动载指机械挖土或汽车运输作业等；静载或动载应距挖方边缘 0.8m 以外，堆土或材料高度不宜超过 1.5m；
　　2. 当有成熟经验时，可不受本表限制。

3) 在已有建筑物侧挖基坑（槽）应间隔分段进行，每段不超过 2m，相邻的槽段应待已挖好槽段基础回填夯实后进行。

4) 开挖基坑深于邻近建筑物基础时，开挖应保持一定的距离和坡度。要满足 $h/l \leqslant 0.5 \sim 1$，h 为相邻两基础高差，l 为相邻两基础外边缘水平距离。

5) 根据土的性质、层理特性、挖方深度和施工期等确定基坑边坡护面措施，见表 3.6.11。

基坑边坡护面措施　　　　　表 3.6.11

名称	应用范围	护面措施
薄膜覆盖或砂浆覆盖法	基础施工工期较短的临时性基坑边坡	在边坡上铺塑料薄膜，在坡顶及坡脚用草袋或编织袋装土或砖压住；或在边坡上抹水泥砂浆 2~2.5cm 厚保护，为防止脱落，在上部及底部均应搭盖不少于 80cm，同时在土中插适当锚筋连接，在坡脚设排水沟
挂网或挂网抹面法	基础施工期短，土质较差的临时性基坑边坡	在垂直坡面楔入直径 10~12mm、长 40~60cm 插筋，纵横间距 1m，上铺 20 号铁丝网，上下用草袋或聚丙烯编织袋（装土或砂）压住，或再在铅丝网上抹 2.5~3.5cm 厚的 M5 水泥砂浆（配合比为水泥：白灰膏：砂子＝1:1:1.5）。在坡顶坡脚设排水沟

名称	应用范围	护面措施
喷射混凝土或混凝土护面法	邻近有建筑物的深基坑边坡	在坡面垂直楔入直径 10~12mm、长 40~50cm 插筋，纵横向距 1m，上铺 20 号钢丝网，在表面喷射 40~60mm 厚的 C15 细石混凝土直到坡顶和坡脚；也可不铺铁丝网，而坡面铺 φ4~6、纵横间距 200mm 的钢丝或钢筋网片，浇筑 50~60mm 厚的细石混凝土，表面抹光
土袋或砌石压坡法	深度在 5m 以内的临时基坑边坡	在边坡下部用草袋或聚丙烯做编织袋装土堆砌或砌石压住坡脚，边坡高 3m 以内可采用单排顶砌法；5m 以内，水位较高用二排顶砌或一排一顶构筑法，以保持坡脚稳定。在坡顶设挡水土堤或排水沟，防止冲刷坡面，在底部做排水沟，防止冲坏坡脚

8. 深基坑开挖的一般要求

1) 适用范围：地下水位较高的软土地区、挖土深度较深（＞6m）的基坑挖土。

2) 根据工程具体情况，对基坑围护进行设计，编制基坑降水和挖土施工方案。

3) 基坑围护设计方案须按相关要求进行评审。

4) 挖土前，围护结构达到设计要求；基坑降水必须降至坑底以下 500mm。

5) 挖土过程中，对周围邻近建筑物、地下管线进行监测。

6) 挖土机械不得碰撞支撑、工程桩和立桩；挖机、运输车辆下的路基箱等不得直接压在围护支撑上。

7) 施工现场配备必要的抢险物资。

8) 每挖一层土，应围护上部坑壁并及时清除支撑上的零星杂物。

6.2.1 土方开挖前应检查定位放线、排水和降低地下水位系统，合理安排土方运输车的行走路线及弃土场。

6.2.2 施工过程中应检查平面位置、水平标高、边坡坡度、压实度、排水、降低地下水位系统，并随时观测周围的环境变化。

6.2.3 临时性挖方的边坡值应符合表 6.2.3（本书表 3.6.8）的规定。

6.2.4 土方开挖工程的质量检验标准应符合表 6.2.4（本书表 3.6.12）的规定。

土方开挖工程质量检验标准（mm）　　　　　　　　　　　表 3.6.12

项	序	项目	允许偏差或允许值					检验方法
			柱基基坑基槽	挖方场地平整		管沟	地（路）面基层	
				人工	机械			
主控项目	1	标高	−50	±30	±50	−50	−50	水准仪
	2	长度、宽度（由设计中心线向两边量）	+200 −50	+300 −100	+500 −150	+100	—	经纬仪，用钢尺量
	3	边坡	设计要求					观察或用坡度尺检查
一般项目	1	表面平整度	20	20	50	20	20	用 2m 靠尺和楔形塞尺检查
	2	基底土性	设计要求					观察或土样分析

注：1. 地（路）围基层的偏差只适用于直接在挖、填土上做地（路）面的基层；
　　2. 本表摘自《建筑地基基础工程施工质量验收规范》（GB 50202—2002）。

主控项目

1. 主控项目第一项

检查方法：用水准仪现场量测。

检查数量：柱基按总数抽查 10%，但不少于 5 个，每个不少于 2 点；基坑每 20m² 取 1 点，每坑不少于 2 点；基槽、管沟、排水沟、路面基层每 20m 取 1 点，但不少于 5 点；挖方每 30～50m² 取 1 点，但不少于 5 点。

不允许欠挖是为了防止基坑底面超高而影响基础的标高。

2. 主控项目第二项

检查方法：用经纬仪、拉线和尺量检查。

检查数量：每 20m 取 1 点，每边不少于 1 点。

3. 主控项目第三项

检查方法：观察或用坡度尺检查。

检查数量：同第二项。

边坡坡度应符合设计要求或经审批的施工组织设计要求。并应符合表 3.6.8 的要求。

一般项目

1. 一般项目第一项

检查方法：用 2m 靠尺和楔形塞尺检查。检查数量：每 30～50m² 取 1 点。

2. 一般项目第二项

检查方法：观察或土样分析，查验槽报告。检查数量：全数观察检查。

基坑（槽）和管沟基底的土质条件（包括工程地质和水文地质条件等）必须符合设计要求，否则对整个建筑物或管道的稳定性和耐久性会造成严重影响。

天然状态下的地基土，具有一定的结构性，如受到外界的扰动，土粒间的胶结物质以及土粒、离子、水分子所组成的平衡体系会受到破坏，致使土的强度降低和压缩性增大，特别是软土地基更为显著。故挖土时应"严禁扰动"。

检验方法应由施工单位会同设计单位、建设单位等在现场观察检查，合格后做出验槽记录。基槽检验工作应包括下列内容：

1) 应做好验槽准备工作，熟悉勘察报告，了解拟建建筑物的类型和特点，研究基础设计图纸及环境监测资料。当遇有下列情况时，应列为检槽的重点：

（1）当持力土层的标高有较大的起伏变化时；

（2）基础范围内存在两种以上不同成因类型的地层时；

（3）基础范围内存在局部异常土质或坑穴、古井、老地基或古迹遗址时；

（4）基础范围内遇有断层破碎带、软弱岩脉以及湮废河、湖、沟、坑等不良地质条件时；

（5）在雨季或冬季等不良气候条件下施工，基底土质可能受到影响时。

2) 验槽应首先核对基槽的施工位置。平面尺寸和槽底标高的允许误差，可视具体的工程情况和基础类型确定。

验槽方法宜使用袖珍贯入仪等简便易行的方法为主，必要时可在槽底普遍进行轻便钎探，当持力层下埋藏有下卧砂层而承压水头高于基底时，则不宜进行钎探，以免造成涌砂。当施工揭露的岩土条件与勘察报告有较大差别或者验槽人员认为必要时，可有针对性地进行补充勘察工作，并由设计人员结合地质条件提出处理意见。

3）基槽检验报告是岩土工程的重要技术档案，应做到资料齐全，及时归档。

6.3 土方回填

6.3.1 土方回填前应清除基底的垃圾、树根等杂物，抽除坑穴积水、淤泥，验收基底标高。如在耕植土或松土上填方，应在基底压实后再进行。

填方基底处理，属于隐蔽工程，直接影响整个填方工程和整个上层建筑的稳定和安全，一旦发生事故，很难补救。因此，必须按设计要求施工，如设计无要求时，必须符合施工规范的规定。

填方基底处理应做好隐蔽工程验收，重要内容应画图表示，基底处理经中间验收合格后才能进行填方和压实。

1. 经中间验收合格的填方区域场地应基本平整，并有 2‰坡度有利排水，填方区域有陡于 1/5 的坡度时，应控制好阶宽不小于 1m 的阶梯形台阶，台阶面口严禁上抬造成台阶上积水。

2. 填方范围应根据填方的用途进行粗放线。

1）永久性填方的边坡坡度按设计要求施工放线，粗放线的范围长和宽用下式计算放测：

$$h \times b = [b + b_1 + (2 \sim 3m)] \times [h + h_1 + (2 \sim 3m)]$$

式中　b——设计要求永久填方的宽度；

　　　h——设计要求永久填方的长度；

　　　b_1——填方高度乘设计规定的填方坡度；

　　　h_1——填方长度乘设计规定的填方坡度；

　$2 \sim 3m$——粗放线的余量考虑边坡坡脚填实质量不均匀而增加。

2）较长时间的临时性填方粗放线应按如下原则放测：

（1）填方高度在 10m 以内，边坡坡度取 1：1.5。

假定填方高度为 10m，粗放线应为：

$$h \times b = [b + 10 \times 0.5 + (2 \sim 3m)] \times [h + 10 \times 0.5 + (2 \sim 3m)]$$

（2）填方高度在 10m 以上时，填方上部的 10m 边坡坡度取 1：1.5，填方 10m 以下边坡坡度取 1：1.75

假定填方高度为 15m，粗放线应为：

$$h \times b = [b + 10 \times 0.5 + 5 \times 0.75 + (2 \sim 3m)] \times [h + 10 \times 0.5 + 5 \times 0.75 + (2 \sim 3m)]$$

3. 填土方法应符合以下规定：

1）人工填土法

（1）从场地最低部位开始，由一端向另一面自下而上分层铺填，用人工夯实时，每层虚铺厚度，砂质土不大于 30cm，黏性土 20cm；用打夯机械夯实时每层虚铺厚度不大于 30cm。

（2）深、浅坑（槽）相连时，应先填深坑（槽），夯实、拍平后与浅坑（槽）全面分层填夯。若分段填筑，交接处应填成阶梯形。对墙基、管道坑（槽）的回填，应在其两侧用细土对称回填、夯实。

（3）人工夯填土用 60～80kg 的木夯或铁、石夯，由 4～8 人拉绳，2 人扶夯，举高不小于0.5m，一夯压半夯，按次序进行。

（4）较大面积人工回填用打夯机夯实，两机平行时，其间距不得小于 3m，在同一夯行路线上，前后间距不得小于 10m。

2）机械填土法

（1）推土机填土：

① 由下而上分层铺填，每层厚度不大于 0.3m。大坡度推填土，不得居高临下，不分层次，一次推填。

② 推土机回填，可采用分堆集中，一次运送方法，分段距离约为 10～15m，以减少运土损失量。

③ 土方推至填方部位时，应提起一次铲刀，成堆卸土，并向前行驶 0.5～1.0m，利用推土机后退时将土刮平。

④ 用推土机来回行驶进行碾压，履带应重叠一半。

⑤ 宜采用纵向铺填顺序，从挖土区至填土区段，以 40～60m 距离为宜。

（2）铲运机填土：

① 铲运机铺土，铺填土区段，长度不宜小于 20m，宽度不宜小于 8m。

② 铺土分层进行，每次铺土厚度不大于 30～50m；每层铺土后利用空车返回时将地表面刮平。

③ 填土程序宜采取横向或纵向分层卸土，以利行驶时初步压实。

（3）自卸汽车填土：

① 自卸汽车为成堆卸土，须配以推土机推开摊平。

② 每层的铺土厚度不大于 30～40cm。

③ 填土可利用汽车行驶做部分压实工作。

④ 汽车不能在虚土上行驶，卸土推平和压实工作须采用分段交叉进行。

4. 质保资料检查要求：

1）验槽隐蔽验收记录；

2）土工试验记录；

3）回填土干容重试验记录；

4）施工日记；

5）自检记录；

6）土方分项工程质量检验评定表。

6.3.2 对填方土料应按设计要求验收后方可填入。

6.3.3 填方施工过程中应检查排水措施，每层填筑厚度、含水量控制、压实程度、填筑厚度及压实遍数应根据土质、压实系数及所用机具确定。如无试验依据，应符合表 6.3.3（本书表 3.6.13）的规定。

填土施工时的分层厚度及压实遍数　　　　　表 3.6.13

压实机具	分层厚度（mm）	每层压实遍数
平碾	250～300	6～8
振动压实机	250～350	3～4

压实机具	分层厚度（mm）	每层压实遍数
柴油机夯机	200～250	3～4
人工打夯	<200	3～4

注：本表摘自《建筑地基基础工程施工质量验收规范》（GB 50202—2002）。

6.3.4　填方施工结束后，应检查标高、边坡坡度、压实程度等，检查验标准应符合表6.3.4（本书表3.6.14）的规定。

填土工程质量检验标准（mm）　　　　　　表3.6.14

项	序	检查项目	允许偏差或允许值					检查方法
			桩基基坑基槽	场地平整		管沟	地（路）面基础层	
				人工	机械			
主控项目	1	标高	−50	±30	±50	−50	−50	水准仪
	2	分层压实系数	设计要求					按规定方法
一般项目	1	回填土料	设计要求					取样检查或直观鉴别
	2	分层厚度及含水量	设计要求					水准仪及抽样检查
	3	表面平整度	20	20	30	20	20	用靠尺或水准仪

注：本表摘自《建筑地基基础工程施工质量验收规范》（GB 50202—2002）。

主控项目

1. 主控项目第一项

抽检内容、方法及数量参见"土方开挖"相应项。

2. 主控项目第二项

检查方法：环刀取样或小轻便触探仪等。

检查数量：基坑和室内填土，每层按 30～100m² 取样一组；场地平整填方，每层按 400～900m² 取样一组；基槽和管沟回填每 20～50m 取样一组，但每层均不少于一组。取样部位在每层压实后的下半部，灌砂法取样可适当减少。

质量标准：填方密实后的干密度，应有 90% 以上符合设计要求；其余 10% 的最低值与设计值之差不得大于 0.08t/m³，且不宜集中。压实系数由设计提供，试验结果由检测单位提供，两者比较检查。

对有密度要求的填方，在夯实或压实之后，要对每层回填土的质量进行检验。一般采用环刀取样测定土的干密度和密实度；或用小轻便触控仪直接通过锤击数来检验干密度和密实度，符合设计要求后才能填筑上层。

一般项目

1. 一般项目第一项

抽样方法：野外鉴别或取样试验。

抽样数量：同一土场的土不少于一组。

对填土压实要求不高的填料，可根据设计要求或施工规范的规定，按土的野外鉴别进行判别；对填土压实要求较高的填料，应先按野外鉴别法做初步判别，然后分别视地段及土层情况，取有代表性的土样进行试验，提出试验报告。

施工中应根据填料的野外鉴别或试验报告，对实际使用的填料，检查是否符合要求，并做出记录。

填方和基坑（槽）管沟回填的土料种类和性质，如黏性土的物理力学性质和压实特性（即最大干容重、最优含水量）和碎石类土的级配、最大粒径、含泥量等，必须符合设计要求，如设计无要求时，应符合以下规定：

1）碎石类土、砂土（使用细、粉砂时应取得设计单位同意）和爆破石碴，可用作表层以下的填料。

2）含水量符合压实要求的黏性土，可用作各层填料。

3）碎块草皮和有机质含量大于8%的土，仅用于无压实要求的填方。

4）淤泥和淤泥质土一般不能用作填料，但在软土或沼泽地区，经过处理含水量符合压实要求后，可用于填方中的次要部位。

5）含盐量符合规范规定的盐渍土一般可以使用。但填料中不得含有盐晶、盐块或含盐植物的根茎。

6）碎石类土或爆破石碴用作填料时，其最大粒径不得超过每层铺填厚度的2/3（当使用振动辗时，不得超过每层铺填厚度的3/4）。铺填时，块料不应集中，且不得填在分段接头处或填方与山坡连接处。

填方内有打桩或其他特殊工作时，块（漂）石填料的最大粒径不应超过设计要求。

土的野外鉴别法可参见表3.6.15。

土的野外鉴别法

表3.6.15

项目		黏土	粉质黏土	粉土	砂土
湿润时用刀切		切面光滑、有黏阻力	稍有光滑面，切面平整	无光滑面，切面稍粗糙	无光滑面，切面粗糙
湿土用手捻摸时的感觉		有滑腻感，感觉不到砂粒，水分较大时很黏手	稍有滑腻感，有黏滞感，感觉到有少量砂粒	有轻微黏滞感或无黏滞感，感觉到砂粒较多、粗糙	无黏滞感，感觉到全是砂粒、粗糙
土的状态	干土	土块坚硬，用锤才能打碎	土块用力可压碎	土块用手捏或抛扔时易碎	松散
	湿土	易黏着物体，干燥后不易剥去	能黏着物体，干燥后较易剥去	不易黏着物体，干燥后一碰就掉	不能黏着物体
湿土搓条情况		塑性大，能搓成直径小于0.5mm的长条（长度不短于手掌），手持一端不易断裂	有塑性，能搓成直径为0.5～2mm的土条	塑性小、能搓成直径为2～3mm的短条	无塑性、不能搓成土条

2. 一般项目第二项

检查方法：水准仪及抽样试验。

检查数量：同主控项目第二项。

土料含水量的大小，直接影响到夯实（碾压）遍数和夯实（碾压）质量，在夯实（碾压）前应预先试验，以得到符合密度要求条件下的最优含水量的最少夯实（或碾压）遍数。含水量过小，夯实（碾压）不实；含水量过大，则易成橡皮土。各种土的最优含水量和最大干密度参考数值见表 3.6.16。

土的最优含水量和最大干密度参考表　　　　　　　　表 3.6.16

项次	土的种类	变动范围		项次	土的种类	变动范围	
		最优含水量（％，重量比）	最大干密度（t/m³）			最优含水量（％，重量比）	最大干密度（t/m³）
1	砂土	8～12	1.80～1.88	3	粉质黏土	12～15	1.85～1.95
2	黏土	19～23	1.58～1.70	4	粉　土	16～22	1.61～1.80

注：当在成熟经验时，可不受本表限制。

3. 主控项目第三项

检查方法及数量参见"土方开挖"相应项。

其中质量标准中机械场地平整允许偏差应为 30mm，不同于挖方的 50mm。

3.7　基坑工程

本节适用于排桩墙支护工程、水泥土桩墙支护工程、锚杆及土钉墙支护工程、钢或混凝土支撑系统、地下连续墙、沉井与沉箱、降水与排水等分项工程检验批的质量验收。

7.1　一般规定

7.1.1　在基坑（槽）或管沟工程等开挖施工中，现场不宜进行放坡开挖，当可能对邻近建（构）筑物、地下管线、永久性道路产生危害时，应对基坑（槽）、管沟进行支护后再开挖。

在基础工程施工中，如挖方较深，土质较差或有地下水渗流等，可能对邻近建（构）筑物、地下管线、永久性道路等产生危害，或构成边坡不稳定。在这种情况下，不宜进行大开挖施工，应对基坑（槽）管沟壁进行支护。

1. 支护结构可根据基坑周边环境、开挖深度、工程地质与水文地质、施工作业设备和施工季节等条件，按表 3.7.1 选用。

支护结构选型表　　　　　　　　表 3.7.1

结构型式	适用条件
排桩或地下连续墙	1. 适于基坑侧壁安全等级一、二、三级 2. 悬臂式结构在软土场地中不宜大于 5m 3. 当地下水位高于基坑底面时，宜采用降水、排桩加载水帷幕或地下连续墙
水泥土墙	1. 基坑侧壁安全等级宜为二、三级 2. 水泥土桩施工范围内地基土承载力不宜大于 150kPa 3. 基坑深度不宜大于 6m
土钉墙	1. 基坑侧壁安全等级宜为二、三级的非软土场地 2. 基坑深度不宜大于 12m 3. 当地下水位高于基坑底面时，应采取降水或截水措施

结构型式	适用条件
逆作拱墙	1. 基坑侧壁安全等级宜为二、三级 2. 淤泥和淤泥质土场地不宜采用 3. 拱墙轴线的矢跨比不宜小于 1/8 4. 基坑深度不宜大于 12m 5. 地下水位高于基坑底面时，应采取降水或截水措施
放坡	1. 基坑侧壁安全等级宜为三级 2. 施工场地应满足放坡条件 3. 可独立或与上述其他结构结合使用 4. 当地下水位高于坡脚时，应采取降水措施

基坑侧壁安全等级见表 3.7.2。

基坑侧壁安全等级及重要性系数　　　　表 3.7.2

安全等级	破坏后果	γ_0
一级	支护结构破坏、土体失稳或过大变形对基坑周边环境及地下结构施工影响很严重	1.10
二级	支护结构破坏、土体失稳或过大变形对基坑周边环境及地下结构施工影响一般	1.00
三级	支护结构破坏、土体失稳或过大变形对基坑周边环境及地下结构施工影响不严重	0.90

注：有特殊要求的建筑基坑侧壁安全等级可根据具体情况另行确定。

2. 基坑支护方法

1) 浅基坑（槽）、管沟的支撑方法（表 3.7.3）

浅基坑（槽）、管沟的支撑方法　　　　表 3.7.3

支撑方式	适用条件
间断式水平支撑：两侧挡土板水平放置，用工具式或木横撑借木楔顶紧，挖一层土，支顶一层	适于能保持立壁的干土或天然湿度的黏土类土，地下水很少，深度在 2m 以内
继续式水平支撑：挡土板水平放置，中间留出间隔，并在两侧同时对称立竖楞木，再用工具或木横撑上、下顶紧	适于能保持立壁的干土或天然湿度的黏土类土，地下水很少，深度在 3m 以内
连续式水平支撑：挡土板水平连续放置，不留间隙，然后两侧同时对称立竖楞木，上、下各顶一根撑木，端头加用木楔顶紧	适于土质较松散的干土或天然湿度的黏土类土，地下水很少，深度为 3～5m 以内
连续或间断式垂直支撑：挡土板垂直放置，连续或留适当间隙，然后每侧上、下各水平顶一根枋木，再用横撑顶紧	适于土质较松散或湿度很高的土，地下水较少，深度不限
水平垂直混合支撑：沟、槽上部连续式水平支撑，下部设连续垂直支撑	适于沟槽深度较大，下部有含水土层情况
多层水平垂直混合式支撑：沟槽上、下部设多层连续式水平支撑和垂直支撑	适于沟槽深度较大，下部有含水土层情况

2) 浅基坑的支撑方法（表 3.7.4）

浅基坑的支撑方法　　　　表 3.7.4

支撑方式	适用条件
斜撑支撑：水平挡土板钉在柱桩内侧，柱桩外侧用斜撑支顶，斜撑底端支在木桩上，在挡土板内侧回填土	适于开挖较大型、深度不大的基坑或使用机械挖土
锚拉支撑：水平挡土板支在柱桩的内侧，柱桩一端打入土中，另一端用拉杆与锚桩拉紧，在挡土板内侧回填土	适于开挖较大型、深度不大的基坑或使用机械挖土，而不能安设横撑时使用

支撑方式	适用条件
型钢柱横挡板支撑：沿挡土位置预先打入钢轨、工字钢或 H 型钢桩，间距 1.0～1.5m，然后边挖方边将 3～6cm 厚的挡土板塞进钢桩之间挡土，并在横向挡板与型钢桩之间打上楔子，使横板与土体紧密接触	适于地下水较低、深度不很大的、一般黏性砂土层中应用
短柱横隔：打入小短木桩，部分打入土中，部分露出地面，钉上水平挡土板，在背面填土	适于挖深度大的基坑，当部分地段下部放坡不够时使用
临时挡土墙支撑：沿坡脚用砖、石叠砌或用草袋装土、砂堆砌，使坡脚保持稳定	适于开挖宽度大基坑

3）深基坑支护方法（表 3.7.5）

深基坑支护（撑）方法　　　　　　　　　　　　　表 3.7.5

支护（撑）方式	适用条件
钢板桩支护：在开挖基坑的周围打钢板桩或钢筋混凝土板桩，板桩入土深度及悬臂长度应经计算确定，如基坑宽度很大，可加水平支撑	适于一般地下水、深度和宽度不很大的黏性砂土层中应用
钢板桩与钢构架结合支护：在开挖基坑的周围打钢板桩，在柱位置上打入暂时的钢柱，在基坑中挖土，每下挖 3～4m，安装一层构架支撑体系，挖土在钢构架网格中进行，亦可不预先打入钢柱，随挖随接长支柱	适于在饱和软弱土层中开挖较大、较深基坑，钢板桩刚度不够时采用
挡土灌注桩支护：在开挖基坑的周围，用钻机钻孔，现场灌注钢筋混凝土桩，达到强度后，在基坑中间用人工或机械挖土，下挖 1m 左右装上横撑，在桩背面装上拉杆，与已设锚桩拉紧，然后继续挖土至要求深度，在桩间土方挖成外拱形，使起土拱作用，若基坑深度小于 6m 或邻近有建筑物，亦可不设锚拉杆，采取加密柱距或加大桩径处理	适于开挖较大、较深（>6m）基坑，邻近有建筑物，不允许支护，背面地基有下沉、位移时采用
挡土灌注桩与土层锚杆结合支护：同挡土灌注桩支撑，但在桩顶不设锚桩拉杆，而是挖到一定深度，每隔一定距离向桩背面斜下方用锚杆钻孔机打孔，安放钢筋锚杆，用水泥压力灌浆，达到强度后，安上横杆，拉紧固定，在桩中间进行挖土直至设计深度。如设 2～3 层锚杆，可挖一层土，装设一次锚杆	适于大型较深基坑，施工期较长，邻近有高层建设，不允许支护邻近地基有任何下沉、位移时使用
挡土灌注桩与旋喷桩组合支护：在深基坑内侧设置直径 0.6～1.0m 混凝土灌注桩，间距 1.2～1.5m；在紧靠混凝土灌注桩的外侧设置直径为 0.8～1.5m 的旋喷桩，以旋喷水泥浆方式使形成水泥土桩与混凝土灌注桩紧密结合，组成一道防渗帷幕，既可起抵土压力、水压力作用，又起抗渗透作用；挡土灌注桩与旋喷桩采用分段间隔施工。当基坑为淤泥质土层，有可能在基坑底部产生管涌、涌泥现象时亦可在基坑底部以下用旋喷桩封闭。在混凝土灌注桩外侧设旋喷桩，有利于支护结构的稳定，加固后能有效养护作用于支护结构上的主动土压力，防止边坡坍塌、渗水和管涌等现象发生	适于土质条件差、地下水位较高，要求既挡土又挡水防渗的支护工程
双层挡土灌注桩支护：将挡土灌注桩在平面布置上由单排改为双排桩，呈对应或梅花式排列，桩数保持不变，双排桩桩径 d 一般为 400～600mm，排距 L 为（1.5～3.0）d，在双排桩顶部设圈梁使成为整体刚架结构。亦可在基坑每侧中段设双排桩，而在四角仍采用单排桩。采用双排桩可有效地使支护整体刚度增大，桩的内力和水平位移减少，提高护坡效果	适用基坑较深，采用单排悬臂混凝土灌注桩挡土，强度和刚度均不能胜任时

支护（撑）方式	适用条件
地下连续墙支护：在开挖的基坑周围，先施工钢筋混凝土地下连续墙，达到强度后，在墙中间用机械或人工挖土直至要求深度。对跨度、深度很大时可在内部加设水平支撑及支柱。用于逆作法施工，每下挖一层，把下一层梁、板、柱浇筑完成，以此作为地下连续墙的水平框架支撑，如此循环作业，直到地下室的底层全部挖完土	适于开挖较大、较深（>10m）、有地下水的大型基坑，周围有高层建筑，不允许支护有变形。采用机械挖方，要求有较大空间，不允许内部设支撑时采用
土层锚杆支护：沿开挖基坑边坡每2～4m设置一层水平土层锚杆，直至挖土至要求深度。土层锚杆，每挖一层装一层。采用快凝砂浆灌浆	适于较硬土层或破碎岩石中开挖较大、较深基坑，邻近有建筑物必须保证边坡稳定时采用
板桩（灌注桩）中央横顶支护：在基坑周围打板桩或设挡土灌注桩，在内侧放坡，挖中间部分土方到坑底，先施工中间部分结构至地面，然后再利用此结构作支承板桩（灌注板）支水平横顶撑，挖除放坡部分土方，每挖一层支一层水平横顶撑，直至设计深度，最后建该部分结构	适于开挖较大、较深基坑。支护桩刚度不够，又不允许设置过多支撑时采用
板桩（灌注桩）中央横顶支护：在基坑周围打板桩或设挡土灌注桩，在内侧放坡，挖中间部分土方到坑底，并先施工好中间部分基础，再从基础向桩上方支斜顶撑，然后再把放坡的土方挖除，每挖一层，支一层斜顶撑，直至坑底，最后建该部分结构	适于开挖较大、较深基坑。支护桩刚度不够，坑内又不允许设置过多支撑时采用
分层板桩支护：在开挖厂房群基础，周围先打支护板桩，然后在内侧挖土方至群基础底标高，在中部主体深基础四周打二级支护板桩，挖深基础土方，施工主体结构至地面，最后施工外围群基础	适于开挖较大、较深基地。当中部主体与周围群基础标高不等，而又无重型板桩时采用

4）圆形深基坑支护方法（表3.7.6）

圆形深基坑支护方法   表3.7.6

支护（撑）方式	适用条件
钢筋笼支护：应用短钢筋笼悬挂在孔口作圆形基坑的支护，笼与土壁间插木板支垫	适于天然湿度的较松软黏土类土，作直径不大的圆形结构挖孔桩支护，深度为3～6m
钢筋或钢筋骨架支护：每挖0.6～1.0m，用2根直径25～32mm钢筋或钢筋骨架作顶箍，接头用螺栓连接，顶箍之间用吊筋连接，靠土一面插木护板作支撑	适于天然湿度的黏土类土，地下水很少，作圆形结构支护，深度为6～8m
混凝土或钢筋混凝土支护：每挖1.0m，支模板、绑钢筋、浇一节混凝土护壁，再挖深1.0m，拆上节模板，支下节，浇下节混凝土，循环作业直至要求深度。主筋用搭接或焊接，浇灌斜口用砂浆堵塞	适于天然湿度的黏土类土，地下水很少，地面荷载较大，深度为6～30m的圆形结构护壁或直径为1.5m以上人工挖孔桩护壁
砖砌或抹砂浆支护：每挖1.0～1.5m，用M10水泥砂浆砌半砖或1/4砖厚护壁，用3cm厚的M10水泥砂浆填实砖与土壁之间空隙，每挖好一段，即砌筑一段，要求灰缝饱满，挖（砌）第二段时，比第一段的孔径缩小60mm，以下逐段进行，直到要求深度	适于土质较好、直径不大、停留时间较短的圆形基坑，直径1.5～2.0m、深30m以内人工挖孔桩护壁
局部砖砌支护：上部1.0m高，用M10砂浆砌半砖或1/4砖护口，下部如土质较好，不砌护壁；如局部遇软弱土或粉细砂层，则仅在该层用M10砂浆砌半砖或1/4砖厚护壁，并高出土层交界各250～300mm	适于无地下水、土质较好、直径1.0～1.5m、深15m以内人工挖孔桩护壁

7.1.2 基坑（槽）、管沟开挖前应做好下述工作：

1 基坑（槽）、管沟开挖前，应根据支护结构形式、挖深、地质条件、施工方法、周围环境、工期、气候和地面载荷等资料制定施工方案、环境保护措施、监测方案，经审批后方可施工。

2 土方工程施工前，应对降水、排水措施进行设计，系统应经检查和试运转，一切正常时方可开始施工。

3 有关围护结构的施工质量验收可按本规范第4章、第5章及本章7.2、7.3、7.4、7.6、7.7的规定执行，验收合格后方可进行土方开挖。

基坑的支护与开挖方案，各地均有严格的规定，应按当地的要求，对方案进行申报，经批准后才能施工。降水、排水系统对维护基坑的安全极为重要，必须在基坑开挖施工期间安全运转，应时刻检查其工作状况。邻近有建筑物或有公共设施时，在降水过程中要予以观测，不得因降水而危及这些建筑物或设施的安全。一般围护结构由水泥土搅拌桩、钻孔灌注桩、高压水泥喷射桩等构成，因此可按相应的规定标准验收，其他结构在本节内均有标准可查。

7.1.3 土方开挖的顺序、方法必须与设计工况相一致，并遵循"开槽支撑，先撑后挖，分层开挖，严禁超挖"的原则。

本条为强制性条文。

1. 条文解释

基坑工程属临时性工程，是为主体结构工程服务的。设置强制性条文是针对近年来基坑工程的坍塌事故屡有发生，而且常常是多人伤亡的重大安全事故，并危及周围设施，为杜绝类似事故的发生，规定了基坑土方开挖的原则。

2. 措施

基坑的支护结构施工必须保证质量，因支护结构绝大部分为规范第5章及第7章所提及的结构，因此对规范第5章、第7章各节内容，应在施工中严格控制质量要求。

3. 检查监督

检查监督主要依靠质量检查监督人员的跟踪施工，检查基坑土方是否严格按设计工况施工，"开槽支撑，先撑后挖，分层开挖，严禁超挖"的原则是否得以贯彻。

对需控制的指标，施工前设置好观测点，随时检查这些观测点的数据，必要时需设置预警值，一旦达到此数值即报警，并采取应急措施予以控制。

4. 判定

判定目标是基坑变形是否满足要求以及周围环境能否得到保护。由于周围环境的保护与基坑支护的结构的变形无固定关系，有可能基坑变形较大，但不影响主体结构施工，而周围环境变形仍在控制范围内，也应对基坑开挖予以验收。

如基坑的支护结构是主体结构的一部分，则支护结构的变形，应以是否影响主体结构的功能为度，如没有影响则也应予以验收。

7.1.4 基坑（槽）、管沟的挖土应分层进行。在施工过程中基坑（槽）、管沟边堆置土方不应超过设计荷载，挖方时不应碰撞或损伤支护结构、降水设施。

基坑（槽）、管沟挖土要分层进行，分层厚度应根据工程具体情况（包括土质、环境等）决定，开挖本身是一种卸荷过程，防止局部区域挖土过深、卸载过速，引起土体失稳，降低土体抗剪性能，同时在施工中应不损伤支护结构，以保证基坑的安全。

7.1.5 基坑（槽）、管沟土方施工中应对支护结构、周围环境进行观察和监测，如出现异常情况应及时处理，待恢复正常后方可继续施工。

7.1.6 基坑（槽）、管沟开挖至设计标高后，应对坑底进行保护，经验槽合格后，方可进行垫层施工。对特大型基坑，宜分区分块挖至设计标高，分区分块及时浇筑垫层。必要时，可加强垫层。

7.1.7 基坑（槽）、管沟土方工程验收以确保支护结构安全和周围环境安全为前提。当设计有指标时，以设计要求为依据，如无设计指标时应按表 7.1.7（本书表 3.7.7）的规定执行。

基坑变形的监控值（cm）　　　　　　　　　　表 3.7.7

基 坑 类 别	围护结构墙顶 位移监控值	围护结构墙体最大位移 监控值	地面最大沉降 监控值
一级基坑	3	5	3
二级基坑	6	8	6
三级基坑	8	10	10

注：1. 符合下列情况之一，为一级基坑：
　　　1）重要工程或支护结构做主体结构的一部分；
　　　2）开挖深度大于 10m 的；
　　　3）与临近建筑物、重要设施的距离在开挖深度以内的基坑；
　　　4）基坑范围内有历史文物、近代优秀建筑、重要管线等需严加保护的基坑。
　　2. 三级基坑为开挖深度小于 7m，且周围环境无特别要求时的基坑。
　　3. 除一级和三级外的基坑属二级基坑。
　　4. 当周围已有的设施有特殊要求时，尚应符合这些要求。
　　5. 本表摘自《建筑地基基础工程施工质量验收规范》（GB 50202—2002）。

本条为强制性条文。

如何确保基坑支护结构安全，同时又使周围环境得到保护，这与支护结构的安全度、周围设施的可靠度紧密相关。只有设计人员对结构的设计标准、安全程度最有底，而且设计支护结构时，无疑对周围环境条件会做调查研究，因此执行设计指定的支护结构变形标准是应该的。但有时设计也无规定，此时则以表 7.1.7（本书表 3.7.7）规定的标准控制。

表 3.7.7 适用于软土地区的基坑工程，对硬土区应执行设计规定。

由于设计、施工不当造成的基坑事故时有发生，人们认识到基坑工程的监测是实现信息化施工、避免事故发生的有效措施，又是完善、发展设计理论、设计方法和提高施工水平的重要手段。

监测项目选择应根据基坑支护形式、地质条件、工程规模、施工工况与季节及环境保护的要求等因素综合而定。

基坑开挖前应做出系统的开挖监控方案，监控方案应包括监控目的、监测项目、监控报警值、监测方法及精度要求、监测点的布置、监测周期、工序管理和记录制度以及信息反馈系统等。

监测点的布置应满足监控要求，从基坑边缘以外 1～2 倍开挖深度范围内的需要保护物体均应作为监控对象。

基坑工程监测项目可按表 3.7.8 选择。

位移观测基准点数量不应少于两点，且应设在影响范围以外。

监测项目在基坑开挖前应测得初始值，且不应少于两次。

基坑监测项目的监控报警值应根据监测对象的有关规范及支护结构设计要求确定。

基坑监测项目表 表 3.7.8

基坑侧壁安全等级 \ 监测项目	一级	二级	三级
支护结构水平位移	应测	应测	应测
周围建筑物、地下管线变形	应测	应测	宜测
地下水位	应测	应测	宜测
桩、墙内力	应测	宜测	可测
锚杆拉力	应测	宜测	可测
支撑轴力	应测	宜测	可测
立柱变形	应测	宜测	可测
土体分层竖向位移	应测	宜测	可测
支护结构界面上的侧向压力	宜测	可测	可测

各项监测的时间间隔可根据施工进程确定。当变形超过有关标准或监测结果变化速率较大时，应加密观测次数。当有事故征兆时，应连续监测。

基坑开挖监测过程中，应根据设计要求提交阶段性监测结果报告。工程结束时应提交完整的监测报告，报告内容应包括：

1）工程概况；

2）监测项目和各测点的平面和立面布置图；

3）采用仪器设备和监测方法；

4）监测数据处理方法和监测结果过程曲线；

5）监测结果评价。

7.2 排桩墙支护工程

7.2.1 排桩墙支护结构包括灌注桩、预制桩、板桩等类型桩构成的支护结构。

7.2.2 灌注桩、预制桩的检验标准应符合本规范第 5 章的规定。钢板桩均为工厂成品，新桩可按出厂标准检验，重复使用的钢板桩应进行检查，并应符合表 7.2.2—1（本书表 3.7.9）的规定，混凝土板桩应符合表 7.2.2—2（本书表 3.7.10）的规定。

重复使用的钢板桩检验标准 表 3.7.9

序	检查项目	允许偏差或允许值		检查方法
		单位	数值	
1	桩垂直度	%	<1	用钢尺量
2	桩身弯曲度		<2%l	用钢尺量，l 为桩长
3	齿槽平直度及光滑度	无电焊渣或毛刺		用 1m 长的桩段做通过试验
4	桩长度	不小于设计长度		用钢尺量

项	序	检查项目	允许偏差或允许值		检查方法
			单位	数值	
主控项目	1	桩长度	mm	+10 0	用钢尺量
	2	桩身弯曲度		<0.1%l	用钢尺量，l 为桩长
一般项目	1	保护层厚度	mm	±5	用钢尺量
	2	横截面相对两面之差	mm	5	用钢尺量
	3	桩尖对桩轴线的位移	mm	10	用钢尺量
	4	桩厚度	mm	+10 0	用钢尺量
	5	凹凸槽尺寸	mm	±3	用钢尺量

注：本表摘自《建筑地基基础工程施工质量验收规范》(GB 50202—2002)。

表 3.7.9 中检查齿槽平直度不能用目测，有时看来较直，但施工时仍会产生很大的阻力，甚至将桩带入土层中，应用一根短样桩，沿着板桩的齿口，全长拉一次，如能顺利通过，则将来施工时不会产生大的阻力。

表 3.7.9 中四项指标均应全数检查。

1. 悬臂式排桩结构桩径不宜小于 600mm，桩间距应根据排桩受力及桩间土稳定条件确定。

2. 排桩顶部应设钢筋混凝土冠梁连接，冠梁宽度（水平方向）不宜小于桩径。冠梁高度（竖直方向）不宜小于 400mm。排桩与桩顶冠梁的混凝土强度等级宜大于 C20；当冠梁作为连系梁时可按构造配筋。

3. 基坑开挖后，排桩的桩间土防护可采用钢丝网混凝土护面、砖砌等处理方法，当桩间渗水时，应在护面设泄水孔。当基坑面在实际地下水以上且土质较好，暴露时间较短时，可不对桩间土进行防护处理。

主控项目

1. 主控项目第一项

检查方法：现场量测。

检查数量：全数检查。

2. 主控项目第二项

检查方法：现场量测。

检查数量：全数检查（l 为桩长）。

一般项目

1. 一般项目第一项

检查方法：现场量测。

检查数量：抽 10% 桩。

保护层厚度按设计要求，或参见本章第 3.5 节"混凝土预制桩"相应项规定。

2. 一般项目第二项

检查方法：现场量测。

检查数量：抽 10％桩。

3. 一般项目第三、四、五项

检查方法：现场量测。

检查数量：抽 10％桩。

7.2.3 排桩墙支护的基坑，开挖后应及时支护，每一道支撑施工应确保基坑变形在设计要求的控制范围内。

7.2.4 在含水地层范围内的排桩墙支护基坑，应有确实可靠的止水措施，确保基坑施工及邻近构筑物的安全。

含水地层内的支护结构常因止水措施不当而造成地下水从坑外向坑内渗漏，大量抽排造成土颗粒流失，致使坑外土体沉降，危及坑外的设施。因此，必须有可靠的止水措施。这些措施有深层搅拌桩帷幕、高压喷射注浆止水帷幕、注浆帷幕或者降水井（点）等，根据不同的条件选用。

排桩施工应符合下列要求：

1) 桩位偏差，轴线和垂直轴线方向均不宜超过 50mm，垂直度偏差不宜大于 0.5％；

2) 钻孔灌注桩桩底沉渣不宜超过 200mm，当用作承重结构时，桩底沉渣按《建筑桩基技术规范》（JGJ 94）要求执行；

3) 排桩宜采取隔桩施工，并应在灌注混凝土 24h 后进行邻桩成孔施工；

4) 非均匀配筋排桩的钢筋笼在绑扎、吊装和埋设时，应保证钢筋笼的安放方向与设计方向一致；

5) 冠梁施工前，应将支护桩桩顶浮浆凿除清理干净，桩顶以上出露的钢筋长度应达到设计要求。

7.3 水泥土桩墙支护工程

7.3.1 水泥土墙支护结构指水泥土搅拌桩（包括加筋水泥土搅拌桩）、高压喷射注浆桩所构成的围护结构。

加筋水泥土桩是在水泥土搅拌桩内插入筋性材料如型钢、钢板桩、混凝土板桩、混凝土工字梁等。这些筋性材料可以拔出，也可不拔，视具体条件而定。如要拔出，应考虑相应的填充措施，而且应同拔出的时间同步，以减少周围的土体变形。

1. 水泥土墙采用格栅布置时，水泥土的置换率对于淤泥不宜小于 0.8，淤泥质土不宜小于 0.7，一般黏性土及砂土不宜小于 0.6；格栅长宽比不宜大于 2。

2. 水泥土桩与桩之间的搭接宽度应根据挡土及截水要求确定，考虑截水作用时，桩的有效搭接宽度不宜小于 150mm；当不考虑截水作用时，搭接宽度不宜小于 100mm。

水泥土挡墙是靠桩与桩的搭接形成连续墙，桩的搭接是保证水泥墙的抗渗漏及整体性的关键，由于桩施工有一定的垂直度偏差，应控制其搭接宽度。

3. 当变形不能满足要求时，宜采用基坑内侧土体加固或水泥土墙插筋加混凝土面板及加大嵌固深度等措施。

4. 水泥土墙应采取切割搭接法施工。应在前桩水泥土尚未固化时进行后续搭接桩施工。施工开始和结束的头尾搭接处，应采取加强措施，消除搭接勾缝。

5. 当设置插筋时，桩身插筋应在桩顶搅拌完成后及时进行。插筋材料、插入长度和露出长度等，均应按计算和构造要求确定。

6. 高压喷射注浆应按试喷确定的技术参数施工，切割搭接宽度应符合下列规定：

1）旋喷固结体不宜小于150mm；

2）摆喷固结体不宜小于150mm；

3）定喷固结体不宜小于200mm。

7.3.2 水泥土搅拌桩及高压喷射注浆桩的质量检验满足本规范第4章4.10、4.11的规定。

水泥土墙应在设计开挖龄期（28d）采用钻芯法检测墙身完整性，钻芯数量不宜少于总桩数的2%，且不应少于5根；并应根据设计要求取样进行单轴抗压强度试验。

7.3.3 加筋水泥土桩应符合表7.3.3（本书表3.7.11）的规定。

加筋水泥土桩质量检验标准 表3.7.11

序	检查项目	允许偏差或允许值		检查方法
		单位	数值	
1	型钢长度	mm	±10	用钢尺量
2	型钢垂直度	%	<1	经纬仪
3	型钢插入标高	mm	±30	水准仪
4	型钢插入平面位置	mm	10	用钢尺量

水泥桩检查数量应全数检查。四项指标均应符合设计要求。若有超过10%项目不合格，应及时进行处理。

7.4 锚杆及土钉墙支护工程

基坑周围不具备放坡条件，地下水位较低或坑外有降水条件，邻近无重要建筑或地下管线，基坑外地下空间允许锚杆或土钉占用时，可采用土钉支护或喷锚支护结构保护基坑边坡。

7.4.1 锚杆及土钉墙支护工程施工前应熟悉地质资料、设计图纸及周围环境，降水系统应确保正常工作，必需的施工设备如挖掘机、钻机、压浆泵、搅拌机等能正常运转。

锚杆工程设计施工要点：

1. 土层锚杆锚固段不宜设置在未经处理的下列土层：

1）有机质土层；

2）液限 $W_L > 50\%$ 的土层；

3）相对密实度 $D_r < 0.3$ 的土层。

2. 锚杆设计内容：

1）调查研究，掌握设计资料，作出可行性判断；

2）确定锚杆设计轴向力，锚杆的抗力分项系数及极限承载力；

3）确定锚杆布置和安设角度；

4）确定锚杆施工工艺并进行锚固体设计（长度、直径、形状等），确定锚杆结构和杆体断面；

5）计算自由段长度和锚固段长度；

6）外锚头及腰梁设计，确定锚杆锁定荷载值、张拉荷载值；

7）必要时应进行整体稳定性验算；

8）浆体强度设计并提出施工技术要求；

9）对试验和监测的要求。

3. 锚杆杆体材料宜选用钢绞线或精轧螺纹钢筋，当锚杆极限承载力小于 500kN 时，可采用 HRB335 级或 HRB400 级钢筋。

HRB335 级和 HRB400 级钢筋接长宜采用双面搭接焊，焊缝长度不应小于 8d（d 为钢筋直径）。杆体接长或杆体与螺杆焊接都必须按设计要求使用焊条，精轧螺纹钢筋可采用定型套筒连接。

4. 钻孔深度应超过锚杆设计长度 0.3～0.5m。

如遇易塌孔土层，可带护壁套管钻进，不宜采用泥浆护壁，岩层钻孔可采用螺旋钻、冲击钻成孔。

5. 钻孔注意事项：

1）锚杆钻孔水平方向孔距在垂直方向误差不宜大于 100mm，偏斜度不应大于 3％；

2）注浆管宜与锚杆杆体绑扎在一起，一次注浆管距孔底宜为 100～200mm，二次注浆管的出浆孔应进行可灌密封处理；

3）浆体应按设计配制，一次灌浆宜选用灰砂比 1∶1～1∶2、水灰比 0.38～0.45 的水泥砂浆，或水灰比 0.45～0.5 的水泥浆，二次高压注浆宜使用水灰比 0.45～0.55 的水泥浆；

4）二次高压注浆压力宜控制在 2.5～5.0MPa 之间，注浆时间可根据注浆工艺试验确定或一次注浆锚固体强度达到 5MPa 后进行。

6. 用于一级基坑工程的锚杆应进行锚杆预应力变化的监测。

监测锚杆应具有代表性，监测锚杆数量不应少于工程锚杆的 2％，且不应少于 3 根。

锚杆监测时间一般不少于 6 个月，张拉锁定后最初 10d 应每天测定一次，11～30d 测定一次，再后每 10d 测定一次，必要时（如开挖、降雨、下排锚杆张拉、出现突变征兆等）应加密监测次数。

监测结果应及时反馈给有关单位，必要时采取重复张拉，适当放松或增加锚杆数量以确保基坑安全。

土钉墙支护工程设计施工要点：

1. 土钉支护是以较密排列的插筋作为土体主要补强手段，通过插筋锚体与土体和喷射混凝土面层共同工作，形成补强复合土体，达到稳定边坡的目的。适用于基坑以上土体的加固。

土钉支护适用于地下水位以上或人工降水后的黏性土、粉土、杂填土及非松散砂土、卵石土等，不宜用于淤泥质土、饱和软土及未经降水处理地下水位以下的土层。对变形有严格要求的护坡工程，土钉支护应进行变形预测分析，符合要求后方可采用。

土钉墙一般适用于开挖深度不超过 5m 的基坑，如措施得当也可再加深，但设计与施工均应有足够的经验。

2. 土钉材料的置入，可分为钻孔置入、打入或射入置入方式，常用钻孔注浆型土钉。

土钉支护工程设计包括下列内容：

1）确定加固边坡的平面、剖面尺寸及分段施工高度；

2）设计土钉锚体的直径、间距、长度、倾角、土钉布置及插筋直径；

3）设计面层及注浆参数；

4) 稳定性验算和土钉抗拔力验算；

5) 构造设计；

6) 提出质量控制标准及施工与监测要求。

3. 土钉墙设计及构造应符合下列规定：

1) 土钉墙墙面坡度不宜大于 1：0.1。

2) 土钉必须和面层有效连接，应设置承压板或加强钢筋等构造措施，承压板或加强钢筋应与土钉螺栓连接或钢筋焊接连接。

3) 土钉的长度宜为开挖深度的 0.5～1.2 倍，间距宜为 1～2m，与水平面夹角宜为 5°～20°。

4) 土钉钢筋宜采用 HRB335、HRB400 级钢筋，钢筋直径宜为 16～32mm，钻孔直径宜为 70～120mm。

5) 注浆材料宜采用水泥浆或水泥砂浆，其强度等级不宜低于 M10。

6) 喷射混凝土面层宜配置钢筋网，钢筋直径宜为 6～10mm，间距宜为 150～300mm；喷射混凝土强度等级不宜低于 C20，面层厚度不宜小于 80mm。

7) 坡面上下段钢筋网搭接长度应大于 300mm。

8) 土钉头与钢筋网连接。当土钉头之间有加强钢筋通过时，宜与土钉焊接；当土钉头之间无加强钢筋通过时，可用不小于 4φ16、长度为 200～300mm 的钢筋在土钉头处呈井字架与土钉头连接。

4. 当地下水位高于基坑底面时，应采取降水或截水措施；土钉墙墙顶应采用砂浆或混凝土护面，坡顶和坡脚应设排水措施，坡面上可根据具体情况设置泄水孔。

5. 上层土钉注浆体及喷射混凝土面层达到设计强度的 70% 后方可开挖下层土方及下层土钉施工。

基坑开挖和土钉墙施工应按设计要求自上而下分段分层进行。在结构开挖后，应辅以人工修整坡面，坡面平整度的允许偏差宜为 ±20mm，在坡面喷射混凝土支护前，应清除坡面虚土。

6. 土钉墙施工可按下列顺序进行：

1) 应按设计要求开挖工作面，修整边坡，埋设喷射混凝土厚度控制标志；

2) 喷射第一层混凝土；

3) 钻孔安设土钉、注浆，安设连接件；

4) 绑扎钢筋网，喷射第二层混凝土；

5) 设置坡顶、坡面和坡脚的排水系统。

7. 土钉成孔施工宜符合下列规定：

1) 孔深允许偏差为 ±50mm；

2) 孔径允许偏差为 ±5mm；

3) 孔距允许偏差为 ±100mm。

8. 喷射混凝土作业应符合下列规定：

1) 喷射作业应分段进行，同一分段内喷射顺序应自下而上，一次喷射厚度不宜小于 40mm；

2) 喷射混凝土时，喷头与受喷面应保持垂直，距离宜为 0.6～1.0m；

3) 喷射混凝土终凝 2h 后应喷水养护，养护时间根据气温确定，宜为 3~7h。

9. 喷射混凝土面层中的钢筋网铺设应符合下列规定：

1) 钢筋网应在喷射一层混凝土后铺设，钢筋保护层厚度不宜小于 20mm；

2) 采用双层钢筋网时，第二层钢筋网应在第一层钢筋网被混凝土覆盖后铺设；

3) 钢筋网与土钉应连接牢固。

10. 注浆作业应符合以下规定：

1) 注浆前应将孔内残留或松动的杂土清除干净，注浆开始或中途停止超过 30min 时，应用水或稀水泥浆润滑注浆及其管路。

2) 注浆时，注浆管应插至距孔底 250~500mm 处，孔口部位宜设置止浆塞及排气管。

3) 土钉钢筋应设定位支架。

7.4.2 一般情况下，应遵循分段开挖、分段支护的原则，不宜按一次挖就再行支护的方式施工。

7.4.3 施工中应对锚杆或土钉位置，钻孔直径、深度及角度，锚杆或土钉插入长度，注浆配比、压力及注浆量，喷锚墙面厚度及强度、锚杆或土钉应力等进行检查。

7.4.4 每段支护体施工完后，应检查坡顶或坡面位移，坡顶沉降及周围环境变化，如有异常情况应采取措施，恢复正常后方可继续施工。

7.4.5 锚杆及土钉墙支护工程质量检验应符合表 7.4.5（本书表 3.7.12）的规定。

锚杆及土钉墙支护工程质量检验标准 表 3.7.12

项	序	检查项目	允许偏差或允许值		检查方法
			单位	数值	
主控项目	1	锚杆土钉长度	mm	±30	用钢尺量
	2	锚杆锁定力	设计要求		现场实测
一般项目	1	锚杆或土钉位置	mm	±100	用钢尺量
	2	钻孔倾斜度	°	±1	测钻机倾角
	3	浆体强度	设计要求		试样送检
	4	注浆量	大于理论计算浆量		检查计量数据
	5	土钉墙面厚度	mm	±10	用钢尺量
	6	墙体强度	设计要求		试样送检

注：本表摘自《建筑地基基础工程施工质量验收规范》（GB 50202—2002）。

主控项目

1. 主控项目第一项

检查方法：现场钢尺量测。

检查数量：全数检查。

1) 锚杆长度设计应符合下列规定：

(1) 锚杆自由段长度不宜小于 5m 并应超过潜在滑裂面 1.5m；

(2) 土层锚杆锚固段长度不宜小于 4m；

(3) 锚杆杆体下料长度应为锚杆自由段、锚固段及外露长度之和，外露长度须满足台座、腰梁尺寸及张拉作业要求。

2）土钉长度宜为开挖深度的 0.5～1.2 倍，密实及干硬性黏土取小值。

2. 主控项目第二项

检查方法：现场实测，查施工记录。

检查数量：全数检查。

1）锚杆的张拉与施加预应力（锁定）应符合以下规定：

（1）锚固段强度大于 15MPa 并达到设计强度等级的 75％后方可进行张拉；

（2）锚杆张拉顺序应考虑对邻近锚杆的影响；

（3）锚杆宜张拉至设计荷载的 1.05～1.1 倍后，再按设计要求锁定；

（4）锚杆张拉控制应力不应超过锚杆杆体强度标准值的 0.75 倍，锁定拉力可取锚杆轴向拉力值的 0.75～0.85 倍。

2）土钉采用抗拉试验检测承载力，同一条件下，试验数量不宜少于土钉总数的 1％，且不应少于 3 根。

一般项目

1. 一般项目第一项

检查方法：现场钢尺量测。

检查数量：抽 10％。

量测结果应符合设计要求。一般情况下，锚杆上下排垂直间距不宜小于 2.0m，水平间距不宜小于 1.5m；锚固体上覆土厚度不宜小于 4.0m。土钉间距宜为 1～2m，钻孔直径宜为 70～120mm。

2. 一般项目第二项

检查方法：测钻机倾角。

检查数量：抽 10％孔位。

一般情况下，锚杆倾角宜为 150°～250°，且不大于 45°；土钉与水平面的夹角宜为 5°～20°。

3. 一般项目第三项

检查方法：查试验报告。

检查数量：每 30 根锚杆或土钉不少于一组，每组试块数量为 6 块。同时锚杆尚应根据施工需要留置一定数量的同条件养护试块。

锚杆锚固体宜采用水泥浆或水泥砂浆，其强度等级不宜低于 M10。浆体配比一般为 0.45～0.55 水泥浆，或水灰比 0.38～0.45（灰砂浆 1∶1～1∶2）水泥砂浆。

注浆材料宜选用水泥浆或水泥砂浆；水泥浆的水灰比宜为 0.5，水泥砂浆配合比宜为 1∶1～1∶2（重量比），水灰比宜为 0.38～0.45；其强度等级不宜低于 M10。

水泥浆、水泥砂浆应拌合均匀，随拌随用，一次拌合的水泥浆、水泥砂浆应在初凝前用完。

4. 一般项目第四项

检查方法：检查计量数据记录。

检查数量：抽 10％。

5. 一般项目第五项

检查方法：现场量测或钻孔检测。

检查数量：每 100m² 为一组，每组不少于 3 点。面层厚度不宜小于 80mm。

墙面喷射混凝土厚度应采用钻孔检测。

6. 一般项目第六项

检查方法：查试验报告。

检查数量：参见"混凝土结构工程"相关章节规定。

喷射混凝土强度等级不宜低于 C20。

7.5 钢或混凝土支撑系统

7.5.1 支撑系统包括围檩及支撑，当支撑较长时（一般超过 15m），还包括支撑下的立柱及相应的立柱桩。

1. 工程中常用的支撑系统有混凝土围檩、钢围檩、混凝土支撑、钢支撑、格构式立柱、钢管立柱、型钢立柱等，立柱往往埋入灌注桩内，也有直接打入一根钢管桩或型钢桩，使桩柱合为一体。甚至有钢支撑与混凝土支撑混合使用的实例。

内支撑结构的常用形式有单层或多层平面支撑体系和竖向斜撑体系。

2. 内支撑结构设计应包括下列内容：

1）材料选择和结构体系的布置；

2）结构的内力和变形计算；

3）构件的强度和稳定验算；

4）构件的节点设计；

5）结构的安装和拆除设计。

3. 内支撑体系的选型和布置应根据下列因素综合考虑确定：

1）基坑平面的形状、尺寸和开挖深度；

2）基坑周围的环境保护要求和邻近地下工程的施工情况；

3）场地的工程地质和水文地质条件；

4）主体工程地下结构的布置，土方工程和地下结构工程的施工顺序和施工方法；

5）地区工程经验和材料供应情况。

4. 一般情况下应优先采用平面支撑体系，对于符合下列条件的基坑也可以采用竖向斜撑体系。

1）基坑开挖深度：一般不大于 8m，在地下水位较高的软土地区不大于 7m；

2）场地的工程地质条件能满足基坑内预留土堤的斜撑安装和受力前的边坡稳定；

3）斜撑基础具有足够的水平方向和垂直方向的承载能力；

4）基坑平面尺寸较大，形状比较复杂。

5. 平面支撑体系布置应符合下列规定：

1）一般情况下，平面支撑体系应由腰梁、水平支撑和立柱三部分构件组成；

2）根据工程具体情况，水平支撑可以用对撑、对撑桁架、斜角撑、斜撑桁架以及边桁架和八字撑等形式组成的平面结构体系；

3）支撑轴线的平面位置应避开主体工程地下结构的柱网轴线；

4）相邻支撑之间的水平距离不宜小于 4m，当采用机械挖土时，不宜小于 8m；

5）沿腰梁长度方向水平支撑点的间距：对于钢腰梁不宜大于 4m，对于混凝土腰梁不宜大于 9m；

6）对于地下连续墙，如在每幅槽段的墙体上设有 2 个以上的对称支撑点时，可用设置在墙体内的暗梁代替腰梁。

6. 平面支撑体系的竖向布置应符合下列规定：

1）在竖向平面内，水平支撑的层数应根据基坑开挖深度、工程地质条件、支护结构类型及工程经验，由围护结构的计算确定；

2）上、下层水平支撑轴线应布置在同一竖向平面内，竖向相邻水平支撑的净距不宜小于 3m，当采用机械下坑开挖及运输时，不宜小于 4m；

3）设定的各层水平支撑标高，不得妨碍主体工程地下结构底板和楼板构件的施工；

4）一般情况下应利用围护墙顶的水平圈梁兼作第一道水平支撑的腰梁，当第一道水平支撑标高低于墙顶圈梁时，可另设腰梁，但不宜低于自然地面以下 3m；

5）当为多层支撑时，最下一层支撑的标高在不影响主体结构底板施工的条件下，应尽可能降低；

6）立柱应布置在纵横向支撑的交点处或桁架式支撑的节点位置上，并应避开主体工程梁、柱及承重墙的位置，立柱的间距一般不宜超过 15m；

7）立柱下端应支承在较好的土层上，开挖面以下的埋入长度应满足支撑结构对立柱承载力和变形的要求。

7. 竖向斜撑体系的布置应符合下列规定：

1）竖向斜撑体系通常应由斜撑、腰梁和斜撑基础等构件组成。当斜撑长度大于 15m 时，宜在斜撑中部设置立柱。

2）斜撑宜采用型钢或组合型钢截面。

3）竖向斜撑宜均匀对称布置，水平间距不宜大于 6m。

4）斜撑与基坑底面之间的夹角一般情况下不宜大于 35°，在地下水位较高的软土地区不宜大于 26°，并与基坑内土堤的稳定边坡相一致。斜撑基础与围护墙之间的水平距离不宜小于围护墙在开挖面以下插入深度的 1.5 倍。

8. 支撑构件的长细比应不大于 75，连系构件的长细比应不大于 120，立柱的长细比应不大于 25。

各类支撑构件的构造除应符合本节的有关规定外，尚应符合国家现行《钢结构设计规范》或《混凝土结构设计规范》的有关规定。

9. 钢结构支撑应符合下列要求：

1）钢结构支撑构件长度的拼接宜采用高强螺栓连接或焊接，拼接点的强度不应低于构件的截面强度。对于格构式组合构件，不应采用钢筋作为缀条连接。

2）钢腰梁的构造应符合下列规定：

（1）钢腰梁的截面宽度应大于 300mm，可以采用 H 钢、工字钢或槽钢以及它们的组合截面。

（2）钢腰梁的现场拼装点位置应尽量设置在支撑点附近，并不应超过腰梁计算跨度的三分点。腰梁的分段预制长度不应小于支撑间距的两倍。

（3）钢腰梁与混凝土围护墙之间应留设宽度不小于 60mm 的水平向通长空隙。其间用强度等级不低于 C20 的细石混凝土填嵌。

（4）支撑与腰梁斜交时，在腰梁与围护墙之间应设置经过验算的剪力传递构造。

（5）在基坑平面转角处，当纵横向腰梁不在同一平面上相交时，其节点构造应满足两个方向腰梁端部的相互支承的要求。

（6）钢支撑与腰梁的翼缘和腹板连接应加焊加劲板，加劲板的厚度不小于10mm，焊缝高度不小于6mm。

3）钢支撑的构造应符合下列规定：

（1）钢支撑的截面形式可以采用H钢、钢管、工字钢或槽钢，以及其结合截面。

（2）水平支撑的现场安装节点应尽量设置在纵横向支撑的交汇点附近。相邻横向（或横向）支撑的安装节点数不宜多于两个。

（3）纵向和横向支撑的交汇点宜在同一标高上连接。当纵横向支撑采用重叠连接时，其连接构造及连接件的强度应满足支撑在平面内的稳定要求。

10. 现浇混凝土支撑和腰梁应符合下列规定：

1）混凝土支撑体系应在同一平面内整浇。基坑平面转角处的纵横向腰梁应按刚节点处理。

2）支撑的截面高度（竖向尺寸）不应小于其竖向平面计算跨度的1/20；腰梁的截面高度（水平向尺寸）不应小于其水平方向计算跨度的1/8；腰梁的截面宽度不应小于支撑的截面高度。

3）支撑和腰梁内的纵向钢筋直径不宜小于16mm，沿截面四周纵向钢筋的最大间距应小于200mm。箍筋直径不应小于8mm，间距不大于250mm。支撑的纵向钢筋在腰梁内的锚固长度不宜小于30倍的钢筋直径。

4）混凝土腰梁与围护墙之间不留水平间隙。

5）对于地下连续墙，当墙体与腰梁之间需要传递剪力时，可在墙体上沿腰梁长度方向预留按计算确定的剪力槽或受剪钢筋。

6）混凝土结构支撑构件的混凝土强度等级不应低于C20。

11. 立柱的构造应符合下列规定：

1）基坑开挖面以上的立柱宜采用格构式钢柱，也可采用钢管或H钢柱子；

2）基坑开挖面以下的立柱宜采用直径不小于600mm的灌注桩（可以利用工程桩），或与开挖面以上立柱截面相同的钢管或H钢桩。当为灌注桩时，其上部钢柱在桩内的埋入长度应不小于钢柱边长的4倍，并与桩内钢筋焊接；

3）立柱在基坑开挖面以下的埋入长度除应符合对立柱承载力和变形要求外，在软土地区宜大于基坑开挖深度的2倍，并穿过淤泥或泥质土层；

4）立柱与水平支撑连接可采取铰接构造，但铰接件在竖向和水平方向的连接强度应大于支撑轴向力的1/50。当采用钢牛腿连接时，钢牛腿的强度和稳定应由计算确定。

12. 支撑结构的安排和拆除顺序应与围护结构的设计工况相一致。

支撑拆除前应在主体结构与支护结构之间设置可靠的换撑传力构件或回填夯实。且对周围环境和主体结构采取有效的安全防护措施。

7.5.2 施工前应熟悉支撑系统的图纸及各种计算工况，掌握开挖及支撑设置的方式、预顶力及周围环境保护的要求。

预顶力应由设计规定，所用的支撑应能施加预顶力。

7.5.3 施工过程中应严格控制开挖和支撑的程序及时间，对支撑的位置（包括立柱及立柱桩的位置)、每层开挖深度、预加顶力（如需要时）、钢围檩与围护体或支撑与围图的密贴度应做周密检查。

支撑结构的安装应符合以下规定：

1. 在基坑竖向平面内严格遵守分层开挖，先支撑后开挖的原则。

2. 支撑安装应与土方开挖密切配合，在土方挖到设计标高的区段内，及时安装并发挥支撑作用。

3. 支撑安装应采用开槽架设，在支撑顶面需运行施工机械时，支撑顶面安装标高应低于坑内土面 20~30cm。钢支撑与基坑土之间的空隙应用粗砂土填实，并在挖土机或土方车辆的通道处铺设道板。

4. 钢结构支撑宜采用工具式接头，并配具有计量千斤顶装置。千斤顶及计量仪表应由专人使用管理，并定期校验，正常情况下每半年校验一次，使用中有异常现象应随时校验或更换。

5. 立柱穿过主体结构底板以及支撑结构穿越主体结构地下室外墙的部位，应采用止水构造措施。

6. 钢支撑的端头处冠梁或腰梁的连接应符合以下规定：

1) 支撑端头应设置厚度不小于 10mm 的钢板作封头端板，端板与支撑杆件满焊，焊缝厚度及长度能承受全部支撑力或与支撑等强度，必要时，增设加劲肋板；肋板数量、尺寸应满足支撑端头局部稳定要求和传递支撑力的要求；

2) 支撑端面与支撑轴线不垂直时，可在冠梁或腰梁上设置预埋铁件或采取其他构造措施以承受支撑与冠梁或腰梁间的剪力。

7. 钢结构支撑安装后应施加预压力。预压力控制值应由设计确定，通常不应小于支撑设计轴向力的 50%，也不宜大于 75%。钢支撑预加压力的施工应符合下列要求：

1) 支撑安装完毕后，应及时检查各节点的连接状况，经确认符合要求后方可施加预压力，预压力的施加在支撑的两端同步对称进行；

2) 预压力应分级施加，重复进行，加至设计值时，应再次检查各连接点的情况，必要时应对节点进行加固，待额定压力稳定后锁定。

8. 现浇混凝土支撑必须在混凝土强度达到设计强度 80% 以上，才能开挖支撑以下的土方。

9. 利用主体结构换撑时，应符合以下规定：

1) 主体结构的楼板或底板混凝土强度应达到设计强度的 80%；

2) 在主体结构与围护墙之间设置好可靠的换撑传力的构造；

3) 在主体结构楼盖局部缺少部位，应在主体结构内的适当部位设置临时的支撑系统，支撑截面积应按计算确定；

4) 当主体结构的底板和楼板分块施工或设置后浇带时，应在分块或后浇带的适当部位设置传力构件。

7.5.4 全部支撑安装结束后，仍应维持整个系统的正常运转直至支撑全部拆除。

支撑安装结束，即已投入使用，应对整个使用期做观测，尤其一些过大的变形应尽可能防止。

7.5.5 作为永久性结构的支撑系统尚应符合现行国家标准《混凝土结构工程施工质量验

收规范》（GB 50204）的要求。

有些工程采用逆作法施工，地下室的楼板、梁结构做支撑系统用，此时应按现行国家标准《混凝土结构工程施工质量验收规范》（GB 50204）的要求验收。

当对钢筋混凝土支撑结构或对钢支撑焊缝施工质量有怀疑时，宜采用超声探伤等非破损方法检测，检测数量根据现场情况确定。

7.5.6 钢或混凝土支撑系统工程质量检验标准应符合表 7.5.6（本书表 3.7.13）的规定。

钢或混凝土支撑系统工程质量检验标准　　　　　　表 3.7.13

项	序	检查项目	允许偏差或允许值		检查方法
			单位	数值	
主控项目	1	支撑位置：标高 平面	mm mm	30 100	水准仪 用钢尺量
	2	预加顶力	kN	±50	油泵读数或传感器
一般项目	1	围图标高	mm	30	水准仪
	2	立柱桩	参见本规范第 5 章		参见本规范第 5 章
	3	立柱位置：标高 平面	mm mm	30 50	水准仪 用钢尺量
	4	开挖超深（开槽放支撑不在此范围）	mm	＜200	水准仪
	5	支撑安装时间	设计要求		用钟表估测

主控项目

1. 主控项目第一项

检查方法：用水准仪和钢尺量。

检查数量：全数检查（每道支撑不少于 3 点）。

2. 主控项目第二项

检查方法：用油泵读数或用传感器。

检查数量：全数检查。

预顶力由设计确定，一般不小于支撑设计轴向力的 50%，也不宜大于 75%。

一般项目

1. 一般项目第一项

检查方法：水准仪测量。

检查数量：每转角处及支撑节点处都应量测。

2. 一般项目第二项

检查方法、数量及质量标准可参见本章第 3.5 节相应桩质量验收规定。

3. 一般项目第三项

检查方法和数量同主控项目第一项。

4. 一般项目第四项

检查方法：水准仪测量。

检查数量：每 30～50m² 不少于 1 点。开槽放支撑可以不遵守此规定。

5. 一般项目第五项

检查方法：用钟表估测。

检查数量：全数检查。

在土方施工做到分层分区开挖的同时，支撑安装必须及时跟上，这对控制基坑位移、防止意外事故至关重要。通常应随开挖进度，在挖好的基坑平面内分区安装支撑，并使安装区段内的支撑形成整体，及时发挥支撑作用。一般情况下，在区段的土方挖好后，对于钢结构支撑应在24～36h内发挥作用，对于混凝土结构支撑应在48～72h内开始起作用。

7.6 地下连续墙

1. 地下连续墙作为基坑支护结构适用于各种复杂施工环境和多种地质条件。

2. 地下连续墙的墙厚应根据计算、并结合成槽机械的规格确定，但不宜小于600mm。地下连续墙单元墙段（槽段）的长度、形状，应根据整体平面布置、受力特性、槽壁稳定性、环境条件和施工要求等因素综合确定。槽段长度一般可取6～8m，平面形状可取一字形、L形、T形或折线形等。当地下水位变动频繁或槽壁孔可能发生坍塌时，应进行成槽试验及槽壁的稳定验算。

3. 地下连续墙的构造应符合以下要求：

1）墙体混凝土的强度等级不应低于C20。

2）受力钢筋应采用HRB335级钢筋，直径不宜小于20mm。构造钢筋可采用HPB235级或HRB335级钢筋，直径不宜小于14mm。竖向钢筋的净距不宜小于75mm。构造钢筋的间距不应大于300mm。单元槽段的机械连接，应在结构内力较小处布置接头位置，接头应相互错开。

3）钢筋的保护层厚度，对临时性支护结构不宜小于50mm，对永久性支护结构不宜小于70mm。

4）竖向受力钢筋应有一半以上通长配置。

5）当地下连续墙与主体结构连接时，预埋在墙内的受力钢筋、连续螺栓或连接钢板，均应满足受力计算要求。锚固长度应满足现行《混凝土结构设计规范》（GB 50010）的要求。预埋钢筋应采用HPB235级钢筋，直径不宜大于20mm。

6）地下连续墙顶部应设置钢筋混凝土圈梁，梁宽不宜小于墙厚尺寸；梁高不宜小于500mm；总配筋率不应小于0.4%。墙的竖向主筋应锚入梁内。

7）地下连续墙墙体混凝土的抗渗等级不得小于0.6MPa。二层以上地下室不宜小于0.8MPa。当墙段之间的接缝不设止水带时，应选用锁口圆弧形、槽形或V形等可靠的防渗止水接头，接头面应严格清刷，不得存有夹泥或沉渣。

4. 地下连续墙与地下室结构的钢筋连接可采用在地下连续墙内预埋钢筋、接驳器、钢板等，预埋钢筋宜采用HPB300级钢筋，连接钢筋直径大于20mm时，宜采用接驳器连接。

对接驳器也应按原材料检验要求，抽样复验。数量每500套为一个检验批，每批应抽查3件，复验内容为外观、尺寸、抗拉试验等。

7.6.1 地下连续墙均应设置导墙，导墙形式有预制及现浇两种，现浇导墙形状有"L"形或倒"L"形，可根据不同土质选用。

导墙施工是确保地下墙的轴线位置及成槽质量的关键工序。土层性质较好时，可选用倒"L"形，甚至预制钢导墙；采用"L"形导墙，应加强导墙背后的回填夯实工作。

7.6.2 地下墙施工前宜先试成槽，以检验泥浆的配比、成槽机的选型并可复核地质资料。

泥浆配方及成槽机选型与地质条件有关，常发生配方或成槽机选型不当而产生槽段塌方的事例，因此一般情况下应试成槽，以确保工程的顺利进行，仅对专业施工经验丰富、熟悉土层性质的施工单位可不进行试成槽。

7.6.3 作为永久结构的地下连续墙，其抗渗质量标准可按现行国家标准《地下防水工程施工质量验收规范》（GB 50208）执行。

7.6.4 地下墙槽段间的连接接头形式，应根据地下墙的使用要求选用，且应考虑施工单位的经验，无论选用何种接头，在浇筑混凝土前，接头处必须刷洗干净，不留任何泥砂或污物。

地下连续墙槽段之间接头的构造应便利施工，一般可采用不传递应力的普通接头。遇下列情况时，应采用符合使用目的的其他接头形式：

1. 当防水要求较高时，应采用防水接头；

2. 当接头间要求传递面内剪力时，可采用带穿孔的十字钢板抗剪接头；

3. 当接头间要求传递面外剪力或弯矩时，可采用带端板的钢筋搭接头，将地下连续墙连成整体。

目前地下墙的接头形式多种多样，从结构性能来分有刚性、柔性、刚柔结合型，从材质来分有钢接头、预制混凝土接头等，但无论选用何种形式，从抗渗要求着眼，接头部位常是薄弱环节，严格这部分的质量要求实有必要。

1. 地下连续墙的施工，应考虑对周围环境的保护要求，主要内容有：

1）成槽及基坑开挖过程中对邻近建筑物、构筑物和地下管线的影响；

2）施工过程中噪声、振动以及废弃泥浆等对居民和市容的影响。

2. 钢筋笼放入槽前，应采用底部抽吸和顶部补浆的办法对槽底泥浆、沉淀物进行清除。清底 1h 后，槽底处的泥浆相对密度不大于 1.20，沉淀物淤积厚度不大于 200mm（临时结构）或 100mm（永久）。

泥浆的回收利用，可采用振动筛与沉淀池或其他方法进行泥土分离和净化处理后重复使用。

7.6.5 地下墙与地下室结构顶板、楼板、底板及梁之间连接可预埋钢筋或接驳器（锥螺纹或直螺纹），对接驳器也应按原材料检验要求，抽样复验。数量每 500 套为一个检验批，每批应抽查 3 件，复验内容为外观、尺寸、抗拉试验等。

7.6.6 施工前应检验进场的钢材、电焊条。已完工的导墙应检查其净空尺寸、墙面平整度与垂直度。检查泥浆用的仪器、泥浆循环系统应完好。地下连续墙应用商品混凝土。

泥浆护壁在地下墙施工时是确保槽壁不坍塌的重要措施，必须有完整的仪器，经常地检验泥浆指标，随着泥浆的循环使用，泥浆指标将会劣化，只有通过检验，方可把好此关。地下连续墙需连续浇筑，以在初凝期内完成一个槽段为好，商品混凝土可保证短期内的浇灌量。

7.6.7 施工中应检查成槽的垂直度、槽底的淤积物厚度、泥浆相对密度、钢筋笼尺寸、浇筑导管位置、混凝土上升速度、浇筑面标高、地下墙连接面的清洗程度、商品混凝土的坍落度、锁口管或接头箱的拔出时间及速度等。

1. 应检查混凝土上升速度与浇注面标高。这是确保槽段混凝土顺利浇筑及浇筑质量的监测措施。锁口管（或称槽段浇注混凝土时的临时封堵管）拔管过慢又会导致锁口管拔不出或拔断，使地下墙构成隐患。

2. 接头管（箱）和钢筋笼就位后，一般应在 5h 以内用导管法浇筑混凝土，导管接缝必须严密。导管插入混凝土内的深度宜为 2~4m。混凝土应连续浇筑且不小于每小时上升 3m。混凝土的浇筑高度应保证凿除浮浆后墙顶标高符合设计要求。

接头管（箱）应能承受混凝土的压力，能有效地阻止混凝土进入另一个槽段。槽段接缝处应在钢筋笼入槽前用工具进行清刷。浇筑混凝土时，应经常转动和提动接头管。拔管时，不得损坏接头处的混凝土。

7.6.8 成槽结束后应对成槽的宽度、深度及倾斜度进行检验，重要结构每段槽段都应检查，一般结构可抽查总槽段数的 20%，每槽段应抽查 1 个段面。

7.6.9 永久性结构的地下墙，在钢筋笼沉放后，应做二次清孔，沉渣厚度应符合要求。

7.6.10 每 50m³ 地下墙应做 1 组试件，每幅槽段不得少于 1 组，在强度满足设计要求后方可开挖土方。

7.6.11 作为永久性结构的地下连续墙，土方开挖后应进行逐段检查，钢筋混凝土底板也应符合现行国家标准《混凝土结构工程施工质量验收规范》（GB 50204）的规定。

7.6.12 地下墙的钢筋笼检验标准应符合本规范表 5.6.4－1（本书表 3.5.23）的规定。其他标准应符合表 7.6.12（本书表 3.7.14）的规定。

地下墙质量检验标准 表 3.7.14

项	序	检查项目		允许偏差或允许值		检查方法
				单位	数值	
主控项目	1	墙体强度		设计要求		查试件记录或取芯试压
	2	垂直度：永久结构 临时结构			1/300 1/150	测声波测槽仪或成槽机上的监测系统
一般项目	1	导墙尺寸	宽度 墙面平整度 导墙平面位置	mm mm mm	W+40 <5 ±10	用钢尺量，W 为地下墙设计厚度 用钢尺量 用钢尺量
	2	沉渣厚度：永久结构 临时结构		mm mm	≤100 ≤200	重锤测或沉积物测定仪测
	3	槽深		mm	+100	垂锤测
	4	混凝土坍落度		mm	180~220	坍落度测定器
	5	钢筋笼尺寸		见本规范表 5.6.4-1		见本规范表 5.6.4-1
	6	地下墙表面平整度	永久结构 临时结构 插入式结构	mm mm mm	<100 <150 <20	此为均匀黏土层，松散及易坍土层由设计决定
	7	永久结构时的预埋件位置	水平向 垂直向	mm mm	≤10 ≤20	用钢尺量 水准仪

主控项目

1. 主控项目第一项

检查方法：查试验报告或取芯试压。

检查数量：50m³ 或每幅槽段不少于 1 组试块。

设计混凝土强度不小于 C20。在强度满足设计要求后方可开挖土方。地下连续墙宜采用声波透射法检测墙身结构质量，检测槽段数应不少于总槽段数的 20%，且不应少于 3 个槽段。

2. 主控项目第二项

检查方法：测声波测槽仪或成槽机上的监测系统。

检查数量：抽查总槽段数的 20% 以上。重要结构（永久性）应全数检查。每个槽段抽查一个段面。

一般项目

1. 一般项目第一项

检查方法：现场钢尺量测。

检查数量：全数检查且每段不少于 5 点。

槽段开挖前，应沿地下连续墙墙面两侧构筑导墙。导墙一般采用现浇钢筋混凝土结构，也可以采用预制钢筋混凝土或钢构件。导墙应筑于坚实的地层上，背后需要回填时，应用黏性土分层夯实，必要时可填筑素混凝土，不得漏浆。预制钢筋混凝土和钢结构导墙安装时，必须保证接头连接质量。导墙深度一般为 1～2m，墙顶高出施工地面 0.1～0.2m。

导墙应及时加设墙间支撑。现浇混凝土达到设计强度前，重型施工机械设备不得在导墙附近停置或作业。

2. 一般项目第二项

检查方法：重锤测或沉积物测定仪测。

检查数量：同"主控项目"第二项。

永久性结构的地下墙，在钢筋笼沉放后，应做二次清孔，沉渣厚度应符合要求。

3. 一般项目第三项

检查方法：重锤测。

检查数量：同第二项。

4. 一般项目第四项

检查方法：坍落度筒测定。

检查数量：50m³ 或每幅槽段不少于一组。

地下墙混凝土的配比应考虑用导管在泥浆下浇筑的特点按流态混凝土设计，其强度按设计强度等级提高 1 级采用，水灰比小于 0.6，水泥用量不宜小于 400kg/m³。

5. 一般项目第五项

检查方法和数量详见本规范表 5.6.4－1 规定。

6. 一般项目第六项

检查方法：现场量测（2m 靠尺）。

检查数量：同第二项。

质量标准：1）均匀黏土层：永久结构＜100mm；临时结构＜150mm；插入式结构＜20mm。

2）松散及易坍土层由设计决定。

7. 一般项目第七项

检查方法：水平向用钢尺量；垂直向用水准仪量测。

检查数量：全数检查。

7.7 沉井与沉箱

沉井（箱）可采用排水或不排水施工。对土体中有树干、古墓、块石等障碍物，或表面倾斜较大的岩层上，不宜采用沉井基础。

7.7.1 沉井是下沉结构，必须掌握确凿的地质资料，钻孔可按下述要求进行。

1 面积在200m² 以下（包括200m²）的沉井（箱），应有一个钻孔（可布置在中心位置）。

2 面积在200m² 以上的沉井（箱），在四角（圆形为相互垂直的两直径端点）应各布置一个钻孔。

3 特大沉井（箱）可根据具体情况增加钻孔。

4 钻孔底标高应深于沉井的终沉标高。

5 每座沉井（箱）应有一个钻孔提供土的各项物理力学指标、地下水位和地下水含量资料。

沉井、沉箱刃脚的形状和构造，应与下沉处的土质条件相适应。

在软土层下沉的沉井，为防止突然下沉或减少突然下沉的幅度，其底部结构应符合下列规定：

1. 沉井平面布置应分孔（格），圆形沉井亦应设置底梁予以分格。每孔（格）的净空面积可根据地质和施工条件确定。

2. 隔墙及底梁应具有足够的强度和刚度。

3. 隔墙及底梁的底面，宜高于刃脚踏面0.5～1.0m。

4. 刃脚踏面宜适当加宽，斜面水平倾角不宜大于60。

7.7.2 沉井（箱）的施工应由具有专业施工经验的单位承担。

7.7.3 沉井制作时，承垫木或砂垫层的采用，与沉井的结构情况、地质条件、制作高度等有关。无论采用何种型式，均应有沉井制作时的稳定计算及措施。

7.7.4 多次制作和下沉的沉井（箱），在每次制作接高时，应对下卧层作稳定复核计算，并确定确保沉井接高的稳定措施。

1. 在沉井、沉箱周围土的破坏棱体范围内有永久性建筑物时，应会同有关单位研究并采取确保安全和质量的措施后方可施工。

在原有建筑物附近下沉沉井、沉箱时，应经常对原有建筑物进行沉降观测，必要时应采取相应的安全措施。

在沉井、沉箱周围布置起重机、管路和其他重型设备时，应考虑地面的可能沉陷，并采取相应措施。

2. 沉井（箱）的制作：

1）制作沉井、沉箱的场地应预先清理整平。土质松软或软硬不均匀的表面层，应予更换或加固处理。

2）制作沉井、沉箱的施工场地和水中筑岛的地面标高，应比从制作至开始下沉期间内其周围水域最高水位（加浪高）高 0.5m 以上。在基坑中制作时，基坑底面应比从制作至开始下沉期间内的最高地下水位高 0.5m 以上，并应防止积水。

3）制作和下沉沉井、沉箱的水中筑岛四周应设有护道，其宽度，有围堰时不得小于 1.5m；无围堰时不得小于 2m。岛侧边坡应稳定，并符合抗冲刷的要求。

4）水中筑岛应采用透水性好和易于压实的砂或其他材料填筑，不得采用黏性土。冬期筑岛时，应清除冰冻层，不得用冻土填筑。

5）采用无承垫木方法制作沉井时，应通过计算确定，如在均匀土层上，可采用铺筑一层与井壁宽度相适应的混凝土代替承垫木和砂垫层，或采用土模以及其他方式制作沉井的刃脚部分。

6）采用土模应符合下列规定：

（1）填筑土模宜用黏性土。如用砂填筑，应采取措施保证其坡面。如地下水位低、土质较好时，可开挖成型；

（2）土模及土模下地基的承载力应符合要求；

（3）应保证沉井的设计尺寸；

（4）有良好的防水、排水措施；

（5）浇水养护混凝土时，应防止土模产生不均匀沉陷。

7）当采用承垫木方法制作沉井、沉箱时，砂垫层铺筑厚度应根据扩散沉井、沉箱重量的要求由计算确定，并应便于抽出承垫木。

沉井、沉箱刃脚下承垫木的数量尺寸及间距应由计算确定。垫木之间，应用砂填实。

承垫木或砂垫层的采用，与沉井的结构情况、地质条件、制作高度等有关。无论采用何种形式，均应有沉井制作时的稳定计算及措施，并应征得设计的认同。

8）分节下沉的沉井在接高前，应进行稳定性计算。如不符合要求，可根据计算结果采取井内留土、灌水、填砂（土）等措施，确保沉井稳定。

沉井（箱）在接高时，一次性加了一节混凝土重量，对沉井（箱）的刃脚踏面增加了载荷。如果踏面下土的承载力不足以承担该部分荷载，会造成沉井（箱）在浇注过程中产生大的沉降，甚至突然下沉，荷载不均匀时还会产生大的倾斜。工程中往往在沉井（箱）接高之前，在井内回填部分黄砂，以增加接触面，减少沉井（箱）的沉降。

7.7.5 沉井采用排水封底，应确保终沉时，井内不发生管涌、涌土及沉井止沉稳定。如不能保证时，应采用水下封底。

7.7.6 沉井施工除应符合本规范规定外，尚应符合现行国家标准《混凝土结构工程施工质量验收规范》（GB 50204）及《地下防水工程施工质量验收规范》（GB 50208）的规定。

沉井施工要点：

1. 制作

1）沉井接高的各节竖向中心线应与前一节的中心线重合或平行。沉井外壁应平滑，如用砖砌筑，应在外壁表面抹一层水泥砂浆。

2）沉井分节制作的高度，应保证其稳定性并能使其顺利下沉。如采用分节制作一次下沉的方法时，制作总高度不宜超过沉井短边或直径的长度，亦不应超过 12m；总高度超过时，必须有可靠的计算依据和采取确保稳定的措施。

3）分节制作的沉井，在第一节混凝土达到设计强度的 70% 后，方可浇筑其上一节混凝土。

4）沉井浇筑混凝土时，应对称和均匀地进行。如采用土模时必须按上述规定执行。

5）沉井有防渗要求时，在抽承垫木之前，应对封底及底板接缝部位凿毛处理。井体上的各类穿墙管件及固定模板的对穿螺栓等应采取防渗措施。

6）冬期制作沉井时，第一节混凝土或砌筑砂浆未达到设计强度，其余各节未达到设计强度的 70% 前，不应受冻。

2. 浮运（适用于装有临时防水底板的沉井）

1）浮运前，必须对沉井的浮运、就位和落床时的稳定性进行计算。并应根据现场条件采用滑道、起吊或自浮等方式，在混凝土达到设计规定的强度后入水。

2）浮运沉井所经水域应探明确无水下障碍（礁石、沉船等），并有足够的水深，同时应根据具体情况考虑水流速度的影响，在确保安全的条件下方可浮运。

3）沉井浮运前，应与航运、气象和水文等部门联系，确定浮运和沉放时间。

4）沉放时，为避免船只和排筏等冲撞，应在沉放地点的上游和周围设立明显标志或用驳船及其他漂浮设备防护，并应组织船只值班。

5）沉放处应有能满足承载和稳定要求的水下基床。当基床坡度大于 3% 时，应预先整平，其范围应较沉井外壁尺寸放宽 2m。

6）浮运的沉井和防水围壁的实际重量与计算重量不符时，应在采取措施后浮运。防水围壁露出水面的高度，在浮运及沉放的任何时间内，均不得小于 1m。

7）应保证浮运沉井临时底板的防水质量和易于拆除。浮运及定位过程中应备有 2 台以上的水泵，以便排水或灌水。

8）浮运的沉井应以多方向缆绳、锚链或导向架控制沉放位置。布置锚碇、锚缆时，应考虑河流的通航要求。

沉井初步定位时，应偏向上游适当距离，以免水下基床或河床受到强烈冲刷。沉放至水下基床后，其平面位置偏差应符合设计要求，如设计无要求时，不得超过 250mm。

沉放至基（河）床后，应注意沉井上下游基（河）床冲刷情况，必要时应采取措施，保证沉井正确位置。

9）浮运的沉井沉放至水下基床后，其下沉和封底应按陆上沉井的有关规定执行。

接高时，应根据其结构、土质、水文等条件验算稳定性，在达到确保稳定的入土深度后，方可进行。

3. 下沉

1）编制沉井工程施工组织设计时，应进行分阶段下沉系数的计算，作为确定下沉施工方法和采取技术措施的依据。

2）抽出承垫木，应在井壁混凝土达到设计强度以后，分区、依次、对称、同步地进行。每次抽去垫木后，刃脚下应立即用砂或砾砂填实。定位支点处的垫木，应最后同时抽出。

3）沉井第一节的混凝土或砌筑砂浆，达到设计强度以后，其余各节达到设计强度的

70%后，方可下沉。

4）挖土下沉时，应分层、均匀、对称地进行，使其能均匀竖直下沉，不得有过大的倾斜。一般情况，不应从刃脚踏面下挖土。如沉井的下沉系数较大时，应先挖锅底中间部分，沿沉井刃脚周围保留土堤，使沉井挤土下沉；如沉井的下沉系数较小，应采取其他措施，使沉井不断下沉，中间不应有较长时间的停歇，亦不得将锅底开挖过深。

5）由数个井孔组成的沉井，为使其下沉均匀，挖土时各井孔土面高差不应超过1m。

6）在软土层中以排水法下沉沉井，当沉至距设计标高2m时，对下沉与挖土情况应加强观测，如沉井尚不断自沉时，则应向井内灌水，改用不排水法施工，或采取其他使沉井稳定的措施。

7）当决定沉井由不排水改为排水施工或抽除井内的灌水时，必须经过核算后慎重进行。

8）对于下沉系数小的沉井，可根据情况分别采用泥浆润滑或其他减阻措施进行下沉。

注：采用空气幕法下沉时，可按铁路、公路有关规范的规定执行。

9）采用泥浆润滑套减阻下沉的沉井，应设置套井，顶面宜高出地面300～500mm，其外围应回填黏土并分层夯实。沉井外壁应设置台阶形泥浆槽，宽度宜为100～200mm，距刃脚踏面的高度宜大于3m。

10）为确保正常供应泥浆，输送管应预埋在井壁内或安设在井内。

11）沉井下沉时，槽内应充满泥浆，其液面应接近自然地面，并储备一定数量泥浆，以供下沉时及时补浆。

12）采用泥浆润滑套的沉井，下沉至设计标高后，泥浆套应按设计要求处理。

13）沉井下沉过程中，每班至少测量两次，如有倾斜、位移应及时纠正，并做好记录。

4. 封底

沉井下沉至设计标高，应进行沉降观测，在8h内下沉量不大于10mm时，方可封底。

干封底时，应符合下列规定：

（1）沉井基底土面应全部挖至设计标高。

（2）井内积水应尽量排干。

（3）混凝土凿毛处应洗刷干净。

（4）浇筑时，应防止沉井不均匀下沉，在软土层中封底宜分格对称进行。

（5）在封底和底板混凝土未达到设计强度以前，应从封底以下的集水井中不间断地抽水。停止抽水时，应考虑沉井的抗浮稳定性，并采取相应的措施。

（6）沉井采用排水封底，应确保终沉时，井内不发生管涌、涌土及沉井止沉稳定。如不能保证时，应采用水下封底。

（7）排水封底，操作人员下井施工，质量容易控制。但当井外水位较高，井内抽水后，大量地下水涌入井内，或者井内土体的抗剪强度不足以抵挡井外较高的土体质量，产生剪切破坏而使大量土体涌入，沉井（箱）不能稳定，则必须井内灌水，进行不排水封底。

采用导管法进行水下混凝土封底，应符合下列规定：

（1）基底为软土层时，应尽可能将井底浮泥清除干净，并铺碎石垫层。

（2）基底为岩基时，岩面处沉积物及风化岩碎块等应尽量清除干净。

（3）混凝土凿毛处应洗刷干净。

（4）水下封底混凝土应在沉井全部底面积上连续浇筑。当井内有间隔墙、底梁或混凝土供应量受到限制时，应预先隔断分格浇筑。

（5）导管应采用直径为 $200\sim300mm$ 的钢管制作，内壁表面应光滑并有足够的强度和刚度。管段的接头应密封良好和便于装拆。每根导管上端应装有数节 1m 长的短管。

（6）导管的数量由计算确定，布置时应使各导管的浇筑面积相互覆盖，导管的有效作用半径一般可取 $3\sim4m$。

（7）水下混凝土面平均上升速度不应小于 0.25m/h，坡度不应大于 $1:5$。

（8）浇筑前，导管中应设置球、塞等隔水；浇筑时，导管插入混凝土的深度不宜小于 1m。

（9）水下混凝土达到设计强度后，方可从井内抽水，如提前抽水，必须采取确保质量和安全的措施。

配制水下封底用的混凝土，应符合下列规定：

（1）配合比应根据试验确定，在选择施工配合比时，混凝土的试配强度应比设计强度提高 $10\%\sim15\%$。

（2）水灰比不宜大于 0.6。

（3）有良好的和易性，在规定的浇筑期间内，坍落度应为 $16\sim22cm$；在灌筑初期，为使导管下端形成混凝土堆，坍落度宜为 $14\sim16cm$。

（4）水泥用量一般为 $350\sim400kg/m^3$。

（5）粗骨料可选用卵石或碎石，粒径以 $5\sim40mm$ 为宜。

（6）细骨料宜采用中、粗砂，砂率一般为 $45\%\sim50\%$。

（7）可根据需要掺用外加剂。

沉箱施工要点：

1. 气闸、升降筒、贮气罐等承压设备应按有关规定检验合格后，方可使用。

2. 沉箱上部箱壁的模板和支撑系统，不得支撑在升降筒和气闸上。

3. 沉放到水下基床的沉箱，应校核中心线，其平面位置和压载经核算符合要求后，方可排出作业室内的水。

4. 沉箱施工应有备用电源。压缩空气站应有不少于使用中最大一台的供气量。

5. 沉箱开始下沉至填筑作业室完毕，应用两根以上输气管不断地向沉箱作业室供给压缩空气，供气管路应装有逆止阀，以保证安全和正常施工。

6. 沉箱下沉时，作业室内应设置枕木垛或采取其他安全措施。在下沉过程中，作业室内土面距顶板的高度不得小于 1.8m。

7. 如沉箱自身小于下沉阻力，采取降压强制下沉时，必须符合下列规定：

（1）强制下沉前，沉箱内所有人员均应出闸；

（2）强制下沉时，沉箱内压力的降低值，不得超过其原有工作压力的 50%，每次强制下沉量，不得超过0.5m。

8. 在沉箱内爆破时，炮孔位置、深度和药量应经过计算，不得破坏沉箱结构。

在刃脚下爆破时，宜分段进行，并应先保留沉箱定位支点下的岩层作支垫。

9. 爆破后，应开放排气阀，同时增大进气量，迅速排出有害气体。经检验当有害气体含量符合有关规定后，方可由专门人员进入作业室检查爆破效果。如有瞎炮，须经处理后，方可继续施工。

10. 沉箱下沉到设计标高后，应按要求填筑作业室，并采取压浆方法填实顶板与填筑物之间的缝隙。

11. 沉箱下沉过程中，应做好记录。

7.7.7 沉井（箱）在施工前应对钢筋、电焊条及焊接成形的钢筋半成品进行检验。如不用商品混凝土，则应对现场的水泥、骨料做检验。

7.7.8 混凝土浇筑前，应对模板尺寸、预埋件位置、模板的密封性进行检验。拆模后应检查浇注质量（外观及强度），符合要求后方可下沉。浮运沉井尚需做起浮可能性检查。下沉过程中应对下沉偏差做过程控制检查。下沉后的接高应对地基强度、沉井的稳定做检查。封底结束后，应对底板的结构（有无裂缝）及渗漏做检查。有关渗漏验收标准应符合现行国家标准《地下防水工程施工质量验收规范》（GB 50208）的规定。

下沉过程中的偏差情况，虽然不作为验收依据，但是偏差太大影响到终沉标高，尤其当刚开始下沉时，应严格控制偏差不要过大，否则终沉标高不易控制在要求范围内。下沉过程中的控制，一般可控制四个角，当发生过大的纠偏动作后，要注意检查中心线的偏移。封底结束后，常发生底板与井墙交接处的渗水，地下水丰富地区，混凝土底板未达到一定强度时，还会发生地下穿孔，造成渗水。

7.7.9 沉井（箱）竣工后的验收应包括沉井（箱）的平面位置、终端标高、结构完整性、渗水等进行综合检查。

1. 对下列各分项工程，应进行中间验收并填写隐蔽工程验收记录：

1）沉井、沉箱的制作场地和筑岛。

2）浮运的沉井、沉箱水下基床。

3）沉井、沉箱（每节）应在下沉或浮运前进行中间验收。

4）沉井、沉箱下沉完毕后的位置、偏差和基底的验收应在封底前进行。用不排水法施工的沉井基底，可用触探及潜水检查，必要时可用钻孔方法检查。沉井、沉箱下沉完毕应做好记录。

2. 沉井、沉箱工程竣工时，应具备下列资料：

1）工程竣工图；

2）测量记录；

3）中间验收记录；

4）设计变更及材料代用通知单；

5）混凝土试块的试验报告；

6）钢筋焊接接头的试验报告；

7）工程质量事故的处理资料等。

7.7.10 沉井（箱）的质量检验标准应符合表7.7.10（本书表3.7.15）的要求。

沉井（箱）的质量检验标准

表 3.7.15

项	序	检查项目		允许偏差或允许值		检查方法
				单位	数值	
主控项目	1	混凝土强度		满足设计要求（下沉前必须达到70%设计强度）		查试件记录或抽样送检
	2	封底前，沉井（箱）的下沉稳定		mm/8h	<10	水准仪
	3	封底结束的位置：刃脚平均标高（与设计标高比）		mm	<100	水准仪
		刃脚平面中心线位移			<1%H	经纬仪，H为下沉总深度，H<10m时，控制在100mm之内
		四角中任何两角的底面高差			<1%l	水准仪，l为两角的距离，但不超过300mm，l<10m时，控制在100mm之内
一般项目	1	钢材、对接钢筋、水泥、骨料等原材料检查		符合设计要求		查出厂质保书或抽样送检
	2	结构体外观		无裂缝，无蜂窝、空洞，不露筋		直观
	3	平面尺寸：长与宽		%	±0.5	用钢尺量，最大控制在100mm之内
		曲线部分半径		%	±0.5	用钢尺量，最大控制在50mm之内
		两对角线差		%	1.0	用钢尺量
		预埋件		mm	20	用钢尺量
	4	下沉过程中的偏差	高差	%	1.5~2.0	水准仪，但最大不超过1m
			平面轴线		<1.5%H	经纬仪，H为下沉深度，最大应控制在300mm之内，此数值不包括高差引起的中线位移
	5	封底混凝土坍落度		cm	18~22	坍落度测定器

注：1. 主控项目3的三项偏差可同时存在，下沉总深度，系指下沉前后刃脚之高差；
　　2. 本表摘自《建筑地基基础工程施工质量验收规范》（GB 50202—2002）。

主控项目

1. 主控第一项

检查方法：查试验报告。

检查数量：每 50m³ 或每一节不少于一组，下沉前混凝土强度必须达到70%设计强度。

2. 主控第二项

检查方法：水准仪量测。

检查方法：全数检查。

在软土层中封底宜分格对称进行。

3. 主控第三项

检查方法：标高用水准仪测量；位移用经纬仪测量。

检查数量：全数检查。

一般项目

1. 一般项目第一项

检查方法：查出厂质保书或试验报告。

抽检数量：参见"混凝土结构工程"部分的规定。

钢筋及其接头应抽样复检；若不用商品混凝土，则应对现场的水泥、骨料及外加剂做检验。

2. 一般项目第二项

检查方法：观察检查。

检查数量：按浇筑段（节）内外各抽查1～5处。

标准：无裂缝，无蜂窝、空洞，不露筋。

3. 一般项目第三项

检查方法：现场尺量。

检查数量：每一浇筑段（节）不少于一处。

长与宽除符合±0.5％以外，其最大值不应超过100mm，曲线部分半径除符合±0.5％以外，其最大值不应超过50mm。

4. 一般项目第四项

检查方法：高差用水准仪；轴线用经纬仪量测。

检查数量：同第三项。

高差最大不超过1m。

平面轴线最大不超过300mm，（此数值不包括高差引起的中线位移）。表中 H 为下沉深度。

5. 一般项目第五项

检查方法：坍落度测定器。

检查数量：同主控项目第一项。

7.8 降水与排水

在基坑开挖过程中，必须防止管涌、流沙、坑底隆起及与地下水有关的坑外地层过度变形，做好对地下水的控制。

7.8.1 降水与排水是配合基坑开挖的安全措施，施工前应有降水与排水设计。当在基坑外降水时，应有降水范围的估算，对重要建筑物或公共设施在降水过程中应监测。

降水会影响周边环境，应有降水范围估算以估计对环境的影响，必要时需有回灌措施，尽可能减少对周边环境的影响。降水运转过程中要设水位观测井及沉降观测点，以估计降水的影响。

7.8.2 对不同的土质应用不同的降水形式，表7.8.2（本书表3.7.16）为常用的降水形式。

降水类型及适用条件   表3.7.16

适用条件 降水类型	渗透系数（cm/s）	可能降低的水位深度（m）
轻型井点 多级轻型井点	10^{-2}～10^{-5}	3～6 6～12
喷射井点	10^{-3}～10^{-6}	8～20

降水类型 \ 适用条件	渗透系统（cm/s）	可能降低的水位深度（m）
电渗井点	$<10^{-6}$	宜配合其他形式降水使用
深井井点	$\geqslant 10^{-5}$	>10

1. 基坑工程控制地下水的方法有：降低地下水位、隔离地下水两类。

降低地下水位方法有：集水明排及降水井，降水井包括电渗井点、轻型井点、喷射井点、管井、渗井；隔离地下水包括地下连续墙、连续排列的排桩墙、隔水帷幕、坑底水平封底隔水等。

对于弱透水地层中的浅基坑，当基坑环境简单、含水层较薄、降水深度较浅，可考虑采用集水明排；在其他情况下宜采用降水井降水、隔水措施或隔水、降水综合措施。

集水明排和降水形式及适用范围可参见本章第 3.6 节中"土方开挖"的相关内容。

2. 基坑地下水控制设计应具备下列资料：

1）地层各分层的岩性厚度及顶底板高程；

2）地下水的类型、地下水位标高与动态规律以及各含水层之间的水力联系；

3）各含水层的水文地质及与降水相关的工程地质参数；

4）含水层的补给、条件，基坑与附近大型地表水源的距离关系及其水力联系；

5）基坑开挖深度、尺寸，基坑周围建筑物与地下管线基础情况，基坑支护结构类型；

6）基坑工程施工季节内的气象资料及基坑维持时间。

3. 当因降水而危及基坑及周边环境安全时，宜采用截水或回灌方法。截水后，基坑中的水量或水压较大时，宜采用基坑内降水。

当基坑底为隔水层且层底作用有承压时，应进行坑底突涌验算，必要时可采取水平封底隔渗或钻孔减压措施保证坑底土层稳定。

4. 必须做好地表水的排除或地面隔渗，同时还应清理废旧上下水管和人防等。

5. 基坑地下水控制设计应与边坡护结构的设计统一考虑，对降、排水和支护结构水平位移引起的地层变形和地表沉陷应控制在允许的范围之内。

6. 排水沟和集水井可按下列规定布置：

1）排水沟和集水井宜布置在拟建建筑基础边净距 0.4m 以外，排水沟边缘离开边坡脚不应小于0.3m；在基坑四角或每隔 30～40m 应设一个集水井。

2）排水沟底面应比挖土面低 0.3～0.4m，集水井底面应比沟底面低 0.50m 以上。排水沟纵坡宜控制在 1‰～2‰。

7. 抽水设备可根据排水量大小及基坑深度确定。

8. 当基坑侧壁出现分层渗水时，可按不同高程设置导水管、导水沟等构成明排系统；当基坑侧壁渗水量较大或不能分层明排时，宜采用导水降水方法。基坑明排尚应重视环境排水，当地表水对基坑侧壁产生冲刷时，宜在基坑外采取截水、封堵、导流等措施。

9. 基坑工程中降水方案的选择与设计应满足下列要求：

1）基坑开挖及地下结构施工期间，地下水位保持在基底以下 0.5～1.5m；

2）深部承压水不引起坑底隆起；

3) 降水期间临近建筑物及地下管线的正常使用；

4) 基坑边坡的稳定性。

10. 基坑降水设计的内容：

1) 确定井降水类型；

2) 降水系统设计：指降水井的系统布设，包括井数、井深、井距、井径、过滤管、人工滤层、单井出水量、水位与地面沉降的监测等；

3) 降水效果预测：包括基坑内、外典型部位的最终稳定水位及水位和深度随时间的变化，降水引起的沉降及对邻近建筑物、地下管线等的影响；

4) 设置回灌井时，降水系统设计应包括回灌系统。

11. 降水井宜在基坑外缘采用封闭式布置，井间距应大于 15 倍井管直径，在地下水补给方向应适当加密；当基坑面积较大、开挖较深时，也可在基坑内设置降水井。

12. 降水井的深度应根据设计降水深度、含水层的埋藏分布和降水井的出水能力确定。设计降水深度在基坑范围内不宜小于基坑底面以下 0.5m。

13. 降水井的数量 n 可按下式计算：

$$n = 1.1 \frac{Q}{q}$$

式中　Q——基坑总涌水量；

　　　q——设计单井出水量。

14. 设计单井出水量，可按下列规定确定：

1) 井点出水能力可按 $36 \sim 60 \text{m}^3/\text{d}$ 确定；

2) 真空喷射井点出水量可按表 3.7.17 确定；

3) 管井的出水量 q（m^3/d）可按下列经验公式确定：

$$q = 120 \pi r_s l \sqrt[3]{k}$$

式中　r_s——过滤器半径（m）；

　　　l——过滤器进水部分长度（m）；

　　　k——含水层渗透系数。

喷射井点设计出水量　　　　　　　　　表 3.7.17

型号	外管直径（mm）	喷射管		工作水压力（MPa）	工作水流量（m^3/d）	设计单井出水流量（m^3/d）	适用含水层渗透系数（m/d）
		喷嘴直径（mm）	混合室直径（mm）				
1.5 型并列式	38	7	14	0.6~0.8	112.8~163.2	100.8~138.2	0.1~5.0
2.5 型圆心式	68	7	14	0.6~0.8	110.4~148.8	103.2~138.2	0.1~5.0
4.0 型圆心式	100	10	20	0.6~0.8	230.4	259.2~388.8	5.0~10.0
6.0 型圆心式	162	19	40	0.6~0.8	720	600~720	10.0~20.0

15. 真空井点结构和施工应符合下列技术要求：

1) 滤管直径可采用 $38 \sim 110 \text{mm}$ 的金属管，管上渗水孔直径为 $12 \sim 18 \text{mm}$，呈梅花状排列，孔隙率应大于 15%；管壁外应设两层滤网，内层滤网宜采用 $30 \sim 80$ 目的金属网或尼龙网，外层滤网宜采用 $3 \sim 10$ 目的金属网或尼龙网；管壁与滤网间应采用金属丝绕成螺旋形隔开，滤网外应再绕一层粗金属丝。

2）当一级井点降水不满足降水深度要求时，亦可采用多级井点降水方法。

3）井点管的设置可采用射水法、钻孔法和冲孔法成孔，井孔直径不宜大于 300mm，孔深宜比滤管底深 $0.5\sim1.0$m。在井管与孔壁间及时用洁净中粗砂填灌密实均匀。投入滤料的数量应大于计算的 95%，在地面以下 1m 范围内应用黏土封孔。

4）井点使用前，应进行试抽水，当确认无漏水、漏气等异常现象后，应保证连续不断抽水。

5）在抽水过程中应定时观测水量、水位、真空度，并应使真空度保持在 60kPa 以上。

16. 喷射井点的结构及施工应符合下列要求：

1）井点的外管直径宜为 $73\sim108$mm，内管直径为 $50\sim73$mm，过滤器直径为 $89\sim127$mm，井孔直径不宜大于 600mm，孔深应比滤管底深 1m 以上。过滤器的结构与真空井点相同。喷射器混合室直径可取 14mm，喷嘴直径可取 6.5mm，工作水箱不应小于 $10m^3$。

2）工作水泵可采用多级泵，水压宜大于 0.75MPa。

3）井孔的施工与井管的设置方法与真空井点相同。

4）井点使用时，水泵的起动泵压不宜大于 0.3MPa。正常工作水压力宜为 $0.25P_0$（扬水高度）；正常工作水流量宜取单井排水量。

17. 管井结构应符合下列要求：

1）管井井管直径应根据含水层的富水性及水泵性能选取，且井管外径不宜小于 200mm，井管内径宜大于水泵外径 50mm。

2）沉砂管长度不宜小于 3m。

3）钢制、铸铁和钢筋骨架过滤器的孔隙率分别不宜小于 30%、23% 和 50%。

4）井管外滤料宜选用磨圆度较好的硬质岩石，不宜采用棱角状石渣料、风化料或其他黏质岩石。

18. 抽水设备主要为深井泵或深井潜水泵、水泵的出水量应根据地下水位降深和排水量大小选用，并应大于设计值的 $20\%\sim30\%$。

19. 管井成孔宜用干孔或清水钻进，若采用泥浆管井，井管下沉后必须充分洗井，保持滤网的畅通。

20. 水泵应置于设计深度，水泵吸水口应始终保持在动水位以下。成井后应进行单井试抽检查降水效果，必要时应调整降水方案。降水过程中，应定期取样测试含砂量，保证含砂量不大于 0.5‰。

21. 基坑降水需监测以下内容：

1）对降水井应定时测定地下水位，及时掌握井内地下水位的变化，确保水泵正常运行；

2）在基坑中心或群井干扰最小处及基坑四周，宜布设一定数量的观测孔，定时测定地下水位，掌握基坑内、外地下水位的变化；

3）临近基坑的建筑物及各类地下管线应设置沉降点，定时观测其沉降，掌握沉降量及变化趋势。

7.8.3 降水系统施工完后，应试运转，如发现井管失效，应采取措施使其恢复正常，如无可能恢复则应报废，另行设置新的井管。

7.8.4 降水系统运转过程中应随时检查观测孔中的水位。

7.8.5 基坑内明排水应设置排水沟及集水井，排水沟纵坡宜控制在1‰～2‰。

7.8.6 降水与排水施工的质量检验标准应符合表7.8.6（本书表3.7.18）的规定。

降水与排水施工质量检验标准　　　　　　　　表 3.7.18

序	检查项目		允许值或允许偏差		检查方法
			单位	数值	
1	排水沟坡度		‰	1～2	目测：坑内不积水，沟内排水畅通
2	井管（点）垂直度		%	1	插管时目测
3	井管（点）间距（与设计相比）		%	≤150	用钢尺量
4	井管（点）插入深度（与设计相比）		mm	≤200	水准仪
5	过滤砂砾料填灌（与计算值相比）		mm	≤5	检查回填料用量
6	井点真空度：	轻型井点	kPa	＞60	真空度表
		喷射井点	kPa	＞93	真空度表
7	电渗井点阴阳极距离：	轻型井点	mm	80～100	用钢尺量
		喷射井点	mm	120～150	用钢尺量

3.8　分部（子分部）工程质量验收

8.0.1 分项工程、分部（子分部）工程质量的验收，均应在施工单位自检合格的基础上进行。施工单位确认自检合格后提出工程验收申请，工程验收时应提供下列技术文件和记录：

　　1 原材料的质量合格证和质量鉴定文件；

　　2 半成品如预制桩、钢桩、钢筋笼等产品合格证书；

　　3 施工记录及隐蔽工程验收文件；

　　4 检测试验及见证取样文件；

　　5 其他必须提供的文件或记录。

8.0.2 对隐蔽工程应进行中间验收。

8.0.3 分部（子分部）工程验收应由总监理工程师或建设单位项目负责人组织勘察、设计单位及施工单位的项目负责人、技术质量负责人，共同按设计要求和本规范及其他有关规定进行。

8.0.4 验收工作应按下列规定进行：

　　1 分项工程的质量验收应分别按主控项目和一般项目验收；

　　2 隐蔽工程应在施工单位自检合格后，于隐蔽前通知有关人员检查验收，并形成中间验收文件；

　　3 分部（子分部）工程的验收，应在分项工程通过验收的基础上，对必要的部位进行见证检验。

8.0.5 主控项目必须符合验收标准规定，发现问题立即处理直至符合要求，一般项目应有80%合格。混凝土试件强度评定不合格或对试件的代表性有怀疑时，应采用钻芯取样，检测结果符合设计要求按合格验收。

验收前应按表3.8.1的项目进行检查，主要检查这些项目是否已经有技术资料、是否符合要求。

工程验收前应检查的内容 表 3.8.1

项目	方法	备注
基槽检验	触探或野外鉴别	隐蔽验收
土的干密度及含水量	环刀取样等	$50\sim100m^2$ 一个点
复合地基竖向增强体及周边土密实度	触探、贯入等及水泥土试块试压	
复合地基承载力	载荷板	
预制打（压）入桩偏差	现场实测	隐蔽验收
灌注桩原材料力学性能、混凝土强度	试验室（力学）试验	原材料含水泥、钢材等。钢筋笼应隐蔽验收
人工挖孔桩桩端持力层	现场静压或取立方体芯样试压	可查 3D 和 5m 深范围内不良地质
工程桩桩身质量检验	钻孔抽芯或声波透射法	不少于总桩 10%
工程桩竖向承载力	静载荷试验或大应变检测	详见各分项规定
地下连续墙墙身质量	钻孔抽芯或声波透射	不少于 20%槽段数
抗浮锚杆抗拔力	现场拉力试验	不少于 3%，且不得少于 6 根

地基与基础必要时应进行监测，监测项目见表3.8.2。

地基基础监测项目 表 3.8.2

项目	监测内容	备注
大面积填方（海）等地基处理工程	地面沉降	长期
	土体变形、孔隙水压力	施工中
降水	地下水位变化及对周围环境影响（变形）	施工期间
锚杆	锁定的预应力	不少于 10%且不少于 6 根
基坑开挖	设计要求监测内容（包括支护、坑底、周围环境变形等），参见表 6.8.3	动态设计信息化施工
爆破开挖	对周围环境的影响	
土石方工程完成后的边坡	水平和竖向位移	变形稳定为止，不少于三年
打（压）入桩	垂直度、贯入度（压力）	施工中
挤土桩	土体隆起和位移，邻桩位移及孔隙水压力	施工中
下列建筑物： 1. 地基设计等级为甲级； 2. 复合地基或软弱地基上的乙级地基； 3. 加层、扩建； 4. 受邻近深基坑开挖影响或受地下水等环境影响的； 5. 需要积累经验或进行设计分析的	变形观测	施工期间及使用期间地基基础设计等级根据表 3.5.3 确定

基坑开挖必要时应进行监测，监测项目按表3.8.3选择。

基坑监测项目选择表 表3.8.3

地基基础设计等级 ＼ 监测项目	支护结构水平位移	监控范围内建（构）筑物沉降与地下管线变形	土方分层开挖标高	地下水位	锚杆拉力	支撑轴力或变形	立柱变形	桩墙内力	基坑底隆起	土体侧向变形	孔隙水压力	土压力
甲级	□	□	□	□	□	□	□	□	□	□	△	△
乙级	□	□	□	□	□	△	△	△	△	△	△	△

注：□为必测项目；△为宜测项目。

第4章 地下防水工程

地下防水工程的质量验收，应执行现行国家标准《地下防水工程质量验收规范》（GB 50208—2011）和《建筑工程施工质量验收统一标准》（GB 50300—2013），本章的编写主要按照《地下防水工程质量验收规范》（GB 50208—2011）及相关的标准编写，在工程质量验收时，按本章要求验收即可。

条款号按照《地下防水工程质量验收规范》（GB 50208—2011）原条款号编排。

4.1 总 则

1.0.1 为了加强建筑工程质量管理，统一地下防水工程质量的验收，保证工程质量，制定本规范。

1.0.2 本规范适用于房屋建筑、防护工程、市政隧道、地下铁道等地下防水工程质量验收。

1.0.3 地下防水工程中所采用的新技术，必须经过科学成果鉴定、评估或新产品、新技术鉴定，新技术运用前，应对新的或首次采用的施工工艺进行评审，并制定相应的技术标准。

1.0.4 地下防水工程的施工应符合国家现行有关安全与劳动防护和环境保护的规定。

1.0.5 地下防水工程施工质量验收除应符合本规范外，尚应符合国家现行有关标准的规定。

4.2 术 语

2.0.1 地下防水工程 underground waterproof project

对房屋建筑、防护工程、市政隧道、地下铁道等地下工程进行防水设计、防水施工和维护管理等各项技术工作的工程实体。

2.0.2 明挖法 cut and cover method

敞口开挖基坑，再在基坑中修建地下工程，最后用土石等回填的施工方法。

2.0.3 暗挖法 subsurface excavation method

不挖开地面，采用从施工通道在地下开挖、支护、衬砌的方式修建隧道等地下工程的施工方法。

2.0.4 胶凝材料 cementitious material or binder

用于配制混凝土的硅酸盐水泥及粉煤灰、磨细矿渣、硅粉等矿物掺合料的总称。

2.0.5 水胶比 water to binder ratio

混凝土配制时的用水量与胶凝材料总量之比。

2.0.6　锚喷支护　bolt-shotcrete support

锚杆和钢筋网喷射混凝土联合使用的一种围岩支护形式。

2.0.7　地下连续墙　underground diaphragm wall

采用机械施工方法成槽、浇灌钢筋混凝土，形成具有截水、防渗、挡土和承重作用的地下墙体。

2.0.8　盾构隧道　shield tunnelling method

采用盾构掘进机全断面开挖，钢筋混凝土管片作为衬砌支护进行暗挖法施工的隧道。

2.0.9　沉井　open caisson

由刃脚、井壁及隔墙等部分组成井筒，在筒内挖土使其下沉，达到设计标高后进行混凝土封底。

2.0.10　逆筑结构　inverted construction

以地下连续墙兼作墙体及混凝土灌注桩等兼作承重立柱，自上而下进行顶板、中楼板和底板施工的主体结构。

2.0.11　检验批　inspection lot

按同一生产条件或按规定的方式汇总起来供检验用的，由一定数量样本组成的检验体。

2.0.12　见证取样检测 evidential testing

在监理单位或建设单位见证员的监督下，由施工单位取样员现场取样，并送至具有相应资质检测单位进行的检测。

4.3　基本规定

3.0.1　地下工程的防水等级标准应符合表3.0.1（本书表4.3.1）的规定。

地下工程防水等级标准　　　　　　　　　　　　表4.3.1

防水等级	防水标准
一级	不允许渗水，结构表面无湿渍
二级	不允许漏水，结构表面可有少量湿渍 房屋建筑地下工程：总湿渍面积不应大于总防水面积（包括顶板、墙面、地面）的1/1000，任意100m²防水面积上的湿渍不超过2处，单个湿渍的最大面积不大于0.1m² 其他地下工程总湿渍面积不应大于总防水面积的2/1000；任意100m²防水面积上的湿渍不超过3处，单个湿渍最大面积不大于0.2m²；其中，隧道工程平均渗水量不大于0.05L/(m²·d)，任意100m²防水面积上的渗水量不大于0.15L/(m²·d)
三级	有少量漏水点，不得有线流和漏泥砂 任意100m²防水面积上的漏水或湿渍点数不超过7处，单个漏水点的最大漏水量不大于2.5L/d，单个漏水点的最大面积不大于0.3m²
四级	有漏水点，不得有线流和漏泥砂 整个工程平均漏水量不大于2L/(m²·d)；任意100m²防水面积的平均漏水量不大于4L/(m²·d)

注：本表摘自《地下防水工程质量验收规范》（GB 50208—2011）。

《规范》提出一个符合我国地下工程实际情况的防水等级标准是十分必要的。本条文是根据国内工程调查资料，参考国外有关规定数值，结合地下工程不同要求和我国地下工程实际，按不同渗漏水量的指标将地下工程防水划分为四个等级。

表 4.3.1 地下工程防水等级标准的依据是：

1. 防水等级为 1 级的工程，按规定是不允许渗水的，但结构内表面并不是没有地下水渗透现象。由于渗水量极小，且随时被正常的人工通风所带走，通常混凝土结构的散湿量为 $0.012\sim0.024L/(m^2 \cdot d)$。当渗水量小于蒸发量时，结构表面不会留存湿渍，故对此不作定量指标的规定。

2. 防水等级为 2 级的工程，不允许有漏水，结构表面可有少量湿渍。过去《地下工程防水技术规范》中曾给出渗漏量为 $0.025\sim0.2L/(m^2 \cdot d)$ 的指标，由于这一量值较小，难以准确检测，会给工程验收带来一定的困难。经过对大量观测数据的分析，在通风不好、工程内部湿度较大的情况下，人们得到了一些有价值的数据。多年来，铁道、隧道等部门采用量测任意 $100m^2$ 防水面积上湿渍总面积、单个湿渍的最大面积、湿渍个数的办法来判断，已得到工程界的认可。同样，对工业与民用建筑地下工程也提出不同的量化指标。

3. 防水等级为 3 级的工程，允许有少量漏水点，但不得有线流和漏泥砂。在地下工程中，顶（拱）的渗漏水一般为滴水，而侧墙则多呈流挂湿渍的形式，当侧墙的最大湿渍面积小于 $0.3m^2$ 时，此处的渗漏可认为符合 3 级标准。为便于工程验收，标准中明确规定单个湿渍的最大面积、单个漏水点的最大漏水量和漏水点数量。

4. 防水等级为 4 级的工程，允许有漏水点，但不得有线流和漏泥砂。标准提到任意 $100m^2$ 防水面积渗漏水量是整个工程渗漏水量的 2 倍，这是根据德国 STUVA 防水等级中的规定，即 100m 区间渗漏水量是 10m 区间的 $1/2$，是 1m 区间的 $1/4$。

3.0.2 明挖法和暗挖法地下工程的防水设防应按表 3.0.2-1（本书表 4.3.2）和表 3.0.2-2（本书表 4.3.3）选用。

明挖法地下工程防水设防　　　　　　　　　　　　　　　　　　表 4.3.2

工程部位		主体结构						施工缝						后浇带				变形缝、诱导缝					
防水措施		防水混凝土	防水卷材	防水涂料	塑料防水板	膨润土防水材料	防水砂浆	金属板	遇水膨胀止水条或止水胶	外贴式止水带	中埋式止水带	外抹防水砂浆	外涂防水涂料	水泥基渗透结晶型防水涂料	预埋注浆管	补偿收缩混凝土	外贴式止水带	预埋注浆管	遇水膨胀止水带或止水胶	中埋式止水带	外贴式止水带	可卸式止水带	防水密封材料	外贴防水卷材	外涂防水涂料
防水等级	一级	应选	应选一种至二种						应选二种						应选	应选二种			应选	应选二种				
	二级	应选	应选一种						应选一种至二种						应选	应选一种至二种			应选	应选一种至二种				
	三级	应选	宜选一种						宜选一种至二种						宜选	宜选一种至二种			宜选	宜选一种至二种				
	四级	宜选	—						宜选一种						应选	宜选一种			应选	宜选一种				

注：本表摘自《地下防水工程质量验收规范》（GB 50208—2011）。

工程部位		衬砌结构							内衬砌施工缝						内补砌变形缝、诱导缝			
防水措施		防水混凝土	防水卷材	防水涂料	塑料防水板	膨润土防水材料	防水砂浆	金属板	遇水膨胀止水条或止水带	外贴式止水带	中埋式止水带	防水密封材料	水泥基渗透结晶型防水涂料	预埋注浆管	中埋式止水带	外贴式止水带	可卸式止水带	防水密封材料
防水等级	一级	必选	应选一种至二种							应选一种至二种					应选	应选一种至二种			
	二级	必选	应选一种							应选一种					应选	应选一种			
	三级	宜选	宜选一种							宜选一种					应选	宜选一种			
	四级	宜选	宜选一种							宜选一种					应选	宜选一种			

注：本表摘自《地下防水工程质量验收规范》(GB 50208—2011)。

本条规定了地下工程的防水应包括两个部分内容，即一是主体防水，二是细部构造防水。目前，主体采用防水混凝土结构自防水的效果尚好，而细部构造（施工缝、变形缝、后浇带、诱导缝）的渗漏水现象最为普遍，工程界有所谓"十缝九漏"之称。明挖法施工时，不同防水等级的地下工程防水设防，对主体防水"应"或"宜"采用防水混凝土。当工程的防水等级为1~3级时，还应在防水混凝土的粘结表面增设一至两道其他防水层，称谓"多道设防"。一道防水设防的含义应是具有单独防水能力的一个防水层次。多道设防时，所增设的防水层可采用多道卷材，也可采用卷材、涂料、刚性防水复合使用。多道设防主要利用不同防水材料的材性，体现地下防水工程"刚柔相济"的设计原则。

过去，人们一直认为混凝土是永久性材料，但通过实践人们逐渐认识到混凝土在地下工程中会受到地下水的侵蚀，其耐久性会受到影响，特别严重时可使混凝土粉化失去强度，后果极为严重，现在我国地下水特别是浅层地下水受污染比较严重，而防水混凝土在抗渗等级 P8 时的渗透系数为 $5 \times 10^{-8} \sim 8 \times 10^{-8}$ cm/s。所以，地下水对混凝土、钢筋的侵蚀破坏是一个不容忽视的问题。防水等级为1、2级的工程，大多是比较重要、使用年限较长的工程，单靠用防水混凝土来抵抗地下水的侵蚀其效果是有限的。同样，对细部构造应根据不同防水等级选用不同的防水措施，防水等级越高，所采用的防水措施越多。

暗挖法施工是针对主体不同的衬砌，也应按不同防水等级采用不同的防水措施。

地下工程的防水设计和施工，应符合"防、排、截、堵相结合，刚柔相济，因地制宜，综合治理"的原则。在选用地下工程防水设防时，不得按两表生搬硬套，应根据结构特点、使用年限、材料性能、施工方法、环境条件等因素合理地使用材料。

3.0.3 地下防水工程必须由持有资质等级证书的防水专业队伍进行施工，主要施工人员应持有省级及以上建设行政主管部门或其指定单位颁发的执业资格证书或防水专业岗位证书。

防水施工是保证地下防水工程质量的关键，是对防水材料的一次再加工。目前，我国一些地区由于使用不懂防水技术的农村副业队或新工人进行防水作业，造成工程渗漏的严重后果。故强调必须建立具有相应资质的专业队伍，施工人员必须经过技术理论与实际操作的培训，并持有建设行政主管部门或其指定单位颁发的执业资格证书或防水专业岗位证书。对非防水专业队伍或非从事防水施工的人员，当地质量监督部门应责令其停止施工。

3.0.4 地下防水工程施工前，应通过图纸会审，掌握结构主体及细部构造的防水要求，施工单位应编制防水工程专项施工方案，经监理单位或建设单位审查批准后执行。

根据建设部〔1991〕837号文《关于提高防水工程质量的若干规定》的要求：防水工程施工前，应通过图纸会审，掌握施工图中的细部构造及有关要求。这样，各有关单位既能对防水设计质量把关，又能掌握地下工程防水构造设计的要点，避免在施工中出现差错。同时，施工前还应制定相应的施工方案或技术措施，并按程序经监理单位或建设单位审查批准后执行。

3.0.5 地下工程所使用防水材料的品种、规格、性能等必须符合现行国家或行业产品标准和设计要求。

影响建筑工程质量好坏的主要原因之一是建筑材料的质量优劣。由于建筑防水材料品种繁多，性能各异，质量参差不齐，成为大多数业主、工程监督、监理、施工质量管理以及采购人员的一个难题。为此，本条提出了地下防水工程所使用防水材料的品种、规格、性能等，必须符合现行国家或行业产品标准和设计要求。

对于防水材料的品种、规格、性能等要求，凡是在地下工程防水设计中有明确规定的，应按设计要求执行；凡是在地下工程防水设计中未作具体规定的，应按现行国家或行业产品标准执行。

3.0.6 防水材料必须经具备相应资质的检测单位进行抽样检验，并出具产品性能检测报告。

1. 防水材料必须送至经过省级以上建设行政主管部门资质认可和质量技术监督部门计量认证的检测单位进行检测。

2. 检查人员必须按防水材料标准中组批与抽样的规定随机取样。

3. 检查项目应符合防水材料标准和工程设计的要求。

4. 检测方法应符合现行防水材料标准的规定，检测结论明确。

5. 检测报告应有检测、审核、批准人签章，盖有"检测单位公章"或"检测专用章"，并有资质章和CMA认证标态。

6. 防水材料企业提供的产品出厂检验报告是对产品生产期间的质量控制，产品型式检验的有效期宜为一年。

7. 江苏要求施工现场书面检测报告和省检测监管系统中检测报告一致。

3.0.7 防水材料的进场验收应符合下列规定：

1 对材料的外观、品种、规格、包装、尺寸和数量等进行检查验收，并经监理单位或建设单位代表检查确认，形成相应验收记录。

2 对材料的质量证明文件进行检查，并经监理单位或建设单位代表检查确认，纳入工程技术档案。

3 材料进场后应按本规范附录A和附录B的规定抽样检验，检验应执行见证取样送检制度，并出具材料进场检验报告。

4 材料的物理性能检验项目全部指标达到标准规定时，即为合格；若有一项指标不符合标准规定，应在受检产品中重新取样进行该项指标复验，复验结果符合标准规定，则判定该批材料为合格。

第3款提到进场防水材料应按本规范附录A和附录B的规定进行抽样检验，并出具材料进场检验报告。进场检验是指从材料生产企业提供的合格产品中对外观质量和主要物理性能检验，而不是对不合格产品的复验，故将以前抽样复验改为抽样检验。

第4款是对进场材料抽样检验的合格判定。需要说明两点：一是检验中若有两项或两项以上指标达不到标准规定时，则判该批产品为不合格；二是检验中若有一项指标达不到标准规定时，允许在受检产品中重新取样进行该项指标复验。

《地下防水工程质量验收规范》（GB 50208—2011）附录A地下工程用防水材料的质量指标中规定的高聚物改性沥青类防水卷材的主要物理性能应符合表A.1.1（本书表4.3.4）的要求。

高聚物改性沥青类防水卷材的主要物理性能　　　　　表 4.3.4

项　目		指　标				
		弹性体改性沥青防水卷材			自粘聚合物改性沥青防水卷材	
		聚酯毡胎体	玻纤毡胎体	聚乙烯膜胎体	聚酯毡胎体	无胎体
可溶物含量（g/m²）		3mm 厚≥2100 4mm 厚≥2900			3mm 厚≥2100	—
拉伸性能	拉力（N/50mm）	≥800（纵横向）	≥500（纵横向）	≥140（纵向） ≥120（横向）	≥450（纵横向）	≥180（纵横向）
	延伸率（%）	最大拉力时≥40（纵横向）	—	断裂时≥250（纵横向）	最大拉力时≥30（纵横向）	断裂时≥200（纵横向）
低温柔度（℃）		—25，无裂纹				
热老化后低温柔度（℃）		—20，无裂纹		—22，无裂纹		
不透水性		压力 0.3MPa，保持时间 120min，不透水				

注：本表摘自《地下防水工程质量验收规范》（GB 50208—2011）。

合成高分子类防水卷材的主要物理性能应符合表A.1.2（本书表4.3.5）的要求。

合成高分子类防水卷材的主要物理性能　　　　　表 4.3.5

项　目	指　标			
	三元乙丙橡胶防水卷材	聚氯乙烯防水卷材	聚乙烯丙纶复合防水卷材	高分子自粘胶膜防水卷材
断裂拉伸强度	≥7.5MPa	≥12MPa	≥60N/10mm	≥100N/10mm
断裂伸长率（%）	≥450	≥250	≥300	≥400
低温弯折性（℃）	—40，无裂纹	—20，无裂纹	—20，无裂纹	—20，无裂纹
不透水性	压力 0.3MPa，保持时间 120min，不透水			
撕裂强度	≥25kN/m	≥40kN/m	≥20N/10mm	≥120N/10mm
复合强度（表层与芯层）	—	—	≥1.2N/mm	—

注：本表摘自《地下防水工程质量验收规范》（GB 50208—2011）。

聚合物水泥防水粘结材料的主要物理性能应符合表A.1.3（本书表4.3.6）的要求。

聚合物水泥防水粘结材料的主要物理性能   表 4.3.6

项　目		指　标
与水泥基面的粘结 拉伸强度（MPa）	常温 7d	≥0.6
	耐水性	≥0.4
	耐冻性	≥0.4
可操作时间（h）		≥2
抗渗性（MPa，7d）		≥1.0
剪切状态下的粘合性 （N/mm，常温）	卷材与卷材	≥2.0 或卷材断裂
	卷材与基面	≥1.8 或卷材断裂

注：本表摘自《地下防水工程质量验收规范》（GB 50208—2011）。

有机防水涂料的主要物理性能应符合表 A.2.1（本书表 4.3.7）的要求。

有机防水涂料的主要物理性能   表 4.3.7

项　目		指　标		
		反应型防水涂料	水乳型防水涂料	聚合物水泥防水材料
可操作时间（min）		≥20	≥50	≥30
潮湿基面粘结强度（MPa）		≥0.5	≥0.2	≥1.0
抗渗性 （MPa）	涂膜（120min）	≥0.3	≥0.3	≥0.3
	砂浆迎水面	≥0.8	≥0.8	≥0.8
	砂浆背水面	≥0.3	≥0.3	≥0.6
浸水 168h 后拉伸强度（MPa）		≥1.7	≥0.5	≥1.5
浸水 168h 后断裂伸长率（%）		≥400	≥350	≥80
耐水性（%）		≥80	≥80	≥80
表干（h）		≤12	≤4	≤4
实干（h）		≤24	≤12	≤12

注：1. 浸水 168h 后的拉伸强度和断裂伸长率是在浸水取出后只经擦干即进行试验所得的值；
　　2. 耐水性的指标是指材料浸水 168h 后取出擦干即进行试验，其粘结强度及抗渗性的保持率；
　　3. 本表摘自《地下防水工程质量验收规范》（GB 50208—2011）。

无机防水涂料的主要物理性能应符合表 A.2.2（本书表 4.3.8）的要求。

无机防水涂料的主要物理性能   表 4.3.8

项　目	指　标	
	掺外加剂、掺合料水泥基防水涂料	水泥基渗透结晶型防水涂料
抗折强度（MPa）	>4	≥4
粘结强度（MPa）	>1.0	≥1.0
一次抗渗性（MPa）	>0.8	>1.0
二次抗渗性（MPa）	—	>0.8
冻融循环（次）	>50	>50

注：本表摘自《地下防水工程质量验收规范》（GB 50208—2011）。

橡胶止水带的主要物理性能应符合表 A.3.1（本书表 4.3.9）的要求。

橡胶止水带的主要物理性能　　　　　　　　　　　　表 4.3.9

项　目		指　标		
		变形缝用止水带	施工缝用止水带	有特殊耐老化要求的接缝用止水带
硬度（邵尔 A，度）		60±5	60±5	60±5
拉伸强度（MPa）		≥15	≥12	≥10
扯断伸长度（%）		≥380	≥380	≥300
压缩永久变形（%）	70℃×24h	≤35	≤35	≤25
	23℃×168h	≤20	≤20	≤20
撕裂强度（kN/m）		≥30	≥25	≥25
脆性温度（℃）		≤-45	≤-40	≤-40
热空气老化	70℃×168h 硬度变化（邵尔 A，度）	+8	+8	—
	70℃×168h 拉伸强度（MPa）	≥12	≥10	—
	70℃×168h 扯断伸长率（%）	≥300	≥300	—
	100℃×168h 硬度变化（邵尔 A，度）	—	—	+8
	100℃×168h 拉伸强度（MPa）	—	—	≥9
	100℃×168h 扯断伸长率（%）	—	—	≥250
橡胶与金属粘合		断面在弹性体内		

注：1. 橡胶与金属粘合指标仅适用于具有钢边的止水带。
　　2. 本表摘自《地下防水工程质量验收规范》（GB 50208—2011）。

混凝土建筑接缝用密封胶的主要物理性能应符合表 A.3.2（本书表 4.3.10）的要求。

混凝土建筑接缝用密封胶的主要物理性能　　　　　　表 4.3.10

项　目		指　标			
		25（低模量）	25（高模量）	20（低模量）	20（高模量）
流动性	下垂度（N 型）垂直（mm）	≤3			
	下垂度（N 型）水平（mm）	≤3			
	流平性（S 型）	光滑平整			
挤出性（mL/min）		≥80			
弹性恢复率（%）		≥80		≥60	
拉伸模量（MPa）	23℃ -20℃	≤0.4 和≤0.6	>0.4 或>0.6	≤0.4 和≤0.6	>0.4 或>0.6
定伸粘结性		无破坏			
浸水后定伸粘结性		无破坏			
热压冷拉后粘结性		无破坏			
体积收缩率（%）		≤25			

注：1. 体积收缩率仅适用于乳胶型和溶剂型产品。
　　2. 本表摘自《地下防水工程质量验收规范》（GB 50208—2011）。

腻子型遇水膨胀止水条的主要物理性能应符合表 A3.3（本书表 4.3.11）的要求。

腻子型遇水膨胀止水条的主要物理性能

表 4.3.11

项　目	指　标
硬度（C 型微孔材料硬度计，度）	≤40
7d 膨胀率	≤最终膨胀率的 60%
最终膨胀率（21d,%）	≥220
耐热性（80℃×2h）	无流淌
低温柔性（−20℃×2h，绕 φ10 圆棒）	无裂纹
耐水性（浸泡 15h）	整体膨胀无碎块

注：本表摘自《地下防水工程质量验收规范》（GB 50208—2011）。

遇水膨胀止水胶的主要物理性能应符合表 A.3.4（本书表 4.3.12）的要求。

遇水膨胀止水胶的主要物理性能

表 4.3.12

项　目		指　标	
		PJ220	PJ400
固含量（%）		≥85	
密度（g/cm³）		规定值±0.1	
下垂度（mm）		≤2	
表干时间（h）		≤24	
7d 拉伸粘结强度（MPa）		≥0.4	≥0.2
低温柔性（−20℃）		无裂纹	
拉伸性能	拉伸强度（MPa）	≥0.5	
	断裂伸长率（%）	≥400	
体积膨胀倍率（%）		≥220	≥400
长期浸水体积膨胀倍率保持率（%）		≥90	
抗水压（MPa）		1.5，不渗水	2.5，不渗水

注：本表摘自《地下防水工程质量验收规范》（GB 50208—2011）。

弹性橡胶密封垫材料的主要物理性能应符合表 A.3.5（本书表 4.3.13）的要求。

弹性橡胶密封垫材料的主要物理性能

表 4.3.13

项　目		指　标	
		氯丁橡胶	三元乙丙橡胶
硬度（邵尔 A，度）		45±5～60±5	55±5～70±5
伸长率（%）		≥350	≥330
拉伸强度（MPa）		≥10.5	≥9.5
热空气老化（70℃×96h）	硬度变化值（邵尔 A，度）	≤+8	≤+6
	拉伸强度变化率（%）	≥−20	≥−15
	扯断伸长率变化率（%）	≥−30	≥−30
压缩永久变形（70℃×24h,%）		≤35	≤28
防霉等级		达到与优于 2 级	达到与优于 2 级

注：1. 以上指标均为成品切片测试的数据，若只能以胶料制成试样测试，则其伸长率、拉伸强度应达到本指标的 120%。

2. 本表摘自《地下防水工程质量验收规范》（GB 50208—2011）。

遇水膨胀橡胶密封垫胶料的主要物理性能应符合表 A.3.6（本书表 4.3.14）的要求。

遇水膨胀橡胶密封垫胶料的主要物理性能　　　　　表 4.3.14

项　目		指　标		
		PZ-150	PZ-250	PZ-400
硬度（邵尔 A，度）		42±7	42±7	45±7
拉伸强度（MPa）		≥3.5	≥3.5	≥3.0
扯断伸长率（%）		≥450	≥450	≥350
体积膨胀倍率（%）		≥150	≥250	≥400
反复浸水试验	拉伸强度（MPa）	≥3	≥3	≥2
	扯断伸长率（%）	≥350	≥350	≥250
	体积膨胀倍率（%）	≥150	≥250	≥300
低温弯折（−20℃×2h）		无裂纹		
防霉等级		达到与优于 2 级		

注：1. PZ-×××是指产品工艺为制品型，按产品在静态蒸馏水中的体积膨胀率（即浸泡后的试样质量与浸泡前的试样质量的比率）划分的类型；
2. 成品切片测试应达到本指标的 80%；
3. 接头部位的拉伸强度指标不得低于本指标的 50%；
4. 本表摘自《地下防水工程质量验收规范》（GB 50208—2011）。

防水砂浆的主要物理性能应符合表 A.4.1（本书表 4.3.15）的要求。

防水砂浆的主要物理性能　　　　　表 4.3.15

项　目	指　标	
	掺外加剂、掺合料的防水砂浆	聚合物水泥防水砂浆
粘结强度（MPa）	＞0.6	＞1.2
抗渗性（MPa）	≥0.8	≥1.5
抗折强度（MPa）	同普通砂浆	≥8.0
干缩率（%）	同普通砂浆	≤0.15
吸水率（%）	≤3	≤4
冻融循环（次）	＞50	＞50
耐碱性	10%NaOH 溶液浸泡 14d 无变化	—
耐水性（%）	—	≥80

注：1. 耐水性指标是指砂浆浸水 168h 后材料的粘结强度及抗渗性的保持率；
2. 本表摘自《地下防水工程质量验收规范》（GB 50208—2011）。

塑料防水板的主要物理性能应符合表 A.4.2（本书表 4.3.16）的要求。

项 目	指 标			
	乙烯—醋酸乙烯共聚物	乙烯—沥青共混聚合物	聚氯乙烯	高密度聚乙烯
拉伸强度（MPa）	≥16	≥14	≥10	≥16
断裂延伸率（%）	≥550	≥500	≥200	≥550
不透水性（120min，MPa）	≥0.3	≥0.3	≥0.3	≥0.3
低温弯折性（℃）	−35，无裂纹	−35，无裂纹	−20，无裂纹	−35，无裂纹
热处理尺寸变化率（%）	≤2.0	≤2.5	≤2.0	≤2.0

注：本表摘自《地下防水工程质量验收规范》（GB 50208—2011）。

膨润土防水毯的主要物理性能应符合表 A.4.3（本书表 4.3.17）的要求。

膨润土防水毯的主要物理性能　　　　表 4.3.17

项 目		指 标		
		针刺法钠基膨润土防水毯	刺覆膜法钠基膨润土防水毯	胶粘法钠基膨润土防水毯
单位面积质量（干重，g/m²）		≥4000		
膨润土膨胀指数（mL/2g）		≥24		
拉伸强度（N/100mm）		≥600	≥700	≥600
最大负荷下伸长率（%）		≥10	≥10	≥8
剥离强度	非织造布—编织布（N/100mm）	≥40	≥40	—
	PE膜—非织造布（N/100mm）	—	≥30	—
渗透系数（m/s）		≤5.0×10⁻¹¹	≤5.0×10⁻¹²	≤1.0×10⁻¹²
滤失量（mL）		≤18		
膨润土耐久性（mL/2g）		≥20		

注：本表摘自《地下防水工程质量验收规范》（GB 50208—2011）。

《地下防水工程质量验收规范》（GB 50208—2011）附录 B 规定了地下工程用防水材料标准及进场抽样检验的抽样数量和检验参数外观质量检查可在进场时检查，物理力学性能由检测机构依据标准进行检测。

地下工程用防水材料标准应按表 B.0.1（本书表 4.3.18）的规定选用。

地下工程用防水材料标准　　　　表 4.3.18

类 别	标准名称	标准号
防水卷材	1 聚氯乙烯防水卷材	GB 12952
	2 高分子防水材料 第1部分：片材	GB 18173.1
	3 弹性体改性沥青防水卷材	GB 18242
	4 改性沥青聚乙烯胎防水卷材	GB 18967
	5 带自粘层的防水卷材	GB/T 23260
	6 自粘聚合物改性沥青防水卷材	GB 23441
	7 预铺/湿铺防水卷材	GB/T 23457

类　别	标准名称	标准号
防水涂料	1　聚氨酯防水涂料 2　聚合物乳液建筑防水涂料 3　聚合物水泥防水涂料 4　建筑防水涂料用聚合物乳液	GB/T 19250 JC/T 864 JC/T 894 JC/T 1017
密封材料	1　聚氨酯建筑密封胶 2　聚硫建筑密封胶 3　混凝土建筑接缝用密封胶 4　丁基橡胶防水密封胶粘带	JC/T 482 JC/T 483 JC/T 881 JC/T 942
其他防水材料	1　高分子防水材料　第2部分：止水带 2　高分子防水材料　第3部分：遇水膨胀橡胶 3　高分子防水卷材胶粘剂 4　沥青基防水卷材用基层处理剂 5　膨润土橡胶遇水膨胀止水条 6　遇水膨胀止水胶 7　钠基膨润土防水毯	GB 18173.2 GB 18173.3 JC/T 863 JC/T 1069 JG/T 141 JG/T 312 JG/T 193
刚性防水材料	1　水泥基渗透结晶型防水材料 2　砂浆、混凝土防水剂 3　混凝土膨胀剂 4　聚合物水泥防水砂浆	GB 18445 JC 474 GB 23439 JC/T 984
防水材料 试验方法	1　建筑防水卷材试验方法 2　建筑胶粘剂试验方法 3　建筑密封材料试验方法 4　建筑防水涂料试验方法 5　建筑防水材料老化试验方法	GB/T 328 GB/T 12954 GB/T 13477 GB/T 16777 GB/T 18244

注：本表摘自《地下防水工程质量验收规范》（GB 50208—2011）。

地下工程用防水材料进场抽样检验应符合表B.0.2（本书表4.3.19）的要求。

地下工程用防水材料进场抽样检验　　　　　　　　　　　　　表 4.3.19

序号	材料名称	抽样数量	外观质量检验	物理性能检验
1	高聚物改性沥青类防水卷材	大于1000卷抽5卷，每500～1000卷抽4卷，100～499卷抽3卷，100卷以下抽2卷，进行规格尺寸和外观质量检验。在外观质量检验合格的卷材中，任取一卷作物理性能检验	断裂、折皱、孔洞、剥离、边缘不整齐，胎体露白、未浸透，撒布材料粒度、颜色，每卷卷材的接头	可溶物含量，拉力，延伸率，低温柔度，热老化后低温柔度，不透水性
2	合成高分子类防水卷材	大于1000卷抽5卷，每500～1000卷抽4卷，100～499卷抽3卷，100卷以下抽2卷，进行规格尺寸和外观质量检验。在外观质量检验合格的卷材中，任取一卷作物理性能检验	折痕、杂质、胶块、凹痕，每卷卷材的接头	断裂拉伸强度，断裂伸长率，低温弯折性，不透水性，撕裂强度
3	有机防水涂料	每5t为一批，不足5t按一批抽样	均匀黏稠体，无凝胶，无结块	潮湿基面粘结强度，涂膜抗渗性，浸水168h后拉伸强度，浸水168h后断裂伸长率，耐水性

序号	材料名称	抽样数量	外观质量检验	物理性能检验
4	无机防水涂料	每10t为一批,不足10t按一批抽样	液体组分:无杂质、凝胶的均匀乳液 固体组分:无杂质、结块的粉末	抗折强度,粘结强度,抗渗性
5	膨润土防水材料	每100卷为一批,不足100卷按一批抽样;100卷以下抽5卷,进行尺寸偏差和外观质量检验。在外观质量检验合格的卷材中,任取一卷作物理性能检验	表面平整、厚度均匀,无破洞、破边,无残留断针,针刺均匀	单位面积质量,膨润土膨胀指数,渗透系数、滤失量
6	混凝土建筑接缝用密封胶	每2t为一批,不足2t按一批抽样	细腻、均匀膏状物或黏稠液体,无气泡、结皮和凝胶现象	流动性、挤出性、定伸粘结性
7	橡胶止水带	每月同标记的止水带产量为一批抽样	尺寸公差;开裂,缺胶,海绵状,中心孔偏心,凹痕,气泡,杂质,明疤	拉伸强度,扯断伸长率,撕裂强度
8	腻子型遇水膨胀止水条	每5000m为一批,不足5000m按一批抽样	尺寸公差;柔软、弹性均质,色泽均匀,无明显凹凸	硬度,7d膨胀率,最终膨胀率,耐水性
9	遇水膨胀止水胶	每5t为一批,不足5t按一批抽样	细腻、黏稠、均匀膏状物,无气泡、结皮和凝胶	表干时间,拉伸强度,体积膨胀倍率
10	弹性橡胶密封垫材料	每月同标记的密封垫材料产量为一批抽样	尺寸公差;开裂,缺胶,凹痕,气泡,杂质,明疤	硬度,伸长率,拉伸强度,压缩永久变形
11	遇水膨胀橡胶密封垫胶料	每月同标记的膨胀橡胶产量为一批抽样	尺寸公差;开裂,缺胶,凹痕,气泡,杂质,明疤	硬度,拉伸强度,扯断伸长率,体积膨胀倍率,低温弯折
12	聚合物水泥防水砂浆	每10t为一批,不足10t按一批抽样	干粉类:均匀,无结块;乳胶类:液料经搅拌后均匀无沉淀,粉料均匀、无结块	7d粘结强度,7d抗渗性,耐水性

注:本表摘自《地下防水工程质量验收规范》(GB 50208—2011)。

3.0.8 地下工程使用的防水材料及其配套材料,应符合现行行业标准《建筑防水涂料中有害物质限量》(JC 1066)的规定,不得对周围环境造成污染。

3.0.9 地下防水工程的施工,应建立各道工序的自检、交接检和专职人员检查的制度,并有完整的检查记录。工程隐蔽前,应由施工单位通知有关单位进行验收,并形成隐蔽工程验收记录;未经监理单位或建设单位代表对上道工序的检查确认,不得进行下道工序的施工。

3.0.10 地下防水工程施工期间,必须保持地下水位稳定在工程底部最低高程500mm以下,必要时应采取降水措施。对采用明沟排水的基坑,应保持基坑干燥。

进行防水结构或防水层施工时,现场应做到无水、水泥浆,这是保证地下防水工程施工质量的一个重要条件。因此，在地下防水工程施工期间，必须做好周围环境的排水和降低地下水位的工作。

排除基坑周围的地面水和基坑内的积水，以便在不带水和泥浆的基坑内进行施工。排水时应注意避免基土的流失，防止因改变基底的土层构造而导致地面沉陷。

为了确保地下防水工程的施工质量，地下水位应降低至工程底部最低高程 500mm 以下的位置，并保持已降的地下水位至整个防水工程完成。对于采用明沟排水施工的基坑，可适当放宽规定，但应保护基坑干燥。

3.0.11 地下防水工程不得在雨天、雪天和五级风及其以上时施工；防水材料施工环境气温条件宜符合表 3.0.11（本书表 4.3.20）的规定。

防水材料施工环境气温条件　　　　　　　　　　　　　　　　表 4.3.20

防水材料	施工环境气温条件
高聚物改性沥青防水卷材	冷粘法、自粘法不低于 5℃，热熔法不低于 -10℃
合成高分子防水卷材	冷粘法、自粘法不低于 5℃，焊接法不低于 -10℃
有机防水涂料	溶剂型 -5～35℃，反应型、水乳型 5～35℃
无机防水涂料	5～35℃
防水混凝土、防水砂浆	5～35℃
膨润土防水涂料	不低于 -20℃

注：本表摘自《地下防水工程质量验收规范》（GB 50208—2011）。

在地下工程的防水层施工时，气候条件对其影响是很大的。雨天施工会使基层含水率增大，导致防水层粘结不牢；气温过低时铺贴卷材，易出现开卷时材质发硬、脆裂，严重影响防水层质量；低温涂刷涂料，涂层易受冻且不成膜；五级风以上进行防水层施工操作，难以确保防水层质量和人身安全。当防水层施工环境温度不符合规定而又必须施工时，需采取合理的防护措施，满足防水层施工的条件。

3.0.12 地下防水工程是一个子分部工程，其分项工程的划分应符合表 3.0.12（本书表 4.3.21）的规定。

地下防水工程的分项工程　　　　　　　　　　　　　　　　表 4.3.21

子分部工程		分项工程
地下防水工程	主体结构防水	防水混凝土、水泥砂浆防水层、卷材防水层、涂料防水层、塑料防水板防水层、金属板防水层、膨润土防水材料防水层
	细部构造防水	施工缝、变形缝、后浇带、穿墙管、埋设件、预留通道接头、桩头、孔口、坑、池
	特殊施工法结构防水	锚喷支护、地下连续墙、盾构隧道、沉井、逆筑结构
	排水	渗排水、盲沟排水、隧道、排水、坑道排水、塑料排水板排水
	注浆	预注浆、后注浆、结构裂缝注浆

3.0.13 地下防水工程的分项工程检验批和抽样检验数量应符合下列规定：

1 主体结构防水工程和细部构造防水工程应按结构层、变形缝或后浇带等施工段划分检验批；

2　特殊施工法结构防水工程应按隧道区间、变形缝等施工段划分检验批；

3　排水工程和注浆工程应各为一个检验批；

4　各检验批的抽样检验数量：细部构造应为全数检查，其他均应符合本规范的规定。

本条所指符合本规范的规定，主要是指各分项工程中规定的抽样检验数量。

3.0.14　地下工程应按设计的防水等级标准进行验收。地下工程渗漏水调查与检测应按本规范附录C执行。

我国对地下工程防水等级标准划分为四级，主要是根据国内工程调查资料和参考国外有关规定，结合地下工程不同的使用规定和我国实际情况，按允许渗漏水量来确定的。

规范附录C地下工程防水渗漏水调查与检测如下：

C.1　渗漏水调查

C.1.1　明挖法地下工程应在混凝土结构和防水层验收合格以及回填土完成后，即可停止降水；待地下水位恢复至自然水位且趋向稳定时，方可进行地下工程渗漏水调查。

C.1.2　地下防水工程质量验收时，施工单位必须提供"结构内表面的渗漏水展开图"。

C.1.3　房屋建筑地下工程应调查混凝土结构内表面的侧墙和底板。地下商场、地铁车站、军事地下库等单建式地下工程，应调查混凝土结构内表面的侧墙、底板和顶板。

C.1.4　施工单位应在"结构内表面的渗漏水展开图"上标示下列内容：

1　发现的裂缝位置、宽度、长度和渗漏水现象；

2　经堵漏及补强的原渗漏水部位；

3　符合防水等级标准的渗漏水位置。

C.1.5　渗漏水现象的定义和标识符号，可按表C.1.5（本书表4.3.22）选用。

渗漏水现象的定义和标识符号　　　　　　　　　　　表4.3.22

渗漏水现象	定　义	标识符号
湿渍	地下混凝土结构背水面，呈现明显色泽变化的潮湿斑	‡
渗水	地下混凝土结构背水面有水渗出，墙壁上可观察到明显的流挂水迹	○
水珠	地下混凝土结构背水面的顶板或拱顶，可观察到悬垂的水珠，其滴落间隔时间超过1min	◇
滴漏	地下混凝土结构背水面的顶板或拱顶，渗漏水的滴落速度至少为1滴/min	▽
线漏	地下混凝土结构背水面，呈渗漏成线或喷水状态	↓

C.1.6　"结构内表面的渗漏水展开图"应经检查、核对后，施工单位归入竣工验收资料。

C.2　渗漏水检测

C.2.1　当被验收的地下工程有结露现象时，不宜进行渗漏水检测。

C.2.2　漏渗水检测工具宜按表C.2.2（本书表4.3.23）使用。

渗漏水检测工具　　　　　　　　　　　表4.3.23

名　称	用　途
0.5～1mm钢直尺	量测混凝土湿渍、渗水范围
精度为0.1mm的钢尺	量测混凝土裂缝宽度
放大镜	观测混凝土裂缝

名　称	用　途
有刻度的塑料量筒	量测滴水量
秒表	量测渗漏水滴落速度
吸墨纸或报纸	检验湿渍与渗水
粉笔	在混凝土上用粉笔（或油彩笔）勾画湿渍、渗水范围
工作登高扶梯	顶板渗漏水，混凝土裂缝检查
带有密封缘口的规定尺寸方框	量测明显滴漏和连续渗流，根据工程需要可自行设计

C.2.3　房屋建筑地下工程渗漏水检测应符合下列要求：

1　湿渍检测时，检查人员用干手触摸湿斑，无水分浸润感觉。用吸墨纸或报纸贴附，纸不变颜色。要用粉笔勾画出湿渍范围，然后用钢尺测量并计算面积，标示在"结构内表面的渗漏水展开图"上。

2　渗水检测时，检查人员用干手触摸可感觉到水分浸润，手上会沾有水分。用吸墨纸或报纸贴附，纸会浸润变颜色。要用粉笔勾画出渗水范围，然后用钢尺测量并计算面积，标示在"结构内表面的渗漏水展开图"上。

3　通过集水井积水，检测在设定时间内的水位上升数值，计算渗漏水量。

C.2.4　隧道工程渗漏水检测应符合下列要求：

1　隧道工程的湿渍和渗水应按房屋建筑地下工程渗漏水检测。

2　隧道上半部的明显滴漏和连续渗流，可直接用有刻度的容器收集量测，或用带有密封缘口的规定尺寸方框，安装在规定量测的隧道内表面，将渗漏水导入量测容器内，然后计算24h的渗漏水量，标示在"结构内表面的渗漏水展开图"上。

3　若检测器具或登高有困难时，允许通过目测计取每分钟或数分钟内的滴落数目，计算出该点的渗漏量。通常，当滴落速度为3～4滴/min时，24h的渗水量就是1L。当滴落速度大于300滴/min，则形成连续线流。

4　为使不同施工方法、不同长度和断面尺寸隧道的渗漏水状况能够相加以比较，必须确定一个有代表性的标准单位。渗漏水量的单位通常使用"$L/(m^2 \cdot d)$"。

5　未实施机电设备安装的区间隧道验收，隧道内表面的计算应为横断面的内径周长乘以隧道长度，对盾构法隧道不计取管片嵌缝槽、螺栓孔盒子凹进部位等实际面积；完成了机电设备安装的隧道系统验收，隧道内表面积的计算应为横断面的内径周长乘以隧道长度，不计取凹槽、道床、排水沟等实际面积。

6　隧道渗漏水量的计算可通过集水井积水，检测在设定时间内的水位上升数值，计算渗漏水量；或通过隧道内设量水堰，检测在设定时间内的水流量，计算渗漏水量；或者通过隧道专用排水泵运转，检测在设定时间内排水量，计算渗漏水量。

C.3　渗漏水检测记录

C.3.1　地下工程渗漏水调查与检测，应由施工单位项目技术负责人组织质量员、施工员实施。施工单位应填写地下工程渗漏水检测记录，并签字盖章；监理单位或建设单位应在记录上填写处理意见与结论，并签字盖章。

C.3.2　地下工程渗漏水检测记录应按表C.3.2（本书表4.3.24）填写。

工程名称		结构类型	
防水等级		检测部位	
渗漏水量检测	1 单个湿渍的最大面积 m²；总湿渍面积 m²		
	2 每 100m² 的渗水量 L/(m²·d)；整个工程平均渗水量 L/(m²·d)		
	3 单个漏水点的最大漏水量 L/d；整个工程平均漏水量 L/(m²·d)		
结构内表面的渗漏水展开图	(渗漏水现象用标识符号描述)		
处理意见与结论	(按地下工程防水等级标准)		
会签栏	监理或建设单位（签章）	施工单位（签章）	
		项目技术负责人	质量员	施工员
	年 月 日	年 月 日	质量员	施工员

4.4 主体结构防水工程

4.1 防水混凝土

4.1.1 防水混凝土适用于抗渗等级不小于 P6 的地下混凝土结构。不适用于环境温度高于80℃的地下工程。处于侵蚀性介质中，防水混凝土的耐侵蚀性要求应符合现行国家标准《工业建筑防腐蚀设计规范》（GB 50046）和《混凝土结构耐久性设计规范》（GB 50476）的有关规定。

防水混凝土是主体结构或衬砌结构的一道重要防线。

防水混凝土在常温下具有较高防渗性，但抗渗性将会随着环境温度的提高而降低。当温度为 100℃时，混凝土抗渗性约降低 40%，200℃时约降低 60%以上；当温度超过250℃时，混凝土几乎失去抗渗能力，而抗拉强度也随之下降为原强度的 66%。为此，本条规定了防水混凝土的最高使用温度不得超过 80℃。

关于《工业建筑防腐蚀设计规范》（GB 50046）和《混凝土结构耐久性设计规范》（GB 50476）应由设计单位把握，本书不作介绍。

4.1.2 水泥的选择应符合下列规定：

1 宜采用普通硅酸盐水泥或硅酸盐水泥，采用其他品种水泥时应经试验确定；

2 在受侵蚀性介质作用时，应按介质的性质选用相应的水泥品种；

3 不得使用过期或受潮结块的水泥，并不得将不同品种或强度等级的水泥混合使用。

根据通用硅酸盐水泥的定义：以硅酸盐水泥熟料和适量的石膏及规定的混合材料制成的水硬性胶凝材料。其中混合材料应包括粒化高炉矿渣、粒化高炉矿渣粉、粉煤灰、火山灰质混合材料。从《通用硅酸盐水泥》标准可以看到：硅酸盐水泥掺有混合材料不足 5%，普通硅酸盐水泥掺有混合材料为 5%～20%，而矿渣硅酸水泥允许掺有 20%～70%的粒化高炉矿渣粉；火山灰质硅酸盐水泥允许掺有 20%～40% 的火山灰质混合材料；粉煤灰硅酸盐水泥允许掺有 20%～40% 的粉煤灰。同时，随着混凝土技术的发展，目前将用于配制混凝土的硅酸盐水泥及粉煤灰、磨细矿渣、硅粉等矿物掺合料总称为胶凝材料。现场使用的混凝土大多为预拌，其配合比设计应由厂家负责。

在受侵蚀性介质作用时，可以根据侵蚀介质的不同，选择相应的水泥品种或矿物掺合料。

这个问题应由设计单位负责，设计单位根据介质提出要求。

4.1.3 砂、石的选择应符合下列规定：

1 砂宜选用中粗砂，含泥量不应大于 3.0%，泥块含量不宜大于 1.0%。

2 不宜使用海砂；在没有使用河砂的条件时，应对海砂进行处理后才能使用，且控制氯离子含量不得大于 0.06%。

3 碎石或卵石的粒径宜为 5～40mm，含泥量不应大于 1.0%，泥块含量不应大于 0.5%。

4 对长期处于潮湿环境的重要结构混凝土用砂、石，应进行碱活性检验。

砂、石含泥量多少，直接影响到混凝土的质量，同时对混凝土抗渗性能影响很大。特别是泥块的体积不稳定，干燥时收缩、潮湿时膨胀，对混凝土有较大的破坏作用。因此防水混凝土施工时，对骨料含泥量和泥块含量均应严格控制。

海砂中含有氯离子，会引起混凝土中钢筋锈蚀，会对混凝土结构产生破坏。在没有河砂时，应对海砂进行处理后才能使用，采用海砂配置混凝土时，其氯离子含量不应大于 0.06%，以干砂的质量百分率计。

地下工程长期受地下水、地表水的侵蚀，且水泥和外加剂中将难以避免具有一定的含碱量。若混凝土的粗细骨料具有碱活性，容易引起碱骨料反应，影响结构的耐久性。当使用预拌混凝土时，应由预拌混凝土厂负责对砂质量的把关，施工单位质量员应检查有关资料。

4.1.4 矿物掺合料的选择应符合下列规定：

1 粉煤灰的级别不应低于 II 级，烧失量不应大于 5%；

2 硅粉的比表面积不应小于 15000m²/kg，SiO_2 含量不应小于 85%；

3 粒化高炉矿渣粉的品质要求应符合现行国家标准《用于水泥和混凝土中的粒化高炉矿渣粉》（GB/T 18046）的有关规定。

粉煤灰的质量要求应符合现行国家标准《用于水泥和混凝土中的粉煤灰》（GB/T 1596）的有关规定；硅粉的质量要求应符合现行国家标准《高强高性能混凝土用矿物外加剂》（GB/T 18736）的有关规定。

这些要求预拌混凝土厂都应认真执行，本书不介绍其技术要求。

4.1.5 混凝土拌合用水应符合现行行业标准《混凝土用水标准》（JGJ 63）的有关规定。

4.1.6 外加剂的选择应符合下列规定：

1 外加剂的品种和用量应经试验确定，所用外加剂应符合现行国家标准《混凝土外加剂应用技术规范》（GB 50119）的质量规定；

2 掺加引气剂或引气型减少剂的混凝土，其含气量宜控制在 3%～5%；

3 考虑外加剂对硬化混凝土收缩性能的影响；

4 严禁使用对人体产生危害、对环境产生污染的外加剂。

外加剂是提高防水混凝土的密实性的手段之一。现在国内外加剂种类很多，只对其质量标准作出规定很难保证工程质量。选用外加剂时，其品种、掺量应根据混凝土所用胶凝材料经试验确定。对于耐久性要求较高或寒冷地区的地下工程混凝土，宜采用引气剂或引气型减少剂，以改善混凝土拌合物的和易性，增加黏滞性，减少分层离析和沉降泌水，提高混凝土的抗渗、抗冻融循环、抗侵蚀能力等耐久性能。绝大部分减水剂，有增大混凝土收缩的副作用，这对混凝土抗裂防水显然不利，因此应考虑外加剂对硬化混凝土收缩性能的影响，选用收缩率更低的外加剂。

对混凝土外加剂的要求可参考本书第 5 章的有关内容。

外加剂材料组成中有的是工业产品、废料，有的可能是有毒的，有的会污染环境。因此规定外加剂在混凝土生产和使用过程中，不能损害人体健康和污染环境。

4.1.7 防水混凝土的配合比应经试验确定，并应符合下列规定：

1 试配要求的抗渗水压值应比设计值提高 0.2MPa。

2 混凝土胶凝材料总量不宜小于 320kg/m³，其中水泥用量不宜少于 260kg/m³；粉煤灰掺量宜为胶凝材料总量的 20%～30%，硅粉的掺量宜为胶凝材料总量的 2%～5%。

3 水胶比不得大于 0.50，有侵蚀性介质时水胶比不宜大于 0.45。

4 砂率宜为 35%～40%，泵送时可增加到 45%。

5 灰砂比宜为 1∶1.5～1∶2.5。

6 混凝土拌合物的氯离子含量不应超过胶凝材料总量的 0.1%；混凝土中各类材料的总碱量即 Na_2O 当量不得大于 3kg/m³。

防水混凝土配合比设计应符合现行行业标准《普通混凝土配合比设计规程》(JGJ 55) 的有关规定，同时应满足以下要求：

1. 考虑到施工现场与试验室条件的差别，试配要求的抗渗水压力值应比设计抗渗等级的规定压力值提高 0.2MPa，以保证防水混凝土所确定的配合比在验收时有足够的保证率。试配时，应采用水灰比最大的配合比作抗渗试验，其试验结果应符合下式规定。

$$P_t \geqslant P/10 + 0.2$$

式中　P_t——6 个试件中 4 个未出现渗水时的最大水压值（MPa）；

　　　P——设计规定的抗渗等级。

2. 随着混凝土技术的发展，现代混凝土的设计理念也在更新。尽可能减少硅酸盐水泥用量，而以一定数量的粉煤灰、粒化高炉矿渣粉、硅粉等矿物活性掺合料代替。它们的加入可改善砂子级配，补充天然砂中部分小于 0.15mm 的颗粒，填充混凝土部分孔隙，使混凝土在获得所需的抗压强度的同时，提高混凝土的密实性和抗渗性。

掺入粉煤灰等活性掺合料，还可以减少水泥用量，降低水化热，防止和减少混凝土裂缝的产生，使混凝土获得良好的耐久性、抗渗性、抗化学侵蚀及抗裂性能。但是随着上述细粉料的增加，混凝土强度随之下降，混凝土表面碳化深度增加，又可能影响耐久性，因此对其品种和掺量必须严格控制，并应通过试验确定。

3. 除水泥外，粉煤灰等其他胶凝材料也具有不同程度的活性，其活性的激发，同样依赖于足够的水。因此以胶凝材料的用量取代了传统的水泥用量，并以水胶比取代传统的水灰比。拌合物的水胶比对硬化混凝土孔隙率大小和数量起决定性作用，直接影响混凝土结构的密实性。水胶比越大，混凝土中多余水分蒸发后，形成孔径为 $50\sim150\mu m$ 的毛细孔等开放的孔隙也就越多，这些孔隙是造成混凝土抗渗性降低的主要原因。

从理论上讲，在满足胶凝材料完全水化及润湿矿石所需水量的前提下，水胶比越小，混凝土密实性越好，抗渗性和强度也就越高。但水胶比过小，混凝土极难振捣和拌合均匀，其抗渗性和密实性反而得不到保证。随着外加剂技术的发展，减少剂已成为混凝土不可缺少的组分之一，掺入减水剂后可适量减少混凝土的水胶比，而防水功能并不降低。

当有侵蚀性介质或矿物掺合料掺量较大时，水胶比不宜大于 0.45，以使得粉煤灰等矿物掺合料的作用较为充分发挥，提高防水混凝土密实性，以确保防水混凝土的耐侵蚀性和抗渗性能。

4. 砂率对抗渗性有明显的影响。砂率偏低时，由于砂子数量不足而水泥和水的含量高，混凝土往往出现不均匀及收缩大的现象，抗渗性较差；而砂率偏高时，由于砂子过多，拌合物干涩而缺乏粘结能力，混凝土密实性差，抗渗能力下降。实践证明，35%～45%砂率最为适宜。

5. 灰砂比对抗渗性也有明显影响。灰砂比为 1∶1～1∶1.5 时，由于砂子数量不足而水泥和水的含量高，混凝土往往出现不均匀及收缩大的现象，混凝土抗渗性较差；灰砂比为 1∶3 时，由于砂子过多，拌合物干涩而缺乏粘结能力，混凝土密实性差，抗渗能力下降。因此，灰砂比为 1∶2～1∶2.5 时最为适宜。

6. 氯离子含量高会导致混凝土的钢筋锈蚀，是影响混凝土结构耐久性的主要危害因素之一，应引起足够的重视。根据国内外资料和标准规范规定，氯离子含量不超过胶凝材料总量的 0.1%，不会导致钢筋锈蚀。

4.1.8 防水混凝土采用预拌混凝土时，入泵坍落度宜控制在 120～160mm，坍落度每小时损失不应大于 20mm，坍落度总损失值不应大于 40mm。

预拌混凝土到场时，应抽查混凝土的坍落度。

4.1.9 混凝土拌制和浇筑过程控制应符合下列规定：

1 拌制混凝土所用材料的品种、规格和用量，每工作班检查不应少于两次。每盘混凝土各组成材料计量结果的允许偏差应符合表 4.1.9-1（本书表 4.4.1）的规定。

混凝土组成材料计量结果的允许偏差（%）　　　　表 4.4.1

混凝土组成材料	每盘计量	累计计量
水泥、掺合料	±2	±1
粗、细骨料	±3	±2
水、外加剂	±2	±1

注：累计计量仅适用于微机控制计量的搅拌站。

2 混凝土在浇筑地点的坍落度，每工作班至少检查两次。混凝土的坍落度试验应符合现行国家标准《普通混凝土拌合物性能试验方法标准》（GB/T 50080）的有关规定。混凝土坍落度允许偏差应符合表 4.1.9-2（本书表 4.4.2）的规定。

规定坍落度	允许偏差
≤40	±10
50~90	±15
>90	±20

3 泵送混凝土在交货地点的入泵坍落度，每工作台班至少检查两次。混凝土入泵时的坍落度允许偏差应符合表 4.1.9-3（本书表 4.4.3）的规定。

混凝土入泵时的坍落度允许偏差（mm）　　　　　　表 4.4.3

所需坍落度	允许偏差
≤100	±20
>100	±30

4 当防水混凝土拌合物在运输后出现离析，必须进行二次搅拌。当坍落度损失后不能满足施工要求时，应加入原水胶比的水泥浆或掺加同品种的减水剂进行搅拌，严禁直接加水。

1. 计量不准确或偏差过大会影响混凝土配合比的准确性，也影响混凝土的匀质性、抗渗性和强度等技术性能。

2. 拌合物坍落度的大小，对拌合物施工性及硬化后混凝土的抗渗性和强度有直接影响，因此加强坍落度的检测和控制是十分必要的。

由于混凝土输送条件和运距的不同，掺入外加剂后引起混凝土的坍落度损失也会不同。规定了坍落度允许偏差，减少和消除上述各种不利因素影响，保证混凝土具有良好的施工性。

3. 泵送混凝土入泵时的坍落度允许偏差是泵送混凝土质量控制的重要内容，混凝土入泵坍落度是在交货地点按每工作班至少检查两次。

4. 针对施工中遇到坍落度不满足规定时随意加水的现象，作了严禁直接加水的规定。随意加水将改变原有规定的水灰比，水灰比的增大不仅影响混凝土的强度，而且对混凝土的抗渗性影响极大，将会引发渗漏水的隐患。

4.1.10 防水混凝土抗压强度试件，应在混凝土浇筑地点随机取样后制作，并应符合下列规定：

1 同一工程、同一配合比的混凝土，取样频率和试件留置组数应符合现行国家标准《混凝土结构工程施工质量验收规范》（GB 50204）的有关规定。

2 抗压强度试验应符合现行国家标准《普通混凝土力学性能试验方法标准》（GB/T 50081）的有关规定。

3 结构构件的混凝土强度评定应符合现行国家标准《混凝土强度检验评定标准》（GB/T 50107）的有关规定。

1. 试块取样数量参照第 5 章混凝土结构工程。

2. 抗压强度试验由检测机构完成。

3. 混凝土强度评定参考第5章混凝土结构工程。

4.1.11　防水混凝土抗渗性能应采用标准条件下养护混凝土抗渗试件的试验结果评定，试件应在混凝土浇筑地点随机取样后制作，并应符合下列规定。

1　连续浇筑混凝土每 500m³ 应留置一组 6 个抗渗试件，且每项工程不得少于两组；采用预拌混凝土的抗渗试件，留置组数应视结构的规模和要求而定。

2　抗渗性能试验应符合现行国家标准《普通混凝土长期性能和耐久性能试验方法标准》（GB/T 50082）的有关规定。

随着地下工程规模的日益扩大，混凝土浇筑量大大增加。近十年来地下室 3～4 层的工程并不罕见，有的工程仅底板面积即达 10000m²。如果抗渗试件留设组数过多，必然造成工作量太大、试验设备条件不够、所需试验时间过长；即使试验结果全部得出，也会因不及时而失去意义，给工程质量造成遗憾。为了比较真实地反映防水工程混凝土质量情况，规定每 500m³ 留置一组抗渗试件，且每项工程不得少于两组。这个规定较《混凝土结构工程施工质量验收规范》（GB 50204—2002）要求的每工程不少于一组严格。《混凝土结构工程施工质量验收规范》（GB 50204—2015）取消了抗渗试块的要求。

4.1.12　大体积防水混凝土的施工应采取材料选择、温度控制、保温保湿等技术措施。在设计许可的情况下，掺粉煤灰混凝土设计强度的龄期宜为 60d 或 90d。

大体积防水混凝土内部的热量不如表面热量散失得快，容易造成内外温差过大，所产生的温度升值与环境温度差值大于 25℃时，所产生的温度应力有可能大于混凝土本身的抗拉强度造成混凝土的开裂。大体积混凝土施工时，除精心做好配合比设计、原材料选择外，一定要重视现场施工组织、现场检测等工作。加强温度监测，随时控制混凝土内部的温度变化，将混凝土中心温度与表面温度的差值控制在 25℃以内，使表面温度与大气温度差不超过 20℃，并及时进行保温保湿养护，使混凝土硬化过程中产生的温差应力小于混凝土本身的抗拉强度，避免混凝土产生贯穿性的有害裂缝。

大体积防水混凝土施工时，为了减少水泥水化热，推迟放热高峰出现的时间，往往掺加部分粉煤灰等胶凝材料替代水泥。因此，可征得设计单位同意，将大体积混凝土 60d 或 90d 的强度作为验收指标。

需要注意的是，有的施工单位不了解粉煤灰混凝土的龄期可相对较长，勿视试块标养的时间，一律用 28d 作为标养龄期，导致混凝土龄期偏低引起强度偏低，所以应注意粉煤灰混凝土龄期并不一定是 28d。

粉煤灰在混凝土中的掺量应通过试验确定，最大掺量宜符合表 4.4.4 的规定。

粉煤灰的最大掺量（％）　　　　　　　　　　　　　　　表 4.4.4

混凝土种类	硅酸盐水泥		普通硅酸盐水泥	
	水胶比≤0.4	水胶比＜0.4	水胶比≤0.4	水胶比＞0.4
预应力混凝土	30	25	25	15
钢筋混凝土	40	35	35	30
素混凝土	55		45	
碾压混凝土	70		65	

注：1. 对浇筑量比较大的基础钢筋混凝土，粉煤灰最大掺量可增加 5％～10％；
　　2. 当粉煤灰掺量超过本表规定时，应进行试验论证；
　　3. 本表摘自《粉煤灰混凝土应用技术规范》（GB/T 50146—2014）。

当钢筋混凝土中钢筋保护层厚度小于 5cm 时，粉煤灰取代水泥的最大限量，应比表 4.7.3 的规定相应减少 5%。

4.1.13 防水混凝土分项工程检验批的抽样检验数量，应按混凝土外露面积每 $100m^2$ 抽查 1 处，每处 $10m^2$，且不得少于 3 处。

主控项目

4.1.14 防水混凝土的原材料、配合比及坍落度必须符合设计要求。

检验方法：检查产品合格证、产品性能检测报告、计量措施和材料进场检验报告。

防水混凝土包括普通防水混凝土、外加剂或掺合料防水混凝土和膨胀水泥防水混凝土三大类。

普通防水混凝土是以调整配合比的方法，提高混凝土自身的密实性和抗渗性来满足抗渗要求的。

外加剂防水混凝土是在混凝土拌合物中加入少量改善混凝土抗渗性的有机或无机物，如减水剂、防水剂、引气剂等外加剂；掺合料防水混凝土是混凝土拌合物中加入少量硅粉、磨细矿渣粉、粉煤灰等无机粉料，以增加混凝土密实性和抗渗性。防水混凝土中的外加剂和掺合料均可单掺，也可以复合掺用。

膨胀水泥防水混凝土是利用膨胀水泥在水化硬化过程中形成大量体积增大的结晶（如钙矾石），主要是改善混凝土的孔结构，提高混凝土抗渗性能。同时，膨胀后产生的自应力使混凝土处于受压状态，提高混凝土的抗裂能力。

上述防水混凝土的原材料、配合比及坍落度必须符合设计要求。施工之前应检查原材料的合格证书和产品性能检验报告并抽样检验，施工过程中应检查混凝土拌制时的计量措施。

原材料现场抽样检测的取样方法、材料性能指标等见第 5 章混凝土结构工程。

目前大部分地区已大量使用预拌混凝土，原材料的质量控制和计量控制完全由预拌混凝土厂家决定的，当预拌混凝土运到施工现场时，应进行坍落度检验并抽样做强度试验和抗渗试验。特别应引起重视的是地下室防水混凝土裂缝问题，很多情况下与预拌混凝土所用外加剂有关，因此当选择预拌厂家时，应对混凝土的质量有约定，以便分清责任。

4.1.15 防水混凝土的抗压强度和抗渗性能必须符合设计要求。

检验方法：检查混凝土抗压、抗渗性能检验报告。

防水混凝土与普通混凝土配制原则不同，普通混凝土是根据所需强度要求进行配制，而防水混凝土则是根据工程设计所需抗渗等级要求进行配制。通过调整配合比，使水泥砂浆除满足填充和粘结石子骨架作用外，还在粗骨料周围形成一定数量良好的砂浆包裹层，从而提高混凝土抗渗性。

作为防水混凝土首先满足设计的抗渗等级要求，同时适应强度要求。一般能满足抗渗要求的混凝土，其抗压强度往往会超过设计要求。

在检查时，既要检查混凝土抗压强度，也要检查混凝土的抗渗试验。

1. 防水混凝土是在普遍混凝土的基础上发展起来的。两者不同点在于：普通混凝土是根据所需强度等级进行配制的，防水混凝土是根据工程所需抗渗等级要求配制的。通过调整配合比，除满足水泥砂浆填充细骨料空隙和粘结石子骨架作用外，还要求在粗骨料周围形成一定数量和质量良好的砂浆包裹层，从而提高混凝土的抗渗性。

2. 具体措施

1) 防水混凝土同普通混凝土在配合比选择上有所不同，即表现为水胶比限制在 0.5 以内，水泥用量稍高，不宜小于 260kg/m³；砂率较大，宜为 35%～40%；灰砂比也较高，宜为 1：1.5～1：2.5。考虑到施工现场与试验室条件的差别，试验要求的抗渗水压值应比设计要求提高 0.2MPa。

2) 混凝土原材料必须符合质量要求。水泥应符合国家标准，水泥品种应按设计要求选用，不得使用过期或受潮结块水泥；限制砂子含泥量在 3% 以内，石子含泥量在 1% 以内；外加剂的技术性能应符合国家或行业标准一等品及以上质量要求。

3) 混凝土拌制和浇筑过程控制应符合下列规定：

① 拌制混凝土所用材料的品种、规格和用量，每工作班检查不应少于两次。每盘混凝土各组成材料计量结果的偏差应符合表 4.4.1 的规定。

② 混凝土在浇筑地点的坍落度，每工作班至少检查两次。混凝土实测的坍落度与要求坍落度之间的偏差应符合表 4.4.2 的规定。

4) 工程验收的防水混凝土抗压和抗渗试件，应在浇筑地点制作。为检验商品混凝土质量，预拌站亦应留置一定数量的试块进行抗压、抗渗试验。混凝土抗压、抗渗试件的试验结果评定，应采用标准条件下养护。

3. 检查监督

1) 防水混凝土的原材料、配合比及坍落度，必须符合设计要求。检查出厂合格证、质量检验报告、计量措施和现场抽样试验报告。

2) 检查防水混凝土抗压、抗渗试验报告。作为防水混凝土，首先必须满足设计抗渗等级，同时适应强度要求。

3) 防水混凝土拌合物在运输后如出现离析，必须进行二次搅拌。当坍落度损失不能满足施工要求时，应加入原水灰比的水泥浆或二次掺加减水剂进行搅拌，严禁直接加水。

4. 判定尺度

1) 防水混凝土抗渗性能试验，应符合现行《普通混凝土长期性能和耐久性能试验方法标准》(GB/T 50082) 的有关规定。

抗渗试件每组 6 块。按规定将标准养护 28d 后的抗渗试块置于混凝土抗渗仪上，施以规定的压力和加压程序。防水混凝土抗渗压力值是以 6 个试块中有 4 个试块所能承受的最大水压表示。

2) 试配时要求的抗渗水压值，应比抗渗强度等级设计值提高 0.2MPa；但试验抗渗压力应不低于试配抗渗等级的要求，否则应予调整配合比。

3) 防水混凝土在施工过程中应按规定取样做抗渗试验。检验时的抗渗压力应不低于设计抗渗等级的要求。

4.1.16 防水混凝土的变形缝、施工缝、后浇带、穿墙管道、埋设件等设置和构造，均须符合设计要求。

检验方法：观察检查和检查隐蔽工程验收记录。

本条为强制性条文。

1. 条文解释

1) 变形缝应考虑工程结构的沉降、伸缩的可变性，并保证其在变化中的密闭性，不产生渗漏水现象。变形缝处混凝土结构的厚度不应小于 300mm，变形缝的宽度宜为 20～30mm，全埋式地下防水工程的变形缝应为环状，半地下防水工程的变形缝应为 U 字形，U 字形变形缝的设计高度应超过室外地坪 150mm 以上。

2）防水混凝土的施工应不留或少留施工缝，底板的混凝土应连续浇筑。墙体上不得留垂直施工缝，垂直施工缝应与变形缝相结合。最低水平施工缝距底板面应不小于 300mm，距墙孔洞边缘应不小于 300mm，并避免设在墙板承受变形弯矩或剪力最大的部位。

3）后浇带通用于不宜设置柔性变形缝以及后期变形趋于稳定的结构。后浇带应采用补偿收缩混凝土，其强度等级不得低于两侧混凝土。

4）当结构变形或管道伸缩量较小，穿墙管可采用主管直接埋入混凝土内的固定式防水法；当结构变形或管道伸缩量较大或有更换要求时，应采用套管式防水法。穿墙管线较多时，宜相对集中、采用封口钢板式的防水法。

5）埋设件端部或预留孔（槽）底部的混凝土厚度不得低于 250mm；当厚度小于 250mm 时，应采取局部加厚或加焊止水钢板的防水措施。

2. 具体措施

1）变形缝的防水施工应符合下列规定：

（1）止水带宽度和材质的物理性能均应符合设计要求，且无裂缝和气泡；接头应采用热接，不得叠接，接缝平整、牢固；不得有裂口和脱胶现象。

（2）中埋式止水带中心线应和变形缝中心线重合，止水带不得穿孔或用铁丝固定。

（3）变形缝设置中埋式止水带时，混凝土浇筑前应校正止水带位置，表面清理干净，止水带损坏处应修补；顶底板止水带的下侧混凝土应振捣密实，边墙止水带内外侧混凝土应均匀，保证止水带位置正确、平直，无卷曲现象。

（4）变形缝处增设的卷材或涂料防水层，应按设计要求施工。

2）施工缝的防水施工应符合下列规定：

（1）水平施工缝浇筑混凝土前，应将其表面浮浆和杂物清除，铺水泥砂浆或涂刷混凝土界面处理剂并及时浇筑混凝土。

（2）垂直施工缝浇筑混凝土前，应将其表面清理干净，涂刷混凝土界面处理剂并及时浇筑混凝土。

（3）施工缝采用遇水膨胀橡胶腻子止水条时，应将止水条牢固地安装在缝表面预留槽内。

（4）施工缝采用中埋止水带时，应确保止水带位置正确，固定牢靠。

3）后浇带的防水施工应符合下列规定：

（1）后浇带应在其两侧混凝土龄期达到 42d 后再施工。

（2）后浇带的接缝处理符合上述有关施工缝的防水施工规定。

（3）后浇带应用补偿收缩混凝土，其强度等级不得低于两侧混凝土。

（4）后浇带混凝土养护时间不得少于 28d。

4）穿墙管道的防水施工应符合以下规定：

（1）穿墙管上水环与主管或翼环与套管应连续满焊，并做好防腐处理。

（2）穿墙管处防水层施工前，应将套管内表面清理干净。

（3）套管内管道安装完毕后，应在两管间嵌入内衬填料，端部用密封材料填缝。柔性穿墙时，穿墙内侧应用法兰压紧。

（4）穿墙管外侧防水层应铺设严密，不留接槎；增铺附加层时；应按设计要求施工。

5）埋设件的防水施工应符合下列规定：

（1）埋设件端部或预留孔（槽）底部的混凝土厚度不得小于 250mm；当厚度小于 250mm 时，必须局部加厚或采用其他防水措施。

（2）预留地坑、孔洞、沟槽同的防水层，应与孔（槽）外的结构防水层保持连续。

（3）固定模板用的螺栓必须穿过混凝土结构时，螺栓或套管应满焊止水环或翼环；采用工具式螺栓或螺栓加堵头做法，拆模后应采取加强防水措施将留下的凹槽封堵密实。

3. 监督检查

1）防水混凝土结构的变形缝、施工缝、后浇带等细部构造，应采用止水带、遇水膨胀橡胶腻子止水条等高分子防水材料和接缝密封材料。所用防水材料必须符合国家现行产品标准和设计要求。检查出厂合格证、质量检验报告和现场抽样试验报告。

2）防水混凝土结构细部构造必须符合设计要求，细部构造防水施工应符合本规范有关规定。观察检查和检查隐蔽工程验收记录。检查数量应为全数检查。

3）地下防水工程验收时，应检查地下工程有无渗漏现象，渗漏水量调查与量测方法应按本规范附录 C 执行。检查后应填写安全和性能检验（检测）报告。

4. 判定尺度

实践证明，绝大多数防水混凝土工程的质量是良好的。但是也有少量工程由于选用防水材料不合理、设计构造处理不当、施工质量不好或地基沉陷、地震灾害等原因，造成不同程度的渗漏水。渗漏水现象常易发生在施工缝、裂缝、蜂窝麻面、埋设件、管道穿墙孔及变形缝等部位。

地下防水工程应按工程设计的防水等级标准进行验收。

一般项目

4.1.17 防水混凝土结构表面应坚实、平整，不得有露筋、蜂窝等缺陷；埋设件位置应准确。

检验方法：观察检查。

地下防水工程除主体采用防水混凝土结构自防水外，往往在其结构表面采用卷材、涂料防水层，因此要求结构表面的质量应做到坚实和平整。防水混凝土结构内的钢筋或绑扎铁丝不得触及模板，固定模板的螺栓穿墙结构时必须采取防水措施，避免在混凝土结构内留下渗漏水通路。

地下铁道、隧道结构预埋件和预留孔洞多，特别是梁、柱和不同断面结合等部位钢筋的密集，施工时必须事先制定措施，加强该部位混凝土振捣，保证混凝土质量。

埋设件的允许偏差应符合第 5 章表 5.8.2、表 5.8.3 的相关要求。

4.1.18 防水混凝土结构表面的裂缝宽度不应大于 0.2mm，且不得贯通。

检验方法：用刻度放大镜检查。

工程渗漏水的轻重程度主要取决于裂缝宽度和水头压力，当裂缝宽度在 0.1～0.2mm 左右、水头压力小于 15～20m 时，一般混凝土裂缝可以自愈。所谓"自愈"现象是当混凝土产生微细裂缝时，体内一部分的游离氢氧化钙被溶出且浓度不断增大，转变成白色氢氧化钙结晶，氢氧化钙和空气中的 CO_2 发生碳化作用，形成白色碳酸钙结晶沉积在裂缝的内部和表面，最后裂缝全部愈合，使渗漏水现象消失。基于混凝土这一特性，确定地下工程防水混凝土结构裂缝宽度不得大于 0.2mm，并不得贯通。

4.1.19 防水混凝土结构厚度不应小于 250mm，其允许偏差为 +8mm、-5mm；主体结构迎水面钢筋保护层厚度不应小于 50mm，其允许偏差为 ±5mm。

检验方法：尺量检查和检查隐蔽工程验收记录。

1. 防水混凝土除了要求密实性好、开放孔隙少、孔隙率小以外，还必须具有一定厚度，从而可以延长混凝土的透水通路，加大混凝土的阻水截面，使得混凝土不发生渗漏。综合考虑现场施工的不利条件及钢筋的引水作用等诸因素，防水混凝土结构的最小厚度应不小于 250mm，才能抵抗地下压力水的渗透作用。

2. 钢筋保护层通常是指主筋的保护层厚度。由于地下工程结构的主筋外面还有箍筋，箍筋处的保护层厚度较薄，加之水泥固有收缩的弱点以及使用过程中受到各种因素的影响，保护层处混凝土极易开裂，地下水沿钢筋渗入结构内部，故迎水面钢筋保护层必须具有足够的厚度。

钢筋保护层厚度的确定，结构上应保证钢筋与混凝土的共同作用，在耐久性方面还应防止混凝土受到各种侵蚀而出现钢筋锈蚀等危害。据有关资料介绍，当保护层厚度分别为 40mm、30mm、20mm 时，钢筋产生移位或保护层厚度发生负偏差时，5mm 的误差就能使钢筋锈蚀的时间分别缩短 24%、30%、44%，可见，保护层越薄其受到的损害越大。参阅国内外有关文献规范，保护层一般均为 50mm 左右。

4.2 水泥砂浆防水层

4.2.1 水泥砂浆防水层适用于地下工程主体结构的迎水面或背水面。不适用于受持续振动或温度高于 80℃ 的地下工程。

防水砂浆分为掺有外加剂或掺合料的防水砂浆和聚合物水泥防水砂浆两大类，水泥砂浆防水层适用于地下工程主体结构的迎水面或背水面。水泥防水砂浆系刚性防水材料，适应基层变形能力差，不适用于持续振动或温度高于 80℃ 的地下工程。一些具有防腐蚀功能的聚合物水泥防水砂浆，常温下可用于化工大气和腐蚀性水作用的部位，也可用于浓度不大于 2% 的酸性介质或中等浓度以下的碱性介质和盐类介质作用的部位。因此，环境具有腐蚀性的地下工程，可根据介质、浓度、温度和作用条件等因素，综合确定选用聚合物水泥防水砂浆。防腐蚀工程的设计、选材、施工及验收可参照现行标准《聚合物水泥砂浆防腐蚀工程技术规程》(CECS 18)、《工业建筑防腐蚀设计规范》(GB 50046)、《建筑防腐蚀工程施工规范》(GB 50212)、《建筑防腐蚀工程施工质量验收规范》(GB 50224) 等有关规定。

4.2.2 水泥砂浆防水层应采用聚合物水泥防水砂浆；掺外加剂或掺合料的防水砂浆。

随着防水技术的进步，普通水泥砂浆已逐渐被掺加外加剂、掺加料或聚合物乳液的防水砂浆所取代；由于防水砂浆施工工艺更简便，防水效果更可靠，因此取消了普通水泥砂浆防水层的规定。

聚合物水泥防水砂浆是以水泥、细骨料为主要原材料，以聚合物和添加剂等为改性材料并以适当配比混合而成的，产品分为干粉类和乳液类，其物理性能应符合现行行业标准《聚合物水泥防水砂浆》(JC/T 984) 的有关规定。

聚合物水泥防水砂浆的物理力学性能应符合表 4.4.5 的要求。

聚合物水泥防水砂浆的物理力学性能　　　　表 4.4.5

序号	项 目			技术指标	
				Ⅰ型	Ⅱ型
1	凝结时间	初凝（min） ≥		45	
		终凝（h） ≤		24	
2	抗渗压力（MPa）	涂层试件 ≥	7d	0.4	0.5
		砂浆试件 ≥	7d	0.8	1.0
			28d	1.5	1.5
3	抗压强度（MPa）		≥	18.0	24.0
4	抗折强度（MPa）		≥	6.0	8.0
5	柔韧性（横向变形能力）（mm）		≥	1.0	
6	粘结强度 MPa		7d ≥	0.8	1.0
			28d	1.0	1.2
7	耐碱性			无开裂、剥落	
8	耐热性			无开裂、剥落	
9	抗冻性			无开裂、剥落	
10	收缩率（%）		≤	0.30	0.15
11	吸水率（%）		≤	6.0	4.0

注：1. 凝结时间可根据用户需要及季节变化进行调整；
　　2. 当产品使用的厚度不大于 5mm 时测定涂层试件抗渗压力；当产品使用的厚度大于 5mm 时测定砂浆试件抗渗压力；亦可根据产品用途，选择测定涂层或砂浆试件的抗渗压力；
　　3. 本表摘自《聚合物水泥防水砂浆》(JC/T 984—2011)。

4.2.3 水泥砂浆防水层所用的材料应符合下列规定：

　　1 水泥应使用普通硅酸盐水泥、硅酸盐水泥或特种水泥，不得使用过期或受潮结块的水泥；

　　2 砂宜采用中砂，含泥量不得大于 1.0%，硫化物和硫酸盐含量不得大于 1.0%；

　　3 用于拌制水泥浆的水应采用不含有害物质的洁净水；

　　4 聚合物乳液的外观为均匀液体、无杂质，无沉淀、不分层；

　　5 外加剂的技术性能应符合国家或行业标准的质量要求。

　　1. 水泥应使用硅酸盐水泥、普通硅酸盐水泥或特种水泥，主要根据水泥早强、快硬、防渗、膨胀、抗硫酸盐等性能，适应不同情况的需要。水泥出厂后存放时间不宜过长，有效期不得超过 3 个月，快硬水泥不得超过 1 个月。过期或受潮结块水泥不得使用，必要时需经过检验后确定。

　　2. 砂宜采用中砂，粒径大于 3mm 的颗粒应在使用前筛除。砂的颗粒应坚硬、粗糙、洁净，同时砂中不得含有垃圾和草根等有机杂质。砂中含泥量、硫化物和硫酸盐含量均应符合高强度混凝土用砂的规定。

　　3. 一般能饮用的自来水和天然水，均可用作防水砂浆用水。规定水中不得有影响水泥正常凝结与硬化的有害杂质或油类、糖类等。

4. 聚合物乳液的质量要求应符合现行行业标准《建筑防水涂料用聚合物乳液》（JC/T 1017）的有关规定。

5. 外加剂的质量要求应符合现行国家标准《混凝土外加剂应用技术规范》（GB 50119）的有关规定。参考第5章混凝土结构工程。

4.2.4 水泥砂浆防水层的基层质量应符合下列规定：

1 基层表面应平整、坚实、清洁，并应充分湿润，无明水；

2 基层表面的孔洞、缝隙应采用与防水层相同的水泥砂浆填塞并抹平；

3 施工前应将埋设件、穿墙管预留凹槽内嵌填密封材料后，再进行水泥砂浆防水层施工。

水泥砂浆防水层的基层质量至关重要。基层表面状态不好，不平整、不坚实，有孔洞和缝隙，则会影响水泥砂浆防水层的均匀性及基层的粘结性。

4.2.5 水泥砂浆防水层施工应符合下列规定：

1 水泥砂浆的配制，应按所掺材料的技术要求准确计量。

2 分层铺抹或喷涂，铺抹时应压实、抹平，最后一层表面应提浆压光。

3 防水层各层应紧密黏合，每层宜连续施工，必须留设施工缝时，应采用阶梯坡形槎，但与阴阳角处的距离不得小于200mm。

4 水泥砂浆终凝后应及时进行养护，养护温度不宜低于5℃，并应保持砂浆表面湿润，养护时间不得少于14d。聚合物水泥防水砂浆未达到硬化状态时，不得浇水养护或直接受雨水冲刷，硬化后应采用干湿交替的养护方法。潮湿环境中，可在自然条件下养护。

施工缝是水泥砂浆防水层的薄弱部位，由于施工缝接槎不严密及位置留设不当等原因，导致防水层渗漏水。因此水泥砂浆防水层各层应紧密结合，每层宜连续施工；如必须留槎时，应用阶梯坡形槎，但离阴阳角处不得小于200mm，接槎要依层次顺序操作，层层搭接紧密。

为了防止水泥砂浆防水层早期脱水而产生裂缝导致渗水，在砂浆硬化后（约12～24h）要及时进行养护。一般水泥砂浆的水化硬化速度和强度发展均较快，14d强度可达标准强度的80%。

聚合物水泥砂浆防水层应采用干湿交替的养护方法，早期（硬化后7d内）采用潮湿养护，后期采用自然养护；在潮湿环境中，可在自然条件下养护。聚合物防水砂浆终凝后泛白前，不得洒水养护或雨淋，以防水冲走砂浆中的胶乳而破坏胶网膜的形成。

4.2.6 水泥砂浆防水层分项工程检验批的抽样检验数量，应按施工面积每100m² 抽查1处，每处10m²，且不得少于3处。

水泥砂浆防水层工程施工质量的检验数量，应按抽查面积与防水层总面积的1/10考虑，这一比例要求对检验防水层质量有一定代表性，实践也证明是可行的。

主控项目

4.2.7 防水砂浆的原材料及配合比必须符合设计规定。

检验方法：检查出厂合格证、产品性能检测报告、计量措施和材料进场检验报告。

普通水泥砂浆是采用不同配合比的水泥浆和水泥砂浆，通过分层抹压构成防水层。此方法在防水要求较低的工程中使用较为适宜。

在水泥砂浆中掺入各种外加剂、掺合剂，可提高砂浆的密实性、抗渗性，应用已较为普遍。而在水泥砂浆中掺入高分子聚合物配制成具有韧性、耐冲击性好的聚合物水泥砂浆，是近年来国内外发展较快、具有较好防水效果的新型防水材料。

由于外加剂、掺合料和聚合物等材料的质量参差不齐，配制防水砂浆必须根据不同防水工程部位的防水要求和所用材料的特性，提高能满足设计要求的适宜的配合比。配制过程中必须做到原材料的品种、规格和性能符合国家标准或行业标准。同时计量应准确，搅拌应均匀，现场抽样试验应符合设计要求。

外加剂等的抽样方法、质量标准参考第5章混凝土结构工程。

4.2.8 防水砂浆的粘结强度和抗渗性能必须符合设计规定。

检验方法：检查砂浆粘结强度、抗渗性能检验报告。

目前掺入各种外加剂、掺合料和聚合物的防水砂浆品种繁多，给设计和施工单位选用这些材料带来一定的困难。《地下工程防水技术规范》（GB 50108—2008）第4.2.8条列出了防水砂浆主要性能要求见表4.4.6，可以满足设计和施工单位使用。同时规定：掺外加剂、掺合料的防水砂浆，其粘结强度应大于0.6MPa，抗渗性应大于或等于0.8MPa；聚合物水泥防水砂浆，其粘结强度应大于1.2MPa，抗渗性应大于或等于1.5MPa，砂浆浸水168h后材料的粘结强度及抗渗性的保持率应大于或等于80%。又按《聚合物水泥防水砂浆》（JC/T 984—2011）的规定，粘结强度（Ⅰ型）7d应大于或等于0.8MPa，28d应大于或等于1.0MPa；（Ⅱ型）7d应大于或等于1.0MPa，28d应大于或等于1.2MPa；抗渗压力（Ⅰ型）7d应大于或等于0.8MPa，28d应大于或等于1.5MPa；（Ⅱ型）7d应大于或等于1.0MPa，28d应大于或等于1.5MPa。综上所述，防水砂浆的粘结强度和抗渗性应是进场材料必检项目。

防水砂浆主要性能要求　　　　　　　　　表4.4.6

防水砂浆种类	粘结强度（MPa）	抗渗性（MPa）	抗折强度（MPa）	干缩率（%）	吸水率（%）	冻融循环（次）	耐碱性	耐水性（%）
掺外加剂、掺合料的防水砂浆	＞0.6	≥0.8	同普通砂浆	同普通砂浆	≤3	＞50	10%NaOH溶液浸泡14d无变化	—
聚合物水泥防水砂浆	＞1.2	≥1.5	≥8.0	≤0.15	≤4	＞50	—	≥80

注：1. 耐水性指标是指砂浆浸水168h后材料的粘结强度及抗渗性的保持率；
　　2. 本表摘自《地下工程防水技术规范》（GB 50108—2008）。

4.2.9 水泥砂浆防水层与基层之间应结合牢固，无空鼓现象。

检验方法：观察和用小锤轻击检查。

水泥砂浆防水层属刚性防水，适应变形能力较差；水泥砂浆应与基层粘结牢固并连成一体，共同承受外力及压力水的作用。水泥砂浆防水层宜采用多层抹压法施工，水泥砂浆防水层各层应紧密贴合，与基层之间必须结合牢固，无空鼓现象。

在确定水泥砂浆防水层是否有空鼓时，应符合以下规定：一是对单个空鼓面积不大于0.01m²且无裂纹者，一律可不作修补；局部单个空鼓面积大于0.01m²或虽面积不大但裂纹显著者，应予修补。二是对已经出现大面积空鼓的严重缺陷，应由施工单位提出技术处理方案，并经监理或建设单位认可后处理。三是对水泥砂浆防水层经处理的部位，应重新检查验收。

一般项目

4.2.10 水泥砂浆防水层表面应密实、平整，不得有裂纹、起砂、麻面等缺陷。

检验方法：观察检查。

水泥砂浆防水层不同于普通水泥砂浆找平层，在混凝土或砌体结构的基层上应采用多层抹面做法，防止防水层的表面产生裂纹、起砂、麻面等缺陷，保证防水层和基层的粘结质量。水泥砂浆铺抹时，应在砂浆收水后二次压光，使表面坚固密实、平整；水泥砂浆终凝后，应采取浇水、覆盖浇水、喷养护剂、涂刷冷底子油等手段充分养护，保证砂浆中的水泥充分水化，确保防水层质量。

4.2.11 水泥砂浆防水层施工缝留槎位置应正确，接槎应按层次顺序操作，层层搭接紧密。

检验方法：观察检查和检查隐蔽工程验收记录。

施工缝等防水构造的做法应符合设计要求，在每层施工完后下层施工前应做隐蔽验收记录，对接槎位置在何处、接槎质量情况作出记录。

4.2.12 水泥砂浆防水层的平均厚度应符合设计要求，最小厚度不得小于设计值的85%。

检验方法：用针测法检查。

水泥砂浆防水层无论是在结构迎水面还是在结构背水面，都具有很好的防水效果。根据新品种防水材料的特性和目前应用的实际情况，将防水层的厚度作了重新规定。即普通水泥砂浆防水层和掺外加剂或掺合料水泥砂浆防水层，其厚度均定为18～20mm；聚合物水泥砂浆防水层，其厚度定为6～8mm。

水泥砂浆防水层的厚度测量，应在砂浆终凝前用钢针插入进行尺量检查，不允许在已硬化的防水层表面任意凿孔破坏。

4.2.13 水泥砂浆防水层表面平整度的允许偏差应为5mm。

检查方法：用2m靠尺和楔形塞尺检查。

4.3 卷材防水层

4.3.1 卷材防水层适用于受侵蚀性介质或受振动作用的地下工程；卷材防水层应铺设在主体结构的迎水面。

地下工程卷材防水层一般采用外防外贴和外防内贴两种施工方法。由于外防外贴法的防水效果优于外防内贴法，所以在施工场地和条件不受限制时一般均采用外防外贴法。

4.3.2 卷材防水层应采用高聚物改性沥青类防水卷材和合成高分子类防水卷材。所选用的基层处理剂、胶粘剂、密封材料等均应与铺贴的卷材相匹配。

目前国内外用的主要卷材品种：高聚物改性沥青防水卷材有SBS、APP、APAO、APO等；合成高分子防水卷材有三元乙丙、氯化聚乙烯、聚氯乙烯、氯化聚乙烯-橡胶共混等。该类材料具有延伸率较大、对基层伸缩或开裂变形适应性较强的特点，适用于地下防水施工。

我国化学建材行业发展很快，卷材及胶粘剂种类繁多、性能各异，胶粘剂有溶剂型、水乳型、单组分、多组分等，各类不同的卷材都应有与之配套（相容）的胶粘剂及其他辅助材料。不同种类卷材的配套材料不能相互混用，否则有可能发生腐蚀侵害或达不到粘结质量标准。

4.3.3 在进场材料检验的同时，防水卷材接缝粘结质量检验应按本规范附录D执行。

材料是保证防水工程的基础，一个防水系统除了材料本身合格外，必须考虑防水材料及其辅助材料的匹配性。国内许多防水材料生产企业，一般只提供合格的防水材料或辅助材料，施工单位一般不会考虑是否相互匹配，采购后就直接使用在工程中，影响了工程质量。为了不增加过多的试验费用，在进场材料检验的同时，应按其用途将主材和辅材一并送检，并进行两种材料的剪切性能和剥离性能检验。本条对采用胶粘剂和胶粘带的防水卷材接缝进行粘结质量检验作了具体规定，同时在规范附录 D 中提出了以下试验方法：

1. 胶粘剂的剪切性能试验方法；
2. 胶粘剂的剥离性能试验方法；
3. 胶粘带的剪切性能试验方法；
4. 胶粘带的剥离性能试验方法。

这些试验方法由检测机构应用，本书不作介绍。

4.3.4 铺贴防水卷材前，基面应干净干燥，并应涂刷基层处理剂；当基面潮湿时，应涂刷湿固化型胶粘剂或潮湿界面隔离剂。

铺贴卷材前应在其表面上涂刷基层处理剂，基层处理剂应与卷材及胶粘剂的材料相容，可采用喷涂或涂刷法施工，喷涂应均匀一致、不露底，待表面干燥后方可铺贴卷材。

目前大部分合成高分子卷材只能采用冷粘法、自粘法铺贴，为保证其在较潮湿基面上的粘结质量，故提出施工时应选用湿固化型胶粘剂或潮湿界面隔离剂。

4.3.5 基层阴阳角应做成圆弧或 45°坡角，其尺寸应根据卷材品种确定；在转角处、变形缝、施工缝、穿墙管等部位应铺贴卷材加强层，加强层宽度不应小于 500mm。

4.3.6 防水卷材的搭接宽度应符合表 4.3.6（本书表 4.4.7）的要求。铺贴双层卷材时，上下两层和相邻两幅卷材的接缝应错开 1/3～1/2 幅宽，且两层卷材不得相互垂直铺贴。

防水卷材的搭接宽度 表 4.4.7

卷材品种	搭接宽度（mm）
弹性体改性沥青防水卷材	100
改性沥青聚乙烯胎防水卷材	100
自粘聚合物改性沥青防水卷材	80
三元乙丙橡胶防水卷材	100/60（胶粘剂/胶粘带）
聚氯乙烯防水卷材	60/80（单焊缝/双缝）
	100（胶粘剂）
聚乙烯丙纶复合防水卷材	100（粘结料）
高分子自粘胶膜防水卷材	70/80（自粘胶/胶粘带）

注：本表摘自《地下防水工程质量验收规范》（GB 50208—2011）。

为确保地下工程在防水层合理使用年限内不发生渗漏，除卷材的材性材质因素外，卷材的厚度应是最重要的因素。

建筑工程地下防水的卷材铺贴方法，主要采用冷粘法和热熔法。底板垫层混凝土平面部位的卷材宜采用空铺法、点粘法或条粘法，其他与混凝土结构相接触的部位应采用满铺法。

采用多层卷材时，上下两层和相邻两幅卷材的搭接缝应错开 1/3～1/2 幅宽，且两层卷材不得相互垂直铺贴。这是为防止在同一处形成透水通路，导致防水层渗漏水。

4.3.7 冷粘法铺贴卷材应符合下列规定：

1 胶粘剂应涂刷均匀，不得露底、堆积；

2 根据胶粘剂的性能，应控制胶粘剂涂刷与卷材铺贴的间隔时间。

3 铺贴时不得用力拉伸卷材，排除卷材下面的空气，辊压粘贴牢固。

4 铺贴卷材应平整、顺直，搭接尺寸准确，不得扭曲、皱折。

5 卷材接缝部位应采用专用胶粘剂或胶粘带满粘，接缝口应用密封材料封严，其宽度不应小于10mm。

采用冷粘法铺贴卷材时，胶粘剂的涂刷对保证卷材防水施工质量关系极大。涂刷不均匀，有堆积或漏涂现象，不但影响卷材的粘结力，还会造成材料的浪费。

根据胶粘剂的性能和施工环境要求，有的可能在涂刷后立即粘贴，有的要待溶剂挥发后粘贴，控制胶粘剂涂刷与卷材铺贴的间隔时间尤为重要。

涂满胶粘剂和溢出胶粘剂，才能证明卷材粘结牢固、封闭严密。卷材铺贴后，要求接缝口用10mm宽的密封材料封口，以提高防水层的密封抗渗性能。

4.3.8 热熔法铺贴卷材应符合下列规定：

1 火焰加热器加热卷材应均匀，不得过分不足或烧穿卷材。

2 卷材表面热熔后应立即滚铺，排除卷材下面的空气，并粘贴牢固。

3 铺贴卷材应平整、顺直，搭接尺寸正确，不得有扭曲、皱折。

4 卷材接缝部位应溢出热熔的改性沥青胶料，并粘贴牢固，封闭严密。

对热熔法铺贴卷材的施工，加热时卷材幅宽内必须均匀一致，要求火焰加热器的喷嘴与卷材的距离应适应，加热至卷材表面有光亮黑色时方可进行粘合。若熔化不够会影响卷材接缝的粘结强度和密封性能，加温过高会使改性沥青老化变焦，且把卷材烧穿。

铺贴卷材时应将空气排出，才能粘贴牢固；滚铺卷材时缝边必须溢出热熔的改性沥青胶料，使接缝粘贴牢固、封闭严密。

4.3.9 自粘法铺贴卷材应符合下列规定：

1 铺贴卷材时，应将有黏性的一面朝向主体结构；

2 外墙、顶板铺贴时，排除卷材下面的空气，并辊压粘贴牢固；

3 铺贴卷材应平整、顺直，搭接尺寸准确，不得有扭曲、皱折和起泡；

4 立面卷材铺贴完成后，应将卷材端头固定，并应用密封材料封严；

5 低温施工时，宜对卷材和基面采用热风适当加热，然后铺贴卷材。

4.3.10 卷材接缝采用焊接法施工应符合下列规定：

1 焊接前卷材应铺放平整，搭接尺寸准确，焊接缝的结合面应清扫干净；

2 焊接前应先焊长边搭接缝，后焊短边搭接缝；

3 控制热风加热温度和时间，焊接处不得漏焊、跳焊或焊接不牢；

4 焊接时不得损害非焊接部位的卷材。

为确保卷材接缝的焊接质量，规定焊接前卷材应铺放平整，搭接尺寸准确，焊接缝结合面的油污、尘土、水滴等附着物擦拭干净后，才能进行焊接施工。同时，焊接质量与热风加热温度和时间、操作人员的熟练程度关系极大，焊接施工时必须严格控制，焊接处不得出现漏焊、跳焊或焊接不牢等现象。

4.3.11 铺贴聚乙烯丙纶复合防水卷材应符合下列规定：

1 应采用配套的聚合物水泥防水粘结材料；

2 卷材与基层粘贴应采用满粘法，粘结面积不应小于90%，刮涂粘结料应均匀，不得露底、堆积、流淌；

  3 固化后粘结料厚度不应小于1.3mm；

  4 卷材接缝部位应挤出粘结料，接缝表面处应刮1.3mm厚50mm宽聚合物水泥粘结料封边；

  5 聚合物水泥粘结料固化前，不得在其上行走或进行后续作业。

  聚乙烯丙纶卷材复合防水体系，是用聚合物水泥防水胶粘材料，将聚乙烯丙纶卷材粘贴在水泥砂浆或混凝土基层上，共同组成的一道防水层。聚合物水泥防水粘结材料是由聚合物乳液或聚合物再分散性粉末等聚合物材料和水泥为主要材料组成，不得使用水泥原浆或水泥与聚乙烯醇缩合物混合的材料；聚乙烯丙纶卷材应采用聚乙烯成品原生料和一次复合成型工艺生产；聚合物防水胶粘材料应与聚乙烯丙纶卷材配套供应。施工时还应符合《聚乙烯丙纶卷材复合防水工程技术规程》（CECS 199）的规定。

4.3.12 高分子自粘胶膜防水卷材宜采用预铺反粘法施工，并应符合下列规定：

  1 卷材宜单层铺设；

  2 在潮湿基面铺设时，基面应平整坚固、无明水；

  3 卷材长边应采用自粘边搭接，短边应采用胶粘带搭接，卷材端部搭接区应相互错开；

  4 立面施工时，在自粘边位置距离卷材边缘10～20mm内，每隔400～600mm应进行机械固定，并应保证固定位置被卷材完全覆盖；

  5 浇筑结构混凝土时不得损伤防水层。

  高分子自粘胶膜防水卷材是在一定厚度的高密度聚乙烯膜面上涂覆一层高分子自粘胶料制成的复合高分子防水卷材，归类于高分子防水卷材复合片树脂类品种 FS_2，其特点是具有较高的断裂拉伸强度和撕裂强度，胶膜的耐水性好，一二级的地下防水工程单层使用时也能达到防水规定的要求。

  高分子自粘胶膜防水卷材宜采用预铺反粘法施工。施工时将卷材的高分子胶膜层朝向主体结构空铺的基面上，然后浇筑结构混凝土，使混凝土浆料与卷材胶膜层紧密地结合，防水层与主体结构结合成为一体，从而达到不窜水的效果。卷材的长边采用自粘法搭接，短边采用胶粘带搭接，所用粘结材料必须与卷材相配套。

4.3.13 卷材防水层完工并经验收合格后应及时做保护层。保护层应符合下列规定：

  1 顶板的细石混凝土保护层与防水层之间宜设置隔离层。细石混凝土保护层厚度：机械回填时不宜小于70mm，人工回填时不宜小于50mm。

  2 底板的细石混凝土保护层厚度不应小于50mm。

  3 侧墙宜采用软质保护材料或铺抹20mm厚1:2.5水泥砂浆。

  规定细石混凝土保护层与防水层之间宜设置隔离层，目的是防止保护层伸缩变形而破坏防水层。

  底板防水层上要进行扎筋、支模、浇筑混凝土等工作，因此底板防水层上应采用厚度不小于50mm的细石混凝土保护层。侧墙防水层的保护层可采用聚苯乙烯泡沫塑料板、发泡聚乙烯、塑料排水板等软质保护层，也可采用铺抹30mm厚1:2.5水泥砂浆保护层。

  高分子自粘胶膜防水卷材采用预铺反粘法施工时，可不做保护层。

4.3.14 卷材防水层分项工程检验批的抽检数量，应按铺贴面积每100m² 抽查1处，每处

$10m^2$，且不得少于 3 处。

主控项目

4.3.15 卷材防水层所用卷材及其配套材料必须符合设计要求。

　　检验方法：检查产品合格证、产品性能检测报告和材料进场检验报告。

　　由于考虑到地下工程使用年限长、质量要求高、工程渗漏维修无法更换材料等特点，防水卷材产品标准中的某些技术指标不能满足地下工程的需要，表 4.3.4～表 4.3.6 列出了防水卷材及其配套材料的主要物理性能。

　　性能标准依据的标准在表 4.3.18 中。

　　现场抽样的数量、检验项目按照表 4.3.19 的规定。

4.3.16 卷材防水层在转角处、变形缝、穿墙管道等部位做法均须符合设计要求。

　　检验方法：观察检查和检查隐蔽工程验收记录。

　　地下工程的防水设防要求，应根据使用功能、结构形式、环境条件、施工方法及材料性能等因素合理确定。按设防要求的规定进行地下工程构造防水设计，设计人员应绘出大样图或指定采用建筑标准图集的具体做法。转角处、变形缝、穿墙管道等处是防水薄弱环节，施工较为困难。为保证防水的整体效果，对上述细部做法必须严格操作和加强检查，在隐蔽之前应检查并做记录，在检验批验收时，除观察检查外还应检查隐蔽工程验收记录。

一般项目

4.3.17 卷材防水层的搭接缝应粘贴或焊接牢固，密封严密，不得有扭曲、皱折、翘边和起泡等缺陷。

　　检验方法：观察检查。

　　实践证明，只有基层牢固和基层面干燥、清洁、平整，方能使卷材与基层面紧密粘贴，保证卷材的铺贴质量。

　　基层的转角处是防水层应力集中的部位，由于高聚物改性沥青卷材和合成高分子卷材的柔性好且卷材厚度较薄，因此防水层的转角处圆弧半径可以小些。具体地讲，转角处圆弧半径为：高聚物改性沥青卷材不应小于 50mm，合成高分子卷材不应小于 20mm。

　　冷粘法铺贴卷材时，卷材接缝口应用与卷材相容的密封材料封严，其宽度不应小于10mm。热熔法铺贴卷材时，接缝部位的热熔胶料必须溢出，并应随即刮封接口使接缝粘结严密。热塑性卷材接缝焊接时，单焊缝搭接宽度应为 60mm，有效焊缝宽度不应小于30mm；双焊缝搭接宽度应为 80mm，中间应留设 10～20mm 的空腔，每条焊缝有效焊缝宽度不宜小于 10mm。

4.3.18 采用外防外贴法铺贴卷材防水层时，立面卷材接槎的搭接宽度，高聚物改性沥青类卷材应为 150mm，合成高分子类卷材应为 100mm，且上层卷材应盖过下层卷材。

　　检验方法：观察和尺量检查。

　　采用外防外贴法铺贴卷材时，应先铺平面，后铺立面，平面卷材应铺贴至立面主体结构施工缝处，交接处应交叉搭接，这个立面交接部位称为接槎。

　　混凝土结构完成后，铺贴立面卷材时应先将接槎部位的各层卷材揭开，并将其表面清理干净，如卷材有局部损伤，应及时进行修补。卷材接槎的搭接宽度：高聚物改性沥青类卷材应为 150mm，合成高分子类卷材应为 100mm，且上层卷材应盖过下层卷材。

4.3.19 侧墙卷材防水层的保护层与防水层应结合紧密、保护层厚度应符合设计要求。

检验方法：观察和尺量检查。

本条是针对主体结构侧墙采用聚苯乙烯泡沫塑料保护层或砌砖保护墙（边砌边填实）和铺抹水泥砂浆时提出来的。

4.3.20 卷材搭接宽度的允许偏差为−10mm。

检验方法：观察和尺量检查。

卷材铺贴前，施工单位应根据卷材搭接宽度和允许偏差，在现场弹线作为标准去控制施工质量。

4.4 涂料防水层

4.4.1 涂料防水层适用于受侵蚀性介质作用或受振动作用的地下工程；有机防水涂料宜用于主体结构的迎水面，无机防水涂料宜用于主体结构的迎水面或背水面。

4.4.2 有机防水涂料应采用反应型、水乳型、聚合物水泥等涂料；无机防水涂料应采用掺外加剂、掺合料的水泥基防水涂料或水泥基渗透结晶型防水涂料。

地下结构属长期浸水部位，涂料防水层应选用具有良好的耐水性、耐久性、耐腐蚀性和耐菌性的涂料。

按地下工程应用防水涂料的分类，有机防水涂料主要包括合成橡胶类、合成树脂类和橡胶沥青类。氯丁橡胶防水涂料、SBS改性沥青防水涂料等聚合物乳液防水涂料，属挥发固化型；聚氨酯防水涂料属反应固化型。

有机防水涂料的特点是达到一定厚度具有较好的抗渗性，在各种抄杂基面都能形成无接缝的完整防水膜，通常用于地下工程主体结构的迎水面。但近些年来，随着新材料的不断涌现，有些有机涂料的粘结性、抗渗性均有较大提高，也可用于地下工程主体结构的背水面。

无机防水涂料主要包括掺用外加剂、掺合料的水泥基防水涂料和水泥基渗透结晶型防水涂料。水泥基渗透结晶型防水涂料是一种新型刚性防水材料，与水作用后，材料中含有的活性化学物质通过载体向混凝土内部渗透，在混凝土中形成不溶于水的结晶体，填塞毛细孔道，从而提高混凝土的密实性和防水性。

由于无机防水涂料凝固快，与基面有较强的粘结力，比有机防水涂料更适宜用作主体结构背水面的防水。

目前国内聚合物水泥防水涂料发展很快，用量日益增多，该类材料是以有机高分子聚合物为主剂，加入少量无机活性粉料、填料等制备而成，除具有良好的柔性、粘结性、耐老化性、抗渗性外，涂膜干燥快，弹性模量适中，体积收缩小，潮湿基层可施工，兼具有机与无机防水涂料的优点。

无机防水涂料主要包括聚合物改性水泥基防水涂料和水泥基渗透结晶型防水涂料。应该指出，有机防水涂料固化成膜后最终是形成柔性防水层，与防水混凝土主体组合为刚性、柔性两道防水设防。无机防水涂料是在水泥中掺有一定的聚合物，不同程度地改变水泥固化后的物理力学性能，但是与防水混凝土主体组合仍应认为是刚性两道防水设防，不适用于变形较大或受振动部位。

4.4.3 有机防水涂料基面应干燥。当基面较潮湿时，应涂刷湿固化型胶结剂或潮湿界面隔离剂；无机防水涂料施工前，基面应充分润湿，但不得有明水。

防水涂料施工前，必须对基层表面的缺陷和渗水进行处理。因为涂料未凝固时，如受到水压力的作用，就会使涂料无法凝固或形成空洞，造成渗漏水隐患。基面洁净，无浮浆，有利于涂料均匀一致并具有较好的粘结力。

基层干燥有利于有机防水涂料的成膜及与基层粘结，但地下工程由于施工工期所限，很难做到基面干燥。施工时，宜选用与潮湿基面粘结力较大的有机或无机涂料，也可采用先涂刷无机防水涂料，再涂刷有机防水涂料的复合防水做法。

水泥基渗透结晶型防水涂料施工前，应用洁净水充分湿润混凝土基层，但表面不得有明水，以利于其活性化学物质充分渗透，以水为载体，依靠自身所特有的活性化学物质，在混凝土中与未水化的成分进行水化。

4.4.4 涂料防水层的施工应符合下列规定：

1 多组分涂料应按配合比准确计量，搅拌均匀，并应根据有效时间确定每次配制的用量。

2 涂料应分层涂刷或喷涂，涂层应均匀，涂刷应待前遍涂层干燥成膜后进行；每遍涂刷时应交替改变涂层的涂刷方向，同层涂膜的先后搭压宽度宜为 30～50mm。

3 涂料防水层的甩槎处接缝宽度不应小于 100mm，接涂前应将其甩槎表面处理干净。

4 采用有机防水涂料时，基层阴阳角处应做成圆弧；在转角处、变形缝、施工缝、穿墙管等部位应增加胎体增强材料和增涂防水涂料，宽度不应小于 500mm。

5 胎体增强材料的搭接宽度不应小于 100mm，上下两层和相邻两幅胎体的接缝应错开 1/3 幅度，且上下两层胎体不得相互垂直铺贴。

1. 采用多组分涂料时，由于各组分的配料计量不准和搅拌不均匀，将会影响混合料的充分化学反应，造成涂料性能指标下降。一般配成的涂料固化时间比较短，应按照一次用量确定配料的多少，在固化前用完；已固化的涂料不能和未固化的涂料混合使用。当涂料黏度过大以及涂料固化过快或过慢时，可分别加入适量的稀释剂、缓凝剂或促凝剂，调节黏度或固化时间，但不得影响涂料的质量。

2. 防水涂膜在满足厚度的前提下，涂刷的遍数越多对成膜的密实度越好，因此涂刷时应多遍涂刷，每遍涂刷应均匀，不得露底、漏涂和堆积现象。多遍涂刷时，应待涂层干燥成膜后方可涂刷后一遍涂料；两涂层施工间隔时间不宜过长，否则会形成分层。

3. 涂料施工面积较大时，为保护施工搭接缝的防水质量，规定甩槎处搭接宽度应大于 100mm，接涂前应将其甩槎表面处理干净。

4. 有机防水涂料大面积施工前，应对转角处、变形缝、施工缝和穿墙管等部位设置胎体增强材料并增加涂刷遍数。

4.4.5 涂料防水层完工并经验收合格后应及时做保护层。保护层应符合本规范 4.3.13 条的规定。

4.4.6 涂料防水层的分项工程检验批的抽样检验数量，应按涂层面积每 100m² 抽查 1 处，每处 10m²，且不得少于 3 处。

主控项目

4.4.7 涂料防水层所用材料及配合比必须符合设计要求。

检验方法：检查产品合格证、产品性能检测报告、计量措施和材料进场检验报告。

除有合格证、质量检验报告（合格证和质量检验报告可合在一起）外，抽样试验报告必须合格。

为了充分发挥防水涂料的防水作用，对防水涂料主要提出四个方面的要求：一是要有可操作时间，操作时间越短的涂料将不利于大面积防水涂料施工；二是要有一定的粘结强度，特别是在潮湿基面（即基面饱和但无渗漏水）上有一定的粘结强度；三是防水涂料必须具有一定厚度，才能保证防水功能；四是涂料膜应具有一定的抗渗性。

4.4.8 涂料防水层的平均厚度应符合设计要求，最小厚度不得低于设计厚度的90%。

检验方法：用针测法检查。

本条是强制性条文。

防水涂料必须具有一定的厚度，保证其防水功能和防水层耐久性。在工程实践中，经常出现材料用量不足或涂刷不均匀的缺陷，因此控制涂层的平均厚度和最小厚度是保证防水层质量的重要措施。《地下工程防水技术规范》（GB 50108—2008）规定：掺外加剂、掺合料的水泥基防水涂料厚度不得小于3.0mm；水泥基渗透结晶型防水涂料的用量不应小于$1.5kg/m^2$，且厚度不应小于1.0mm；有机防水涂料的厚度不得小于1.2mm。

有关涂料防水层的厚度测量，建议采用下列方法：

1. 按每处$10m^2$抽取5个点，两点间距不小于2.0m，计算5点的平均值为该处涂层平均厚度，并报告最小值；

2. 涂层平均厚度符合设计规定，且最小厚度大于或等于设计厚度的90%为合格标准；

3. 每个检验批当有一处涂层厚度不合格时，则允许再抽取一处按上法测量，若重新抽取一处涂层厚度不合格，则判定检验批不合格。

4.4.9 涂料防水层在转角处、变形缝、施工缝、穿墙管等部位做法必须符合设计要求。

检验方法：观察检查和检查隐蔽工程验收记录。

本项要求同防水卷材主控项目第二项的要求。

一般项目

4.4.10 涂料防水层应与基层粘结牢固，涂刷均匀，不得流淌、鼓泡、露槎。

检验方法：观察检查。

4.4.11 涂层间夹铺胎体增强材料时，应使防水涂料浸透胎体覆盖完全，不得有胎体外露现象。

检验方法：观察检查。

4.4.12 侧墙涂料防水层的保护层与防水层应结合紧密，保护层厚度应符合设计要求。

检验方法：观察检查。

4.5 塑料防水板防水层

4.5.1 塑料防水板防水层适用于经常承受水压、侵蚀性介质或有振动作用的地下工程；塑料防水板宜铺设在复合式衬砌的初期支护与二次衬砌之间。

塑料板防水层一般是在初期支护上铺设，然后实施二次衬砌混凝土，工程上通常叫做复合式衬砌防水或夹层防水。复合式衬砌防水构成了两道防水，一道是塑料板防水层，另一道是防水混凝土。塑料板不仅起防水作用，而且对初期支护和二次衬砌还起到隔离和润滑作用，防止二次衬砌混凝土因初期支护表面不平而出现开裂，保护和发挥二次衬砌的防水效能。

4.5.2 塑料防水板防水层的基面应平整，无尖锐突出物，基面平整度 D/L 不应大于 1/6。

注：D 为初期支护基面相邻两凸面间凹进去的深度；

L 为初期支护基面相邻两凸面间的距离。

塑料防水板是在喷射混凝土、地下连续墙初期支护上铺设，规定初期支护基层表面十分平整则费时费力，规范只要求应平整，并根据工程实践的经验提出平整度的定量指标，以便于铺设塑料防水板。铺设基面应平整，是为了保证塑料防水板的铺设和焊接质量。不平整的处理方法是：当喷射混凝土厚度达到设计规定时，可在低凹处涂抹水泥砂浆；如喷射混凝土厚度小于设计厚度，必须用喷射混凝土找平。

4.5.3 初期支护的渗漏水，应在塑料防水板防水层铺设前封堵或引排。

4.5.4 塑料防水板的铺设应符合下列规定：

1 铺设塑料防水板前应先铺缓冲层，缓冲层应用暗钉圈固定在基面上；缓冲层搭接宽度不应小于 50mm；铺设塑料防水板时，应边铺边用压焊机将塑料防水板与暗钉圈焊接。

2 两幅塑料防水板的塔接宽度不应小于 100mm，下部塑料防水板应压住上部塑料防水板。接缝焊接时，塑料防水板的搭接层数不得超过 3 层。

3 塑料防水板的搭接缝应采用双焊缝，每条焊缝的有效宽度不应小于 10mm。

4 塑料防水板铺设时宜设置分区预埋注浆系统。

5 分段设置塑料防水板防水层时，两端应采取封闭措施。

1. 设缓冲层，一是因基层表面不太平整，铺设缓冲层后便于铺设塑料防水板；二是能避免基层表面的坚硬物体清除不彻底时刺破塑料防水板；三是采用无纺布或聚乙烯泡沫塑料的缓冲层具有渗排水功能，或起到引排水的作用。

缓冲层铺设时，一般采用射钉和塑料暗钉圈相配套的机械固定方法。塑料暗钉圈用于焊接固定塑料防水板，最终形成无钉孔铺设的防水层。

目前，市场上出现了无纺布和塑料防水板结合在一起的复合防水板，其铺设一般采用吊铺或撑铺，质量难以保证。为保证防水层施工质量，应先铺缓冲层，再铺塑料防水板，真正做到无钉铺设。

2. 两幅塑料防水板的搭接宽度应视开挖面的平整确定，搭接太宽造成浪费，搭接宽度为 100mm 较为适宜。

下部塑料防水板压住上部塑料防水板，可使衬砌外侧上部的渗漏水能顺利流下，消除在塑料防水板搭接处渗漏水的隐患。

搭接部位层数过多，焊接机无法施焊，采用焊枪大面积焊接施工难以保证质量，但从工艺上 3 层是不可避免的，超过 3 层时应采取措施避开。

3. 为确保塑料防水板的整体性，搭接缝不宜采用粘结法，因胶粘剂在地下长期使用很难确保其性能不变。塑料防水板搭接缝应采用双焊接热熔焊接，一方面能确保焊接效果，另一方面也便于充气检查焊缝质量。

4. 设置分区注浆的目的是防止局部渗漏水窜流。

5. 分段设置塑料防水板时，若两侧封闭不好，则地下水会从此处流出。由于塑料防水板与混凝土粘结性较差，工程上一般采用设过渡层的方法，即选用一种既能与塑料防水板焊接，又能与混凝土结合的材料作为过渡层，以保证塑料防水板两侧封闭严密。

4.5.5 塑料防水板的铺设应超前二次衬砌混凝土施工，超前距离宜为5～20m。

4.5.6 塑料防水板应牢固地固定在基面上，固定点间距应根据基面平整情况确定，拱部宜为0.5～0.8m，边墙宜为1.0～1.5m，底部宜为1.5～2.0m；局部凹凸较大时，应在凹处加密固定点。

4.5.7 塑料防水板防水层分项工程检验批的抽样检验数量，应按铺设面积每100m² 抽查1处，每处10m²，且不得少于3处。焊缝检验应按焊缝条数抽查5%，每条焊缝为1处，且不得少于3处。

主控项目

4.5.8 塑料防水板及其产品配套材料必须符合设计要求。

检验方法：检查出厂合格证、产品性能检测报告和材料进场报告。

塑料防水板是工厂定型产品，具有厚薄均匀、质量保证、施工方便和对环境无污染的优点。塑料防水板的种类很多，从生产工艺上分有吹塑型和挤塑型，从材料种类上分有橡胶型、塑料型和其他化工类产品，幅宽从1m到7m不等。

目前国内常用的塑料防水板主要有以下四种：EVA乙烯、醋酸乙烯共聚物、ECB乙烯—沥青共混聚合物、PVC聚氯乙烯、HDPE高密度聚乙烯。

应选择宽幅的塑料防水板，幅度以2～4m为宜。幅度小、搭接缝过多，既增加了施工难度，又增加了渗漏水的风险；但幅宽过宽，塑料防水板的重量加大，会造成铺设困难。

塑料防水板的厚度与板的重量、造价、防水性能等相互关联，板过厚则较重，不利于铺设，且造价较高，但过薄又不易保证防水施工质量。根据我国目前的使用情况，塑料防水板在地下工程防水中使用的厚度不得小于1.2mm。

《地下防水工程质量验收规范》（GB 50208—2011）附录A所列入塑料防水板主要物理性能，前面已做了介绍，系根据现在使用较多的几种防水板的性能综合考虑提出的，工程设计时可根据工程的要求及投资等情况合理选用。

4.5.9 塑料防水板的搭接缝必须采用双缝热熔焊接，每条焊缝的有效宽度不应小于10mm。

检验方法：双焊缝间空腔内充气检查和尺量检查。

塑料防水板的搭接缝必须采用热风焊和焊枪进行焊接，因热风焊机和焊枪的焊接温度、爬行速度可控，根据塑料防水板的熔点、环境温度和湿度设置焊接温度和爬行速度，塑料防水板接缝的焊接质量就有保障。

焊缝的检验一般是在双焊缝间空腔内进行充气检查。充气检查时，将专用充气检测仪一端与压力表相接，一端扎入空腔内，用打气筒进行充气，当压力表达到0.25MPa时停止充气，保持15min，压力下降在10%以内，表明焊缝合格；如果压力下降过快，表明焊缝不严密。用肥皂水涂在焊缝上，有气泡的地方重新补焊，直到不漏气为止。

一般项目

4.5.10 塑料防水板应采用无钉孔铺设，其固定点的间距应符合本规范第4.5.6条的规定。

检验方法：观察和尺量检查。

4.5.11 塑料防水板与暗钉圈应焊接牢靠，不得漏焊、假焊和焊穿。

检验方法：观察检查。

4.5.12　塑料防水板的铺设应平顺，不得有下垂、绷紧和破损现象。

检验方法：观察检查。

塑料防水板的铺设应与基层固定牢固。防水板固定不牢会引起板面下垂，绷紧时又会将防水板拉断。

因拱顶防水板易绷紧，从而产生混凝土封顶厚度不够的现象，因此需将绷紧的防水板割开，并将切口封焊严密后浇筑混凝土，以确保封顶混凝土的厚度。

4.5.13　塑料防水板搭接宽度的允许偏差为－10mm。

检验方法：尺量检查。

塑料防水板采用热压焊接法的原理：将两片 PVC 卷材搭接，通过焊嘴吹热风加热，使卷材的边缘部分达到熔融状态，然后用压辊加压，使两片卷材融为一体。

塑料板搭接缝采用热风焊接施工时，单条焊缝的有效焊接宽度不应小于 10mm。故塑料板搭接宽度不应小于 80mm，有效焊接宽度应为 $10 \times 2 +$ 空腔宽。规范给出了搭接宽度的允许偏差，可以做到准确下料和保证防水层的施工质量。

4.6　金属板防水层

4.6.1　金属板防水层适用于抗渗性能要求较高的地下工程；金属板应铺设在主体结构迎水面。

金属板防水层重量大、工艺繁琐、造价高，一般地下防水工程极少使用，但对于一些抗渗性能要求较高的构筑物（如铸工浇注坑、电炉钢水坑等），金属板防水层仍占有重要地位和实用价值。因为钢水、铁水均为高温熔液，可使渗入坑内的水分汽化，一旦蒸汽侵入金属熔液中会导致铸件报废，严重者还有引起爆炸的危险。

4.6.2　金属板防水层所采用的金属材料和保护材料应符合设计要求。金属板及其焊接材料的规格、外观质量和主要物理性能，应符合国家现行有关标准的规定。

金属板防水层在地下水的侵蚀下易产生腐蚀现象，除了对金属材料和焊条、焊剂提出质量要求外，对保护材料也作了相应的规定，该项要求可参照钢结构中的要求。

4.6.3　金属板的拼接及金属板与工程结构的锚固件连接应采用焊接。金属板的拼接焊缝应进行外观检查和无损检验。

4.6.4　当金属板表面有锈蚀、麻点或划痕等缺陷时，其深度不得大于该板厚度的负偏差值。

4.6.5　金属板防水层分项工程检验批的抽样检验数量，应按铺设面积每 10m² 抽查 1 处，每处 1m²，且不得小于 3 处。焊缝表面缺陷检验应按焊缝的条数抽查 5%，且不得少于 1 条焊缝；每条焊缝检查 1 处，总抽查数不得少于 10 处。

主控项目

4.6.6　金属板和焊接材料必须符合设计要求。

检验方法：检查产品合格证、产品性能检测报告和材料进场检验报告。

金属板材和焊条的规格、材质必须按设计要求选择，钢材的性能应符合国标《碳素结构钢》（GB/T 700）和《低合金高强度结构钢》（GB/T 1591）的要求。

4.6.7　焊工应持有有效的执业资格证书。

检验方法：检查焊工执业资格证书和考核日期。

焊工等有关人员的资格应符合《钢结构焊接规范》（GB 50661—2011）的规定。
一般项目

4.6.8 金属板表面不得有明显凹面和损伤。

检验方法：观察检查。

4.6.9 焊缝不得有裂纹、未熔合、夹渣、焊瘤、咬边、烧穿、弧坑、针状气孔等缺陷。

检验方法：观察检查和使用放大镜、焊缝量规及钢尺检查，必要时采用渗透或磁粉探伤检查。

焊缝质量直接影响金属板防水层的使用寿命，严重者会造成渗漏，因此对焊缝的缺陷应进行严格的检查，必要时采用磁粉或渗透探伤等无损检验，执行时可参照国标《钢结构焊接规范》（GB 50661—2011）有关规定进行。发现焊缝不合格时，应及时进行修整或补焊。

4.6.10 焊缝的焊波应均匀，焊渣和飞溅物应清除干净；保护涂层不得有漏涂、脱皮和返锈现象。

检验方法：观察检查。

焊缝的观感应做到外形均匀、成型较好，焊道与焊道、焊道与基本金属间过渡较平滑，焊渣和飞溅物基本清除干净。

金属板防水层应加以保护，对金属板需用的保护材料应按设计规定使用。

4.7 膨润土防水材料防水层

4.7.1 膨润土防水材料防水层适用于 pH 为 4～10 的地下环境中；膨润土防水材料防水层应用于复合式初砌的初期支护与二次衬砌之间以及明挖地下工程主体结构迎水面，防水层两侧应具有一定的夹持力。

膨润土吸收淡水后变成胶状体，膨胀为自身重量的 5 倍、自身体积的 13 倍左右，依靠粘结性和膨胀性发挥止水功能，这里的淡水是指不会降低膨润土膨胀功能且不含有害物质的水。当地下水为强酸性或强碱性时，即 pH 小于 4 或大于 10 的条件下，膨润土会丧失膨胀功能，从而也就不具有防水作用。

膨润土防水材料只有在有限的空间内吸水膨胀才能够发挥防水作用，所以膨润土防水材料防水层使用的条件是两侧必须具有一定的夹持力，且夹持力不应小于 0.01MPa。地下工程外墙膨润土防水材料施工结束后应尽早回填，回填时应分层夯实，回填土夯实密实度应大于 85%。另外，膨润土防水材料的防水层应与结构物外表面密贴，才会在结构物表面形成胶体隔膜，从而达到防水的目的。

目前国内的膨润土防水材料有下列三种产品：

1. 针刺法钠基膨润土防水毯：由一层编织土工布和一层非织造土工布包裹钠基膨润土颗粒针刺而成的毯状材料。

2. 针刺覆膜法钠基膨润土防水毯：是在针刺法钠基膨润土防水毯的非织造土工布外表面复合一层高密度聚乙烯薄膜制成的。

3. 胶粘法钠基膨润土防水板：是用胶粘剂将膨润土颗粒粘结到高密度聚乙烯板上，压缩生产的钠基膨润土防水板。

在地下防水工程中建议选用针刺覆膜法钠基膨润土防水毯，这种类型对防水工程质量更有保证。

4.7.2 膨润土防水材料中的膨润土颗粒应采用钠基膨润土，不应采用钙基膨润土。

钠基膨润土颗粒或粉剂是生产膨润土防水材料的主材。钠基膨润土分为天然钠基膨润土和人工钠化处理的膨润土。天然钠基膨润土的性能高于人工钠化处理的膨润土的性能。钙基膨润土的稳定性差、膨胀倍率低，不能作为防水材料使用。

4.7.3 膨润土防水材料防水层基面应坚实、清洁、不得有明水，基面平整度应符合本规范第4.5.2条的规定；基层阴阳角应做成圆弧或坡角。

膨润土防水材料对基层的要求虽然相对于防水卷材和涂料低一些，但基层也不得有明水和积水，且应坚实、平整、无尖锐突出物，基面平整度 D/L 不应大于 1/6，其中 D 是指基层相邻两凸面间凹陷的深度，L 是指基层相邻两凸面间的距离。

膨润土防水毯在阴阳角部位可采用膨润土颗粒、膨润土棒材和水泥砂浆进行倒角处理，阴阳角应做成直径不小于 30mm 的圆弧或 30mm×30mm 的坡角。如不进行倒角处理，会导致转角部位出现剪切破坏或膨润土颗粒损失，影响整体防水质量。

4.7.4 膨润土防水毯的织布面与膨润土防水板的膨润土面，均应与结构外表面密贴。

膨润土防水毯和膨润土防水板铺设时，膨润土防水毯编织土工布面和膨润土防水板的膨润土面均应朝向主体结构的迎水面，即与结构外表面密贴。膨润土遇水膨胀后形成致密的胶状体，对结构裂缝、疏松部位可起到封堵修补使用，同时有效地阻止可能在防水层与主体结构之间的窜水现象。

4.7.5 膨润土防水材料应采用水泥钉和垫片固定；立面和斜面上的固定间距宜为 400～500mm，平面上应在搭接缝处固定。

膨润土防水材料宜采用机械固定法施工。平面上在膨润土防水材料的搭接缝处固定，立面和斜面上除搭接缝处需要机械固定外，其他部位也必须进行机械固定，固定点宜呈梅花形布置。

4.7.6 膨润土防水材料的搭接宽度应大于 100mm；搭接部位的固定间距宜为 200～300mm，固定点与搭接边缘的距离宜为 25～30mm，搭接处应涂抹膨润土密封膏。平面搭接缝处可干撒膨润土颗粒，其用量宜为 0.3～0.5kg/m。

4.7.7 膨润土防水材料的收口部位应采用金属压条与水泥钉固定，并用膨润土密封膏覆盖。

膨润土防水材料自重和厚度较大，所以收口部位必须采用金属压条和水泥钉固定，并用膨润土密封膏封边，防止防水层滑移、翘边。

4.7.8 转角处和变形缝、施工缝、后浇带等部位均应设置宽度不小于 500mm 的加强层，加强层应设置在防水层与结构外表面之间。穿墙管件宜采用膨润土橡胶止水条、膨润土密封膏进行加强处理。

4.7.9 膨润土防水材料分段铺设时，应采取临时遮挡防护措施。

膨润土防水材料分段铺设完毕后，由于绑扎钢筋等后续工程施工需要一定的时间，膨润土材料长时间暴露，会影响防水效果。因此应在膨润土防水材料表面覆盖塑料薄膜等挡水材料，避免下雨或施工用水导致膨润土材料提前膨胀。雨水直接淋在膨润土防水材料表面时导致膨润土颗粒提前膨胀，并在雨水的冲刷过程中出现流失的现象，在地下工程中经常发生，严重降低了膨润土防水材料的防水性能。特别是在雨期施工时，应采取临时遮挡措施对膨润土防水材料进行有效的保护。

4.7.10 膨润土防水材料防水层分项工程检验批的抽样检验数量，应按铺贴面积每 100m² 抽查 1 处，每处 10m²，且不得少于 3 处。

主控项目

4.7.11 膨润土防水材料必须符合设计要求。

检验方法：检查产品合格证、产品性能检测报告和材料进场检验报告。

膨润土颗粒或粉剂通过针刺法固定在编织土工布和非织造土工布之间，针刺的密度、均匀度会影响膨润土颗粒或粉剂的分散均匀性。如果针刺的密度不均匀或过小，则膨润土防水毯在运输、现场搬运以及施工过程中会导致颗粒或粉剂在毯体内移动和脱落，从而降低整体防水效果。

4.7.12 膨润土防水材料防水层在转角处和变形缝、施工缝、后浇带、穿墙管等部位做法必须符合设计要求。

检查方法：观察检查和检查隐蔽工程验收记录。

同 4.3.16 条的要求。

一般项目

4.7.13 膨润土防水毯的织布面或防水板的膨润土面，应朝向工程主体结构的迎水面。

检查方法：观察检查。

4.7.14 立面或斜面铺设的膨润土防水材料上层压住下层，防水层与基层、防水层与防水层之间应密贴，并应平整无折皱。

检查方法：观察检查。

膨润土防水材料的自重较大，在立面和斜面铺贴时应上层压住下层，防止材料滑移。另外，如果工程采用针刺覆膜法钠基膨润土防水毯，膜面是朝向迎水面的，上层压住下层可以使地下水自然排走。

4.7.15 膨润土防水材料的搭接和收口部位应符合本规范第 4.7.5、第 4.7.6、第 4.7.7 条的规定。

检查方法：观察和尺量检查。

4.7.16 膨润土防水材料搭接宽度的允许偏差应为 —10mm。

检查方法：观察和尺量检查。

4.5 细部构造防水工程

5.1 施工缝

主控项目

5.1.1 施工缝用止水带、遇水膨胀止水条或止水胶、水泥基渗透结晶型防水涂料和预埋注浆管必须符合设计要求。

检查方法：检查产品合格证、产品性能检测报告和材料进场检验报告。

第 4.3 节给出了相关物理性能的要求。

5.1.2 施工缝防水构造必须符合设计要求。

检验方法：观察检查和检查隐蔽工程验收记录。

施工缝始终是防水薄弱部位，常因处理不当而在该部位产生渗漏，因此将防水效果较好的施工缝防水构造列入现行国家标准《地下工程防水技术规范》（GB 50108）中。按设计要求采用止水带、遇水膨胀止水条或止水胶、水泥基渗透结晶型防水涂料和预埋注浆管等防水设防，使施工缝处不产生渗漏。

一般项目

5.1.3　墙体水平施工缝应留设在高出底板表面不小于300mm的墙体上。拱、板与墙结合的水平施工缝，宜留在拱、板和墙交接处以下150～300mm处；垂直施工缝应避开地下水和裂隙水较多的地段，并宜与变形缝相结合。

　　检验方法：观察检查和检查隐蔽工程验收记录。

　　本条规定要是按施工缝应留设在剪力或弯矩较小及施工方便的部位的原则确定。

5.1.4　在施工缝处继续浇筑混凝土时，已浇筑的混凝土抗压强度不应小于1.2MPa。

　　检验方法：观察检查和检查隐蔽工程验收记录。

　　在已硬化的混凝土表面上继续浇筑混凝土前，先浇混凝土强度应达到1.2MPa，确保再施工时不损坏先浇部分的混凝土。从施工缝处开始继续浇筑时，机械振捣宜向施工缝处逐渐推进，并距80～100mm处停止振捣，但应加强对施工缝接缝的捣实，使其紧密结合。

5.1.5　水平施工缝浇筑混凝土前，应将其表面浮浆和杂物清除，然后铺设净浆、涂刷混凝土界面处理剂或水泥基渗透结晶型防水涂料，再铺30～50mm厚的1∶1水泥砂浆，并及时浇筑混凝土。

　　检验方法：观察检查和检查隐蔽工程验收记录。

　　尽管涂刷混凝土界面处理剂或涂刷水泥基渗透结晶型防水涂料的防水机理不同，前者增强黏合力，后者使收缩裂缝被渗入涂料形成结晶闭合，但功效均是加强施工缝防水，故两者取其一。垂直施工缝规定应同水平施工缝。

　　界面剂的物理学性能应符合表4.5.1的要求。

界面剂的物理学性能（m） 表 4.5.1

项　目			指　标	
			Ⅰ型	Ⅱ型
剪切粘结强度（MPa）	7d		≥1.0	≥0.7
	14d		≥1.5	≥1.0
拉伸粘结度（MPa）	未处理	7d	≥0.4	≥0.3
		14d	≥0.6	≥0.5
	浸水处理		≥0.5	≥0.3
	热处理			
	冻融循环处理			
	碱处理			
晾置时间（min）			—	≥10

　　注：1. Ⅰ型产品晾置时间根据工程需要由供需双方确定；
　　　　2. Ⅰ型适用于水泥混凝土的界面处理，Ⅱ型适用于加气混凝土的界面处理；
　　　　3. 本表摘自《混凝土界面处理剂》（JC/T 907—2002）。

5.1.6 垂直施工缝浇筑混凝土前，应将其表面清理干净，再涂刷混凝土界面处理剂或水泥基渗透结晶型防水涂料，并及时浇筑混凝土。

检查方法：观察检查和检查隐蔽工程验收记录。

5.1.7 中埋式止水带及外贴式止水带埋设位置应准确，固定应牢靠。

检查方法：观察检查和检查隐蔽工程验收记录。

5.1.8 遇水膨胀止水条应具有缓膨胀性能；止水条与施工缝基面应密贴，中间不得有空鼓、脱离等现象；止水条应牢固地安装在缝表面或预埋凹槽内；止水条采用搭接连接时，搭接宽度不得小于30mm。

检查方法：观察检查和检查隐蔽工程验收记录。

5.1.9 遇水膨胀止水胶应采用专用注胶器挤出粘结在施工缝表面，并做到连续、均匀、饱满、无气泡和孔洞，挤出宽度及厚度应符合设计要求；止水胶挤出成型后，固化期内应采取临时保护措施；止水胶固化前不得浇筑混凝土。

检查方法：观察检查和检查隐蔽工程验收记录。

传统的处理方法是将混凝土施工缝做成凹凸型接缝或阶梯接缝，实践证明这两种方法清理困难，不便施工，效果并不理想，故采用留平缝加设遇水膨胀止水条或止水胶、预留注浆管或中埋止水带等方法。

施工缝处采用遇水膨胀止水条时，一是应在表面涂缓膨胀剂，防止由于降雨或施工用水等使止水条过早膨胀；二是止水条应牢固地安装在缝表面或预留凹槽内，保证止水条与施工缝基面密贴。

施工缝采用遇水膨胀止水胶时，一是涂胶宽度与厚度应符合设计要求；二是止水胶固化期内应采取临时保护措施；三是止水胶固化前不得浇筑混凝土。

5.1.10 预埋注浆管应设置在施工缝断面中部，注浆管与施工缝基面应密贴并固定牢靠，固定间距宜为200～300mm；注浆导管与注浆管的连接应牢固、严密，导管埋入混凝土内的部分应与结构钢筋绑扎牢固，导管的末端应临时封堵严密。

检查方法：观察检查和检查隐蔽工程验收记录。

5.2 变形缝

主控项目

5.2.1 变形缝用止水带、填缝材料和密封材料必须符合设计要求。

检查方法：检查产品合格证、产品性能检测报告和材料进场检验报告。

5.2.2 变形缝防水构造必须符合设计要求。

检查方法：观察检查和检查隐蔽工程验收记录。

变形缝应考虑工程结构的沉降、伸缩的可变性，并保证其在变化中的密闭性，不产生渗漏水现象。变形缝处混凝土结构的厚度不应小于300mm，变形缝的宽度宜为20～30mm。全埋式地下防水工程的变形缝应为环状；半地下防水工程的变形缝应为U字形，U字形变形缝的高度应超出室外地坪500mm以上。

5.2.3 中埋式止水带埋设位置应准确，其中间空心圆环与变形缝的中心线应重合。

检查方法：观察检查和检查隐蔽工程验收记录。

本条为强制性条文。

变形缝的渗漏水除设计不合理的原因之外，施工质量也是一个重要的原因。

中埋式止水带施工时常存在以下问题：一是埋设位置不准，严重时止水带一侧往往折至缝边，根本起不到止水的作用。过去常用铁丝固定止水带，铁丝在振捣力的作用下会变形甚至振断，其效果不佳，目前推荐使用专用钢筋套或扁钢固定。二是顶、底板止水带下部的混凝土不易振捣密实，气泡也不易排出，且混凝土凝固时产生的收缩易使止水带与下面的混凝土产生缝隙，从而导致变形缝漏水。根据这种情况，规范规定顶、底板中的止水带安装成盆形，有助于消除上述弊端。三是中埋式止水带的安装，在先浇一侧混凝土时，此时端模被止水带分为两块，这给模板固定造成困难，施工时由于端模支撑不牢，不仅造成漏浆，而且也不敢按规定进行振捣，致使变形缝处的混凝土密实性较差，从而导致渗漏水。四是止水带的接缝是止水带本身的防水薄弱处，因此接缝越少越好，考虑到工程规模不同，缝的长度不一，对接缝数量未作严格的限定。五是转角处止水带不能折成直角，条文规定转角处应做成圆弧形，以便于止水带的安设。

一般项目

5.2.4　中埋式止水带的接缝应设在边墙较高的位置上，不得设在结构转角处；接头宜采用热压焊接，接缝应平整、牢固，不得有裂口和脱胶现象。

　　检查方法：观察检查和检查隐蔽工程验收记录。

5.2.5　中埋式止水带在转角处应做成圆弧形；顶板、底板内止水带应安装成盆状，并宜采用专用钢筋套或扁钢固定。

　　检查方法：观察检查和检查隐蔽工程验收记录。

5.2.6　外贴式止水带在变形缝与施工缝相交部位宜采用十字配件；外贴式止水带在变形缝转角部位宜采用直角配件。止水带埋设位置应准确，固定应牢靠，并与固定止水带基层密贴，不得出现空鼓、翘边等现象。

　　检查方法：观察检查和检查隐蔽工程验收记录。

　　当采用外贴式止水带时，在变形缝与施工缝相交处，由于止水带的形式不同，现场进行热压接头有一定困难，在转角部位，由于过大的弯曲半径会造成齿牙不同的绕曲和扭转，同时会减少转角部位钢筋的混凝土保护层厚度。

5.2.7　安设于结构内侧的可卸式止水带所需配件应一次配齐，转角处应做成45°坡角，并增加紧固件的数量。

　　检查方法：观察检查和检查隐蔽工程验收记录。

　　可卸式止水带全靠其配件压紧橡胶止水带止水，配件质量是保证防水的一个重要因素，因此要求配件一次配齐，特别是在两侧混凝土浇筑时间有一定间隔时，更要确保配件质量。金属配件的防腐蚀很重要，是保证配件质量的关键。

　　另外，由于止水带厚，势必在转角处形成圆角，存在不易密贴的问题，故在转角处应做成45°折角，并增加紧固件的数量，以确保此处的防水施工质量。

5.2.8　嵌填密封材料的缝内两侧基面应平整、洁净、干燥，并应涂刷基层处理剂；嵌缝底部应设置背衬材料；密封材料嵌填应严密、连续、饱满，粘结牢固。

　　检查方法：观察检查和检查隐蔽工程验收记录。

　　嵌填密封材料应符合下列规定：

　　1. 密封材料可使用挤出枪或腻子刀嵌填，嵌填应连续和饱满，不得有气泡和孔洞。

　　2. 采用挤出枪嵌填时，应根据嵌填的宽度选用口径合适的挤出嘴，均匀挤出密封材料由底部逐渐充满整个缝隙。

3. 采用腻子刀嵌填时，应先将少量密封材料批刮在缝隙两侧，再分次将密封材料嵌填在缝内，并防止裹入空气。接头应采用斜槎。

4. 密封材料嵌填后，应在表面干燥前用腻子刀进行修整。

5.2.9 变形缝处表面粘贴卷材或涂刷涂料前，应在缝上设置隔离层和加强层。

检查方法：观察检查和检查隐蔽工程验收记录。

为了使卷材或涂料防水层能适应变形缝处的结构伸缩变形和沉降，防水层施工前应先将底板垫层在变形缝处断开，并抹带有圆弧的找平层，再铺设宽度为 600mm 的卷材加强厚；变形缝处的卷材或涂料防水层应连成整体，并应在防水层上放置 φ40mm～φ60mm 聚乙烯泡沫桥，防水层与变形缝之间形成隔离层。侧墙和顶板变形缝处卷材或涂料防水层的缝之间形成隔离层。侧墙和顶板变形缝处卷材或涂料防水层的构造做法同底板。

5.3 后浇带
主控项目

5.3.1 后浇带用遇水膨胀止水条或止水胶、预埋注浆管、外贴式止水带必须符合设计要求。

检查方法：检查产品合格证、产品性能检测报告和材料进场检验报告。

5.3.2 补偿收缩混凝土的原材料及配合比必须符合设计要求。

检验方法：检查产品合格证、产品性能检测报告、计量措施和材料进场检验报告。

补偿收缩混凝土是在混凝土中加入一定量的膨胀剂，使混凝土产生微膨胀，在有配筋的情况下，能够补偿混凝土的收缩，提高混凝土的抗裂性和抗渗性。补偿收缩混凝土配合比设计，应符合国家现行行业标准《普通混凝土配合比设计规程》（JGJ 55）和国家标准《混凝土外加剂应用技术规范》（GB 50119）的有关规定，且混凝土的抗压强度和抗渗等级均不应低于两侧混凝土。

补偿收缩混凝土中膨胀剂的掺量宜为 6％～12％，实际配合比中的掺量应根据限制膨胀率的设定值经试验确定。

5.3.3 后浇带防水构造必须符合设计要求。

检查方法：观察检查和检查隐蔽工程验收记录。

后浇带应设在受力和变形较小的部位，其间距和位置应按结构设计要求确定，宽度宜为 700～1000mm；后浇带可做成阶梯缝。后浇带两侧的接缝处理应符合施工缝的处理要求。后浇带需超前止水时，后浇带部位的混凝土应局部加厚，并应增设外贴式或中埋式止水带。

5.3.4 采用掺膨胀剂的补偿收缩混凝土，其抗压强度、抗渗性能和限制膨胀率必须符合设计要求。

检验方法：检查混凝土抗压强度、抗渗性能和水中养护 14d 后的限制膨胀率检测报告。

本条为强制性条文。

后浇带应采用补偿收缩混凝土浇筑，其抗压强度和抗渗等级均不应低于两侧混凝土的抗压强度和抗渗等级。采用掺膨胀剂的补偿收缩混凝土，应根据设计的限制膨胀率要求，经试验确定膨胀剂的最佳掺量，只有这样才能达到控制结构裂缝的效果。

一般项目

5.3.5 补偿收缩混凝土浇筑前，后浇带部位和外贴式止水带应采取保护措施。

检查方法：观察检查。

5.3.6 后浇带两侧的接缝表面应先清理干净，再涂刷混凝土界面处理剂或水泥基渗透结晶型防水涂料；后浇混凝土的浇筑时间应符合设计要求。

检查方法：观察检查和检查隐蔽工程验收记录。

后浇带应在两侧混凝土干缩变形基本稳定后施工，混凝土收缩变形一般在龄期为6周后才能基本稳定。高层建筑后浇带的施工，应符合现行行业标准《高层建筑混凝土结构技术规程》(JGJ 3) 的规定，对高层建筑后浇带的施工应按规定时间进行。这里所指按规定时间，应通过地基变形计算和建筑物沉降观测，并在地基变形基本稳定的情况下才可确定。

5.3.7 遇水膨胀止水条的施工应符合本规范第 5.1.8 条的规定；遇水膨胀止水胶的施工应符合本规范第 5.1.9 条的规定；预埋注浆管的施工应符合本规范第 5.1.10 条的规定；外贴式止水带的施工应符合本规范第 5.2.6 条的规定。

检查方法：观察检查和检查隐蔽工程验收记录。

5.3.8 后浇带混凝土应一次浇筑，不得留施工缝；混凝土浇筑后应及时养护，养护时间不得少于28d。

检查方法：观察检查和检查隐蔽工程验收记录。

混凝土早期脱水或养护过程中缺少必要的水分和温度，抗渗性将大幅度降低甚至完全消失。因此，当混凝土进入终凝以后即应开始浇水养护，使混凝土外露表面始终保持湿润状态。后浇带混凝土必须充分湿润地养护4周，以避免后浇带混凝土的收缩，使混凝土接缝更严密。

5.4 穿墙管

主控项目

5.4.1 穿墙管用遇水膨胀止水条和密封材料必须符合设计要求。

检查方法：检查产品合格证、产品性能检测报告和材料进场检验报告。

5.4.2 穿墙管防水构造必须符合设计要求。

检查方法：观察检查和检查隐蔽工程验收记录。

结构变形或管道伸缩量较小时，穿墙管可采用固定式防水构造；结构变形或管道伸缩量较大或有更换要求时，应采用套管式防水构造；穿墙管线较多时，宜相对集中，并应采用穿墙盒防水构造。

一般项目

5.4.3 固定式穿墙管应加焊止水环或环绕遇水膨胀止水圈，并做好防腐处理；穿墙管应在主体结构迎水面预留凹槽，槽内应用密封材料嵌填密实。

检查方法：观察检查和检查隐蔽工程验收记录。

5.4.4 套管式穿墙管的套管与止水环及翼环应连续满焊，并做好防腐处理；套管内表面应清理干净，穿墙管与套管之间应用密封材料和橡胶密封圈进行密封处理，并采用法兰盘及螺栓进行固定。

检查方法：观察检查和检查隐蔽工程验收记录。

穿墙管外壁与混凝土交界处是防水薄弱环节，穿墙管中部加焊止水环可改变水的渗透路径，延长水的渗透路线，环绕遇水膨胀止水圈则可堵塞渗水通道，从而达到防水目的。穿墙管在混凝土迎水面相接触的周围应预留宽和深各 15mm 左右的凹槽，凹槽内嵌填密封材料，以确保穿墙管部位的防水性能。

采用套管式穿墙管时，套管内壁表面应清理干净。套管内的管道安装完毕后，应在两管间嵌入衬填料，端部还需采用其他防水措施。

穿墙管部位不仅是防水薄弱环节，也是防护薄弱环节，因此穿墙管应做好防腐处理，防止穿墙管锈蚀和电腐蚀。

5.4.5 穿墙盒的封口钢板与混凝土结构墙上预埋的角钢应焊严，并从钢板上的预留浇注孔注入改性沥青密封材料或细石混凝土，封填后将浇注孔口用钢板焊接封闭。

检查方法：观察检查和检查隐蔽工程验收记录。

封口钢板上预留浇注孔注入改性沥青材料或细石混凝土加密封，并对浇注孔口用钢板焊接密封。

5.4.6 当主体结构迎水面有柔性防水层时，防水层与穿墙连接处应增设加强层。

检查方法：观察检查和检查隐蔽工程验收记录。

加强层是指防水层与穿墙管连接处增设的卷材或涂料。

5.4.7 密封材料嵌填应密实、连续、饱满，粘结牢固。

检查方法：观察检查和检查隐蔽工程验收记录。

5.5 埋设件

主控项目

5.5.1 埋设件用密封材料必须符合设计要求。

检查方法：检查产品合格证、产品性能检测报告和材料进场检验报告。

5.5.2 埋设件防水构造必须符合设计要求。

检查方法：观察检查和检查隐蔽工程验收记录。

结构上的埋设件应采用预埋或预留孔、槽。固定设备用的锚栓等预埋件，应在浇筑混凝土前埋入。如必须在混凝土预留孔、槽时，孔、槽底部须保留至少 250mm 厚的混凝土；如确无预埋条件或埋设件遗漏或埋设件位置不准确时，后置埋件必须采用有效的防水措施。防水措施即设计要求的防水构造。

一般项目

5.5.3 埋设件应位置准确，固定牢靠；埋设件应进行防腐处理。

检验方法：观察、尺量和手扳检查。

地下工程结构上的埋设件，长期处于潮湿或腐蚀介质环境中很容易产生锈蚀和电腐蚀。日久锈蚀会使埋设件丧失承载能力，影响设备的正常工作；埋设件锈蚀后由于自身体积产生膨胀，使得埋设件与混凝土接触处产生细微裂缝，形成渗水通道。所以埋设件应进行防腐处理。

5.5.4 埋设件端部或预留孔、槽底部的混凝土厚度不应小于 250mm；当混凝土厚度小于 250mm 时，应局部加厚或采取其他防水措施。

检查方法：尺量检查和检查隐蔽工程验收记录。

防水混凝土结构除密实度影响抗渗性外，其厚度也对抗渗性有影响。厚度大时可以延长渗水通路，增加对水压的阻力。当厚度小于 250mm 时，应局部加厚或采取其他防水措施，以减少对防水混凝土结构抗渗性不利的因素。

5.5.5 结构迎水面的埋设件周围应预留凹槽，凹槽内应用密封材料嵌填密实。

检查方法：观察检查和检查隐蔽工程验收记录。

由于埋设件周围的混凝土振捣易不密实，造成该部位渗水，埋设件与迎水面混凝土相接触的周围应预留凹槽，凹槽内应嵌填密封材料，以确保埋设件部位的防水性能。

5.5.6 用于固定模板的螺栓必须穿过混凝土结构时，可采用工具式螺栓或螺栓加堵头，螺栓上应加焊止水环。拆模后留下的凹槽应用密封材料封堵密实，并用聚合物水泥砂浆抹平。

检查方法：观察检查和检查隐蔽工程验收记录。

在采用螺栓加堵头的方法时，工具式螺栓可简化施工操作并可反复使用，这种构造是较好的做法。

穿过混凝土结构且固定模板用的螺栓周围容易造成渗漏，因此螺栓上应加焊方形止水环以增加渗水路径，同时拆模后应采取加强防水措施，将留下的凹槽封堵密实。

5.5.7 预留孔、槽内的防水层应与主体防水层保持连续。

检查方法：观察检查和检查隐蔽工程验收记录。

地下工程防水层应是一个封闭整体，不得有任何可能导致渗漏的缝隙。

5.5.8 密封材料嵌填应密实、连续、饱满，粘结牢固。

检查方法：观察检查和检查隐蔽工程验收记录。

5.6 预留通道接头
主控项目

5.6.1 预留通道接头用中埋式止水带、遇水膨胀止水条或止水胶、预埋注浆管、密封材料和可卸式止水带必须符合设计要求。

检查方法：检查产品合格证、产品性能检验报告和材料进场检验报告。

5.6.2 预留通道接头防水构造必须符合设计要求。

检查方法：观察检查和检查隐蔽工程验收记录。

预留通道接头处是防水薄弱环节之一，这不仅由于接头两边的结构重量及荷载有较大差异，可能产生较大沉降变形，而且由于接头两边的施工时间先后不一，间隔可达几年之久，故预留通道接头防水构造应符合设计要求。

按《地下工程防水技术规范》（GB 50108—2008）的有关规定：预留通道接头处的最大沉降差值不得大于 30mm；预留通道接头应采取变形缝防水构造方式。

5.6.3 中埋式止水带埋设位置应准确，其中间空心圆环与变形缝的中心线应重合。

检查方法：观察检查和检查隐蔽工程验收记录。

一般项目

5.6.4 预留通道先浇筑混凝土结构、中埋式止水带和预埋件应及时保护，预埋件应进行防锈处理。

检验方法：观察检查。

由于预留通道接头两边混凝土施工时间先后不一，因此特别是要加强对中埋式止水带的保护，以免止水带受老化影响降低其性能，同时也要保护先浇部分混凝土端部表面平整、清洁，使可卸式止水带有良好的接触面。预埋件的锈蚀将严重影响后续工序的施工，故对预埋件应进行防锈处理。

5.6.5 遇水膨胀止水条的施工应符合本规范第5.1.8条的规定；遇水膨胀止水胶的施工应符合本规范第5.1.9条的规定；预埋注浆管的施工应符合本规范第5.1.10条的规定。

检查方法：观察检查和检查隐蔽工程验收记录。

5.6.6 密封材料嵌填应密实、连续、饱满，粘结牢固。

检查方法：观察检查和检查隐蔽工程验收记录。

5.6.7 用膨胀螺栓固定可卸式止水带时，止水带与紧固件压块以及止水带与基面之间应结合紧密。采用金属膨胀螺栓时，应选用不锈钢材料或进行防锈处理。

检查方法：观察检查和检查隐蔽工程验收记录。

5.6.8 预留通道接头外部应设保护墙。

检查方法：观察检查和检查隐蔽工程验收记录。

5.7 桩头

主控项目

5.7.1 桩头用聚合物水泥防水砂浆、水泥基渗透结晶型防水材料、遇水膨胀止水条或止水胶和密封材料必须符合设计要求。

检查方法：检查产品合格证、产品性能检测报告和材料进场检验报告。

5.7.2 桩头防水构造必须符合设计要求。

检查方法：观察检查和检查隐蔽工程验收记录。

近年来，因桩头处理不好引起工程渗漏水的情况时有发生，具体位置如下：

1. 桩头钢筋与混凝土间；
2. 底板与桩头间的施工缝；
3. 混凝土桩身与地基之间。

桩头防水构造应强调桩头与结构底板形成整体的防水系统。

5.7.3 桩头混凝土应密实，如发现渗漏水应及时采取封堵措施。

检查方法：观察检查和检查隐蔽工程验收记录。

由于桩头应按设计要求将桩顶剔凿到混凝土密实处，造成桩顶不平整，给防水层施工带来困难。因此在桩头防水施工前，应对桩头清洗干净并用聚合物水泥防水砂浆进行补平。在目前的各种防水材料中，比较合适的是水泥基渗透结晶型防水涂料，使桩头与结构底板混凝土形成整体。涂刷水泥基渗透结晶型防水涂料时，应连续、均匀，不得少涂或漏涂，并应及时进行养护。

一般项目

5.7.4 桩头顶面和侧面裸露处应涂刷水泥基渗透结晶型防水涂料，并延伸至结构底板垫层150mm处；桩头周围300mm范围内应抹聚合物水泥防水砂浆过渡层。

检查方法：观察检查和检查隐蔽工程验收记录。

5.7.5 结构底板防水层应做到聚合物水泥防水砂浆过渡层上并延伸至桩头侧壁，其与桩头侧壁接缝处应采用密封材料嵌填。

检查方法：观察检查和检查隐蔽工程验收记录。

5.7.6 桩头的受力钢筋根部应采用遇水膨胀止水条或止水胶，并应采取保护措施。

检查方法：观察检查和检查隐蔽工程验收记录。

混凝土中的钢筋是地下水的渗透路径，因此，桩头的受力钢筋根部仍是防水薄弱环节，目前比较好的处理方法是采用遇水膨胀止水条包绕钢筋的做法。

5.7.7 遇水膨胀止水条的施工应符合本规范第5.1.8条的规定；遇水膨胀止水胶的施工应符合本规范第5.1.9条的规定。

检查方法：观察检查和检查隐蔽工程验收记录。

5.7.8 密封材料嵌填应密实、连续、饱满，粘结牢固。

检查方法：观察检查和检查隐蔽工程验收记录。

5.8 孔口

主控项目

5.8.1 孔口用防水卷材、防水涂料和密封材料必须符合设计要求。

检查方法：检查产品合格证、产品性能检测报告和材料进场检验报告。

5.8.2 孔口防水构造必须符合设计要求。

检查方法：观察检查和检查隐蔽工程验收记录。

一般项目

5.8.3 人员出入口高出地面不应小于500mm；汽车出入口设置明沟排水时，其高出地面宜为150mm，并应采取防雨措施。

检验方法：观察和尺量检查。

5.8.4 窗井的底部在最高地下水位以上时，窗井的墙体和底板应做防水处理，并宜与主体结构断开。窗台下部的墙体和底板应做防水处理。

检查方法：观察检查和检查隐蔽工程验收记录。

5.8.5 窗井或窗井的一部分在最高地下水位以下时，窗井应与主体结构连成整体，其防水层也应连成整体，并应在窗井内设置集水井。窗台下部的墙体和底板应做防水层。

检查方法：观察检查和检查隐蔽工程验收记录。

5.8.6 窗井内的底板应低于窗下缘300mm。窗井墙高出室外地面不得小于500mm；窗井外地面应做散水，散水与墙面间应采用密封材料嵌填。

检查方法：观察检查和检查隐蔽工程验收记录。

5.8.7 密封材料嵌填应密实、连续、饱满，粘结牢固。

检查方法：观察检查和检查隐蔽工程验收记录。

5.9 坑、池

主控项目

5.9.1 坑、池防水混凝土的原材料、配合比及坍落度必须符合设计要求。

检查方法：检查产品合格证、产品性能检验报告、计量措施和材料进场检验报告。

5.9.2 坑、池防水构造必须符合设计要求。

检查方法：观察检查和检查隐蔽工程验收记录。

5.9.3 坑、池、储水库内部防水层完成后，应进行蓄水试验。

检查方法：观察检查和检查蓄水试验记录。

蓄水至设计水深进行渗水量测定时，可采用水位标尺测定；蓄水时间不应小于24h。

一般项目

5.9.4 坑、池、储水库宜采用防水混凝土整体浇筑，混凝土表面应坚实、平整、不得有

298

露筋、蜂窝和裂缝等缺陷。

检查方法：观察检查和检查隐蔽工程验收记录。

5.9.5 坑、池底板的混凝土厚度不应小于 250mm；当底板的厚度小于 250mm，时应采取局部加厚措施，并应使防水层保持连续。

检查方法：观察检查和检查隐蔽工程验收记录。

地下工程坑、池底部的混凝土必须具有一定的厚度，才能抵抗地下水的渗透。防水混凝土结构厚度不应小于 250mm，防水效果明显。本条规定了当混凝土厚度小于 250mm 时，应将局部底板相应降低，保证混凝土厚度不小于 250mm；同时，底板的防水层应与结构主体防水层保持连续。

5.9.6 坑、池施工完后，应及时遮盖和防止杂物堵塞。

检查方法：观察检查。

4.6 特殊施工法结构防水工程

6.1 锚喷支护

6.1.1 锚喷支护适用于暗挖法地下工程的支护结构及复合式衬砌的初期支护。

锚喷暗挖隧道施工，一般都是以循环进行开挖，为防止围岩应力变化引起塌方和地面下沉，故要求挖、支、喷三个环节紧跟。同时，为了保证施工安全和提高支护效能，在初期喷射混凝土后应及时安装锚杆。

6.1.2 喷射混凝土施工前，应根据围岩裂隙及渗漏水的情况，预先采用引排或注浆堵水。

喷射表面有涌水时，不仅会使喷射混凝土的黏着性变坏，还会在混凝土的背后产生水压给混凝土带来不利影响。因此，表面有涌水时应先进行封堵或排水工作。

6.1.3 喷射混凝土所用原材料应符合下列规定：

1 选用普通硅酸盐水泥或硅酸盐水泥。

2 中砂或粗砂的细度模数宜大于 2.5，含泥量不应大于 3.0%；干法喷射时，含水率宜为 5%～7%。

3 采用卵石或碎石，粒径不应大于 15mm；含泥量不应大于 1.0%；使用碱性速凝剂时，不得使用活性二氧化硅的石料。

4 不含有害物质的洁净水。

5 速凝剂的初凝时间不应大于 5min，终凝时间不应大于 10min。

喷射混凝土质量与水泥品种和强度关系密切，而普通硅酸盐水泥与速凝剂有很好的相容性，所以优先选用。矿渣硅酸盐水泥和火山灰质硅酸盐水泥抗渗性好，对硫酸盐类侵蚀抵抗能力较强，但初凝时间长、早期强度低、干缩性大，所以对早期强度要求较高的喷射混凝土不如普通硅酸盐水泥好。

为减少混合料搅拌中产生粉尘和干料拌合时水泥飞扬及损失，有利于喷射的水泥充分水化，故要求砂、石宜有一定的含水率。一般砂为 5%～7%，石子为 1%～2%，但含水率不宜过大，以免凝结成团，发生堵管现象。

粗骨料粒径的大小不应大于 15mm，一是避免堵管，二是减少石子喷射时的功能，降低回弹损失。

为避免喷射混凝土时由于自重而开裂、坠落，提高其在潮湿面施喷时的适应性，故需在水泥中加入适量的速凝剂。

6.1.4 混合料必须计量准确、搅拌均匀，并符合下列规定：

1 水泥与砂石质量比宜为 1:4~1:4.5，砂率宜为 45%~55%，水胶比不得大于 0.45，外加剂和外掺料的掺量应通过试验确定；

2 水泥和速凝剂称量允许偏差均为 ±2%，砂、石称量允许偏差均为 ±3%；

3 混合料在运输和存放过程中严防受潮，存放时间不应超过 2h，当掺入速凝剂时，存放时间不应超过 20min。

喷射混凝土配合比，通常以经验方法试配，通过实测进行修正。掺速凝剂是必要的，但掺速凝剂后又会降低混凝土强度，所以要控制掺量并通过试配确定。

由于砂率低于 45% 时容易堵管且回弹量高，高于 55% 时则会降低混凝土强度和增加混凝土收缩量，故规定砂率宜为 45%~55%。

喷射混凝土采用的是干混合料，若存放过久，砂石中水分会与水泥反应，影响到喷射后的质量。所以，混合料尽量随拌随用，不要超过规定的停放时间。

6.1.5 喷射混凝土终凝 2h 后应采取喷水养护，养护时间不得少于 14d；当气温低于 5℃ 时，不得喷水养护。

由于喷射混凝土的含砂率高，水泥用量也相对较多并掺有速凝剂，其收缩变形必然要比灌注混凝土大。在喷射混凝土终凝 2h 后，应即进行喷水养护，并保持较长时间的养护，即不得少于 14d。为防止混凝土受冻，当气温低于 +5℃ 时，不得喷水养护。

6.1.6 喷射混凝土试件制作组数应符合下列规定：

1 地下铁道工程应按区间或小于区间断面的结构，每 20 延米拱和墙各取抗压试件一组；车站取抗压试件两组。其他工程应按每喷射 50m³ 同一配合比的混合料或混合料小于 50m³ 的独立工程取抗压试件一组。

2 地下铁道工程应按区间结构每 40 延米取抗渗试件一组，车站每 20 延米取抗渗试件一组。其他工程当设计有抗渗要求时，可增做抗渗性能试验。

《岩土锚杆与喷射混凝土支护工程技术规范》（GB 50086—2015）规定的喷射混凝土抗压强度标准试块制作方法如下：

1. 喷射混凝土抗压强度标准试块应采用从现场施工的喷射混凝土板件上切割或钻芯法制。最小模具尺寸为 450mm×450mm×120mm（长×宽×高），模具一侧边为敞开状。

2. 标准试块制作应符合下列步骤：

1）在喷射作业面附近，将模具敞开一侧朝下，以 80°（与水平面的夹角）左右置于墙脚。

2）先在模具外的边墙上喷射待操作正常后将喷头移至模具位置，由下而上，逐层向模具内喷满混凝土。

3）将喷满混凝土的模具移至安全地方，用三角抹刀刮平混凝土表面。

4）在潮湿环境中养护 1d 后脱模，将混凝土板件移至试验室，在标准养护条件下养护 7d，用切割机去掉周边和上表面（底面可不切割）后，加工成边长为 100mm 的立方体试块或钻芯成高 100mm 直径为 100mm 的圆柱状试件。立方体试块的边长允许偏差应为 ±1mm、直角允许偏差应为 ±2°。喷射混凝土板件周边 120mm 范围内的混凝土不得用作试件。

3. 加工后的试块继续在标准条件下养护至 28d 龄期，进行抗压强度试验。

6.1.7 锚杆必须进行抗拔力试验。同一批锚杆每100根应取一组试件，每组3根，不足100根也取3根。同一批试件抗拔力的平均值不得小于设计锚固力，且同一批试件抗拔力的最低值不应小于设计锚固力的90%。

6.1.8 锚喷支护的分项工程检验批的抽样检验数量，应按区间或小于区间断面的结构，每20延米检查1处，车站每10延米抽查1处，每处10m²，且不得少于3处。

主控项目

6.1.9 喷射混凝土所用原材料、混合料配合比以及钢筋网、锚杆、钢拱架等必须符合设计要求。

检验方法：检查产品合格证、产品性能检测报告、计量措施和材料进场检验报告。

现场对钢筋、混凝土原材料抽样参考第5章混凝土结构工程。

6.1.10 喷射混凝土抗压强度、抗渗性能和锚杆抗拔力必须符合设计要求。

检验方法：检查混凝土抗压强度、抗渗性能和锚杆抗拔力检验报告。

检验喷射混凝土强度通常作抗压试件或采用回弹仪测试换算其抗压强度值；喷射混凝土的抗渗等级已取消，根据设计要求；锚杆的锚固力与安装施工工艺操作有关，锚杆安装后应进行抗拔试验。

6.1.11 锚杆支护的渗漏水量必须符合设计要求。

检查方法：观察检查和检查渗漏水检测记录。

一般项目

6.1.12 喷层与围岩及喷层之间应粘结紧密，不得有空鼓现象。

检验方法：用小锤轻击检查。

6.1.13 喷层厚度有60%以上检查点不应小于设计厚度，最小厚度不得小于设计厚度的50%，平均厚度不得小于设计厚度。

检验方法：用针探法或凿孔法检查。

对喷层厚度检查宜通过在受喷面上埋设标桩或其他标志控制，也可在喷射混凝土凝结前用针探法检查，必要时可凿孔或钻芯法检查。

6.1.14 喷射混凝土应密实、平整，无裂缝、脱落、漏喷、露筋。

检验方法：观察检查。

当发现喷射混凝土表面有裂缝、脱落、露筋、渗漏水等情况时，应予凿除喷层重喷或进行整治。

6.1.15 喷射混凝土表面平整度 D/L 不得大于1/6。

检验方法：尺量检查。

D/L 为矢弦比。

6.2 地下连续墙

6.2.1 地下连续墙适用于地下工程的主体结构、支护结构以及复合式衬砌的初期支护。

地下连续墙主要是用作地下工程的支护结构，也可以作防水等级为1、2级工程的与内衬结构成复合式衬砌的初期支护。强度与抗渗性能优异的地下连续墙，还可以直接作为主体结构，但从耐久性考虑这类地下连续墙，不宜用作防水等级为1级的地下工程墙体。

6.2.2 地下连续墙应采用防水混凝土。胶凝材料用量不应小于400kg/m³，水胶比不得大于0.55，坍落度不得小于180mm。

由于地下连续墙结构是在水下灌注防水混凝土，所以其胶凝材料用量比一般防水混凝土用量多一些。同时，为保证混凝土灌注面的上升速度，混凝土必须具有一定的流动性，坍落度也相应地大一些。其他均与本节的防水混凝土相同。

6.2.3　地下连续墙施工时，混凝土应按每一个单元槽段留置一组抗压强度试件，每5个槽段留置一组抗渗试件。

　　混凝土试件的做法参考第5章混凝土结构工程。

6.2.4　叠合式侧墙的地下连续墙与内衬结构连接处，应凿毛并清洗干净，必要时应作特殊防水处理。

　　特殊防水处理是选用聚合物水泥砂浆、聚合物水泥防水涂料或水泥基渗透结晶型防水涂料等进行处理。

6.2.5　地下连续墙应根据工程要求和施工条件减少槽段数量；地下连续墙槽段接缝应避开拐角部位。

　　地下连续墙的防水措施，主要是在条件允许的情况下，尽量加大槽段的长度以减少接缝，提高防水效能。由于拐角处是施工的薄弱环节，施工中易出现质量问题，所以墙体幅间接缝应避开拐角部位，防止产生渗漏水。采用复合式衬砌时，内衬结构的接缝和地下连续墙接缝要错开设置，避免通缝并防止渗漏水。

6.2.6　地下连续墙如有裂缝、孔洞、露筋等缺陷，应采用聚合物水泥砂浆修补；地下连续墙槽段接缝如有渗漏，应采用引排或注浆封堵。

6.2.7　地下连续墙的分项工程检验批的抽样检验数量，应按每连续5个槽段抽查1个槽段，且不得少于3个槽段。

主控项目

6.2.8　防水混凝土的原材料、配合比以及坍落度必须符合设计要求。

　　检验方法：检查出厂合格证、产品性能检测报告、计量措施和材料进场检验报告。

　　本条可参考防水混凝土工程中的要求。

6.2.9　防水混凝土抗压强度和抗渗性能必须符合设计要求。

　　检验方法：检查混凝土抗压强度、抗渗性能检验报告。

　　本条可参考防水混凝土工程中的要求。

6.2.10　地下连续墙的渗漏水量必须符合设计要求。

　　检验方法：观察检查和检查渗漏水检测记录。

　　地下连续墙墙面、墙缝渗漏水检验宜符合表4.6.1的规定。

地下连续墙墙面、墙缝渗漏水检验　　　　　　　　　　表4.6.1

序号	检验项目		规　定	检验数量		检验方法
				范围	点数	
1	墙面渗漏	分离墙	无线流	每幅槽段	全数	尺量、观察和检查隐蔽工程验收记录
		单层墙或叠合墙	无滴漏和小于防水二级标准的湿渍			
2	墙缝渗漏	分离墙	仅有少量泥砂和水渗漏			观察和检查隐蔽工程验收记录
		单层墙或叠合墙	无可见泥砂和水渗漏			

　　注：本表摘自《地下防水工程质量验收规范》（GB 50208—2011）条文说明。

6.2.11 地下连续墙的槽段接缝构造应符合设计要求。

检验方法：观察检查和检查隐蔽工程验收记录。

地下连续墙的槽段接缝方式，应优先选用工字钢或十字钢板接头，并应符合设计要求。使用的锁口管应能承受混凝土灌注时的侧压力，灌注混凝土时不得产生位移和混凝土绕管现象。

地下连续墙的墙体与内衬结构接缝，应符合 5.2.6 条的规定。

6.2.12 地下连续墙墙面不得有露石和夹泥现象。

检验方法：观察检查。

需要开挖一侧土方的地下连续墙，尚应在开挖后检查混凝土质量。由于地下连续墙是采用导管法施工，在泥浆中依靠混凝土的自重浇筑而不进行振捣，所以混凝土质量不如在正常条件下（空气中）浇筑的质量。

为保证使用要求，裸露的地下连续墙应表面密实，无渗漏。否则，在施工其他防水层之前，应对上述缺陷进行修整或处理。

6.2.13 地下连续墙墙体表面平整度，临时支护墙体允许偏差应为 50mm，单一或复合墙体允许偏差应为 30mm。

检验方法：尺量检查。

6.3 盾构隧道

6.3.1 盾构隧道适用于在软土和软岩中采用盾构掘进和拼装管片方法修建的衬砌构件。

盾构法施工的隧道，宜采用钢筋混凝土管片、复合管片、砌块等装配式衬砌或现浇混凝土衬砌。装配式衬砌应采用防水混凝土制作。

6.3.2 盾构隧道衬砌防水措施应按表 6.4.2（本书表 4.6.2）选用。

当隧道处于侵蚀性介质的地层时，应采用相应的耐侵蚀混凝土或耐侵蚀的防水涂层。采用外防水涂料时，应按表 4.6.2 规定"宜选"或"部分区段宜选"。

盾构隧道衬砌防水措施 表 4.6.2

防水措施		高精度管片	接缝防水				混凝土内衬或其他内衬	外防水涂料
			密封垫	嵌缝材料	密封剂	螺孔密封圈		
防水等级	一级	必选	必选	全隧道或部分区段应选	可选	必选	宜选	对混凝土有中等以上腐蚀的地层应选，在非腐蚀地层宜选
	二级	必选	必选	部分区段宜选	可选	必选	局部宜选	对混凝土有中等以上腐蚀的地层宜选
	三级	应选	必选	部分区段宜选	—	应选	—	对混凝土有中等以上腐蚀的地层宜选
	四级	可选	宜选	可选	—	—	—	—

注：本表摘自《地下防水工程质量验收规范》（GB 50208—2011）。

6.3.3 钢筋混凝土管片的质量应符合下列规定：

1 管片混凝土抗压强度和抗渗性能以及混凝土氯离子扩散系数均应符合设计要求；

2 管片不应有露筋、孔洞、疏松、夹渣、有害裂缝、缺棱掉角、飞边等缺陷；

3 单块管片制作尺寸允许偏差应符合表 6.3.3（本书表 4.6.3）的规定。

表 4.6.3

项　目	允许偏差（mm）
宽度	±1
弧长、弦长	±1
厚度	+3，−1

注：本表摘自《地下防水工程质量验收规范》（GB 50208—2011）。

管片混凝土氯离子扩散系数的设计要求，应符合《混凝土结构耐久性设计规范》（GB/T 50476—2008）第3.4节耐久性规定。混凝土氯离子扩散系数应由检测单位用"混凝土氯离子扩散系数测定仪"进行测定后与设计值比较。

钢筋混凝土管片是在工厂预制的，为满足隧道结构防水要求而制定了管片制作的质量标准。

单块管片制作尺寸允许偏差似与防水关系不大，但是密封垫只有在与高精度管片相配时才能满足防水要求，故对管片的制作精度不容忽视。

6.3.4 钢筋混凝土管片抗压和抗渗试件制作应符合下列规定：

1 直径8m以下隧道，同一配合比按每生产10环制作抗压强度试件一组，每生产30环制作抗渗试件一组；

2 直径8m以上隧道，同一配合比按每工作班制作抗压强度试件一组，每生产10环制作抗渗试件一组。

6.3.5 钢筋混凝土管片的单块抗渗检测检漏应符合下列规定：

1 检查数量：管片每生产100环应抽查1块管片进行检漏测试，连续3次达到检漏标准，则改为每生产200环应抽查1块管片，再连续3次达到检漏标准，按最终检测频率为400环抽查1块管片进行检漏测试。如出现一次不达标，则恢复每100环抽查1块管片的最初检漏频率，再按上述要求进行抽检。当检漏频率为每100环抽查1块时，如出现不达标，则双倍复检，如再出现不达标，必须逐块检漏。

2 检漏标准：管片外表在0.8MPa水压力下，恒压3h，渗水进入管片外背高度不超过50mm为合格。

6.3.6 盾构隧道衬砌的管片密封垫防水应符合下列规定：

1 密封垫沟槽表面应干燥、无灰尘，雨天不得进行密封垫粘贴施工；

2 密封垫应与沟槽紧密贴合，不得有起鼓、超长和缺口现象；

3 密封垫粘贴完毕并达到规定强度后，方可进行管片拼装；

4 采用遇水膨胀橡胶密封垫时，非粘贴面应涂刷缓膨胀剂或采取符合缓膨胀的措施。

钢筋混凝土管片接缝防水，主要依靠防水密封垫，所以对密封垫的设置和粘贴施工提出了具体规定。同时，管片拼装前应逐块对粘贴的密封垫进行检查，在管片吊装的过程中要采取措施，防止损坏密封垫。针对采用遇水膨胀橡胶作为防水密封垫的主要材质或遇水膨胀橡胶为主的复合密封垫时，为防止其在管片拼装前预先膨胀，应采用延缓膨胀的措施。

6.3.7 盾构隧道衬砌的管片嵌缝材料防水应符合下列规定：

1 根据盾构施工方法和隧道的稳定性，确定嵌缝作业开始的时间；

2 嵌缝槽如有缺损，应采用与管片混凝土强度等级相同的聚合物水泥砂浆修补；

3 嵌缝槽表面应坚实、平整、洁净、干燥；

4 嵌缝作业应在无明显渗水后进行；

5　嵌填材料施工时，应先刷涂基层处理剂，嵌填应密实、平整。

管片接缝防水除粘贴密封垫外，还应进行嵌缝的防水处理，为防止嵌缝后产生错裂现象，嵌缝应在隧道结构基本稳定后进行。另外，由于湿固化嵌缝材料的应用，嵌缝前基面只要求达到无明显渗水即可。

6.3.8　盾构隧道衬砌的管片密封剂防水应符合下列规定：

1　接缝管片渗漏时，应采用密封剂堵漏；

2　密封剂注入口应无缺损，注入通道应通畅；

3　密封剂材料注入施工前，应采取控制注入范围的措施。

密封剂主要为不易流失的掺有填料的黏稠注浆材料以减少流失。同时，为了发挥浆液的堵漏止水功效，应对浆液的注入范围采取限制措施。

6.3.9　盾构隧道衬砌的管片螺孔密封圈防水应符合下列规定：

1　螺栓拧紧前，应确保螺栓孔密封圈定位准确，并与螺栓孔沟槽相贴合；

2　螺栓孔渗漏时，应采取封堵措施；

3　不得使用已破损或提前膨胀的密封圈。

6.3.10　盾构隧道分项工程检验批的抽样检验数量，应按每连续 5 环抽查 1 环，且不得少于 3 环。

主控项目

6.3.11　盾构隧道衬砌所用防水材料必须符合设计要求。

检验方法：检查产品合格证、产品性能检测报告、计量措施和材料进场检验报告。

6.3.12　钢筋混凝土管片的抗压强度和抗渗性能必须符合设计要求。

检验方法：检查混凝土抗压强度、抗渗性能检验报告和管片单块检漏测试报告。

混凝土强度的评定应符合《混凝土强度检验评定标准》（GB/T 50107—2010）的规定。参考第 5 章混凝土结构工程。

6.3.13　盾构隧道衬砌的渗漏水量必须符合设计要求。

检验方法：观察检查和检查渗漏水检测记录。

盾构隧道衬砌渗漏水量检验宜符合表 4.6.4 的规定。

盾构隧道衬砌渗漏水检验
表 4.6.4

序号	检验项目			规　定	检验数量		检验方法
					范围	点数	
1	整条隧道	隧道渗漏	隧道渗漏量	符合设计要求	整条隧道任意 100m²	1~2 次	尺量、设临时围堰储水检测
			局部湿迹与渗漏量			2~4 次	
2	管片混凝土	直径 8m 以下隧道	强度等级	符合设计要求	每 10 环	制作抗压试件一组	检查试验报告、质量评定记录
		直径 8m 以上隧道			每 5 环	制作抗压试件一组	
3		直径 8m 以下隧道	抗渗等级		每 30 环	制作抗压试件一组	
		直径 8m 以上隧道			每 10 环	制作抗压试件一组	
4	外防水涂层性能指标				整条隧道	1 次	

序号	检验项目		规　定	检验数量		检验方法
				范　围	点数	
5	管片接缝	直径8m以下隧道	密封垫	常规指标每400~500环	1次	检查产品合格证、质保单及抽样检验报告
				全性能检测整条隧道	1~2次	若设计要求整环或局部嵌缝，则嵌缝材料的检查频率与方法同管片接缝其他防水材料
		直径8m以上隧道	符合设计要求	常规指标每200~250环	1次	
				全性能检测整条隧道	2~3次	
6	隧道与井接头、隧道与连接通道接头	密封材料		符合设计要求	隧道与井、隧道与连接通道各一组接头	1次	检查产品合格证、质保单及抽样检验报告
7	连接通道	防水混凝土、塑料防水板等外防水材料或聚合物水泥防水砂浆等内防水材料		符合设计要求	每个连接通道	1次	检查产品合格证、质保单及抽样检验报告

注：本表摘自《地下防水工程质量验收规范》（GB 50208—2011）条文说明。

一般项目

6.3.14　管片接缝密封垫及其沟槽的断面尺寸应符合设计要求。

　　　检验方法：观察检查和检查隐蔽工程验收记录。

6.3.15　密封垫在沟槽内应套箍和粘结牢固，不得歪斜、扭曲。

　　　检验方法：观察检查。

6.3.16　管片嵌缝槽的深度比及断面构造形式、尺寸应符合设计要求。

　　　检验方法：观察检查和检查隐蔽工程验收记录。

6.3.17　嵌缝材料嵌填应密实、连续、饱满、表面平整、密贴牢固。

　　　检验方法：观察检查。

6.3.18　管片的环向及纵向螺栓应全部穿进并拧紧；衬砌内表面的外露铁件防腐处理应符合设计要求。

　　　检验方法：观察检查。

6.4　沉井

6.4.1　沉井适用于下沉施工的地下建筑物或构筑物。

6.4.2　沉井结构应采用防水混凝土浇筑。沉井分段制作时，施工缝的防水措施应符合本规范第5.1节的有关规定；固定模板的螺栓穿过混凝土井壁时，螺栓部位的防水处理应符合本规范第5.5.6条的规定。

6.4.3　沉井干封施工应符合下列规定：

　　1　沉井基底土面应全部挖至设计标高，待其下沉稳定后再将井内积水排干；

　　2　清除浮土杂物，底板与井壁连接部位应凿毛、清洗干净或涂刷混凝土界面处理剂，及时浇筑防水混凝土封底；

　　3　在软土中封底时，宜分格逐段对称进行；

　　4　封底混凝土施工过程中，应从底板上的集水井中不间断地抽水；

5 封底混凝土达到设计强度后，方可停止抽水，集水井的封堵应采用微膨胀混凝土填充捣实，并用法兰、焊接钢板等方法封平。

6.4.4 沉井水下封底施工应符合下列规定：

1 井底应将浮泥清理干净，并铺碎石垫层；

2 底板与井壁连接部位应冲刷干净；

3 封底宜采用水下不分散混凝土，其坍落度宜为180～220mm；

4 封底混凝土应在沉井全部底面积上连续均匀浇筑；

5 封底混凝土达到设计强度后，方可从井内抽水，并应检查封底质量。

6.4.5 防水混凝土底板应连续浇筑，不得留设施工缝；底板与井壁接缝处的防水处理应符合本规范第5.1节的有关规定。

6.4.6 沉井分项工程检验批的抽样检验数量，应按混凝土外露面积每100m² 抽查1处，每处10m²，且不得少于3处。

主控项目

6.4.7 沉井混凝土的原材料、配合比以及坍落度必须符合设计要求。

检验方法：检查产品合格证、产品性能检测报告、计量措施和材料进场检验报告。

6.4.8 沉井混凝土的抗压强度和抗渗性能必须符合设计要求。

检验方法：检查混凝土抗压强度、抗渗性能检验报告。

6.4.9 沉井的渗漏水量必须符合设计要求。

检验方法：观察检查和检查渗漏水检测记录。

沉井井壁、墙缝渗漏水检验宜符合表4.6.5的规定。

沉井井壁、墙缝渗漏水检验　　　　　　　　　　　　表4.6.5

序号	检验项目		检验数量		检验方法
			范围	点数	
1	井壁渗漏	无明显渗水和小于防水二级标准的湿渍	每两条水平施工缝之间的混凝土	10（均布）	尺量、观察和检查隐蔽工程验收记录
2	井壁接缝渗漏				尺量、观察和检查隐蔽工程验收记录
3	底板渗漏		底板混凝土	10（均布）	尺量、观察和检查隐蔽工程验收记录
4	底板与井壁或框架梁接缝				尺量、观察和检查隐蔽工程验收记录

注：本表摘自《地下防水工程质量验收规范》（GB 50208—2011）条文说明。

一般项目

6.4.10 沉井干封底和水下封底的施工应符合本规范第6.4.3条和第6.4.4条的规定。

检验方法：观察检查和检查隐蔽工程验收记录。

6.4.11 沉井底板与井壁接缝处的防水处理应符合设计要求。

检验方法：观察检查和检查隐蔽工程验收记录。

6.5 逆筑结构

6.5.1 逆筑结构适用于地下连续墙为主体结构或地下连续墙与内衬构成复合式衬砌进行逆筑法施工的地下工程。

6.5.2 地下连续墙为主体结构逆筑法施工应符合下列规定：

1　地下连续墙墙面应凿毛、清洗干净，并宜做水泥砂浆防水层；

　　2　地下连续墙与顶板、中楼板、底板接缝部位应凿毛处理，施工缝的施工应符合本规范第5.1节的有关规定；

　　3　钢筋接驳器处宜涂刷水泥基渗透结晶型防水涂料。

6.5.3　地下连续墙与内衬构成复合式衬砌进行逆筑法施工除应符合本规范第6.5.2条的规定外，尚应符合下列规定：

　　1　顶板及中楼板下部500mm内衬墙应同时浇筑，内衬墙下部应做成斜坡形，斜坡形下部应预留300～500mm空间，并应待下部先浇混凝土施工14d后再行浇筑；

　　2　浇筑混凝土前，内衬墙的接缝面应凿毛、清洗干净，并应设置遇水膨胀止水条或止水胶和预埋注浆管；

　　3　内衬墙的后浇带混凝土应采用补偿收缩混凝土，浇筑口宜高于斜坡顶端200mm以上。

6.5.4　内衬墙垂直施工缝应与地下连续墙的槽段接缝相互错开2.0～3.0m。

6.5.5　底板混凝土应连续浇筑，不宜留设施工缝；底板与桩头接缝部位的防水处理应符合本规范第5.7节的有关规定。

6.5.6　底板混凝土达到设计强度后方可停止降水，并应将降水井封堵密实。

6.5.7　逆筑结构分项工程检验批的抽样检验数量，应按混凝土外露面积每100m² 抽查1处，每处10m²，且不得少于3处。

主控项目

6.5.8　补偿收缩混凝土的原材料、配合比以及坍落度必须符合设计要求。

　　检验方法：检查产品合格证、产品性能检测报告、计量措施和材料进场检验报告。

6.5.9　内衬墙接缝用遇水膨胀止水条或止水胶和预埋注浆管必须符合设计要求。

　　检验方法：检查产品合格证、产品性能检测报告和材料进场检验报告。

6.5.10　逆筑结构的渗漏水量必须符合设计要求。

　　检验方法：观察检查和检查渗漏水检测记录。

　　逆筑结构侧墙、墙缝渗漏水检验宜符合表4.6.6的规定。

逆筑结构侧墙、墙缝渗漏水检验　　　　　　　　　表4.6.6

序号	检验项目	规　定	检验数量		检验方法
			范　围	点　数	
1	侧墙渗漏	根据不同的防水等级，达到相应的防水指标	每两条侧墙施工缝之间的混凝土每条逆筑施工接缝	10（均布）	尺量、观察和检查隐蔽工程验收记录
2	墙缝渗漏	根据不同的防水等级，达到相应的防水指标			尺量、观察和检查隐蔽工程验收记录

　　注：本表摘自《地下防水工程质量验收规范》（GB 50208—2011）条文说明。

一般项目

6.5.11　逆筑结构的施工应符合本规范第6.5.2条和第6.5.3条的规定。

　　检验方法：观察检查和检查隐蔽工程验收记录。

6.5.12　遇水膨胀止水条的施工应符合本规范第5.1.8条的规定；遇水膨胀止水胶的施工应符合本规范第5.1.9条的规定；预埋注浆管的施工应符合本规范第5.1.10条的

规定。

检验方法：观察检查和检查隐蔽工程验收记录。

4.7 排水工程

7.1 渗排水、盲沟排水

7.1.1 渗排水适用于无自流排水条件、防水要求较高且有抗浮要求的地下工程。盲沟排水适用于地基为弱透水性土层、地下水量不大或排水面积较小，地下水位在结构底板以下或在丰水期地下水位高于结构底板的地下工程。

渗排水、盲沟排水是采用疏导的方法，将地下水有组织地经过排水系统排走，以削弱水对地下结构的压力，减小水对结构的渗透作用，从而辅助地下工程达到防水目的。

7.1.2 渗排水应符合下列规定：

1 渗排水层用砂、石应洁净，含泥量不应大于 2.0%。

2 粗砂过滤层总厚度宜为 300mm，如较厚时应分层铺填。过滤层与基坑土层接触处，应用厚度为 100~150mm、粒径为 5~10mm 的石子铺填。

3 集水管应设置在粗砂过滤层下部，坡度不宜小于 1%，且不得有倒坡现象。集水管之间的距离宜为 5~10m，并与集水井相通。

4 工程底板与渗排水层之间应做隔浆层，建筑周围的渗排水层顶面应做散水坡。

渗排水层对材料来源还应做到因地制宜。

为使渗排水层保持通畅，充分发挥其渗排水作用，对砂石颗粒、砂石含泥量以及粗砂过滤层厚度均作了规定；在构造上还要求在渗排水层顶面做隔离层，是防止渗排水层堵塞的措施。

7.1.3 盲沟排水应符合下列规定：

1 盲沟成型尺寸和坡度应符合设计要求；

2 盲沟的类型及盲沟与基础的距离应符合设计要求；

3 盲沟用砂、石应洁净，含泥量不应大于 2%；

4 盲沟反滤层的层次和粒径组成应符合表 7.1.3（本书表 4.7.1）的规定。

5 盲沟在转弯处和高低处应设置检查井，出水口处应设置滤水箅子。

盲沟反滤层的层次和粒径组成　　　　　　　　　　　　表 4.7.1

反滤层的层次	建筑地区地层为砂性土时（塑性指数 $I_p < 3$）	建筑地区地层为黏性土时（塑性指数 $I_p > 3$）
第一层（贴天然土）	用 1~3mm 粒径砂子组成	用 2~5mm 粒径砂子组成
第二层	用 3~10mm 粒径小卵石组成	用 5~10mm 粒径小卵石组成

盲沟排水一般设在建筑物周围，使地下水流入盲沟内，根据地形使水自动排走。如受地形限制没有自流排水条件时，可将水引到集水井中，然后用水泵将水抽出。

7.1.4 渗排水、盲沟排水应在地基工程验收合格后进行施工。

地基工程验收合格是保证排水、盲沟排水施工质量的前提。

7.1.5 集水管应采用无砂混凝土管、硬塑料管或软式透水管。

无砂混凝土管通常均在施工现场制作，应注意检查无砂混凝土配合比和构造尺寸。

普通硬塑料管一般选用内径为 100mm 的硬质 PVC 管，壁厚 6mm，沿管周六等分，间隔 150mm 钻 12mm 孔眼，隔行交错制成透水管。

软式透水管的应用，可参考行标《软式透水管》（JC 937）的有关规定。

7.1.6 渗排水、盲沟排水的分项工程检验批的抽样检验数量，应按 10% 抽查，其中按两轴线间或 10 延米为 1 处，且不得少于 3 处。

两轴线间系指具体工程的施工段。

主控项目

7.1.7 盲沟反滤层的层次和粒径组成必须符合设计要求。

检查方法：检查砂、石试验报告和隐蔽工程验收记录。

7.1.8 集水管的埋置深度及坡度必须符合设计要求。

检验方法：观察和尺量检查。

一般项目

7.1.9 渗排水构造应符合设计要求。

检验方法：观察检查和检查隐蔽工程验收记录。

7.1.10 渗排水层的铺设应分层、铺平、拍实。

检验方法：观察检查和检查隐蔽工程验收记录。

7.1.11 盲沟排水构造应符合设计要求。

检验方法：观察检查和检查隐蔽工程验收记录。

7.1.12 集水管采用平接式或承插式接口应连接牢固，不得扭曲变形和错位。

检验方法：观察检查。

7.2 隧道排水、坑道排水

7.2.1 隧道排水、坑管排水适用于贴壁式、复合式、离壁式衬砌。

7.2.2 隧道或坑道内如设置排水泵房时，主排水泵站和辅助排水泵站、集水池的有效容积应符合设计要求。

7.2.3 主排水泵站、辅助排水泵站和污水泵房的废水及污水，应分别排入城市雨水和污水管道系统。污水的排放尚应符合国家现行有关标准的规定。

7.2.4 坑道排水应符合有关特殊功能设计的要求。

7.2.5 隧道贴壁式、复合式衬砌围岩疏导排水应符合下列规定：

　　1 集中地下水出露处，宜在衬砌背后设置盲沟、盲管或钻孔等引排措施；

　　2 水量较大、出水面广时，衬砌背后应设置环向、纵向盲沟组成排水系统，将水集排至排水沟内；

　　3 当地下水丰富、含水层明显且有补给来源时，可采用辅助坑道或泄水洞等截、排水设施。

7.2.6 盲沟中心宜采用无砂混凝土管或硬质塑料管，其管周围应设置反滤层；盲管应采用软式透水管。

7.2.7 排水明沟的纵向坡度应与隧道或坑道坡度一致，排水明沟应设置盖板和检查井。

7.2.8 隧道离壁式衬砌侧墙外排水沟应做成明沟，其纵向坡度不应小于 0.5%。

7.2.9 隧道排水、坑道排水分项工程检验批的抽样检验数量，应按 10% 抽查，其中按两轴线间或 10 延米为 1 处，且不得少于 3 处。

主控项目

7.2.10 盲沟反滤层的层次和粒径必须符合设计要求。

检查方法：检查砂、石试验报告。

7.2.11 无砂混凝土管、硬质塑料管或软式透水管必须符合设计要求。

检验方法：检查产品合格证和产品性能检测报告。

7.2.12 隧道、坑道排水系统必须畅通。

检验方法：观察检查。

本条为强制性条文。

一般项目

7.2.13 盲沟、盲管及横向导水管的管径、间距、坡度均应符合设计要求。

检验方法：观察和尺量检查。

7.2.14 隧道或坑道内排水明沟及离壁式衬砌外排水沟，其断面尺寸及坡度应符合设计要求。

检验方法：观察和尺量检查。

7.2.15 盲管应与岩壁或初期支护密贴，并应固定牢固；环向、纵向盲管接头宜与盲管相配套。

检验方法：观察检查。

7.2.16 贴壁式、复合式衬壁的盲沟与混凝土衬砌接触部位应做隔浆层。

检验方法：观察检查和检查隐蔽工程验收记录。

7.3 塑料排水板排水

7.3.1 塑料排水板适用于无自流排水条件且防水要求较高的地下工程以及地下工程种植顶板排水。

7.3.2 塑料排水板应选用抗压强度大且耐久性好的凹凸型排水板。

7.3.3 塑料排水板排水构造应符合设计要求，并宜符合以下工艺流程：

1 室内底板排水按混凝土底板→铺设塑料排水板（支点向下）→混凝土垫层→配筋混凝土面层等顺序进行；

2 室内侧墙排水按混凝土侧墙→粘贴塑料排水板（支点向墙面）→钢丝网固定→水泥砂浆面层等顺序进行；

3 种植顶板排水按混凝土顶板→找坡层→防水层→混凝土保护层→铺设塑料排水板（支点向上）→铺设土工布→覆盖等顺序进行；

4 隧道或坑道排水按初期支护→铺设土工布→铺设塑料排水板（支点向初期支护）→二次衬砌结构等顺序进行。

7.3.4 铺设塑料排水板应采用搭接法施工，长短边搭接宽均不应小于100mm。塑料排水板的接缝处宜采用配套胶粘剂粘结或热熔焊接。

7.3.5 地下工程种植顶板种植土若低于周围土体，塑料排水板排水层必须结合排水沟或盲沟分区设置，并保持排水畅通。

7.3.6 塑料排水板应与土工布复合使用。土工布宜采用200～400g/m² 的聚酯无纺布。土工布应铺设在塑料排水板的凹面上，相邻土工布搭接宽度不应小于200mm，搭接部位应采用黏合或缝合。

7.3.7 塑料排水板排水分项工程检验批的抽样检验数量：应按铺设面积每$100m^2$抽查1处，每处$10m^2$，且不得少于3处。

主控项目

7.3.8 塑料排水板和土工布必须符合设计要求。

  检验方法：检查产品合格证、产品性能检测报告。

7.3.9 塑料排水板排水层必须与排水系统连通，不得有堵塞现象。

  检验方法：观察检查。

一般项目

7.3.10 塑料排水板排水层构造做法应符合本规范第7.3.3条的规定。

  检验方法：观察检查和检查隐蔽工程验收记录。

7.3.11 塑料排水板的搭接宽度和搭接方法应符合本规范第7.3.4条的规定。

  检验方法：观察和尺量检查。

7.3.12 土工布铺设应平整、无折皱；土工布的搭接宽度和搭接方法应符合本规范第7.3.6条的规定。

  检验方法：观察和尺量检查。

4.8 注浆工程

8.1 预注浆、后注浆

8.1.1 预注浆适用于工程开挖前预计涌水量较大的地段或软弱地层；后注浆法适用于工程开挖后处理围岩渗漏及初期壁后空隙回填。

  注浆按地下工程施工顺序可分为预注浆和后注浆。注浆方案应根据工程地质及水文地质条件，按下列要求选择：

  1. 在工程开挖前，预计涌水量大的地段、软弱地层，宜采用预注浆；

  2. 开挖后有大股涌水或大面积渗漏水时，应采用衬砌前围岩注浆；

  3. 衬砌后渗漏水严重或充填壁后空隙的地段，宜进行回填注浆；

  4. 回填注浆后仍有渗漏时，宜采用衬砌后围岩注浆。

  上述所列条款可单独进行，也可按工程情况采用几种注浆方案，确保地下工程达到要求的防水等级。

8.1.2 注浆材料应符合下列规定：

  1 具有较好的可注性；

  2 具有固结收缩小，良好的粘结性、抗渗性、耐久性和化学稳定性；

  3 低毒并对环境污染小；

  4 注浆工艺简单，施工操作方便，安全可靠。

  由于国内注浆材料的品种多、性能差异大，事实上目前还没有一种浆材能全部满足工程需要，一般能满足本条规定中的几项要求就算不错了。所以要熟悉掌握各种浆材的特性，并根据工程地质、水文地质条件、注浆目的、注浆工艺、设备和成本等因素加以选择。

8.1.3 在砂卵石层中宜采用渗透注浆法；在黏土层中宜采用劈裂注浆法；在淤泥质软土

中宜采用高压喷射注浆法。

1. 渗透注浆不破坏原土的颗粒排列，使浆液渗透扩散到土粒间的孔隙，孔隙中的气体和水分被浆液固结体排除，从而使土壤密实达到加固防渗的目的。因为渗透注浆的对象主要是各种形式的砂土层，所以要求被注体应具有一定的孔隙（即渗透系数大于 $10^{-5}\,cm/s$），否则难以保证注浆效果。

2. 劈裂注浆是在较高的注浆压力下，把浆液渗入到渗透性小的土层中，并形成不规则的脉状固结物。由注浆压力而挤密的土体与不受注浆影响的土体构成复合地基，具有一定的密实性和承载能力。因此，劈裂注浆一般用于渗透系数不大于 $10^{-6}\,cm/s$ 的黏土层。

3. 高压喷射注浆是利用钻机把带有喷嘴的注浆管钻进至土中的预定位置，以高压设备使浆液成为高压流从喷嘴喷出，土粒在喷射流的作用下与浆液混合形成固结体。高压喷射注浆的浆液以水泥类材料为主，化学材料为辅。高压喷射注浆法可用于加固软弱地层。

8.1.4 注浆浆液应符合下列规定：

1 预注浆宜采用水泥浆液、黏土水泥浆液或化学浆液；

2 后注浆宜采用水泥浆液、水泥砂浆或掺有石灰、黏土膨润土、粉煤灰的水泥浆液；

3 注浆浆液配合比应经现场试验确定。

注浆材料包括了主剂和在浆液中掺入各种外加剂。主剂可分颗粒浆液和化学浆液两种。颗粒浆液主要包括水泥浆、水泥砂浆、黏土浆、水泥黏土浆以及粉煤灰、石灰浆等；化学浆液常用的有聚氯酯类、丙烯酰胺类、硅酸类、水玻璃等。

在隧道工程注浆中，常采用颗粒浆液先堵塞大的孔隙，再注入化学浆液，既经济又起到注浆的满意效果。壁后回填注浆因为是起填充作用的，所以尽量采用颗粒浆液。各种浆液配合比，必须根据注浆效果经过现场试验后确定。

8.1.5 注浆过程控制应符合下列规定：

1 根据工程地质、注浆目的等控制注浆压力和注浆量；

2 回填注浆应在衬砌混凝土达到设计强度的 70% 后进行，衬砌后围岩注浆应在充填注浆固结体达到设计强度的 70% 后进行；

3 浆液不得溢出地面和超出有效注浆范围，地面注浆结束后注浆孔应封填密实；

4 注浆范围和建筑物的水平距离很近时，应加强对邻近建筑物和地下埋设物的现场监控；

5 注浆点距离饮用水源或公共水域较近时，注浆施工如有污染应及时采取相应措施。

注浆压力能克服浆液在注浆管内的阻力，把浆液压入隧道周边地层中。如有地下水时，其注浆压力尚应高于地层中的水压，但压力不宜过高。由于注浆浆液溢出地表或其有效范围之外，会给周边结构带来不良影响，所以应严格控制注浆压力。

回填注浆时间的确定，是以衬砌能否承受回填注浆压力作用为依据的，避免结构过早受力而产生裂缝。回填注浆压力一般都小于 0.8MPa，因此规定回填注浆应在衬砌混凝土达到设计强度 70% 后进行。

为避免衬砌后围岩注浆影响回填注浆浆液固结体，因此规定衬砌后围岩注浆应在回填注浆浆液固结体达到设计强度 70% 后进行。

隧道地面建筑多、交通繁忙，地下各种管线纵横交错，一旦浆液溢出地面和有效注浆范围，就会危及建筑物或地下管线的安全。因此，注浆过程中应经常观测，出现异常情况应立即采取措施。

在地面进行垂直注浆后，为防止坍孔造成地面沉陷，要求注浆后应用砂子浆注浆孔封填密实。

浆液的注浆压力应控制在有效范围内，如果周围的建筑物与被注点距离较近，有可能发生地面隆起、墙体开裂等工程事故。所以，在注浆作业时要定期对周围的建筑物和构筑物以及地下管线进行施工监测，保证施工的安全。

注浆浆液特别是化学浆液，有的有一定毒性，如丙烯酰胺类等。为防止污染地下水，施工期间应定期检查地下水的水质。

8.1.6 预注浆、后注浆分项工程检验批的抽样检验数量，应按加固或堵漏面积每 $100m^2$ 抽查 1 处，每处 $10m^2$，且不得少于 3 处。

主控项目

8.1.7 配制浆液的原材料及配合比必须符合设计要求。

检验方法：检查出产品格证、产品性能检测报告、计量措施和材料进场检验报告。

几乎所有品牌的水泥都可以作为注浆材料使用，为了达到不同的注浆要求，往往在水泥中加入外加剂和掺合料，这样既扩大了水泥注浆的应用范围，也提出了固结体的技术性能。由于水泥和外加剂的品种繁多，浆液的组成较复杂，所以有必要对进场后的材料进行抽查检验。

1. 水玻璃又称硅酸钠（ $Na_2O \cdot nSiO_2$ ），由于其没有毒性，一直被广泛用于各种注浆工程中。水玻璃类浆液是以水玻璃为主剂，加入胶凝剂生成凝胶体，充填于被注体的空隙内，达到堵水防渗目的。水玻璃中 Na_2O 和 SiO_2 含量不同，所获得的注浆体性能也不相同。水玻璃浆液一般用波美度和模数来表示，以 $40°Be'$ 左右的水玻璃应用最为广泛。

2. 聚氨酯是一种防渗堵漏能力强、固结体强度高的注浆材料。聚氨酯浆液主要有预聚体和各种外加剂组成。按配方组成的不同分为水溶性和油溶性两种。油溶性的聚氨酯预聚体是由多异氰酸酯和聚醚树脂合成而得，水溶性的聚氨酯预聚体由环氧乙烷开环聚合或环氧乙烷与环氧丙烷开环共聚所得的聚醚与多异氰酸酯反应而成。两种聚氨酯除了预聚体的合成途径不同外，外加剂品种基本相同，只是组成有所改变。外加剂的组成中，增塑剂的作用是提高浆液固结体的弹性和韧性；活性剂主要是提高发泡体的稳定性并改善发泡体结构；催化剂是加速浆液与水反应速度，控制发泡时间和凝结固体速度；乳化剂可以提高催化剂在浆液和水中的分散度；稀释剂的目的是降低浆液黏度提高其可注性。

8.1.8 预注浆及后注浆效果必须符合设计要求。

检验方法：采用钻孔取芯检查；必要时采取压水或抽水试验方法检查。

注浆结束前，为防止开挖时发生坍塌或涌水事故，必须对注浆效果进行检验。通常是根据注浆设计、注浆记录、注浆结束标准，在分析各注浆孔资料的基础上，按设计要求对注浆薄弱地方进行钻孔取芯检查，检查浆液扩散、固结情况；有条件时还可进行压力（抽水）试验，检查地层的吸水率（透水率），计算渗透系数及开挖时的出水量。

一般项目

8.1.9 注浆孔的数量、布置间距、钻孔深度及角度应符合设计要求。

检验方法：尺量检查和检查隐蔽工程验收记录。

8.1.10 注浆各阶段的控制压力和进浆量应符合设计要求。

检验方法：观察检查和检查隐蔽工程验收记录。

8.1.11 注浆时浆液不得溢出地面和超出有效注浆范围。

检验方法：观察检查。

8.1.12 注浆对地面产生的沉降量不得超过30mm，地面的隆起不得超过20mm。

检验方法：用水准仪测量。

当工程处于房屋和重要工程的密集段时，施工中应会同有关单位采取有效的保护措施，并进行必要的施工监测，以确保建（构）筑物及地下管线的正常使用和安全运行。

8.2 结构裂缝注浆

8.2.1 结构裂缝注浆适用于混凝土结构宽度大于0.2mm的静止裂缝、贯穿性裂缝等堵水注浆。

混凝土结构裂缝严重影响工程结构的耐久性，随着我国经济建设的发展，化学注浆在该领域的应用技术不断创新，有许多成功实例，可满足结构正常使用和工程的耐久性规定。

宽度大于0.2mm的静止裂缝以及贯穿性裂缝均是混凝土结构的有害裂缝，应采用堵水注浆，符合混凝土结构设计要求。

8.2.2 裂缝注浆应待结构基本稳定和混凝土达到设计强度后进行。

8.2.3 结构裂缝堵水注浆宜选用聚氨酯、丙烯酸盐等化学浆液；补强加固的结构裂缝注浆宜选用改性环氧树脂、超细水泥等浆液。

化学注浆材料为真溶液，与掺有膨润土、粉煤灰的水泥灌浆材料相比，可灌性好，胶凝时间可按工程需要调节，粘结强度高。因此，某些工程用水泥灌浆不能解决的问题，采用化学注浆材料处理或进行复合灌浆，基本上都可以满意的解决。注浆材料注入裂缝深部，达到恢复结构的整体性、耐久性及防水性的目的。

化学浆材按其功能与用途可分为防渗堵漏型和加固补强型，但两种类型的化学浆材其功能并非完全分开。聚氨酯虽有较好的堵水效果，而因强度低，不具备对混凝土的补强作用。但聚氨酯中强度较高的油溶性聚氨酯可用于非结构性混凝土裂缝补强；亲水性较好且固化较快的改性环氧浆材对渗流量小的混凝土结构裂缝具有堵水补强功能，但出水量较大的工程不宜用作堵水材料。所以，在实际应用中应根据工程情况合理的选用浆材。

注浆材料的选用与结构裂缝宽度、渗水量大小、常年性渗漏还是季节性渗漏、是否有补强要求等有关。当水量较大时，可选用聚氨酯浆液，水溶性聚氨酯具有流动性好、二次渗透、发泡快等特点，非常适合快速注浆堵水；当水量小时，可选择超细水泥注浆；当结构有补强要求时，可选用环氧树脂或水泥-水玻璃浆液注浆；当渗水较少但空洞大时，可先用水泥浆填充，然后再用化学浆液封堵。

8.2.4 结构裂缝注浆应符合下列规定：

1 施工前，应沿缝清除基面上的油污杂质；

2 浅裂缝应骑缝黏埋注浆嘴，必要时沿缝开凿"U"形槽并用速凝水泥砂浆封缝；

3 深裂缝应骑缝钻孔或斜向钻孔至裂缝深部，孔内安放注浆管或注浆嘴，间距应根据裂缝宽度而定，但每条裂缝至少有一个进浆孔和一个排气孔；

4 注浆嘴及注浆管应设在裂缝的交叉处、较宽处及贯穿处等部位，对封缝的密封效果应进行检查；

5　注浆后待缝内浆液固化后，方可拆下注浆嘴并进行封口抹平。

8.2.5　结构裂缝注浆分项工程检验批的抽样检验数量，应按裂缝的条数抽查10%，每条裂缝检查1处，且不得少于3处。

主控项目

8.2.6　注浆材料及其配合比必须符合设计要求。

检验方法：检查产品合格证、产品性能检测报告、计量措施和材料进场检验报告。

1. 聚氨酯灌浆材料是以多异氰酸酯与多羟基化合物聚合反应制备的预聚体为主剂，通过灌浆注入基础或结构，与水反应生成不溶于水的具有一定弹性或强度固结体的浆液材料。产品按原材料组成分为两类：水溶性聚氨酯灌浆材料，代号WPU；油溶性聚氨酯灌浆材料，代号OPU。

2. 环氧树脂灌浆材料是以环氧树脂为主剂加入固化剂、稀释剂、增韧剂等组分所形成的A、B双组分商品灌浆材料。A组分是以环氧树脂为主的体系，B组分为固化体系。环氧树脂灌浆材料（代号EGR），按初始黏度分为低黏度型（L）和普通型（N）。

高渗透改性环氧材料的应用面在扩大，高渗透改性环氧材料是指具有优异渗透性、可灌性的改性环氧材料，能渗入微米级的岩土孔隙、裂缝，在自然状态下能在混凝土表面通过毛细管道、微孔隙和肉眼看不见的微细裂纹渗入混凝土内，能在压力下灌入渗透系数为$10^{-6} \sim 10^{-8}$cm/s的低渗透软弱地层或夹泥层中。我国研发出了如"中化-798-Ⅲ高渗透改性环氧化灌浆材"第三代产品，而且结合工程实际，形成了混凝土专用的防腐、防水、补强、粘结的系列产品，具有高渗透性和优异的力学性能及耐老化性能。

8.2.7　结构裂缝注浆的注浆效果必须符合设计要求。

检验方法：观察检查和压水或压气检查，必要时钻取芯样采取劈裂抗拉强度试验方法检查。

结构裂缝注浆质量检查，一般可采用向缝中通入压缩空气或压力水检验注浆密实情况，也可钻芯取样检查浆体的外观质量，测试浆体的力学性能。封缝养护至一定强度应进行压水或压气检查，压水时可采用掺高锰酸钾、荧光黄试剂的颜色水。压水或压气所用压力不得超过设计注浆压力。

对设计有补强要求的工程，必须进行现场取芯试验，取芯方法如下：

1. 起始芯：在第1个25延米注浆完成后，钻取直径50mm的起始芯。芯样由监理工程师指定位置钻取，其钻取深度为裂缝的深度。起始芯要有专用储存箱，按设计要求养护；注意了解和遵从业主对试件附加的要求和测试内容。

2. 起始芯和质量见证芯的试验方法：渗透性为直观检验；粘结强度或抗压强度试验可采用混凝土常规法。

3. 起始芯测试环氧树脂渗透的程度和粘结强度。其试验规定：渗透性以裂缝深度的90%充满环氧树脂浆液固结体为合格；当有补强要求而检测粘结强度时，应不在粘结面破坏。

4. 试验的评定和验收规定：起始芯通过上述试验，达到标准数值，则说明这一区域的注浆作业得以验收；如果起始芯的渗透性和粘结强度测试不合格，则必须分析原因，补充注浆，重新检测，直到符合规定为止；不合格起始芯区域，返工之后，由监理工程师指定的位置钻取"见证芯"，重新按3和4的规定检测。

5. 取芯孔应在得到监理工程师的允许后进行充填。

有关补强加固的结构裂缝注浆效果，应按《混凝土结构加固设计规范》（GB 50367—2013）第 17.2.3 条的规定。

芯样检验应采用劈裂抗拉强度测定方法。当检验结果符合下列条件之一时判为符合设计要求：

1. 沿裂缝方向施加的劈力，其破坏应发生在混凝土内部（即内聚破坏）；

2. 破坏虽有部分发生在界面上，但这部分破坏面积不大于破坏面总面积的 15%。

一般项目

8.2.8 注浆孔的数量、布置间距、钻孔深度及角度应符合设计要求。

检验方法：尺量检查和检查隐蔽工程验收记录。

8.2.9 注浆各阶段的控制压力和注浆量应符合设计要求。

检验方法：观察检查和检查隐蔽工程验收记录。

现场注浆压力试验方法：拆去注浆设备的混合器。将双液输浆管连接到压力测试装置上。压力测试装置由两个独立的压力传感阀组成。关闭阀门，启动注浆泵；待压力表升到 0.5MPa 后停泵；观测压力表，在 2min 内的压力不降到 0.4MPa 为合格。

压力试验频率：压力试验可在每次注浆前进行；交接班或停工用餐后进行；在进行裂缝表面清理的间歇时间进行。

现场进浆比例试验方法：拆去注浆设备的混合器，将双液输浆管连接到比例测试装置上。比例测试装置由两个独立的阀件组成，可通过开启和关闭阀门，控制回流压力来调节，压力表可显示每个阀门的回流压力。关闭阀门，启动注浆泵；待压力升到 0.5MPa 后停泵；开启阀门，将浆液放入有刻度的容器，观测两个容器内的浆液，是否符合设备的比例参数。

4.9 子分部工程质量验收

9.0.1 地下防水工程质量验收的程序和组织，应符合现行国家标准《建筑工程施工质量验收统一标准》（GB 50300）的有关规定。

9.0.2 检验批的合格判定应符合下列规定：

1 主控项目的质量经抽样检验全部合格。

2 一般项目的质量经抽样检验 80% 以上检测点合格，其余不得有影响使用功能的缺陷；对有允许偏差的检验项目，其最大偏差不得超过本规范规定允许偏差的 1.5 倍。

3 施工具有明确的操作依据和完整的质量检查记录。

9.0.3 分项工程质量验收合格应符合下列规定：

1 分项工程所含检验批的质量均应验收合格；

2 分项工程所含检验批的质量验收记录应完整。

9.0.4 子分部工程质量验收合格应符合下列规定：

1 子分部工程所含分项工程的质量均应验收合格；

2 质量控制资料应完整；

3 地下工程渗漏水检验应符合设计的防水等级标准要求；

4 观感质量检验应符合要求。

9.0.5 地下防水工程竣工和记录资料应符合表9.0.5（本书表4.9.1）的规定。

地下防水工程竣工和记录资料 表4.9.1

序	项 目	竣工和记录资料
1	防水设计	施工图、设计交底记录、图纸会审记录、设计变更通知单和材料代用核定单
2	资质、资格证明	施工单位资质及施工人员上岗证复印证件
3	施工方案	施工方法、技术措施、质量保证措施
4	技术交底	施工操作要求及安全等注意事项
5	材料质量证明	产品合格证、产品性能检测报告、材料进场检验报告
6	混凝土、砂浆质量证明	试配及施工配合比、混凝土抗压强度、抗渗性能检验报告、砂浆粘结强度、抗渗性能检验报告
7	中间检验记录	施工质量验收记录、隐蔽工程验收记录、施工检查记录
8	检验记录	渗漏水检测记录、观感质量检查记录
9	施工日志	逐日施工情况
10	其他资料	事故处理报告、技术总结

9.0.6 地下防水工程应对下列部位做好隐蔽工程验收记录：

1 防水层的基层；

2 防水混凝土结构和防水层被掩盖的部位；

3 施工缝、变形缝、后浇带等防水构造做法；

4 管道穿过防水层的封固部位；

5 渗排水层、盲沟和坑槽；

6 结构裂缝注浆处理部位；

7 衬砌前围岩渗漏水处理部位；

8 基坑的超挖和回填。

9.0.7 地下防水工程的观感质量检查应符合下列规定：

1 防水混凝土应密实，表面应平整，不得有露筋、蜂窝等缺陷，裂缝宽度不得大于0.2mm，并不得贯通；

2 水泥砂浆防水层应密实、平整、粘结牢固，不得有空鼓、裂纹、起砂、麻面等缺陷；

3 卷材防水层接缝应粘结牢固、封闭严密，防水层不得有损伤、空鼓、皱折等缺陷；

4 涂料防水层应与基层粘结牢固，不得有脱皮、流淌、鼓泡、露胎、皱折等缺陷；

5 塑料防水板防水层应铺牢固、平整，搭接焊接缝严密，不得有下垂、绷紧破损现象；

6 金属板防水层焊缝不得有裂纹、未熔合、夹渣、焊瘤、咬边、烧穿、弧坑、针状气孔等缺陷；

7 变形缝、施工缝、后浇带、穿墙管、埋设件、预留通道接头、桩头、孔口、坑、池等防水构造应符合设计要求；

8 锚喷支护、地下连续墙、盾构隧道、沉井、逆筑结构等防水构造应符合设计要求；

9 排水系统不淤积、不堵塞，确保排水畅通；

10 结构裂缝的注浆效果应符合设计要求。

9.0.8 地下工程出现渗漏水时，应及时进行治理，符合设计的防水等级标准要求后方可验收。

9.0.9 地下防水工程验收后，应填写子分部工程质量验收记录，随同工程验收资料分别由建设单位和施工单位存档。

第 5 章　混凝土结构工程

众所周知，混凝土结构在建筑工程中的应用越来越广泛，在混凝土结构、砌体结构、钢结构、木结构中，混凝土结构占有相当的比重，应用较为广泛，混凝土有如下特点：

1. 就地取材、应用广泛；

2. 直接影响结构安全；

3. 湿作业较多，易成型，影响其质量因素较多；

4. 成型后难以修补；

5. 强度不直观，不直接，不均匀，比较难以测知；

6. 混凝土中的钢筋状况难以准确测知。

混凝土结构工程的施工质量验收主要依据混凝土结构工程的设计文件和《混凝土结构工程施工质量验收规范》（GB 50204）以及相应的技术标准。

本章主要依据《混凝土结构工程施工质量验收规范》（GB 50204—2015）编写，对涉及的相关标准尽可能地进行了介绍，条款号按《混凝土结构工程施工质量验收规范》（GB 50204—2015）编写。

5.1　总　　则

1.0.1　为加强建筑工程质量管理，统一混凝土结构工程施工质量的验收，保证工程施工质量，制定本规范。

1.0.2　本规范适用于建筑工程混凝土结构施工质量的验收。

1.0.3　混凝土结构工程施工质量的验收除应执行本规范外，尚应符合国家现行有关标准的规定。

5.2　术　　语

2.0.1　混凝土结构　concrete structure

以混凝土为主制成的结构，包括素混凝土结构、钢筋混凝土结构和预应力混凝土结构，按施工方法可分为现浇混凝土结构和装配式混凝土结构。

2.0.2　现浇混凝土结构　cast-in-situ concrete structure

在现场原位支模并整体浇筑而成的混凝土结构，简称现浇结构。

2.0.3　装配式混凝土结构　precast concrete structure

由预制混凝土构件或部件装配、连接而成的混凝土结构，简称装配式结构。

2.0.4　缺陷　defect

混凝土结构施工质量中不符合规定要求的检验项或检验点，按其程度可分为严重缺陷和一般缺陷。

2.0.5 严重缺陷 serious defect

对结构构件的受力性能、耐久性能或安装、使用功能有决定性影响的缺陷。

2.0.6 一般缺陷 common defect

对结构构件的受力性能、耐久性能或安装、使用功能无决定性影响的缺陷。

2.0.7 检验 inspection

对被检验项目的特征、性能进行量测、检查、试验等，并将结果与标准规定的要求进行比较，以确定项目每项性能是否合格的活动。

2.0.8 检验批 inspection lot

按相同的生产条件或规定的方式汇总起来供抽样检验用的、由一定数量样本组成的检验体。

2.0.9 进场验收 site acceptance

对进入施工现场的材料、构配件、器具及半成品等，按有关标准的要求进行检验，并对其质量达到合格与否做出确认的过程。主要包括外观检查、质量证明文件检查、抽样检验等。

2.0.10 结构性能检验 inspection of structural performance

针对结构构件的承载力、挠度、裂缝控制性能等各项指标所进行的检验。

2.0.11 结构实体检验 entitative inspection of structure

在结构实体上抽取试样，在现场进行检验或送至有相应检测资质的检测机构进行的检验。

2.0.12 质量证明文件 quality certificate document

随同进场材料、构配件、器具及半成品等一同提供用于证明其质量状况的有效文件。

5.3 基本规定

3.0.1 混凝土结构子分部工程可划分为模板、钢筋、预应力、混凝土、现浇结构和装配式结构等分项工程。各分项工程可根据与生产和施工方式相一致且便于控制施工质量的原则，按进场批次、工作班、楼层、结构缝或施工段划分为若干检验批。

子分部工程验收前，应根据具体的施工方法和结构分类确定应验收的分项工程。

在建筑工程施工质量验收体系中，混凝土结构子分部工程划分为六个分项工程：模板、钢筋、预应力、混凝土、现浇结构和装配式结构。

分项工程又可划分为若干检验批。检验批是工程质量验收的基本单元，通常按下列原则划分：

1. 检验批内质量均匀一致，抽样检验的结果具有代表性；

2. 贯彻过程控制的原则，按施工次序和控制关键工序质量的需要设置和划分检验批；

3. 根据便于质量检查验收的原则按工作班、楼层、结构缝或施工段确定检验批。

"结构缝"系指为避免温度胀缩、地基沉降和地震碰撞等而在相邻两建筑物或建筑物的两部分之间设置的伸缩缝、沉降缝和防震缝等的总称。

3.0.2 混凝土结构子分部工程的质量验收，应在钢筋、预应力、混凝土、现浇结构和装配式结构等相关分项工程验收合格的基础上，进行质量控制资料检查、观感质量验收及本规范第 10.1 节规定的结构实体检验。

子分部工程验收时，除所含分项均应验收合格外，尚应对涉及结构安全的材料、试件、施工工艺和结构的重要部位进行见证检测或结构实体检验，以确保混凝土结构的安全。施工工艺的见证检测，系指当难以根据施工完成的结果对实际质量作出评价时，需要在施工期间由参与验收的各方在场对施工工艺进行的检测。有关施工工艺的见证检测内容在规范中有明确规定，如预应力筋张拉时实际预应力值的检测等，本书也将详细介绍。

3.0.3　分项工程的质量验收应在所含检验批验收合格的基础上，进行质量验收记录检查。

分项工程验收时，除所含检验批均应验收合格外，尚应有完整的质量验收记录。

检验批验收的内容包括按规定的抽样方案进行的实物检查和资料检查。

3.0.4　检验批的质量验收应包括实物检查和资料检查，并应符合下列规定：

1　主控项目的质量经抽样检验应合格；

2　一般项目的质量经抽样检验应合格；一般项目当采用计数抽样检验时，除本规范各章有专门规定外，其合格点率应达到 80％及以上，且不得有严重缺陷；

3　应具有完整的质量检验记录，重要工序应具有完整的施工操作记录。

1. 实物检查，按下列方式进行：

1) 对原材料、构配件和器具等产品的进场复验，应按进场的批次和产品的抽样检验方案执行。

2) 对混凝土强度、预制构件结构性能等，应按国家现行有关标准和规范规定的抽样检验方案执行。

3) 对采用计数检验的项目，应按抽查总点数的合格点率进行检查。

2. 资料检查，包括原材料、构配件和器具等的产品合格证（中文质量合格证明文件、规格、型号及性能检测报告等）及进场复验报告、施工过程中重要工序的自检和交接检记录、抽样检验报告、见证检测报告、隐蔽工程验收记录等。

3. 对检验批验收时的质量记录要求，《建筑工程施工质量验收统一标准》（GB 50300—2013）第 5.0.5 条有明确的规定：检验批质量验收记录填写时应具有现场验收检查记录。

现场验收检查记录应有下列内容：

1) 检查部位；

2) 质量情况；

3) 设计要求；

4) 计数检查的实测数据。

现场检查验收记录是工程质量检验批验收记录的原始记录，应作为检验批验收记录的附件。

检验批质量合格的条件：主控项目和一般项目检验合格、资料完整。检验批验收合格后，在形成验收文件的同时宜作出合格标志，以利于施工现场管理和作为后续工序施工的条件。检验批的合格质量主要取决于主控项目和一般项目的检验结果。主控项目是对检验批的基本质量起决定性影响的检验项目，这种项目的检验结果具有否决权。由于主控项目对工程质量起重要作用，从严要求是必需的。

对采用计数检验的一般项目，通常要求 80％及以上在允许偏差范围内，且在超过允许偏差的点中，不得有严重缺陷。规范中还有少量采用计数检验的一般项目，合格点率要求为90%及以上，同时也不得有严重缺陷或偏差不大于允许偏差的1.5倍，在有关检验批的要求中有具体规定。和其他有关规范不同的是对于允许偏差没有作出全部限值的规定，只做了不得有严重缺陷的规定，严重缺陷的概念在术语中已明确。

3.0.5 检验批抽样样本应随机抽取，并应满足分布均匀、具有代表性的要求。

3.0.6 不合格检验批的处理应符合下列规定：

1 材料、构配件、器具及半成品检验批不合格时不得使用；

2 混凝土浇筑前施工质量不合格的检验批，应返工、返修，并应重新验收；

3 混凝土浇筑后施工质量不合格的检验批，应按本规范有关规定进行处理。

3.0.7 获得认证的产品或来源稳定且连续三批均一次检验合格的产品，进场验收时检验批的容量可按本规范的有关规定扩大一倍，且检验批容量仅可扩大一倍。扩大检验批后的检验中，出现不合格情况时，应按扩大前的检验批容量重新验收，且该产品不得再次扩大检验批容量。

3.0.8 混凝土结构工程采用的材料、构配件、器具及半成品应按进场批次进行检验。属于同一工程项目且同期施工的多个单位工程，对同一厂家生产的同批材料、构配件、器具及半成品，可统一划分检验批进行验收。

3.0.9 检验批、分项工程、混凝土结构子分部工程的质量验收可按本规范附录A记录。

检验批的检查层次为：生产班组的自检、交接检，施工单位质量检验部门的专业检查和评定；监理单位（建设单位）组织检验批验收。

在施工过程中，前一工序的质量未得到监理单位（建设单位）的检查认可，不应进行后续工序的施工，以免质量缺陷累积，造成更大损失。

根据有关规定和工程合同的约定，对工程质量起重要作用或有争议的检验项目，应进行由各方参与的见证检测，以确保施工过程中的关键质量。

关于附录A的检验批，分项工程、子分部工程的验收表格，同《建筑工程施工质量验收统一标准》（GB 50300—2013）中规定的表格。

质量验收程序和组织应符合国家标准《建筑工程施工质量验收统一标准》（GB 50300—2013）的规定。

5.4 模板分项工程

模板分项工程是混凝土浇筑成型用的模板及其支架的设计、安装、拆除等一系列技术工作和完成实体的总称。由于模板可以连续周转使用，故模板分项工程所含检验批通常根据模板安装和拆除的数量确定。

模板本身是混凝土结构施工过程中的工具设备。工程竣工之后，模板早已拆除，其实物本身并不存在。但是，模板对混凝土结构工程有着极为重要的影响。其本身虽不是结构的一部分，但在混凝土结构上留下的"痕迹"处处可见。对工程质量，从结构性能到外观质量都有很大影响。此外，模板在安装、施工中还有许多关系到安全的环节。近年来，我国发生过多起模板倒塌的严重事故，损失很大。因此可以说，模板工程具有质量、安全两个方面的双重重要性。正是由于这个原因，《混凝土结构工程施工质量验收规范》（GB

50204）将模板工程单独列为一个分项工程，规定必须加以验收。

模板及其支架的基本要求，均是保证模板及其支架的安全并对混凝土成型质量起重要作用的项目。多年的工程实践证明，这些要求对保证混凝土结构的施工质量是必需的。

与 GB 50204—2002 不同的是，新规范取消了对模板拆除工程的质量验收。

4.1 一般规定

4.1.1 模板工程应编制施工方案。爬升式模板工程、工具式模板工程及高大模板支架工程的施工方案，应按有关规定进行技术论证。

提出了对模板工程应编制施工方案的基本要求，这是保证模板及其支架的安全并对混凝土成型质量起重要作用的要求。

对爬升式模板工程、工具式模板工程及高大模板支架工程的施工方案，应按有关规定进行技术论证。论证时应考虑模板的材料、系统的稳定性、有关计算选取的参数是否正确，有关因素考虑得是否周全，论证的目的主要是为了保证模板系统的安全。

4.1.2 模板及支架应根据安装、使用和拆除工况进行设计，并应满足承载力、刚度和整体稳固性要求。

本条为强制性条文。

在模板工程施工前，必须进行模板及其支架的设计。该设计属于施工方案的设计，应由施工企业完成。设计中，要保证模板及支架的承载能力、刚度和稳定性，使其能承受混凝土重量、侧压力和施工荷载。浇筑混凝土时，模板及支架在混凝土重力、侧压力及施工荷载等作用下不应胀模（变形）、跑模（位移），当然更不允许坍塌。这些要求对于施工安全和混凝土成型质量十分重要，所以列为强制性条文，必须严格执行。

4.1.3 模板及支架的拆除应符合现行国家标准《混凝土结构工程施工规范》（GB 50666）的规定和施工方案的要求。

鉴于近年来国内多次发生模板失稳、浇筑混凝土中模板整体坍塌等事故，为了确保工程质量和施工安全，在模板安装和混凝土施工中，还应随时对模板及其支架进行观察和维护，以防万一。如果发生意外情况，一定要及时进行处理。

由于模板的拆除对结构和人身安全有直接影响，为了避免因模板引发重大工程事故，故有此条规定。模板拆除前，还应制订施工方案，并按照施工方案进行拆除。这就避免了盲目操作、野蛮施工。制定施工方案时应尽可能考虑周全，方案应经过必要的审批。审批权限由企业确定。施工技术方案应特别注意模板及其支架拆除时的安全问题，特别是应该考虑到拆除模板时混凝土结构可能尚未形成设计所要求的最终的受力体系，必要时应加设临时支撑。模板及其支架拆除的顺序及安全措施应按施工技术方案执行。

拆模时应检查混凝土的强度试验报告，并根据混凝土试验强度情况确定拆模时间。

4.2 模板安装

主控项目

4.2.1 模板及支架用材料的技术指标应符合国家现行有关标准的规定。进场时应抽样检验模板和支架材料的外观、规格和尺寸。

检查数量：按国家现行相关标准的规定确定。

检验方法：检查质量证明文件；观察，尺量。

检查数量按国家现行相关标准的规定确定。相关标准是什么标准呢？常规来说，一是产品标准，但产品标准主要是约束产品的生产和产品验收，并不约束材料进场抽样的检验，所以使用产品标准的检查数量对现场抽样并不合适。二是验收标准，本标准就是专业验收标准，并未规定抽样检验的数量，只有在《建筑工程施工质量验收统一标准》（GB 50300—2013）中第3.0.9条对检验批最小抽样数量有规定，见表5.4.1。

模板及支架的数量作为检验批中的容量，最小检验数量应符合表5.4.1的规定。

表 5.4.1

检验批最小抽样数量

检验批的容量	最小抽样数量	检验批的容量	最小抽样数量
2～15	2	151～280	13
16～25	3	281～500	20
26～90	5	501～1200	32
91～150	8	1201～3200	50

注：本表摘自《建筑工程施工质量验收统一标准》（GB 50300—2013）。

4.2.2 现浇混凝土结构模板及支架的安装质量，应符合国家现行有关标准的规定和施工方案的要求。

　　检查数量：按国家现行相关标准的规定确定。

　　检验方法：按国家现行有关标准的规定执行。

　　有关标准、相关标准应该指的是相应应用技术规程。

4.2.3 后浇带处的模板及支架应独立设置。

　　检查数量：全数检查。

　　检验方法：观察。

　　后浇带处的模板及支架应独立设置是GB 50204—2015版新规范提出的要求，主要原因是后浇带处的模板及支架的拆除时间等和其他处的模板及支架拆除时间不一致。

4.2.4 支架竖杆或竖向模板安装在土层上时，应符合下列规定：

　　1 土层应坚实、平整，其承载力或密实度应符合施工方案的要求；

　　2 应有防水、排水措施；对冻胀性土，应有预防冻融措施；

　　3 支架竖杆下应有底座或垫板。

　　检查数量：全数检查。

　　检验方法：观察；检查土层密实度检测报告、土层承载力验算或现场检测报告。

一般项目

4.2.5 模板安装应符合下列规定：

　　1 模板的接缝应严密；

　　2 模板内不应有杂物、积水或冰雪等；

　　3 模板与混凝土的接触面应平整、清洁；

　　4 用作模板的地坪、胎膜等应平整、清洁，不应有影响构件质量的下沉、裂缝、起砂或起鼓；

　　5 对清水混凝土及装饰混凝土构件，应使用能达到设计效果的模板。

　　检查数量：全数检查。

　　检验方法：观察。

本条提出对模板安装的基本要求：

1. 模板接缝不严密易造成漏浆、混凝土外观蜂窝麻面，直接影响混凝土质量。因此无论采用何种材料制作模板，其接缝都应严密，不漏浆。采用木模板时，由于木材吸水会胀缩，故木模板安装时的接缝不宜过于严密，安装完成后应浇水湿润，使木板接缝闭合。浇水时湿润即可，但模板内不应积水。

2. 模板内部应清理干净。模板内遗留杂物，会造成混凝土夹碴等缺陷。为了清除模板内的杂物，应该预留清扫口。

模板内积水或冰雪等易造成混凝土中水灰比加大，降低混凝土强度。

3. 模板与混凝土的接触面不平整、不清洁，直接影响混凝土结构表面的外观质量。

4. 用作模板的地坪、胎膜不平整、不清洁，易影响构件质量。

5. 对清水混凝土工程及装饰混凝土工程，两者对所使用的模板均有较高要求。但各种要求不易一一列出，故提出原则性要求：应使用能达到设计效果的模板。

4.2.6 隔离剂的品种和涂刷方法应符合施工方案的要求。隔离剂不得影响结构性能及装饰施工；不得沾污钢筋、预应力筋、预埋件和混凝土接槎处；不得对环境造成污染。

检查数量：全数检查。

检验方法：检查质量证明文件；观察。

隔离剂应有合格质量证明文件。

在涂刷模板隔离剂时，不得沾污钢筋和混凝土接槎处。

隔离剂沾污钢筋和混凝土接槎处可能对混凝土结构受力性能造成明显的不利影响，故应避免。注意不准使用油性隔离剂，所用隔离剂不影响装修。

4.2.7 模板的起拱应符合现行国家标准《混凝土结构工程施工规范》（GB 50666）的规定，并应符合设计及施工方案的要求。

检查数量：在同一检验批内，对梁，跨度大于18m时应全数检查，跨度不大于18m时应抽查构件数量的10%，且不应少于3件；对板，应按有代表性的自然间抽查10%，且不应少于3间；对大空间结构，板可按纵、横轴线划分检查面，抽查10%，且不应少于3面。

检验方法：水准仪或尺量。

原《混凝土结构工程施工质量验收规范》（GB 50204—2002）规定"对跨度不小于4m的现浇钢筋混凝土梁、板，其模板应按设计要求起拱；当设计无具体要求时，起拱高度宜为跨度的1/1000~3/1000。"本条作了调整，起拱的高度主要有三个依据，一个是《混凝土结构工程施工规范》（GB 50666），第二个是设计要求，第三个是施工方案的要求。

施工方案应根据设计要求和《混凝土结构工程施工规范》（GB 50666）编制，施工时应执行施工方案，验收时第一依据为设计要求，第二依据为《混凝土结构工程施工规范》（GB 50666）。

4.2.8 现浇混凝土结构多层连续支模应符合施工方案的规定。上下层模板支架的竖杆宜对准。竖杆下垫板的设置应符合施工方案的要求。

检查数量：全数检查。

检验方法：观察。

本条要求上下层支架的竖杆宜对准，主要为了利于混凝土重力及施工荷载的传递，这是保证施工质量和安全的重要措施。

模板的施工技术方案应由施工企业提出，当现场观察检查有困难时，或难以判定部位时，应辅以尺量检查。

4.2.9 固定在模板上的预埋件和预留孔洞不得遗漏，且应安装牢固。有抗渗要求的混凝土结构中的预埋件，应按设计及施工方案的要求采取防渗措施。

预埋件和预留孔洞的位置应满足设计和施工方案的要求。当设计无具体要求时，其位置偏差应符合表4.2.9（本书表5.4.2）的规定。

检查数量：在同一检验批内，对梁、柱和独立基础，应抽查构件数量的10%，且不应少于3件；对墙和板，应按有代表性的自然间抽查10%，且不应少于3间；对大空间结构墙可按相邻轴线间高度5m左右划分检查面，板可按纵、横轴线划分检查面，抽查10%，且均不应少于3面。

检验方法：观察、尺量。

预埋件和预留孔洞的安装允许偏差 表5.4.2

项目		允许偏差（mm）
预埋板中心线位置		3
预埋管、预留孔中心线位置		3
插筋	中心线位置	5
	外露长度	+10, 0
预埋螺栓	中心线位置	2
	外露长度	+10, 0
预留洞	中心线位置	10
	尺寸	+10, 0

注：1. 检查中心线位置时，沿纵、横两个方向量测，并取其中偏差的较大值。
　　2. 本表摘自《混凝土结构工程施工质量验收规范》（GB 50204—2015）。

对预埋件的外露长度，只允许有正偏差，不允许有负偏差；对预留洞内部尺寸，只允许大，不允许小。在允许偏差表中，不允许负偏差都以"0"来表示。

尺寸偏差的检验除可采用钢尺检查方法外，也可采用其他方法和相应的检测工具。

检查中心线位置时，应沿纵、横两个方向量测，并取其中的较大值。

4.2.10 现浇结构模板安装的偏差及检验方法应符合表4.2.10（本书表5.4.3）的规定。

检查数量：在同一检验批内，对梁、柱和独立基础，应抽查构件数量的10%，且不应少于3件；对墙和板，应按有代表性的自然间抽查10%，且不应少于3间；对大空间结构，墙可按相邻轴线间高度5m左右划分检查面，板可按纵、横轴线划分检查面，抽查10%，且均不应少于3面。

现浇结构模板安装的允许偏差及检验方法 表5.4.3

项目		允许偏差（mm）	检验方法
轴线位置		5	尺量
底模上表面标高		±5	水准仪或拉线、尺量
模板内部尺寸	基础	±10	尺量
	柱、墙、梁	±5	尺量
	楼梯相邻踏步高差	±5	尺量

项目		允许偏差（mm）	检验方法
柱、墙 垂直度	层高≤6m	8	经纬仪或吊线、尺量
	层高＞6m	10	经纬仪或吊线、尺量
相邻模板表面高差		2	尺量
表面平整度		5	2m靠尺和塞尺量测

注：1. 检查轴线位置时，当有纵横两个方向时，沿纵、横两个方向量测，并取其中偏差的较大值。
2. 本表摘自《混凝土结构工程施工质量验收规范》（GB 50204—2015）。

4.2.11 预制构件模板安装的偏差及检验方法应符合表4.2.11（本书表5.4.4）的规定。

检查数量：首次使用及大修后的模板应全数检查；使用中的模板应抽查10%，且不应少于5件，不足5件时应全数检查。

预制构件模板安装的允许偏差及检验方法　　　　　　　表5.4.4

项目		允许偏差（mm）	检验方法
长度	梁、板	±4	尺量两侧边，取其中较大值
	薄腹梁、桁架	±8	
	柱	0，−10	
	墙板	0，−5	
宽度	板、墙板	0，−5	尺量两端及中部，取其中较大值
	梁、薄腹梁、桁架	+2，−5	
高（厚）度	板	+2，−3	尺量两端及中部，取其中较大值
	墙板	0，−5	
	梁、薄腹梁、桁架、柱	+2，−5	
侧向弯曲	梁、板、柱	L/1000 且≤15	拉线、尺量 最大弯曲处
	墙板、薄腹梁、桁架	L/1500 且≤15	
板的表面平整度		3	2m靠尺和塞尺量测
相邻模板表面高差		1	尺量
对角线差	板	7	尺量两对角线
	墙板	5	
翘曲	板、墙板	L/1500	水平尺在两端量测
设计起拱	薄腹梁、桁架、梁	±3	拉线、尺量跨中

注：1. L 为构件长度（mm）。
2. 本表摘自《混凝土结构工程施工质量验收规范》（GB 50204—2015）。

5.5　钢筋分项工程

5.1　一般规定

5.1.1 浇筑混凝土之前，应进行钢筋隐蔽工程验收。隐蔽工程验收应包括下列主要内容：

1 纵向受力钢筋的牌号、规格、数量、位置；

2 钢筋的连接方式、接头位置、接头质量、接头面积百分率、搭接长度、锚固方式及锚固长度；

3 箍筋、横向钢筋的牌号、规格、数量、间距、位置，箍筋弯钩的弯折角度及平直段长度；

4 预埋件的规格、数量和位置。

钢筋隐蔽工程反映钢筋分项工程施工的综合质量，在浇筑混凝土之前验收是为了确保受力钢筋等原材料加工、连接和安装满足设计要求，并在结构中发挥其应有的作用。

纵向受力钢筋绑扎搭接接头的最小搭接长度在原《混凝土结构工程施工质量验收规范》（GB 50204—2002）附录 B 中作了规定，GB 50204—2015 未作规定。纵向受拉钢筋的最小搭接长度与钢筋类型、混凝土强度等级、光圆钢筋、带肋钢筋、钢筋直径、钢筋级别均有关系，最小搭接长度根据以上确定后，还要进行修正：

1. 当带肋钢筋的直径大于 25mm 时，其最小搭接长度应按相应数值乘以系数 1.1 取用；

2. 对环氧树脂涂层的带肋钢筋，其最小搭接长度应按相应数值乘以系数 1.25 取用；

3. 当在混凝土凝固过程中受力钢筋易受扰动时（如滑模施工），其最小搭接长度应按相应数值乘以系数 1.1 取用；

4. 对末端采用机械锚固措施的带肋钢筋，其最小搭接长度，可按相应数值乘以系数 0.7 取用；

5. 当带肋钢筋的混凝土保护层厚度大于搭接钢筋直径的 3 倍且配有箍筋时，其最小搭接长度可按相应数值乘以系数 0.8 取用；

6. 对有抗震设防要求的结构构件，其受力钢筋的最小搭接长度对一、二级抗震等级应按相应数值乘以系数 1.15 采用；对三级抗震等级应按相应数值乘以系数 1.05 采用。

在任何情况下，受拉钢筋的搭接长度不应小于 300mm。

纵向受压钢筋搭接时，其最小搭接长度修正后，乘以系数 0.7 取用。在任何情况下，受压钢筋的搭接长度不应小于 200mm。

以上是原《混凝土结构工程施工质量验收规范》（GB 50204—2002）中的附录 B 的内容，在验收时应了解下列情况。

1. 搭接传力原理及搭接长度

结构中搭接钢筋之间传力的原理实际是锚固作用。两根受力方向相反的钢筋在同一区域（搭接长度）内锚固，分别将各自承受的应力传给锚固混凝土，即完成了钢筋之间的应力传递。原设计规范限定受拉钢筋接头面积百分率为 25%，这很难做到。现行规范规定了各种钢筋在不同强度等级混凝土中搭接时，在不同接头面积百分率条件下的最小搭接长度。

2. 搭接长度的修正

在设计规范中规定了随锚固条件的不同对锚固长度 l_a 修正的方法。这些修正对搭接钢筋同样适用。《混凝土结构工程施工质量验收规范》附录 B 对此作出了规定，搭接长度修正均采取乘以修正系数的方式进行，应用时可自行计算。

经修正后的钢筋搭接长度，在任何情况下，对受拉搭接不得小于 300mm，对受压搭接不得小于 200mm。

3. 工程中的实际搭接长度

《混凝土结构工程施工质量验收规范》（GB 50204—2002）附录 B 给出的确定搭接长度的方法比较复杂，这是由于设计规范的修订及与世界各国做法接轨所必需的。但是，这些计算多应由设计方面完成，并在设计图纸中标明。因此，作为施工单位只要照图施工就可以了。当然有不明确之处仍可根据上述原理和方法进行计算。上述方法尽管较为麻烦，但反映了钢筋外形和强度以及混凝土强度等级的影响，并与国际通行的方法接近，在施工中应遵照执行。

5.1.2 钢筋、成型钢筋进场检验，当满足下列条件之一时，其检验批容量可扩大一倍：

　　1 获得认证的钢筋、成型钢筋；

　　2 同一厂家、同一牌号、同一规格的钢筋，连续三批均一次检验合格；

　　3 同一厂家、同一类型、同一钢筋来源的成型钢筋，连续三批均一次检验合格。

检验批容量是指检验批中的工程量，也可理解为检验批中样本的总数。

获得认证的钢筋、成型钢筋指国家认证认可监督管理委员会批准的专业认证机构，对钢筋、成型钢筋的认证，并取得了相应的证书。

产品质量认证是依据产品标准和相应技术要求，对产品质量稳定性予以客观评价的自愿性国际通行合格认证，也是国际贸易中对产品质量的资格要求之一，有助于企业提升品牌效益，减少使用时的重复抽样等。取得"MC"产品质量认证证书的，检验批的容量可扩大一倍。

5.2 原材料
主控项目

5.2.1 钢筋进场时，应按国家现行相关标准的规定抽取试件作屈服强度、抗拉强度、伸长率、弯曲性能和重量偏差检验，检验结果应符合相应标准的规定。

　　检查数量：按进场批次和产品的抽样检验方案确定。

　　检验方法：检查质量证明文件和抽样检验报告。

本条为强制性条文。

钢筋对混凝土结构的承载能力至关重要，必须保证其质量符合设计的产品标准要求。

钢筋应符合的相关标准包括：《钢筋混凝土用钢　第 1 部分：热轧光圆钢筋》（GB 1499.1）、《钢筋混凝土用钢　第 2 部分：热轧带肋钢筋》（GB 1499.2）、《钢筋混凝土用余热处理钢筋》（GB 13014）、《钢筋混凝土用钢　第 3 部分：钢筋焊接网》（GB/T 1499.3）、《冷轧带肋钢筋》（GB 13788）、《高延性冷轧带肋钢筋》（YB/T 4260）、《冷轧扭钢筋》（JG 190）及《冷轧带肋钢筋混凝土结构技术规程》（JGJ 95）、《冷轧扭钢筋混凝土构件技术规程》（JGJ 115）、《冷拔低碳钢丝应用技术规程》（JGJ 19），对于不同品牌的钢筋应执行相应的标准。钢筋进场时，应检查产品合格证和出厂检验报告，并按相关标准的规定进行抽样检验。由于工程量、运输条件和各种钢筋的用量等的差异，很难对钢筋进场的批量大小作出统一规定。实际检查时，若有关标准中对进场检验作了具体规定，应遵照执行，若有关标准中只有对产品出厂检验的规定，则在进场检验时，批量应按下列情况确定：

　　1. 对同一厂家、同一牌号、同一规格的钢筋，当一次进场的数量大于该产品的出厂检验批量时，应划分为若干个出厂检验批量，按出厂检验的抽样方案执行；

　　2. 对同一厂家、同一牌号、同一规格的钢筋，当一次进场的数量小于或等于该产品的出厂检验批量时，应作为一个检验批量，然后按出厂检验的抽样方案执行；

　　3. 对不同进场时间的同批钢筋，当确有可靠依据时，可按一次进场的钢筋处理。

本条的检验方法中，产品合格证、出厂检验报告是对产品质量的证明资料，应列出产品的主要性能指标；当用户有特殊要求时，还应列出某些专门检验数据。有时，产品合格证、出厂检验报告可以合并。进场复验报告是进场抽样检验的结果，并作为材料能否在工程中应用的判断依据。

对于每批钢筋的检验数量，应按相关产品标准执行。

本书仅介绍常用的钢筋技术指标要求和进场抽样的数量，未介绍的按相关标准执行，进场抽样检测数量除按相应的产品标准要求外，注意本标准5.1.2条对抽样数量从宽的要求。《钢筋混凝土用钢　第1部分：热轧光圆钢筋》（GB 1499.1—2008）和《钢筋混凝土用钢　第2部分：热轧带肋钢筋》（GB 1499.2—2007）中规定每批抽取5个试件，先进行重量偏差检验，再取其中2个试件进行力学性能检验。

在执行中，涉及原材料进场检查数量和检验方法时，除有明确规定外，均应按以上叙述理解、执行。

本条的检验方法中，产品合格证、出厂检验报告是对产品质量的证明资料，通常应列出产品的主要性能指标；当用户有特别要求时，还应列出某些专门检验数据。有时，产品合格证、出厂检验报告可以合并。

钢筋进场时，除产品合格证、出厂检验报告外，必须进行抽样检查。按规定的抽样数量送到有见证检测资质的检测试验机构检测。

进场复验报告是进场钢筋抽样检验的结果，它是该批钢筋能否在工程中应用的最终判断依据。鉴于其重要性，建设部141号令《建设工程质量检测管理办法》将此列为见证取样项目之一。

钢筋进场时的抽样复验，主要是为了判明实际用于工程钢筋的各项质量指标，也可以说主要针对的是钢筋的真实质量。钢筋进场时，除了针对实际质量进行抽样复验外，还应检查钢筋的产品合格证和出厂检验报告。同时，对钢筋的外观也应认真检查。

钢筋的产品合格证、出厂检验报告有两个作用：第一，它是产品的质量证明资料，证明该批钢筋合格；第二，它同时又是产品生产厂家的"质量责任书"或"质量担保书"。如果产品存在质量不合格等问题，则可以据此追究生产方的质量责任。

由于产品合格证、出厂检验报告属于产品的质量证明资料，故通常应列出产品的主要性能指标；当用户有特别要求时，还应列出某些专门检验数据。有时，产品合格证、出厂检验报告可以合并。当遇到进口钢筋时，产品合格证、出厂检验报告应有中文文本，质量指标不得低于我国有关标准。

对钢筋外观质量检查的内容主要是：钢筋应平直、无损伤，表面不得有裂纹、油污、颗粒状或片状老锈。

为了加强对钢筋外观质量的控制，规范规定：钢筋进场时，以及存放了较长时间后再使用前，均应对外观质量进行检查，而且应该全数检查。弯折过的钢筋不得敲直后作为受力钢筋使用。钢筋表面不应有影响钢筋强度和锚固性能的锈蚀或污染。这条规定也适用于加工以后较长时期未使用而可能造成外观质量达不到要求的钢筋半成品的检查。

钢材的取样检验及技术指标

钢筋混凝土用钢筋

1. 组批规则

钢筋应按批进行检查和验收，每批重量通常不大于60t，超过60t的部分，每增加40t（或不是40t的余数）增加一个拉伸试验试件和一个弯曲试验试样。

每批应由同一牌号、同一炉罐号、同一规格的钢筋组成。

允许由同一牌号、同一冶炼方法、同一浇注方法的不同炉罐号的钢筋组成混合批，各炉罐号含碳量之差不大于 0.02%，含锰量之差不大于 0.15%，混合批的重量不大于 60t。

2. 试样长度

试样夹具之间的最小自由长度应符合下列要求：

$d \leqslant 25$mm 时，350mm

25mm$< d \leqslant 32$mm 时，400mm

32mm$< d \leqslant 50$mm 时，500mm

夹具夹持钢筋所需钢筋长度，视夹具而定，一般两端约需 200mm。试样的最小长度应为试样夹具之间的最小自由长度加夹具夹持长度。

3. 每批钢筋的检验项目、取样方法和试验方法应符合表 5.5.1 的规定。

钢材的检验项目 表 5.5.1

序号	检验项目	取样数量	取样方法	试验方法
1	化学成分（熔炼分析）	1	GB/T 20066	GB/T 223、GB/T 4336
2	拉伸	2	任选两根钢筋切取	GB/T 228、GB 1499.2 第 8.2 条
3	弯曲	2	任选两根钢筋切取	GB/T 232、GB 1499.2 第 8.2 条
4	反向弯曲	1	YB/T 5126、GB 1499.2 第 8.2 条	
5	尺寸	逐支		GB 1499.2 第 8.3 条
6	表面	逐支		目视
7	重量偏差	GB 1499.2 第 8.4 条		GB 1499.2 第 8.4 条
8	晶粒度	2	任选两根钢筋切取	GB/T 6394

注：1. 对化学分析和拉伸试验结果有争议时，仲裁试验分别按 GB/T 223、GB/T 228 进行；
　　2. 本表摘自《钢筋混凝土用钢　第 2 部分：热轧带肋钢筋》（GB 1499.2—2007）。

拉伸、弯曲、反向弯曲试验试样不允许进行车削加工。

计算钢筋强度用截面面积采用公称横截面面积。

热轧光圆钢筋

经热轧成型，横截面通常为圆形，表面光滑的成品钢筋。

热轧光圆钢筋执行标准为《钢筋混凝土用钢 第 1 部分：热轧光圆钢筋》国家标准第 1 号修改单（GB 1499.1-2008/XG1-2012）。

1. 分级、牌号

1) 钢筋按屈服强度特征值分为 235、300 级。

2) 钢筋牌号的构成及其含义见表 5.5.2。

钢筋牌号 表 5.5.2

产品名称	牌号	牌号构成	英文字母含义
热轧光圆钢筋	HPB235	由 HPB＋屈服强度特征值构成	HPB——热轧光圆钢筋英文（Hot rolled Plain Bars）的缩写
	HPB300		

注：本表摘自《钢筋混凝土用钢　第 1 部分：热轧光圆钢筋》（GB 1499.1—2008）。

2. 尺寸、外形、重量及允许偏差

1) 公称直径范围及推荐直径

钢筋的公称直径范围为 6~22mm，本部分推荐的钢筋公称直径为 6mm、8mm、

10mm、12mm、16mm、20mm。

2）公称横截面面积与理论重量

钢筋的公称横截面面积与理论重量列于表 5.5.3。

钢筋的公称横截面面积与理论重量　　　　　表 5.5.3

公称直径（mm）	公称横截面面积（mm²）	理论重量（kg/m）
6（6.5）	28.27（33.18）	0.222（0.260）
8	50.27	0.395
10	78.54	0.617
12	113.1	0.888
14	153.9	1.21
16	201.1	1.58
18	254.5	2.00
20	314.2	2.47
22	380.1	2.98

注：1. 表中理论重量按密度为 7.85g/cm³ 计算，公称直径 6.5mm 的产品为过渡性产品；

　　2. 本表摘自《钢筋混凝土用钢　第 1 部分：热轧光圆钢筋》（GB 1499.1—2008）。

3）光圆钢筋的截面形状及尺寸允许偏差

光圆钢筋的直径允许偏差和不圆度应符合表 5.5.4 的规定。钢筋实际重量与理论重量的偏差符合表 5.5.5 规定时，钢筋直径允许偏差不作交货条件。

光圆钢筋的直径允许偏差和不圆度　　　　　表 5.5.4

公称直径（mm）	允许偏差（mm）	不圆度（mm）
6（6.5） 8 10 12	±0.3	≤0.4
14 16 18 20 22	±0.4	

注：本表摘自《钢筋混凝土用钢　第 1 部分：热轧光圆钢筋》（GB 1499.1—2008）。

3. 弯曲度和端部

直条钢筋的弯曲度应不影响正常使用，总弯曲度不大于钢筋的 0.4%。

钢筋端部应剪切正常，局部变形应不影响使用。

4. 重量及允许偏差

直条钢筋实际重量与理论重量的允许偏差应符合表 5.5.5 的规定。

直条钢筋实际重量与理论重量的允许偏差　　　　　表 5.5.5

公称直径（mm）	实际重量与理论重量的偏差（%）
6～12	±7
14～22	±5

注：本表摘自《钢筋混凝土用钢　第 1 部分：热轧光圆钢筋》（GB 1499.1—2008）。

5. 技术要求

1）钢筋牌号及化学成分（熔炼分析）应符合表 5.5.6 的规定。

钢筋牌号及化学成分（熔炼分析）　　　　　　　　表 5.5.6

牌号	化学成分（质量分数）（％）不大于				
	C	Si	Mn	P	S
HPB235	0.22	0.30	0.65	0.045	0.050
HPB300	0.25	0.55	1.50		

注：本表摘自《钢筋混凝土用钢　第 1 部分：热轧光圆钢筋》（GB 1499.1—2008）。

钢中残余元素铬、镍、铜含量应各不大于 0.30％，供方如能保证可不作分析。

钢筋的成品化学成分允许偏差应符合 GB/T 222 的规定。

2）力学性能、工艺性能

钢筋的屈服强度 R_{el}、抗拉强度 R_m、断后伸长率 A、最大力总伸长率 A_{gt} 等力学性能特征值应符合表 5.5.7 的规定。表 5.5.7 所列各力学性能特征值可作为交货检验的最小保证值。

钢筋力学性能和工艺性能　　　　　　　　表 5.5.7

牌　号	R_{el}（MPa）	R_m（MPa）	A（％）	A_{gt}（％）	冷弯试验 180° d——弯心直径 a——钢筋公称直径
	不小于				
HPB235	235	370	25.0	10.0	$d=a$
HPB300	300	420			

注：本表摘自《钢筋混凝土用钢　第 1 部分：热轧光圆钢筋》（GB 1499.1—2008）。

3）弯曲性能

按表 5.5.7 规定的弯心直径弯曲 180°后，钢筋受弯曲部位表面不得产生裂纹。

4）表面质量

钢筋应无有害的表面缺陷，按盘卷交货的钢筋应将头尾有害缺陷部分切除。

试样可使用钢丝刷清理，清理后的重量、尺寸、横截面积和拉伸性能满足本部分的要求，锈皮、表面不平整或氧化铁皮不作为拒收的理由。

热轧带肋钢筋

热轧带肋钢筋执行标准为《钢筋混凝土用钢　第 2 部分：热轧带肋钢筋》（GB 1499.2—2007）。

1. 分类、牌号

钢筋按屈服强度特征值分为 335、400、500 级。钢筋牌号的构成及其含义见表 5.5.8。

钢筋牌号　　　　　　　　表 5.5.8

类别	牌号	牌号构成	英文字母含义
普通热轧钢筋	HRB335	由 HRB＋屈服强度特征值构成	HRB——热轧带肋钢筋的英文（Hot rolled Rib-bed Bars）缩写
	HRB400		
	HRB500		

类　别	牌　号	牌号构成	英文字母含义
细晶粒热轧钢筋	HRBF335 HRBF400 HRBF500	由 HRBF＋屈服强度特征值构成	HRBF——在热轧带肋钢筋的英文缩写后加"细"的英文（Fine）首位字母

注：本表摘自《钢筋混凝土用钢　第 2 部分：热轧带肋钢筋》（GB 1499.2—2007）。

2. 尺寸、外形、重量及允许偏差

1) 公称横截面面积与理论重量

钢筋的公称直径范围为 6～50mm，标准推荐的钢筋公称直径为 6mm、8mm、10mm、12mm、16mm、20mm、25mm、32mm、40mm、50mm。

2) 公称横截面面积与理论重量列于表 5.5.9。

公称横截面面积与理论重量　　　　　　　　　　　　表 5.5.9

公称直径（mm）	公称横截面面积（mm²）	理论重量（kg/m）
6	28.27	0.222
8	50.27	0.395
10	78.54	0.617
12	113.1	0.888
14	153.9	1.21
16	201.1	1.58
18	254.5	2.00
20	314.2	2.47
22	380.1	2.98
25	490.9	3.85
28	615.8	4.83
32	804.2	6.31
36	1018	7.99
40	1257	9.87
50	1964	15.42

注：1. 表中理论重量按密度为 7.85g/cm³ 计算；

　　2. 本表摘自《钢筋混凝土用钢　第 2 部分：热轧带肋钢筋》（GB 1499.2—2007）。

3) 带肋钢筋的表面形状及尺寸允许偏差

带肋钢筋横肋设计原则应符合下列规定：

(1) 横肋与钢筋轴线的夹角 β 不应小于 45°，当该夹角不大于 70°时，钢筋相对两面上横肋的方向应相反。

(2) 横肋公称间距不得大于钢筋公称直径的 0.7 倍。

(3) 横肋侧面与钢筋表面的夹角 α 不得小于 45°。

(4) 钢筋相邻两面上横肋末端之间的间隙（包括纵肋宽度）总和不应大于钢筋公称周长的 20%。

(5) 当钢筋公称直径不大于 12mm 时，相对肋面积不应小于 0.055；公称直径为 14mm 和 16mm 时，相对肋面积不应小于 0.060；公称直径大于 16mm 时，相对肋面积不应小于 0.060。相对肋面积的计算可参考原标准附录 C（本书略）。

(6) 带肋钢筋通常带有纵肋，也可不带纵肋。

（7）带有纵肋的月牙肋钢筋，尺寸及允许偏差应符合表 5.5.10 的规定，钢筋实际重量与理论重量的偏差符合表 5.5.11 规定时，钢筋内径偏差不做交货条件。

不带纵肋的月牙肋钢筋，其内径尺寸可按表 5.5.10 的规定做适当调整，但重量允许偏差仍应符合表 5.5.10 的规定。

3. 长度及允许偏差

长度

钢筋通常按定尺长度交货，具体交货长度应在合同中注明。

钢筋可以筋卷交货，每盘应是一条钢筋，允许每批有 5% 的盘数（不足两盘时可有两盘）由两条钢筋组成。其盘重及盘径由供需双方协商确定。

长度允许偏差

钢筋按定尺交货时的长度允许偏差为 ±25mm。

当要求最小长度时，其偏差为 +50mm。

当要求最大长度时，其偏差为 −50mm。

4. 弯曲度和端部

直条钢筋的弯曲度应不影响正常使用，总弯曲度不大于钢筋总长度的 0.4%。

钢筋端部应剪切正直，局部变形应不影响使用。

尺寸及允许偏差（mm）　　　　　　表 5.5.10

公称直径 d	内径 d_1		横肋高 h		纵肋高 h_1（不大于）	横肋顶宽 b	纵肋顶宽 a	横肋间距 l		横肋末端最大间隙（公称周长的 10% 弦长）
	公称尺寸	允许偏差	公称尺寸	允许偏差				公称尺寸	允许偏差	
6	5.8	±0.3	0.6	±0.3	0.8	0.4	1.0	4.0		1.8
8	7.7		0.8	+0.4 −0.3	1.1	0.5	1.5	5.5		2.5
10	9.6		1.0	±0.4	1.3	0.6	1.5	7.0	±0.5	3.1
12	11.5	±0.4	1.2		1.6	0.7	1.5	8.0		3.7
14	13.4		1.4	+0.4 −0.5	1.8	0.8	1.8	9.0		4.3
16	15.4		1.5		1.9	0.9	1.8	10.0		5.0
18	17.3		1.6	±0.5	2.0	1.0	2.0	10.0		5.6
20	19.3		1.7		2.1	1.2	2.0	10.0		6.2
22	21.3	±0.5	1.9		2.4	1.3	2.5	10.5	±0.8	6.8
25	24.2		2.1	±0.6	2.6	1.5	2.5	12.5		7.7
28	27.2		2.2		2.7	1.7	3.0	12.5		8.6
32	31.0	±0.6	2.4	+0.8 −0.7	3.0	1.9	3.0	14.0	±1.0	9.9
36	35.0		2.6	+1.0 −0.8	3.2	2.1	3.5	15.0		11.1
40	38.7	±0.7	2.9	±1.1	3.5	2.2	3.5	15.0		12.4
50	48.5	±0.8	3.2	±1.2	3.8	2.5	4.0	16.0		15.5

注：1. 纵肋斜角 θ 为 0°~30°；
　　2. 尺寸 a、b 为参考数据；
　　3. 本表摘自《钢筋混凝土用钢　第 2 部分：热轧带肋钢筋》（GB 1499.2—2007）。

5. 重量及允许偏差

钢筋实际重量与理论重量的允许偏差应符合表 5.5.11 的规定。

钢筋实际重量与理论重量的允许偏差 表 5.5.11

公称直径（mm）	实际重量与理论重量的偏差（%）
6～12	±7
14～20	±5
22～50	±4

注：本表摘自《钢筋混凝土用钢 第 2 部分：热轧带肋钢筋》（GB 1499.2—2007）。

6. 牌号和化学成分

1）钢筋牌号及化学成分和碳当量（熔炼分析）应符合表 5.5.12 的规定。根据需要，钢中还可加入 V、Ni、Ti 等元素。

钢筋牌号及化学成分和碳当量（熔炼分析） 表 5.5.12

牌　号	化学成分（质量分数）（%）不大于					
	C	Si	Mn	P	S	Ceq
HRB335 HRBF335						0.52
HRB400 HRBF400	0.25	0.80	1.60	0.045	0.045	0.54
HRB500 HRBF500						0.55

注：本表摘自《钢筋混凝土用钢 第 2 部分：热轧带肋钢筋》（GB 1499.2—2007）。

2）碳当量 Ceq（百分比）值可按下式计算：

$$Ceq=C+Mn/6+(Cr+V+Mo)/5+(Cu+Ni)/15$$

3）钢的氮含量应不大于 0.012%。供方如能保证可不作分析。钢中如有足够数量的氮结合元素，含氮量的限制可适当放宽。

4）钢筋的成品化学成分允许偏差应符合 GB/T 222 的规定，碳当量 Ceq 的允许偏差为 +0.03%。

7. 力学性能

钢筋的屈服强度 R_{el}、抗拉强度 R_m、断后伸长率 A、最大力总伸长率 A_{gt} 等力学性能特征值应符合表 5.5.13 的规定。表 5.5.13 所列各力学性能特征值，可作为交货检验的最小保证值。

热轧带肋钢筋力学性能 表 5.5.13

牌　号	R_{el}（MPa）	R_m（MPa）	A（%）	A_{gt}（%）
	不小于			
HRB335 HRBF335	335	455	17	
HRB400 HRBF400	400	540	16	7.5
HRB500 HRBF500	500	630	15	

注：本表摘自《钢筋混凝土用钢 第 2 部分：热轧带肋钢筋》（GB 1499.2—2007）。

直径 28～40mm 各牌号钢筋的断后伸长率 A 可降低 1%；直径大于 40mm 各牌号钢筋的断后伸长率 A 可降低 2%。

有较高要求的抗震结构适用牌号为：在表 5.5.13 中已有牌号后加 E（例如：HRB400E，HRBF400E）的钢筋，该类钢筋除应满足以下 1)、2)、3) 的要求外，其他要求与相应的已有牌号钢筋相同。

1) 钢筋实测抗拉强度与实测屈服强度之比 R_m^0/R_{el}^0 不小于 1.25。

2) 钢筋实测屈服强度与表 5.5.13 规定的屈服强度特征值之比 R_{el}^0/R_{el} 不大于 1.30。

3) 钢筋的最大力总伸长率 A_{gt} 不小于 9%。

注：R_m^0 为钢筋实测抗拉强度；R_{el}^0 为钢筋实测屈服强度。

8. 工艺性能

1) 弯曲性能

按表 5.5.14 规定的弯芯直径弯曲 180° 后，钢筋受弯曲部位表面不得产生裂纹。

热轧带肋钢筋弯曲性能

表 5.5.14

牌　号	公称直径 d	弯心直径
HRB335 HRBF335	6～25	$3d$
	28～40	$4d$
	＞40～50	$5d$
HRB400 HRBF400	6～25	$4d$
	28～40	$5d$
	＞40～50	$6d$
HRB500 HRBF500	6～25	$6d$
	28～40	$7d$
	＞40～50	$8d$

注：本表摘自《钢筋混凝土用钢　第 2 部分：热轧带肋钢筋》(GB 1499.2—2007)。

2) 反向弯曲性能

根据需方要求，钢筋可进行反向弯曲性能试验。

反向弯曲试验的弯心直径比弯曲试验相应增加一个钢筋公称直径。

反向弯曲试验，先正向弯曲 90° 再反向弯曲 20°。两个弯曲角度均应在去载之前测量。经反向弯曲试验后，钢筋受弯曲部位表面不得产生裂纹。

3) 疲劳性能

如需方要求，经供需双方协议，可进行疲劳性能试验，疲劳试验的技术要求和试验方法由供需双方协商确定。

4) 焊接性能

钢筋的焊接工艺及接头的质量检验与验收应符合相关行业标准的规定。

普通热轧钢筋在生产工艺、设备有重大变化及新产品生产时进行型式检验。

细晶粒热轧钢筋的焊接工艺应经试验确定。

5）晶粒度

细晶粒热轧钢筋应做晶粒度检验，其晶粒度不粗于 9 级，如供方能保证可不做晶粒度检验。

9. 表面质量

1）钢筋应无有害的表面缺陷。

2）只要经钢丝刷刷过的试样的重量、尺寸、横截面积和拉伸性能不低于本部分的要求，锈皮、表面不平整或氧化铁皮不作为拒收的理由。

冷轧带肋钢筋

1. 组批规则。

钢筋应按批进行检查和验收，每批应由同一牌号、同一外形、同一规格、同一生产工艺和同一交货状态的钢筋组成，每批不大于 60t。

2. 试样长度。

试样长度不小于公称直径的 60 倍。

3. 钢筋出厂检验的试验项目、取样方法、试验方法应符合表 5.5.15 的规定。

冷轧带肋钢筋的试验项目、取样方法及试验方法   表 5.5.15

序 号	试验项目	试验数量	取样方法	试验方法
1	拉伸试验	每盘 1 个	在每（任）盘中随机切取	GB/T 228 GB/T 6397
2	弯曲试验	每批 2 个		GB/T 232
3	反复弯曲试验	每批 2 个		GB/T 228
4	应力松弛试验	定期 1 个		GB/T 10120 GB 13788—2008 第 7.3
5	尺寸	逐盘		GB 13788—2008 第 7.4
6	表面	逐盘		目视
7	重量偏差	每盘 1 个		GB 13788—2008 第 7.5

注：1. 供方在保证 $\sigma_{p0.2}$ 合格的条件下，可不逐盘进行 $\sigma_{p0.2}$ 的试验；
　　2. 表中试验数量栏中的"盘"指生产钢筋"原料盘"；
　　3. 本表摘自《冷轧带肋钢筋》（GB 13788—2008）。

冷轧带肋钢筋进场复验项目参照表 5.5.16 执行，主要复验力学性能。

4. 冷轧带肋钢筋的力学性能和工艺性能应符合表 5.5.16 的规定。

5. 钢筋的规定非比例伸长应力 $\sigma_{p0.2}$ 值应不小于公称抗拉强度 σ_b 的 80%，$\sigma_b/\sigma_{p0.2}$ 比值应不小于 1.05。

供方在保证 1000h 松弛率合格基础上，试验可按 10h 应力松弛试验进行。

6. 表面质量。

钢筋表面不得有裂纹、折叠、结疤、油污及其他影响使用的缺陷。

钢筋表面可有浮锈，但不得有锈皮及目视可见的麻坑等腐蚀现象。

冷轧带肋钢筋力学性能和工艺性能　　　　　表 5.5.16

牌　号	$R_{p0.2}$ （MPa）不小于	R_m （MPa）不小于	伸长率（%）不小于		弯曲试验 180°	反复弯曲次数	应力松弛 初始应力应相当于公称抗拉强度的 70% 1000h 松弛率（%） 不大于
			$A_{11.3}$	A_{100}			
CRB550	550	550	8.0	—	$D=3d$	—	—
CRB650	585	650	—	4.0	—	3	8
CRB800	720	800	—	4.0	—	3	8
CRB970	875	970	—	4.0	—	3	8

注：1. 表中 D 为弯心直径，d 为钢筋公称直径；

　　2. 本表摘自《冷轧带肋钢筋》（GB 13788—2008）。

7. 冷轧带肋钢筋的尺寸，重量及允许偏差见表 5.5.17。

三面肋和二面肋钢筋的尺寸、重量及允许偏差　　　　表 5.5.17

公称直径 d （mm）	公称横截面积 （mm²）	重量		横肋中点高		横肋 1/4 处高 $h_{1/4}$ （mm）	横肋顶宽 b （mm）	横肋间距		相结肋面积 f_r 不小于
		理论重量 （kg/m）	允许偏差 （%）	h （mm）	允许偏差 （mm）			l （mm）	允许偏差 （%）	
4	12.6	0.099		0.30		0.24		4.0		0.036
4.5	15.9	0.125		0.32		0.26		4.0		0.039
5	19.6	0.154		0.32		0.26		4.0		0.039
5.5	23.7	0.186		0.40		0.32		5.0		0.039
6	28.3	0.222		0.40	+0.10 −0.05	0.32		5.0		0.039
6.5	33.2	0.261		0.46		0.37		5.0		0.045
7	38.5	0.302		0.46		0.37		5.0		0.045
7.5	44.2	0.347		0.55		0.44		6.0		0.045
8	50.3	0.395	±4	0.55		0.44	−0.2d	6.0	±15	0.045
8.5	56.7	0.445		0.55		0.44		7.0		0.045
9	63.6	0.499		0.75		0.60		7.0		0.052
9.5	70.8	0.556		0.75		0.60		7.0		0.052
10	78.5	0.617		0.75		0.60		7.0		0.052
10.5	86.5	0.679		0.75	±0.10	0.60		7.4		0.052
11	95.0	0.746		0.85		0.68		7.4		0.056
11.5	103.8	0.815		0.95		0.76		8.4		0.056
12	113.1	0.888		0.95		0.76		8.4		0.056

注：1. 横肋 1/4 处高，横肋顶宽供孔型设计用；

　　2. 二面肋钢筋允许有高度不大于 $0.5h$ 的纵肋；

　　3. 本表摘自《冷轧带肋钢筋》（GB 13788—2008）。

1）尺寸测量

横肋高度的测量采用测量同一截面每列横肋高度取其平均值；横肋间距采用测量平均间距的方法，即测取同一列横肋第 1 个与第 11 个横肋的中心距离后除以 10 即为横肋间距的平均值。

尺寸测量精度精确到 0.02mm。

2）重量偏差的测量

测量钢筋重量偏差时，试样长度应不小于 500mm。长度测量精确到 1mm，重量测定应精确到 1g。

钢筋重量偏差按下式计算：

$$重量偏差（\%）= \frac{试样实际重量 -（试样长度 \times 理论重量）}{试样长度 \times 理论重量} \times 100$$

8. 冷轧带肋钢筋用盘条的参考牌号和化学成分。

CRB500、CRB650、CRB800、CRB970、CRB1170 钢筋用盘条的参考牌号及化学成分（熔炼分析）见表 5.5.18，60 钢、70 钢的 Ni、Cr、Cu 含量各不大于 0.25%。

冷轧带肋钢筋用盘条的参考牌号和化学成分 表 5.5.18

钢筋牌号	盘条牌号	化学成分（质量分数）（%）					
		C	Si	Mn	V、Ti	S	P
CRB550	Q215	0.09~0.15	≤0.30	0.25~0.55	—	≤0.050	≤0.045
CRB650	Q235	0.14~0.22	≤0.30	0.30~0.65	—	≤0.050	≤0.045
CRB800	24MnTi	0.19~0.27	0.17~0.37	1.20~1.60	Ti：0.01~0.05	≤0.045	≤0.045
	20MnSi	0.17~0.25	0.40~0.80	1.20~1.60	—	≤0.045	≤0.045
CRB970	41MnSiV	0.37~0.45	0.60~1.10	1.00~1.40	V：0.05~0.12	≤0.045	≤0.045
	60	0.57~0.25	0.17~0.37	0.50~0.80	—	≤0.035	≤0.035

注：本表摘自《冷轧带肋钢筋》（GB 13788—2008）。

5.2.2 成型钢筋进场时，应抽取试件作屈服强度、抗拉强度、伸长率和重量偏差检验，检验结果应符合国家现行相关标准的规定。

对由热轧钢筋制成的成型钢筋，当有施工单位或监理单位的代表驻厂监督生产过程，并提供原材钢筋力学性能第三方检验报告时，可仅进行重量偏差检验。

检查数量：同一厂家、同一类型、同一钢筋来源的成型钢筋，不超过 30t 为一批，每批中每种钢筋牌号、规格均应至少抽取 1 个钢筋试件，总数不应少于 3 个。

检验方法：检查质量证明文件和抽样检验报告。

1. 和原材料进场抽样检测的检测参数不同，不检测弯曲性能。

2. 如果原材料未检测，对于成型钢筋抽样检测数量有明确规定，不是按照产品标准的组批规则进行抽样。

3. 有施工单位或监理单位的代表驻厂监督生产过程，并提供原材钢筋力学性能第三方检验报告时，可仅进行重量偏差检验。

检查数量不同于钢筋原材料的要求，不超过 30t 为一批。

5.2.3 对按一、二、三级抗震等级设计的框架和斜撑构件（含梯段）中的纵向受力普通钢筋应采用 HRB335E、HRB400E、HRB500E、HRBF335E、HRBF400E 或 HRBF500E 钢筋，其强度和最大力下总伸长率的实测值应符合下列规定：

1 抗拉强度实测值与屈服强度实测值的比值不应小于 1.25；

2 屈服强度实测值与屈服强度标准值的比值不应大于 1.30；

3 最大力下总伸长率不应小于 9%。

检查数量：按进场的批次和产品的抽样检验方案确定。

检验方法：检查抽样检验报告。

本条为强制性条文。

根据国家标准《混凝土结构设计规范》（GB 50010）、《建筑抗震设计规范》（GB 50011）的规定，本条提出了框架、斜撑构件（含梯段）中纵向受力钢筋强度、伸长率的规定，其目的是保证重要结构构件的抗震性能。本条第 1 款中抗拉强度实测值与屈服强度实测值的比值工程中习惯称为"强屈比"，第 2 款中屈服强度实测值与屈强度标准值的比值工程中习惯称为"超强比"或"超屈比"，第 3 款中最大力下总伸长率习惯称为"均匀伸长率"。

本条中的框架包括各类混凝土结构中的框架梁、框架柱、框支梁、框支柱及板柱-抗震墙的柱等，其抗震等级应根据国家现行相关标准由设计确定；斜撑构件包括伸臂桁架的斜撑、楼梯的梯段等，相关标准中未对斜撑构件规定抗震等级，所有斜撑构件均应满足本条规定。

牌号带"E"的钢筋是专门为满足本条性能要求生产的钢筋，其表面轧有专用标志。

混凝土结构构件的抗震等级根据设防烈度、结构类型、房屋高度，按表 5.5.19 采用，设计文件上应明确混凝土结构的抗震等级。

混凝土结构的抗震等级　　　　　　　表 5.5.19

结构类型		设防烈度									
		6		7			8			9	
框架结构	高度（m）	≤24	>24	≤24	>24		≤24	>24		≤24	
	普通框架	四	三	三	二		二	一		一	
	大跨度框架	三		二			一			一	
框架-剪力墙结构	高度（m）	≤60	>60	<24	24~60	>60	<24	24~60	>60	<24	24~50
	框架	四	三	四	三	二	三	二	一	二	一
	剪力墙	三		三	二		二	一		一	
剪力墙结构	高度（m）	≤80	>80	≤24	24~80	>80	<24	24~80	>80	<24	24~60
	剪力墙	四	三	四	三	二	三	二	一	二	一
部分框支剪力墙结构	高度（m）	≤80	>80	≤24	24~80	>80	≤24	24~80			
	剪力墙 一般部位	四	三	四	三	二	三	二			
	剪力墙 加密部位	三	二	三	二	一	二	一			
	框支层结构	二		二			一				
筒体结构	框架-核心筒 框架	三		二			一				
	框架-核心筒 核心筒	二		二			一				
	筒中筒 内筒	三		二			一				
	筒中筒 外筒	三		二			一				
板柱-剪力墙结构	高度（m）	≤35	>35	≤35	>35		≤35	>35			
	板柱及周边框架	三	二	二			二				
	剪力墙	二		二			二	一			
单层厂房结构	铰接排架	四		三							

注：1. 建筑场地Ⅰ类时，除 6 度设防烈度外应允许按表内降低一度对应的抗震构造措施，但相应的计算要求不应降低；
　　2. 接近或等于高度分界时，应允许结合房屋不规则程度和场地、地基条件确定抗震等级；
　　3. 大跨度框架指跨度不小于 18m 的框架；
　　4. 表中框架结构不包括异形柱框架；
　　5. 房屋高度不大于 60m 的框架-核心筒结构按框架-剪力墙结构的要求设计时，应按表中框架-剪力墙结构确定抗震等级；
　　6. 本表摘自《混凝土结构设计规范》（GB 50010—2010）。

值得注意的是，混凝土结构的抗震等级不同于民用建筑工程设计等级，民用建筑工程设计等级分类见表 5.5.20。

民用建筑工程设计等级分类表　　　　　　　　　　表 5.5.20

类型 \ 特征 \ 工程等级	特　级	一　级	二　级	三　级
一般公共建筑 单体建筑面积	8 万平方米以上	2 万平方米以上至 8 万平方米	5 千平方米以上至 2 万平方米	5 千平方米及以下
一般公共建筑 立项投资	2 亿元以上	4 千万元以上至 2 亿元	1 千万元以上至 4 千万元	1 千万元及以下
一般公共建筑 建筑高度	100 米以上	50 米以上至 100 米	24 米以上至 50 米	24 米及以下（其中砌体建筑不得超过抗震规范高度限值要求）
住宅、宿舍 层数		20 层以上	12 层以上至 20 层	12 层及以下（其中砌体建筑不得超过抗震规范高度限值要求）
住宅小区、工厂生活区 总建筑面积		10 万平方米以上	10 万平方米及以下	
地下工程 地下空间（总建筑面积）	5 万平方米以上	1 万平方米以上至 5 万平方米	1 万平方米以下	
地下工程 防建式人防（防护等级）		四级及以上	五级及以下	
特殊公共建筑 超限高层建筑抗震要求	抗震设防区特殊超限高层建筑	抗震设防区建筑高度 100 米及以下的一般超限高层建筑		
特殊公共建筑 技术复杂，有声、光、热、振动、视线等特殊要求	技术特别复杂	技术比较复杂		
特殊公共建筑 重要性	国家级经济、文化、历史、涉外等重点工程项目	省级经济、文化、历史、涉外等重点工程项目		

注：1. 符合某工程等级特征之一的项目即可确认为该工程等级项目；
　　2. 本表摘自《建筑工程设计资质分级标准》。

这样规定的目的，是为了保证在地震作用下，结构某些部位出现塑性铰以后，钢筋具有足够的变形能力，以减少地震造成的灾害影响。应该注意，以上关于现场抽样检测的规定被列为强制性的条文，必须严格执行。

质量检查人员在审核钢筋复验报告时，应注意本条的审核，钢材现场抽样检测报告上应有此条结果的结论意见。

一般项目

5.2.4 钢筋应平直、无损伤，表面不得有裂纹、油污、颗粒状或片状老锈。

检查数量：全数检查。

检验方法：观察。

为了加强对钢筋外观质量的控制，钢筋进场时和使用前均应对外观质量进行检查。弯折钢筋不得敲直后作为受力钢筋使用。钢筋表面不应有颗粒状或片状老锈，以免影响钢筋强度和锚固性能。加工以后较长时期未使用的钢筋也可能造成外观质量达不到要求，钢筋半成品也应进行该项检查。

5.2.5 成型钢筋的外观质量和尺寸偏差应符合国家现行有关标准的规定。

检查数量：同一厂家、同一类型的成型钢筋，不超过30t为一批，每批随机抽取3个成型钢筋。

检验方法：观察，尺量。

成型钢筋的外观质量和尺寸偏差应符合《混凝土结构工程施工质量验收规范》（GB 50204）第5.3节的规定。

5.2.6 钢筋机械连接套筒、钢筋锚固板以及预埋件等的外观质量应符合国家现行相关标准的规定。

检查数量：按国家现行相关标准的规定确定。

检验方法：检查产品质量证明文件；观察，尺量。

国家现行有关标准有《钢筋机械连接用套筒》（JG/T 163—2013）、《钢筋锚固板应用技术规程》（JGJ 256—2011）。未发现"预埋件"的外观质量有相应验收标准，只有《钢筋混凝土结构预埋件》（04G362）图集和2004年实施的《预埋件通用图》（HG/T 21544—2006）有相应规定。

1. 钢筋机械连接套筒的检查数量与外观质量要求

《钢筋机械连接用套筒》（JG/T 163—2013）第7.2.2条规定的外观质量的检验数量有下列要求：外观、标记和尺寸检验：以连续生产的同原材料、同类型、同规格、同批号的1000个或少于1000个套筒为一个验收批，随机抽取10%个进行检验。合格率不低于95%时，应评为该验收批合格；当合格率低于95%时，应另取加倍数量重做检验，当加倍抽检后的合格率不低于95%时，应评定该验收批合格，若仍小于95%时，该验收批应逐个检验，合格者方可出厂。

《钢筋机械连接用套筒》（JG/T 163—2013）第5.2条规定的外观质量要求为：

1）螺纹套筒

螺纹套筒的外观应符合以下要求：

a）套筒外表面可为加工表面或无缝钢管、圆钢的自然表面。

b）应无肉眼可见裂纹或其他缺陷。

c）套筒表面允许有锈斑或浮锈，不应有锈皮。

d）套筒外圆及内孔应有倒角。

e）套筒表面应有符合4.3和8.1规定的标记和标志。

2）挤压套筒

挤压套筒的外观应符合以下要求：

a）套筒表面可为加工表面或无缝钢管、圆钢的自然表面。

b）应无肉眼可见裂纹。

c）套筒表面不应有明显起皮的严重锈蚀。

d）套筒外圆及内孔应有倒角。

e）套筒表面应有挤压标识和符合 4.3 和 8.1 规定的标记和标志。

2. 钢筋锚固板的抽查数量与质量要求

《钢筋锚固板应用技术规程》（JGJ 256—2011）第六章对钢筋锚固板的现场检验与验收提出了明确的要求（其中第 7)、8) 为强制性条文）：

1) 锚固板产品提供单位应提交经技术监督局备案的企业产品标准。对于不等厚或长方形锚固板，尚应提交省部级的产品鉴定证书。

2) 锚固板产品进场时，应检查其锚固板产品的合格证。产品合格证应包括适用钢筋直径、锚固板尺寸、锚固板材料、锚固板类型、生产单位、生产日期以及可追溯原材料性能和加工质量的生产批号。产品尺寸及公差应符合企业产品标准的要求。用于焊接锚固板的钢板、钢筋、焊条应有质量证明书和产品合格证。

3) 钢筋锚固板的现场检验应包括工艺检验、抗拉强度检验、螺纹连接锚固板的钢筋丝头加工质量检验和拧紧扭矩检验、焊接锚固板的焊缝检验。拧紧扭矩检验应在工程实体中进行，工艺检验、抗拉强度检验的试件应在钢筋丝头加工现场抽取。工艺检验、抗拉强度检验和拧紧扭矩检验规定为主控项目，外观质量检验规定为一般项目。钢筋锚固板试件的抗拉强度试验方法应符合本规程附录 A 的有关规定。

4) 钢筋锚固板加工与安装工程开始前，应对不同钢筋生产厂的进场钢筋进行钢筋锚固板工艺检验；施工过程中，更换钢筋生产厂商、变更钢筋锚固板参数、形式及变更产品供应商时，应补充进行工艺检验。

工艺检验应符合下列规定：

（1）每种规格的钢筋锚固板试件不应少于 3 根；

（2）每根试件的抗拉强度均应符合本规程第 3.2.3 条的规定；

（3）其中 1 根试件的抗拉强度不合格时，应重取 6 根试件进行复检，复检仍不合格时判为本次工艺检验不合格。

5) 钢筋锚固板的现场检验应按验收批进行。同一施工条件下采用同一批材料的同类型、同规格的钢筋锚固板，螺纹连接锚固板应以 500 个为一个验收批进行检验与验收，不足 500 个也应作为一个验收批；焊接连接锚固板应以 300 个为一个验收批，不足 300 个也应作为一个验收批。

6) 螺纹连接钢筋锚固板安装后应按本规程第 6.0.5 条的验收批，抽取其中 10% 的钢筋锚固板按本规程第 5.2.3 条要求进行拧紧扭矩校核，拧紧扭矩值不合格数超过被校核数的 5% 时，应重新拧紧全部钢筋锚固板，直到合格为止。焊接连接钢筋锚固板应按现行行业标准《钢筋焊接及验收规程》JGJ 18 有关穿孔塞焊要求，检查焊缝外观是否符合本规程第 5.3.1 条第 4 款的规定。

7) 对螺纹连接钢筋锚固板的每一验收批，应在加工现场随机抽取 3 个试件作抗拉强度试验，并应按本规程第 3.2.3 条的抗拉强度要求进行评定。3 个试件的抗拉强度均应符合强度要求，该验收批评为合格。如有 1 个试件的抗拉强度不符合要求，应再取 6

个试件进行复检。复检中如仍有1个试件的抗拉强度不符合要求，则该验收批应评为不合格。

8）对焊接连接钢筋锚固板的每一验收批，应随机抽取3个试件，并按本规程第3.2.3条的抗拉强度要求进行评定。3个试件的抗拉强度均应符合强度要求，该验收批评为合格。如有1个试件的抗拉强度不符合要求，应再取6个试件进行复检。复检中如仍有1个试件的抗拉强度不符合要求，则该验收批应评为不合格。

9）螺纹连接钢筋锚固板的现场检验，在连续10个验收批抽样试件抗拉强度一次检验通过的合格率为100%条件下，验收批试件数量可扩大1倍。当螺纹连接钢筋锚固板的验收批数量少于200个，焊接连接钢筋锚固板的验收批数量少于120个时，允许按上述同样方法，随机抽取2个钢筋锚固板试件作抗拉强度试验，当2个试件的抗拉强度均满足本规程第3.2.3条的抗拉强度要求时，该验收批应评为合格。如有1个试件的抗拉强度不满足要求，应再取4个试件进行复检。复检中如仍有1个试件的抗拉强度不满足要求，则该验收批应评为不合格。

5.3　钢筋加工
主控项目

5.3.1　钢筋弯折的弯弧内直径应符合下列规定：

1　光圆钢筋，不应小于钢筋直径的2.5倍；

2　335MPa级、400MPa级带肋钢筋，不应小于钢筋直径的4倍；

3　500MPa级带肋钢筋，当直径为28mm以下时不应小于钢筋直径的6倍，当直径为28mm及以上时不应小于钢筋直径的7倍；

4　箍筋弯折处尚不应小于纵向受力钢筋的直径。

检查数量：同一设备加工的同一类型钢筋，每工作班抽查不应少于3件。

检验方法：尺量。

5.3.2　纵向受力钢筋的弯折后平直段长度应符合设计要求。光圆钢筋末端做180°弯钩时，弯钩的平直段长度不应小于钢筋直径的3倍。

检查数量：同一设备加工的同一类型钢筋，每工作班抽查不应少于3件。

检验方法：尺量。

该条检查时首先要明确设计所使用的钢筋规格及钢筋弯折后平直段长度的设计要求，有要求时按设计要求，同时要满足本条要求。然后对照检查。

5.3.3　箍筋、拉筋的末端应按设计要求做弯钩，并应符合下列规定：

1　对一般结构构件，箍筋弯钩的弯折角度不应小于90°，弯折后平直段长度不应小于箍筋直径的5倍；对有抗震设防要求或设计有专门要求的结构构件，箍筋弯钩的弯折角度不应小于135°，弯折后平直段长度不应小于箍筋直径的10倍；

2　圆形箍筋的搭接长度不应小于其受拉锚固长度，且两末端弯钩的弯折角度不应小于135°，弯折后平直段长度对一般结构构件不小于箍筋直径的5倍，对有抗震设防要求的结构构件不小于箍筋直径的10倍；

3　梁、柱复合箍筋中的单肢箍筋两端弯钩的弯折角度均不应小于135°，弯折后平直段长度应符合本条第1款对箍筋的有关规定。

检查数量：同一设备加工的同一类型钢筋，每工作班抽查不应少于3件。

检验方法：尺量。

该条检查时首先要明确设计所使用的钢筋规格及设计是否有专门要求，有要求时按设计要求，同时要满足本条要求。然后对照检查。

5.3.4 盘卷钢筋调直后应进行力学性能和重量偏差检验，其强度应符合国家现行有关标准的规定，其断后伸长率、重量偏差应符合表5.3.4（本书表5.5.21）的规定。力学性能和重量偏差检验应符合下列规定：

1 应对3个试件先进行重量偏差检验，再取其中2个试件进行力学性能检验。

2 重量偏差应按下式计算：

$$\Delta = \frac{W_d - W_0}{W_0} \times 100 \qquad (5.3.4)$$

式中：Δ——重量偏差（%）；

    W_d——3个调直钢筋试件的实际重量之和（kg）；

    W_0——钢筋理论重量（kg），取每米理论重量（kg/m）与3个调直钢筋试件长度之和（m）的乘积。

3 检验重量偏差时，试件切口应平滑并与长度方向垂直，其长度不应小于500mm；长度和重量的量测精度分别不应低于1mm和1g。

采用无延伸功能的机械设备调直的钢筋，可不进行本条规定的检验。

检查数量：同一设备加工的同一牌号、同一规格的调直钢筋，重量不大于30t为一批，每批见证抽取3个试件。

检验方法：检查抽样检验报告。

盘卷钢筋调直后的断后伸长率、重量偏差要求

表5.5.21

钢筋牌号	断后伸长率 A（%）	重量偏差（%）	
		直径 6mm～12mm	直径 14mm～16mm
HPB300	≥21	≥-10	—
HRB335、HRBF335	≥16	≥-8	≥-6
HRB400、HRBF400	≥15		
RRB400	≥13		
HRB500、HRBF500	≥14		

注：1. 断后伸长率A的量测标距为5倍钢筋直径。
    2. 本表摘自《混凝土结构工程施工质量验收规范》（GB 50204—2015）。

盘条钢筋使用前需要调直。调直宜优先采用机械方法，以有效控制调直钢筋的质量；也可采用冷拉方法，但应控制冷拉伸长率，以免影响钢筋的力学性能。

本条规定了钢筋调直后力学性能和重量偏差的检验要求，所有用于工程的盘卷钢筋调直后钢筋均应按本条规定执行。进行力学性能中的强度应符合产品标准的规定，断后伸长率符合本标准的规定，不检测弯曲性能。本条检验规定是为加强调直后钢筋性能质量的控制，防止冷拉加工过度改变钢筋的力学性能。

对钢筋调直机械设备是否有延伸功能的判定，可由施工单位检查并经监理（建设）单位确认；当不能判定或对判定结果有争议时，应按本条规定进行检验。对于场外委托加工

或专业化加工厂生产的成型钢筋，相关人员应到加工设备所在地进行检查。

注意检验批量不同于原材料的钢筋检验批量，原材料的检验批量是依据钢筋产品标准的，而此处是规定了 30t 为一批。

一般项目

5.3.5 钢筋加工的形状、尺寸应符合设计要求，其偏差应符合表 5.3.5（本书表 5.5.22）的规定。

检查数量：同一设备加工的同一类型钢筋，每工作班抽查不应少于 3 件。

检验方法：尺量。

钢筋加工的允许偏差　　　　　　　　　　　　　　　　表 5.5.22

项目	允许偏差（mm）
受力钢筋沿长度方向全长的净尺寸	±10
弯起钢筋的弯折位置	±20
箍筋外廓尺寸	±5

注：1. 本表摘自《混凝土结构工程施工质量验收规范》（GB 50204—2015）。

钢筋加工检验批的检查不是按工程部位检查，而是按设备的台数进行检查。

5.4　钢筋连接
主控项目

5.4.1 钢筋的连接方式应符合设计要求。

检查数量：全数检查。

检验方法：观察。

随着科学技术的不断发展，钢筋的连接方式亦呈多样化，用何种方法应符合设计要求。

5.4.2 钢筋采用机械连接或焊接连接时，钢筋机械连接接头、焊接接头的力学性能、弯曲性能应符合国家现行相关标准的规定。接头试件应从工程实体中截取。

检查数量：按现行行业标准《钢筋机械连接技术规程》（JGJ 107）和《钢筋焊接及验收规程》（JGJ 18）的规定确定。

检验方法：检查质量证明文件和抽样检验报告。

《钢筋焊接及验收规程》（JGJ 18—2012）第 5.1.7 条检查数量的规定（本条为强制性条文）：钢筋闪光对焊接头、电弧焊接头、电渣压力焊接头、气压焊接头、箍筋闪光对焊接头、预埋件钢筋 T 形接头的拉伸试验，应从每一检验批接头中随机切取三个接头进行试验。

施工单位质量员应检查焊接材料产品合格证和焊接工艺试验时的接头力学性能试验报告。

钢筋焊接接头力学性能检验时，应在接头外观检查合格后随机抽取试件进行试验。试验方法应按现行行业标准《钢筋焊接接头试验方法标准》（JCJ/T 27）有关规定执行。

试验结果的判定及复验条件由检测人员把握，质量检查、验收人员查看检测报告。

钢筋闪光对焊接头、电弧焊接头、电渣压力焊接头、气压焊接头、箍筋闪光对焊接头、预埋件钢筋 T 形接头的拉伸试验结果评定如下：

1. 符合下列条件之一，评定为合格：

1）3 个试件均断于钢筋母材，延性断裂，抗拉强度大于等于钢筋母材抗拉强度标准值。

2）2 个试件断于钢筋母材，延性断裂，抗拉强度大于等于钢筋母材抗拉强度标准值；1 个试件断于焊接，或热影响区，脆性断裂，或延性断裂，抗拉强度大于等于钢筋母材抗拉强度标准值。

2. 符合下列条件之一，评定为复验：

1）2 个试件断于钢筋母材，延性断裂，抗拉强度大于等于钢筋母材抗拉强度标准值；1 个试件断于焊缝或热影响区，呈脆性断裂，或延性断裂，抗拉强度小于钢筋母材抗拉强度标准值。

2）1 个试件断于钢筋母材，延性断裂，抗拉强度大于等于钢筋母材抗拉强度标准值；2 个试件断于焊缝或热影响区，呈脆性断裂，抗拉强度均大于等于钢筋母材抗拉强度标准值。

3）3 个试件全部断于焊缝或热影响区，呈脆性断裂，抗拉强度均大于等于钢筋母材抗拉强度标准值。

3. 复验时，应再切取 6 个试件。复验结果，当仍有 1 个试件抗拉强度小于钢筋母材的抗拉强度标准值；或有 3 个试件断于焊缝或热影响区，呈脆性断裂，均应判定该批接头为不合格品。

4. 凡不符合上述复验条件的检验批接头，均评为不合格品。

5. 当拉伸试验中有试件断于钢筋母材，却呈脆性断裂；或者断于热影响区，呈延性断裂，其抗拉强度却小于钢筋母材抗拉强度标准值。以上两种情况均属异常现象，应视该项试验无效，并检查钢筋的材质性能。

钢筋闪光对焊接头、气压焊接头进行弯曲试验时，焊缝应处于弯曲中心点，弯心直径和弯曲角度应符合表 5.5.23 的规定。

接头弯曲试验指标　　　　　　　　　　　　　　　　　　表 5.5.23

钢筋牌号	弯心直径	弯曲角度（°）
HPB235、HPB300	2d	90
HRB335、HRBF335	4d	90
HRB400、HRBF400、RRB400	5d	90
HB500、HRBF500	7d	90

注：1. d 为钢筋直径（mm）；
　　2. 直径大于 25mm 的钢筋焊接接头，弯心直径应增加 1 倍钢筋直径；
　　3. 本表摘自《钢筋焊接及验收规程》（JGJ 18—2012）。

当试验弯至 90°，有 2 个或 3 个试件外侧（含焊缝和热影响区）未发生破裂，应评定该批接头弯曲试验合格。

当有 2 个试件发生破裂，应进行复验。

当有 3 个试件发生破裂，则一次判定该批接头为不合格品。

复验时，应再加取 6 个试件。复验结果，当仅有 1～2 个试件发生破裂时，应评定该批接头为合格品。

注：当试件外侧横向裂纹宽度达到 0.5mm 时，应认定已经破裂。

钢筋焊接骨架和焊接网

1. 凡钢筋牌号、直径及尺寸相同的焊接骨架和焊接网应视为同一类型制品，且每 300 件作为一批，一周内不足 300 件的亦应按一批计算。

2. 外观检查应按同一类型制品分批检查，每批抽查 5％，且不得少于 10 件。

3. 力学性能检验的试样，应从每批成品中切取；切取过试样的制品，应补焊同牌号、同直径的钢筋，其每边的搭接长度不应小于 2 个孔格的长度。

当焊接骨架所切取试样的尺寸小于规定的试样尺寸，或受力钢筋直径大于 8mm 时，可在生产过程中制作模拟焊接试验网片［图 5.5.1（a）］，从中切取试样。

4. 由几种直径钢筋组合的焊接骨架或焊接网，应对每种组合的焊点作力学性能检验。

5. 热轧钢筋的焊点应作剪切试验，试样数量为 3 个；对冷轧带肋钢筋还应沿钢筋焊接网两个方向各截取一个试件进行拉伸试验。

拉伸试验：拉伸试样至少有一个交叉点。试样长度应保证夹具之间的距离不小于 20 倍试样直径或 180mm（取两者中较大值）。对于并筋，非受拉钢筋应在离交叉焊点约 20mm 处切断。拉伸试样如图 5.5.1（b）所示。拉伸试样上的横向钢筋宜距交叉点约 25mm 处切断。

剪切试验：应沿同一横向钢筋随机截取 3 个试样。钢筋网两个方向均为单根钢筋时，较粗钢筋为受拉钢筋；对于并筋，其中之一为受拉钢筋，另一支非受拉钢筋应在交叉焊点处切断，但不应损伤受拉钢筋焊点。剪切试样如图 5.5.1（c）。剪切试样上的横向钢筋应距交叉点不小于 25mm 处切断。

剪切试验时应采用抗剪力试验专用夹具，由试验室操作。

钢筋焊接骨架、焊接网焊点剪切试验结果，3 个试件抗剪力平均值应符合下式要求：

$$F \geqslant 0.3 A_0 R_{el}$$

式中　F——抗剪力（N）；

　　　A_0——受拉钢筋的公称横截面面积（mm^2）；

　　　R_{el}——受拉钢筋规定的屈服强度（N/mm^2）。

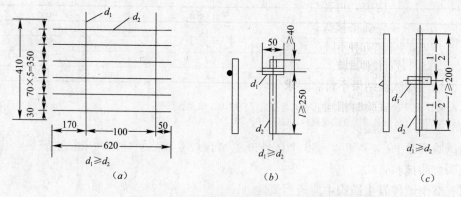

图 5.5.1　钢筋模拟焊接试验网片与试件

（a）模拟焊接试验网片简图；（b）钢筋焊点抗剪试件；（c）钢筋焊点拉伸试件

注：冷轧带肋钢筋的屈服强度按 440N/mm^2 计算。

冷轧带肋钢筋试件拉伸试验结果，其抗拉强度不得小于 550N/mm^2。

当拉伸试验结果不合格时，应再切取双倍数量试件进行复检；复验结果均合格时，应评定该批焊接制品焊点拉伸试验合格。

当剪切试验结果不合格时，应从该批制品中再切取 6 个试件进行复验；当全部试件平均值达到要求时，应评定该批焊接制品焊点剪切试验合格。

钢筋闪光对焊接头

闪光对焊接头的质量检验，应分批进行外观检查和力学性能检验，按下列规定作为一个检验批。

1. 在同一台班内，由同一焊工完成的 300 个同牌号、同直径钢筋焊接接头应作为一批。当同一台班内焊接的接头数量较少，可在一周之内累计计算；累计仍不足 300 个接头，应按一批计算。

2. 力学性能检验时，应从每批接头中随机切取 6 个试件，其中 3 个做拉伸试验，3 个做弯曲试验。

3. 异径接头可只做拉伸试验。

箍筋闪光对焊接头

箍筋闪光对焊接头应分批进行外观质量检查和力学性能检验，要求如下：

检验批数量分成两种：当钢筋直径为 10mm 及以下，为 1200 个；钢筋直径为 12mm 及以上，为 600 个。应按同一焊工完成的不超过上述数量同钢筋牌号、同直径的箍筋闪光对焊接头作为一个检验批。当同一台班内焊接的接头数量较少时，可累计计算；当超过规定数量时，其超出部分，亦可累计计算。

钢筋电弧焊接头

电弧焊接头的质量检验，应分批进行外观检查和力学性能检验，并应按下列规定作为一个检验批：

1. 在现浇混凝土结构中，应以 300 个同牌号钢筋、同型式接头作为一批；在房屋结构中，应在不超过两楼层中 300 个同牌号钢筋、同型式接头作为一批。每批随机切取 3 个接头，做拉伸试验。

2. 在装配式结构中，可按生产条件制作模拟试件，每批 3 个，做拉伸试验。

3. 钢筋与钢板电弧搭接焊接头可只进行外观检查。

注：在同一批中若有几种不同直径的钢筋焊接接头，应在最大直径钢筋接头和最小直径钢筋接头中分别切取 3 个试件进行拉伸试验。

当模拟试件试验结果不符合要求时，应进行复验。复验应从现场焊接接头中切取，其数量和要求与初始试验时相同。

钢筋电渣压力焊接头

电渣压力焊接头的质量检验，应分批进行外观检查和力学性能检验，并应按下列规定作为一个检验批：

在现浇钢筋混凝土结构中，应以 300 个同牌号钢筋接头作为一批；在房屋结构中，应在不超过两楼层中 300 个同牌号钢筋接头作为一批；当不足 300 个接头时，仍应作为一批。每批随机切取 3 个接头试件做拉伸试验。

钢筋气压焊接头

气压焊接头的质量检验，应分批进行外观检查和力学性能检验，并应按下列规定作为一个检验批：

在现浇钢筋混凝土结构中，应以300个同牌号钢筋接头作为一批；在房屋结构中，应在不超过两楼层中300个同牌号钢筋接头作为一批；当不足300个接头时，仍应作为一批。

在柱、墙的竖向钢筋连接中，应从每批接头中随机切取3个接头做拉伸试验，在梁、板的水平钢筋连接中，应另切取3个接头做弯曲试验。

异径气压焊接头可只做拉伸试验。在同一批中，若有几种不同直径的钢筋焊接接头，应在最大直径钢筋的焊接接头和最小直径钢筋的焊接接头中分别切取3个接头进行拉伸、弯曲试验。

预埋件钢筋 T 型接头

当进行力学性能检验时，应以300件同类型预埋件作为一批。一周内连续焊接时，可累计计算。当不足300件时，亦应按一批计算。

应从每批预埋件中随机切取3个接头做拉伸试验，试件的钢筋长度应大于或等于200mm，钢板的长度和宽度均应大于或等于60mm，并视钢筋直径而定，见图5.5.2。

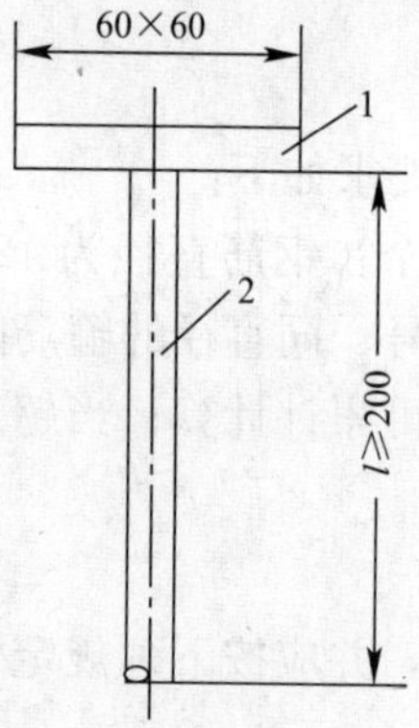

图 5.5.2　预埋件钢筋 T 型
接头拉伸试件
1—钢板；2—钢筋

预埋件钢筋 T 型接头拉伸试验结果，3个试件的抗拉强度均应符合下列要求：

1）HPB300 钢筋接头不得小于 400MPa；

2）HRB335、HRBF335 钢筋接头不得小于 435MPa；

3）HRB400、HRBF400 钢筋接头不得小于 520MPa；

4）HRB500、HRBF500 钢筋接头不得小于 610MPa。

当试验结果若有一个试件接头强度小于规定值时，应进行复验。

复验时，应再取6个试件。复验结果，其抗拉强度均达到上述要求时，应评定该批接头为合格品。

《钢筋机械连接技术规程》JGJ 107—2010 中检查数量及判定标准的规定如下：

1. 接头的现场检验应按验收批进行，同一施工条件下采用同一批材料的同等级、同型式、同规格接头，应500个为一个验收批进行检验与验收，不足500个也应作为一个验收批。

2. 对接头的每一验收批，必须在工程结构中随机截取3个接头试件作抗拉强度试验，按设计要求的接头等级进行评定。当3个接头试件的抗拉强度均符合相应等级的强度要求时，该验收批应评为合格。如有1个试件的抗拉强度不符合要求，应再取6个试件进行复检。复检中如仍有1个试件的抗拉强度不符合要求，则该验收批应评为不合格。

3. 现场检验连续10个验收批抽样试件抗拉强度试验一次合格率为100%时，验收批接头数量可扩大1倍。

钢筋机械连接接头应根据抗拉强度、残余变形以及高应力和大变形条件下反复拉压性能的差异，分为下列三个性能等级：

Ⅰ级接头抗拉强度等于被连接钢筋的实际拉断强度或不小于1.10倍钢筋抗拉强度标准值，残余变形小并具有高延性及反复拉压性能。

Ⅱ级接头抗拉强度不小于被连接钢筋抗拉强度标准值，残余变形较小并具有高延性及反复拉压性能。

Ⅲ级接头抗拉强度不小于被连接钢筋屈服强度标准值的 1.25 倍，残余变形较小并具有一定的延性及反复拉压性能。

Ⅰ级、Ⅱ级、Ⅲ级接头的抗拉强度必须符合表 5.5.24 要求。

接头的抗拉强度　　　　　　　　　　　　　　　　表 5.5.24

接头等级	Ⅰ级		Ⅱ级	Ⅲ级
抗拉强度	$f_{mst}^0 \geqslant f_{stk}$ 或 $f_{mst}^0 \geqslant 1.10 f_{stk}$	断于钢筋 断于接头	$f_{mst}^0 \geqslant 1.10 f_{stk}$	$f_{mst}^0 \geqslant 1.25 f_{stk}$

注：本表摘自《钢筋机械连接技术规程》(JGJ 107—2010)。

施工现场钢筋机械接头的检验与验收

1. 工程中应用钢筋机械接头时，应由该技术提供单位提交有效的型式检验报告。

2. 钢筋连接工程开始前，应对不同钢筋生产厂的进场钢筋进行接头工艺检验；施工过程中，更换钢筋生产厂时，应补充进行工艺检验。工艺检验应符合下列规定：

1) 每种规格钢筋的接头试件不应少于 3 根。

2) 每根试件的抗拉强度和 3 根接头试件的残余变形的平均值均应符合表 5.5.24 和表 5.5.25 的规定。

接头的变形性能　　　　　　　　　　　　　　　　表 5.5.25

接头等级		Ⅰ级	Ⅱ级	Ⅲ级
单向拉伸	残余变形 (mm)	$u_0 \leqslant 0.10$ $(d \leqslant 32)$ $u_0 \leqslant 0.14$ $(d > 32)$	$u_0 \leqslant 0.14$ $(d \leqslant 32)$ $u_0 \leqslant 0.16$ $(d > 32)$	$u_0 \leqslant 0.14$ $(d \leqslant 32)$ $u_0 \leqslant 0.16$ $(d > 32)$
	最大力 总伸长率 (%)	$A_{sgt} \geqslant 6.0$	$A_{sgt} \geqslant 6.0$	$A_{sgt} \geqslant 3.0$
高应力 反复拉压	残余变形 (mm)	$u_{20} \leqslant 0.3$	$u_{20} \leqslant 0.3$	$u_8 \leqslant 0.3$
大变形 反复拉压	残余变形 (mm)	$u_4 \leqslant 0.3$ 且 $u_8 \leqslant 0.6$	$u_4 \leqslant 0.3$ 且 $u_8 \leqslant 0.6$	$u_4 \leqslant 0.6$

注：1. 当频遇荷载组合下，构件中钢筋应力明显高于 $0.6 f_{yk}$ 时，设计部门可对单向拉伸残余变形 u_0 的加载峰值提出调整要求；

　　2. 本表摘自《钢筋机械连接技术规程》(JGJ 107—2010)。

3) 接头试件在测量残余变形后可再进行抗拉强度试验，并宜按《钢筋机械连接技术规程》(JGJ 107—2010) 附录 A 表 A.1.3 中的单向拉伸加载制度进行试验，由检测人员掌握。

4) 第一次工艺检验中 1 根试件抗拉强度或 3 根试件的残余变形平均值不合格时，允许再抽 3 根试件进行复检，复检仍不合格时判为工艺检验不合格。

3. 接头安装前应检查连接件产品合格证及套筒表面生产批号标识；产品合格证应包括适用钢筋直径和接头性能等级、套筒类型、生产单位、生产日期以及可追溯产品原材料力学性能和加工质量的生产批号。

4. 现场检验应按《钢筋机械连接技术规程》(JGJ 107—2010) 进行接头的抗拉强度试验、加工和安装质量检验；对接头有特殊要求的结构，应在设计图纸中另行注明相应的检验项目。

5. 接头的现场检验应按验收批进行。同一施工条件下采用同一批材料的同等级、同型式、同规格接头，应以500个为一个验收批进行检验与验收，不足500个也应作为一个验收批。

6. 螺纹接头安装后应按上条的验收批，抽取其中10%的接头进行拧紧扭矩校核，拧紧扭矩值不合格数超过被校核接头数的5%时，应重新拧紧全部接头，直到合格为止。

7. 对接头的每一验收批，必须在工程结构中随机截取3个接头试件作抗拉强度试验，按设计要求的接头等级进行评定。当3个接头试件的抗拉强度均符合本书表5.5.24中相应等级的强度要求时，该验收批应评为合格。如有1个试件的抗拉强度不符合要求，应再取6个试件进行复验。复验中如仍有1个试件的抗拉强度不符合要求，则该验收批应评为不合格。

8. 现场检验连续10个验收批抽样试件抗拉强度试验一次合格率为100%时，验收批接头数量可扩大1倍。

9. 现场截取抽样试件后，原接头位置的钢筋可采用同等规格的钢筋进行搭接连接，或采用焊接及机械连接方法补接。

10. 对抽检不合格的接头验收批，应由建设方会同设计等有关方面研究后提出处理方案。

5.4.3 钢筋采用机械连接时，螺纹接头应检验拧紧扭矩值，挤压接头应量测压痕直径，检验结果应符合现行行业标准《钢筋机械连接技术规程》（JGJ 107）的相关规定。

检查数量：按现行行业标准《钢筋机械连接技术规程》（JGJ 107）的规定确定。

检验方法：采用专用扭力扳手或专用量规检查。

拧紧扭矩值的检验应符合《钢筋机械连接技术规程》（JGJ 107）的规定：

1. 直螺纹钢筋接头的安装质量应符合下列要求：

1）安装接头时可用管钳扳手拧紧，应使钢筋丝头在套筒中央位置相互顶紧。标准型接头安装后的外露螺纹不宜超过2p。

2）安装后应用扭力扳手校核拧紧扭矩，拧紧扭矩值应符合表5.5.26的规定：

直螺纹接头安装时的最小拧紧扭矩值 表 5.5.26

钢筋直径（mm）	≤16	18～20	22～25	28～32	36～40
拧紧扭矩（N·m）	100	2100	260	320	360

注：本表摘自《钢筋机械连接技术规程》JGJ 107—2010。

3）校核用扭力扳手的准确度级别可选用10级。

2. 锥银螺纹钢筋接头的安装质量应符合下列要求：

1）接头安装时应严格保证钢筋与连接套筒的规格相一致；

2）接头安装时应用扭力扳手拧紧，拧紧扭矩值应符合表5.5.27的规定：

锥螺纹接头安装时的最小拧紧扭矩值 表 5.5.27

钢筋直径（mm）	≤16	18～20	22～25	28～32	36～40
拧紧扭矩（N·m）	100	180	240	300	360

注：本表摘自《钢筋机械连接技术规程》JGJ 107—2010。

3）校核用压力扳手与安装用扭力扳手应区分使用，校核用扭力扳手应每年校核1次，准确度级别应选用5级。

3. 套筒挤压钢筋接头的安装质量应符合下列要求：

1）钢筋端部不得有局部弯曲，不得有严重锈蚀和附着物；

2）钢筋端部应有检查插入套筒深度的明显标记，钢筋端头离套筒长度中心点不宜超过 10mm；

3）挤压应从套筒中央开始，依次向两端挤压，压痕直径的波动范围应控制在供应商认定的允许波动范围内，并提供专用量规进行检查。

4）挤压后的套筒不得有肉眼可见裂纹。

一般项目

5.4.4 钢筋接头的位置应符合设计和施工方案要求。有抗震设防要求的结构中，梁端、柱端箍筋加密区范围内不应进行钢筋搭接。接头末端至钢筋弯起点的距离不应小于钢筋直径的 10 倍。

检查数量：全数检查。

检验方法：观察，尺量。

钢筋的接头宜设置在受力较小处。具体位置应符合设计要求，设计无要求时由施工方案根据《混凝土结构工程施工规范》（GB 50266—2011）和钢筋受力情况确定。接头末端至钢筋弯起点的距离不应小于钢筋直径的 10 倍。

该项要求主要是为了保证钢筋的承载、传力性能。

5.4.5 钢筋机械连接接头、焊接接头的外观质量应符合现行行业标准《钢筋机械连接技术规程》（JGJ 107）和《钢筋焊接及验收规程》（JGJ 18）的规定。

检查数量：按现行行业标准《钢筋机械连接技术规程》（JGJ 107）和《钢筋焊接及验收规程》（JGJ 18）的规定确定。

检验方法：观察，尺量。

检查数量

《钢筋机械连接通用技术规程》（JGJ 107—2010）第 7.0.5 条规定：

接头的现场检验应按验收批进行，同一施工条件下采用同一批材料的同等级、同型式、同规格接头，应 500 个为一个验收批进行检验与验收，不足 500 个也应作为一个验收批。

《钢筋焊接及验收规程》（JGJ 18—2012）第 5.1.4、第 5.1.4 条规定：纵向受力钢筋焊接接头的外观质量检查数量应符合下列规定：

1. 每一检验批中应随机抽取 10％的焊接接头；箍筋闪光对焊接头应随机抽取 5％。检查结果，当外观质量各小项不合格数均小于或等于抽检数的 10％，则该批焊接接头外观质量评为合格。

2. 当某一小项不合格数超过抽检数的 10％时，应对该批焊接接头该小项逐个进行复检，并剔出不合格接头；对外观检查不合格接头采取修整或焊补措施后，可提交二次验收。

钢筋机械连接接头外观质量

《钢筋机械连接通用技术规程》（JGJ 107—2010）第 6.2.3 条规定：

套筒挤压钢筋接头的安装质量应符合下列要求：

1. 钢筋端部不得有局部弯曲，不得有严重锈蚀和附着物。

2. 钢筋端部应有检查插入套筒深度的明显标记，钢筋端头离套筒长度中心点不宜超过 10mm。

3. 挤压应从套筒中央开始，依次向两端挤压，压痕直径的波动范围应控制在供应商认定的允许波动范围内，并提供专用量规进行检查。

4. 挤压后的套筒不得有肉眼可见裂纹。

钢筋焊接质量检验与验收

一般规定

1. 钢筋焊接接头或焊接制品（焊接骨架、焊接网）应按检验批进行质量检验与验收。检验批的划分应符合前面介绍的《钢筋焊接及验收规程》（JGJ 18）的有关规定。质量检验与验收应包括外观质量检查和力学性能检验，并划分为主控项目和一般项目两类。

2. 纵向受力钢筋焊接接头验收中，闪光对焊接头、箍筋闪光对焊接头、电弧焊接头、电渣压力焊接头、气压焊接头、预埋件钢筋 T 形接头的连接方法检查和接头力学性能检验应为主控项目，焊接接头的外观质量检查应为一般项目。主控项目的质量应符合《钢筋焊接及验收规程》（JGJ 18）的有关规定。

3. 非纵向受力钢筋焊接接头的质量检验与验收，包括焊接骨架、焊接网交叉钢筋电阻点焊焊点、钢筋与钢板电弧搭接焊接头为一般项目。

4. 纵向受力钢筋焊接接头的连接方式应符合设计要求，并应全数检验，检验方法为目视观察。

5. 焊接接头外观检查时，首先应由焊工对所焊接头或制品进行自检；然后由施工单位专业质量检查员检验；监理（建设）单位进行验收记录。

6. 钢筋焊接接头或焊接制品质量验收时，应在施工单位自行质量评定合格的基础上，由监理（建设）单位对检验批有关资料进行检查，组织项目专业质量检查员等进行验收，对焊接接头和焊接制品合格与否做出结论。

纵向受力钢筋焊接接头和焊接制品检验批质量验收记录可按《钢筋焊接及验收规程》（JGJ 18—2012）附录 A 进行。本书不介绍具体记录表格，附录的表格在有的省如江苏省已统一使用"建筑工程资料系统"。

钢筋焊接骨架和焊接网

1. 焊接骨架外观质量检查结果，应符合下列要求：

1）每件制品的焊点脱落、漏焊数量不得超过焊点总数的 4％，且相邻两焊点不得有漏焊及脱落；

2）应量测焊接骨架的长度和宽度，并应抽查纵、横方向 3～5 个网格的尺寸，其允许偏差应符合表5.5.28的规定。

当外观检查结果不符合上述要求时，应逐件检查，并剔出不合格品。对不合格品经整修后，可提交二次验收。

焊接骨架的允许偏差 表 5.5.28

项目		允许偏差（mm）
焊接骨架	长度	±10
	宽度	±5
	高度	±5
骨架箍筋间距		±10
受力主筋	间距	±15
	排距	±5

注：本表摘自《钢筋焊接及验收规程》（JGJ 18—2012）。

2. 焊接网外形尺寸检查和外观质量检查结果，应符合下列要求：

1）钢筋焊接网间距的允许偏差采取 ±10mm 和规定间距的 ±5％的较大值。网片长度和宽度的允许偏差取±25mm 和规定长度的±0.5％的较大值。网片两对角线之差不得大于 10mm；网格数量应符合设计规定。

2）钢筋焊接网焊点开焊数量不应超过整张网片交叉点总数的 1％，并且任一根钢筋上开焊点数不得超过该钢筋上交叉点总数的一半。焊接网最外边钢筋上的交叉点不得开焊。

3）钢筋焊接网表面不应有影响使用的缺陷。当性能符合要求时，允许钢筋表面存在浮锈和因矫直造成的钢筋表面轻微损伤。

钢筋闪光对焊

闪光对焊接头外观检查结果，应符合下列要求：

1. 接头处不得有横向裂纹；

2. 与电极接触处的钢筋表面不得有明显烧伤；

3. 接头处的弯折角不得大于 3°；

4. 接头处的轴线偏移不得大于钢筋直径的 0.1 倍，且不得大于 2mm。

箍筋闪光对焊

箍筋闪光对焊接头外观检查结果，应符合下列要求：

1. 对焊接头表面应呈圆滑状，不得有横向裂纹；

2. 轴线偏移不大于钢筋直径 0.1 倍；

3. 接头处的弯折角不得大于 3°；

4. 对焊接头所在直线边凹凸不得大于 5mm；

5. 对焊箍筋内净空尺寸的允许偏差在±5mm 之内；

6. 与电极接触无明显烧伤。

电弧焊接头

电弧焊接头外观检查结果，应符合下列要求：

1. 焊缝表面应平整，不得有凹陷或焊瘤；

2. 焊接接头区域不得有肉眼可见的裂纹；

3. 咬边深度、气孔、夹渣等缺陷允许值及接头尺寸的允许偏差应符合表 5.5.29 的规定；

4. 坡口焊、熔槽帮条焊和窄间隙焊接头的焊缝余高应为 2～4mm。

钢筋电弧焊接头尺寸偏差及缺陷允许值   表 5.5.29

名　称		单　位	接头形式		
			帮条焊	搭接焊 钢筋与钢板搭接焊	坡口焊窄间隙焊 熔槽帮条焊
帮条沿接头中心线的纵向偏移		mm	0.3d	—	—
接头处弯折角度		°	3	3	3
接头处钢筋轴线的偏移		mm	0.1d	0.1d	0.1d
焊缝宽度		mm	+0.1d	+0.1d	—
焊缝长度		mm	−0.3d	−0.3d	—
横向咬边深度		mm	0.5	0.5	0.5
在长 2d 焊缝表面上的气孔及夹渣	数量	个	2	2	—
	面积	mm²	6	6	—
在全部焊缝表面上的气孔及夹渣	数量	个	—	—	2
	面积	mm²	—	—	6

注：1. d 为钢筋直径（mm）；

2. 本表摘自《钢筋焊接及验收规程》（JGJ 18—2012）。

钢筋电渣压力焊接头

电渣压力焊接头外观检查结果应符合下列要求：

1. 四周焊包凸出钢筋表面的高度，当钢筋直径为 25mm 及以下时，不得小于 4mm，当钢筋直径为 28mm 及以上时，不得小于 6mm；

2. 钢筋与电极接触处，应无烧伤缺陷；

3. 接头处的弯折角不得大于 3°；

4. 接头处的轴线偏移不得大于钢筋直径的 0.1 倍，且不得大于 2mm。

钢筋气压焊接头

固态或熔态气压焊接头外观检查结果应符合下列要求：

1. 接头处的轴线偏移 e 不得大于钢筋直径的 0.15 倍，且不得大于 4mm（图 5.5.3a）。当不同直径钢筋焊接时，应按较小钢筋直径计算。当大于上述规定值，但在钢筋直径的 0.30 倍以下时，可加热矫正；当大于 0.30 倍时，应切除重焊。

2. 接头处的弯折角不得大于 3°，当大于规定值时，应重新加热矫正。

3. 固态气压焊接头镦粗直径 d_c 不得小于钢筋直径的 1.4 倍。熔态气压焊接头镦粗直径 d_c 不得小于钢筋直径的 1.2 倍（图 5.5.3b）；当小于上述规定值时，应重新加热镦粗。

4. 镦粗长度 L_c 不得小于钢筋直径的 1.0 倍，且凸起部分平缓圆滑（图 5.5.3c）。当小于上述规定值时，应重新加热镦长。

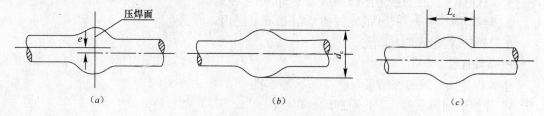

图 5.5.3　钢筋气压焊接头外观质量图解
（a）轴线偏移；（b）镦粗直径；（c）镦粗长度

预埋件钢筋 T 型接头

1. 预埋件钢筋 T 型接头的外观检查，应从同一台班内完成的同类型预埋件中抽查 5%，且不得少于 10 件。

2. 预埋件钢筋焊条电弧焊条接头的外观检查结果，应符合下列要求：

1）焊条电弧焊时，角焊缝焊脚尺寸（k）应符合《钢筋焊接及验收规程》（JGJ 18—2012）第 4.5.10 条第 1 款的规定：当采用 HBB235、HPB300 钢筋时，角焊缝焊脚尺寸（k）不得小于钢筋直径的 0.5 倍；采用其他牌号钢筋时，焊脚尺寸（k）不得小于钢筋直径的 0.6 倍。

2）焊缝表面不得有气孔、夹渣和肉眼可见裂纹。

3）钢筋咬边深度不得超过 0.5mm。

4）钢筋相对钢板的直角偏差不得大于 3°。

3. 预埋件外观检查结果，当有 2 个接头不符合上述要求时，应对全数接头的这一项目进行检查，并剔出不合格品，不合格接头经补焊后可提交二次验收。

5.4.6 当纵向受力钢筋采用机械连接接头或焊接接头时，同一连接区段内纵向受力钢筋的接头面积百分率应符合设计要求；当设计无具体要求时，应符合下列规定：

1 受拉接头，不宜大于 50%；受压接头，可不受限制；

2 直接承受动力荷载的结构构件中，不宜采用焊接；当采用机械连接时，不应超过 50%。

检查数量：在同一检验批内，对梁、柱和独立基础，应抽查构件数量的 10%，且不应少于 3 件；对墙和板，应按有代表性的自然间抽查 10%，且不应少于 3 间；对大空间结构，墙可按相邻轴线间高度 5m 左右划分检查面，板可按纵横轴线划分检查面，抽查 10%，且均不应少于 3 面。

检验方法：观察，尺量。

注：1 接头连接区段是指长度为 35d 且不小于 500mm 的区段，d 为相互连接两根钢筋的直径较小值。

2 同一连接区段内纵向受力钢筋接头面积百分率为接头中点位于该连接区段内的纵向受力钢筋截面面积与全部纵向受力钢筋截面面积的比值。

5.4.7 当纵向受力钢筋采用绑扎搭接接头时，接头的设置应符合下列规定：

1 接头的横向净间距不应小于钢筋直径，且不应小于 25mm；

2 同一连接区段内，纵向受拉钢筋的接头面积百分率应符合设计要求；当设计无具体要求时，应符合下列规定：

1）梁类、板类及墙类构件，不宜超过 25%；基础筏板，不宜超过 50%。

2）柱类构件，不宜超过 50%。

3）当工程中确有必要增大接头面积百分率时，对梁类构件，不应大于 50%。

检查数量：在同一检验批内，对梁、柱和独立基础，应抽查构件数量的 10%，且不应少于 3 件；对墙和板，应按有代表性的自然间抽查 10%，且不应少于 3 间；对大空间结构，墙可按相邻轴线间高度 5m 左右划分检查面，板可按纵横轴线划分检查面，抽查 10%，且均不应少于 3 面。

检验方法：观察，尺量。

注：1 接头连接区段是指长度为 1.3 倍搭接长度的区段。搭接长度取相互连接两根钢筋中较小直径计算。

2 同一连接区段内纵向受力钢筋接头面积百分率为接头中点位于该连接区段长度内的纵向受力钢筋截面面积与全部纵向受力钢筋截面面积的比值。

同一构件中相邻纵向受力钢筋的绑扎搭接接头宜相互错开。绑扎搭接接头中钢筋的横向净距不应小于钢筋直径，且不应小于 25mm。

钢筋绑扎搭接接头连接区段的长度为 $1.3l_l$（l_l 为搭接长度），凡搭接接头中点位于该连接区段长度内的搭接接头均属于同一连接区段。同一连接区段内，纵向钢筋搭接接头面积百分率为该区段内有搭接接头的纵向受力钢筋截面面积与全部纵向受力钢筋截面面积的比值图 5.5.4。

5.4.8 梁、柱类构件的纵向受力钢筋搭接长度范围内箍筋的设置应符合设计要求；当设计无具体要求时，应符合下列规定：

1 箍筋直径不应小于搭接钢筋较大直径的 1/4；

2 受拉搭接区段的箍筋间距不应大于搭接钢筋较小直径的 5 倍，且不应大于 100mm；

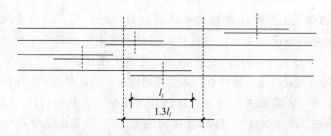

图 5.5.4　钢筋绑扎搭接接头连接区段及接头面积百分率

注：图中所示搭接接头同一连接区段内的搭接钢筋为两根，当各钢筋直径相同时，接头面积百分率为 50%。

3　受压搭接区段的箍筋间距不应大于搭接钢筋较小直径的 10 倍，且不应大于 200mm；

4　当柱中纵向受力钢筋直径大于 25mm 时，应在搭接接头两个端面外 100mm 范围内各设置二道箍筋，其间距宜为 50mm。

检查数量：在同一检验批内，应抽查构件数量的 10%，且不应少于 3 件。

检验方法：观察，尺量。

关于箍筋的要求，在主控项目中已提出了要求，应注意一并检验。

5.5　钢筋安装

主控项目

5.5.1　钢筋安装时，受力钢筋的牌号、规格和数量必须符合设计要求。

检查数量：全数检查。

检验方法：观察，尺量。

本条为强制性条文。

对施工的最基本要求就是实现设计的意图。因此钢筋安装施工时，作为混凝土结构中起关键承载作用的受力钢筋，其牌号、规格、数量必须符合设计要求。这里的设计要求是指设计图纸，包括正式办理了设计变更文件以后的设计要求。

上述检查一般应在钢筋绑扎安装时进行，并在浇筑混凝土之前和隐蔽工程验收之前加以确认。由于是只对品种、规格（直径）、数量等的判别，用观察的方法即可检查。因此要求全数目测检查，当然不排除对有怀疑者进行抽测，用钢尺量测加以核实。

5.5.2　钢筋应安装牢固。受力钢筋的安装位置、锚固方式应符合设计要求。

检查数量：全数检查。

检验方法：观察，尺量。

对照设计文件进行检查。

一般项目

5.5.3　钢筋安装偏差及检验方法应符合表 5.5.3（本书表 5.5.30）的规定。受力钢筋保护层厚度的合格点率应达到 90% 及以上，且不得有超过表中数值 1.5 倍的尺寸偏差。

检查数量：在同一检验批内，对梁、柱和独立基础，应抽查构件数量的 10%，且不应少于 3 件；对墙和板，应按有代表性的自然间抽查 10%，且不应少于 3 间；对大空间结构，墙可按相邻轴线间高度 5m 左右划分检查面，板可按纵、横轴线划分检查面，抽查 10%，且均不应少于 3 面。

钢筋安装允许偏差和检验方法 表 5.5.30

项 目		允许偏差（mm）	检验方法
绑扎钢筋网	长、宽	±10	尺量
	网眼尺寸	±20	尺量连续三档，取最大偏差值
绑扎钢筋骨架	长	±10	尺量
	宽、高	±5	尺量
纵向受力钢筋	锚固长度	−20	尺量
	间距	±10	尺量两端、中间各一点，取最大偏差值
	排距	±5	
纵向受力钢筋、箍筋的混凝土保护层厚度	基础	±10	尺量
	柱、梁	±5	尺量
	板、墙、壳	±3	尺量
绑扎箍筋、横向钢筋间距		±20	尺量连续三档，取最大偏差值
钢筋弯起点位置		20	尺量
预埋件	中心线位置	5	尺量
	水平高差	+3，0	塞尺量测

注：1. 检查中心线位置时，沿纵、横两个方向量测，并取其中偏差的较大值。
　　2. 本表摘自《混凝土结构工程施工质量验收规范》（GB 50204—2015）。

在许多情况下，钢筋位置不仅影响构件的耐久性，还可能影响结构性能。尤其是梁、板类构件的上部纵向受力钢筋位置，对梁、板的承载能力和抗裂性能等有重要影响。工程中因上部纵向受力钢筋严重移位而引发的事故时有发生，应加以避免。通过对保护层厚度偏差的要求，对上部纵向受力钢筋的位置加以控制，并单独将梁、板类构件上部纵向受力钢筋保护层厚度偏差的合格点率要求提高为 90% 及以上。对其他部位保护层厚度的允许偏差的合格点率要求仍为 80% 及以上。

钢筋保护层厚度应符合设计要求，设计如无要求，设计使用年限为 50 年的混凝土结构，最外层钢筋保护层厚度应符合表 5.5.31 的规定。

纵向受力钢筋的混凝土保护层最小厚度（mm） 表 5.5.31

环境类别	板、墙、壳	梁 柱
一	15	20
二 a	20	25
二 b	25	35
三 a	30	40
三 b	40	50

注：1. 混凝土强度等级不大于 C25 时，表中保护层厚度应增加 5mm；
　　2. 钢筋混凝土基础宜设置垫层，其受力钢筋的混凝土保护层厚度应从垫层顶面算起，且不应小于 40mm；
　　3. 本表摘自《混凝土结构设计规范》（GB 50010—2010）。

设计年限为 100 年的混凝土结构应符合下列规定：

1. 钢筋混凝土结构的最低强度等级为 C30；预应力混凝土结构最低强度等级为 C40。

2. 混凝土中的最大氯离子含量为 0.05％。

3. 宜使用非碱活性骨料，当使用碱活性骨料时，混凝土中的最大碱含量为 3.0kg/m³。

4. 混凝土保护层厚度应按表 5.5.31 的规定增加 4％；当采取有效表面防护措施时，混凝土保护层可适当减小。

处于二、三类环境中的悬臂板，其上表面应采取有效的保护措施。

对有防火要求的建筑物，其混凝土保护层厚度尚应符合国家现行有关标准的要求。

处于四、五类环境中的建筑物，其混凝土保护层厚度尚应符合国家现行有关标准的要求。

混凝土结构的环境类别见表 5.5.32。

混凝土结构的环境类别　　　　　　　　　　　　　　　　　　表 5.5.32

环境类别	条　件
一	室内干燥环境；无侵蚀性静水浸没环境
二 a	室内潮湿环境；非严寒和非寒冷地区的露天环境；非严寒和寒冷地区与无侵蚀性的水或土壤直接接触的环境；严寒和寒冷地区的冰冻线以下与无侵蚀性的水或土壤直接接触的环境
二 b	干湿交替环境；水位频繁变动环境；严寒和寒冷地区的露天环境；严寒和寒冷地区冰冻线以上与无侵蚀性的水或土壤直接接触的环境
三 a	严寒和寒冷地区冬季水位变动区环境；受除冰盐影响环境；海风环境
三 b	盐渍土环境；受除冰盐作用环境；海岸环境
四	海水环境
五	受人为或自然的侵蚀性物质影响的环境

注：1. 室内潮湿环境是指构件表面经常处于结露或潮湿状态的环境；
　　2. 严寒和寒冷地区的划分应符合国家现行标准《民用建筑热工设计规则》（JGJ 24）的规定；
　　3. 海岸环境和海风环境宜根据当地情况，考虑主导风向及结构所处迎风，背风部位等因素的影响，由调查研究和工程验收确定；
　　4. 受除冰盐影响环境为受到除冰盐盐雾影响的环境；受除冰盐作用环境指被除冰盐溶液溅射的环境以及作用除淡盐地区的洗车房、停车楼等建筑；
　　5. 本表摘自《混凝土结构设计规范》（GB 50010—2010）。

5.6　预应力分项工程

预应力分项工程是预应力筋、锚具、夹具、连接器等进场检验、后张法预留管道设置或预应力筋布置、预应力筋张拉、灌浆和放张直到封锚保护等一系列技术工作和完成实体的总称。

随着经济的发展和技术的进步，采用高强钢丝、钢绞线的高效预应力技术在混凝土结构工程中的应用越来越广泛。由于预应力技术的特点，在许多大型建筑和特种结构中，可起到减轻自重、节约钢材、实现大跨度等作用，其优越性更为明显。由于预应力施工相对较为复杂，难度较高，在实际操作中，一般均由专业施工队伍承担。

由于预应力施工工艺复杂，质量要求较高，故预应力分项工程所含检验项目较多，且规定较为具体。根据具体情况，预应力分项工程可与混凝土结构一同验收，也可单独验收。《混凝土结构工程施工质量验收规范》（GB 50204—2015）分别从"一般规定"、"原材料"、"制作与安装"、"张拉和放张"、"灌浆及封锚"5个方面作出了规定。

6.1 一般规定

6.1.1 浇筑混凝土之前,应进行预应力隐蔽工程验收。隐蔽工程验收应包括下列主要内容:

    1 预应力筋的品种、规格、级别、数量和位置;

    2 成孔管道的规格、数量、位置、形状、连接以及灌浆孔、排气兼泌水孔;

    3 局部加强钢筋的牌号、规格、数量和位置;

    4 预应力筋锚具和连接器及锚垫板的品种、规格、数量和位置。

预应力隐蔽工程反映预应力分项工程施工的综合质量,在浇筑混凝土之前验收是为了确保预应力筋等的安装符合设计要求并在混凝土结构中发挥其应有的作用。

6.1.2 预应力筋、锚具、夹具、连接器、成孔管道的进场检验,当满足下列条件之一时,其检验批容量可扩大一倍:

    1 获得认证的产品;

    2 同一厂家、同一品种、同一规格的产品,连续三批均一次检验合格。

对于预应力筋、锚具、夹具、连接器、成孔管道的进场检验数量,一般是按产品检验规则中规定的数量进行检验的,当符合本条规定时,检验批容量可扩大一倍,也就是检验数量可减半。

6.1.3 预应力筋张拉机具及压力表应定期维护。张拉设备和压力表应配套标定和使用,标定期限不应超过半年。

当在使用过程中出现反常现象时或在千斤顶检修后,应重新标定。

千斤顶、油泵及压力表等应配套标定,以确定压力表读数与千斤顶输出力之间的关系曲线。这种关系曲线对应于特定的一套张拉设备,故配套标定后应配套使用。由于千斤顶主动工作和被动工作时,压力表读数与千斤顶输出力之间的关系是不一致的,故要求标定时千斤顶活塞的运行方向应与实际张拉工作状态一致。

6.2 材料

主控项目

6.2.1 预应力筋进场时,应按国家现行相关标准的规定抽取试件作抗拉强度、伸长率检验,其检验结果应符合相应标准的规定。

    检查数量:按进场的批次和产品的抽样检验方案确定。

    检验方法:检查质量证明文件和抽样检验报告。

该项为强制性条文。

国家现行相关标准有《预应力混凝土用钢绞线》(GB/T 5224)、《预应力混凝土用钢丝》(GB/T 5223)、《预应力混凝土用螺纹钢筋》(GB/T 20065)和《无粘结预应力钢绞线》(JG 161)

常用的预应力筋有钢丝、钢绞线、热处理钢筋等,其质量应符合本条规定的相应的现行国家标准或行业等标准的要求。预应力筋是预应力分项工程中最重要的原材料,进场时应根据进场批次和产品的抽样检验方案确定检验批,进行进场复验。由于各厂家提供的预应力筋产品合格证内容及格式不尽相同,为统一及明确有关内容,要求厂家除了提供产品合格证外,还应提供反映预应力筋主要性能的出厂检验报告,两者也可合并提供。进场检验仅作抗拉强度、伸长率检验。

6.2.2 无粘结预应力钢绞线进场时，应进行防腐润滑脂量和护套厚度的检验，检验结果应符合现行行业标准《无粘结预应力钢绞线》（JG 161）的规定。

经观察认为涂包质量有保证时，无粘结预应力筋可不作油脂量和护套厚度的抽样检验。

检查数量：按现行行业标准《无粘结预应力钢绞线》（JG 161）的规定确定。

检验方法：观察，检查质量证明文件和抽样检验报告。

本条重点在于"经观察认为涂包质量有保证时"的掌握，要求检验人员有一定的经验。

无粘结预应力筋的涂包质量对保证预应力筋防腐及准确地建立预应力非常重要。涂包质量的检验内容主要有涂包层油脂用量、护套厚度及外观。当有可靠依据时，可仅作外观检查。

预应力筋进场后可能由于保管不当引起锈蚀、污染等，使用前应进行外观质量检查，并根据检查结果确定是否能应用于工程，必要时还应提出相应的处理措施。对无粘结预应力筋，若出现护套破损，不仅影响密封性，而且也会增加预应力摩擦损失，故应根据不同情况进行处理。

现行《无粘结预应力钢绞线》代号为 JG 161—2004，其进场检验规定如下：

1. 进场检验为使用单位购买无粘结预应力钢绞线后，在使用前经现场抽样的验收检验。对于钢绞线可送交国家授权的质量检测机构进行检验，对于其他检测项目可送交检测机构或监理验收检验。

2. 推荐的进场检验项目见表 5.6.1。

<table>
<tr><td colspan="4" style="text-align:center">进场检验项目</td><td>表 5.6.1</td></tr>
<tr><td>钢绞线</td><td>防腐润滑脂</td><td>护套</td><td>外观</td></tr>
<tr><td>直径</td><td>防腐润滑脂质量</td><td>护套厚度</td><td>外观</td></tr>
<tr><td>整根钢绞线的最大力</td><td></td><td></td><td></td></tr>
<tr><td>规定非比例延伸力</td><td></td><td></td><td></td></tr>
<tr><td>最大力总伸长率</td><td></td><td></td><td></td></tr>
</table>

注：本表摘自《无粘结预应力钢绞线》（JG 161—2004）。

3. 推荐的进场检验组批、抽样。

1）无粘结预应力钢绞线可按批验收，每批质量不大于 60t。

2）每批随机抽取 3 根无粘结预应力钢绞线试样按表 5.6.1 中规定项目进行钢绞线、防腐润滑脂和护套的检验。

3）外观按供货数量 10%检验。

6.2.3 预应力筋用锚具应和锚垫板、局部加强钢筋配套使用，锚具、夹具和连接器进场时，应按现行行业标准《预应力筋用锚具、夹具和连接器应用技术规程》（JGJ 85）的相关规定对其性能进行检验，检验结果应符合该标准的规定。

锚具、夹具和连接器用量不足检验批规定数量的 50%，且供货方提供有效的试验报告时，可不作静载锚固性能试验。

检查数量：按现行行业标准《预应力筋用锚具、夹具和连接器应用技术规程》（JGJ 85）的规定确定。

检验方法：检查质量证明文件、锚固区传力性能试验报告和抽样检验报告。

《预应力筋用锚具、夹具和连接器应用技术规程》（JGJ 85—2010）规定了检查数量。

锚具产品按合同验收后，应按下列规定的项目进行进场检验：

1. 外观检查：应从每批产品中抽取 2‰ 且不应少于 10 套样品，其外形尺寸应符合产品质量保证书所示的尺寸范围，且表面不得有裂纹及锈蚀；当下列情况之一时，应对本批产品的外观逐套检查，合格者方可进入后续检验；

1）当有 1 个零件不符合产品质量保证书所示的外形尺寸，应另取双倍数量的零件重做检查，仍有 1 件不合格；

2）当有 1 个零件表面有裂纹或夹片、锚孔锥面有锈蚀。

对配套使用的锚垫板和螺旋筋可按上述方法进行外观检查，但允许表面有轻度锈蚀。

2. 硬度检验：对有硬度要求的锚具零件，应从每批产品中抽取 3‰ 且不应少于 5 套样品（多孔夹片式锚具的夹片，每套应抽取 6 片）进行检验。硬度值应符合产品质量保证书的规定；当有 1 个零件不符合时，应另取双倍数量的零件重做检验；在重做检验中如仍有 1 个零件不符合，应对该批产品逐个检验，符合者方可进入后续检验。

3. 静载锚固性能试验：应在外观检查和硬度检验均合格的锚具中抽取样品，与相应规格和强度等级的预应力筋组装成 3 个预应力筋-锚具组装件，可按规定进行静载锚固性能试验。

进场验收时，每个检验批的锚具不宜超过 2000 套，每个检验批的连接器不宜超过 500 套，每个检验批的夹具不宜超过 500 套。获得第三方独立认证的产品，其检验批的批量可扩大 1 倍。

6.2.4 处于三 a、三 b 类环境条件下的无粘结预应力筋用锚具系统，应按现行行业标准《无粘结预应力混凝土结构技术规程》（JGJ 92）的相关规定检验其防水性能，检验结果应符合该标准的规定。

检查数量：同一品种、同一规格的锚具系统为一批，每批抽取 3 套。

检验方法：检查质量证明文件和抽样检验报告。

三 a、三 b 类环境条件见"混凝土结构的环境类别"表 5.5.32。

6.2.5 孔道灌浆用水泥应采用硅酸盐水泥或普通硅酸盐水泥，水泥、外加剂的质量应分别符合本规范第 7.2.1 条、第 7.2.2 条的规定；成品灌浆材料的质量应符合现行国家标准《水泥基灌浆材料应用技术规范》（GB/T 50448）的规定。

检查数量：按进场批次和产品的抽样检验方案确定。

检验方法：检查质量证明文件和抽样检验报告。

孔道灌浆一般采用素水泥浆。由于普通硅酸盐水泥浆的泌水率较小，故规定应采用普通硅酸盐水泥配制水泥浆。水泥浆中掺入外加剂可改善其稠度、泌水率、膨胀率、初凝时间、强度等特性，但预应力筋对应力腐蚀较为敏感，故水泥和外加剂中均不能含有对预应力筋有害的化学成分。

孔道灌浆所采用水泥和外加剂数量较少的一般工程，如果能提供近期采用的相同品牌和型号的水泥及外加剂的检验报告，也可不作水泥和外加剂性能的进场复验。

水泥及外加剂的要求参照混凝土分项工程中有关水泥及外加剂的要求。

现行《水泥基灌浆材料应用技术规范》代号为 GB/T 50448—2015，该标准规定了进场批次：

工程验收除应符合设计要求及现行国家标准《混凝土结构工程施工质量验收规范》（GB 50204）的有关规定外，尚应符合下列规定：

1. 灌浆施工时，应以每50t为一个留样检验批，不足50t时应按一个检验批计。

2. 应以标准养护条件下的抗压强度留样试块的测试数据作为验收数据；同条件养护试件的留置组数应根据实际需要确定。

3. 留样试件尺寸及试验方法应按《水泥基灌浆材料应用技术规范》（GB/T 50448—2015）相关规定执行。

一般项目

6.2.6 预应力筋进场时，应进行外观检查，其外观质量应符合下列规定：

1 有粘结预应力筋的表面不应有裂纹、小刺、机械损伤、氧化铁皮和油污等，展开后应平顺、不应有弯折；

2 无粘结预应力钢绞线护套应光滑、无裂缝，无明显褶皱；轻微破损处应外包防水塑料胶带修补，严重破损者不得使用。

检查数量：全数检查。

检验方法：观察。

无粘结预应力筋的涂包质量对保证预应力筋防腐及准确地建立预应力非常重要。涂包质量的检验内容主要有涂包层油脂用量、护套厚度及外观。当有可靠依据时，可仅作外观检查。

预应力筋进场后可能由于保管不当引起锈蚀、污染等，使用前应进行外观质量检查，并根据检查结果确定是否能应用于工程，必要时还应提出相应的处理措施。对有粘结预应力筋，可按各相关标准进行检查。对无粘结预应力筋，若出现护套破损，不仅影响密封性，而且也会增加预应力摩擦损失，故应根据不同情况进行处理。

6.2.7 预应力筋用锚具、夹具和连接器进场时，应进行外观检查，其表面应无污物、锈蚀、机械损伤和裂纹。

检查数量：全数检查。

检验方法：观察。

6.2.8 预应力成孔管道进场时，应进行管道外观质量检查、径向刚度和抗渗漏性能检验，其检验结果应符合下列规定：

1 金属管道外观应清洁，内外表面应无锈蚀、油污、附着物、孔洞；金属波纹管不应有不规则褶皱，咬口应无开裂、脱扣；钢管焊缝应连续；

2 塑料波纹管的外观应光滑、色泽均匀，内外壁不应有气泡、裂口、硬块、油污、附着物、孔洞及影响使用的划伤；

3 径向刚度和抗渗漏性能应符合现行行业标准《预应力混凝土桥梁用塑料波纹管》（JG/T 529）和《预应力混凝土用金属波纹管》（JG 225）的规定。

检查数量：外观应全数检查；径向刚度和抗渗漏性能的检查数量应按进场的批次和产品的抽样检验方案确定。

检验方法：观察，检查质量证明文件和抽样检验报告。

目前，后张预应力工程中多采用金属螺旋管预留孔道。金属螺旋管的刚度和抗渗性能是很重要的质量指标，但试验较为复杂。由于金属螺旋管经运输、存放可能出现伤痕、变形、锈蚀、污染等，故使用前应进行尺寸和外观质量检查。

塑料波纹管的组批规则执行现行《预应力混凝土桥梁用塑料波纹管》（JT/T 529—2016）的相关规定。

《预应力混凝土用金属波纹管》（JG 225—2007）中组批规则如下：

1. 组批。

预应力混凝土用金属波纹管按批进行检验。每批应由同一个钢带生产厂生产的同一批钢带所制造的预应力混凝土用金属波纹管组成。每半年或累计 50000m 生产量为一批，取产量最多的规格。

2. 取样数量、检验内容见表 5.6.2。

出厂检验内容   表 5.6.2

序号	项目名称	取样数量
1	外观	全部
2	尺寸	3
3	集中荷载下径向刚度	3
4	集中荷载作用后抗渗漏	3
5	弯曲后抗渗漏	3

注：本表摘自《预应力混凝土用金属波纹管》（JG 225—2007）。

6.3 制作与安装
主控项目

6.3.1 预应力筋安装时，其品种、规格、级别和数量必须符合设计要求。

检查数量：全数检查。

检验方法：观察，尺量。

该条为强制性条文。

在该项检查前应已对预应力筋的原材料进行了检查，在质量保证合格的基础上，再对其制作安装质量进行检查，该项检查需核对图纸，符合设计要求即可。

6.3.2 预应力筋的安装位置应符合设计要求。

检查数量：全数检查。

检验方法：观察，尺量。

一般项目

6.3.3 预应力筋端部锚具的制作质量应符合下列规定：

1 钢绞线挤压锚具挤压完成后，预应力筋外端露出挤压套筒的长度不应小于 1mm；

2 钢绞线压花锚具的梨形头尺寸和直线锚固段长度不应小于设计值；

3 钢丝镦头不应出现横向裂纹，镦头的强度不得低于钢丝强度标准值的 98%。

检查数量：对挤压锚，每工作班抽查 5%，且不应少于 5 件；对压花锚，每工作班抽查 3 件。对钢丝镦头强度，每批钢丝检查 6 个镦头试件。

检验方法：观察，尺量，检查镦头强度试验报告。

钢丝镦头的强度，应抽样到实验室测试。为了确保镦头的质量，应预先制作 6 个镦头试件，进行外观检查和拉力试验。试验合格后，方能正式镦头。钢丝的镦头强度，不得低于钢丝标准抗拉强度的98%。

6.3.4 预应力筋或成孔管道的安装质量应符合下列规定：

1 成孔管道的连接应密封；

2 预应力筋或成孔管道应平顺，并应与定位支撑钢筋绑扎牢固；

3 当后张有粘结预应力筋曲线孔道波峰和波谷的高差大于300mm，且采用普通灌浆工艺时，应在孔道波峰设置排气孔；

4 锚垫板的承压面应与预应力筋或孔道曲线末端垂直，预应力筋或孔道曲线末端直线段长度应符合表6.3.4（本书表5.6.3）规定。

预应力筋曲线起始点与张拉锚固点之间直线段最小长度　　　　表5.6.3

预应力筋张拉控制力 N（kN）	$N \leqslant 1500$	$1500 < N \leqslant 6000$	$N > 6000$
直线段最小长度（mm）	400	500	600

注：本表摘自《混凝土结构工程施工质量验收规范》（GB 50204—2015）。

检查数量：全数检查。

检验方法：观察，尺量。

浇筑混凝土时，预留孔道定位不牢固会发生移位，影响建立预应力的效果。为确保孔道成型质量，除应符合设计要求外，还应符合本项对预留孔道安装质量作出的相应规定。对后张法预应力混凝土结构中预留孔道的灌浆孔、泌水管等的间距和位置要求，是为了保证灌浆质量。

对于抽芯法成形的孔道，当孔道较长时，可采用两端拔管的方法，此时中间管子搭接处易漏出，造成混凝土堵孔，为防止这些现象，可用白铁皮做成长20cm左右圆型套筒，直径略大于芯管直径，套在芯管之外。

6.3.5 预应力筋或成孔管道定位控制点的竖向位置偏差应符合表6.3.5（本书表5.6.4）的规定，其合格点率应达到90%及以上，且不得有超过表中数值1.5倍的尺寸偏差。

预应力筋或成孔管道定位控制点的竖向位置允许偏差　　　　表5.6.4

构件截面高（厚）度（mm）	$h \leqslant 300$	$300 < h \leqslant 1500$	$h > 1500$
允许偏差（mm）	±5	±10	±15

注：本表摘自《混凝土结构工程施工质量验收规范》（GB 50204—2015）。

检查数量：在同一检验批内，应抽查各类型构件总数的10%，且不少于3个构件，每个构件不应少于5处。

检验方法：尺量。

预应力筋束形直接影响建立预应力的效果，并影响截面的承载力和抗裂性能，应严格加以控制。

6.4 张拉和放张
主控项目

6.4.1 预应力筋张拉或放张前，应对构件混凝土强度进行检验。同条件养护的混凝土立方体试件抗压强度应符合设计要求，当设计无具体要求时应符合下列规定：

1 应达到配套锚固产品技术要求的混凝土最低强度且不应低于设计混凝土强度等级

值的 75%；

2 对采用消除应力钢丝或钢绞线作为预应力筋的先张法构件，不应低于 30MPa。

检查数量：全数检查。

检验方法：检查同条件养护试件抗压强度试验报告。

本条检查首先应检查设计文件，如设计文件明确要求后张法张拉时或先张法放张时的混凝土强度，则与构件同条件养护的混凝土试块的强度应符合设计要求，若设计无要求，则应不低于设计的混凝土立方体抗压强度标准值的 75%，如试块强度达不到设计要求或设计标准强度的 75%（设计无要求时），则应等待、推算混凝土强度达到要求后方可施加预应力或放张。

6.4.2 对后张法预应力结构构件，钢绞线出现断裂或滑脱的数量不应超过同一截面钢绞线总根数的 3%，且每根断裂的钢绞线断丝不得超过一丝；对多跨双向连续板，其同一截面应按每跨计算。

检查数量：全数检查。

检验方法：观察，检查张拉记录。

本条为强制性条文。

与一般受力钢筋不同的是，预应力筋安装后还要进行张拉以便在混凝土结构中建立起受力所必需的预应力值。《混凝土结构设计规范》（GB 50010）中规定，一般预应力钢筋的张拉应力为 $0.65\% \sim 0.75 f_{ptk}$，即其抗拉强度标准值的 $65\% \sim 75\%$。这样高的应力值距钢筋的拉断强度已经不远。考虑到钢筋材质的不均匀性，强度有可能偏低；施工误差则有可能使实际预应力值偏高（超张拉）；外界温度降低的收缩也可能使钢筋应力值升高。因此预应力筋有可能在张拉时或张拉以后断裂。

另一个因素是预应力筋滑脱。其原因可能是锚夹具夹不住张紧以后的预应力筋；也可能是镦头与卡具（梳筋槽）之间摩阻力不足而滑脱；当然其他由于设备、器具和施工工艺中的缺陷也可能引起预应力滑脱而失锚。从预应力的角度而言，因滑脱而失锚的预应力筋应力起点为零，即使承载受力后按非预应力筋计算，其工作应力不超过 $200 \sim 300 N/mm^2$ 左右，与设计中其应该发挥的作用相比，几乎小了一个数量级。因此，滑脱的预应力筋也应视为与断裂差不多。

由于对混凝土构件结构性能（特别是承载能力的抗裂性能）的显著影响，对预应力筋的断裂和滑脱必须严加控制，故列为强制性条文。

对于先张法构件，由于是在无混凝土的情况下张拉的，因此，如发现有预应力筋断裂、滑脱的情况还可以通过更换钢筋重新张拉予以补救。因此规范规定在浇筑混凝土前发生断裂或滑脱的预应力筋必须予以更换。

对后张拉构件，难以在张拉后更换预应力筋，因此限制断裂和滑脱的数量不得超过预应力筋总根数的 3%，且每束钢丝中不得超过一根。这里检查的范围按跨度计，对简支构件则按跨内所有钢筋计；对多跨构件，按每跨计算。

《预应力筋用锚具、夹具和连接器应用技术规程》（JGJ 85—2010）要求：

1. 预应力筋张拉锚固完毕后，应尽快灌浆。切割外露于锚具的预应力筋必须用砂轮锯或氧乙炔焰，严禁使用电弧。当用氧乙炔焰切割时，火焰不得接触锚具，切割过程中还应用水冷却锚具。切割后预应力筋的外露长度不应小于 30mm。

2. 预应力筋张拉锚固及灌浆完毕后，对暴露于结构外部的锚具或连接器必须尽快实施永久性防护措施，防止水分和其他有害介质侵入。防护措施还应具有符合设计要求的防火隔热功能。

《无粘结预应力混凝土结构技术规程》（JGJ 92—2004）要求：

无粘结预应力筋张拉过程中，当有个别钢丝发生滑脱或断裂时，要相应降低张拉力。但滑脱或断裂的数量，不应超过结构同一截面无粘结预应力筋总量的 2%，且 1 束钢丝只允许 1 根。

对于多跨双向连续板，其同一截面应按每跨计算。

张拉后的无粘结预应力筋严禁采用电弧切断。无粘结预应力筋切断后露出锚具夹片的长度不得小于 30mm。

6.4.3 先张法预应力筋张拉锚固后，实际建立的预应力值与工程设计规定检验值的相对允许偏差为 ±5%。

检查数量：每工作班抽查预应力筋总数的 1%，且不应少于 3 根。

检验方法：检查预应力筋应力检测记录。

预应力筋张拉后实际建立的预应力值对结构受力性能影响很大，必须予以保证。先张法施工中可以用应力测定仪检测，施工单位应有张拉时的记录表式，将直接测定张拉锚固后预应力筋的应力值，填入表格，形成预应力检测记录，这项工作主要由生产厂的试验室进行。后张法施工中预应力筋的实际应力值较难测定，故可用见证张拉代替预应力值测定。见证张拉记录系指监理工程师或建设单位代表现场见证下的张拉记录。

一般项目

6.4.4 预应力筋张拉质量应符合下列规定：

1 采用应力控制方法张拉时，张拉力下预应力筋的实测伸长值与计算伸长值的相对允许偏差为 ±6%；

2 最大张拉应力应符合现行国家标准《混凝土结构工程施工规范》（GB 50666）的规定。

检查数量：全数检查。

检验方法：检查张拉记录。

预应力筋的张拉力、张拉或放张顺序及张拉工艺应符合设计及施工技术方案的要求，并应符合下列规定：

1. 最大张拉应力不应大于现行国家标准《混凝土结构工程施工规范》（GB 50666）的规定；

2. 张拉工艺应能保证同一束中各根预应力筋的应力均匀一致；

3. 后张法施工中，当预应力筋是逐根或逐束张拉时，应保证各阶段不出现对结构不利的应力状态；同时宜考虑后批张拉预应力筋所产生的结构构件的弹性压缩对先批张拉预应力筋的影响，确定张拉力；

4. 先张法预应力筋放张时，宜缓慢放松锚固装置，使各根预应力筋同时缓慢放松；

5. 当采用应力控制方法张拉时，应校核预应力筋的伸长值。实际伸长值与设计计算理论伸长值的相对允许偏差为 ±6%。

预应力筋张拉应使各根预应力筋的预加力均匀一致，主要是指有粘结预应力筋张拉时应整束张拉，以使各根预应力筋同步受力，应力均匀；而无粘结预应力筋和扁锚预应力筋通常是单根张拉。预应力筋的张拉顺序、张拉力及设计计算伸长值均应由设计确定。施工时应遵照执行。实际施工时，为了部分抵消预应力损失等，可采取超张拉方法，最大张拉应力现行国家标准《混凝土结构设计规范》（GB 50010）也作了规定。后张法施工中，梁或板中的预应力筋一般是逐根或逐束张拉的，后批张拉的预应力筋所产生的混凝土结构构件的弹性压缩对先批张预应力筋的预应力损失的影响与梁、板的截面，预应力筋配筋量及束长等因数有关，一般影响较小时可不计。如果影响较大，可将张拉力统一增加一定值。实际张拉时通常采用张拉力控制方法，但为了确保张拉质量，还应对实际伸长值进行校核，相对允许偏差±6%是基于工程实践提出的，有利于保证张拉质量。

预应力钢筋混凝土中的预应力钢筋一般分为先张法和后张法。先张法是指在混凝土浇筑前，先将钢筋按设计要求施加拉（预应力）力，后张法是将混凝土浇筑好，预留孔道（或加金属螺旋管），当混凝土达到一定强度后，对钢筋施加预应力，然后锚固、灌浆，预应力钢筋，钢绞线等有的先放在管道中，也有的后穿入管道中。一般施工现场后张法为多，在后张法张拉钢筋时一般采用控制应力的方法，但应校核预应力筋的伸长值。

如实测伸长值与设计计算理论伸长值的偏差超过±6%，应暂停张拉，查明原因并采取措施予以调整后，方可继续张拉。

钢筋的弹性模量一般在 $1.8 \times 10^5 \sim 2.0 \times 10^5 \mathrm{N/mm^2}$ 范围内。

采用应力控制方法张拉时，应校核张拉力下预应力筋伸长值。实测伸长值与计算伸长值的偏差不应超过±6%，否则应查明原因并采取措施后再张拉。必要时，宜进行现场孔道摩擦系数测定，并可根据实测结果调整张拉控制力。张拉伸长值的计算和孔道摩擦系数的测定可分别按《混凝土结构工程施工规范》（GB 50666—2011）附录 E 和附录 F 的规定进行。

预应力筋的张拉控制应力应符合设计及专项施工方案的要求。当施工中需要超张拉时，调整后的张拉控制应力 σ_{con} 应符合下列规定：

1. 消除应力钢丝、钢绞线

$$\sigma_{con} \leqslant 0.80 f_{ptk}$$

2. 中强度预应力钢丝

$$\sigma_{con} \leqslant 0.75 f_{ptk}$$

3. 预应力螺纹钢筋

$$\sigma_{con} \leqslant 0.85 f_{pyk}$$

式中　σ_{con}——预应力筋张拉控制应力；

f_{ptk}——预应力筋强度标准值；

f_{pyk}——预应力筋屈服强度标准值。

6.4.5　先张法预应力构件，应检查预应力筋张拉后的位置偏差，张拉后预应力筋的位置与设计位置的偏差不应大于 5mm，且不应大于构件截面短边边长的 4%。

检查数量：每工作班抽查预应力筋总数的 3%，且不应少于 3 束。

检验方法：尺量。

预应力筋的位置对构件力学性能的影响十分大，因此对预应力筋的位置应严加控制。

6.4.6　锚固阶段张拉端预应力筋的内缩量应符合设计要求；当设计无具体要求时，应符合表 6.4.6（本书表 5.6.5）的规定。

检查数量：每工作班抽查预应力筋总数的 3%，且不少于 3 束。

检验方法：尺量。

张拉端预应力筋的内缩量限值 表 5.6.5

锚具类别		内缩量限值（mm）
支承式锚具 （镦头锚具等）	螺帽缝隙	1
	每块后加垫板的缝隙	1
锥塞式锚具		5
夹片式锚具	有顶压	5
	无顶压	6～8

6.5 灌浆及封锚

主控项目

6.5.1 预留孔道灌浆后，孔道内水泥浆应饱满、密实。

检查数量：全数检查。

检验方法：观察，检查灌浆记录。

施工时应及时灌浆及封锚，这对于保证预应力筋及其锚具不受腐蚀非常重要。预应力筋张拉后处于高应力状态，对腐蚀非常敏感，所以应尽早对孔道进行灌浆。灌浆是对预应力筋的永久性保护措施，故要求水泥浆饱满、密实，完全裹住预应力筋。灌浆质量的检验应着重于现场观察检查，一般情况下，为方便灌浆，都会在混凝土构件上预留孔道，端头封板上亦应留槽便于灌浆时释放孔道中空气，此时应观察各预留孔及封板预留槽处有水泥浆溢出，以证明孔道灌浆饱满，必要时也可凿孔或采用无损检测。

6.5.2 灌浆用水泥浆的性能应符合下列规定：

1 3h 自由泌水率宜为 0，且不应大于 1%，泌水应在 24h 内全部被水泥浆吸收；

2 水泥浆中氯离子含量不应超过水泥重量的 0.06%；

3 当采用普通灌浆工艺时，24h 自由膨胀率不应大于 6%；当采用真空灌浆工艺时，24h 自由膨胀率不应大于 3%。

检查数量：同一配合比检查一次。

检验方法：检查水泥浆性能试验报告。

减小泌水率，是为了获得密实饱满的灌浆效果。水泥浆中水的泌出往往造成孔道内的空腔，并引起预应力筋腐蚀。1% 以下的泌水可被灰浆吸收，因此应按本项的规定控制泌水率。

水泥浆的泌水率应在施工之前对所用的水泥及配合比做一次试验，以真实控制灌浆质量。

6.5.3 现场留置的灌浆用水泥浆试件的抗压强度不应低于 30MPa。

试件抗压强度检验应符合下列规定：

1 每组应留取 6 个边长为 70.7mm 的立方体试件，并应标准养护 28d；

2 试件抗压强度应取 6 个试件的平均值；当一组试件中抗压强度最大值或最小值与平均值相差超过 20% 时，应取中间 4 个试件强度的平均值。

检查数量：每工作班留置一组。

检验方法：检查试件强度试验报告。

灌浆质量应强调其密实性，以对预应力筋提供可靠的防腐保护。同时，水泥浆与预应力筋之间的粘结力也是预应力筋与混凝土共同工作的前提。参考国外的有关规定并考虑目前预应力筋的实际应用强度，规定了标准尺寸水泥浆试件的抗压强度不应小于 30MPa。

如何能保证水泥浆 28d 的强度值呢？规范并未对原材料的强度提出要求，也未对配合比提出试验要求，因此施工企业应加强质量控制，主要从水泥强度和水灰比上进行控制以保证水泥浆试件的强度，若水泥浆强度达不到 30MPa，将给验收带来麻烦。70.7mm 的立方体试块也就是砂浆试块的尺寸，一组试件由 6 个试件组成，注意不同于砂浆试件，砂浆试件一组为 3 个试件，现标准为《建筑砂浆基本性能试验方法标准》（JGJ/T 70—2009），做一个了解。

6.5.4　锚具的封闭保护措施应符合设计要求。当设计无具体要求时，外露锚具和预应力筋的混凝土保护层厚度不应小于：一类环境时 20mm，二 a、二 b 类环境时 50mm，三 a、三 b 类环境时 80mm。

检查数量：在同一检验批内，抽查预应力筋总数的 5%，且不应少于 5 处。

检验方法：观察，尺量。

二 a、二 b 类环境时 50mm，三 a、三 b 类环境条件见"混凝土结构的环境类别"表 5.5.32。

一般项目

6.5.5　后张法预应力筋锚固后，锚具外预应力筋的外露长度不应小于其直径的 1.5 倍，且不应小于 30mm。

检查数量：在同一检验批内，抽查预应力筋总数的 3%，且不应少于 5 束。

检验方法：观察，尺量。

锚具外多余预应力筋常采用无齿锯或机械切断机切断。实际工程中，也可采用氧-乙炔焰切割方法切断多余预应力筋，但为了确保锚具正常工作及考虑切断时热影响可能波及锚具部位，应采取锚具降温等措施。考虑到锚具正常工作及可能的热影响，本条对预应力筋外露部分长度作出了规定。切割位置不宜距离锚具太近，同时也不应影响构件安装。

5.7　混凝土分项工程

混凝土工程的质量验收主要是对施工过程的质量控制，而混凝土成型后成为结构构件，规范规定作为现浇结构工程来验收。对于预制混凝土构件，规范规定作为装配式结构工程进行验收。

混凝土分项工程是从水泥、砂、石、水、外加剂、矿物掺合料等原材料进场检验、混凝土配合比设计及称量、拌制、运输、浇筑、养护、试件制作直至混凝土达到预定强度等一系列技术工作和完成实体的总称。混凝土分项工程所含的检验批可根据施工工序和验收的需要确定。规范分别从"一般规定"、"原材料"、"配合比设计"、"混凝土施工" 4 个方面作出了规定。

7.1　一般规定

7.1.1　混凝土强度应按现行国家标准《混凝土强度检验评定标准》（GB/T 50107）的规定分批检验评定。划入同一检验批的混凝土，其施工持续时间不宜超过 3 个月。

检验评定混凝土强度时，应采用 28d 或设计规定龄期的标准养护试件。

试件成型方法及标准养护条件应符合现行国家标准《普通混凝土力学性能试验方法标准》（GB/T 50081）的规定。采用蒸汽养护的构件，其试件应先随构件同条件养护，然后再置入标准养护条件下继续养护至 28d 或设计规定龄期。

原《混凝土结构工程施工质量验收规范》（GB 50204—2002）没有对混凝土检验批（验收批）的施工持续时间作要求，现要求"划入同一检验批的混凝土，其施工持续时间不宜超过 3 个月。"，虽未作强制要求，也未规定最长时间的限值，一般情况下，以 3 个月内的施工期作为混凝土的检验批。

检验评定混凝土强度时，应采用 28d 或设计规定龄期的标准养护试件。本款在实际操作中，难以把握，大多数情况下，设计没有规定混凝土标准养护的龄期。对于粉煤灰混凝土的养护期，可依据《粉煤灰混凝土应用技术规范》（GB/T 50146），地上工程宜为 28d；地面工程宜为 28d 或 60d；地下工程宜为 60d 或 90d；大体积混凝土工程宜为 90d 或 180d。在满足设计要求的条件下，以上各种工程采用的粉煤灰混凝土，其强度等级养护期也可采用相应的较长养护期。

对掺用矿物掺合料的混凝土，由于其强度增长较慢，以 28d 为验收龄期可能不合适，此时可按国家现行标准《粉煤灰混凝土应用技术规范》（GB/T 50146）、《用于水泥和混凝土中的粒化高炉矿渣粉》（GB/T 18046）等的规定确定验收龄期。

《混凝土强度检验评定标准》（GB/T 50107—2010）规定的强度评定方法如下：

混凝土强度应分批进行检验评定。一个检验批的混凝土应由强度等级相同、试验龄期相同、生产工艺条件和配合比基本相同的混凝土组成，注意现行规范规定划入同一检验批的混凝土，其施工持续时间不宜超过 3 个月。

统计方法评定

采用统计方法评定时，应按下列规定进行：

1. 当连续生产的混凝土，生产条件在较长时间内保持一致，且同一品种、同一强度等级混凝土的强度变异性保持稳定时，应按《混凝土强度检验评定标准》（GB/T 50107—2010）第 5.1.2 条的规定进行评定。

2. 其他情况应按《混凝土强度检验评定标准》（GB/T 50107—2010）第 5.1.3 条的规定进行评定。

GB/T 50107—2010 第 5.1.2 规定一个检验批的样本容量应为连续的 3 组试件，其强度应同时符合下列规定：

$$m_{f_{cu}} \geqslant f_{cu,k} + 0.7\sigma_0$$
$$f_{cu,min} \geqslant f_{cu,k} - 0.7\sigma_0$$

检验批混凝土立方体抗压强度的标准差应按下式计算：

$$\sigma_0 = \sqrt{\frac{\sum_{i=1}^{n} f_{cu,i}^2 - nm^2 f_{cu}}{n-1}}$$

当混凝土强度等级不高于 C20 时，其强度的最小值尚应满足下式要求：

$$f_{cu,min} \geqslant 0.85 f_{cu,k}$$

当混凝土强度等级高于 C20 时，其强度的最小值尚应满足下式要求：

$$f_{cu,min} \geqslant 0.90 f_{cu,k}$$

式中　$m_{f_{cu}}$——同一检验批混凝土立方体抗压强度的平均值（N/mm²），精确到 0.1（N/mm²）；

$f_{cu,k}$——混凝土立方体抗压强度标准值（N/mm²），精确到 0.1（N/mm²）；

σ_0——检验批混凝土立方体抗压强度的标准差（N/mm²），精确到 0.01（N/mm²），当检验批混凝土强度标准差 σ_0 计算值小于 2.5N/mm² 时，应取 2.5N/mm²；

$f_{cu,i}$——前一检验期内同一品种、同一强度等级的第 i 组混凝土试件的立方体抗压强度代表值（N/mm²），精确到 0.1（N/mm²），该检验期不应少于 60d 人也不得大于 90d；

n——前一检验批内样本容量，在该期内样本容量不应少于 45；

$f_{cu,min}$——同一检验批混凝土立方体抗压强度的最小值（N/mm²），精确到 0.1（N/mm²）。

GB/T 50107—2010 第 5.1.3 条规定，当样本容量不少于 10 组时，其强度应同时满足下列要求：

$$m_{f_{cu}} \geqslant f_{cu,k} + \lambda_1 \cdot S_{f_{cu}}$$
$$f_{cu,min} \geqslant \lambda_2 \cdot f_{cu,k}$$

同一检验批混凝立方体抗压强度的标准差应按下式计算：

$$S_{f_{cu}} = \sqrt{\frac{\sum_{i=1}^{n} f_{cu,i}^2 - nm^2 f_{cu}}{n-1}}$$

式中　$S_{f_{cu}}$——同一检验批混凝土立方体抗压强度的标准差（N/mm²），精确到 0.01（N/mm²），当检验批混凝土强度标准差 $S_{f_{cu}}$ 计算值小于 2.5N/mm² 时，应取 2.5N/mm²；

λ_1，λ_2——合格评定系数，按表 5.7.1 取用；

n——本检验期内的样本容量。

混凝土强度的合格评定系数　　　　　　　表 5.7.1

试件组数	10~14	15~19	≥20
λ_1	1.15	1.05	0.95
λ_2	0.90	0.85	

注：本表摘自《混凝土强度检验评定标准》（GB/T 50107—2010）。

非统计方法评定

当用于评定的样本容量小于 10 组时，GB/T 50107—2010 第 5.2.2 条规定应采用非统计方法评定混凝土强度。

按非统计方法评定混凝土强度时，其强度应同时符合下列规定：

$$m_{f_{cu}} \geqslant \lambda_3 \cdot f_{cu,k}$$
$$f_{cu,min} \geqslant \lambda_4 \cdot f_{cu,k}$$

式中　λ_3，λ_4——合格评定系数，应按表 5.7.2 取用。

混凝土强度等级	<C60	≥C60
λ_3	1.15	1.10
λ_4	0.95	

注：本表摘自《混凝土强度检验评定标准》（GB/T 50107—2010）。

根据混凝土强度质量控制的稳定性，GB/T 50107—2010 将评定混凝土强度的统计法分为两种：标准差已知方案和标准差未知方案。

标准差已知方案：指同一品种的混凝土生产，有可能在较长的时期内，通过质量管理，维持基本相同的生产条件，即维持原材料、设备、工艺以及人员配备的稳定性，即使有所变化，也能很快予以调整而恢复正常。由于这类生产状况能使每批混凝土强度的变异性基本稳定，每批的强度标准差 σ_0 可根据前一时期生产累计的强度数据确定。符合以上情况时，采用标准差已知方案，即 GB/T 50107—2010 第 5.1.2 条的规定。一般来说，预制构件生产可以采用标准差已知方案。

标准差已知方案的 σ_0 由同类混凝土、生产周期不应少于 60d 且不宜超过 90d、样本容量不少于 45 的强度数据计算确定。假定其值延续在一个检验期内保持不变，3 个月后，重新按上一个检验期的强度数据计算 σ_0 值。

此外，标准差的计算方法由极差估计法改为公式计算法。同时，当计算得出的标准差小于 2.5 N/mm² 时，取值为 2.5 N/mm²。

标准差未知方案：指生产连续性较差，即在生产中无法维持基本相同的生产条件，或生产周期较短，无法积累强度数据以资计算可靠的标准差参数，此时检验评定只能直接根据每一检验批抽样的样本强度数据确定。为了提高检验的可靠性，GB/T 50107—2010 标准要求每批样本组数不少于 10 组。

混凝土强度的合格性评定

当检验结果满足 GB/T 50107—2010 第 5.1.2 条、5.1.3 条或第 5.2.2 条的规定（即上述规定）时，则该批混凝土强度应评定为合格；当不能满足上述规定时，该批混凝土强度应评定为不合格。

对评定为不合格批的混凝土，可按国家现行的有关标准进行处理。

当对混凝土试件强度的代表性有怀疑时，可采用非破损检验方法或从结构构件中钻取芯样的方法，对结构构件中的混凝土强度进行推定，其结果作为质量问题处理的依据。

在分项工程评定时，由于混凝土施工期较长，一个检验批的混凝土不是在短时间内能将其试验数据反映出来，因此在分项工程检验评定时，首先要弄清混凝土强度检验批是如何划分的，为能正确按标准评定混凝土强度，在施工组织设计中就应明确混凝土强度检验批的划分和评定方法，一旦确定就不应更改。

为了便于管理、控制质量和评定分项工程的质量，基础工程可单独作为一个检验批进行评定。在评定主体工程的混凝土强度时，由于当前高层房屋建筑工程占有相当数量，如果以一栋高层房屋建筑的主体分部工程作为一个检验批，往往时间过长，混凝土的批量过大，因此可划分为几个检验批进行评定。条件允许，则尽量使用第一种已知标准差的统计方法评定。而检验批的划分，应在施工组织设计中事先作出规定。

为了保证检验批的混凝土强度达到"标准"要求，还应加强每一楼层混凝土分项工程检验批中的强度控制，其强度的最小值不应出现小于评定方法中的最小强度值。当出现强度不稳定时，则应加强混凝土质量的管理。如果一个检验批的混凝土平均强度或最小值低于标准规定值时，即混凝土强度评定为不合格，此时可用非破损或局部破损的方法现场检测混凝土强度，并以该强度值作为评价混凝土强度的依据。

例如，某 6 层混凝土框架结构，施工组织设计中规定每层至少做两组标准试块，以主体工程为一检验批，用统计方法评定，如在第二层分项工程检验批评定时，只有两组试块，无法按统计方法评定，因此，该两组试块应该控制其最低强度值，一般应大于设计强度的标准值，不得出现施工组织设计规定的评定方法中的最小强度值，即 $f_{cu,min} \geqslant \lambda_2 f_{cu,k}$，此时 λ_2 取 0.9（该检验批 12 组试块，6 层，每层 2 组），也就是最小值 $f_{cu,min} \geqslant 0.9 f_{cu,k}$（标准值），当出现 $f_{cu,k} \geqslant f_{cu,min} \geqslant 0.9 f_{cu,k}$ 时，施工就要提高警惕，加强混凝土质量的管理，防止最后混凝土强度评定时，平均值 mf_{cu} 达不到"标准"要求。

当分项工程混凝土强度的最小值 $f_{cu,min} < \lambda_2 f_{cu,k}$ 时，应分析原因，同时按不合格分项的处理程序进行处理，其程序见本书第 2 章。

在用非统计方法评定混凝土强度时，要注意合格判定系数与强度等级有关，即第一条件值（平均值）$mf_{cu} \geqslant \lambda_3 f_{cu,k}$ 中的合格判定系数混凝土强度等级小于 C60 时 λ_3 为 1.15，大于等于 C60 时为 1.10；第二条件值（最小值）$f_{cu,min} \geqslant \lambda_4 f_{cu,k}$ 中的合格判定系数 λ_4 为 0.95。而在统计方法中，合格判定系数随着检验批中的混凝土试块的组数不同而不同。

从以上分析可看出，对强度的要求与验收计算方法有关，在混凝土分项工程检验批验收时，有时可能因混凝土强度的试验龄期未到而不能对混凝土强度进行评定，但应随时注意混凝土强度的情况，当混凝土试块强度达不到评定方法中最小值规定要求时，应按《建筑工程施工质量验收统一标准》（GB 50300）中不符合要求的处理程序及时处理。

某工程混凝土强度的检验评定示例：假定该工程有 12 组试块混凝土设计强度等级为 C20，按施工组织设计规定用统计方法评定。12 组试块的强度代表值如下（MPa＝N/mm²）：

18.2、20.0、24.3、19.5、21.1、23.4、22.5、24.3、22.3、24.7、19.2、24.0

经查试验报告，其养护、取样、试压、龄期、配合比等基本相同，符合 GB/T 50107—2010 标准规定和检验批划分要求，评定计算如下：

平均值
$$mf_{cu} = \frac{\sum f_{cu,i}}{n} = \frac{263.5}{12} = 22.0 \text{（MPa）}$$

标准差
$$S_{f_{cu}} = \sqrt{\frac{\sum\limits_{i=1}^{n} f_{cu,i}^2 - nm^2 f_{cu}}{n-1}} = 2.29 \text{（MPa）}$$

由于计算值小于 2.5MPa 故取 $S_{f_{cu}} = 2.5$（MPa）

合格评定系数 $\lambda_1 = 1.15$、$\lambda_2 = 0.90$（合格评定系数见表 5.7.1），则：
$$f_{cu,k} + \lambda_1 \cdot S_{f_{cu}} = 20 + 1.15 \times 2.5 = 22.9 \text{（MPa）}$$

平均值 22.0MPa，小于 22.9MPa 不符合 $mf_{cu} \geqslant f_{cu,k} + \lambda_1 \cdot S_{f_{cu}}$ 的要求。

最小值 18.2MPa，大于 $\lambda_2 \cdot f_{cu,k} = 0.9 \times 20 = 18$ MPa，符合要求。

由于平均值不符合要求，故该检验批混凝土评定为不合格。

7.1.2 当采用非标准尺寸试件时，应将其抗压强度乘以尺寸折算系数，折算成边长为 150mm 的标准尺寸试件抗压强度。尺寸折算系数应按现行国家标准《混凝土强度检验评定标准》GB/T 50107 采用。

检验评定混凝土强度用的混凝土试件的尺寸及强度的尺寸换算系数应按表 5.7.3 取用；其标准成型方法、标准养护条件及强度试验方法应符合现行国家标准《普通混凝土力学性能试验方法标准》（GB/T 50081）的规定。

混凝土试件尺寸及强度的尺寸换算系数 表 5.7.3

骨料最大粒径（mm）	试件尺寸（mm）	强度的尺寸换算系数
≤31.5	100×100×100	0.95
≤40	150×150×150	1.00
≤63	200×200×200	1.05

注：对强度等级为 C60 及以上的混凝土宜采用标准尺寸，使用非标准尺寸试件时，尺寸折算系数应由试验确定，其试件数量不应少于 30 对组。

现行《普通混凝土力学性能试验方法标准》的代号是 GB/T 50081—2002。

1. 试件的制作

1) 混凝土试件的制作应符合下列规定：

(1) 成型前，应检查试模尺寸并符合《混凝土试模》（JG 3019）的有关规定；试模内表面应涂一薄层矿物油或其他不与混凝土发生反应的脱模剂。

(2) 在试验室拌制混凝土时，其材料用量应以质量计，称量的精度：水泥、掺合料、水和外加剂为±0.5%；骨料为±1%。

(3) 取样或试验室拌制的混凝土应在拌制后最短的时间内成型，一般不宜超过 15min。

(4) 根据混凝土拌合物的稠度确定混凝土成型方法。坍落度不大于 70mm 的混凝土宜用振动振实；大于 70mm 的宜用捣棒人工捣实；检验现浇混凝土或预制构件的混凝土，试件成型方法宜与实际采用的方法相同。

(5) 圆柱体试体的制作见 GB/T 50081—2002 附录 A。

(6) 试件的尺寸应根据混凝土中骨料的最大粒径按表 5.7.4 选定。

混凝土试件尺寸选用表 表 5.7.4

试件横截面尺寸（mm）	骨料最大粒径（mm）	
	劈裂抗拉强度试验	其他试验
100×100	20	31.5
150×150	40	40
200×200	—	63

注：1. 骨料最大粒径指的是符合《普通混凝土用碎石或卵石质量标准及检验方法》（JGJ 53—92）中规定的圆孔筛的孔径；
　　2. 本表摘自《普通混凝土力学性能试验方法标准》（GB/T 50081—2002）。

2) 混凝土试件制作应按下列步骤进行：

(1) 取样或拌制好的混凝土拌合物应至少用铁锹再来回拌合三次。

(2) 按前条第 4 款的规定，选择成型方法成型。

① 用振动台振实制作试件应按下述方法进行：

a. 将混凝土拌合物一次装入试模，装料时应用抹刀沿各试模壁插捣，并使混凝土拌合物高出试模口；

b. 试模应附着或固定在符合要求的振动台上，振动时试模不得有任何跳动，振动应持续到表面出浆为止，不得过振。

② 用人工插捣制作试件应按下述方法进行：

a. 混凝土拌合物应分两层装入模内，每层的装料厚度大致相等。

b. 插捣应按螺旋方向从边缘向中心均匀进行。在插捣底层混凝土时，捣棒应达到试模底部；插捣上层时，捣棒应贯穿上层后插入下层 20～30mm；插捣时捣棒应保持垂直，不得倾斜。然后应用抹刀沿试模内壁插捣数次。

c. 每层插捣次数按在 10000mm² 截面积内不得少于 12 次。

d. 插捣后应用橡皮锤轻轻敲击试模四周，直至插捣棒留下的空洞消失为止。

③ 用插入式振捣棒振实制作试件应按下述方法进行：

a. 将混凝土拌合物一次装入试模，装料时应用抹刀沿各试模壁插捣，并使混凝土拌合物高出试模口。

b. 宜用直径为 φ25mm 的插入式振捣棒，插入试模振捣时，振捣棒距试模底板 10～20mm 且不得触及试模底板，振动应持续到表面出浆为止，且应避免过振，以防止混凝土离析，一般振捣时间为 20s。振捣棒拔出时要缓慢，拔出后不得留有孔洞。

（3）刮除试模上口多余的混凝土，待混凝土临近初凝时，用抹刀抹平。

2. 试件的养护

1）试件成型后应立即用不透水的薄膜覆盖表面。

2）采用标准养护的试件，应在温度为 20±5℃ 的环境中静置一昼夜至两昼夜，然后编号、拆模。拆模后应立即放入温度为 20±2℃、相对湿度为 95% 以上的标准养护室中养护，或在温度为 20±2℃ 的不流动的 Ca(OH)₂ 饱和溶液中养护。标准养护室内的试件应放在支架上，彼此间隔 10～20mm，试件表面应保持潮湿，并不得被水直接冲淋。

3）同条件养护试件的拆模时间可与实际构件的拆模时间相同，拆模后，试件仍需保持同条件养护。

结构验收时同条件养护的要求主要是结构构件同条件养护下的等效养护龄期，其要求在现浇结构验收中介绍。

4）标准养护龄期为 28d（从搅拌加水开始计时）。

在标准条件下养护 28d 的强度，作为混凝土强度验收评定的依据。当施工现场不具备标准养护条件时，应在见证人员见证下将试块送试验室进行标准养护。

5）混凝土试块的试验。

混凝土试块应按需要或规定的龄期送有资质的试验室试验，并按规定见证取样、送样，由试验室出具试验报告，试验报告应有工程名称、部位或构件名称、搅拌、振捣方法、养护方法（制度）、混凝土强度等级、试压日期、试块制作日期、龄期、试块编号、试块尺寸、强度等内容。并应有试验、复核、试验室负责人签字，要有报告的编号。

试验结果取三个试件强度的算术平均值作为每组试件强度的代表值；当一组试件中强度最大值或最小值与中间值之差超过中间值 15% 时，取中间值作为该组试件的强度代表值；当一组试件强度最大值和最小值与中间值之差均超过中间值的 15% 时，该组试件的强度不应作为评定的依据。

7.1.3 当混凝土试件强度评定不合格时，应委托具有资质的检测机构按国家现行有关标准的规定对结构构件中的混凝土强度进行检测推定，并应按本规范第 10.2.2 条的规定进行处理。

本条规定了出现异常情况下混凝土分项工程的验收。即当出现试件强度评定不符合《混凝土强度检验评定标准》（GB/T 50107）的要求时，应根据《混凝土结构工程施工质量验收规范》（GB 50204）明确的采用非破损或局部破损的检测方法，通过检测得到的推定强度可作为结构是否需要处理的依据。

规范第 10.2.2 条的规定为"当混凝土结构施工质量不符合要求时，应按下列规定进行处理：

1　经返工、返修或更换构件、部件的，应重新进行验收；

2　经有资质的检测机构按国家现行相关标准检测鉴定达到设计要求的，应予以验收；

3　经有资质的检测机构按国家现行相关标准检测鉴定达不到设计要求，但经原设计单位核算并确认仍可满足结构安全和使用功能的，可予以验收；

4　经返修或加固处理能够满足结构可靠性要求的，可根据技术处理方案和协商文件进行验收。"

7.1.4　混凝土有耐久性指标要求时，应按现行行业标准《混凝土耐久性检验评定标准》JGJ/T 193 的规定检验评定。

现行《混凝土耐久性检验评定标准》的代号为 JGJ/T 193—2009。

混凝土耐久性检验评定的项目可包括抗冻性能、抗水渗透性能、抗硫酸盐侵蚀性能、抗氯离子渗透性能、抗碳化性能和早期抗裂性能。当混凝土需要进行耐久性检验评定时，检验评定的项目及其等级或限值应根据设计要求确定。

7.1.5　大批量、连续生产的同一配合比混凝土，混凝土生产单位应提供基本性能试验报告。

混凝土的基本性能主要有以下几项：

1. 和易性。混凝土拌合物最重要的性能。它综合表示拌合物的稠度、流动性、可塑性、抗分层离析泌水的性能及易抹面性等。测定和表示拌合物和易性的方法和指标很多，中国主要采用截锥坍落筒测定的，混凝土现场坍落度（毫米），干硬性混凝土用维勃仪测定的维勃时间（秒），作为稠度的主要指标。

2. 强度。混凝土硬化后最重要的力学性能，是指混凝土抵抗压、拉、弯、剪等应力的能力。水灰比、水泥品种和用量、集料的品种和用量以及搅拌、成型、养护，都直接影响混凝土的强度。混凝土按标准抗压强度（以边长为 150mm 的立方体为标准试件，在标准养护条件下养护 28d，按照标准试验方法测得的具有 95% 保证率的立方体抗压强度）划分强度等级。混凝土的抗拉强度仅为其抗压强度的 1/13～1/8。提高混凝土抗拉、抗压强度的比值是混凝土改性的重要方面。

3. 变形。混凝土在荷载或温湿度作用下会产生变形，主要包括弹性变形、塑性变形、收缩和温度变形等。混凝土在短期荷载作用下的弹性变形主要用弹性模量表示。在长期荷载作用下，应力不变，应变持续增加的现象为徐变，应变不变，应力持续减少的现象为松弛。由于水泥水化、水泥石的碳化和失水等原因产生的体积变形，称为收缩。混凝土的变形分为两类，一类是在荷载作用下的受力变形，如单调短期加载的变形、荷载长期作用下的变形以及多次重复加载的变形；另一类与受力无关，称为体积变形，如混凝土收缩以及温度变化引起的变形。

4. 耐候性。在一般情况下，混凝土具有良好的耐候性。但在寒冷地区，特别是在水位变化的工程部位以及在饱水状态下受到频繁的冻融交替作用时，混凝土易于损坏。为此对混凝土要有一定的抗冻性要求。用于不透水的工程时，要求混凝土具有良好的抗渗性和耐蚀性。抗渗性、抗冻性、抗侵蚀性为混凝土耐久性。

根据《预拌混凝土》（GB/T 14902—2012），混凝土的性能为：混凝土强度、混凝土拌和物坍落度和扩展度、混凝土的耐久性能。一般情况下，混凝土生产单位应提供坍落度和强度试验报告。

7.1.6 预拌混凝土的原材料质量、制备等应符合现行国家标准《预拌混凝土》GB/T 14902 的规定。

现行《预拌混凝土》代号为 GB/T 14902—2012，混凝土生产单位应根据该标准对原材料质量、制备等进行控制。

7.1.7 水泥、外加剂进场检验，当满足下列条件之一时，其检验批容量可扩大一倍：

1. 获得认证的产品；

2. 同一厂家、同一品种、同一规格的产品，连续三次进场检验均一次检验合格。

7.2 原材料

主控项目

7.2.1 水泥进场时，应对其品种、代号、强度等级、包装或散装编号、出厂日期等进行检查，并应对水泥的强度、安定性和凝结时间进行检验，检验结果应符合现行国家标准《通用硅酸盐水泥》GB 175 等的相关规定。

检查数量：按同一厂家、同一品种、同一代号、同一强度等级、同一批号且连续进场的水泥，袋装不超过 200t 为一批，散装不超过 500t 为一批，每批抽样数量不应少于一次。

检验方法：检查质量证明文件和抽样检验报告。

该条为强制性条文。

水泥是混凝土最重要的组分之一。规范规定，水泥进场时应进行 3 项检查。第一要对其品种、级别、包装或散装编号、出厂日期等进行检查，即对实物进行检查。第二应检查产品合格证，出厂检验报告、产品合格证和检测报告可以合并，但其指标及检测结果必须明确。第三应对其强度、安定性及其他必要的性能指标进行复验，正常情况下，抽样复验安定性和强度；建设部 2005 年第 141 号令《建设工程质量检测管理办法》规定水泥复验是见证取样检测项目。安定性不合格的水泥严禁使用，强度指标必须符合规定。

由于水泥保存期短，容易潮解、失效或变质，故又规定当在使用中对水泥质量有怀疑或水泥出厂超过三个月（快硬硅酸盐水泥超过一个月）时，应进行复验，此时的复验就不仅是安定性、强度复验，应根据情况对其他指标进行复验，并按复验结果使用。

氯盐对钢材具有很强的腐蚀性，且会改变混凝土的导电性能，对混凝土的耐久性和使用安全不利。因此，规定钢筋混凝土结构、预应力混凝土结构中，严禁使用含氯化物的水泥。

水泥进场时，应根据产品合格证检查其品种、级别以及包装等。水泥的存放应干燥、通风、分类码放、加以标识，注明品种、强度、出厂日期等，避免混料错批。

常用水泥的质量标准为《通用硅酸盐水泥》（GB 175—2007）。

1. 强度等级

1）硅酸盐水泥的强度等级分为 42.5、42.5R、52.5、52.5R、62.5、62.5R 六个等级。

2）普通硅酸盐水泥的强度等级分为 42.5、42.5R、52.5、52.5R 四个等级。

3）矿渣硅酸盐水泥、火山灰质硅酸盐水泥、粉煤灰硅酸盐水泥、复合硅酸盐水泥的强度等级分为32.5、32.5R、42.5、42.5R、52.5、52.5R 六个等级。

2. 技术要求

1）化学指标

化学指标应符合《通用硅酸盐水泥》(GB 175—2007) 的规定。

2）碱含量（选择性指标）

水泥中碱含量按 $Na_2O+0.658K_2O$ 计算值表示。若使用活性骨料，用户要求提供低碱水泥时，水泥中的碱含量应不大于 0.60% 或由买卖双方协商确定。

3）物理指标

（1）凝结时间

硅酸盐水泥初凝不小于 45min，终凝不大于 6.5h。

普通硅酸盐水泥、矿渣硅酸盐水泥、火山灰质硅酸盐水泥、粉煤灰硅盐水泥和复合硅酸盐水泥初凝不小于 45min，终凝不大于 10h。

（2）安定性

沸煮法合格。

（3）强度

不同品种、不同强度等级的通用硅酸盐水泥，其不同龄期的强度应符合表 5.7.5 的规定。

水泥强度指标（MPa）　　　　　　　　　　　表 5.7.5

品种	强度等级	抗压强度		抗折强度	
		3d	28d	3d	28d
硅酸盐水泥	42.5	≥17.0	≥42.5	≥3.5	≥6.5
	42.5R	≥22.0		≥4.0	
	52.5	≥23.0	≥52.5	≥4.0	≥7.0
	52.5R	≥27.0		≥5.0	
	62.5	≥28.0	≥62.5	≥5.0	≥8.0
	62.5R	≥32.0		≥5.5	
普通硅酸盐水泥	42.5	≥17.0	≥42.5	≥3.5	≥6.5
	42.5R	≥22.0		≥4.0	
	52.5	≥23.0	≥52.5	≥4.0	≥7.0
	52.5R	≥27.0		≥5.0	
矿渣硅酸盐水泥 火山灰质硅酸盐水泥 粉煤灰硅酸盐水泥 复合硅酸盐水泥	32.5	≥10.0	≥32.5	≥2.5	≥5.5
	32.5R	≥15.0		≥3.5	
	42.5	≥15.0	≥42.5	≥3.5	≥6.5
	42.5R	≥19.0		≥4.0	
	52.5	≥21.0	≥52.5	≥4.0	≥7.0
	52.5R	≥23.0		≥4.5	

注：本表摘自《通用硅酸盐水泥》(GB 175—2007)；R 为早强水泥。

（4）细度（选择性指标）

硅酸盐水泥和普通硅酸盐水泥以比表面积表示，不小于 $300m^2/kg$；矿渣硅酸盐水泥、火山灰质硅酸盐水泥、粉煤灰硅酸盐水泥和复合硅酸盐水泥以筛余表示，$80\mu m$ 方孔筛筛余不大于 10% 或 $45\mu m$ 方孔筛筛余不大于 30%。

3. 检验规则

1）出厂检验项目为化学指标、凝结时间、安定性和强度。

2）判定规则

（1）检验结果符合标准为合格品。

（2）检验结果不符合标准中的任何一项技术要求为不合格品。

4. 检验报告

出厂检验报告内容应包括出厂检验项目、细度、混合材料品种和掺加量、石膏和助磨剂的品种及掺加量、属旋窑或立窑生产及合同约定的其他技术要求。当用户需要时，生产者应在水泥发出之日起 7d 内寄发除 28d 强度以外的各项检验结果，32d 内补报 28d 强度的检验结果。

5. 交货与验收

1）交货时水泥的质量验收可抽取实物试样以其检验结果为依据，也可以生产者同编号水泥的检验报告为依据。采取何种方法验收由买卖双方商定，并在合同或协议中注明。卖方有告知买方验收方法的责任。当无书面合同或协议，或未在合同、协议中注明验收方法的，卖方应在发货票上注明"以本厂同编号水泥的检验报告为验收依据"字样。

2）以抽取实物试样的检验结果为验收依据时，买卖双方应在发货前或交货地共同取样和签封。取样方法按 GB 12573 进行，取样数量为 20kg，缩分为二等分。一份由卖方保存 40d，一份由买方按 GB 175—2007 标准规定的项目和方法进行检验。

在 40d 以内，买方检验认为产品质量不符合 GB 175—2007 标准要求，而卖方又有异议时，则双方应将卖方保存的另一份试样送省级或省级以上国家认可的水泥质量监督检验机构进行仲裁检验。水泥安定性仲裁检验时，应在取样之日起 10d 以内完成。

3）以生产者同编号水泥的检验报告为验收依据时，在发货前或交货时买方在同编号水泥中取样，双方共同签封后由卖方保存 90d，或认可卖方自行取样、签封并保存 90d 的同编号水泥的封存样。

在 90d 内，买方对水泥质量有疑问时，则买卖双方应将共同认可的试样送省级或省级以上国家认可的水泥质量监督检验机构进行仲裁检验。

6. 包装、标志、运输与储存

1）包装

水泥可以散装或袋装，袋装水泥每袋净含量为 50kg，且应不少于标志质量的 99%；随机抽取 20 袋总质量（含包装袋）应不少于 1000kg。其他包装形式由供需双方协商确定，但有关袋装质量要求，应符合上述规定。水泥包装袋应符合 GB 9774 的规定。

2）标志

水泥包装袋上应清楚标明：执行标准、水泥品种、代号、强度等级、生产者名称、生产许可证标志（QS）及编号、出厂编号、包装日期、净含量。包装袋两侧应根据水泥的品种采用不同的颜色印刷水泥名称和强度等级，硅酸盐水泥和普通硅酸盐水泥采用红色，矿渣硅酸盐水泥采用绿色，火山灰质硅酸盐水泥、粉煤灰硅酸盐水泥和复合硅酸盐水泥采用黑色或蓝色。

散装发运时应提交与袋装标志相同内容的卡片。

3）运输与储存

水泥在运输与储存时不得受潮和混入杂物，不同品种和强度等级的水泥在储运中避免混杂。

7. 水泥取样方法

《水泥取样方法》（GB/T 12573—2008）规定了水泥的取样方法。

1）取样工具

手工取样器

手工取样器可自行设计制定，常见手工取样器参见图 5.7.1、图 5.7.2。

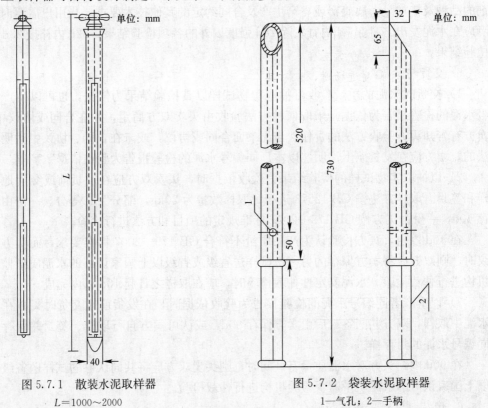

图 5.7.1　散装水泥取样器　　　　图 5.7.2　袋装水泥取样器
$L=1000\sim2000$　　　　　　　　1—气孔；2—手柄

2）取样部位

取样应在有代表性的部位进行，并且不应在污染严重的环境中取样。一般在以下部位取样：

（1）水泥输送管路中；

（2）袋装水泥堆场；

（3）散装水泥卸料处或水泥运输机具上。

3）取样步骤

手工取样

（1）散装水泥

当所取水泥深度不超过 2m 时，每一个编号内采用散装水泥取样器随机取样。通过转动取样器内管控制开关，在适当位置插入水泥一定深度，关闭后小心抽出，将所取样品放入符合《水泥取样方法》（GB/T 12573—2008）要求的容器中。每次抽取的单样量应尽量一致。

（2）袋装水泥

每一个编号内随机抽取不少于 20 袋水泥，采用袋装水泥取样器取样，将取样器沿对角线方向插入水泥包装袋中，用大拇指按住气孔，小心抽出取样管，将所取样品放入符合要求的容器中。每次抽取的单样量应尽量一致。

4）取样量

（1）混合样的取样量为 20kg。

（2）分割样的取样量应符合下列规定：

袋装水泥：每 1/10 编号从一袋中取至少 6kg；

散装水泥：每 1/10 编号在 5min 内取至少 6kg。

7.2.2　混凝土外加剂进场时，应对其品种、性能、出厂日期等进行检查，并应对外加剂的相关性能指标进行检验，检验结果应符合现行国家标准《混凝土外加剂》GB 8076 和《混凝土外加剂应用技术规范》（GB 50119）等的规定。

检查数量：按同一厂家、同一品种、同一性能、同一批号且连续进场的混凝土外加剂，不超过 50t 为一批，每批抽样数量不应少于一次。

检验方法：检查质量证明文件和抽样检验报告。

由于混凝土外加剂种类众多，其质量指标本书无法一一介绍，在工程质量验收时，核查外加剂的复试报告，其复试结果符合外加剂的质量指标即可。

外加剂匀质性指标应符合表 5.7.6 的要求。

匀质性指标　　　　　　　　　　　　　　　　表 5.7.6

项目	指标	项目	指标
氯离子含量（%）	不超过生产厂控制值	密度（g/cm³）	$\rho > 1.1$ 时，应控制在 $\rho \pm 0.03$；$\rho \leqslant 1.1$ 时，应控制在 $\rho \pm 0.02$
总碱量（%）	不超过生产厂控制值	细度	应在生产厂控制范围内
含固量（%）	$S > 25\%$ 时，应控制在 $0.95S \sim 1.05S$；$S \leqslant 25\%$ 时，应控制在 $0.90S \sim 1.10S$	pH 值	应在生产厂控制范围内
含水率（%）	$W > 5\%$ 时，应控制在 $0.90W \sim 1.10W$；$W \leqslant 5\%$ 时，应控制在 $0.80W \sim 1.20W$	硫酸钠含量（%）	不超过生产厂控制值

注：1. 生产厂应在相关的技术资料中明示产品匀质性指标的控制值；
　　2. 对相同和不同批次之间的匀质性和等效性的其他要求，可由供需双方商定；
　　3. 表中的 S、W 和 ρ 分别为含固量、含水率和密度的生产厂控制值；
　　4. 本表摘自《混凝土外加剂》（GB 8076—2008）。

掺外加剂混凝土性能指标见表 5.7.7。

受检混凝土性能指标

表 5.7.7

项目	高性能减水剂 HPWR			高效减水剂 HWR		普通减水剂 WR			引气减水剂 AEWR	泵送剂 PS	早强剂 Ac	缓凝剂 Re	引气剂 AE
	早强型 HPWR-A	标准型 HPWR-S	缓凝型 HPWR-R	标准型 HWR-S	缓凝型 HWR-R	早强型 WR-A	标准型 WR-S	缓凝型 WR-R					
减水率（%），不小于	25	25	25	14	14	8	8	8	10	12	—	—	6
泌水率比（%），不大于	50	60	70	90	100	95	100	100	70	70	100	100	70
含气量（%）	≤6.0	≤6.0	≤6.0	≤3.0	≤4.5	≤4.0	≤4.0	≤5.5	≥3.0	≤5.5	—	—	≥3.0
凝结时间之差（min） 初凝/终凝	−90~+90	−90~+120	>+90	−90~+120	>+90	−90~+120	−90~+120	>+90	−90~+120	—	−90~+90	>+90	−90~+120
1h经时变化量 坍落度（mm）	—	≤80	≤60	—	—	—	—	—	—	≤80	—	—	—
1h经时变化量 含气量（%）	—	—	—	—	—	—	—	—	−1.5~+1.5	—	—	—	−1.5~+1.5
抗压强度比（%），不大于 1d	180	170	—	140	—	135	—	—	—	—	135	—	—
3d	170	160	140	130	125	130	115	110	115	—	130	—	95
7d	145	150	130	125	125	110	115	110	110	115	110	100	95
28d	130	140	130	120	120	100	110	110	100	110	100	100	90
收缩率比（%），不大于 28d	110	110	110	135	135	135	135	135	135	135	135	135	135
相对耐久性（200次）（%），不小于	—	—	—	—	—	—	—	—	80	—	—	—	80

注：1. 表中抗压强度比、收缩率比、相对耐久性为强制性指标，其余为推荐性指标；

2. 除含气量和相对耐久性外，表中所列数据为掺外加剂混凝土与基准混凝土的差值或比值；

3. 凝结时间之差性能指标中的"—"号表示提前，"+"号表示延缓；

4. 相对耐久性（200次）性能指标中的"≥80"表示将 28d 龄期的受检混凝土试件快速冻融循环 200 次后，动弹性模量保留值≥80%；

5. 1h 含气量经时变化量测定时的"＋"号表示含气量增加，"—"号表示含气量减少；

6. 其他品种的外加剂是否需要测定相对耐久性指标，由供、需双方协商确定；

7. 当用户对泵送剂等产品有特殊要求时，需要进行的补充试验项目、试验方法及指标，由供需双方协商决定；

8. 本表摘自《混凝土外加剂》（GB 8076—2008）。

混凝土、外加剂试验项目及所需数量详见表5.7.8。

试验项目及所需数量   表5.7.8

试验项目		外加剂类别	试验类别	试验所需数量			
				混凝土拌合批数	每批取样数目	基准混凝土总取样数目	受检混凝土总取样数目
减水率		除早强剂、缓凝剂外的各种外加剂	混凝土拌合物	3	1次	3次	3次
泌水率比				3	1个	3个	3个
含气量		各种外加剂		3	1个	3个	3个
凝结时间差				3	1个	3个	3个
1h经时变化量	坍落度	高性能减水剂、泵送剂		3	1个	3个	3个
	含气量	引气剂、引气减水剂		3	1个	3个	3个
抗压强度比		各种外加剂	硬化混凝土	3	6、9或12块	18、27或36块	18、27或36块
收缩比率				3	1块	3块	3块
相对耐久		引气减水剂、引气剂	硬化混凝土	3	1块	3块	3块

注：1. 试验时，检验同一种外加剂的三批混凝土的制作宜在开始试验一周内的不同日期完成。对比的基准混凝土和受检混凝土应同时成型；
　　2. 试验龄期参考表5.7.7试验项目栏；
　　3. 试验前后应仔细观察试样，对有明显缺陷的试样和试验结果都应舍除；
　　4. 本表摘自《混凝土外加剂》（GB 8076—2008）。

检验规则

1. 取样及编号

1）试样分点样和混合样。点样是在一次生产的产品所得试样，混合样是三个或更多的点样等量均匀混合而取得的试样。

2）生产厂应根据产量和生产设备条件，将产品分批编号，掺量大于1%（含1%）同品种的外加剂每一编号100t，掺量小于1%的外加剂每一编号为50t，不足100t或50t的也可按一个批量计，同一编号的产品必须混合均匀。

3）每一编号取样量不少于0.2t水泥所需用的外加剂量。

2. 试样及留样

每一编号取得的试样应充分混匀，分为两等分，一份按规定项目进行试验，另一份要密封保存半年，以备有疑问时提交国家指定的检测机构进行复验或仲裁。

3. 检验分类

1）出厂检验：每编号外加剂检验项目，根据其品种不同按表5.7.9项目进行检验。

2）型式检验（略）。

4. 判定规则

产品经检验，匀质性符合表5.7.7的要求，可判定该批产品检验合格。

现场抽检时根据上述原则进行。

外加剂测定项目　　　　　　　　　　　　　　表 5.7.9

测定项目	外加剂品种													备注
	高性能减水剂 HPWR			高效减水剂 HWR		普通减水剂 WR			引气减水剂 AEWR	泵送剂 PA	早强剂 Ac	缓凝剂 Re	引气剂 AE	
	早强型 HPWR-A	标准型 HPWR-S	缓凝型 HPWR-R	标准型 HWR-S	缓凝型 HWR-R	早强型 WR-A	标准型 WR-S	缓凝型 WR-R						
含固量														液体外加剂必测
含水率														粉状外加剂必测
密度														液体外加剂必测
细度														粉状外加剂必测
pH值	√	√	√	√	√	√	√	√	√	√	√	√	√	
氯离子含量	√	√	√	√	√	√	√	√	√	√	√	√	√	每3个月至少一次
硫酸钠含量				√	√	√					√			每3个月至少一次
总碱量	√	√	√	√	√	√	√	√	√	√	√	√	√	每年至少一次

注：本表摘自《混凝土外加剂》(GB 8076—2008)。

一般项目

7.2.3　混凝土用矿物掺合料进场时，应对其品种、技术指标、出厂日期等进行检查，并应对矿物掺合料的相关技术指标进行检验，检验结果应符合国家现行有关标准的规定。

　　检查数量：按同一厂家、同一品种、同一技术指标、同一批号且连续进场的矿物掺合料，粉煤灰、石灰石粉、磷渣粉和钢铁渣粉不超过 200t 为一批，粒化高炉矿渣粉和复合矿物掺合料不超过 500t 为一批，沸石粉不超过 120t 为一批，硅灰不超过 30t 为一批，每批抽样数量不应少于一次。

　　检验方法：检查质量证明文件和抽样检验报告。

　　混凝土中掺用矿物掺合料的质量应符合现行国家标准《用于水泥和混凝土中的粉煤灰》(GB/T 1596) 等的规定。矿物掺合料的掺量应通过试验确定。

　　混凝土掺合料的种类主要有粉煤灰、粒化高炉矿渣粉、沸石粉、硅灰和复合掺合料等，目前尚没有产品质量标准。对各种掺合料，均应提出相应的质量要求，并通过试验确定其掺量。工程应用时，尚应符合国家现行标准《粉煤灰混凝土应用技术规范》(GB/T 50146) 的要求。

　　粉煤灰的质量指标见表 5.7.10。

粉煤灰现场取样

组批与取样

1. 以连续供应的 200t 相同等级的粉煤灰为一批。不足 200t 者按一批论，粉煤灰的数量按干灰（含水量小于 1%）的重量计算。

2. 取样方法。

1）每一编号为一取样单位，当散装粉煤灰运输工具的容量超过该厂规定出厂编号吨数时，允许该编号的数量超过取样规定的吨数。

2）取样方法按 GB 12573 进行。取样应有代表性，可连续取，也可从 10 个以上不同部位取等量样品，总量至少 3kg。

3）拌制混凝土和砂浆用粉煤灰，必要时，买方可对粉煤灰的技术要求进行随机抽样检验。复验时应做细度、烧失量和含水量检验。

拌制水泥混凝土和砂浆用粉煤灰的技术要求　　　　　表 5.7.10

项目		技术要求（%），不大于		
		Ⅰ级	Ⅱ级	Ⅲ级
细度（45μm 方孔筛筛余）（%），不大于	F 类粉煤灰	12.0	25.0	45.0
	C 类粉煤灰			
需水量比（%），不大于	F 类粉煤灰	95.0	105.0	115.0
	C 类粉煤灰			
烧失量（%），不大于	F 类粉煤灰	5.0	8.0	15.0
	C 类粉煤灰			
含水量（%），不大于	F 类粉煤灰	1.0		
	C 类粉煤灰			
三氧化硫（%），不大于	F 类粉煤灰	3.0		
	C 类粉煤灰			
游离氧化钙（%），不大于	F 类粉煤灰	1.0		
	C 类粉煤灰	4.0		
安定性（雷氏夹沸煮后增加距离）（mm），不大于	F 类粉煤灰	5.0		
	C 类粉煤灰			

注：本表摘自《用于水泥和混凝土中的粉煤灰》（GB/T 1596—2005）。

7.2.4　混凝土原材料中的粗骨料、细骨料质量应符合现行行业标准《普通混凝土用砂、石质量及检验方法标准》（JGJ 52）的规定，使用经过净化处理的海砂应符合现行行业标准《海砂混凝土应用技术规范》（JGJ 206）的规定，再生混凝土骨料应符合现行国家标准《混凝土用再生粗骨料》（GB/T 25177）和《混凝土和砂浆用再生细骨料》（GB/T 25176）的规定。

检查数量：按现行行业标准《普通混凝土用砂、石质量及检验方法标准》（JGJ 52）的规定确定。

检验方法：检查抽样检验报告。

1. 混凝土用的粗骨料，其最大颗粒粒径不得超过构件截面最小尺寸的 1/4，且不得超过钢筋最小净距的 3/4。

2. 对混凝土实心板，骨料的最大粒径不宜超过板厚的 1/3，且不得超过 40mm。

本条规定普通混凝土用的粗、细骨料的质量应符合国家行业标准《普通混凝土用砂、石质量及检验方法标准》（JGJ 52）的规定，所以在工程验收时不使用《建设用卵石、碎石》（GB/T 14685）和《建设用砂》（GB/T 14684）两个标准。

砂的质量要求

1. 砂的粗细程度按细度模数 μ_f 分为粗、中、细、特细四级，其范围应符合下列规定：

粗砂：$\mu_f = 3.7 \sim 3.1$

中砂：$\mu_f = 3.0 \sim 2.3$

细砂：$\mu_f = 2.2 \sim 1.6$

特细砂：$\mu_f = 1.5 \sim 0.7$

2. 砂筛应采用方孔筛。砂的公称粒径、砂筛筛孔的公称直径和方孔筛筛孔边长应符合表 5.7.11 的规定。

除特细砂外，砂的颗粒级配可按公称直径 $630\mu m$ 筛孔的累计筛余量（以质量百分率计，下同）分成三个级配区（表 5.7.12），且砂的颗粒级配处于表 5.7.12 中的某一区内。

砂的实际颗粒级配与表 5.7.12 中的累计筛余相比，除公称粒径为 5.00mm 和 $630\mu m$ 的累计筛余外，其余公称粒径的累计筛余可稍有走出分界线，但总走出量不应大于 5%。

当天然砂的实际颗粒级配不符合要求时，宜采取相应的技术措施，并经试验证明能确保混凝土质量后，方允许使用。

砂的公称粒径、砂筛筛孔的公称直径和方孔筛筛孔边长尺寸　　　　表 5.7.11

砂的公称粒径	砂筛筛孔的公称直径	方孔筛筛孔边长
5.00mm	5.00mm	4.75mm
2.50mm	2.50mm	2.36mm
1.25mm	1.25mm	1.18mm
$630\mu m$	$630\mu m$	$600\mu m$
$315\mu m$	$315\mu m$	$300\mu m$
$160\mu m$	$160\mu m$	$150\mu m$
$80\mu m$	$80\mu m$	$75\mu m$

注：本表摘自《普通混凝土用砂、石质量及检验方法标准》（JGJ 52—2006）。

砂颗粒级配区　　　　表 5.7.12

累计筛余（%）　级配区 公称粒径	Ⅰ区	Ⅱ区	Ⅲ区
5.00mm	10～0	10～0	10～0
2.50mm	35～5	25～0	15～0
1.25mm	65～35	50～10	25～0
$630\mu m$	85～71	70～41	40～16
$315\mu m$	95～80	92～70	85～55
$160\mu m$	100～90	100～90	100～90

注：本表摘自《普通混凝土用砂、石质量及检验方法标准》（JGJ 52—2006）。

配制混凝土时宜优先选用Ⅱ区砂。当采用Ⅰ区砂时，应提高砂率，并保持足够的水泥用量，满足混凝土的和易性；当采用Ⅲ区砂时，宜适当降低砂率；当采用特细砂时，应符合相应的规定。

配制泵送混凝土，宜选用中砂。

3. 天然砂中含泥量应符合表 5.7.13 的规定。

天然砂中含泥量   表 5.7.13

混凝土强度等级	≥C60	C55～C30	≤C25
含泥量（按质量计，%）	≤2.0	≤3.0	≤5.0

注：本表摘自《普通混凝土用砂、石质量及检验方法标准》（JGJ 52—2006）。

对于有抗冻、抗渗或其他特殊的小于或等于 C25 混凝土用砂，其含泥量不应大于 3.0%。

4. 砂中泥块含量应符合表 5.7.14 的规定。

砂中泥块含量   表 5.7.14

混凝土强度等级	≥C60	C55～C30	≤C25
泥块含量（按质量计，%）	≤0.5	≤1.0	≤2.0

注：本表摘自《普通混凝土用砂、石质量及检验方法标准》（JGJ 52—2006）。

对于有抗冻、抗渗或其他特殊要求的小于或等于 C25 混凝土用砂，其泥块含量不应大于 1.0%。

5. 人工砂或混合砂中石粉含量应符合表 5.7.15 的规定。

人工砂或混合砂中石粉含量   表 5.7.15

混凝土强度等级		≥C60	C55～C30	≤C25
石粉含量（%）	MB<1.4（合格）	≤5.0	≤7.0	≤10.0
	MB≥1.4（不合格）	≤2.0	≤3.0	≤5.0

注：本表摘自《普通混凝土用砂、石质量及检验方法标准》（JGJ 52—2006）。

6. 砂的坚固性应采用硫酸钠溶液检验，试样经 5 次循环后，其质量损失应符合表 5.7.16 的规定。

砂的坚固性指标   表 5.7.16

混凝土所处的环境条件及其性能要求	5 次循环后的质量损失（%）
在严寒及寒冷地区室外使用并经常处于潮湿或干湿交替状态下的混凝土 对于有抗疲劳、耐磨、抗冲击要求的混凝土 有腐蚀介质作用或经常处于水位变化区的地下结构混凝土	≤8
其他条件下使用的混凝土	≤10

注：本表摘自《普通混凝土用砂、石质量及检验方法标准》（JGJ 52—2006）。

7. 人工砂的总压碎值指标应小于 30%。

8. 当砂中含有云母、轻物质、有机物、硫化物及硫酸盐等有害物质时，其含量应符合表 5.7.17 的规定。

砂中的有害物质含量

表 5. 7. 17

项　目	质量指标
云母含量（按质量计，%）	≤2. 0
轻物质含量（按质量计，%）	≤1. 0
硫化物及硫酸盐含量（折算成 SO₃，按质量计，%）	≤1. 0
有机物含量（用比色法试验）	颜色不应深于标准色。当颜色深于标准色时，应按水泥胶砂强度试验方法进行强度对比试验，抗压强度比不应低于 0. 95

注：本表摘自《普通混凝土用砂、石质量及检验方法标准》（JGJ 52—2006）。

对于有抗冻、抗渗要求的混凝土用砂，其云母含量不应大于 1. 0%。

当砂中含有颗粒状的硫酸盐或硫化物杂质时，应进行专门检验，确认能满足混凝土耐久性要求后，方可采用。

9. 对于长期处于潮湿环境的重要混凝土结构用砂，应采用砂浆棒（快递法）或砂浆长度法进行骨料的碱活性检验。经上述检验判断为有潜在危害时，应控制混凝土中的碱含量不超过 3kg/m³，或采用能抑制碱-骨料反应的有效措施。

10. 砂中氯离子含量应符合下列规定：

1）对于钢筋混凝土用砂，其氯离子含量不得大于 0. 06%（以干砂的质量百分率计）；

2）对于预应力混凝土用砂，其氯离子含量不得大于 0. 02%（以干砂的质量百分率计）。

11. 海砂中贝壳含量应符合表 5. 7. 18 的规定。

海砂中贝壳含量

表 5. 7. 18

混凝土强度等级	≥C60	C55~C30	≤C25~C15
贝壳含量（按质量计，%）	≤3	≤5	≤8

注：本表摘自《普通混凝土用砂、石质量及检验方法标准》（JGJ 52—2006）。

对于有抗冻、抗渗或其他特殊要求的小于或等于 C25 混凝土用砂，其贝壳含量不应大于 5%。

石的质量要求

1. 石筛应采用方孔筛。石的公称粒径、石筛筛孔的公称直径与方孔筛筛孔边长应符合表 5. 7. 19 的规定。

石筛筛孔的公称直径与方孔筛尺寸（mm）

表 5. 7. 19

石的公称粒径	石筛筛孔的公称直径	方孔筛筛孔边长	石的公称粒径	石筛筛孔的公称直径	方孔筛筛孔边长
2. 50	2. 50	2. 36	31. 5	31. 5	31. 5
5. 00	5. 00	4. 75	40. 0	40. 0	37. 5
10. 0	10. 0	9. 5	50. 0	50. 0	53. 0
16. 0	16. 0	16. 0	63. 0	63. 0	63. 0
20. 0	20. 0	19. 0	80. 0	80. 0	75. 0
25. 0	25. 0	26. 5	100. 0	100. 0	90. 0

注：本表摘自《普通混凝土用砂、石质量及检验方法标准》（JGJ 52—2006）。

碎石或卵石的颗粒级配，应符合表 5.7.20 的要求。混凝土用石应采用连续粒级。

单粒级宜用于组合成满足要求的连续粒级；也可与连续粒级混合使用，以改善其级配或配成较大粒度的连续粒级。

当卵石的颗粒级配不符合表 5.7.20 要求时，应采取措施并经试验证实能确保工程质量后，方允许使用。

碎石或卵石的颗粒级配范围　　　　　　　　　　　　　　　　　　　　表 5.7.20

级配情况	公称粒级	累计筛余，按质量（%）											
		方孔筛筛孔边长尺寸（mm）											
		2.36	4.75	9.5	16.0	19.0	26.5	31.5	37.5	53	63	75	90
连续粒级	5～10	95～100	80～100	0～15	0	—	—	—	—	—	—	—	—
	5～16	95～100	85～100	30～60	0～10	0	—	—	—	—	—	—	—
	5～20	95～100	90～100	40～80	—	0～10	—	0	—	—	—	—	—
	5～25	95～100	90～100	—	30～70	—	0～5	0	—	—	—	—	—
	5～31.5	95～100	90～100	70～90	—	15～45	—	0～5	0	—	—	—	—
	5～40	—	95～100	70～90	—	30～65	—	—	0～5	0	—	—	—
	10～20	—	95～100	85～100	—	0～15	—	0	—	—	—	—	—
	16～31.5	—	95～100	—	85～100	—	—	0～10	0	—	—	—	—
	20～40	—	—	95～100	—	80～100	—	—	0～10	0	—	—	—
	31.5～63	—	—	—	95～100	—	75～100	45～75	—	0～10	0	—	—
	40～80	—	—	—	—	95～100	—	—	70～100	—	30～60	0～10	0

注：本表摘自《普通混凝土用砂、石质量及检验方法标准》(JGJ 52—2006)。

2. 碎石或卵石中针、片状颗粒含量应符合表 5.7.21 的规定。

针、片状颗粒含量　　　　　　　　　　　　　　　　表 5.7.21

混凝土强度等级	≥C60	C55～C30	≤C25
针、片状颗粒含量（按质量计，%）	≤8	≤15	≤25

注：本表摘自《普通混凝土用砂、石质量及检验方法标准》(JGJ 52—2006)。

3. 碎石或卵石中含泥量应符合表 5.7.22 的规定。

碎石或卵石中含泥量　　　　　　　　　　　　　　　表 5.7.22

混凝土强度等级	≥C60	C55～C30	≤C25
含泥量（按质量计，%）	≤0.5	≤1.0	≤2.0

注：本表摘自《普通混凝土用砂、石质量及检验方法标准》(JGJ 52—2006)。

对于有抗冻、抗渗或其他特殊要求的混凝土，其所用碎石或卵石中含泥量不应大于 1.0%。当碎石或卵石的含泥是非黏土质的石粉时，其含泥量可由 0.5%、1.0%、2.0%，分别提高到 1.0%、1.5%、3.0%。

4. 碎石或卵石中泥块含量应符合表 5.7.23 的规定。

混凝土强度等级	≥C60	C55~C30	≤C25
泥块含量（按质量计,%）	≤0.2	≤0.5	≤0.7

注：本表摘自《普通混凝土用砂、石质量及检验方法标准》（JGJ 52—2006）。

对于有抗冻、抗渗或其他特殊要求的强度等级小于 C30 的混凝土，其所用碎石或卵石中泥块含量不应大于 0.5%。

5. 碎石的强度可用岩石的抗压强度和压碎值指标表示。岩石的抗压强度应比所配制的混凝土强度至少高 2.0%。当混凝土强度等级大于或等于 C60 时，应进行岩石抗压强度检验。岩石强度首先应由生产单位提供，工程中可采用压碎值指标进行质量控制。碎石的压碎值指标宜符合表 5.7.24 的规定。

碎石的压碎值指标　　　　　　　　表 5.7.24

岩石品种	混凝土强度等级	碎石压碎值指标（%）
沉积岩	C60~C40	≤10
	≤C35	≤16
变质岩或深成的火成岩	C60~C40	≤12
	≤C35	≤20
喷出的火成岩	C60~C40	≤13
	≤C35	≤30

注：1. 沉积岩包括石灰岩、砂岩等；变质岩包括片麻岩、石英岩等；深成的火成岩包括花岗岩、正长岩、闪长岩和橄榄岩等；喷出的火成岩包括玄武岩和辉绿岩等；
2. 本表摘自《普通混凝土用砂、石质量及检验方法标准》（JGJ 52—2006）。

卵石的强度可用压碎值指标表示，其压碎值指标宜符合表 5.7.25 的规定。

卵石的压碎值指标　　　　　　　　表 5.7.25

混凝土强度等级	C60~C40	≤C35
压碎值指标（%）	≤12	≤16

注：本表摘自《普通混凝土用砂、石质量及检验方法标准》（JGJ 52—2006）。

6. 碎石或卵石的坚固性应用硫酸钠溶液法检验。试样经 5 次循环后，其质量损失应符合表 5.7.26 的规定。

碎石或卵石的坚固性指标　　　　　　表 5.7.26

混凝土所处的环境条件及其性能要求	5 次循环后的质量损失（%）
在严寒及寒冷地区室外使用，并处于潮湿或干湿交替状态下的混凝土；有腐蚀性介质作用或经常处于水位变化区的地下结构或有抗疲劳、耐磨、抗冲击等要求的混凝土	≤8
在其他条件下使用的混凝土	≤12

注：本表摘自《普通混凝土用砂、石质量及检验方法标准》（JGJ 52—2006）。

7. 碎石或卵石中的有硫化物和硫酸盐含量以及卵石中有机物等有害物质含量，应符合表5.7.27的规定。

碎石或卵石中的有害物质含量   表 5.7.27

项目	质量要求
硫化物及硫酸盐含量（折算成 SO_3，按质量计，%）	$\leqslant 1.0$
卵石中有机物含量（用比色法试验）	颜色应不深于标准色。当颜色深于标准色时，应配制成混凝土进行强度对比试验，抗压强度比应不低于 0.95

注：本表摘自《普通混凝土用砂、石质量及检验方法标准》（JGJ 52—2006）。

当碎石或卵石中含有颗粒状硫酸盐或有硫化物杂质时，应进行专门检验。确认能满足混凝土耐久性要求后，方可采用。

8. 对于长期处于潮湿环境的重要结构混凝土，其所使用的碎石或卵石应进行碱活性检验。

进行碱活性检验时，首先应采用岩相法检验碱活性骨料的盐种、类型和数量。当检验出骨料中含有活性二氧化硅时，应采用快速砂浆棒法和砂浆长度法进行碱活性检验；当检验出骨料中含有活性碳酸盐时，应采用岩石柱法进行碱活性检验。

经上述检验，当判定骨料存在潜在碱-碳酸盐反应危害时，不宜用作混凝土骨料；否则，应通过专门的混凝土试验，做最后评定。

当判定骨料存在潜在碱-硅反应危害时，应控制混凝土中的碱含量不超过 $3kg/m^3$，或采用能抑制碱-骨料反应的有效措施。

7.2.5 混凝土拌制及养护用水应符合现行行业标准《混凝土用水标准》（JGJ 63）的规定。采用饮用水时，可不检验；采用中水、搅拌站清洗水、施工现场循环水等其他水源时，应对其成分进行检验。

检查数量：同一水源检查不应少于一次。

检验方法：检查水质检验报告。

考虑到今后生产中利用工业处理水的发展趋势，除采用饮用水外，也可采用其他水源，但其质量应符合国家现行标准《混凝土拌合用水标准》（JGJ 63）的要求。

7.3 混凝土拌合物
主控项目

7.3.1 预拌混凝土进场时，其质量应符合现行国家标准《预拌混凝土》（GB/T 14902）的规定。

检查数量：全数检查。

检验方法：检查质量证明文件。

质量合格证明文件主要包括下列内容：

1. 混凝土强度；
2. 混凝土坍落度、扩展度和含气量；
3. 混凝土拌和物中水溶性氯离子含量；
4. 混凝土耐久性能；
5. 其他的混凝土性能。

具体需要什么内容视工程情况由合同约定，对于一般工程主要是混凝土强度和坍落度。

7.3.2 混凝土拌合物不应离析。

检查数量：全数检查。

检验方法：观察。

混凝土离析是指粗骨料与细骨料分离。离析后会影响混凝土的浇筑质量，降低强度，造成粗骨料堆积，形象地说就是骨肉分离。形式表现为下面都是粗骨料，中间是细骨料，上面是砂浆，最上面是水。主要原因是在搅和混凝土的过程中掺水比例过大。水分上浮的现象称为混凝土泌水。泌水是新拌混凝土工作性的一个重要方面。通常描述混凝土泌水特性的指标有泌水量和泌水率（即泌水量对混凝土拌和物之比含水量之比）。

7.3.3 混凝土中氯离子含量和碱总含量应符合现行国家标准《混凝土结构设计规范》（GB 50010）的规定和设计要求。

检查数量：同一配合比的混凝土检查不应少于一次。

检验方法：检查原材料试验报告和氯离子、碱的总含量计算书。

最大氯离子、最大碱含量的要求见表5.7.28结构混凝土材料的耐久性基本要求。

结构混凝土材料的耐久性基本要求　　　　　　表 5.7.28

环境等级	最大水胶比	最低强度等级	最大氯离子含量（%）	最大碱含量（kg/m³）
一	0.60	C20	0.30	不限制
二 a	0.55	C25	0.20	3.0
二 b	0.50（0.55）	C30（C25）	0.15	
三 a	0.45（0.50）	C35（C30）	0.15	
三 b	0.40	C40	0.10	

注：1. 氯离子含量系指其占胶凝材料总量的百分比；
2. 预应力构件混凝土中的最大氯离子含量为 0.06%；其最低混凝土强度等级宜按表中的规定提高两个等级；
3. 素混凝土构件的水胶比及最低强度等级的要求可适当放松；
4. 有可靠工程经验时，二类环境中的最低混凝土强度等级可降低一个等级；
5. 处于严寒和寒冷地区二 b、三 a 类环境中的混凝土应使用引气剂，并可采用括号中的有关参数；
6. 当使用非碱活性骨料时，对混凝土中的碱含量可不作限制；
7. 本表摘自《混凝土结构设计规范》（GB 50010—2010）。

当使用非碱活性骨料时，对混凝土中的碱含量可不作限制。一类环境中，设计使用年限为 100 年的结构混凝土最大氯离子含量为 0.06%，宜使用非碱活性材料；当使用碱活性材料时，混凝土中的最大碱含量为 3.0kg/m³。二、三类环境中，设计使用年限为 100 年的混凝土结构，应采用专门有效措施。一、二、三类环境的概念在钢筋工程中已介绍，见表5.5.32。

混凝土拌合物中氯化物总含量（以氯离子含量计）应符合下列规定：

1. 对素混凝土，不得超过水泥含量的 2%；

2. 对处于干燥环境或有防潮措施的钢筋混凝土，不得超过水泥含量的 1.0%；

3. 对处于潮湿而不含氯离子环境中的钢筋混凝土，不得超过水泥含量的 0.3%；

4. 对在潮湿并含有氯离子环境中的钢筋混凝土，不得超过水泥含量的 0.1%；

5. 预应力混凝土及处于易腐蚀环境中的钢筋混凝土，不得超过水泥含量的 0.06%。

混凝土中氯化物、碱的总含量过高，可能引起钢筋锈蚀和碱骨料反应，严重影响结构构件受力性能和耐久性。

在工程实践中，设计单位应按《混凝土结构设计规范》提出要求，施工单位实施对混凝土中氯化物的检查。

采用海砂制混凝土时，其氯离子含量应符合下列规定：

（1）对钢筋混凝土，海砂中氯离子含量不应大于0.06％（以干砂重的百分率计，下同）；

（2）对预应力混凝土若必须使用海砂时，则应经淡水冲洗，其氯离子含量不得大于0.02％。

我国海砂分布很广，蕴藏量很大。海砂一般属于中砂，颗粒坚硬、级配好、含泥量少，在沿海地区使用越来越广泛。根据混凝土的不同使用要求，对海砂中的氯盐必须予以控制。

海砂要用淡水冲洗后方可使用。要选好冲洗设备，以便保证成品砂中各部位都冲洗干净。

《普通混凝土用砂质量标准及检验方法》（JGJ 52）❶ 中规定的氯离子控制指标（对于钢筋混凝土，为砂重的0.06％；对于预应力混凝土，为砂重的0.02％），从标准执行20余年的情况来看，基本适应我国实际工程情况。

抗冻融性要求高的混凝土，必须掺用引气剂或引气减水剂，其掺量应根据混凝土的含气量要求，通过试验确定。

多年应用经验表明，混凝土中掺用引气剂能改善混凝土拌合物的和易性和粘结力，并可以增加硬化混凝土抗冻融循环作用而产生破坏作用的能力，因此，规定抗冻融要求高的混凝土必须掺用引气剂。

含有六价铬盐、亚硝酸盐等有害成分的防冻剂，严禁用于饮水工程及与食品接触的部位。

考虑到人身健康，有毒防冻剂不得用于引水工程及与食品接触的工程。

7.3.4 首次使用的混凝土配合比应进行开盘鉴定，其原材料、强度、凝结时间、稠度等应满足设计配合比的要求。

检查数量：同一配合比的混凝土检查不应少于一次。

检验方法：检查开盘鉴定资料和强度试验报告。

规范要求在实际施工时，对首次使用的混凝土配合比应进行开盘鉴定，并至少留置一组28d标准养护试件。开盘鉴定主要检查混凝土拌合物的指标如和易性、泌水性等，主要和设计配合比相比较并作记录。

一般项目

7.3.5 混凝土拌合物稠度应满足施工方案的要求。

检查数量：对同一配合比混凝土，取样应符合下列规定：

1 每拌制100盘且不超过100m³时，取样不得少于一次；

2 每工作班拌制不足100盘时，取样不得少于一次；

3 每次连续浇筑超过1000m³时，每200m³取样不得少于一次；

4 每一楼层取样不得少于一次。

检验方法：检查稠度抽样检验记录。

混凝土拌合物稠度一般用坍落度方法测定。

---

❶ 这是指的是JGJ 52—92；现已改为《普通混凝土中砂、石质量及检验方法标准》（JGJ 52—2006）。——编者注

7.3.6 混凝土有耐久性指标要求时，应在施工现场随机抽取试件进行耐久性检验，其检验结果应符合国家现行有关标准的规定和设计要求。

检查数量：同一配合比的混凝土，取样不应少于一次，留置试件数量应符合国家现行标准《普通混凝土长期性能和耐久性能试验方法标准》（GB/T 50082）和《混凝土耐久性检验评定标准》（JGJ/T 193）的规定。

检验方法：检查试件耐久性试验报告。

《普通混凝土长期性能和耐久性能试验方法标准》（GB/T 50082）中的耐久性指标主要包括下列内容：抗冻试验、动弹性模量试验、抗水渗透试验、抗氯离子渗透试验、收缩试验、早期抗裂试验、受压徐变试验、碳化试验、混凝土中钢筋锈蚀试验、抗压疲劳变形试验、抗硫酸盐侵蚀试验、碱-骨料反应试验。

混凝土取样应符合下列规定：

1. 混凝土取样应符合现行国家标准《普通混凝土拌合物性能试验方法标准》（GB/T 50080）中的规定。

2. 每组试件所用的拌合物应从同一盘混凝土或同一车混凝土中取样。

混凝土试件的制作和养护应符合下列规定：

1. 试件的制作和养护应符合现行国家标准《普通混凝土力学性能试验方法标准》GB/T 50081 中的规定。

2. 在制作混凝土长期性能和耐久性能试验用试件时，不应采用憎水性脱模剂。

3. 在制作混凝土长期性能和耐久性能试验用试件时，宜同时制作与相应耐久性能试验龄期对应的混凝土立方体抗压强度用试件。

4. 制作混凝土长期性能和耐久性能试验用试件时，所采用的振动台和搅拌机应分别符合现行行业标准《混凝土试验用振动台》（JG/T 245）和《混凝土试验用搅拌机》（JG 244）的规定。

留置试件数量和尺寸应符合国家现行标准《普通混凝土长期性能和耐久性能试验方法标准》（GB/T 50082）和《混凝土耐久性检验评定标准》（JGJ/T 193）的规定。

7.3.7 混凝土有抗冻要求时，应在施工现场进行混凝土含气量检验，其检验结果应符合国家现行有关标准的规定和设计要求。

检查数量：同一配合比的混凝土，取样不应少于一次，取样数量应符合现行国家标准《普通混凝土拌合物性能试验方法标准》（GB/T 50080）的规定。

检验方法：检查混凝土含气量检验报告。

《混凝土质量控制标准》（GB 50164—2011）对混凝土拌和物含气量提出了要求。《预拌混凝土》（GB/T 14902—2012）要求混凝土拌合物含气量实测值不宜大于 7%。

7.4 混凝土施工

主控项目

7.4.1 混凝土的强度等级必须符合设计要求。用于检验混凝土强度的试件应在浇筑地点随机抽取。

检查数量：对同一配合比混凝土，取样与试件留置应符合下列规定：

1. 每拌制 100 盘且不超过 100m³ 时，取样不得少于一次；

2. 每工作班拌制不足 100 盘时，取样不得少于一次；

3. 连续浇筑超过 1000m³ 时，每 200m³ 取样不得少于一次；

4. 每一楼层取样不得少于一次；

5. 每次取样应至少留置一组试件。

检验方法：检查施工记录及混凝土强度试验报告。

本条针对不同的混凝土使用量，规定了用于检查结构构件混凝土强度的试件的取样与留置要求。本条为强制性条文，必须严格执行。

组成混凝土的材料中相当部分是砂、石这样的地方材料，配合比、搅拌、运输、浇筑、振捣、养护等施工工艺都对其最终质量有很大的影响。因此，混凝土必须进行试验检查，以保证其应有的力学性能。

最能反映混凝土力学性能的是与结构混凝土组成成分相同的混凝土试件。根据检查目的不同，试件有标准养护试件及同条件养护试件两种，前者用于混凝土的强度进行评定验收；后者则反映结构中混凝土的实际强度，用于进行工艺控制（拆模、放张、张拉预应力、构件出池吊装等）或用于对结构实体的混凝土强度进行判断。

在我国，混凝土的质量都是用标准养护混凝土试件的立方体抗压强度试验结果，根据《混凝土强度检验评定标准》（GB/T 50107—2010）来判断混凝土合格与否的。但不按规定预留试件，不按规定标准养护试件或同条件养护试件，甚至弄虚作假，伪造试件及强度试验报告的事情时有发生。因此将对混凝土强度试件的取样规定列为强制性条文，加强其执行力度。

条文规定的取样地点在浇筑现场随机抽取，这是为了真实反映结构混凝土的实际质量。抽样的范围和现行的《混凝土强度检验评定标准》（GB/T 50107—2010）的规定相一致。

应指出的是，同条件养护试件的留置组数，除应考虑用于确定施工期间结构构件的混凝土强度外，还应根据现行规范的规定，考虑用于结构实体混凝土强度的检验，留置必要的用于结构混凝土验收的和构件同条件养护的混凝土试件。

无论是自拌还是预拌混凝土都应按本条执行。

在实际操作中，由于混凝土强度需要进行评定，在对混凝土结构构件进行验收时，混凝土强度可能还没有评定，或者混凝土试块还未达到规定试压的龄期，因此在检验批进行验收时，并不能确定混凝土强度是否符合《混凝土强度检验评定标准》（GB/T 50107—2010）的要求，所以在混凝土检验批进行验收时，应检查是否按本条留置试块，按本条留置了试块可认为符合要求。

7.4.2 后浇带的留设位置应符合设计要求，后浇带和施工缝的留设及处理方法应符合施工方案要求。

检查数量：全数检查。

检验方法：观察。

混凝土后浇带对避免混凝土结构的温度收缩裂缝等有较大作用。目前我国混凝土裂缝问题较多，与后浇带留置、施工方法欠妥有一定关系。混凝土后浇带位置应按设计要求留置，后浇带混凝土的浇筑时间、处理方法等应事先在施工技术方案中确定。

1. 施工缝的留设应符合设计要求或施工技术方案，施工缝的位置宜留在结构受剪力较小且便于施工的部位。并应符合下列规定：

1) 柱，宜留置在基础的顶面、梁或吊车梁牛腿的下面、吊车梁的上面、无梁楼板柱帽的下面；

2）与板连成整体的大截面梁，留置在板底面以下 20～30mm 处。当板下有梁托时，留置在梁托下部；

3）单向板，留置在平行于板的短边的任何位置；

4）有主次梁的楼板宜顺着次梁方向浇筑，施工缝应留置在次梁跨度的中间 1/3 范围内；

5）墙，留置在门洞口过梁跨中 1/3 范围内，也可留在纵横墙的交接处；

6）双向受力楼板、大体积混凝土结构、拱、穹拱、薄壳、蓄水池、斗仓、多层钢架及其他结构复杂的工程，施工缝的位置应按设计要求留置。

2. 在施工缝处继续浇筑混凝土时，应符合下列规定：

1）已浇筑的混凝土，其抗压强度不应小于 $1.2N/mm^2$；

2）在已硬化的混凝土表面上，应清除水泥薄膜的松动石子以及软弱混凝土层，并加以充分湿润和冲洗干净，且不得积水；

3）在浇筑混凝土前，宜先在施工缝处铺一层水泥浆或与混凝土内成分相同的水泥砂浆；

4）混凝土应细致捣实，使新旧混凝土紧密结合。

承受动力作用的设备基础，不应留置施工缝，当必须留置时，应征得设计单位同意。

3. 在设备基础的地脚螺栓范围内施工缝的留置位置，应符合下列要求：

1）水平施工缝，必须低于地脚螺栓底端，其与地脚螺栓底端的距离应大于 150mm；

当地脚螺栓直径小于 30mm 时，水平施工缝可留置在不小于地脚螺栓埋入混凝土部分总长度的 3/4 处；

2）垂直施工缝，其与地脚螺栓中心线间的距离不得小于 250mm，且不得小于螺栓直径的 5 倍。

4. 承受动力作用的设备基础的施工缝处理，应符合下列规定：

1）标高不同的两个水平施工缝，其高低接合处应留成台阶形，台阶的高宽比不得大于 1.0；

2）在水平施工缝上继续浇筑混凝土前，应对地脚螺栓进行一次观测校准；

3）垂直施工缝处应加插钢筋，其直径为 12～16mm，长度为 500～600mm，间距为 500mm，在台阶式施工缝的垂直面上也应补插钢筋；

4）施工缝的混凝土表面应凿毛，在继续浇筑混凝土前，应用水冲洗干净，湿润后在表面上抹 10～15mm 厚与混凝土内成分相同的一层水泥砂浆。

7.4.3 混凝土浇筑完毕后应及时进行养护，养护时间以及养护方法应符合施工方案要求。

检查数量：全数检查。

检验方法：观察，检查混凝土养护记录。

混凝土浇筑完毕后，应按施工技术方案及时采取有效的养护措施。混凝土养护一般应符合下列规定：

1. 应在浇筑完毕后的 12h 以内对混凝土加以覆盖并保湿养护；

2. 混凝土浇水养护的时间：对采用硅酸盐水泥、普通硅酸盐水泥或矿渣硅酸盐水泥拌制的混凝土，不得少于 7d；对掺用缓凝型外加剂或有抗渗要求的混凝土，不得少于 14d；

3. 浇水次数应能保持混凝土处于湿润状态；混凝土养护用水应与拌制用水相同；

4. 采用塑料布覆盖养护的混凝土，其敞露的全部表面应覆盖严密，并应保持塑料布内有凝结水；

5. 混凝土强度达到 1.2N/mm² 前，不得在其上踩踏或安装模板及支架。

　　注：1. 当日平均气温低于 5℃时，不得浇水；

　　　　2. 当采用其他品种水泥时，混凝土的养护时间应根据所采用水泥的技术性能确定；

　　　　3. 混凝土表面不便浇水或使用塑料布时，宜涂刷养护剂；

　　　　4. 对大体积混凝土的养护，应根据气候条件在施工技术方案中采取控温措施。

混凝土的养护条件对混凝土强度的增长有重要影响。在施工过程中，应根据原材料、配合比、浇筑部位和季节等具体情况，制订合理的施工技术方案，采取有效的养护措施，保证混凝土强度正常增长。

特别需要强调的是目前预拌混凝土中常掺有大量的掺加料，对养护的要求特高，其开始养护的时间与混凝土结构裂缝关系十分密切，编者多次处理此类质量缺陷，希望质量检查人员能够重视混凝土结构构件的养护。

5.8　现浇结构分项工程

现浇结构分项工程以模板、钢筋、预应力、混凝土四个分项工程为依托，是拆除模板后的混凝土结构实物外观质量、几何尺寸检验等一系列技术工作的总称。现浇结构分项工程通常不是按材料或工艺类型，而是按结构的楼层、结构缝或施工段划分检验批。

现行混凝土结构施工质量验收规范将混凝土工程和现浇结构工程分开，其主要区别为混凝土工程主要是混凝土拌合物的质量及过程控制，而现浇结构工程主要是已浇筑的混凝土结构构件。

8.1　一般规定

8.1.1　现浇结构质量验收应符合下列规定：

1　现浇结构质量验收应在拆模后、混凝土表面未作修整和装饰前进行，并应作出记录；

2　已经隐蔽的不可直接观察和量测的内容，可检查隐蔽工程验收记录；

3　修整或返工的结构构件或部位应有实施前后的文字及图像记录。

8.1.2　现浇结构的外观质量缺陷，应由监理单位、施工单位等各方根据其对结构性能和使用功能影响的严重程度，按表 8.1.2（本书表 5.8.1）确定。

现浇结构外观质量缺陷　　　　　　　　　　　　　　　　表 5.8.1

名　称	现　象	严重缺陷	一般缺陷
露筋	构件内钢筋未被混凝土包裹而外露	纵向受力钢筋有露筋	其他钢筋有少量露筋
蜂窝	混凝土表面缺少水泥砂浆而形成石子外露	构件主要受力部位有蜂窝	其他部位有少量蜂窝
孔洞	混凝土中孔穴深度和长度均超过保护层厚度	构件主要受力部位有孔洞	其他部位有少量孔洞
夹渣	混凝土中夹有杂物且深度超过保护层厚度	构件主要受力部位有夹渣	其他部位有少量夹渣
疏松	混凝土中局部不密实	构件主要受力部位有疏松	其他部位有少量疏松

名　称	现　象	严重缺陷	一般缺陷
裂缝	缝隙从混凝土表面延伸至混凝土内部	构件主要受力部位有影响结构性能或使用功能的裂缝	其他部位有少量不影响结构性能或使用功能的裂缝
连接部位缺陷	构件连接处混凝土缺陷及连接钢筋、连接件松动	连接部位有影响结构传力性能的缺陷	连接部位有基本不影响结构传力性能的缺陷
外形缺陷	缺棱掉角、棱角不直、翘曲不平、飞边凸肋等	清水混凝土构件有影响使用功能或装饰效果的外形缺陷	其他混凝土构件有不影响使用功能的外形缺陷
外表缺陷	构件表面麻面、掉皮、起砂、沾污等	具有重要装饰效果的清水混凝土构件有外表缺陷	其他混凝土构件有不影响使用功能的外表缺陷

注：本表摘自《混凝土结构工程施工质量验收规范》（GB 50204—2015）。

规范对现浇结构外观质量的验收，采用检查缺陷，并对缺陷的性质和数量加以限制的方法进行。规范给出了确定现浇结构外观质量严重缺陷、一般缺陷的一般原则以及几种一般缺陷的数量限制。当外观质量缺陷的严重程度超过规定的一般缺陷时，可按严重缺陷处理。在具体实施中，外观质量缺陷对结构性能和使用功能等的影响程度，应由监理（建设）单位、施工单位等各方共同确定。

对于具有重要装饰效果的清水混凝土，考虑到其装饰效果属于主要使用功能，故将其表面外形缺陷、外表缺陷确定为严重缺陷。

现浇结构拆模后，施工单位应及时会同监理（建设）单位对混凝土外观质量和尺寸偏差进行检查，并作出记录。对任何缺陷及超过限值的尺寸偏差都应及时进行处理，并重新检查验收。

对于一般缺陷的几个概念：

1. 少量露筋：梁、柱非纵向受力钢筋的露筋长度一处不大于 10cm，累计不大于 20cm；基础、墙、板非纵向受力钢筋的露筋长度一处不大于 20cm，累计不大于 40cm。

2. 少量蜂窝：梁、柱上的蜂窝面积一处不大于 $500cm^2$，累计不大于 $1000cm^2$；基础、墙、板上蜂窝面积一处不大于 $1000cm^2$，累计不大于 $2000cm^2$。

3. 少量孔洞：梁、柱上的孔洞面积一处不大于 $10cm^2$，累计不大于 $80cm^2$；基础、墙、板上的孔洞面积一处不大于 $100cm^2$，累计不大于 $200cm^2$。

4. 少量夹渣：夹渣层的深度不大于 5cm；梁、柱上的夹渣层长度一处不大于 5cm，不多于两处；基础、墙、板上的夹渣层长度一处不大于 20cm，不多于两处。

5. 少量疏松：梁、柱上的疏松面积一处不大于 $500cm^2$，累计不大于 $1000cm^2$；基础、墙、板上的疏松面积一处不大于 $1000cm^2$，累计不大于 $2000cm^2$。

8.1.3 装配式结构现浇部分的外观质量、位置偏差、尺寸偏差验收应符合本章要求。

预制构件与现浇结构之间的结合面应符合设计要求。

8.2 外观质量
主控项目

8.2.1 现浇结构的外观质量不应有严重缺陷。

对已经出现的严重缺陷，应由施工单位提出技术处理方案，并经监理单位认可后进行处理；对裂缝、连接部位出现的严重缺陷及其他影响结构安全的严重缺陷，技术处理方案尚应经设计单位认可。对经处理的部位应重新验收。

  检查数量：全数检查。

  检验方法：观察，检查处理记录。

  现浇结构外观质量存在严重缺陷的处理，原《混凝土结构工程施工质量验收规范》（GB 50204—2002）规定的处理程序是由监理单位认可，《混凝土结构工程施工质量验收规范》（GB 50204—2015）规定对裂缝、连接部位出现的严重缺陷及其他影响结构安全的严重缺陷，技术处理方案尚应经设计单位认可。

  外观质量的严重缺陷通常会影响到结构性能、使用功能或耐久性。对已经出现的严重缺陷，应由施工单位根据缺陷的具体情况提出技术处理方案，经监理单位认可后进行处理，并重新检查验收。

  外观质量的严重缺陷通常会影响到结构性能、使用功能，也可能影响设备在基础上的安装、使用。

  在执行这个条款时，主要难度是如何确定外观质量缺陷的影响程度，以及对结构受力性能、使用功能、设备安装使用的影响程度而确定尺寸偏差的限值。实际工程中，应该由施工单位在与监理单位协商并取得同意后，作出方案并进行处理。如对结构性能有重大影响，应征得设计者的同意。

一般项目

8.2.2 现浇结构的外观质量不应有一般缺陷。

  对已经出现的一般缺陷，应由施工单位按技术处理方案进行处理。对经处理的部位应重新验收。

  检查数量：全数检查。

  检验方法：观察，检查处理记录。

  外观质量的一般缺陷通常不会影响到结构性能、使用功能，但有碍观瞻。故对已经出现的一般缺陷，也应及时处理，并重新检查验收。

8.3 位置和尺寸偏差
主控项目

8.3.1 现浇结构不应有影响结构性能或使用功能的尺寸偏差；混凝土设备基础不应有影响结构性能和设备安装的尺寸偏差。

  对超过尺寸允许偏差且影响结构性能和安装、使用功能的部位，应由施工单位提出技术处理方案，经监理、设计单位认可后进行处理。对经处理的部位应重新验收。

  检查数量：全数检查。

  检验方法：量测，检查处理记录。

  过大的尺寸偏差可能影响结构构件的受力性能、使用功能，可能影响设备在基础上的安装、使用。验收时，应根据现浇结构、混凝土设备基础尺寸偏差的具体情况，由监理单位、施工单位等各方共同确定尺寸偏差对结构性能和安装使用功能的影响程度。对超过尺寸允许偏差且影响结构性能和安装、使用功能的部位，应由施工单位根据尺寸偏差的具体情况提出技术处理方案，经监理、设计单位认可进行处理，并重新检查验收。

  在结构拆模以后，应对实体结构进行全面的观察检查，记录其外观质量和尺寸偏差的实际状态。对于外观质量的一般缺陷应及时进行修复处理；一般的尺寸偏差，只要其合格点率不超过规定数值，都可以通过验收。但对于严重缺陷和过大的尺寸偏差，则应由施工单位提出技术处理方案并经监理、设计单位认可后方能进行处理，处理后，应重新检查验收。有关缺陷情况的记录，修复处理的技术方案以及修复后再检查验收的结构，均应存档备案。

一般项目

8.3.2 现浇结构的位置和尺寸偏差及检验方法应符合表 8.3.2（本书表 5.8.2）的规定。

检查数量：按楼层、结构缝或施工段划分检验批。在同一检验批内，对梁、柱和独立基础，应抽查构件数量的 10%，且不应少于 3 件；对墙和板，应按有代表性的自然间抽查 10%，且不应少于 3 间；对大空间结构，墙可按相邻轴线间高度 5m 左右划分检查面，板可按纵、横轴线划分检查面，抽查 10%，且均不应少于 3 面；对电梯井，应全数检查。

现浇结构位置和尺寸允许偏差及检验方法　　　　　表 5.8.2

项目			允许偏差（mm）	检验方法
轴线位置	整体基础		15	经纬仪及尺量
	独立基础		10	经纬仪及尺量
	柱、墙、梁		8	尺量
垂直度	柱、墙层高	≤6m	10	经纬仪或吊线、尺量
		>6m	12	经纬仪或吊线、尺量
	全高（H）≤300m		$H/30000+20$	经纬仪、尺量
	全高（H）>300m		$H/10000$ 且≤80	经纬仪、尺量
标高	层高		±10	水准仪或拉线、尺量
	全高		±30	水准仪或拉线、尺量
截面尺寸	基础		+15，−10	尺量
	柱、梁、板、墙		+10，−5	尺量
	楼梯相邻踏步高差		6	尺量
电梯井	中心位置		10	尺量
	长、宽尺寸		+25，0	尺量
表面平整度			8	2m 靠尺和塞尺量测
预埋件中心位置	预埋板		10	尺量
	预埋螺栓		5	尺量
	预埋管		5	尺量
	其他		10	尺量
预留洞、孔中心线位置			15	尺量

注：1. 检查轴线、中心线位置时，沿纵、横两个方向测量，并取其中偏差的较大值。
　　2. H 为全高，单位为 mm。
　　3. 本表摘自《混凝土结构工程施工质量验收规范》（GB 50204—2015）。

8.3.3 现浇设备基础的位置和尺寸应符合设计和设备安装的要求。其位置和尺寸偏差及检验方法应符合表 8.3.3（本书表 5.8.3）的规定。

检查数量：全数检查。

项目		允许偏差（mm）	检验方法
坐标位置		20	经纬仪及尺量
不同平面标高		0，−20	水准仪或拉线、尺量
平面外形尺寸		±20	尺量
凸台上平面外形尺寸		0，−20	尺量
凹槽尺寸		+20，0	尺量
平面水平度	每米	5	水平尺、塞尺量测
	全长	10	水准仪或拉线、尺量
垂直度	每米	5	经纬仪或吊线、尺量
	全高	10	经纬仪或吊线、尺量
预埋地脚螺栓	中心位置	2	尺量
	顶标高	+20，0	水准仪或拉线、尺量
	中心距	±2	尺量
	垂直度	5	吊线、尺量
预埋地脚螺栓孔	中心线位置	10	尺量
	截面尺寸	+20，0	尺量
	深度	+20，0	尺量
	垂直度	$h/100$ 且≤10	吊线、尺量
预埋活动地脚螺栓锚板	中心线位置	5	尺量
	标高	+20，0	水准仪或拉线、尺量
	带槽锚板平整度	5	直尺、塞尺量测
	带螺纹孔锚板平整度	2	直尺、塞尺量测

注：1. 检查坐标、中心线位置时，应沿纵、横两个方向测量，并取其中偏差的较大值。
2. h 为预埋地脚螺栓孔孔深，单位为 mm。
3. 本表摘自《混凝土结构工程施工质量验收规范》（GB 50204—2015）。

5.9 装配式结构分项工程

装配式结构分项工程以模板、钢筋、预应力、混凝土四个分项工程为依托，是从预制构件产品质量检验、结构性能检验、预制构件的安装连接等一系列技术工作和完成结构实体的总称。

预制构件包括在预制构件厂和施工现场制作的构件，按构件生产数量划分检验批进行验收。装配式结构分项工程可按楼层、结构缝或施工段划分检验批进行验收。

9.1 一般规定

9.1.1 装配式结构连接节点及叠合构件浇筑混凝土之前，应进行隐蔽工程验收。隐蔽工程验收应包括下列主要内容：

1 混凝土粗糙面的质量，键槽的尺寸、数量、位置；

2 钢筋的牌号、规格、数量、位置、间距，箍筋弯钩的弯折角度及平直段长度；

3 钢筋的连接方式、接头位置、接头数量、接头面积百分率、搭接长度、锚固方式及锚固长度；

4 预埋件、预留管线的规格、数量、位置。

9.1.2 装配式结构的接缝施工质量及防水性能应符合设计要求和国家现行相关标准的要求。

9.2 预制构件

主控项目

9.2.1 预制构件的质量应符合本规范、国家现行相关标准的规定和设计的要求。

　　检查数量：全数检查。

　　检验方法：检查质量证明文件或质量验收记录。

　　我国 1990 年发布了《预制混凝土构件质量检验评定标准》（GBJ 321—90），后被《混凝土结构工程施工质量验收标准》（GB 50204—2002）替换，现《混凝土结构工程施工质量验收标准》（GB 50204—2002）已修编为 GB 50204—2015，未查到国家其他关于预制混凝土构件的质量标准。

　　该项检查时应核对设计图纸或标准图，并观察检查，必要时辅以尺量检查。

9.2.2 专业企业生产的预制构件进场时，预制构件结构性能检验应符合下列规定：

　　1 梁板类简支受弯预制构件进场时应进行结构性能检验，并应符合下列规定：

　　1）结构性能检验应符合国家现行有关标准的有关规定及设计的要求，检验要求和试验方法应符合本规范附录 B 的规定。

　　2）钢筋混凝土构件和允许出现裂缝的预应力混凝土构件应进行承载力、挠度和裂缝宽度检验；不允许出现裂缝的预应力混凝土构件应进行承载力、挠度和抗裂检验。

　　3）对大型构件及有可靠应用经验的构件，可只进行裂缝宽度、抗裂和挠度检验。

　　4）对使用数量较少的构件，当能提供可靠依据时，可不进行结构性能检验。

　　2 对其他预制构件，除设计有专门要求外，进场时可不做结构性能检验。

　　3 对进场时不做结构性能检验的预制构件，应采取下列措施：

　　1）施工单位或监理单位代表应驻厂监督生产过程；

　　2）当无驻厂监督时，预制构件进场时应对其主要受力钢筋数量、规格、间距、保护层厚度及混凝土强度等进行实体检验。

　　检验数量：每批进场不超过 1000 个为一批，每批随机抽取 1 个构件进行结构性能检验。

　　检验方法：检查结构性能检验报告或实体检验报告。

　　注："同类型"是指同一钢种、同一混凝土强度等级、同一生产工艺和同一结构形式。抽取预制构件时，宜从设计荷载最大、受力最不利或生产数量最多的预制构件中抽取。

　　预制构件应进行结构性能检验。结构性能检验不合格的预制构件不得用于装配式结构。对使用数量较少的构件，当能提供可靠依据时，可不进行结构性能检验。可靠依据主要是对原材料的质量控制和制作的措施。加强材料和制作质量检验的措施包括下列内容：

　　1）钢筋进场检验合格后，在使用前再对用作构件受力主筋的同批钢筋按不超过 5t 抽取一组试件，并经检验合格；对经逐盘检验的预应力钢丝，可不再抽样检查；

　　2）受力主筋焊接接头的力学性能，应按国家现行标准《钢筋焊接及验收规程》（JGJ 18）检验合格后，再抽取一组试件，并经检验合格；

　　3）混凝土按 5m³ 且不超过半个工作班生产的相同配合比的混凝土，留置一组试件，并经检验合格；

　　4）受力主筋焊接接头的外观质量、入模后的主筋保护层厚度、张拉预应力总值和构件的截面尺寸等，应逐件检验合格。

装配式结构的结构性能主要取决于预制构件的结构性能和连接质量。因此，应对预制构件进行结构性能检验，意味着未进行结构性能检验的构件或结构性能检验不合格的构件不得用于工程。

本条提出了进行结构性能检验的要求，即不进行结构性能检验的构件检验批在未确定其结构性能合格之前不能用于结构。同样，结构性能检验不合格的构件也不能用于混凝土结构。

有的构件厂不做结构性能检验，或者不能准确地按规范要求进行结构性能试验检验。对前者是不允许的，而对后者则有一个提高试验检验水平的问题，做不做结构性能试验检验是原则问题；而结构性能试验检验是否规范、准确或试验检验合格则是方法问题。

本条也给出了不做结构性能检验的其他实体检验方法。

《混凝土结构工程施工质量验收规范》（GB 50204—2015）附录 B 的内容如下：

附录 B　受弯预制构件结构性能检验

B.1　检验要求

B.1.1　预制构件的承载力检验应符合下列规定：

1　当按现行国家标准《混凝土结构设计规范》GB 50010 的规定进行检验时，应满足下式的要求：

$$\gamma_u^0 \geq \gamma_0 [\gamma_u] \qquad (B.1.1-1)$$

式中：γ_u^0——构件的承载力检验系数实测值，即试件的荷载实测值与荷载设计值（均包括自重）的比值；

γ_0——结构重要性系数，按设计要求的结构等级确定，当无专门要求时取 1.0；

$[\gamma_u]$——构件的承载力检验系数允许值，按表 B.1.1（本书表 5.9.1）取用。

2　当按构件实配钢筋进行承载力检验时，应满足下式的要求：

$$\gamma_u^0 \geq \gamma_0 \eta [\gamma_u] \qquad (B.1.1-2)$$

式中：η——构件承载力检验修正系数，根据现行国家标准《混凝土结构设计规范》GB 50010 按实配钢筋的承载力计算确定。

构件的承载力检验系数允许值　　　　　　　　　　　表 5.9.1

受力情况	达到承载能力极限状态的检验标志		$[\gamma_u]$
受弯	受拉主筋处的最大裂缝宽度达到 1.5mm；或挠度达到跨度的 1/50	有屈服点热轧钢筋	1.20
		无屈服点钢筋（钢丝、钢绞线、冷加工钢筋、无屈服点热轧钢筋）	1.35
	受压区混凝土破坏	有屈服点热轧钢筋	1.30
		无屈服点钢筋（钢丝、钢绞线、冷加工钢筋、无屈服点热轧钢筋）	1.50
	受拉主筋拉断		1.50
受弯构件的受剪	腹部斜裂缝达到 1.5mm，或斜裂缝末端受压混凝土剪压破坏		1.40
	沿斜截面混凝土斜压、斜拉破坏；受拉主筋在端部滑脱或其他锚固破坏		1.55
	叠合构件叠合面、接槎处		1.45

注：本表摘自《混凝土结构工程施工质量验收规范》（GB 50204—2015）。

B.1.2 预制构件的挠度检验应符合下列规定：

1 当按现行国家标准《混凝土结构设计规范》(GB 50010) 规定的挠度允许值进行检验时，应满足下式的要求：

$$a_s^0 \leqslant [a_s] \qquad (\text{B.1.2-1})$$

式中：a_s^0——在检验用荷载标准组合值或荷载准永久组合值作用下的构件挠度实测值；

$[a_s]$——挠度检验允许值，按本规范第 B.1.3 条的有关规定计算。

2 当按构件实配钢筋进行挠度检验或仅检验构件的挠度、抗裂或裂缝宽度时，应满足下式的要求：

$$a_s^0 \leqslant 1.2a_s^c \qquad (\text{B.1.2-2})$$

a_s^0 应同时满足公式 (B.1.2-1) 的要求。

式中：a_s^c——在检验用荷载标准组合值或荷载准永久组合值作用下，按实配钢筋确定的构件短期挠度计算值，按现行国家标准《混凝土结构设计规范》(GB 50010) 确定。

B.1.3 挠度检验允许值 $[a_s]$ 应按下列公式进行计算：

按荷载准永久组合值计算钢筋混凝土受弯构件

$$[a_s] = [a_f]/\theta \qquad (\text{B.1.3-1})$$

按荷载标准组合值计算预应力混凝土受弯构件

$$[a_s] = \frac{M_k}{M_q(\theta-1)+M_k}[a_f] \qquad (\text{B.1.3-2})$$

式中：M_k——按荷载标准组合值计算的弯矩值；

M_q——按荷载准永久组合值计算的弯矩值；

θ——考虑荷载长期效应组合对挠度增大的影响系数，按现行国家标准《混凝土结构设计规范》(GB 50010) 确定；

$[a_f]$——受弯构件的挠度限值，按现行国家标准《混凝土结构设计规范》(GB 50010) 确定。

B.1.4 预制构件的抗裂检验应满足公式 (B.1.4-1) 的要求：

$$\gamma_{cr}^0 \geqslant [\gamma_{cr}] \qquad (\text{B.1.4-1})$$

$$[\gamma_{cr}] = 0.95 \frac{\sigma_{pc} + \gamma f_{tk}}{\sigma_{ck}} \qquad (\text{B.1.4-2})$$

式中：γ_{cr}^0——构件的抗裂检验系数实测值，即试件的开裂荷载实测值与检验用荷载标准组合值（均包括自重）的比值；

$[\gamma_{cr}]$——构件的抗裂检验系数允许值；

σ_{pc}——由预加力产生的构件抗拉边缘混凝土法向应力值，按现行国家标准《混凝土结构设计规范》(GB 50010) 确定；

γ——混凝土构件截面抵抗矩塑性影响系数，按现行国家标准《混凝土结构设计规范》(GB 50010) 确定；

f_{tk}——混凝土抗拉强度标准值；

σ_{ck}——按荷载标准组合值计算的构件抗拉边缘混凝土法向应力值，按现行国家标准《混凝土结构设计规范》(GB 50010) 确定。

B.1.5 预制构件的裂缝宽度检验应满足下式的要求：

$$w_{s,max}^0 \leqslant [w_{max}] \tag{B.1.5}$$

式中：$w_{s,max}^0$——在检验用荷载标准组合值或荷载准永久组合值作用下，受拉主筋处的最大裂缝宽度实测值；

$[w_{max}]$——构件检验的最大裂缝宽度允许值，按表 B.1.5（本书表 5.9.2）取用。

构件的最大裂缝宽度允许值（mm）　　　　　　　　　表 5.9.2

设计要求的最大裂缝宽度限值	0.1	0.2	0.3	0.4
$[w_{max}]$	0.07	0.15	0.20	0.25

B.1.6 预制构件结构性能检验的合格判定应符合下列规定：

　　1 当预制构件结构性能的全部检验结果均满足本规范第 B.1.1 条～B.1.5 条的检验要求时，该批构件可判为合格；

　　2 当预制构件的检验结果不满足第 1 款的要求，但又能满足第二次检验指标要求时，可再抽两个预制构件进行二次检验。第二次检验指标，对承载力及抗裂检验系数的允许值应取本规范第 B.1.1 条和第 B.1.4 条规定的允许值减 0.05；对挠度的允许值应取本规范第 B.1.3 条规定允许值的 1.10 倍；

　　3 当进行二次检验时，如第一个检验的预制构件的全部检验结果均满足本规范第 B.1.1 条～B.1.5 条的要求，该批构件可判为合格；如两个预制构件的全部检验结果均满足第二次检验指标的要求，该批构件也可判为合格。

B.2　检验方法

B.2.1 进行结构性能检验时的试验条件应符合下列规定：

　　1 试验场地的温度应在 0℃ 以上；

　　2 蒸汽养护后的构件应在冷却至常温后进行试验；

　　3 预制构件的混凝土强度应达到设计强度的 100% 以上；

　　4 构件在试验前应量测其实际尺寸，并检查构件表面，所有的缺陷和裂缝应在构件上标出；

　　5 试验用的加荷设备及量测仪表应预先进行标定或校准。

B.2.2 试验预制构件的支承方式应符合下列规定：

　　1 对板、梁和桁架等简支构件，试验时应一端采用铰支承，另一端采用滚动支承。铰支承可采用角钢、半圆型钢或焊于钢板上的圆钢，滚动支承可采用圆钢；

　　2 对四边简支或四角简支的双向板，其支承方式应保证支承处构件能自由转动，支承面可相对水平移动；

　　3 当试验的构件承受较大集中力或支座反力时，应对支承部分进行局部受压承载力验算；

　　4 构件与支承面应紧密接触；钢垫板与构件、钢垫板与支墩间，宜铺砂浆垫平；

　　5 构件支承的中心线位置应符合设计的要求。

B.2.3 试验荷载布置应符合设计的要求。当荷载布置不能完全与设计的要求相符时，应按荷载效应等效的原则换算，并应计入荷载布置改变后对构件其他部位的不利影响。

B.2.4 加载方式应根据设计加载要求、构件类型及设备等条件选择。当按不同形式荷载组合进行加载试验时，各种荷载应按比例增加，并应符合下列规定：

1 荷重块加载可用于均布加载试验。荷重块应按区格成垛堆放，垛与垛之间的间隙不宜小于100mm，荷重块的最大边长不宜大于500mm；

2 千斤顶加载可用于集中加载试验。集中加载可采用分配梁系统实现多点加载。千斤顶的加载值宜采用荷载传感器量测，也可采用油压表量测；

3 梁或桁架可采用水平对顶加荷方法，此时构件应垫平且不应妨碍构件在水平方向的位移。梁也可采用竖直对顶的加荷方法；

4 当屋架仅作挠度、抗裂或裂缝宽度检验时，可将两榀屋架并列，安放屋面板后进行加载试验。

B.2.5 加载过程应符合下列规定：

1 预制构件应分级加载。当荷载小于标准荷载时，每级荷载不应大于标准荷载值的20%；当荷载大于标准荷载时，每级荷载不应大于标准荷载值的10%；当荷载接近抗裂检验荷载值时，每级荷载不应大于标准荷载值的5%；当荷载接近承载力检验荷载值时，每级荷载不应大于荷载设计值的5%；

2 试验设备重量及预制构件自重应作为第一次加载的一部分；

3 试验前宜对预制构件进行预压，以检查试验装置的工作是否正常，但应防止构件因预压而开裂；

4 对仅作挠度、抗裂或裂缝宽度检验的构件应分级卸载。

B.2.6 每级加载完成后，应持续10min～15min；在标准荷载作用下，应持续30min。在持续时间内，应观察裂缝的出现和开展，以及钢筋有无滑移等；在持续时间结束时，应观察并记录各项读数。

B.2.7 进行承载力检验时，应加载至预制构件出现本规范表B.1.1所列承载能力极限状态的检验标志之一后结束试验。当在规定的荷载持续时间内出现上述检验标志之一时，应取本级荷载值与前一级荷载值的平均值作为其承载力检验荷载实测值；当在规定的荷载持续时间结束后出现上述检验标志之一时，应取本级荷载值作为其承载力检验荷载实测值。

B.2.8 挠度量测应符合下列规定：

1 挠度可采用百分表、位移传感器、水平仪等进行观测。接近破坏阶段的挠度，可采用水平仪或拉线、直尺等测量；

2 试验时，应量测构件跨中位移和支座沉陷。对宽度较大的构件，应在每一量测截面的两边或两肋布置测点，并取其量测结果的平均值作为该处的位移；

3 当试验荷载竖直向下作用时，对水平放置的试件，在各级荷载下的跨中挠度实测值应按下列公式计算：

$$a_t^0 = a_q^0 + a_g^0 \tag{B.2.8-1}$$

$$a_q^0 = v_m^0 - \frac{1}{2}(v_l^0 + v_r^0) \tag{B.2.8-2}$$

$$a_g^0 = \frac{M_g}{M_b}a_b^0 \tag{B.2.8-3}$$

式中：a_t^0——全部荷载作用下构件跨中的挠度实测值，mm；

a_q^0——外加试验荷载作用下构件跨中的挠度实测值，mm；

a_g^0——构件自重及加荷设备重产生的跨中挠度值，mm；

v_m^0——外加试验荷载作用下构件跨中的位移实测值，mm；

v_l^0，v_r^0——外加试验荷载作用下构件左、右端支座沉陷的实测值，mm；

M_g——构件自重和加荷设备重产生的跨中弯矩值，kN·m；

M_b——从外加试验荷载开始至构件出现裂缝的前一级荷载为止的外加荷载产生的跨中弯矩值，kN·m；

a_b^0——从外加试验荷载开始至构件出现裂缝的前一级荷载为止的外加荷载产生的跨中挠度实测值，mm。

4 当采用等效集中力加载模拟均布荷载进行试验时，挠度实测值应乘以修正系数 ψ。当采用三分点加载时 ψ 可取 0.98；当采用其他形式集中力加载时，ψ 应经计算确定。

B.2.9 裂缝观测应符合下列规定：

1 观察裂缝出现可采用放大镜。试验中未能及时观察到正截面裂缝的出现时，可取荷载—挠度曲线上第一弯转段两端点切线的交点的荷载值作为构件的开裂荷载实测值；

2 在对构件进行抗裂检验时，当在规定的荷载持续时间内出现裂缝时，应取本级荷载值与前一级荷载值的平均值作为其开裂荷载实测值；当在规定的荷载持续时间结束后出现裂缝时，应取本级荷载值作为其开裂荷载实测值；

3 裂缝宽度宜采用精度为 0.05mm 的刻度放大镜等仪器进行观测，也可采用满足精度要求的裂缝检验卡进行观测；

4 对正截面裂缝，应量测受拉主筋处的最大裂缝宽度；对斜截面裂缝，应量测腹部斜裂缝的最大裂缝宽度。当确定受弯构件受拉主筋处的裂缝宽度时，应在构件侧面量测。

B.2.10 试验时应采用安全防护措施，并应符合下列规定：

1 试验的加荷设备、支架、支墩等，应有足够的承载力安全储备；

2 试验屋架等大型构件时，应根据设计要求设置侧向支承；侧向支承应不妨碍构件在其平面内的位移；

3 试验过程中应采取安全措施保护试验人员和试验设备安全。

B.2.11 试验报告应符合下列规定：

1 试验报告内容应包括试验背景、试验方案、试验记录、检验结论等，不得有漏项缺检；

2 试验报告中的原始数据和观察记录应真实、准确，不得任意涂抹篡改；

3 试验报告宜在试验现场完成，并应及时审核、签字、盖章、登记归档。

9.2.3 预制构件的外观质量不应有严重缺陷，且不应有影响结构性能和安装、使用功能的尺寸偏差。

检查数量：全数检查。

检验方法：观察，尺量；检查处理记录。

预制构件制作完成后，预制构件厂或现场施工单位应对构件外观质量和尺寸偏差进行检查，并作出记录。不论何种缺陷都应及时按技术处理方案进行处理，并重新检查验收。该技术处理方案由施工企业提出并按企业内部规定的程序审批。对于外观质量的检查和缺陷处理参照现浇结构执行，不再赘述。预制构件种类繁多，且工厂化生产可以达到更高的质量水平。规范按构件类型详细列出了尺寸允许偏差的要求，同时还给出了相应的检验方法。

9.2.4 预制构件上的预埋件、预留插筋、预埋管线等的、规格和数量以及预留孔、预留洞的数量应符合设计要求。

　　检查数量：全数检查。

　　检验方法：观察。

　　按照图纸核对检查就可以了。

一般项目

9.2.5 预制构件应有标识。

　　检查数量：全数检查。

　　检验方法：观察。

　　预制构件应在明显部位标明生产单位、构件型号、生产日期和质量验收标志。

9.2.6 预制构件的外观质量不应有一般缺陷。

　　检查数量：全数检查。

　　检验方法：观察，检查处理记录。

　　对已经出现的一般缺陷，应按技术处理方案进行处理，并重新检查验收。

9.2.7 预制构件的尺寸偏差及检验方法应符合表 9.2.7（本书表 5.9.3）的规定；设计有专门规定时，尚应符合设计要求。施工过程中临时使用的预埋件，其中心线位置允许偏差可取表 9.2.7 中规定数值的 2 倍。

　　检查数量：同一类型的构件，不超过 100 件为一批，每批应抽查构件数量的 5%，且不应少于 3 件。

预制构件尺寸的允许偏差及检验方法　　　　表 5.9.3

项目			允许偏差（mm）	检验方法
长度	楼板、梁、柱、桁架	<12m	±5	尺量
		≥12m 且 <18m	±10	
		≥18m	±20	
	墙板		±4	
宽度、高（厚）度	楼板、梁、柱、桁架		±5	尺量一端及中部，取其中偏差绝对值较大处
	墙板		±4	
表面平整度	楼板、梁、柱、墙板内表面		5	2m 靠尺和塞尺量测
	墙板外表面		3	
侧向弯曲	楼板、梁、柱		L/750 且 ≤20	拉线、直尺量测最大侧向弯曲处
	墙板、桁架		L/1000 且 ≤20	
翘曲	楼板		L/750	调平尺在两端量测
	墙板		L/1000	
对角线	楼板		10	尺量两个对角线
	墙板		5	
预留孔	中心线位置		5	尺量
	孔尺寸		±5	
预留洞	中心线位置		10	尺量
	洞口尺寸、深度		±10	

项目		允许偏差（mm）	检验方法
预埋件	预埋板中心线位置	5	尺量
	预埋板与混凝土面平面高差	0，－5	
	预埋螺栓	2	
	预埋螺栓外露长度	＋10，－5	
	预埋套筒、螺母中心线位置	2	
	预埋套筒、螺母与混凝土面平面高差	±5	
预留插筋	中心线位置	5	尺量
	外露长度	＋10，－5	
键槽	中心线位置	5	尺量
	长度、宽度	±5	
	深度	±10	

注：1 *L* 为构件长度，单位为 mm；
　　2 检查中心线、螺栓和孔道位置偏差时，沿纵、横两个方向量测，并取其中偏差较大值。
　　3 本表摘自《混凝土结构工程施工质量验收规范》（GB 50204—2015）。

9.2.8 预制构件的粗糙面的质量及键槽的数量应符合设计要求。

检查数量：全数检查。

检验方法：观察。

9.3　安装与连接
主控项目

9.3.1 预制构件临时固定措施应符合施工方案的要求。

检查数量：全数检查。

检验方法：观察。

预制构件安装就位后，应有一定的临时固定措施，否则容易发生倾倒、移位等事故。一般采用固定钢架、支撑、拉索等形式。其作用不仅是固定预制构件，还可起到调整位置的作用。这些固定措施，要待接头、拼缝施工完成，结构形成整体以后才可拆去，否则容易造成事故。

9.3.2 钢筋采用套筒灌浆连接时，灌浆应饱满、密实。其材料及连接质量应符合国家现行行业标准《钢筋套筒灌浆连接应用技术规范》（JGJ 355）的规定。

检查数量：按国家现行行业标准《钢筋套筒灌浆连接应用技术规范》（JGJ 355）的规定确定。

检验方法：检查质量证明文件、灌浆记录及相关检验报告。

灌浆饱满、密实目前没有完善的检测方法，还是靠施工过程中的观察，主要观察出浆孔是否有浆溢出。

钢筋采用套筒灌浆连接或浆锚搭接连接时，其连接接头质量应符合现行标准《钢筋套筒灌浆连接应用技术规程》（JGJ 355—2015）和相关标准的要求。

工程应用套筒灌浆连接时，应由接头提供单位提交所有规格接头的有效型式检验报告。验收时应核查下列内容：

1. 工程中应用的各种钢筋强度级别、直径对应的型式检验报告应齐全，报告应合格有效；

2. 型式检验报告送检单位与现场接头提供单位应一致；

3. 型式检验报告中的接头类型，灌浆套筒规格、级别、尺寸，灌浆料型号与现场使用的产品应一致；

4. 型式检验报告应在 4 年有效期内，可按灌浆套筒进厂（场）验收日期确定；

5. 报告内容应包括《钢筋套筒灌浆连接应用技术规程》（JGJ 355—2015）附录 A 规定的所有内容。

灌浆套筒进厂（场）时，应抽取灌浆套筒检验外观质量、标识和尺寸偏差，检验结果应符合现行行业标准《钢筋连接用灌浆套筒》（JG/T 398）及《钢筋套筒灌浆连接应用技术规程》（JGJ 355—2015）第 3.1.2 条的有关规定。

检查数量：同一批号、同一类型、同一规格的灌浆套筒，不超过 1000 个为一批，每批随机抽取 10 个灌浆套筒。

检验方法：观察，尺量检查。

灌浆料进场时，应对灌浆料拌合物 30min 流动度、泌水率及 3d 抗压强度、28d 抗压强度、3h 竖向膨胀率、24h 与 3h 竖向膨胀率差值进行检验，检验结果应符合《钢筋套筒灌浆连接应用技术规程》（JGJ 355—2015）第 3.1.3 条的有关规定。

检查数量：同一成分、同一批号的灌浆料，不超过 50t 为一批，每批按现行行业标准《钢筋连接用套筒灌浆料》（JG/T 408）的有关规定随机抽取灌浆料制作试件。

检验方法：检查质量证明文件和抽样检验报告。

9.3.3 钢筋采用焊接连接时，其接头质量应符合现行行业标准《钢筋焊接及验收规程》JGJ 18 的规定。

检查数量：按现行行业标准《钢筋焊接及验收规程》（JGJ 18）的有关规定确定。

检验方法：检查质量证明文件及平行加工试件的检验报告。

本章 5.4.2 条已做了解释，参考 5.4.2 条或直接查阅《钢筋焊接及验收规程》（JGJ 18）的有关规定。

9.3.4 钢筋采用机械连接时，其接头质量应符合现行行业标准《钢筋机械连接技术规程》JGJ 107 的规定。

检查数量：按现行行业标准《钢筋机械连接技术规程》（JGJ 107）的规定确定。

检验方法：检查质量证明文件、施工记录及平行加工试件的检验报告。

本章 5.2.6 条已做了解释，参考 5.2.6 条或直接查阅《钢筋焊接及验收规程》（JGJ 18）、《钢筋机械连接技术规程》（JGJ 107）的有关规定。

9.3.5 预制构件采用焊接、螺栓连接等连接方式时，其材料性能及施工质量应符合国家现行标准《钢结构工程施工质量验收规范》（GB 50205）和《钢筋焊接及验收规程》（JGJ 18）的相关规定。

检查数量：按国家现行标准《钢结构工程施工质量验收规范》（GB 50205）和《钢筋焊接及验收规程》（JGJ 18）的规定确定。

检验方法：检查施工记录及平行加工试件的检验报告。

9.3.6 装配式结构采用现浇混凝土连接构件时，构件连接处后浇混凝土的强度应符合设计要求。

检查数量：按本规范第 7.4.1 条的规定确定。

检验方法：检查混凝土强度试验报告。

9.3.7 装配式结构施工后，其外观质量不应有严重缺陷，且不应有影响结构性能和安装、使用功能的尺寸偏差。

　　检查数量：全数检查。

　　检验方法：观察，量测；检查处理记录。

一般项目

9.3.8 装配式结构施工后，其外观质量不应有一般缺陷。

　　检查数量：全数检查。

　　检验方法：观察，检查处理记录。

　　对已经出现的一般缺陷，应按技术处理方案进行处理，并重新检查验收。

9.3.9 装配式结构施工后，预制构件位置、尺寸偏差及检验方法应符合设计要求；当设计无具体要求时，应符合表9.3.9（本书表5.9.4）的规定。预制构件与现浇结构连接部位的表面平整度应符合表9.3.9（本书表5.9.4）的规定。

　　检查数量：按楼层、结构缝或施工段划分检验批。在同一检验批内，对梁、柱和独立基础，应抽查构件数量的10%，且不应少于3件；对墙和板，应按有代表性的自然间抽查10%，且不应少于3间；对大空间结构，墙可按相邻轴线间高度5m左右划分检查面，板可按纵、横轴线划分检查面，抽查10%，且均不应少于3面。

装配式结构构件位置和尺寸允许偏差及检验方法　　　　表 5.9.4

项目			允许偏差（mm）	检验方法
构件轴线位置	竖向构件（柱、墙板、桁架）		8	经纬仪及尺量
	水平构件（梁、楼板）		5	
标高	梁、柱、墙板楼板底面或顶面		±5	水准仪或拉线、尺量
构件垂直度	柱、墙板安装后的高度	≤6m	5	经纬仪或吊线、尺量
		>6m	10	
构件倾斜度	梁、桁架		5	经纬仪或吊线、尺量
相邻构件平整度	梁、楼板底面	外露	5	2m靠尺和塞尺量测
		不外露	3	
	柱、墙板	外露	5	
		不外露	8	
构件搁置长度	梁、板		±10	尺量
支座、支垫中心位置	板、梁、柱、墙板、桁架		10	尺量
墙板接缝宽度			±5	尺量

　　注：本表摘自《混凝土结构工程施工质量验收规范》（GB 50204—2015）。

5.10　混凝土结构子分部工程

10.1　结构实体检验

10.1.1 对涉及混凝土结构安全的有代表性的部位应进行结构实体检验。结构实体检验应包括混凝土强度、钢筋保护层厚度、结构位置与尺寸偏差以及合同约定的项目；必要时可检验其他项目。

结构实体检验应由监理单位组织施工单位实施，并见证实施过程。施工单位应制定结构实体检验专项方案，并经监理单位审核批准后实施。除结构位置与尺寸偏差外的结构实体检验项目，应由具有相应资质的检测机构完成。

根据国家标准《建筑工程施工质量验收统一标准》（GB 50300—2013）的规定，在子分部工程验收前应进行结构实体检验。检验的范围仅限于涉及安全的柱、墙、梁等结构构件的重要部位。结构实体检验采用由各方参与的见证抽样形式，以保证检验结果的公正性。

对结构实体进行检验，并不是在子分部工程验收前的重新检验，而是在相应分项工程验收合格、过程控制使质量得到保证的基础上，对重要项目进行的复核性检查，其目的是为了强化混凝土结构的施工质量验收，真实地反映混凝土强度及受力钢筋位置等质量指标，确保结构安全。

为了使实体检验不过多地增加施工和监理（建设）单位的负担，规范严格控制了检测的数量。一般情况下可以在监理（建设）及施工各方在场的情况下见证取样，由施工单位实施。根据建设部 2005 年第 141 号令《建设工程质量检测管理办法》，承担检测任务应有结构实体检测的专项资质，以保证检测结果的准确性。当未留置同条件养护试件或强度不合格、钢筋保护层不合格时，则应委托具有相应资质的检测机构检测。

考虑到目前的检测手段，并为了控制检验工作量，结构实体检验仅对重要结构构件的混凝土强度、钢筋保护层厚度两个项目进行。这两项内容都是对结构的承载力和结构性能有重大影响的项目。当然，如果合同有约，则可增加其他检测项目。同时检测方法、数量、系数、合格条件，经费等也一并由合同解决。应注意的是，其质量要求不得低于规范的规定。

10.1.2 结构实体混凝土强度应按不同强度等级分别检验，检验方法宜采用同条件养护试件方法；当未取得同条件养护试件强度或同条件养护试件强度不符合要求时，可采用回弹-取芯法进行检验。

结构实体混凝土同条件养护试件强度检验应符合本规范附录 C 的规定；结构实体混凝土回弹-取芯法强度检验应符合本规范附录 D 的规定。

混凝土强度检验时的等效养护龄期可取日平均温度逐日累计达到 $600℃ \cdot d$ 时所对应的龄期，且不应小于 14d。日平均温度为 0℃ 及以下的龄期不计入。

冬期施工时，等效养护龄期计算时温度可取结构构件实际养护温度，也可根据结构构件的实际养护条件，按照同条件养护试件强度与在标准养护条件下 28d 龄期试件强度相等的原则由监理、施工等各方共同确定。

混凝土结构中的混凝土的强度，除按标准养护试块的强度检查验收外，在子分部工程验收前，又增加了作为实体检验的结构混凝土强度检验。因为标准养护强度与实际结构中的混凝土，除组成成分相同以外，成型工艺，养护条件（温度、湿度、承载龄期等）都有很大差别，因此两者之间可能存在较大差异。在建筑市场不规范的情况下，还有弄虚作假的可能性。因此，增加这一层次的检验对控制工程质量是必要的。

《混凝土结构工程施工质量验收规范》GB 50204—2015 附录 C 和附录 D 如下：

附录 C　结构实体混凝土同条件养护试件强度检验

C.0.1　同条件养护试件的取样和留置应符合下列规定：

1 同条件养护试件所对应的结构构件或结构部位，应由施工、监理等各方共同选定，且同条件养护试件的取样宜均匀分布于工程施工周期内；

2 同条件养护试件应在混凝土浇筑入模处见证取样；

3 同条件养护试件应留置在靠近相应结构构件的适当位置，并应采取相同的养护方法；

4 同一强度等级的同条件养护试件不宜少于10组，且不应少于3组。每连续两层楼取样不应少于1组；每2000m³取样不得少于一组。

C.0.2 每组同条件养护试件的强度值应根据强度试验结果按现行国家标准《普通混凝土力学性能试验方法标准》GB/T 50081的规定确定。

C.0.3 对同一强度等级的同条件养护试件，其强度值应除以0.88后按现行国家标准《混凝土强度检验评定标准》GB/T 50107的有关规定进行评定，评定结果符合要求时可判结构实体混凝土强度合格。

附录D 结构实体混凝土回弹-取芯法强度检验

D.0.1 回弹构件的抽取应符合下列规定：

1 同一混凝土强度等级的柱、梁、墙、板，抽取构件最小数量应符合表D.0.1（本书表5.10.1）的规定，并应均匀分布；

2 不宜抽取截面高度小于300mm的梁和边长小于300mm的柱。

回弹构件抽取最小数量　　　　　　　　　　　　　　　表5.10.1

构件总数量	最小抽样数量
20 以下	全数
20～150	20
151～280	26
281～500	40
501～1200	64
1201～3200	100

D.0.2 每个构件应选取不少于5个测区进行回弹检测及回弹值计算，并应符合现行行业标准《回弹法检测混凝土抗压强度技术规程》JGJ/T 23对单个构件检测的有关规定，楼板构件的回弹宜在板底进行。

D.0.3 对同一强度等级的构件，应按每个构件5个测区中的最小测区平均回弹值进行排序，并在其最小的3个测区各钻取1个芯样。芯样应采用带水冷却装置的薄壁空心钻钻取，其直径宜为100mm，且不宜小于混凝土骨料最大粒径的3倍。

D.0.4 芯样试件的端部宜采用环氧胶泥或聚合物水泥砂浆补平，也可采用硫黄胶泥修补。加工后芯样试件的尺寸偏差与外观质量应符合下列规定：

1 芯样试件的高度与直径之比实测值不应小于0.95，也不应大于1.05；

2 沿芯样高度的任一直径与其平均值之差不应大于2mm；

3 芯样试件端面的不平整度在100mm长度内不应大于0.1mm；

4 芯样试件端面与轴线的不垂直度不应大于1°；

5 芯样不应有裂缝、缺陷及钢筋等其他杂物。

D.0.5 芯样试件尺寸的量测应符合下列规定：

1 应采用游标卡尺在芯样试件中部互相垂直的两个位置测量直径，取其算术平均值作为芯样试件的直径，精确至0.1mm；

    2 应采用钢板尺测量芯样试件的高度，精确至1mm；

    3 垂直度应采用游标量角器测量芯样试件两个端线与轴线的夹角，精确至0.1°；

    4 平整度应采用钢板尺或角尺紧靠在芯样试件端面上，一面转动钢板尺，一面用塞尺测量钢板尺与芯样试件端面之间的缝隙；也可采用其他专用设备测量。

D.0.6   芯样试件应按现行国家标准《普通混凝土力学性能试验方法标准》GB/T 50081中圆柱体试件的规定进行抗压强度试验。

D.0.7   对同一强度等级的构件，当符合下列规定时，结构实体混凝土强度可判为合格：

    1 三个芯样的抗压强度算术平均值不小于设计要求的混凝土强度等级值的88%；

    2 三个芯样抗压强度的最小值不小于设计要求的混凝土强度等级值的80%。

    长期以来，混凝土结构中混凝土的强度一直是由标准养护试件的试验结果即标养强度来代表，并进行评定验收的。但事实上两者之间可能存在较大差异。在我国，由于目前市场不规范，管理上也存在问题，弄虚作假甚至做假试件的情况时有发生。因此，对结构实体的混凝土强度进行检验，不仅能真实反映结构的实际混凝土强度，而且对于整顿市场秩序、打击造伪作假有很大的威慑作用。

    研究及统计调查表明，采用超声、回弹、拔出等间接推定的方法测定结构混凝土强度存在着较大的偏差。钻芯取样试验的方法尽管较为可靠，但成本太高，对结构伤害较大，无法普遍应用。

    同条件养护试件与结构混凝土不仅组成成分完全相同，而且养护条件等也基本一致，可以较好地代表结构中的混凝土。试验研究表明，同条件养护试件强度与标准养护试件的强度存在着一定的对应关系，也能较为真实地代表结构中的混凝土强度。在用累计温度反映养护的影响并以折算系数反映其差异以后，同条件养护试件的强度可以作为评定验收结构实体混凝土强度的依据。

    规范根据对结构性能的影响及检验结果的代表性，规定了结构实体检验用同条件养护试件的留置方式和取样数量。同条件养护试件应由各方在混凝土浇筑入模处见证取样。同一强度等级的同条件养护试件的留置数量不宜少于10组，以构成按统计方法评定混凝土强度的基本条件；留置数量不应少于3组，是为了按非统计方法评定混凝土强度时，有足够的代表性。

    同条件养护试件拆模后应放置在靠近实际结构或构件的位置，并采取相同的养护方法，可采用自焊铁笼的方法，将试件加以保护，以使试验结果有足够的代表性。

    规范规定在达到等效养护龄期时，方可对同条件养护试件进行强度试验，并给出了结构实体检验用同条件养护试件龄期的确定原则：同条件养护试件达到等效养护龄期时，其强度与标准养护条件下28d龄期的试件强度相等。

    同条件养护混凝土试件与结构混凝土的组成成分、养护条件等相同，可在一定程度上反映结构混凝土的强度。由于同条件养护的温度、湿度与标准养护条件存在着差异，故等效养护龄期可能并不等于28d。

    试验研究表明，在通常条件下，当逐日累计养护温度达到560℃·d（可近似取值为600℃·d）时，由于基本反映了养护温度对混凝土强度增长的影响，同条件养护试件强度与标准养护条件下28d龄期的试件强度之间有较好的对应关系。日温度为当日平均温度最高值和最低值的平均值。当气温为 0℃ 及以下时，不考虑混凝土强度的增长，与此对应的养护时间不计入等效养护龄期。当养护龄期小于 14d 时，混凝土强度尚处于增长期而不稳定；当养护龄期超过 60d 时，由于试件比表面积大，干燥失水造成混凝土强度增长缓慢，甚至停滞，故等效养护龄期的范围宜取为 14d～60d。

在冬期施工条件下，或出于缩短养护期的需要，可对结构构件采取人工加热养护。此时，同条件养护试件的留置方式和取样数量仍可按自然养护的规定确定，其等效养护龄期可根据结构构件的实际养护条件和当地实践经验（包括试验研究结果），由监理（建设）、施工等各方根据同条件养护试件强度与在标准养护条件下 28d 龄期试件强度相等的原则共同确定。

结构实体混凝土强度通常低于标准养护条件下的混凝土强度，这主要是由于同条件养护试件养护条件与标准养护条件的差异，包括温度、湿度等条件的差异。当按现行国家标准《混凝土强度检验评定标准》（GB/T 50107）评定时，检测单位仍按实际强度出具检测报告。混凝土强度实测值除以 0.88 主要是考虑到实际混凝土结构及同条件养护试件可能失水等不利于强度增长的因素，经试验研究及工程调查而确定的。各地区也可根据当地的试验统计结果对折算系数作适当调整，但需增大折算系数时应持谨慎态度。

10.1.3 钢筋保护层厚度检验应符合本规范附录 E 的规定。

《混凝土结构工程施工质量验收规范》（GB 50204—2015）附录 E 如下：

附录 E 结构实体钢筋保护层厚度检验

E.0.1 结构实体钢筋保护层厚度检验构件的选取应均匀分布，并应符合下列规定：

   1 对非悬挑梁板类构件，应各抽取构件数量的 2% 且不少于 5 个构件进行检验。

   2 对悬挑梁，应抽取构件数量的 5% 且不少于 10 个构件进行检验；当悬挑梁数量少于 10 个时，应全数检验。

   3 对悬挑板，应抽取构件数量的 10% 且不少于 20 个构件进行检验；当悬挑板数量少于 20 个时，应全数检验。

E.0.2 对选定的梁类构件，应对全部纵向受力钢筋的保护层厚度进行检验；对选定的板类构件，应抽取不少于 6 根纵向受力钢筋的保护层厚度进行检验。对每根钢筋，应选择有代表性的不同部位量测 3 点取平均值。

E.0.3 钢筋保护层厚度的检验，可采用非破损或局部破损的方法，也可采用非破损方法并用局部破损方法进行校准。当采用非破损方法检验时，所使用的检测仪器应经过计量检验，检测操作应符合相应规程的规定。

   钢筋保护层厚度检验的检测误差不应大于 1mm。

E.0.4 钢筋保护层厚度检验时，纵向受力钢筋保护层厚度的允许偏差应符合表 E.0.4（本书表 5.10.2）的规定。

结构实体纵向受力钢筋保护层厚度的允许偏差　　　　表 5.10.2

构件类型	允许偏差（mm）
梁	+10，−7
板	+8，−5

E.0.5 梁类、板类构件纵向受力钢筋的保护层厚度应分别进行验收，并应符合下列规定：

1 当全部钢筋保护层厚度检验的合格率为90%及以上时，可判为合格；

2 当全部钢筋保护层厚度检验的合格率小于90%但不小于80%时，可再抽取相同数量的构件进行检验；当按两次抽样总和计算的合格率为90%及以上时，仍可判为合格；

3 每次抽样检验结果中不合格点的最大偏差均不应大于本规范附录E.0.4条规定允许偏差的1.5倍。

钢筋的混凝土保护层厚度对其粘结锚固性能及结构的耐久性和承载能力都有重大影响。特别是受力钢筋的移位，往往减小内力臂而严重削弱构件的承载能力。在我国，施工时将构件上部的负弯矩受力钢筋踩下而引起的质量事故时有发生，轻则表现为板边或板角裂缝，重则发生悬臂构件的倾覆、折断事故。因此，对上述结构中的钢筋保护层厚度进行实体检验是保证结构安全所必需的。

处于梁、板类构件上部的水平钢筋（负弯矩钢筋），往往因施工时踩踏等原因下移，从而严重削弱抗裂性。这种移位轻则引起板边裂缝或板角斜裂，重则发生悬臂构件的倾覆或折断，甚至造成危及生命的安全事故。

负弯矩钢筋的位置（内力臂）与其保护层厚度有关。因此，检查其保护层厚度实际是对其承载力的检查。当然，保护层厚度还与耐久性及钢筋与混凝土之间的粘结锚固作用有关。

选择钢筋保护层厚度作为结构实体的检验项目之一，并加严检验要求，是为了克服施工中忽视钢筋位置准确性的通病，养成良好的文明施工习惯，保证混凝土结构的质量。

对结构实体钢筋保护层厚度的检验，是为了保证结构的受力性能和耐久性。检验范围主要是钢筋位置对结构构件承载力有显著影响的构件和部位，如梁、板类构件的负弯矩钢筋、悬臂构件的上部受力钢筋等。

规范规定了构件中钢筋的检查数量，强调了悬臂构件的检验。确定检测点时，有代表性的部位是指该处钢筋保护层厚度对构件受力性能和耐久性有显著影响的部位，如悬臂构件的根部，梁、板支座处等。

保护层厚度的检测，可根据具体情况，采用保护层厚度测定仪器量测，也可局部开槽钻孔测定。

考虑施工扰动等不利因素的影响，结构实体钢筋保护层厚度检验时，其允许偏差在钢筋安装允许偏差的基础上作了适当调整。

钢筋保护层的厚度应按设计要求。

结构实体中钢筋保护层厚度应严格验收，故规定合格率应达到90%及以上。考虑到实际工程中可能在某些部位出现较大偏差，以及抽样检验的偶然性，当一次检测结果的合格率小于90%但不小于80%时，可再次抽样，并按两次抽样总和的检验结果进行判定。规范还对抽样检验不合格点最大偏差值作了限制。

编者经常接到询问，钢筋保护层不符合要求时如何处理呢？其实本规范10.2.2条已经明确了处理规定，经设计验算能满足结构安全要求，可予验收，否则应加固或拆除。

10.1.4 结构位置与尺寸偏差检验应符合本规范附录F的规定。

附录F 结构实体位置与尺寸偏差检验

F.0.1 结构实体位置与尺寸偏差检验构件的选取应均匀分布，并应符合下列规定：

1 梁、柱应抽取构件数量的1%，且不应少于3个构件；

2 墙、板应按有代表性的自然间抽取 1%，且不应少于 3 间；

3 层高应按有代表性的自然间抽查 1%，且不应少于 3 间。

F.0.2 对选定的构件，检验项目及检验方法应符合表 F.0.2（本书表 5.10.3）的规定，允许偏差及检验方法应符合本规范表 8.3.2（本书表 5.8.2）和表 9.3.9（本书表 5.9.4）的规定，精确至 1mm。

结构实体位置与尺寸偏差检验项目及检验方法　　表 5.10.3

项目	检验方法
柱截面尺寸	选取柱的一边量测柱中部、下部及其他部位，取 3 点平均值
柱垂直度	沿两个方向分别量测，取较大值
墙厚	墙身中部量测 3 点，取平均值；测点间距不应小于 1m
梁高	量测一侧边跨中及两个距离支座 0.1m 处，取 3 点平均值；量测值可取腹板高度加上此处楼板的实测厚度
板厚	悬挑板取距离支座 0.1m 处，沿宽度方向取包括中心位置在内的随机 3 点取平均值；其他楼板，在同一对角线上量测中间及距离两端各 0.1m 处，取 3 点平均值
层高	与板厚测点相同，量测板顶至上层楼板板底净高，层高量测值为净高与板厚之和，取 3 点平均值

F.0.3 墙厚、板厚、层高的检验可采用非破损或局部破损的方法，也可采用非破损方法并用局部破损方法进行校准。当采用非破损方法检验时，所使用的检测仪器应经过计量检验，检测操作应符合国家现行相关标准的规定。

F.0.4 结构实体位置与尺寸偏差项目应分别进行验收，并应符合下列规定：

1 当检验项目的合格率为 80% 及以上时，可判为合格；

2 当检验项目的合格率小于 80% 但不小于 70% 时，可再抽取相同数量的构件进行检验；当按两次抽样总和计算的合格率为 80% 及以上时，仍可判为合格。

10.1.5 结构实体检验中，当混凝土强度或钢筋保护层厚度检验结果不满足要求时，应委托具有资质的检测机构按国家现行有关标准的规定进行检测。

10.2 混凝土结构子分部工程验收

10.2.1 混凝土结构子分部工程施工质量验收合格应符合下列规定：

1 所含分项工程质量验收应合格；

2 应有完整的质量控制资料；

3 观感质量验收应合格；

4 结构实体检验结果应符合本规范第 10.1 节的要求。

10.2.2 当混凝土结构施工质量不符合要求时，应按下列规定进行处理：

1 经返工、返修或更换构件、部件的，应重新进行验收；

2 经有资质的检测机构按国家现行相关标准检测鉴定达到设计要求的，应予以验收；

3 经有资质的检测机构按国家现行相关标准检测鉴定达不到设计要求，但经原设计单位核算并确认仍可满足结构安全和使用功能的，可予以验收；

4 经返修或加固处理能够满足结构可靠性要求的，可根据技术处理方案和协商文件进行验收。

根据统一标准的规定，规范给出了当施工质量不符合要求时的处理方法。这些不同的验收处理方式是为了适应我国目前的经济技术发展水平，在保证结构安全和基本使用功能的条件下，避免造成不必要的经济损失和资源浪费。在正常施工的条件下，绝大多数检验都能够一次合格，即使有少量缺陷，也可由施工单位及时修补。但有时，某些严重缺陷不能靠简单的修补解决，则应分别按下列情况处理：

1. 返工、返修、更换后再次验收

由于我国施工质量的不稳定性和抽样检验的偶然性，应允许施工单位对不太严重的缺陷采用返工、返修或更换设备、器具或构件的形式恢复其应有的性能。这种处理方式对结构的性能影响不大，但修复方案等相关资料应归档留存，以备查核。

2. 检测鉴定后的验收

对比较严重的缺陷或无法以简单返工、返修、更换解决问题的情况，应由有资质的检测单位进行检测鉴定。根据有关标准规范而进行的系统检测可以大大提高检验的准确性，如检测鉴定结果能够达到设计要求，则仍应予以验收。

3. 检测复核后的重新验收

如果利用设计的安全裕量，结构可在不超越标准规范安全储备的条件下使用，则仍可予以验收。当然，这必须经原设计单位的核算，并且作为责任一方的施工单位应承担检测鉴定和核算的费用及性能降低造成的局部损失。

4. 加固处理后的让步验收

对更加严重的缺陷，则只能进行加固处理。处理前，应根据实际情况制定技术方案，并在处理后进行验收。验收条件和如何承担相应的经济损失或后果等问题，应通过合同协商解决。

10.2.3 混凝土结构子分部工程施工质量验收时，应提供下列文件和记录：

1 设计变更文件；

2 原材料质量证明文件和抽样检验报告；

3 预拌混凝土的质量证明文件；

4 混凝土、灌浆料试件的性能检验报告；

5 钢筋接头的试验报告；

6 预制构件的质量证明文件和安装验收记录；

7 预应力筋用锚具、连接器的质量证明文件和抽样检验报告；

8 预应力筋安装、张拉的检验记录；

9 钢筋套筒灌浆连接及预应力孔道灌浆记录；

10 隐蔽工程验收记录；

11 混凝土工程施工记录；

12 混凝土试件的试验报告；

13 分项工程验收记录；

14 结构实体检验记录；

15 工程的重大质量问题的处理方案和验收记录；

16 其他必要的文件和记录。

本条列出了混凝土结构子分部施工质量验收时应提供的主要文件和记录，反映了从基本的检验批开始，贯彻于整个施工过程的质量控制结果，落实了"过程控制"基本原则，是确保工程质量的有力证据。

根据统一标准的规定，规范给出了混凝土结构子分部工程质量验收的合格条件。其中，观感质量验收应按现浇结构外观质量的规定检查。结构实体检验的要求是现行规范规定的，其目的是为加严质量控制，强化对实际工程质量的验收。

10.2.4　混凝土结构工程子分部工程施工质量验收合格后，应将所有的验收文件存档备案。

规范提出了对验收文件存档的要求。这不仅是为了落实在设计使用年限内的责任，而且在有必要进行维护、修理、检测、加固或改变使用功能时，可以提供有效的依据。

若建筑工程的技术文件、资料归档保存情况不好，在使用过程中出现问题或发生耐久问题时往往无从下手处理。设计规范已提出设计使用年限的问题，同时结构服役期间的维修管理及必要时的检验、加固或改变用途等都需要有关的技术资料。在市场经济条件下，验收文件、资料的存档备案是非常必要的。

第6章 砌体工程

砌体工程在建筑工程中占有重要的位置，起着分隔、隔声、防风、防雨等作用，本章主要依据《砌体结构工程施工质量验收规范》（GB 50203—2011）编写，在工程质量验收时除执行 GB 50203 外，尚应执行现行有关标准。

6.1 总　　则

1.0.1　为加强建筑工程的质量管理，统一砌体工程施工质量的验收，保证工程质量，制定本规范。

1.0.2　本规范适用于建筑工程的砖、石、小砌块等砌体结构工程的施工质量验收。本规范不适用于铁路、公路和水工建筑等砌石工程。

1.0.3　砌体工程施工中采用的工程技术文件、承包合同对施工质量验收的要求不得低于本规范的规定。

1.0.4　本规范与国家标准《建筑工程施工质量验收统一标准》（GB 50300）配套使用。

1.0.5　砌体工程施工质量的验收除应执行本规范外，尚应符合国家现行有关标准的规定。

6.2 术　　语

2.0.1　砌体结构　masonry structure

由块体和砂浆砌筑而成的墙、柱作为建筑物主要受力构件的结构，是砖砌体、砌块砌体和石砌体结构的统称。

2.0.2　配筋砌体　reinforced masonry

由配置钢筋的砌体作为建筑物主要受力构件的结构。是网状配筋砌体柱、水平配筋砌体墙、砖砌体和钢筋混凝土面层或钢筋砂浆面层组合砌体柱（墙）、砖砌体和钢筋混凝土构造柱组合墙和配筋小砌块砌体剪力墙结构的统称。

2.0.3　块体　masonry units

砌体所用各种砖、石、小砌块的总称。

2.0.4　小型砌块　small block

块体主规格的高度大于 115mm 而又小于 380mm 的砌块，包括普通混凝土小型空心砌块、轻骨料混凝土小型空心砌块、蒸压加气混凝土砌块等。简称小砌块。

2.0.5　产品龄期　products age

烧结砖出窑；蒸压砖、蒸压加气混凝土砌块出釜；混凝土砖、混凝土小型空心砌块成型后至某一日期的天数。

2.0.6 蒸压加气混凝土砌块专用砂浆 special mortar for auto-claved aerated concrete block

与蒸压加气混凝土性能相匹配的，能满足蒸压加气混凝土砌块砌体施工要求和砌体性能的砂浆，分为适用于薄灰砌筑法的蒸压加气混凝土砌块粘结砂浆；适用于非薄灰砌筑法的蒸压加气混凝土砌块砌筑砂浆。

2.0.7 预拌砂浆 ready-mixed mortar

由专业生产厂生产的湿拌砂浆或干混砂浆。

2.0.8 施工质量控制等级 category of construction quality control

按质量控制和质量保证若干要素对施工技术水平所作的分级。

2.0.9 瞎缝 blind seam

砌体中相邻块体间无砌筑砂浆，又彼此接触的水平缝或竖向缝。

2.0.10 假缝 suppositious seam

为掩盖砌体灰缝内在质量缺陷，砌筑砌体时仅在靠近砌体表面处抹有砂浆，而内部无砂浆的竖向灰缝。

2.0.11 通缝 continuous seam

砌体中上下皮块体搭接长度小于规定数值的竖向灰缝。

2.0.12 相对含水率 comparatively percentage of moisture

含水率与吸水率的比值。

2.0.13 薄层砂浆砌筑法 the method of thin-layer mortar masonry

采用蒸压加气混凝土砌块粘结砂浆砌筑蒸压加气混凝土砌块墙体的施工方法，水平灰缝厚度和竖向灰缝宽度为 2～4mm。简称薄灰砌筑法。

2.0.14 芯柱 core column

在小砌块墙体的孔洞内浇灌混凝土形成的柱，有素混凝土芯柱和钢筋混凝土芯柱。

2.0.15 实体检测 in-situ inspection

由有检测资质的检测单位采用标准的检验方法，在工程实体上进行原位检测或抽取试样在试验室进行检验的活动。

6.3 基本规定

3.0.1 砌体工程所用的材料应有产品合格证书、产品性能型式检报告，质量应符合国家现行标准的要求。块体、水泥、钢筋、外加剂尚应有材料主要性能的进场复验报告，并应符合设计要求。严禁使用国家明令淘汰的材料。

在砌体工程中，应用合格的材料才可能砌筑出符合质量要求的工程。材料的产品合格证书和产品性能型式检测报告是工程质量评定中必备的质量保证资料之一，因此特提出了要求。此外，对砌体质量有显著影响的块材、水泥、钢筋、外加剂等主要材料应进行性能的复试，合格后方可使用。

水泥、钢材、外加剂等的复验要求见第 5 章混凝土结构工程。

3.0.2 砌体结构工程施工前，应编制砌体结构工程施工方案。

3.0.3 砌体结构的标高、轴线，应引自基准控制点。

3.0.4 砌筑基础前，应校核放线尺寸，允许偏差应符合表3.0.4（本书表6.3.1）的规定。

放线尺寸的允许偏差　　　　　　　　　表6.3.1

长度 L、宽度 B（m）	允许偏差（mm）	长度 L、宽度 B（m）	允许偏差（mm）
L（或 B）≤30	±5	60<L（或 B）≤90	±15
30<L（或 B）≤60	±10	L（或 B）>90	±20

3.0.5 伸缩缝、沉降缝、防震缝中的模板应拆除干净，不得夹有砂浆、块体及碎渣等杂物。

3.0.6 砌筑顺序应符合下列规定：

1 基底标高不同时，应从低处砌起，并应由高处向低处搭砌。当设计无要求时，搭接长度 L 不应小于基础底的高差 H，搭接长度范围内下层基础应扩大砌筑［图3.0.6（本书图6.3.1）］。

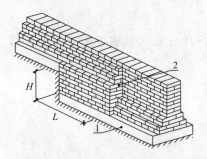

图 6.3.1　基底标高不同时的
搭砌示意图（条形基础）
1—混凝土垫层；2—基础扩大部分

2 砌体的转角处和交接处应同时砌筑。当不能同时砌筑时，应按规定留槎、接槎。

基础高低台的合理搭接，对保证基础砌体的整体性至关重要。从受力角度考虑，基础扩大部分的高度与荷载、地耐力等有关。故本条规定，对有高低台的基础，应从低处砌起，在设计无要求时，也对高低台的搭接长度做了规定。

砌体的转角处和交接处同时砌筑可以保证墙体的整体性，从而大大提高砌体结构的抗震性能。从震害调查看到，不少多层砖混结构建筑，由于砌体的转角处和交接处接槎不良而导致外墙甩出和砌体倒塌。因此，必须重视砌体的转角处和交接处应同时砌筑。当不能同时砌筑时，应按规定留槎并做好接槎处理。

3.0.7 砌筑墙体应设置皮数杆。

3.0.8 在墙上留置临时施工洞口，其侧边离交接处墙面不应小于500mm，洞口净宽度不应超过1m。抗震设防烈度为9度的地区建筑物的临时施工洞口位置，应会同设计单位确定。临时施工洞口应做好补砌。

在墙上留置临时洞口，限于施工条件，有时确实难免，但洞口位置不当或洞口过大，虽经补砌，也必然削弱墙体的整体性。为此，应限制在墙上留置临时施工洞口的尺寸。

3.0.9 不得在下列墙体或部位设置脚手眼：

1 120mm厚墙、清水墙、料石墙独立柱和附墙柱；

2 过梁上与过梁成60°角的三角形范围及过梁净跨度1/2的高度范围内；

3 宽度小于1m的窗间墙；

4 门窗洞口两侧石砌体为300mm，其他砌体200mm范围内，转角处石砌体为600mm，其他砌体450mm范围内；

5 梁或梁垫下及其左右500mm范围内；

6 设计不允许设置脚手眼的部位；

7 轻质墙体；

8 夹心复合墙外叶墙。

经补砌的脚手眼，对砌体的整体性或多或少会带来不利影响。因此，对一些受力不太有利的砌体部分留置脚手眼做了相应规定。

3.0.10 施工脚手眼补砌时，应清除脚手眼内掉落的砂浆、灰尘；脚手眼处砖及填塞用砖应湿润，并应填实砂浆。

脚手眼的补砌，不仅涉及砌体结构的整体性，而且还会影响建筑物的使用功能，有时如封堵不实外墙还会引起渗漏水，故施工时应予注意。

3.0.11 设计要求的洞口、沟槽、管道应于砌筑时正确留出或预埋，未经设计同意，不得打凿墙体和在墙体上开凿水平沟槽。宽度超过300mm的洞口上部，应设置钢筋混凝土过梁。不应在截面长边小于500mm的承重墙体、独立柱内埋设管线。

建筑工程施工中，常存在各工种之间配合不好的问题。例如水电安装中应在砌体上开的洞口、埋设的管道等往往在砌好的砌体上打凿，对砌体的破坏较大。因此本条在洞口、管道、沟槽设置上做了相应的规定。

3.0.12 尚未施工楼板或屋面的墙或柱，其抗风允许自由高度不得超过表3.0.12（本书表6.3.2）的规定。如超过表中限值时，必须采用临时支撑等有效措施。

墙和柱的允许自由高度（m）   表 6.3.2

墙（柱）厚（mm）	砌体密度>1600（kg/m³）			砌体密度1300~1600（kg/m³）		
	风载（kN/m²）			风载（kN/m²）		
	0.3（约7级风）	0.4（约8级风）	0.5（约9级风）	0.3（约7级风）	0.4（约8级风）	0.5（约9级风）
190	—	—	—	1.4	1.1	0.7
240	2.8	2.1	1.4	2.2	1.7	1.1
370	5.2	3.9	2.6	4.2	3.2	2.1
490	8.6	6.5	4.3	7.0	5.2	3.5
620	14.0	10.5	7.0	11.4	8.6	5.7

注：1. 本表适用于施工处相对标高 H 在10m范围内的情况。如10m<H≤15m、15m<H≤20m时，表中的允许自由高度应分别乘以0.9、0.8的系数；如 H>20m时，应通过抗倾覆验算确定其允许自由高度；

2. 当所砌筑的墙有横墙或其他结构与其连接，而且间距小于表中相应墙、柱的允许自由高度的2倍时，砌筑高度可不受本表的限制；

3. 当砌体密度小于1300kg/m³时，墙和柱的允许自由高度应另行验算确定；

4. 本表摘自《砌体结构工程施工质量验收规范》（GB 50203—2011）。

3.0.13 砌筑完基础或每一楼层后，应校核砌体的轴线和标高。在允许偏差范围内，轴线偏差可在基础顶面或楼面上校正，标高偏差宜通过调整上部砌体灰缝厚度校正。

3.0.14 搁置预制梁、板的砌体顶面应平整，标高一致。

预制梁、板与砌体顶面接触不紧密不仅对梁、板、砌体受力不利，而且还对房顶抹灰和地面施工带来不利影响。目前施工中，搁置预制梁、板时，往往忽略了在砌体顶面找平和坐浆，致使梁、板与砌体受力不均匀，使安装的预制板不平整和不平稳，从而出现板缝处的裂纹及加大找平层的厚度。因此，必须加以纠正。

3.0.15 砌体施工质量控制等级应分为三级，并应符合表 3.0.15（本书表 6.3.3）划分。

施工质量控制等级   表 6.3.3

项目	施工质量控制等级		
	A	B	C
现场质量管理	监督检查制度健全，并严格执行；施工方有在岗专业技术管理人员，人员齐全，并持证上岗	监督检查制度基本健全，并能执行；施工方有在岗专业技术管理人员，人员齐全，并持证上岗	有监督检查制度；施工方有在岗专业技术管理人员
砂浆、混凝土强度	试块按规定制作，强度满足验收规定，离散性小	试块按规定制作，强度满足验收规定，离散性小	试块按规定制作，强度满足验收规定，离散性大
砂浆拌合	机械拌合；配合比计量控制严格	机械拌合；配合比计量控制一般	机械或人工拌合；配合比计量控制较差
砌筑工人	中级工以上，其中，高级工不少于 30%	高、中级工不少于 70%	初级工以上

注：1. 砂浆、混凝土强度离散性大小根据强度标准差确定；
　　2. 配筋砌体不得为 C 级施工；
　　3. 本表摘自《砌体结构工程施工质量验收规范》（GB 50203—2011）。

　　由于砌体的施工存在较大量的人工操作过程，所以，砌体结构的质量也在很大程度上取决于人工因素。施工过程对砌体结构质量的影响直接表现在砌体的强度上。在采用以概率理论为基础的极限状态设计方法中，材料的强度设计值系由材料标准值除以材料性能分项系数确定，而材料性能分项系数与材料质量和施工水平相关。在国际标准中，施工水平按质量监督人员、砂浆强度试验及搅拌、砌筑工人技术熟练程度等情况分为三级，材料性能分项系数也相应取为不同的三个数值。

　　关于砂浆和混凝土的施工质量，可分为"优良"、"一般"和"差"三个等级，强度离散性分别对应为"离散性小"、"离散性较小"和"离散性大"，其划分情况参见表 6.3.4、表 6.3.5。

砌筑砂浆质量水平   表 6.3.4

质量水平 ＼ 强度标准差（MPa） ＼ 强度等级	M5	M7.5	M10	M15	M20	M30
优良	1.00	1.50	2.00	3.00	4.00	6.00
一般	1.25	1.88	2.50	3.75	5.00	7.50
差	1.50	2.25	3.00	4.50	6.00	9.00

注：本表摘自《砌体结构工程施工质量验收规范》（GB 50203—2011）条文说明。

混凝土质量水平   表 6.3.5

评定标准 ＼ 生产单位 ＼ 强度等级 ＼ 质量水平		优良		一般		差	
		＜C20	≥C20	＜C20	≥C20	＜C20	≥C20
强度标准差（MPa）	预拌混凝土厂	≤3.0	≤3.5	≤4.0	≤5.0	＞4.0	＞5.0
	集中搅拌混凝土的施工现场	≥3.5	≤4.0	≤4.5	≤5.5	＞4.5	＞5.5
强度等于或大于混凝土强度等级值的百分率（%）	预拌混凝土厂、集中搅拌混凝土的施工现场	≥95		＞85		≤85	

注：本表摘自《砌体结构工程施工质量验收规范》（GB 50203—2011）条文说明。

3.0.16 砌体结构中钢筋（包括夹心复合墙内外叶墙间的拉结件或钢筋）的防腐，应符合设计规定。

3.0.17 雨天不宜在露天砌筑墙体，对下雨当日砌筑的墙体应进行遮盖。继续施工时，应复核墙体的垂直度，如果垂直度超过允许偏差，应拆除重新砌筑。

根据国家标准《砌体结构设计规范》（GB 50003）的规定，从建筑物的耐久性考虑，应对砌体灰缝内设置的钢筋采取防腐措施，并且规定了不同使用环境下的方法。设计文件应根据设计规范做出规定。

3.0.18 砌体施工时，楼面和屋面堆载不得超过楼板的允许荷载值。施工层进料口楼板下，宜采取临时支撑措施。

在楼面上砌筑施工时，常发现以下几种超载现象：一是集中卸料造成超载；二是抢进度或遇停电时提前集中备料造成超载；三是采用井架或门架上料时，吊篮停置位置偏高，接料平台倾斜有坎，运料车出吊篮后对进料口房间楼面产生较大的冲击荷载。这些超载现象常使楼板板底产生裂缝，严重者会导致安全事故。因此，对集中荷载应加以限制，不得大于楼板的允许荷载值。

3.0.19 正常施工条件下，砖砌体、小砌块砌体每日砌筑高度宜控制在 1.5m 或一步脚手架高度内；石砌体不宜超过 1.2m。

3.0.20 砌体结构工程检验批的划分应同时符合下列规定：

1 所用材料类型及同类型材料的强度等级相同；

2 不超过 250m³ 砌体；

3 主体结构砌体一个楼层（基础砌体可按一个楼层计）填充墙砌体量少时可多个楼层合并。

3.0.21 砌体结构工程检验批验收时，其主控项目应全部符合本规范的规定；一般项目应有 80% 及以上的抽检处符合本规范的规定；有允许偏差的项目，最大超差值为允许偏差值的 1.5 倍。

在《建筑工程施工质量验收统一标准》（GB 50300—2001）中，制定检验批抽样方案时，对生产方和使用方风险概率提出了明确的规定。规范结合砌体工程的实际情况，对主控项目即对建筑工程的质量起决定性作用的检验项目，应全部符合合格标准的规定；而对一般项目，特别是涉及安全性方面的施工质量不起决定性作用的检验项目，允许有 20% 以内的抽查处超出验收条文合格标准的规定，这是比较合适的，体现了对一般项目既从严要求又不苛求的原则。

这儿应注意的是 GB 50203—2002 未对超差值作规定，而 GB 50203—2011 规范对偏差值超过允许偏差的限值做了规定。

3.0.22 砌体结构分项工程中检验批抽检时，各抽检项目的样本最小容量除有特殊要求外，按不应小于 5 确定。

本条对原规范条文抽检项目的抽样方案作了修改，即将抽检数量按检验批的百分数（一般规定为 10%）抽取的方法修改为按现行国家标准《逐批检查计数抽样程序及抽样表》（GB 2828）对抽样批的最小容量确定。样本是指按一定程序从总体中抽取的一组个体。样本容量是指样本中所包含的个体数目。特殊要求是指砖砌体和混凝土小型空心砌块砌体的承重墙、柱的轴线位移应全数检查；外墙阳角数量小于 5 时，垂直度检查应为全部阳角；

填充墙后植锚固钢筋的抽检最小容量规定（本章第九节）等。

按不应小于 5 确定是指在一个检验批中最少检验的数量，例如对墙体的检验，可以以墙体的数量作为检验批的容量，被抽检验的墙体的数量不属于特殊要求，抽检项目的最小容量不应小 5，即不应少于 5 个墙体。

3.0.23 在墙体砌筑过程中，当砌筑砂浆初凝后，块体被撞动或需移动时，应将砂浆清除后再铺浆砌筑。

3.0.24 分项工程检验批质量验收可按本规范附录 A 各相应记录表填写。

本书略去记录表。

6.4 砌 筑 砂 浆

随着经济建设的不断发展，工程质量的要求不断提高，为保证砌筑砂浆的质量，国家推广应用预拌砂浆并制定了《预拌砂浆》（GB/T 25181—2010）标准，在介绍《砌体结构工程施工质量验收规范》（GB 50203—2011）砌筑砂浆之前，先介绍《预拌砂浆》（GB/T 25181—2010）中湿拌砂浆和干混砂浆的有关性能指标和检验要求。

1. 湿拌砂浆

1）湿拌砌筑砂浆的砌体力学性能应符合《砌体结构设计规范》（GB 50003）的规定，湿拌砌筑砂浆拌合物的表观密度不应小于 $1800kg/m^3$。

2）湿拌砂浆性能应符合表 6.4.1 的规定。

湿拌砂浆性能   表 6.4.1

项目		湿拌砌筑砂浆	湿拌抹灰砂浆	湿拌地面砂浆	湿拌防水砂浆
保水率（%）		≥88	≥88	≥88	≥88
14d 拉伸粘结强度（MPa）		—	M5：≥0.15 >M5：≥0.20	—	≥0.20
28d 收缩率（%）		—	≤0.20		≤0.15
抗冻性[a]	强度损失率（%）			≤25	
	质量损失率（%）			≤5	

a 有抗冻性要求时，应进行抗冻性试验

注：本表摘自《预拌砂浆》（GB/T 25181—2010）。

3）湿拌砂浆抗压强度应符合表 6.4.2 的规定。

预拌砂浆抗压强度（MPa）   表 6.4.2

强度等级	M5	M7.5	M10	M15	M20	M25	M30
28d 抗压强度	≥5.0	≥7.5	≥10.0	≥15.0	≥20.0	≥25.0	≥30.0

注：本表摘自《预拌砂浆》（GB/T 25181—2010）。

4）湿拌砂浆稠度实测值与合同规定的稠度值之差应符合表 6.4.3 的规定。

规定稠度	允许偏差
50、70、90	±10
110	−10~+5

注：本表摘自《预拌砂浆》（GB/T 25181—2010）。

2. 干混砂浆

1）外观

粉状产品应均匀、无结块。

双组分产品液料组分经搅拌后应呈均匀状态、无沉淀；粉料组分应均匀、无结块。

2）干混砌筑砂浆的砌体力学性能应符合《砌体结构设计规范》（GB 50003）的规定，干混普通砌筑砂浆拌合物的表观密度不应小于 1800kg/m³。

3）干混砌筑砂浆、干混抹灰砂浆、干混地面砂浆、干混普通防水砂浆的性能应符合表 6.4.4 的规定。

干混砂浆性能指标 表 6.4.4

项目		干混砌筑砂浆		干混抹灰砂浆		干混地面砂浆	干混普通防水砂浆
		普通砂浆	薄层砌筑砂浆[a]	普通砂浆	薄层砌筑砂浆[a]		
保水率（%）		≥88	≥99	≥88	≥99	≥88	≥88
凝结时间（h）		3~9	—	3~9	—	3~9	3~9
2h 稠度损失率（%）		≤30	—	≤30	—	≤30	≤30
14d 拉伸粘结强度（MPa）		—	—	M5：≥0.15 >M5：≥0.20	≥0.30	—	≥0.20
28d 收缩率（%）		—	—	≤0.20	≤0.20	—	≤0.15
抗冻性[b]	强度损失率（%）	≤25					
	质量损失率（%）	≤5					

a 干混薄层砌筑砂浆宜用于灰缝厚度不大于 5mm 的砌筑；干混薄层抹灰砂浆宜用于砂浆层厚度不大于 5mm 的抹灰。
b 有抗冻性要求时，应进行抗冻性试验。

注：本表摘自《预拌砂浆》（GB/T 25181—2010）。

4）干混砌筑砂浆、干混抹灰砂浆、干混地面砂浆、干混普通防水砂浆的抗压强度应符合表 6.4.2 的规定。

预拌砂浆出厂前应进行出厂检验。出厂检验的取样试验工作应由供方承担。

交货检验应按下列规定进行：

1）供需双方应在合同规定的交货地点对湿拌砂浆质量进行检验。湿拌砂浆交货检验的取样试验工作应由需方承担。当需方不具备试验条件时，供需双方可协商确定承担单位，其中包括委托供需双方认可的有检验资质的检验单位，并应在合同中予以明确。

2）干混砂浆交货时的质量验收可抽取实物试样，以其检验结果为依据，或以同批号干混砂浆的检验报告为依据。采取的验收方法由供需双方商定并应符合国家相关标准的需求，同时在合同中注明。

当判定预拌砂浆质量是否符合要求时，交货检验项目以交货检验结果为依据；其他检验项目按合同规定执行。

交货检验的结果应在试验结束后 7d 内通知供方。

3. 检验项目

湿拌砌筑砂浆出厂检验项目为稠度、保水率、凝结时间、抗压强度。

普通砌筑砂浆出厂检验项目应为保水率、2h 稠度损失率、抗压强度；薄层砌筑砂浆出厂检验项目应为保水率、抗压强度。

湿拌砂浆、干混砂浆交货检验项目需方确定，并经双方确认。

4. 湿拌砂浆的取样与组批

1）出厂检验的湿拌砌筑砂浆试样应在搅拌地点随机采取，取样频率和组批应符合下列规定：

（1）稠度、保水率、凝结时间、抗压强度检验的试样，每 $50m^3$ 相同配合比的湿拌砂浆取样不应少于一次，每一工作班相同配合比的湿拌砂浆不足 $50m^3$ 时，取样不应少于一次。

（2）抗渗压力（湿拌防水砂浆）检验的试样，每 $100m^3$ 相同配合比的砂浆取样不应少于一次；每一工作班相同配合比的湿拌砂浆不足 $100m^3$ 时，取样不应少于一次。

2）交货检验的湿拌砂浆试样应在交货地点随机采取。当从运输车中取样时，砂浆试样应在卸料过程中卸量的 $1/4 \sim 3/4$ 之间采取，且应从同一运输车中采取。

3）交货检验湿拌砂浆试样的采取及稠度、保水率试验应在砂浆运到交货地点开始算起 20min 内完成，试件的制作应在 30min 内完成。

4）每个试验取样量不应少于试验用量的 4 倍。

5. 干混砂浆的取样与组批

1）根据生产厂产量和生产设备条件，按同品种、同规格型号分批：

年产量 10×10^4 t 以上，不超过 800t 或 1d 产量为一批；

年产量 $4 \times 10^4 \sim 10 \times 10^4$ t，不超过 600t 或 1d 产量为一批；

年产量 $4 \times 10^4 \sim 1 \times 10^4$，不超过 400t 或 1d 产量为一批；

年产量 10×10^4 t 以下，不超过 200t 或 1d 产量为一批。

每批为一取样单位，取样应随机进行。

2）出厂检验试样应在出料口随机采取，试样应混合均匀，试样总量不应少于试验用量的 4 倍。

3）交货检验以抽取实物试样的检验结果为验收依据时，供需双方应在交货地点共同取样和签封。每批取样应随机进行，试样不应少于试验用量的 8 倍。将试样分为两等分，一份由供方封存 40d，另一份由需方按本标准规定进行检验。

40d 内，需方经检验认为产品质量有问题而供方又有异议时，双方应将供方保存的试样送省级或省级以上国家认可的质量监督检验机构进行仲裁检验。

4）交货检验以生产厂同批干混砂浆的检验报告为验收依据时，交货时需方应在同批干混砂浆中随机抽取试样，试样不应少于试验用量的 4 倍。双方共同签封后，由需方保存 3 个月。

在 3 个月内，需方对干混砂浆质量有疑问时，供需双方应将签封的试样送省级或省级以上国家认可的质量监督检验机构进行仲裁检验。

6. 判定规则

检验项目符合《预拌砂浆》（GB/T 25181—2010）相关要求时，可判该批产品合格，当有一项指标不符合要求时，则判定该批产品不合格。

现介绍《砌体结构工程施工质量验收规范》（GB 50203—2011）中现场拌制的砌筑砂浆。

4.0.1 水泥使用应符合下列规定：

1 水泥进场时应对其品种、等级、包装或散装仓号、出厂日期等进行检查，并应对其强度、安定性进行复验。其质量必须符合现行国家标准《通用硅酸盐水泥》（**GB 175**）的有关规定。

2 当在使用中对水泥质量有怀疑或水泥出厂超过三个月（快硬硅酸盐水泥超过一个月）时，应复查试验，并按复验结果使用。

3 不同品种的水泥，不得混合使用。

抽检数量：按同一生产厂家、同品种、同等级、同批号连续进场的水泥，袋装水泥不超过 200t 为一批，散装水泥不超过 500t 为一批，每批抽样不少于一次。

检验方法：检查产品合格证、出厂检验报告和进场复验报告。

本条黑体字为强制性条文，必须严格执行。

水泥的具体要求见本书第 5 章混凝土结构工程。

4.0.2 砂浆用砂宜采用过筛中砂，并应满足下列要求：

1 不应混有草根、树叶、树枝、塑料、煤块、炉渣等杂物；

2 砂中含泥量、泥块含量、石粉含量、云母、轻物质、有机物、硫化物、硫酸盐及氯盐含量（配筋砌体砌筑用砂）等应符合现行行业标准《普通混凝土用砂、石质量及检验方法标准》（JGJ 52）的有关规定；

3 人工砂、山砂及特细砂，应经试配能满足砌筑砂浆技术条件要求。

砂中草根等杂物，含泥量、泥块含量、石粉含量过大，不但会降低砌筑砂浆的强度和均匀性，还导致砂浆的收缩值增大，耐久性降低，影响砌体质量。砂中氯离子超标，配制的砌筑砂浆、混凝土会对其中钢筋的耐久性产生不良影响。砂含泥量、泥块含量、石粉含量及云母、轻物质、有机物、硫化物、硫酸盐、氯盐含量应符合表 6.4.5 的规定。

砂杂质含量（%） 表 6.4.5

项目	指标	项目	指标
泥	≤5.0	有机物（用比色法试验）	合格
泥块	≤2.0	硫化物及硫酸盐（折算成 SO_3 按重量计）	≤1.0
云母	≤2.0	氯化物（以氯离子计）	≤0.06
轻物质	≤1.0	注：含量按质量计	

注：本表摘自《砌体结构工程施工质量验收规范》（GB 50203—2011）条文说明。

4.0.3 拌制水泥混合砂浆的粉煤灰、建筑生石灰、建筑生石灰粉及石灰膏应符合下列规定：

1 粉煤灰、建筑生石灰、建筑生石灰粉的品质指标应符合现行行业标准《粉煤灰在混凝土及砂浆中应用技术规程》（JGJ 28）、《建筑生石灰》（JC/T 479）、《建筑生石灰粉》（JC/T 480）的有关规定。

2 建筑生石灰、建筑生石灰粉熟化为石灰膏，其熟化时间分别不得少于7d和2d；沉淀池中储存的石灰膏，应防止干燥、冻结和污染，严禁采用脱水硬化的石灰膏；建筑生石灰粉、消石灰粉不得替代石灰膏配制水泥石灰砂浆。

3 石灰膏的用量，用按稠度120mm±5mm计量，现场施工中石灰膏不同稠度的换算系数，可按表4.0.3（本书表6.4.6）确定。

石灰膏不同稠度的换算系数　　　　　　　表 6.4.6

稠度（mm）	120	110	100	90	80	70	60	50	40	30
换算系数	1.00	0.99	0.97	0.95	0.93	0.92	0.90	0.88	0.87	0.86

注：本表摘自《砌筑结构工程施工质量验收规范》（GB 50203—2011）。

脱水硬化的石灰膏、消石灰粉不能起塑化作用又影响砂浆强度，故不应使用。建筑生石灰粉由于其细度有限，在砂浆搅拌时直接干掺起不到改善砂浆和易性及保水的作用。建筑生石灰粉的细度依照现行行业标准《建筑生石灰粉》（JC/T 480）列于表6.4.7，由表看出，建筑生石灰粉的细度远不及水泥的细度（0.08mm 筛的筛余不大于10%）。

石灰膏的细度　　　　　　　　表 6.4.7

项目		钙质生石灰粉			镁质生石灰粉		
		优等品	一等品	合格品	优等品	一等品	合格品
细度	0.90mm 筛的筛余（%）不大于	0.2	0.5	1.5	0.2	0.5	1.5
	0.125mm 筛的筛余（%）不大于	7.0	12.0	18.0	7.0	12.0	18.0

脱水硬化的石灰膏和消石灰粉不能起塑化作用又影响砂浆强度，故不应使用。

4.0.4 拌制砂浆用水的水质，应符合国家现行标准《混凝土用水标准》（JGJ 63）的有关规定。

考虑到目前水源污染比较普遍，当水中含有有害物质时，将会影响水泥的正常凝结，并可能对钢筋产生锈蚀作用。因此，本条对拌制砂浆用水做出了规定。

使用饮用水搅拌砂浆时，可不对水质进行检验。否则应对水质进行检验。

4.0.5 砌筑砂浆应进行配合比设计。当砌筑砂浆的组成材料有变更时，其配合比应重新确定。砌筑砂浆的稠度宜按表4.0.5（本书表6.4.8）的规定采用。

砌筑砂浆的稠度　　　　　　　　表 6.4.8

砌体种类	砂浆稠度（mm）
烧结普通砖砌体、蒸压粉煤灰砖砌体	70～90
混凝土实心砖、混凝土多孔砖砌体 普通混凝土小型空心砌块砌体 蒸压灰砂砖砌体	50～70
烧结多孔砖、空心砖砌体 轻骨料小型空心砌块砌体 蒸压加气混凝土砌块砌体	60～80
石砌体	30～50

注：1. 采用薄灰砌法砌筑蒸压加气混凝土砌块砌体时，加气混凝土粘结砂浆的加水量按照其产品说明书控制；
　　2. 当砌筑其他块体时，其砌筑砂浆的稠度可根据块体吸水特性及气候条件确定；
　　3. 本表摘自《砌筑结构工程施工质量验收规范》（GB 50203—2011）。

砂浆的强度对砌体的影响是重要的，目前不少施工单位不重视砂浆的试配，有的试验室也图省事，仅对配合比作一些计算，并未按要求进行试配，因此不能保证砂浆的强度满足设计要求。

砌筑砂浆配合比应按《砌筑砂浆配合比规程》（JGJ 98—2010）计算与确定。

砌筑砂浆的强度等级可分为 M30、M25、M20、M15、M10、M7.5、M5。

水泥砂浆拌合物的密度不宜小于 1900kg/m³；水泥混合砂浆、预拌砌筑砂浆拌合物的密度不宜小于 1800kg/m³。

砌筑砂浆稠度、保水率、试配抗压强度必须同时符合要求。

砌筑砂浆中的水泥和石灰膏、电石膏等材料的用量可按表 6.4.9 选用。

砌筑砂浆的材料用量（kg/m³）　　　　　　　　　　　　　表 6.4.9

砂浆种类	材料用量
水泥砂浆	≥200
水泥混合砂浆	≥350
预拌砌筑砂浆	≥200

注：1. 水泥砂浆中的材料用量是指水泥用量；
　　2. 水泥混合砂浆中的材料用量是指水泥和石灰膏、电石膏的材料总量；
　　3. 预拌砌筑砂浆中的材料用量是指胶凝材料用量，包括水泥和替代水泥的粉煤灰等活性矿物掺合料；
　　4. 本表摘自《砌筑砂浆配合比设计规程》（JGJ/T 98—2010）。

砌筑砂浆中可掺入保水增稠材料、外加剂等，掺量应经试配后确定。

现场配制砌筑砂浆的试配要求

一、现场配制水泥混合砂浆的试配应符合下列规定：

1. 配合比应按下列步骤进行计算：

1）计算砂浆试配强度（$f_{m,0}$）；

2）计算每立方米砂浆中的水泥用量（Q_C）；

3）计算每立方米砂浆中的石灰膏用量（Q_D）；

4）确定每立方米砂浆中的砂用量（Q_S）；

5）按砂浆稠度选每立方米砂浆中的用水量（Q_W）。

2. 砂浆的试配强度应按下式计算：

$$f_{m,0} = kf_2 \qquad (6.4.1)$$

式中　$f_{m,0}$——砂浆的试配强度（MPa），应精确至 0.1MPa；

　　　f_2——砂浆强度等级值（MPa），应精确至 0.1MPa；

　　　k——系数，按表 6.4.10 取值。

砂浆强度标准差 σ 及 k 值　　　　　　　　　　　　　表 6.4.10

砂浆强度等级 / 施工水平	强度标准差 σ（MPa）						k
	M2.5	M5.0	M7.5	M10.0	M15.0	M20	
优良	0.50	1.00	1.50	2.00	3.00	4.00	1.15
一般	0.62	1.25	1.88	2.50	3.75	5.00	1.20
较差	0.75	1.50	2.25	3.00	4.50	6.00	1.25

注：本表摘自《砌筑砂浆配合比设计规程》（JGJ/T 98—2010）。

3. 砂浆强度标准差的确定应符合下列规定：

1) 当有统计资料时，砂浆强度标准差应按下式计算：

$$\sigma = \sqrt{\dfrac{\sum\limits_{i=1}^{n} f_{m,i}^2 - n\mu_{f_m}^2}{n-1}} \qquad (6.4.2)$$

式中 $f_{m,i}$——统计周期内同一品种砂浆第 i 组试件的强度（MPa）；

      μ_{f_m}——统计周期内同一品种砂浆 n 组试件强度的平均值（MPa）；

      n——统计周期内同一品种砂浆试件的总组数，$n \geqslant 25$。

2) 当无统计资料时，砂浆强度标准差可按表 6.4.10 取值。

4. 水泥用量的计算应符合下列规定：

1) 每立方米砂浆中的水泥用量，应按下式计算：

$$Q_C = 1000 \ (f_{m,0} - \beta) \ / \alpha \cdot f_{ce} \qquad (6.4.3)$$

式中 Q_C——每立方米砂浆的水泥用量（kg），应精确至 1kg；

      f_{ce}——砂浆的试配强度（MPa），应精确至 0.1MPa；

  α、β——砂浆的特征系数，其中 $\alpha = 3.03$，$\beta = -15.09$。

注：各地区也可用本地区试验资料确定 α、β 值，统计用的试验组数不得少于 30 组。

2) 在无法取得水泥的实测强度值时，可按下式计算：

$$f_{ce} = r_c \cdot f_{ce,k} \qquad (6.4.4)$$

式中 $f_{ce,k}$——水泥强度等级对应的强度值；

      r_c——水泥强度等级的富余系数，宜按实际统计资料确定，无统计资料时可取 1.0。

5. 石灰膏用量应按下式计算：

$$Q_D = (Q_A - Q_C) \qquad (6.4.5)$$

式中 Q_D——每立方米砂浆的石灰膏用量（kg），应精确至 1kg，石灰膏使用时的稠度宜为 120mm±5mm；

      Q_C——每立方米砂浆的水泥用量（kg），应精确至 1kg；

      Q_A——每立方米砂浆中水泥和石灰膏总量，应精确至 1kg，可为 350kg。

6. 每立方米砂浆中的砂用量，应按干燥状态（含水率小于 0.5%）的堆积密度值作为计算值（kg）。

7. 每立方米砂浆中的用水量，可根据砂浆稠度等要求选用 240kg～310kg。

注：1. 混合砂浆中的用水量，不包括石灰膏或黏土膏中的水；

    2. 当采用细砂或粗砂时，用水量分别取上限或下限；

    3. 稠度小于 70mm 时，用水量可小于下限；

    4. 施工现场气候炎热或干燥季节，可酌量增加用水量。

二、现场配制水泥砂浆的试配应符合下列规定：

1. 水泥砂浆材料用量可按表 6.4.11 选用。

每立方米水泥砂浆材料用量（kg/m³）　　　　　　　表 6.4.11

强度等级	水泥	砂	用水量
M5	200～230		
M7.5	230～260		
M10	260～290		
M15	290～330	砂的堆积密度值	270～330
M20	340～400		
M25	360～410		
M30	430～480		

注：1. M15 及 M15 以下强度等级水泥砂浆，水泥强度等级为 32.5 级，M15 以上强度等级水泥砂浆，水泥强度等级为 42.5 级；

2. 当采用细砂或粗砂时，用水量分别取上限或下限；

3. 稠度小于 70mm 时，用水量可小于下限；

4. 施工现场气候炎热或干燥季节，可酌量增加用水量；

5. 试配强度应按公式（6.4.1）计算；

6. 本表摘自《砌筑砂浆配合比设计规程》（JGJ/T 98—2010）。

2. 水泥粉煤灰砂浆材料用量可按表 6.4.12 选用。

每立方米水泥煤灰砂浆材料用量（kg/m³）　　　　　表 6.4.12

强度等级	水泥和粉煤总量	粉煤灰	砂	用水量
M5	210～240			
M7.5	240～270	粉煤灰掺量可占胶凝材料总量的 15%～25%	砂的堆积密度值	270～330
M10	270～300			
M15	300～330			

注：1. 本表中水泥强度等级为 42.5 级；

2. 本表摘自《预拌砂浆》（GB/T 25181—2010）。

三、砌筑砂浆配合比试配、调整与确定

1. 按计算或查表所得配合比进行试拌时，应按现行行业标准《建筑砂浆基本性能试验方法标准》（JGJ/T 70）测定砌筑砂浆拌合物的稠度和保水率。当稠度和保水率不能满足要求时，应调整材料用量，直到符合要求为止，然后确定为试配时的砂浆基准配合比。

2. 试配时至少应采用三个不同的配合比，其中一个配合比应为按本规程得出的基准配合比，其余两个配合比的水泥用量应按基准配合比分别增加及减少 10%。在保证稠度、保水率合格的条件下，可将用水量、石灰膏、保水增稠材料或粉煤灰等活性掺合料用量作相应调整。

3. 砌筑砂浆试配时稠度应满足施工要求，并应按现行行业标准《建筑砂浆基本性能试验方法标准》（JGJ/T 70）分别测定不同配合比砂浆的表现密度及强度；并应选定符合试配强度及和易性要求、水泥用量最低的配合比作为砂浆的试配配合比。

4. 砌筑砂浆试配配合比尚应按下列步骤进行校正：

1）应根据上条确定的砂浆配合比材料用量，按下式计算砂浆的理论表观密度值：

$$p_1 = Q_C + Q_D + Q_S + Q_W \qquad (6.4.6)$$

式中　p_1——砂浆的理论表观密度值（kg/m³），应精确至 10kg/m³。

2）应按下式计算砂浆配合比校正系数 δ：

$$\delta = p_c / p_1 \tag{6.4.7}$$

式中　p_c——砂浆的实测表观密度值（kg/m³），应精确至 10kg/m³。

3）当砂浆的实测表观密度值与理论表观密度值之差的绝对值不超过理论值的 2% 时，可将试配配合比确定为砂浆设计配合比；当超过 2% 时，应将试配配合比中每项材料用量均乘以校正系数 δ 后确定为砂浆设计配合比。

4.0.6　施工中不应采用强度等级小于 M5 的水泥砂浆替代同强度等级水泥混合砂浆，如需替代，应将水泥砂浆提高一个强度等级。

当变更砂浆的强度等级时，应征得设计单位的同意。

4.0.7　在砂浆中掺入的砌筑砂浆增塑剂、早强剂、缓凝剂、防冻剂、防水剂等砂浆外加剂，其品种和用量应经有资质的检测单位检验和试配确定。所用外加剂的技术性能应符合国家现行有关标准《砌筑砂浆增塑剂》（JG/T 164）、《混凝土外加剂》（GB 8076）、《砂浆、混凝土防水剂》（JC 474）的质量要求。

由于在砌筑砂浆中掺用的砂浆增塑剂、早强剂、缓凝剂、防冻剂等产品种类繁多，性能及质量也存在差异，为保证砌筑砂浆的性能和砌体的砌筑质量，应对外加剂的品种和用量进行检验和试配，符合要求后方可使用。对砌筑砂浆增塑剂，2004 年国家已发布、实施了行业标准《砌筑砂浆增塑剂》（JG/T 164），在技术性能的型式检验中，包括掺用该外加剂砂浆砌筑的砌体强度指标检验，使用时应遵照执行。

1. 砌筑砂浆的稠度

砌筑砂浆的流动性亦称为砌筑砂浆的稠度，是指砂浆混合物在自重和外力作用下，易于产生流动的性能，也表示砂浆稀稠的程度。

选择流动性好的砂浆，有利于施工操作，保证施工质量。通常情况下，基底为多孔吸水材料，或在干燥条件下施工时，应使砂浆流动性大些。相反，对于密实的吸水不多的基底材料，或者在湿冷气候条件下施工时，应使砂浆流动性小些。

2. 砌筑砂浆的保水率

砌筑砂浆的保水率是体现其保持水分能力。在施工中，要求砂浆各组成材料不发生分层、离析和泌水。

3. 关于增塑剂在砂浆中的应用

行标《砌筑砂浆配合比设计规程》（JGJ 98—2010）对砌筑砂浆的稠度及保水率两项技术指标都做了明确的规定，这是合格砂浆除了强度必须合格以外的另外两项技术指标。

为满足砌筑砂浆的稠度和保水率的技术条件，除了使用水泥混合砂浆之外，可在水泥砂浆中掺用有机塑化剂。其中微沫剂便是一种使用较多的有机塑化剂。它是由松香、碱（氢氧化钠或碳酸钠）及水加热熬制而成。水泥砂浆掺入该材料后，在砂浆搅拌时，在砂颗粒四周生成微小而稳定的空气泡，从而起到润滑和改善砂浆施工性能的作用。但是，水泥砂浆掺入微沫剂后，对砌体的抗压强度会产生不利的影响。如在水泥砂浆中掺入微沫剂后，砌体抗压强度将降低约 10%，而对抗剪强度无不良影响。

受检砂浆性能指标应符合表 6.4.13 的要求。

序号	试验项目		单位	性能指标
1	分层度		mm	10～30
2	含气量	标准搅拌	%	≤20
		1h 静置		≥（标准搅拌时的含气量－4）
3	凝结时间差		min	＋60～－60
4	抗压强度比	7d	%	≥75
		28d		
5	抗冻性 （25 次冻融循环）	抗压强度损失率	%	≤25
		质量损失率		≤5

注：1. 有抗冻性要求的寒冷地区应进行抗冻性试验；无抗冻性要求的地区可不进行抗冻性试验；
　　2. 本表摘自《砌筑砂浆增塑剂》（JG/T 164—2004）。

受检砂浆砌体强度应符合表 6.4.14 的要求。

序号	试验项目	性能指标
1	砌体抗压强度比	≥95％
2	砌体抗剪强度比	≥95％

注：1. 试验报告中应说明试验结果仅适用于所试验的块体材料砌成的砌体；当增塑剂用于其他块体材料砌成的砌体时应另行检测，检测结果应满足本表的要求；块体材料的种类按烧结普通砖、烧结多孔砖、蒸压灰砂砖、蒸压粉煤灰砖，混凝土砌块，毛料石和毛石分为四类；
　　2. 用于砌筑非承重墙的增塑剂可不作砌体强度性能的要求。
　　3. 本表摘自《砌筑砂浆增塑剂》（JG/T 164—2004）。

强度比是指加和不加增塑剂时强度的比值。

4. 早强剂、缓凝剂、防冻剂等的使用要求在砌体工程施工过程中，根据需要有时还在砌筑砂浆中掺入早强剂、缓凝剂、防冻剂等。由于这些外加剂产品比较多，在性能上存在着差异，为确保砌筑砂浆的质量，应对这些外加剂进行检验和砌筑砂浆试配，在符合要求后予以使用。

4.0.8　配制砌筑砂浆时，各组分材料应采用质量计量，水泥及各种外加剂配料的允许偏差为±2％；砂、粉煤灰、石灰膏等配料的允许偏差为±5％。

砂浆材料配合比不准确，是砂浆达不到设计强度等级和砂浆强度离散性大的主要原因。按体积计量，水泥因操作方法不同其密度变化范围为 980～1200kg/m³；砂因含水量不同，其密度变化幅度可达 20％以上。某建筑公司曾在试验室对砂浆采用重量计量和体积计量的强度进行过对比试验，其强度变异系数分别为 0.86％～15.8％和 2.51％～27.9％。如在施工现场，这种差异将更大。因此，砂浆现场拌制时，各组分材料应采用重量计量，以确保砂浆的强度和均匀性。

目前不少施工现场未对原材料进行重量计量，这主要是我们的施工人员、质量管理人员不懂重量配比和体积配比之间的差异，质量意识不强，有习以为常的习惯，如不改变这种习惯，不增强意识，不去了解不用重量配合比的后果的严重性，是很难改变的。

4.0.9　砌筑砂浆应采用机械搅拌，搅拌时间自投料完起算应符合下列规定：

1　水泥砂浆和水泥混合砂浆不得少于 120s；

　　2　水泥粉煤灰砂浆和掺用外加剂的砂浆不得少于 180s；

　　3　掺增塑剂的砂浆，其搅拌方式、搅拌时间应符合现行行业标准《砌筑砂浆增塑剂》(JG/T 164) 的有关规定；

　　4　干混砂浆及加气混凝土砌块专用砂浆宜按掺用外加剂的砂浆确定搅拌时间或按产品说明书采用。

　　基准砂浆的搅拌，应待水泥、砂干拌 30s 混合均匀后加水，自加水时计时，搅拌 120s。

　　掺液体增塑剂的受检浆，应先将水泥、砂干拌 30s 混合均匀后，将混有增塑剂的水倒入干混料中继续搅拌；掺固体增塑剂的受检砂浆，应将水泥、砂和增塑剂干拌 30s，待干粉料混合均匀后，将水倒入其中，继续搅拌，从开始加水起计时，搅拌时间为 210s。有特殊要求时，搅拌时间或搅拌方式也可按产品说明书的技术要求确定。

4.0.10　现场拌制的砂浆应随拌随用，拌制的砂浆应在 3h 内使用完毕；当施工期间最高气温超过 30℃ 时，应在 2h 内使用完毕。预拌砂浆及蒸压加气混凝土砌块专用砂浆的使用时间应按照厂方提供的说明书确定。

　　在一般气候情况下，水泥砂浆和水泥混合砂浆在 3h 和 4h 使用完，砂浆强度降低一般不超过 20%，虽然对砌体强度有所影响，但降低幅度在 10% 以内，又因为大部分砂浆已在之前使用完毕，故对整个砌体的影响只局限于很小的范围。当气温较高时，水泥凝结加速，砂浆拌制后的使用时间应予缩短。

　　近年来，设计中对砌筑砂浆强度普遍提高，水泥用量增加，因此将砌筑砂浆拌合后的使用时间统一按照水泥砂浆的使用时间进行控制，这对施工质量有利，又便于记忆和控制。

4.0.11　砌体结构工程使用的湿拌砂浆，除直接使用外必须储存在不吸水的专用容器内，并根据气候条件采取遮阳、保温、防雨雪等措施，砂浆在储存过程中严禁随意加水。

4.0.12　砌筑砂浆试块强度验收时其强度合格标准应符合下列规定：

　　1　同一验收批砂浆试块强度平均值应大于或等于设计强度等级值的 1.10 倍；

　　2　同一验收批砂浆试块抗压强度的最小一组平均值应大于或等于设计强度等级值的 85%。

　　注：1　砌筑砂浆的验收批，同一类型、强度等级的砂浆试块不应少于 3 组；同一验收批砂浆只有 1 组或 2 组试块时，每组试块抗压强度平均值应大于或等于设计强度等级值的 1.10 倍；对于建筑结构的安全等级为一级或设计使用年限为 50 年及以上的房屋，同一验收批砂浆试块的数量不得少于 3 组。

　　2　砂浆强度应以标准养护 28d 龄期的试块抗压强度为准。

　　3　制作砂浆试块的砂浆稠度应与配合比设计一致。

　　抽检数量：每一检验批且不超过 250m³ 砌体的各类、各强度等级的普通砌筑砂浆，每台搅拌机应至少抽检一次。验收批的预拌砂浆、蒸压加气混凝土砌块专用砂浆，抽检可为 3 组。

　　检验方法：在砂浆搅拌机出料口或在湿拌砂浆的储存容器出料口随机取样制作砂浆试块（现场拌制的砂浆，同盘砂浆只应作 1 组试块），试块标养 28d 后作强度试验。预拌砂浆中的湿拌砂浆稠度应在进场时取样检验。

　　砌筑砂浆拌制后随时间延续的强度变化规律是：在一般气温（低于 30℃）情况下，砂浆拌制 2～6h 后，强度降低 20%～30%，10h 降低 50% 以上，24h 降低 70% 以上。以上试验大多采用水泥混合砂浆。对水泥砂浆而言，由于水泥用量较多，砂浆的保水性又较水泥混合砂浆差，其影响程度会更大。当气温较高（高于30℃）情况下，砂浆强度下降幅度也将更大一些。

当砂浆试块数量不足3组时，其强度的代表性较差，验收也存在较大风险，如只有1组试块时，其错判概率至少为30%。因此，为确保砌体结构施工验收的可靠性，对重要房屋一个验收批砂浆试块的数量规定为不得少于3组。

试验表明，砌筑砂浆的稠度对试块立方体抗压强度有一定影响，特别是当采用带底试模时，这种影响将十分明显。为如实反映施工中砌筑砂浆的强度，制作砂浆试块的砂浆稠度应与配合比设计一致，在实际操作中应注意砌筑砂浆的用水量控制。此外，根据现行国家标准《预拌砂浆》（GB/T 25181）和行业标准《预拌砂浆》（JG/T 230）规定，预拌砂浆中的湿拌砂浆在交货时应进行稠度检验。

对工厂生产的预拌砂浆、加气混凝土专用砂浆，由于其材料稳定，计量准确，砂浆质量较好，强度值离散性较小，故可适当减少现场砂浆试块的制作数量，但每验收批各类、各强度等级砂浆试块不应少于3组。

根据统计学原理，抽检子样容量越大则结果判定越准确。对砌体结构工程施工，通常在一个检验批留置的同类型、同强度等级的砂浆试块数量不多，故在砌筑砂浆试块抗压强度验收时，为使砂浆试块强度具有更好的代表性，减小强度评定风险，宜将多个检验批的同类型、同强度等级的砌筑砂浆作为一个验收批进行评定验收；当检验批的同类型、同强度等级砌筑砂浆试块组数较多时，砂浆强度验收也可按检验批进行，此时的砌筑砂浆验收批即等同于检验批。

《砌筑砂浆基本性能试验方法标准》（JGJ/T 70—2009）规定了砂浆的取样，立方体抗压强度试块制作及试验方法。

1. 建筑砂浆的取样

建筑砂浆试验用料应从同一盘砂浆或同一车砂浆中取样。取样量不应少于试验所需量的4倍。

当施工过程中进行砂浆试验时，砂浆取样方法应按相应的施工验收规范执行，并宜在现场搅拌点或预拌砂浆卸料点的至少3个不同部位及时取样。对于现场取得的试样，试验前应人工搅拌均匀。

从取样完毕到开始进行各项性能试验，不宜超过15min。

2. 立方体抗压强度试件的制作及养护

1）采用立方体试件，每组试件3个。

2）试模：尺寸为70.7mm×70.7mm×70.7mm的带底试模，材质应具有足够的刚度并拆装方便。试模的内表面应机械加工，其不平度应为每100mm不超过0.05mm，组装后各相邻面的不垂直度不应超过±0.5°。

3）应用黄油等密封材料涂抹试模的外接缝，试模内涂刷薄层机油或脱模剂，将拌制好的砂浆一次性装满砂浆试模，成型方法根据稠度而定。当砂浆稠度≥50mm时，应采用人工插捣法，当砂浆稠度＜50mm时，采用机械振动法。

（1）采用人工插捣法时，用捣棒均匀由外向里按螺旋方向插捣25次，插捣过程中如砂浆沉落到低于试模口，应随时添加砂浆，可用油灰刀沿模壁插数次，并用手将试模一边抬高 5~10mm 各振动 5 次，使砂浆高出试模顶面 6~8mm。

（2）采用机械振动法时，将砂浆拌合物一次装满试模，放置在振动台上，振动时试模不得跳动，振动 5~10s 或持续到表面泛浆为止，不得过振。振动过程中如沉入到低于试模口，应随时添加砂浆。

（3）当砂浆表面水分稍干后，将高出部分的砂浆沿试模顶面削去并抹平。

（4）试件制作后应在 20±5℃ 温度环境下停置 24±2h，当气温较低时，可适当延长时间，但不应超过两昼夜，然后对试件进行编号并拆模。试件拆模后，应立即放入温度为 20±2℃，相对湿度 90% 以上的标准养护室中养护。养护期间，试件彼此间隔不小于 10mm，混合砂浆试件上面应覆盖，以防有水滴在试件上。

3. 立方体抗压强度试验应由检测机构按标准进行检测，并出具检测报告。

4.0.13 当施工中或验收时出现下列情况，可采用现场检验方法对砂浆或砌体强度进行实体检测，并判定其强度：

1 砂浆试块缺乏代表性或试块数量不足；

2 对砂浆试块的试验结果有怀疑或有争议；

3 砂浆试块的试验结果，不能满足设计要求；

4 发生工程事故，需要进一步分析事故原因。

现场检测应由有专项资质的试验检测单位进行，现场砂浆强度的检测方法很多，其检测方法由委托方和试验检测单位确定，检测后出具检测报告。

6.5 砖砌体工程

5.1 一般规定

5.1.1 本章适用于烧结普通砖、烧结多孔砖、混凝土多孔砖、混凝土实心砖、蒸压灰砂砖、蒸压粉煤灰砖等砌体工程。

5.1.2 用于清水墙、柱表面的砖，应边角整齐，色泽均匀。

5.1.3 砌体砌筑时，混凝土多孔砖、混凝土实心砖、蒸压灰砂砖、蒸压粉煤灰砖等块体的产品龄期不应小于 28d。

混凝土多孔砖、混凝土普通砖、蒸压灰砂砖、蒸压粉煤灰砖早期收缩值大，如果这时用于墙体上，很容易出现收缩裂缝。为有效控制墙体的这类裂缝产生，在砌筑时砖的产品龄期不应小于 28d，使其早期收缩值在此期间内完成大部分。实践证明，这是预防墙体早期开裂的一个重要技术措施。此外，混凝土多孔砖、混凝土普通砖的强度等级进场复验也需产品龄期为 28d。

5.1.4 有冻胀环境和条件的地区，地面以下或防潮层以下的砌体，不宜采用多孔砖。

5.1.5 不同品种的砖不得在同一楼层混砌。

5.1.6 砌筑烧结普通砖、烧结多孔砖、蒸压灰砂砖、蒸压粉煤灰砖砌体时，砖应提前 1~2d 适度湿润，严禁采用干砖或处于吸水饱和状态的砖砌筑，块体湿润程度宜符合下列规定：

1 烧结类块体的相对含水率 60%~70%；

2 混凝土多孔砖及混凝土实心砖不需浇水湿润，但在气候干燥炎热的情况下，宜在砌筑前对其喷水湿润，其他非烧结类块体的相对含水率 40%~50%。

试验研究和工程实践证明，砖的湿润程度对砌体的施工质量影响较大：干砖砌筑不仅不利于砂浆强度的正常增长，大大降低砌体强度，影响砌体的整体性，而且砌筑困难；吸水饱和的砖砌筑时，会使刚砌的砌体尺寸稳定性差，易出现墙体平面外弯曲，砂浆易流淌，灰缝厚度不均，砌体强度降低。

砌体的抗压强度随砖含水率的增加而提高，反之亦然。含水率为零的烧结黏土砖的砌体抗压强度仅为含水率为15%砖的砌体抗压强度的77%左右。

一般来说，砖砌体抗剪强度随着砖的湿润程度增加而提高，但是如果砖浇得过湿，砖表面的水膜将影响砖和砂浆间的粘结，对抗剪强度不利。非烧结砖的上墙含水率对砌体抗剪强度影响，存在着最佳相对含水率，其范围是43%～55%，并从试验结果看出，蒸压粉煤灰砖在绝干状态和吸水饱和状态时，抗剪强度均大大降低，约为最佳相对含水率的30%～40%。

考虑各类砌筑用砖的吸水特性，如吸水率大小、吸水和失水速度快慢等的差异（有时存在十分明显的差异，例如从资料收集中得到，我国各地生产的烧结普通黏土砖的吸水率变化范围为13.2%～21.4%），砖砌筑时适宜的含水率也应有所不同。因此，需要在砌筑前对砖预湿的程度采用含水率控制是不适宜的，为了便于在施工中对适宜含水率有更清晰的了解和控制，块体砌筑时的适宜含水率宜采用相对含水率表示。

现场检验砖的含水率的简易方法采用断砖法，当砖截面四周融水深度为15～20mm时，视为符合要求的适宜含水率。

5.1.7 采用铺浆法砌筑砌体，铺浆长度不得超过750mm；当施工期间气温超过30℃时，铺浆长度不得超过500mm。

砖砌体砌筑宜随铺砂浆随砌筑。在气温为15℃时，铺浆后立即砌砖和铺浆后3min再砌砖，砌体的抗剪强度相差30%。气温较高时砖和砂浆中的水分蒸发较快，影响工人操作和砌筑质量，因而应缩短铺浆长度。

5.1.8 240mm厚承重墙的每层墙的最上一皮砖，砖砌体的阶台水平面上及挑出层的外皮砖，应整砖丁砌。

5.1.9 弧拱式及平拱式过梁的灰缝应砌成楔形缝，拱底灰缝宽度不宜小于5mm，拱顶灰缝宽度不应大于15mm，拱体的纵向及横向灰缝应填实砂浆；平拱式过梁拱脚下面应伸入墙内不小于20mm；砖砌平拱过梁底应有1%的起拱。

平拱式过梁是弧拱式过梁的一个特例，是矢高极小的一种拱形结构，拱底应有一定起拱量，从砖拱受力特点及施工工艺考虑，必须保证拱脚下面伸入墙内的长度，并保持楔形灰缝形态。

5.1.10 砖过梁底部的模板及其支架拆除时，灰缝砂浆强度不低于设计强度的75%。

5.1.11 多孔砖的孔洞应垂直于受压面砌筑。半盲孔多孔砖的封底应朝上砌筑。

5.1.12 竖向灰缝不得出现瞎缝、透明缝和假缝。

竖向灰缝砂浆的饱满度一般对砌体的抗压强度影响不大，但是对砌体的抗剪强度影响明显。当竖缝砂浆很不饱满甚至完全无砂浆时，其对角加载砌体的抗剪强度约降低30%。此外，透明缝、瞎缝和假缝对房屋的使用功能也会产生不良影响。

5.1.13 砖砌体施工临时间断处补砌时，必须将接槎处表面清理干净，洒水湿润，并填实砂浆，保持灰缝平直。

5.1.14 夹心复合墙的砌筑应符合下列规定：

1 墙体砌筑时，应采取措施防止空腔内掉落砂浆和杂物；

2 拉结件设置应符合设计要求，拉结件在叶墙上的搁置长度不应小于叶墙厚度的2/3，并不应小于60mm；

3 保温材料品种及性能应符合设计要求。保温材料的浇注压力不应对砌体强度、变形及外观质量产生不良影响。

5.2 主控项目

5.2.1 砖和砂浆的强度等级必须符合设计要求。

抽检数量：每一生产厂家，烧结普通砖、混凝土实心砖每15万块，烧结多孔砖、混凝土多孔砖、蒸压灰砂砖及蒸压粉煤灰砖每10万块各为一验收批，不足上述数量时按1批计，抽检数量为1组。砂浆试块的抽检数量执行本规范第4.0.12条的有关规定。

检验方法：查砖和砂浆试块试验报告。

砖和砂浆的强度直接影响砌体的强度，本条规定为强制性条文。

为了获得足够的砌体强度，以满足设计和使用要求，在砌体工程施工中，砖和砂浆的强度等级必须符合设计要求。

现行规范提出了对砖进场复试的要求，这儿并未提出对砖的合格证的检查，但在子分部工程验收中提出了检查原材料合格证书，因此，砖不仅要有复试报告，还要有合格证书，砖的复试项目按产品的技术指标和设计对砖的质量要求或合同约定的质量要求。

烧结普通砖的标准为《烧结普通砖》（GB/T 5101—2003），由于工程上限制以黏土为原材料经焙烧而成的黏土砖的使用，故本书不介绍其有关指标，如有需要可查阅标准。

1. 砖和砌块

以黏土、页岩、煤矸石、粉煤灰、淤泥（江河湖淤泥）及其他固体废弃物等为主要原料，经焙烧制成的多孔砖和多孔砌块（以下简称砖和砌块），其标准为《烧结多孔砖和多孔砌块》（GB 13544—2011）主要用于建筑物承重部位。

砖和砌块按主要原料分为黏土砖和黏土砌块（N）、页岩砖和页岩砌块（Y）、煤矸石砖和煤矸石砌块（M）、粉煤灰砖和粉煤灰砌块（F）、淤泥砖和淤泥砌块（U）、固体废弃物砖和固体废弃物砌块（G）。

砖和砌块的外形一般为直角六面体，在与砂浆的接合面上应设有增加结合力的粉刷槽和砌筑砂浆槽，并符合下列要求：

粉刷槽：混水墙用砖块，应在条面和顶面上设有均匀分布的粉刷槽或类似结构，深度不小于2mm。

砌筑砂浆槽：砌块至少应在一个条面或顶面上设立砌筑砂浆槽。两个条面或顶面都有砌筑砂浆槽时，砌筑砂浆槽深应大于15mm且小于25mm；只有一个条面和顶面有砌筑砂浆槽时，砌筑砂浆槽深应大于30mm且小于40mm。砌筑砂浆槽宽应超过砂浆槽所在砌块面宽度的50%。

砖和砌块的长度、宽度、高度尺寸应符合下列要求：

砖规格尺寸（mm）：290、240、190、180、140、115、90。

砌块规格尺寸（mm）：490、440、390、340、290、240、190、180、140、115、90。

其他规格尺寸由供需双方协商确定。

根据抗压强度分为 MU30、MU25、MU20、MU15、MU10 五个强度等级。

砖的密度等级分为 1000、1100、1200、1300 四个等级。

砌体的密度等级分为 900、1000、1100、1200 四个等级。

砖和砌块的产品标记按产品名称、品种、规格、强度等级、密度等级和标准编号顺序编写。

标记示例：规格尺寸 290mm×140mm×90mm、强度等级 MU25、密度 1200 级的黏土烧结多孔砖，其标记为：烧结多孔砖 N 290×140×90 MU25 1200 GB 13544—2011。

砖和砌块尺寸允许偏差应符合表 6.5.1 的规定。

尺寸允许偏差（mm）　　　　　　　　　　　　　　　　　　表 6.5.1

尺寸	样本平均偏差	样本极差≤
>400	±3.0	10.0
300～400	±2.5	9.0
200～300	±2.5	8.0
100～200	±2.5	7.0
<100	±1.5	6.0

注：本表摘自《烧结多孔砖和多孔砌块》（GB 13544—2011）。

砖和砌块的外观质量应符合表 6.5.2 的规定。

砖和砌块的外观质量（mm）　　　　　　　　　　　　　　表 6.5.2

项目		指标
1. 完整面	不得少于	一条面和一顶面
2. 缺棱掉角的三个破坏尺寸	不得同时大于	30
3. 裂纹长度		
a）大面（有孔面）上深入孔壁 15mm 以上宽度方向及其延伸到条面的长度	不大于	80
b）大面（有孔面）上深入孔壁 15mm 以上长度方向及其延伸到条面的长度	不大于	100
c）条顶面上的水平裂纹	不大于	100
4. 杂质在砖或砌块面上造成的凸出高度	不大于	5

注：1. 凡有下列缺陷之一者，不能称为完整面：
　　　　a）缺损在条面或顶面上造成的破坏面尺寸同时大于 20mm×30mm；
　　　　b）条面或顶面上裂纹宽度大于 1mm，其长度超过 70mm；
　　　　c）压陷、焦花、黏底在条面或顶面上的凹陷或凸出超过 2mm，区域最大投影尺寸同时大于 20mm×30mm。
　　2. 本表摘自《烧结多孔砖和多孔砌块》（GB 13544—2011）。

密度等级应符合表 6.5.3 的规定。

密度等级　　　　　　　　　　　　　　　　　　　　　　表 6.5.3

密度等级		3块砖或砌块干燥表观密度平均值
砖	砌块	（每/m³）
—	900	≤900
1000	1000	900～1000
1100	1100	1000～1100
1200	1200	1100～1200
1300	—	1200～1300

注：本表摘自《烧结多孔砖和多孔砌块》（GB 13544—2011）。

强度应符合表 6.5.4 的规定。

强度等级　　　　表 6.5.4

强度等级	抗压强度平均值 $\bar{f}\geqslant$	强度标准值 $f_k\geqslant$（MPa）
MU30	30.0	22.0
MU25	25.0	18.0
MU20	20.0	14.0
MU15	15.0	10.0
MU10	10.0	6.5

注：本表摘自《烧结多孔砖和多孔砌块》（GB 13544—2011）。

孔型、孔结构及孔洞率应符合表 6.5.5 的规定。

孔型、孔结构及孔洞率　　　　表 6.5.5

孔型	孔洞尺寸（mm）		最小外壁厚（mm）	最小肋厚（mm）	孔洞率（%）		孔洞排列
	孔宽度尺寸 B	孔长度尺寸 L			砖	砌块	
矩形条孔或矩形孔	≤13	≤40	≥12	≥5	≥28	≥33	1. 所有孔宽应相等。孔采用单向或双向交错排列。 2. 孔洞排列上下、左右应对称，分布均匀，手抓孔的长度方向尺寸必须平行于砖的条面

注：1. 矩形孔的孔长 L、孔宽 B 满足式 L≥3B 时，为矩形条孔；
　　2. 孔四个角应做成过渡圆角，不得做成直尖角；
　　3. 如设有砌筑砂浆槽，则砌筑砂浆槽不计算在孔洞率内；
　　4. 规格大的砖和砌块应设置手抓孔，手抓孔尺寸为（30～40）mm×（75～85）mm；
　　5. 本表摘自《烧结多孔砖和多孔砌块》（GB 13544—2011）。

每块砖或砌块不允许出现严重泛霜。

破坏尺寸大于 2mm 且小于或等于 15mm 的爆裂区域，每组砖和砌块不得多于 15 处。其中大于 10mm 的不得多于 7 处。

不允许出现破坏尺寸大于 15mm 的爆裂区域。

江苏地区以黏土、粉煤灰、页岩、煤矸石为主要原料生产的砖和砌体的抗风化性能符合表 6.5.6 中"非严重风化区"的规定时可不做冻融试验，否则必须进行冻融试验。

抗风化性能　　　　表 6.5.6

种类	项目							
	严重风化区				非严重风化区			
	5h 沸煮吸水率（%）≤		饱和系数≤		5h 沸煮吸水率（%）≤		饱和系数≤	
	平均值	单块最大值	平均值	单块最大值	平均值	单块最大值	平均值	单块最大值
黏土砖和砌块	21	23	0.85	0.87	23	25	0.88	0.90
粉煤灰砖和砌块	23	25			30	32		
页岩砖和砌块	16	18	0.74	0.77	18	20	0.78	0.80
煤矸石砖和砌块	19	21			21	23		

注：1. 粉煤灰掺入量（质量比）小于 30% 时按黏土砖和砌块规定判定；
　　2. 本表摘自《烧结多孔砖和多孔砌块》（GB 13544—2011）。

15 次冻融循环试验后，每块砖和砌块不允许出现裂纹、分层、掉皮、缺棱掉角等冻坏现象。

产品中不允许有欠火砖（砌块）、酥砖（砌块）。

放射性核素限量

砖和砌块的放射性核素限量应符合《建筑材料放射性核表限量》（GB 6566）的规定。

砖强度等级抽样数量在外观检验合格的产品中抽 10 块。

2. 蒸压灰砂砖

以石灰和砂为主要原材料，经坯料制备，压制成型，蒸压养护而成为蒸压灰砂砖。

蒸压灰砂砖不得用于长期受热 200℃以上、受急冷急热和有酸性介质侵蚀的建筑部位。

砖的外形为矩形体，其砖的公称尺寸为：长度 240mm，宽度 115mm，高度 53mm。

根据抗压强度和抗折强度，强度级别分为 MU25、MU20、MU15、MU10 级。

MU15 级以上的砖可用于基础及其他建筑部位。

MU10 级砖反可用于防潮层以上的建筑部位。

尺寸偏差和外观应符合表 6.5.7 的规定。

尺寸偏差和外观　　表 6.5.7

项　目			指标		
			优等品	一等品	合格品
尺寸允许偏差（mm）	长度	L	±2	±2	±3
	宽度	B	±2		
	高度	H	±1		
缺棱掉角	个数（个），不多于		1	1	2
	最大尺寸不得大于（mm）		10	15	20
	最小尺寸不得大于（mm）		5	10	10
	对应高度差不得大于（mm）		1	2	3
裂纹	条数（条），不多于		1	1	2
	大面上宽度方向及其延伸到条面的长度不得大于（mm）		20	50	70
	大面上长度方向及其延伸到顶面上的长度或条、顶面水平裂纹的长度不得大于（mm）		30	70	100

注：1. 凡有以下缺陷者，均为非完整面：
　　　a. 缺棱尺寸或掉角的最小尺寸大于 8mm；
　　　b. 灰球黏土团、草根等杂物造成破坏面的两个尺寸同时大于 10mm×20mm；
　　　c. 有气泡、麻面、龟裂等缺陷。
　　2. 本表摘自《蒸压灰砂砖》（GB 11945—1999）。

抗压强度和抗折强度应符合表 6.5.8 的规定。

灰砂砖力学性能（MPa）　　表 6.5.8

强度级别	抗压强度		抗折强度	
	平均值不小于	单块值不小于	平均值不小于	单块值不小于
25	25.0	20.0	5.0	4.0
20	20.0	16.0	4.0	3.2
15	15.0	12.0	3.3	2.6

强度级别	抗压强度		抗折强度	
	平均值不小于	单块值不小于	平均值不小于	单块值不小于
10	10.0	8.0	2.5	2.0

注：1. 优等品的强度级别不得小于 MU15 级；
　　2. 本表摘自《蒸压灰砂砖》（GB 11945—1999）。

抗冻性应符合表 6.5.9 的规定。

灰砂砖的抗冻性指标　　　　　　　　　　　表 6.5.9

强度级别	抗压强度（MPa）平均值不小于	单块砖的干质量损失（%）不大于
25	20.0	2.0
20	16.0	2.0
15	12.0	2.0
10	8.0	2.0

注：1. 优等品的强度级别不得小于 MU15 级；
　　2. 本表摘自《蒸压灰砂砖》（GB 11945—1999）。

现场检样检测的项目为抗折强度和抗压强度。

每 10 万块砖为一批，不足 10 万块砖亦为一批。

尺寸偏差和外观质量检验的样品用随机抽样法从堆场中抽取。抗压强度检测样品 5 块从尺寸偏差和外观质量检验合格的样品中抽取。

砂浆试块试验报告的检查

在分项工程检验批质量验收时，砂浆试块的强度合格与否可能还不能确定，一是试块的龄期可能尚未达到 28d；二是检验批验收时尚不是砂浆试块验收批的验收，在一个单位工程中，同一类型、同一强度等级的砌筑砂浆可作为一个验收批，也就是说在一个检验批中，如已知其砂浆的强度，当达不到设计标准值，但超过设计标准值的 85% 时，并不意味着砂浆强度不合格，当超过设计强度标准值时，也不意味着砂浆强度合格，这是因为砂浆强度的验收批可能由若干个分项工程检验批组成，当该检验批砂浆抗压强度达到设计标准值时，可能因为别的检验批的砂浆强度较低而使其平均值不合格，因此在砌筑砂浆施工时，其强度首先要保证不小于设计强度标准值的 85%，同时要保证砂浆验收批砂浆强度平均值达到设计强度标准值的 1.1 倍。

5.2.2　砌体灰缝砂浆应密实饱满，砖墙水平灰缝的砂浆饱满度不得低于 80%；砖柱水平灰缝和竖向灰缝饱满度不得低于 90%。

抽检数量：每检验批抽查不应少于 5 处。

检验方法：用百格网检查砖底面与砂浆的粘结痕迹面积，每处检测 3 块砖，取其平均值。

砂浆饱满度对砌体的强度（特别是抗剪强度）影响较大，应严格控制其质量，禁止干砖砌筑。

水平灰缝砂浆饱满度不小于 80% 的规定沿用已久，当水泥混合砂浆水平灰缝饱满度达到 73.6% 时，则可满足设计规范所规定的砌体抗压强度值。

5.2.3 砖砌体的转角处和交接处应同时砌筑，严禁无可靠措施的内外墙分砌施工。在抗震设防烈度为 **8** 度及 **8** 度以上地区，对不能同时砌筑而又必须留置的临时间断处应砌成斜槎，普通砖砌体斜槎水平投影长度不应小于高度的 **2/3**，多孔砖砌体的斜槎长高比不应小于 **1/2**。斜槎高度不得超过一步脚手架的高度。

抽检数量：每检验批抽查不应少于 **5** 处。

检验方法：观察检查。

砌筑和接槎质量是保证砌体结构整体性能和抗震性能的关键之一，本条为强制性条文。

砖砌体转角处和交接处的砌筑和接槎质量，是保证砖砌体结构整体性能和抗震性能的关键之一，唐山等地区震害教训充分证明了这一点。

砖砌体房屋在地震作用下的震害特点是破坏率高。例如，1923 年日本关东大地震中，7000 余幢砖石结构房屋均遭到不同程度的破坏。可修复使用的房屋仅 1000 余幢。1948 年原苏联阿什哈巴地震，砖石结构房屋有 70%～80% 倒塌和破坏。1976 年我国唐山大地震，砖石结构房屋几乎全部倒塌，夷为平地。统计表明，当遭遇 6 度、7 度地震时，多层砖房就有被破坏的可能；遭遇 8 度、9 度地震时，将发生明显的破坏，甚至倒塌；遭遇到 11 度地震时，几乎全部倒塌。

震害调查还表明，多层砖房的转角墙和内外交接墙的破坏是一种典型的震害。苏联阿什哈巴地震中和我国唐山大地震中，凡在墙角配有钢筋的砖房，其墙角均无破坏或破坏比较轻微。上述震害调查清楚地说明，砖石砌体结构房屋的转角处和内外墙交接处的连接是一个薄弱部位。

陕西省建筑科学研究设计院曾专门进行过砖砌体接槎处接槎形式的试验研究。通过接槎形式几种方案试件的对比试验得到下述结论：

1. 纵、横墙同时砌筑的整体连接性最好；

2. 留斜槎的整体连接性比纵、横墙同时砌筑时低 7% 左右；

3. 留直槎（不加设拉结钢筋）的整体连接性最差，比纵、横墙同时砌筑时低 28%。

4. 留直槎并设拉结钢筋的整体连接性比纵、横墙同时砌筑时低 15%；破坏时钢筋应力一般平均在 50MPa 左右，约为钢筋屈服强度的 1/5，说明其强度远远未能充分发挥出来，这也说明，对纵、横墙连接的整体性起主导作用的，仍然是砖与砂浆之间的粘结力，钢筋的主要作用在于延缓墙体破坏后的倒塌。

5.2.4 非抗震设防及抗震设防烈度为 6 度、7 度地区的临时间断处，当不能留斜槎时，除转角处外，可留直槎，但直槎必须做成凸槎，且应加设拉结钢筋，拉结钢筋应符合下列规定：

1　每 120mm 墙厚放置 1φ6 拉结钢筋（120mm 厚墙应放置 2φ6 拉结钢筋）；

2　间距沿墙高不应超过 500mm，且竖向间距偏差不应超过 100mm；

3　埋入长度从留槎处算起每边均不应小于 500mm，对抗震设防烈度 6 度、7 度的地区，不应小于 1000mm；

4　末端应有 90°弯钩［图 5.2.4（本书图 6.5.1）］。

抽检数量：每检验批抽查不应少于 5 处。

检验方法：观察和尺量检查。

对抗震设计烈度为 6 度、7 度地区的临时间断处，允许留直槎并按规定加设拉钢筋。这主要是从实际出发，在保证施工质量的前提下，留直槎加设拉结筋时，其连接性能较留

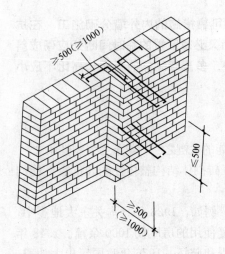

图 6.5.1　直槎处拉结钢筋示意图

斜槎时降低有限，对抗震设计烈度不高的地区允许采用留直槎加设拉结钢筋是可行的。

5.3　一般项目

5.3.1　砖砌体组砌方法应正确，内外搭砌，上、下错缝。清水墙、窗间墙无通缝；混水墙中不得有长度大于300mm的通缝，长度200～300mm的通缝每间不超过3处，且不得位于同一面墙体上。砖柱不得采用包心砌法。

抽检数量：每检验批抽查不应少于5处。

检验方法：观察检查。砌体组砌方法抽检每处应为3～5m。

"通缝"是指砌体中上下两皮砖搭接长度小于25mm的部位。

采用包心砌法的砖柱，质量难以控制和检查，往往会形成空心柱，降低了结构安全性。

5.3.2　砖砌体的灰缝应横平竖直，厚薄均匀，水平灰缝厚度及竖向灰缝宽度宜为10mm，但不应小于8mm，也不应大于12mm。

抽检数量：每检验批抽查不应少于5处。

检验方法：水平灰缝厚度用尺量10皮砖砌体高度折算；竖向灰缝宽度用尺量2m砌体长度折算。

5.3.3　砖砌体尺寸、位置的允许偏差及检验应符合表5.3.3（本书表6.5.10）的规定。

砖砌体尺寸、位置的允许偏差及检验　　　　　　　　　　　表6.5.10

项次	项目			允许偏差（mm）	检验方法	抽检数量
1	轴线位移			10	用经纬仪和尺或用其他测量仪器检查	承重墙、柱全数检查
2	基础、墙、柱顶面标高			±15	用水准仪和尺检查	不应少于5处
3	墙面垂直度	每层		5	用2m托线板检查	不应少于5处
		全高	≤10m	10	用经纬仪、吊线和尺或用其他测量仪器检查	外墙全部阳角
			>10m	20		
4	表面平整度	清水墙、柱		5	用2m靠尺和楔形塞尺检查	不应少于5处
		混水墙、柱		8		
5	水平灰缝平直度	清水墙		7	拉5m线和尺检查	不应少于5处
		混水墙		10		
6	门窗洞口高、宽（后塞口）			±10	用尺检查	不应少于5处
7	外墙上下窗口偏移			20	以底层窗口为准，用经纬仪或吊线检查	不应少于5处
8	清水墙游丁走缝			20	以每层第一皮砖为准，用吊线和尺检查	不应少于5处

注：本表摘自《砌筑结构工程施工质量验收规范》（GB 50203—2011）。

6.6　混凝土小型空心砌块砌体工程

随着墙体的改革，混凝土小型空心砌块越来越多地应用于工程，施工时应特别注意墙体的整体质量。

6.1 一般规定

6.1.1 本章适用于普通混凝土小型空心砌块和轻骨料混凝土小型空心砌块（以下简称小砌块）等砌体工程。

6.1.2 施工前，应按房屋设计图编绘小砌块平、立面排块图，施工中应按排块图施工。

编制小砌块平、立面排块图是施工准备的一项重要工作，也是保证小砌块墙体施工质量的重要技术措施。在编制时，宜由水电管线安装人员与土建施工人员共同商定。

6.1.3 施工采用的小砌块的产品龄期不应小于28d。

1. 混凝土的干燥收缩是材料的一个基本性特性。

混凝土在其硬化过程中体积是要发生变化的，这种变化与下列因素有关：含水量变化、温度变化、碳化、外力的作用（弹性变形或徐变变形）等。其中，引起体积变化的关键是前两项。使用普通水泥（即普通硅酸盐水泥）的混凝土，如从完全饱水状态变成完全干燥状态，干燥收缩为 $(5\sim10)\times10^{-4}$ 左右的长度变化。这种变化不能予以忽视。

混凝土的干燥收缩与使用材料、混凝土配合化、构件的形状和尺寸、养护条件、混凝土的龄期、外加剂等有关，即：

1）水泥品种：高强度等级水泥制成的混凝土收缩较大；

2）水泥及用水量：水泥越多，收缩越大，水灰比越大，收缩越大；

3）骨料性质：骨料的弹性模量大，收缩小；

4）养护条件：在硬结过程中周围湿度大，收缩小；

5）混凝土制作方法：混凝土越密实，收缩越小；

6）使用环境：湿度大，收缩小；

7）混凝土产品（构件）体积/表面积比值：比值大时，收缩小。

试验研究还表明，混凝土的干燥收缩值随时间变化而变化：龄期越短，收缩变化越明显；龄期越长，收缩变化越缓慢。在龄期一个月时，其混凝土的干燥收缩即可完成最终收缩的60%左右。

2. 建筑墙面易产生裂缝

混凝土小砌块建筑有许多优点，加上我国可耕地不太多，江苏已禁止烧制黏土砖，因此，近些年来这种建筑发展较快。但是，这类建筑存在的一个突出问题是，墙面裂缝比较普遍。这不仅影响美观，而且对房屋的整体性能会带来一定的不良影响。墙面裂缝产生的原因固然是多方面的（例如混凝土小砌块生产中可能出现肉眼看不见的微细裂缝；地基的不均匀沉降；温度应力作用；收缩裂缝及受力作用等），但块材（系指混凝土小砌块）的继续收缩是出现墙面裂缝的一个重要原因。

3. 施工时所用的小砌块的产品龄期不应小于28d的规定有益于房屋墙面裂缝的减少或消除干燥收缩是小砌块的特性。在正常生产工艺条件下，小砌块的干燥收缩约为0.37mm/m，经28d养护后收缩值可完成60%。因此，适当延长砌筑的养护时间，能减少因小砌块收缩过多而引起的墙体裂缝。

4. 检查方法：查看各验收批小砌块的出厂合格证上标注的生产日期及强度检验报告上标注的小砌块生产日期。

6.1.4 砌筑小砌块时，应清除表面污物，剔除外观质量不合格的小砌块。

6.1.5 砌筑小砌块砌体，宜选用专用的小砌块砌筑砂浆。

专用的小砌块砌筑砂浆是指符合国家现行标准《混凝土小型空心砌块砌筑砂浆》（JC 860—2008）的砌筑砂浆，该砂浆可提高小砌块与砂浆间的粘结力，且施工性能好。

施工现场检验

1. 取样与组批：取样应在施工现场进行，每 50m³ 砂浆为一批，见本章第四节砌筑砂浆。

2. 检验项目与判定：检验项目为抗压强度，试验结果满足 GB 50203 的规定时判定为合格。

6.1.6 底层室内地面以下或防潮层以下的砌体，应采用强度等级不低于 C20（或 Cb20）的混凝土灌实小砌块的孔洞。

填实室内地面以下或防潮层以下砌体小砌块的孔洞，属于构造措施。主要目的是提高砌体的耐久性，预防或延缓冻害，以及减轻地下水中有害物质对砌体的侵蚀。

Cb 是指混凝土砌块灌孔混凝土的强度等级。

6.1.7 砌筑普通混凝土小型空心砌块砌体，不需对小砌块浇水湿润，如遇天气干燥炎热，宜在砌筑前对其喷水湿润；对轻骨料混凝土小砌块，应提前浇水湿润，块体的相对含水率宜为 40%～50%。雨天及小砌块表面有浮水时，不得施工。

普通混凝土小砌块具有饱和吸水率低和吸水速度迟缓的特点，一般情况下砌墙时可不浇水。轻骨料混凝土小砌块的吸水率较大，有些品种的轻骨料小砌块的饱和含水率可达 15%左右，对这类小砌块宜提前浇水湿润。控制小砌块含水率的目的，一是避免砌筑时产生砂浆流淌，二是保证砂浆不至失水过快。在此前提下，施工单位可自行控制小砌块的含水率，并应与砌筑砂浆稠度相适应。

6.1.8 承重墙体使用的小砌块应完整、无破损、无裂缝。

本条为强制性条文。

小砌块为薄壁、大孔且块体较大的建筑材料，单个块体如果存在破损、裂缝等质量缺陷，对砌体强度将产生不利影响；小砌块的原有裂缝也容易发展并形成墙体新的裂缝。

1. 普通混凝土小型空心砌块外观质量对裂纹的规定。

根据我国现行国家标准《普通混凝土小型空心砌块》（GB 8239—1997）的规定，对小砌块裂纹的外观质量要求如下：

对优等品（A）：裂纹延伸的投影尺寸累计不大于 0mm，即不允许出现裂纹；

对一等品（B）：裂纹延伸的投影尺寸累计不大于 20mm；

对合格品（C）：裂纹延伸的投影尺寸累计不大于 30mm。

从以上标准可以看出，每一小砌块中裂纹延伸的投影尺寸累计超过 30mm 时，属不合格品，不能在工程中使用。

2. 承重墙体使用小砌块应完好。

这里所称小砌块应完整、无破损、无裂缝，具体的标准就是超过小砌块合格品的标准。按产品检验规则，小砌块按外观质量等级和强度等级验收。它以同一种原材料配制成的相同外观质量等级、强度等级和同一生产工艺的 1 万块小砌块为一批，每月生产块数不足 1 万块者亦按一批考虑。并规定，每批随机抽取 32 块做尺寸偏差和外观质量。

3. 根据统计理论分析，随机抽样检验产品的质量，仍会出现不合格的风险。尽管出厂检验合格（优等品、一等品、合格品），到施工现场又抽样检验合格，但仍不排除在每检验批的小砌块中还有不合格的小砌块的可能性。因此，在施工中保证承重墙体小砌块的质量，才是把好小砌块砌体质量关的一个重要措施。

4. 检查方法：施工方及非施工方质量监督人员经常在现场观察检查。

6.1.9 小砌块墙体应孔对孔、肋对肋错缝搭砌。单排孔小砌块的搭接长度应为块体长度的 1/2；多排孔小砌块的搭接长度可适当调整，但不宜小于小砌块长度的 1/3，且不应小于 90mm。墙体的个别部位不能满足上述要求时，应在灰缝中设置拉结钢筋或钢筋网片，但竖向通缝仍不得超过两皮小砌块。

确保小砌块砌体的砌筑质量，可简单归纳为六个字：对孔、错缝、反砌。所谓对孔，即上皮小砌块的孔洞对准下皮小砌块的孔洞，上、下皮小砌块的壁、肋可较好传递竖向荷载，保证砌体的整体性及强度。所谓错缝，即上、下皮小砌块错开砌筑（搭砌），以增强砌体的整体性，这属于砌筑工艺的基本要求。

6.1.10 小砌块应将生产时的底面朝上反砌于墙上。

本条为强制性条文。

所谓反砌，即小砌块生产时的底面朝上砌筑于墙体上，易于铺放砂浆和保证水平灰缝砂浆的饱满度，这也是确定砌体强度指标的试件的基本砌法。

混凝土小砌块的生产采用抽芯工艺。该工艺就决定了芯模必须要有一空斜度，从而就使小砌块肋厚沿小砌块高度方向是变化的，即底面肋宽，顶面肋窄。

按照我国国家标准《普通混凝土小型空心砌块》（GB 8239—1997），小砌块最小外壁厚不小于 30mm，最小肋厚不小于 25mm。可见，其壁厚及肋厚是比较小的。为保证小砌块砌体的整体受力性能，水平灰缝饱满度应按净面积计算不能低于 90%，比对砖砌体水平灰缝饱满度的要求高。对此，上述标准还明确规定：小砌块肋厚较大的面为铺浆面；小砌块肋厚较小的面为坐浆面。这一砌筑形式，也是和确定小砌块砌体强度试件的砌筑形式完全一致的。

6.1.11 小砌块墙体宜逐块坐（铺）浆砌筑。

6.1.12 在散热器、厨房和卫生间等设备的卡具安装处砌筑的小砌块，宜在施工前用强度等级不低于 C20（或 Cb20）的混凝土将其孔洞灌实。

6.1.13 每步架墙（柱）砌筑完后，应随即刮平墙体灰缝。

6.1.14 芯柱处小砌块墙体砌筑应符合下列规定：

  1 每一楼层芯柱处第一皮砌块应采用开口小砌块；

  2 砌筑时应随砌随清除小砌块孔内的毛边，并将灰缝中挤出的砂浆刮净。

6.1.15 芯柱混凝土宜选用专用小砌块灌孔混凝土。浇筑芯柱混凝土应符合下列规定：

  1 每次连续浇筑的高度宜为半个楼层，但不应大于 1.8m；

  2 浇筑芯柱混凝土时，砌筑砂浆强度应大于 1MPa；

  3 清除孔内掉落的砂浆等杂物，并用水冲淋孔壁；

  4 浇筑芯柱混凝土前，应先注入适量与芯柱混凝土成分相同的去石砂浆；

  5 每浇筑 400～500mm 高度捣实一次，或边浇筑边捣实。

2008 年发生的 5·12 汶川地震的震害表明，在遭遇地震时芯柱将发挥重要作用，在地震烈度较高的地区，芯柱破坏较为严重，而破坏的芯柱多数都存在浇筑不密实的情况。由于芯柱混凝土较难以浇筑密实，因此，规范特别补充了芯柱的施工质量控制要求。

小砌块孔洞的设计尺寸为 120mm×120mm，由于产品生产误差和施工误差，墙体上的孔洞截面还要小些，因此，芯柱用混凝土的坍落度应尽量大一点，避免出现"卡颈"和振捣不密实。专用的小砌块灌孔混凝土坍落度不小于 180mm，拌合物不离析、不泌水、施工性能好，故宜采用。专用的小砌块灌孔混凝土是指符合国家现行标准《混凝土小型空心砌块灌孔混凝土》（JC 861—2008）的混凝土，其技术要求如下：

1. 抗压强度

划分为 Cb20、Cb25、Cb30、Cb35、Cb40 五个等级，相应于 C20、C25、C30、C35、C40 混凝土的抗压强度指标。

2. 坍落度

灌孔混凝土的坍落度不宜小于 180mm。

3. 泌水率

泌水率不宜不大于 3%。

4. 膨胀率

3d 龄期的混凝土膨胀率不应小于 0.025%，且不应大于 0.500%。

6.1.16　小砌块复合夹心墙的砌筑应符合本规范第 5.1.14 条的规定。

6.2　主控项目

6.2.1　小砌块和芯柱混凝土、砌筑砂浆的强度等级必须符合设计要求。

抽检数量：每一生产厂家，每 1 万块小砌块为一验收批，不足 1 万块按一批计，抽检数量为 1 组；用于多层以上建筑的基础和底层的小砌块抽检数量不应少于 2 组。砂浆试块的抽检数量应执行本规范第 4.0.12 条的有关规定。

检验方法：检查小砌块和芯柱混凝土、砌筑砂浆试块试验报告。

本条为强制性条文。

1. 小砌块的技术要求

1）规格

主规格尺寸为 390mm×190mm×190mm，其他规格尺寸可由供需双方协商。

最小外壁厚应不小于 30mm、最小肋厚应不小于 25mm。

空心率应不小于 25%。

尺寸允许偏差应符合表 6.6.1 的规定。

尺寸允许偏差（mm）　　　　　　　　　表 6.6.1

项目名称	优等品（A）	一等品（B）	合格品（C）
长度	±2	±3	±3
宽度	±2	±3	±3
高度	±2	±3	+3 −4

注：本表摘自《普通混凝土小型空心砌块》（GB 8239—1997）。

2）外观质量应符合表 6.6.2 的规定。

外观质量   表 6.6.2

项目名称		优等品（A）	一等品（B）	合格品（C）
弯曲（mm）不大于		2	2	3
掉角缺棱	个数（个）不多于	0	2	2
	三个方向投影尺寸的最小值（mm）不大于	0	20	30
裂纹延伸的投影尺寸累计（mm）不大于		0	20	30

注：本表摘自《普通混凝土小型空心砌块》（GB 8239—1997）。

3）强度等级应符合表 6.6.3 的规定。

强度等级（MPa）   表 6.6.3

强度等级	砌块抗压强度	
	平均值不小于	单块最小值不小于
MU3.5	3.5	2.8
MU5.0	5.0	4.0
MU7.5	7.5	6.0
MU10.0	10.0	8.0
MU15.0	15.0	12.0
MU20.0	20.0	16.0

注：本表摘自《普通混凝土小型空心砌块》（GB 8239—1997）。

4）相对含水率应符合表 6.6.4 的规定。

相对含水率（%）   表 6.6.4

使用地区	潮湿	中等	干燥
相对含水率不大于	45	40	35

注：1. 潮湿——系指年平均相对湿度大于 75% 的地区；
2. 中等——系指年平均相对湿度在 50%～75% 的地区；
3. 干燥——系指年平均相对湿度小于 50% 的地区；
4. 本表摘自《普通混凝土小型空心砌块》（GB 8239—1997）。

5）抗渗性：用于清水墙的砌块，其抗渗性应满足表 6.6.5 的规定。

抗渗性（mm）   表 6.6.5

项目名称	指标
水面下降高度	三块中任一块不大于 10

注：本表摘自《普通混凝土小型空心砌块》（GB 9239—1997）。

6）抗冻性：应符合表 6.6.6。

抗冻性   表 6.6.6

使用环境条件		抗冻标号	指标
非采暖地区		不规定	—
采暖地区	一般环境	D15	强度损失≤25% 质量损失≤5%
	干湿交替环境	D25	

注：1. 非采暖地区指最冷月份平均气温高于 −5℃ 的地区；
2. 采暖地区指最冷月份平均气温低于或等于 −5℃ 的地区；
3. 本表摘自《普通混凝土小型空心砌块》（GB 8239—1997）。

2. 砂浆强度的检查参照砖砌体砂浆强度的检查要求。

6.2.2 砌体水平灰缝和竖向灰的砂浆饱满度，应按净面积计算不得低于90%。

抽检数量：每检验批不应少于5处。

检验方法：用专用百格网检测小砌块与砂浆的粘结痕迹，每处检测3块小砌块，取其平均值。

小砌块砌体施工时对砂浆饱满度的要求，严于砖砌体的规定。究其原因，一是由于小砌块壁较薄肋较窄，应提出更高的要求；二是砂浆饱满度对砌体强度及墙体整体性影响较大，其中抗剪强度较低又是小砌块砌体的一个弱点；三是考虑了建筑物使用功能（如防渗漏）的需要。

6.2.3 墙体转角处和纵横交接处应同时砌筑。临时间断处应砌成斜槎，斜槎水平投影长度不应小于斜槎高度。施工洞口可预留直槎。但在洞口砌筑和补砌时，应在直槎上下搭砌的小砌块孔洞内用强度等级不低于C20（或Cb20）的混凝土灌实。

抽检数量：每检验批抽查不应少于5处。

检验方法：观察检查。

墙体转角处和纵横墙交接处同时砌筑可保证墙结构整体性。由于受小砌块块体尺寸的影响，临时间断处斜槎长度与高度比例不同于砖砌体，故规范对斜槎的水平投影长度进行了规定。

规范允许在施工洞口处预留直槎，但应在直槎处的两侧小砌块孔洞中灌实混凝土，以保证接槎处墙体的整体性。该处理方法较设置构造柱简便。

6.2.4 小砌块砌体的芯柱在楼盖处应贯通，不得削弱芯柱截面尺寸；芯柱混凝土不得漏灌。

抽检数量：每检验批抽查不应少于5处。

检验方法：观察检查。

芯柱在楼盖处不贯通将会大大削弱芯柱的抗震作用。芯柱混凝土浇筑质量对小砌块建筑的安全至关重要，根据2008年5·12汶川地震震害调查分析，在小砌块建筑墙体中芯柱较普遍存在混凝土不密实的情况，甚至有的芯柱存在一般中缺失混凝土（断柱），从而导致墙体开裂、错位破坏较为严重。规范加强了对芯柱混凝土浇筑质量的要求。

6.3 一般项目

6.3.1 墙体的水平灰缝厚度和竖向灰缝宽度宜为10mm，但不应小于8mm，也不应大于12mm。

抽检数量：每检验批抽查不应少于5处。

检验方法：水平灰缝厚度用尺量5皮小砌块的高度折算；竖向灰缝宽度用尺量2m砌体长度折算。

6.3.2 小砌块砌体尺寸、位置的允许偏差应按本规范第5.3.3条的规定执行。

6.7 石砌体工程

由于江苏地区石砌体工程极少，用于农房建设的基础居多，但这些工程大多没有正规的设计，也未按建设程序要求进行验收，故本节仅录入规范的条文。

7.1 一般规定

7.1.1 本章适用于毛石、毛料石、粗料石、细料石等砌体工程。

7.1.2 石砌体采用的石材应质地坚实，无裂纹和无明显风化剥落；用于清水墙、柱表面的石材，尚应色泽均匀；石材的放射性应经检验，其安全性应符合现行国家标准《建筑材料放射性核素限量》（GB 6566）的有关规定。

7.1.3 石材表面的泥垢、水锈等杂质，砌筑前应清除干净。

7.1.4 砌筑毛石基础的第一皮石块应坐浆，并将大面向下；砌筑料石基础的第一皮石块应用丁砌层坐浆砌筑。

7.1.5 毛石砌体的第一皮及转角处、交接处和洞口处，应用较大的平毛石砌筑。每个楼层（包括基础）砌体的最上一皮，宜选用较大的毛石砌筑。

7.1.6 毛石砌筑时，对石块间存在较大的缝隙，应先向缝内填灌砂浆并捣实，然后再用小石块嵌填，不得先填小石块后填灌砂浆，石块间不得出现无砂浆相互接触现象。

7.1.7 砌筑毛石挡土墙应按分层高度砌筑，并应符合下列规定：

    1 每砌 3 皮～4 皮为一个分层高度，每个分层高度应将顶层石块砌平；

    2 两个分层高度间分层处的错缝不得小于 80mm。

7.1.8 料石挡土墙，当中间部分用毛石砌筑时，丁砌料石伸入毛石部分的长度不应小于 200mm。

7.1.9 毛石、毛料石、粗料石、细料石砌体灰缝厚度应均匀，灰缝厚度应符合下列规定：

    1 毛石砌体外露面的灰缝厚度不宜大于 40mm；

    2 毛料石和粗料石的灰缝厚度不宜大于 20mm；

    3 细料石的灰缝厚度不宜大于 5mm。

7.1.10 挡土墙的泄水孔当设计无规定时，施工应符合下列规定：

    1 泄水孔应均匀设置，在每米高度上间隔 2m 左右设置一个泄水孔；

    2 泄水孔与土体间铺设长宽各为 300mm、厚 200mm 的卵石或碎石作疏水层。

7.1.11 挡土墙内侧回填土必须分层夯填，分层松土厚度宜为 300mm。墙顶土面应有适当坡度使流水流向挡土墙外侧面。

7.1.12 在毛石和实心砖的组合墙中，毛石砌体与砖砌体应同时砌筑，并每隔 4～6 皮砖用 2～3 皮丁砖与毛石砌体拉结砌合；两种砌体间的空隙应填实砂浆。

7.1.13 毛石墙和砖墙相接的转角处和交接处应同时砌筑。转角处、交接处应自纵墙（或横墙）每隔 4～6 皮砖高度引出不小于 120mm 与横墙（或纵墙）相接。

7.2 主控项目

7.2.1 石材及砂浆强度等级必须符合设计要求。

    抽检数量：同一产地的同类石材抽检不应少于 1 组。砂浆试块的抽检数量执行本规范第 4.0.12 条的有关规定。

    检验方法：料石检查产品质量证明书，石材、砂浆检查试块试验报告。

7.2.2 砌体灰缝的砂浆饱满度不应小于 80%。

    抽检数量：每检验批抽查不应少于 5 处。

    检验方法：观察检查。

7.3 一般项目

7.3.1 石砌体尺寸、位置的允许偏差及检验方法应符合表 7.3.1（本书表 6.7.1）的规定。

抽检数量：每检验批抽查不应少于 5 处。

7.3.2 石砌体的组砌形式应符合下列规定：

1 内外搭砌，上下错缝，拉结石、丁砌石交错设置；

2 毛石墙拉结石每 0.7m² 墙面不应少于 1 块。

抽检数量：每检验批抽查不应少于 5 处。

检验方法：观察检查。

石砌体尺寸、位置的允许偏差及检验方法　　　　　　　　表 6.7.1

项次	项目		允许偏差（mm）							检验方法
			毛石砌体		料石砌体					
					毛料石		粗料石		细料石	
			基础	墙	基础	墙	基础	墙	墙、柱	
1	轴线位置		20	15	20	15	15	10	10	用经纬仪和尺检查，或用其他测量仪器检查
2	基础和墙砌体顶面标高		±25	±15	±25	±15	±15	±15	±10	用水准仪和尺检查
3	砌体厚度		+30	+20 -10	+30	+20 -10	+15	+10 -5	+10 -5	用尺检查
4	墙面垂直度	每层	—	20	—	20	—	10	7	用经纬仪、吊线和尺检查或用其他测量仪器检查
		全高	—	30	—	30	—	25	10	
5	表面平整度	清水墙、柱	—	—	—	20	—	—	5	细料石用 2m 靠尺和楔形塞尺检查，其他用两直尺垂直于灰缝拉 2m 线和尺检查
		混水墙、柱	—	—	—	20	—	15	—	
6	清水墙水平灰缝平直度		—	—	—	—	—	10	5	拉 10m 线和尺检查

注：本表摘自《砌体结构工程施工质量验收规范》（GB 50203—2011）。

6.8 配筋砌体工程

配筋砌体结构是由配置钢筋的砌体为建筑物主要受力构件的结构。是网状配筋砌体柱、水平配筋砌体墙、砖砌体和钢筋混凝土面层或钢筋砂浆面层组合砌体墙（柱）、砖砌体和钢筋混凝土构造柱组合墙以及配筋砌块砌体剪力墙结构的统称。

配筋砌块砌体剪力墙结构中，在砌块内部空腔中插入竖向钢筋并浇灌混凝土后形成的钢筋混凝土小柱称为芯柱。

多层砌体房屋墙体中，在规定部位按构造配置钢筋，并按先砌墙后浇灌混凝土柱的施工顺序制成的混凝土柱，通常称为钢筋混凝土构造柱，简称构造柱。

8.1 一般规定

8.1.1 配筋砌体工程除应满足本章要求和规定外，尚应符合本规范第 5 章及第 6 章的要求和规定。

8.1.2 施工配筋小砌块砌体剪力墙，应采用专用的小砌块砌筑砂浆砌筑，专用小砌块灌孔混凝土浇筑芯柱。

8.1.3 设置在灰缝内的钢筋，应居中置于灰缝内，水平灰缝厚度应大于钢筋直径 4mm 以上。

8.2 主控项目

8.2.1 钢筋的品种、规格、数量和设置部位应符合设计要求。

检验方法：检查钢筋的合格证书、钢筋性能复试试验报告和隐蔽工程记录。

抽检数量：按钢材产品标准的组批规则，按批进行检查和验收，每一验收批，必须做一组复验，有一组复试报告。

该条为强制性条文。

1. 钢筋进场的质量控制要求。

在配筋砌体工程中，钢筋和水泥、砂、石及各种外加剂同属主要材料。这些材料进入施工现场时，必须进行质量验收。根据我国现行国家标准《混凝土结构工程施工质量验收规范》（GB 50204—2002）（2010 年版）有关条文规定：

1）钢筋应平直、无损伤，表面不得有裂纹、油污、颗粒状或片状老锈；

2）当发现钢筋脆断、焊接性能不良或力学性能显著不正常等现象时，应对该批钢筋进行化学成分检验或其他专项检验；

3）钢筋进场时，应按现行国家标准《钢筋混凝土用热轧带肋钢筋》（GB 1499）等的规定抽取试件进行力学性能检验，其质量必须符合有关标准的规定。

上述这些规定，在砌体工程施工质量验收中也应遵守。

在砌体工程中，对本条强制性条文的规定内容，主要是针对钢筋的内在质量或某些重要的物理性能提出的质量控制要求。

2. 钢筋的有关质量要求及试验取样方法见本书第八章混凝土结构工程中的钢筋工程。

8.2.2 构造柱、芯柱、组合砌体构件、配筋砌体剪力墙构件的混凝土及砂浆的强度等级应符合设计要求。

抽检数量：每检验批砌体，试块不应少于 1 组，验收批砌体试块不得少于 3 组。

检验方法：检查混凝土或砂浆试块试验报告。

该条为强制性条文。

1. 混凝土强度等级的评定方法见混凝土结构工程。

2. 砂浆强度等级的评定及试块的取样方法内容同前，此处不再赘述。

3. 混凝土、砂浆强度等级的检验方法：检查混凝土、砂浆试块试验报告并按规定进行评定。

构造柱、芯柱、组合砌体构件、配筋砌体剪力墙构件等配筋砌体中的钢筋的品种、规格、数量和混凝土或砂浆的强度直接影响砌体的结构性能，因此应符合设计要求。

8.2.3 构造柱与墙体的连接应符合下列规定：

1 墙体应砌成马牙槎，马牙槎凹凸尺寸不宜小于 60mm，高度不应超过 300mm，马牙槎应先退后进，对称砌筑，马牙槎尺寸偏差每一构造柱不应超过 2 处。

2 预留拉结钢筋的规格、尺寸、数量及位置应正确，拉结钢筋应沿墙高每隔 500mm 设 2φ6，伸入墙内不宜小于 600mm，钢筋的竖向移位不应超过 100mm，且竖向移位每一构造柱不得超过2处。

  3 施工中不得任意弯折拉结钢筋。

  抽检数量：每检验批抽查不应少于5处。

  检验方法：观察检查和尺量检查。

8.2.4 配筋砌体中受力钢筋的连接方式及锚固长度、搭接长度应符合设计要求。

  抽检数量：每检验批抽查不应少于5处。

  检验方法：观察检查。

8.3 一般项目

8.3.1 构造柱一般尺寸允许偏差及检验方法应符合表8.3.1（本书表6.8.1）的规定。

  抽检数量：每检验批抽查不应少于5处。

构造柱一般尺寸允许偏差及检验方法   表6.8.1

项次	项目			允许偏差（mm）	检验方法
1	中心线位置			10	用经纬仪和尺检查或用其他测量仪器检查
2	层间错位			8	用经纬仪和尺检查或用其他测量仪器检查
3	垂直度	每层		10	用2m托线板检查
		全高	≤10m	15	用经纬仪、吊线和尺检查或用其他测量仪器检查
			>10m	20	

  注：本表摘自《砌体结构工程施工质量验收规范》（GB 50203—2011）。

8.3.2 设置在砌体灰缝中钢筋的防腐保护应符合本规范第3.0.16条的规定，且钢筋防护层完好，不应有肉眼可见裂纹、剥落和擦痕等缺陷。

  抽检数量：每检验批抽查不应少于5处。

  检验方法：观察检查。

8.3.3 网状配筋砖砌体中，钢筋网规格及放置间距应符合设计规定。每一构件钢筋网沿砌体高度位置超过设计规定一皮砖厚不得多于1处。

  抽检数量：每检验批抽查不应少于5处。

  检验方法：通过钢筋网成品检查钢筋规格，钢筋网放置间距采用局部剔缝观察，或用探针刺入灰缝内检查，或用钢筋位置测定仪测定。

8.3.4 钢筋安装位置的允许偏差及检验方法应符合表8.3.4（本书表6.8.2）的规定。

  抽检数量：每检验批抽查不应少于5处。

钢筋安装位置的允许偏差和检验方法   表6.8.2

项目		允许偏差（mm）	检验方法
受力钢筋保护层厚度	网状配筋砌体	±10	检查钢筋网成品，钢筋网放置位置局部剔缝观察，或用探针刺入灰缝内检查，或用钢筋位置测定仪测定
	组合砖砌体	±5	支模前观察与尺量检查
	配筋小块块砌体	±10	浇筑灌孔混凝土前观察与尺量检查
配筋小砌块砌体墙凹槽中水平钢筋间距		±10	钢尺量连续三档，取最大值

  注：本表摘自《砌体结构工程施工质量验收规范》（GB 50203—2011）。

6.9 填充墙砌体工程

9.1 一般项目

9.1.1 本章适用于烧结空心砖、蒸压加气混凝土砌块、轻骨料混凝土小型空心砌块等填充墙砌体工程。

9.1.2 砌筑填充墙时，轻骨料混凝土小型空心砌块和蒸压加气混凝土砌块的产品龄期不应小于28d，蒸压加气混凝土砌块的含水率宜小于30%。

　　轻骨料混凝土小型空心砌块，为水泥胶凝增强的块体，以28d强度为标准设计强度，且龄期达到28d之前，自身收缩较快；蒸压加气混凝土砌块出釜后虽然强度已达到要求，但出釜时含水率大多在35%～40%，根据有关实验和资料介绍，在短期（10～30d）制品的含水率下降一般不会超过10%，特别是在大气湿度较高地区。为有效控制蒸压加气混凝土砌块上墙时的含水率和墙体收缩裂缝，对砌筑时的产品龄期进行了规定。

　　规范引用了行业标准《蒸压加气混凝土建筑应用技术规程》（JGJ/T 17—2008）第3.0.4条的规定"加气混凝土制品砌筑或安装时的含水率宜小于30%"。

9.1.3 烧结空心砖、蒸压加气混凝土砌块、轻骨料混凝土小型空心砌块等的运输、装卸过程中，严禁抛掷和倾倒；进场后应按品种、规格堆放整齐，堆置高度不宜超过2m。蒸压加气混凝土砌块在运输及堆放中应防止雨淋。

　　用于填充墙的空心砖、蒸压加气混凝土砌块、轻骨料混凝土小型空心砌块强度不高，碰撞易碎，应在运输、装卸中做到文明装卸，以减少损耗和提高砌体外观质量。蒸压加气混凝土砌块吸水率可达70%，为降低蒸压加气混凝土砌块砌筑时的含水率，减少墙体的收缩，有效控制收缩裂缝产生，蒸压加气混凝土砌块出釜后堆放及运输中应采取防雨措施。

9.1.4 吸水率较小的轻骨料混凝土小型空心砌块及采用薄灰砌筑法施工的蒸压加气混凝土砌块，砌筑前不应对其浇（喷）水湿润；在气候干燥炎热的情况下，对吸水率较小的轻骨料混凝土小型空心砌块宜在砌筑前喷水湿润。

9.1.5 采用普通砌筑砂浆砌筑填充墙时，烧结空心砖、吸水率较大的轻骨料混凝土小型空心砌块应提前1～2d浇（喷）水湿润。蒸压加气混凝土砌块采用蒸压加气混凝土砌块砌筑砂浆或普通砌筑砂浆砌筑时，应在砌筑当天对砌块砌筑面喷水湿润。块体湿润程度宜符合下列规定：

　　1 烧结空心砖的相对含水率60%～70%；

　　2 吸水率较大的轻骨料混凝土小型空心砌块、蒸压加气混凝土砌块的相对含水率40%～50%。

　　相对含水率的概念是吸水量与砌块湿重之比。

9.1.6 在厨房、卫生间、浴室等处采用轻骨料混凝土小型空心砌块、蒸压加气混凝土砌块砌筑墙体时，墙底部宜现浇混凝土坎台，其高度宜为150mm。

　　经多年的工程实践，当采用轻骨料混凝土小型空心砌块或蒸压加气混凝土填充墙施工时，除多水房间外可不需要在墙底部另砌烧结普通砖或多孔砖、普通混凝土小型空心砌块、现浇混凝土坎台等。

　　浇筑一定高度混凝土坎台的目的，主要是考虑有利于提高多水房间填充墙墙底的防水效果。混凝土坎台高度由原规范"不宜小于200mm"的规定修改为"宜为150mm"，是考虑踢脚线（板）便于遮盖填充墙底有可能产生的收缩裂缝。

9.1.7 填充墙拉结筋处的下皮小砌块宜采用半盲孔小砌块或用混凝土灌实孔洞的小砌块；薄灰砌筑法施工的蒸压加气混凝土砌块砌体，拉结筋应放置在砌块上表面设置的沟槽内。

9.1.8 蒸压加气混凝土砌块、轻骨料混凝土小型空心砌块不应与其他块体混砌，不同强度等级的同类块体也不得混砌。

注：窗台处因安装门窗需要，在门窗洞口处两侧填充墙上、中、下部可采用其他块体局部嵌砌；对与框架柱、梁不脱开方法的填充墙填塞填充墙顶部与梁之间缝隙可采用其他块体。

在填充墙中，由于蒸压加气混凝土砌块砌体、轻骨料混凝土小型空心砌块砌体的收缩较大，强度不高，为防止或控制砌体干缩裂缝的产生，作出不应混砌的规定，以免不同性质的块体组砌在一起易引起收缩裂缝产生。对于窗台处和因构造需要，在填充墙底、顶部及填充墙门窗洞口两侧上、中、下局部处，采用其他块体嵌砌和填塞时，由于这些部位的特殊性，不会对墙体裂缝产生附加的不利影响。

9.1.9 填充墙砌体砌筑，应待承重主体结构检验批验收合格后进行。填充墙与承重主体结构间的空（缝）隙部位施工，应在填充墙砌筑14d后进行。

本条规定主要是为了这些要求有利于减少裂缝的产生。减少混凝土收缩对填充墙砌体的不利影响。

9.2 主控项目

9.2.1 烧结空心砖、小砌块和砌筑砂浆的强度等级应符合设计要求。

抽检数量：烧结空心砖每10万块为一验收批，小砌块每1万块为一验收批，不足上述数量时按一批计，抽检数量为1组。砂浆试块的抽检数量执行本规范第4.0.12条的有关规定。

检验方法：查砖、小砌块进场复验报告和砂浆试块试验报告。

9.2.2 填充墙砌体应与主体结构可靠连接，其连接构造应符合设计要求，未经设计同意，不得随意改变连接构造方法。每一填充墙与柱的拉结筋的位置超过一皮块体高度的数量不得多于一处。

抽检数量：每检验批抽查不应少于5处。

检验方法：观察检查。

2008年5·12大地震震害表明：当填充墙与主体结构间无连接或连接不牢，墙体在水平地震荷载作用下极易破坏和倒塌；填充墙与主体结构间的连接不合理，例如当设计中不考虑填充墙参与水平地震力作用，但由于施工原因导致填充墙与主体结构共同工作，使框架柱常产生柱上部的短柱剪切破坏，进而危及房屋结构的安全。

9.2.3 填充墙与承重墙、柱、梁的连接钢筋，当采用化学植筋的连接方式时，应进行实体检测。锚固钢筋拉拔试验的轴向受拉非破坏承载力检验值应为6.0kN。抽检钢筋在检验值作用下应基材无裂缝、钢筋无滑移宏观裂损现象；持荷2min期间荷载值降低不大于5%。检验批验收可按本规范表B.0.1（本书表6.9.1、表6.9.2）通过正常检验一次、二次抽样判定。填充墙砌体植筋锚固力检测记录可按本规范表C.0.1填写。

检查数量：按表9.2.3（本书表6.9.3）确定。

检验方法：原位试验检查。

正常一次性抽样的判定

表 6.9.1

样本容量	合格判定数	不合格判定数	样本容量	合格判定数	不合格判定数
5	0	1	20	2	3
8	1	2	32	3	4
13	1	2	50	5	6

注：本表摘自《砌体结构工程施工质量验收规范》（GB 50203—2011）。

正常二次性抽样的判定

表 6.9.2

抽样次数与样本容量	合格判定数	不合格判定数	抽样次数与样本容量	合格判定数	不合格判定数
(1) —5 (2) —10	0 1	2 2	(1) —13 (2) —26	0 3	3 4
(1) —20 (2) —40	1 3	3 4	(1) —32 (2) —64	2 6	5 7
(1) —8 (2) —16	0 1	2 2	(1) —50 (2) —100	3 9	6 10

检验批抽检锚固钢筋样本最小容量

表 6.9.3

检查批的容量	样本最小容量	检查批的容量	样本最小容量
≤90	5	281～500	20
91～150	8	501～1200	32
151～280	13	1201～3200	50

注：本表摘自《砌体结构工程施工质量验收规范》（GB 50203—2011）。

近年来，填充墙与承重墙、柱、梁、板之间的拉结钢筋，施工中常采用后植筋，这种施工方法虽然方便，但常常因锚固胶或灌浆料质量问题，钻孔、清孔、注胶或灌浆操作不规范，使钢筋锚固不牢，起不到应有的拉结作用。为了规范填充墙植筋的锚固力检测的抽检数量及施工验收方法，对填充墙的后植拉结钢筋进行现场非破坏性检验。检验荷载值系根据现行行业标准《混凝土结构后锚固技术规程》JGJ 145 确定，并按下式计算：

$$N_t = 0.90 A_s f_{yk}$$

式中　N_t——后植筋锚固承载力荷载检验值；

　　　A_s——锚筋截面面积（以钢筋直径 6mm 计）；

　　　f_{yk}——钢筋屈服强度标准值。

填充墙与承重墙、柱、梁、板之间的拉结钢筋锚固质量的判定，系参照现行国家标准《建筑结构检测技术标准》（GB/T 50344）计数抽样检测时对主控项目的检测判定规定，检测人员应掌握。

表 6.9.1 和表 6.9.2 的使用方法如下：

当为一般项目正常一次性抽样时，如样本容量为 20，也就是试件为 20 个试样中有 2 个或 2 个以下的试样被判为不合格时，检测批可判为合格；当 20 个试样中有 3 个或 3 个以上的试样被判为不合格时则该检测批可判为不合格。对于一般项目正常二次抽样，样本容量为 20，当 20 个试样中有 1 个被判为不合格时，该检测批可判为合格；当有 3 个或 3 个以上的试样被判为不合格时，该检测批可判为不合格；当 2 个试样被判为不合格时进行第二次抽样，样本容量也为 20 个，两次抽样的样本容量为 40，当第一次的不合格试样与第二次的不合格试样之和为 3 或小于 3 时，该检测批判为合格，当第一次的不合格试样与第二次的不合格试样之和为 4 或大于 4 时，该检测批可判为不合格。一般项目的允许不合格率为 10%，主控项目的允许不合格率为 5%。主控项目和一般项目应按相应工程施工质量验收规范确定。

9.3 一般项目

9.3.1 填充墙砌体尺寸、位置的允许偏差及检验方法应符合表 6.3.1（本书表 6.9.4）的规定。

抽检数量：每检验批抽查不应少于 5 处。

填充墙砌体尺寸、位置的允许偏差及检验方法　　　　表 6.9.4

项次	项目		允许偏差（mm）	检验方法
1	轴线位移		10	用尺检查
2	垂直度（每层）	≤3m	5	用 2m 托线板或吊线、尺检查
		>3m	10	
3	表面平整度		8	用 2m 靠尺和楔形塞尺检查
4	门窗洞口高、宽（后塞口）		±10	用尺检查
5	外墙上、下窗口偏移		20	用经纬仪或吊线检查

注：本表摘自《砌体结构工程施工质量验收规范》（GB 50203—2011）。

9.3.2 填充墙砌体的砂浆饱满度及检验方法应符合表 6.3.2（本书表 6.9.5）的规定。

抽检数量：每检验批抽查不应少于 5 处。

填充墙砌体的砂浆饱满度及检验方法　　　　表 6.9.5

砌体分类	灰缝	饱满度及要求	检验方法
空心砖砌体	水平	≥80%	采用百格网检查块体底面或侧面砂浆的粘结痕迹面积
	垂直	填满砂浆，不得有透明缝、瞎缝、假缝	
蒸压加气混凝土砌体、轻骨料混凝土小型空心砌块砌体	水平	≥80%	
	垂直	≥80%	

注：本表摘自《砌体结构工程施工质量验收规范》（GB 50203—2011）。

9.3.3 填充墙留置的拉结钢筋或网片的位置应与块体皮数相符合。拉结钢筋或网片应置于灰缝中，埋置长度应符合设计要求，竖向位置偏差不应超过一皮高度。

抽检数量：每检验批抽查不应少于 5 处。

检验方法：观察和用尺量检查。

9.3.4 砌筑填充墙时应错缝搭砌，蒸压加气混凝土砌块搭砌长度不应小于砌块长度的 1/3；轻骨料混凝土小型空心砌块搭砌长度不应小于 90mm；竖向通缝不应大于 2 皮。

抽检数量：每检验批抽查不应少于 5 处。

检验方法：观察检查。

9.3.5 填充墙的水平灰缝厚度和竖向灰缝宽度应正确，烧结空心砖、轻骨料混凝土小型空心砌块砌体的灰缝应为 8～12mm；蒸压加气混凝土砌块砌体当采用水泥砂浆、水泥混合砂浆或蒸压加气混凝土砌块砌筑砂浆时，水平灰缝厚度和竖向灰缝宽度不应超过15mm；当蒸压加气混凝土砌块砌体采用蒸压加气混凝土砌块粘结砂浆时，水平灰缝厚度和竖向灰缝宽度宜为3～4mm。

抽检数量：每检验批抽查不应少于5处。

检验方法：水平灰缝厚度用尺量5皮小砌块的高度折算；竖向灰缝宽度用尺量2m砌体长度折算。

蒸压加气混凝土砌块尺寸比空心砖、轻骨料混凝土小型空心砌块大，故当其采用普通砌筑砂浆时，砌体水平灰缝厚度和竖向灰缝宽度的规定要稍大一些。灰缝过厚和过宽，不仅浪费砌筑砂浆，而且砌体灰缝的收缩也将加大，不利于砌体裂缝的控制。当蒸压加气混凝土砌块砌体采用加气混凝土粘结砂浆进行薄灰砌筑法施工时，水平灰缝厚度和竖向灰缝宽度可以大大减薄。

6.10 冬期施工

现行验收规范对冬季施工提出了要求，当冬季施工时，质量检查人员及监理人员应认真把关，以保证工程质量。

10.0.1 当室外日平均气温连续5d稳定低于5℃时，砌体工程应采取冬期施工措施。

注：1 气温根据当地气象资料确定。

2 冬期施工期限以外，当日最低气温低于0℃时，也应按冬期施工的规定执行。

10.0.2 冬期施工的砌体工程质量验收除应符合本章要求外，尚应符合现行行业标准《建筑工程冬期施工规程》(JGJ/T 104)的有关规定。

10.0.3 砌体工程冬期施工应有完整的冬期施工方案。

10.0.4 冬期施工所用材料应符合下列规定：

1 石灰膏、电石膏等应防止受冻，如遭冻结，应经融化后使用；

2 拌制砂浆用砂，不得含有冰块和大于10mm的冻结块；

3 砌体用块体不得遭水浸冻。

本条为强制性条文。

石灰膏、电石膏等若受冻使用，将直接影响砂浆的强度，因此石灰膏、电石膏等如遭受冻结，应经融化后方可使用。

砂中含有冰块和大于10mm的冻结块，也将影响砂浆强度的增长和砌体灰缝厚度的控制，因此拌制砂浆用砂的质量要符合要求。

遭水浸冻后的砖或其他块材，使用时将降低它们与砂浆的粘结强度并因它们温度较低而影响砂浆强度的增长，因此规定砌体用砖或其他块材不得遭水浸冻。

10.0.5 冬期施工砂浆试块的留置，除应按常温规定要求外，尚应增加1组与砌体同条件养护的试块，用于检验转入常温28d的强度。如有特殊需要，可另外增加相应龄期的同条件养护的试块。

10.0.6 地基土有冻胀性时，应在未冻的地基上砌筑，并应防止在施工期间和回填土前地基受冻。

实践证明，在冻胀基土上砌筑基础，待基土解冻时会因不均匀沉降造成基础和上部结构破坏；施工期间和回填土前如地基受冻，会因地基冻胀造成砌体胀裂或因地基解冻造成砌体损坏。

10.0.7 冬期施工中砖、小砌块浇（喷）水湿润应符合下列规定：

1 烧结普通砖、烧结多孔砖、蒸压灰砂砖、蒸压粉煤灰砖、烧结空心砖、吸水率较大的轻骨料混凝土小型空心砌块在气温高于 0℃ 条件下砌筑时，应浇水湿润，在气温低于、等于℃条件下砌筑时，可不浇水，但必须增大砂浆稠度；

2 普通混凝土小型空心砌块、混凝土多孔砖、混凝土实心砖及采用薄灰砌筑法的蒸压加气混凝土砌块施工时，不应对其浇（喷）水湿润；

3 抗震设防烈度为 9 度的建筑物，当烧结普通砖、烧结多孔砖、蒸压粉煤灰砖、烧结空心砖无法浇水湿润时，如无特殊措施，不得砌筑。

浇结普通砖、烧结多孔砖、蒸压灰砂砖、蒸压粉煤灰砖、烧结空心砖、蒸压加气混凝土砌块、吸水率较大的轻骨料混凝土小型空心砌块的湿润程度对砌体强度的影响较大，特别对抗剪强度的影响更为明显，故规定在气温高于 0℃ 条件下砌筑时，应浇水湿润。在气温低于、等于 0℃ 条件下砌筑时如再浇水，水将在块体表面结成冰薄膜，会降低与砂浆的粘结，同时也给施工操作带来诸多不便。此时，应适当增加砂浆稠度，以便施工操作、保证砂浆强度和增强砂浆与块体间的粘结效果。普通混凝土小型空心砌块、混凝土砖因吸水率小和初始吸水速度慢在砌筑施工中不需浇（喷）水湿润。

抗震设防烈度为 9 度的地区，因地震时产生的地震反应十分强烈，施工应更为严格。

10.0.8 拌合砂浆时，水的温度不得超过 80℃，砂的温度不得超过 40℃。

10.0.9 采用砂浆掺外加剂法、暖棚法施工时，砂浆使用温度不应低于 5℃。

10.0.10 采用暖棚法施工，块体在砌筑时的温度不应低于 5℃，距离所砌的结构底面 0.5m 处的棚内温度也不应低于 5℃。

10.0.11 在暖棚内的砌体养护时间，应根据暖棚内温度，按表 10.0.11（本书表 6.10.1）确定。

暖棚法砌体的养护时间				表 6.10.1
暖棚的温度（℃）	5	10	15	20
养护时间（d）	≥6	≥5	≥4	≥3

注：本表摘自《砌体结构工程施工质量验收规范》（GB 50203—2011）。

10.0.12 采用外加剂法配制的砌筑砂浆，当设计无要求，且最低气温等于或低于 −15℃ 时，砂浆强度等级应较常温施工提高一级。

10.0.13 配筋砌体不得采用掺氯盐砂浆法施工。

6.11 子分部工程验收

11.0.1 砌体工程验收前，应提供下列文件和记录：

1 设计变更文件；

2 施工执行的技术标准；

3 原材料出厂合格证书、产品性能检测报告和进场复验报告；

4　混凝土及砂浆配合比通知单；

5　混凝土及砂浆试件抗压强度试验报告单；

6　砌体工程施工记录；

7　隐蔽工程验收记录；

8　分项工程检验批的主控项目、一般项目验收记录；

9　填充墙砌体植筋锚固力检测记录；

10　重大技术问题的处理方案和验收记录；

11　其他必要的文件和记录。

11.0.2　砌体子分部工程验收时，应对砌体工程的观感质量作出总体评价。

观感质量的评价是由验收组根据有关分项工程中一般项目中的能观察到的项目进行的，检查时主要以观察为主，辅以尺量，其评价的标准是有关分项工程中一般项目的标准。

11.0.3　当砌体工程质量不符合要求时，应按现行国家标准《建筑工程施工质量统一验收标准》（GB 50300）规定执行。

参照本书第二章介绍的国家标准《建筑工程施工质量统一验收标准》（GB 50300）中5.0.6条规定。

11.0.4　对有裂缝的砌体应按下列情况进行验收：

1　对不影响结构安全性的砌体裂缝，应予以验收，对明显影响使用功能和观感质量的裂缝，应进行处理；

2　对有可能影响结构安全性的砌体裂缝，应由有资质的检测单位检测鉴定，需返修或加固处理的，待返修或加固满足使用要求后进行二次验收。

砌体中的裂缝现象常有发生，且又常常影响工程质量验收工作。因此，对有裂缝的砌体怎样进行验收给予了规定。

在子分部工程验收之前，首先应对分项工程进行验收，填写分项工程质量验收记录，然后根据分部（子分部）工程合格条件进行验收，填写分部（子分部）工程验收记录。

第7章 钢结构工程

钢结构工程施工质量的验收应执行《钢结构工程施工质量验收规范》（GB 50205—2001）及有关标准，本章是依据《钢结构工程施工质量验收规范》（GB 50205—2001）及相关标准编写的。

7.1 总 则

1.0.1 为加强建筑工程质量管理，统一钢结构工程施工质量的验收，保证钢结构工程质量，制定本规范。

1.0.2 本规范适用于建筑工程的单层、多层、高层以及网架、压型金属板等钢结构工程施工质量的验收。

1.0.3 钢结构工程施工中采用的工程技术文件、承包合同文件对施工质量验收的要求不得低于本规范的规定。

1.0.4 本规范应与现行国家标准《建筑工程施工质量验收统一标准》（GB 50300）配套使用。

1.0.5 钢结构工程施工质量的验收除应执行本规范的规定外，尚应符合国家现行有关标准的规定。

7.2 术语、符号

2.1 术语

2.1.1 零件 part

组成部件或构件的最小单元，如节点板、翼缘板等。

2.1.2 部件 component

由若干零件组成的单元，如焊接 H 型钢、牛腿等。

2.1.3 构件 element

由零件或由零件和部件组成的钢结构基本单元，如梁、柱、支撑等。

2.1.4 小拼单元 the smallest assembled rigid unit

钢网架结构安装工程中，除散件之外的最小安装单元，一般分平面桁架和锥体两种类型。

2.1.5 中拼单元 intermediate assembled structure

钢网架结构安装工程中，由散件和小拼单元组成的安装单元，一般分条状和块状两种类型。

2.1.6 高强度螺栓连接副 set of high strength bolt

高强度螺栓和与之配套的螺母、垫圈的总称。

2.1.7 抗滑移系数 slip coefficient of faying surface

高强度螺栓连接中，使连接件摩擦面产生滑动时的外力与垂直于摩擦面的高强度螺栓预拉力之和的比值。

2.1.8 预拼装 test assembling

为检验构件是否满足安装质量要求而进行的拼装。

2.1.9 空间刚度单元 space rigid unit

由构件构成的基本的稳定空间体系。

2.1.10 焊钉（栓钉）焊接 stud welding

将焊钉（栓钉）一端与板件（或管件）表面接触通电引弧，待接触面熔化后，给焊钉（栓钉）一定压力完成焊接的方法。

2.1.11 环境温度 ambient temperature

制作或安装时现场的温度。

2.2 符号

2.2.1 作用及作用效应

P——高强度螺栓设计预拉力

ΔP——高强度螺栓预拉力的损失值

T——高强度螺栓检查扭矩

T_c——高强度螺栓终拧扭矩

T_0——高强度螺栓初拧扭矩

2.2.2 几何参数

a——间距

b——宽度或板的自由外伸宽度

d——直径

e——偏心距

f——挠度、弯曲矢高

H——柱高度

H_i——各楼层高度

h——截面高度

h_e——角焊缝计算厚度

l——长度、跨度

R_a——轮廓算术平均偏差（表面粗糙度参数）

r——半径

t——板、壁的厚度

Δ——增量

2.2.3 其他

K——系数

7.3 基 本 规 定

3.0.1 钢结构工程施工单位应具备相应的钢结构工程施工资质，施工现场质量管理应有相应的施工技术标准、质量管理体系、质量控制及检验制度，施工现场应有经项目技术负责人审批的施工组织设计、施工方案等技术文件。

3.0.2 钢结构工程施工质量的验收，必须采用经计量检定、校准合格的计量器具。

3.0.3 钢结构工程应按下列规定进行施工质量控制：

　　1 采用的原材料及成品应进行进场验收。凡涉及安全、功能的原材料及成品应按本规范规定进行复验，并应经监理工程师（建设单位技术负责人）见证取样、送样；

　　2 各工序应按施工技术标准进行质量控制，每道工序完成后，应进行检查；

　　3 相关各专业工种之间，应进行交接检验，并经监理工程师（建设单位技术负责人）检查认可。

3.0.4 钢结构工程施工质量验收应在施工单位自检基础上，按照检验批、分项工程、分部（子分部）工程进行。钢结构分部（子分部）工程中分项工程划分按照现行国家标准《建筑工程施工质量验收统一标准》（GB 50300）的规定执行。钢结构分项工程应有一个或若干检验批组成，各分项工程检验批应按本规范的规定进行划分。

3.0.5 分项工程检验批合格质量标准应符合下列规定：

　　1 主控项目必须符合本规范合格质量标准的要求；

　　2 一般项目其检验结果应有80%及以上的检查点（值）符合本规范合格质量标准的要求，且最大值不应超过其允许偏差值的1.2倍；

　　3 质量检查记录、质量证明文件等资料应完整。

　　钢结构对缺陷较为感性，本条对一般偏差项目设定了一个1.2倍偏差限值的门槛值。

3.0.6 分项工程合格质量标准应符合下列规定：

　　1 分项工程所含的各检验批均应符合本规范合格质量标准；

　　2 分项工程所含的各检验批质量验收记录应完整。

　　分项工程的验收在检验批的基础上进行，一般情况下，两者具有相同或相近的性质，只是批量的大小不同而已，因此将有关的检验批汇集便构成分项工程的验收。分项工程合格质量的条件相对简单，只要构成分项工程的各检验批的验收资料文件完整，并且均已验收合格，则分项工程验收合格。

3.0.7 当钢结构工程施工质量不符合规范要求时，应按下列规定进行处理：

　　1 经返工重做或更换构（配）件的检验批，应重新进行验收；

　　2 经有资质的检测单位检测鉴定能够达到设计要求的检验批，应予以验收；

　　3 经有资质的检测单位检测鉴定达不到设计要求，但经原设计单位核算认可能够满足结构安全和使用功能的检验批，可予以验收；

　　4 经返修或加固处理的分项、分部工程，虽然改变外形尺寸但仍能满足安全使用要求，可按处理技术方案和协商文件进行验收。

　　所有质量隐患必须尽快消灭在萌芽状态，这也是钢结构规范以强化验收促进过程控制原则的体现。

3.0.8 通过返修或加固处理仍不能满足安全使用要求的钢结构分部工程，严禁验收。

7.4 原材料及成品进场

4.1 一般规定

4.1.1 本章适用于进入钢结构各分项工程实施现场的主要材料、零（部）件、成品件、标准件等产品的进场验收。

4.1.2 进场验收的检验批原则上应与各分项工程检验批一致，也可以根据工程规模及进料实际情况划分检验批。

4.2 钢材
主控项目

4.2.1 钢材、钢铸件的品种、规格、性能等应符合现行国家产品标准和设计要求。进口钢材产品的质量应符合设计和合同规定标准的要求。

检查数量：全数检查。检验方法：

检查质量合格证明文件、中文标志及检验报告等。

本条为强制性条文。

近些年，钢铸件在钢结构（特别是大跨度空间钢结构）中的应用逐渐增加，故对其规格和质量提出明确规定是完全必要的。另外，各国进口钢材标准不尽相同，所以规定对进口钢材应按设计和合同规定的标准验收。

对于钢结构工程使用的钢材，未要求对其原材料进行复验，只有当符合4.2.2条的条件时，则应进行复验。原材料进场时，只有当质量合格证明文件、中文标志及检验报告的证明材料符合要求时，方可验收。

4.2.2 对属于下列情况之一的钢材，应进行抽样复验，其复验结果应符合现行国家产品标准和设计要求：

1 国外进口钢材；

2 钢材混批；

3 板厚等于或大于40mm，且设计有Z向性能要求的厚板；

4 建筑结构安全等级为一级，大跨度钢结构中主要受力构件所采用的钢材；

5 设计有复验要求的钢材；

6 对质量有疑义的钢材。

检查数量：全数检查。

检验方法：检查复验报告。

一般项目

4.2.3 钢板厚度及允许偏差应符合其产品标准的要求。

检查数量：每一品种、规格的钢板抽查5处。

检验方法：用游标卡尺测量。

钢板的厚度、型钢的规格尺寸是影响承载力的主要因素，进场验收时的重点抽查钢板厚度和型钢规格尺寸是必要的。

4.2.4 型钢的规格尺寸及允许偏差符合其产品标准的要求。

检查数量：每一品种、规格的型钢抽查 5 处。

检验方法：用钢尺和游标卡尺量测。

4.2.5 钢材的表面外观质量除应符合国家现行有关标准的规定外，尚应符合下列规定：

　　1 当钢材的表面有锈蚀、麻点或划痕等缺陷时，其深度不得大于该钢材厚度负允许偏差值的 1/2；

　　2 钢材表面的锈蚀等级应符合现行国家标准《涂装前钢材表面锈蚀等级和除锈等级》（GB 8923）规定的 C 级及 C 级以上；

　　3 钢材墙边或断口处不应有分层、夹渣等缺陷。

检查数量：全数检查。

检验方法：检查复验报告。

《涂装前钢材表面锈蚀等级和除锈等级》（GB 8923—88）已作废，现行标准为《涂覆涂料前钢材表面处理　表面清洁度的目视评定　第 1 部分：未涂覆过的钢材表面和全面清除原有涂层后的钢材表面的锈蚀和处理等级》（GB/T 8923.1—2011）和《涂覆涂料前钢材表面处理　表面清洁度的目视评定　第 2 部分：已涂覆过的钢材表面局部涂除原有涂层后的处理等级》（GB/T 8923.2—2008）。

4.3　焊接材料

主控项目

4.3.1　焊接材料的品种、规格、性能等应符合现行国家产品标准和设计要求。

检查数量：全数检查。

检查方法：检查焊接材料的质量合格证明文件、中文标志及检验报告等。

该项为强制性条文，必须认真检查。

焊接材料（焊条、焊丝、焊剂、焊钉及焊接瓷环等）对焊接质量影响重大，因此，钢结构工程中所采用的焊接材料应按设计要求选用，同时产品应符合相应的国家现行标准要求。焊接材料是钢结构工程中的重要连接材料，直接影响结构的安全使用，故将本条定为强制性条文。

所有焊接材料均应对其产品合格证书、性能检验报告等质量合格证明文件、中文标志等进行检查。由焊接技术负责人检查确认其是否符合设计要求和有关产品标准的规定；必要时，对焊接材料应进行抽样复验，其复验结果应符合设计要求和有关产品标准的规定；以上均应经监理确认。凡不符合上述规定时，不得使用。

4.3.2　重要钢结构采用的焊接材料应进行抽样复验，复验结果应符合现行国家产品标准和设计要求。

检查数量：全数检查。

检查方法：检查复验报告。

本项中"重要的钢结构工程"是指：

1. 建筑结构安全等级为一级的一、二级焊缝；

2. 建筑结构安全等级为二级的一级焊缝；

3. 大跨度结构中一级焊缝；

4. 重级工作制吊车梁结构中的一级焊缝；

5. 设计要求。

一般项目

4.3.3 焊钉及焊接瓷环的规格、尺寸及偏差应符合现行国家标准《电弧螺柱焊用圆柱头焊钉》(GB 10433) 中的规定。

检查数量：按量抽查1%，且不应少于10套。

检验方法：用钢尺和游标卡尺测量。

焊钉的标准为《电弧螺柱焊用圆柱头焊钉》(GB 10433)，该标准中规定了材料要求、机械性能、规格尺寸及表面要求。

4.3.4 焊条外观不应有药皮脱落、焊芯生锈等缺陷；焊剂不应受潮结块。

检查数量：按量抽查1%，且不应少于10包。

检验方法：观察检查。

4.4 连接用紧固标准件

主控项目

4.4.1 钢结构连接用高强度大六角头螺栓连接副、扭剪型高强度螺栓连接副、钢网架用高强度螺栓、普通螺栓、铆钉、自攻钉、拉铆钉、射钉、锚栓（机械型和化学试剂型）地脚锚栓等紧固标准件及螺母、垫圈等标准配件，其品种、规格、性能等应符合现行国家产品标准和设计要求。高强度大六角螺栓连接副和扭剪型高强度螺栓连接副出厂时应分别随箱带有扭矩系数和紧固轴力（预拉力）的检验报告。

检查数量：全数检查。

检验方法：检查产品的质量合格证明文件、中文标志及检验报告等。

4.4.2 高强度大六角头螺栓连接副应按本规范附录B的规定检验其扭矩系数，其检验结果应符合本规范附录B的规定。

检查数量：见本规范附录B（本书略去附录B)。

检验方法：检查复验报告。

4.4.3 扭剪型高强度螺栓连接副应按本规范附录B的规定检验预拉力，其检验结果应符合本规范附录B的规定。

检查数量：见本规范附录B（本书略去附录B)。

检验方法：检查复验报告。

一般项目

4.4.4 高强度螺栓连接副，应按包装箱配套供货，包装箱上应标明批号、规格、数量及生产日期。螺栓、螺母、垫圈外观表面应涂油保护，不应出现生锈和沾染赃物，螺纹不应损伤。

检查数量：按包装箱数抽查5%，且不应少于3箱。

检验方法：观察检查。

4.4.5 对建筑结构安全等级为一级，跨度40m及以上的螺栓球节点钢网架结构，其连接高强度螺栓应进行表面硬度试验，对8.8级的高强度螺栓其硬度应为HRC21～29；10.9级高强度螺栓其硬度应为HRC32～36，且不得有裂纹或损伤。

检查数量：按规格抽查8只。

检验方法：硬度计、10倍放大镜或磁粉探伤。

螺栓球节点钢网架结构中高强度螺栓，其抗拉强度是影响节点承载力的主要因素，表面硬度与其强度存在着一定的内在关系，是通过控制硬度来保证螺栓的质量。

4.5 焊接球

主控项目

4.5.1 焊接球及制造焊接球所采用的原材料，其品种、规格、性能等应符合现行国家产品标准和设计要求。

检查数量：全数检查。

检验方法：检查产品的质量合格证明文件、中文标志及检验报告等。

4.5.2 焊接球焊缝应进行无损检验，其质量应符合设计要求，当设计无要求时应符合本规范中规定的二级质量标准。

检查数量：每一规格按数量抽查5%，且不应少于3个。

检验方法：超声波探伤或检查检验报告。

二级焊缝要求探伤比例为20%。

本条是指将焊接空心球作为产品看待，在进场时所进行的验收项目。焊接球焊缝检验应按照国家标准《焊接球节点钢网架焊缝 超声波探伤方法及质量分级法》（JG/T 3034.1）进行检验，该标准已作废，现行标准为《钢结构超声波探伤及质量分级法》（JG/T 203—2007）。

一般项目

4.5.3 焊接球直径、圆度、壁厚减薄量等尺寸及允许偏差应符合本规范的规定。

检查数量：每一规格按数量抽查5%，且不应少于3个。

检验方法：用卡尺和测厚仪检查。

4.5.4 焊接球表面应无明显波纹及局部凹凸不平不大于1.5mm。

检查数量：每一规格按数量抽查5%，且不应少于3个。

检验方法：用弧形套模、卡尺和观察检查。

4.6 螺栓球

主控项目

4.6.1 螺栓球及制造螺栓球节点所采用的原材料，其品种、规格、性能等应符合现行国家产品标准和设计要求。

检查数量：全数检查。

检验方法：检查产品的质量合格证明文件、中文标志及检验报告等。

4.6.2 螺栓球不得有过烧、裂纹及褶皱。

检查数量：每种规格抽查5%，且不应少于5只。

检验方法：用10倍放大镜观察和表面探伤。

本条是指将螺栓球节点作为产品看待，在进场时所进行的验收项目。

一般项目

4.6.3 螺栓球螺纹尺寸应符合现行国家标准《普通螺纹基本尺寸》（GB/T 196）中粗牙螺纹的规定，螺纹公差必须符合现行国家标准《普通螺纹公差与配合》（GB/T 197）中6H级精度的规定。

检查数量：每种规格抽查5%，且不应少于5只。

检验方法：用标准螺纹规。

4.6.4 螺栓球直径、圆度、相邻两螺栓孔中心线夹角等尺寸及允许偏差应符合本规范的规定。

　　检查数量：每一规格按数量抽查5%，且不应少于3个。

　　检验方法：用卡尺和分度头仪检查。

4.7 封板、锥头和套筒
主控项目

4.7.1　封板、锥头和套筒及制造封板、锥头和套筒所采用的原材料，其品种、规格、性能等应符合现行国家产品标准和设计要求。

　　检查数量：全数检查。

　　检验方法：检查产品的质量合格证明文件、中文标志及检验报告等。

4.7.2　封板、锥头、套筒外观不得有裂纹、过烧及氧化皮。

　　检查数量：每种抽查5%，且不应少于10只。

　　检验方法：用放大镜观察检查和表面探伤。

　　本项将螺栓球节点钢网架中的封板、锥头、套筒视为产品，在进场时所进行的验收项目。

4.8 金属压型板
主控项目

4.8.1　金属压型板及制造金属压型板所采用的原材料，其品种、规格、性能等应符合现行国家产品标准和设计要求。

　　检查数量：全数检查。

　　检验方法：检查产品的质量合格证明文件、中文标志及检验报告等。

4.8.2　压型金属泛水板、包角板和零配件的品种、规格以及防水密封材料的性能应符合现行国家产品标准和设计要求。

　　检查数量：全数检查。

　　检验方法：检查产品的质量合格证明文件、中文标志及检验报告等。

　　金属压型板系列产品可看作成品，金属压型板包括单层压型金属板、保温板、扣板等屋面、墙面围护板材及零配件。这些产品在进场时，均应按要求进行验收。

一般项目

4.8.3　压型金属板的规格尺寸及允许偏差、表面质量、涂层质量等应符合设计要求和本规范的规定。

　　检查数量：每种规格抽查5%，且不应少于3件。

　　检验方法：观察和用10倍放大镜检查及尺量。

4.9 涂装材料
主控项目

4.9.1　钢结构防腐涂料、稀释剂和固化剂等材料的品种、规格、性能等应符合现行国家产品标准和设计要求。

　　检查数量：全数检查。

　　检验方法：检查产品的质量合格证明文件、中文标志及检验报告等。

　　涂料进场验收除检查资料外，还要开桶抽查。除抽查是否有结皮、结块、凝胶现象外，还要查对其型号、名称、颜色及有效期等。

4.9.2 钢结构防火涂料的品种和技术性能应符合设计要求，并应经过具有资质的检测机构检测符合国家现行有关标准的规定。

　　检查数量：全数检查。

　　检验方法：检查产品的质量合格证明文件、中文标志及检验报告等。

一般项目

4.9.3 防腐涂料和防火涂料的型号、名称、颜色及有效期应与其质量证明文件相符。开启后，不应存在结皮、结块、凝胶等现象。

　　检查数量：按桶数抽查5%，且不应少于3桶。

　　检验方法：观察检查。

　　涂料的进场验收除检查资料文件外，还要开桶抽查。开桶抽查除检查涂料结皮、结块、凝胶等现象外，还要与质量证明文件对照涂料的型号、名称、颜色及有效期等。

4.10　其他
主控项目

4.10.1 钢结构用橡胶垫的品种、规格、性能等应符合现行国家产品标准和设计要求。

　　检查数量：全数检查。

　　检验方法：检查产品的质量合格证明文件、中文标志及检验报告等。

4.10.2 钢结构工程所涉及的其他特殊材料，其品种、规格、性能等应符合现行国家产品标准和设计要求。

　　检查数量：全数检查。

　　检验方法：检查产品的质量合格证明文件、中文标志及检验报告等。

7.5　钢结构焊接工程

5.1　一般规定

5.1.1 本章适用于钢结构制作和安装中的钢构件焊接和焊钉焊接的工程质量验收。

5.1.2 钢结构焊接工程可按相应的钢结构制作或安装工程检验批的划分原则划分为一个或若干个检验批。

5.1.3 碳素结构钢应在焊缝冷却到环境温度、低合金结构钢应在完成焊接24h以后进行焊缝探伤检验。

5.1.4 焊缝施焊后应在工艺规定的焊缝及部位打上焊工钢印。

5.2　钢构件焊接工程
主控项目

5.2.1 焊条、焊丝、焊剂、电渣焊熔嘴等焊接材料与母材的匹配应符合设计要求及国家现行行业标准《建筑钢结构焊接技术规程》（JGJ 81）的规定。焊条、焊剂、药芯焊丝、熔嘴等在使用前，应按其产品说明书及焊接工艺文件的规定进行烘焙和存放。

　　检查数量：全数检查。

　　检验方法：检查质量证明书和烘焙记录。

　　焊接材料应符合《建筑钢结构焊接技术规程》（JGJ 81）的规定。

5.2.2 焊工必须经考试合格并取得合格证书。持证焊工必须在其考试合格项目及其认可

范围内施焊。

检查数量：全数检查。

检验方法：检查焊工合格证及其认可范围有效期。

本条为强制性条文。

从事钢结构工程焊接施工的焊工，应根据所从事钢结构焊接工程的具体类型，按国家现行行业标准《建筑钢结构焊接技术规程》（JGJ 81）等技术规程的要求对施焊焊工进行考试并取得"相应施焊条件"合格证。

"相应施焊条件"的合格证指焊工考核焊接工艺的合格证，应与实际操作的施焊工艺相对应。

5.2.3 施工单位对其首次采用的钢材、焊接材料、焊接方法、焊后热处理等，应进行焊接工艺评定，并应根据评定报告确定焊接工艺。

检查数量：全数检查。

检验方法：检查焊接工艺评定报告。

由于钢结构工程的焊接节点和焊接接头不可能进行现场实物取样检验，而探伤仅能确定焊缝的几何缺陷，无法确定接头的理化性能。为保证工程焊接质量，必须在构件制作和结构安装施工焊接前进行焊接工艺评定，并根据焊接工艺评定的结果制定相应的施工焊接工艺规范。

5.2.4 设计要求全焊透的一、二级焊缝应采用超声波探伤进行内部缺陷的检验，超声波探伤不能对缺陷作出判断时，应采用射线探伤，其内部缺陷分级及探伤方法应符合现行国家标准《钢焊缝手工超声波探伤方法和探伤结果分级法》（GB 11345）或《金属熔化焊焊接接头射线照相》（GB 3323）的规定。

焊接球节点网架焊缝、螺栓球节点网架焊缝及圆管 T、K、Y 形节点相关线焊缝，其内部缺陷分级及探伤方法应分别符合国家现行标准《焊接球节点钢网架焊缝 超声波探伤方法及质量分级法》（JG/T 3034.1）《螺栓球节点钢网架焊缝、超声波探伤方法及质量分级法》（JBJ/T 3034.2）《建筑钢结构焊接技术规程》（JGJ 81）的规定。

一级、二级焊缝的质量等级及缺陷分级应符合表 5.2.4（本书表 7.5.1）的规定。

检查数量：全数检查。

检验方法：检查超声波或射线探伤记录。

一、二级焊缝质量等级及缺陷分级   表 7.5.1

焊缝质量等级		一级	二级
内部缺陷超声波探伤	评定等级	Ⅱ	Ⅲ
	检验等级	B 级	B 级
	探伤比例	100%	20%
内部缺陷射线探伤	评定等级	Ⅱ	Ⅲ
	检验等级	AB 级	AB 级
	探伤比例	100%	20%

注：1. 探伤比例的计数方法应按以下原则确定：（1）对工厂制作焊缝，应按每条焊缝计算百分比，且探伤长度应不小于200mm，当焊缝长度不足 200mm 时，应对整条焊缝进行探伤；（2）对现场安装焊缝，应按同一类型、同一施焊条件的焊缝条数计算百分比，探伤长度应不小于200mm，并应不少于 1 条焊缝；

2. 本表摘自《钢结构工程施工质量验收规范》（GB 50205—2001）。

本条为强制性条文。

根据结构的承载情况不同，现行国家标准《钢结构设计规范》（GB 50017—2003）中将焊缝的质量分为三个质量等级。内部缺陷的检测一般可用超声波探伤和射线探伤。射线探伤具有直观性、一致性好的优点。过去人们觉得射线探伤可靠、客观，但是射线探伤成本高、操作程序复杂、检测周期长，尤其是钢结构中大多为 T 形接头和角接头，射线检测的效果差，且射线探伤对裂纹、未熔合等危害性缺陷的检出率低。超声波探伤则正好相反，操作程序简单、快速，对各种接头形式的适应性好，对裂纹、未熔合的检测灵敏度高，因此世界上很多国家对钢结构内部质量的控制采用超声波探伤，一般已不采用射线探伤。

随着大型空间结构应用的不断增加，对于薄壁大曲率 T、K、Y 型相贯接头焊缝探伤，国家现行行业标准《建筑钢结构焊接技术规程》（JGJ 81）中给出了相应的超声波探伤方法和缺陷分级。网架结构焊接缝探伤应按现行国家标准《焊接球节点钢网架焊缝 超声波探伤方法及质量分级法》（JBJ/T 3034.1）（现已被《钢结构超声波探伤及质量分级法》JG/T 203—2007 替代）和《螺栓球节点钢网架焊缝 超声波探伤方法及质量分级法》（JG/T 3034.2）（现已被《钢结构超声波探伤及质量分级法》JG/T 203—2007 替代）的规定执行。

钢结构规范规定要求全焊透的一级焊缝 100% 检验，二级焊缝的局部检验定为抽样检验。钢结构制作一般较长，对每条焊缝按规定的百分比进行探伤，且每处不小于 200mm 的规定，对保证每条焊缝质量是有利的。但钢结构安装焊缝一般都不长，大部分焊缝为梁—柱连接焊接，每条焊缝的长度大多在 250～300mm 之间，采用焊缝及条数计数抽样检测是可行的。

一级、二级焊缝由设计规定的，一般一级焊缝是用于动载受拉等强的对接焊接。二级焊缝是适用于静载受压、受压的等强焊缝，都是结构的关键连接。这些焊缝内部质量的优劣是保证结构整体质量的根本，所以必须进行相应等级的焊缝探伤。

承受拉力且要求与母材等强度的焊缝，就是一级焊缝；承受压力区采用与母材等强度的焊缝，就是二级焊缝。钢结构的焊缝质量检验分三级。

5.2.5 T 形接头、十字接头、角接接头等要求熔透的对接和角对接组合焊缝，其焊脚尺寸不应小于 $t/4$［图 5.2.5a、b、c，（本书图 7.5.1）］；设计有疲劳验算要求的吊车梁或类似构件的腹板与上翼缘连接焊接的焊脚尺寸为 $t/2$（图 5.2.5d，本书图 7.5.1），且不应大于 10mm。焊脚尺寸的允许偏差为 0～4mm。

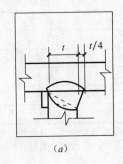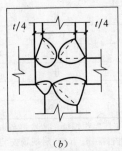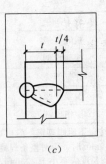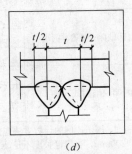

(a)   (b)   (c)   (d)

图 7.5.1 焊脚尺寸

检查数量：资料全数检查；同类焊缝抽查10%，且不应少于3条。

检验方法：观察检查，用焊缝量规抽查测量。

5.2.6 焊缝表面不得有裂纹、焊瘤等缺陷。一级、二级焊缝不得有表面气孔、夹渣、弧坑裂纹、电弧擦伤等缺陷。且一级焊缝不得有咬边、未焊满、根部收缩等缺陷。

检查数量：每批同类构件抽查10%，且不应少于3件；被抽查构件中，每一类型焊缝按条数抽查5%，且不应少于1条；每条检查1处，总抽查数不应少于10处。

检验方法：观察检查或使用放大镜、焊缝量规和钢尺检查，当存在疑义时，采用渗透或磁粉探伤检查。

一般项目

5.2.7 对于需要进行焊前预热或焊后热处理的焊缝，其预热温度或后热温度应符合国家现行有关标准的规定或通过工艺试验确定。预热区的焊道两侧，每侧宽度均应大于焊件厚度的1.5倍以上，且不应小于100mm；后热处理应在焊后立即进行，保温时间应根据板厚按每25mm板厚1h确定。

检查数量：全数检查。

检验方法：检查预、后热施工记录和工艺试验报告。

5.2.8 二级、三级焊缝外观质量标准应符合本规范附录A中表A.0.1（本书略）的规定。三级对接焊缝应按二级焊缝标准进行外观质量检验。

检查数量：每批同类构件抽查10%，且不应少于3件；被抽查构件中，每一类型焊缝按条数抽查5%，且不应少于1条；每条检查1处，总抽查数不应少于10处。

检验方法：观察检查或使用放大镜、焊缝量规和钢尺检查。

5.2.9 焊缝尺寸允许偏差应符合本规范附录A中表A.0.2（本书略）的规定。

检查数量：每批同类构件抽查10%，且不应少于3件；被抽查构件中，每种焊缝按条数各抽查5%，但不应少于1条；每条检查1处，总抽查数不应少于10处。

检验方法：用焊缝量规检查。

焊接时容易出现的如未焊满、咬边、电弧擦伤等缺陷对动载结构是严禁的，在二、三级焊缝中应限制在一定范围内。对接焊缝的余高、错边，部分焊透的对接与角接组合焊缝及角焊缝的焊脚尺寸、余高等外型尺寸偏差也会影响钢结构的承载能力，必须加以限制。

5.2.10 焊成凹形的角焊缝，焊缝金属与母材间应平缓过渡；加工成凹形的角焊缝，不得在其表面留下切痕。

检查数量：每批同类构件抽查10%，且不应少于3件。

检验方法：观察检查。

5.2.11 焊缝感观应达到：外形均匀、成型较好，焊道与焊道、焊道与基本金属间过渡较平滑，焊渣和飞溅物基本清除干净。

检查数量：每批同类构件抽查10%，且不应少于3件；被抽查构件中，每种焊缝按数量各抽查5%，总抽查处不应少于5处。

检验方法：观察检查。

5.3 焊钉（栓钉）焊接工程
主控项目

5.3.1 施工单位对其采用的焊钉和钢材焊接应进行焊接工艺评定，其结果应符合设计要求和国家现行有关标准的规定。瓷环应按其产品说明书进行烘焙。

　　检查数量：全数检查。

　　检验方法：检查焊接工艺评定报告和烘焙记录。

　　由于钢材的成分和焊钉的焊接质量有直接影响，因此必须按实际施工采用的钢材与焊钉匹配进行焊接工艺评定试验。瓷环在受潮或产品要求烘干时应按要求进行烘干，以保证焊接接头的质量。

5.3.2　焊钉焊接后应进行弯曲试验检查，其焊缝和热影响区不应有肉眼可见的裂纹。

　　检查数量：每批同类构件抽查10%，且不应少于10件；被抽查构件中，每件检查焊钉数量的1%，但不应少于1个。

　　检验方法：焊钉弯曲30°后用角尺检查和观察检查。

　　焊钉焊后弯曲检验可用打弯的方法进行。焊钉可采用专用的栓钉焊接或其他电弧焊方法进行焊接。不同的焊接方法接头的外观质量要求不同。

一般项目

5.3.3　焊钉根部焊脚应均匀，焊脚立面的局部未熔合或不足360°的焊脚应进行修补。

　　检查数量：按总焊钉数量抽查1%，且不应少于10个。

　　检验方法：观察检查。

7.6　紧固件连接工程

6.1　一般规定

6.1.1　本章适用于钢结构制作和安装中的普通螺栓、扭剪型高强度螺栓、高强度大六角头螺栓、钢网架螺栓球节点用高强度螺栓及射钉、自攻钉、拉铆钉等连接工程的质量验收。

6.1.2　紧固件连接工程可按相应的钢结构制作或安装工程检验批的划分原则划分为一个或若干个检验批。

6.2　普通紧固件连接
主控项目

6.2.1　普通螺栓作为永久性连接螺栓时，当设计有要求或对其质量有疑义时，应进行螺栓实物最小拉力载荷复验，试验方法见本规范附录B（本书略），其结果应符合现行国家标准《紧固件机械性能螺栓、螺钉和螺柱》（GB 3098.1）的规定。

　　检查数量：每一规格螺栓抽查8个。

　　检验方法：检查螺栓实物复验报告。

　　本条是对进场螺栓实物进行复验。其中有疑义是指不满足本条规定、没有质量证明书（出厂合格证）等质量证明文件。

6.2.2　连接薄钢板采用的自攻钉、拉铆钉、射钉等其规格尺寸应与被连接钢板相匹配，其间距、边距等应符合设计要求。

　　检查数量：按连接节点数抽查1%，且不应少于3个。

　　检验方法：观察和尺量检查。

一般项目

6.2.3　永久性普通螺栓紧固应牢固、可靠，外露丝扣不应少于2扣。

检查数量：按连接节点数抽查 10%，且不应少于 3 个。

检验方法：观察和用小锤敲击检查。

6.2.4　自攻螺钉、钢拉铆钉、射钉等与连接钢板应紧固密贴，外观排列整齐。

检查数量：按连接节点数抽查 10%，且不应少于 3 个。

检验方法：观察或用小锤敲击检查。

6.3　高强度螺栓连接

主控项目

6.3.1　钢结构制作和安装单位应按本规范附录 B 的规定分别进行高强度螺栓连接摩擦面的抗滑移系数试验和复验，现场处理的构件摩擦面应单独进行摩擦面抗滑移系数试验，其结果应符合设计要求。

检查数量：见本规范附录 B（本书略）。

检验方法：检查摩擦面抗滑移系数试验报告和复验报告。

本条为强制性条文。

在安装现场局部采用砂轮打磨摩擦面时，打磨范围不小于螺栓孔径的 4 倍，打磨方向应与构件受力方向垂直。

除设计上采用摩擦系数小于等于 0.3，并明确提出可不进行抗滑移系数试验者外，其余情况在制作时为确定摩擦面的方法，必须按高强度大六角头螺栓连接到扭矩系数复验要求的批量用 3 套同材质、同处理方法的试件进行复验。同时并附有 3 套同材质、同处理方法的试件，供安装前复验。

抗滑移系数是高强度螺栓连接的主要设计参数之一，直接影响构件的承载力，因此构件摩擦面无论由制造厂处理还是由现场处理，均应对抗滑移系数进行测试，测得的抗滑移系数最小值应符合设计要求。

6.3.3　扭剪型高强度螺栓连接副终拧后，除因构造原因无法使用专用扳手终拧掉梅花头者外，未在终拧中拧掉梅花头的螺栓数不应大于该节点螺栓数的 5%。对所有梅花头未拧掉的扭剪型高强度螺栓连接副应采用扭矩法或转角法进行终拧并作标记，且按本规范第 6.3.2 条的规定进行终拧扭矩检查。

检查数量：按节点数抽查 10%，但不应少于 10 个节点，被抽查节点中梅花头未拧掉的扭剪型高强度螺栓连接副全数进行终拧扭矩检查。

检验方法：观察检查及本规范附录 B（同 6.3.2 条）。

本条中构造原因是指设计原因造成空间太小无法使用专用扳手进行终拧的情况。在扭剪型高强度螺栓施工中，因安装顺序、安装方向考虑不周，或终拧时因对电动扳手使用掌握不熟练，致使终拧时尾部梅花头上的棱端部滑牙（即打滑），无法拧掉梅花头，造成终拧扭矩是未知数，对此类螺栓应控制在 5% 以下。

一般项目

6.3.4　高强度螺栓连接副的施拧顺序和初拧、复拧扭矩应符合设计要求和国家现行行业标准《钢结构高强度螺栓连接的设计施工及验收规程》（JGJ 82）的规定。

检查数量：全数检查资料。

检验方法：检查扭矩扳手标定记录和螺栓施工记录。

高强度螺栓初拧、复拧的目的是为了使摩擦面能密贴，且螺栓受力均匀，对大型节点强调安装顺序是防止节点中螺栓预拉力损失不均，影响连接的刚度。

《钢结构高强度螺栓连接的设计施工及验收规程》(JGJ 82) 已作废，现名称为《钢结构高强度螺栓连接技术规程》(JGJ 82—2011)，具体要求参照该标准。

6.3.5 高强度螺栓连接副终拧后，螺栓丝扣外露应为2~3扣，其中允许有10%的螺栓丝扣外露1扣或4扣。

检查数量：按节点数抽查5%，且不应少于10个。

检验方法：观察检查。

6.3.6 高强度螺栓连接摩擦面应保持干燥、整洁，不应有飞边、毛刺、焊接飞溅物、焊疤、氧化铁皮、污垢等，除设计要求外摩擦面不应涂漆。

检查数量：全数检查。

检验方法：观察检查。

6.3.7 高强度螺栓应自由穿入螺栓孔。高强度螺栓孔不应采用气割扩孔，扩孔数量应征得设计同意，扩孔后的孔径不应超过1.2d (d 为螺栓直径)。

检查数量：被扩螺栓孔全数检查。

检验方法：观察检查及用卡尺检查。

6.3.8 螺栓球节点网架总拼完成后，高强度螺栓与球节点应紧固连接，高强度螺栓拧入螺栓球内的螺纹长度不应小于1.0d (d 为螺栓直径)，连接处不应出现有间隙、松动等未拧紧情况。

检查数量：按节点数抽查5%，且不应少于10个。

检验方法：普通扳手及尺量检查。

7.7 钢零件及钢部件加工工程

7.1 一般规定

7.1.1 本章适用于钢结构制作及安装中钢零件及钢部件加工的质量验收。

7.1.2 钢零件及钢部件加工工程，可按相应的钢结构制作工程或钢结构安装工程检验批的划分原则划分为一个或若干个检验批。

7.2 切割

主控项目

7.2.1 钢材切割面或剪切面应无裂纹、夹渣、分层和大于1mm的缺棱。

检查数量：全数检查。

检验方法：观察或用放大镜及百分尺检查，有疑义时作渗透、磁粉或超声波探伤检查。

一般项目

7.2.2 气割的允许偏差应符合表7.2.2 (本书表7.7.1) 的规定。

检查数量：按切割面数抽查10%，且不应少于3个。

检验方法：观察检查或用钢尺、塞尺检查。

气割的允许偏差（mm）   表 7.7.1

项目	允许偏差
零件宽度、长度	±3.0
切割面平面度	0.05t，且不应大于2.0
割纹深度	0.3
局部缺口深度	1.0

注：t 为切割面厚度。

7.2.3　机械剪切的允许偏差应符合表 7.2.3（本书表 7.7.2）的规定。

　　检查数量：按切割面数抽查 10%，且不应少于 3 个。

　　检验方法：观察检查或用钢尺、塞尺检查。

机械剪切的允许偏差（mm）   表 7.7.2

项目	允许偏差
零件宽度、长度	±3.0
边缘缺棱	1.0
型钢端部垂直度	2.0

7.3　矫正和成型

主控项目

7.3.1　碳素结构钢在环境温度低于 −16℃、低合金结构钢在环境温度低于 −12℃时，不应进行冷矫正和冷弯曲。碳素结构钢和低合金结构钢在加热矫正时，加热温度不应超过 900℃。低合金结构钢在加热矫正后应自然冷却。

　　检查数量：全数检查。

　　检验方法：检查制作工艺报告和施工记录。

7.3.2　当零件采用热加工成型时，加热温度应控制在 900～1000℃；碳素结构钢和低合金结构钢在温度分别下降到 700℃和 800℃之前，应结束加工；低合金结构钢应自然冷却。

　　检查数量：全数检查。

　　检验方法：检查制作工艺报告和施工记录。

一般项目

7.3.3　矫正后的钢材表面，不应有明显的凹面或损伤，划痕深度不得大于 0.5mm，且不应大于该钢材厚度负允许偏差的 1/2。

　　检查数量：全数检查。

　　检验方法：观察检查和实测检查。

7.3.4　冷矫正和冷弯曲的最小曲率半径和最大弯曲矢高应符合表 7.3.4（本书表 7.7.3）的规定。

　　检查数量：按冷矫正和冷弯曲的件数抽查 10%，且不应少于 3 个。

　　检查方法：观察检查和实测检查。

钢材类别	图例	对应轴	矫正		弯曲	
			r	f	r	f
钢板扁钢		$x-x$	$50t$	$\dfrac{l^2}{400t}$	$25t$	$\dfrac{l^2}{200t}$
		$y-y$（仅对扁钢轴线）	$100b$	$\dfrac{l^2}{800b}$	$50b$	$\dfrac{l^2}{400b}$
角钢		$x-x$	$90b$	$\dfrac{l^2}{720b}$	$45b$	$\dfrac{l^2}{360b}$
槽钢		$x-x$	$50h$	$\dfrac{l^2}{400h}$	$25h$	$\dfrac{l^2}{200h}$
		$y-y$	$90b$	$\dfrac{l^2}{720b}$	$45b$	$\dfrac{l^2}{360b}$
工字钢		$x-x$	$50h$	$\dfrac{l^2}{400h}$	$25h$	$\dfrac{l^2}{200h}$
		$y-y$	$50b$	$\dfrac{l^2}{400b}$	$25b$	$\dfrac{l^2}{200b}$

注：r 为曲率半径；f 为弯曲矢高；l 为弯曲弦长；t 为钢板厚度。

7.3.5 钢材矫正后的允许偏差，应符合表7.3.5（本书表7.7.4）的规定。

检查数量：按矫正件数抽查10%，且不应少于3件。

检验方法：观察检查和实测检查。

项目		允许偏差	图例
钢板的局部平面度	$t \leqslant 14$	1.5	
	$t > 14$	1.0	
型钢弯曲矢高		$l/1000$ 且不应大于 5.0	
角钢肢的垂直度		$b/100$ 双肢栓接角钢的角度不得大于90°	
槽钢翼缘对腹板的垂直度		$b/80$	
工字钢、H 型钢翼缘对腹板的垂直度		$b/100$ 且不大于 2.0	

7.4 边缘加工
主控项目

7.4.1 气割或机械剪切的零件，需要进行边缘加工时，其刨削量不应小于 2.0mm。

检查数量：全数检查。

检验方法：检查工艺报告和施工记录。

为消除切割对主体钢材造成的冷作硬化和热影响的不利因素，使加工边缘的加工达到设计规范中关于加工边缘应力取值和压杆曲线的有关要求，规定边缘加工的最小刨削量不应小于 2.0mm。

一般项目

7.4.2 边缘加工允许偏差应符合表 7.4.2（本书表 7.7.5）的规定。

检查数量：按加工面数抽查 10%，且不应少于 3 件。

检验方法：观察检查和实测检查。

边缘加工的允许偏差（mm） 表 7.7.5

项目	允许偏差
零件宽度、长度	±1.0
加工边直线度	$l/3000$，且不应大于 2.0
相邻两边夹角	±6′
加工面垂直度	$0.025t$ 且不应大于 0.5
加工面表面粗糙度	$\overset{50}{\diagdown}$

7.5 管、球加工
主控项目

7.5.1 螺栓球成型后，不应有裂纹、褶皱、过烧。

检查数量：每种规格抽查 10%，且不应少于 5 个。

检验方法：10 倍放大镜观察检查或表面探伤。

螺栓球是网架杆件互相连接的受力部件，采取热煅成型，质量容易得到保证。对锻造球，应着重检查是否有裂纹、叠痕、过烧。

7.5.2 钢板压成半圆球后，表面不应有裂纹、褶皱；焊接球其对接坡口应采用机械加工，对接焊接表面应打磨平整。

检查数量：每种规格抽查 10%，且不应少于 5 个。

检验方法：10 倍放大镜观察检查或表面探伤。

一般项目

7.5.3 螺栓球加工的允许偏差应符合表 7.5.3（本书表 7.7.6）的规定。

检查数量：每种规格抽查 10%，且不应少于 5 个。

检验方法：见表 7.5.3（本书表 7.7.6）。

螺栓球加工的允许偏差（mm）　　　　　　　　　　表 7.7.6

项目		允许偏差	检验方法
圆度	$d \leqslant 120$	1.5	用卡尺和游标卡尺检查
	$d > 120$	2.5	
同一轴线上两铣平面平行度	$d \leqslant 120$	0.2	用百分表 V 形块检查
	$d > 120$	0.3	
铣平面距球中心距离		± 0.2	用游标卡尺检查
相邻两螺栓孔中心线夹角		$\pm 30'$	用分度头检查
两铣平面与螺栓孔轴线垂直度		$0.005r$	用百分表检查
球毛坯直径	$d \leqslant 120$	$+2.0$ -1.0	用卡尺和游标卡尺检查
	$d > 120$	$+3.0$ -1.5	

7.5.4　焊接球加工的允许偏差应符合表 7.5.4（本书表 7.7.7）的规定。

检查数量：每种规格抽查 10％，且不应少于 5 个。

检验方法：见表 7.5.4（本书表 7.7.7）。

螺栓球加工的允许偏差（mm）　　　　　　　　　　表 7.7.7

项目	允许偏差	检验方法
直径	$\pm 0.005d$ ± 2.5	用卡尺和游标卡尺检查
圆度	2.5	用卡尺和游标卡尺检查
壁厚减薄量	$0.13t$，且不应大于 1.5	用卡尺和测厚仪检查
两半球对口错边	1.0	用套模和游标卡尺检查

焊接球的质量指标，规定了直径、圆度、壁厚减薄量和两半球对口错边量。偏差值基本同国家现行行业标准《网架结构设计与施工规程》（JGJ 7）的规定，但直径一项在 $\phi300$mm 至 $\phi500$mm 范围内时稍有提高，而圆度一项有所降低，这是避免控制指标突变和考虑错边量能达到的程度，并相对于大直径焊接球又控制较严，以保证接管间隙和焊接质量。

7.5.5　钢网架（桁架）用钢杆件加工的允许偏差应符合表 7.5.5（本书表 7.7.8）的规定。

检查数量：每种规格抽查 10％，且不应少于 5 根。

检验方法：见表 7.5.5（本书表 7.7.8）。

钢网架（桁架）用钢管杆件加工的允许偏差（mm）　　　　表 7.7.8

项目	允许偏差	检验方法
长度	± 1.0	用钢尺和百分表检查
端面对管轴的垂直度	$0.005r$	用百分表 V 形块检查
管口曲线	1.0	用套模和游标卡尺检查

7.6 制孔

主控项目

7.6.1 A、B级螺栓孔（Ⅰ类孔）应具有 H12 的精度，孔壁表面粗糙度 R_a 不应大于 12.5μm。其孔径的允许偏差应符合表 7.6.1-1（本书表 7.10）的规定。

C级螺栓孔（Ⅱ类孔），孔壁表面粗糙度 R_a 不应大于 25μm，其允许偏差应符合表 7.6.1-2（本书表 7.11）的规定。

检查数量：按钢构件数量抽查 10%，且不应少于 3 件。

检验方法：用游标卡尺或孔径量规检查。

A、B级螺栓孔径的允许偏差（mm） 表 7.7.9

序号	螺栓公称直径、螺栓孔直径	螺栓公称直径允许偏差	螺栓孔直径允许偏差
1	10～18	0.00 −0.21	+0.18 0.00
2	18～30	0.00 −0.21	+0.21 0.00
3	30～50	0.00 −0.25	+0.25 0.00

C级螺栓孔径的允许偏差（mm） 表 7.7.10

项目	允许偏差
直径	+1.0 0.0
圆度	2.0
垂直度	0.03t，且不应大于 2.0

一般项目

7.6.2 螺栓孔孔距的允许偏差应符合表 7.6.2（本书表 7.7.11）的规定。

检查数量：按钢构件数量抽查 10%，且不应少于 3 件。

检验方法：用钢尺检查。

螺栓孔孔距允许偏差（mm） 表 7.7.11

螺栓孔孔距范围	≤500	501～1200	1201～3000	>3000
同一组内任意两孔间距离	±1.0	±1.5	—	—
相邻两组的端孔间距离	±1.5	±2.0	±2.5	±3.0

注：1. 在节点中连接板与一根杆件相连的所有螺栓孔为一组；
    2. 对接接头在拼接板一侧的螺栓为一组；
    3. 在两相邻节点或接头间的螺栓也为一组，但不包括上述两款所规定的螺栓孔；
    4. 受弯构件翼缘上的连接螺栓孔，每米长度范围内的螺栓孔为一组。

7.6.3 螺栓孔孔距的允许偏差超过本规范表 7.6.2（本书表 7.7.11）规定的允许偏差时，应采用与母材材质相匹配的焊条补焊后重新制孔。

检查数量：全数检查。

检验方法：观察检查。

7.8 钢构件组装工程

8.1 一般规定

8.1.1 本章适用于钢结构制作中构件组装的质量验收。

8.1.2 钢构件组装工程可按钢结构制作工程检验批的划分原则划分为一个或若干个检验批。

8.2 焊接 H 型钢

一般项目

8.2.1 焊接 H 型钢的翼缘板拼接缝和腹拼接缝的间距不应小于 200mm。翼缘板拼接长度不应小于 2 倍板宽；腹板拼接宽度不应小于 300mm，长度不应小于 600mm。

检查数量：全数检查。

检验方法：观察和用钢尺检查。

8.2.2 焊接 H 型钢的允许偏差应符合本规范附录 C 中表 C.0.1（本书略）的规定。

检查数量：按钢构件数抽查 10%，宜不应少于 3 件。

检验方法：用钢尺、角尺、塞尺等检查。

8.3 组装

主控项目

8.3.1 吊车梁和吊车桁架不应下挠。

检查数量：全数检查。

检验方法：构件直立，在两端支承后，用水准仪和钢尺检查。

本条为强制性条文。

起拱度或下挠度均指吊车梁安装就位后的状况，因此吊车梁在工厂制作完后，要检验其起拱度或下挠，应与安装就位的支承状况基本相同，即将吊车梁立放并在支承点处将梁垫高一点，以便检测或消除梁自重对拱度或挠度的影响。

一般项目

8.3.2 焊接连接组装的允许偏差应符合本规范附录 C 中表 C.0.2（本书略）的规定。

检查数量：按构件数抽查 10%，且不应少于 3 个。

8.3.3 顶紧接触面应有 75% 以上的面积紧贴。

检查数量：按接触面的数量抽查 10%，且不应少于 10 个。

检验方法：用 0.3mm 塞尺检查，其塞入面积应小于 25%，边缘间隙不应大于 0.8mm。

8.3.4 桁架结构杆件轴线交点错位的允许偏差不得大于 3.0mm，允许偏差不得大于 4.0mm。

检查数量：按构件数抽查 10%，且不应少于 3 个，每个抽查构件按节点数抽查 10%，且不应少于 3 个节点。

检验方法：尺量检验。

8.4 端部铣平及安装焊缝坡口

主控项目

8.4.1 端部铣平的允许偏差应符合表 8.4.1（本书表 7.8.1）的规定。

检查数量：按铣平面数量抽查10%，且不应少于3个。

检验方法：用钢尺、角尺、塞尺等检查。

端部铣平的允许偏差（mm）　　　　　表7.8.1

项目	允许偏差
两端铣平时构件长度	±2.0
两端铣平时零件长度	±0.5
铣平面的平面度	0.3
铣平面对轴线的垂直度	$l/1500$

一般项目

8.4.2　安装焊缝坡口的允许偏差应符合表8.4.2（本书表7.8.2）的规定。

检查数量：按坡口数量抽查10%，且不应少于3条。

检验方法：用焊缝量规检查。

安装焊缝坡口的允许偏差（mm）　　　　　表7.8.2

项目	允许偏差
坡口角度	±5°
钝边	±1.0mm

8.4.3　外露铣平面应防锈保护。

检查数量：全数检查。

检验方法：观察检查。

8.5　钢构件外形尺寸
主控项目

8.5.1　钢构件外形尺寸主控项目的允许偏差应符合表8.5.1（本书表7.8.3）的规定。

检查数量：全数检查。

检验方法：用钢尺检查。

钢构件外形尺寸主控项目的允许偏差（mm）　　　　　表7.8.3

项目	允许偏差
单层柱、梁、桁架受力支托（支承面）表面至第一个安装孔距离	±1.0
多节柱铣平面至第一个安装孔距离	±1.0
实腹梁两端最外侧安装孔距离	±3.0
构件连接处的截面几何尺寸	±3.0
柱、梁连接处的腹板中心线偏移	2.0
受压构件（桁件）弯曲矢高	1/1000，且不应大于10.0

一般项目

8.5.2　钢构件外形尺寸一般项目的允许偏差应符合本规范附录C中表C.0.3～表C.0.9（本书略）的规定。

检查数量：按构件数量抽查10%，且不应少于3件。

检验方法：见本规范附录C中表C.0.3～表C.0.9（本书略）。

7.9 钢构件预拼装工程

9.1 一般规定

9.1.1 本章适用于钢构件预拼装工程的质量验收。

9.1.2 钢构件预拼装工程可按钢结构制作工程检验批的划分原则划分为一个或若干个检验批。

9.1.3 预拼装所用的支承凳或平台应测量找平，检查时应拆除全部临时固定和拉紧装置。

9.1.4 进行预拼装的钢构件，其质量应符合设计要求和本规范合格质量标准的规定。

9.2 预拼装

主控项目

9.2.1 高强度螺栓和普通螺栓连接的多层板叠，应采用试孔器进行检查，并应符合下列规定：

1 当采用比孔公称直径小 1.0mm 的试孔器检查时，每组孔的通过率不应小于 85%；

2 当采用比螺栓公称直径大 0.3mm 的试孔器检查时，通过率应为 100%。

检查数量：按预拼装单元全数检查。

检验方法：采用试孔器检查。

分段构件预拼装或构件与构件的总体预拼装，如为螺栓连接，在预拼装时，所有节点连接板均应装上，除检查各部尺寸外，还应采用试孔器检查板叠孔的通过率。

一般项目

9.2.2 预拼装的允许偏差应符合本规范附录 D 表 D（本书略）的规定。

检查数量：按预拼装单元全数检查。

检验方法：见本规范附录 D 表 D（本书略）。

7.10 单层钢结构安装工程

10.1 一般规定

10.1.1 本章适用于单层钢结构的主体结构、地下钢结构、檩条及墙架等次要构件、钢平台、钢梯、防护栏杆等安装工程的质量验收。

10.1.2 单层钢结构安装工程可按变形缝或空间刚度单元等划分成一个或若干个检验批。地下钢结构可按不同地下层划分检验批。

10.1.3 钢结构安装检验批应在进场验收和焊接连接、紧固件连接、制作等分项工程验收合格的基础上进行验收。

10.1.4 安装的测量校正、高强度螺栓安装、负温度下施工及焊接工艺等，应在安装前进行工艺试验或评定，并应在此基础上制定相应的施工工艺或方案。

10.1.5 安装偏差的检测，应在结构形成空间刚度单元并连接固定后进行。

10.1.6 安装时，必须控制屋面、楼面、平台等的施工荷载，施工荷载和冰雪荷载等严禁超过梁、桁架、楼面板、屋面板、平台铺板等的承载能力。

10.1.7 在形成空间刚度单元后，应及时对柱底板和基础顶面的空隙进行细石混凝土、灌浆料等二次浇灌。

10.1.8 吊车梁或直接承受动力荷载的梁其受拉翼缘、吊车桁架或直接承受动力荷载的桁架其受拉弦杆上不得焊接悬挂物和卡具等。

10.2 基础和支承面
主控项目

10.2.1 建筑物的定位轴线、基础轴线和标高、地脚螺栓的规格及其紧固应符合设计要求。

    检查数量：按柱基数抽查 10％，且不应少于 3 个。

    检验方法：用经纬仪、水准仪、全站仪和钢尺现场实测。

10.2.2 基础顶面直接作为柱的支承面和基础顶面预埋钢板或支座作为柱的支承面时，其支承面、地脚螺栓（锚栓）位置的允许偏差应符合表 10.2.2（本书表 7.10.1）的规定。

    检查数量：按柱基数抽查 10％，且不应少于 3 个。

    检验方法：用经纬仪、水准仪、全站仪、水平尺和钢尺实测。

支承面、地脚螺栓（锚栓）位置的允许偏差（mm）　　　　　表 7.10.1

项目		允许偏差
支承面	标高	±3.0
	水平度	$l/1000$
地脚螺栓（锚栓）	螺栓中心偏移	5.0
预留孔中心偏移		10.0

10.2.3 采用坐浆垫板时，坐浆垫板的允许偏差应符合表 10.2.3（本书表 7.10.2）的规定。

    检查数量：资料全数检查。按柱基数抽查 10％，且不应少于 3 个。

    检验方法：用水准仪、全站仪、水平尺和钢尺现场实测。

坐浆垫板的允许偏差（mm）　　　　　表 7.10.2

项目	允许偏差
顶面标高	0.0 −3.0
水平度	$l/1000$
位置	20.0

10.2.4 采用杯口基础时，杯口尺寸的允许偏差应符合表 10.2.4（本书表 7.10.3）的规定。

    检查数量：按基础数抽查 10％，且不应少于 4 处。

    检验方法：观察及尺量检查。

杯口尺寸的允许偏差（mm）　　　　　表 7.10.3

项目	允许偏差
底面标高	0.0 −5.0

项目	允许偏差
杯口深度 H	±5.0
杯口垂直度	$H/100$，且不应大于 10.0
位置	10.0

一般项目

10.2.5　地脚螺栓（锚栓）尺寸的偏差应符合表 10.2.5（本书表 7.10.4）的规定。地脚螺栓（锚栓）的螺纹应受到保护。

　　检查数量：按柱基数抽查 10%，且不应少于 3 个。

　　检验方法：钢尺现场实测。

地脚螺栓（锚栓）尺寸的允许偏差（mm）　　　　　表 7.10.4

项目	允许偏差
螺栓（锚栓）露出长度	+30.0 0.0
螺纹长度	+30.0 0.0

10.3　安装和校正
主控项目

10.3.1　钢构件应符合设计要求和规范的规定。运输、堆放和吊装等造成的钢构件变形及涂层脱落，应进行矫正和修补。

　　检查数量：按构件数抽查 10%，且不应少于 3 个。

　　检验方法：用拉线、钢尺现场实测或观察。

10.3.2　设计要求顶紧的节点，接触面不应少于 70% 紧贴，且边缘最大间隙不应大于 0.8mm。

　　检查数量：按节点数抽查 10%，且不应少于 3 个。

　　检验方法：用钢尺及 0.3mm 和 0.8mm 厚的塞尺现场实测。

　　当顶紧面不符合要求时应矫正或采取加特制垫片等方法进行处理。

10.3.3　钢屋（托）架、桁架、梁及受压杆件的垂直度和侧向弯曲矢高的允许偏差应符合表 10.3.3（本书表 7.10.5）的规定。

　　检查数量：按同类构件数抽查 10%，且不应少于 3 个。

　　检验方法：用吊线、拉线、经纬仪和钢尺现场实测。

钢屋（托）架、桁架、梁及受压杆件垂直度和
侧向弯曲矢高的允许偏差（mm）　　　　　表 7.10.5

项目	允许偏差	图例
跨中的垂直度	$h/250$，且不应大于 15.0	

项目	允许偏差		图例
侧向弯曲矢高 f	$l \leqslant 30m$	$l/1000$，且不应大于 10.0	
	$30m < l \leqslant 60m$	$l/1000$，且不应大于 30.0	
	$l > 60m$	$l/1000$，且不应大于 50.0	

10.3.4 单层钢结构主体结构的整体垂直度和整体平面弯曲的允许偏差应符合表 **10.3.4**（本书表 **7.10.6**）的规定。

　　检查数量：对主要立面全部检查。对每个所检查的立面，除两列角柱外，尚应至少选取一列中间柱。

　　检验方法：采用经纬仪、全站仪等测量。

整体垂直度和整体平面弯曲的允许偏差（mm）　　　　表 7.10.6

项目	允许偏差	图例
主体结构的整体垂直度	$H/1000$，且不应大于 25.0	
主体结构的整体平面弯曲	$l/1500$，且不应大于 25.0	

　　本条为强制性条文，应严格执行。

　　主体结构的整体垂直度和整体平面弯曲的控制，是建筑和结构的需要，也是检查安装校正质量的重要指标，因此定为强制性条文。

　　为控制好主体结构的整体垂直度和整体平面弯曲，就应在分段安装时进行过程控制，随时校正柱的垂直度和梁系的直线度。

　　对主要立面应全部检查，用经纬仪、全站仪测量并记录。

一般项目

10.3.5 钢柱等主要构件的中心线及标高基准点等标记应齐全。

　　检查数量：按同类构件数抽查 10%，且不应少于 3 件。

　　检验方法：观察检查。

10.3.6 当钢桁架（或梁）安装在混凝土柱上时，其支座中心对定位轴线的偏差不应大于 10mm；当采用大型混凝土屋面板时，钢桁架（或梁）间距的偏差不应大于 10mm。

　　检查数量：按同类构件数抽查 10%，且不应少于 3 榀。

检验方法：用拉线和钢尺现场实测。

10.3.7 钢柱安装的允许偏差应符合本规范附录 E 中表 E.0.1（本书略）的规定。

检查数量：按钢柱数抽查 10%，且不应少于 3 件。

10.3.8 钢吊车梁或直接承受动力荷载的类似件，其安装的允许偏差应符合本规范附录 E 中表 E.0.2（本书略）的规定。

检查数量：按钢吊车梁数抽查 10%，且不应少于 3 榀。

检验方法：见本规范附录 E 中表 E.0.2（本书略）。

10.3.9 檩条、墙架等次要构件安装的允许偏差应符合本规范附录 E 中表 E.0.3（本书略）的规定。

检查数量：按同类构件数抽查 10%，且不应少于 3 件。

检验方法：见本规范附录 E 中表 E.0.3（本书略）。

10.3.10 钢平台、钢梯、栏杆安装应符合现行国家标准《固定式钢直梯》（GB 4053.1）《固定式钢斜梯》（GB 4053.2）《固定式防护栏杆》（GB 4053.3）和《固定式钢平台》（GB 4053.4）的规定。钢平台、钢梯和防护栏杆安装的允许偏差应符合本规范附录 E 中表 E.0.4（本书略）的规定。

检查数量：按钢平台总数抽查 10%，栏杆、钢梯按总长度各抽查 10%，但钢平台不应少于 1 个，栏杆不应少于 5m，钢梯不应少于 1 跑。

检验方法：见本规范附录 E 中表 E.0.4（本书略）。

10.3.11 现场焊缝组对间隙的允许偏差应符合表 10.3.11（本书表 7.10.7）的规定。

检查数量：按同类节点数抽查 10%，且不应少于 3 个。

检验方法：尺量检验。

现场焊缝组对间隙的允许偏差 　　　　　　表 7.10.7

项目	允许偏差（mm）
无垫板间隙	+3.0 0.0
有垫板间隙	+3.0 -2.0

10.3.12 钢结构表面应干净，结构主要表面不应有疤痕、泥沙等污垢。

检查数量：按同类构件数抽查 10%，且不应少于 3 件。

检验方法：观察检查。

7.11 多层及高层钢结构安装工程

11.1 一般规定

11.1.1 本章适用于多层及高层钢结构的主体结构、地下钢结构、檩条及墙架等次要构件、钢平台、钢梯、防护栏杆等安装工程的质量验收。

11.1.2 多层及高层钢结构安装工程可按楼层或施工段等划分为一个或若干个检验批。地下钢结构可按不同地下层划分检验批。

11.1.3 柱、梁、支撑等构件的长度尺寸应包括焊接收缩余量等变形值。

11.1.4 安装柱时，每节柱的定位轴线应从地面控制轴线直接引上，不得从下层柱的轴线引上。

多层及高层钢结构每节柱的定位轴线，一定要从地面的控制轴线直接引上来。这是因为下面一节柱的柱顶位置有安装偏差，所以不得用下节柱的柱顶位置线作上节柱的定位轴线。

11.1.5 结构的楼层标高可按相对标高或设计标高进行控制。

多层及高层钢结构安装中，建筑物的高度可以按相对标高控制，也可按设计标高控制，在安装前要先决定选用哪一种方法。

11.1.6 钢结构安装检验批应在进场验收和焊接连接、紧固件连接、制作等分项工程验收合格的基础上进行验收。

11.1.7 多层及高层钢结构安装应遵照本规范第 10.1.4、10.1.5、10.1.6、10.1.7、10.1.8 条的规定。

11.2 基础和支承面
主控项目

11.2.1 建筑物的定位轴线、基础上柱的定位轴线和标高、地脚螺栓（锚栓）的规格和位置、地脚螺栓（锚栓）紧固应符合设计要求。当设计无要求时，应符合表 11.2.1（本书表 7.11.1）的规定。

检查数量：按柱基数抽查 10%，且不应少于 3 个。

检验方法：采用经纬仪、水准仪、全站仪和钢尺实测。

建筑物定位轴线、基础上柱的定位轴线和标高、
地脚螺栓（锚栓）的允许偏差（mm） 表 7.11.1

项目	允许偏差	图例
建筑物定位轴线	1/20000，且不应大于 3.0	
基础上柱的定位轴线	1.0	

项目	允许偏差	图例
基础上柱底标高	±2.0	
地脚螺栓（锚栓）位移	2.0	

11.2.2 多层建筑以基础顶面直接作为柱的支承面，或以基础顶面预埋钢板或支座作为柱的支承面时，其支承面、地脚螺栓（锚栓）位置的允许偏差应符合本规范表10.2.2（本书表7.10.1）的规定。

检查数量：按柱基数抽查10%，且不应少于3个。

检验方法：用经纬仪、水准仪、全站仪、水平尺和钢尺实测。

11.2.3 多层建筑采用坐浆垫板时，坐浆垫板的允许偏差应符合本规范表10.2.3（本书表7.10.2）的规定。

检查数量：资料全数检查。按柱基数抽查10%，且不应不少3个。

检验方法：用水准仪、全站仪、水平尺和钢尺实测。

11.2.4 当采用杯口基础时，杯口尺寸的允许偏差应符合本规范表10.2.4（本书表7.10.3）的规定。

检查数量：按基础数抽查10%，且不应少于4处。

检查方法：观察及尺量检查。

一般项目

11.2.5 地脚螺栓（锚栓）尺寸的允许偏差应符合本规范表10.2.5（本书表7.10.4）的规定。地脚螺栓（锚栓）的螺纹应受到保护。

检查数量：按柱基数抽查10%，且不应少于3个。

检验方法：用钢尺现场实测。

11.3 安装和校正

主控项目

11.3.1 钢构件应符合设计要求和本规范的规定。运输、堆放和吊装等造成的钢构件变形及涂层脱落，应进行矫正和修补。

检查数量：按构件数抽查10%，且不应少于3个。

检验方法：用拉线、钢尺现场实测或观察。

11.3.2 柱子安装的允许偏差应符合表 11.3.2（本书表 7.11.2）的规定。

检查数量：标准柱全部检查；非标准柱抽查 10％，且不应少于 3 根。

检验方法：用全站仪或激光经纬仪和钢尺实测。

柱子安装的允许偏差（mm） 表 7.11.2

项目	允许偏差	图例
底层柱柱底轴线 对定位轴线偏移	3.0	
柱子定位轴线	1.0	
单节柱的垂直度	$h/1000$，且不应大于 10.0	

11.3.3 设计要求顶紧的节点，接触面不应少于 70％ 紧贴，且边缘最大间隙不应大于 0.8mm。

检查数量：按节点数抽查 10％，且不应少于 3 个。

检验方法：用钢尺及 0.3mm 和 0.8mm 厚的塞尺现场实测。

11.3.4 钢主梁、次梁及受压杆件的垂直度和侧向弯曲矢高的允许偏差应符合本规范表 10.3.3（本书表 7.10.5）中有关钢屋（托）架允许偏差的规定。

检查数量：按同类构件数抽查 10％，且不应少于 3 个。

检验方法：用吊线、拉线、经纬仪和钢尺现场实测。

11.3.5 多层及高层钢结构主体结构的整体垂直度和整体平面弯曲的允许偏差应符合表

11.3.5（本书表7.11.3）的规定。

　　检查数量：对主要立面全部检查。对每个所检查的立面，除两列角柱外，尚应至少选取一列中间柱。

　　检验方法：对于整体垂直度，可采用激光经纬仪、全站仪测量，也可根据各节柱的垂直度允许偏差累计（代数和）计算。对于整体平面弯曲，可按产生的允许偏差累计（代数和）计算。

整体垂直度和整体平面弯曲的允许偏差（mm）　　　　表7.11.3

项目	允许偏差	图例
主体结构的整体垂直度	$(H/2500+10.0)$，且不应大于50.0	
主体结构的整体平面弯曲	$L/1500$，且不应大于25.0	

　　主体结构的整体垂直度和整体平面弯曲的控制，是建筑和结构的需要，也是检查安装校正质量的重要指标，因此定为强制性条文。

一般项目

11.3.6　钢结构表面应干净，结构主要表面不应有疤痕、泥沙等污垢。

　　检查数量：按同类构件数抽查10%，且不应少于3件。

　　检验方法：观察检查。

11.3.7　钢柱等主要构件的中心线及标高基准点等标记应齐全。

　　检查数量：按同类构件数抽查10%，且不应少于3件。

　　检验方法：观察检查。

11.3.8　钢构件安装的允许偏差应符合本规范附录E中表E.0.5（本书略）的规定。

　　检查数量：按同类构件或节点数抽查10%。其中柱和梁各不应少于3件，主梁与次梁连接点不应少于3个，支承压型金属板的钢梁长度不应少于5m。

　　检验方法：见本规范附录E中表E.0.5（本书略）。

11.3.9　主体结构总高度的允许偏差应符合本规范附录E中表E.0.6（本书略）的规定。

　　检查数量：按标准柱列数抽查10%，且不应少于4列。

　　检验方法：采用全站仪、水准仪和钢尺实测。

11.3.10　当钢构件安装在混凝土柱上时，其支座中心对定位轴线的偏差不应大于10mm；当采用大型混凝土屋面板时，钢梁（或桁架）间距的偏差不应大于10mm。

　　检查数量：按同类构件数抽查10%，且不应少于3榀。

检验方法：用拉线和钢尺现场实测。

11.3.11 多层及高层钢结构中钢吊车梁或直接承受动力荷载的类似构件，其安装的允许偏差应符合本规范附录 E 中表 E.0.2（本书略）的规定。

检查数量：按钢吊车梁数抽查 10%，且不应少于 3 榀。

检验方法：见本规范附录 E 中表 E.0.2（本书略）。

11.3.12 多层及高层钢结构中檩条、墙架等次要构件安装的允许偏差应符合本规范附录 E 中表 E.0.3（本书略）的规定。

检查数量：按同类构件数抽查 10%，且不应少于 3 件。

检验方法：见本规范附录 E 中表 E.0.3（本书略）。

11.3.13 多层及高层钢结构中钢平台、钢梯、栏杆安装应符合现行国家标准《固定式钢直梯》（GB 4053.1）《固定式钢斜梯》（GB 4053.2）《固定式防护栏杆》（GB 4053.3）和《固定式钢平台》（GB 4053.4）的规定。钢平台、钢梯和防护栏杆安装的允许偏差应符合本规范附录 E 中表 E.0.4（本书略）的规定。

检查数量：按钢平台总数抽查 10%，栏杆、钢梯按总长度各抽查 10%，但钢平台不应少于 1 个，栏杆不应少于 5m，钢梯不应少于 1 跑。

检验方法：见本规范附录 E 中表 E.0.4（本书略）。

11.3.14 多层及高层钢结构中现场焊缝组对间隙的允许偏差应符合本规范表 10.3.11（本书表 7.10.7）的规定。

检查数量：按同类节点数抽查 10%，且不应少于 3 个。

检验方法：尺量检查。

7.12 钢网架结构安装工程

12.1 一般规定

12.1.1 本章适用于建筑工程中的平板型钢网格结构（简称钢网架结构）安装工程的质量验收。

12.1.2 钢网架结构安装工程可按变形缝、施工段或空间刚度单元划分成一个或若干个检验批。

12.1.3 钢网架结构安装检验批应在进场验收和焊接连接、紧固件连接、制作等分项工程验收合格的基础上进行验收。

12.1.4 钢网架结构安装应遵照本规范第 10.1.4、10.1.5、10.1.6 条的规定。

12.2 支承面顶板和支承垫块

主控项目

12.2.1 钢网架结构支座定位轴线的位置、支座锚栓的规格应符合设计要求。

检查数量：按支座数抽查 10%，且不应少于 4 处。

检验方法：用经纬仪和钢尺实测。

12.2.2 支承面顶板的位置、标高、水平度以及支座锚栓位置的允许偏差应符合表 12.2.2（本书表 7.12.1）。

项目		允许偏差
支承面顶板	位置	15.0
	顶面标高	0 −3.0
	顶面水平度	$l/1000$
支座锚栓	中心偏移	±5.0

检查数量：按支座数抽查 10%，且不应少于 4 处。

检验方法：用经纬仪、水准仪、水平尺和钢尺实测。

12.2.3　支承垫块的种类、规格、摆放位置和朝向，必须符合设计要求和国家现行有关标准的规定。橡胶垫块与刚性垫块之间或不同类型刚性垫块之间不得互换使用。

检查数量：按支座数抽查 10%，且不应少于 4 处。

检验方法：观察和用钢尺实测。

12.2.4　网架支座锚栓的紧固应符合设计要求。

检查数量：按支座数抽查 10%，且不应少于 4 处。

检验方法：观察检查。

一般项目

12.2.5　支座锚栓尺寸的允许偏差应符合本规范表 10.2.5（本书表 7.10.4）的规定。支座锚栓的螺纹应受到保护。

检查数量：按支座数抽查 10%，且不应少于 4 处。

检验方法：用钢尺实测。

12.3　总拼与安装

主控项目

12.3.1　小拼单元的允许偏差应符合表 12.3.1（本书表 7.12.2）的规定。

检查数量：按单元数抽查 5%，且不应少于 5 个。

检验方法：用钢尺和拉线等辅助量具实测。

小拼单元的允许偏差（mm）　　　表 7.12.2

项目			允许偏差
节点中心偏移			2.0
焊接球节点与钢管中心的偏移			1.0
杆件轴线的弯曲矢高			$L_1/1000$，且不应大于 5.0
锥体型小拼单元	弦杆长度		±2.0
	锥体高度		±2.0
	上弦杆对角线长度		±3.0
平面桁架型小拼单元	跨长	≤24m	+3.0 −7.0
		>24m	+5.0 −10.0
	跨中高度		±3.0
	跨中拱度	设计要求起拱	±$L/5000$
		设计未要求起拱	+10.0

注：1. L_1 为杆件长度；
　　2. L 为跨长。

12.3.2 中拼单元的允许偏差应符合表 12.3.2（本书表 7.12.3）的规定。

　　检查数量：全数检查。

　　检验方法：用钢尺和辅助量具实测。

中拼单元的允许偏差（mm）　　　　　　　　　　表 7.12.3

项目		允许偏差
单元长度≤20m，拼接长度	单跨	±10.0
	多跨连续	±5.0
单元长度>20m，拼接长度	单跨	±20.0
	多跨连续	±10.0

12.3.3 对建筑结构安全等级为一级、跨度 40m 及以上的公共建筑钢网架结构，且设计有要求时，应按下列项目进行节点承载力试验，其结果应符合以下规定：

　　1 焊接球节点应按设计指定规格的球及其匹配的钢管焊接成试件，进行轴心拉、压承载力试验，其试验破坏荷载值大于或等于 1.6 倍设计承载力为合格；

　　2 螺栓球节点应按设计指定规格的球最大螺栓孔螺纹进行抗拉强度保证荷载试验，当达到螺栓的设计承载力时，螺孔、螺纹及封板仍完好无损为合格。

　　检查数量：每项试验做 3 个试件。

　　检验方法：在万能试验机上进行检验，检查试验报告。

12.3.4 钢网架结构总拼完成及屋面工程完成后应分别测量其挠度值，且所测的挠度值不应超过相应设计值的 1.15 倍。

　　检查数量：跨度 24m 及以下钢网架结构测量下弦中央一点；跨度 24m 以上钢网架结构测量下弦中央一点及各向下弦跨度的四等分点。

　　检验方法：用钢尺和水准仪实测。

　　本条为强制性条文。

　　网架结构理论计算挠度与网架结构安装后的实际挠度有一定的出入，这除了网架结构的计算模型与其实际的情况存在差异之外，还与网架结构的连接节点实际零件的加工精度、安装精度等有极为密切的联系。对实际工程进行的试验表明，网架安装完毕后实测的数据都比理论计算值大约 5%～11%，所以，本条允许比设计值大 15% 是适宜的。

　　跨度 24m 及以下钢结构网架结构测量下弦中央一点；跨度 24m 以上的钢网架结构除应测量下弦中央一点外，尚应测量下弦各向跨度的四等分点，其各点的允许挠度值均不应超过相应各点设计挠度值的 1.15 倍。

一般项目

12.3.5 钢网架结构安装完成后，其节点及杆件表面应干净，不应有明显的疤痕、泥沙和污垢。螺栓球节点应将所有接缝用油腻子填嵌严密，并应将多余螺孔封口。

　　检查数量：按节点及杆件数抽查 5%，且不应少于 10 个节点。

　　检验方法：观察检查。

12.3.6 钢网架结构安装完成后，其安装的允许偏差应符合表 12.3.6（本书表 7.12.4）的规定。

　　检查数量：除杆件弯曲矢高按杆件数抽查 5%外，其余全数检查。

检验方法：见表 12.3.6（本书表 7.12.4）。

钢网架结构安装的允许偏差（mm）　　　　　表 7.12.4

项目	允许偏差	检验方法
纵向、横向长度	$L/2000$，且不应大于 30.0 $-L/2000$，且不应小于-30.0	用钢尺实测
支座中心偏移	$L/3000$，且不应大于 30.0	用钢尺和经纬仪实测
周边支承网架相邻支座高差	$L/400$，且不应大于 15.0	用钢尺和水准仪实测
支座最大高差	30.0	用钢尺和水准仪实测
多点支承网架相邻支座高差	$L_1/800$，且不应大于 30.0	

注：1. L 为纵向、横向长度；
　　2. L_1 为相邻支座间距。

7.13　压型金属板工程

13.1　一般规定

13.1.1　本章适用于压型金属板的施工现场制作和安装工程质量验收。

13.1.2　压型金属板的制作和安装工程可按变形缝、楼层、施工段或屋面、墙面、楼面等划分为一个或若干个检验批。

13.1.3　压型金属板安装应在钢结构安装工程检验批质量验收合格后进行。

13.2　压型金属板制作

主控项目

13.2.1　压型金属板成型后，其基板不应有裂纹。

　　检查数量：按计件数抽查 5%，且不应少于 10 件。

　　检验方法：观察和用 10 倍放大镜检查。

　　压型金属板的成型过程，也是对基板加工性能进行考验，不应有裂纹，在成型后必须进行检查。

13.2.2　有涂层、镀层压型金属板成型后，涂、镀层不应有肉眼可见的裂纹、剥落和擦痕等缺陷。

　　检查数量：按计件数抽查 5%，且不应少于 10 件。

　　检验方法：观察检查。

　　压型金属板主要用于建筑物的围护结构，兼结构功能与建筑功能于一体，尤其对于表面有涂层时，涂层的完整与否直接影响压型金属板的使用寿命和观感质量。

一般项目

13.2.3　压型金属板的尺寸允许偏差应符合表 13.2.3（本书表 7.13.1）的规定。

　　检查数量：按计件数抽查 5%，且不应少于 10 件。

　　检验方法：用拉线和钢尺检查。

压型金属板的尺寸允许偏差（mm） 表 7.13.1

项目			允许偏差
波距			±2.0
波高	压型钢板	截面高度≤70	±1.5
		截面高度>70	±2.0
侧向弯曲	在测量长度 l_1 的范围内		20.0

注：l_1 为测量长度，指板长扣除两端各 0.5m 后的实际长度（小于 10m）或扣除后任选的 10m 长度。

13.2.4 压型金属板成型后，表面应干净，不应有明显凹凸和皱褶。

检查数量：按计件数抽查 5%，且不应少于 10 件。

检验方法：观察检查。

13.2.5 压型金属板施工现场制作的允许偏差应符合表 13.2.5（本书表 7.13.2）的规定。

检查数量：按计件数抽查 5%，且不应少于 10 件。

检验方法：用钢尺、角尺检查。

压型金属板施工现场制作的允许偏差（mm） 表 7.13.2

项目		允许偏差
压型金属板的覆盖宽度	截面高度≤70	+10.0，−2.0
	截面高度>70	+6.0，−2.0
板长		±9.0
横向剪切偏差		6.0
泛水板、包角板尺寸	板长	±6.0
	折弯面宽度	±3.0
	折弯面夹角	2°

13.3 压型金属板安装
主控项目

13.3.1 压型金属板、泛水板和包角板等应固定可靠、牢固，防腐涂料涂刷和密封材料敷设应完好，连接件数量、间距应符合设计要求和国家现行有关标准规定。

检查数量：全数检查。

检验方法：观察检查及尺量。

压型金属板与支承构件（主体结构或支架）之间，以及压型金属板相互之间的连接是通过不同类型连接件来实现的，固定可靠与否直接与连接件数量、间距、连接质量有关。需设置防水密封材料处，敷设良好才能保证板间不发生渗漏水现象。

13.3.2 压型金属板应在支承构件上可靠搭接，搭接长度应符合设计要求，且不应小于表13.3.2（本书表 7.13.3）所规定的数值。

检查数量：按搭接部位总长度抽查 10%，且不应少于 10m。

检验方法：观察和用钢尺检查。

压型金属板在支承构件上的搭接长度（mm）   表 7.13.3

项目		搭接长度
截面高度>70		375
截面高度≤70	屋面坡度<1/10	250
	屋面坡度≥1/10	200
墙面		120

13.3.3 组合楼板中压型钢板与主体结构（梁）的锚固支承长度应符合设计要求，且不应小于 50mm，端部锚固件连接应可靠，设置位置应符合设计要求。

　　检查数量：沿连接纵向长度抽查 10%，且不应少于 10m。

　　检验方法：观察和用钢尺检查。

　　组合楼盖中的压型钢板是楼板的基层，在高层钢结构设计与施工规程中明确规定了支承长度和端部锚固连接要求。

一般项目

13.3.4 压型金属板安装应平整、顺直，板面不应有施工残留物和污物。檐口和墙面下端应呈直线，不应有未经处理的错钻孔洞。

　　检查数量：按面积抽查 10%，且不应少于 10m²。

　　检验方法：观察检查。

13.3.5 压型金属板安装的允许偏差应符合表 13.3.5（本书表 7.13.4）的规定。

　　检查数量：檐口与屋脊的平行度：按长度抽查 10%，且不应少于 10m。其他项目：每 20m 长度应抽查 1 处，不应少于 2 处。

　　检验方法：用拉线、吊线和钢尺检查。

压型金属板安装的允许偏差（mm）   表 7.13.4

项目		允许偏差
屋面	檐口与屋脊的平行度	12.0
	压型金属板波纹线对屋脊的垂直度	$L/800$，且不应大于 25.0
	檐口相邻两块压型金属板端部错位	6.0
	压型金属板卷边板件最大波浪高	4.0
墙面	墙板波纹线的垂直度	$H/800$，且不应大于 25.0
	墙板包角板的垂直度	$H/800$，且不应大于 25.0
	相邻两块压型金属板的下端错位	6.0

注：1. L 为屋面半坡或单坡长度；
　　2. H 为墙面高度。

7.14　钢结构涂装工程

14.1　一般规定

14.1.1 本章适用于钢结构的防腐涂料（油漆类）涂装和防火涂料涂装工程的施工质量

验收。

14.1.2 钢结构涂装工程可按钢结构制作或钢结构安装工程检验批的划分原则划分成一个或若干个检验批。

14.1.3 钢结构普通涂料涂装工程应在钢结构构件组装、预拼装或钢结构安装工程检验批的施工质量验收合格后进行。钢结构防火涂料涂装工程应在钢结构安装工程检验批和钢结构普通涂料涂装检验批的施工质量验收合格后进行。

14.1.4 涂装时的环境温度和相对湿度应符合涂料产品说明书的要求，当产品说明书无要求时，环境温度应在 5～38℃ 之间，相对湿度不应大于 85%。涂装时构件表面不应有结露；涂装后 4h 内应保护免受雨淋。

14.2 钢结构防腐涂料涂装

主控项目

14.2.1 涂装前钢材表面除锈应符合设计要求和国家现行有关标准的规定。处理后的钢材表面不应有焊渣、焊疤、灰尘、油污、水和毛刺等。当设计无要求时，钢材表面除锈等级应符合表 14.2.1（本书表 7.14.1）的规定。

检查数量：按构件数抽查 10%，且同类构件不应少于 3 件。

检验方法：用铲刀检查和用现行国家标准《涂装前钢材表面锈蚀等级和除锈等级》GB 8923 规定的图片对照观察检查。

各种底漆或防锈漆要求最低的除锈等级（mm）　　　　　　表 7.14.1

涂料品种	除锈等级
油性酚醛、醇酸等底漆或防锈漆	St2
高氯化聚乙烯、氯化橡胶、氯磺化聚乙烯、环氧树脂、聚氨酯等底漆或防锈漆	Sa2
无机富锌、有机硅、过氯乙烯等底漆	Sa2$\frac{1}{2}$

14.2.2 涂料、涂装遍数、涂层厚度均应符合设计要求。当设计对涂层厚度无要求时，涂层干漆膜总厚度：室外应为 150μm，室内应为 125μm，其允许偏差为 −25μm。每遍涂层干漆膜厚度的允许偏差为 −5μm。

检查数量：按同类构件数随机抽查 10%，且不少于 3 件。

检查方法：用干漆膜测厚仪检查。每个被检构件检测 5 处，每处的值为 3 个相距 50mm 测点涂层干漆膜厚度的平均值。

钢结构的腐蚀是长期使用过程中不可避免的一种自然现象，由腐蚀引起的经济损失在国民经济中是占有一定的比例，因此防止结构过早腐蚀，提高其使用寿命，是设计、施工、使用单位的共同使命。在钢结构表面涂装防腐涂层，目前的是防止腐蚀的主要手段之一。

该项为强制性条文。

一般项目

14.2.3 构件表面不应误涂、漏涂，涂层不应脱皮和返锈等。涂层应均匀、无明显皱皮、流坠、针眼和气泡等。

检查数量：全数检查。

检验方法：观察检查。

14.2.4 当钢结构处在有腐蚀介质环境或外露且设计有要求时，应进行涂层附着力测试，在检测处范围内，当涂层完整程度达到 70% 以上时，涂层附着力达到合格质量标准的要求。

检查数量：按构件数抽查 1%，且不应少于 3 件，每件测 3 处。

检验方法：按照现行国家标准《漆膜附着力测定法》(GB 1720) 或《色漆和清漆漆膜的划格试验》(GB 9286) 执行。

14.2.5 涂装完成后，构件的标志、标记和编号应清晰完整。

检查数量：全数检查。

检验方法：观察检查。

14.3 钢结构防火涂料涂装
主控项目

14.3.1 防火涂料涂装前钢材表面除锈及防锈底涂装应符合设计要求和国家现行有关标准的规定。

检查数量：按构件数抽查 10%，且同类构件不应少于 3 件。

检验方法：表面除锈用铲刀检查和用现行国家标准《涂装前钢材表面锈蚀等级和除锈等级》(GB 8923) 规定的图片对照观察检查。底漆涂装用干漆膜测厚仪检查，每个构件检测 5 处，每处的数值为 3 个相距 50mm 测点涂层干漆膜厚度的平均值。

14.3.2 钢结构防火涂料的粘结强度、抗压强度应符合国家现行标准《钢结构防火涂料应用技术规程》(CECS 24：90) 的规定。检验方法应符合现行国家标准《建筑构件防火喷涂材料性能试验方法》(GB 9978) 的规定。

检查数量：每使用 100t 或不足 100t 薄涂型防火涂料应抽检一次粘结强度；每使用 500t 或不足 500t 厚涂型防火涂料应抽检一次粘结强度和抗压强度。

检验方法：检查复检报告。

该项要求为现场抽样送法定检测单位对粘结强度进行检测。

14.3.3 薄涂型防火涂料的涂层厚度应符合有关耐火极限的设计要求。厚涂型防火涂料涂层的厚度，80% 及以上面积应符合有关耐火极限的设计要求，且最薄处厚度不应低于设计要求的 85%。

检查数量：按同类构件数抽查 10%，且均不应少于 3 件。

检验方法：用涂层厚度测量仪、测针和钢尺检查。测量方法应符合国家现行标准《钢结构防火涂料应用技术规程》(CECS 24：90) 的规定及本规范附录 F。

本条为强制性条文。

钢结构防火涂料涂层厚度测定方法按附录 F，本书略。

14.3.4 薄涂型防火涂料涂层表面裂纹宽度不应大于 0.5mm；厚涂型防火涂料层表面裂纹宽度不应大于 1mm。

检查数量：按同类构件数抽查 10%，且均不应少于 3 件。

检查方法：观察和用尺量检查。

一般项目

14.3.5 防火涂料涂装基层不应有油污、灰尘和泥砂等污垢。

检查数量：全数检查。

检验方法：观察检查。

14.3.6 防火涂料不应有误涂、漏涂，涂层应闭合无脱层、空鼓、明显凹陷、粉化松散和浮浆等外观缺陷，乳突已剔除。

检查数量：全数检查。

检验方法：观察检查。

7.15 钢结构分部工程竣工验收

15.0.1 根据现行国家标准《建筑工程施工质量验收统一标准》（GB 50300）的规定，钢结构作为主体结构之一应按子分部工程竣工验收；当主体结构均为钢结构时应按分部工程竣工验收。大型钢结构工程可划分成若干个子分部工程进行竣工验收。

15.0.2 钢结构分部工程有关安全及功能的检验和见证检验项目见本规范附录G，检验应在其分项工程验收合格后进行。

钢结构分部（子分部）工程有关安全及功能的检验和见证检测项目本规范附录G做了规定，详见表7.15.1，本书将其进行了细化。检验应在其分项工程验收合格后进行。

钢结构工程有关安全及功能的检验和见证检验项目　　　　　　　表 7.15.1

项次	项目	抽检数量及检验方法	合格质量标准
1	见证取样送样试验项目		符合设计要求和国家现行有关产品标准的规定
	（1）钢材及焊接材料复验	检查数量：全数检查。 检查方法：检查复验报告	符合设计要求和国家现行有关产品标准的规定
	（2）高强度螺栓预拉力、扭矩系数复验	检查数量：待安装的螺栓批中随机抽取，每批应分别抽取8套连接副进行预拉力和扭矩系数复验。 检验方法：检查复验报告	
	（3）摩擦面抗滑移系数复验	高强度螺栓连接摩擦面的抗滑移系数检验。制造厂和安装单位应分别以钢结构制造批为单位进行抗滑移系数试验。制造批可按分部（子分部）工程划分规定的工程量每2000t 的可视为一批。选用两种及两种以上表面处理工艺时，每种处理工艺应单独检验。每批三组试件。 检验方法：检查摩擦面抗滑移系数试验报告和复验报告	符合设计要求
	（4）网架节点承载力试验	检查数量：每项试验做3个试件。 检验方法：在万能试验机上进行检验，检查试验报告	符合设计要求

项次	项目	抽检数量及检验方法	合格质量标准
2	焊缝质量	一、二级焊缝按焊缝、处数随机抽检3%，且不应少于3处；检验采用超声波或射线探伤及下列各种方法	设计要求全焊透的一、二级焊缝应采用超声波探伤进行内部缺陷的检验，超声波探伤不能对缺陷作出判断时，应采用射线探伤，其内部缺陷分级及探伤方法应符合现行国家标准《钢焊缝手工超声波探伤方法和探伤结果分级法》（GB 11345）或《金属熔化焊焊接接头射线照相》（GB 3323）的规定。焊接球节点网架焊缝、螺栓球节点网架及圆管T、K、Y形节点相关线焊缝，其内部缺陷分级及探伤方法应分别符合国家现行标准《焊接球节点钢网架焊缝超声波探伤方法及质量分级法》（JG/T 3034.1）和《螺栓球节点钢网架焊缝超声波探伤方法及质量分级法》（JG/T 3034.2）（JG/T 3034.1和JG/T3034.2现已被《钢结构超声波探伤及质量分级法》（JG/T 203—2007）替代）以及《建筑钢结构焊接技术规程》（JGJ 81）的规定。一级、二级焊缝的质量等级及缺陷分级应符合规范表 5.2.4（本书表7.5.2）的规定
	(1) 内部缺陷	检查数量：每批同类构件抽查10%，且不应少于3件；被抽查构件中，每一类型焊缝按条数抽查5%，且不应少于1条；每条检查1处，总抽查数不应少于10处。检验方法：观察检查或使用放大镜、焊缝量规和钢尺检查，当存在疑义时，采用渗透或磁粉探伤检查	焊缝表面不得有裂纹、焊瘤等缺陷。一级、二级焊缝不得有表面气孔、夹渣、弧坑裂纹、电弧擦伤等缺陷。且一级焊缝不得有咬边、未焊满、根部收缩等缺陷
	(2) 外观缺陷	检查数量：每批同类构件抽查10%，且不应少于3件；被抽查构件中，每一类型焊缝按条数抽查5%，且不应少于1条；每条检查1处，总抽查数不应少于10处。检验方法：观察检查或使用放大镜、焊缝量规和钢尺检查	二级、三级焊缝外观质量标准应符合规范表 A.0.1（本书表7.5.3）的规定。二级对接焊缝应按二级焊缝标准进行外观质量检验
	(3) 焊缝尺寸	每批同类构件抽查10%，且不应少于3件；被抽查构件中，每一类型焊缝按条数抽查5%，且不应少于1条；每条检查1处，总抽查数不应少于10处。检验方法：用焊缝量规检查	焊缝尺寸允许偏差应符合规范表 A.0.2（本书表7.5.4）的规定
3	高强度螺栓施工质量	按节点数随机抽检3%，且不应少于3个节点	
	(1) 终拧扭矩	检验方法：应符合 GB 50205—2001附录B的规定	高强度大六角头螺栓连接副终拧完成1h后48h内应进行终拧扭矩检查，检查结果应符合 GB 50205—2001附录B的规定

项次	项目	抽检数量及检验方法	合格质量标准
3	（2）梅花头检查	检验方法：应符合 GB 50205—2001 附录 B 的规定	扭剪型高强度螺栓连接副终拧后，除因构造原因无法使用专用扳手终拧掉梅花头者外，未在终拧中拧掉梅花头的螺栓数不应大于该节点螺栓数的 5%。对所有梅花头未拧掉的扭剪型高强度螺栓连接副应采用扭矩法或转角法进行终拧并作标记，且按上条的规定进行终拧扭矩检查
	（3）网架螺栓球节点	检验方法：普通扳手及尺量检查	螺栓球节点网架总拼完成后，高强度螺栓与球节点应紧固连接，高强度螺栓拧入螺栓球内的螺纹长度不应小于 1.0d（d 为螺栓直径），连接处不应出现有间隙、松动等未拧紧情况
4	柱脚及网架支座 （1）锚栓紧固 （2）垫板、垫块 （3）二次灌浆	按柱脚及网架支座数随机抽检 10%，且不应少于 3 个；采用观察和尺量等方法进行检验	符合设计要求和 GB 50205 的规定
5	主要构件变形	除网架结构外，其他按构件数随机抽检 3%，且不应少于 3 个	
	（1）钢屋（托）架、桁架、钢梁、吊车梁等垂直度和侧向弯曲	检验方法：用吊线、拉线、经纬仪和钢尺现场实测	跨中的垂直度允许偏差为 h/250，且不应大于 15mm；侧向弯曲矢高的允许偏差 l≤30m 时，l/1000，且不应大于 10.0mm；30m<l≤60m 时，l/1000，且不应大于 30.0mm；l>60m 时，l/1000，且不应大于 50.0mm
	（2）钢柱垂直度	柱子安装检查方法：用全站仪或激光经纬仪和钢尺实测。 检验方法：用吊线、拉线、经纬仪和钢尺现场实测	柱子安装的允许偏差为底层柱柱底轴线对定位轴线偏移 3.0mm；柱子定位轴线 1.0mm；单节柱垂直度 h/1000，且不应大于 10.0mm。检查方法：用全站仪或激光经纬仪和钢尺实测。主体结构的整体垂直度允许偏差为 H/1000，且不应大于 25.0mm；主体结构的整体平面弯曲允许值为 L/1500，且不应大于 25.0mm
	（3）网架结构挠度	检查数量：跨度 24m 及以下钢网架结构测量下弦中央一点；跨度 24m 以上钢网架结构测量下弦中央一点及各向下弦跨度的四等分点。检验方法：用钢尺和水准仪实测	钢网架结构总拼完成后及屋面工程完成后应分别测量其挠度值，且所测的挠度值不应超过相应设计值的 1.15 倍
6	主体结构尺寸		
	（1）整体垂直度	检查数量：对主要立面全部检查。对每个所检查的立面，除两列角柱外，尚应至少选取一列中间柱。 检验方法：采用经纬仪、全站仪等测量	单层主体结构的整体垂直度允许偏差为 H/1000，且不应大于 25.0mm；多层主体结构的整体，整体垂直度允许偏差为（H/2500＋10.0），且不应大于 50.0mm
	（2）整体平面弯曲	检查数量：对主要立面全部检查。对每个所检查的立面，除两列角柱外，尚应至少选取一列中间柱。检验方法：对于整体平面弯曲，可按产生的允许偏差累计（代数和）计算	主体结构的整体平面弯曲的允许偏差为 L/1500，且不应大于 25.0mm

15.0.3 钢结构分部工程有关观感质量检验应按本规范附录 H 执行。

钢结构子分部工程有关观感质量检查应按规范表 H（本书表 7.15.2）执行，本书进行了细化。

钢结构分部（子分部）工程观感质量检查项目   表 7.15.2

项次	项目	抽检数量	合格质量标准
1	普通涂层表面	随机抽查 3 个轴线结构构件	构件表面不应误涂、漏涂、涂层不应脱皮和返锈等。涂层应均匀、无明显皱皮、流坠、针眼和气泡等
2	防火涂层表面	随机抽查 3 个轴线结构构件	薄涂型防火涂料层表面裂纹宽度不应大于 0.5mm；厚涂型防火涂料涂层表面裂纹宽度不应大于 1mm。防火涂料涂装基层不应有油污、灰尘和泥砂等污垢。防火涂料不应有误涂、漏涂，涂层应闭合无脱层、空鼓、明显凹陷、粉化松散和浮浆等外观缺陷，乳突已剔除
3	压型金属板表面	随机抽查 3 个轴线间压型金属板表面	压型金属板安装应平整、顺直，板面不应有施工残留物和污物。檐口和墙面下端应呈直线，不应有未经处理的错钻孔洞
4	钢平台、钢梯、钢栏杆	随机抽查 10%	连接牢固，无明显外观缺陷

15.0.4 钢结构分部工程合格质量标准应符合下列规定：

1 各分项工程质量均应符合合格质量标准；

2 质量控制资料和文件应完整；

3 有关安全及功能的检验和见证检测结果应符合本规范相应合格质量标准的要求；

4 有关观感质量应符合本规范相应合格质量标准的要求。

15.0.5 钢结构分部工程竣工验收时，应提供下列文件和记录：

1 钢结构工程竣工图纸及相关设计文件；

2 施工现场质量管理检查记录；

3 有关安全及功能的检验和见证检测项目检查记录；

4 有关观感质量检验项目检查记录；

5 分部工程所含各分项工程质量验收记录；

6 分项工程所含各检验批质量验收记录；

7 强制性条文检验项目检查记录及证明文件；

8 隐蔽工程检验项目检查验收记录；

9 原材料、成品质量合格证明文件、中文标志及性能检测报告；

10 不合格项的处理记录及验收记录；

11 重大质量、技术问题实施方案及验收记录；

12 其他有关文件和记录。

15.0.6 钢结构工程质量验收记录应符合下列规定：

1　施工现场质量管理检查记录可按现行国家标准《建筑工程施工质量验收统一标准》（GB 50300）中附录 A 进行（本书第 2 章）；

2　分项工程检验批验收记录可按本规范附录 J 中表 J.0.1～表 J.0.13 进行；

3　分项工程验收记录可按现行国家标准《建筑工程施工质量验收统一标准》（GB 50300）中附录 E 进行（本书第 2 章）；

4　分部（子分部）工程验收记录可按现行国家标准《建筑工程施工质量验收统一标准》（GB 50300）中附录 F 进行。

第8章 木结构工程

《木结构工程施工质量验收规范》(GB 50206—2012)主要对方木与原木结构、胶合木结构、轻型木结构、木结构的防护、木结构子分部工程验收做了规定。由于木结构工程较少，接触的机会也不多，故本章做一个简单介绍，必要时参考《木结构工程施工质量验收规范》(GB 50206—2012)。

8.1 总　　则

1.0.1　为了加强建筑工程质量管理，统一木结构工程施工质量的验收，保证工程质量，制定本规范。

1.0.2　本规范适用于方木、原木结构、胶合木结构及轻型木结构等木结构工程施工质量的验收。

1.0.3　木结构工程施工质量验收应以工程设计文件为基础。设计文件和工程承包合同中对施工质量验收的要求，不得低于本规范的规定。

1.0.4　本规范应与现行国家标准《建筑工程施工质量验收统一标准》(GB 50300)配套使用。

1.0.5　木结构工程施工质量验收，除应符合本规范外，尚应符合国家现行有关标准的规定。

8.2 术　　语

2.0.1　方木、原木结构　rough sawn and round timber structure

承重构件由方木（含板材）或原木组成的结构。

2.0.2　胶合木结构　glued-laminated timber structure

承重构件由层板胶合木制作的结构。

2.0.3　轻型木结构　light wood frame construction

主要由规格材和木基结构板，并通过钉连接制作的剪力墙与横隔（楼盖、屋盖）所构成的木结构，多用于1~3层房屋。

2.0.4　规格材　dimension lumber

由原木锯解成截面宽度和高度在一定范围内，尺寸系列化的锯材，并经干燥、刨光、定级和标识后的一种木产品。

2.0.5　目测应力分等规格材　visually stress-graded dimension lumber

根据肉眼可见的各种缺陷的严重程度，按规定的标准划分材质和强度等级的规格材，简称目测分等规格材。

2.0.6 机械应力分等规格材 machine stress-rated dimension lumber

采用机械应力测定设备对规格材进行非破坏性试验，按测得的弹性模量或其他物理力学指标并按规定的标准划分材质等级和强度等级的规格材，简称机械分等规格材。

2.0.7 原木 log

伐倒并除去树皮、树枝和树梢的树干。

2.0.8 方木 rough sawn timber

直角锯切、截面为矩形或方形的木材。

2.0.9 层板胶合木 glued-laminated timber

以木板层叠胶合而成的木材产品，简称胶合木，也称结构用集成材。按层板种类，分为普通层板胶合木、目测分等和机械分等层板胶合木。

2.0.10 层板 lamination

用于制作层板胶合木的木板。按其层板评级分等方法不同，分为普通层板、目测分等和机械（弹性模量）分等层板。

2.0.11 组坯 combination of laminations

制作层板胶合木时，沿构件截面高度各层层板质量等级的配置方式，分为同等组坯、异等组坯、对称异等组坯和非对称异等组坯。

2.0.12 木基结构板材 wood-based structural panel

将原木旋切成单板或将木材切削成木片经胶合热压制成的承重板材，包括结构胶合板和定向木片板，可用于轻型木结构的墙面、楼面和屋面的覆面板。

2.0.13 结构复合木材 structural composite lumber (SCL)

将原木旋切成单板或切削成木片，施胶加压而成的一类木基结构用材，包括旋切板胶合木、平行木片胶合木、层叠木片胶合木及定向木片胶合木等。

2.0.14 工字形木搁栅 wood I-joist

用锯材或结构复合木材作翼缘、定向木片板或结构胶合板作腹板制作的工字形截面受弯构件。

2.0.15 齿板 truss plate

用镀锌钢板冲压成多齿的连接件，能传递构件间的拉力和剪力，主要用于由规格材制作的木桁架节点的连接。

2.0.16 齿板桁架 truss connected with truss plates

由规格材并用齿板连接而制成的桁架，主要用作轻型木结构的楼盖、屋盖承重构件。

2.0.17 钉连接 nailed connection

利用圆钉抗弯、抗剪和钉孔孔壁承压传递构件间作用力的一种销连接形式。

2.0.18 螺栓连接 bolted connection

利用螺栓的抗弯、抗剪能力和螺栓孔孔壁承压传递构件间作用力的一种销连接形式。

2.0.19 齿连接 step joint

在木构件上凿齿槽并与另一木构件抵承，利用其承压和抗剪能力传递构件间作用力的一种连接形式。

2.0.20 墙骨 stud

轻型木结构墙体中的竖向构件，是主要的受压构件，并保证覆面板平面外的稳定和整体性。

2.0.21 覆面板 structural sheathing

轻型木结构中钉合在墙体木构架单侧或双侧及楼盖搁栅或椽条顶面的木基结构板材，又分别称为墙面板、楼面板和屋面板。

2.0.22 搁栅 joist

一种较小截面尺寸的受弯木构件（包括工字形木搁栅），用于楼盖或顶棚，分别称为楼盖搁栅或顶棚搁栅。

2.0.23 拼合梁 built-up beam

将数根规格材（3~5根）彼此用钉或螺栓拼合在一起的受弯构件。

2.0.24 檩条 purlin

垂直于桁架上弦支承椽条的受弯构件。

2.0.25 椽条 rafter

屋盖体系中支承屋面板的受弯构件。

2.0.26 指接 finger joint

木材接长的一种连接形式，将两块木板端头用铣刀切削成相互啮合的指形序列，涂胶加压成为长板。

2.0.27 木结构防护 protection of wood structures

为保证木结构在规定的设计使用年限内安全、可靠地满足使用功能要求，采取防腐、防虫蛀、防火和防潮通风等措施予以保护。

2.0.28 防腐剂 wood preservative

能毒杀木腐菌、昆虫、凿船虫对其他侵害木材生物的化学药剂。

2.0.29 载药量 retention

木构件经防腐剂加压处理后，能长期保持在木材内部的防腐剂量，按每立方米的千克数计算。

2.0.30 透入度 penetration

木构件经防腐剂加压处理后，防腐剂透入木构件按毫米计的深度或占边材的百分率。

2.0.31 标识 stamp

表明材料构配件等的产地、生产企业、质量等级、规格、执行标准和认证机构等内容的标记图案。

2.0.32 检验批 inspection lot

按同一的生产条件或按规定的方式汇总起来供检验用的，由一定数量样本组成的检验体。

2.0.33 批次 product lot

在规定的检验批范围内，因原材料、制作、进场时间不同，或制作生产的批次不同而划分的检验范围。

2.0.34 进场验收 on-site acceptance

对进入施工现场的材料、构配件和设备等按相关的标准要求进行检验，以对产品质量合格与否做出认定。

2.0.35 交接检验 handover inspection

施工下一工序的承担方与上一工序完成方经双方检查其已完成工序的施工质量的认定活动。

2.0.36 见证检验 evidential testing

在监理单位或者建设单位监督下，由施工单位有关人员现场取样，送至具有相应资质的检测机构所进行的检验。

8.3 基本规定

3.0.1 木结构工程施工单位应具备相应的资质、健全的质量管理体系、质量检验制度和综合质量水平的考评制度。

施工现场质量管理可按现行国家标准《建筑工程施工质量验收统一标准》（GB 50300）的有关规定检查记录。

3.0.2 木结构子分部工程应由木结构制作安装与木结构防护两分项工程组成，并应在分项工程皆验收合格后，再进行子分部工程的验收。

3.0.3 检验批应按材料、木产品和构、配件的物理力学性能质量控制和结构件制作安装质量控制分别划分。

3.0.4 木结构防护工程应按表3.0.4（本书表8.3.1）规定的不同使用环境验收木材防腐施工质量。

木结构的使用环境 表8.3.1

使用分类	使用条件	应用环境	常用构件
C1	户内，且不接触土壤	在室内干燥中使用，能避免气候和水分的影响	木梁、木柱等
C2	户内，且不接触土壤	在室内环境中使用，有时受潮湿和水分的影响，但能避免气候的影响	木梁、木柱等
C3	户外，但不接触土壤	在室外环境中使用，暴露在各种气候中，包括淋湿，但不长期浸泡在水中	木梁等
C4A	户外，且接触土壤或浸在淡水中	在室外环境中使用，暴露在各种气候中，且与地面接触或长期浸泡在水中	木柱等

3.0.5 除设计文件另有规定外，木结构工程应按下列规定验收其外观质量：

1 A级，结构构件外露，外观要求很高而需油漆，构件表面洞孔需用木材修补，木材表面应用砂纸打磨。

2 B级，结构构件外露，外表要求用机具刨光油漆，表面允许有偶尔的漏刨、细小的缺陷和空隙，但不允许有松软节的孔洞。

3 C级，结构构件不外露，构件表面无需加工刨光。

3.0.6 木结构工程应按下列规定控制施工质量：

1 应有本工程的设计文件。

2 木结构工程所用的木材、木产品、钢材以及连接件等，应进行进场验收。凡涉及结构安全和使用功能的材料或半成品，应按本规范或相应专业工程质量验收标准的规定进行见证检验，并应在监理工程师或建设单位技术负责人监督下取样、送检。

3 各工序应按本规范的有关规定控制质量，每道工序完成后，应进行检查。

4 相关各专业工种之间，应进行交接检验并形成记录。未经监理工程师和建设单位技术负责人检查认可，不得进行下道工序施工。

5 应有木结构工程竣工图及文字资料等竣工文件。

3.0.7 当木结构施工需要采用国家现行有关标准尚未列入的新技术（新材料、新结构、新工艺）时，建设单位应征得当地建筑工程质量行政主管部门同意，并应组织专家组，会同设计、监理、施工单位进行论证，同时应确定施工质量验收方法和检验标准，并应依此作为相关木结构工程施工的主控项目。

3.0.8 木结构工程施工所用材料、构配件的材质等级应符合设计文件的规定。可使用力学性能、防火、防护性能超过设计文件规定的材质等级的相应材料、构配件替代时。当通过等强（等效）换算处理进行材料、构配件替代。应经设计单位复核，并应签发相应的技术文件认可。

3.0.9 进口木材、木产品、构配件，以及金属连接件等，应有产地国的产品质量合格证书和产品标识，并应符合合同技术条款的规定。

8.4 施工质量验收

《木结构工程施工质量验收规范》（GB 50206—2012）第四章规定了方木、原木及板材制作和安装的木结构工程施工质量验收。第五章规定了主要承重构件由层板胶合木制作和安装的木结构工程施工质量验收。第六章规定了规格材及木基结构板材为主要材料制作与安装的木结构工程施工质量验收。第七章规定了木结构的防护的质量验收，第八章规定了木结构子分部工程验收，由于木结构工程占工程总量较少，本书对木结构子分部工程的质量验收具体内容不做介绍，需要时请直接阅读《木结构工程施工质量验收规范》（GB 50206—2012）。

第9章 屋面工程

　　屋面工程是建筑工程的十个分部工程之一，其主要内容包括：基层与保护、保温与隔热、防水与密封、瓦面与板面、细部构造5个子分部工程的质量验收，验收时各分项工程的主控项目是工程质量中的关键内容，必须全部符合要求。

　　屋面工程的主要功能是排水、防水、保温、隔热。由于原材料、设计和施工等原因，屋面渗水时有发生，严重影响使用功能，虽然经过建设行政主管部门和广大建设工作者的努力，屋面渗漏情况有所好转，但仍没有根本杜绝，因此屋面工程的各种原材料、拌合物、制品和配件均要严格把关，必须符合设计要求或技术标准规定。施工中应检查产品出厂合格证和试验报告，这对保证屋面工程的质量将有着重要作用。

　　为适应屋面工程的质量验收，国家对《屋面工程质量验收规范》（GB 50207—2002）中子分部工程划分进行了调整，修改成 GB 50207—2012，该规范适用于工业与民用建筑屋面工程质量的验收，和其他专业规范不同的是该规范不仅仅是施工质量验收规范，还涉及质量管理、材料、设计等方面的问题。

　　本章主要按照《屋面工程质量验收规范》（GB 50207—2012）和《建筑工程施工质量验收统一标准》（GB 50300—2013）编写，屋面工程验收时涉及的有关标准也作了介绍，在屋面工程验收时，按本章要求即可。

9.1 总　　则

1.0.1　为了加强建筑屋面工程质量管理，统一屋面工程的质量验收，保证其功能和质量，制定本规范。

1.0.2　本规范适用于房屋建筑屋面工程的质量验收。

　　建筑工程质量应包括设计质量和施工质量。在一定程度上，工程施工是形成工程实体质量的决定性环节。屋面工程应遵循"材料是基础、设计是前提、施工是关键、管理是保证"的综合治理原则，积极采用新材料、新工艺、新技术，确保屋面防水及保温、隔热等使用功能和工程质量。

1.0.3　屋面工程的设计和施工，应符合现行国家标准《屋面工程技术规范》（GB 50345）的有关规定。

　　《屋面工程技术规范》现代号（版本）为 GB 5345—2012，原 GB 50345—2004 已作废，使用时注意。

1.0.4　屋面工程的施工应遵守国家有关环境保护、建筑节能和防火安全等有关规定。

1.0.5　屋面工程施工质量的验收除应符合本规范外，尚应符合国家现行有关标准规范的规定。

9.2 术　语

2.0.1　隔汽层　vapor barrier
　　阻止室内水蒸气渗透到保温层内的构造层。

2.0.2　保温层　thermal insulation layer
　　减少屋面热交换作用的构造层。

2.0.3　防水层　waterproof layer
　　能够隔绝水而不使水向建筑物内部渗透的构造层。

2.0.4　隔离层　isolation layer
　　消除相邻两种材料之间粘结力、机械咬合力、化学反应等不利影响的构造层。

2.0.5　保护层　protection layer
　　对防水层或保温层起防护作用的构造层。

2.0.6　隔热层　insulation layer
　　减少太阳辐射热向室内传递的构造层。

2.0.7　复合防水层　compound waterproof layer
　　由彼此相容的卷材和涂料组合而成的防水层。

2.0.8　附加层　additional layer
　　在易渗漏及易破损部位设置的卷材或涂膜加强层。

2.0.9　瓦面　bushing surface
　　在屋顶最外面铺盖块瓦或沥青瓦，具有防水和装饰功能的构造层。

2.0.10　板面　running surface
　　在屋顶最外面铺盖金属板或玻璃板，具有防水和装饰功能的构造层。

2.0.11　防水垫层　waterproof leveling layer
　　设置在瓦材或金属板材下面，起防水、防潮作用的构造层。

2.0.12　持钉层　nail-supporting layer
　　能握裹固定钉的瓦屋面构造层。

2.0.13　纤维材料　fiber material
　　将熔融岩石、矿渣、玻璃等原料经高温熔化，采用离心法或气体喷射法制成的板状或毡状纤维制品。

2.0.14　喷涂硬泡聚氨酯　spraying polyurethane foam
　　以异氰酸酯、多元醇为主要原料加入发泡剂等添加剂，现场使用专用喷涂设备在基层上连续多遍喷涂发泡聚氨酯后，形成无接缝的硬泡体。

2.0.15　现浇泡沫混凝土　cast foam concrete
　　用物理方法将发泡剂水溶液制备成泡沫，再将泡沫加入到由水泥、集料、掺合料、外加剂和水等制成的料浆中，经混合搅拌、现场浇筑、自然养护而成的轻质多孔混凝土。

2.0.16　玻璃采光顶　glass lighting roof
　　由玻璃透光面板与支承体系组成的屋顶。

9.3 基本规定

3.0.1 屋面工程应根据建筑物的性质、重要程度、使用功能要求，按不同屋面防水等级进行设防。屋面防水等级和设防要求应符合现行国家标准《屋面工程技术规范》（GB 50345）的有关规定。

屋面防水等级和设防要求应符合表 9.3.1 的要求。

屋面防水等级和设防要求 　　　　　　　　　　　　　　　　　表 9.3.1

防水等级	建筑类别	设防要求
Ⅰ级	重要建筑和高层建筑	两道防水设防
Ⅱ级	一般建筑	一道防水设防

注：本表摘自《屋面工程技术规范》（GB 50345—2012）。

3.0.2 施工单位应取得建筑防水和保温工程相应等级的资质证书；作业人员应持证上岗。

防水专业队伍是由省级以上建设行政主管部门对防水施工企业的规模、技术条件、业绩等综合考核后颁发资质证书。防水工程施工，实际上是对防水材料的一次再加工，必须由防水专业队伍进行施工，才能确保防水工程的质量。作业人员应经过防水专业培训，达到符合要求的操作技术水平，由有关主管部门发给上岗证。对非防水专业队伍或非防水工施工的情况，当地质量监督部门应责令其停止施工。

3.0.3 施工单位应建立、健全施工质量的检验制度，严格工序管理，做好隐蔽工程的质量检查和记录。

3.0.4 屋面工程施工前应通过图纸会审，施工单位应掌握施工图中的细部构造及有关技术要求；施工单位应编制屋面工程专项施工方案，并应经监理单位或建设单位审查确认后执行。

建设部［1991］837号文《关于提高防水工程质量的若干规定》下发后，各地认真贯彻执行，取得了一定成效，现场执行该文。

专项施工方案，至少应有下列内容：

1. 目录。

2. 编制依据：（1）合同；（2）设计文件图纸会审、变更文件；（3）施工操作标准；（4）材料产品标准；（5）工程验收标准。

3. 工程概况。

4. 施工布置：（1）施工、质量管理组织：①质量管理职责，每个岗位职责；②组织机构；③施工质量管理体系；（2）人力及机具组织：①管理人员、操作人员的配备；②设备配备；③物资准备计划。

5. 主要施工工艺：（1）施工准备：①前道工序验收；②材料及要求；③作业条件；④主要机器准备。（2）操作工艺：①工艺流程图；②细化流程内容。

6. 质量标准及验收：（1）主控项目；（2）一般项目；（3）验收记录。

7. 成品保护。

8. 应注意的质量问题。

9. 环保、文明施工要求。

10. 安全施工、消防要求。

3.0.5 对屋面工程采用的新技术，应按有关规定经过科技成果鉴定、评估或新产品、新技术鉴定。施工单位应对新的或首次采用的新技术进行工艺评价，并应制定相应技术质量标准。

《建设领域推广应用新技术管理规定》建设部令第 109 号和《建设部推广应用新技术管理细则》建设部建科〔2002〕222 号规定推广应用新技术和限制、禁止使用落后的技术。对标准、规范没有要求而采用性能、质量可靠的新型防水材料和相应的施工技术等科技成果，必须经过科技成果鉴定、评估或新产品、新技术鉴定，并应制定相应的技术规程。新技术需经屋面工程实践检验，符合有关安全及功能要求的才能得到推广应用。

3.0.6 屋面工程所用的防水、保温材料应有产品合格证书和性能检测报告，材料的品种、规格、性能等必须符合国家现行产品标准和设计要求。产品质量应由经过省级以上建设行政主管部门对其资质认可和质量技术监督部门对其计量认证的质量检测单位进行检测。

本条是强制性条文。

防水、保温材料除有产品合格证和性能检测报告等出厂质量证明文件外，还应有经当地建设行政主管部门所指定的检测单位对该产品本年度抽样检验认证的试验报告，其质量必须符合国家现行产品标准和设计要求。

3.0.7 防水、保温材料进场验收应符合下列规定：

1 应根据设计要求对材料的质量证明文件进行检查，并应经监理工程师或建设单位代表确认，纳入工程技术档案。

2 应对材料的品种、规格、包装、外观和尺寸等进行检查验收，并应经监理工程师或建设单位代表确认，形成相应验收记录。

3 防水、保温材料进场检验项目及材料标准应符合本规范附录 A 和附录 B 的规定。材料进场检验应执行见证取样送检制度，并应提出进场检验报告。

4 进场检验报告的全部项目指标均达到技术标准规定应为合格；不合格材料不得在工程中使用。

材料的进场验收是把好材料合格关的重要环节，本条给出了屋面工程所用防水、保温材料进场验收的具体规定。

1. 质量证明文件核查

由于材料的规格、品种和性能繁多，首先要看进场材料的质量证明文件是否与设计要求的相符，故进场验收必须对材料附带的质量证明文件进行核查。质量证明文件主要包括出厂合格证、中文说明书及相关性能检测报告等；进口材料应按规定进行出入境商品检验。这些质量证明文件应纳入工程技术档案。

2. 材料报验

对进场材料可视质量进行检查验收，并应经监理工程师或建设单位代表核准。进场验收应形成材料报验记录。材料的可视质量，可以通过目视和简单尺量、称量、敲击等方法进行检查。

3. 抽样检验

对于进场的防水和保温材料应进行抽样检验，以验证其质量是否符合要求。为了方便查找和使用，防水材料的进场检验项目，应符合表9.3.2的要求，不应漏检，但也不必检测材料所有指标。防水材料标准应按表9.3.3选用。

屋面防水材料进场检验项目

表9.3.2

序号	防水材料名称	现场抽样数量	外观质量检验	物理性能检验
1	高聚物改性沥青防水卷材	大于1000卷抽5卷，每500卷～1000卷抽4卷，100卷～499卷抽3卷，100卷以下抽2卷，进行规格尺寸和外观质量检验。在外观质量检验合格的卷材中，任取一卷作物理性能检验	表面平整，边缘整齐，无孔洞、缺边、裂口，胎基未浸透，矿物粒料粒度，每卷卷材的接头	可溶物含量、拉力、最大拉力时延伸率、耐热度、低温柔度、不透水性
2	合成高分子防水卷材		表面平整，边缘整齐，无气泡、裂纹、粘结疤痕，每卷卷材的接头	断裂拉伸强度、扯断伸长率、低温弯折性、不透水性
3	高聚物改性沥青防水涂料	每10t为一批，不足10t按一批抽样	水乳型：无色差、凝胶、结块、明显沥青丝；溶剂型：黑色黏稠状，细腻、均匀胶状液体	固体含量、耐热性、低温柔性、不透水性、断裂伸长率或抗裂性
4	合成高分子防水涂料		反应固化型：均匀黏稠状，无凝胶、结块；挥发固化型：经搅拌后无结块，呈均匀状态	固体含量、拉伸强度、断裂伸长率、低温柔性、不透水性
5	聚合物水泥防水涂料		液体组分：无杂质、无凝胶的均匀乳液；固体组分：无杂质、无结块的粉末	固体含量、拉伸强度、断裂伸长率、低温柔性、不透水性
6	胎体增强材料	每3000m²为一批，不足3000m²的按一批抽样	表面平整，边缘整齐，无折痕、无孔洞、无污迹	拉力、延伸率
7	沥青基防水卷材用基层处理剂	每5t产品为一批，不足5t按一批抽样	均匀液本，无结块，无凝胶	固体含量、耐热性、低温柔性、剥离强度
8	高分子胶粘剂		均匀液体，无杂质、无分散颗粒或凝胶	剥离强度、浸水168h后剥离强度保持率
9	改性沥青胶粘剂		均匀液体，无结块，无凝胶	剥离强度
10	合成橡胶胶粘带	每1000m为一批，不足1000m的按一批抽样	表面平整，无固块、杂物、孔洞、外伤及色差	剥离强度、浸水168h后的剥离强度保持率
11	改性石油沥青密封材料	每1t产品为一批，不足1t的按一批抽样	黑色均匀膏状，无结块和未浸透的填料	耐热性、低温柔性、拉伸粘结性、施工度
12	合成高分子密封材料		均匀膏状物或黏稠液体，无结皮、凝胶或不易分散的固体团状	拉伸模量、断裂伸长率、定伸粘结性
13	烧结瓦、混凝土瓦	同一批至少抽一次	边缘整齐，表面光滑，不得有分层、裂纹、露砂	抗渗性、抗冻性、吸水率
14	玻纤胎沥青瓦		边缘整齐，切槽清晰，厚薄均匀，表面无孔洞、硌伤、裂纹、皱折及起泡	可溶物含量、拉力、耐热度、柔度、不透水性、叠层剥离强度
15	彩色涂层钢板及钢带	同牌号、同规格、同镀层重量、同涂层厚度、同涂料种类和颜色为一批	钢板表面不应有气泡、缩孔、漏涂等缺陷	屈服强度、抗拉强度、断后伸长率、镀层重量、涂层厚度

注：本表摘自《屋面工程质量验收规范》（GB 50207—2012）。

类别	标准名称	标准编号
改性沥青防水卷材	1. 弹性体改性沥青防水卷材	GB 18242
	2. 塑性体改性沥青防水卷材	GB 18243
	3. 改性沥青聚乙烯胎防水卷材	GB 18967
	4. 带自粘层的防水卷材	GB/T 23260
	5. 自粘聚合物改性沥青防水卷材	GB 23441
合成高分子防水卷材	1. 聚氯乙烯防水卷材	GB 12952
	2. 氯化聚乙烯防水卷材	GB 12953
	3. 高分子防水材料（第一部分：片材）	GB 18173.1
	4. 氯化聚乙烯一橡胶共混防水卷材	JC/T 684
防水涂料	1. 聚氨酯防水涂料	GB/T 19250
	2. 聚合物水泥防水涂料	GB/T 23445
	3. 水乳型沥青防水涂料	JC/T 408
	4. 溶剂型橡胶沥青防水涂料	JC/T 852
	5. 聚合物乳液建筑防水涂料	JC/T 864
密封材料	1. 硅酮建筑密封胶	GB/T 14683
	2. 建筑用硅酮结构密封胶	GB 16776
	3. 建筑防水沥青嵌缝油膏	JC/T 207
	4. 聚氨酯建筑密封胶	JC/T 482
	5. 聚硫建筑密封胶	JC/T 483
	6. 中空玻璃用弹性密封胶	JC/T 486
	7. 混凝土建筑接缝用密封胶	JC/T 881
	8. 幕墙玻璃接缝用密封胶	JC/T 882
	9. 彩色涂层钢板用建筑密封胶	JC/T 884
瓦	1. 玻纤胎沥青瓦	GB/T 20474
	2. 烧结瓦	GB/T 21149
	3. 混凝土瓦	JC/T 746
配套材料	1. 高分子防水卷材胶粘剂	JC/T 863
	2. 丁基橡胶防水密封胶粘带	JC/T 942
	3. 坡屋面用防水材料　聚合物改性沥青防水垫层	JC/T 1067
	4. 坡屋面用防水材料　自粘聚合物沥青防水垫层	JC/T 1068
	5. 沥青防水卷材用基层处理剂	JC/T 1069
	6. 自粘聚合物沥青泛水带	JC/T 1070
	7. 种植屋面用耐根穿刺防水卷材	JC/T 1075

注：本表摘自《屋面工程质量验收规范》（GB 50207—2012）。

屋面保温材料进场检验项目应符合表 9.3.4 的规定。

屋面保温材料进场检验项目　　　　　　　　　　　　　表 9.3.4

序号	材料名称	组批及抽样	外观质量检验	物理性能检验
1	模塑聚苯乙烯泡沫塑料	同规格按 100m³ 为一批，不足 100m³ 的按一批计。在每批产品中随机抽取 20 块进行规格尺寸和外观质量检验。从规格尺寸和外观质量检验合格的产品中随机取样进行物理性能检验	色泽均匀，阻燃型应掺有颜色的颗粒；表面平整，无明显收缩变形和膨胀变形；熔结好；无明显油渍和杂质	表观密度、压缩强度、导热系数、燃烧性能
2	挤塑聚苯乙烯泡沫塑料	同类型、同规格按 50m³ 为一批，不足 50m³ 的按一批计。在每批产品中随机抽取 10 块进行规格尺寸和外观质量检验。从规格尺寸和外观质量检验合格的产品中随机取样进行物理性能检验	表面平整，无夹杂物，颜色均匀；无明显起泡、裂口、变形	压缩强度、导热系数、燃烧性能
3	硬质聚氨酯泡沫塑料	同原料、同配方、同工艺条件按 50m³ 为一批，不足 50m³ 的按一批计。在每批产品中随机抽取 10 块进行规格尺寸和外观质量检验。从规格尺寸和外观质量检验合格的产品中随机取样进行物理性能检验	表面平整，无严重凹凸不平	表观密度、压缩强度、导热系数、燃烧性能
4	泡沫玻璃绝热制品	同品种、同规格按 250 件为一批，不足 250 件的按一批计。在每批产品中随机抽取 6 个包装箱，每箱各抽 1 块进行规格尺寸和外观质量检验。从规格尺寸和外观质量检验合格的产品中，随机取样进行物理性能检验	垂直度、最大弯曲度、缺棱、缺角、孔洞、裂纹	表观密度、抗压强度、导热系数、燃烧性能
5	膨胀珍珠岩制品（憎水型）	同品种、同规格按 2000 块为一批，不足 2000 块的按一批计。在每批产品中随机抽取 10 块进行规格尺寸和外观质量检验。从规格尺寸和外观质量检验合格的产品中随机取样进行物理性能检验	弯曲度、缺棱、掉角、裂纹	表观密度、抗压强度、导热系数、燃烧性能。
6	加气混凝土砌块	同品种、同规格、同等级按 200m³ 为一批，不足 200m³ 的按一批计。在每批产品中随机抽取 50 块进行规格尺寸和外观质量检验。从规格尺寸和外观质量检验合格的产品中，随机取样进行物理性能检验	缺棱掉角；裂纹、爆裂、黏膜和损坏深度；表面疏松、层裂、表面油污	干密度、抗压强度、导热系数、燃烧性能
7	泡沫混凝土砌块		缺棱掉角、平面弯曲；裂纹、黏膜和损坏深度，表面酥松、层裂；表面油污	干密度、抗压强度、导热系数、燃烧性能
8	玻璃棉、岩棉、矿渣棉制品	同原料、同工艺、同品种、同规格按 1000m² 为一批，不足 1000m² 的按一批计。在每批产品中随机抽取 6 个包装箱或卷进行规格尺寸和外观质量检验。从规格尺寸和外观质量检验合格的产品中抽取 1 个包装箱或卷进行物理性能检验	表面平整，伤痕、污迹、破损、覆层与基材粘贴	表观密度、导热系数、燃烧性能

序号	材料名称	组批及抽样	外观质量检验	物理性能检验
9	金属面绝热夹芯板	同原料、同生产工艺、同厚度按150块为一批，不足150块的按一批计。在每批产品随机抽取5块进行规格尺寸和外观质量检验，从规格尺寸和外观质量检验合格的产品中随机抽取3块进行物理性能检验	表面平整，无明显凹凸、翘曲、变形；切口平直，切面整齐，无毛刺；芯板切面整齐，无剥落	剥离性能、抗弯承载力、防火性能

注：本表摘自《屋面工程质量验收规范》（GB 50207—2012）。

现行屋面保温材料标准应按表9.3.5的规定选用。

现行屋面保温材料标准 表 9.3.5

类别	标准名称	标准编号
聚苯乙烯泡沫塑料	1. 绝热用模塑料聚苯乙烯泡沫塑料	GB/T 10801.1
	2. 绝热用挤塑聚苯乙烯泡沫塑料（XPS）	GB/T 10801.2
硬质聚氨酯泡沫塑料	1. 建筑绝热用硬质聚氨酯泡沫塑料	GB/T 21558
	2. 喷涂聚氨酯硬泡体保温材料	JC/T 998
无机硬质绝热制品	1. 膨胀珍珠岩绝热制品（憎水型）	GB/T 10303
	2. 蒸压加气混凝土砌块	GB 11968
	3. 泡沫玻璃绝热制品	JC/T 647
	4. 泡沫混凝土砌块	JC/T 1062
纤维保温材料	1. 建筑绝热用玻璃棉制品	GB/T 17795
	2. 建筑用岩棉、矿渣棉绝热制品	GB/T 19686
金属面绝热夹芯板	建筑用金属面绝热夹芯板	GB/T 23932

注：本表摘自《屋面工程质量验收规范》（GB 50207—2012）。

3.0.8 屋面工程使用的材料应符合国家现行有关标准对材料有害物质限量的规定，不得对周围环境造成污染。

行业标准《建筑防水涂料中有害物质限量》（JC 1066—2008）适用建筑防水用各类涂料和防水材料配套用的液体材料，对挥发性有机化合物（VOC）、苯、甲苯、乙苯、二甲苯、苯酚、蒽、萘、游离甲醛、游离（TDI）、氨、可溶性重金属等有害物质含量的限值均作了规定。

3.0.9 屋面工程各构造层的组成材料，应分别与相邻层次的材料相容。

相容性是指相邻两种材料之间互不产生有害物理和化学作用的性能。屋面工程各构造层的组成材料应分别与相邻层次的材料相容，包括防水卷材、涂料、密封材料、保温材料等。如何检查是否相容呢，材料供应单位应有屋面系统型式检验报告，屋面系统所用材料无不良反应。

3.0.10 屋面工程施工时，应建立各道工序的自检、交接检和专职人员检查的"三检"制度，并应有完整的检查记录。每道工序施工完成后，应经监理单位或建设单位检查验收，并应在合格后再进行下道工序的施工。

屋面工程施工时，各道工序之间常常因上道工序存在的质量问题未解决，而被下道工序所覆盖，给屋面防水留下质量隐患。因此，必须强调按工序、层次进行检查验收，即在操作人员自检合格的基础上，进行工序的交接检和专职质量人员的检查，检查结果应有完整的记录，然后经监理单位或建设单位进行检查验收，合格后方可进行下道工序的施工。检验批质量验收应及时。

3.0.11 当进行下道工序或相邻工程施工时，应对屋面已完成的部分采取保护措施。伸出屋面的管道、设备或预埋件等，应在保温层和防水层施工前安设完毕。屋面保温层和防水层完工后，不得进行凿孔、打洞或重物冲击等有损屋面的作业。

成品保护是一个非常重要的问题，很多是在屋面工程完工后，又上人去进行安装天线、安装广告支架、堆放脚手架工具等作业，造成保温层和防水层的局部破坏而出现渗漏。

3.0.12 屋面防水工程完工后，应进行观感质量检查和雨后观察或淋水、蓄水试验，不得有渗漏和积水现象。

本条是强制性条文。屋面渗漏是当前房屋建筑中最易出现的质量问题之一，用户对此反映极为强烈。为使房屋建筑工程，特别是量大面广的住宅工程的屋面渗漏问题得到较好的解决，要求屋面工程必须做到无渗漏，才能保证功能要求。无论是屋面防水层的本身还是细部构造，通过外观质量检验只能看到表面的特征是否符合设计和规范的要求，肉眼很难判断是否会渗漏。只有经过雨后或持续淋水 2h，使屋面处于工作状态下经受实际考验，才能观察出屋面是否有渗漏。有可能蓄水试验的屋面，还规定其蓄水时间不得少于 24h。

3.0.13 屋面工程各子分部工程和分项工程的划分，应符合表 3.0.13（本书表 9.3.6）的要求。

屋面工程各子分部工程和分项工程的划分　　　　　　　　　表 9.3.6

分部工程	子分部工程	分项工程
屋面工程	基层与保护	找坡层，找平层，隔汽层，隔离层，保护层
	保温与隔热	板状材料保温层，纤维材料保温层，喷涂硬泡聚氨酯保温层，现浇泡沫混凝土保温层，种植隔热层，架空隔热层，蓄水隔热层
	防水与密封	卷材防水层，涂膜防水层，复合防水层，接缝密封防水
	瓦面与板面	烧结瓦和混凝土瓦铺装，沥青瓦铺装，金属板铺装，玻璃采光顶铺装
	细部构造	檐口，檐沟和天沟，女儿墙和山墙，水落口，变形缝，伸出屋面管道，屋面出入口，反梁过水孔，设施基座，屋脊，屋顶窗

关于分部、子分部、分项工程的划分，现行规范《屋面工程质量验收规范》（GB 50207—2012）做了调整，与《建筑工程施工质量验收统一标准》（GB 50300）有很大区别，使用时注意。

3.0.14 屋面工程各分项工程宜按屋面面积每 500～1000m² 划分为一个检验批，不足 500m² 应按一个检验批；每个检验批的抽检数量应按本规范第 4～8 章（本书本章第 4～8 节）的规定执行。

9.4 基层与保护工程

4.1 一般规定

4.1.1 本章（本书为节）适用于与屋面保温层、防水层相关的找坡层、找平层、隔汽层、隔离层、保护层等分项工程的施工质量验收。

4.1.2 屋面混凝土结构层的施工，应符合现行国家标准《混凝土结构工程施工质量验收规范》（GB 50204）的有关规定。

参考本书第5章混凝土结构工程。

4.1.3 屋面找坡应满足设计排水坡度要求，结构找坡不应小于3%，材料找坡宜为2%；檐沟、天沟纵向找坡不应小于1%，沟底水落差不得超过200mm。

屋面上的雨水迅速排走，可以减少屋面渗水的机会，正确的排水坡度很重要。屋面在建筑功能许可的情况下应尽量采用结构找坡，坡度应尽量大些，坡度过小施工不易准确。材料找坡时，为了减轻屋面荷载，坡度小些。檐沟、天沟的纵向坡度不应小于1%，否则施工时找坡困难易造成积水，防水层长期被水浸泡会加速损坏。沟底的水落差不得超过200mm，即水落口距离分水线不得超过20m。

4.1.4 上人屋面或其他使用功能屋面，其保护及铺面的施工除应符合本章的规定外，尚应符合现行国家标准《建筑地面工程施工质量验收规范》（GB 50209）等的有关规定。

按屋面的一般使用要求，设计可分为上人屋面和不上人屋面。上人屋面分为步行用、运动用、庭园用、停车场用等不同用途的屋面。《建筑地面工程施工质量验收规范》（GB 50209）参考本书第10章。

4.1.5 基层与保护工程各分项工程每个检验批的抽检数量，应按屋面面积每100m² 抽查一处，每处应为10m²，且不得少于3处。

4.2 找坡层和找平层

4.2.1 装配式钢筋混凝土板的板缝嵌填施工，应符合下列要求：

1 嵌填混凝土时板缝内应清理干净，并应保持湿润。

2 当板缝宽度大于40mm或上窄下宽时，板缝内应按设计要求配置钢筋。

3 嵌填细石混凝土的强度等级不应低于C20，嵌填深度宜低于板面10～20mm，且应振捣密实和浇水养护。

4 板端缝应按设计要求增加防裂的构造措施。

目前国内较少使用小型预制构件作为结构层，但大跨度预应力多孔板和大型屋面板装配式结构仍在使用，为了获得整体性和刚度好的基层，当板缝过宽或上窄下宽时，灌缝的混凝土干缩受振动后容易掉落，应在缝内配筋；板端缝处是变形最大的部位，板在长期荷载作用下的挠曲变形会导致板与板间接头缝隙增大，此处应采取防裂的构造措施。

4.2.2 找坡层宜采用轻骨料混凝土；找坡材料应分层铺设和适当压实，表面应平整。

当用材料找坡时，为了减轻屋面荷载和施工方便，可采用轻骨料混凝土，不宜采用水泥膨胀珍珠岩。找坡层施工时应注意找坡层最薄处应符合设计要求，找坡材料应分层铺设并适当压实，表面应做到平整。

4.2.3 找平层宜采用水泥砂浆或细石混凝土；找平层的抹平工序应在初凝前完成，压光工序应在终凝前完成，终凝后应进行养护。

水泥初凝时间一般大于45min，水泥终凝时间一般小于390min，水泥终凝后应充分养护，以确保找平层质量。

4.2.4 找平层分格缝纵横间距不宜大于6m，分格缝的宽度宜为5～20mm。

由于水泥砂浆或细石混凝土收缩和温差变形的影响，找平层应预先留设分格缝，使裂缝集中于分格缝中，减少找平层大面积开裂。

主控项目

4.2.5 找坡层和找平层所用材料的质量及配合比应符合设计要求。

  检验方法：检查出厂合格证、质量检验报告和计量措施。

4.2.6 找坡层和找平层的排水坡度应符合设计要求。

  检验方法：坡度尺检查。

  由于檐沟、天沟排水坡度过小或找坡不正确，常会造成屋面排水不畅或积水现象。基层找坡正确，能将屋面上的雨水迅速排走，延长防水层的使用寿命。

一般项目

4.2.7 找平层应抹平、压光，不得有酥松、起砂、起皮现象。

  检验方法：观察检查。

  找平层应在收水后二次压光，使表面坚固密实、平整；水泥砂浆终凝后，应采取覆盖浇水、喷养护剂、涂刷冷底子油等手段充分养护，保证砂浆中的水泥充分水化，以确保找平层质量。

4.2.8 卷材防水层的基层与突出屋面结构的交接处，以及基层的转角处，找平层应做成圆弧形，且应整齐平顺。

  检验方法：观察检查。

  做成圆弧形，以保证卷材防水层的质量。

4.2.9 找平层分格缝的宽度和间距，均应符合设计要求。

  检验方法：观察和尺量检查。

  卷材、涂膜防水层的不规则拉裂，是由于找平层的开裂造成的，而水泥砂浆找平层的开裂又是难以避免的。找平层合理分格后，可将变形集中到分格缝处。设计应确定找平层分隔缝的宽度，当设计未作规定时，找平层分格纵横缝的最大间距为 6m，分格缝宽度宜为 5～20mm，深度应与找平层厚度一致。

4.2.10 找坡层表面平整度的允许偏差为 7mm，找平层表面平整度的允许偏差为 5mm。

  检验方法：2m 靠尺和塞尺检查。

4.3 隔汽层

4.3.1 隔汽层的基层应平整、干净、干燥。

  隔汽层应铺设在结构层上，结构层表面应平整，无突出的尖角和凹坑，一般隔汽层下宜设置找平层。隔汽层施工前，应将基层表面清扫干净，并使其充分干燥，基层干燥程度的识别方法可参见 6.1.2 条。

4.3.2 隔汽层应设置在结构层与保温层之间；隔汽层应选用气密性、水密性好的材料。

  隔汽层的作用是防潮和隔汽，隔汽层铺在保温层下面，可以隔绝室内水蒸气通过板缝或孔隙进入保温层。

4.3.3 在屋面与墙的连接处，隔汽层应沿墙面向上连续铺设，高出保温层上表面不得小于 150mm。

  连续铺设的目的是防止水蒸气因温差结露而导致水珠回落在周边的保温层上。

4.3.4 隔汽层采用卷材时宜空铺，卷材搭接缝应满粘，其搭接宽度不应小于 80mm；隔汽层采用涂料时，应涂刷均匀。

为了提高抵抗基层的变形能力。隔汽层采用涂膜时，应两涂，且前后两遍的涂刷方向应相互垂直。

4.3.5 穿过隔汽层的管线周围应封严，转角处应无折损；隔汽层凡有缺陷或破损的部位，均应进行返修。

若隔汽层出现破损现象，将不能起到隔绝室内水蒸气的作用，严重影响保温层的保温效果。

主控项目

4.3.6 隔汽层所用材料的质量，应符合设计要求。

检验方法：检查出厂合格证、质量检验报告和进场检验报告。

隔汽层所用材料均为常用的防水卷材或涂料，但隔汽层所用材料的品种和厚度应符合热工设计所必需的水蒸气渗透阻，即符合设计要求。

4.3.7 隔汽层不得有破损现象。

检验方法：观察检查。

一般项目

4.3.8 卷材隔汽层应铺设平整，卷材搭接缝应粘结牢固，密封应严密，不得有扭曲、皱折和起泡等缺陷。

检验方法：观察检查。

4.3.9 涂膜隔汽层应粘结牢固，表面平整，涂布均匀，不得有堆积、起泡和露底等缺陷。

检验方法：观察检查。

4.4 隔离层

4.4.1 块体材料、水泥砂浆或细石混凝土保护层与卷材、涂膜防水层之间应设置隔离层。

在柔性防水层上设置块体材料、水泥砂浆、细石混凝土等刚性保护层，由于保护层与防水层之间的粘结力和机械咬合力，当刚性保护层胀缩变形时，会对防水层造成损坏，故在保护层与防水层之间应铺设隔离层，同时可防止保护层施工时对防水层的损坏。

4.4.2 隔离层可采用干铺塑料膜、土工布、卷材或铺抹低强度等级砂浆。

当基层比较平整时，在已完成雨后或淋水、蓄水检验合格的防水层上面，可以直接干铺塑料膜、土工布或卷材。

当基层不太平整时，隔离层宜采用低强度等级黏土砂浆、水泥石灰砂浆或水泥砂浆。铺抹砂浆时，铺抹厚度宜为 10mm，表面应抹平、压实并养护；待砂浆干燥后，其上干铺一层塑料膜、土工布或卷材作为隔离层。

主控项目

4.4.3 隔离层所用材料的质量及配合比应符合设计要求。

检验方法：检查出厂合格证和计量措施。

隔离层所用材料的质量必须符合设计要求，当设计无要求时，隔离层所用的材料应能经得起保护层的施工荷载，建议塑料膜的厚度不应小于 0.4mm，土工布应采用聚酯土工布，单位面积质量不应小于 $200g/m^2$，卷材厚度不应小于 2mm。

4.4.4 隔离层不得有破损和漏铺现象。

检验方法：观察检查。

为了消除保护层与防水层之间的粘结力及机械咬合力，隔离层必须是完全隔离，对隔离层的破损或漏铺部位应及时修复。

一般项目

4.4.5 塑料膜、土工布、卷材应铺设平整,其搭接宽度不应小于50mm,不得有皱折。

　　检验方法:观察和尺量检查。

4.4.6 低强度等级砂浆表面应压实、平整,不得有起壳、起砂现象。

　　检验方法:观察检查。

4.5　保护层

4.5.1 防水层上的保护层施工,应待卷材铺贴完成或涂料固化成膜,并经检验合格后进行。

　　防水层做好后应进行雨后或淋水、蓄水检验,防止防水层被保护层所覆盖后还存在未解决的问题;同时要求做好成品保护,以确保屋面防水工程质量。沥青类的防水卷材也可直接采用卷材上表面覆有的矿物粒料或铝箔作为保护层。

4.5.2 用块体材料做保护层时,宜设置分格缝,分格缝纵横间距不应大于10m,分格缝宽度宜为20mm。

　　块体材料做保护层也会因温度升高致使块体膨胀隆起,分隔缝可缓解此种现象。

4.5.3 用水泥砂浆做保护层时,表面应抹平压光,并应设表面分格缝,分格面积宜为1m²。

　　水泥砂浆保护层由于自身的干缩或温度变化的影响,往往产生严重龟裂,且裂缝宽度较大,以至造成碎裂、脱落。为确保水泥砂浆保护层的质量,在水泥砂浆保护层上划分表面分格缝,将裂缝均匀分布在分格缝内,可避免大面积的龟裂。

4.5.4 用细石混凝土做保护层时,混凝土应振捣密实,表面应抹平压光,分格缝纵横间距不应大于6m。分格缝的宽度宜为10~20mm。

　　细石混凝土保护层应一次浇筑完成,否则新旧混凝土的结合处易产生裂缝,造成混凝土保护层的局部破坏,影响屋面使用和外观质量。用细石混凝土做保护层时,分格缝设置过密,不但给施工带来困难,而且不易保证质量,分格面积过大又难以达到防裂的效果。

4.5.5 块体材料、水泥砂浆或细石混凝土保护层与女儿墙和山墙之间,应预留宽度为30mm的缝隙,缝内宜填塞聚苯乙烯泡沫塑料,并应用密封材料嵌填密实。

　　工程的块体材料、水泥砂浆、细石混凝土等保护层与女儿墙均不留空隙。当高温季节,刚性保护层热胀顶推女儿墙,有的还将女儿墙推裂造成渗漏。缝内填塞聚苯乙烯泡沫塑料,并用密封材料嵌填严密,可吸收热胀。

主控项目

4.5.6 保护层所用材料的质量及配合比,应符合设计要求。

　　检验方法:检查出厂合格证、质量检验报告和计量措施。

4.5.7 块体材料、水泥砂浆或细石混凝土保护层的强度等级,应符合设计要求。

　　检验方法:检查块体材料、水泥砂浆或混凝土抗压强度试验报告。

4.5.8 保护层的排水坡度,应符合设计要求。

　　检验方法:坡度尺检查。

一般项目

4.5.9 块体材料保护层表面应干净,接缝应平整,周边应顺直,镶嵌应正确,应无空鼓现象。

检查方法：小锤轻击和观察检查。

4.5.10 水泥砂浆、细石混凝土保护层不得有裂纹、脱皮、麻面和起砂等现象。

检查方法：观察检查。

4.5.11 浅色涂料应与防水层粘结牢固，厚薄应均匀，不得漏涂。

检验方法：观察检查。

4.5.12 保护层的允许偏差和检验方法应符合表4.5.12（本书表9.4.1）的规定。

保护层的允许偏差和检验方法　　　　　　　　表 9.4.1

项目	允许偏差（mm）			检验方法
	块体材料	水泥砂浆	细石混凝土	
表面平整度	4.0	4.0	5.0	2m靠尺和塞尺检查
缝格平直	3.0	3.0	3.0	拉线和尺量检查
接缝高低差	1.5	—	—	直尺和塞尺检查
板块间隙宽度	2.0	—	—	尺量检查
保护层厚度	设计厚度的10%，且不得大于5mm			钢针插入和尺量检查

9.5　保温与隔热工程

5.1　一般规定

5.1.1 本章适用于板状材料、纤维材料、喷涂硬泡聚氨酯、现浇泡沫混凝土保温层和种植、架空、蓄水隔热层分项工程的施工质量验收。

本章把保温层分为板状材料、纤维材料、整体材料三种类型，隔热层分为种植、架空、蓄水三种形式，基本上反映了国内屋面保温与隔热工程的现状。

5.1.2 铺设保温层的基层应平整、干燥和干净。

保温层的基层平整，保证铺设的保温层厚度均匀，保温层的基层干燥，降低保温效果；保温层的基层干净，保证板状保温材料紧靠在基层表面上，铺平垫稳防止滑动。

5.1.3 保温材料在施工过程中应采取防潮、防水和防火等措施。

保温材料是多孔结构，受潮后导热系数会增大，降低保温效果。由于保温材料引起的几场火灾后，人们对易燃、多烟的材料使用更为谨慎，防火要求主要按经图审的设计文件选用材料。

5.1.4 保温与隔热工程的构造及选用材料应符合设计要求。

屋面保温与隔热工程设计，应根据建筑物的使用要求、屋面结构形式、环境条件、防水处理方法、施工条件等因素确定。施工时应按图施工，验收时核对图纸。

5.1.5 保温与隔热工程质量验收除应符合本章规定外，尚应符合现行国家标准《建筑节能工程施工质量验收规范》（GB 50411）的有关规定。

对于建筑物来说，热量损失主要包括外墙体、外门窗、屋面及地面等围护结构的热量损耗，一般的居住建筑屋面热量损耗约占整个建筑热损耗的20%左右。屋面保温与隔热工程，首先应按国家和地区民用建筑节能设计标准进行设计和施工，才能实现建筑节能目标，同时还应符合建筑节能的有关规定。

5.1.6 保温材料使用时的含水率，应相当于该材料在当地自然风干状态下的平衡含水率。

保温材料的干湿程度与导热系数关系很大，限制保温材料的含水率是保证工程质量的重要环节。平衡含水率是动态的，在工程实践中也是随相对湿度和温度即变的，所以这个要求也是定性的要求。

所谓平衡含水率是指在自然环境中，材料孔隙中的水分与空气湿度达到平衡时，这部分水的质量占材料干质量的百分比。

5.1.7 保温材料的导热系数、表观密度或干密度、抗压强度或压缩强度、燃烧性能，必须符合设计要求。

本条是强制性条文。保温材料的导热系数随材料的密度提高而增加，并且与材料的孔隙大小和构造特征有密切关系。一般是多孔材料的导热系数较小，但当其孔隙中所充满的空气、水、冰不同时，材料的导热性能就会发生变化。因此，要保证材料优良的保温性能，就要求材料尽量干燥不受潮，而吸水受潮后尽量不受冰冻，这对施工和使用都有很现实的意义。

保温材料的抗压强度或压缩强度，是材料主要的力学性能。材料强度高，要求密度就会大，保温效果会差。一般是材料使用时会受到外力的作用，当材料内部产生应力增大到超过材料本身所能承受的极限值时，材料就会产生破坏。因此，必须根据材料的主要力学性能因材使用，才能更好地发挥材料的优势。

保温材料的燃烧性能，是可燃性建筑材料分级的一个重要判定。

5.1.8 种植、架空、蓄水隔热层施工前，防水层均应验收合格。

检验防水层的质量，主要是进行雨后观察、淋水或蓄水试验。

5.1.9 保温与隔热工程各分项工程每个检验批的抽检数量，应按屋面面积每100m² 抽查1处，每处应为10m²，且不得少于3处。

5.2 板状材料保温层

5.2.1 板状材料保温层采用干铺法施工时，板状保温材料应紧靠在基层表面上，应铺平垫稳；分层铺设的板块上下层接缝应相互错开，板间缝隙应采用同类材料的碎屑嵌填密实。

采用干铺法施工板状材料保温层，就是将板状保温材料直接铺设在基层上，而不需要粘结，但是必须要将板材铺平、垫稳，板与板的拼接缝及上下板的拼接缝要相互错开，并用同类材料的碎屑嵌填密实，目的是避免产生热桥。以便为铺抹找平层提供平整的表面，确保找平层厚度均匀。

5.2.2 板状材料保温层采用粘贴法施工时，胶粘剂应与保温材料的材性相容，并应贴严、粘牢；板状材料保温层的平面接缝应挤紧拼严，不得在板块侧面涂抹胶粘剂，超过2mm的缝隙应采用相同材料板条或片填塞严实。

采用粘贴法铺设板状材料保温层，就是用胶粘剂或水泥砂浆将板状保温材料粘贴在基层上，要注意所用的胶粘剂必须与板材的材料相容。以避免粘结不牢或发生腐蚀。板状材料保温层铺设完成后，在胶粘剂固化前不得上人走动，以免影响粘结效果。

5.2.3 板状保温材料采用机械固定法施工时，应选择专用螺钉和垫片；固定件与结构层之间应连接牢固。

机械固定法是使用专用固定钉及配件，将板状保温材料定点钉固在基层上的施工方法。选择专用螺钉和金属垫片，是为了保证保湿板与基层连接固定，并允许保温板产生相对滑动，但不得出现保温板与基层相互脱离或松动。

主控项目

5.2.4 板状保温材料的质量，应符合设计要求。

检验方法：检查出厂合格证、质量检验报告和进场检验报告。

板状保温材料应按设计要求和相关现行材料标准规定选择，不得随意改变其品种和规格。材料进场后应进行抽样检验，检验合格后方可在工程中使用。

5.2.5 板状材料保温层的厚度应符合设计要求，其正偏差应不限，负偏差应为 5%，且不得大于 4mm。

检验方法：钢针插入和尺量检查。

5.2.6 屋面热桥部位处理应符合设计要求。

检验方法：观察检查。

热桥和冷桥是一个概念，仅说法不一，在隔热结构中由于局部构造的不同，引起该部位隔热性能降低，成为热量大量传递的通道，称为"热桥"。

一般项目

5.2.7 板状保温材料铺设应紧贴基层，应铺平垫稳，拼缝应严密，粘贴应牢固。

检验方法：观察检查。

5.2.8 固定件的规格、数量和位置均应符合设计要求；垫片应与保温层表面齐平。

检验方法：观察检查。

板状保温材料采用机械固定法施工，固定件的规格、数量和位置应符合设计要求。当设计无要求时，固定件数量和位置宜符合表 9.5.1 的规定。当屋面坡度大于 50% 时，应适当增加固定件数量。

板状保温材料固定件数量和位置　　　　　　　　　表 9.5.1

板状保温材料	每块板固定件最少数量	固定位置
挤塑聚苯板、模塑聚苯板、硬泡聚氨酯板	各边长均≤1.2m 时为 4 个，任一边长>1.2m 时为 6 个	四个角及沿长向中线均匀布置，固定垫片距离板边缘不得大于 150mm

注：本表摘自《屋面工程质量验收规范》（GB 50207—2012）条文说明。

5.2.9 板状材料保温层表面平整度的允许偏差为 5mm。

检验方法：2m 靠尺和塞尺检查。

5.2.10 板状材料保温层接缝高低差的允许偏差为 2mm。

检验方法：直尺和塞尺检查。

5.3　纤维材料保温层

5.3.1 纤维材料保温层施工应符合下列规定：

1 纤维保温材料应紧靠在基层表面上，平面接缝应挤紧拼严，上下层接缝应相互错开。

2 屋面坡度较大时，宜采用金属或塑料专用固定件将纤维保温材料与基层固定。

3 纤维材料填充后，不得上人踩踏。

在铺设纤维保温材料时，应按照设计厚度和材料规格，进行单层或分层铺设，做到拼接缝严密，上下两层的拼接缝错开，以保证保温效果。当屋面坡度较大时，纤维保温材料应采用机械固定法施工，以防止保温层下滑。纤维板宜用金属固定件，在金属压型板的波峰上用电动螺丝刀直接将固定件旋进；在混凝土结构层上先用电锤钻孔，钻孔深度应比螺钉深度深25mm，然后用电动螺丝刀将固定件旋进。纤维毡宜用塑料固定件，在水泥纤维板或混凝土基层上，先用水泥基胶粘剂将塑料钉粘牢，待毡填充后再将塑料垫片与钉热熔焊牢。

5.3.2 装配式骨架纤维保温材料施工时，应先在基层上铺设保温龙骨或金属龙骨，龙骨之间应填充纤维保温材料，再在龙骨上铺钉水泥纤维板。金属龙骨和固定件应经防锈处理，金属龙骨与基层之间应采取隔热断桥措施。

主控项目

5.3.3 纤维保温材料的质量，应符合设计要求。

检验方法：检查出厂合格证、质量检验报告和进场检验报告。

纤维材料的产品质量应符合现行国家标准《建筑绝热用玻璃棉制品》（GB/T 17795）、《建筑用岩棉、矿渣棉绝热制品》（GB/T 19686）的要求。

建筑绝热用玻璃棉制品的质量要求如下：

1. 外观

制品的外观质量要求表面平整，不得有妨碍使用的伤痕、污痕、破损、外覆层与基材的粘贴应平整、牢固。

2. 规格尺寸及允许偏差

1）制品的规格尺寸及允许偏差应符合《绝热用玻璃棉及其制品》（GB/T 13350）的规定。

2）压缩包装的卷毡，在松包并经翻转放置4h后，应符合第一款的要求。

3. 导热系数及热阻

制品的导热系数及热阻应符合表9.5.2的规定。其他规格的导热系数指标按标称密度以内差法确定，热阻值不得低于标称值的95%。

建筑绝热用玻璃棉制品性能 表 9.5.2

产品名称	常用厚度 (mm)	导热系数 [试验平均温度 25±5℃] [W/(m·K)] 不大于	热阻 R [试验平均温度 25±5℃] [(m²·K)/W] 不小于	密度及允许偏差 (kg/m³)	
毡	50、75、100	0.050	0.95、1.43、1.90	10、12	不允许偏差
	50、75、100	0.045	1.06、1.58、2.11	14、16	不允许负偏差
	25、40、50	0.043	0.55、0.88、1.10	20、24	不允许负偏差
	25、40、50	0.040	0.59、0.95、1.19	32	+3、−2
	25、40、50	0.037	0.64、1.03、1.28	40	±4
	25、40、50	0.034	0.70、1.12、1.40	48	±4
板	25、40、50	0.043	0.55、0.88、1.10	24	±2
	25、40、50	0.040	0.59、0.95、1.19	32	+3、−2
	25、40、50	0.037	0.64、1.03、1.28	40	±4
	25、40、50	0.034	0.70、1.12、1.40	48	±4
	25	0.033	0.72	64、80、96	±6

注：1. 表中的导热系数及热阻的要求是针对制品，而密度是指去除外覆层的制品；
　　2. 本表摘自《建筑绝热用玻璃棉制品》（GB/T 17795—2008）。

4. 密度及允许偏差

制品的常用密度及允许偏差见表9.5.2。

5. 燃烧性能

1）对于无外覆层的玻璃棉制品，其燃烧性能应不低于《建筑材料及制品燃烧性能分级》（GB 8624—2006）中的 A2 级。

2）对于带有外覆层的玻璃棉制品，其燃烧性能应视其使用部位由供需双方商定。

6. 对金属的腐蚀性

1）用于覆盖奥氏体不锈钢时，其浸出液离子含量应符合《覆盖奥氏体不锈钢用绝热材料规范》（GB/T 17393）的要求。

2）用于覆盖铝、铜、钢材时，采用 90% 置信度的秩和检验法，对照样的秩和应不小于21。

7. 甲醛释放量

应达到《室内装饰装修材料人造板及其制品中甲醛释放限量》（GB 18580）中的 E1 级，甲醛释放量应不大于 1.5mg/L。

8. 施工性能

对于装卸、运输和安装施工，产品应有足够的强度。按规定条件试验时 1min 不断裂。当制品长度小于 10m 或制品带有外覆层时对该项性能不做要求。

建筑用岩棉、矿渣棉绝热制品的质量要求如下：

1）外观

外观质量要求树脂分布均匀，表面平整，不得有妨碍使用的伤痕、污迹、破损、外覆层，与基材的粘贴平整牢固。

2）渣球含量

粒径大于 0.25mm 的渣球含量应小于等于 10%。

3）纤维平均直径

制品中纤维平均直径应小于等于 $7.0\mu m$。

4）尺寸和密度

制品尺寸和密度应符合表9.5.3的规定。

制品尺寸和密度的允许偏差　　　　表9.5.3

制品种类	标称密度（kg/m³）	密度允许偏差（%）	厚度允许偏差（mm）	宽度允许偏差（mm）	长度允许偏差（mm）
板	40～120	±15	+5 −3	+5 −3	+10 −3
	121～200	±10	±3		
毡	40～120	±10	不允许负偏差	+−3	正偏差不−3

注：本表摘自《建筑用岩棉、矿渣棉绝热制品》（GB/T 19686—2005）。

5）热阻

制品的热阻应不小于其公称的热阻值，制品的热阻还应符合表9.5.4的规定，其他的厚度按表9.5.4的规定用标称厚度内插法确定热阻。

制品的热阻 表 9.5.4

标称密度 （kg/m³）	常用厚度 （mm）	热阻 R（m²·K/W） （平均温度，25℃±1℃） ≥
40～60	30、50、100、150	0.71、1.20、2.40、3.57
61～80	30、50、100、150	0.75、1.25、2.50、3.75
81～120	30、50、100、150	0.79、1.32、2.63、3.95
121～200	30、50、100、150	0.75、1.25、2.50、3.75

注：本表摘自《建筑用岩棉、矿渣棉绝热制品》（GB/T 19686—2005）。

6）燃烧性能

制品基材的燃烧性能应达到（GB 8624—1997）标准中 4.1A 级均质材料不燃性的要求（编者注：GB 8624—1997 标准已作废，被 GB 8624—2006 代替，现已修订成 GB 8624—2012）。

7）压缩强度

板的压缩强度应符合表 9.5.5 的规定。

板的压缩强度 表 9.5.5

密度（kg/m³）	压缩强度（kPa）
100～120	≥10
121～160	≥20
161～200	≥40

注：1. 其他密度的制品，其压缩强度由供需双方商定；
　　2. 本表摘自《建筑用岩棉、矿渣棉绝热制品》（GB/T 19686—2005）。

8）施工性能

不带外覆层的毡制品施工性能应达到 1min 内不断裂。

9）质量吸湿率

制品的质量吸湿率不大于 5.0%。

10）甲醛释放量

制品的甲醛释放量应不大于 5.0mg/L。

11）水萃取液 pH 值、水溶性氯化物含量和水溶性硫酸盐含量

制品的水萃取液 pH 值应为 7.5～9.5，水溶性氯化物含量应不大于 0.10%，水溶性硫酸盐含量应不大于 0.25%。

12）其他要求

（1）用于覆盖奥氏体不锈钢时，制品浸出液的离子含量应符合 GB/T 17393 的要求。

（2）当制品有防水要求时，憎水率应不小于 98%，吸水率应不大于 10%。

（3）有要求时，制品的层间抗拉强度应大于等于 7.5kPa。

（4）有防霉要求时，制品应符合防霉要求。

（5）有放射性核素限量要求时，应满足《建筑材料放射性核素限量》（GB 6566）的要求。

5.3.4　纤维材料保温层的厚度应符合设计要求，其正偏差应不限，毡不得有负偏差，板

535

负偏差应为 4%，且不得大于 3mm。

检验方法：钢针插入和尺量检查。

5.3.5 屋面热桥部位处理应符合设计要求。

检验方法：观察检查。

一般项目

5.3.6 纤维保温材料铺设应紧贴基层，拼缝应严密，表面应平整。

检验方法：观察检查。

5.3.7 固定件的规格、数量和位置应符合设计要求；垫片应与保温层表面齐平。

检验方法：观察检查。

5.3.8 装配式骨架和水泥纤维板应铺钉牢固，表面应平整；龙骨间距和板材厚度应符合设计要求。

检验方法：观察和尺量检查。

5.3.9 具有抗水蒸气渗透外覆面的玻璃棉制品，其外覆面应朝向室内，拼缝应用防水密封胶带封严。

检验方法：观察检查。

《建筑绝热用玻璃棉制品》（GB/T 17795—2008）规定，玻璃棉制品按外覆面划分为三类：(1) 无外覆层制品；(2) 具有反射面的外覆层制品，这种外覆层兼有抗水蒸气渗透的性能，如铝箔及铝箔牛皮纸等；(3) 具有非反射面的外覆层制品，这种外覆层分为如下两类：a) 抗水蒸气渗透的外覆层，如 PVC、聚丙烯等；b) 非抗水蒸气渗透的外覆层，如玻璃布等。抗水蒸气渗透外覆面的玻璃棉制品，外覆面层为 PVC、聚丙烯等。由于 PVC、聚丙烯可作为隔汽层使用，其外覆面必须朝向室内，同时应对外覆面的拼缝进行密封处理。

5.4 喷涂硬泡聚氨酯保温层

5.4.1 保温层施工前应对喷涂设备进行调试，并应制备试样进行硬泡聚氨酯的性能检测。

硬泡聚氨酯喷涂前，应对喷涂设备进行调试。试验样品应在施工现场制备，一般面积约 1.5m² 、厚度不小于 30mm 的样品即可制备一组试样，试样尺寸按相应试验要求决定。

5.4.2 喷涂硬泡聚氨酯的配比应准确计量，发泡厚度应均匀一致。

喷涂硬泡聚氨酯应根据设计要求的表现密度、导热系数及压缩强度等技术指标，来确定其中异氰酸酯、多元醇及发泡剂等添加剂的配合比。喷涂硬泡聚氨酯应做到配比准确计量，才能达到设计要求的技术指标。

5.4.3 喷涂时喷嘴与施工基面的间距应由试验确定。

喷涂硬泡聚氨酯时，喷嘴与基面应保持一定的距离，是为了控制硬泡聚氨酯保温层的厚度均匀，同时避免在喷涂过程中材料飞散。根据施工实践经验，喷嘴与基面的距离宜为 800～1200mm。

5.4.4 一个作业面应分遍喷涂完成，每遍厚度不宜大于 15mm；当日的作业面应当日连续地喷涂施工完毕。

喷涂硬泡聚氨酯时，一个作业面应分遍喷涂完成，一是为了能及时控制、调整喷涂层的厚度，减少收缩影响，二是可以增加结皮层，提高防水效果。

在硬泡聚氨酯分遍喷涂时，由于每遍喷涂的间隙时间很短，只需 20min，当日的作业面完全可以当日连续喷涂施工完毕；如果当日不连续喷涂施工完毕，一是会增加基层的清理工作，二是不易保证分层之间的粘结质量。

5.4.5 硬泡聚氨酯喷涂后20min内严禁上人；喷涂硬泡聚氨酯保温层完成后，应及时做保护层。

一般情况下硬泡聚氨酯的发泡、稳定及固化时间约需15min，20min可满足固化要求。

主控项目

5.4.6 喷涂硬泡聚氨酯所用原材料的质量及配合比，应符合设计要求。

检验方法：检查原材料出厂合格证、质量检验报告和计量措施。

为了检验喷涂硬泡聚氨酯保温层的实际保温效果，施工现场应制备试样，检测其导热系数、表现密度和压缩强度。喷涂硬泡聚氨酯的质量，应符合现行行业标准《喷涂聚氨酯硬泡体保温材料》（JC/T 998）的要求。物理力学性能见表9.5.6。

喷涂硬泡聚氨酯物理力学性能 表9.5.6

项次	项目		指标		
			I	II－A	II－B
1	密度，kg/m³	≥	30	35	50
2	导热系数，W/（m·K）	≤	0.024		
3	粘贴强度，kPa	≥	100		
4	尺寸变化率，（70℃×48h）	≤	1		
5	抗压强度，kPa	≥	150	200	300
6	拉伸强度，kPa	≥	250	—	—
7	断裂伸长率，%	≥	10		
8	闭孔率，%	≥	92		95
9	吸水率，%	≤	3		
10	水蒸气透过率，ng/（Pa·m·s）	≤	5		
11	抗渗性，mm（1000mm水柱×24h静水压）	≤	5		

注：本表摘自《喷涂聚氨酯硬泡保温材料》（JC/T 998—2006）。

5.4.7 喷涂硬泡聚氨酯保温层的厚度应符合设计要求，其正偏差应不限，不得有负偏差。

检验方法：钢针插入和尺量检查。

5.4.8 屋面热桥部位处理应符合设计要求。

检验方法：观察检查。

一般项目

5.4.9 喷涂硬泡聚氨酯应分遍喷涂，粘结应牢固，表面应平整，找坡应正确。

检验方法：观察检查。

5.4.10 喷涂硬泡聚氨酯保温层表面平整度的允许偏差为5mm。

检验方法：2m靠尺和塞尺检查。

5.5 现浇泡沫混凝土保温层

5.5.1 在浇筑泡沫混凝土前，应将基层上的杂物和油污清理干净；基层应浇水湿润，但不得有积水。

5.5.2 保温层施工前应对设备进行调试，并应制备试样进行泡沫混凝土的性能检测。

泡沫混凝土专用设备包括：发泡机、泡沫混凝土搅拌机、混凝土输送泵，使用前应对设备进行调试，并制备用于干密度、抗压强度和导热系数等性能检测的试件。

5.5.3 泡沫混凝土的配合比应准确计量，制备好的泡沫加入水泥料浆中应搅拌均匀。

泡沫混凝土配合比设计，是根据所选用原材料性能和对泡沫混凝土的技术要求，通过计算、试配和调整等求出各组成材料用量。由水泥、骨料、掺合料、外加剂和水等制成的水泥料浆，应按配合比准确计量，各组成材料称量的允许偏差：水泥及掺合料为±2%；骨料为±3%；水及外加剂为±2%。泡沫的制备是将泡沫剂掺入定量的水中，利用它减小水表面张力的作用，进行搅拌后便形成泡沫，搅拌时间一般宜为2min。水泥料浆制备时，要求搅拌均匀，不得有团块及大颗粒存在；再将制备好的泡沫加入水泥料浆中进行混合搅拌，搅拌时间一般为5~8min，混合要求均匀，没有明显的泡沫漂浮和泥浆块出现。

5.5.4 浇筑过程中，应随时检查泡沫混凝土的湿密度。

由于泡沫混凝土的干密度对其抗压强度、导热系数、耐久性能的影响甚大，干密度又是泡沫混凝土在标准养护28d后绝对干燥状态下测得的密度。为了控制泡沫混凝土的干密度，必须在泡沫混凝土试配时，事先建立有关干密度与湿密度的对应关系。

1. 试件尺寸和数量

1）干密度、抗压强度、吸水率试验的试件应为100mm×100mm×100mm立方体试件，每组试件的数量应为3块。

2）导热系数试验的试件尺寸和数量应符合《绝热材料稳态热阻及有关特性的测定防护热板法》（GB/T 10294）的规定。

3）耐火极限试验的试件尺寸和数量应符合《建筑防火设计规范》（GB 50016）的规定。

2. 试件制备

1）泡沫混凝土的干密度、抗压强度、吸水率试件应采用符合《混凝土试模》（JG 237）规定的规格为100mm×100mm×100mm的立方体混凝土试模，应在现场浇注试模，24h后脱模，并标准养护28d。

2）泡沫混凝土制品的干密度、抗压强度、吸水率试件也可在随机抽样的泡沫混凝土制品中采用机锯或刀锯切取，试件应沿制品的长方向的中央位置均匀切取，试件与试件、试件表面距离制品端头表面的距离不宜小于30mm。

3）干密度、抗压强度、吸水率试件表面应平整，不应有裂缝或明显缺陷，尺寸允许偏差应为±2mm；试件应逐块编号、并应标明取样部位，抗压强度试件受压面应平行，其表面平整度不应大于0.5mm/100mm。

4）导热系数试验的试件制作应符合《绝热材料稳态热阻及有关特性的测定防护热板法》（GB/T 10294）的规定。

5）耐火极限试验的试件制作应符合《建筑防火设计规范》（GB 50016）的规定。

主控项目

5.5.5 现浇泡沫混凝土所用原材料的质量及配合比，应符合设计要求。

为了检验泡沫混凝土保温层的实际保温效果，施工现场应制作试件，检测其导热系数、干密度和抗压强度。主要是为了防止泡沫混凝土料浆中泡沫破裂造成性能指标的降低。

5.5.6 现浇泡沫混凝土保温层的厚度应符合设计要求，其正负偏差应为5%，且不得大于

5mm。

　　检验方法：钢针插入和尺量检查。

5.5.7　屋面热桥部位处理应符合设计要求。

　　检验方法：观察检查。

一般项目

5.5.8　现浇泡沫混凝土应分层施工，粘结应牢固，表面应平整，找坡应正确。

　　检验方法：观察检查。

5.5.9　现浇泡沫混凝土不得有贯通性裂缝，以及疏松、起砂、起皮现象。

　　检验方法：观察检查。

　　现浇泡沫混凝土不得有贯通性裂缝很重要，施工时应重视泡沫混凝土终凝后的养护和成品保护。对已经出现的严重缺陷，应由施工单位提出技术处理方案，并经监理或建设单位认可后进行处理。

5.5.10　现浇泡沫混凝土保温层表面平整度的允许偏差为5mm。

　　检验方法：2m靠尺和塞尺检查。

5.6　种植隔热层

5.6.1　种植隔热层与防水层之间宜设细石混凝土保护层。

　　种植隔热层施工应在屋面防水层和保温层施工验收合格后进行。有关种植屋面的防水层和保温层，除应符合《屋面工程质量验收规范》规定外，尚应符合现行行业标准《种植屋面工程技术规范》（JGJ 155）的有关规定。

　　种植隔热层施工时，如破坏了屋面防水层，则屋面渗漏治理极为困难。如采用陶粒排水层，一般应在屋面防水层上增设水泥砂浆或细石混凝土保护层；如采用塑料板排水层，一般不设任何保护层。本条规定种植隔热层与屋面防水层之间宜设细石混凝土保护层，这里不要错误理解该保护层是考虑植物根系对屋面防水层穿刺损坏而设置的。

5.6.2　种植隔热层的屋面坡度大于20%时，其排水层、种植土层应采取防滑措施。

5.6.3　排水层施工应符合下列要求：

　　1　陶粒的粒径不应小于25mm，大粒径应在下，小粒径应在上。

　　2　凹凸形排水板宜采用搭接法施工，网状交织排水板宜采用对接法施工。

　　3　排水层上应铺设过滤层土工布。

　　4　挡墙或挡板的下部应设泄水孔，孔周围应放置疏水粗细骨料。

　　排水层上应铺设单位面积质量宜为$200\sim400\mathrm{g/m^2}$的土工布作过滤层，土工布太薄容易损坏，不能阻止种植土流失，太厚则过滤水缓慢，不利于排水。

5.6.4　过滤层土工布应沿种植土周边向上铺设至种植土高度，并应与挡墙或挡板黏牢；土工布的搭接宽度不应小于100mm，接缝宜采用粘合或缝合。

　　本条规定为了防止因种植土流失，而造成排水层堵塞。

5.6.5　种植土的厚度及自重应符合设计要求。种植土表面应低于挡墙高度100mm。

　　种植土的厚度及荷重控制是为了防止屋面荷载超重。对种植土表面应低于挡墙是为了防止种植土流失。

主控项目

5.6.6　种植隔热层所用材料的质量，应符合设计要求。

检验方法：检查出厂合格证和质量检验报告。

种植隔热层所用材料应符合以下设计要求：

1. 排水层应选用抗压强度大、耐久性好的轻质材料。陶粒堆积密度不宜大于 500kg/m³，铺设厚度宜为 100～150mm；凹凸形或网状交织排水板应选用塑料或橡胶类材料，并具有一定的抗压强度。

2. 过滤层应选用 200～400g/m² 的聚酯纤维土工布。

3. 种植土可选用田园土、改良土或无机复合种植土。种植土的湿密度一般为干密度的 1.2～1.5 倍。

5.6.7 排水层应与排水系统连通。

检验方法：观察检查。

排水层只有与排水系统连通后，才能保证排水畅通，将多余的水排走。

5.6.8 挡墙或挡板泄水孔的留设应符合设计要求，并不得堵塞。

检验方法：观察和尺量检查。

挡墙或挡板泄水孔主要是排泄种植土中因雨水或其他原因造成过多的水而设置的，如留设位置不正确或泄水孔中堵塞，种植土中过多的水分不能排出，不仅会影响使用，而且会给防水层带来不利。

一般项目

5.6.9 陶粒应铺设平整、均匀，厚度应符合设计要求。

检验方法：观察和尺量检查。

5.6.10 排水板应铺设平整，接缝方法应符合国家现行有关标准的规定。

检验方法：观察和尺量检查。

排水板应铺设平整，以满足排水的要求。凹凸形排水板宜采用搭接法施工，搭接宽度应根据产品的规格而确定；网状交织排水板宜采用对接法施工。

5.6.11 过滤层土工布应铺设平整、接缝严密，其搭接宽度的允许偏差为－10mm。

检验方法：观察和尺量检查。

5.6.12 种植土应铺设平整、均匀，其厚度的允许偏差为±5%，且不得大于 30mm。

检验方法：尺量检查。

5.7 架空隔热层

5.7.1 架空隔热层的高度应按屋面宽度或坡度大小确定。设计无要求时，架空隔热层的高度宜为 180～300mm。

架空隔热层的高度应根据屋面宽度和坡度大小来决定。屋面较宽时，风道中阻力增大，宜采用较高的架空层，反之，可采用较低的架空层。太低了通风效果不好，隔热效果不好，太高了通风效果并不能提高多少且稳定性不好。

5.7.2 当屋面宽度大于 10m 时，应在屋面中部设置通风屋脊，通风口处应设置通风箅子。

5.7.3 架空隔热制品支座底面的卷材、涂膜防水层，应采取加强措施。

采取加强措施的目的是避免损坏防水层。

5.7.4 架空隔热制品的质量应符合下列要求：

1 非上人屋面的砌块强度等级不应低于 MU7.5；上人屋面的砌块强度等级不应低于 MU10。

2 混凝土板的强度等级不应低于 C20，板厚及配筋应符合设计要求。

主控项目

5.7.5 架空隔热制品的质量，应符合设计要求。

检验方法：检查材料或构件合格证和质量检验报告。

架空隔热层是采用隔热制品覆盖在屋面防水层上，并架设一定高度的空间，利用空气流动加快散热起到隔热作用。架空隔热制品的品种规格、技术指标必须符合设计要求。

5.7.6 架空隔热制品的铺设应平整、稳固，缝隙勾填应密实。

检验方法：观察检查。

一般项目

5.7.7 架空隔热制品距山墙或女儿墙不得小于 250mm。

检验方法：观察和尺量检查。

架空隔热制品与山墙或女儿墙的距离过小易于堵塞和不便于清理。间距过大将会降低架空隔热的作用。

5.7.8 架空隔热层的高度及通风屋脊、变形缝做法，应符合设计要求。

检验方法：观察和尺量检查。

5.7.9 架空隔热制品接缝高低差的允许偏差为 3mm。

检验方法：直尺和塞尺检查。

5.8 蓄水隔热层

5.8.1 蓄水隔热层与屋面防水层之间应设隔离层。

蓄水隔热层多用于我国南方地区，一般为开敞式。在混凝土水池与屋面防水层之间设置隔离层，以防止因水池的混凝土结构变形导致卷材或涂膜防水层开裂而造成渗漏。

5.8.2 蓄水池的所有孔洞应预留，不得后凿；所设置的给水管、排水管和溢水管等，均应在蓄水池混凝土施工前安装完毕。

5.8.3 每个蓄水区的防水混凝土应一次浇筑完毕，不得留施工缝。

不留施工缝，避免因接头处理不好导致混凝土裂缝。

5.8.4 防水混凝土应用机械振捣密实，表面应抹平和压光，初凝后应覆盖养护，终凝后浇水养护不得少于 14d；蓄水后不得断水。

不得断水不，主要是防止混凝土干涸开裂。

主控项目

5.8.5 防水混凝土所用材料的质量及配合比应符合设计要求。

检验方法：检查出厂合格证、质量检验报告、进场检验报告和计量措施。

防水混凝土所用的水泥、砂、石、外加剂和水等原材料，应符合现行国家标准《通用硅酸盐水泥》（GB 175）、《混凝土外加剂》（GB 8076）和行业标准《普通混凝土用砂、石质量及检验方法标准》（JGJ 52）、《混凝土用水标准》（JGJ 63）等的要求。防水混凝土的配合比应经试验确定，并应做到计量准确，保证混凝土质量符合设计要求。

5.8.6 防水混凝土的抗压强度和抗渗性能应符合设计要求。

检验方法：检查混凝土抗压和抗渗试验报告。

原材料的质量要求参考第 5 章混凝土工程、混凝土的抗压试件和抗渗试件的留置数量参考第 5 章混凝土结构工程。

5.8.7 蓄水池不得有渗漏现象。

检验方法：蓄水至规定高度观察检查。

检验蓄水池是否有渗漏现象，应在池内蓄水至规定高度，蓄水时间不应少于24h，观察检查。如蓄水池发生渗漏，应采取堵漏措施。

一般项目

5.8.8 防水混凝土表面应密实、平整，不得有蜂窝、麻面、露筋等缺陷。

检验方法：观察检查。

5.8.9 防水混凝土表面的裂缝宽度不应大于0.2mm，并不得贯通。

检验方法：刻度放大镜检查。

如防水混凝土表面出现裂缝宽度大于0.2mm或裂缝贯通时，应采取堵漏措施。

5.8.10 蓄水池上所留设的溢水口、过水孔、排水管、溢水管等，其位置、标高和尺寸均应符合设计要求。

检验方法：观察和尺量检查。

5.8.11 蓄水池结构的允许偏差和检验方法应符合表5.8.11（本书表9.5.7）的规定。

蓄水池结构的允许偏差和检验方法　　　　　　　　　　表 9.5.7

项　目	允许偏差（mm）	检验方法
长度、宽度	+15，-10	尺量检查
厚度	±5	
表面平整度	5	2m靠尺和塞尺检查
排水坡度	符合设计要求	坡度尺检查

9.6　防水与密封工程

6.1　一般规定

6.1.1 本章适用于卷材防水层、涂膜防水层、复合防水层和接缝密封防水等分项工程的施工质量验收。

6.1.2 防水层施工前，基层应坚实、平整、干净、干燥。

虽然现在有些防水材料对基层不要求干燥，但对于屋面工程一般不提倡采用湿铺法施工。基层的干燥程度可采用简易方法进行检验。即应将 $1m^2$ 卷材平坦地干铺在找平层上，静置3～4h后掀开检查，找平层覆盖部位与卷材表面未见水印，方可铺设防水层。

6.1.3 基层处理剂应配比准确，并应搅拌均匀；喷涂或涂刷基层处理剂应均匀一致，待其干燥后应及时进行卷材、涂膜防水层和接缝密封防水施工。

在进行基层处理剂喷涂前，应按照卷材、涂膜防水层所用材料的品种，选用与其材料相容的基层处理剂。在配制基层处理剂时，应根据所用基层处理剂的品种，按有关规定或产品说明书的配合比要求，准确计量，混合后应搅拌3～5min，使其充分均匀。在喷涂或涂刷基层处理剂时应均匀一致，不得漏涂，待基层处理剂干燥后应及时进行卷材或涂膜防水层的施工。如基层处理剂未干燥前遭受雨淋，或是干燥后长期不进行防水层施工，则在防水层施工前必须再涂刷一次基层处理剂。

6.1.4 防水层完工并经验收合格后，应及时做好成品保护。

屋面防水层完工后，后续工序作业时会造成防水层的局部破坏，所以必须做好防水层的保护工作。另外，屋面防水层完工后，严禁在其上凿孔、打洞，破坏防水层的整体性，避免屋面渗漏。

6.1.5 防水与密封工程各分项工程每个检验批的抽检数量，防水层应按屋面面积每100m² 抽查一处，每处应为10m²，且不得少于3处；接缝密封防水应按每50m抽查一处，每处应为5m，且不得少于3处。

6.2 卷材防水层

6.2.1 屋面坡度大于25％时，卷材应采取满粘和钉压固定措施。

卷材屋面坡度超过25％时，常发生下滑现象，故应采取防止卷材下滑措施。防止卷材下滑的措施除采取卷材满粘外，还有钉压固定等方法，固定点应封闭严密。

6.2.2 卷材铺贴方向应符合下列规定：

1 卷材宜平行屋脊铺贴；

2 上下层卷材不得相互垂直铺贴。

卷材铺贴方法应结合卷材搭接缝顺水接茬和卷材铺贴可操作性两方面因素综合考虑。卷材铺贴应在保证顺直的前提下，宜平行屋脊铺贴。

上下层卷材不得相互垂直铺贴，主要是尽可能避免接缝叠加。

6.2.3 卷材搭接缝应符合下列规定：

1 平行屋脊的卷材搭接缝应顺流水方向，卷材搭接宽度应符合表6.2.3（本书表9.6.1）的规定；

2 相邻两幅卷材短边搭接缝应错开，且不得小于500mm；

3 上下层卷材长边搭接缝应错开，且不得小于幅宽的1/3。

卷材搭接宽度（mm）   表 9.6.1

卷材类别		搭接宽度
合成高分子防水卷材	胶粘剂	80
	胶粘带	50
	单缝焊	60，有效焊接宽度不小于25
	双缝焊	80，有效焊接宽度为10×2＋空腔宽
高聚物改性沥青防水卷材	胶粘剂	100
	自粘	80

6.2.4 冷粘法铺贴卷材应符合下列规定：

1 胶粘剂涂刷应均匀，不应露底，不应堆积；

2 应控制胶粘剂涂刷与卷材铺贴的间隔时间；

3 卷材下面的空气应排尽，并应辊压粘贴牢固；

4 卷材铺贴应平整顺直，搭接尺寸应准确，不得扭曲、皱折；

5 接缝口应用密封材料封严，宽度不应小于10mm。

采用冷粘法铺贴卷材时，胶粘剂的涂刷质量对保证卷材防水施工质量关系极大，涂刷不均匀、有堆积或漏涂现象，不但影响卷材的粘结力，还会造成材料浪费。

间隔时间根据胶粘剂的性能和施工环境条件适当掌握。

卷材防水搭接缝的粘结质量，关键是搭接宽度和粘结密封性能。搭接缝平直、不扭曲，才能使搭接宽度有起码的保证；涂满胶粘剂才能保证粘结牢固、封闭严密。为保证搭接尺寸，一般在已铺卷材上以规定的搭接宽度弹出基准线作为标准。

6.2.5 热粘法铺贴卷材应符合下列规定：

　　1 熔化热熔型改性沥青胶结料时，宜采用专用导热油炉加热，加热温度不应高于200℃，使用温度不宜低于180℃；

　　2 粘贴卷材的热熔型改性沥青胶结料厚度宜为1.0～1.5mm；

　　3 采用热熔型改性沥青胶结料粘贴卷材时，应随刮随铺，并应展平压实。

采用热熔型改性沥青胶结料铺贴高聚物改性沥青防水卷材，可起到涂膜与卷材之间优势互补和复合防水的作用，更有利于提高屋面防水工程质量，应当提倡和推广应用。

铺贴卷材时，要求随刮涂热熔型改性沥青胶结料随滚铺卷材，展平压实，掌握好改性沥青胶结料的厚度。

6.2.6 热熔法铺贴卷材应符合下列规定：

　　1 火焰加热器加热卷材应均匀，不得加热不足或烧穿卷材；

　　2 卷材表面热熔后应立即滚铺，卷材下面的空气应排尽，并应辊压粘贴牢固；

　　3 卷材接缝部位应溢出热熔的改性沥青胶，溢出的改性沥青胶宽度宜为8mm；

　　4 铺贴的卷材应平整顺直，搭接尺寸应准确，不得扭曲、皱折；

　　5 厚度小于3mm的高聚物改性沥青防水卷材，严禁采用热熔法施工。

施工加热时卷材幅宽内必须均匀一致，要求火焰加热器的喷嘴与卷材的距离应适当，加热至卷材表面有光亮黑色时方可黏合。若熔化不够，会影响卷材接缝的粘结强度和密封性能；加温过高，会使改性沥青老化变焦且把卷材烧穿。

因卷材表面所涂覆的改性沥青较薄，采用热熔法施工容易把胎体增强材料烧坏，使其降低乃至失去拉伸性能，从而严重影响卷材防水层的质量。铺贴卷材时应将空气排出，才能粘结牢固；滚铺卷材时缝边必须溢出热熔的改性沥青胶，使接缝粘结牢固、封闭严密。

为保证铺贴的卷材平整顺直，搭接尺寸准确，不发生扭曲，应沿预留的或现场弹出的基准线作为标准进行施工作业。

6.2.7 自粘法铺贴卷材应符合下列规定：

　　1 铺贴卷材量，应将自粘胶底面的隔离纸全部撕净；

　　2 卷材下面的空气应排尽，并应辊压粘贴牢固；

　　3 铺贴的卷材应平整顺直，搭接尺寸应准确，不得扭曲、皱折；

　　4 接缝口应用密封材料封严，宽度不应小于10mm；

　　5 低温施工时，接缝部位宜采用热风加热，并应随即粘贴牢固。

为了提高卷材与基层的粘结性能，应涂刷基层处理剂，并及时铺贴卷材。为保证接缝粘结性能，搭接部位提倡采用热风加热，尤其在温度较低时施工这一措施就更为必要。

采用这种铺贴工艺，考虑到施工的可靠度、防水层的收缩，以及外力使缝口翘边开缝的可能，要求接缝口用密封材料封严，以提高其密封抗渗的性能。

在铺贴立面或大坡面卷材时，立面和大坡面处卷材容易下滑，可采用加热方法使自粘卷材与基层粘结牢固，必要时还应采用钉压固定等措施。

6.2.8 焊接法铺贴卷材应符合下列规定：

1 焊接前卷材应铺设平整、顺直，搭接尺寸应准确，不得扭曲、皱折；

2 卷材焊接缝的结合面应干净、干燥，不得有水滴、油污及附着物；

3 焊接时应先焊长边搭接缝，后焊短边搭接缝；

4 控制加热温度和时间，焊接缝不得有漏焊、跳焊、焊焦或焊接不牢现象；

5 焊接时不得损害非焊接部位的卷材。

PVC 等热塑性卷材采用热风焊机或焊枪进行焊接时应符合该条规定。

6.2.9 机械固定法铺贴卷材应符合下列规定：

1 卷材应用专用固定件进行机械固定；

2 固定件应设置在卷材搭接缝内，外露固定件应用卷材封严；

3 固定件应垂直钉入结构层有效固定、固定件数量和位置应符合设计要求；

4 卷材搭接缝应粘结或焊接牢固，密封应严密；

5 卷材周边 800mm 范围内应满粘。

机械固定法铺贴卷材是采用专用的固定件和垫片或压条，将卷材固定在屋面板或结构层构件上，一般固定件均设置在卷材搭接缝内。当固定件固定在屋面板上拉拔力不能满足风揭力的要求时，只能将固定件固定在檩条上。固定件采用螺钉加垫片时，应加盖 200×200mm 卷材封盖。固定件采用螺钉加"U"形压条时，应加盖不小于 150mm 宽卷材封盖。机械固定法在轻钢屋面上固定，其钢板的厚度不宜小于 0.7mm，方可满足拉拔力要求。

目前国内适用机械固定法铺贴的卷材，主要有内增强型 PVC、TPO、EPDM 防水卷材和 5mm 厚加强高聚物改性沥青防水卷材，要求防水卷材具有强度高、搭接缝可靠和使用寿命长等特性。

主控项目

6.2.10 防水卷材及其配套材料的质量应符合设计要求。

检验方法：检查出厂合格证、质量检验报告和进场检验报告。

近年来，我国普遍应用并获得较好效果的高聚物改性沥青防水卷材，产品质量应符合现行国家标准《弹性体改性沥青防水卷材》（GB 18242）、《塑性体改性沥青防水卷材》（GB 18243）、《改性沥青聚乙烯胎防水卷材》（GB 18967）和《自粘聚合物改性沥青防水卷材》（GB 23441）的要求。目前国内合成高分子防水卷材的种类主要为：PVC 防水卷材，其产品质量应符合现行国家标准《聚氯乙烯防水卷材》（GB 12952）的要求；EPDM、TPO 和聚乙烯丙纶防水卷材，产品质量应符合现行国家标准《高分子防水材料 第一部分：片材》（GB 18173.1）的要求。

同时还对卷材的胶粘剂提出了基本的要求，合成高分子胶粘剂质量应符合现行行业标准《高分子防水卷材胶粘剂》（JC/T 863）的要求。

质量检查时，重点检查是否符合设计和产品标准的要求，检查质保书和抽样检测报告，由于材料众多，材料质量具体指标应查看相关标准，也可从检测报告中得知。

6.2.11 卷材防水层不得有渗漏和积水现象。

检验方法：雨后观察或淋水、蓄水试验。

检验屋面有无渗漏和积水、排水系统是否通畅，可在雨后或持续淋水 2h 以后进行。

有可能作蓄水试验的屋面，其蓄水时间不应少于24h。

6.2.12 卷材防水层在檐口、檐沟、天沟、水落口、泛水、变形缝和伸出屋面管道的防水构造，应符合设计要求。

检验方法：观察检查。

卷材屋面的防水构造设计应符合下列规定：

1. 应根据屋面的结构变形、温差变形、干缩变形和振动等因素，使节点设防能够满足基层变形的需要；

2. 应采用柔性密封、防排结合、材料防水与构造防水相结合；

3. 应采用防水卷材、防水涂料、密封材料等材性互补并用的多道设防，包括设置附加层。

一般项目

6.2.13 卷材的搭接缝应粘结或焊接牢固，密封应严密，不得扭曲、皱折和翘边。

卷材防水层的搭接缝质量是卷材防水层成败的关键，搭接缝质量好坏表现在两个方两，一是搭接缝粘结或焊接牢固，密封严密；二是搭接缝宽度符合设计要求和规范规定。冷粘法施工胶粘剂的选择至关重要；热熔法施工，卷材的质量和厚度是保证搭接缝的前提，完工的搭接缝以溢出沥青胶为度；热风焊接法关键是焊机的温度和速度的把握，不得出现虚焊、漏焊或焊焦现象。

6.2.14 卷材防水层的收头应与基层粘结，钉压应牢固，密封应严密。

检验方法：观察检查。

卷材防水层收头是屋面细部构造施工的关键环节。如檐口800mm范围内的卷材应满粘，卷材端头应压入找平层的凹槽内，卷材收头应用金属压条钉压固定，并用密封材料封严；檐沟内卷材应由沟底翻上至沟外侧顶部，卷材收头应用金属压条钉压固定，并用密封材料封严；女儿墙和山墙泛水高度不应小于250mm，卷材收头可直接铺至女儿墙压顶下，用金属压条钉压固定，并用密封材料封严；伸出屋面管道泛水高度不应小于250mm，卷材收头处应用金属箍箍紧，并用密封材料封严；水落口部位的防水层，伸入水落口杯内不应小于50mm，并应粘结牢固。

6.2.15 卷材防水层的铺贴方向应正确，卷材搭接宽度的允许偏差为—10mm。

检验方法：观察和尺量检查。

6.2.16 屋面排气构造的排汽道应纵横贯通，不得堵塞；排汽管应安装牢固，位置应正确，封闭应严密。

检验方法：观察检查。

找平层设置的分格缝可兼作排汽道，排汽道的宽度宜为40mm，排汽道纵横间距宜为6m，屋面面积每36m²宜设置一个排汽孔。排汽出口应埋设排汽管；排汽管应设置在结构层上，穿过保温层及排汽道的管壁四周均应打孔，以保证排汽道的畅通。排汽出口亦可设在檐口下或屋面排汽道交叉处。排汽管安装封闭不严密，会使排汽管变成了进水孔，造成屋面漏水。

6.3 涂膜防水层

6.3.1 防水涂料应多遍涂布，并应待前一遍涂布的涂料干燥成膜后，再涂布后一遍涂料，且前后两遍涂料的涂布方向应相互垂直。

防水涂膜在满足厚度要求的前提下，涂刷的遍数越多对成膜的密实度越好，因此涂料施工时应采用多遍涂布，不论是厚质涂料还是薄质涂料不得一次成膜。每遍涂刷应均匀，不得有露底、漏涂和堆积现象；多遍涂刷时，应待前遍涂层表干后，方可涂刷后一遍涂料，两涂层施工间隔时间不宜过长，否则易形成分层现象。

6.3.2　铺设胎体增强材料应符合下列规定：

1　胎体增强材料宜采用聚酯无纺布或化纤无纺布；

2　胎体增强材料长边搭接宽度不应小于50mm，短边搭接宽度不应小于70mm；

3　上下层胎体增强材料的长边搭接缝应错开，且不得小于幅宽的1/3。

4　上下层胎体增强材料不得相互垂直铺设。

胎体增强材料平行或垂直屋脊铺设应视方便施工而定。平行于屋脊铺设时，应由最低标高处向上铺设，胎体增强材料顺着流水方向搭接，避免呛水；胎体增强材料铺贴时，应边涂刷边铺贴，避免两者分离。

6.3.3　多组分防水涂料应按配合比准确计量，搅拌应均匀，并应根据有效时间确定每次配制的数量。

采用多组分涂料时，由于各组分的配料计量不准和搅拌不均匀，将会影响混合料的充分化学反应，造成涂料性能指标下降。一般配成的涂料固化时间比较短，应按照一次涂布用量确定配料的多少，在固化前用完；已固化的涂料不能和未固化的涂料混合使用，否则将会降低防水涂膜的质量。当涂料黏度过大或涂料固化过快或过慢时，可分别加入适量的稀释剂、缓凝剂或促凝剂，调节黏度或固化时间，但不得影响防水涂膜的质量。

主控项目

6.3.4　防水涂料和胎体增强材料的质量，应符合设计要求。

检验方法：检查出厂合格证、质量检验报告和进场检验报告。

高聚物改性沥青防水涂料的质量，应符合现行行业标准《水乳型沥青防水涂料》（JC/T 408）、《溶剂型橡胶沥青防水涂料》（JC/T 852）的要求。合成高分子防水涂料的质量，应符合现行国家标准《聚氨酯防水涂料》（GB/T 19250）、《聚合物水泥防水涂料》（GB/T 23445）和现行行业标准《聚合物乳液建筑防水涂料》（JC/T 864）的要求。

胎体增强材料主要有聚酯无纺布和化纤无纺布。聚酯无纺布纵向拉力不应小于150N/50mm、横向拉力不应小于100N/50mm，延伸率纵向不应小于10%、横向不应小于20%；化纤无纺布纵向拉力不应小于45N/50mm、横向拉力不应小于35N/50mm，延伸率纵向不应小于20%、横向不应小于25%。

6.3.5　涂膜防水层不得有渗漏和积水现象。

检验方法：雨后观察或淋水、蓄水试验。

检验屋面有无渗漏和积水、排水系统是否通畅，可在雨后或持续淋水2h以后进行。有可能作蓄水试验的屋面，其蓄水时间不应少于24h。

6.3.6　涂膜防水层在檐口、檐沟、天沟、水落口、泛水、变形缝和伸出屋面管道的防水构造，应符合设计要求。

检验方法：观察检查。

同卷材防水层。

6.3.7　涂膜防水层的平均厚度应符合设计要求，且最小厚度不得小于设计厚度的80%。

检验方法：针测法或取样量测。

涂膜防水层厚度应包括胎体增强材料厚度。

一般项目

6.3.8 涂膜防水层与基层应粘结牢固，表面应平整，涂布应均匀，不得有流淌、皱折、起泡和露胎体等缺陷。

检验方法：观察检查。

涂膜防水层成膜后如出现流淌、起泡和露胎体等缺陷，会降低防水工程质量而影响使用寿命。

防水涂料的粘结性不但是反映防水涂料性能优劣的一项重要指标，而且涂膜防水层施工时，基层的分格缝处或可预见变形部位宜采用空铺附加层。因此，验收时规定涂膜防水层应粘结牢固是合理的要求。

6.3.9 涂膜防水层的收头应用防水涂料多遍涂刷。

检验方法：观察检查。

6.3.10 铺贴胎体增强材料应平整顺直，搭接尺寸应准确，应排除气泡，并应与涂料粘结牢固；胎体增强材料搭接宽度的允许偏差为－10mm。

检验方法：观察和尺量检查。

6.4 复合防水层

6.4.1 卷材与涂料复合使用时，涂膜防水层宜设置在卷材防水层的下面。

该条主要是体现涂膜防水层粘结强度高，可修补防水层基层裂缝缺陷，防水层无接缝、整体性好的特点；同时还体现卷材防水层强度高、耐穿刺、厚薄均匀、使用寿命长等特点。

6.4.2 卷材与涂料复合使用时，防水卷材的粘结质量应符合表 6.4.2（本书表 9.6.2）的规定。

防水卷材的粘结质量　　　　　　　　　　　　　　　表 9.6.2

项目	自粘聚合物改性沥青防水卷材和带自粘层防水卷材	高聚物改性沥青防水卷材胶粘剂	合成高分子防水卷材胶粘剂
粘结剥离强度（N/10mm）	≥10 或卷材断裂	≥8 或卷材断裂	≥15 或卷材断裂
剪切状态下的粘合强度（N/10mm）	≥20 或卷材断裂	≥20 或卷材断裂	≥20 或卷材断裂
浸水 168h 后粘结剥离强度保持率（%）	—	—	≥70

注：防水涂料作为防水卷材粘结材料复合使用时，应符合相应的防水卷材胶粘剂规定。

6.4.3 复合防水层施工质量应符合本规范第 6.2 节和第 6.3 节的有关规定。

在复合防水层中，如果防水涂料既是涂膜防水层，又是防水卷材的胶粘剂，那么单独对涂膜防水层的验收不可能，只能待复合防水层完工后整体验收。如果防水涂料不是防水卷材的胶粘剂，那么应对涂膜防水层和卷材防水层分别验收。

主控项目

6.4.4 复合防水层所用防水材料及其配套材料的质量应符合设计要求。

检验方法：检查出厂合格证、质量检验报告和进场检验报告。

6.4.5 复合防水层不得有渗漏和积水现象。

检验方法：雨后观察或淋水、蓄水试验。

6.4.6 复合防水层在天沟、檐沟、檐口、水落口、泛水、变形缝和伸出屋面管道的防水构造应符合设计要求。

检验方法：观察检查。

一般项目

6.4.7 卷材与涂膜应粘贴牢固，不得有空鼓和分层现象。

检验方法：观察检查。

卷材防水层与涂膜防水层应粘贴牢固，尤其是天沟和立面防水部位，如出现空鼓和分层现象，一旦卷材破损，防水层会出现蹿水现象，另外由于空鼓或分层，加速卷材热老化和疲劳老化，降低卷材使用寿命。

6.4.8 复合防水层的总厚度应符合设计要求。

检验方法：针测法或取样量测。

复合防水层的总厚度，主要包括卷材厚度、卷材胶粘剂厚度和涂膜厚度。在复合防水层中，如果防水涂料既是涂膜防水层，又是作为防水卷材的胶粘剂，那么涂膜厚度应给予适当增加。有关复合防水层的涂膜厚度，应符合规范第6.3.7条的规定。

6.5 接缝密封防水

6.5.1 密封防水部位的基层应符合下列要求：

1 基层应牢固，表面应平整、密实，不得有裂缝、蜂窝、麻面、起皮和起砂现象；

2 基层应清洁、干燥，并应无油污、无灰尘；

3 嵌入的背衬材料与接缝壁间不得留有空隙；

4 密封防水部位的基层宜涂刷基层处理剂，涂刷应均匀，不得漏涂。

1. 如果接缝密封材料的基层强度不够，或有蜂窝、麻面、起皮和起砂现象，都会降低密封材料与基层的粘结强度。基层不平整、不密实或嵌填密封材料不均匀，接缝位移时会造成密封材料局部破坏，失去密封防水的作用。

2. 如果基层不干净不干燥，会降低密封材料与基层的粘结强度。尤其是溶剂型或反应固化型密封材料，基层必须干燥。

3. 接缝处密封材料的底部应设置背衬材料。背衬材料应选择与密封材料不粘或粘结力弱的材料，并应能适应基层的延伸和压缩，具有施工时不变形、复原率高和耐久性好等性能。

4. 密封防水部位的基层宜涂刷基层处理剂。选择基层处理剂时，既要考虑密封材料与基层处理剂材性的相容性，又要考虑基层处理剂与被粘结材料有良好的粘结性。

6.5.2 多组分密封材料应按配合比准确计量，拌合应均匀，并应根据有效时间确定每次配制的数量。

使用多组分密封材料时，一般来说，固化组分含有较多的软化剂，如果配比不准确，固化组分过多，会使密封材料粘结力下降，过少会使密封材料拉伸模量过高，密封材料的位移变形能力下降；施工中拌合不均匀，会造成混合料不能充分反应，导致材料性能指标达不到要求。

6.5.3 密封材料嵌填完成后，在固化前应避免灰尘、破损及污染，且不得踩踏。

嵌填完毕的密封材料，一般应养护2～3d。接缝密封防水处理通常在下一道工序施工前，应对接缝部位的密封材料采取保护措施。如施工现场清扫、隔热层施工时，对已嵌填的密封材料宜采用卷材或木板保护，以防止污染及碰损。因为密封材料嵌填对构造尺寸和形状都有一定的要求，未固化的材料不具备一定的弹性，踩踏后密封材料会发生塑性变形，导致密封材料构造尺寸不符合设计要求，所以对嵌填的密封材料固化前不得踩踏。

主控项目

6.5.4 密封材料及其配套材料的质量，应符合设计要求。

检验方法：检查出厂合格证、质量检验报告和进场检验报告。

改性石油沥青密封材料按耐热度和低温柔性分为Ⅰ和Ⅱ类，质量要求依据现行行业标准《建筑防水沥青嵌缝油膏》（JC/T 207），Ⅰ类产品代号为"702"，即耐热性为70℃，低温柔性为－20℃，适合北方地区使用；Ⅱ类产品代号为"801"，即耐热性为80℃，低温柔性为－10℃，适合南方地区使用。合成高分子密封材料质量要求，主要依据现行行业标准《混凝土建筑接缝用密封胶》（JC/T 881），按密封胶位移能力分为25、20、12.5、7.5四个级别，25级和20级密封胶按拉伸模量分为低模量（LM）和高模量（HM）两个次级别，12.5级密封胶按弹性恢复率又分为弹性（E）和塑性（P）两个级别，故把25级、20级和12.5E级密封胶称为弹性密封胶，而把12.5P级和7.5P级密封胶称为塑性密封胶。

6.5.5 密封材料嵌填应密实、连续、饱满，粘结牢固，不得有的气泡、开裂、脱落等缺陷。

检验方法：观察检查。

采用改性石油沥青密封材料嵌填时应注意以下两点：

1. 热灌法施工应由下向上进行，并减少接头；垂直于屋脊的板缝宜先浇灌，同时在纵横交叉处宜沿平行于屋脊的两侧板缝各延伸浇灌150mm，并留成斜槎。密封材料熬制及浇灌温度应按不同材料要求严格控制。

2. 冷嵌法施工应先将少量密封材料批刮到缝槽两侧，分次将密封材料嵌填在缝内，用力压嵌密实。嵌填时密封材料与缝壁不得留有空隙，并防止裹入空气。接头应采用斜槎。

采用合成高分子密封材料嵌填时，不管是用挤出枪还是用腻子刀施工，表面都不会光滑平直，可能还会出现凹陷、漏嵌填、孔洞、气泡等现象，故应在密封材料表干前进行修整。如果表干前不修整，则表干后不易修整，且容易将成膜固化的密封材料破坏。

一般项目

6.5.6 密封防水部位的基层应符合本规范第6.5.1条的规定。

检验方法：观察检查。

6.5.7 接缝宽度和密封材料的嵌填深度应符合设计要求，接缝宽度的允许偏差为±10%。

检验方法：尺量检查。

位移接缝的接缝宽度应按屋面接缝位移量计算确定。接缝的相对位移量不应大于可供选择密封材料的位移能力，否则将导致密封防水处理的失效。密封材料嵌填深度常取接缝宽度的50%～70%，是一个经验值。接缝宽度不应大于40mm，也不应小于10mm。接缝宽度太窄密封材料不易嵌填，太宽则会造成材料浪费。如果接缝宽度不符合上述要求，应进行调整或用聚合物水泥砂浆处理。

6.5.8 嵌填的密封材料表面应平滑，缝边应顺直，应无明显不平和周边污染现象。

检验方法：观察检查。

9.7 瓦面与板面工程

7.1 一般规定

7.1.1 本章适用于烧结瓦、混凝土瓦、沥青瓦和金属板、玻璃采光顶铺装等分项工程的施工质量验收。

7.1.2 瓦面与板面工程施工前，应对主体结构进行质量验收，并应符合现行国家标准《混凝土结构工程施工质量验收规范》(GB 50204)、《钢结构工程施工质量验收规范》(GB 50205)和《木结构工程施工质量验收规范》(GB 50206)的有关规定。

瓦屋面、金属板屋面和玻璃采光顶均属建筑围护结构。

7.1.3 木质望板、檩条、顺水条、挂瓦条等构件，均应做防腐、防蛀和防火处理；金属顺水条、挂瓦条以及金属板、固定件，均应做防锈处理。

传统的瓦材屋面大量采用木构件，木材腐朽与使用环境特别是湿度有密切的关系，危害严重的白蚁也会在湿热的环境中迅速繁殖，应确保木构件达到设计要求的使用年限并满足防火的要求。

7.1.4 瓦材或板材与山墙及突出屋面结构的交接处，均应做泛水处理。

瓦材和板材与山墙及突出屋面结构的交接处，是屋面防水的弱环节，做好泛水处理是保证屋面工程质量的关键。

7.1.5 在大风及地震设防地区或屋面坡度大于100%时，瓦材应采取固定加强措施。

编者查阅了有关气象资料，也查阅了相关标准，未找到大风地区的解释。关于地震设防地区，按国家规定权限批准作为一个地区抗震设防依据的叫地震烈度，大于等于6度设防烈度的地区，建筑物设计必须进行抗震设计。

7.1.6 在瓦材的下面应铺设防水层或防水垫层，其品种、厚度和搭接宽度均应符合设计要求。

由于块瓦和沥青瓦是不封闭连续铺设的，依靠搭接构造和重力排水来满足防水功能，凡是搭接缝都会产生雨水慢渗或虹吸现象。防水垫层宜选用自粘聚合物沥青防水垫层、聚合物改性沥青防水垫层，产品应按现行国家或行业标准执行。防水垫层宜满粘或机械固定，防水垫层的搭接缝应满粘。

7.1.7 严寒和寒冷地区的檐口部位，应采取防雪融冰坠的安全措施。

7.1.8 瓦面与板面工程各分项工程每个检验批的抽检数量，按屋面面积每100m² 抽查一处，每处应为10m²，且不得少于3处。

7.2 油毡瓦屋面

7.2.1 平瓦和脊瓦应边缘整齐，表面光洁，不得有分层、裂纹和露砂等缺陷；平瓦的瓦爪与瓦槽的尺寸应配合。

烧结瓦和混凝土瓦的质量，包括品种及规格、外观、物理性能等内容，外观质量应符合要求。铺瓦前应选瓦，凡缺边、掉角、裂缝、砂眼、翘曲不平、张口等缺陷的瓦，不得使用。

7.2.2 基层、顺水条、挂瓦条的铺设应符合下列规定：

1 基层应平整、干净、干燥，持钉层厚度应符合设计要求。

2 顺水条应垂直屋脊方向铺钉在基层上，顺水条表面应平整，其间距不宜大于500mm。

3 挂瓦条的间距应根据瓦片尺寸和屋面坡长经计算确定。

4 挂瓦条应铺钉平整、牢固，上棱应成一直线。

为了保证块瓦平整和牢固，必须严格控制基层、顺水条和挂瓦条的平整度。在符合结构荷载要求的前提下，木基层的持钉层厚度不应小于 20mm，人造板材的持钉层厚度不应小于16mm，C20 细石混凝土的持钉层厚度不应小于 35mm。

7.2.3 挂瓦应符合下列规定：

1 挂瓦应从两坡的檐口同时对称进行。瓦后爪应与挂瓦条挂牢，并应与邻边、下面两瓦落槽密合。

2 檐口瓦、斜天沟瓦应用镀锌铁丝拴牢在挂瓦条上，每片瓦均应与挂瓦条固定牢固。

3 整坡瓦面应平整，行列应横平竖直，不得有翘角和张口现象。

4 正脊和斜脊应铺平挂直，脊瓦搭盖应顺主导风向和流水方向。

烧结瓦、混凝土瓦挂瓦时应注意的问题：

1. 挂瓦时应将瓦片均匀分散堆放在屋面两坡，铺瓦时应从两坡从下向上对称铺设，这样做可以避免产生过大的不对称荷载，而导致结构的变形甚至破坏。挂瓦时应瓦榫落槽，瓦角挂牢，搭接严密，使屋面整齐、美观。

2. 对于檐口瓦、斜天沟瓦，因其易于脱落，施工时应用镀锌铁丝将其拴牢在挂瓦条上。

3. 在铺设瓦片时应做到整体瓦面平整，横平竖直，外表美观，尤其是不得有张口现象，否则冷空气或雨水会沿缝口渗入室内，甚至造成屋面渗漏。

7.2.4 烧结瓦和混凝土瓦铺装的有关尺寸应符合下列规定：

1 瓦屋面檐口挑出墙面的长度不宜小于 300mm。

2 脊瓦在两坡面瓦上的搭盖宽度，每边不应小于 40mm。

3 脊瓦下端距坡面瓦的高度不宜大于 80m。

4 瓦头伸入檐沟、天沟内的长度宜为 50~70mm。

5 金属檐沟、天沟伸入瓦内的宽度不应小于 150mm。

6 瓦头挑出檐口的长度宜为 50~70mm。

7 突出屋面结构的侧面瓦伸入泛水宽度不应小于 50mm。

主控项目

7.2.5 瓦材及防水垫层的质量，应符合设计要求。

检验方法：检查出厂合格证、质量检验报告和进场检验报告。

烧结瓦的质量应符合《烧结瓦》(GB/T 21149—2007) 要求。

混凝土瓦应符合《混凝土瓦》(JC/T 746—2007) 要求。

7.2.6 烧结瓦、混凝土瓦屋面不得有渗漏现象。

检验方法：雨后观察或淋水试验。

7.2.7 瓦片必须铺置牢固。在大风及地震设防地区或屋面坡度大于 100%时，应按设计要求采取固定加强措施。

检验方法：观察或手扳检查。

本条为强制性条文。固定加强措施，有时几种因素综合在一起，应由设计给出具体规定。

一般项目

7.2.8 挂瓦条应分档均匀，铺钉应平整、牢固；瓦面应平整，行列应整齐，搭接应紧密，檐口应平直。

　　检验方法：观察检查。

7.2.9 脊瓦应搭盖正确，间距应均匀，封固应严密；正脊和斜脊应顺直，应无起伏现象。

　　检验方法：观察检查。

在铺设脊瓦时宜拉线找直、找平，使脊瓦在屋脊上铺成一条直线，以保证外表美观。

7.2.10 泛水做法应符合设计要求，并应顺直整齐、结合严密。

　　检验方法：观察检查。

7.2.11 烧结瓦和混凝土瓦铺装的有关尺寸应符合设计要求。

　　检验方法：尺量检查。

7.3 沥青瓦铺装

7.3.1 沥青瓦应边缘整齐，切槽应清晰，厚薄应均匀，表面应无孔洞、楞伤、裂纹、皱折和起泡等缺陷。

7.3.2 沥青瓦应自檐口向上铺设，起始层瓦应由瓦片经切除垂片部分后制得，且起始层瓦沿檐口平行铺设并伸出檐口 10mm，并应用沥青基胶粘材料与基层粘结；第一层瓦应与起始层瓦叠合，但瓦切口应向下指向檐口；第二层瓦应压在第一层瓦上且露出瓦切口，但不得超过切口长度。相邻两层沥青瓦的拼缝及切口应均匀错开。

7.3.3 铺设脊瓦时，宜将沥青瓦沿口剪开分成三块作为脊瓦，并应用 2 个固定钉固定，同时应用沥青基胶粘材料密封；脊瓦搭盖应顺主导风向。

7.3.4 沥青瓦的固定应符合下列规定：

　　1 沥青瓦铺设时，每张瓦片不得少于 4 个固定钉，在大风地区或屋面坡度大于 100% 时，每张瓦片不得少于 6 个固定钉。

　　2 固定钉应垂直钉入沥青瓦盖面，钉帽应与瓦片表面齐平。

　　3 固定钉钉入持钉层深度应符合设计要求。

　　4 屋面边缘部位沥青瓦之间以及起始瓦与基层之间，均应采用沥青基胶粘材料满粘。

7.3.5 沥青瓦铺装的有关尺寸应符合下列规定：

　　1 脊瓦在两坡面瓦上的搭盖宽度，每边不应小于 150mm。

　　2 脊瓦与脊瓦的压盖面不应小于脊瓦面积的 1/2。

　　3 沥青瓦挑出檐口的长度宜为 10～20mm。

　　4 金属泛水板与沥青瓦的搭盖宽度不应小于 100mm。

　　5 金属泛水板与突出屋面墙体的搭接高度不应小于 250mm。

　　6 金属滴水板伸入沥青瓦下的宽度不应小于 80mm。

主控项目

7.3.6 沥青瓦及防水垫层的质量应符合设计要求。

　　检验方法：检查出厂合格证、质量检验报告和进场检验报告。

玻纤胎沥青瓦应符合《玻纤胎沥青瓦》（GB/T 20474—2006）的要求。

7.3.7　沥青瓦屋面不得有渗漏现象。

　　检验方法：雨后观察或淋水试验。

7.3.8　沥青铺设应搭接正确，瓦片外露部分不得超过切口长度。

　　检验方法：观察检查。

一般项目

7.3.9　沥青瓦所用固定钉应垂直钉入持钉层，钉帽不得外露。

　　检验方法：观察检查。

7.3.10　沥青瓦应与基层粘钉牢固，瓦面应平整，檐口应平直。

　　检验方法：观察检查。

7.3.11　泛水做法应符合设计要求，并应顺直整齐、结合紧密。

　　检验方法：观察检查。

7.3.12　沥青瓦铺装的有关尺寸应符合设计要求。

　　检验方法：尺量检查。

7.4　金属板铺装

7.4.1　金属板材应边缘整齐，表面应光滑，色泽应均匀，外形应规则，不得有翘曲、脱膜和锈蚀等缺陷。

7.4.2　金属板材应用专用吊具安装，安装和运输过程中不得损伤金属板材。

　　金属板材的技术要求包括基板、镀层和涂层三部分，其中涂层的质量直接影响屋面的外观，表面涂层在安装、运输过程中容易损伤。

7.4.3　金属板材应根据要求板型和深化设计的排版图铺设，并应按设计图纸规定的连接方式固定。

7.4.4　金属板固定支架或支座位置应准确，安装应牢固。

　　金属板铺设前，应先在檩条上安装固定支架或支座，安装时位置应准确，固定螺栓数量应符合设计要求。

7.4.5　金属板屋面铺装的有关尺寸应符合下列规定：

　　1　金属板檐口挑出墙面的长度不应小于200mm。

　　2　金属板伸入檐沟、天沟内的长度不应小于100mm。

　　3　金属泛水板与突出屋面墙体的搭接高度不应小于250mm。

　　4　金属泛水板、变形缝盖板与金属板的搭接宽度不应小于200mm。

　　5　金属屋脊盖板在两坡面金属板上的搭盖宽度不应小于250mm。

主控项目

7.4.6　金属板材及其辅助材料的质量，应符合设计要求。

　　检验方法：检查出厂合格证、质量检验报告和进场检验报告。

　　金属板材及其辅助材料的质量必须符合设计要求，不得随意改变其品种、规格和性能。选用金属面板材料、紧固件和密封材料时，产品应符合现行国家和行业标准的要求。

7.4.7　金属板屋面不得有渗漏现象。

　　检验方法：雨后观察或淋水试验。

　　金属板屋面主要包括压型金属板和金属面绝热夹芯板两类。压型金属板的板型可分为高波板和低波板，其连接方式分为紧固件连接、咬口锁边连接；金属面绝热夹芯板是由彩涂钢板与保温材料在工厂制作而成，屋面用夹芯板的波形应为波形板，其连接方式为紧固件连接。

由于金属板屋面跨度大、坡度小、形状复杂、安全耐久要求高，在风雪同时作用或积雪局部融化屋面积水的情况下，金属板应具有阻止雨水渗漏室内的功能。金属板屋面要做到不渗漏，对金属板的连接和密封处理是防水技术的关键。金属板铺装完成后，应对局部或整体进行雨后观察或淋水试验。

一般项目

7.4.8 金属板铺装应平整、顺滑；排水坡度应符合设计要求。

检验方法：坡度尺检查。

由于金属板屋面的排水坡度，是根据建筑造型、屋面基层类别、金属板连接方式以及当地气候条件等因素所决定，虽然金属板屋面的泄水能力较好，但因金属板接缝密封不完整或屋面积水过多，造成屋面渗漏的现象屡见不鲜，金属板铺装的平整、顺滑，排水坡度符合设计要求是必需的。

7.4.9 压型金属板的咬口锁边连接应严密、连续、平整，不得扭曲和裂口。

检验方法：观察检查。

本条对压型金属板采用咬口锁边连接提出外观质量要求。在金属板屋面系统中，由于金属板为水槽形状压制成型，立边搭接紧扣，再用专用锁边机机械化锁边接口，具有整体结构性防水和排水功能，对三维弯弧和特异造型尤其适用，所以咬口锁边连接在金属板铺装中被广泛应用。

7.4.10 压型金属板的紧固件连接应采用带防水垫圈的自攻螺钉，固定点应设在波峰上；所有自攻螺钉外露的部位均应密封处理。

检验方法：观察检查。

7.4.11 金属面绝热夹芯板的纵向和横向搭接应符合设计要求。

检验方法：观察检查。

金属面绝热夹芯板的连接方式，是采用紧固件将夹芯板固定在檩条上。夹芯板的纵向搭接位于檩条上，两块板均应伸至支承构件上，每块板支座长度不应小于50mm，夹芯板纵向搭接长度不应小于200mm，搭接部位均应设密封防水胶带；夹芯板的横向搭接尺寸应按具体板型确定。

7.4.12 金属板的屋脊、檐口、泛水，直线段应顺直，曲线段应顺畅。

检验方法：观察检查。

7.4.13 金属板材铺装的允许偏差和检验方法应符合表7.4.13（本书表9.7.1）的规定。

金属板铺装的允许偏差和检验方法　　　　　　　　　　　表 9.7.1

项目	允许偏差（mm）	检验方法
檐口与屋脊的平行度	15	拉线和尺量检查
金属板对屋脊的垂直度	单坡长度的1/800，且不大于25	
金属板咬缝的平整度	10	
檐口相邻两板的端部错位	6	
金属板铺装的有关尺寸	符合设计要求	尺量检查

7.5　玻璃采光顶铺装

7.5.1　玻璃采光顶的预埋件应位置准确，安装应牢固。

为了保证玻璃采光顶与主体结构连接牢固，玻璃采光顶的预埋件应在主体结构施工时按设计要求进行埋设，预埋件的标高偏差不应大于±10mm，位置偏差不应大于±20mm。当预埋件位置偏差过大或未设预埋件时，应制定补救措施或可靠的连接方案，经设计单位同意后方可实施。

7.5.2　采光顶玻璃及玻璃组件的制作，应符合现行行业标准《建筑玻璃采光顶》（JG/T 231）的有关规定。

7.5.3　采光顶玻璃表面应平整、洁净，颜色应均匀一致。

7.5.4　玻璃采光顶与周边墙体之间的连接应符合设计要求。

玻璃采光顶与周边墙体的连接处，由于采光顶边缘一般都是金属边框，存在热桥现象，会影响建筑的节能；同时接缝部位多采用弹性闭孔的密封材料，有水密性要求时还采用耐候密封胶。为此，玻璃采光顶与周边墙体的连接处应符合设计要求。

主控项目

7.5.5　采光顶玻璃及其配套材料的质量，应符合设计要求。

检验方法：检查出厂合格证和质量检验报告。

采光顶玻璃及其配套材料的质量，应符合现行国家标准《建筑用安全玻璃　第2部分：钢化玻璃》（GB/T 15763.2）、《建筑用安全玻璃　第3部分：夹层玻璃》（GB/T 15763.3）、《中空玻璃》（GB/T 11944）、《建筑用硅酮结构密封胶》（GB 16776）和行业标准《中空玻璃用丁基热熔密封胶》（JC/T 914）、《中空玻璃用弹性密封胶》（JC/T 486）等的要求。

玻璃接缝密封胶的质量，应符合现行行业标准《幕墙玻璃接缝用密封胶》（JC/T 882）的要求，选用时应检查产品的位移能力级别和模量级别。产品使用前应进行剥离粘结性试验。

硅酮结构密封胶使用前，应经国家认可的检测机构进行与其相接触的有机材料相容性和被粘结材料的剥离粘结性试验，并应对邵氏硬度、标准状态拉伸粘结性能进行复验。硅酮结构密封胶生产商应提供其结构胶的变位承受能力数据和质量保证书。

7.5.6　玻璃采光顶不得有渗漏现象。

检验方法：雨后观察或淋水试验。

由于玻璃采光顶一般跨度大、坡度小、形状复杂、安全耐久要求高，在风雨同时作用或积雪局部融化屋面积水的情况下，采光顶应具有阻止雨水渗漏室内的性能。采光顶铺装完成后，应对局部或整体进行雨后观察或淋水试验。

7.5.7　硅酮耐候密封胶的打注应密实、连续、饱满，粘结应牢固，不得有气泡、开裂、脱落等缺陷。

检验方法：观察检查。

一般情况下，首先把挤出嘴剪成所要求的宽度，将挤出嘴插入接缝，使挤出嘴顶部离接缝底面2mm，注入密封胶至接口边缘，注胶时保证密封胶没有带入空气，密封胶注入后，必须用工具修整，并清除接缝表面多余的密封胶。

一般项目

7.5.8　玻璃采光顶铺装应平整、顺直；排水坡度应符合设计要求。

检验方法：观察和坡度尺检查。

玻璃本身不会发生渗漏，由于单块玻璃面板及其支承构件在长期荷载作用下产生的挠度、变形而导致积水，非常容易造成渗漏和影响美观的不良后果。特别是在排水坡度较小时，很容易出现接缝密封胶处理不当或局部积水等情况，易发生渗漏。

7.5.9 玻璃采光顶的冷凝水收集和排除构造，应符合设计要求。

　　检验方法：观察检查。

7.5.10 明框玻璃采光顶的外露金属框或压条应横平竖直，压条安装应牢固；隐框玻璃采光顶的玻璃分格拼缝应横平竖直，均匀一致。

　　检验方法：观察和手扳检查。

玻璃采光顶坡面的设计坡度不应太小，以使冷凝水不是滴落，而是沿玻璃下泄；玻璃采光顶的所有杆件均应有集水槽，将沿玻璃下泄的冷凝水汇集，并使所有集水槽相互沟通，将冷凝水汇流到室外或室内水落管内。对导气孔及排水孔设置、集水槽坡向、集水槽之间连接等构造应进行隐蔽工程检查验收，必要时可进行通水试验。

7.5.11 点支承玻璃采光顶的支承装置应安装牢固，配合应严密；支承装置不得与玻璃直接接触。

　　检验方法：观察检查。

7.5.12 采光顶玻璃的密封胶缝应横平竖直，深浅应一致，宽窄应均匀，应光滑顺直。

　　检验方法：观察检查。

7.5.13 明框玻璃采光顶铺装的允许偏差和检验方法，应符合表 7.5.13（本书表 9.7.2）的规定。

明框玻璃采光顶铺装的允许偏差和检验方法　　　　表 9.7.2

项　目		允许偏差（mm）		检验方法
		铝构件	钢构件	
通长构件水平度（纵向或横向）	构件长度≤30m	10	15	水准仪检查
	构件长度≤60m	15	20	
	构件长度≤90m	20	25	
	构件长度≤150m	25	30	
	构件长度＞150m	30	35	
单一构件直线度（纵向或横向）	构件长度≤2m	2	3	拉线和尺量检查
	构件长度＞2m	3	4	
相邻构件平面高低差		1	2	直尺和塞尺检查
通长构件直线度（纵向或横向）	构件长度≤35m	5	7	经纬仪检查
	构件长度＞35m	7	9	
分格框对角线差	对角线长度≤2m	3	4	尺量检查
	对角线长度＞2m	3.5	5	

　　1. 玻璃采光顶通长纵向构件长度，是指与坡度方向垂直的构件长度或周长；通长横向构件长度是指从坡起点到最高点的构件长度。

　　2. 玻璃采光顶构件的水平度和直线度应包括采光顶平面内和平面外的检查。

　　3. 检验项目中检验数量应按抽样构件数量或抽样分格数量的 10% 确定。

7.5.14 隐框玻璃采光顶铺装的允许偏差和检验方法应符合表7.5.14（本书表9.7.3）的规定。

隐框玻璃采光顶铺装的允许偏差和检验方法　　　　　　　　　　表 9.7.3

项　目		允许偏差（mm）	检验方法
通长接缝水平度（纵向或横向）	接缝长度≤30m	10	水准仪检查
	接缝长度≤60m	15	
	接缝长度≤90m	20	
	接缝长度≤150m	25	
	接缝长度＞150m	30	
相邻板块的平面高低差		1	直尺和塞尺检查
相邻板块的接缝直线度		2.5	拉线和尺量检查
通长接缝直线度（纵向或横向）	接缝长度≤35m	5	经纬仪检查
	接缝长度＞35m	7	
玻璃间接缝宽度（与设计尺寸比）		2	尺量检查

7.5.15 点支承玻璃采光顶铺装的允许偏差和检验方法应符合表7.5.15（本书表9.7.4）的规定。

点支承玻璃采光顶铺装的允许偏差和检验方法　　　　　　　　　　表 9.7.4

项　目		允许偏差（mm）	检验方法
通长接缝水平度（纵向或横向）	接缝长度≤30m	10	水准仪检查
	接缝长度≤60m	15	
	接缝长度＞60m	20	
相邻板块的平面高低差		1	直尺和塞尺检查
相邻板块的接缝直线度		2.5	拉线和尺量检查
通长接缝直线度（纵向或横向）	接缝长度≤35m	5	经纬仪检查
	接缝长度＞35m	7	
玻璃间接缝宽度（与设计尺寸比）		2	尺量检查

9.8　细部构造工程

8.1　一般规定

8.1.1　本章适用于檐口、檐沟和天沟、女儿墙和山墙、水落口、变形缝、伸出屋面管道、屋面出入口、反梁过水孔、设施基座、屋脊、屋顶窗等分项工程的施工质量验收。

　　本条规定的这些部位应进行防水增强处理，并作重点质量检查验收。

8.1.2　细部构造工程各分项工程每个检验批应全数进行检验。

8.1.3　细部构造所使用卷材、涂料和密封材料的质量应符合设计要求，两种材料之间应具有相容性。

　　进场的防水材料应进行抽样检验。必要时应做两种材料的相容性试验。

8.1.4 屋面细部构造热桥部位的保温处理，应符合设计要求。

8.2 蓄水屋面

主控项目

8.2.1 檐口的防水构造应符合设计要求。

检验方法：观察检查。

檐口部位的防水层收头和滴水是檐口防水处理的关键，卷材防水屋面檐口 800mm 范围内的卷材应满粘，卷材收头应采用金属压条钉压，并用密封材料封严；涂膜防水屋面檐口的涂膜收头，应用防水涂料多遍涂刷。檐口下端应做鹰嘴和滴水槽。瓦屋面的瓦头挑出檐口的尺寸、滴水板的设置要求等应符合设计要求。验收时对构造做法必须进行严格检查，确保符合设计和现行相关规范的要求。

8.2.2 檐口的排水坡度应符合设计要求；檐口部位不得有渗漏和积水现象。

检验方法：坡度尺检查和雨后观察或淋水试验。

一般项目

8.2.3 檐口 800mm 范围内的卷材应满粘。

检验方法：观察检查。

满粘可以防止空铺、点铺或条铺的卷材防水层发生窜水或被大风揭起。

8.2.4 卷材收头应在找平层的凹槽内用金属压条钉压固定，并应用密封材料封严。

检验方法：观察检查。

8.2.5 涂膜收头应用防水涂料多遍涂刷。

检验方法：观察检查。

8.2.6 檐口端部应抹聚合物水泥砂浆，其下端应做成鹰嘴和滴水槽。

检验方法：观察检查。

檐口做法属于无组织排水，檐口雨水冲刷量大，檐口端部应采用聚合物水泥砂浆铺抹，以提高檐口的防水能力。

8.3 檐沟和天沟

8.3.1 檐沟、天沟的防水构造应符合设计要求。

检验方法：观察检查。

卷材或涂膜防水屋面檐沟和天沟的防水层下应增设附加层，附加层伸入屋面的宽度不应小于 250mm；防水层应由沟底翻上至外侧顶部，卷材收头应用金属压条钉压，并用密封材料封严；涂膜收头应用防水涂料多遍涂刷；檐沟外侧下端应做成鹰嘴或滴水槽。瓦屋面檐沟和天沟防水层下应增设附加层，附加层伸入屋面的宽度不应小于 500mm；檐沟和天沟防水层伸入瓦内的宽度不应小于 150mm，并应与屋面防水层或防水垫层顺流水方向搭接。烧结瓦、混凝土瓦伸入檐沟、天沟内的长度宜为 50～70mm，沥青瓦伸入檐沟内的长度宜为 10～20mm；验收时对构造做法必须进行严格检查，确保符合设计和现行相关规范的要求。

8.3.2 檐沟、天沟的排水坡度应符合设计要求；沟内不得有渗漏和积水现象。

检验方法：坡度尺检查和雨后观察或淋水、蓄水试验。

进行雨后观察或淋水 2h、蓄水试验 24h。

一般项目

8.3.3 檐沟、天沟附加层铺设应符合设计要求。

检验方法：观察和尺量检查。

附加层应在防水层施工前完成，验收时应按每道工序进行质量检验，并做好隐蔽工程验收记录。

8.3.4　檐沟防水层应由沟底翻上至外侧顶部，卷材收头应用金属压条钉压固定，并应用密封材料封严；涂膜收头应用防水涂料多遍涂刷。

检验方法：观察检查。

8.3.5　檐沟外侧顶部及侧面均应抹聚合物水泥砂浆，其下端应做成鹰嘴或滴水槽。

检验方法：观察检查。

8.4　女儿墙和山墙

8.4.1　女儿墙和山墙的防水构造应符合设计要求。

检验方法：观察检查。

女儿墙和山墙无论是采用混凝土还是砌体都会产生开裂现象，女儿墙和山墙上的抹灰及压顶出现裂缝也是很常见的，如不做防水设防，雨水会沿裂缝或墙流入室内。泛水部位如不做附加层防水增强处理，防水层收缩易使泛水转角部位产生空鼓，防水层容易破坏。泛水收头若处理不当易产生翘边现象，使雨水从开口处渗入防水层下部。

8.4.2　女儿墙和山墙的压顶向内排水坡度不应小于5%，压顶内侧下端应做成鹰嘴或滴水槽。

检验方法：观察和坡度尺检查。

压顶是防止雨水从女儿墙或山墙渗入室内的重要部位，砖砌女儿墙和山墙应用现浇混凝土或预制混凝土压顶，压顶形成向内不小于5%的排水坡度，其内侧下端做成鹰嘴或滴水槽防止倒水。为避免压顶混凝土开裂形成渗水通道，压顶必须设分格缝并嵌填密封材料。采用金属制品压顶，无论从防水、立面、构造还是施工维护上讲都是最好的，需要注意的问题是金属扣板纵向缝的密封。

8.4.3　女儿墙和山墙的根部不得有渗漏和积水现象。

检验方法：雨后观察或淋水试验。

淋水试验时间为2h，不渗不漏为合格。

一般项目

8.4.4　女儿墙和山墙的泛水高度及附加层铺设应符合设计要求。

检验方法：观察和尺量检查。

附加层在防水层施工前应做好并进行验收，并填写隐蔽工程验收记录。

8.4.5　女儿墙和山墙的卷材应满粘，卷材收头应用金属压条钉压固定，并应用密封材料封严。

检验方法：观察检查。

卷材防水层铺贴至女儿墙和山墙时，卷材立面部位应满粘防止下滑。砌体女儿墙和山墙可在距屋面不小于250mm的部位留设凹槽，将卷材防水层收头压入凹槽内，用金属压条钉压固定并用密封材料封严，凹槽上部的墙体应做防水处理。混凝土女儿墙和山墙难以设置凹槽，可将卷材防水层直接用金属压条钉压在墙体上，卷材收头用密封材料封严，再做金属盖板保护。

8.4.6　女儿墙和山墙的涂膜应直接涂刷至压顶下，涂膜收头应用防水涂料多遍涂刷。

检验方法：观察检查。

8.5　水落口
主控项目

8.5.1　水落口的防水构造应符合设计要求。

　　检验方法：观察检查。

　　水落口一般采用塑料制品，也有采用金属制品，由于水落口杯与檐沟、天沟的混凝土材料的线膨胀系数不同，环境温度变化的热胀冷缩会使水落口杯与基层交接处产生裂缝。同时，水落口是雨水集中部位，要求能迅速排水，并在雨水的长期冲刷下防水层应具有足够的耐久能力。验收时对每个水落口均应进行严格的检查。由于防水附加增强处理在防水层施工前完成，并被防水层覆盖，验收时应按每道工序进行质量检查，并做好隐蔽工程验收记录。

8.5.2　水落口上口应设在沟底的最低处；水落口处不得有渗漏和积水现象。

　　检验方法：雨后观察或淋水、蓄水试验。

　　水落口杯的安设高度应充分考虑水落口部位增加的附加层和排水坡度加大的尺寸，屋面上每个水落口不单独计算出标高后进行埋设，保证水落口杯上口设置在屋面排水沟的最低处，避免水落口周围积水。淋水 2h、蓄水试验 24h 不渗不漏即可。

一般项目

8.5.3　水落口的数量和位置应符合设计要求；水落口杯应安装牢固。

　　检验方法：观察和手扳检查。

　　水落口杯应用细石混凝土与基层固定牢固。

8.5.4　水落口周围直径 500mm 范围内坡度不应小于 5%，水落口周围的附加层铺设应符合设计要求。

　　检验方法：观察和尺量检查。

8.5.5　防水层及附加层伸入水落口杯内不应小于 50mm，并应粘结牢固。

　　检验方法：观察和尺量检查。

8.6　变形缝
主控项目

8.6.1　变形缝的防水构造应符合设计要求。

　　检验方法：观察检查。

　　变形缝是为了防止建筑物产生变形、开裂甚至破坏而预先设置的构造缝，因此变形缝的防水构造应能满足变形要求。变形缝泛水处的防水层下应按设计要求增设防水附加层；防水层应铺贴或涂刷至泛水墙的顶部；变形缝内应填塞保温材料，其上铺设卷材封盖和金属盖板。由于变形缝内的防水构造会被盖板覆盖，故质量检查验收应随工序的开展而进行，并及时做好隐蔽工程验收记录。

8.6.2　变形缝处不得有渗漏和积水现象。

　　检验方法：雨后观察或淋水试验。

　　变形缝与屋面交接处，由于温度应力集中容易造成墙体开裂，且变形缝内的墙体均无法做防水设防，当层面防水层的拉伸性能不能满足基层变形时，防水层被拉裂而造成渗漏。

8.6.3　变形缝的泛水高度及附加层铺设应符合设计要求。

检验方法：观察和尺量检查。

8.6.4 防水层应铺贴或涂刷至泛水墙的顶部。

检验方法：观察检查。

为保证防水层的连续性，屋面防水层应铺贴或涂刷至泛水墙的顶部，封盖卷材的中间应尽量向缝内下垂，然后将卷材与防水层粘牢。

8.6.5 等高变形缝顶部宜加扣混凝土或金属盖板。混凝土盖板的接缝应用密封材料封严；金属盖板应铺钉牢固，搭接缝应顺流水方向，并应做好防锈处理。

检验方法：观察检查。

金属盖板应固定牢固并做好防锈处理，为使雨水能顺利排走，金属盖板接缝应顺流水方向，搭接宽度一般不小于50mm。

8.6.6 高低跨变形缝在高跨墙面上的防水卷材封盖和金属盖板，应用金属压条钉压固定，并应用密封材料封严。

检验方法：观察检查。

高低跨变形缝在高层与裙房建筑的交接处大量出现，此处应采取适应变形的密封处理，防止大雨、暴雨时屋面积水倒灌现象。

8.7 伸出屋面管道
主控项目

8.7.1 伸出屋面管道的防水构造应符合设计要求。

检验方法：观察检查。

伸出屋面管道通常采用金属或PVC管材，由于温差变化引起的材料收缩会使管壁四周产生裂纹，所以在管壁四周应设附加层做防水增强处理。卷材防水层收头处应用管箍或镀锌铁丝扎紧后用密封材料封严。验收时应按每道工序进行质量检查，并做好隐蔽工程验收记录。

8.7.2 伸出屋面管道根部不得有渗漏和积水现象。

检验方法：雨后观察或淋水试验。

一般项目

8.7.3 伸出屋面管道的泛水高度及附加层铺设应符合设计要求。

检验方法：观察和尺量检查。

伸出屋面管道与混凝土膨胀系数不同，环境变化易使管道四周产生裂缝，因此应设置附加层增加设防可靠性。

8.7.4 伸出屋面管道周围的找平层应抹出高度不小于30mm的排水坡。

检验方法：观察和尺量检查。

管道周围指100mm范围。

8.7.5 卷材防水层收头应用金属箍固定，并应用密封材料封严，涂膜防水层收头应用防水涂料多遍涂刷。

检验方法：观察检查。

8.8 屋面出入口
主控项目

8.8.1 屋面出入口的防水构造应符合设计要求。

检验方法：观察检查。

8.8.2 屋面出入口处不得有渗漏或积水现象。

检验方法：雨后观察或淋水试验。

一般项目

8.8.3 屋面垂直出入口防水层收头应压在压顶圈下，附加层铺设应符合设计要求。

检验方法：观察检查。

屋面垂直出入口的泛水部位应设附加层，以增加泛水部位防水层的耐久性。防水层的收头应压在压顶圈下，以保证收头的可靠性。

8.8.4 屋面水平出入口的防水层收头应压在混凝土踏步下，附加层铺设和护墙应符合设计要求。

检验方法：观察检查。

8.8.5 屋面出入口的泛水高度不应小于 250mm。

检验方法：观察和尺量检查。

屋面出入口应有足够的泛水高度，以保证屋面的雨水不会流入室内或变形缝中。泛水高度应符合设计要求，设计无要求时，不得小于 250mm。

8.9 反梁过水孔
主控项目

8.9.1 反梁过水孔的防水构造应符合设计要求。

检验方法：观察检查。

因各种设计的原因，目前大挑檐或屋中经常采用反梁构造，为了排水的需要可在反梁中设置过水孔或预埋管。

8.9.2 反梁过水孔处不得有渗漏和积水现象。

检验方法：雨后观察或淋水试验。

一般项目

8.9.3 反梁过水孔的孔底标高、孔洞尺寸或预埋管管径均应符合设计要求。

检验方法：尺量检查。

反梁过水孔孔底标高应按排水坡度留置，每个过水孔的孔底标高应在结构施工图中标明，否则找坡后孔底标高低于或高于沟底标高，均会造成长期积水现象。

反梁过水孔的孔洞高×宽不应小于 150mm，预埋管内径不宜小于 75mm，以免孔道堵塞。

8.9.4 反梁过水孔的孔洞四周应涂刷防水涂料；预埋管道两端周围与混凝土接触处应留凹槽，并应用密封材料封严。

检验方法：观察检查。

8.10 设施基座
主控项目

8.10.1 设施基座的防水构造应符合设计要求。

检验方法：观察检查。

8.10.2 设施基座处不得有渗漏和积水现象。

检验方法：雨后观察或淋水试验。

8.10.3 设施基座与结构层相连时，防水层应包裹设施基座的上部，并应在地脚螺栓周围做密封处理。

　　检验方法：观察检查。

8.10.4 设施基座直接放置在防水层上时，设施基座下部应增设附加层，必要时应在其上浇筑细石混凝土，其厚度不应小于 50mm。

　　检验方法：观察检查。

8.10.5 需经常维护的设施基座周围和屋面出入口至设施之间的人行道，应铺设块体材料或细石混凝土保护层。

　　检验方法：观察检查。

8.11 屋脊
主控项目

8.11.1 屋脊的防水构造应符合设计要求。

　　检验方法：观察检查。

　　烧结瓦、混凝土瓦的脊瓦与坡面瓦之间的缝隙，一般采用聚合物水泥砂浆填实抹平。脊瓦下端距坡面瓦的高度不宜超过 80mm，脊瓦在两坡面瓦上的搭盖宽度每边不应小于 40mm。沥青瓦屋面的脊瓦在两坡面瓦上的搭盖宽度每边不应小于 150mm。正脊脊瓦外露搭接边宜顺常年风向一侧；每张屋脊瓦片的两侧各采用 1 个固定钉固定，固定钉距离侧边 25mm；外露的固定钉钉帽应用沥青胶涂盖。

　　瓦屋面的屋脊处均应增设防水垫层附加层，附加层宽度不应小于 500mm。

8.11.2 屋脊处不得有渗漏现象。

　　检验方法：雨后观察或淋水试验。

一般项目

8.11.3 平脊和斜脊铺设应顺直，应无起伏现象。

　　检验方法：观察检查。

8.11.4 脊瓦应搭盖正确，间距应均匀，封固应严密。

　　检验方法：观察和手扳检查。

8.12 屋顶窗
主控项目

8.12.1 屋顶窗的防水构造应符合设计要求。

　　检验方法：观察检查。

　　屋顶窗所用窗料及相关的各种零部件，如窗框固定铁脚、窗口防水卷材、金属排水板、支瓦条等，均应由屋顶窗的生产厂家配套供应。屋顶窗的防水设计为两道防水设防，即金属排水板采用涂有防氧化涂层的铝合金板，排水板与屋面瓦有效紧密搭接，第二道防水设防采用厚度为 3mm 的 SBS 防水卷材热熔施工；屋顶窗的排水设计应充分发挥排水板的作用，同时注意瓦与屋顶窗排水板的距离。

8.12.2 屋顶窗及其周围不得有渗漏现象。

　　检验方法：雨后观察或淋水试验。

　　屋顶窗的安装可先于屋面瓦进行，亦可后于屋面瓦进行。当窗的安装先于屋面瓦进行时，应注意窗的成品保护；当窗的安装后于屋面瓦进行时，窗周围上下左右各500mm范围内应暂不铺瓦，待窗安装完成后再进行补铺。因此屋顶窗安装和屋面瓦铺装应配合默契，特别是在屋顶窗与瓦屋面的交接处，窗口防水卷材应与屋面瓦下所设的防水层或防水垫层搭接紧密。

一般项目

8.12.3　屋顶窗用金属排水板、窗框固定铁脚应与屋面连接牢固。

　　　　检验方法：观察检查。

8.12.4　屋顶窗用窗口防水卷材应铺贴平整，粘结应牢固。

　　　　检验方法：观察检查。

9.9　屋面工程验收

9.0.1　屋面工程施工质量验收的程序和组织，应符合现行国家标准《建筑工程施工质量验收统一标准》（GB 50300）的有关规定。

　　　　本书第2章介绍了验收程序。

9.0.2　检验批质量验收合格应符合下列规定：

　　1　主控项目的质量应经抽查检验合格。

　　2　一般项目的质量应经抽查检验合格；有允许偏差值的项目，其抽查点应有80％及其以上在允许偏差范围内，且最大偏差值不得超过允许偏差值的1.5倍。

　　3　应具有完整的施工操作依据和质量检查记录。

　　检验批是工程验收的最小单位，是分项工程乃至整个建筑工程质量验收的基础。施工操作依据见第2章第五节。

9.0.3　分项工程质量验收合格应符合下列规定：

　　1　分项工程所含检验批的质量均应验收合格。

　　2　分项工程所含检验批的质量验收记录应完整。

9.0.4　分部（子分部）工程质量验收合格应符合下列规定：

　　1　分部（子分部）所含分项工程的质量均应验收合格。

　　2　质量控制资料应完整。

　　3　安全与功能抽样检验应符合现行国家标准《建筑工程施工质量验收统一标准》（GB 50300）的有关规定。

　　4　观感质量检查应符合本规范第9.0.7条的规定。

9.0.5　屋面工程验收资料和记录应符合表9.0.5（本书表9.9.1）的规定。

屋面工程验收资料和记录　　　　　　　　　　　　　　　　　表9.9.1

资料项目	验收资料
防水设计	设计图纸及会审记录、设计变更通知单和材料代用核定单
施工方案	施工方法、技术措施、质量保证措施
技术交底记录	施工操作要求及注意事项
材料质量证明文件	出厂合格证、型式检验报告、出厂检验报告、进场验收记录和进场检验报告

资料项目	验收资料
施工日志	逐日施工情况
工程检验记录	工序交接检验记录、检验批质量验收记录、隐蔽工程验收记录、淋水或蓄水试验记录、观感质量检查记录、安全与功能抽样检验（检测）记录
其他技术资料	事故处理报告、技术总结

9.0.6 屋面工程应对下列部位进行隐蔽工程验收：

1 卷材、涂膜防水层的基层。

2 保温层的隔汽和排汽措施。

3 保温层的铺设方式、厚度、板材缝隙填充质量及热桥部位的保温措施。

4 接缝密封处理；

5 瓦材与基层的固定措施。

6 檐沟、天沟、泛水、水落口和变形缝等细部做法。

7 在屋面易开裂和渗水部位的附加层。

8 保护层与卷材、涂膜防水层之间的隔离层。

9 金属板材与基层的固定和板缝间的密封处理。

10 坡度较大时，防止卷材和保温层下滑的措施。

隐蔽工程为后续的工序或分项工程覆盖、包裹、遮挡的前一分项工程。例如防水层的基层，密封防水处理部位，檐沟、天沟、泛水和变形缝等细部构造，应经过检查符合质量标准后方可进行隐蔽，避免因质量问题造成渗漏或不易修复而直接影响防水效果。

9.0.7 屋面工程观感质量检查应符合下列要求：

1 卷材铺贴方面应正确，搭接缝应粘结或焊接牢固，搭接宽度应符合设计要求，表面应平整，不得有扭曲、皱折和翘边等缺陷。

2 涂膜防水层粘结应牢固，表面应平整，涂刷应均匀，不得有流淌、起泡和露胎体等缺陷。

3 嵌填的密封材料应与接缝两侧粘结牢固，表面应平滑，缝边应顺直，不得有气泡、开裂和剥离等缺陷。

4 檐口、檐沟、天沟、女儿墙、水落口、变形缝和伸出屋面管道等防水构造应符合设计要求。

5 烧结瓦、混凝土瓦铺装应平整、牢固，应行列整齐，搭接应紧密，檐口应顺直；脊瓦应搭盖正确，间距应均匀，封固应严密；正脊和斜脊应顺直，应无起伏现象；泛水应顺直整齐，结合应严密。

6 沥青瓦铺装应搭接正确，瓦片外露部分不得超过切口长度，钉帽不得外露；沥青瓦应与基层钉粘牢固，瓦面应平整，檐口应顺直；泛水应顺直整齐，结合应严密。

7 金属板铺装应平整、顺滑；连接应正确，接缝应严密；屋脊、檐口、泛水直线段应顺直，曲线段应顺畅。

8 玻璃采光顶铺装应平整、顺直；外露金属框或压条应横平竖直，压条应安装牢固；玻璃密封胶缝应横平竖直、深浅一致，宽窄应均匀，应光滑顺直。

9 上人屋面或其他使用功能屋面，其保护及铺面应符合设计要求。

关于观感质量检查往往难以定量，只能以观察、触摸或简单量测的方式进行，并由各个人的主观印象判断，检查结果并不给出"合格"或"不合格"的结论，而是综合给出质量评价。对于"差"的检查点应通过返修处理等补救。

9.0.8　检查屋面有无渗漏、积水和排水系统是否通畅，应在雨后或持续淋水 2h 后进行，并应填写淋水试验记录。具备蓄水条件的檐沟、天沟应进行蓄水试验，蓄水时间不得少于24h，并应填写蓄水试验记录。

按《建筑工程施工质量验收统一标准》（GB 50300）的规定，建筑工程施工质量验收时，对涉及结构安全、节能、环境保护和主要使用功能的重要分部工程应进行抽样检验。检验后应填写安全和功能检验（检测）记录，作为屋面工程验收资料和记录之一。

9.0.9　对安全与功能有特殊要求的建筑屋面，工程质量验收除应符合本规范的规定外，尚应按合同约定和设计要求进行专项检验（检测）和专项验收。

有的屋面工程除一般要求外，还会对屋面安全与功能提出特殊要求，涉及建筑、结构以及抗震、抗风、防雷和防火等诸多方面；为满足这些特殊要求，设计人员往往采用较为特殊的材料和工艺。为此，本条规定对安全与功能有特殊要求的建筑屋面，工程质量验收除应执行本规范外，尚应按合同约定和设计要求进行专项检验（检测）和专项验收。

9.0.10　屋面工程验收后，应填写分部工程质量验收记录，并应交建设单位和施工单位存档。

屋面工程完成后，应由施工单位先行自检，并整理施工过程中的有关文件和记录，确认合格后会同建设或监理单位，共同按质量标准进行验收。子分部工程的验收，应在分项工程验收的基础上，对必要的部位进行抽样检验和使用功能满足程度的检查。子分部工程应由总监理工程师或建设单位项目负责人组织施工技术质量负责人进行验收。

第10章 建筑地面工程

根据《建筑工程施工质量验收统一标准》（GB 50300—2001）第4.0.4条规定，地面工程为建筑装饰装修分项工程中的一个子分部工程，但该子分部工程和其他子分部工程不一样，有其特殊性和重要性，所以国家专门制定了《建筑地面工程施工质量验收规范》（GB 50209—2002），现修订为GB 50209—2010，作为建筑地面工程质量的验收，同时也包括了工序过程的验收。本章依据《建筑地面工程施工质量验收规范》（GB 50209—2010）编写。

10.1 总 则

1.0.1 为了加强建筑工程质量管理，保证工程质量，统一建筑地面工程施工质量的验收，制定本规范。

1.0.2 本规范适用于建筑地面工程（含室外散水、明沟、踏步、台阶和坡道）施工质量的验收。不适用于超净、屏蔽、绝缘、防止放射线以及防腐蚀等特殊要求的建筑地面工程施工质量验收。

1.0.3 建筑地面工程施工中采用的承包合同文件、设计文件及其他工程技术文件对施工质量验收的要求不得低于本规范的规定。

1.0.4 本规范应与现行国家标准《建筑工程施工质量验收统一标准》（GB 50300）配套使用。

1.0.5 建筑地面工程施工质量验收除应执行本规范外，尚应符合国家现行有关标准规范的规定。

10.2 术 语

2.0.1 建筑地面 building ground
  建筑物底层地面和楼（层地）面的总称。

2.0.2 面层 surface course
  直接承受各种物理和化学作用的建筑地面表面层。

2.0.3 结合层 combined course
  面层与下一构造层相联结的中间层。

2.0.4 基层 base course
  面层下的构造层，包括填充层、隔离层、绝热层、找平层、垫层和基土等。

2.0.5 填充层 filler course

建筑地面中具有隔声、找坡等作用和暗敷管线的构造层。

2.0.6 隔离层 isolating course

防止建筑地面上各种液体或地下水、潮气渗透地面等作用的构造层；当仅防止地下潮气透过地面时，可称作防潮层。

2.0.7 绝热层 insulating course

用于地面阻挡热量传递的构造层。

2.0.8 找平层 leveling course

在垫层、楼板上或填充层（轻质、松散材料）上起整平、找坡或加强作用的构造层。

2.0.9 垫层 under layer

承受并传递地面荷载于基土上的构造层。

2.0.10 基土 foundation earth layer

底层地面的地基土层。

2.0.11 缩缝 shrinkage crack

防止水泥混凝土垫层在气温降低时产生不规则裂缝而设置的收缩缝。

2.0.12 伸缝 stretching crack

防止水泥混凝土垫层在气温升高时在缩缝边缘产生挤碎或拱起而设置的伸胀缝。

2.0.13 不发火（防爆）面层 misfiring (explosion-proof) layer

面层采用的材料和硬化后的试件，与金属或石块等坚硬物体进行摩擦、冲击或冲擦等机械试验时，不会产生火花（或火星），不具有致使易燃物起火或爆炸的建筑地面。

2.0.14 不发火性 misfiring

当所有材料与金属或石块等坚硬物体发生摩擦、冲击或冲擦等机械作用时，不产生火花（或火星），不会致使易燃物引起发火或爆炸的危险，称为具有不发火性。

2.0.15 地面辐射供暖系统 floor radiant heating system

在建筑地面中铺设的绝热层、隔离层、供热做法、填充层等的总称，以达到地面辐射供暖的效果。

10.3 基 本 规 定

3.0.1 建筑地面工程子分部工程、分项工程的划分应按表3.0.1（本书表10.3.1）的规定执行。

建筑地面工程子分部工程、分项工程的划分表　　　　　表 10.3.1

分部工程	子分部工程	分项工程
建筑装饰装修工程	地面	整体面层	基层：基土、灰土垫层、砂垫层和砂石垫层、碎石垫层和碎砖垫层、三合土及四合土垫层、炉渣垫层、水泥混凝土垫层和陶粒混凝土垫层、找平层、隔离层、填充层、绝热层
			面层：水泥混凝土面层、水泥砂浆面层、水磨石面层、硬化耐磨面层、防油渗面层、不发火（防爆）面层、自流平面层、涂料面层、塑胶面层、地面辐射供暖的整体面层

分部工程	子分部工程		分项工程
建筑装饰装修工程	地面	板块面层	基层：基土、灰土垫层、砂垫层和砂石垫层、碎石垫层和碎砖垫层、三合土及四合土垫层、炉渣垫层、水泥混凝土垫层和陶粒混凝土垫层、找平层、隔离层、填充层、绝热层
			面层：砖面层（陶瓷锦砖、缸砖、陶瓷地砖和水泥花砖面层）、大理石面层和花岗石面层、预制板块面层（水泥混凝土板块、水磨石板块、人造石板块面层）、料石面层（条石、块石面层）、塑料板面层、活动地板面层、金属板面层、地毯面层、地面辐射供暖的板块面层
		木、竹面层	基层：基土、灰土垫层、砂垫层和砂石垫层、碎石垫层和碎砖垫层、三合土及四合土垫层、炉渣垫层、水泥混凝土垫层和陶粒混凝土垫层、找平层、隔离层、填充层、绝热层
			面层：实木地板、实木集成地板、竹地板面层（条材、块材面层）、实木复合地板面层（条材、块材面层）、浸渍纸层压木质地板面层（条材、块材面层）、软木类地板面层（条材、块材面层）、地面辐射供暖的木板面层

3.0.2 从事建筑地面工程施工的建筑施工企业应有质量管理体系和相应的施工工艺技术标准。

3.0.3 建筑地面工程采用的材料或产品应符合设计要求和国家现行有关标准的规定。无国家现行标准的，应具有省级住房和城乡建设行政主管部门的技术认可文件。材料或产品进场时还应符合下列规定：

1 应有质量合格证明文件；

2 应对型号、规格、外观等进行验收，对重要材料或产品应抽样进行复验。

本条为强制性条文，主要是控制进场材料的质量，提出建筑地面工程的所有材料或产品均应有质量合格证明文件，以防假冒产品，并强调按规定进行抽样检测和做好检验记录，严把材料进场的质量关。为配合推动建筑新材料、新技术的发展，规定暂时没有国家现行标准的建筑地面材料或产品也可进场使用，但必须持有建筑地面工程所在地的省级住房和城乡建设行政主管部门的技术认可文件。

文中所提"质量合格证明文件"是指：随同进场材料或产品一同提供的、有效的中文质量状况证明文件。通常包括型式检验报告、出厂检验报告、出厂合格证等。进口产品还应包括出入境商品检验合格证明。

3.0.4 建筑地面工程采用的大理石、花岗石、料石等天然石材以及砖、预制板块、地毯、人造板材、胶粘剂、涂料、水泥、砂、石、外加剂等材料或产品应符合国家现行有关室内环境污染控制和放射性、有害物质限量的规定。材料进场时应具有检测报告。

建筑地面工程采用的各种材料或产品除应符合设计要求外，还应符合现行国家标准《民用建筑工程室内环境污染控制规范》（GB 50325）、《建筑材料放射性核素限量》（GB 6566）、《室内装饰装修材料 人造板及其制品中甲醛释放限量》（GB 18580）、《室内装饰装修材料 溶剂型木器涂料中有害物质限量》（GB 18581）、《室内装饰装修材料 胶粘剂中有害物质限量》（GB 18583）、《室内装饰装修材料 聚氯乙烯卷材地板中有害物质限量》（GB 18586）、《室内装饰装修材料 地毯、地毯衬垫及地毯胶粘剂有害物质释放限量》

（GB 18587）和现行行业标准《建筑防水涂料中有害物质限量》（JC 1066）、《进口石材放射性检验规程》（SN/T 2057）及其他现行有关放射性和有害物质限量方面的规定。

检查材料进场检测报告时，查看检测报告是否有符合以上相关标准的要求，既无指标，又无检测结果的，说明未对相关指标进行检测，应现场抽样检测。

3.0.5 厕浴间和有防滑要求的建筑地面应符合设计防滑要求。

本条为强制性条文。为了满足浴厕间和有防滑要求的建筑地面的使用功能要求，防止使用时对人体造成伤害，当设计要求进行抗滑检测时，可参照建筑工业产品行业标准《人行路面砖抗滑性检测方法》的规定执行，编者查询了有关标准，该标准 2008 年就列入建设部归口工业产品行业标准制定、修订计划，并于 2009 年 7 月有征求意见稿，至今未见该标准的发布，当确需检测时，应由检测机构查找相关检测方法标准。

3.0.6 有种植要求的建筑地面，其构造做法应符合设计要求和现行行业标准《种植屋面工程技术规程》（JGJ 155）的有关规定。设计无要求时，种植地面应低于相邻建筑地面 50mm 以上或作槛台处理。

3.0.7 地面辐射供暖系统的设计、施工及验收应符合现行行业标准《地面辐射供暖技术规程》（JGJ 142）的有关规定。

3.0.8 地面辐射供暖系统施工验收合格后，方可进行面层铺设。面层分格缝的构造做法应符合设计要求。

地面辐射供暖系统（包括建筑地面中铺设的绝热层、隔离层、供热做法、填充层等）应由专业公司设计、施工并验收合格后，方能交付给地面施工单位进行地面面层的施工。

3.0.9 建筑地面下的沟槽、暗管、保温、隔热、隔声等工程完工后，应经检验合格并做隐蔽记录，方可进行建筑地面工程的施工。

3.0.10 建筑地面工程基层（各构造层）和面层的铺设，均应待其下一层检验合格后方可施工上一层。建筑地面工程各层铺设前与相关专业的分部（子分部）工程、分项工程以及设备管道安装工程之间，应进行交接检验。

当不能满足环境温度施工时，应采取相应的技术措施。

3.0.11 建筑地面工程施工时，各层环境温度的控制应符合材料或产品的技术要求，并应符合下列规定：

1 采用掺有水泥、石灰的拌料铺设以及用石油沥青胶结料铺贴时，不应低于 5℃；

2 采用有机胶粘剂粘贴时，不应低于 10℃；

3 采用砂、石材料铺设时，不应低于 0℃；

4 采用自流平、涂料铺设时，不应低于 5℃，也不应高于 30℃。

3.0.12 铺设有坡度的地面应采用基土高差达到设计要求的坡度；铺设有坡度的楼面（或架空地面）应采用在结构楼层板上变更填充层（或找平层）铺设的厚度或以结构起坡达到设计要求的坡度。

3.0.13 建筑物室内接触基土的首层地面施工应符合设计要求，并应符合下列规定：

1 在冻胀性土上铺设地面时，应按设计要求做好防冻胀土处理后方可施工，并不得在冻胀土层上进行填土施工；

2 在永冻土上铺设地面时，应按建筑节能要求进行隔热、保温处理后方可施工。

3.0.14 室外散水、明沟、踏步、台阶和坡道等，其面层和基层（各构造层）均应符合设计要求。施工时应按本规范基层铺设中基土和相应垫层以及面层的规定执行。

3.0.15 水泥混凝土散水、明沟应设置伸、缩缝，其延长米间距不得大于 10m，对日晒强烈且昼夜温差超过 15℃的地区，其延长米间距宜为 4～6m。水泥混凝土散水、明沟和台阶等与建筑物连接处及房屋转角处应设缝处理。上述缝的宽度应为 15～20mm，缝内应填嵌柔性密封材料。

3.0.16 建筑地面的变形缝应按设计要求设置，并应符合下列规定：

1 建筑地面的沉降缝、伸缝、缩缝和防震缝，应与结构相应缝的位置一致，且应贯通建筑地面的各构造层；

2 沉降缝和防震缝的宽度应符合设计要求，缝内清理干净，以柔性密封材料填嵌后用板封盖，并应与面层齐平。

3.0.17 当建筑地面采用镶边时，应按设计要求设置并应符合下列规定：

1 有强烈机械作用下的水泥类整体面层与其他类型的面层邻接处，应设置金属镶边构件；

2 具有较大振动或变形的设备基础与周围建筑地面的邻接处，应沿设备基础周边设置贯通建筑地面各构造层的沉降缝（防震缝），缝的处理应执行本规范第 3.0.16 条的规定；

3 采用水磨石整体面层时，应用同类材料镶边，并用分格条进行分格；

4 条石面层和砖面层与其他面层邻接处，应用顶铺的同类材料镶边；

5 采用木、竹面层和塑料板面层时，应用同类材料镶边；

6 地面面层与管沟、孔洞、检查井等邻接处，均应设置镶边；

7 管沟、变形缝等处的建筑地面面层的镶边构件，应在面层铺设前装设；

8 建筑地面的镶边宜与柱、墙面或踢脚线的变化协调一致。

3.0.18 厕浴间、厨房和有排水（或其他液体）要求的建筑地面面层与相连接各类面层的标高差应符合设计要求。

本条为强制性条文。强调了相邻面层的标高差的重要性和必要性，以防止有排水的建筑地面面层水倒泄入相邻面层，影响正常使用。

3.0.19 检验同一施工批次、同一配合比水泥混凝土和水泥砂浆强度的试块，应按每一层（或检验批）建筑地面工程不少于 1 组。当每一层（或检验批）建筑地面工程面积大于 1000m² 时，每增加 1000m² 应增做 1 组试块；小于 1000m² 按 1000m² 计算，取样 1 组；检验同一施工批次、同一配合比的散水、明沟、踏步、台阶、坡道的水泥混凝土、水泥砂浆强度的试块，应按每 150 延长米不少于 1 组。

混凝土和砂浆试块的取样方法、养护方法、评定方法参照第 5 章混凝土结构工程和第 6 章砌体结构工程。

3.0.20 各类面层的铺设宜在室内装饰工程基本完工后进行。木、竹面层、塑料板面层、活动地板面层、地毯面层的铺设，应待抹灰工程、管道试压等完工后进行。

3.0.21 建筑地面工程施工质量的检验，应符合下列规定：

1 基层（各构造层）和各类面层的分项工程的施工质量验收应按每一层次或每层施工段（或变形缝）划分检验批，高层建筑的标准层可按每三层（不足三层按三层计）划分检验批。

2 每检验批应以各子分部工程的基层（各构造层）和各类面层所划分的分项工程按自然间（或标准间）检验，抽查数量应随机检验不应少于3间；不足3间，应全数检查；其中走廊（过道）应以10延长米为1间，工业厂房（按单跨计）、礼堂、门厅应以两个轴线为1间计算。

3 有防水要求的建筑地面子分部工程的分项工程施工质量每检验批抽查数量应按其房间总数随机检验不应少于4间，不足4间，应全数检查。

3.0.22 建筑地面工程的分项工程施工质量检验的主控项目，应达到本规范规定的质量标准，认定为合格；一般项目80%以上的检查点（处）符合本规范规定的质量要求，其他检查点（处）不得有明显影响使用，且最大偏差值不超过允许偏差值的50%为合格。凡达不到质量标准时，应按现行国家标准《建筑工程施工质量验收统一标准》（GB 50300）的规定处理。

GB 50300 的规定参照第二章。

3.0.23 建筑地面工程的施工质量验收应在建筑施工企业自检合格的基础上，由监理单位或建设单位组织有关单位对分项工程、子分部工程进行检验。

3.0.24 检验方法应符合下列规定：

1 检查允许偏差应采用钢尺、1m 直尺、2m 直尺、3m 直尺、2m 靠尺、楔形塞尺、坡度尺、游标卡尺和水准仪。

2 检查空鼓应采用敲击的方法。

3 检查防水隔离层应采用蓄水方法，蓄水深度最浅处不得小于 10mm，蓄水时间不得少于 24h；检查有防水要求的建筑地面的面层应采用泼水方法。

4 检查各类面层（含不需铺设部分或局部面层）表面的裂纹、脱皮、麻面和起砂等缺陷，应采用观感的方法。

这是常规检查方法，不排除新的工具和检验办法。

3.0.25 建筑地面工程完工后，应对面层采取保护措施。

10.4 基层铺设

4.1 一般规定

4.1.1 本章适用于基土、垫层、找平层、隔离层、绝热层和填充层等基层分项工程的施工质量检验。

4.1.2 基层铺设的材料质量、密实度和强度等级（或配合比）等应符合设计要求和本规范的规定。

4.1.3 基层铺设前，其下一层表面应干净、无积水。

4.1.4 垫层分段施工时，接槎处应做成阶梯形，每层接槎处的水平距离应错开 0.5～1.0m。接槎处不应设在地面荷载较大的部位。

4.1.5 当垫层、找平层、填充层内埋设暗管时，管道应按设计要求予以稳固。

4.1.6 对有防静电要求的整体地面的基层，应清除残留物，将露出基层的金属物涂绝缘漆两遍晾干。

4.1.7 基层的标高、坡度、厚度等应符合设计要求。基层表面应平整，其允许偏差和检验方法应符合表 4.1.7（本书表 10.4.1）的规定。

4.2 基土

4.2.1 地面应铺设在均匀密实的基土上。土层结构被扰动的基土应进行换填，并予以压实。压实系数应符合设计要求。

4.2.2 对软弱土层应按设计要求进行处理。

软弱土层应进行处理，验收应按现行国家标准《建筑地基基础工程施工质量验收规范》（GB 50202）和现行行业标准《建筑地基处理技术规范》（JGJ 79）的规定执行。

基层表面的允许偏差和检验方法　　　　　　　　表 10.4.1

项次	项目	基土	垫层					找平层				填充层		隔离层	绝热层	检验方法
		土	砂、砂石、碎石、碎砖	灰土、三合土、四合土、炉渣、水泥混凝土、陶粒混凝土	木搁栅	拼花实木地板、拼花实木复合地板、软木类地板面层（垫层地板）	其他种类面层	用胶结料做结合层铺设板块面层	用水泥砂浆做结合层铺设板块面层	用胶粘剂做结合层铺设拼花木板、浸渍纸层压木质地板、实木复合地板、竹地板、软木地板面层	金属板面层	松散材料	板、块材料	防水、防潮、防油渗	板块材料、浇筑材料、喷涂材料	
1	表面平整度	15	15	10	3	3	5	3	5	2	3	7	5	3	4	用2m靠尺和楔形塞尺检查
2	标高	0 −50	±20	±10	±5	±5	±8	±5	±8	±4	±4	±4	±4	±4	±4	用水准仪检查
3	坡度	不大于房间相应尺寸的2/1000，且不大于30														用坡度尺检查
4	厚度	在个别地方不大于设置厚度的1/10，且不大于20														用钢尺检查

《建筑地基处理技术规范》现行标准代号为 JGJ 79—2002，该标准对每一种方法的地基处理的质量检验均做了要求，在过程控制和验收时，应查看该标准的要求，并按该标准要求进行验收。

4.2.3 填土应分层摊铺、分层压（夯）实、分层检验其密实度。填土质量应符合现行国家标准《建筑地基基础工程施工质量验收规范》（GB 50202）的有关规定。

GB 50202 参照本书第 3 章。

4.2.4 填土时应为最优含水量。重要工程或大面积的地面填土前，应取土样，按击实试验确定最优含水量与相应的最大干密度。

填土施工前，应根据工程特点、填土料种类、密实度要求、施工条件等确定填土料的含水率控制范围、虚铺厚度、压实遍数等各项参数。填土压实时，土料应控制在最优含水量的状态下进行。重要工程或大面积的地面系指厂房、公共建筑地面和高填土，应采取击实试验确定最优含水量与相应的最大干密度。

主控项目

4.2.5 基土不应用淤泥、腐殖土、冻土、耕植土、膨胀土和建筑杂物作为填土，填土土块的粒径不应大于 50mm。

　　检验方法：观察检查和检查土质记录。

　　检查数量：按本规范第 3.0.21 条规定的检验批检查。

4.2.6　Ⅰ类建筑基土的氡浓度应符合现行国家标准《民用建筑工程室内环境污染控制规范》（GB 50325）的规定。

　　检验方法：检查检测报告。

　　检查数量：同一工程、同一土源地点检查一组。

　　由于土壤中有害气体氡长期存在且不易散去，氡浓度的大小将直接影响到人体的健康，应对氡浓度进行检测。

　　《民用建筑工程室内环境污染控制规范》（GB 50325—2010）规定，Ⅰ类民用建筑工程为住宅、医院、老年建筑、幼儿园、学校教室等民用建筑工程。Ⅱ类民用建筑工程为办公楼、商店、旅馆、文化娱乐场所、书店、图书馆、展览馆、体育馆、公共交通等候室、餐厅、理发店等民用建筑工程。

4.2.7　基土应均匀密实，压实系数应符合设计要求，设计无要求时，不应小于0.9。

　　检验方法：观察检查和检查试验记录。

　　检查数量：按本规范第 3.0.21 条规定的检验批检查。

一般项目

4.2.8　基土表面的允许偏差应符合本规范表 4.1.7（本书表 10.4.1）的规定。

　　检验方法：按本规范表 4.1.7 中的检验方法检验。

　　检查数量：按本规范第 3.0.21 条规定的检验批和第 3.0.22 条的规定检查。

4.3　灰土垫层

4.3.1　灰土垫层应采用熟化石灰与黏土（或粉质黏土、粉土）的拌合料铺设，其厚度不应小于100mm。

4.3.2　熟化石灰粉可采用磨细生石灰，亦可用粉煤灰代替。

　　熟化石灰粉可采用磨细生石灰，但应按体积比与黏土拌合洒水堆放 8h 后使用；关于代用材料，有利于三废处理和保护环境，有一定的经济效益和社会效益。材料代用前应按现行行业标准《粉煤灰石灰类道路基层施工及验收规程》（CJJ 4）的规定进行检验，合格后方可使用。

4.3.3　灰土垫层应铺设在不受地下水浸泡的基土上。施工后应有防止水浸泡的措施。

4.3.4　灰土垫层应分层夯实，经湿润养护、晾干后方可进行下一道工序施工。

4.3.5　灰土垫层不宜在冬期施工。当必须在冬期施工时，应采取可靠措施。

　　灰土垫层不宜在冬期施工。若必须在冬期施工，则：

　　1. 不应在基土受冻的状态下铺设灰土；

　　2. 不应采用冻土或夹有冻土块的土料。

主控项目

4.3.6　灰土体积比应符合设计要求。

　　检验方法：观察检查和检查配合比试验报告。

　　检查数量：同一工程、同一体积比检查一次。

　　当设计无要求时，一般常规抽出熟化石灰与黏土的比例为 3：7。

4.3.7 熟化石灰颗粒粒径不应大于 5mm；黏土（或粉质黏土、粉土）内不得含有有机物质，颗粒粒径不应大于 16mm。

　　检验方法：观察检查和检查质量合格证明文件。

　　检查数量：按本规范第 3.0.21 条规定的检验批检查。

4.3.8 灰土垫层表面的允许偏差应符合本规范表 4.1.7（本书表 10.4.1）的规定。

　　检验方法：按本规范表 4.1.7（本书表 10.4.1）中的检验方法检验。

　　检查数量：按本规范第 3.0.21 条规定的检验批和第 3.0.22 条的规定检查。

4.4　砂垫层和砂石垫层

4.4.1 砂垫层厚度不应小于 60mm；砂石垫层厚度不应小于 100mm。

4.4.2 砂石应选用天然级配材料。铺设时不应有粗细颗粒分离现象，压（夯）至不松动为止。

4.4.3 砂和砂石不应含有草根等有机杂质；砂应采用中砂；石子最大粒径不应大于垫层厚度的 2/3。

　　检验方法：观察检查和检查质量合格证明文件。

　　检查数量：按本规范第 3.0.21 条规定的检验批检查。

4.4.4 砂垫层和砂石垫层的干密度（或贯入度）应符合设计要求。

　　检验方法：观察检查和检查试验记录。

　　检查数量：按本规范第 3.0.21 条规定的检验批检查。

4.4.5 表面不应有砂窝、石堆等现象。

　　检验方法：观察检查。

　　检查数量：按本规范第 3.0.21 条规定的检验批检查。

4.4.6 砂垫层和砂石垫层表面的允许偏差应符合本规范表 4.1.7（本书表 10.4.1）的规定。

　　检验方法：按本规范表 4.1.7（本书表 10.4.1）中的检验方法检验。

　　检查数量：按本规范第 3.0.21 条规定的检验批和第 3.0.22 条的规定检查。

4.5　碎石垫层和碎砖垫层

4.5.1 碎石垫层和碎砖垫层厚度不应小于 100mm。

4.5.2 垫层应分层压（夯）实，达到表面坚实、平整。

4.5.3 碎石的强度应均匀，最大粒径不应大于垫层厚度的 2/3；碎砖不应采用风化、酥松、夹有有机杂质的砖料，颗粒粒径不应大于 60mm。

　　检验方法：观察检查和检查质量合格证明文件。

　　检查数量：按本规范第 3.0.21 条规定的检验批检查。

4.5.4 碎石、碎砖垫层的密实度应符合设计要求。

　　检验方法：观察检查和检查试验记录。

　　检查数量：按本规范第 3.0.21 条规定的检验批检查。

4.5.5 碎石、碎砖垫层的表面允许偏差应符合本规范表4.1.7（本书表10.4.1）的规定。

　　检验方法：按本规范表4.1.7（本书表10.4.1）中的检验方法检验。

　　检查数量：按本规范第3.0.21条规定的检验批和第3.0.22条的规定检查。

4.6　三合土垫层和四合土垫层

4.6.1 三合土垫层应采用石灰、砂（可掺入少量黏土）与碎砖的拌合料铺设，其厚度不应小于100mm；四合土垫层应采用水泥、石灰、砂（可掺少量黏土）与碎砖的拌合料铺设，其厚度不应小于80mm。

4.6.2 三合土垫层和四合土垫层均应分层夯实。

主控项目

4.6.3 水泥宜采用硅酸盐水泥、普通硅酸盐水泥；熟化石灰颗粒粒径不应大于5mm；砂应用中砂，并不得含有草根等有机物质；碎砖不应采用风化、酥松和有机杂质的砖料，颗粒粒径不应大于60mm。

　　检验方法：观察检查和检查质量合格证明文件。

　　检查数量：按本规范第3.0.21条规定的检验批检查。

4.6.4 三合土、四合土的体积比应符合设计要求。

　　检验方法：观察检查和检查配合比试验报告。

　　检查数量：同一工程、同一体积比检查一次。

一般项目

4.6.5 三合土垫层和四合土垫层表面的允许偏差应符合本规范表4.1.7（本书表10.4.1）的规定。

　　检验方法：按本规范表4.1.7（本书表10.4.1）中的检验方法检验。

　　检查数量：按本规范第3.0.21条规定的检验批和第3.0.22条的规定检查。

4.7　炉渣垫层

4.7.1 炉渣垫层应采用炉渣或水泥与炉渣或水泥、石灰与炉渣的拌合料铺设，其厚度不应小于80mm。

4.7.2 炉渣或水泥炉渣垫层的炉渣，使用前应浇水闷透；水泥石灰炉渣垫层的炉渣，使用前应用石灰浆或用熟化石灰浇水拌合闷透；闷透时间均不得少于5d。

　　闷透时间的最低限值，是防止炉渣闷不透而引起体积膨胀，从而造成质量事故。

4.7.3 在垫层铺设前，其下一层应湿润；铺设时应分层压实，表面不得有泌水现象。铺设后应养护，待其凝结后方可进行下一道工序施工。

4.7.4 炉渣垫层施工过程中不宜留施工缝。当必须留缝时，应留直槎，并保证间隙处密实，接槎时应先刷水泥浆，再铺炉渣拌合料。

主控项目

4.7.5 炉渣内不应含有有机杂质和未燃尽的煤块，颗粒粒径不应大于40mm，且颗粒粒径在5mm及其以下的颗粒，不得超过总体积的40%；熟化石灰颗粒粒径不应大于5mm。

　　检验方法：观察检查和检查质量合格证明文件。

　　检查数量：按本规范第3.0.21条规定的检验批检查。

4.7.6 炉渣垫层的体积比应符合设计要求。

检验方法：观察检查和检查配合比试验报告。

检查数量：同一工程、同一体积比检查一次。

4.7.7 炉渣垫层与其下一层结合应牢固，不应有空鼓和松散炉渣颗粒。

检验方法：观察检查和用小锤轻击检查。

检查数量：按本规范第 3.0.21 条规定的检验批检查。

4.7.8 炉渣垫层表面的允许偏差应符合本规范表 4.1.7（本书表 10.4.1）的规定。

检验方法：按本规范表 4.1.7（本书表 10.4.1）中的检验方法检验。

检查数量：按本规范第 3.0.21 条规定的检验批和第 3.0.22 条的规定检查。

4.8 水泥混凝土垫层和陶粒混凝土垫层

4.8.1 水泥混凝土垫层和陶粒混凝土垫层应铺设在基土上。当气温长期处于 0℃以下，设计无要求时，垫层应设置缩缝，缝的位置、嵌缝做法等应与面层伸、缩缝相一致，并应符合本规范第 3.0.16 条的规定。

4.8.2 水泥混凝土垫层的厚度不应小于 60mm；陶粒混凝土垫层的厚度不应小于 80mm。

4.8.3 垫层铺设前，当为水泥类基层时，其下一层表面应湿润。

4.8.4 室内地面的水泥混凝土垫层和陶粒混凝土垫层，应设置纵向缩缝和横向缩缝；纵向缩缝、横向缩缝的间距均不得大于 6m。

4.8.5 垫层的纵向缩缝应做平头缝或加肋板平头缝。当垫层厚度大于 150mm 时，可做企口缝。横向缩缝应做假缝。平头缝和企口缝的缝间不得放置隔离材料，浇筑时应互相紧贴。企口缝尺寸应符合设计要求，假缝宽度宜为 5～20mm，深度宜为垫层厚度的 1/3，填缝材料应与地面变形缝的填缝材料相一致。

4.8.6 工业厂房、礼堂、门厅等大面积水泥混凝土、陶粒混凝土垫层应分区段浇筑。分区段应结合变形缝位置、不同类型的建筑地面连接处和设备基础的位置进行划分，并应与设置的纵向、横向缩缝的间距相一致。

4.8.7 水泥混凝土、陶粒混凝土施工质量检验尚应符合国家现行标准《混凝土结构工程施工质量验收规范》（GB 50204）和《轻骨料混凝土技术规程》（JGJ 51）的有关规定。

4.8.8 水泥混凝土垫层和陶粒混凝土垫层采用的粗骨料，其最大粒径不应大于垫层厚度的 2/3，含泥量不应大于 3%；砂为中粗砂，其含泥量不应大于 3%。陶粒中粒径小于 5mm 的颗粒含量应小于 10%；粉煤灰陶粒中大于 15mm 的颗粒含量不应大于 5%；陶粒中不得混夹杂物或黏土块。陶粒宜选用粉煤灰陶粒、页岩陶粒等。

检验方法：观察检查和检查质量合格证明文件。

检查数量：同一工程、同一强度等级、同一配合比检查一次。

提出陶粒宜选用粉煤灰陶粒、页岩陶粒是基于使用黏土陶粒会造成破坏耕地、污染环境；而粉煤灰陶粒、页岩陶粒可节约资源，综合利废。

4.8.9 水泥混凝土和陶粒混凝土的强度等级符合设计要求。陶粒混凝土的密度应在 800～1400kg/m³ 之间。

检验方法：检查配合比试验报告和强度等级检测报告。

检查数量：配合比试验报告按同一工程、同一强度等级、同一配合比检查一次；强度等级检测报告按本规范第 3.0.19 条的规定检查。

4.8.10　水泥混凝土垫层和陶粒混凝土垫层表面的允许偏差应符合本规范表 4.1.7（本书表 10.4.1）的规定。

　　检验方法：按本规范表 4.1.7（本书表 10.4.1）中的检验方法检验。

　　检查数量：按本规范第 3.0.21 条规定的检验批和第 3.0.22 条的规定检查。

4.9　找平层

4.9.1　找平层宜采用水泥砂浆或水泥混凝土铺设。当找平层厚度小于 30mm 时，宜用水泥砂浆做找平层；当找平层厚度不小于 30mm 时，宜用细石混凝土做找平层。

4.9.2　找平层铺设前，当其下一层有松散填充料时，应予铺平振实。

4.9.3　有防水要求的建筑地面工程，铺设前必须对立管、套管和地漏与楼板节点之间进行密封处理。并应进行隐蔽验收；排水坡度应符合设计要求。

　　本条为强制性条文。

4.9.4　在预制钢筋混凝土板上铺设找平层前，板缝填嵌的施工应符合下列要求：

　　1　预制钢筋混凝土板相邻缝底宽不应小于 20mm。

　　2　填嵌时，板缝内应清理干净，保持湿润。

　　3　填缝应采用细石混凝土，其强度等级不应小于 C20。填缝高度应低于板面 10～20mm，且振捣密实；填缝后应养护。当填缝混凝土的强度等级达到 C15 后方可继续施工。

　　4　当板缝底宽大于 40mm 时，应按设计要求配置钢筋。

4.9.5　在预制钢筋混凝土板上铺设找平层时，其板端应按设计要求做防裂的构造措施。

4.9.6　找平层采用碎石或卵石的粒径不应大于其厚度的 2/3，含泥量不应大于 2％；砂为中粗砂，其含泥量不应大于 3％。

　　检验方法：观察检查和检查质量合格证明文件。

　　检查数量：同一工程、同一强度等级、同一配合比检查一次。

4.9.7　水泥砂浆体积比、水泥混凝土强度等级应符合设计要求，且水泥砂浆体积比不应小于 1：3（或相应强度等级）；水泥混凝土强度等级不应小于 C15。

　　检验方法：观察检查和检查配合比试验报告、强度等级检测报告。

　　检查数量：配合比试验报告按同一工程、同一强度等级、同一配合比检查一次；强度等级检测报告按本规范第 3.0.19 条的规定检查。

4.9.8　有防水要求的建筑地面工程的立管、套管、地漏处不应渗漏，坡向应正确、无积水。

　　检验方法：观察检查和蓄水、泼水检验及坡度尺检查。

　　检查数量：按本规范第 3.0.21 条规定的检验批检查。

　　蓄水 24h，深度不小于 10mm。

4.9.9　在有防静电要求的整体面层的找平层施工前，其下敷设的导电地网系统应与接地引下线和地下接电体有可靠连接，经电性能检测且符合相关要求后进行隐蔽工程验收。

　　检验方法：观察检查和检查质量合格证明文件。

　　检查数量：按本规范第 3.0.21 条规定的检验批检查。

　　有防静电要求的整体面层的找平层施工时，宜在已敷设好导电地网的基层上涂刷混凝土界面剂或用水湿润基面，再用掺入复合导电粉的干性水泥砂浆均匀铺设于导电地网上，确保找平层的平整和密实。

一般项目

4.9.10　找平层与其下一层结合应牢固，不应有空鼓。

　　检验方法：用小锤轻击检查。

　　检查数量：按本规范第3.0.21条规定的检验批检查。

4.9.11　找平层表面应密实，不应有起砂、蜂窝和裂缝等缺陷。

　　检验方法：观察检查。

　　检查数量：按本规范第3.0.21条规定的检验批检查。

4.9.12　找平层的表面允许偏差应符合本规范表4.1.7（本书表10.4.1）的规定。

　　检验方法：按本规范表4.1.7（本书表10.4.1）中的检验方法检验。

　　检查数量：按本规范第3.0.21条规定的检验批和第3.0.22条的规定检查。

4.10　隔离层

4.10.1　隔离层材料的防水、防油渗性能应符合设计要求。

4.10.2　隔离层的铺设层数（或道数）、上翻高度应符合设计要求。有种植要求的地面隔离层的防根穿刺等应符合现行行业标准《种植屋面工程技术规程》（JGJ 155）的有关规定。

4.10.3　在水泥类找平层上铺设卷材类、涂料类防水、防油渗隔离层时，其表面应坚固、洁净、干燥。铺设前，应涂刷基层处理剂。基层处理剂应采用与卷材性能相容的配套材料或采用与涂料性能相容的同类涂料的底子油。

　　对于可带水作业的新型防水材料，其对基层的干燥度要求应符合产品的技术要求。

4.10.4　当采用掺有防渗外加剂的水泥类隔离层时，其配合比、强度等级、外加剂的复合掺量等应符合设计要求。

4.10.5　铺设隔离层时，在管道穿过楼板面四周，防水、防油渗材料应向上铺涂，并超过套管的上口；在靠近柱、墙处，应高出面层200～300mm或按设计要求的高度铺涂。阴阳角和管道穿过楼板面的根部应增加铺涂附加防水、防油渗隔离层。

4.10.6　隔离层兼作面层时，其材料不得对人体及环境产生不利影响，并应符合现行国家标准《食品安全性毒理学评价程序和方法》（GB 15193.1）和《生活饮用水卫生标准》（GB 5749）的有关规定。

4.10.7　防水隔离层铺设后，应按本规范第3.0.24条的规定进行蓄水检验，并做记录。

4.10.8　隔离层施工质量检验还应符合现行国家标准《屋面工程施工质量验收规范》（GB 50207）的有关规定。

主控项目

4.10.9　隔离层材料应符合设计要求和国家现行有关标准的规定。

　　检验方法：观察检查和检查型式检验报告、出厂检验报告、出厂合格证。

　　检查数量：同一工程、同一材料、同一生产厂家、同一型号、同一规格、同一批号检查一次。

4.10.10　卷材类、涂料类隔离层材料进入施工现场，应对材料的主要物理性能指标进行复验。

检验方法：检查复验报告。

检查数量：执行现行国家标准《屋面工程质量验收规范》（GB 50207）的有关规定。

4.10.11 厕浴间和有防水要求的建筑地面必须设置防水隔离层。楼层结构必须采用现浇混凝土或整块预制混凝土板。混凝土强度等级不应小于 **C20**；房间的楼板四周除门洞外应做混凝土翻边，高度不应小于 **200mm**，宽同墙厚，混凝土强度等级不应小于 **C20**。施工时结构层标高和预留孔洞位置应准确。严禁乱凿洞。

检验方法：观察和钢尺检查。

检查数量：按本规范第 **3.0.21** 条规定的检验批检查。

本条为强制性条文。为了防止厕浴间和有防水要求的建筑地面发生渗漏，对楼层结构提出了确保质量的规定，并提出了检验方法、检查数量。

4.10.12 水泥类防水隔离层的防水等级和强度等级应符合设计要求。

检验方法：观察检查和检查防水等级检测报告、强度等级检测报告。

检查数量：防水等级检测报告、强度等级检测报告均按本规范第 3.0.19 条的规定检查。

4.10.13 防水隔离层严禁渗漏，排水的坡向应正确、排水通畅。

检验方法：观察检查和蓄水、泼水检验、坡度尺检查及检查验收记录。

检查数量：按本规范第 **3.0.21** 条规定的检验批检查。

本条为强制性条文。严格规定了防水隔离层的施工质量要求和检验方法、检查数量。

一般项目

4.10.14 隔离层厚度应符合设计要求。

检验方法：观察检查和用钢尺、卡尺检查。

检查数量：按本规范第 3.0.21 条规定的检验批检查。

对于涂膜防水隔离层，其平均厚度应符合设计要求，最小厚度不得小于设计厚度的 80%，检验方法可采取针刺法或割取 20mm×20mm 的实样用卡尺测量。

4.10.15 隔离层与其下一层应粘结牢固，不应有空鼓；防水涂层应平整、均匀，无脱皮、起壳、裂缝、鼓泡等缺陷。

检验方法：用小锤轻击检查和观察检查。

检查数量：按本规范第 3.0.21 条规定的检验批检查。

4.10.16 隔离层表面的允许偏差应符合本规范表 4.1.7（本书表 10.4.1）的规定。

检验方法：按本规范表 4.1.7（本书表 10.4.1）中的检验方法检验。

检查数量：按本规范第 3.0.21 条规定的检验批和第 3.0.22 条的规定检查。

4.11 填充层

4.11.1 填充层材料的密度应符合设计要求。

4.11.2 填充层的下一层表面应平整。当为水泥类时，尚应洁净、干燥，并不得有空鼓、裂缝和起砂等缺陷。

4.11.3 采用松散材料铺设填充层时，应分层铺平拍实；采用板、块状材料铺设填充层时，应分层错缝铺贴。

4.11.4 有隔声要求的楼面，隔声垫在柱、墙面的上翻高度应超出楼面 20mm，且应收口于踢脚线内。地面上有竖向管道时，隔声垫应包裹管道四周，高度同卷向柱、墙面的高度。隔声垫保护膜之间应错缝搭接，搭接长度应大于 100mm，并用胶带等封闭。

4.11.5 隔声垫上部应设置保护层，其构造做法应符合设计要求。当设计无要求时，混凝土保护层厚度不应小于 30mm，内配间距不大于 200mm×200mm 的 φ6mm 钢筋网片。

4.11.6 有隔声要求的建筑地面工程尚应符合现行国家标准《建筑隔声评价标准》（GB/T 50121）、《民用建筑隔声设计规范》（GB 50118）的有关要求。

主控项目

4.11.7 填充层材料应符合设计要求和国家现行有关标准的规定。

　　检验方法：观察检查和检查质量合格证明文件。

　　检查数量：同一工程、同一材料、同一生产厂家、同一型号、同一规格、同一批号检查一次。

4.11.8 填充层的厚度、配合比应符合设计要求。

　　检验方法：用钢尺检查和检查配合比试验报告。

　　检查数量：按本规范第 3.0.21 条规定的检验批检查。

4.11.9 对填充材料接缝有密闭要求的应密封良好。

　　检验方法：观察检查。

　　检查数量：按本规范第 3.0.21 条规定的检验批检查。

　　对有隔声要求的地面填充层，接缝不密闭将会影响阻隔或传导的效果，从而影响设计功能的实现。

一般项目

4.11.10 松散材料填充层铺设应密实；板块状材料填充层应压实、无翘曲。

　　检验方法：观察检查。

　　检查数量：按本规范第 3.0.21 条规定的检验批检查。

4.11.11 填充层的坡度应符合设计要求，不应有倒泛水和积水现象。

　　检验方法：观察和采用泼水或用坡度尺检查。

　　检查数量：按本规范第 3.0.21 条规定的检验批检查。

4.11.12 填充层表面的允许偏差应符合本规范表 4.1.7（本书表 10.4.1）的规定。

　　检验方法：按本规范表 4.1.7（本书表 10.4.1）中的检验方法检验。

　　检查数量：按本规范第 3.0.21 条规定的检验批和第 3.0.22 条的规定检查。

4.11.13 用作隔声的填充层，其表面允许偏差应符合本规范表 4.1.7（本书表 10.4.1）中隔离层的规定。

　　检验方法：按本规范表 4.1.7（本书表 10.4.1）中隔离层的检验方法检验。

　　检查数量：按本规范第 3.0.21 条规定的检验批和第 3.0.22 条的规定检查。

4.12 绝热层

4.12.1 绝热层材料的性能、品种、厚度、构造做法应符合设计要求和国家现行有关标准的规定。

　　地面工程施工完成后，其热工性能尚应符合现行国家标准《公共建筑节能设计标准》（GB 50189）和现行行业标准《严寒和寒冷地区居住建筑节能设计标准》（JGJ 26）、《夏热冬冷地区居住建筑节能设计标准》（JGJ 134）、《夏热冬暖地区居住建筑节能设计标准》（JGJ 75）等的规定。

4.12.2 建筑物室内接触基土的首层地面应增设水泥混凝土垫层后方可铺设绝热层，垫层的厚度及强度等级应符合设计要求。首层地面及楼层楼板铺设绝热层前,表面平整度宜控制在 3mm 以内。

4.12.3　有防水、防潮要求的地面,宜在防水、防潮隔离层施工完毕并验收合格后再铺设绝热层。

4.12.4　穿越地面进入非采暖保温区域的金属管道应采取隔断热桥的措施。

4.12.5　绝热层与地面面层之间应设有水泥混凝土结合层,构造做法及强度等级应符合设计要求。设计无要求时,水泥混凝土结合层的厚度不应小于 30mm,层内应设置间距不大于 200mm×200mm 的 φ6mm 钢筋网片。

4.12.6　有地下室的建筑,地上、地下交界部位楼板的绝热层应采用外保温做法,绝热层表面应设有外保护层。外保护层应安全、耐候,表面应平整、无裂纹。

4.12.7　建筑物勒脚处绝热层的铺设应符合设计要求。设计无要求时,应符合下列规定:

　　1　当地区冻土深度不大于 500mm 时,应采用外保温做法;

　　2　当地区冻土深度大于 500mm 且不大于 1000mm 时,宜采用内保温做法;

　　3　当地区冻土深度大于 1000mm 时,应采用内保温做法;

　　4　当建筑物的基础有防水要求时,宜采用内保温做法;

　　5　采用外保温做法的绝热层,宜在建筑物主体结构完成后再施工。

4.12.8　绝热层的材料不应采用松散型材料或抹灰浆料。

4.12.9　绝热层施工质量检验尚应符合现行国家标准《建筑节能工程施工质量验收规范》(GB 50411) 的有关规定。

主控项目

4.12.10　绝热层材料应符合设计要求和国家现行有关标准的规定。

　　检验方法:观察检查和检查型式检验报告、出厂检验报告、出厂合格证。

　　检查数量:同一工程、同一材料、同一生产厂家、同一型号、同一规格、同一批号检查一次。

4.12.11　绝热层材料进入施工现场时,应对材料的导热系数、表观密度、抗压强度或压缩强度、阻燃性进行复验。

　　检验方法:检查复验报告。

　　检查数量:同一工程、同一材料、同一生产厂家、同一型号、同一规格、同一批号复验一组。

　　绝热层材料的性能对于地面的保温隔热效果起到决定性的作用。为了保证绝热层材料的质量,避免不合格材料用于地面保温隔热工程,须由监理人员对进入现场的地面绝热层材料进行现场见证、随机抽样后,送有资质的试验、检测单位,对材料的有关性能参数进行现场抽样检验,检验结果作为地面保温隔热工程质量验收的重要依据之一。

4.12.12　绝热层的板块材料应采用无缝铺贴法铺设,表面应平整。

　　检查方法:观察检查、楔形塞尺检查。

　　检查数量:按本规范第 3.0.21 条规定的检验批检查。

一般项目

4.12.13　绝热层的厚度应符合设计要求,不应出现负偏差,表面应平整。

　　检验方法:直尺或钢尺检查。

检查数量：按本规范第3.0.21条规定的检验批检查。

4.12.14 绝热层表面应无开裂。

检验方法：观察检查。

检查数量：按本规范第3.0.21条规定的检验批检查。

4.12.15 绝热层与地面面层之间的水泥混凝土结合层或水泥砂浆找平层，表面应平整，允许偏差应符合本规范表4.1.7（本书表10.4.1）中"找平层"的规定。

检验方法：按本规范表4.1.7（本书表10.4.1）中"找平层"的检验方法检验。

检查数量：按本规范第3.0.21条规定的检验批和第3.0.22条的规定检查。

10.5 整体面层铺设

5.1 一般规定

5.1.1 本章适用于水泥混凝土（含细石混凝土）面层、水泥砂浆面层、水磨石面层、硬化耐磨面层、防油渗面层、不发火（防爆）面层、自流平面层、涂料面层、塑胶面层、地面辐射供暖的整体面层等面层分项工程的施工质量检验。

5.1.2 铺设整体面层时，水泥类基层的抗压强度不得小于1.2MPa；表面应粗糙、洁净、湿润并不得有积水。铺设前宜凿毛或涂刷界面剂。硬化耐磨面层、自流平面层的基层处理应符合设计及产品的要求。

5.1.3 铺设整体面层时，地面变形缝的位置应符合本规范第3.0.16条的规定；大面积水泥类面层应设置分格缝。

5.1.4 整体面层施工后，养护时间不应少于7d；抗压强度应达到5MPa后方准上人行走；抗压强度应达到设计要求后，方可正常使用。

5.1.5 当采用掺有水泥拌合料做踢脚线时，不得用石灰混合砂浆打底。

5.1.6 水泥类整体面层的抹平工作应在水泥初凝前完成，压光工作应在水泥终凝前完成。

5.1.7 整体面层的允许偏差和检验方法应符合表5.1.7（本书表10.5.1）的规定。

整体面层的允许偏差和检验方法　　　　　　　　　　　　　　　　表10.5.1

项次	项目	允许偏差									检验方法
		水泥混凝土面层	水泥砂浆面层	普通水磨石面层	高级水磨石面层	硬化耐磨面层	防油渗混凝土和不发火（防爆）面层	自流平面层	涂料面层	塑胶面层	
1	平面平整度	5	4	3	2	4	5	2	2	2	用2m靠尺和楔形塞尺检查
2	踢脚线上口平直	4	4	3	3	3	3	3	3	3	拉5m线和用钢尺检查
3	缝格平直	3	3	3	2	3	3	2	2	2	

5.2 水泥混凝土面层

5.2.1 水泥混凝土面层厚度应符合设计要求。

5.2.2 水泥混凝土面层铺设不得留施工缝。当施工间隙超过允许时间规定时，应对接槎处进行处理。

5.2.3 水泥混凝土采用的粗骨料,最大粒径不应大于面层厚度的2/3,细石混凝土面层采用的石子粒径不应大于16mm。

检验方法:观察检查和检查质量合格证明文件。

检查数量:同一工程、同一强度等级、同一配合比检查一次。

5.2.4 防水水泥混凝土中掺入的外加剂的技术性能应符合国家现行有关标准的规定,外加剂的品种和掺量应经试验确定。

检验方法:检查外加剂合格证明文件和配合比试验报告。

检查数量:同一工程、同一品种、同一掺量检查一次。

商品混凝土中掺入的外加剂应由混凝土供应单位提供检测报告;现场搅拌混凝土掺入的外加剂应事先复验合格。

5.2.5 面层的强度等级应符合设计要求,且强度等级不应小于C20。

检验方法:检查配合比试验报告和强度等级检测报告。

检查数量:配合比试验报告按同一工程、同一强度等级、同一配合比检查一次;强度等级检测报告按本规范第3.0.19条的规定检查。

5.2.6 面层与下一层应结合牢固,且应无空鼓和开裂。当出现空鼓时,空鼓面积不应大于400cm²,且每自然间或标准间不应多于2处。

检验方法:观察和用小锤轻击检查。

检查数量:按本规范第3.0.21条规定的检验批检查。

5.2.7 面层表面应洁净,不应有裂纹、脱皮、麻面、起砂等缺陷。

检验方法:观察检查。

检查数量:按本规范第3.0.21条规定的检验批检查。

5.2.8 面层表面的坡度应符合设计要求,不应有倒泛水和积水现象。

检验方法:观察和采用泼水或用坡度尺检查。

检查数量:按本规范第3.0.21条规定的检验批检查。

5.2.9 踢脚线与柱、墙面应紧密结合,踢脚线高度和出柱、墙厚度应符合设计要求且均匀一致。当出现空鼓时,局部空鼓长度不应大于300mm,且每自然间或标准间不应多于2处。

检验方法:用小锤轻击、钢尺和观察检查。

检查数量:按本规范第3.0.21条规定的检验批检查。

5.2.10 楼梯、台阶踏步的宽度、高度应符合设计要求。楼层梯段相邻踏步高度差不应大于10mm;每踏步两端宽度差不应大于10mm,旋转楼梯梯段的每踏步两端宽度的允许偏差不应大于5mm。踏步面层应做防滑处理,齿角应整齐,防滑条应顺直、牢固。

检验方法:观察和用钢尺检查。

检查数量:按本规范第3.0.21条规定的检验批检查。

5.2.11 水泥混凝土面层的允许偏差应符合本规范表5.1.7(本书表10.5.1)的规定。

检验方法:按本规范表5.1.7(本书表10.5.1)中的检验方法检验。

检查数量:按本规范第3.0.21条规定的检验批和第3.0.22条的规定检查。

5.3 水泥砂浆面层

5.3.1 水泥砂浆面层的厚度应符合设计要求。

主控项目

5.3.2 水泥宜采用硅酸盐水泥、普通硅酸盐水泥，不同品种、不同强度等级的水泥不应混用；砂应为中粗砂，当采用石屑时，其粒径应为 $1\sim5mm$，且含泥量不应大于 3%；防水水泥砂浆采用的砂或石屑，其含泥量不应大于 1%。

　　检验方法：观察检查和检查质量合格证明文件。

　　检查数量：同一工程、同一强度等级、同一配合比检查一次。

5.3.3 防水水泥砂浆中掺入的外加剂的技术性能应符合国家现行有关标准的规定，外加剂的品种和掺量应经试验确定。

　　检验方法：观察检查和检查质量合格证明文件、配合比试验报告。

　　检查数量：同一工程、同一强度等级、同一配合比、同一外加剂品种、同一掺量检查一次。

　　外加剂的要求参考第5章混凝土结构工程。

5.3.4 水泥砂浆的体积比（强度等级）应符合设计要求，且体积比应为 1：2，强度等级不应小于 M15。

　　检验方法：检查强度等级检测报告。

　　检查数量：按本规范第3.0.19条的规定检查。

5.3.5 有排水要求的水泥砂浆地面，坡向应正确、排水通畅；防水水泥砂浆面层不应渗漏。

　　检验方法：观察检查和蓄水、泼水检验或坡度尺检查及检查检验记录。

　　检查数量：按本规范第3.0.21条规定的检验批检查。

5.3.6 面层与下一层应结合牢固，且应无空鼓和开裂。当出现空鼓时，空鼓面积不应大于 $400cm^2$，且每自然间或标准间不应多于 2 处。

　　检验方法：观察和用小锤轻击检查。

　　检查数量：按本规范第3.0.21条规定的检验批检查。

一般项目

5.3.7 面层表面的坡度应符合设计要求，不应有倒泛水和积水现象。

　　检验方法：观察和采用泼水或坡度尺检查。

　　检查数量：按本规范第3.0.21条规定的检验批检查。

5.3.8 面层表面应洁净，不应有裂纹、脱皮、麻面、起砂等现象。

　　检验方法：观察检查。

　　检查数量：按本规范第3.0.21条规定的检验批检查。

5.3.9 踢脚线与柱、墙面应紧密结合，踢脚线高度及出柱、墙厚度应符合设计要求且均匀一致。当出现空鼓时，局部空鼓长度不应大于 300mm，且每自然间或标准间不应多于 2 处。

　　检验方法：用小锤轻击、钢尺和观察检查。

　　检查数量：按本规范第3.0.21条规定的检验批检查。

5.3.10 楼梯、台阶踏步的宽度、高度应符合设计要求。楼层梯段相邻踏步高度差不应大于 10mm；每踏步两端宽度差不应大于 10mm，旋转楼梯梯段的每踏步两端宽度的允许偏差不应大于 5mm。踏步面层应做防滑处理，齿角应整齐，防滑条应顺直、牢固。

检验方法：观察和用钢尺检查。

检查数量：按本规范第 3.0.21 条规定的检验批检查。

5.3.11 水泥砂浆面层的允许偏差应符合本规范表 5.1.7（本书表 10.5.1）的规定。

检验方法：按本规范表 5.1.7（本书表 10.5.1）中的检验方法检验。

检查数量：按本规范第 3.0.21 条规定的检验批和第 3.0.22 条的规定检查。

5.4 水磨石面层

5.4.1 水磨石面层应采用水泥与石粒拌合料铺设，有防静电要求时，拌合料内应按设计要求掺入导电材料。面层厚度除有特殊要求外，宜为 12～18mm，且宜按石粒粒径确定。水磨石面层的颜色和图案应符合设计要求。

5.4.2 白色或浅色的水磨石面层应采用白水泥；深色的水磨石面层宜采用硅酸盐水泥、普通硅酸盐水泥或矿渣硅酸盐水泥；同颜色的面层应使用同一批水泥。同一彩色面层应使用同厂、同批的颜料；其掺入量宜为水泥重量的 3%～6% 或由试验确定。

5.4.3 水磨石面层的结合层采用水泥砂浆时，强度等级应符合设计要求且不应小于 M10，稠度宜为 30～35mm。

5.4.4 防静电水磨石面层中采用导电金属分格条时，分格条应经绝缘处理，且十字交叉处不得碰接。

防静电水磨石面层中的分格条宜按如下要求进行铺设：

找平层经养护达到 5MPa 以上强度后，先在找平层上按设计要求弹出纵、横垂直分格墨线或图案分格墨线，然后按墨线截裁经校正、绝缘、干燥处理的导电金属分格条。导电金属分格条的间隙宜控制在 3～4mm，且十字交叉处不得碰接，如图 10.5.1 所示（当采用不导电分格条时，十字交叉处不受此限制）。分格条的嵌固可用纯水泥浆在分格条下部抹成八字角（与找平层约成 30°角）

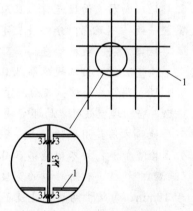

图 10.5.1 防静电水磨石地面铜
（或不锈钢）分格条接头处理
1—地面铜（或不锈钢）分格条

通长座嵌牢固，八字角的高度宜比分格条顶面低 3～5mm。在距十字中心的四个方向应各空出 20mm 不抹纯水泥浆，使石子能填入夹角内。

5.4.5 普通水磨石面层磨光遍数不应少于 3 遍。高级水磨石面层的厚度和磨光遍数应由设计确定。

5.4.6 水磨石面层磨光后，在涂草酸和上蜡前，其表面不得污染。

5.4.7 防静电水磨石面层应在表面经清净、干燥后，在表面均匀涂抹一层防静电剂和地板蜡，并应做抛光处理。

主控项目

5.4.8 水磨石面层的石粒应采用白云石、大理石等岩石加工而成，石粒应洁净无杂物，其粒径除特殊要求外应为 6～16mm；颜料应采用耐光、耐碱的矿物原料，不得使用酸性颜料。

检验方法：观察检查和检查质量合格证明文件。

检查数量：同一工程、同一体积比检查一次。

5.4.9　水磨石面层拌合料的体积比应符合设计要求，且水泥与石粒的比例应为 1∶1.5～1∶2.5。

　　检验方法：检查配合比试验报告。

　　检查数量：同一工程、同一体积比检查一次。

5.4.10　防静电水磨石面层应在施工前及施工完成表面干燥后进行接地电阻和表面电阻检测，并应做好记录。

　　检验方法：检查施工记录和检测报告。

　　检查数量：按本规范第 3.0.21 条规定的检验批检查。

5.4.11　面层与下一层结合应牢固，且应无空鼓、裂纹。当出现空鼓时，空鼓面积不应大于 400cm²，且每自然间或标准间不应多于 2 处。

　　检验方法：观察和用小锤轻击检查。

　　检查数量：按本规范第 3.0.21 条规定的检验批检查。

一般项目

5.4.12　面层表面应光滑，且应无裂纹、砂眼和磨痕；石粒应密实，显露应均匀；颜色图案应一致，不混色；分格条应牢固、顺直和清晰。

　　检验方法：观察检查。

　　检查数量：按本规范第 3.0.21 条规定的检验批检查。

5.4.13　踢脚线与柱、墙面应紧密结合，踢脚线高度及出柱、墙厚度应符合设计要求且均匀一致。当出现空鼓时，局部空鼓长度不应大于 300mm，且每自然间或标准间不应多于 2 处。

　　检验方法：用小锤轻击、钢尺和观察检查。

　　检查数量：按本规范第 3.0.21 条规定的检验批检查。

5.4.14　楼梯、台阶踏步的宽度、高度应符合设计要求。楼层梯段相邻踏步高度差不应大于 10mm；每踏步两端宽度差不应大于 10mm，旋转楼梯梯段的每踏步两端宽度的允许偏差不应大于 5mm。踏步面层应做防滑处理，齿角应整齐，防滑条应顺直、牢固。

　　检验方法：观察和用钢尺检查。

　　检查数量：按本规范第 3.0.21 条规定的检验批检查。

5.4.15　水磨石面层的允许偏差应符合本规范表 5.1.7（本书表 10.5.1）的规定。

　　检验方法：按本规范表 5.1.7（本书表 10.5.1）中的检验方法检验。

　　检查数量：按本规范第 3.0.21 条规定的检验批和第 3.0.22 条的规定检查。

5.5　硬化耐磨面层

5.5.1　硬化耐磨面层应采用金属渣、屑、纤维或石英砂、金刚砂等，并应与水泥类胶凝材料拌合铺设或在水泥类基层上撒布铺设。

5.5.2　硬化耐磨面层采用拌合料铺设时，拌合料的配合比应通过试验确定；采用撒布铺设时，耐磨材料的撒布量应符合设计要求，且应在水泥类基层初凝前完成撒布。

5.5.3　硬化耐磨面层采用拌合料铺设时，宜先铺设一层强度等级不小于 M15、厚度不小于 20mm 的水泥砂浆，或水灰比宜为 0.4 的素水泥浆结合层。

5.5.4　硬化耐磨面层采用拌合料铺设时，铺设厚度和拌合料强度应符合设计要求。当设计无要求时，水泥钢（铁）屑面层铺设厚度不应小于 30mm，抗压强度不应小于 40MPa；

水泥石英砂浆面层铺设厚度不应小于20mm，抗压强度不应小于30MPa；钢纤维混凝土面层铺设厚度不应小于40mm，抗压强度不应小于40MPa。

5.5.5　硬化耐磨面层采用撒布铺设时，耐磨材料应撒布均匀，厚度应符合设计要求；混凝土基层或砂浆基层的厚度及强度应符合设计要求。当设计无要求时，混凝土基层的厚度不应小于50mm，强度等级不应小于C25；砂浆基层的厚度不应小于20mm，强度等级不应小于M15。

5.5.6　硬化耐磨面层分格缝的间距及缝深、缝宽、填缝材料应符合设计要求。

5.5.7　硬化耐磨面层铺设后应在湿润条件下静置养护，养护期限应符合材料的技术要求。

5.5.8　硬化耐磨面层应在强度达到设计强度后方可投入使用。

主控项目

5.5.9　硬化耐磨面层采用的材料应符合设计要求和国家现行有关标准的规定。

　　检验方法：观察检查和检查质量合格证明文件。

　　检查数量：采用拌合料铺设的，按同一工程、同一强度等级检查一次；采用撒布铺设的，按同一工程、同一材料、同一生产厂家、同一型号、同一规格、同一批号检查一次。

5.5.10　硬化耐磨面层采用拌合料铺设时，水泥的强度不应小于42.5MPa。金属渣、屑、纤维不应有其他杂质，使用前应去油除锈、冲洗干净并干燥；石英砂应用中粗砂，含泥量不应大于2%。

　　检验方法：观察检查和检查质量合格证明文件。

　　检查数量：同一工程、同一强度等级检查一次。

5.5.11　硬化耐磨面层的厚度、强度等级、耐磨性能应符合设计要求。

　　检验方法：用钢尺检查和检查配合比试验报告、强度等级检测报告、耐磨性能检测报告。

　　检查数量：厚度按本规范第3.0.21条规定的检验批检查；配合比试验报告按同一工程、同一强度等级、同一配合比检查一次；强度等级检测报告按本规范第3.0.19条的规定检查；耐磨性能检测报告按同一工程抽样检查一次。

　　硬化耐磨面层的耐磨性能检验应由检测机构按现行国家标准《无机地面材料耐磨性能试验方法》（GB/T 12988—2009）的规定执行，验收时应检查检测报告。

5.5.12　面层与基层（或下一层）结合应牢固，且应无空鼓、裂缝。当出现空鼓时，空鼓面积不应大于400cm，且每自然间或标准间不应多于2处。

　　检验方法：观察和用小锤轻击检查。

　　检查数量：按本规范第3.0.21条规定的检验批检查。

一般项目

5.5.13　面层表面坡度应符合设计要求，不应有倒泛水和积水现象。

　　检验方法：观察和采用泼水或用坡度尺检查。

　　检查数量：按本规范第3.0.21条规定的检验批检查。

5.5.14　面层表面应色泽一致，切缝应顺直，不应有裂纹、脱皮、麻面、起砂等缺陷。

　　检验方法：观察检查。

　　检查数量：按本规范第3.0.21条规定的检验批检查。

5.5.15　踢脚线与柱、墙面应紧密结合，踢脚线高度及出柱、墙厚度应符合设计要求且均匀一致。当出现空鼓时，局部空鼓长度不应大于300mm，且每自然间或标准间不应多于2处。

检验方法：用小锤轻击、钢尺和观察检查。

检查数量：按本规范第3.0.21条规定的检验批检查。

5.5.16 硬化耐磨面层的允许偏差应符合本规范表5.1.7（本书表10.5.1）的规定。

检验方法：按本规范表5.1.7（本书表10.5.1）中的检查方法检查。

检查数量：按本规范第3.0.21条规定的检验批和第3.0.22条的规定检查。

5.6 防油渗面层

5.6.1 防油渗面层应采用防油渗混凝土铺设或采用防油渗涂料涂刷。

5.6.2 防油渗隔离层及防油渗面层与墙、柱连接处的构造应符合设计要求。

5.6.3 防油渗混凝土面层厚度应符合设计要求，防油渗混凝土的配合比应按设计要求的强度等级和抗渗性能通过试验确定。

5.6.4 防油渗混凝土面层应按厂房柱网分区段浇筑，区段划分及分区段缝应符合设计要求。

防油渗混凝土的浇筑及分区段缝的留设、处理和施工方案，施工前应拟订详细的工艺要求和施工方案。

5.6.5 防油渗混凝土面层内不得敷设管线。露出面层的电线管、接线盒、预埋套管和地脚螺栓等的处理，以及与墙、柱、变形缝、孔洞等连接处泛水均应采取防油渗措施并应符合设计要求。

5.6.6 防油渗面层采用防油渗涂料时，材料应按设计要求选用，涂层厚度宜为5～7mm。

主控项目

5.6.7 防油渗混凝土所用的水泥应采用普通硅酸盐水泥；碎石应采用花岗石或石英石，不应使用松散、多孔和吸水率大的石子，粒径为5～16mm，最大粒径不应大于20mm，含泥量不应大于1‰；砂应为中砂，且应洁净无杂物；掺入的外加剂和防油渗剂应符合有关标准的规定。防油渗涂料应具有耐油、耐磨、耐火和粘结性能。

检验方法：观察检查和检查质量合格证明文件。

检查数量：同一工程、同一强度等级、同一配合比、同一粘结强度检查一次。

5.6.8 防油渗混凝土的强度等级和抗渗性能应符合设计要求，且强度等级不应小于C30；防油渗涂料的粘结强度不应小于0.3MPa。

检验方法：检查配合比试验报告、强度等级检测报告、粘结强度检测报告。

检查数量：配合比试验报告按同一工程、同一强度等级、同一配合比检查一次；强度等级检测报告按本规范第3.0.19条的规定检查；抗拉粘结强度检测报告按同一工程、同一涂料品种、同一生产厂家、同一型号、同一规格、同一批号检查一次。

5.6.9 防油渗混凝土面层与下一层应结合牢固、无空鼓。

检验方法：用小锤轻击检查。

检查数量：按本规范第3.0.21条规定的检验批检查。

5.6.10 防油渗涂料面层与基层应粘结牢固，不应有起皮、开裂、漏涂等缺陷。

检验方法：观察检查。

检查数量：按本规范第3.0.21条规定的检验批检查。

一般项目

5.6.11 防油渗面层表面坡度应符合设计要求，不得有倒泛水和积水现象。

检验方法：观察和采用泼水或用坡度尺检查。

检查数量：按本规范第3.0.21条规定的检验批检查。

5.6.12 防油渗混凝土面层表面应洁净，不应有裂纹、脱皮、麻面和起砂等现象。

检验方法：观察检查。

检查数量：按本规范第3.0.21条规定的检验批检查。

5.6.13 踢脚线与柱、墙面应紧密结合，踢脚线高度及出柱、墙厚度应符合设计要求且均匀一致。

检验方法：用小锤轻击、钢尺和观察检查。

检查数量：按本规范第3.0.21条规定的检验批检查。

5.6.14 防油渗面层的允许偏差应符合本规范表5.1.7（本书表10.5.1）的规定。

检验方法：按本规范表5.1.7（本书表10.5.1）中的检验方法检验。

检查数量：按本规范第3.0.21条规定的检验批和第3.0.22条的规定检查。

5.7 不发火（防爆）面层

5.7.1 不发火（防爆）面层应采用水泥类拌合料及其他不发火材料铺设，其材料和厚度应符合设计要求。

5.7.2 不发火（防爆）各类面层的铺设应符合本规范相应面层的规定。

5.7.3 不发火（防爆）面层采用的材料和硬化后的试件，应按本规范附录A做不发火性试验。

试验完成后应做试验记录，工程质量员应作为质量检查员签字确认。

附录A"不发火（防爆）建筑地面材料及其制品不发火性的试验方法"如下：

A.0.1 试验前的准备：准备直径为150mm的砂轮，在暗室内检查其分离火花的能力。如发生清晰的火花，则该砂轮可用于不发火（防爆）建筑地面材料及其制品不发火性的试验。

A.0.2 粗骨料的试验：从不少于50个、每个重50～250g（准确度达到1g）的试件中选出10个，在暗室内进行不发火性试验。只有每个试件上磨掉不少于20g，且试验过程中未发现任何瞬时的火花，方可判定为不发火性试验合格。

A.0.3 粉状骨料的试验：粉状骨料除应试验其制造的原料外，还应将骨料用水泥或沥青胶结料制成块状材料后进行试验。原料、胶结块状材料的试验方法同本规范第A.0.2条。

A.0.4 不发火水泥砂浆、水磨石和水泥混凝土的试验。试验力法同本规范第A.0.2、A.0.3条。

主控项目

5.7.4 不发火（防爆）面层中碎石的不发火性必须合格；砂应质地坚硬、表面粗糙。其粒径应为0.15～5mm，含泥量不应大于3%，有机物含量不应大于0.5%；水泥应采用硅酸盐水泥、普通硅酸盐水泥；面层分格的嵌条应采用不发生火花的材料配制。配制时应随时检查，不得混入金属或其他易发生火花的杂质。

检验方法：观察检查和检查质量合格证明文件。

检查数量：按本规范第**3.0.19**条的规定检查。

5.7.5 不发火（防爆）面层的强度等级应符合设计要求。

检验方法：检查配合比试验报告和强度等级检测报告。

检查数量：配合比试验报告按同一工程、同一强度等级、同一配合比检查一次；强度等级检测报告按本规范第 3.0.19 条的规定检查。

5.7.6 面层与下一层应结合牢固，且应无空鼓和开裂。当出现空鼓时，空鼓面积不应大于 400cm，且每自然间或标准间不应多于 2 处。

检验方法：观察和用小锤轻击检查。

检查数量：按本规范第 3.0.21 条规定的检验批检查。

5.7.7 不发火（防爆）面层的试件应检验合格。

检验方法：检查检测报告。

检查数量：同一工程、同一强度等级、同一配合比检查一次。

一般项目

5.7.8 面层表面应密实，无裂缝、蜂窝、麻面等缺陷。

检验方法：观察检查。

检查数量：按本规范第 3.0.21 条规定的检验批检查。

5.7.9 踢脚线与柱、墙面应紧密结合，踢脚线高度及出柱、墙厚度应符合设计要求且均匀一致。当出现空鼓时，局部空鼓长度不应大于 300mm，且每自然间或标准间不应多于 2 处。

检验方法：用小锤轻击、钢尺和观察检查。

检查数量：按本规范第 3.0.21 条规定的检验批检查。

5.7.10 不发火（防爆）面层的允许偏差应符合本规范表 5.1.7（本书表 10.5.1）的规定。

检验方法：按本规范表 5.1.7（本书表 10.5.1）中的检验方法检验。

检查数量：按本规范第 3.0.21 条规定的检验批和第 3.0.22 条的规定检查。

5.8 自流平面层

5.8.1 自流平面层可采用水泥基、石膏基、合成树脂基等拌合物铺设。

5.8.2 自流平面层与墙、柱等连接处的构造做法应符合设计要求，铺设时应分层施工。

5.8.3 自流平面层的基层应平整、洁净，基层的含水率应与面层材料的技术要求相一致。

5.8.4 自流平面屋的构造做法、厚度、颜色等应符合设计要求。

当设计无要求时，自流平面层的构造层可分为底涂层、中间层、表面层等。一般情况下，自流平面层的底涂层和表面层的厚度较薄。

5.8.5 有防水、防潮、防油渗、防尘要求的自流平面层应达到设计要求。

主控项目

5.8.6 自流平面层的铺涂材料应符合设计要求和国家现行有关标准的规定。

检验方法：观察检查和检查型式检验报告、出厂检验报告、出厂合格证。

检查数量：同一工程、同一材料、同一生产厂家、同一型号、同一规格、同一批号检查一次。

5.8.7 自流平面层的涂料进入施工现场时，应有以下有害物质限量合格的检测报告：

1 水性涂料中的挥发性有机化合物（VOC）和游离甲醛；

2 溶剂型涂料中的苯、甲苯+二甲苯、挥发性有机化合物（VOC）和游离甲苯二异氰酸酯（TDI）。

检验方法：检查检测报告。

检查数量：同一工程、同一材料、同一生产厂家、同一型号、同一规格、同一批号检查一次。

5.8.8 自流平面层的基层的强度等级不应小于C20。

检验方法：检查强度等级检测报告。

检查数量：按本规范第3.0.19条的规定检查。

5.8.9 自流平面层的各构造层之间应粘结牢固，层与层之间不应出现分离、空鼓现象。

检验方法：用小锤轻击检查。

检查数量：按本规范第3.0.21条规定的检验批检查。

5.8.10 自流平面层的表面不应有开裂、漏涂和倒泛水、积水等现象。

检验方法：观察和泼水检查。

检查数量：按本规范第3.0.21条规定的检验批检查。

一般项目

5.8.11 自流平面层应分层施工，面层找平施工时不应留有抹痕。

检验方法：观察检查和检查施工记录。

检查数量：按本规范第3.0.21条规定的检验批检查。

5.8.12 自流平面层表面应光洁，色泽应均匀、一致，不应有起泡、泛砂等现象。

检验方法：观察检查。

检查数量：按本规范第3.0.21条规定的检验批检查。

5.8.13 自流平面层的允许偏差应符合本规范表5.1.7（本书表10.5.1）的规定。

检验方法：按本规范表5.1.7（本书表10.5.1）中的检验方法检验。

检查数量：按本规范第3.0.21条规定的检验批和第3.0.22条的规定检查。

5.9 涂料面层

5.9.1 涂料面层应采用丙烯酸、环氧、聚氨酯等树脂型涂料涂刷。

5.9.2 涂料面层的基层应符合下列规定：

1 应平整、洁净；

2 强度等级不应小于C20；

3 含水率应与涂料的技术要求相一致。

5.9.3 涂料面层的厚度、颜色应符合设计要求，铺设时应分层施工。

主控项目

5.9.4 涂料应符合设计要求和国家现行有关标准的规定。

检验方法：观察检查和检查型式检验报告、出厂检验报告、出厂合格证。

检查数量：同一工程、同一材料、同一生产厂家、同一型号、同一规格、同一批号检查一次。

5.9.5 涂料进入施工现场时，应有苯、甲苯+二甲苯、挥发性有机化合物（VOC）和游离甲苯二异氰酸酯（TDI）限量合格的检测报告。

检验方法：检查检测报告。

检查数量：同一材料、同一生产厂家、同一型号、同一规格、同一批号检查一次。

5.9.6 涂料面层的表面不应有开裂、空鼓、漏涂和倒泛水、积水等现象。

检验方法：观察和泼水检查。

检查数量：按本规范第3.0.21条规定的检验批检查。

一般项目

5.9.7 涂料找平层应平整，不应有刮痕。

    检验方法：观察检查。

    检查数量：按本规范第3.0.21条规定的检验批检查。

5.9.8 涂料面层应光洁，色泽应均匀、一致，不应有起泡、起皮、泛砂等现象。

    检验方法：观察检查。

    检查数量：按本规范第3.0.21条规定的检验批检查。

5.9.9 楼梯、台阶踏步的宽度、高度应符合设计要求。楼层梯段相邻踏步高度差不应大于10mm；每踏步两端宽度差不应大于10mm，旋转楼梯梯段的每踏步两端宽度的允许偏差不应大于5mm。踏步面层应做防滑处理，齿角应整齐，防滑条应顺直、牢固。

    检验方法：观察和用钢尺检查。

    检查数量：按本规范第3.0.21条规定的检验批检查。

5.9.10 涂料面层的允许偏差应符合本规范表5.1.7（本书表10.5.1）的规定。

    检验方法：按本规范表5.1.7（本书表10.5.1）中的检验方法检验。

    检查数量：按本规范第3.0.21条规定的检验批和第3.0.22条的规定检查。

5.10 塑胶面层

5.10.1 塑胶面层应采用现浇型塑胶材料或塑胶卷材，宜在沥青混凝土或水泥类基层上铺设。

现浇型塑胶面层材料一般是指以聚氨酯为主要材料的混合弹性体以及丙烯酸，采用现浇法施工；卷材型塑胶面层材料一般是指聚氨酯面层（含组合层）、PVC面层（含组合层）、橡胶面层（含组合层）等，采用粘贴法施工。

塑胶面层按使用功能分类，可分为塑胶运动地板（面）和一般塑料面层。用作体育竞赛的塑胶运动地板（面）除应符合本节的要求外，还应符合国家现行体育竞赛场地专业规范的要求；一般塑料面层的施工质量验收应符合本规范第6.6节的有关规定。

5.10.2 基层的强度和厚度应符合设计要求，表面应平整、干燥、洁净，无油脂及其他杂质。

对于水泥类基层，可用水泥砂浆或水泥基自流平涂层作为找平层，应视塑胶面层的具体要求而定；沥青混凝土应采用不含蜡或低蜡沥青，沥青混凝土基层应符合现行国家标准《沥青路面施工及验收规范》（GB 50092）的要求。一般情况下，塑胶运动地板（面）的基层宜采用半刚性的沥青混凝土。

5.10.3 塑胶面层铺设时的环境温度宜为10～30℃。

主控项目

5.10.4 塑胶面层采用的材料应符合设计要求和国家现行有关标准的规定。

    检验方法：观察检查和检查型式检验报告、出厂检验报告、出厂合格证。

    检查数量：现浇型塑胶材料按同一工程、同一配合比检查一次；塑胶卷材按同一工程、同一材料、同一生产厂家、同一型号、同一规格、同一批号检查一次。

5.10.5 现浇型塑胶面层的配合比应符合设计要求，成品试件应检测合格。

    检验方法：检查配合比试验报告、试件检测报告。

检查数量：同一工程、同一配合比检查一次。

对于现浇型塑胶面层材料，除需确认各种原材料是否相互兼容、面层表面是否具有耐久性和运动性能外，还需确认原材料的组合、铺装工艺、长期使用不会对环境造成污染。因此，现浇型塑胶面层的成品试件必须经专业实验室检测合格。

5.10.6　现浇型塑胶面层与基层应粘结牢固，面层厚度应一致，表面颗粒应均匀，不应有裂痕、分层、气泡、脱（秃）粒等现象；塑胶卷材面层的卷材与基层应粘结牢固，面层不应有断裂、起泡、起鼓、空鼓、脱胶、翘边、溢液等现象。

　　检验方法：观察和用敲击法检查。

　　检查数量：按本规范第3.0.21条规定的检验批检查。

一般项目

5.10.7　塑胶面层的各组合层厚度、坡度、表面平整度应符合设计要求。

　　检验方法：采用钢尺、坡度尺、2m或3m水平尺检查。

　　检查数量：按本规范第3.0.21条规定的检验批检查。

5.10.8　塑胶面层应表面洁净，图案清晰，色泽一致；拼缝处的图案、花纹应吻合，无明显高低差及缝隙，无胶痕；与周边接缝应严密，阴阳角应方正、收边整齐。

　　检验方法：观察检查。

　　检查数量：按本规范第3.0.21条规定的检验批检查。

5.10.9　塑胶卷材面层的焊缝应平整、光洁，无焦化变色、斑点、焊瘤、起鳞等缺陷，焊缝凹凸允许偏差不应大于0.6mm。

　　检验方法：观察检查。

　　检查数量：按本规范第3.0.21条规定的检验批检查。

5.10.10　塑胶面层的允许偏差应符合本规范表5.1.7（本书表10.5.1）的规定。

　　检验方法：按本规范表5.1.7（本书表10.5.1）中的检验方法检验。

　　检查数量：按本规范第3.0.21条规定的检验批和第3.0.22条的规定检查。

5.11　地面辐射供暖的整体面层

5.11.1　地面辐射供暖的整体面层宜采用水泥混凝土、水泥砂浆等，应在填充层上铺设。

5.11.2　地面辐射供暖的整体面层铺设时不得扰动填充层，不得向填充层内楔入任何物件。面层铺设尚应符合本规范第5.2节、5.3节的有关规定。

主控项目

5.11.3　地面辐射供暖的整体面层采用的材料或产品除应符合设计要求和本规范相应面层的规定外，还应具有耐热性、热稳定性、防水、防潮、防霉变等特点。

　　检验方法：观察检查和检查质量合格证明文件。

　　检查数量：同一工程、同一材料、同一生产厂家、同一型号、同一规格、同一批号检查一次。

5.11.4　地面辐射供暖的整体面层的分格缝应符合设计要求，面层与柱、墙之间应留不小于10mm的空隙。

　　检验方法：观察和用钢尺检查。

　　检查数量：按本规范第3.0.21条规定的检验批检查。

5.11.5　其余主控项目及检验方法、检查数量应符合本规范第5.2节、5.3节的有关规定。

5.11.6 一般项目及检验方法、检查数量应符合本规范第5.2节、5.3节的有关规定。

10.6 板块面层铺设

6.1 一般规定

6.1.1 本章适用于砖面层、大理石和花岗石面层、预制板块面层、料石面层、塑料板面层、活动地板面层、金属板面层、地毯面层、地面辐射供暖的板块面层等面层分项工程的施工质量验收。

6.1.2 铺设板块面层时，其水泥类基层的抗压强度不得小于1.2MPa。

6.1.3 铺设板块面层的结合层和板块间的填缝采用水泥砂浆时，应符合下列规定：

    1 配制水泥砂浆应采用硅酸盐水泥、普通硅酸盐水泥或矿渣硅酸盐水泥；

    2 配制水泥砂浆的砂应符合现行行业标准《普通混凝土用砂、石质量及检验方法标准》（JGJ 52）的有关规定；

    3 水泥砂浆的体积比（或强度等级）应符合设计要求。

6.1.4 结合层和板块面层填缝的胶结材料应符合国家现行有关标准的规定和设计要求。

6.1.5 铺设水泥混凝土板块、水磨石板块、人造石板块、陶瓷锦砖、陶瓷地砖、缸砖、水泥花砖、料石、大理石、花岗石等面层的结合层和填缝材料采用水泥砂浆时，在面层铺设后，表面应覆盖、湿润，养护时间不应少于7d。当板块面层的水泥砂浆结合层的抗压强度达到设计要求后，方可正常使用。

6.1.6 大面积板块面层的伸、缩缝及分格缝应符合设计要求。

    大面积板块面层系指厂房、公共建筑、部分民用建筑等的板块面层。

6.1.7 板块类踢脚线施工时，不得采用混合砂浆打底。

6.1.8 板块面层的允许偏差和检验方法应符合表6.1.8（本书表10.6.1）的规定。

板块面层的允许偏差和检验方法 表10.6.1

项次	项目	允许偏差（mm）											检验方法
		陶瓷锦砖面层、高级水磨石板、陶瓷地砖面层	缸砖面层	水泥花砖面层	水磨石板块面层	大理石面层、花岗石面层、人造石面层、金属板面层	塑料板面层	水泥混凝土板块面层	碎拼大理石、碎拼花岗石面层	活动地板面层	条石面层	块石面层	
1	表面平整度	2.0	4.0	3.0	3.0	1.0	2.0	4.0	3.0	2.0	10	10	用2m靠尺和楔形塞尺检查
2	缝格平直	3.0	3.0	3.0	3.0	2.0	3.0	3.0	—	2.5	8.0	8.0	拉5m线和用钢尺检查
3	接缝高低差	0.5	1.5	0.5	1.0	0.5	0.5	1.5	—	0.4	2.0	—	用钢尺和楔形塞尺检查
4	踢脚线上口平直	3.0	4.0	—	4.0	1.0	2.0	4.0	1.0	—	—	—	拉5m线和用钢尺检查
5	板块间隙宽度	2.0	2.0	2.0	2.0	1.0	—	6.0	—	0.3	5.0	—	用钢尺检查

6.2 砖面层

6.2.1 砖面层可采用陶瓷锦砖、缸砖、陶瓷地砖和水泥花砖，应在结合层上铺设。

对于近年来建筑市场上广泛应用的广场砖、劈裂砖、仿古砖以及普通黏土砖等，施工时也可按本规范本章节的规定执行。

6.2.2 在水泥砂浆结合层上铺贴缸砖、陶瓷地砖和水泥花砖面层时，应符合下列规定：

1 在铺贴前，应对砖的规格尺寸、外观质量、色泽等进行预选；需要时，浸水湿润晾干待用。

2 勾缝和压缝应采用同品种、同强度等级、同颜色的水泥，并做养护和保护。

6.2.3 在水泥砂浆结合层上铺贴陶瓷锦砖面层时，砖底面应洁净，每联陶瓷锦砖之间、与结合层之间以及在墙角、镶边和靠柱、墙处应紧密贴合。在靠柱、墙处不得采用砂浆填补。

6.2.4 在胶结料结合层上铺贴缸砖面层时，缸砖应干净，铺贴应在胶结料凝结前完成。

主控项目

6.2.5 砖面层所用板块产品应符合设计要求和国家现行有关标准的规定。

检验方法：观察检查和检查型式检验报告、出厂检验报告、出厂合格证。

检查数量：同一工程、同一材料、同一生产厂家、同一型号、同一规格、同一批号检查一次。

6.2.6 砖面层所用板块产品进入施工现场时，应有放射性限量合格的检测报告。

检验方法：检查检测报告。

检查数量：同一工程、同一材料、同一生产厂家、同一型号、同一规格、同一批号检查一次。

6.2.7 面层与下一层的结合（粘结）应牢固，无空鼓（单块砖边角允许有局部空鼓，但每自然间或标准间的空鼓砖不应超过总数的5%）。

检验方法：用小锤轻击检查。

检查数量：按本规范第3.0.21条规定的检验批检查。

一般项目

6.2.8 砖面层的表面应洁净、图案清晰，色泽应一致，接缝应平整，深浅应一致，周边应顺直。板块应无裂纹、掉角和缺楞等缺陷。

检验方法：观察检查。

检查数量：按本规范第3.0.21条规定的检验批检查。

6.2.9 面层连接处的镶边用料及尺寸应符合设计要求，边角应整齐、光滑。

检验方法：观察和用钢尺检查。

检查数量：按本规范第3.0.21条规定的检验批检查。

6.2.10 踢脚线表面应洁净，与柱、墙面的结合应牢固。踢脚线高度及出柱、墙厚度应符合设计要求，且均匀一致。

检验方法：观察和用小锤轻击及钢尺检查。

检查数量：按本规范第3.0.21条规定的检验批检查。

6.2.11 楼梯、台阶踏步的宽度、高度应符合设计要求。踏步板块的缝隙宽度应一致；楼层梯段相邻踏步高度差不应大于10mm；每踏步两端宽度差不应大于10mm，旋转楼梯梯段的每踏步两端宽度的允许偏差不应大于 5mm。踏步面层应做防滑处理，齿角应整齐，防滑条应顺直、牢固。

　　检验方法：观察和用钢尺检查。

　　检查数量：按本规范第 3.0.21 条规定的检验批检查。

6.2.12　面层表面的坡度应符合设计要求，不倒泛水、无积水；与地漏、管道结合处应严密牢固，无渗漏。

　　检验方法：观察、泼水或用坡度尺及蓄水检查。

　　检查数量：按本规范第 3.0.21 条规定的检验批检查。

6.2.13　砖面层的允许偏差应符合本规范表 6.1.8（本书表 10.6.1）的规定。

　　检验方法：按本规范表 6.1.8（本书表 10.6.1）中的检验方法检验。

　　检查数量：按本规范第 3.0.21 条规定的检验批和第 3.0.22 条的规定检查。

6.3　大理石面层和花岗石面层

6.3.1　大理石、花岗石面层采用天然大理石、花岗石（或碎拼大理石、碎拼花岗石）板材，应在结合层上铺设。

　　鉴于大理石为石灰岩，用于室外易风化；磨光板材用于室外地面易滑伤人。因此，未经防滑处理的磨光大理石、磨光花岗石板材不得用于散水、踏步、台阶、坡道等地面工程。

6.3.2　板材有裂缝、掉角、翘曲和表面有缺陷时应予剔除，品种不同的板材不得混杂使用；在铺设前，应根据石材的颜色、花纹、图案、纹理等按设计要求，试拼编号。

6.3.3　铺设大理石、花岗石面层前，板材应浸湿、晾干；结合层与板材应分段同时铺设。

主控项目

6.3.4　大理石、花岗石面层所用板块产品应符合设计要求和国家现行有关标准的规定。

　　检验方法：观察检查和检查质量合格证明文件。

　　检查数量：同一工程、同一材料、同一生产厂家、同一型号、同一规格、同一批号检查一次。

6.3.5　大理石、花岗石面层所用板块产品进入施工现场时，应有放射性限量合格的检测报告。

　　检验方法：检查检测报告。

　　检查数量：同一工程、同一材料、同一生产厂家、同一型号、同一规格、同一批号检查一次。

6.3.6　面层与下一层应结合牢固，无空鼓（单块板块边角允许有局部空鼓，但每自然间或标准间的空鼓板块不应超过总数的 5%）。

　　检验方法：用小锤轻击检查。

　　检查数量：按本规范第 3.0.21 条规定的检验批检查。

一般项目

6.3.7　大理石、花岗石面层铺设前，板块的背面和侧面应进行防碱处理。

　　检验方法：观察检查和检查施工记录。

　　检查数量：按本规范第 3.0.21 条规定的检验批检查。

6.3.8　大理石、花岗石面层的表面应洁净、平整、无磨痕，且应图案清晰，色泽一致，接缝均匀，周边顺直，镶嵌正确，板块应无裂纹、掉角、缺棱等缺陷。

　　检验方法：观察检查。

　　检查数量：按本规范第3.0.21条规定的检验批检查。

6.3.9　踢脚线表面应洁净，与柱、墙面的结合应牢固。踢脚线高度及出柱、墙厚度应符合设计要求，且均匀一致。

　　检验方法：观察和用小锤轻击及钢尺检查。

　　检查数量：按本规范第3.0.21条规定的检验批检查。

6.3.10　楼梯、台阶踏步的宽度、高度应符合设计要求。踏步板块的缝隙宽度应一致；楼层梯段相邻踏步高度差不应大于10mm；每踏步两端宽度差不应大于10mm，旋转楼梯梯段的每踏步两端宽度的允许偏差不应大于5mm。踏步面层应做防滑处理，齿角应整齐，防滑条应顺直、牢固。

　　检验方法：观察和用钢尺检查。

　　检查数量：按本规范第3.0.21条规定的检验批检查。

6.3.11　面层表面的坡度应符合设计要求，不倒泛水、无积水；与地漏、管道结合处应严密牢固，无渗漏。

　　检验方法：观察、泼水或用坡度尺及蓄水检查。

　　检查数量：按本规范第3.0.21条规定的检验批检查。

6.3.12　大理石面层和花岗石面层（或碎拼大理石面层、碎拼花岗石面层）的允许偏差应符合本规范表6.1.8（本书表10.6.1）的规定。

　　检验方法：按本规范表6.1.8（本书表10.6.1）中的检验方法检验。

　　检查数量：按本规范第3.0.21条规定的检验批和第3.0.22条的规定检查。

6.4　预制板块面层

6.4.1　预制板块面层采用水泥混凝土板块、水磨石板块、人造石板块，应在结合层上铺设。

6.4.2　在现场加工的预制板块应按本规范第5章的有关规定执行。

6.4.3　水泥混凝土板块面层的缝隙中，应采用水泥浆（或砂浆）填缝；彩色混凝土板块、水磨石板块、人造石板块应用同色水泥浆（或砂浆）擦缝。

6.4.4　强度和品种不同的预制板块不宜混杂使用。

6.4.5　板块间的缝隙宽度应符合设计要求。当设计无要求时，混凝土板块面层缝宽不宜大于6mm，水磨石板块、人造石板块间的缝宽不应大于2mm。预制板块面层铺完24h后，应用水泥砂浆灌缝至2/3高度，再用同色水泥浆擦（勾）缝。

主控项目

6.4.6　预制板块面层所用板块产品应符合设计要求和国家现行有关标准的规定。

　　检验方法：观察检查和检查型式检验报告、出厂检验报告、出厂合格证。

　　检查数量：同一工程、同一材料、同一生产厂家、同一型号、同一规格、同一批号检查一次。

6.4.7　预制板块面层所用板块产品进入施工现场时，应有放射性限量合格的检测报告。

　　检验方法：检查检测报告。

　　检查数量：同一工程、同一材料、同一生产厂家、同一型号、同一规格、同一批号检查一次。

6.4.8　面层与下一层应黏合牢固、无空鼓（单块板块边角允许有局部空鼓，但每自然间或标准间的空鼓板块不应超过总数的 5％）。

　　检验方法：用小锤轻击检查。

　　检查数量：按本规范第 3.0.21 条规定的检验批检查。

一般项目

6.4.9　预制板块表面应无裂缝、掉角、翘曲等明显缺陷。

　　检验方法：观察检查。

　　检查数量：按本规范第 3.0.21 条规定的检验批检查。

6.4.10　预制板块面层应平整洁净，图案清晰，色泽一致，接缝均匀，周边顺直，镶嵌正确。

　　检验方法：观察检查。

　　检查数量：按本规范第 3.0.21 条规定的检验批检查。

6.4.11　面层邻接处的镶边用料尺寸应符合设计要求，边角应整齐、光滑。

　　检验方法：观察和用钢尺检查。

　　检查数量：按本规范第 3.0.21 条规定的检验批检查。

6.4.12　踢脚线表面应洁净，与柱、墙面的结合应牢固。踢脚线高度及出柱、墙厚度应符合设计要求，且均匀一致。

　　检验方法：观察和用小锤轻击及钢尺检查。

　　检查数量：按本规范第 3.0.21 条规定的检验批检查。

6.4.13　楼梯、台阶踏步的宽度、高度应符合设计要求。踏步板块的缝隙宽度应一致；楼层梯段相邻踏步高度差不应大于 10mm；每踏步两端宽度差不应大于 10mm，旋转楼梯梯段的每踏步两端宽度的允许偏差不应大于 5mm。踏步面层应做防滑处理，齿角应整齐，防滑条应顺直、牢固。

　　检验方法：观察和用钢尺检查。

　　检查数量：按本规范第 3.0.21 条规定的检验批检查。

6.4.14　水泥混凝土板块、水磨石板块、人造石板块面层的允许偏差应符合本规范表 6.1.8（本书表 10.6.1）的规定。

　　检验方法：按本规范表 6.1.8（本书表 10.6.1）中的检验方法检验。

　　检查数量：按本规范第 3.0.21 条规定的检验批和第 3.0.22 条的规定检查。

6.5　料石面层

6.5.1　料石面层采用天然条石和块石，应在结合层上铺设。

6.5.2　条石和块石面层所用的石材的规格、技术等级和厚度应符合设计要求。条石的质量应均匀，形状为矩形六面体，厚度为 80～120mm；块石形状为直棱柱体，顶面粗琢平整，底面面积不宜小于顶面面积的 60％，厚度为 100～150mm。

6.5.3　不导电的料石面层的石料应采用辉绿岩石加工制成。填缝材料宜采用辉绿岩石加工的砂嵌实。耐高温的料石面层的石料，应按设计要求选用。

　　不导电料石面层为辉绿岩加工而成，除设计规定外，采用其他材料验收将不予认可。

6.5.4　条石面层的结合层宜采用水泥砂浆，其厚度应符合设计要求；块石面层的结合层宜采用砂垫层，其厚度不应小于 60mm；基土层应为均匀密实的基土或夯实的基土。

主控项目

6.5.5　石材应符合设计要求和国家现行有关标准的规定；条石的强度等级应大于 MU60，块石的强度等级应大于 MU30。

　　检验方法：观察检查和检查质量合格证明文件。

　　检查数量：同一工程、同一材料、同一生产厂家、同一型号、同一规格、同一批号检查一次。

6.5.6　石材进入施工现场时，应有放射性限量合格的检测报告。

　　检验方法：检查检测报告。

　　检查数量：同一工程、同一材料、同一生产厂家、同一型号、同一规格、同一批号检查一次。

6.5.7　面层与下一层应结合牢固、无松动。

　　检验方法：观察和用锤击检查。

　　检查数量：按本规范第 3.0.21 条规定的检验批检查。

一般项目

6.5.8　条石面层应组砌合理，无十字缝，铺砌方向和坡度应符合设计要求；块石面层石料缝隙应相互错开，通缝不应超过两块石料。

　　检验方法：观察和用坡度尺检查。

　　检查数量：按本规范第 3.0.21 条规定的检验批检查。

6.5.9　条石面层和块石面层的允许偏差应符合本规范表 6.1.8（本书表 10.6.1）的规定。

　　检验方法：按本规范表 6.1.8（本书表 10.6.1）中的检验方法检验。

　　检查数量：按本规范第 3.0.21 条规定的检验批和第 3.0.22 条的规定检查。

6.6　塑料板面层

6.6.1　塑料板面层应采用塑料板块材、塑料板焊接、塑料卷材以胶粘剂在水泥类基层上采用满粘或点粘法铺设。

6.6.2　水泥类基层表面应平整、坚硬、干燥、密实、洁净、无油脂及其他杂质，不应有麻面、起砂、裂缝等缺陷。

6.6.3　胶粘剂应按基层材料和面层材料使用的相容性要求，通过试验确定，其质量应符合国家现行有关标准的规定。

6.6.4　焊条成分和性能应与被焊的板相同，其质量应符合有关技术标准的规定，并应有出厂合格证。

6.6.5　铺贴塑料板面层时，室内相对湿度不宜大于 70%，温度宜在 10～32℃之间。

6.6.6　塑料板面层施工完成后的静置时间应符合产品的技术要求。

6.6.7　防静电塑料板配套的胶粘剂、焊条等应具有防静电性能。

主控项目

6.6.8　塑料板面层所用的塑料板块、塑料卷材、胶粘剂等应符合设计要求和国家现行有关标准的规定。

　　检验方法：观察检查和检查型式检验报告、出厂检验报告、出厂合格证。

　　检查数量：同一工程、同一材料、同一生产厂家、同一型号、同一规格、同一批号检查一次。

6.6.9 塑料板面层采用的胶粘剂进入施工现场时，应有以下有害物质限量合格的检测报告：

    1 溶剂型胶粘剂中的挥发性有机化合物（VOC）、苯、甲苯＋二甲苯；

    2 水性胶粘剂中的挥发性有机化合物（VOC）和游离甲醛。

    检验方法：检查检测报告。

    检查数量：同一工程、同一材料、同一生产厂家、同一型号、同一规格、同一批号检查一次。

6.6.10 面层与下一层的粘结应牢固，不翘边、不脱胶、无溢胶（单块板块边角允许有局部脱胶，但每自然间或标准间的脱胶板块不应超过总数的5%；卷材局部脱胶处面积不应大于20cm²，且相隔间距应大于或等于50cm）。

    检验方法：观察、敲击及用钢尺检查。

    检查数量：按本规范第3.0.21条规定的检验批检查。

一般项目

6.6.11 塑料板面层应表面洁净，图案清晰，色泽一致，接缝应严密、美观。拼缝处的图案、花纹应吻合，无胶痕；与柱、墙边交接应严密，阴阳角收边应方正。

    检验方法：观察检查。

    检查数量：按本规范第3.0.21条规定的检验批检查。

6.6.12 板块的焊接，焊缝应平整、光洁，无焦化变色、斑点、焊瘤和起鳞等缺陷，其凹凸允许偏差不应大于0.6mm。焊缝的抗拉强度应不小于塑料板强度的75%。

    检验方法：观察检查和检查检测报告。

    检查数量：按本规范第3.0.21条规定的检验批检查。

6.6.13 镶边用料应尺寸准确、边角整齐、拼缝严密、接缝顺直。

    检验方法：观察和用钢尺检查。

    检查数量：按本规范第3.0.21条规定的检验批检查。

6.6.14 踢脚线宜与地面面层对缝一致，踢脚线与基层的黏合应密实。

    检验方法：观察检查。

    检查数量：按本规范第3.0.21条规定的检验批检查。

6.6.15 塑料板面层的允许偏差应符合本规范表6.1.8（本书表10.6.1）的规定。

    检验方法：按本规范表6.1.8（本书表10.6.1）中的检验方法检验。

    检查数量：按本规范第3.0.21条规定的检验批和第3.0.22条的规定检查。

6.7 活动地板面层

6.7.1 活动地板面层宜用于有防尘和防静电要求的专业用房的建筑地面。应采用特制的平压刨花板为基材，表面可饰以装饰板，底层应用镀锌板经粘结胶合形成活动地板块，配以横梁、橡胶垫条和可供调节高度的金属支架组装成架空板，应在水泥类面层（或基层）上铺设。

6.7.2 活动地板所有的支座柱和横梁应构成框架一体，并与基层连接牢固；支架抄平后高度应符合设计要求。

6.7.3 活动地板面层应包括标准地板、异形地板和地板附件（即支架和横梁组件）。采用的活动地板块应平整、坚实，面层承载力不应小于 7.5MPa，A 级板的系统电阻应为 $1.0 \times 10^5\Omega \sim 1.0 \times 10^8\Omega$，B 级板的系统电阻应为 $1.0 \times 10^5\Omega \sim 1.0 \times 10^{10}\Omega$。

6.7.4　活动地板面层的金属支架应支承在现浇水泥混凝土基层（或面层）上，基层表面应平整、光洁、不起灰。

6.7.5　当房间的防静电要求较高，需要接地时，应将活动地板面层的金属支架、金属横梁连通跨接，并与接地体相连，接地方法应符合设计要求。

　　如设计未明确接地方式，可选择单点接地、多点接地、混合接地等。

6.7.6　活动板块与横梁接触搁置处应达到四角平整、严密。

6.7.7　当活动地板不符合模数时，其不足部分可在现场根据实际尺寸将板块切割后镶补，并应配装相应的可调支撑和横梁。切割边不经处理不得镶补安装，并不得有局部膨胀变形情况。

6.7.8　活动地板在门口处或预留洞口处应符合设置构造要求，四周侧边应用耐磨硬质板材封闭或用镀锌钢板包裹，胶条封边应符合耐磨要求。

6.7.9　活动地板与柱、墙面接缝处的处理应符合设计要求，设计无要求时应做木踢脚线；通风口处，应选用异形活动地板铺贴。

6.7.10　用于电子信息系统机房的活动地板面层，其施工质量检验尚应符合现行国家标准《电子信息系统机房施工及验收规范》（GB 50462）的有关规定。

主控项目

6.7.11　活动地板应符合设计要求和国家现行有关标准的规定，且应具有耐磨、防潮、阻燃、耐污染、耐老化和导静电等性能。

　　检验方法：观察检查和检查型式检验报告、出厂检验报告、出厂合格证。

　　检查数量：同一工程、同一材料、同一生产厂家、同一型号、同一规格、同一批号检查一次。

6.7.12　活动地板面层应安装牢固，无裂纹、掉角和缺棱等缺陷。

　　检验方法：观察和行走检查。

　　检查数量：按本规范第 3.0.21 条规定的检验批检查。

一般项目

6.7.13　活动地板面层应排列整齐、表面洁净、色泽一致、接缝均匀、周边顺直。

　　检验方法：观察检查。

　　检查数量：按本规范第 3.0.21 条规定的检验批检查。

6.7.14　活动地板面层的允许偏差应符合本规范表 6.1.8（本书表 10.6.1）的规定。

　　检验方法：按本规范表 6.1.8（本书表 10.6.1）中的检验方法检验。

　　检查数量：按本规范第 3.0.21 条规定的检验批和第 3.0.22 条的规定检查。

6.8　金属板面层

6.8.1　金属板面层采用镀锌板、镀锡板、复合钢板、彩色涂层钢板、铸铁板、不锈钢板、铜板及其他合成金属板铺设。

6.8.2　金属板面层及其配件宜使用不锈蚀或经过防锈处理的金属制品。

6.8.3　用于通道（走道）和公共建筑的金属板面层，应按设计要求进行防腐、防滑处理。

6.8.4　金属板面层的接地做法应符合设计要求。

6.8.5 具有磁吸性的金属板面层不得用于有磁场所。

主控项目

6.8.6 金属板应符合设计要求和国家现行有关标准的规定。

检验方法：观察检查和检查型式检验报告、出厂检验报告、出厂合格证。

检查数量：同一工程、同一材料、同一生产厂家、同一型号、同一规格、同一批号检查一次。

6.8.7 面层与基层的固定方法、面层的接缝处理应符合设计要求。

检验方法：观察检查。

检查数量：按本规范第3.0.21条规定的检验批检查。

6.8.8 面层及其附件如需焊接，焊缝质量应符合设计要求和现行国家标准《钢结构工程施工质量验收规范》(GB 50205)的有关规定。

检验方法：观察检查和按现行国家标准《钢结构工程施工质量验收规范》(GB 50205)规定的方法检验。

检查数量：按本规范第3.0.21条规定的检验批检查。

6.8.9 面层与基层的结合应牢固，无翘边、松动、空鼓等。

检验方法：观察和用小锤轻击检查。

检查数量：按本规范第3.0.21条规定的检验批检查。

一般项目

6.8.10 金属板表面应无裂痕、刮伤、刮痕、翘曲等外观质量缺陷。

检验方法：观察检查。

检查数量：按本规范第3.0.21条规定的检验批检查。

6.8.11 面层应平整、洁净、色泽一致，接缝应均匀，周边应顺直。

检验方法：观察和用钢尺检查。

检查数量：按本规范第3.0.21条规定的检验批检查。

6.8.12 镶边用料及尺寸应符合设计要求，边角应整齐。

检验方法：观察检查和用钢尺检查。

检查数量：按本规范第3.0.21条规定的检验批检查。

6.8.13 踢脚线表面应洁净，与柱、墙面的结合应牢固。踢脚线高度及出柱、墙厚度应符合设计要求，且均匀一致。

检验方法：观察和用小锤轻击及钢尺检查。

检查数量：按本规范第3.0.21条规定的检验批检查。

6.8.14 金属板面层的允许偏差应符合本规范表6.1.8（本书表10.6.1）的规定。

检验方法：按本规范表6.1.8（本书表10.6.1）中的检验方法检验。

检查数量：按本规范第3.0.21条规定的检验批和第3.0.22条的规定检查。

6.9 地毯面层

6.9.1 地毯面层应采用地毯块材或卷材，以空铺法或实铺法铺设。

6.9.2 铺设地毯的地面面层（或基层）应坚实、平整、洁净、干燥，无凹坑、麻面、起砂、裂缝，并不得有油污、钉头及其他凸出物。

6.9.3 地毯衬垫应满铺平整，地毯拼缝处不得露底衬。

6.9.4 空铺地毯面层应符合下列要求：

1 块材地毯宜先拼成整块，然后按设计要求铺设；

2 块材地毯的铺设，块与块之间应挤紧服帖；

3 卷材地毯宜先长向缝合，然后按设计要求铺设；

4 地毯面层的周边应压入踢脚线下；

5 地毯面层与不同类型的建筑地面面层的连接处，其收口做法应符合设计要求。

6.9.5 实铺地毯面层应符合下列要求：

1 实铺地毯面层采用的金属卡条（倒刺板）、金属压条、专用双面胶带、胶粘剂等应符合设计要求；

2 铺设时，地毯的表面层宜张拉适度，四周应采用卡条固定，门口处宜用金属压条或双面胶带等固定；

3 地毯周边应塞入卡条和踢脚线下；

4 地毯面层采用胶粘剂或双面胶带粘结时，应与基层粘贴牢固。

6.9.6 楼梯地毯面层铺设时，梯段顶级（头）地毯应固定于平台上，其宽度应不小于标准楼梯、台阶踏步尺寸；阴角处应固定牢固；梯段末级（头）地毯与水平段地毯的连接处应顺畅、牢固。

主控项目

6.9.7 地毯面层采用的材料应符合设计要求和国家现行有关标准的规定。

检验方法：观察检查和检查型式检验报告、出厂检验报告、出厂合格证。

检查数量：同一工程、同一材料、同一生产厂家、同一型号、同一规格、同一批号检查一次。

6.9.8 地毯面层采用的材料进入施工现场时，应有地毯、衬垫、胶粘剂中的挥发性有机化合物（VOC）和甲醛限量合格的检测报告。

检验方法：检查检测报告。

检查数量：同一工程、同一材料、同一生产厂家、同一型号、同一规格、同一批号检查一次。

6.9.9 地毯表面应平服，拼缝处应粘贴牢固、严密平整、图案吻合。

检验方法：观察检查。

检查数量：按本规范第3.0.21条规定的检验批检查。

一般项目

6.9.10 地毯表面不应起鼓、起皱、翘边、卷边、显拼缝、露线和毛边，绒面毛应顺光一致，毯面应洁净、无污染和损伤。

检验方法：观察检查。

检查数量：按本规范第3.0.21条规定的检验批检查。

6.9.11 地毯同其他面层连接处、收口处和墙边、柱子周围应顺直压紧。

检验方法：观察检查。

检查数量：按本规范第3.0.21条规定的检验批检查。

6.10 地面辐射供暖的板块面层

6.10.1 地面辐射供暖的板块面层宜采用缸砖、陶瓷地砖、花岗石、水磨石板块、人造石板块、塑料板等，应在填充层上铺设。

6.10.2 地面辐射供暖的板块面层采用胶结材料粘贴铺设时，填充层的含水率应符合胶结材料的技术要求。

6.10.3 地面辐射供暖的板块面层铺设时不得扰动填充层，不得向填充层内楔入任何物件。面层铺设尚应符合本规范第6.2节、6.3节、6.4节、6.6节的有关规定。

主控项目

6.10.4 地面辐射供暖的板块面层采用的材料或产品除应符合设计要求和本规范相应面层的规定外，还应具有耐热性、热稳定性、防水、防潮、防霉变等特点。

　　检验方法：观察检查和检查质量合格证明文件。

　　检查数量：同一工程、同一材料、同一生产厂家、同一型号、同一规格、同一批号检查一次。

6.10.5 地面辐射供暖的板块面层的伸、缩缝及分格缝应符合设计要求；面层与柱、墙之间应留不小于10mm的空隙。

　　检验方法：观察和用钢尺检查。

　　检查数量：按本规范第3.0.21条规定的检验批检查。

6.10.6 其余主控项目及检验方法、检查数量应符合本规范第6.2节、6.3节、6.4节、6.6节的有关规定。

一般项目

6.10.7 一般项目及检验方法、检查数量应符合本规范第6.2节、6.3节、6.4节、6.6节的有关规定。

10.7　木、竹面层铺设

7.1　一般规定

7.1.1 本章适用于实木地板面层、实木集成地板面层、竹地板面层、实木复合地板面层、浸渍纸层压木质地板面层、软木类地板面层、地面辐射供暖的木板面层等（包括免刨、免漆类）面层分项工程的施工质量检验。

7.1.2 木、竹地板面层下的木搁栅、垫木、垫层地板等采用木材的树种、选材标准和铺设时木材含水率以及防腐、防蛀处理等，均应符合现行国家标准《木结构工程施工质量验收规范》（GB 50206）的有关规定。所选用的材料应符合设计要求，进场时应对其断面尺寸、含水率等主要技术指标进行抽检，抽检数量应符合国家现行有关标准的规定。

　　《木结构工程施工质量验收规范》（GB 50206）的要求见本书第8章。木、竹地板面层构成的各层木、竹材料（含免刨、免漆类产品）除达到设计选材质量等级要求外，应严格控制其含水率限值和防腐、防蛀等要求。根据地区自然条件，含水率限制应为8%～13%；防腐、防蛀、防潮的处理不应采用沥青类处理剂，所选处理剂产品的技术质量标准应符合现行国家标准《民用建筑工程室内环境污染控制规范》（GB 50325）的规定。

7.1.3 用于固定和加固用的金属零部件应采用不锈蚀或经过防锈处理的金属件。

7.1.4 与厕浴间、厨房等潮湿场所相邻的木、竹面层的连接处应做防水（防潮）处理。

建筑工程的厕浴间、厨房及有防水、防潮要求的建筑地面与木、竹地面应有建筑标高差，其标高差应符合设计要求；与其相邻的木、竹地面层应有防水、防潮处理，防水、防潮的构造做法应符合设计要求。

7.1.5 木、竹面层铺设在水泥类基层上，其基层表面应坚硬、平整、洁净、不起砂，表面含水率不应大于8%。

7.1.6 建筑地面工程的木、竹面层搁栅下架空结构层（或构造层）的质量检验，应符合国家相应现行标准的规定。

建筑地面木、竹面层采用架空构造设计时，其搁栅下的架空构造的施工除应符合设计要求外，尚应符合下列规定：

1. 架空构造的砖石地垄墙（墩）的砌筑和质量检验应符合现行国家标准《砌体工程施工质量验收规范》（GB 50203）的要求。

2. 架空构造的水泥混凝土地垄墙（墩）的浇筑和质量检验应符合现行国家标准《混凝土结构工程施工质量验收规范》（GB 50204）的要求。

3. 木质架空构造的铺设施工和质量检验应符合现行国家标准《木结构工程施工质量验收规范》（GB 50206）的要求。

4. 钢材架空构造的施工和质量检验应符合现行国家标准《钢结构施工质量验收规范》（GB 50205）的要求。

7.1.7 木、竹面层的通风构造层包括室内通风沟、地面通风孔、室外通风窗等，均应符合设计要求。

木、竹面层的面层构造层、架空构造层、通风层等设计与施工是组成建筑木、竹地面的三大要素，其设计与施工质量结果直接影响建筑木、竹地面的正常使用功能、耐久程度及环境保护效果；通风层设计与施工尤为突出，无论原始的自然通风，或是近代的室内外的有组织通风，还是现代的机械通风，其通风的长久功能效果主要涉及室内通风沟、地面通风孔、室外通风窗的构造，施工及管理必须符合设计要求。

7.1.8 木、竹面层的允许偏差和检验方法应符合表 7.1.8（本书表 10.7.1）的规定。

木、竹面层的允许偏差和检验方法 表 10.7.1

项次	项目	允许偏差（mm）				检验方法
		实木地板、实木集成地板、竹地板面层			浸渍纸层压木质地板、实木复合地板、软木类地板面层	
		松木地板	硬木地板、竹地板	拼花地板		
1	板面缝隙宽度	1.0	0.5	0.2	0.5	用钢尺检查
2	表面平整度	3.0	2.0	2.0	2.0	用2m靠尺和楔形塞尺检查
3	踢脚线上口平齐	3.0	3.0	3.0	3.0	拉5m通线和用钢尺检查
4	板面拼缝平直	3.0	3.0	3.0	3.0	
5	相邻板材高差	0.5	0.5	0.5	0.5	用钢尺和楔形塞尺检查
6	踢脚线与面层的接缝	1.0				楔形塞尺检查

7.2 实木地板、实木集成地板、竹地板面层

7.2.1 实木地板、实木集成地板、竹地板面层应采用条材或块材或拼花，以空铺或实铺

方式在基层上铺设。

为了防止实木地板、实木集成地板、竹地板面层整体产生线膨胀效应，规定木搁栅与柱、墙之间应留出 20mm 的缝隙；垫层地板与柱、墙之间应留出 8～12mm 的缝隙；实木地板、实木集成地板、竹地板面层与柱、墙之间应留出 8～12mm 的缝隙。

垫层地板：指在木、竹地板面层下铺设的胶合板、中密度纤维板、细木工板、实木板等。由于铺设垫层地板可改善地板面层的平整度，增加行走时的脚部舒适感，因此常用作体育地板面层、舞台地板面层下的垫层。

7.2.2 实木地板、实木集成地板、竹地板面层可采用双层面层和单层面层铺设，其厚度应符合设计要求；其选材应符合国家现行有关标准的规定。

7.2.3 铺设实木地板、实木集成地板、竹地板面层时，其木搁栅的截面尺寸、间距和稳固方法等均应符合设计要求。木搁栅固定时，不得损坏基层和预埋管线。木搁栅应垫实钉牢，与柱、墙之间留出 20mm 的缝隙，表面应平直，其间距不宜大于 300mm。

7.2.4 当面层下铺设垫层地板时，垫层地板的髓心应向上，板间缝隙不应大于 3mm，与柱、墙之间应留 8～12mm 的空隙，表面应刨平。

7.2.5 实木地板、实木集成地板、竹地板面层铺设时，相邻板材接头位置应错开不小于 300mm 的距离；与柱、墙之间应留 8～12mm 的空隙。

7.2.6 采用实木制作的踢脚线，背面应抽槽并做防腐处理。

7.2.7 席纹实木地板面层、拼花实木地板面层的铺设应符合本规范本节的有关要求。

主控项目

7.2.8 实木地板、实木集成地板、竹地板面层采用的地板、铺设时的木（竹）材含水率、胶粘剂等应符合设计要求和国家现行有关标准的规定。

检验方法：观察检查和检查型式检验报告、出厂检验报告、出厂合格证。

检查数量：同一工程、同一材料、同一生产厂家、同一型号、同一规格、同一批号检查一次。

实木地板应符合现行国家标准《实木地板 第 1 部分：技术要求》（GB/T 15036.1）和《实木地板 第 2 部分：检验方法》（GB/T 15036.2）的有关规定；实木集成地板应符合现行行业标准《实木集成地板》（LY/T 1614）的有关规定；竹地板应符合现行国家标准《竹地板》（GB/T 20240）的有关规定；胶粘剂应符合现行国家标准《室内装饰装修材料胶粘剂中有害物质限量》（GB 18583）的有关规定。

7.2.9 实木地板、买木集成地板、竹地板面层采用的材料进入施工现场时，应有以下有害物质限量合格的检测报告：

1 地板中的游离甲醛（释放量或含量）；
2 溶剂型胶粘剂中的挥发性有机化合物（VOC）、苯、甲苯＋二甲苯；
3 水性胶粘剂中的挥发性有机化合物（VOC）和游离甲醛。

检验方法：检查检测报告。

检查数量：同一工程、同一材料、同一生产厂家、同一型号、同一规格、同一批号检查一次。

7.2.10 木搁栅、垫木和垫层地板等应做防腐、防蛀处理。

检验方法：观察检查和检查验收记录。

检查数量：按本规范第3.0.21条规定的检验批检查。

7.2.11 木搁栅安装应牢固、平直。

检验方法：观察、行走、钢尺测量等检查和检查验收记录。

检查数量：按本规范第3.0.21条规定的检验批检查。

7.2.12 面层铺设应牢固；粘结应无空鼓、松动。

检验方法：观察、行走或用小锤轻击检查。

检查数量：按本规范第3.0.21条规定的检验批检查。

一般项目

7.2.13 实木地板、实木集成地面层应刨平、磨光，无明显刨痕和毛刺等现象；图案应清晰、颜色应均匀一致。

检验方法：观察、手摸和行走检查。

检查数量：按本规范第3.0.21条规定的检验批检查。

7.2.14 竹地板面层的品种与规格应符合设计要求，板面应无翘曲。

检验方法：观察、用2m靠尺和楔形塞尺检查。

检查数量：按本规范第3.0.21条规定的检验批检查。

7.2.15 面层缝隙应严密；接头位置应错开，表面应平整、洁净。

检验方法：观察检查。

检查数量：按本规范第3.0.21条规定的检验批检查。

7.2.16 面层采用粘、钉工艺时，接缝应对齐，粘、钉应严密；缝隙宽度应均匀一致；表面应洁净，无溢胶现象。

检验方法：观察检查。

检查数量：按本规范第3.0.21条规定的检验批检查。

7.2.17 踢脚线应表面光滑，接缝严密，高度一致。

检验方法：观察和用钢尺检查。

检查数量：按本规范第3.0.21条规定的检验批检查。

7.2.18 实木地板、实木集成地板、竹地板面层的允许偏差应符合本规范表7.1.8（本书表10.7.1）的规定。

检验方法：按本规范表7.1.8（本书表10.7.1）中的检验方法检验。

检查数量：按本规范第3.0.21条规定的检验批和第3.0.22条的规定检查。

7.3 实木复合地板面层

7.3.1 实木复合地板面层采用的材料、铺设方式、铺设方法、厚度以及垫层地板铺设等，均应符合本规范第7.2.1条～第7.2.4条的规定。

7.3.2 实木复合地板面层应采用空铺法或粘贴法（满粘或点粘）铺设。采用粘贴法铺设时，粘贴材料应按设计要求选用，并应具有耐老化、防水、防菌、无毒等性能。

7.3.3 实木复合地板面层下衬垫的材料和厚度应符合设计要求。

7.3.4 实木复合地板面层铺设时，相邻板材接头位置应错开不小于300mm的距离；与柱、墙之间应留不小于10mm的空隙。当面层采用无龙骨的空铺法铺设时，应在面层与柱、墙之间的空隙内加设金属弹簧卡或木楔子，其间距宜为200～300mm。

7.3.5 大面积铺设实木复合地板面层时，应分段铺设，分段缝的处理应符合设计要求。

7.3.6 实木复合地板面层采用的地板、胶粘剂等应符合设计要求和国家现行有关标准的规定。

检验方法：观察检查和检查型式检验报告、出厂检验报告、出厂合格证。

检查数量：同一工程、同一材料、同一生产厂家、同一型号、同一规格、同一批号检查一次。

实木复合地板应符合国家现行标准《复合地板》（GB/T 18103）和《实木复合地板用胶合板》（LY/T 1738）的有关规定；胶粘剂应符合现行国家标准《室内装饰装修材料胶粘剂中有害物质限量》（GB 18583）的有关规定。

7.3.7 实木复合地板面层采用的材料进入施工现场时，应有以下有害物质限量合格的检测报告：

1 地板中的游离甲醛（释放量或含量）；

2 溶剂型胶粘剂中的挥发性有机化合物（VOC）、苯、甲苯＋二甲苯；

3 水性胶粘剂中的挥发性有机化合物（VOC）和游离甲醛。

检验方法：检查检测报告。

检查数量：同一工程、同一材料、同一生产厂家、同一型号、同一规格、同一批号检查一次。

7.3.8 木搁栅、垫木和垫层地板等应做防腐、防蛀处理。

检验方法：观察检查和检查验收记录。

检查数量：按本规范第3.0.21条规定的检验批检查。

7.3.9 木搁栅安装应牢固、平直。

检验方法：观察、行走、钢尺测量等检查和检查验收记录。

检查数量：按本规范第3.0.21条规定的检验批检查。

7.3.10 面层铺设应牢固；粘贴应无空鼓、松动。

检验方法：观察、行走或用小锤轻击检查。

检查数量：按本规范第3.0.21条规定的检验批检查。

7.3.11 实木复合地板面层图案和颜色应符合设计要求，图案应清晰，颜色应一致，板面应无翘曲。

检验方法：观察、用2m靠尺和楔形塞尺检查。

检查数量：按本规范第3.0.21条规定的检验批检查。

7.3.12 面层缝隙应严密；接头位置应错开，表面应平整、洁净。

检验方法：观察检查。

检查数量：按本规范第3.0.21条规定的检验批检查。

7.3.13 面层采用粘、钉工艺时，接缝应对齐，粘、钉应严密；缝隙宽度应均匀一致；表面应洁净，无溢胶现象。

检验方法：观察检查。

检查数量：按本规范第3.0.21条规定的检验批检查。

7.3.14 踢脚线应表面光滑，接缝严密，高度一致。

检验方法：观察和用钢尺检查。

检查数量：按本规范第 3.0.21 条规定的检验批检查。

7.3.15 实木复合地板面层的允许偏差应符合本规范表 7.1.8（本书表 10.7.1）的规定。

检验方法：按本规范表 7.1.8（本书表 10.7.1）中的检验方法检验。

检查数量：按本规范第 3.0.21 条规定的检验批和第 3.0.22 条的规定检查。

7.4 浸渍纸层压木质地板面层

7.4.1 浸渍纸层压木质地板面层应采用条材或块材，以空铺或粘贴方式在基层上铺设。

7.4.2 浸渍纸层压木质地板面层可采用有垫层地板和无垫层地板的方式铺设。有垫层地板时，垫层地板的材料和厚度应符合设计要求。

7.4.3 浸渍纸层压木质地板面层铺设时，相邻板材接头位置应错开不小于 300mm 的距离；衬垫层、垫层地板及面层与柱、墙之间均应留出不小于 10mm 的空隙。

7.4.4 浸渍纸层压木质地板面层采用无龙骨的空铺法铺设时，宜在面层与基层之间设置衬垫层，衬垫层的材料和厚度应符合设计要求；并应在面层与柱、墙之间的空隙内加设金属弹簧卡或木楔子，其间距宜为 200～300mm。

主控项目

7.4.5 浸渍纸层压木质地板面层采用的地板、胶粘剂等应符合设计要求和国家现行有关标准的规定。

检验方法：观察检查和检查型式检验报告、出厂检验报告、出厂合格证。

检查数量：同一工程、同一材料、同一生产厂家、同一型号、同一规格、同一批号检查一次。

浸渍纸层压木质地板应符合现行国家标准《浸渍纸层压木质地板》（GB/T 18102）的有关规定；胶粘剂应符合现行国家标准《室内装饰修材料胶粘剂中有害物质限量》（GB 18583）的有关规定。

7.4.6 浸渍纸层压木质地板面层采用的材料进入施工现场时，应有以下有害物质限量合格的检测报告：

1 地板中的游离甲醛（释放量或含量）；

2 溶剂型胶粘剂中的挥发性有机化合物（VOC）、苯、甲苯＋二甲苯；

3 水性胶粘剂中的挥发性有机化合物（VOC）和游离甲醛。

检验方法：检查检测报告。

检查数量：同一工程、同一材料、同一生产厂家、同一型号、同一规格、同一批号检查一次。

7.4.7 木搁栅、垫木和垫层地板等应做防腐、防蛀处理；其安装应牢固、平直，表面应洁净。

检验方法：观察、行走、钢尺测量等检查和检查验收记录。

检查数量：按本规范第 3.0.21 条规定的检验批检查。

7.4.8 面层铺设应牢固、平整；粘贴应无空鼓、松动。

检验方法：观察、行走、钢尺测量、用小锤轻击检查。

检查数量：按本规范第 3.0.21 条规定的检验批检查。

一般项目

7.4.9 浸渍纸层压木质地板面层的图案和颜色应符合设计要求，图案应清晰，颜色应一致，板面应无翘曲。

  检验方法：观察、用 2m 靠尺和楔形塞尺检查。

  检查数量：按本规范第 3.0.21 条规定的检验批检查。

7.4.10 面层的接头应错开、缝隙应严密、表面应洁净。

  检验方法：观察检查。

  检查数量：按本规范第 3.0.21 条规定的检验批检查。

7.4.11 踢脚线应表面光滑，接缝严密，高度一致。

  检验方法：观察和用钢尺检查。

  检查数量：按本规范第 3.0.21 条规定的检验批检查。

7.4.12 浸渍纸层压木质地板面层的允许偏差应符合本规范表 7.1.8（本书表 10.7.1）的规定。

  检验方法：按本规范表 7.1.8（本书表 10.7.1）中的检验方法检验。

  检查数量：按本规范第 3.0.21 条规定的检验批和第 3.0.22 条的规定检查。

7.5 软木类地板面层

7.5.1 软木类地板面层应采用软木地板或软木复合地板的条材或块材，在水泥类基层或垫层地板上铺设。软木地板面层应采用粘贴方式铺设，软木复合地板面层应采用空铺方式铺设。

7.5.2 软木类地板面层的厚度应符合设计要求。

7.5.3 软木类地板面层的垫层地板在铺设时，与柱、墙之间应留不大于 20mm 的空隙，表面应刨平。

7.5.4 软木类地板面层铺设时，相邻板材接头位置应错开不小于 1/3 板长且不小于 200mm 的距离；面层与柱、墙之间应留出 8～12mm 的空隙；软木复合地板面层铺设时，应在面层与柱、墙之间的空隙内加设金属弹簧卡或木楔子，其间距宜为 200～300mm。

主控项目

7.5.5 软木类地板面层采用的地板、胶粘剂等应符合设计要求和国家现行有关标准的规定。

  检验方法：观察检查和检查型式检验报告、出厂检验报告、出厂合格证。

  检查数量：同一工程、同一材料、同一生产厂家、同一型号、同一规格、同一批号检查一次。

  软木类地板应符合现行行业标准《软木类地板》（LY/T 1657）的有关规定；胶粘剂应符合现行国家标准《室内装饰装修材料胶粘剂中有害物质限量》（GB 18583）的有关规定。

7.5.6 软木类地板面层采用的材料进入施工现场时，应有以下有害物质限量合格的检测报告：

  1 地板中的游离甲醛（释放量或含量）；

  2 溶剂型胶粘剂中的挥发性有机化合物（VOC）、苯、甲苯＋二甲苯；

  3 水性胶粘剂中的挥发性有机化合物（VOC）和游离甲醛。

  检验方法：检查检测报告。

  检查数量：同一工程、同一材料、同一生产厂家、同一型号、同一规格、同一批号检查一次。

7.5.7 木搁栅、垫木和垫层地板等应做防腐、防蛀处理；其安装应牢固、平直，表面应洁净。

检验方法：观察、行走、钢尺测量等检查和检查验收记录。

检查数量：按本规范第3.0.21条规定的检验批检查。

7.5.8 软木类地板面层铺设应牢固；粘贴应无空鼓、松动。

检验方法：观察、行走检查。

检查数量：按本规范第3.0.21条规定的检验批检查。

一般项目

7.5.9 软木类地板面层的拼图、颜色等应符合设计要求，板面应无翘曲。

检查方法：观察，2m靠尺和楔形塞尺检查。

检查数量：按本规范第3.0.21条规定的检验批检查。

7.5.10 软木类地板面层缝隙应均匀，接头位置应错开，表面应洁净。

检查方法：观察检查。

检查数量：按本规范第3.0.21条规定的检验批检查。

7.5.11 踢脚线应表面光滑，接缝严密，高度一致。

检验方法：观察和用钢尺检查。

检查数量：按本规范第3.0.21条规定的检验批检查。

7.5.12 软木类地板面层的允许偏差应符合本规范表7.1.8（本书表10.7.1）的规定。

检验方法：按本规范表7.1.8（本书表10.7.1）中的检验方法检验。

检查数量：按本规范第3.0.21条规定的检验批和第3.0.22条的规定检查。

7.6 地面辐射供暖的木板面层

7.6.1 地面辐射供暖的木板面层宜采用实木复合地板、浸渍纸层压木质地板等，应在填充层上铺设。

7.6.2 地面辐射供暖的木板面层可采用空铺法或胶粘法（满粘或点粘）铺设。当面层设置垫层地板时，垫层地板的材料和厚度应符合设计要求。

7.6.3 与填充层接触的龙骨、垫层地板、面层地板等应采用胶粘法铺设。铺设时填充层的含水率应符合胶粘剂的技术要求。

7.6.4 地面辐射供暖的木板面层铺设时不得扰动填充层，不得向填充层内楔入任何物件。面层铺设尚应符合本规范第7.3节、7.4节的有关规定。

主控项目

7.6.5 地面辐射供暖的木板面层采用的材料或产品除应符合设计要求和本规范相应面层的规定外，还应具有耐热性、热稳定性、防水、防潮、防霉变等特点。

检验方法：观察检查和检查质量合格证明文件。

检查数量：同一工程、同一材料、同一生产厂家、同一型号、同一规格、同一批号检查一次。

7.6.6 地面辐射供暖的木板面层与柱、墙之间应留不小于10mm的空隙。当采用无龙骨的空铺法铺设时，应在空隙内加设金属弹簧卡或木楔子，其间距宜为200～300mm。

检验方法：观察和用钢尺检查。

检查数量：按本规范第3.0.21条规定的检验批检查。

7.6.7　其余主控项目及检验方法、检查数量应符合本规范第7.3节、7.4节的有关规定。

一般项目

7.6.8　地面辐射供暖的木板面层采用无龙骨的空铺法铺设时，应在填充层上铺设一层耐热防潮纸（布）。防潮纸（布）应采用胶粘搭接，搭接尺寸应合理，铺设后表面应平整，无皱褶。

　　检验方法：观察检查。

　　检查数量：按本规范第3.0.21条规定的检验批检查。

7.6.9　其余一般项目及检验方法、检查数量应符合本规范第7.3节、7.4节的有关规定。

10.8　分部（子分部）工程验收

8.0.1　建筑地面工程施工质量中各类面层子分部工程的面层铺设与其相应的基层铺设的分项工程施工质量检验应全部合格。

8.0.2　建筑地面工程子分部工程质量验收应检查下列工程质量文件和记录：

　　1　建筑地面工程设计图纸和变更文件等；

　　2　原材料的质量合格证明文件、重要材料或产品的进场抽样复验报告；

　　3　各层的强度等级、密实度等的试验报告和测定记录；

　　4　各类建筑地面工程施工质量控制文件；

　　5　各构造层的隐蔽验收及其他有关验收文件。

8.0.3　建筑地面工程子分部工程质量验收应检查下列安全和功能项目：

　　1　有防水要求的建筑地面子分部工程的分项工程施工质量的蓄水检验记录，并抽查复验；

　　2　建筑地面板块面层铺设子分部工程和木、竹面层铺设子分部工程采用的砖、天然石材、预制板块、地毯、人造板材以及胶粘剂、胶结料、涂料等材料证明及环保资料。

8.0.4　建筑地面工程子分部工程观感质量综合评价应检查下列项目：

　　1　变形缝、面层分格缝的位置和宽度以及填缝质量应符合规定；

　　2　室内建筑地面工程按各子分部工程经抽查分别作出评价；

　　3　楼梯、踏步等工程项目经抽查分别作出评价。

第11章 建筑装饰装修工程

为了加强建筑工程质量管理，统一建筑装饰装修工程的质量验收，保证工程质量，国家制定了《建筑装饰装修工程质量验收规范》（GB 50210—2001）。

本章主要依据《建筑装饰装修工程质量验收规范》（GB 50210—2001）编写，该规范适用于新建、扩建、改建和既有建筑的装饰装修工程的质量验收，不适用于古建筑和保护性建筑。建筑装饰装修工程的承包合同、设计文件及其他技术文件对工程质量验收的要求不得低于该规范的规定。

11.1 总 则

1.0.1 为了加强建筑工程质量管理，统一建筑装饰装修工程的质量验收，保证工程质量，制定本规范。

1.0.2 本规范适用于新建、扩建、改建和既有建筑的装饰装修工程的质量验收。

1.0.3 建筑装饰装修工程的承包合同、设计文件及其他技术文件对工程质量验收的要求不得低于本规范的规定。

1.0.4 本规范应与国家标准《建筑工程施工质量验收统一标准》（GB 50300）配套使用。

1.0.5 建筑装饰装修工程的质量验收除应执行本规范外，尚应符合国家现行有关标准的规定。

11.2 术 语

2.0.1 建筑装饰装修 building decoration

为保护建筑物的主体结构、完善建筑物的使用功能和美化建筑物，采用装饰装修材料或饰物，对建筑物的内外表面及空间进行的各种处理过程。

2.0.2 基体 primary structure

建筑物的主体结构或围护结构。

2.0.3 基层 base course

直接承受装饰装修施工的面层。

2.0.4 细部 detail

建筑装饰装修工程中局部采用的部件或饰物。

11.3 基 本 规 定

3.1 设计

3.1.1 建筑装饰装修工程必须进行设计，并出具完整的施工图设计文件。

本条为强制性条文。

1. 释义

将本条列为强制性条文，是为了制约广泛存在的建筑装饰装修工程设计深度不够甚至不进行设计的现象。

按照《建设工程质量管理条例》的有关规定，设计文件应当符合国家规定的设计深度要求并注明工程的合理使用年限。设计单位在设计文件中选用的建筑材料、建筑构配件和设备应当注明规格、型号、性能等技术指标，其质量要求必须符合国家规定的标准。建设单位应当将施工图设计文件报图审机构审查，未经审查批准的，不得使用。设计单位应当就审查合格的施工图设计文件向施工单位作出详细说明。

虽然有上述规定，但在实际执行中，设计单位往往只出具效果图或简图，施工单位或自行处理，或无所适从，经常出现质量事故纠纷。

2. 措施

首先要把设计单位和施工单位的质量责任划分清楚。当设计单位授权施工单位进行细节处理时，应有授权文件；设计单位只作口头授权时，施工单位应主动要求提供书面授权，以避免出现装饰效果达不到建设单位预期效果时，出现责任不清的现象。

3. 检查

1）设计单位的资质证书、资质证书等级的许可范围。

2）施工图设计文件是否经注册执业人员签字。

3）施工图设计文件的设计深度是否满足施工要求。

4）施工图设计文件是否经过审查。

4. 判定

当出现下述情况之一时，视为违反强制性条文：

1）设计单位不具备规定的设计资质。

2）施工图设计文件未经审查。

3）只有效果图或简图，无施工图设计文件。

3.1.2 承担建筑装饰装修工程设计的单位应具备相应的资质，并应建立质量管理体系。由于设计原因造成的质量问题应由设计单位负责。

3.1.3 建筑装饰装修设计应符合城市规划、消防、环保、节能等有关规定。

3.1.4 承担建筑装饰装修工程设计的单位应对建筑物进行必要的了解和实地勘察，设计深度应满足施工要求。

3.1.5 建筑装饰装修工程设计必须保证建筑物的结构安全和主要使用功能。当涉及主体和承重结构改动或增加荷载时，必须由原结构设计单位或具备相应资质的设计单位核查有关原始资料，对既有建筑结构的安全性进行核验、确认。

本条为强制性条文。

1. 释义

本条规定了改动主体和承重结构时，或增加荷载时对设计的要求，目的是为了保证建筑物的使用安全。

《建筑工程质量管理条例》规定：涉及建筑主体和承重结构变动的装修工程，建设单位应当在施工前委托原设计单位或者具有相应资质等级的设计单位提出设计方案；没有设计方案的，不得施工。房屋建筑使用者在装修过程中，不得擅自变动房屋建筑主体和承重结构。

目前对既有建筑进行重新装饰并提高装饰档次的现象非常普遍，造成了一些降低主体结构强度的安全隐患，必须引起重视。

2. 措施

建设单位和设计单位均应充分认识结构安全的重要性，装饰效果应服从结构安全的需要。尤其对于既有建筑物的改造，应根据建筑主体结构的实际情况进行设计，绝对不可一味追求外观豪华，造成安全隐患。

3. 检查

1）装饰装修工程涉及主体和承重结构改动，或增加荷载时，应重点检查设计单位的资质证书许可范围。

2）对既有建筑结构的安全性进行核验的记录及确认文件。

3）涉及主体和承重结构改动或增加荷载的施工图设计文件。

4）施工图设计文件是否经过审查。

4. 判定

当出现下述情况之一时，视为违反强制性条文。

1）设计单位既不是原设计单位，也不具备相应的资质。

2）施工图设计文件未经审查。

3）只有效果图或简图，无施工图设计文件。

3.1.6 建筑装饰装修工程的防火、防雷和抗震设计应符合现行国家标准的规定。

3.1.7 当墙体或吊顶内的管线可能产生冰冻或结露时，应进行防冻或防结露设计。

3.2 材料

3.2.1 建筑装饰装修工程所用材料的品种、规格和质量应符合设计要求和国家现行标准的规定。当设计无要求时应符合国家现行标准的规定。严禁使用国家明令淘汰的材料。

3.2.2 建筑装饰装修工程所用材料的燃烧性能应符合现行国家标准《建筑内部装修设计防火规范》（GB 50222）、《建筑设计防火规范》（GB 50016）和《高层民用建筑设计防火规范》（GB 50045）的规定。

《建筑设计防火规范》代号 GBJ 16 已变更为 GB 50016，现行标准代号为 GB 50016—2006。

3.2.3 建筑装饰装修工程所用材料应符合国家有关建筑装饰装修材料有害物质限量标准的规定。

本条为强制性条文。

1. 释义

关于室内装饰装修材料的毒性问题，已经引起全社会的关注，要想彻底解决这个问题，必须从严格控制材料质量做起。《建设工程质量管理条例》规定：施工单位必须按照工程设计要求、施工技术标准和合同约定，对建筑材料、建筑构配件、设备和商品混凝土进行检验，检验应当有书面记录和专人签字；未经检验和检验不合格的，不得使用。目前国家有关装饰装修材料的有害物质限量标准有 10 项，所用材料必须符合其要求。

2. 措施

设计单位应掌握有害物质限量标准的技术要求，不仅要避免采用容易超标的装饰装修材料，还应考虑合格材料用量太大时的累积效应。

施工单位应尽量选择有害物质含量低的品牌，并应要求供贷方提供合格检测报告。虽然由供货方提供的合法检测报告可能存在真实性的问题，但作为供货方对采购方的承诺还是有必要的。

规范规定进行复验的有害物质含量包括人造木板的甲醛含量和室内用花岗岩的放射性，施工单位应抽取样品送有资质的单位复验。

3. 检查

1）规范规定进行复验的有害物质项目，应检查有无复验合格报告。

2）国家标准对室内装饰装修材料的有害物质限量作出规定的，应检查有无该项目的合格检测报告。

4. 判定

当出现下述情况时，视为违反强制性条文：

国家标准已对室内装饰装修材料的有害物质限量作出明确规定，但施工单位采用了不符合标准规定的材料，并且无合格检测报告。

3.2.4 所有材料进场时应对品种、规格、外观和尺寸进行验收。材料包装应完好，应有产品合格证书、中文说明书及相关性能的检测报告；进口产品应按规定进行商品检验。

进场验收。建筑装饰装修工程所用各种材料进场时都应按设计要求对材料的品种、规格、外观和尺寸进行验收，设计无要求时应按国家现行标准进行验收。进场材料应有产品合格证书、中文说明书及相关性能的检测报告。材料供应商有义务提供真实的检测报告。检测报告是材料供应商对采购方的一种承诺，应存档备查。进口产品按国家质量技术监督局的有关规定进行商品检验，规定必须进行商检的进口产品，如玻璃幕墙用硅酮结构密封胶，供货方应提供商检合格证。有的单位在对材料进行验收时往往注重数量的验收而忽视质量的验收，一旦因材料质量问题发生争议时，供货单位会提供当时的验收证明，以证明接收单位对材料进行验收，而此时收货单位往往有口难辩，因为有的材料随着时间的推移和使用会发生变化。

3.2.5 进场后需要进行复验的材料种类及项目应符合规定。同一厂家生产的同一品种、同一类型的进场材料应至少抽取一组样品进行复验，当合同另有约定时应按合同执行。

对进场材料复验，是为保证建筑装饰装修工程质量采取的一种确认方式。应进行复验的材料及性能指标各节将作介绍，复验的抽样数量同一厂家生产的同一品种、同一类型的进场材料应至少抽取一组样品进行复验。需要说明的是，关于抽样数量的规定是最低要求，为了达到控制质量的目的，在抽取样品时应首先选取有疑问的样品，也可以由双方商定增加抽样数量。在目前建筑材料市场假冒伪劣现象较多的情况下，进行复验有助于避免不合格材料用于装饰装修工程，也有助于解决提供样品与供货质量不一致的问题。

3.2.6 当国家规定或合同约定应对材料进行见证检测时，或对材料的质量发生争议时，应进行见证检测。

见证检测已成为工程质量管理中通行的一种方式，在下述三种情况下应进行见证检测：国家规定应进行见证检测时；合同约定应进行见证检测时；对材料的质量发生争议需要进行仲裁时。

3.2.7 承担建筑装饰装修材料检测的单位应具备相应的资质，并应建立质量管理体系。

3.2.8　建筑装饰装修工程所使用的材料在运输、储存和施工过程中，必须采取有效措施防止损坏、变质和污染环境。

3.2.9　建筑装饰装修工程所使用的材料应按设计要求进行防火、防腐和防虫处理。

本条为强制性条文。

1. 释义

设计单位进行设计时，按照《建筑内部装修设计防火规范》及有关规定对材料的燃烧性能提出具体要求，但实际执行中存在不按设计要求进行处理的现象。防火问题对装饰装修工程是至关重要的，防腐和防虫问题也涉及工程使用年限，必须慎重对待。

2. 措施

施工单位应认识到防火、防腐、防虫处理的重要性，自觉提高施工质量。监理应检查到位，保证落实处理步骤，防止发生偷工减料的现象。

3. 检查

1）查询有无相关设计内容：木结构的防火、防腐和防虫；金属结构的防火、防腐。

2）检查施工单位的施工记录。

4. 判定

当出现下述情况之一时，视为违反强制性条文：

设计文件要求进行防火、防腐和防虫处理，施工单位未进行处理。

3.3　施工

3.3.1　承担建筑装饰装修工程施工的单位应具备相应的资质，并应建立质量管理体系。施工单位应编制施工组织设计并应经过审查批准。施工单位应按有关的施工工艺标准或经审定的施工技术方案施工，并应对施工全过程实行质量控制。

3.3.2　承担建筑装饰装修工程施工的人员应有相应岗位的资格证书。

3.3.3　建筑装饰装修工程的施工质量应符合设计要求和本规范的规定，由于违反设计文件和本规范的规定施工造成质量问题应由施工单位负责。

3.3.4　建筑装饰装修工程施工中，严禁违反设计文件擅自改动建筑主体、承重结构主要使用功能；严禁未经设计确认和有关部门批准擅自拆改水、暖、电、燃气、通讯等配套设施。

本条为强制性条文。

1. 释义

《建筑工程质量管理条例》规定：施工单位必须按照工程设计图纸和施工技术标准施工，不得擅自修改设计，不得偷工减料。在实际执行中，经常发生施工单位未与设计单位洽商，擅自修改设计的现象。当涉及建筑主体时，可能造成安全隐患，故将此条列为强制性条文。

2. 措施

施工单位应认识到擅自拆改的严重后果，杜绝擅自拆改的做法。

3. 检查

1）通过实地观察或检查施工记录，了解有无改动建筑主体、承重结构或主要使用功能的现象。如有拆改，应查询设计单位有无相关设计内容。

2）通过实地观察或检查施工记录，了解有无拆改水、暖、电、燃气、通讯等配套设施的现象。如有拆改，应查询设计单位有无相关设计内容，是否经过有关部门的批准。

4. 判定

当出现下述情况之一时，视为违反强制性条文：

1）在无设计文件情况下，施工单位擅自改动建筑主体、承重结构或主要使用功能。

2）在无设计文件情况下，施工单位擅自拆改水、暖、电、燃气、通讯等配套设施，其中不包括施工单位对室内照明电线和电话进行的简单改装。

3）拆改燃气设备及管道时，无有关部门的批准文件。

3.3.5 施工单位应遵守有关环境保护的法律法规，并应采取有效措施控制施工现场的各种粉尘、废气、废弃物、噪声、振动等对周围环境造成的污染和危害。

本条为强制性条文。

1. 释义

环保是国家的基本政策，施工单位应给予足够重视，由于建筑施工造成的污染事故和扰民纠纷屡见不鲜，故要求施工单位采取有效措施加以控制。

2. 措施

有关部门应加强环境保护宣传。施工单位应投入人力和经费，研究有效的控制措施。

3. 检查

1）对施工现场进行抽查，观察有无污染环境的情况。

2）检查是否采取了有效措施。

4. 判定

当出现下述情况之一时，视为违反强制性条文：

1）施工现场的粉尘、废气、废弃物、噪声、振动等对周围环境造成严重的污染和危害。

2）在接到投诉的情况下，未采取有效控制措施。

3.3.6 施工单位应遵守有关施工安全、劳动保护、防火和防毒的法律法规，应建立相应的管理制度，并应配备必要的设备、器具和标识。

3.3.7 建筑装饰装修工程应在基体或基层的质量验收合格后施工。对既有建筑进行装饰装修前，应对基层进行处理并达到本规范的要求。

3.3.8 建筑装饰装修工程施工前应有主要材料的样板或做样板间（件），并应经有关各方确认。

3.3.9 墙面采用保温材料的建筑装饰装修工程，所用保温材料的类型、品种、规格及施工工艺应符合设计要求。

3.3.10 管道、设备等的安装及调试应在建筑装饰装修工程施工前完成，当必须同步进行时，应在饰面层施工前完成。装饰装修工程不得影响管道、设备等的使用和维修。涉及燃气管道的建筑装饰装修工程必须符合有关安全管理的规定。

3.3.11 建筑装饰装修工程的电器安装应符合设计要求和国家现行标准的规定。严禁不经穿管直接埋设电线。

3.3.12 室内外装饰装修工程施工的环境条件应满足施工工艺的要求。施工环境温度不应低于5℃。当必须在低于5℃气温下施工时，应采取保证工程质量的有效措施。

3.3.13 建筑装饰装修工程施工过程中应做好半成品、成品的保护，防止污染和损坏。

3.3.14 建筑装饰装修工程验收前应将施工现场清理干净。

一般来说，建筑装饰装修工程的装饰装修效果很难用语言准确、完整的表述出来，有时，某些施工质量问题也需要有一个更直观的评判依据。因此，在施工前，通常应根据工程情况确定制作样板间、样板件或封存材料样板。样板间适用于宾馆客房、住宅、写字楼办公室等工程，样板件适用于外墙饰面或室内公共活动场所，主要材料样板是指建筑装饰装修工程中采用的壁纸、涂料、石材等涉及颜色、光泽、图案花纹等评判指标的材料。不管采用哪种方式，都应由建设（监理）方、施工方、供货方等有关各方确认。

11.4 抹灰工程

4.1 一般规定

4.1.1 本章适用于一般抹灰、装饰抹灰和清水砌体勾缝等分项工程的质量验收。

4.1.2 抹灰工程验收时应检查下列文件和记录：

1 抹灰工程的施工图、设计说明及其他设计文件。

2 材料的产品合格证书、性能检测报告、进场验收记录和复验报告。

3 隐蔽工程验收记录。

4 施工记录。

4.1.3 抹灰工程应对水泥的凝结时间和安定性进行复验。

4.1.4 抹灰工程应对下列隐蔽工程项目进行验收：

1 抹灰总厚度大于或等于 35mm 时的加强措施。

2 不同材料基体交接处的加强措施。

4.1.5 各分项工程的检验批应按下列规定划分：

1 相同材料、工艺和施工条件的室外抹灰工程每 500～1000m^2 应划分为一个检验批，不足 500m^2 也应划分为一个检验批。

2 相同材料、工艺和施工条件的室内抹灰工程每 50 个自然间（大面积房间和走廊按抹灰面积 30m^2 为一间）应划分为一个检验批，不足 50 间也应划分为一个检验批。

4.1.6 检查数量应符合下列规定：

1 室内每个检验批应至少抽查 10％，并不得少于 3 间；不足 3 间时应全数检查。

2 室外每个检验批每 100m^2 应至少抽查一处，每处不得小于 10m^2。

4.1.7 外墙抹灰工程施工前应先安装钢木门窗框、护栏等，并应将墙上的施工孔洞堵塞密实。

4.1.8 抹灰用的石灰膏的熟化期不应少于 15d；罩面用的磨细石灰粉的熟化期不应少于 3d。

4.1.9 室内墙面、柱面和门洞口的阳角做法应符合设计要求。设计无要求时，应采用 1：2 水泥砂浆做暗护角，其高度不应低于 2m，每侧宽度不应小于 50mm。

4.1.10 当要求抹灰层具有防水、防潮功能时，应采用防水砂浆。

4.1.11 各种砂浆抹灰层，在凝结前应防止快干、水冲、撞击、振动和受冻，在凝结后应采取措施防止玷污和损坏。水泥砂浆抹灰层应在湿润条件下养护。

4.1.12 外墙和顶棚的抹灰层与基层之间及各抹灰层之间必须粘结牢固。

本条为强制性条文。

1. 释义

抹灰工程的质量关键是粘结牢固，如果粘结不牢，出现空鼓、开裂、脱落等缺陷，不仅会降低对墙体保护作用，影响装饰效果，抹灰层的脱落还可能危及人身安全。北京市为解决混凝土顶棚基体表面抹灰层脱落的质量问题，要求各建筑施工单位，不得在混凝土顶棚基体表面抹灰，用腻子找平即可，取得了良好的效果。抹灰厚度过大时，容易产生起鼓、脱落等质量问题；不同材料基体交接处，由于吸水和收缩性不一致，接缝处表面的抹灰层容易开裂，上述情况均采用加强措施，以切实保证抹灰工程的质量。

2. 措施

经调研分析，抹灰层之所以出现开裂、空鼓和脱落等质量问题，主要原因是基体表面清理不干净，如基体表面尘埃及疏松物、脱模剂和油渍等影响抹灰粘结牢固的物质未彻底清除干净；基体表面光滑，抹灰前未作毛化处理；抹灰前基体表面浇水不透，抹灰后砂浆中的水分很快被基体吸收，使砂浆中的水泥未充分水化生成水泥石，影响砂浆粘结力；砂浆质量不好，使用不当；一次抹灰过厚、干缩率较大等，都会影响抹灰层与基体粘结牢固。

3. 检查

1) 观察有无裂缝、起鼓、脱落现象。

2) 敲击检查有无空鼓现象。

3) 检查施工记录，是否分层施工，是否按规定采取了加强措施。

4. 判定

当出现下述情况之一时，视为违反强制性条文：

1) 外墙抹灰层或顶棚抹灰层脱落造成人身伤亡事故。

2) 外墙抹灰层或顶棚抹灰层大面积脱落，导致全面返工。

4.2 一般抹灰工程

4.2.1 本节适用于石灰砂浆、水泥砂浆、水泥混合砂浆、聚合物水泥砂浆和麻刀石灰、纸筋石灰、石膏灰等一般抹灰工程的质量验收。一般抹灰工程分为普通抹灰和高级抹灰，当设计无要求时，按普通抹灰验收。

主控项目

4.2.2 抹灰前基层表面的尘土、污垢、油渍等应清除干净，并应洒水润湿。

检验方法：检查施工记录。

本项要求是对基层处理的规定，在抹灰前应做检查，并在施工记录中记录实际情况，专职质量检查员应抽查实物情况。

4.2.3 一般抹灰所用材料的品种和性能应符合设计要求。水泥的凝结时间和安定性复验应合格。砂浆的配合比应符合设计要求。

检验方法：检查产品合格证书、进场验收记录、复验报告和施工记录。

材料质量是保证抹灰工程质量的基础，因此，抹灰工程所用材料如水泥、砂、石灰膏、石膏、有机聚合物等应符合设计要求及国家现行产品标准的规定，并应有出厂合格证；材料进场时应进行现场验收，不合格的材料不得用在抹灰工程上，对影响抹灰工程质量与安全的主要材料的某些性能如水泥的凝结时间和安定性进行现场抽样复验。复验合格后方可使用。

砂浆的配合比设计文件中应有明确要求，粉刷砂浆不同于砌筑砂浆或混凝土有强度要求，因此所用品种配合比设计文件必须给出，有些工程不按设计配合比施工造成粉刷层粉化、疏松、脱落、墙面渗水等严重质量问题，应引起重视。

4.2.4　抹灰工程应分层进行。当抹灰总厚度大于或等于35mm时，应采取加强措施。不同材料基体交接处表面的抹灰，应采取防止开裂的加强措施，当采用加强网时，加强网与各基体的搭接宽度不应小于100mm。

　　检验方法：检查隐蔽工程验收记录和施工记录。

抹灰工程的质量关键是粘结牢固，无开裂、空鼓与脱落。如果粘结不牢，出现空鼓、开裂、脱落等缺陷，会降低对墙体的保护作用，且影响装饰效果。

经调研分析，抹灰层之所以出现开裂、空鼓和脱落等质量问题，主要原因是基体表面清理不干净，如：基体表面尘埃及疏松物、脱模剂和油渍等影响抹灰粘结牢固的物质未彻底清除干净；基体表面光滑，抹灰前未作毛化处理；抹灰前基体表面浇水不透，抹灰后砂浆中的水分很快被基体吸收，使砂浆中的水泥未充分水化生成水泥石，影响砂浆粘结力；砂浆质量不好，使用不当；一次抹灰过厚、干缩率较大等，都会影响抹灰层与基体的粘结牢固。

抹灰厚度过大时，容易产生起鼓、脱落等质量问题；不同材料基体交接处，由于吸水和收缩性不一致，接缝处表面的抹灰层容易开裂，上述情况均采取加强措施，以切实保证抹灰工程的质量。

4.2.5　抹灰层与基层之间及各抹灰层之间必须粘结牢固，抹灰层应无脱层、空鼓，面层应无爆灰和裂缝。

　　检验方法：观察；用小锤轻击检查；检查施工记录。

抹灰工程经常出现的质量问题是裂缝。裂缝的形成可分为四种情况：第一种情况是大墙面出现裂缝；第二种情况是不同墙体材料交接处的表面或抹灰层与门窗框、墙裙、踢脚线等部件交接处出现裂缝；第三种情况是沿建筑结构缝处形成裂缝；第四种情况是抹灰层本身收缩引起的裂缝。规范规定抹灰工程的面层应无裂缝，如果出现裂痕是允许的。裂缝是指裂开的缝，而裂痕是指将要裂开的痕迹，二者是有区别的。

一般项目

4.2.6　一般抹灰工程的表面质量应符合下列规定：

1　普通抹灰表面应光滑、洁净、接槎平整，分格缝应清晰。

2　高级抹灰表面应光滑、洁净，颜色均匀、无抹纹，分格缝和灰线应清晰美观。

　　检验方法：观察；手摸检查。

4.2.7　护角、孔洞、槽、盒周围的抹灰表面应整齐、光滑；管道后面的抹灰表面应平整。

　　检验方法：观察。

4.2.8　抹灰层的总厚度应符合设计要求；水泥砂浆不得抹在石灰砂浆层上；单面石膏灰不得抹在水泥砂浆层上。

　　检验方法：检查施工记录。

4.2.9　抹灰分格缝的设置应符合设计要求，宽度和深度应均匀，表面应光滑，棱角应整齐。

　　检验方法：观察；尺量检查。

4.2.10　有排水要求的部位应做滴水线（槽）。滴水线（槽）应整齐顺直，滴水线应内高外低，滴水槽的宽度和深度均不应小于10mm。

检验方法：观察；尺量检查。

4.2.11 一般抹灰工程质量的允许偏差和检验方法应符合表4.2.11（本书表11.4.1）的规定。

一般抹灰的允许偏差和检验方法 表 11.4.1

项次	项目	允许偏差（mm）		检验方法
		普通抹灰	高级抹灰	
1	立面垂直度	4	3	用2m垂直检测尺检查
2	表面平整度	4	3	用2m靠尺和塞尺检查
3	阴阳角方正	4	3	用直角检测尺检查
4	分格条（缝）直线度	4	3	拉5m线，不足5m拉通线，用钢直尺检查
5	墙裙、勒脚上口直线度	4	3	拉5m线，不足5m拉通线，用钢直尺检查

注：1. 普通抹灰，本表第3项阴阳角方正可不检查；
2. 顶棚抹灰，本表第2项表面平整度可不检查，但应平顺。

4.3 装饰抹灰工程

现行规范在装饰抹灰项目的取舍上充分考虑了我国地域间技术差异以及环境保护等因素。根据国内装饰抹灰的实际情况，保留了原规范《建筑装饰工程施工及验收规范》（JGJ 73—91）中水刷石、斩假石、干粘石、假面砖等项目，删除了水磨石、拉条灰、拉毛灰、撒毛灰、喷砂、喷涂、弹涂、仿石和彩色抹灰等项目。但水刷石浪费水资源，并对环境有污染，应尽量减少使用。

4.3.1 本节适用于水刷石、斩假石、干粘石、假面砖等装饰抹灰工程的质量验收。

主控项目

4.3.2 抹灰前基层表面的尘土、污垢、油渍等应清除干净，并应洒水润湿。

检查方法：检查施工记录。

4.3.3 装饰抹灰工程所用材料的品种和性能应符合设计要求。水泥的凝结时间和安定性复验应合格。砂浆的配合比应符合设计要求。

检查方法：检查产品合格证书、进场验收记录、复验报告和施工记录。

4.3.4 抹灰工程应分层进行。当抹灰总厚度大于或等于35mm时，应采取加强措施。不同材料基体交接处表面的抹灰，应采取防止开裂的加强措施，当采用加强网时，加强网与各基体的搭接宽度不应小于100mm。

检验方法：检查隐蔽工程验收记录和施工记录。

4.3.5 各抹灰层之间及抹灰层与基体之间必须粘结牢固，抹灰层应无脱层、空鼓和裂缝。

检验方法：观察；用小锤轻击检查；检查施工记录。

一般项目

4.3.6 装饰抹灰工程的表面质量应符合下列规定：

1 水刷石表面应石粒清晰、分布均匀、紧密平整、色泽一致，应无掉粒和接槎痕迹。

2 斩假石表面剁纹应均匀顺直、深浅一致，应无漏剁处；阳角处应横剁并留出宽窄一致的不剁边条，棱角应无损坏。

3 干粘石表面应色泽一致、不露浆、不漏黏，石粒应粘结牢固、分布均匀、阳角处应无明显黑边。

4 假面砖表面应平整、沟纹清晰、留缝整齐、色泽一致，应无掉角、脱皮、起砂等缺陷。

检查方法：观察；手摸检查。

4.3.7 装饰抹灰分格条（缝）的设置应符合设计要求，宽度和深度应均匀，表面应平整光滑，棱角应整齐。

检验方法：观察。

4.3.8 有排水要求的部位应做滴水线（槽）。滴水线（槽）应整齐顺直，滴水线应内高外低，滴水槽的宽度和深度均不应小于 10mm。

检验方法：观察；尺量检查。

4.3.9 装饰抹灰工程质量的允许偏差和检验方法应符合表 4.3.9（本书表 11.4.2）的规定。

一般抹灰的允许偏差和检验方法　　　　　　　　表 11.4.2

项次	项目	允许偏差（mm）				检验方法
		水刷石	斩假石	干粘石	假面砖	
1	立面垂直度	5	4	5	5	用 2m 垂直检测尺检查
2	表面平整度	3	3	5	4	用 2m 靠尺和塞尺检查
3	阳角方正	3	3	4	4	用直角检测尺检查
4	分格条（缝）直线度	3	3	3	3	拉 5m 线，不足 5m 拉通线，用钢直尺检查
5	墙裙、勒脚上口直线度	3	3	—	—	拉 5m 线，不足 5m 拉通线，用钢直尺检查

4.4 清水砌体勾缝工程

4.4.1 本节适用于清水砌体砂浆勾缝和原浆勾缝工程的质量验收。

清水砌体勾缝工程的质量虽然不会直接影响到安全，但对观感质量和砌体工程的使用年限有直接关系。如果勾缝不严密或不牢固，在经受风雨侵蚀后会产生墙体渗漏问题，缩短建筑物的使用寿命。

主控项目

4.4.2 清水砌体勾缝所用水泥的凝结时间和安定性复验应合格。砂浆的配合比应符合设计要求。

检验方法：检查复验报告和施工记录。

用于勾缝的水泥要进行复验，注意复验的项目不同于混凝土用水泥的复验项目。砂浆的配合比应由设计文件规定，因为勾缝砂浆没有强度要求，不必由试验室设计并试配。

4.4.3 清水砌体勾缝应无漏勾。勾缝材料应粘结牢固、无开裂。

检验方法：观察。

一般项目

4.4.4 清水砌体勾缝应横平竖直，交接处应平顺，宽度和深度应均匀，表面应压实抹平。

检验方法：观察；尺量检查。

4.4.5 灰缝应颜色一致，砌体表面应洁净。

检验方法：观察。

11.5 门窗工程

5.1 一般规定

5.1.1 本节适用于木门窗制作与安装、金属门窗安装、塑料门窗安装、特种门安装、门窗玻璃安装等分项工程的质量验收。

5.1.2 门窗工程验收时应检查下列文件和记录：

1 门窗工程的施工图、设计说明及其他设计文件。

2 材料的产品合格证书、性能检测报告、进场验收记录和复验报告。

3 特种门及其附件的生产许可文件。

4 隐蔽工程验收记录。

5 施工记录。

5.1.3 门窗工程应对下列材料及其性能指标进行复验：

1 人造木板的甲醛含量。

2 建筑外墙金属窗、塑料窗的抗风压性能、空气渗透性能和雨水渗漏性能。

室内装饰装修用人造板及其制品中甲醛释放量应符合表 11.5.1 的规定。

抗风压性能、空气渗透性能和雨水渗漏性能试验称为"三性"性能试验，目前该试验在试验室试验居多，但现场所用门窗与试验门窗大多不是一个批次，注意控制质量。

人造板及其制品中甲醛释放量试验方法及限量值　　　　表 11.5.1

产品名称	试验方法[a]	限量值	使用范围	限量标志[b]
中密度纤维板、高密度纤维板、刨花板、定向刨花板等	穿孔萃取法	≤9mg/100g	可直接用于室内	E_1
		≤30mg/100g	必须饰面处理后可允许用于室内	E_2
胶合板、装饰单板贴面胶合板、细木工板等	干燥器法	≤1.5mg/L	可直接用于室内	E_1
		≤5.0mg/L	必须饰面处理后可允许用于室内	E_2
饰面人造板（包括浸渍纸层压木质地板、实木复合地板、竹地板、浸渍胶胶膜纸饰面人造板等）	气候箱法	≤0.12mg/m³	可直接用于室内	E_1
	干燥器法	≤1.5mg/L		

a 仲裁时采用气候箱法。

b E_1 为可直接用于室内的人造板；E_2 为必须饰面处理后允许用于室内的人造板。

注：本表摘自《室内装饰装修材料人造板及其制品中甲醛释放限量》(GB 18580—2001)。

5.1.4 门窗工程应对下列隐蔽工程项目进行验收：

1 预埋件和锚固件。

2 隐蔽部位的防腐、填嵌处理。

5.1.5 各分项工程的检验批应按下列规定划分：

1 同一品种、类型和规格的木门窗、金属门窗、塑料门窗及门窗玻璃每 100 樘应划分为一个检验批，不足 100 樘也应划分为一个检验批。

2 同一品种、类型和规格的特种门每50樘应划分为一个检验批，不足50樘也应划分为一个检验批。

所谓门窗品种，是指门窗的制作材料，如实木门窗、铝合金门窗、塑料门窗等；门窗类型是指门窗的开启方式或功能，如平开窗、悬转窗、推拉门、自动门等；门窗规格是指门窗的尺寸。

5.1.6 检查数量应符合下列规定：

1 木门窗、金属门窗、塑料门窗及门窗玻璃，每个检验批应至少抽查5%，并不得少于3樘，不足3樘时应全数检查；高层建筑的外窗，每个检验批应至少抽查10%，并不得少于6樘，不足6樘时应全数检查。

2 特种门每个检验批应至少抽查50%，并不得少于10樘，不足10樘时应全数检查。

本条是对不同检验批的检查数量作出规定。考虑到对高层建筑（10层及10层以上的居住建筑和建筑高度超过24m的公共建筑）的外窗各项性能要求应更为严格，故每个检验批的检查数量增加一倍。此外，由于特种门的重要性明显高于普通门，数量又比普通门少，为保证特种门的功能，规定每个检验批的检查数量是普通门的10倍。

5.1.7 门窗安装前，应对门窗洞口尺寸进行检验。

本条规定了安装门窗前应对门窗洞口尺寸进行检查，除检查单个门窗洞口尺寸外，还应对能够通视的成排或成列的门窗洞口进行目测或拉通线检查。如果发现明显偏差，采取处理措施后再安装门窗。

5.1.8 金属门窗和塑料门窗安装应采用预留洞口的方法施工，不得采用边安装边砌口或先安装后砌口的方法施工。

本条规定是为了防止门窗框受挤压变形和表面保护层受损。木门窗安装也宜采用预留洞口的方法施工。如果采用先安装后砌口的方法施工时，则应注意避免木门窗在施工中受损、受挤压变形或受到污染。

5.1.9 木门窗与砖石砌体、混凝土或抹灰层接触处应进行防腐处理并应设置防潮层；埋入砌体或混凝土中的木砖应进行防腐处理。

5.1.10 当金属窗或塑料窗组合时，其拼樘料的尺寸、规格、壁厚应符合设计要求。

5.1.11 建筑外门窗的安装必须牢固。在砌体上安装门窗严禁用射钉固定。

5.1.12 特种门安装除应符合设计要求和本规范的规定外，还应符合有关专业标准和主管部门的规定。

5.2 木门窗制作与安装工程

5.2.1 本节适用于木门窗制作与安装工程的质量验收。

主控项目

5.2.2 木门窗的木材品种、材质等级、规格、尺寸、框扇的线型及人造木板的甲醛含量应符合设计要求。设计未规定材质等级时，所用木材的质量应符合本规范附录A（附录A的要求见表11.5.2、表11.5.3）的规定。

检验方法：观察；检查材料进场验收记录和复验报告。

人造木板的甲醛含量设计无要求时，应符合表11.5.1人造板及其制品中甲醛释放量试验方法及限量值的规定，该项要求为复检项目，应检查其复验报告。

普通木门窗用木材的质量要求 表 11.5.2

木材缺陷		门窗扇的立梃、冒头、中冒头	窗棂、压条、门窗及气窗的线脚、通风窗立梃	门心板	门窗框
活节	不计个数，直径（mm）	<15	<5	<15	<15
	计算个数，直径	≤材宽的1/3	≤材宽的1/3	≤30mm	≤材宽的1/3
	任1延米个数	≤3	≤2	≤3	≤5
死节		允许，计入活节总数	不允许	允许，计入活节总数	
髓心		不露出表面的，允许	不允许	不露出表面的，允许	
裂缝		深度及长度≤厚度及材长的1/5	不允许	允许可见裂缝	深度及长度≤厚度及材长的1/4
斜纹的斜率（%）		≤7	≤5	不限	≤12
油眼		非正面，允许			
其他		浪形纹理、圆形纹理、偏心及化学变色，允许			

注：本表摘自《建筑装饰装修工程质量验收规范》（GB 50210—2001）附录 A.0.1。

高级木门窗用木材的质量要求 表 11.5.3

木材缺陷		门窗扇的立梃、冒头、中冒头	窗棂、压条、门窗及气窗的线脚、通风窗立梃	门心板	门窗框
活节	不计个数，直径（mm）	<10	<5	<10	<10
	计算个数，直径	≤材宽的1/4	≤材宽的1/4	≤20mm	≤材宽的1/3
	任1延米个数	≤2	0	≤2	≤3
死节		允许，包括在活节总数中	不允许	允许，包括在活节总数中	不允许
髓心		不露出表面的，允许	不允许	不露出表面的，允许	
裂缝		深度及长度≤厚度及材长的1/6	不允许	允许可见裂缝	深度及长度≤厚度及材长的1/5
斜纹的斜率（%）		≤6	≤4	≤15	≤10
油眼		非正面，允许			
其他		浪形纹理、圆形纹理、偏心及化学变色，允许			

注：本表摘自《建筑装饰装修工程质量验收规范》（GB 50210—2001）附录 A.0.2。

对木材进行检查时应为成品木材，即已制作的门窗木材，而非半成品木材。

5.2.3 木门窗应采用烘干的木材，含水率应符合《建筑木门、木窗》（JG/T 122）的规定。

检验方法：检查材料进场验收记录。

在木门窗制作前对成品材应进行含水率测定并作记录，门窗制作时的木材含水率不应超过表11.5.4所规定的数值。

细木制品用的木材含水率的限值 表 11.5.4

地区类别	地区范围	门心板、内部贴脸板、踢脚板、压缝条和栏杆	门扇、窗扇、窗台板和外部贴脸板	窗框和门框
Ⅰ	包头、兰州以西的西北地区和西藏自治区	10	13	16
Ⅱ	徐州、郑州、西安及其以北的华北地区和东北地区	12	15	18
Ⅲ	徐州、郑州、西安以南的中南、华东和西南地区	15	18	20

目前，木门窗产生开裂、变形、脱胶以致影响美观和使用功能的情况屡有发生，特别在施工现场加工制作的更为突出。这主要是制作时没有认真控制木材含水率，因此在检查时一定要测定木材的含水率并作测定记录。如没有测定记录并没有其他依据说明含水率情况的可视为不符合要求。

含水率的测定可用重量法或电测法，应用木材含水率测定仪直接测量。我国目前生产多种型号的这种仪器，是根据木材含水率与木材导电性能的关系制成的。量测简单，便于携带，可用于工地测定，但测量的深度一般仅达木材表层 20mm。

当需测定木料全截面内外各处的含水率，则应将木料端头截去 20mm，并立即量测。

5.2.4 木门窗的防火、防腐、防虫处理应符合设计要求。

检验方法：观察；检查材料进场验收记录。

门窗及其他细木制品与砖石砌体、混凝土或抹灰层接触处、埋入砌体或混凝土中的木砖均应进行防腐处理，除木砖外其他接触处应设置防潮层。采用马尾松、木麻黄、桦木、杨木等易腐朽、虫蛀的树种木材制作门窗及其他细木制品时，整个构件应用防腐、防虫药剂处理。

5.2.5 木门窗的结合处和安装配件处不得有木节或已填补的木节。木门窗如有允许限值以内的死节及直径较大的虫眼时，应用同一材质的木塞加胶填补。对于清漆制品，木塞的木纹和色泽应与制品一致。

检验方法：观察。

5.2.6 门窗框和厚度大于 50mm 的门窗扇应用双榫连接。榫槽应采用胶料严密嵌合，并应用胶楔加紧。

检验方法：观察，手扳检查。

检查时看其胶料是否饱满、榫槽是否正确、是否有过紧现象而造成节点处开裂。木楔宽度应和榫厚度基本一致，槽眼处不得开裂。

5.2.7 胶合板门、纤维板门和模压门不得脱胶。胶合板不得刨透表层单板，不得有戗槎。制作胶合板门、纤维板门时，边框和横楞应在同一平面上，面层、边框及横楞应加压胶结。横楞和上、下冒头应各钻两个以上的透气孔，透气孔应通畅。

检验方法：观察。

在横楞和上、下冒头各钻两个以上的透气孔，主要是防止湿度较大及温度变化引起面板起鼓、霉变等。

5.2.8 木门窗的品种、类型、规格、开启方向、安装位置及连接方式应符合设计要求。

检验方法：观察；尺量检查；检查成品门的产品合格证书。

观察和尺量检查门窗框安装的位置是否符合设计要求。检验时应与施工图纸对照，主要检查门窗框的标高、与墙体的相对尺寸、与墙面是外平还是内平或在墙身中某位置，如果是平开式的，还要检查开启方向是否正确。

5.2.9 木门窗框的安装必须牢固。预埋木砖的防腐处理、木门窗框固定点的数量、位置及固定方法应符合设计要求。

检查方法：观察；手扳检查；检查隐蔽工程验收记录和施工记录。

一般规定中要求对预埋件和锚固件、隐蔽部位的防腐、填嵌处要进行隐蔽验收，在分项工程检查时不仅要查看实物还要查记录。

1. 门窗框安装前应校正规方，钉好斜拉条（不得少于两根），无下坎的门框应加钉水平拉条，防止在运输和安装过程中变形。

2. 门窗框（或成套门窗）应按设计要求的水平标高和平面位置在砌墙的过程中进行安装。

3. 在砖石墙上安装门框（或成套门窗）时，应用钉子固定于砌在墙内的木砖上，每边的固定点应不少于两处，其间距应不大于 1.2m。

4. 当需要先砌墙后安装门窗框（或成套门窗）时，宜在预留门窗洞口的同时，留出门窗框走头的缺口，在门窗框调整就位后，封砌缺口。

当受条件限制，门窗框不能留走头时，应采取可靠措施将门窗框固定在墙内的木砖上，以防在施工或使用过程中发生安全事故。

5. 当门窗框的一面需镶贴脸板时，则门窗框应凸出的厚度应等于抹灰层的厚度。

6. 寒冷地区的门窗框（或成套门窗）与外墙砌体间的空隙，应填塞保温材料。

木砖、木框与砌体接触处应进行防腐处理。

5.2.10 木门窗扇必须安装牢固，并应开关灵活，关闭严密，无倒翘。

检验方法：观察；开启和关闭检查；手扳检查。

木门窗、金属门窗和塑料门窗的安装均应无倒翘。在正常情况下，当门窗扇关闭时，门窗扇的上端本应与下端同时或上端略早于下端贴紧门窗的上框。

所谓"倒翘"通常是指当门窗关闭时，门窗扇的下端已经贴紧门窗下框，而门窗扇的上端由于翘曲而未能与门窗的上框贴紧，尚有离缝的现象。

5.2.11 木门窗配件的型号、规格、数量应符合设计要求，安装应牢固，位置应正确，功能应满足使用要求。

检验方法：观察；开启和关闭检查；手扳检查。

所谓配件包括构件附带的或后配的各种零件，其中主要是各种五金件。门窗配件不仅影响门窗功能，有的也影响安全。

一般项目

5.2.12 木门窗表面应洁净，不得有刨痕、锤印。

检验方法：观察。

5.2.13 木门窗的割角、拼缝应严密平整。门窗框、扇裁口应顺直，刨面应平整。

检验方法：观察。

5.2.14 木门窗上的槽、孔应边缘整齐，无毛刺。

检验方法：观察。

5.2.15 木门窗与墙体间缝隙的填嵌材料应符合设计要求，填嵌应饱满。寒冷地区外门窗（或门窗框）与砌体间的空隙应填充保温材料。

检验方法：轻敲门窗框检查；检查隐蔽工程验收记录和施工记录。

检查门窗框与墙体间填塞的保温材料填塞是否饱满、均匀。

保温材料凡填塞不密实将严重影响门窗防寒、防风正常功能。保温材料应饱满，指填塞的材料应与框面齐平不能有里外透亮的现象。

轻击门窗框检查主要听其声音，凭经验判其填嵌材料是否饱满。

5.2.16 木门窗批水、盖口条、压缝条、密封条的安装应顺直，与门窗结合应牢固、严密。

检查方法：观察；手扳检查。

该项要求除有美观作用外，同时也是保证门窗扇使用功能的重要项目，门窗披水、压缝条起防风、防雨的作用。固定时，应用木螺丝与框、扇拧紧。

5.2.17 木门窗制作的允许偏差和检验方法应符合表5.2.17（本书表11.5.5）的规定。

木门窗制作的允许偏差和检验方法　　　　　　　　　　表11.5.5

项次	项目	构件名称	允许偏差（mm）		检验方法
			普通	高级	
1	翘曲	框	3	2	将框、扇平放在检查平台上，用塞尺检查
		扇	2	2	
2	对角线长度差	框、扇	3	2	用钢尺检查，框量裁口里角，扇量外角
3	表面平整度	扇	2	2	用1m靠尺和塞尺检查
4	高度、宽度	框	0；−2	0；−1	用钢尺检查，框量裁口里角，扇量外角
		扇	+2；0	+1；0	
5	裁口、线条结合处高低差	框、扇	1	0.5	用钢直尺和塞尺检查
6	相邻棂子两端间距	扇	2	1	用钢直尺检查

5.2.18 木门窗安装的留缝限值、允许偏差和检验方法应符合表5.2.18（本书表11.5.6）的规定。

木门窗制作的留缝限值、允许偏差和检验方法　　　　　　　　　　表11.5.6

项次	项目		留缝限值（mm）		允许偏差（mm）		检验方法
			普通	高级	普通	高级	
1	门窗槽口对角线长度差		—	—	3	2	用钢尺检查
2	门窗框的正、侧面垂直度		—	—	2	1	用1m垂直检测尺检查
3	框与扇、扇与扇接缝高低差		—	—	2	1	用钢直尺和塞尺检查
4	门窗扇对口缝		1～2.5	1.5～2	—	—	用塞尺检查
5	工业厂房双扇大门对口缝		2～5	—	—	—	
6	门窗扇与上框间留缝		1～2	1～1.5	—	—	
7	门窗扇与侧框间留缝		1～2.5	1～1.5	—	—	用塞尺检查
8	窗扇与下框间留缝		2～3	2～2.5	—	—	
9	门扇与下框间留缝		3～5	3～4	—	—	
10	双层门窗内外框间距		—	—	4	3	用钢尺检查
11	无下框时门扇与地面间留缝	外门	4～7	5～6	—	—	用塞尺检查
		内门	5～8	6～7	—	—	
		卫生间门	8～12	8～10	—	—	
		厂房大门	10～20	—	—	—	

5.3 金属门窗安装工程

5.3.1 本节适用于钢门窗、铝合金门窗，涂色镀锌钢板门窗等金属门窗安装工程的质量验收。

随着人民生活水平的提高，钢门窗的使用越来越少，但极个别工程还在使用。

主控项目

5.3.2 金属门窗的品种、类型、规格、尺寸、性能、开启方向、安装位置、连接方式及铝合金门窗的型材壁厚应符合设计要求。金属门窗的防腐处理及填嵌、密封处理应符合设计要求。

检验方法：观察；尺量检查；检查产品合格证书、性能检测报告、进场验收记录和复验报告；检查隐蔽工程验收记录。

观察检查和检查出厂合格证、产品验收凭证，钢门窗及附件应有出厂合格证和需方在产品出厂前对产品抽查的验收凭证，以防止产品进场后质量验收时存在问题，性能检测报告系指生产厂提供的材料性能检测报告，用于外墙的金属窗应有抗风压性能、空气渗透性能和雨水渗漏性能的检测报告。用料的规格、立面要求、组合型式、几何尺寸以及所用附件的材质、品种、形式、质量要求等应符合设计图纸和《钢窗检验规则》的规定。有的需方在货到后仅过数验收，对钢门窗的质量未在出厂前认真验收，进场也未验收检查造成一些钢门窗质量不合格。

铝合金窗性能的检测报告系指生产厂提供的铝合金门窗性能检测报告，另外还应对抗风压性能、空气渗透性能和雨水渗漏性能进行复验。用料的规格、立面要求、组合型式、几何尺寸以及所用附件的材质、品种、形式、质量要求等应符合设计图纸的规定。铝合金型材的壁厚经常达不到设计要求，由于铝合金型材的购销常以重量计算，所以施工单位往往会偷工减料，使用较薄的型材。

此处要注意建筑节能的有关要求，铝合金窗用的型材有的工程设计为断桥铝合金型材，注意把关。

5.3.3 金属门窗框和副框的安装必须牢固。预埋件的数量、位置、埋设方式、与框的连接方式必须符合设计要求。

检验方法：手扳检查；检查隐蔽工程验收记录。

钢门窗是通过连接在外框上的燕尾铁脚与墙体等进行固定的，大面积的组合钢窗则是通过纵、横拼管与墙体等相互连接后，再将钢窗外框逐樘固定在拼管上，安装好的钢门窗在框与墙体填塞前必须检查预埋件的数量、位置、预埋深度、连接点的数量、电焊的质量等是否符合要求，并做好隐蔽记录。如有缺陷应及时处理，符合要求后及时做好框与墙体之间缝隙的填塞处理。

铝合金门窗是通过连接在外框上的铁件与墙体等进行固定的，在框与墙体填塞前必须检查预埋件的数量、位置、埋设方式与框的连接方式等是否符合要求，并做好隐蔽记录。在砌体上安装门、窗时严禁用射钉固定。如有缺陷应及时处理，符合要求后及时做好框与墙体之间缝隙的填塞处理。

5.3.4 金属门窗扇必须安装牢固，并应开关灵活、关闭严密，无倒翘。推拉门窗扇必须有防脱落措施。

检验方法：观察；开启和关闭检查；手扳检查。

推拉门窗扇万一脱落极易造成人身安全事故，对高层建筑来说危险性更大，故规范规定金属门窗和塑料门窗的推拉门窗扇必须有防脱落措施。铝合金门窗的防脱落措施一般是在内框上边加装防止卸掉的装置。

5.3.5　金属门窗配件的型号、规格、数量应符合设计要求，安装应牢固，位置应正确，功能应满足使用要求。

　　检验方法：观察；开启和关闭检查；手扳检查。

　　钢门窗的配件包括铰链、执手、支撑、门锁、地弹簧、闭门器、密封条、石棉条等。本身质量应符合设计要求，所有应装的配件必须装全，包括连接螺栓均不得遗漏。螺母应拧紧，不得松动，如需现场焊接的，其焊接质量应符合要求。钢门窗的配件的安装，必须在墙面、平顶粉刷完毕后并在安装玻璃前进行。钢门窗进行校正达到关闭严密、开启灵活、无倒翘后方可安装配件，以防止配件安装后再行校正。

　　钢门窗配件安装应符合下列规定：

　　1. 安装配件时，应检查钢门窗开启是否灵活，关闭后是否严密，否则应予以调整后才能安装；

　　2. 安装配件宜在墙面装饰后进行，安装时，应按生产厂方的说明进行；

　　3. 密封条应在门窗涂料干燥后，按型号进行安装和压实。

　　铝合金门窗的配件包括执手、支撑、门锁、地弹簧、闭门器、密封条等。本身质量应符合设计要求，所有应装的配件必须装全，包括连接螺栓均不得遗漏。铝合金门窗的配件的安装，必须在墙面、平顶粉刷完毕后进行。铝合金门窗校正后应达到关闭严密、开启灵活、无倒翘。

一般项目

5.3.6　金属门窗表面应洁净、平整、光滑、色泽一致，无锈蚀。大面应无划痕、碰伤。漆膜或保护层应连续。

　　检验方法：观察

5.3.7　铝合金门窗推拉门窗扇开关力应不大于100N。

　　检查方法：用弹簧秤检查。

5.3.8　金属门窗框与墙体之间的缝隙应填嵌饱满，并采用密封胶密封。密封胶表面应光滑、顺直、无裂纹。

　　检验方法：观察；轻敲门窗框检查；检查隐蔽工程验收记录。

　　钢门窗除用燕尾钢脚与墙体连接外，还要对框与墙体间的缝隙填嵌密实，以增加其稳固和防止门窗边渗水，框与墙体间缝隙的填嵌材料，应符合设计要求，若设计无规定时，可用1：2水泥砂浆填嵌密实。严禁用石灰砂浆或混合砂浆嵌缝。

　　铝合金门窗除用铁件（应进行镀锌处理）与墙体连接外，还要对框与墙体间的缝隙填嵌密实，以增加其稳固和防止门窗边渗水，框与墙体间缝隙的填嵌材料，应符合设计要求。窗框与墙体之间填嵌后应用密封胶密封。在检查时要注意铝合金横竖框接头处、下框铆钉处的打胶。

5.3.9　金属门窗扇的橡胶密封条或毛毡密封条应安装完好，不得脱槽。

　　检查方法：观察；开启和关闭检查。

5.3.10　有排水孔的金属门窗，排水孔应畅通，位置和数量应符合设计要求。

检查方法：观察。

5.3.11　钢门窗安装的留缝限值、允许偏差和检验方法应符合表 5.3.11（本书表 11.5.7）的规定。

钢门窗安装的留缝限值、允许偏差和检验方法　　　　　表 11.5.7

项次	项目		留缝限值（mm）	允许偏差（mm）	检验方法
1	门窗槽口宽度、高度	≤1500mm	—	2.5	用钢尺检查
		>1500mm	—	3.5	
2	门窗槽口对角线长度差	≤2000mm	—	5	用钢尺检查
		>2000mm	—	6	
3	门窗框的正、侧面垂直度		—	3	用 1m 垂直检测尺检查
4	门窗横框的水平度		—	3	用 1m 水平尺和塞尺检查
5	门窗横框标高		—	5	用钢尺检查
6	门窗竖向偏离中心		—	4	用钢尺检查
7	双层门窗内外框间距		—	5	用钢尺检查
8	门窗框、扇配合间隙		≤2	—	用塞尺检查
9	无下框时门扇与地面间留缝		4～8	—	用塞尺检查

施工时，墙体洞口尺寸的大小应按设计要求留设。框边与洞壁结构的间隙应保持适当，一般不应小于 2cm，以免造成缝隙难以填嵌密实。

铝合金门窗装入洞口应横平竖直，外框与洞口应弹性连接牢固，不得将门窗外框直接埋入墙体。

横向及竖向组合时，应采取套插，搭接形成曲面组合，搭接长度宜为 10mm，并用密封膏密封。

安装密封条时应留有伸缩余量，一般比门窗的装配边长 20～30mm，在转角处应斜面断开，并用胶粘剂粘牢固，以免产生收缩缝。

若门窗为明螺丝连接时，应用与门窗颜色相同的密封材料将其掩埋密封。

安装后的门窗必须有可靠的刚性，必要时可增设加固件，并应作防腐处理。

5.3.12　铝合金门窗安装的允许偏差和检验方法应符合表 5.3.12（本书表 11.5.8）的规定。

铝合金门窗安装的允许偏差和检验方法　　　　　表 11.5.8

项次	项目		允许偏差（mm）	检验方法
1	门窗槽口宽度、高度	≤1500mm	1.5	用钢尺检查
		>1500mm	2	
2	门窗槽口的对角线长度差	≤2000mm	3	用钢尺检查
		>2000mm	4	
3	门窗框的正、侧面垂直度		2.5	用垂直检测尺检查
4	门窗横框的水平度		2	用 1m 水平尺和塞尺检查

项次	项目	允许偏差（mm）	检验方法
5	门窗横框标高	5	用钢尺检查
6	门窗竖向偏离中心	5	用钢尺检查
7	双层门窗内外框间距	4	用钢尺检查
8	推拉门窗扇与框搭接量	1.5	用钢直尺检查

门窗外框与墙体的缝隙填塞，应按设计要求处理。若设计无要求时，应采用闭孔弹性材料填塞，缝隙外表留 5～8mm 深的槽口，填嵌密封材料。

有些工程在铝合金窗框与墙体间的缝隙中直接填塞水泥砂浆，必须予以纠正。

5.3.13 涂色镀锌钢板门窗安装的允许偏差和检验方法应符合表 5.3.13（本书表 11.5.9）的规定。

涂色镀锌钢板门窗安装的允许偏差和检验方法　　　　　表 11.5.9

项次	项目		允许偏差（mm）	检验方法
1	门窗槽口宽度、高度	≤1500mm	2	用钢尺检查
		>1500mm	3	
2	门窗槽口的对角线长度差	≤2000mm	4	用钢尺检查
		>2000mm	5	
3	门窗框的正、侧面垂直度		3	用垂直检测尺检查
4	门窗横框的水平度		3	用1m水平尺和塞尺检查
5	门窗横框标高		5	用钢尺检查
6	门窗竖向偏离中心		5	用钢尺检查
7	双层门窗内外框间距		4	用钢尺检查
8	推拉门窗扇与框搭接量		2	用钢直尺检查

5.4 塑料门窗安装工程

随着我国建筑业的发展，塑料门窗的生产规模不断扩大，使用塑料门窗的地域越来越广泛。为了保证塑料门窗的安装质量，建设部曾专门制定《塑料门窗安装及验收规程》（JGJ 103—96），现变更为《塑料门窗工程技术规程》（JGJ 103—2008）。

5.4.1 本节适用于塑料门窗安装工程的质量验收。

主控项目

5.4.2 塑料门窗的品种、类型、规格、尺寸、开启方向、安装位置、连接方式及填嵌密封处理应符合设计要求，内衬增强型钢的壁厚及设置应符合国家现行产品标准的质量要求。

检验方法：观察；尺量检查；检查产品合格证书、性能检测报告、进场验收记录和复验报告；检查隐蔽工程验收记录。

门窗的品种、类型、规格、外观、外形尺寸、装配质量、力学性能应符合国家现行标准的有关规定；门窗中竖框、中横框或拼樘料等主要受力杆件中的增强型钢，应在产品说明中注明规格、尺寸。门窗的抗风压、空气渗透、雨水渗漏三项基本物理性能应送法定检测机构做检测，检测结果应符合设计和产品标准的要求。

5.4.3 塑料门窗框、副框和扇的安装必须牢固。固定片或膨胀螺栓的数量与位置应正确，连接方式应符合设计要求。固定点应距窗角、中横框、中竖框150～200mm，固定点间距应不大于600mm。

检验方法：观察；手扳检查；检查隐蔽工程验收记录。

门窗不得有焊角开焊、型材断裂等损坏现象，框和扇的平整度、直角度和翘曲度以及装配间隙应符合产品标准的有关规定，并不得有下垂和翘曲变形，以免妨碍开关功能。

塑料门窗安装工程中经常遇到门窗框、扇变形的质量问题，其主要原因是型材的内衬增强型钢设置不合理。有的内衬增强型钢壁厚不够；有的型钢在型材腔内松旷、空隙大，不能与型材组合受力；有的少配型钢，分段插入型钢，甚至存在不配型钢的情况。为防止上述质量问题，规范规定内衬增强型钢的壁厚和设置应符合产品标准的要求。

5.4.4 塑料门窗拼樘料内衬增强型钢的规格、壁厚必须符合设计要求，型钢应与型材内腔紧密吻合，其两端必须与洞口固定牢固。窗框必须与拼樘料连接紧密，固定点间距应不大于600mm。

检验方法：观察；手扳检查；尺量检查；检查进场验收记录。

近年来，建筑装饰装修采用组合窗的形式逐渐增多。拼樘料不仅起连接作用，而且是组合窗的重要受力部件，故必须保证拼樘料的规格和质量。拼樘料的规格、尺寸、壁厚等应由设计给出，并应使组合窗能够承受该地区的瞬时风压值。

窗的构造尺寸应包括预留洞口与待安装窗框的间隙及墙体饰面材料的厚度。其间隙应符合表11.5.10的规定。

洞口与窗框间隙　　　　　　　　　　　　表 11.5.10

墙体饰面层材料	洞口与窗框间隙（mm）
清水墙	10
墙体外饰面抹水泥砂浆或贴马赛克	15～20
墙体外饰面贴釉面瓷砖	20～25
墙体外饰面贴大理石或花岗岩板	40～50

注：窗下框与洞口的间隙可根据设计要求选定。

门的构造尺寸应符合下列要求：

1. 门边框与洞口间隙应符合表11.5.10的规定。

2. 无下框平开门门框的高度应比洞口高度大10～15mm；带下框平开门或推拉门门框高度应比洞口高度小5～10mm。

5.4.5 塑料门窗扇应开关灵活、关闭严密、无倒翘。推拉门窗扇必须有防脱落措施。

检验方法：观察；开启和关闭检查；手扳检查。

参照5.3.4条。

5.4.6 塑料门窗配件的型号、规格、数量应符合设计要求，安装应牢固，位置应正确，功能应满足使用要求。

检验方法：观察；手扳检查；尺量检查。

塑料门窗采用的紧固件、五金件、增强型钢等，应符合下列要求：

1. 紧固件、五金件、增强型钢及金属衬板等，应进行表面防腐处理。

2. 紧固件的尺寸、螺纹、公差、十字槽及机械性能等技术条件应符合现行国家标准《十字槽盘头自攻螺钉》（GB 845）、《十字槽沉头自攻螺钉》（GB 846）的有关规定。

3. 五金件型号、规格和性能均应符合国家标准的有关规定；滑撑铰链不得使用铝合金材料。

4. 全防腐型门窗应采用相应的防腐型五金件及紧固件。

5. 固定片厚度应大于或等于 1.5mm，最小宽度应大于或等于 15mm，其材质应采用 Q235-A 冷轧钢板，其表面应进行镀锌处理。

6. 组合窗及连窗门的拼樘料应采用与其内腔紧密吻合的增强型钢作为内衬，型钢两端应比拼樘料长出 10～15mm。外窗的拼樘料截面尺寸及型钢形状、壁厚，应能使组合窗承受该地区的瞬时风压值。

塑料门窗装入洞口应横平竖直，外框与洞口应弹性连接牢固，不得将门窗外框直接埋入墙体。

横向及竖向组合时，应采取套插，搭接形成曲面组合，搭接长度宜为 10mm，并用密封膏密封。

安装密封条时应留有伸缩余量，一般比门窗的装配边长 20～30mm，在转角处应斜面断开，并用胶粘牢固，以免产生收缩缝。

若门窗为明螺丝连接时，应用与门窗颜色相同的密封材料将其掩埋密封。

5.4.7 塑料门窗框与墙体间缝隙应采用闭孔弹性材料填嵌饱满，表面应采用密封胶密封。密封胶应粘结牢固，表面应光滑、顺直、无裂纹。

安装后的门窗必须有可靠的刚性，必要时可增设加固件，并应做防腐处理。在使用闭孔泡沫塑料、发泡聚苯乙烯等弹性材料时应分层填塞，填塞不宜过紧。对于保温、隔声等级要求较高的工程，应采用相应的隔热、隔声材料填塞。填塞后，撤掉临时固定用木楔或垫块，其空隙也应采用闭孔弹性材料填塞。

塑料门窗的线性膨胀系数较大，由于温度升降易引起门窗变形或在门窗框与墙体间出现裂缝，为了防止上述现象，特规定塑料门窗框与墙体间缝隙应采用伸缩性能较好的闭孔弹性材料填嵌，并用密封胶密封。采用闭孔材料则是为了防止材料吸水导致连接件锈蚀，影响安装强度。

一般项目

5.4.8 塑料门窗表面应洁净、平整、光滑，大面应无划痕、碰伤。

检查方法：观察。

5.4.9 塑料门窗扇的密封条不得脱槽。旋转窗间隙应基本均匀。

5.4.10 塑料门窗扇的开关力应符合下列规定：

1 平开门窗扇平铰链的开关力应不大于 80N；滑撑铰链的开关力应不大于 80N，并不小于 30N。

2 推拉门窗扇的开关力应不大于 100N。

检验方法：观察；用弹簧秤检查。

5.4.11 玻璃密封条与玻璃及玻璃槽口的接缝应平整，不得卷边、脱槽。

检验方法：观察。

5.4.12 排水孔应畅通，位置和数量应符合设计要求。

检验方法：观察。

5.4.13 塑料门窗安装的允许偏差和检验方法应符合表 5.4.13（本书表 11.5.11）的规定。

塑料门窗安装的允许偏差和检验方法   表 11.5.11

项次	项 目		允许偏差（mm）	检验方法
1	门窗槽口宽度、高度	≤1500mm	2	用钢尺检查
		>1500mm	3	
2	门窗槽口的对角线长度差	≤2000mm	3	用钢尺检查
		>2000mm	5	
3	门窗框的正、侧面垂直度		3	用 1m 垂直检测尺检查
4	门窗横框的水平度		3	用 1m 水平尺和塞尺检查
5	门窗横框标高		5	用钢尺检查
6	门窗竖向偏离中心		5	用钢尺检查
7	双层门窗内外框间距		4	用钢尺检查
8	同樘平开门窗相邻扇高度差		2	用钢直尺检查
9	平开门窗铰链部位配合间隙		+2；−1	用塞尺检查
10	推拉门窗扇与框搭接量		+1.5；−2.5	用钢直尺检查
11	推拉门窗扇与竖框平行度		2	用 1m 水平尺和塞尺检查

5.5 特种门安装工程

5.5.1 本节适用于防火门、防盗门、自动门、全玻门、旋转门、金属卷帘门等特种门安装工程的质量验收。

主控项目

5.5.2 特种门的质量和各项性能应符合设计要求。

检验方法：检查生产许可证、产品合格证书和性能检测报告。

该项要求主要针对特种成品门的要求，供方应提供生产许可证、产品合格证、性能检测报告。由于特种门的特殊性，有的可能没有国家标准，但必须要有产品标准，产品标准可以是行业标准，地方标准，也可以是企业标准，检查时要核对设计要求。

5.5.3 特种门的品种、类型、规格、尺寸、开启方向、安装位置及防腐处理应符合设计要求。

检验方法：观察；尺量检查；检查进场验收记录和隐蔽工程验收记录。

在门安装隐蔽之前，要对防腐处理进行隐蔽验收。

5.5.4 带有机械装置、自动装置或智能化装置的特种门，其机械装置、自动装置或智能化装置的功能应符合设计要求和有关标准的规定。

检验方法：启动机械装置、自动装置或智能化装置，观察。

5.5.5 特种门的安装必须牢固。预埋件的数量、位置、埋设方式、与框的连接方式必须符合设计要求。

检验方法：观察；手扳检查；检查隐蔽工程验收记录。

特种门安装时框与墙体隐蔽前应进行验收，检查预埋件的数量、位置、埋设方式、本身质量及防腐等，并作验收记录，特种门如何安装应由设计文件或安装方法规定。

5.5.6 特种门的配件应齐全，位置应正确，安装应牢固，功能应满足使用要求和特种门的各项性能要求。

检验方法：观察；手扳检查；检查产品合格证书、性能检测报告和进场验收记录。

特种门安装对配件要求较高，其他门窗安装验收规范对配件未要求检查性能检测报告，因特种门有特殊的使用功能，所以配件有其特殊性，故规范要求不仅要查产品合格证，而且还要查性能检测报告。

一般项目

5.5.7 特种门的表面装饰应符合设计要求。

检验方法：观察。

5.5.8 特种门的表面应洁净，无划痕、碰伤。

检验方法：观察。

5.5.9 推拉自动门安装的留缝限值、允许偏差和检验方法应符合表 5.5.9（本书表 11.5.12）的规定。

推拉自动门安装的留缝限值、允许偏差和检验方法　　　表 11.5.12

项次	项目		留缝限值（mm）	允许偏差（mm）	检验方法
1	门窗槽口宽度、高度	≤1500mm	—	1.5	用钢尺检查
		>1500mm	—	2	
2	门窗槽口的对角线长度差	≤2000mm	—	2	用钢尺检查
		>2000mm	—	2.5	
3	门窗框的正、侧面垂直度		—	1	用1m垂直检测尺检查
4	门构件装配间隙		—	0.3	用塞尺检查
5	门梁导轨水平度		—	1	用1m水平尺和塞尺检查
6	下导轨与门梁导轨平行度		—	1.5	用钢尺检查
7	门扇与侧框间留缝		1.2～1.8	—	用塞尺检查
8	门扇对口缝		1.2～1.8	—	用塞尺检查

5.5.10 推拉自动门的感应时间限值和检验方法应符合表 5.5.10（本书表 11.5.13）的规定。

推拉自动门的感应时间限值和检验方法　　　表 11.5.13

项次	项目	感应时间限值（s）	检验方法
1	开门响应时间	≤0.5	用秒表检查
2	堵门保护延时	16～20	用秒表检查
3	门扇全开启后保持时间	13～17	用秒表检查

5.5.11 旋转门安装的允许偏差和检验方法应符合表 5.5.11（本书表 11.5.14）的规定。

旋转门安装的允许偏差和检验方法　　　表 11.5.14

项次	项目	允许偏差（mm）		检验方法
		金属框架玻璃旋转门	木质旋转门	
1	门扇正、侧面垂直度	1.5	1.5	用1m垂直检测尺检查
2	门扇对角线长度差	1.5	1.5	用钢尺检查
3	相邻扇高度差	1	1	用钢尺检查
4	扇与圆弧边留缝	1.5	2	用塞尺检查
5	扇与上顶间留缝	2	2.5	用塞尺检查
6	扇与地面间留缝	2	2.5	用塞尺检查

5.6 门窗玻璃安装工程

5.6.1 本节适用于平板、吸热、反射、中空、夹层、夹丝、磨砂、钢化、压花玻璃等玻璃安装工程的质量验收。

由于玻璃材料良好的通透性和装饰性，在建筑装饰装修工程中采用玻璃的做法越来越多，除传统的门窗玻璃外，幕墙、隔墙、吊顶均有大量应用。近年来玻璃的品种和功能有很大发展，既有侧重安全性的钢化玻璃、夹层玻璃和夹丝玻璃，也有侧重节能的中空玻璃、反射玻璃和吸热玻璃。

主控项目

5.6.2 玻璃的品种、规格、尺寸、色彩、图案和涂膜朝向应符合设计要求。单块玻璃大于 $1.5m^2$ 时应使用安全玻璃。

检验方法：观察；检查产品合格证书、性能检测报告和进场验收记录。

对玻璃质量进行检查时，不仅要对玻璃外观质量进行检查，还要检查合格证、性能检测报告，当门、窗玻璃大于 $1.5m^2$ 时，应使用安全玻璃，安全玻璃系指钢化玻璃、夹层玻璃和夹丝玻璃。

5.6.3 门窗玻璃裁割尺寸应正确。安装后的玻璃应牢固，不得有裂纹、损伤和松动。

检验方法：观察；轻敲检查。

为防止门窗的框、扇型材胀缩、变形时导致玻璃破碎，门窗玻璃不应直接接触型材。

油灰应用熟桐油等天然干性油拌制，用其他油料拌制的油灰，必须经试验合格后，方可使用。

油灰应具有塑性，嵌抹时不断裂、不出麻面，在常温下，应在20昼夜内硬化。

用于钢门窗玻璃的油灰，应具有防锈性。

现场拌制油灰的配合比如下：

碳酸钙	86~87
混合油	13~14

其中混合油配合比：

三线脱蜡油	63
熟桐油	30
硬脂油	2.1
松香	4.9

夹丝玻璃的裁割边缘上宜刷涂防锈涂料。

镶嵌条、定位垫块和隔片、填充材料、密封膏等的品种、规格、断面尺寸、颜色、物理及化学性质应符合设计要求。

上述材料配套使用时，其相互间的材料性质必须相容。

当安装中空玻璃或夹层玻璃时，上述材料和中空玻璃的密封膏或玻璃的夹层材料在材料性质方面必须相容。

安装中空玻璃使用的橡胶定位垫块的硬度宜为邵氏硬度80度以上。

5.6.4 玻璃的安装方法应符合设计要求。固定玻璃的钉子或钢丝卡的数量、规格应保证玻璃安装牢固。

检验方法：观察；检查施工记录。

1. 钢木框、扇玻璃安装

1) 安装玻璃前，应将裁口内的污垢清除干净，并沿裁口的全长均匀抹 1～3mm 厚的底油灰。

2) 安装长边大于 1.5m 或短边大于 1m 的玻璃，应用橡胶垫并用压条和螺钉镶嵌固定。

3) 安装木框、扇玻璃，应用钉子固定，钉距不得大于 300mm，且每边不少于两个，并用油灰填实抹光；用木压条固定时，应先涂干性油，并不应将玻璃压得过紧。

4) 安装钢框、扇玻璃，应用钢丝卡固定，间距不得大于 300mm，且每边不少于两个，并用油灰填实抹光；用橡胶垫时，应先将橡胶垫嵌入裁口内，并用压条和螺钉固定。

5) 工业厂房斜天窗玻璃，如设计无要求时，应采用夹丝玻璃。如采用平板玻璃，应在玻璃下面加设一层保护网。

斜天窗玻璃应顺流水方向盖叠安装，其盖叠长度：斜天窗坡度为 1/4 或大于 1/4，不小于 30mm；坡度小于 1/4，不小于 50mm。盖叠处应用钢丝卡固定，并在盖叠缝隙中用密封膏嵌塞密实。

6) 拼装彩色玻璃、压花玻璃应按设计图案裁割，拼缝应吻合，不得错位、斜曲和松动。

2. 玻璃砖安装

1) 墙、隔断和顶棚镶嵌玻璃砖的骨架，应与结构连接牢固；

2) 玻璃砖应排列均匀整齐，表面平整，嵌缝的油灰或密封膏应饱满密实。

楼梯间和阳台等的围护结构安装钢化玻璃时，应用卡紧螺丝或压条镶嵌固定。玻璃与围护结构的金属框格相接处，应衬橡胶垫或塑料垫。

安装磨砂玻璃和压花玻璃时，磨砂玻璃的磨砂面应向室内，压花玻璃的花纹宜向室外。

安装玻璃隔断时，隔断上框的顶面应留有适量缝隙，以防止结构变形，损坏玻璃。

3. 铝合金、塑料框、扇玻璃安装

安装中空玻璃及面积大于 0.65m² 的玻璃时应符合下列规定：

1) 安装于竖框中的玻璃，应搁置在两块相同的定位垫块上，搁置点离玻璃垂直边缘的距离宜为玻璃宽度的 1/4，且不宜小于 150mm；

2) 安装于扇中的玻璃，应按开启方向确定其定位垫块的位置。定位垫块的宽度应大于所支撑的玻璃件的厚度，长度不宜小于 25mm，并应符合设计要求。

玻璃安装就位后，其边缘不得和框、扇及其连接件相接触，所留间隙应为 2～3mm。

玻璃安装时所使用的各种材料均不得影响泄水系统的通畅。

玻璃镶入框、扇内，填塞填充材料、镶嵌条时，应使玻璃周边受力均匀。

镶嵌条应和玻璃、玻璃槽口紧贴。

密封膏封贴缝口时，封贴的宽度和深度应符合设计要求，充填必须密实，外表应平整光洁。

5.6.5 镶钉木压条接触玻璃处，应与裁口边缘平齐。木压条应互相紧密连接，并与裁口边缘紧贴，割角应整齐。

检验方法：观察。

5.6.6 密封条与玻璃、玻璃槽口的接触应紧密、平整。密封胶与玻璃、玻璃槽口的边缘应粘结牢固、接缝平齐。

检验方法：观察。

5.6.7 带密封条的玻璃压条，其密封条必须与玻璃全部贴紧，压条与型材之间应无明显缝隙，压条接缝应不大于 0.5mm。

检验方法：观察；尺量检查。

一般项目

5.6.8 玻璃表面应洁净，不得有腻子、密封胶、涂料等污渍。中空玻璃内外表面均应洁净，玻璃中空层内不得有灰尘和水蒸气。

检验方法：观察。

玻璃工程安装时注意玻璃的污染，安装后应进行清理，以保证玻璃的清洁，竣工后的玻璃工程，表面应洁净，不得留有油灰、浆水、油漆等斑污。

5.6.9 门窗玻璃不应直接接触型材。单面镀膜玻璃的镀膜层及磨砂玻璃的磨砂面应朝向室内。中空玻璃的单面镀膜玻璃应在最外层，镀膜层应朝向室内。

检验方法：观察。

为防止窗的框扇型材胀缩、变形时导致玻璃破碎，门窗玻璃不应直接接触型材。

为保护镀膜玻璃上的镀膜层及发挥镀膜层的作用，规范规定了此条内容。

5.6.10 腻子应填抹饱满、粘结牢固；腻子边缘与裁口应平齐。固定玻璃的卡子不应在腻子表面显露。

检验方法：观察。

安装玻璃前，应将裁口内污垢清理干净，沿裁口全长均匀涂抹 1～3mm 厚的底油灰，腻子应与玻璃挤紧、无缝隙。面腻子应刮成斜面，四角呈"八"字形，表面不得有流淌、裂缝和麻面。从斜面看不到裁口，从裁口面看不到灰边。

玻璃安装有的未打底，检查时一定要注意，凡未打底的应返工。腻子质量有的也存在一定问题，有的混有杂质或石蜡，有的油性小，粉质填料多；调拌不匀，太软不易成形，太硬不易刮平。加上操作技术不熟练、不认真，致使涂抹的腻子达不到质量标准，存在粘结不牢，出现皱皮、断裂、脱落等缺陷。

11.6 吊 顶 工 程

6.1 一般规定

6.1.1 本节适用于暗龙骨吊顶、明龙骨吊顶等分项工程的质量验收。

6.1.2 吊顶工程验收时应检查下列文件和记录：

1 吊顶工程的施工图、设计说明及其他设计文件。

2 材料的产品合格证书、性能检测报告、进场验收记录和复验报告。

3 隐蔽工程验收记录。

4 施工记录。

6.1.3 吊顶工程应对人造木板的甲醛含量进行复验。

甲醛含量限量标准见表 11.5.1。

6.1.4 吊顶工程应对下列隐蔽工程项目进行验收：

1 吊顶内管道、设备的安装及水管试压。

2 木龙骨防火、防腐处理。

3 预埋件或拉结筋。

4 吊杆安装。

5 龙骨安装。

6 填充材料的设置。

6.1.5 各分项工程的检验批应按下列规定划分：

同一品种的吊顶工程每50间（大面积房间和走廊按吊顶面积30m² 为一间）应划分为一个检验批，不足50间也应划分为一个检验批。

6.1.6 检查数量应符合下列规定：

每个检验批应至少抽查10%，并不得少于3间；不足3间时应全数检查。

6.1.7 安装龙骨前，应按设计要求对房间净高、洞口标高和吊顶内管道、设备及其支架的标高进行交接检验。

6.1.8 吊顶工程的木吊杆、木龙骨和木饰面板必须进行防火处理，并应符合有关设计防火规范的规定。

6.1.9 吊顶工程的预埋件、钢筋吊杆和型钢吊杆应进行防锈处理。

6.1.10 安装饰面板前应完成吊顶内管道和设备的调试及验收。

6.1.11 吊杆距主龙骨端部距离不得大于300mm，当大于300mm时，应增加吊杆。当吊杆长度大于1.5m时，应设置反支撑。当吊杆与设备相遇时，应调整并增设吊杆。

6.1.12 重型灯具、电扇及其他重型设备严禁安装在吊顶工程的龙骨上。

吊顶工程是通过龙骨和吊杆悬挂在主体结构上的格构式弹性结构。高档装饰装修的吊顶工程造型、构造日趋复杂，且大多与电气、设备、通风、消防等专业有交叉，施工难度较大。从安装牢固和防火的角度来看，吊顶工程的安全性是非常重要的，应严格要求。

由于吊顶工程的材料品种非常丰富，并且不断有新型材料出现，质量验收规范在设置吊顶工程时没有按饰面材料的种类来划分，而是按照龙骨的形式划分为暗龙骨吊顶和明龙骨吊顶，使验收项目的针对性及可操作性更强。

为了既保证吊顶工程的使用安全，又做到竣工验收时不破坏饰面，吊顶工程的隐蔽工程验收非常重要，在过程控制中应注意吊顶工程有6款隐蔽工程验收项目。

由于发生火灾时，火焰和热空气迅速向上蔓延，防火问题对吊顶工程是至关重要的，使用木质材料装饰装修顶棚必须慎重。《建筑内部装修设计防火规范》（GB 50222—1995）规定顶棚装饰装修材料的燃烧性能必须达到 A 级或 BI 级，未经防火处理的木质材料的燃烧性能一般达不到这个要求。

龙骨的设置主要是为了固定饰面材料，一些轻型设备如小型灯具、烟感器、喷淋头、风口篦子等也可以固定在饰面材料上。但如果把电扇和大型吊灯固定在龙骨上，可能会造成脱落伤人事故。为了保证吊顶工程的使用安全，本条规定作为标准的强制性条文。

6.2 暗龙骨吊顶工程

6.2.1 本节适用于以轻钢龙骨、铝合金龙骨、木龙骨等为骨架，以石膏板、金属板、矿棉板、木板、塑料板或格栅等为饰面材料的暗龙骨吊顶工程的质量验收。

吊顶处于活动场所的上部，吊顶工程的设计和施工质量涉及人民生命财产的安全和社会公众利益，必须进行严格的质量监控。规范强调了吊顶的造型、吊杆和龙骨的材质、规格、安装间距、连接方式，以及吊杆、龙骨、饰面材料的安装质量，都是为了保证吊顶工程的牢固可靠。事故案例说明，哪个环节不按设计施工或施工质量不符合规范，都可能发生吊顶垮塌的严重事故。

主控项目

6.2.2　吊顶标高、尺寸、起拱和造型应符合设计要求。

检验方法：观察；尺量检查。

设计文件应对吊顶标高、龙骨间距尺寸、起拱和造型有明确的规定并和饰面板相匹配。

6.2.3　饰面材料的材质、品种、规格、图案和颜色应符合设计要求。

检验方法：观察；检查产品合格证书、性能检测报告、进场验收记录和复验报告。

当吊顶工程的饰面使用人造木板时，应对其甲醛含量进行复验，其结果应符合表11.5.1的要求，其他材料应提供产品合格证书、性能检测报告。进场验收时不仅要检查合格证书、检测报告，还应对实物进行观察检查。

6.2.4　暗龙骨吊顶工程的吊杆、龙骨和饰面材料的安装必须牢固。

检验方法：观察；手扳检查；检查隐蔽工程验收记录和施工记录。

吊杆、龙骨安装完成后，应对其进行隐蔽验收。有的工程在安装龙骨时用膨胀螺丝，其安装是否牢固，应做拉拔试验，结果应符合设计要求。

6.2.5　吊杆、龙骨的材质、规格、安装间距及连接方式应符合设计要求。金属吊杆、龙骨应经过表面防腐处理；木吊杆、龙骨应进行防腐、防火处理。

检验方法：观察；尺量检查；检查产品合格证书、性能检测报告、进场验收记录和隐蔽工程验收记录。

按照设计图纸进行检查，隐蔽验收时应对防腐、防火处理情况进行检查。

6.2.6　石膏板的接缝应按其施工工艺标准进行板缝防裂处理。安装双层石膏板时，面层板与基层板的接缝应错开，并不得在同一根龙骨上接缝。

检验方法：观察。

施工企业应有施工工艺标准，并按其要求对石膏板安装质量进行控制。

1. 石膏板的安装（包括各种石膏平板、穿孔石膏板以及半穿孔吸声石膏板等）应符合下列规定：

1）钉固法安装，螺钉与板边距离应小于 15mm，螺钉间距以 150～170mm 为宜，均匀布置，并与板面垂直。钉头嵌入石膏板深度以 0.5～1mm 为宜，钉帽应涂刷防锈涂料，并用石膏腻子抹平。

2）粘结法安装，胶粘剂应涂抹均匀，不得漏涂，粘实粘牢。

2. 深浮雕嵌装式装饰石膏板的安装应符合下列规定：

1）板材与龙骨应系列配套；

2）板材安装应确保企口的相互咬接及图案花纹的吻合；

3）板与龙骨嵌装时，应防止相互挤压过紧或脱挂。

3. 纸面石膏板的安装应符合下列规定：

1）板材应在自由状态下进行固定，防止出现弯棱、凸鼓现象；

2）纸面石膏板的长边（即包封边）应沿纵向次龙骨铺设。

3）自攻螺钉与纸面石膏板边距离：面纸包封的板边以 10~15mm 为宜，切割的板边以 15~20mm 为宜。

4）固定石膏板的次龙骨间距一般不应大于 600mm，在南方潮湿地区，间距应适当减小，以 300mm 为宜。

5）钉距以 150~170mm 为宜，螺钉应与板面垂直。弯曲、弯形的螺钉应剔除，并在相隔 50mm 的部位另安螺钉。

6）安装双层石膏板时，面层板与基层板的接缝应错开，不得在同一根龙骨上接缝。

7）石膏板的接缝，应按设计要求进行板缝处理；纸面石膏板与龙骨固定，应从一块板的中间向板的四边固定，不得多点同时作业；螺钉头宜略埋入板面，并不使纸面破损。钉眼应作除锈处理并用石膏腻子抹平；拌制石膏腻子，必须用清洁水和清洁容器。

一般项目

6.2.7 饰面材料表面应洁净、色泽一致，不得有翘曲、裂缝及缺损。压条应平直、宽窄一致。

检验方法：观察；尺量检查。

胶合板、纤维板，选材不得有脱胶、变色和腐朽；钙塑装饰板表面不得有污染、麻点；塑料板表面应洁净、色泽一致，不得变形和损坏；使用硬质纤维板时，应用水浸透、晾干后安装，以防纤维板安装后，吸收空气中水分膨胀，产生翘曲、起鼓等缺陷。用钉子固定的，钉帽应打扁并送入板面 0.5~1mm，钉眼用油性腻子抹平；安装罩面板，与板面平齐的钉子，木螺钉应镀锌；罩面板和花饰用的连接件、锚固件应做防锈处理。

6.2.8 饰面板上的灯具、烟感器、喷淋头、风口篦子等设备的位置应合理、美观，与饰面板的交接应吻合、严密。

检验方法：观察。

6.2.9 金属吊杆、龙骨的接缝应均匀一致，角缝应吻合，表面应平整，无翘曲、锤印。木质吊杆、龙骨应顺直，无劈裂、变形。

检验方法：检查隐蔽工程验收记录和施工记录。

隐蔽工程验收记录中应对吊杆、龙骨的安装进行描述，并应符合设计及本节一般规定要求。

6.2.10 吊顶内填充吸声材料的品种和铺设厚度应符合设计要求，并应有防散落措施。

检验方法：检查隐蔽工程验收记录和施工记录。

6.2.11 暗龙骨吊顶工程安装的允许偏差和检验方法应符合表 6.2.11（本书表 11.6.1）的规定。

暗龙骨吊顶工程安装的允许偏差和检验方法　　　　　　　　　　表 11.6.1

项次	项目	允许偏差（mm）				检验方法
		纸面石膏板	金属板	矿棉板	木板、塑料板、格栅	
1	表面平整度	3	2	2	2	用 2m 靠尺和塞尺检查
2	接缝直线度	3	1.5	3	3	拉 5m 线，不足 5m 拉通线，用钢直尺检查
3	接缝高低差	1	1	1.5	1	用钢直尺和塞尺检查

6.3 明龙骨吊顶工程

6.3.1 本节适用于以轻钢龙骨、铝合金龙骨、木龙骨等为骨架，以石膏板、金属板、矿棉板、塑料板、玻璃板或格栅等为饰面材料的明龙骨吊顶工程的质量验收。

主控项目

6.3.2 吊顶标高、尺寸、起拱和造型应符合设计要求。

检验方法：观察；尺量检查。

设计文件应对吊顶标高、尺寸、起拱和造型有明确的要求。

6.3.3 饰面材料的材质、品种、规格、图案和颜色应符合设计要求。当饰面材料为玻璃板时，应使用安全玻璃或采取可靠的安全措施。

检验方法：观察；检查产品合格证书、性能检测报告和进场验收记录。

安全玻璃系指钢化玻璃和夹丝玻璃等，应有安全玻璃标志。饰面材料均应有合格证书和性能检测报告。安全措施由设计提供，可增加龙骨受力面积和玻璃与龙骨的搭接宽度，如使用普通玻璃板。

6.3.4 饰面材料的安装应稳固严密。饰面材料与龙骨的搭接宽度应大于龙骨受力面宽度的 2/3。

检验方法：观察；手扳；尺量检查。

为保证明龙骨吊顶工程的使用安全，规范规定饰面材料与龙骨的搭接宽度应大于龙骨受力面宽度的 2/3。对于较重的饰面材料或普通玻璃板，应适当加大龙骨受力面和搭接宽度。

6.3.5 吊杆、龙骨的材质、规格、安装间距及连接方式应符合设计要求。金属吊杆、龙骨应进行表面防腐处理；木龙骨应进行防腐、防火处理。

检验方法：观察；尺量检查；检查产品合格证书、进场验收记录和隐蔽工程验收记录。

6.3.6 明龙骨吊顶工程的吊杆和龙骨安装必须牢固。

检验方法：手扳检查；检查隐蔽工程验收记录和施工记录。

一般项目

6.3.7 饰面材料表面应洁净、色泽一致，不得有翘曲、裂缝及缺损。饰面板与明龙骨的搭接应平整、吻合，压条应平直、宽窄一致。

检验方法：观察；尺量检查。

6.3.8 饰面板上的灯具、烟感器、喷淋头、风口篦子等设备的位置应合理、美观，与饰面板的交接应吻合、严密。

检验方法：观察。

6.3.9 金属龙骨的接缝应平整、吻合、颜色一致，不得有划伤、擦伤等表面缺陷。木龙骨应平整、顺直，无劈裂。

检验方法：观察。

6.3.10 吊顶内填充吸声材料的品种和铺设厚度应符合设计要求，并应有防散落措施。

检验方法：检查隐蔽工程验收记录和施工记录。

6.3.11 明龙骨吊顶工程安装的允许偏差和检验方法应符合表 6.3.11（本书表 11.6.2）的规定。

项次	项目	允许偏差（mm）				检验方法
		石膏板	金属板	矿棉板	塑料板、玻璃板	
1	表面平整度	3	2	3	2	用2m靠尺和塞尺检查
2	接缝直线度	3	2	3	3	拉5m线，不足5m拉通线，用钢直尺检查
3	接缝高低差	1	1	2	1	用钢直尺和塞尺检查

11.7 轻质隔墙工程

7.1 一般规定

7.1.1 本节适用于板材隔墙、骨架隔墙、活动隔墙、玻璃隔墙等分项工程的质量验收。

7.1.2 轻质隔墙工程验收时应检查下列文件和记录：

　　1 轻质隔墙工程的施工图、设计说明及其他设计文件。

　　2 材料的产品合格证书、性能检测报告、进场验收记录和复验报告。

　　3 隐蔽工程验收记录。

　　4 施工记录。

7.1.3 轻质隔墙工程应对人造木板的甲醛含量进行复验。

　　人造木板的甲醛含量应符合表 11.5.1 的要求。

7.1.4 轻质隔墙工程应对下列隐蔽工程项目进行验收：

　　1 骨架隔墙中设备管线的安装及水管试压。

　　2 木龙骨防火、防腐处理。

　　3 预埋件或拉结筋。

　　4 龙骨安装。

　　5 填充材料的设置。

7.1.5 各分项工程的检验批应按下列规定划分：

　　同一品种的轻质隔墙工程每 50 间（大面积房间和走廊按轻质隔墙的墙面 30m² 为一间）应划分为一个检验批，不足 50 间也应划分为一个检验批。

7.1.6 轻质隔墙与顶棚和其他墙体的交接处应采取防开裂措施。

7.1.7 民用建筑轻质隔墙工程的隔声性能应符合现行国家标准《民用建筑隔声设计规范》（GB 50118）的规定。

　　现代建筑结构体系可以使用工厂化生产、装配化施工的轻质隔墙，可以减少建筑荷载、增加使用面积、加快施工速度，在公共建筑及住宅中得到广泛的应用。轻质隔墙材料的种类比较多，构造方法也根据墙体材料各有所不同。本节所述轻质隔墙是指非承重轻质内隔墙。加气混凝土砌块、空心砌块及各种小型砌块等砌体类轻质隔墙不含在本节范围内。在对轻质隔墙工程所用材料种类和隔墙构造方法进行调研的基础上，将目前广泛采用的轻质隔墙类型归纳为板材隔墙、骨架隔墙、活动隔墙、玻璃隔墙四种，使轻质隔墙的质量验收具有更强的可操作性。

在材料的检验方面，要求轻质隔墙工程对所使用人造木板的甲醛含量进行进场复验，目的是从材料上避免其有害物质含量超标，对室内空气环境造成污染。对于木龙骨、木饰面板等木质材料的燃烧性能，也要十分注意，并应满足设计要求。

轻质隔墙工程中的隐蔽工程施工质量，是工程质量的重要组成部分。规范规定了隐蔽工程验收内容，其中设备管线安装的隐蔽工程验收属于设备专业施工配合的项目，要求在骨架隔墙封面板前，对骨架中设备管线的安装进行隐蔽工程验收，尤其注意水管应做完试水检验，隐蔽工程验收合格后才能封面板；对于木质材料的防火、防腐处理情况，也要进行隐蔽验收检查；预埋件或拉结筋主要是用于隔墙与主体结构的连接固定，龙骨安装主要用于骨架隔墙，骨架隔墙中保温或隔声填充材料的设置等也应当按照要求做隐蔽工程的验收。

对于轻质隔墙工程来说，墙体与顶棚或其他材料墙体的交接处很容易出现贯通裂缝，这是带有普遍性的质量问题，也是一直未能根除的质量缺陷，如果我们在设计或施工中给予足够的重视，采取构造措施去控制裂缝的出现，是可以避免质量缺陷的出现的。因此，要求轻质隔墙工程在这些部位要采取防裂缝的措施。

现在普遍反映轻质隔墙隔声效果较差，我们要充分考虑作为墙体的隔声性能，应当根据建筑的使用功能，进行隔声设计与施工，现行《民用建筑隔声设计规范》的代号 GB 50118 变更为 GB 50118—2010。

7.2 板材隔墙工程

7.2.1 本节适用于复合轻质墙板、石膏空心板、预制或现制的钢丝网水泥板等板材隔墙工程的质量验收。

7.2.2 板材隔墙工程的检查数量应符合下列规定：

每个检验批应至少抽查 10%，并不得少于 3 间；不足 3 间时应全数检查。

板材隔墙工程是指不需设置隔墙龙骨，是由隔墙板材直接固定于建筑主体结构上的隔墙工程。目前这类轻质隔墙的应用范围很广，使用的隔墙板材通常分为复合板材、单一材料板材、空心板材等类型。

主控项目

7.2.3 隔墙板材的品种、规格、性能、颜色应符合设计要求。有隔声、隔热、阻燃、防潮等特殊要求的工程，板材应有相应性能等级的检测报告。

检验方法：观察；检查产品合格证书、进场验收记录和性能检测报告。

进场验收时，要检查隔墙材料的实物质量，供方应提供产品相应等级的质量标准，且质量标准要符合设计要求。要核对产品合格证书，有特殊要求的要核查性能检测报告。目前常见的隔墙板材如金属夹芯板、预制或现制的钢丝网水泥板、石膏夹芯板、石膏水泥板、石膏空心板、泰柏板（舒乐舍板）、增强水泥聚苯板（GRC 板）、加气混凝土条板、水泥陶粒板等等。随着建材行业的技术进步，这类轻质隔墙板材的性能会不断提高，板材的品种也会不断变化。

7.2.4 安装隔墙板材所需预埋件、连接件的位置、数量及连接方法应符合设计要求。

检验方法：观察；尺量检查；检查隐蔽工程验收记录。

对预埋件的数量、距离、位置连接方法，拉结筋、预埋件的质量应进行隐蔽验收。

7.2.5 隔墙板材安装必须牢固。现制钢丝网水泥隔墙与周边墙体的连接方法应符合设计要求，并应连接牢固。

检验方法：观察；手扳检查。

板材应与主体结构连接牢固，质量检验要关注板的上下边与主体结构的连接方式、连接点位置等，要满足设计要求。对于一些现场施工的钢丝网水泥隔墙板，应检查钢丝网与主体结构的连接方式是否符合设计要求，并要保证其连接牢固。

7.2.6 隔墙板材所用接缝材料的品种及接缝方法应符合设计要求。

检验方法：观察；检查产品合格证书和施工记录。

板材隔墙工程的板缝处理材料和接缝处理方式是影响质量的重要因素之一，应注意对其进行过程控制。

接缝材料要有产品合格证。

一般项目

7.2.7 隔墙板材安装应垂直、平整、位置正确，板材不应有裂缝或缺损。

检验方法：观察；尺量检查。

7.2.8 板材隔墙表面应平整光滑、色泽一致、洁净，接缝应均匀、顺直。

检验方法：观察；手摸检查。

7.2.9 隔墙上的孔洞、槽、盒应位置正确、套割方正、边缘整齐。

检验方法：观察。

7.2.10 板材隔墙安装的允许偏差和检验方法应符合表 7.2.10（本书表 11.7.1）的规定。

板材隔墙安装的允许偏差和检验方法　　　　　　　　表 11.7.1

项次	项目	允许偏差（mm）				检验方法
		石膏轻质墙板		石膏空心板	钢丝网水泥板	
		金属夹芯板	其他复合板			
1	立面垂直度	2	3	3	3	用 2m 垂直检测尺检查
2	表面平整度	2	3	3	3	用 2m 靠尺和塞尺检查
3	阴阳角方正	3	3	3	4	用直角检测尺检查
4	接缝高低差	1	2	2	3	用钢直尺和塞尺检查

7.3　骨架隔墙工程

7.3.1 本节适用于以轻钢龙骨、木龙骨等为骨架，以纸面石膏板、人造木板、水泥纤维板等为墙面板的隔墙工程的质量验收。

7.3.2 骨架隔墙工程的检查数量应符合下列规定：

每个检验批应至少抽查 10%，并不得少于 3 间；不足 3 间时应全数检查。

骨架隔墙是指在隔墙龙骨两侧安装墙面板以形成墙体的轻质隔墙。这一类隔墙主要是由龙骨作为受力骨架固定于建筑主体结构上。目前大量应用的轻钢龙骨石膏板隔墙就是典型的骨架隔墙。龙骨骨架中根据隔声或保温设计要求可以设置填充材料，根据设备安装要求也安装一些设备管线在内等等。

主控项目

7.3.3 骨架隔墙所用龙骨、配件、墙面板、填充材料及嵌缝材料的品种、规格、性能和木材的含水率应符合设计要求。有隔声、隔热、阻燃、防潮等特殊要求的工程，材料应有相应性能等级的检测报告。

检验方法：观察；检查产品合格证书、进场验收记录、性能检测报告和复验报告。

墙面板如用人造木板应对甲醛含量进行复验，结果应符合表11.5.1的规定。

其他金属龙骨以及木龙骨。墙面板常见的有纸面石膏板、人造木板、防火板、金属板、水泥纤维板以及塑料板等。人造材料均应有产品合格证，有特殊要求的工程材料应有性能检测报告。

7.3.4 骨架隔墙工程边框龙骨必须与基体结构连接牢固，并应平整、垂直、位置正确。

检验方法：手扳检查；尺量检查；检查隐蔽工程验收记录。

骨架隔墙龙骨体系沿地面、顶棚设置的龙骨及边框龙骨，是隔墙与主体结构之间重要的传力构件，要求这些龙骨必须与基体结构连接牢固，垂直和平整，位置准确。由于这是骨架隔墙施工质量的关键部位，故应作为隐蔽工程项目加以验收。

7.3.5 骨架隔墙中龙骨间距和构造连接方法应符合设计要求。骨架内设备管线的安装、门窗洞口等部位加强龙骨应安装牢固、位置正确，填充材料的设置应符合设计要求。

检验方法：检查隐蔽工程验收记录。

目前我国的轻钢龙骨主要有两大系列，一种是仿日本系列，一种是仿欧美系列。这两种系列的构造不同，仿日本龙骨系列要求安装贯通龙骨并在竖向龙骨竖向开口处安装支撑卡，以增强龙骨的整体性和刚度，而仿欧美系列则没有这项要求。在对龙骨进行隐蔽工程验收时，可根据设计选用不同龙骨系列的有关规定进行检验，并符合设计要求。骨架隔墙在有门窗洞口、设备管线安装或其他受力部位，应安装加强龙骨，增强龙骨骨架的强度，以保证在门窗开启使用或受力震动时隔墙的稳定。

一些有特殊结构要求的墙面，如曲面、斜面等，应按照设计要求进行龙骨施工安装。

有很多板材的嵌缝材料是与板材材质相容的材料，施工中要注意嵌缝材料的使用要求，避免板缝处理出现材料选用不当的问题。

7.3.6 木龙骨及木墙面板的防水和防腐处理必须符合设计要求。

检验方法：检查隐蔽工程验收记录。

设计要求防火和防腐的木龙骨、木板均要进行隐蔽验收。有时既要防潮又要防腐时，可在基层上进行防潮处理，面板上进行防腐处理。

7.3.7 骨架隔墙的墙面板应安装牢固，无脱层、翘曲、折裂及缺损。

检验方法：观察；手扳检查。

1. 石膏板安装

1) 安装石膏板前，应对预埋隔断中的管道和有关附墙设备采取局部加强措施。

2) 石膏板宜竖向铺设，长边（即包封边）接缝宜落在竖龙骨上。但隔断为防火墙时，石膏板应竖向铺设；曲面墙所用石膏板宜横向铺设。

3) 龙骨两侧的石膏板及龙骨一侧的内外两层石膏板应错缝排列，接缝不得落在同一根龙骨上。

4) 石膏板用自攻螺钉固定。沿石膏板周边螺钉间距不应大于200mm，中间部分螺钉间距不应大于300mm，螺钉与板边缘的距离应为10~16mm。

5) 安装石膏板时，应从板的中部向板的四边固定。钉头略埋入板内，但不得损坏纸面。钉眼应用石膏腻子抹平。

6）石膏板宜使用整板。如需对接时，应靠紧，但不得强压就位。

7）石膏板的接缝，应按设计要求进行板缝处理。

8）隔断端部的石膏板与周围的墙或柱应留有3mm的槽口。施工时，先在槽口处加注嵌缝膏，然后铺板，挤压嵌缝膏使其和邻近表层紧紧接触。

9）石膏板隔断以丁字或十字形相接时，阴角处应用腻子嵌满，贴上接缝带；阳角处应做护角。

10）安装防火墙石膏板时，石膏板不得固定在沿顶、沿地龙骨上，搭接严密，不得有皱折、裂缝和透孔等。

2. 胶合板和纤维板安装

1）安装胶合板的基体表面，用油毡、油纸防潮时，应铺设平整，搭接严密，不得有皱折、裂缝和透孔等。

2）胶合板如用钉子固定，钉距为80～150mm，钉帽打扁并进入板面0.5～1mm，钉眼用油性腻子抹平。

3）胶合板面如涂刷清漆时，相邻板面的木纹和颜色应近似。

4）纤维板如用钉子固定，钉距为80～120mm，钉长为20～30mm，钉帽宜进入板面0.5mm，钉眼用油性腻子抹平。硬质纤维板应用水浸透，自然阴干后安装。

5）墙面用胶合板、纤维板装饰，在阳角处宜做护角。

6）胶合板、纤维板用木压条固定时，钉距不应大于200mm，钉帽应打扁，并进入木压条0.5～1mm，钉眼用油性腻子抹平。

3. 石膏条板安装

1）石膏条板安装前，应进行合理选配，将厚度误差大或因受潮变形的石膏条板挑出，以保证隔断（墙）的质量。

2）墙位放线应弹线清楚、位置准确。隔墙下端光滑的楼（地）面表面应先凿毛，在填细石混凝土前应把杂物清扫干净。

3）安装石膏条板时，宜使用简易支架。

4）使用下楔法立板时，应使板垂直向上挤压严实。

7.3.8 墙面板所用接缝材料的接缝方法应符合设计要求。

检验方法：观察。

接缝材料的优劣直接影响接缝的质量，该项工作是一种细活，应精心施工，嵌填质量要符合设计要求。

一般项目

7.3.9 骨架隔墙表面应平整光滑、色泽一致、洁净、无裂缝，接缝应均匀、顺直。

检验方法：观察；手摸检查。

在隔墙墙面板的接缝处，接缝材料与板的相容性、材料的膨胀系数差异等常导致其裂缝，施工时特别要认真处理。

7.3.10 骨架隔墙上的孔洞、槽、盒应位置正确、套割吻合、边缘整齐。

检验方法：观察。

7.3.11 骨架隔墙内的填充材料应干燥，填充应密实、均匀、无下坠。

检验方法：轻敲检查；检查隐蔽工程验收记录。

填充料主要起保温隔热作用，隔墙内填充料还起隔音作用。填充料的原材料，物理性能，铺设厚度均要符合设计要求。填充材料应采用不燃烧、不腐朽的干燥材料，如所用材料易燃易腐，应采用防火或防腐药剂处理。

7.3.12　骨架隔墙安装的允许偏差和检验方法应符合表 7.3.12（本书表 11.7.2）的规定。

表 11.7.2

骨架隔墙安装的允许偏差和检验方法

项次	项　目	允许偏差（mm）		检验方法
		纸面石膏板	人造木板、水泥纤维板	
1	立面垂直度	3	4	用 2m 垂直检测尺检查
2	表面平整度	3	3	用 2m 靠尺和塞尺检查
3	阴阳角方正	3	3	用直角检测尺检查
4	接缝直线度	—	3	拉 5m 线，不足 5m 拉通线，用钢直尺检查
5	压条直线度	—	3	拉 5m 线，不足 5m 拉通线，用钢直尺检查
6	接缝高低差	1	1	用钢直尺和塞尺检查

7.4　活动隔墙工程

7.4.1　本节适用于各种活动隔墙工程的质量验收。

7.4.2　活动隔墙工程的检查数量应符合下列规定：

每个检验批应至少抽查 20%，并不得少于 6 间；不足 6 间时应全数检查。

随着现代建筑大空间的发展，要充分发挥其空间的使用效率，这就需要建造一些可以灵活分隔使用空间的推拉式活动隔墙、可拆装的活动隔墙等。这一类隔墙大多使用成品板材及其金属框架、附件在现场组装而成，金属框架及饰面板一般不需再作饰面层。也有一些活动隔墙不需要金属框架，完全是使用半成品板材现场加工制作成活动隔墙。

主控项目

7.4.3　活动隔墙所用墙板、配件等材料的品种、规格、性能和木材的含水率应符合设计要求。有阻燃、防潮等特性要求的工程，材料应有相应性能等级的检测报告。

检验方法：观察；检查产品合格证书、进场验收记录、性能检测报告和复验报告。

活动隔墙选材应当注意人造木板类材料的有害物质含量、含水率、防火处理以及其他特殊性能的要求。对人造板的甲醛含量应进行复验，结果应符合表 11.5.1 的规定。

7.4.4　活动隔墙轨道必须与基体结构连接牢固，并应位置正确。

检验方法：尺量检查；手扳检查。

7.4.5　活动隔墙用于组装、推拉和制动的构配件必须安装牢固、位置正确，推拉必须安全、平稳、灵活。

检验方法：尺量检查；手扳检查；推拉检查。

活动隔墙在大空间多厅室中经常使用，由于这类内隔墙是重复及动态使用，必须保证使用的安全性和灵活性。推拉式活动隔墙在使用过程中，经常会由于滑轨推拉制动装置的质量问题而使得推拉不灵，这是一个带有普遍性的质量问题，因此要求用于推拉、制动的附件应安装牢固，位置和数量应符合设计要求，质量检验要进行推拉开启检查，应做到平稳、灵活。

7.4.6 活动隔墙制作方法、组合方法应符合设计要求。

检验方法：观察。

一般项目

7.4.7 活动隔墙表面应色泽一致、平整光滑、洁净，线条应顺直、清晰。

检验方法：观察；手摸检查。

7.4.8 活动隔墙上的孔洞、槽、盒应位置正确、套割吻合、边缘整齐。

检验方法：观察；尺量检查。

7.4.9 活动隔墙推拉应无噪声。

检验方法：推拉检查。

7.4.10 活动隔墙安装的允许偏差和检验方法应符合表7.4.10（本书表11.7.3）的规定。

活动隔墙安装的允许偏差和检验方法　　　　　表 11.7.3

项次	项目	允许偏差（mm）	检验方法
1	立面垂直度	3	用2m垂直检测尺检查
2	表面平整度	2	用2m靠尺和塞尺检查
3	接缝直线度	3	拉5m线，不足5m拉通线，用钢直尺检查
4	接缝高低差	2	用钢直尺和塞尺检查
5	接缝宽度	2	用钢直尺检查

7.5 玻璃隔墙工程

7.5.1 本节适用于玻璃砖、玻璃板隔墙工程的质量验收。

7.5.2 玻璃隔墙工程的检查数量应符合下列规定：

每个检验批应至少抽查20％，并不得少于6间；不足6间时应全数检查。

近年来，很多公共建筑经常使用钢化玻璃作内隔墙，用玻璃砖砌筑隔墙的也日益增多，规范要求对玻璃板隔墙安装及玻璃砖砌筑隔墙两种玻璃隔墙的质量进行验收。

对于玻璃类材料来说，玻璃板隔墙或玻璃砖砌筑隔墙应当注意玻璃板的安全性，有些玻璃隔墙的单块玻璃面积比较大，其安全性就很突出。另外，玻璃材料的装饰性能如镀膜、颜色、图案等也要严格要求。

在安装方面，应该对玻璃板隔墙或玻璃砖砌筑隔墙中涉及安全稳定的部位和节点进行检查，玻璃板的胶垫位置应正确，安装要牢固，玻璃砖砌筑隔墙中的拉接筋应与主体结构连接牢固。

主控项目

7.5.3 玻璃隔墙工程所用材料的品种、规格、性能、图案和颜色应符合设计要求。玻璃板隔墙应使用安全玻璃。

检验方法：观察；检查产品合格证书、进场验收记录和性能检测报告。

安全玻璃应有产品合格证书和性能检测报告。

7.5.4 玻璃砖隔墙的砌筑或玻璃板隔墙的安装方法应符合设计要求。

检验方法：观察。

7.5.5 玻璃砖隔墙砌筑中埋设的拉结筋必须与基体结构连接牢固，并应位置正确。

检验方法：手扳检查；尺量检查；检查隐蔽工程验收记录。

7.5.6 玻璃板隔墙的安装必须牢固。玻璃板隔墙胶垫的安装应正确。

　　检验方法：观察；手推检查；检查施工记录。

一般项目

7.5.7 玻璃隔墙表面应色泽一致、平整洁净、清晰美观。

　　检验方法：观察。

7.5.8 玻璃隔墙接缝应横平竖直，玻璃应无裂痕、缺损和划痕。

　　检验方法：观察。

7.5.9 玻璃板隔墙嵌缝及玻璃砖隔墙勾缝应密实平整、均匀顺直、深浅一致。

　　检验方法：观察。

7.5.10 玻璃隔墙安装的允许偏差和检验方法应符合表7.5.10（本书表11.7.4）的规定。

玻璃隔墙安装的允许偏差和检验方法　　　　　　表 11.7.4

项　次	项　目	允许偏差（mm）		检验方法
		玻璃砖	玻璃板	
1	立面垂直度	3	2	用 2m 垂直检测尺检查
2	表面平整度	3	—	用 2m 靠尺和塞尺检查
3	阴阳角方正	—	2	用直角检测尺检查
4	接缝直线度	—	2	拉 5m 线，不足 5m 拉通线，用钢直尺检查
5	接缝高低差	3	2	用钢直尺和塞尺检查
6	接缝宽度	—	1	用钢直尺检查

11.8　饰面板（砖）工程

8.1　一般规定

8.1.1　本节适用于饰面板安装、饰面砖粘贴等分项工程的质量验收。

8.1.2　饰面板（砖）工程验收时应检查下列文件和记录：

　　1　饰面板（砖）工程的施工图、设计说明及其他设计文件。

　　2　材料的产品合格证书、性能检测报告、进场验收记录和复验报告。

　　3　后置埋件的现场拉拔检测报告。

　　4　外墙饰面砖样板件的粘结强度检测报告。

　　5　隐蔽工程验收记录。

　　6　施工记录。

8.1.3　饰面板（砖）工程应对下列材料及其性能指标进行复验：

　　1　室内用花岗岩的放射性。

　　2　粘贴用水泥的凝结时间、安定性和抗压强度。

　　3　外墙陶瓷面砖的吸水率。

　　4　寒冷地区外墙陶瓷面砖的抗冻性。

8.1.4　饰面板（砖）工程应对下列隐蔽工程项目进行验收：

　　1　预埋件（或后置埋件）。

2　连接节点。

3　防水层。

8.1.5　各分项工程的检验批应按下列规定划分：

1　相同材料、工艺和施工条件的室内饰面板（砖）工程每50间（大面积房间和走廊按施工面积30m²为一间）应划分为一个检验批，不足50间也应划分为一个检验批。

2　相同材料、工艺和施工的室外饰面板（砖）工程每500～1000m²应划分为一个检验批，不足500m²也应划分为一个检验批。

8.1.6　检查数量应符合下列规定：

1　室内每个检验批应至少抽查10%，并不得少于3间；不足3间时应全数检查。

2　室外每个检验批每100m²应至少抽查一处，每处不得小于10m²。

8.1.7　外墙饰面砖粘贴前和施工过程中，均应在相同基层上做样板件，并对样板件的饰面砖粘结强度进行检验，其检验方法和结果判定应符合《建筑工程饰面砖粘结强度检验标准》（JGJ 110）的规定。

8.1.8　饰面板（砖）工程的抗震缝、伸缩缝、沉降缝等部位的处理应保证缝的使用功能和饰面的完整性。

　　饰面板（砖）工程的应用十分广泛，在南方或北方的城乡各地、高层建筑或多层建筑、室内或室外随处可见饰面板（砖）工程的建筑。饰面板（砖）工程材料的品种、规格十分丰富，目前市场上产品质量的差异比较大。饰面板（砖）工程的质量事故比较多，尤其是外墙饰面板（砖）工程空鼓脱落的质量问题直接关系到人民群众的生命安全。

　　从质量预控的角度出发，本节一般规定提出了后置埋件应做现场拉拔检测和外墙饰面砖样板件粘结强度检测。对于一些既有建筑来说，因为承受饰面板荷载的基体强度的资料常常不全，对核算其承载能力有一定的困难，后置埋件的现场拉拔力检测，可以实测出拉拔力是否满足设计要求，从而保证饰面板安装的安全性。

　　外墙粘贴饰面砖应在同一基体上做粘结强度的检测，在一些地区执行得较好，对外墙粘贴饰面砖的质量起到了很好的保证作用。外墙粘贴饰面砖的使用高度越高，安全问题就越突出。很多地区发生过外墙饰面砖脱落伤人的教训，由于在粘贴好的墙面上做粘结强度检测，会破坏面砖，恢复原样困难，因此样板件粘结强度检测是对外墙粘贴饰面砖是否牢固安全的一种检测，是必须进行的。

　　本节一般规定还要求进行材料复验。无机非金属材料含有放射性核素，会影响到人身健康，考虑天然石材中花岗石的放射性存在一定的超标，因此要求对室内用花岗岩的放射性进行复验。

　　根据国家标准《建筑材料放射性核素限量》（GB 6566—2010）规定：

　　装修材料放射性水平大小划分为以下三类：

A类装修材料

　　装修材料中天然放射性核素镭-266、钍-232、钾-40的放射性比活度同时满足$I_{Ra}\leqslant1.0$和$I_r\leqslant1.3$要求的为A类装修材料。A类装修材料产销与使用范围不受限制。

B类装修材料

　　不满足A类装修材料要求但同时满足$I_{Ra}\leqslant1.3$和$I_r\leqslant1.9$要求的为B类装修材料。B类装修材料不可用于Ⅰ类民用建筑的内饰面，但可用于Ⅰ类民用建筑的外饰面及其他一切建筑物的内、外饰面。

C 类装修材料

不满足 A、B 类装修材料要求但满足 $I_r \leqslant 2.8$ 要求的为 C 类装修材料。C 类装修材料只可用于建筑物的外饰面及室外其他用途。

$I_r > 2.8$ 的花岗石只可用于碑石、海堤、桥墩等人类很少涉及的地方。

外墙陶瓷面砖的吸水率和寒冷地区外墙陶瓷面砖的抗冻性应进行复验。这是因为我国地域广阔，南北温差很大，不同地区所使用的外墙饰面砖经受的冻害程度有很大的差别，因此应结合各地气候环境制定出不同的抗冻指标。外墙饰面砖系多孔材料，其抗冻性与材料内部孔结构有关，而不同的孔结构又反映出不同的吸水率，因此可以通过控制吸水率来满足抗冻性要求。对于寒冷地区来说，冬季室外温度往往可达 −30℃ 左右，外墙饰面砖就需要进行冻融循环试验，饰面砖的质量应满足这一地区气候条件的要求。

关于外墙饰面砖样板件的粘结强度检测的具体要求，行业标准《外墙饰面砖工程施工及验收规程》（JGJ 126—2000）中 6.0.6 条第 3 款规定："外墙饰面砖工程，应进行粘结强度检验。其取样数量、检验方法、检验结果判定均应符合现行行业标准《建筑工程饰面砖粘结强度检验标准》（JGJ 110）的规定。"由于该方法为破坏性检验，破损饰面砖不易复原，且检验操作有一定难度，在实际验收中较少采用。规范规定在外墙饰面砖粘贴前和施工过程中应制作样板件并做粘结强度试验。

外墙饰面板（砖）工程在抗震缝、伸缩缝、沉降缝等部位的构造方法应保证抗震缝、伸缩缝、沉降缝的使用功能。有些工程在使用过程中往往仅考虑装饰效果，忽视结构缝的使用功能，几年后饰面板随着主体结构的应力变化而受挤破损，带来质量安全隐患，又严重影响美观，这是在设计中应该充分注意的问题。

8.2 饰面板安装工程

8.2.1 本节适用于内墙饰面板安装工程和高度不大于 24m、抗震设防烈度不大于 7 度的外墙饰面板安装工程的质量验收。

外墙饰面板安装工程"高度不大于 24m、抗震设防烈度不大于 7 度"的适用范围，是参考了《高层民用建筑设计防火规范》中建筑高度的适用范围。目的是限制外墙饰面板工程的应用高度，以保证其安全。因为饰面板安装与幕墙工程相比，一般不需要进行严格的计算和检测。如果在 24m 以上的高度安装饰面板，应当按照幕墙工程的要求进行严格的结构计算，并应进行相应项目的检测。

主控项目

8.2.2 饰面板的品种、规格、颜色和性能应符合设计要求，木龙骨、木饰面板和塑料饰面板的燃烧性能等级应符合设计要求。

检验方法：观察；检查产品合格证书、进场验收记录和性能检测报告。

由于饰面材料的品种、规格、颜色和图案繁多，质量差异很大，为确保饰面工程的质量，饰面板（砖）的品种、规格、种类和型号以及光泽度，抗折，抗压强度，吸水率、抗冻性能都应满足设计要求，并符合建筑材料的有关规定。白瓷砖和不耐风化的大理石不能镶贴在室外，使其裸露在风吹、日晒、雨淋、霜冻的环境中，应对照施工图进行检查，如属设计失误，在施工图会审时应提出。

1. 大理石。大理石是一种变质岩。质地均匀、硬度小、易于加工和磨光，可锯成薄板，厚度一般为20～25mm。其规格尺寸根据设计要求或需方要求加工。大理石有不同的颜色且纹理美观，在安装（镶贴）时，应试铺，进行纹理搭配，使其达到最佳的装饰效果。

2. 花岗石。花岗石饰面板是由花岗岩加工而成，质地坚硬，品质优良，结晶颗粒细而分布均匀。云母小而石英含量多的花岗岩制成的石面板块，用于室外装饰效果较好。

大理石和花岗石的技术要求见板块面层铺设。

3. 人造大理石。人造大理石是一种新型建筑材料，好的人造大理石可代替天然大理石。由于各地生产工艺不同，质量不稳定，容易变形、脱落，因此，要加强原材料的检验。

8.2.3 饰面板孔、槽的数量、位置和尺寸应符合设计要求。

检验方法：检查进场验收记录和施工记录。

8.2.4 饰面板安装工程的预埋件（或后置埋件）、连接件的数量、规格、位置、连接方法和防腐处理必须符合设计要求。后置埋件的现场拉拔强度必须符合设计要求。饰面板安装必须牢固。

本条为强制性条文。

1. 释义

《建设工程质量管理条例》规定：施工单位必须建立、健全施工质量检验制度，严格工序管理，做好隐蔽工程的质量检查和记录。隐蔽工程在隐蔽前，施工单位应当通知建设单位和建设工程质量监督机构。

从安全的角度考虑，饰面板安装的隐蔽工程验收极为重要。预埋件和后置埋件的材质、位置和承载力必须进行检查并经验收合格。

2. 措施

本规范涉及饰面板安装的分项工程有四个，在检查执行强制性条文情况时应首先确认是否选用正确的分项工程。

3. 检查

1）检查隐蔽工程验收记录。

2）检查后置埋件的现场拉拔强度检测报告。

3）观察饰面板安装的外观质量。

4. 判定

当出现下述情况之一时，视为违反强制性条文：

1）在正常使用情况下，饰面板脱落。

2）预埋件（或后置埋件）、连接件的数量、规格、位置、连接方法和防腐处理不符合设计要求。

3）无后置埋件的现场拉拔强度检测报告。

对饰面板安装工程涉及安全的五个重要检查项目：预埋件（或后置埋件）、连接件、防腐处理、后置埋件现场拉拔强度以及饰面板的安装，这五个重要检查项目是质量过程控制的重点，也是保证其安装安全质量的关键，因此作为强制性条文来要求。在施工过程中可以通过手扳检查；检查材料实样和进场验收记录、检查现场后置埋件的拉拔强度检测报告、做好隐蔽工程的质量控制。

饰面板安装工程的施工方法主要有干作业施工和湿作业施工两种方法，目前主要应用于室内墙面装修和室外多层建筑的墙面装修。饰面板工程采用的石材有花岗岩、大理石、青石板和人造石材；采用的瓷板有抛光板和磨边板两种；金属饰面板有钢板、铝板等品种；木材饰面板主要用于内墙裙；另外铝塑板、塑料板也经常应用。

金属饰面板安装应满足以下要求：

1. 墙体骨架如采用钢龙骨时，其规格、形状应符合设计要求，并应进行除锈、防锈处理。

2. 墙体材料为纸面石膏板时，应按设计要求进行防水处理，安装时纵、横碰头缝应拉开 5~8mm。

3. 金属饰面板安装，当设计无要求时，宜采用抽芯铝铆钉，中间必须垫橡胶垫圈。抽芯铝铆钉间距以控制在 100~150mm 为宜。

4. 安装突出墙面的窗台、窗套凸线等部位的金属饰面时，裁板尺寸应准确，边角整齐光滑，搭接尺寸及方向应正确。

5. 板材安装时严禁采用对接。搭接长度应符合设计要求。不得有透缝现象。

6. 外饰面板安装时应挂线施工，做到表面平整、垂直，线条通顺清晰。

7. 阴阳角宜采用预制角装饰板安装，角板与大面搭接方向应与主导风向一致，严禁逆向安装。

8. 当外墙内侧骨架安装完后，应及时浇注混凝土导墙，其高度、厚度及混凝土强度等级应符合设计要求。若设计无要求时，可按踢脚线处理。

一般项目

8.2.5 饰面板表面应平整、洁净、色泽一致，无裂痕和缺损。石材表面应无泛碱等污染。

检验方法：观察。

饰面板安装工程的外观质量除一些常规的要求外，应注意采用传统的湿作业法安装天然石材容易泛碱的问题，这种严重影响饰面板观感质量的问题，是由于板后空腔中灌注的水泥砂浆在水化时析出大量的氢氧化钙，泛到石材表面，产生不规则的花斑，严重影响建筑物室外石材饰面的装饰效果。因此，在天然石材安装前，应对石材板采用"防碱背涂剂"进行背涂处理。

8.2.6 饰面板嵌缝应密实、平直，宽度和深度应符合设计要求，嵌填材料色泽应一致。

检验方法：观察；尺量检查。

饰面板（砖）的接缝质量不好，容易向板（砖）内渗水，又影响美观。如接缝宽度设计无要求时，应符合表 11.8.1 的规定。

饰面板的接缝宽度　　　　　　　　　　　　　　　　　　　　表 11.8.1

项次	名称		接缝宽度（mm）
1	天然石	光面、镜面	1
2		粗磨面、麻面、条纹面	5
3		天然面	10
4	人造石	水磨石	2
5		水刷石	10
6	室内镶贴的釉面砖		1~1.5

施工和检查时应注意下列问题：

1. 预制水磨石饰面板接缝应干接，并用与饰面板同颜色的水泥浆填抹，保证表面美观。

2. 水刷石饰面板的接缝应垫水泥砂浆，并用水泥砂浆勾缝。

3. 釉面砖和外墙面砖的接缝，室外应用水泥浆或水泥砂浆勾缝；室内接缝宜用与釉面砖相同颜色的石膏灰或水泥浆缝，但潮湿的房间不得用石膏灰勾缝。

4. 天然石饰面板的接缝，安装光面和镜面的饰面板，室内接缝应干接，接缝处应用与饰面板相同颜色的水泥浆填抹；室外接缝可干接或在水平缝中垫铅条，垫铅条时，应将压出部分铲除至饰面板表面平齐。干切缝应用干性油脂腻子填抹。

粗磨面、麻面、条纹面、天然面饰面板的接缝和勾缝应用水泥砂浆。

5. 板（砖）的压向应正确。如门口两侧的阳角处，大面（墙面）应压小面（门口里侧）。反之小面砖容易撞掉，也不美观。在有排水的阴阳角处，防止水渗入，也应注意板（砖）的压向问题。

6. 非整砖使用部位应适宜，在镶贴前应做好"选砖"和"预排"工作，在同一墙面上横竖排列，均不得有一行以上的非整块。

8.2.7 采用湿作业法施工的饰面板工程，石材应进行防碱背涂处理。饰面板与基体之间的灌注材料应饱满、密实。

检验方法：用小锤轻击检查；检查施工记录。

本条规定的目的之一是为了 8.2.5 条的"石材表面应无泛碱等污染"，所以石材应进行防碱背涂处理，就是用酸和水泥中析出的碱进行中和，防止泛碱。饰面板与基体之间的灌注材料不饱满不密实也容易引起泛碱，也是常见的质量缺陷，应予控制。

8.2.8 饰面板上的孔洞应套割吻合，边缘应整齐。

检验方法：观察。

8.2.9 饰面板安装的允许偏差和检验方法应符合表 8.2.9（本书表 11.8.2）的规定。

饰面板安装的允许偏差和检验方法 表 11.8.2

项次	项目	允许偏差（mm）							检验方法
		石材			瓷板	木材	塑料	金属	
		光面	剁斧石	蘑菇石					
1	立面垂直度	2	3	3	2	1.5	2	2	用 2m 垂直检测尺检查
2	表面平整度	2	3	—	1.5	1	3	3	用 2m 靠尺和塞尺检查
3	阴阳角方正	2	4	4	2	1.5	3	3	用直角检测尺检查
4	接缝直线度	2	4	4	2	1	1	1	拉 5m 线，不足 5m 拉通线，用钢直尺检查
5	墙裙、勒脚上口直线度	2	3	3	2	2	2	2	拉 5m 线，不足 5m 拉通线，用钢直尺检查
6	接缝高低差	0.5	3	—	0.5	0.5	1	1	用钢直尺和塞尺检查
7	接缝宽度	1	2	2	1	1	1	1	用钢直尺检查

8.3 饰面砖粘贴工程

8.3.1 本节适用于内墙饰面砖粘贴工程和高度不大于 100m、抗震设防烈度不大于 8 度、采用满黏法施工的外墙饰面砖粘贴工程的质量验收。

饰面砖粘贴工程是采用粘贴法施工、其中陶瓷面砖主要包括釉面瓷砖、外墙面砖、陶瓷锦砖、陶瓷壁画、劈裂砖等；玻璃面砖主要包括玻璃饰砖、彩色玻璃面砖、釉面玻璃砖等。

外墙面砖是高级外墙贴面装饰材料，多以陶土为原料，压制成型后经高温煅烧而成。目前面砖存在的问题主要是色泽不一致，几何尺寸偏差较大，有的吸水率过大。国家已制定外墙面砖的标准，验评时应核查其性能指标，必须符合标准要求。

釉面砖（瓷砖）有白色釉面砖、彩色釉面砖、印花砖、图案砖以及各种装饰面砖等。釉面砖表面光滑、美观，易于清洗。目前釉面砖存在的问题主要是色泽不一致，几何尺寸不准确，表面平整度差等检查时应加强对原材料的验收。

陶瓷锦砖现在普遍使用的是陶瓷、玻瓷、玻璃三种锦砖。陶瓷锦砖质地坚实，经久耐用。玻瓷和玻璃锦砖较差，但色泽多样，一般都耐酸、耐磨、不渗水，有一定的抗压力，吸水率小。陶瓷锦砖不易碎裂，玻璃锦砖比较差。

主控项目

8.3.2 饰面砖的品种、规格、图案、颜色和性能应符合设计要求。

检验方法：观察；检查产品合格证书、进场验收记录、性能检测报告和复验报告。

随着新型材料的不断发展，饰面砖面临一定的挑战，饰面砖本身的质量和防污染、防墙面渗水的不足，使得有些地区已不提倡使用。

面砖的吸水率、抗冻性（寒冷地区）、粘贴用水泥的安定性，凝结时间和抗压强度应进行复验。

8.3.3 饰面砖粘贴工程的找平、防水、粘结和勾缝材料及施工方法应符合设计要求及国家现行产品标准和工程技术标准的规定。

检验方法：检查产品合格证书、复验报告和隐蔽工程验收记录。

关于饰面砖粘贴工程的找平、防水、粘结和勾缝材料及施工方法应符合设计要求，并参照《外墙饰面砖工程施工及验收规程》（JGJ 126）的有关规定。

8.3.4 饰面砖粘贴必须牢固。

检验方法：检查样板件粘结强度检测报告和施工记录。

本条为强制性条文。

1. 释义

《外墙饰面砖工程施工及验收规程》（JGJ 126—2000）中第 6.0.6 条第 3 款规定："外墙饰面砖工程，应进行粘结强度检验。其取样数量、检验方法、检验结果判定均应符合现行行业标准《建筑工程饰面砖粘结强度检验标准》（JGJ 110）的规定。"由于该方法为破坏性检验，破损饰面砖不易复查，且检验操作有一定难度，在实际验收中较少采用。故本条规定在外墙饰面砖粘贴前制作样板件并做粘结强度试验。

2. 措施

在寒冷地区和严寒地区，饰面砖的吸水率对工程质量有非常大的影响，饰面砖坯体中存在的水在冻结时会导致饰面砖脱落，此前发生人身伤亡事故的饰面砖工程都是位于北方的外墙饰面砖工程，故规范规定对吸水率和抗冻性进行复验。对规范规定进行复验的项目，施工单位应抽取样品送法定检测单位复验。

《外墙饰面砖工程施工及验收规程》（JGJ 126—2000）的主要目的就是解决饰面砖粘

结质量问题，在贯彻本条文时应结合该规程的要求。

3. 检查

1）检查饰面砖进场验收记录和复验检测报告。

2）观察有无裂缝、起鼓、脱落现象。

3）敲击检查有无空鼓现象。

4）观察饰面砖粘贴的外观质量。

4. 判定

当出现下述情况之一时，视为违反强制性条文。

1）在正常使用情况下，饰面砖脱落导致人身伤亡事故。

2）饰面砖大面积脱落，导致全面返工。

《建筑工程饰面砖砖粘结强度检验标准》（JGJ 110—2008）规定了现场粘贴外墙饰面砖的要求：

1. 施工前应对饰面砖样板件粘结强度进行检验。

2. 监理单位应从粘贴外墙饰面砖的施工人员中随机抽选一人，在每种类型的基层上应各粘贴至少 $1m^2$ 饰面砖样板件，每种类型的样板件应各制取一组 3 个饰面砖粘结强度试样。

3. 应按饰面砖样板粘结强度合格后的粘结料配合比和施工工艺严格控制施工过程。

现场粘贴的外墙饰面砖工程完工后，应对饰面砖粘结强度进行检验。

现场粘贴饰面砖粘结强度检验应以每 $1000m^2$ 同类墙体饰面砖为一个检验批，不足 $1000m^2$ 应按 $1000m^2$ 计，每批应取一组 3 个试样，每相邻的三个楼层应至少取一组试样，试样应随机抽取，取样间距不得小于 500mm。

采用水泥基胶粘剂粘贴外墙饰面砖时，可按胶粘剂使用说明书的规定时间在粘贴外墙面砖 14d 及以后进行饰面砖粘结强度检验。粘贴后 28d 以内达不到标准或有争议时，应以 28～60d 内约定时间检验的粘贴强度为准。

断缝应符合下列要求：

1. 断缝应从饰面砖表面切割至混凝土墙面或砌体表面，深度应一致。

对有加强处理措施的加气混凝土、轻质砌块、轻质墙板和外墙外保温系统上粘贴的外墙饰面砖，在加强处理措施或保温系统符合国家有关标准的要求，并有隐蔽工程验收合格证明的前提下，可切割至加强抹面层表面。

2. 试样切割长度和宽度宜与标准块相同，其中有两道相邻切割线应沿饰面砖边缝切割。

现场粘贴的同类饰面砖，当一组试样均符合下列两项指标要求时，其粘结强度应定为合格；当一组试样均不符合下列两项指标要求时，其粘结强度定为不合格；当一组试样只符合下列两项指标的一项要求时，应在该组试样原取样区域内重新抽取两组试样检验，若检验结果仍有一项不符合下列指标要求时，则该组饰面砖粘结强度应定为不合格：

1. 每组试样平均粘结强度不应小于 0.4MPa；

2. 每组可有一个试样的粘结强度小于 0.4MPa，但不应小于 0.3MPa。

带饰面砖的预制样板，当一组试样均符合下列两项指标要求时，其粘结强度应定为合格；当一组试样均不符合下列两项指标要求时，其粘结强度应定为不合格；当一组试样只符合下列两项指标的一项要求时，应在该组试样原取样区域内重新抽取两组试样检验，若检验结果仍有一项不符合下列指标要求时，则该饰面砖粘结强度应定为不合格：

1. 每组试样平均粘结强度不应小于 0.6MPa；

2. 每组可有一个试样的粘结强度小于 0.6MPa，但不应小于 0.4MPa。

8.3.5 满黏法施工的饰面砖工程应无空鼓、裂缝。

检验方法：观察；用小锤轻击检查。

镶贴饰面的基体，应有足够的稳定性、刚度和强度，其表面的要求应按一般抹灰的规定执行。

空鼓是检验是否牢固的一个重要指标，施工方法为满黏法的饰面工程严禁空鼓。

一般项目

8.3.6 饰面砖表面应平整、洁净、色泽一致，无裂痕和缺损。

检验方法：观察。

在镶贴面前要注意挑选，使其色泽、纹理一致。瓷砖材料质地疏松，如施工前浸泡不透，砂浆中的浆水渗进砖内，表面污染变色，同时瓷砖还会吸收粘贴材料中的水分，影响粘贴材料强度及密实度；施工后要注意擦洗，表面残留砂浆、污点均应擦干净，并应注意镶贴后的饰面保护。

8.3.7 阴阳角处搭接方式、非整砖使用部位应符合设计要求。

检验方法：观察。

在贴面砖之前，应根据面砖的尺寸和饰面的尺寸进行认真设计，运用计算机进行计算排列，施工时根据设计弹线、排砖，以保证非整砖用得最少，以达到美观之目的。

8.3.8 墙面突出物周围的饰面砖应整砖套割吻合，边缘应整齐。墙裙、贴脸突出墙面的厚度应一致。

检验方法：观察；尺量检查。

面砖粘贴质量除了牢固以外，主要是观感的要求，而其关键点就在细部的处理。

8.3.9 饰面砖接缝应平直、光滑，填嵌应连续、密实；宽度和深度应符合设计要求。

检验方法：观察；尺量检查。

贴面砖接缝宽度不一主要是没有排砖，没有进行整体布局的设计，造成施工时随意粘贴。故面砖粘贴前一定要进行设计。接缝宽度设计无要求时可参照表 11.8.1。

8.3.10 有排水要求的部位应做滴水线（槽）。滴水线（槽）应顺直，流水坡向应正确，坡度应符合设计要求。

检验方法：观察；用水平尺检查。

8.3.11 饰面砖粘贴的允许偏差和检验方法应符合表 8.3.11（本书表 11.8.3）的规定。

饰面砖粘贴的允许偏差和检验方法   表 11.8.3

项次	项目	允许偏差（mm）		检验方法
		外墙面砖	内墙面砖	
1	立面垂直度	3	2	用 2m 垂直检测尺检查
2	表面平整度	4	3	用 2m 靠尺和塞尺检查
3	阴阳角方正	3	3	用直角检测尺检查
4	接缝直线度	3	2	拉 5m 线，不足 5m 拉通线，用钢直尺检查
5	接缝高低差	1	0.5	用钢直尺和塞尺检查
6	接缝宽度	1	1	用钢直尺检查

11.9 幕墙工程

与幕墙工程相关的主要材料、设计、施工标准:《铝及铝合金阳极氧化膜与有机聚合物膜 第1部分:阳极氧化膜》(GB/T 8013.1—2007)、《铝及铝合金阳极氧化膜与有机聚合物膜 第2部分:阳极氧化复合膜》(GB/T 8013.2—2007)、《铝及铝合金阳极氧化膜与有机聚合物膜 第3部分:有机聚合物喷涂膜》(GB/T 8013.3—2007)、《碳素结构钢》(GB 700)、《低合金高强度结构钢》(GB 1591)、《不锈钢棒》(GB 1220)、《不锈钢冷加工钢棒》(GB 4226)、《建筑用安全玻璃》(GB 15763)、《中空玻璃》(GB 11944)、《平板玻璃》(GB 11614)、《高层民用建筑设计防火规范》(GB 50045)、《建筑设计防火规范》(GB 50016)、《建筑物防雷设计规范》(GB 50057)、《玻璃幕墙工程技术规范》(JGJ 102)、《金属与石材幕墙工程技术规范》(JGJ 133)、《建筑用硅酮结构密封胶》(GB 16776)等。

我国改革开放以来,国民经济高速发展,城市化步伐明显加快。高层建筑和超高层建筑在大量建造,传统的砌体结构或一般混凝土墙板已经不适应这一类建筑的要求,在这种形势的推动下,国外50年代新兴的幕墙技术及产品进入我国建筑市场。目前,我国许多大中城市都应用了金属构件与各种板件组成的悬挂在建筑主体结构上、不承担主体结构荷载与作用的建筑物外围护结构,即建筑幕墙技术。许多高层或超高层幕墙建筑成为城市的标志性建筑。幕墙施工技术在我国已经逐渐成熟,我国已经先后发布了有关玻璃幕墙工程技术规程、金属与石材幕墙工程技术规程以及相关材料产品标准等行业标准,为幕墙技术发展与工程质量控制提供保证。

幕墙工程按饰面材料分为:玻璃幕墙工程、金属幕墙工程、石材幕墙工程。而玻璃幕墙又分为:明框幕墙、隐框幕墙、半隐框幕墙、全玻幕墙、点支撑幕墙等。

9.1 一般规定

9.1.1 本节适用于玻璃幕墙、金属幕墙、石材幕墙等分项工程的质量验收。

9.1.2 幕墙工程验收时应检查下列文件和记录:

1 幕墙工程的施工图、结构计算书、设计说明及其他设计文件。

2 建筑设计单位对幕墙工程设计的确认文件。

3 幕墙工程所用各种材料、五金配件、构件及组件的产品合格证书、性能检测报告、进场验收记录和复验报告。

4 幕墙工程所用硅酮结构胶的认定证书和抽查合格证明;进口硅酮结构胶的商检证;国家指定检测机构出具的硅酮结构胶相容性和剥离粘结性试验报告;石材用密封胶的耐污染性试验报告。

5 后置埋件的现场拉拔强度检测报告。

6 幕墙的抗风压性能、空气渗透性能、雨水渗漏性能及平面变形性能检测报告。

7 打胶、养护环境的温度、湿度记录;双组分硅酮结构胶的混匀性试验记录及拉断试验记录。

8 防雷装置测试记录。

9 隐蔽工程验收记录。

10 幕墙构件和组件的加工制作记录;幕墙安装施工记录。

幕墙工程验收时检查的文件和记录是装饰装修规范要求最多且最严格的一章，应认真学习领会。第 1 款除了常规的设计文件外，要求对幕墙工程的结构计算书进行检查；第 2 款要求检查建筑设计单位对幕墙设计的确认文件。根据调查，相当多的幕墙工程设计是由幕墙施工企业来完成，对于一些既有建筑来说，原建筑结构对于幕墙承载力的核算十分重要，这项工作按照第 3.1.5 条规定，应取得原结构设计单位或具备相应资质的设计单位核查有关原始资料，对既有建筑结构的安全性进行核验、确认。在幕墙工程验收时应检查的文件和记录中，对于材料检验及复验报告、现场检测报告、几种施工记录等也要进行认真的复核。

《建筑设计防火规范》代号变更为 GB 50016，现行标准编号为 GB 50016—2006。

9.1.3 幕墙工程应对下列材料及其性能指标进行复验：

1 铝塑复合板的剥离强度。

2 石材的弯曲强度；寒冷地区石材的耐冻融性；室内用花岗岩的放射性。

3 玻璃幕墙用结构胶的邵氏硬度、标准条件拉伸粘结强度、相容性试验；石材用结构胶的粘结强度；石材用密封胶的污染性。

幕墙工程要求进行的材料复验项目都是与幕墙质量有重要关系的材料指标，其中硅酮结构胶的几项指标复验应到国家指定检测机构去做试验。

9.1.4 幕墙工程应对下列隐蔽工程项目进行验收：

1 预埋件（或后置埋件）。

2 构件的连接节点。

3 变形缝及墙面转角处的构造节点。

4 幕墙防雷装置。

5 幕墙防火构造。

幕墙工程要求进行隐蔽工程验收的项目比较多，共 5 款要求，涵盖了幕墙工程主要施工过程。这 5 款隐蔽工程验收要求也体现对幕墙工程进行施工过程质量控制的重要规定。

9.1.5 各分项工程的检验批应按下列规定划分：

1 相同设计、材料、工艺和施工条件的幕墙工程每 500～1000m² 应划分为一个检验批，不足 500m² 也应划分为一个检验批。

2 同一单位工程的不连续的幕墙工程应单独划分检验批。

3 对于异型或有特殊要求的幕墙，检验批的划分应根据幕墙的结构、工艺特点及幕墙工程规模，由监理单位（或建设单位）和施工单位协商确定。

幕墙工程检验批的划分应注意三个条件：一是相同设计、材料、工艺和施工条件；二是同一单位工程的不连续的幕墙工程应单独划分检验批；三是对于异型或有特殊要求幕墙，检验批的划分可由参与幕墙工程的各方协商确定。

9.1.6 检查数量应符合下列规定：

1 每个检验批每 100m² 应至少抽查一处，每处不得小于 10m²。

2 对于异型或有特殊要求的幕墙工程，应根据幕墙的结构和工艺特点，由监理单位（或建设单位）和施工单位协商确定。

9.1.7 幕墙及其连接件应具有足够的承载力、刚度和相对于主体结构的位移能力。幕墙构架立柱的连接金属角码与其他连接件应采用螺栓连接，并应有防松动措施。

9.1.8 隐框、半隐框幕墙所采用的结构粘结材料必须是中性硅酮结构密封胶，其性能必须符合《建筑用硅酮结构密封胶》（GB 16776）的规定；硅酮结构密封胶必须在有效期内使用。

本条为强制性条文。

我们知道，隐框幕墙是幕墙的一种安装常用方式，隐框幕墙由于没有一般幕墙用来夹持玻璃的金属外框，完全依靠硅酮结构胶把玻璃粘在金属型材框架上，玻璃所承受的风荷载、自重、地震荷载以及温度变化产生的热胀冷缩，完全依靠硅酮结构胶的粘结力传给金属框架。因此，隐框、半隐框玻璃幕墙所采用的硅酮结构胶是保证其安全性的关键材料，必须严格控制。除对结构胶的邵氏硬度、标准条件拉伸粘结强度、相容性、石材用结构胶的粘结强度、石材用密封胶的污染性进行材料复验外，还必须采用中性硅酮结构密封胶，酸碱性胶不能用，否则会给金属框架与饰面板粘结带来质量隐患。中性硅酮结构密封胶有单组分和双组分之分，单组分硅酮结构密封胶靠吸收空气中水分而固化，因此单组分硅酮结构密封胶的固化时间较长，一般需要14～21d；双组分固化时间较短，一般为7～10d左右。硅酮结构密封胶完全固化前，其粘结拉伸强度是很弱的，玻璃幕墙构件在打注结构胶后，应在温度20℃、湿度50%以上的干净室内养护，待完全固化后才能进行下道工序。幕墙工程使用的硅酮结构胶，应选用经法定检测机构检测合格的产品，在使用前必须对幕墙工程选用的铝合金型材、玻璃、双面胶带、硅酮耐候密封胶、泡沫棒等与硅酮结构密封胶接触的材料做相容性试验和粘结剥离性试验，试验合格后才能进行打胶。

硅酮结构密封胶的粘结宽度是保证半隐框、隐框玻璃幕墙安全的关键环节之一，当采用半隐框、隐框幕墙时，硅酮结构密封胶的粘结宽度一定要通过计算来确定。当计算的粘结宽度小于规定的最小值时则采用最小值，大于时则采用计算值。

国家经贸委硅酮结构密封胶工作领导小组指定三家监测机构承担有关硅酮结构密封胶的监测工作：1. 国家化学建材检测中心（建工测试部），该中心设在中国建筑科学研究院（北京）；2. 国家建材局建筑防水材料产品质量监督检验中心（苏州）；3. 国家合成树脂质量监督检验中心，该中心设在晨光化工研究院（成都）。

1. 释义

结构胶是用来固定幕墙玻璃的，其质量直接影响建筑幕墙的使用安全，故必须使用认可的合格产品，而且必须在有效期内使用。

2. 措施

为保证隐框玻璃幕墙的使用安全，我国于1997年成立了国家经贸委硅酮结构密封胶工作领导小组，对结构胶的生产、进口、销售及检测工作进行了严格管理。《建筑用硅酮结构密封胶》（GB 16776—1997）是强制性标准，对结构胶的物理性能和相容性作出了规定，在贯彻本条文时应了解该标准的技术要求。

3. 检查

1）结构胶的生产单位及品牌是否通过了国家经贸委的认可。

2）检测单位是否通过了国家经贸委的认可。

3）进口结构胶是否具有商检合格证。

4）检查施工记录，了解是否在有效期内使用。

4. 判定

当出现下述情况之一时，视为违反强制性条文：

1）采用非国家经贸委认可的结构胶。

2）使用超过有效期的结构胶。

3）由于上述原因导致幕墙玻璃脱落或大面积返工。

9.1.9 立柱和横梁等主要受力构件，其截面受力部分的壁厚应经计算确定，且铝合金型材壁厚不应小于 3.0mm，钢型材壁厚不应小于 3.5mm。

9.1.10 隐框、半隐框幕墙构件中板材与金属框之间硅酮结构密封胶的粘结宽度，应分别计算风荷载标准值和板材自重标准值作用下硅酮结构密封胶的粘结宽度，并取其较大值，且不得小于 7.0mm。

由于幕墙金属框架的立柱和横梁等主要受力杆件，其截面受力部分的壁厚应经计算确定，但在第 9.1.9 条又规定了最小壁厚，规定如果计算的壁厚小于规定的最小壁厚时，应取最小壁厚值，计算的壁厚大于规定的最小壁厚时，应取计算值，这主要是由于某些构造要求无法计算，为保证幕墙的安全可靠而采取的双控措施。有的金属框架壁厚仅 1.3mm，不能保证幕墙在强风荷载及地震荷载作用下的强度和稳定性要求，有些地方已经发生过类似的质量事故。

9.1.11 硅酮结构密封胶应打注饱满，并应在温度 15℃～30℃、相对湿度 50％ 以上、洁净的室内进行；不得在现场墙上打注。

9.1.12 幕墙的防火除应符合现行国家标准《建筑设计防火规范》（GBJ 16）和《高层民用建筑设计防火规范》（GB 50045）的有关规定外，还应符合下列规定：

1 应根据防火材料的耐火极限决定防火层的厚度和宽度，并应在楼板处形成防火带。

2 防火层应采取隔离措施。防火层的衬板应采用经防腐处理且厚度不小于 1.5mm 的钢板，不得采用铝板。

3 防火层的密封材料应采用防火密封胶。

4 防火层与玻璃不应直接接触，一块玻璃不应跨两个防火分区。

《建筑设计防火规范》代号 GBJ 16 变更为 GB 50016，现行标准代号为 GB 50016—2014。

9.1.13 主体结构与幕墙连接和各种预埋件，其数量、规格、位置和防腐处理必须符合设计要求。

本条为强制性条文。

1. 释义

预埋件是幕墙最重要的受力构件，必须保证数量和质量。

2. 措施

贯彻本条文时应结合《玻璃幕墙工程技术规范》（JGJ 102—2003）和《金属和石材幕墙工程技术规范》（JGJ 133—2001）的技术要求。

3. 检查

1）检查隐蔽工程验收记录。

2）观察饰面板安装的外观质量。

4. 判定

当出现下述情况时，视为违反强制性条文。

预埋件（或后置埋件）的数量、规格、位置、连接方法和防腐处理不符合设计要求。

9.1.14 幕墙的金属框架与主体结构预埋件的连接、立柱与横梁的连接及幕墙面板的安装必须符合设计要求，安装必须牢固。

本条为强制性条文。

1. 释义

幕墙安装质量涉及人身安全，故每一个接点均应安装牢固可靠。

2. 措施

贯标本条文时应结合《玻璃幕墙工程技术规范》（JGJ 102—2003）和《金属和石材幕墙工程技术规范》（JGJ 133—2001）的技术要求。

3. 检查

1）检查隐蔽工程验收记录。

2）观察幕墙面板安装的外观重量。

4. 判定

出现下述情况之一时，视为违反强制性条文：

1）幕墙面板脱落。

2）金属框架与主体结构预埋件的连接、立柱与横梁的连接及幕墙板的安装不符合设计要求。

金属框架与主体结构连接使用的各种预埋件必须经过计算确定，以保证其具有足够的承载力。为了保证幕墙与主体结构连接牢固可靠，幕墙与主体结构连接的预埋件应在主体结构施工时，按设计要求的数量、位置和方法进行埋设，埋设位置应正确。施工过程中预埋件的防腐层损坏，应按设计要求重新对其进行防腐处理。

对于既有建筑或者新建筑施工时未设预埋件、预埋件漏放、预埋件偏离设计位置、设计变更、旧建筑加装幕墙时，往往要使用后置埋件。采用后置埋件（膨胀螺栓或化学螺栓）时，应进行现场拉拔试验并应符合设计要求。

9.1.15 单元幕墙连接处和吊挂处的铝合金型材的壁厚应通过计算确定，并不得小于5.0mm。

对于单元幕墙连接处和吊挂处的壁厚，是按照板块的大小、自重及材质、连接形式严格计算的，并留有一定的安全系数，壁厚计算值如果大于5mm，应取计算值，如果壁厚计算小于5mm，应取5mm。

9.1.16 幕墙的金属框架与主体结构应通过预埋件连接，预埋件应在主体结构混凝土施工时埋入，预埋件的位置应准确。当没有条件采用预埋件连接时，应采用其他可靠的连接措施，并应通过试验确定其承载力。

9.1.17 立柱应采用螺栓与角码连接，螺栓直径应经过计算，并不应小于10mm。不同金属材料接触时应采用绝缘垫片分隔。

9.1.18 幕墙的抗震缝、伸缩缝、沉降缝等部位的处理应保证缝的使用功能和饰面的完整性。

9.1.19 幕墙工程的设计应满足维护和清洁的要求。

幕墙工程的设计应当充分考虑结构缝处的构造处理，在保证结构缝的功能情况下，应处理好装饰立面的协调统一。幕墙工程大多是应用于高层超高层建筑，因此幕墙设计还应当考虑到使用过程中维修和清洁保养方便。

9.2 玻璃幕墙工程

玻璃幕墙具有装饰、围护、防风、遮雨、保温、隔热、防噪声、防空气渗透等功能。大面积的玻璃幕墙装饰于建筑物的外立面,通过建筑师的建筑构思,并利用玻璃本身的特性,使建筑物显得别具一格,光亮、明快和挺拔。特别是应用热反射镀膜玻璃,将建筑物周围的街景、蓝天、白云等自然等景观,都映到建筑物的外表面,并且随着季节、时间和光线强弱的不同而变化,从而使建筑物的外表情景交融,层层交错,近看景物丰富,远看又有栩栩如生、光彩照人的效果,为美化城市作出了贡献。为规范玻璃幕墙工程的设计、制作、安装,建设部颁发了《玻璃幕墙工程技术规范》(JGJ 102—2003)。

9.2.1 本节适用于建筑高度不大于 150m、抗震设防烈度不大于 8 度的隐框玻璃幕墙、半隐框玻璃幕墙、明框玻璃幕墙、全玻幕墙及点支承玻璃幕墙工程的质量验收。

玻璃幕墙适用范围,参照了原《玻璃幕墙工程技术规范》(JGJ 102—2003)的规定,建筑高度大于 150m 的玻璃墙工程目前尚无国家或行业的设计和施工标准,故不包含在现行装饰装修规范规定的范围内。对于超出本范围的玻璃幕墙工程,应进行专项技术论证。

主控项目

9.2.2 玻璃幕墙工程所使用的各种材料、构件和组件的质量,应符合设计要求及国家现行产品标准和工程技术规范的规定。

检验方法:检查材料、构件、组件的产品合格证书、进场验收记录,性能检测报告和材料的复验报告。

玻璃幕墙采用的铝合金型材应达到现行国家标准《铝合金建筑型材》中规定的高精级要求,铝合金阳极氧化膜厚度不宜低于 AA15 级;主要铝合金型材横截面大小应经过计算确定,铝合金杆件型材截面受力部分的壁厚不应小于 3mm,与幕墙相配的门框壁厚不小于 2mm,窗框壁厚不小于 1.2mm,与立柱横梁相配的装饰条或压条壁厚不小于 1.0mm;其余金属材料和零附件除不锈钢外,钢材应进行表面热浸镀锌处理。

各种原材料、构件、组件应有合格证书,进场验收记录,幕墙的抗风压性能、空气渗透性能、雨水渗漏性能及平面变形性能检测报告,结构胶的邵氏硬度,标准条件拉伸粘结强度,相容性试验报告。

9.2.3 玻璃幕墙的造型和立面分格应符合设计要求。

检验方法:观察;尺量检查。

幕墙造型和立面设计均应有明确的要求,同时应做到以下要求:

1. 幕墙的设计:

1)幕墙立面划分图、立面玻璃框的划分、各玻璃框的尺寸、窗的开启位置都应清楚,窗的开启部分的面积不宜大于幕墙面积的 15%,其开启角度不宜大于 30°,宜采用上悬式结构;

2)幕墙局部立面图:局部有特殊要求时,应画局部放大的立面图;

3)幕墙上开设的门窗要有大样图;

4)要有幕墙平面图和局部平面图并表示出阴阳角的连接部位,角部各细部尺寸;

5)预埋件平面图:预埋件的要求和轴线位置,并说明预埋件与周围钢筋的关系;

6)防火设计要有明确的要求(包括防火材料、防火区划分耐火时间),幕墙防雷设计必须形成自身的防雷体系,并与主体结构防雷体系可靠连接;

7) 出入门设雨罩，幕墙的下层设裙房或建筑物周边设绿化带和防撞栏杆。

2. 结构设计计算：

1) 幕墙受力构件截面和挠度计算；

2) 幕墙玻璃应力计算；

3) 半隐框、隐框幕墙结构硅酮密封胶的强度计算；

4) 幕墙与主体结构连接的连接件承载力计算。

3. 幕墙节点设计：

1) 幕墙横梁与立柱连接接点图；

2) 幕墙转角节点图；

3) 幕墙与主体结构连接接点图；

4) 防火节点图；

5) 防雷节点图。

9.2.4 玻璃幕墙使用的玻璃应符合下列规定：

1 幕墙应使用安全玻璃，玻璃的品种、规格、颜色、光学性能及安装方向应符合设计要求。

2 幕墙玻璃的厚度不应小于 6.0mm。全玻幕墙肋玻璃的厚度不应小于 12mm。

3 幕墙的中空玻璃应采用双道密封。明框幕墙的中空玻璃应采用聚硫密封胶及丁基密封胶；隐框和半隐框幕墙的中空玻璃应采用硅酮结构密封胶及丁基密封胶；镀膜面应在中空玻璃的第 2 或第 3 面上。

4 幕墙的夹层玻璃应采用聚乙烯醇缩丁醛（PVB）胶片干法加工合成的夹层玻璃。点支承玻璃幕墙夹层玻璃的夹层胶片（PVB）厚度不应小于 0.76mm。

5 钢化玻璃表面不得有损伤；8.0mm 以下的钢化玻璃应进行引爆处理。

6 所有幕墙玻璃均应进行边缘处理。

检验方法：观察；尺量检查；检查施工记录。

玻璃幕墙对玻璃材料的选择很重要，本项作了具体的要求。首先应使用安全玻璃，安全玻璃是指夹层玻璃和钢化玻璃，但不包括半钢化玻璃。夹层玻璃是一种性能良好的安全玻璃，它的制作方法是用聚乙烯醇缩丁醛胶片（PVB）将两块玻璃牢固地粘结起来，受到外力冲击时，玻璃碎片粘在 PVB 胶片上，可以避免飞溅伤人。钢化玻璃是普通玻璃加热后急速冷却形成的，被打破时变成很多细小无锐角的碎片，不会造成割伤。半钢化玻璃虽然强度也比较大，但其破碎时仍然会形成锐利的碎片，因而不属于安全玻璃。另外应注意玻璃安装的朝向，镀膜不应破损，镀膜面朝向室内，非镀膜面朝向室外。

9.2.5 玻璃幕墙与主体结构连接的各种预埋件、连接件、紧固件必须安装牢固，其数量、规格、位置、连接方法和防腐处理应符合设计要求。

检验方法：观察；检查隐蔽工程验收记录和施工记录。

各种预埋件（含后置埋件）、构件的连接点应做隐蔽验收记录。

幕墙构件与混凝土结构的连接是通过预埋件实现的，所以验收时，主要检查预埋件的数量、位置、规格、材料及焊接质量、锚固长度、连接方法等是否符合设计和施工技术标准要求。同时应注意，锚筋不少于 4 根，直径不小于 8mm，预埋板厚度应大于锚筋直径的 0.6 倍，受拉和受弯预埋件板的厚度尚应大于 b/12（b 为锚筋的间距），且不应小于

8mm。安装时应放在外排主筋的内侧，预埋板禁止与结构钢筋焊接。后置埋件一般用于二次装修房屋。

预埋件必须在主体结构施工时进行预埋，且必须安装牢固，位置准确，焊缝饱满，并经防腐处理。

9.2.6　各种连接件、紧固件的螺栓应有防松动措施；焊接连接应符合设计要求和焊接规范的规定。

检验方法：观察；检查隐蔽工程验收记录和施工记录。

幕墙顶面、底面及两侧与主体缝隙的连接处理应符合设计要求，并应做到内外连续封闭，连接牢固，接缝严密，不渗不漏。

对连接件、紧固螺栓防松的措施应由设计提出，在设计文件中明确，一般用弹簧垫片、双螺帽等措施。

9.2.7　隐框或半隐框玻璃幕墙，每块玻璃下端应设置两个铝合金或不锈钢托条，其长度不应小于100mm，厚度不应小于2mm，托条外端应低于玻璃外表面2mm。

检验方法：观察；检查施工验收记录。

隐框、半隐框玻璃幕墙的钢托是承受施工荷载很重要的构件，也是施工细部处理方式的具体要求。

9.2.8　明框玻璃幕墙的玻璃安装应符合下列规定：

1　玻璃槽口与玻璃的配合尺寸应符合设计要求和技术标准的规定。

2　玻璃与构件不得直接接触，玻璃四周与构件凹槽底部应保持一定的空隙，每块玻璃下部应至少放置两块宽度与槽口宽度相同、长度不小于100mm的弹性定位垫块；玻璃两边嵌入量及空隙应符合设计要求。

3　玻璃四周橡胶条的材质、型号应符合设计要求，镶嵌应平整，橡胶条长度应比边框内槽长1.5%～2.0%，橡胶条在转角处应斜面断开，并应用粘结剂粘结牢固后嵌入槽内。

检验方法：观察；检查施工记录。

明框幕墙的细部安装方法也很重要，明框幕墙施工应注意玻璃与金属框架的配合间隙、四周橡胶条安装等细部安装质量。

9.2.9　高度超过4m的全玻幕墙应吊挂在主体结构上，吊夹具应符合设计要求，玻璃与玻璃、玻璃与玻璃肋之间的缝隙，应采用硅酮结构密封胶填嵌严密。

检验方法：观察；检查隐蔽工程验收记录和施工记录。

隐蔽工程验收的内容主要为构件的连接节点。

9.2.10　点支承玻璃幕墙应采用带万向头的活动不锈钢爪，其钢爪间的中心距离应大于250mm。

检验方法：观察；尺量检查。

9.2.11　玻璃幕墙四周、玻璃幕墙内表面与主体结构之间的连接节点、各种变形缝、墙角的连接节点应符合设计要求和技术标准的规定。

检验方法：观察；检查隐蔽工程验收记录和施工记录。

9.2.12　玻璃幕墙应无渗漏。

检验方法：在易渗漏部位进行淋水检查。

9.2.13 玻璃幕墙结构胶和密封胶的打注应饱满、密实、连续、均匀、无气泡，宽度和厚度应符合设计要求和技术标准的规定。

检验方法：观察；尺量检查；检查施工记录。

隐框及半隐框玻璃幕墙使用的结构胶粘结厚度和宽度根据计算确定，并应保证粘结厚度在6～12mm之间，粘结宽度大于7mm；耐候胶施工厚度应大于3.5mm，宽度不应小于施工厚度的2倍，且都不得三面粘结，应形成相对两面粘结。

9.2.14 玻璃幕墙开启窗的配件应齐全，安装应牢固，安装位置和开启方向、角度应正确；开启应灵活，关闭应严密。

检验方法：观察；手扳检查；开启和关闭检查。

9.2.15 玻璃幕墙的防雷装置必须与主体结构的防雷装置可靠连接。

检验方法：观察；检查隐蔽工程验收记录和施工记录。

幕墙的防雷施工应符合设计要求和《建筑物防雷设计规范》的规定，隐蔽验收时重点检查幕墙避雷连接点和均压环的位置和数量、连接件的质量和焊接质量，最后还应测试其接地电阻，即对防雷装置进行测试。

一般项目

9.2.16 玻璃幕墙表面应平整、洁净；整幅玻璃的色泽应均匀一致；不得有污染和镀膜损坏。

检验方法：观察。

在施工时应加强成品半成品的保护，施工后要对幕墙表面进行清理，清理完毕后方能验收。

9.2.17 每平方米玻璃的表面质量和检验方法应符合表9.2.17（本书表11.9.1）的规定。

每平方米玻璃的表面质量和检验方法　　　　　　　　表11.9.1

项次	项目	质量要求	检验方法
1	明显划伤和长度>100mm的轻微划伤	不允许	观察
2	长度≤100mm的轻微划伤	≤8条	用钢尺检查
3	擦伤总面积	≤500mm²	用钢尺检查

9.2.18 一个分格铝合金型材的表面质量和检验方法应符合表9.2.18（本书表11.9.2）的规定。

一个分格铝合金型材的表面质量和检验方法　　　　　表11.9.2

项次	项目	质量要求	检验方法
1	明显划伤和长度>100mm的轻微划伤	不允许	观察
2	长度≤100mm的轻微划伤	≤2条	用钢尺检查
3	擦伤总面积	≤500mm²	用钢尺检查

9.2.19 明框玻璃幕墙的外露框或压条应横平竖直，颜色、规格应符合设计要求，压条安装应牢固。单元玻璃幕墙的单元拼缝或隐框玻璃幕墙的分格玻璃拼缝应横平竖直、均匀一致。

检验方法：观察；手摸检查；检查进场验收记录。

9.2.20 玻璃幕墙的密封胶缝应横平竖直、深浅一致、宽窄均匀、光滑顺直。

检验方法：观察；手摸检查。

该项检查是对密封胶缝的外观质量要求，即要求美观，又要能密封。

9.2.21 防火、保温材料填充应饱满、均匀，表面应密实、平整。

检验方法：检查隐蔽工程验收记录。

隐蔽验收时要对防火构造，保温材料的质量合格证书，填充情况进行检查。

幕墙层间防火应符合现行的《建筑设计防火规范》（GB 50016—2006）、《高层民用建筑设计防火规范》（GBJ 50045）的规定，主体结构的楼板外沿与幕墙立柱内侧面净距应保证在 40～100mm。幕墙与各层楼板、幕墙与内隔墙相接处的缝隙，应填塞难燃材料，并用防火板材托住。防火板与玻璃间应灌注防火密封胶。

9.2.22 玻璃幕墙隐蔽节点的遮封装修应牢固、整齐、美观。

检验方法：观察；手扳检查。

本项是对隐蔽节点的遮封装饰要求，是指为防止透过玻璃可以观看到一些内部构造连接节点而采用的一些材料来遮封这些部位的做法，施工时应当注意遮缝材料要安装牢固，以保持幕墙立面的美观。

9.2.23 明框玻璃幕墙安装的允许偏差和检验方法应符合表 9.2.23（本书表 11.9.3）的规定。

明框玻璃幕墙安装的允许偏差和检验方法　　　　表 11.9.3

项次	项　目		允许偏差（mm）	检验方法
1	幕墙垂直度	幕墙高度≤30m	10	用经纬仪检查
		30m<幕墙高度≤60m	15	
		60m<幕墙高度≤90m	20	
		幕墙高度>90m	25	
2	幕墙水平度	幕墙幅宽≤35m	5	用水平仪检查
		幕墙幅宽>35m	7	
3	构件直线度		2	用 2m 靠尺和塞尺检查
4	构件水平度	构件长度≤2m	2	用水平仪检查
		构件长度>2m	3	
5	相邻构件错位		1	用钢直尺检查
6	分格框对角线长度差	对角线长度≤2m	3	用钢尺检查
		对角线长度>2m	4	

9.2.24 隐框、半隐框玻璃幕墙安装的允许偏差和检验方法应符合表 9.2.24（本书表 11.9.4）的规定。

隐框、半隐框玻璃幕墙安装的允许偏差和检验方法　　　　表 11.9.4

项次	项　目		允许偏差（mm）	检验方法
1	幕墙垂直度	幕墙高度≤30m	10	用经纬仪检查
		30m<幕墙高度≤60m	15	
		60m<幕墙高度≤90m	20	
		幕墙高度>90m	25	

项次	项 目		允许偏差（mm）	检验方法
2	幕墙水平度	层高≤3m	3	用水平仪检查
		层高>3mm	5	
3	幕墙表面平整度		2	用2m靠尺和塞尺检查
4	板材立面垂直度		2	用垂直检查尺检验
5	板材上沿水平度		2	用1m水平尺和钢直尺检查
6	相邻板材板角错位		1	用钢直尺检查
7	阳角方正		2	用直角检测尺检查
8	接缝直线度		3	拉5m线，不足5m拉通线，用钢直尺检查
9	接缝高低差		1	用钢直尺和塞尺检查
10	接缝宽度		1	用钢直尺检查

9.3 金属幕墙工程

9.3.1 本节适用于建筑高度不大于150m的金属幕墙工程的质量验收。

金属幕墙适用范围是参照了《金属与石材幕墙工程技术规范》（JGJ 133）的规定，建筑高度大于150m的金属幕墙工程目前尚无国家或行业的设计和施工标准，故不包含在装饰装修规范规定的范围内。对于超出本范围的金属幕墙工程，应进行专项技术论证。

金属幕墙工程质量主要的要求与玻璃幕墙工程大体相同。

主控项目

9.3.2 金属幕墙工程所使用的各种材料和配件，应符合设计要求及国家现行产品标准和工程技术规范的规定。

检验方法：检查产品合格证书、性能检测报告、材料进场验收记录和复验报告。

金属幕墙工程所作用的各种材料、配件大部分都有国家标准，应按设计要求严格检查材料产品合格证书及性能检测报告、材料进场验收记录。铝塑复合板的剥离强度，现场应进行复验，并检查复验报告。

9.3.3 金属幕墙的造型和立面分格应符合设计要求。

检验方法：观察；尺量检查。

造型和分格设计应有明确的规定，检验时按图纸核对检查。

9.3.4 金属面板的品种、规格、颜色、光泽及安装方向应符合设计要求。

检验方法：观察；检查进场验收记录。

对于材料的品种、规格、颜色在进场时就应检查，并作记录，验收符合设计要求后方可用于工程。

9.3.5 金属幕墙主体结构上的预埋件、后置埋件的数量、位置及后置埋件的拉拔力必须符合设计要求。

检验方法：检查拉拔力检测报告和隐蔽工程验收记录。

对于后置埋件应做拉拔检测，其检测结果应满足设计要求，对预埋件、后置埋件的规格、数量、位置、安装方法进行隐蔽验收（同玻璃幕墙）。

9.3.6 金属幕墙的金属框架立柱与主体结构预埋件的连接、立柱与横梁的连接、金属面板的安装必须符合设计要求，安装必须牢固。

　　检验方法：手扳检查；检查隐蔽工程验收记录。

　　对于每一个连接节点都应检查，并做隐蔽验收记录。

9.3.7　金属幕墙的防火、保温、防潮材料的设置应符合设计要求，并应密实、均匀、厚度一致。

　　检验方法：检查隐蔽工程验收记录。

　　防火构造应符合设计要求并应对防火构造、填充材料的质量、填充材料的施工进行检查，做隐蔽验收记录。

9.3.8　金属框架及连接的防腐处理应符合设计要求。

　　检验方法：检查隐蔽工程验收记录和施工记录。

　　装饰装修规范的一般规定中未规定防腐进行隐蔽验收，工程实践中防腐是否做到位、是否符合设计要求对其耐久性至关重要，因此本项要求对防腐工程要检查并做隐蔽验收。

9.3.9　金属幕墙的防雷装置必须与主体结构的防雷装置可靠连接。

　　检验方法：检查隐蔽工程验收记录。

　　要注意的是金属幕墙结构中自上而下的防雷装置与主体结构的防雷装置可靠连接十分重要，一些特殊的做法应符合防雷设计规范的要求。连接的方法、质量要进行隐蔽验收并做记录，安装完成后对防雷系统应进行检测，并做测试记录。金属幕墙的防雷装置应由建筑设计单位认可。

9.3.10　各种变形缝、墙角的连接节点应符合设计要求和技术标准的规定。

　　检验方法：观察；检查隐蔽工程验收记录。

9.3.11　金属幕墙的板缝注胶应饱满、密实、连续、均匀、无气泡，宽度和厚度应符合设计要求和技术标准的规定。

　　检验方法：观察；尺量检查；检查施工记录。

　　金属幕墙板缝的注胶目的是要密封，防渗水、防空气侵入，本项提出了对板缝注胶的质量要求。

　　检查方法：观察；尺量检查；检查施工记录。

9.3.12　金属幕墙应无渗漏。

　　检验方法：在易渗漏部位进行淋水检查。

一般项目

9.3.13　金属板表面应平整、洁净、色泽一致。

　　检验方法：观察。

9.3.14　金属幕墙的压条应平直、洁净、接口严密、安装牢固。

　　检验方法：观察；手扳检查。

9.3.15　金属幕墙的密封胶缝应横平竖直、深浅一致、宽窄均匀、光滑顺直。

　　检验方法：观察。

9.3.16　金属幕墙上的滴水线、流水坡向应正确、顺直。

　　检验方法：观察；用水平尺检查。

9.3.17　每平方米金属板的表面质量和检验方法应符合表9.3.17（本书表11.9.5）的规定。

674

每平方米金属板的表面质量和检验方法

每平方米金属板的表面质量和检验方法　　　　　　　　表 11.9.5

项　次	项目	质量要求	检验方法
1	明显划伤和长度>100mm 的轻微划伤	不允许	观察
2	长度≤100mm 的轻微划伤	≤8 条	用钢尺检查
3	擦伤总面积	≤500mm²	用钢尺检查

9.3.18　金属幕墙安装的允许偏差和检验方法应符合表 9.3.18（本书表 11.9.6）的规定。

金属幕墙安装的允许偏差和检验方法　　　　　　　　表 11.9.6

项次	项目		允许偏差（mm）	检验方法
1	幕墙垂直度	幕墙高度≤30m	10	用经纬仪检查
		30m<幕墙高度≤60m	15	
		60m<幕墙高度≤90m	20	
		幕墙高度>90m	25	
2	幕墙水平度	层高≤3m	3	用水平仪检查
		层高>3mm	5	
3	幕墙表面平整度		2	用 2m 靠尺和塞尺检查
4	板材立面垂直度		3	用垂直检查尺检验
5	板材上沿水平度		2	用 1m 水平尺和钢直尺检查
6	相邻板材板角错位		1	用钢直尺检查
7	阳角方正		2	用直角检测尺检查
8	接缝直线度		3	拉 5m 线，不足 5m 拉通线，用钢直尺检查
9	接缝高低差		1	用钢直尺和塞尺检查
10	接缝宽度		1	用钢直尺检查

9.4　石材幕墙工程

9.4.1　本节适用于建筑高度不大于 100m、抗震设防烈度不大于 8 度的石材幕墙工程的质量验收。

石材幕墙适用范围，是参照了《金属与石材幕墙工程技术规范》（JGJ 133—2001）的规定。对于建筑高度大于 100m 的石材幕墙工程，由于我国目前尚无国家或行业的设计和施工标准，故不包含在装饰装修规范规定的范围内。超出范围的石材幕墙应进行专项技术论证。

石材幕墙工程质量主要的要求与玻璃幕墙工程大体相同。就材料来说，目前我国的一些石材产品的质量很不稳定，在强度、光泽度以及规格、尺寸方面有很多不符合产品标准，因此，对于幕墙用的天然石材就更应该严格注意质量。

主控项目

9.4.2　石材幕墙工程所用材料的品种、规格、性能和等级，应符合设计要求及国家现行产品标准和工程技术规范的规定。石材的弯曲强度不应小于 8.0MPa；吸水率应小于

0.8%。石材幕墙的铝合金挂件厚度不应小于4.0mm，不锈钢挂件厚度不应小于3.0mm。

检验方法：观察；尺量检查；检查产品合格证书、性能检测报告、材料进场验收记录和复验报告。

石材幕墙所用的主要材料如石材的弯曲强度、金属框架杆件和金属挂件的壁厚应经过设计计算确定。本项规定了最小限值，如计算值低于最小限值时，应取最小限值，这是为了保证石材幕墙安全而采取的双控措施。石材幕墙的饰面板大都是选用天然石材，同一品种的石材在颜色、光泽和花纹上容易出现很大的差异。

对石材的弯曲强度、寒冷地区石材的耐冻融性、室内用花岗岩的放射性现场应抽检复测，检查复验报告。

9.4.3 石材幕墙的造型、立面分格、颜色、光泽、花纹和图案应符合设计要求。

检验方法：观察。

做幕墙的主要目的是为了美观，而在工程施工中又经常出现石材排版放样时，石材幕墙的立面分格与设计分格有很大的出入，这些问题都不同程度地降低了石材幕墙整体的装饰效果。本项要求石材幕墙的石材样品和石材施工分格尺寸放样图应符合设计要求并取得设计的确认。

9.4.4 石材孔、槽的数量、深度、位置、尺寸应符合设计要求。

检验方法：检查进场验收记录或施工记录。

石板上用于安装的钻孔或开槽是石板受力的主要部位，加工时容易出现位置不正、数量不足、深度不够或孔槽壁太薄等质量问题，要求对石材上孔槽的位置、数量、深度以及孔或槽的壁厚进行进场验收；如果是现场开孔或开槽，监理单位和施工单位应对其进行抽检，并做好施工记录。

9.4.5 石材幕墙主体结构上的预埋件和后置埋件的位置、数量及后置埋件的拉拔力必须符合设计要求。

检验方法：检查拉拔力检测报告和隐蔽工程验收记录。

同金属幕墙的要求。

9.4.6 石材幕墙的金属框架立柱与主体结构预埋件的连接、立柱与横梁的连接、连接件与金属框架的连接、连接件与石材面板的连接必须符合设计要求，安装必须牢固。

检验方法：手扳检查；检查隐蔽工程验收记录。

结构的连接节点应进行隐蔽验收。有不少石材幕墙的连接是用机械连接方法，隐蔽验收时，一定要检查其连接方法及可靠性。

9.4.7 金属框架和连接件的防腐处理应符合设计要求。

检验方法：检查隐蔽工程验收记录。

9.4.8 石材幕墙的防雷装置必须与主体结构防雷装置可靠连接。

检验方法：观察；检查隐蔽工程验收记录和施工记录。

参考金属幕墙相应内容。

9.4.9 石材幕墙的防火、保温、防潮材料的设置应符合设计要求，填充应密实、均匀、厚度一致。

检验方法：检查隐蔽工程验收记录。

参考金属幕墙。

9.4.10 各种结构变形缝、墙角的连接节点应符合设计要求和技术标准的规定。

检验方法：检查隐蔽工程验收记录和施工记录。

9.4.11 石材表面和板缝的处理应符合设计要求。

检验方法：观察。

该项是针对目前石材幕墙在石材表面处理上有不同做法，有些工程设计要求在石材表面涂刷保护剂，形成一层保护膜，有些工程设计要求石材表面不作任何处理，以保持天然石材本色的装饰效果；在石材板缝的做法上也有开缝和密封缝的不同做法，在施工质量验收时应符合设计要求。

石材幕墙要求石板不能有影响其弯曲强度的裂缝。石板进场安装前应进行预拼，拼对石材表面花纹纹路，保证幕墙整体观感无明显色差，石材表面纹路协调美观。天然石材的修痕要求与石材表面质感和光泽一致。

9.4.12 石材幕墙的板缝注胶应饱满、密实、连续、均匀、无气泡，板缝宽度和厚度应符合设计要求和技术标准的规定。

检验方法：观察；尺量检查；检查施工记录。

板缝注胶除了要求美观外还有功能上的要求，如抗渗要求，对板缝注胶的宽度可实测检查，其厚度施工记录中应检查记录。

9.4.13 石材幕墙应无渗漏。

检验方法：在易渗漏部位进行淋水检查。

一般项目

9.4.14 石材幕墙表面应平整、洁净，无污染、缺损和裂痕。颜色和花纹应协调一致，无明显色差，无明显修痕。

检验方法：观察。

9.4.15 石材幕墙的压条应平直、洁净、接口严密、安装牢固。

检验方法：观察；手扳检查。

9.4.16 石材接缝应横平竖直、宽窄均匀；阴阳角石板压向应正确，板边合缝应顺直；凸凹线出墙厚度应一致，上下口应平直；石材面板上洞口、槽边应套割吻合，边缘应整齐。

检验方法：观察；尺量检查。

9.4.17 石材幕墙的密封胶缝应横平竖直、深浅一致、宽窄均匀、光滑顺直。

检验方法：观察。

9.4.18 石材幕墙上的滴水线、流水坡向应正确、顺直。

检验方法：观察；用水平尺检查。

9.4.19 每平方米石材的表面质量和检验方法应符合表9.4.19（本书表11.9.7）的规定。

每平方米石材的表面质量和检验方法   表11.9.7

项次	项目	质量要求	检验方法
1	裂痕、明显划伤和长度＞100mm的轻微划伤	不允许	观察
2	长度≤100mm的轻微划伤	≤8条	用钢尺检查
3	擦伤总面积	≤500mm²	用钢尺检查

9.4.20 石材幕墙安装的允许偏差和检验方法应符合表9.4.20（本书表11.9.8）的规定。

石材幕墙安装的允许偏差和检验方法　　　　　　　　表 11.9.8

项次	项目		允许偏差（mm）		检验方法
			光面	麻面	
1	幕墙垂直度	幕墙高度≤30m	10		用经纬仪检查
		30m<幕墙高度≤60m	15		
		60m<幕墙高度≤90m	20		
		幕墙高度>90m	25		
2	幕墙水平度		3		用水平仪检查
3	板材立面垂直度		3		用水平仪检查
4	板材上沿水平度		2		用1m水平尺和钢直尺检验
5	相邻板材板角错位		1		用钢直尺检查
6	幕墙表面平整度		2	3	用垂直检测尺检查
7	阳角方正		2	4	用直角检测尺检查
8	接缝直线度		3	4	拉5m线，不足5m拉通线，用钢直尺检查
9	接缝高低差		1	—	用钢直尺和塞尺检查
10	接缝宽度		1	2	用钢直尺检查

11.10　涂 饰 工 程

10.1　一般规定

10.1.1　本节适用于水性涂料涂饰、溶剂型涂料涂饰、美术涂饰等分项工程的质量验收。

10.1.2　涂饰工程验收时应检查下列文件和记录：

1　涂饰工程的施工图、设计说明及其他设计文件。

2　材料的产品合格证书、性能检测报告和进场验收记录。

3　施工记录。

与涂饰工程有关的标准：

《合成树脂乳液砂壁状建筑涂料》（JG/T 24）

《合成树脂乳液外墙涂料》（GB/T 9755）

《合成树脂乳液内墙涂料》（GB/T 9756）

《溶剂型外墙涂料》（GB/T 9757）

《复层建筑涂料》（GB/T 9779）

《外墙无机建筑涂料》（JG/T 25）

《饰面型防火涂料通用技术标准》（GB 12441）

《水溶性内墙涂料》（JC/T 423）

《多彩内墙涂料》（JG/T 003）

《聚氨酯清漆》（HG 2454）

《聚氨酯磁漆》(HG/T 2660)

《建筑室内用腻子》(JG/T 3298)

《室内装饰装修材料溶剂型木器涂料中有害物质限量》(GB 18581—2009)

《室内装饰装修材料内墙涂料中有害物质限量》(GB 18582—2008)

《民用建筑室内环境污染控制规范》(GB 50325—2010)

10.1.3 各分项工程的检验批应按下列规定划分：

1 室外涂饰工程每一栋楼的同类涂料涂饰的墙面每 500～1000m² 应划分为一个检验批，不足 500m² 也应划分为一个检验批。

2 室内涂饰工程同类涂料涂饰的墙面每 50 间（大面积房间和走廊按涂饰面积 30m² 为一间）应划分为一个检验批，不足 50 间也应划分为一个检验批。

10.1.4 检查数量应符合下列规定：

1 室外涂饰工程每 100m² 应至少检查一处，每处不得小于 10m²。

2 室内涂饰工程每个检验批应至少抽查 10%，并不得少于 3 间；不足 3 间时应全数检查。

10.1.5 涂饰工程的基层处理应符合下列要求：

1 新建筑物的混凝土或抹灰基层在涂饰涂料前应涂刷抗碱封闭底漆。

2 旧墙面在涂饰涂料前应清除疏松的旧装修层，并涂刷界面剂。

3 混凝土或抹灰基层涂刷溶剂型涂料时，含水率不得大于 8%；涂刷乳液型涂料时，含水率不得大于 10%。木材基层的含水率不得大于 12%。

4 基层腻子应平整、坚实、牢固，无粉化、起皮和裂缝；内墙腻子的粘结强度应符合《建筑室内用腻子》(JG/T 3094) 的规定。

5 厨房、卫生间墙面必须使用耐水腻子。

《建筑室内用腻子》的代号为 JG/T 298，现行标准编号为 JG/T 298—2010。

一般涂料大多呈弱碱性或中性，如果涂在龄期很短的混凝土或抹灰基体上，其基体的强碱反应会使涂料破乳，性能发生变化。既有建筑涂饰的基体应该剔除疏松的表层，进行修补、清洁处理，并涂刷界面剂，以利于涂料的附着。不同类型的涂料对混凝土或抹灰基层含水率的要求不同，涂刷溶剂型涂料时，参照国际一般做法规定为不大于 8%；涂刷乳液型涂料时，基层含水率控制在 10% 以下时装饰质量较好，同时，国内外建筑涂料产品标准对基层含水率的要求均在 10% 左右，故规定涂刷乳液型涂料时基层含水率不大于 10%。

涂饰工程所用的腻子对涂饰质量有一定的影响，常用腻子及润粉配合比（重量比）如下：

1. 混凝土表面、抹灰表面用腻子：

1）适用于室内的腻子：

聚醋酸乙烯乳液（即白乳胶）：滑石粉或大白粉：2% 羧甲基纤维素溶液（1∶5∶3.5）

注：表面刷涂清油后使用的腻子，同木料表面石膏腻子的配合比。

2）适用于外墙、厨房、厕所、浴室的腻子：

聚醋酸乙烯乳液：水泥：水（1∶5∶1）

2. 木料表面的石膏腻子：

石膏粉：熟桐油：水（20：7：50）

3. 木料表面清漆的润水粉：

大白粉：骨胶：土黄或其他颜料：水（14：1：1：18）

4. 木料表面清漆的润油粉：

大白粉：松香水：熟桐油（24：16：2）

5. 金属表面的腻子：

石膏粉：熟桐油：油性腻子或醇酸腻子：底漆：水（20：5：10：7：45）

对于浴厕间等有防水要求的墙面用防潮腻子还不能满足防水要求，应使用耐水腻子。

10.1.6 水性涂料涂饰工程施工的环境温度应在5～35℃之间。

10.1.7 涂饰工程应在涂层养护期满后进行质量验收。

涂料工程的材料花色丰富、品种繁多，以其经济、施工速度快、便于更新的特点在装饰装修工程中应用极其广泛。近年来，随着涂料产品耐水性、耐腐蚀性、耐污染性及耐候性能的提高以及城市景观的需要，越来越多的建筑外墙选用涂料饰面，随季节、温度变化的变色涂料也将问世，而不同涂料养护期不同，没有统一的规定。

10.2 水性涂料涂饰工程

10.2.1 本节适用于乳液型涂料、无机涂料、水溶性涂料等水性涂料涂饰工程的质量验收。

水性涂料是用水作为稀释剂，过低的温度或过高的温度都会破坏涂料的成膜，应注意涂饰工程施工的环境温度，同时，还应该注意涂饰工程环境的清洁，外墙面涂饰时风力不要过大，这些环境因素都会对涂饰工程的质量产生影响，施工时应注意。涂料不仅要有合格证，还要有性能检测报告。

主控项目

10.2.2 水性涂料涂饰工程所用涂料的品种、型号和性能应符合设计要求。

检验方法：检查产品合格证书、性能检测报告和进场验收记录。

对于涂料的性能，在工程实践中发现常有施工单位和业主对涂料的质量没有约定，工程竣工后，发现涂料涂饰工程变色、掉粉、起皮缺陷，此时施工单位无法提供涂料的质量证明书，结果是不管基层是否有问题，涂料施工单位都要承担主要责任。因为涂料施工单位不能证明自己使用的涂料是合格的。

10.2.3 水性涂料涂饰工程的颜色、图案应符合设计要求。

检验方法：观察。

10.2.4 水性涂料涂饰工程应涂饰均匀、粘结牢固，不得漏涂、透底、起皮和掉粉。

检验方法：观察；手摸检查。

涂料的透底、起皮和掉粉主要与涂料质量有关，而透底与施涂的遍数和涂料涂层厚度有关。

10.2.5 水性涂料涂饰工程的基层处理应符合本规范第10.1.5条的要求。

检验方法：观察；手摸检查；检查施工记录。

一般项目

10.2.6 薄涂料的涂饰质量和检验方法应符合表10.2.6（本书表11.10.1）的规定。

薄涂料的涂饰质量和检验方法

表 11.10.1

项次	项　目	普通涂饰	高级涂饰	检验方法
1	颜色	均匀一致	均匀一致	观察
2	泛碱、咬色	允许少量轻微	不允许	
3	流坠、疙瘩	允许少量轻微	不允许	
4	砂眼、刷纹	允许少量轻微砂眼，刷纹通顺	无砂眼，无刷纹	
5	装饰线、分色线直线度允许偏差（mm）	2	1	拉 5m 线，不足 5m 拉通线，用钢直尺检查

10.2.7　厚涂料的涂饰质量和检验方法应符合表 10.2.7（本书表 11.10.2）的规定。

厚涂料的涂饰质量和检验方法

表 11.10.2

项次	项　目	普通涂饰	高级涂饰	检验方法
1	颜色	均匀一致	均匀一致	观察
2	泛碱、咬色	允许少量轻微	不允许	
3	点状分布	—	疏密均匀	

10.2.8　复层涂料的涂饰质量和检验方法应符合表 10.2.8（本书表 11.10.3）的规定。

复层涂料的涂饰质量和检验方法

表 11.10.3

项　次	项　目	质量要求	检验方法
1	颜色	均匀一致	观察
2	泛碱、咬色	不允许	
3	喷点疏密程度	均匀，不允许连片	

10.2.9　涂层与其他装修材料和设备衔接处应吻合，界面应清晰。

　　检验方法：观察。

10.3　溶剂型涂料涂饰工程

10.3.1　本节适用于丙烯酸酯涂料、聚氨酯丙烯酸涂料、有机硅丙烯酸涂料等溶剂型涂料涂饰工程的质量验收。

主控项目

10.3.2　溶剂型涂料涂饰工程所选用涂料的品种、型号和性能应符合设计要求。

　　检验方法：检查产品合格证书、性能检测报告和进场验收记录。

　　一般施工单位、工程质量检测机构不具备对油漆的检测条件，只能凭经验、观察和试用等办法来确定油漆质量的优劣，故在工程施工前要检查其合格证书、性能检测报告。

　　常用油漆涂料的质量鉴别方法：

　　1. 清漆类。好的清漆，漆色清晰透明，没有过深的颜色，稠度适中。如有浑浊、沉淀变稠、分层，说明漆质发生变化，需经处理后使用。

　　2. 调和漆类。好的调和漆，表面稍有一薄层油料或稀释剂，下面较稠，但经搅拌即能充分搅匀，且颜色正常。若有起皮、变稠、沉淀、结块说明油漆有变化，需经处理后方可使用。

　　3. 粉类。常用的白色粉料有滑石粉、大白粉、石膏粉、锌白粉等。这几种粉料颜色相似，一时难以区别，但互相有不同之处，其鉴别方法如下：

1）滑石粉。色白中发暗，颗粒较细；用手指捻搓，感觉光滑细腻，用水一洗即掉。

2）大白粉。色较滑石粉白，但颗粒稍粗，用手捻搓亦感光滑细腻，但不如滑石粉，用水很快就能洗掉。

3）石膏粉。色不是全白色，有的还呈灰白色，但颗粒较粗；用手捻搓时觉得细中有粗粒，着水也即化开。

4）锌白粉（包括锌白、锌钡白、铅白等）。色较白，看起来有点刺眼，但颗粒粗细介于大白粉和石膏粉之间；用手捻搓时，感觉又细又涩，粘在手上一时洗不掉，用汽油一洗即净。

4. 生桐油。好的生桐油应呈浅黄色，透明清晰，无杂质。

油漆涂料的贮存时间过长，就会变态或变质，稀释剂的挥发使其结皮、变稠，有的变浑浊、沉淀等，严重的还会胶化报废。发生质量问题时，应及时送有关部门检测，合格后方能使用。

10.3.3 溶剂型涂料涂饰工程的颜色、光泽、图案应符合设计要求。

检验方法：观察。

10.3.4 溶剂型涂料涂饰工程应涂饰均匀、粘结牢固，不得漏涂、透底、起皮和返锈。

检验方法：观察；手摸检查。

10.3.5 溶剂型涂料涂饰工程的基层处理应符合本规范第10.1.5条的要求。

检验方法：观察；手摸检查；检查施工记录。

一般项目

10.3.6 色漆的涂饰质量和检验方法应符合表10.3.6（本书表11.10.4）的规定。

色漆的涂饰质量和检验方法　　　　　　　　表11.10.4

项次	项目	普通涂饰	高级涂饰	检验方法
1	颜色	均匀一致	均匀一致	观察
2	光泽、光滑	光泽基本均匀光滑无挡手感	光泽均匀一致光滑	观察、手摸检查
3	刷纹	刷纹通顺	无刷纹	观察
4	裹棱、流坠、皱皮	明显处不允许	不允许	观察
5	装饰线、分色线直线度允许偏差（mm）	2	1	拉5m线，不足5m拉通线，用钢直尺检查

注：无光色漆不检查光泽。

10.3.7 清漆的涂饰质量和检验方法应符合表10.3.7（本书表11.10.5）的规定。

清漆的涂饰质量和检验方法　　　　　　　　表11.10.5

项次	项目	普通涂饰	高级涂饰	检验方法
1	颜色	基本一致	均匀一致	观察
2	木纹	棕眼刮平、木纹清楚	棕眼刮平、木纹清楚	观察
3	光泽、光滑	光泽基本均匀光滑无挡手感	光泽均匀一致光滑	观察、手摸检查
4	刷纹	无刷纹	无刷纹	观察
5	裹棱、流坠、皱皮	明显处不允许	不允许	观察

10.3.8　涂层与其他装修材料和设备衔接处应吻合，界面应清晰。

　　检验方法：观察。

10.4　美术涂饰工程

10.4.1　本节适用于套色涂饰、滚花涂饰、仿花纹涂饰等室内外美术涂饰工程的质量验收。

主控项目

10.4.2　美术涂饰所用材料的品种、型号和性能应符合设计要求。

　　检验方法：观察；检查产品合格证书、性能检测报告和进场验收记录。

10.4.3　美术涂饰工程应涂饰均匀、粘结牢固，不得漏涂、透底、起皮、掉粉和反锈。

　　检验方法：观察；手摸检查。

10.4.4　美术涂饰工程的基层处理应符合本规范第10.1.5条的要求。

　　检验方法：观察；手摸检查；检查施工记录。

10.4.5　美术涂饰的套色、花纹和图案应符合设计要求。

　　检验方法：观察。

　　美术油漆的目的是为了美观，十分强调装饰效果，因此美术油漆的图案、颜色和花纹以及轮廓线条等要求较高。在大面积施工前，必须按设计要求或指定的图样做样板，经设计、建设监理单位选定认可后再按样板大面积施工。

　　美术涂饰，应符合下列规定：

　　1. 套色花饰、仿壁纸的图案：宜用喷印方法进行，并按分色顺序喷印。前套漏板喷印完，等涂料（或浆料）稍干后，方可进行下套漏板的喷印。

　　2. 滚花涂饰：应先在已完成的涂料（或刷浆）表面弹出垂直粉线，然后沿粉线自上而下进行，滚筒的轴必须垂直于粉线，不得歪斜。滚花完成后，周边应画色线或做边花、方格线。

　　3. 仿木纹、仿石纹涂饰：应在第一遍涂料表面上进行，待模仿纹理或油色拍丝等完成后，表面应涂施一遍罩面清漆。

　　4. 涂饰鸡皮皱面层：在涂料中需掺入20％～30％的大白粉（重量比），并用松节油进行稀释。刷涂厚度宜为2mm，表面拍打起粒应均匀、大小一致。

　　5. 涂饰拉毛面层：在涂料中需掺入石膏粉或滑石粉，其掺量和刷涂厚度应根据波纹大小由试验确定。面层干燥后，宜用砂纸磨去毛尖。

　　6. 甩水色点：宜先甩深色点，后甩浅色点，不同颜色的大小色点应分布均匀。

　　7. 划分色线和方格线：必须待图案完成后进行，并应横平竖直，接口吻合。

一般项目

10.4.6　美术涂饰表面应洁净，不得有流坠现象。

　　检验方法：观察。

10.4.7　仿花纹涂饰的饰面应具有被模仿材料的纹理。

　　检查方法：观察。

10.4.8　套色涂饰的图案不得移位，纹理和轮廓应清晰。

　　检查方法：观察。

11.11 裱糊与软包工程

11.1 一般规定

11.1.1 本章适用于裱糊、软包等分项工程的质量验收。

11.1.2 裱糊与软包工程验收时应检查下列文件和记录：

1 裱糊与软包工程的施工图、设计说明及其他设计文件。

2 饰面材料的样板及确认文件。

3 材料的产品合格证书、性能检测报告、进场验收记录和复验报告。

4 施工记录。

11.1.3 各分项工程的检验批应按下列规定划分：

同一品种的裱糊或软包工程每50间（大面积房间和走廊按施工面积30m² 为一间）应划分为一个检验批，不足50间也应划分为一个检验批。

11.1.4 检查数量应符合下列规定：

1 裱糊工程每个检验批应至少抽查10%，并不得少于3间，不足3间时应全数检查。

2 软包工程每个检验批应至少抽查20%，并不得少于6间，不足6间时应全数检查。

11.1.5 裱糊前，基层处理质量应达到下列要求：

1 新建筑物的混凝土或抹灰基层墙面在刮腻子前应涂刷抗碱封闭底漆。

2 旧墙面在裱糊前应清除疏松的旧装修层，并涂刷界面剂。

3 混凝土或抹灰基层含水率不得大于8%；木材基层的含水率不得大于12%。

4 基层腻子应平整、坚实、牢固，无粉化、起皮和裂缝；腻子的粘结强度应符合《建筑室内用腻子》（JG/T 3049）N 型的规定。

5 基层表面平整度、立面垂直度及阴阳角方正应达到第4.2.11 条高级抹灰的要求（4.2.11 条高级抹灰的要求为基层表面平整度、立面垂直度及阴阳角方正均为3mm）。

6 基层表面颜色应一致。

7 裱糊前应用封闭底胶涂刷基层。

裱糊与软包工程不仅具有良好的装饰效果，很多新型壁纸和墙布还具有吸声、防菌、防霉、耐水等实用功能。裱糊与软包材料颜色、花纹、图案多，如仿木纹、仿石纹、仿锦缎、仿面砖等，通过精心的设计与施工，使装饰面具有良好的质感。另外施工比较简便，便于二次装修和更新。

裱糊与软包是装饰装修工程的最后工序，其观感质量从某种意义来说，也代表着装饰装修工程的观感质量。

由于裱糊与软包工程选用的材料品种、性能、花色及图案十分丰富，材料表面观感与质感又带有一定的主观意见，所以，在装饰装修要求饰面材料的样板应经过建设方或设计方的确认，验收时应根据确认的样板对饰面材料进行检验。

裱糊与软包工程和涂饰工程一样，其质量与基层质量有非常密切的关系，规范第11.1.5 条作出有关基层处理、含水率、腻子等7项要求，原因是：

1. 新建筑物的混凝土抹灰基层如不涂刷抗碱封闭底漆，基层泛碱会导致裱糊后的壁纸变色。

2. 旧墙面疏松的旧装修层如不清除，将会导致裱糊后的壁纸起鼓或脱落。清除后的墙面仍需达到裱糊对基层的要求。

3. 基层含水率过大时，水蒸气会导致壁纸表面起鼓。

4. 腻子与基层粘结不牢固，或出现粉化、起皮和裂缝，均会导致壁纸接缝处开裂，甚至脱落，影响裱糊质量。

《建筑室内用腻子》（JG/T 3049）原为 1998 年标准，已作废，现已变更为《建筑室内用腻子》（JG/T 298—2010）。

5. 抹灰工程中表面平整度、立面垂直度及阴阳角方正等质量均对裱糊质量影响很大，如其质量达不到高级抹灰的质量要求，将会造成裱糊时对花困难，并出现离缝和搭接现象，影响整体装饰效果，故抹灰质量应达到高级抹灰的要求。

6. 如基层颜色不一致，裱糊后会导致壁纸表面发花，出现色差，特别是对遮蔽性较差的壁纸，这种现象将更严重。

7. 底胶能防止腻子粉化，并防止基层吸水，为粘贴壁纸提供一个适宜的表面，还可使壁纸在对花、校正位置时易于滑动。

壁纸中的有害物质限量值应符合表 11.11.1 的规定。

壁纸中的有害物质限量值　　　　　　　　　　表 11.11.1

有害物质名称		限量值
重金属（或其他）元素	钡	≤1000
	镉	≤25
	铬	≤60
	铅	≤90
	砷	≤8
	汞	≤20
	硒	≤165
	锑	≤20
氯乙烯单体		≤1.0
甲醛		≤120

注：本表摘自《室内装饰装修材料壁纸中有害物质限量》（GB 18585—2001）。

溶剂型胶粘剂中有害物质限量值应符合表 11.11.2 的规定。

溶剂型胶粘剂中有害物质限量　　　　　　　　表 11.11.2

项　目	指　标		
	橡胶胶粘剂	聚氨酯类胶粘剂	其他胶粘剂
游离甲醛/（g/kg）≤	0.5	—	—
苯（g/kg）≤	5		
甲苯＋二甲苯/（g/kg）≤	200		
甲苯二异氰酸酯/（g/kg）≤	—	10	—
总挥发性有机物/（g/L）≤	750		

注：1. 苯不能作为溶剂使用，作为杂质其最高含量不得高于表 11.11.1 的规定；
　　2. 本表摘自《室内装饰装修材料胶粘剂中有害物质限量》（GB 18583—2001）。

水基型胶粘剂中有害物质限量值应符合表 11.11.3 的规定。

水基型胶粘剂中有害物质限量值　　　　表 11.11.3

项　目	指　标				
	缩甲醛类胶粘剂	聚乙酸乙烯酯胶粘剂	橡胶类胶粘剂	聚氨酯类胶粘剂	其他胶粘剂
游离甲醛 (g/kg)≤	1	1	1	—	1
苯 (g/kg)≤	0.2				
甲苯＋二甲苯 (g/kg)≤	10				
总挥发性有机物 (g/L)≤	50				

注：本表摘自《室内装饰装修材料胶粘剂中有害物质限量》(GB 18583—2001)。

11.2　裱糊工程

11.2.1　适用于聚氯乙烯塑料壁纸、复合纸质壁纸、墙布等裱糊工程的质量验收。

主控项目

11.2.2　壁纸、墙布的种类、规格、图案、颜色和燃烧性能等级必须符合设计要求及国家现行标准的有关规定。

　　检验方法：观察；检查产品合格证书、进场验收记录和性能检测报告。

　　原材料不仅要有合格证，还应提供性能检测报告，其有害物质的指标不能超过限量值。

11.2.3　裱糊工程基层处理质量应符合本规范第 11.1.5 条的要求。

　　检验方法：观察；手摸检查；检查施工记录。

11.2.4　裱糊后各幅拼接应横平竖直，拼接处花纹、图案应吻合，不离缝、不搭接、不显拼缝。

　　检验方法：观察；拼缝检查距离墙面 1.5m 处正视。

　　接缝质量是裱糊工程很重要的要求，要求阴阳角均不能有对接缝，是因为如有对接缝极易开胶、破裂，这些部位接缝明显影响装饰效果。阳角处应包角压实；阴角处应顺光搭接，这样可使拼缝看起来不明显，取得更好的装饰效果。裱糊工程与设备终端的接缝要严密。

11.2.5　壁纸、墙布应粘贴牢固，不得有漏贴、补贴、脱层、空鼓和翘边。

　　检验方法：观察；手摸检查。

　　壁纸或墙布在进行裱糊时，胶液涂得过厚，在赶压时极易从拼缝中挤出胶液，如不及时擦去，胶液干后壁纸表面会产生亮带，影响装饰效果，施工时应注意。

一般项目

11.2.6　裱糊后的壁纸、墙布表面应平整，色泽应一致，不得有波纹起伏、气泡、裂缝、皱折及斑污，斜视时应无胶痕。

　　检验方法：观察；手摸检查。

11.2.7　复合压花壁纸的压痕及发泡壁纸的发泡层应无损坏。

　　检验方法：观察。

11.2.8　壁纸、墙布与各种装饰线、设备线盒应交接严密。

检验方法：观察。

11.2.9 壁纸、墙布边缘应平直整齐，不得有纸毛、飞刺。

检验方法：观察。

11.2.10 壁纸、墙布阴角处搭接应顺光，阴角处应无接缝。

检验方法：观察。

11.3 软包工程

11.3.1 本节适用于墙面、门等软包工程的质量验收。

软包工程包括带内衬软包和不带内衬软包两种。

软包工程在设计式样、构造方式上应具有设计图及说明，施工要符合设计要求。

相对于软包面料来说，内衬料安装是否平整、牢固，周边是否整齐等对面料的铺设质量有直接的影响。因此，软包工程的质量控制应注意每道工序，尤其注意内衬料的安装质量。

软包工程与裱糊工程相同，都是装饰装修工程最后一道工序，因此，对观感质量应严格要求。

对于软包边框质量，应做到平整、顺直、接缝吻合。软包边框木材含水率应控制好，如果含水率太高，在施工后的干燥过程中会导致木材翘曲、开裂、变形，直接影响到工程质量。

对于清漆制品来说，显示的是木料的本色，如果木材的色泽和木纹相差较大，均会影响到装饰效果。所以，要求清漆涂饰的木质边框一定要注意材料的一致。

主控项目

11.3.2 软包面料、内衬材料及边框的材质、颜色、图案、燃烧性能等级和木材的含水率应符合设计要求及国家现行标准的有关规定。

检验方法：观察；检查产品合格证书、进场验收记录和性能检测报告。

11.3.3 软包工程的安装位置及构造做法应符合设计要求。

检验方法：观察；尺量检查；检查施工记录。

11.3.4 软包工程的龙骨、衬板、边框应安装牢固，无翘曲，拼缝应平直。

检验方法：观察；手扳检查。

11.3.5 单块软包面料不应有接缝，四周应绷压严密。

检验方法：观察；手摸检查。

一般项目

11.3.6 软包工程表面应平整、洁净，无凹凸不平及皱折；图案应清晰、无色差，整体应协调美观。

检验方法：观察。

11.3.7 软包边框应平整、顺直、接缝吻合。其表面涂饰质量应符合本规范第10章的有关规定。

检验方法：观察；手摸检查。

11.3.8 清漆涂饰木制边框的颜色、木纹应协调一致。

检验方法：观察。

11.3.9 软包工程安装的允许偏差和检验方法应符合表11.3.9（本书表11.11.4）的规定。

项次	项目	允许偏差（mm）	检验方法
1	垂直度	3	用1m垂直检测尺检查
2	边框宽度、高度	0；－2	用钢尺检查
3	对角线长度差	3	用钢尺检查
4	裁口、线条接缝高低差	1	用钢直尺和塞尺检查

11.12 细 部 工 程

12.1 一般规定

12.1.1 本节适用于下列分项工程的质量验收：

1 橱柜制作与安装。

2 窗帘盒、窗台板、散热器罩制作与安装。

3 门窗套制作与安装。

4 护栏和扶手制作与安装。

5 花饰制作与安装。

12.1.2 细部工程验收时应检查下列文件和记录：

1 施工图、设计说明及其他设计文件。

2 材料的产品合格证书、性能检测报告、进场验收记录和复验报告。

3 隐蔽工程验收记录。

4 施工记录。

12.1.3 细部工程应对人造木板的甲醛含量进行复验。

人造木板甲醛含量复验结果应符合表 11.5.1 的要求。

12.1.4 细部工程应对下列部位进行隐蔽工程验收：

1 预埋件（或后置埋件）。

2 护栏与预埋件的连接节点。

12.1.5 各分项工程的检验批应按下列规定划分：

1 同类制品每 50 间（处）应划分为一个检验批，不足 50 间（处）也应划分为一个检验批。

2 每部楼梯应划分为一个检验批。

12.2 橱柜制作与安装工程

12.2.1 本节适用于位置固定的壁柜、吊柜等橱柜制作与安装工程的质量验收。

12.2.2 橱柜制作与安装工程的检查数量应符合下列规定：

每个检验批应至少抽查 3 间（处），不足 3 间（处）时应全数检查。

主控项目

12.2.3 橱柜制作与安装所用材料的材质和规格、木材的燃烧性能等级和含水率、花岗石的放射性及人造木板的甲醛含量应符合设计要求及国家现行标准的有关规定。

检验方法：观察；检查产品合格证书、进场验收记录、性能检测报告和复验报告。

对花岗石的放射性、人造木板的甲醛含量进行复检。木材的燃烧性能应符合设计要求，要进行防火处理。

12.2.4　橱柜安装预埋件或后置埋件的数量、规格、位置应符合设计要求。

　　检验方法：检查隐蔽工程验收记录和施工记录。

　　在橱柜安装前应对预埋件或后置埋件的数量、规格、位置进行检查，做隐蔽验收。

12.2.5　橱柜的造型、尺寸、安装位置、制作和固定方法应符合设计要求。橱柜安装必须牢固。

　　检验方法：观察；尺量检查；手扳检查。

12.2.6　橱柜配件的品种、规格应符合设计要求。配件应齐全，安装应牢固。

　　检验方法：手扳检查；检查进场验收记录。

12.2.7　橱柜的抽屉和柜门应开关灵活、回位正确。

　　检验方法：观察；开启和关闭检查。

一般项目

12.2.8　橱柜表面应平整、洁净、色泽一致，不得有裂缝、翘曲及损坏。

　　检验方法：观察。

12.2.9　橱柜裁口应顺直、拼缝应严密。

　　检验方法：观察。

12.2.10　橱柜安装的允许偏差和检验方法应符合表12.2.10（本书表11.12.1）的规定。

橱柜安装的允许偏差和检验方法　　　　　　　　表11.12.1

项　次	项　　目	允许偏差（mm）	检验方法
1	外形尺寸	3	用钢尺检查
2	立面垂直度	2	用1m垂直检测尺检查
3	门与框架的平行度	2	用钢尺检查

12.3　窗帘盒、窗台板和散热器罩制作与安装工程

　　窗帘盒有木材、塑料、金属等多种材料，大多以木材为主，窗台板有木材、天然石材、水磨石等。窗帘盒、窗台板和散热器罩的造型、规格、安装位置和固定方法应符合设计要求，安装必须牢固。同时，要注意保证窗帘盒、窗台板和散热器罩的使用功能。

12.3.1　本节适用于窗帘盒、窗台板和散热器罩制作与安装工程的质量验收。

12.3.2　检查数量应符合下列规定：

　　每个检验批应至少抽查3间（处），不足3间（处）时应全数检查。

主控项目

12.3.3　窗帘盒、窗台板和散热器罩制作与安装所使用材料的材质和规格、木材的燃烧性能等级和含水率、花岗石的放射性及人造木板的甲醛含量应符合设计要求及国家现行标准的有关规定。

　　检验方法：观察；检查产品合格证书、进场验收记录、性能检测报告和复验报告。

　　木材的木质等应符合设计要求，花岗石的放射性及人造木板的甲醛含量应进行复验，并应符合国家现行标准的有关规定。

12.3.4　窗帘盒、窗台板和散热器罩的造型、规格、尺寸、安装位置和固定方法必须符合设计要求。窗帘盒、窗台板和散热器罩的安装必须牢固。

检验方法：观察；尺量检查；手扳检查。

12.3.5　窗帘盒配件的品种、规格应符合设计要求，安装应牢固。

检验方法：手扳检查；检查进场验收记录。

一般项目

12.3.6　窗帘盒、窗台板和散热器罩表面应平整、洁净、线条顺直、接缝严密、色泽一致，不得有裂缝、翘曲及损坏。

检验方法：观察。

12.3.7　窗帘盒、窗台板和散热器罩与墙面、窗框的衔接应严密，密封胶缝应顺直、光滑。

检验方法：观察。

12.3.8　窗帘盒、窗台板和散热器罩安装的允许偏差和检验方法应符合表12.3.8（本书表11.12.2）的规定。

窗帘盒、窗台板和散热器罩安装的允许偏差和检验方法　　　表 11.12.2

项　次	项　目	允许偏差（mm）	检验方法
1	水平度	2	用1m水平尺和塞尺检查
2	上口、下口直线度	3	拉5m线，不足5m拉通线，用钢尺检查
3	两端距窗洞口长度差	2	用钢直尺检查
4	两端出墙厚度差	3	用钢直尺检查

12.4　门窗套制作与安装工程

12.4.1　本节适用于门窗套制作与安装工程的质量验收。

12.4.2　检查数量应符合下列规定：

每个检验批应至少抽查3间（处），不足3间（处）时应全数检查。

主控项目

12.4.3　门窗制作与安装所使用材料的材质、规格、花纹和颜色、木材的燃烧性能等级和含水率、花岗石的放射性及人造木板的甲醛含量应符合设计要求及国家现行标准的有关规定。

检验方法：观察；检查产品合格证书、进场验收记录、性能检测报告和复验报告。

12.4.4　门窗套的造型、尺寸和固定方法应符合设计要求，安装应牢固。

检验方法：观察；尺量检查；手扳检查。

一般项目

12.4.5　门窗套表面应平整、洁净、线条顺直、接缝严密、色泽一致，不得有裂缝、翘曲及损坏。

检验方法：观察。

12.4.6　门窗套安装的允许偏差和检验方法应符合表12.4.6（本书表11.12.3）的规定。

门窗套安装的允许偏差和检验方法　　　表 11.12.3

项次	项目	允许偏差（mm）	检验方法
1	正、侧面垂直度	3	用1m垂直检测尺检查
2	门窗套上口水平度	1	用1m水平检查尺和塞尺检查
3	门窗套上口直线度	3	拉5m线，不足5m拉通线，用钢直尺检查

12.5 护栏和扶手制作与安装工程

12.5.1 本节适用于护栏和扶手制作与安装工程的质量验收。

12.5.2 检查数量应符合下列规定：

每个检验批的护栏和扶手应全部检查。

主控项目

12.5.3 护栏和扶手制作与安装所使用材料的材质、规格、数量和木材、塑料的燃烧性能等级应符合设计要求。

检验方法：观察；检查产品合格证书、进场验收记录和性能检测报告。

对于塑料制品不仅要有合格证书，还要提供检测报告。

12.5.4 护栏和扶手的造型、尺寸及安装位置应符合设计要求。

检验方法：观察；尺量检查；检查进场验收记录。

12.5.5 护栏和扶手安装预埋件的数量、规格、位置以及护栏与预埋件的连接节点应符合设计要求。

检验方法：检查隐蔽工程验收记录和施工记录。

12.5.6 护栏高度、栏杆间距、安装位置必须符合设计要求。护栏安装必须牢固。

检验方法：观察；尺量检查；手扳检查。

1. 释义

护栏的形式和安装质量涉及人身安全，故列为强制性条文。

2. 措施

应充分强调护栏质量的重要性，保证设计和施工质量。

3. 检查

1）对照图纸检查护栏高度、栏杆间距和安装位置。

2）检查隐蔽工程验收记录。

3）手推检查是否牢固。

4. 判定

当出现下述情况之一时，视为违反强制性条文：

1）在正常使用情况下，护栏倒伏或脱落。

2）护栏高度、栏杆间距、安装位置不符合设计要求造成安全隐患。

3）护栏高度、栏杆间距、安装位置不符合设计要求造成人身伤亡事故。

12.5.7 护栏玻璃应使用公称厚度不小于12mm的钢化玻璃或钢化夹层玻璃。当护栏一侧距楼地面高度为5m及以上时，应使用钢化夹层玻璃。

检验方法：观察；尺量检查；检查产品合格证书和进场验收记录。

一般项目

12.5.8 护栏和扶手转角弧度应符合设计要求，接缝应严密，表面应光滑，色泽应一致，不得有裂缝、翘曲及损坏。

检验方法：观察；手摸检查。

12.5.9 护栏和扶手安装的允许偏差和检验方法应符合表12.5.9（本书表11.12.4）的规定。

项次	项目	允许偏差（mm）	检验方法
1	护栏垂直度	3	用 1m 垂直检测尺检查
2	栏杆间距	3	用钢尺检查
3	扶手直线度	4	拉通线，用钢直尺检查
4	扶手高度	3	用钢尺检查

12.6 花饰制作与安装工程

12.6.1 本节适用于混凝土、石材、木材、塑料、金属、玻璃、石膏等花饰制作与安装工程的质量验收。

12.6.2 检查数量应符合下列规定：

1 室外每个检验批应全部检查。

2 室内每个检验批应至少抽查 3 间（处）；不足 3 间（处）时应全数检查。

主控项目

12.6.3 花饰制作与安装所使用材料的材质、规格应符合设计要求。

检验方法：观察；检查产品合格证书和进场验收记录。

12.6.4 花饰的造型、尺寸应符合设计要求。

检验方法：观察；尺量检查。

12.6.5 花饰的安装位置和固定方法必须符合设计要求，安装必须牢固。

检验方法：观察；尺量检查；手扳检查。

一般项目

12.6.6 花饰表面应洁净，接缝应严密吻合，不得有歪斜、裂缝、翘曲及损坏。

检验方法：观察。

12.6.7 花饰安装的允许偏差和检验方法应符合表 12.6.7（本书表 11.12.5）的规定。

花饰安装的允许偏差和检验方法   表 11.12.5

项次	项目		允许偏差（mm）		检验方法
			室内	室外	
1	条型花饰的水平度或垂直度	每米	1	2	拉线和用 1m 垂直检测尺检查
		全长	3	6	
2	单独花饰中心位置偏移		10	15	拉线和用钢直尺检查

11.13 分部工程质量验收

13.0.1 建筑装饰装修工程质量验收的程序和组织应符合《建筑工程施工质量验收统一标准》（GB 50300）第 6 章（本书第 2 章）的规定。

13.0.2 建筑装饰装修工程的子分部工程及其分项工程应按本规范附录 B（本书表 11.13.1）划分。

子分部工程及其分项工程划分表　　　　　　　　　　表 11.13.1

项　次	子分部工程	分项工程
1	抹灰工程	一般抹灰，装饰抹灰，清水砌体勾缝
2	门窗工程	木门窗制作与安装，金属门窗安装，塑料门窗安装，特种门安装，门窗玻璃安装
3	吊顶工程	暗龙骨吊顶，明龙骨吊顶
4	轻质隔墙工程	板材隔墙，骨架隔墙，活动隔墙，玻璃隔墙
5	饰面板（砖）工程	饰面板安装，饰面砖粘贴
6	幕墙工程	玻璃幕墙，金属幕墙，石材幕墙
7	涂饰工程	水性涂料涂饰，溶剂型涂料涂饰，美术涂饰
8	裱糊与软包工程	裱糊，软包
9	细部工程	橱柜制作与安装，窗帘盒、窗台板和散热器罩制作与安装，门窗套制作与安装，护栏和扶手制作与安装，花饰制作与安装
10	建筑地面工程	基层，整体面层，板块面层，竹木面层

13.0.3　建筑装饰装修工程施工过程中，应按本规范各章一般规定的要求对隐蔽工程进行验收，并按规范附录 C（本书表 11.13.15）的格式记录。

13.0.4　检验批的质量验收应按《建筑工程施工质量验收统一标准》（GB 50300）附录 D（本书表 2.5.1）的格式记录。检验批的合格判定应符合下列规定：

　　1　抽查样本均应符合各主控项目的规定。

　　2　抽查样本的 80％以上应符合一般项目的规定。其余样本不得有影响使用功能或明显影响装饰效果的缺陷，其中有允许偏差的检验项目，其最大偏差不得超过规定允许偏差的 1.5 倍。

　　本条综合考虑了安全的需要、装修效果的需要、技术发展和目前我国装饰装修施工水平还参差不齐，而某些外观质量问题返工成本高、效果不理想，故允许有 20％以下的抽查样本存在既不影响使用功能也不明显影响装饰效果的缺陷。但对允许偏差的最大偏差提出了不得超过规范规定允许偏差 1.5 倍的极限值。

13.0.5　分项工程的质量验收应按《建筑工程施工质量验收统一标准》（GB 50300）附录 E（本书表 2.5.4）的格式记录，各检验批的质量均应达到本规范的规定。

13.0.6　子分部工程的质量验收应按《建筑工程施工质量验收统一标准》（GB 50300）附录 F（本书表 2.5.5）的格式记录。子分部工程中各分项工程的质量均应验收合格，并应符合下列规定：

　　1　本规范各子分部工程规定检查的文件和记录。

　　2　应具备表 13.0.6（本书表 11.13.2）所规定的有关安全和功能的检测项目的合格报告。

　　3　观感质量应符合本规范各分项工程中一般项目的要求。

有关安全和功能的检测项目表　　　　　　　　　　表 11.13.2

项次	子分部工程	检测项目
1	门窗工程	1. 建筑外墙金属窗的抗风压性能、空气渗透性能和雨水渗漏性能 2. 建筑外墙塑料窗的抗风压性能、空气渗透性能和雨水渗漏性能

项次	子分部工程	检测项目
2	饰面板（砖）工程	1. 饰面板后置埋件的现场拉拔强度 2. 饰面砖样板件的粘结强度
3	幕墙工程	1. 硅酮结构胶的相容性试验 2. 幕墙后置埋件的现场拉拔强度 3. 幕墙的抗风压性能、空气渗透性能、雨水渗漏性能及平面变形性能

注：本表摘自《建筑装饰装修工程质量验收规范》（GB 50210—2001）。

对于外墙窗的抗风压性能、空气渗透性能和雨水渗漏性能目前均为试验室检测，与现场的状况有不一致的情况，应按第五章介绍的《住宅工程质量分户验收规程》规定的用现场检测方法检测空气渗透性能和雨水渗漏性能，抗风压性能可提供型式检验报告。

13.0.7　分部工程的质量验收应按《建筑工程施工质量验收统一标准》（GB 50300）附录的格式记录。分部工程中各子分部工程的质量均应验收合格，并应按本规范第13.0.6条1至3款的规定进行核查。

当建筑工程只有装饰装修分部工程时，该工程应作为单位工程验收。

进行分部工程验收时，应将子分部工程的验收结论汇总，不必再对子分部进行验收，但应对分部工程的质量控制资料（文件和记录）、安全和功能检验报告及观感质量进行核查。

当建筑装饰装修工程作为单位工程验收时，应当按照第2章单位工程质量验收程序进行。

13.0.8　有特殊要求的建筑装饰装修工程，竣工验收时应按合同约定加测相关技术指标。

本条是考虑到有的建筑装饰装修工程除一般要求外，还会提出一些特殊的要求，如音乐厅、剧院、电影院、会堂等建筑对声学、光学会有很高的要求；大型控制室、计算机房等建筑对屏蔽、绝缘方面需特别处理；一些实验室和车间有超净、防霉、防辐射等要求。为满足这些特殊要求，设计人员往往采用一些特殊的装饰装修材料和工艺。此类工程验收时，除执行建筑装饰装修规范外，还应按设计规定对特殊要求进行检测和验收。

13.0.9　建筑装饰装修工程的室内环境质量应符合国家现行标准《民用建筑工程室内环境污染控制规范》（GB 50325）的规定。

《民用建筑工程室内环境污染控制规范》标准是2001年颁发的，其代号为GB 50325—2001，后经修订为2006年版，而后又进行修编，现代号为GB 50325—2010，下面介绍有关内容。

该规范控制的室内环境污染物有氡（Rn-222）、甲醛、氨、苯和总挥发性有机化合物（TVOC）。

民用建筑工程根据控制室内环境污染的不同要求，划分为以下两类：

Ⅰ类民用建筑工程：住宅、医院、老年建筑、幼儿园、学校教室等民用建筑工程。

Ⅱ类民用建筑工程：办公楼、商店、旅馆、文化娱乐场所、书店、图书馆、展览馆、体育馆、公共交通等候室、餐厅、理发店等民用建筑工程。

民用建筑工程所选用的建筑材料和装修材料必须符合该规范的规定。

民用建筑工程室内环境污染控制除应符合该规范规定外，尚应符合国家现行的有关强制性标准的规定。

1. 无机非金属建筑材料和装修材料。

1) 民用建筑工程所使用的砂、石、砖、水泥、商品混凝土、混凝土预制构件和新型墙体材料等无机非金属建筑主体材料，其放射性指标限量应符合表 11.13.3 的规定。

无机非金属建筑主体材料放射性指标限量　　　　　表 11.13.3

测定项目	限量
内照射指数（I_{Ra}）	≤1.0
外照射指数（I_r）	≤1.0

注：摘自《民用建筑工程室内环境污染控制规范》（GB 50325—2010）。

2) 民用建筑工程所使用的无机非金属装修材料，包括石材、建筑卫生陶瓷、石膏板、吊顶材料、无机瓷质粘结剂等，进行分类时，其放射性指标限量应符合表 11.13.4 的规定。

无机非金属装修材料放射性指标限量　　　　　表 11.13.4

测定项目	限　量	
	A	B
内照射指数（I_{Ra}）	≤1.0	≤1.3
外照射指数（I_r）	≤1.3	≤1.9

注：摘自《民用建筑工程室内环境污染控制规范》（GB 50325—2010）。

空心率大于 25% 的建筑材料，其天然放射性核素镭－226、钍－232、钾－40 的放射性比活度应同时满足内照射指数（I_{Ra}）不大于 1.0、外照射指数（I_r）不大于 1.3。

3) Ⅰ类民用建筑工程室内装修采用的无机非金属装修材料必须为 A 类。

2. 人造木板及饰面人造木板。

民用建筑工程室内用人造木板及饰面人造木板，必须测定游离甲醛含量或游离甲醛释放量（强制性条文）。

人造木板及饰面人造木板，应根据游离甲醛含量或游离甲醛释放量限量划分为 E_1 类和 E_2 类。

当采用环境测试舱法测定游离甲醛释放量，并依此对人造木板进行分类时，其限量应符合表11.13.5的规定。

环境测试舱法测定游离甲醛释放量限量　　　　　表 11.13.5

类别	限量（mg/m³）
E_1	≤0.12

注：本表摘自《民用建筑工程室内环境污染控制规范》（GB 50325—2010）。

当采用穿孔法测定游离甲醛含量，并依此对人造木板进行分级时，其限量应符合现行国家标准《室内装饰装修材料　人造板及其制品中甲醛释放限量》（GB 18580）的规定。

当采用干燥器法测定游离甲醛释放量，并依此对人造木板进行分级时，其限量应符合现行国家标准《室内装饰装修材料　人造板及其制品中甲醛释放限量》（GB 18580）的规定。

饰面人造木板可采用环境测试舱法或干燥器法测定游离甲醛释放量，当发生争议时应以环境测试舱法的测定结果为准；胶合板、细木工板宜采用干燥器法测定游离甲醛释放量；刨花板、纤维板等宜采用穿孔法测定游离甲醛含量。

采用穿孔法及干燥器法进行检测时，应符合现行国家标准《室内装饰装修材料 人造板及其制品中甲醛释放限量》（GB 18580）的规定。

3. 民用建筑工程室内用水性涂料和水性腻子，应测定游离甲醛的含量，其限量应符合表 11.13.6 的规定。

室内用水性涂料和水性腻子中游离甲醛限量 表 11.13.6

测定项目	限 量	
	水性涂料	水性腻子
游离甲醛（mg/kg）	≤100	

注：本表摘自《民用建筑工程室内环境污染控制规范》（GB 50325—2010）。

民用建筑工程室内用溶剂型涂料和木器用溶剂型腻子，应按其规定的最大稀释比例混合后，测定 VOC 和苯、甲苯＋二甲苯＋乙苯的含量，其限量应符合表 11.13.7 的规定。

室内用溶剂型涂料和木器用溶剂型腻子中 VOC 和苯、甲苯＋二甲苯＋乙苯限量

表 11.13.7

涂料类别	VOC（g/L）	苯（%）	甲苯＋二甲苯＋乙苯（%）
醇酸类涂料	≤500	≤0.3	≤5
硝基类涂料	≤720	≤0.3	≤30
聚氨酯类涂料	≤670	≤0.3	≤30
酚醛防锈漆	≤270	≤0.3	—
其他溶剂型涂料	≤600	≤0.3	≤30
木器用溶剂型腻子	≤550	≤0.3	≤30

注：本表摘自《民用建筑工程室内环境污染控制规范》（GB 50325—2010）。

聚氨酯涂漆测定固化剂中游离甲苯二异氰酸酯（TDI、HDI）的含量后，应按其规定的最小稀释比例计算出聚氨酯漆中游离二异氰酸酯（TDI、HDI）含量，且不应大于 4g/kg。测定方法宜符合现行国家标准《色漆盒清漆用漆基 异氰酸酯树脂中 二异氰酸酯（TDI）单体的测定》GB/T 18446 的有关规定。

4. 胶粘剂。

民用建筑工程室内用水性胶粘剂，应测定挥发性有机化合物（VOC）和游离甲醛的含量，其限量应符合表 11.13.8 的规定。

室内用水性胶粘剂中 VOC 和游离甲醛限量 表 11.13.8

测定项目	限 量			
	聚乙酸乙烯醋胶粘剂	橡胶类胶粘剂	聚氨酯类胶粘剂	其他胶粘剂
挥发性有机化合物（VOC）（g/L）	≤110	≤250	≤100	≤350
游离甲醛（g/kg）	≤1.0	≤1.0	—	≤1.0

注：本表摘自《民用建筑工程室内环境污染控制规范》（GB 50325—2010）。

民用建筑工程室内用溶剂型胶粘剂，应测定其挥发性有机化合物（VOC）和苯、甲苯＋二甲苯的含量，其限量应符合表 11.13.9 的规定。

室内用溶剂型胶粘剂中 VOC、苯、甲苯十二甲苯限量　　　表 11.13.9

测定项目	限　量			
	聚丁橡胶胶粘剂	SBS 胶粘剂	聚氨酯类胶粘剂	其他胶粘剂
苯（g/kg）	≤5.0			
甲苯十二甲苯（g/kg）	≤200	≤150	≤150	≤150
挥发性有机物（g/L）	≤700	≤650	≤700	≤700

注：本表摘自《民用建筑工程室内环境污染控制规范》（GB 50325—2010）。

5. 水性处理剂。

民用建筑工程室内用水性阻燃剂（包括防火涂料）、防水剂、防腐剂等水性处理剂，应测定游离甲醛的含量，其限量应符合表 11.13.10 的规定。

室内用水性处理剂中游离甲醛限量　　　表 11.13.10

测定项目	限　量
游离甲醛（mg/kg）	≤100

注：本表摘自《民用建筑工程室内环境污染控制规范》（GB 50325—2010）。

6. 其他材料。

民用建筑工程中使用的黏合木结构材料，游离甲醛释放量不应大于 0.12mg/m²。

民用建筑工程室内装修时，所使用的壁布、帷幕等游离甲醛释放量不应大于 0.12mg/m²。

民用建筑工程室内壁纸中甲醛含量不应大于 120mg/kg。

民用建筑工程室内用聚氯乙烯卷材地板中挥发物含量限量应符合表 11.13.11 的有关规定。

聚氯乙烯卷材地板中挥发物限量　　　表 11.13.11

名　称		限量（mg/m²）
发泡类卷材地板	玻璃纤维基材	≤75
	其他基材	≤35
非发泡类卷材地板	玻璃纤维基材	≤40
	其他基材	≤10

注：本表摘自《民用建筑工程室内环境污染控制规范》（GB 50325—2010）。

民用建筑工程室内用地毯、地毯衬垫中总挥发性有机化合物和游离甲醛的释放量限量应符合表11.13.12的有关规定。

地毯、地毯衬垫中有害物质释放限量　　　表 11.13.12

名　称	有害物质项目	限量（mg/m² · h）	
		A 级	B 级
地毯	总挥发性有机化合物	≤0.500	≤0.600
	游离甲醛	≤0.050	≤0.050
地毯衬垫	总挥发性有机化合物	≤1.000	≤1.200
	游离甲醛	≤0.050	≤0.050

注：本表摘自《民用建筑工程室内环境污染控制规范》（GB 50325—2010）。

7. 材料选择。

1）民用建筑工程室内不得使用国家禁止使用、限制使用的建筑材料。

2）Ⅰ类民用建筑工程室内装修采用的无机非金属装修材料必须为 A 类。

3）Ⅱ类民用建筑工程宜采用 A 类无机非金属建筑材料和装修材料；当 A 类和 B 类无机非金属装修材料混合使用时，每种材料的使用量应按下式计算：

$$\Sigma f_i \cdot I_{Ra} \leqslant 1.0$$
$$\Sigma f_i \cdot I_r \leqslant 1.3$$

式中　f_i——第 i 种材料在材料总用量中所占的质量百分比（%）；

　　　I_{Ra}——第 i 种材料的内照射指数；

　　　I_r——第 i 种材料的外照射指数。

4）Ⅰ类民用建筑工程的室内装修，采用的人造木板及饰面人造木板必须达到 E_1 级要求。

5）Ⅱ类民用建筑工程的室内装修，采用的人造木板及饰面人造木板宜达到 E_1 级要求；当采用 E_2 级人造木板时，直接暴露于空气的部位应进行表面涂覆密封处理。

6）民用建筑工程的室内装修，所采用和涂料、胶粘剂、水性处理剂，其苯、甲苯＋二甲苯、游离甲醛、游离甲苯二异氰酸酯（TDI）、挥发性有机化合物（VOC）的含量，应符合规范 GB 50325—2010 的规定。

7）民用建筑工程室内装修时，不应采用聚乙烯醇水玻璃内墙涂料、聚乙烯醇缩甲醛内墙涂料和树脂以硝化纤维素为主、溶剂以二甲苯为主的水包油型（O/W）多彩内墙涂料。

8）民用建筑工程室内装修时，不应采用聚乙烯醇缩甲醛类胶粘剂。

9）民用建筑工程室内装修中所使用的木地板及其木质材料，严禁采用沥青、煤焦油类防腐、防潮处理剂。

10）Ⅰ类民用建筑工程的室内装修粘贴塑料地板时，不应采用溶剂型胶粘剂。

11）Ⅱ类民用建筑工程中地下室及不与室外直接自然通风的房间贴塑料地板时，不宜采用溶剂型胶粘剂。

12）民用建筑工程中，不应在室内采用脲醛树脂泡沫塑料作为保温、隔热和吸声材料。

8. 材料进场检验。

1）民用建筑工程中所采用的无机非金属建筑材料和装修材料必须有放射性指标检测报告，并应符合设计要求和《民用建筑工程室内环境污染控制规范》（GB 5032—2010）的有关规定。

2）民用建筑工程室内饰面采用的天然花岗岩石材或瓷质砖使用面积大于 $200m^2$ 时，应对不同产品、不同批次材料分别进行放射性指标的抽查复验。

3）民用建筑工程室内装修中所采用的人造木板及饰面人造木板，必须有游离甲醛含量或游离甲醛释放量检测报告，并应符合设计要求和《民用建筑工程室内环境污染控制规范》（GB 5032—2010）的有关规定。

4）民用建筑工程室内装修中采用的某一种人造木板或饰面人造木板面积大于 $500m^2$ 时，应对不同产品、不同批次材料的游离甲醛含量或游离甲醛释放量分别进行抽查复验。

5）民用建筑工程室内装修中所采用的水性涂料、水性胶粘剂、水性处理剂必须有同

批次产品的挥发性有机化合物（VOC）和游离甲醛含量检测报告；溶剂型涂料、溶剂型胶粘剂必须有同批次产品的挥发性有机化合物（VOC）、苯、甲苯十二甲苯、游离甲二异氰酸酯（TDI）含量检测报告，并应符合设计要求和《民用建筑工程室内环境污染控制规范》（GB 50325—2010）的有关规定。

6）建筑材料和装修材料的检测项目不全或对检测结果有疑问时，必须将材料送有资格的检测机构进行检验，检验合格后方可使用。

9. 环境质量验收。

1）民用建筑工程及室内装修工程的室内环境质量验收，应在工程完工至少 7d 以后、工程交付使用前进行。

2）民用建筑工程及其室内装修工程验收时，应检查下列资料：

（1）工程地质勘察报告、工程地点土壤中氡浓度或氡析出率检测报告、工程地点土壤天然放射性核素镭－226、钍－232、钾－40 含量检测报告；

（2）涉及室内新风量的设计、施工文件，以及新风量的检测报告；

（3）涉及室内环境污染控制的施工图设计文件及工程设计变更文件；

（4）建筑材料和装修材料的污染物含量检测报告，材料进场检验记录，复验报告；

（5）与室内环境污染控制有关的隐蔽工程验收记录、施工记录；

（6）样板间室内环境污染物浓度检测报告（不做样板间的除外）。

3）民用建筑工程所用建筑材料和装修材料的类别、数量和施工工艺等，应符合设计要求和本规范的有关规定。

4）民用建筑工程验收时，必须进行室内环境污染物浓度检测。其限量应符合表 11.13.13 的规定。

民用建筑工程室内环境污染物浓度限量　　　　　表 11.13.13

污染物	Ⅰ类民用建筑工程	Ⅱ类民用建筑工程
氡（Bq/m³）	≤200	≤400
甲醛（mg/m³）	≤0.08	≤0.1
苯（mg/m³）	≤0.09	≤0.09
氨（mg/m³）	≤0.2	≤0.2
TVOG（mg/m³）	≤0.5	≤0.6

注：1. 表中污染物浓度限量，除氡外均指室内测量值扣除同步测定的室外上网向空气测量值（本底值）后的测量值；
　　2. 表中污染物浓度测量值的极限值判定，采用全数值比较法；
　　3. 本表摘自《民用建筑工程室内环境污染控制规范》（GB 50325—2010）。

5）民用建筑工程验收时，采用集中中央空调的工程，应进行室内新风量的检测，检测结果应符合设计要求和现行国家标准《公共建筑节能设计标准》（GB 50189）的有关规定。

6）民用建筑工程室内空气中氡的检测，所选用方法的测量结果不确定度不应大于 25％，方法的探测下限不应大于 10 Bq/m³。

7）民用建筑工程验收时，应抽检每个建筑单体有代表性的房间室内环境污染物浓度，氡、甲醛、氨、苯、TVOC 的抽检数量不得少于房间总数的 5％，每个建筑单体不得少于 3 间，当房间总数少于 3 间时，应全数检测。

8）民用建筑工程验收时，凡进行了样板间室内环境污染物浓度检测且检测结果合格的，抽检量减半，并不得少于 3 间。

9）民用建筑工程验收时，室内环境污染物浓度检测点数据应按表 11.13.14 设置。

室内环境污染物浓度检测点数设置 表 11.13.14

房间使用面积（m²）	检测点数（个）
<50	1
≥50，<100	2
≥100，<500	不少于 3
≥500，<1000	不少于 5
≥1000，<3000	不少于 6
≥3000	不少于 9

10）当房间内有 2 个及以上检测点时，应采用对角线、斜线、梅花状均衡布点，并取各点检测结果的平均值作为该房间的检测值。

11）民用建筑工程验收时，环境污染物浓度现场检测点应距内墙面不小于 0.5m、距楼地面高度0.8～1.5m。检测点应均匀分布，避开通风道和通风口。

12）民用建筑工程室内环境中甲醛、苯、氨、总挥发性有机化合物（TVOC）浓度检测时，对采用集中空调的民用建筑工程，应在空调正常运转的条件下进行；对采用自然通风的民用建筑工程，检测应在对外门窗关闭 1h 后进行。对甲醛、氨、苯、TVOC 取样检测时，装饰装修工程中完成的固定式夹具，应保持正常使用状态。

13）民用建筑工程室内环境中氡浓度检测时，对采用集中空调的民用建筑工程，应在空调正常运转的条件下进行；对采用自然通风的民用建筑工程，应在房间的对外门窗关闭 24h 以后进行。

14）当室内环境污染物浓度的全部检测结果符合《民用建筑工程室内环境污染控制规范》（GB 50325—2010）表 6.0.4（本书表 11.13.13）的规定时，可判定该工程室内环境质量合格。

15）当室内环境污染物浓度检测结果不符合规范的规定时，应查找原因并采取措施进行处理。抽取措施进行处理后的工程，可对不合格项进行再次检测。再次检测时，抽检量应增加 1 倍，并应包含同类型房间及原不合格房间。再次检测结果全部符合规范的规定时，应判定为室内环境质量合格。

16）室内环境质量验收不合格的民用建筑工程，严禁投入使用。

13.0.10　未经竣工验收合格的建筑装饰装修工程不得投入使用。

1. 隐蔽工程验收

《建筑装饰装修工程质量验收规范》（GB 50210—2001）规定需进行隐蔽工程验收的项目见表11.13.15。

建筑装饰装修工程需隐蔽验收的项目 表 11.13.15

序　号	子分部工程	需隐蔽验收的项目
1	抹灰工程	1. 抹灰总厚度大于或等于 35mm 时的加强措施 2. 不同材料基体交接处的加强措施

序 号	子分部工程	需隐蔽验收的项目
2	门窗工程	1. 预埋件和锚固件 2. 隐蔽部位的防腐、填嵌处理
3	吊顶工程	1. 吊顶内管道设备的安装及水管试压 2. 木龙骨防火、防腐处理 3. 预埋件或拉结筋 4. 吊杆安装 5. 龙骨安装 6. 填充材料的设置
4	软质隔墙工程	1. 骨架隔墙中设备管线的安装及水管试压 2. 木龙骨防火、防腐处理 3. 预埋件或拉结筋 4. 龙骨安装 5. 填充材料的设置
5	饰面板（砖）工程	1. 预埋件（或后置埋件） 2. 连接节点 3. 防水层
6	幕墙工程	1. 预埋件（或后置埋件） 2. 构件的连接节点 3. 变形缝及墙面转角处的构造节点 4. 幕墙防雷装置 5. 幕墙防火构造
7	涂饰工程	无
8	裱糊与软包装工程	无
9	细部工程	1. 预埋件（或后置埋件） 2. 护栏与预埋件的连接节点

2. 材料复验

《建筑装饰装修工程质量验收规范》（GB 5021—2001）规定现场使用材料需进行复验的项目见表11.13.16。

建筑装饰装修工程需复验的材料（项目）　　　　　　　　表 11.13.16

序 号	子分部工程名称	需复验的项目
1	抹灰工程	水泥的凝结时间和安定性
2	门窗工程	1. 人造木板的甲醛含量 2. 建筑外墙金属窗、塑料窗的抗风压性能、空气渗透性能和雨水渗漏性能
3	吊顶工程	人造木板的甲醛含量
4	轻质隔墙工程	人造木板的甲醛含量
5	饰面板（砖）工程	1. 室内用花岗岩的放射性 2. 粘贴用水泥的凝结时间、安定性和抗压强度 3. 外墙陶瓷面砖的吸水率 4. 寒冷地区外墙陶瓷面砖的抗冻性

序 号	子分部工程名称	需复验的项目
6	幕墙工程	1. 铝塑复合板的剥离强度 2. 石材的弯曲强度、寒冷地区石材的耐冻融性、室内用花岗岩的放射性 3. 玻璃幕墙用结构胶的邵氏硬度、标准条件拉伸粘结强度、相容性试验；石材用结构胶的粘结强度；石材用密封胶的污染性
7	涂饰工程	无
8	裱糊与软包工程	无
9	细部工程	人造板的甲醛含量

第12章　民用建筑节能工程（土建部分）

面对全球能源环境问题，低能耗建筑、零能建筑和绿色建筑等在我国得到政府的高度重视，国务院发布了《民用建筑节能条例》（国务院第530号令），国家出台了多部技术标准，以满足建筑节能工作的要求。

本章主要介绍《建筑节能工程施工质量验收规范》（GB 50411—2007）中的土建部分，安装部分在《质量员专业管理实务（设备安装）》中介绍，《建筑节能工程施工质量验收规范》（GB 50411—2007）已修编并已报批，请注意使用现行版本。

在介绍介绍之前，了解一下建筑节能常用的几个单位的概念。

热阻——表征围护结构本身或其中某层材料阻抗传热能力的物理量。热阻应是越大越好。用 R 表示。

导热系数——在稳态条件下，1m 厚的物体，两侧表面温差为 1K，1h 内通过 $1m^2$ 面积传递的热量。用 λ 表示。

单一材料层的热阻应按下式计算：

$$R = \delta/\lambda$$

式中　R——材料层的热阻（$m^2 \cdot K/W$）；

　　　　δ——材料层的厚度（m）；

　　　　λ——材料的导热系数 [$W/(m \cdot K)$]，

传热系数——在稳态条件下，围护结构两侧空气温差为 1K，1h 内通过 $1m^2$ 面积传递的热量。传热系数应是越小越好。用 K 表示。

传热阻——表征围护结构（包括两侧表面空气边界层）阻抗传热能力的物理量。为传热系数的倒数。用 R_0 表示。

对于单一材料的传热系数 $K = 1/R = \lambda/\delta$。可见，材料的导热系数越小、厚度越大，传热系数越小。

在建筑节能质量检查时主要应注意以下几个问题：

1. 检查检测报告：

1）型式检验报告；

2）系统耐候性检测报告；

3）产品检测报告；

4）材料进场抽样复验检测报告（见证）；

5）现场实体检验报告；

6）热工性能检测报告；

7）系统节能性能检测报告；

8）外窗气密性检测报告。

2. 材料进场时应检查下列内容：

1）材料、设备外观质量；

2）材料、设备的规格；

3）材料、设备的技术参数；

4）材料、设备的质量证明文件；

5）验收合格后的验收记录。

3. 检查质量控制资料：

1）设计文件、图纸会审记录、设计变更和洽商；

2）主要材料、设备和构件的质量证明文件、进场检验记录、进场核查记录、进场复验记录、见证试验报告；

3）隐蔽工程验收记录和相关图像资料；

4）分项工程质量验收记录；

5）建筑围护结构节能构造现场实体检验记录；

6）外窗气密性现场检测报告；

7）风管及系统严密性检验记录；

8）现场组装的组合式空调机组的漏风量测试记录；

9）设备单机试运转及调试记录；

10）系统联合试运转及调试记录；

11）系统节能性能检验报告。

4. 检查安全和功能检验资料核查及主要功能抽查记录

1）保温板材与基层粘结强度现场拉拔试验；

2）墙体保温层采用后置锚固件的锚固力现场拉拔试验；

3）外墙饰面砖的粘结强度拉拔试验；

4）预制保温板现场安装墙体的保温板板缝渗漏现场淋水试验；

5）幕墙工程冷凝水通水试验；

6）天窗淋水检查；

7）采光屋面淋水检查；

8）低压配电系统低压电源质量检测记录；

9）照明配电的各项负载检测记录；

10）监测控制系统的控制及故障报警功能检测记录；

11）控制系统的控制功能检测记录。

5. 检查节能系统：

1）核对现场建筑节能系统和设计文件的一致性；

2）核对现场建筑节能系统和型式检验报告的一致性；

3）核对现场建筑节能系统和耐候性检测报告中检测时系统的一致性。

本章的条款号按《建筑节能工程施工质量验收规范》（GB 50411—2007）编写。

12.1 总 则

1.0.1 为了加强建筑节能工程的施工质量管理，统一建筑节能工程施工质量验收，提高建筑工程节能效果，依据现行国家有关工程质量和建筑节能的法律、法规、管理要求和相关技术标准，制订本规范。

1.0.2 本规范适用于新建、改建和扩建的民用建筑工程中墙体、建筑幕墙、门窗、屋面、地面、采暖、通风与空调、采暖与空调系统的冷热源和附属设备及其管网、配电与照明、监测与控制等建筑节能工程施工质量的验收，同时，适用于既有建筑节能改造工程的验收。

1.0.3 建筑节能工程中采用的工程技术文件、承包合同文件对工程质量的要求不得低于本规范的规定。

1.0.4 建筑工程施工质量控制和竣工质量验收除应遵守本规范外，尚应遵守《建筑工程施工质量验收统一标准》(GB 50300)和各专业工程施工质量验收规范的规定。

1.0.5 单位工程竣工验收应在建筑节能工程分部工程验收合格后进行。

12.2 术　　语

2.0.1 保温浆料

由胶粉料与聚苯颗粒或其他保温轻骨料组配，使用时按比例加水搅拌混合而成的浆料。

2.0.2 凸窗

位置凸出外墙外侧的窗。

2.0.3 外门窗

建筑围护结构上有一个面与室外空气接触的门或窗。

2.0.4 玻璃遮阳系数

透过窗玻璃的太阳辐射得热与透过标准 3mm 透明窗玻璃的太阳辐射得热的比值。

2.0.5 透明幕墙

可见光可直接透射入室内的幕墙。

2.0.6 灯具效率

在相同的使用条件下，灯具发出的总光通量与灯具内所有光源发出的总光用量之比。

2.0.7 总谐波畸变率 (THD)

周期性交流量中的谐波含量的方均根值与其基波分量的方均根值之比（用百分数表示）。

2.0.8 不平衡度 ε

指三相电力系统中三相不平衡度的程度，用电压或电流负序分量与正序分量的方均根值百分比表示。

2.0.9 进场验收

对进入施工现场的材料、设备、构件或部品进行外观质量检查和规格、型号、技术参数及质量证明文件核查并形成相应验收记录的活动。

2.0.10 进场复验

进入施工现场的材料、设备、构件或部品等在进场验收合格的基础上，依据相关规定在施工现场抽样送至试验室进行部分或全部性能参数的检验活动。

要求"进场复验"的材料必须送至有资质的检测机构检测，第3.2.2条提出本规范规定的进场复验都是见证取样送检。

2.0.11 见证取样送检

施工单位在监理工程师或建设单位代表见证下，按照有关规定从施工现场抽取试样，送至有见证检测资质的检测机构进行试验检测的活动。

2.0.12 现场实体检验

在监理工程师或建设单位代表的见证下，对已经完成施工作业的检验批或分项、分部工程，按照有关规定在工程实体上抽取试样，在现场或送至有见证检测资质的检测机构进行试验检测的活动。简称实体检验或现场检验。

2.0.13 质量证明文件

随同进场材料、设备、构件或部品一同提供的能够证明其质量状况的文件。主要包括出厂合格证、中文说明书、型式检验报告及相关性能检测报告等。进口产品应包括出入境商品检验合格证明。适用时，也可包括进场验收、进场复验、见证取样检验和现场实体检验等资料。

"相关性能检测报告"不是指复验报告。在验收规范中有些条文要求核查材料的性能检验报告，是指厂家提供的性能检验报告，而不是进场复验报告。

2.0.14 核查

通常指对技术资料的检查及资料与实物的核对。包括对技术资料的完整性、技术内容的正确性、与其他相关资料的一致性及整理归档情况的检查，以及将技术资料与相应的材料、构件、设备或产品实物进行核对，确认。

2.0.15 型式检验

由生产厂家委托有资质的检测机构，对产品或成套技术的全部性能及其适用性所作的检验。其报告称型式检验报告。通常在工艺参数改变、达到预定生产周期或产品生产数量时进行。

12.3 基本规定

3.1 技术与管理

3.1.1 承担建筑节能工程的施工企业应具备相应的资质，施工现场应建立有效的质量管理体系、施工质量控制和检验制度，具有相应的施工技术标准。

承担建筑节能工程施工企业应有相应的资质，在执行中，由于目前国家尚未无专门的建筑节能工程施工资质，故应按照国家现行规定施工企业应具备相应分部工程的建筑工程承包的施工资质。

3.1.2 设计变更不得降低建筑节能效果。当设计变更涉及建筑节能效果时，该项变更应经原施工图设计审查机构审查，在实施前应办理设计变更手续，并获得监理或建设单位的确认。

本条为强制性条文。

关于建筑节能设计变更应同时满足三个要求：

1. 原设计单位认可；

2. 原设计审查机构重新审查；

3. 获得监理或建设单位的认可。

3.1.3 建筑节能工程采用的新技术、新设备、新材料、新工艺，应按照有关规定进行评审、鉴定及备案。施工前应对新的或首次采用的施工工艺进行评价，并制订专门的施工技术方案。

在实际操作过程中，确有可能碰到"四新"技术。《建设工程勘察设计管理条例》第二十九条规定："建设工程勘察、设计文件中规定采用的新技术、新材料，可能影响建设工程质量和安全，又没有国家技术标准的，应当由国家认可的检测机构进行试验、论证，出具检测报告，并经国务院有关部门或省、自治区、直辖市人民政府有关部门组织的建设工程技术专家委员会审定后，方可使用。"《实施工程建设强制性标准监督规定》第五条规定："工程建设中拟采用的新技术、新工艺、新材料，不符合现行强制性标准规定的，应当由拟采用单位提请建设单位组织专题技术论证，报批准标准的建设行政主管部门或者国务院有关主管部门审定。工程建设中采用国际标准或者国外标准，现行强制性标准未作规定的，建设单位应当向国务院建设行政主管部门或者国务院有关行政主管部门备案"。

3.1.4 单位工程的施工组织设计应包括建筑节能工程施工内容。建筑节能工程施工前，施工企业应编制建筑节能工程施工技术方案并经监理（建设）单位审查批准。施工单位应对从事建筑节能工程施工作业的专业人员进行技术交底和必要的实际操作培训。

施工技术方案是施工组织设计的一部分，施工组织设计的编制和审批应符合国家标准《建筑施工组织设计规范》（GB/T 50502—2009）的规定。施工单位应按本条规定将建筑节能施工技术方案报监理（建设）单位审查批准。

3.1.5 建筑节能工程的质量检测，除14.1.3条规定的情况外，应由具备资质的检测机构承担。

14.1.3条规定的是外墙节能构造的现场实体检验应在监理（建设）人员见证下实施，可委托有资质的检测机构实施，也可由施工单位实施。

3.2 材料与设备

3.2.1 建筑节能工程使用的材料、设备必须符合设计要求及国家有关标准的规定。严禁使用国家明令禁止使用与淘汰的材料和设备。

国家明令禁止使用与淘汰的材料和设备国家住房和城乡建设部和省级建设行政主管部门以技术公告形式公布，可在相关的网站上查阅。

3.2.2 材料和设备的进场验收应遵守下列规定：

1 对材料和设备的品种、规格、包装、外观和尺寸等进行检查验收，并应经监理工程师（建设单位代表）核准，形成相应的验收记录。

2 对材料和设备的质量合格证明文件进行核查，并应经监理工程师（建设单位代表）确认，纳入工程技术档案。所有进入施工现场用于节能工程的材料和设备均应具有出厂合格证、中文说明书及相关性能检测报告；定型产品和成套技术应有型式检验报告，进口材料和设备应按规定进行出入境商品检验。

3 材料和设备应按照本规范附录A及各章规定在施工现场抽样复验。复验应为见证取样送检。

附录A表A.0.1（本书表12.3.1）给出了建筑节能工程中进场材料和设备的复验项目，抽样数量应符合本标准相关条款的规定。

序　号	分项工程	复验项目
1	墙体节能工程	1. 保温材料的导热系数、密度、抗压强度或压缩强度； 2. 粘结材料的粘结强度； 3. 增强网的力学性能、抗腐蚀性能
2	幕墙节能工程	1. 保温材料：导热系数、密度； 2. 幕墙玻璃：可见光透射比、传热系数、遮阳系数、中空玻璃露点； 3. 隔热型材：抗拉强度，抗剪强度
3	门窗节能工程	1. 严寒、寒冷地区：气密性、传热系数和中空玻璃露点； 2. 夏热冬冷地区：气密性、传热系数、玻璃遮阳系数、可见光透射比、中空玻璃露点； 3. 夏热冬暖地区：气密性、玻璃遮阳系数、可见光透射比、中空玻璃露点
4	屋面节能工程	保温隔热材料的导热系数、密度、抗压强度或压缩强度
5	地面节能工程	保温材料的导热系数、密度、抗压强度或压缩强度
6	采暖节能工程	1. 散热器的单位散热量、金属热强度； 2. 保温材料的导热系数、密度、吸水率
7	通风与空调节能工程	1. 风机盘管机组的供冷量、供热量、风量、出口静压、噪声及功率； 2. 绝热材料的导热系数、密度、吸水率
8	空调与采暖系统冷、热源及管网节能工程	绝热材料的导热系数、密度、吸水率
9	配电与照明节能工程	电缆、电线截面和每芯导体电阻值

注：本表摘自《建筑节能工程施工质量验收规范》附录 A。

3.2.3　建筑节能工程所使用材料的燃烧性能等级和阻燃处理，应符合设计要求和国家现行标准《高层民用建筑设计防火规范》（GB 50045）、《建筑内部装修设计防火规范》（GB 50222）和《建筑设计防火规范》（GBJ 16）的规定。

　　《建筑设计防火规范》（GBJ 16）的标准代号已作废，现行标准代号为 GB 50016。对材料耐火性能的具体要求应由设计单位提出，并应符合相应标准的要求。建筑材料的燃烧性能分级的现行标准为《建筑材料及制品燃烧性能分级》（GB 8624—2013）。

3.2.4　建筑节能工程使用的材料应符合国家现行有关对材料有害物质限量标准的规定，不得对室内外环境造成污染。

　　判断竣工工程室内环境执行《民用建筑室内环境污染控制规范》（GB 50325）的规定。

3.2.5　现场配制的材料如保温浆料、聚合物砂浆等，应按设计要求或试验室给出的配合比配制。当未给出要求时，应按照施工方案和产品说明书配制。

3.2.6　节能保温材料在施工使用时的含水率应符合设计要求、工艺要求及施工技术方案要求。

　　自然含水率又叫天然含水率。表示材料的天然湿度，它是以材料中水分的重量与干材料的重量的比值。用百分率表示。

　　节能保温材料在施工使用时的含水率不应大于正常施工环境湿度下的自然含水率，否则应采取降低含水率的措施。

3.3　施工与控制

3.3.1　建筑节能工程施工应当按照经审查合格的设计文件和经审批的建筑节能工程施工

技术方案的要求施工。

本条为强制性条文，是对节能工程施工的基本要求。设计文件和施工技术方案，是节能工程施工也是所有工程施工均应遵循的基本要求。对于设计文件应当经过设计审查机构的审查；施工技术方案则应通过建设或监理单位的审查。施工中的变更，同样应经过审查。

3.3.2 建筑节能工程施工前，对于重复采用建筑节能设计的房间和构造做法，应在现场采用相同材料和工艺制作样板间或样板件，经有关各方确认后方可进行施工。

样板间或样板件应留存技术资料（材料、工艺、验收资料）并应纳入工程技术档案。

3.3.3 建筑节能工程的施工作业环境和条件，应满足相关标准和施工工艺的要求。节能保温材料不宜在雨雪天气中露天施工。

3.4 验收的划分

3.4.1 建筑节能工程为单位建筑工程的一个分部工程。其分项工程和检验批的划分应符合下列规定：

1 建筑节能分项工程应按照表3.4.1（本书表12.3.2）划分。

2 建筑节能工程应按照分项工程进行验收。当建筑节能分项工程的工程量较大时，可以将分项工程划分为若干个检验批进行验收。

3 当建筑节能工程验收无法按照上述要求划分分项工程或检验批时，可由建设、监理、施工等各方协商进行划分。但验收项目、验收内容、验收标准和验收记录均应遵守本规范的规定。

4 建筑节能分项工程和检验批验收应单独填写验收记录，节能验收资料应单独组卷。

建筑节能分项工程划分 表 12.3.2

序 号	分项工程	主要验收内容
1	墙体节能工程	主体结构基层；保温材料；饰面层等（注意，不是说有三个检验批）
2	幕墙节能工程	主体结构基层；隔热材料；保温材料；隔气层；幕墙玻璃；单元式幕墙板块；通风换气系统；遮阳设施；冷凝水收集排放系统等
3	门窗节能工程	门；窗；玻璃；遮阳设施等
4	屋面节能工程	基层；保温隔热层；保护层；防水层；面层等
5	地面节能工程	基层；保温层；保护层；面层等
6	采暖节能工程	系统制式；散热器；阀门与仪表；热力入口装置；保温材料；调试等
7	通风与空气调节节能工程	系统制式；通风与空调设备；阀门与仪表；绝热材料；调试等
8	空调与采暖系统的冷热源及管网节能工程	系统制式；冷热源设备；辅助设备；管网；阀门与仪表；绝热、保温材料；调试等
9	配电与照明节能工程	低压配电电源；照明光源；灯具；附属装置；控制功能；调试等
10	监测与控制节能工程	冷、热源系统的监测控制系统；空调水系统的监测控制系统；通风与空调系统的监测节能系统；监测与计量装置；供配电的监测控制系统；照明自动控制系统；综合控制系统等

注：本表摘自《建筑节能工程施工质量验收规范》（GB 50411—2007）。

1. 本规范将节能分部工程划分为10个分项工程，给出了这10个分项工程名称及需要验收的内容。表中各个分项工程，是指"节能性能"，其他与节能无直接关系的验收项目套用相对应的验收规范，以解决与原有建筑工程的分部分项验收有交叉、重复的现象。

《建筑工程施工质量验收统一标准》（GB 50300—2013）已将建筑节能工程作为单位工程的一个分部工程来进行划分和验收，并将其划分为 5 个子分部工程共 16 个分项工程，建筑节能验收规范的分部工程已与之配套，但子分部和分项工程现在还不一致，两个规范都是现行规范，作为过渡期来理解执行。

2. 节能工程应按分项工程验收。由于节能工程验收内容复杂，综合性较强，验收的内容如果对检验批直接给出容易造成分散和混乱。故本规范的各项验收要求均直接对分项工程提出。当分项工程较大时，可以划分成检验批验收，检验批的划分在相关条款中明确，其验收要求不变，此时分项验收只是一个汇总。

标准表 3.4.1 中"主要验收内容"一栏，不是对应的检验批，而是分项验收记录表的主要内容。

3. 分项工程和检验批的划分不是绝对的，在标准执行的过渡期内可结合《建筑工程施工质量验收统一标准》（GB 50300—2013）进行调整。

12.4 墙体节能工程

4.1 一般规定

4.1.1 本章（节）适用于采用板材、浆料、块材及预制复合墙板等墙体保温材料或构件的建筑墙体节能工程质量验收。

4.1.2 主体结构完成后进行施工的墙体节能工程，应在基层质量验收合格后施工，施工过程中应及时进行质量检查、隐蔽工程验收和检验批验收，施工完成后应进行墙体节能分项工程验收。与主体结构同时施工的墙体节能工程，应与主体结构一同验收。

规定墙体节能验收的程序性要求，分为两种情况：

一种情况是墙体节能工程在主体结构完成后施工，此时应先进行主体结构的验收，在建筑节能施工过程中应及时进行质量检查、隐蔽工程验收、相关检验批和分项工程验收，施工完成后应进行墙体节能子分部工程验收。

另一种是与主体结构同时施工的墙体节能工程，称墙体自保温工程，如现浇夹心复合保温墙板、保温砌块等，对此无法分别验收，应与主体结构一同验收。验收时结构部分应符合相应的结构规范要求，而节能工程应符合本规范的要求。

4.1.3 墙体节能工程应采用外保温定型产品或成套技术时，其型式检验报告中应包括安全性和耐候性检验。

外墙外保温系统均应提供包括安全性和耐候性的型式检验报告。

在施工现场应检查系统的构造是否和型式检验报告中的系统构造相一致，特别是材料的品种、规格、型号、性能应一致。

4.1.4 墙体节能工程应对下列部位或内容进行隐蔽工程验收，并应有详细的文字记录和必要的图像资料：

1 保温层附着的基层及其表面处理；

2 保温板粘结或固定；

3 锚固件；

4 增强网铺设；

5 墙体热桥部位处理；

6 预置保温板或预制保温墙板的板缝及构造节点；

7 现场喷涂或浇注有机类保温材料的界面；

8 被封闭的保温材料的厚度；

9 保温隔热砌块填充墙体。

本条要求隐蔽工程验收不仅应有详细的文字记录，还要有必要的图像资料。对于"必要"二字，可理解为有隐蔽工程全貌和有代表性的局部（部位）照片。这是第一部要求隐蔽工程要有图像资料的验收规范。图像资料可以是纸质的照片，也可以是数字形式的照片或连续的摄影记录。

幕墙节能工程5.1.4条、门窗节能工程6.1.3条、屋面节能工程7.1.3条、地面节能工程8.1.3条等都提出了类似的要求。

随着信息化的发展，建议建立电子档案，以满足数字化的要求。

4.1.5 墙体节能工程的保温材料在施工过程中应采取防潮、防水等保护措施。

防潮、防水主要是解决墙体保温材料受潮，导致保温性能下降，严重时墙体内部还会结露、发霉等。

4.1.6 墙体节能工程验收的检验批划分应符合下列规定：

1 采用相同材料、工艺和施工做法的墙面，每 $500 \sim 1000m^2$ 面积划分为一个检验批，不足 $500m^2$ 也为一个检验批。

2 检验批的划分也可根据与施工流程相一致且方便施工与验收的原则，由施工单位与监理（建设）单位共同商定。

4.2 主控项目

4.2.1 用于墙体节能工程的材料、构件等，其品种、规格应符合设计要求和相关标准的规定。

检验方法：观察、尺量检查；核查质量证明文件。

检查数量：按进场的批次，每批随机抽取3个试样进行检查；质量证明文件应按照其出厂检验批进行核查。

保温隔热材料的几何尺寸采用钢卷尺或钢板尺测量检查。重点测量板块状保温隔热材料的厚度。对照实物，检查每一种材料的技术资料和性能检测报告等质量文件是否齐全，内容是否完整。检查产品出厂合格证、质量检测报告等质量证明文件与实物是否一致，核查有关质量文件是否在有效期之内。现场抽样检测报告的参数应符合建筑节能工程进场材料和设备的复验项目的要求。

4.2.2 墙体节能工程使用的保温隔热材料，其导热系数、密度、抗压强度或压缩强度、燃烧性能应符合设计要求。

检验方法：核查质量证明文件及进场复验报告。

检查数量：全数检查。

检查各种质量证明文件和对进场材料进行复验。核查质量证明文件包括材料的出厂合格证、性能检测报告、型式检验报告等。本条中除材料的燃烧性能外，均应进行进场复验，应核查复验报告。进场复验报告中节能材料的参数应符合表12.3.1"建筑节能工程进场材料和设备的复验项目"的要求。

4.2.3 墙体节能工程采用的保温材料和粘结材料等，进场时应对其下列性能进行复验，复验应为见证取样送检：

1 保温材料的导热系数、材料密度、抗压强度或压缩强度；

2 粘结材料的粘结强度；

3 增强网的力学性能、抗腐蚀性能。

检验方法：随机抽样送检，核查复验报告。

检查数量：同一厂家的同一种产品，当单位工程建筑面积在 20000m² 以下时各抽查不少于 3 次；当单位工程建筑面积大于 20000m² 以上时各抽查不少于 6 次。

所谓"同品种"，可以不考虑规格。抽查不少于 3 次，是指不必对每个检验批抽查，只需控制总的抽查次数即可。

关于现场抽样检测的数量，各个条款均可执行《建筑工程施工质量验收统一标准》（GB 50300—2013）第 3.0.4 条（本书第 2 章）的规定。

4.2.4 严寒、寒冷和夏热冬冷地区应对外保温使用的粘结材料进行冻融试验，其结果应符合该地区最低气温环境的要求。

检验方法：随机抽样送检，核查试验报告。

检查数量：每类粘接材料抽样检验应不少于 1 次。

4.2.5 墙体节能工程施工前应按照设计和施工方案的要求对基层进行处理，处理后的基层应符合保温层施工方案的要求。

检验方法：对照设计和施工方案观察检查。核查隐蔽工程验收记录。

检查数量：全数检查。

墙体基层表面处理对于保证安全和节能效果很重要。属于隐蔽工程，施工中容易被忽略，事后无法检查。验收时应核查隐蔽工程验收记录。

4.2.6 墙体节能工程各层构造做法应符合设计要求，并应按照经过审批的施工方案施工。

检验方法：对照设计和施工方案观察检查。核查隐蔽工程验收记录。

检查数量：全数检查。

4.2.7 墙体节能工程的施工，应符合下列规定：

1 保温材料的厚度必须符合设计要求；

2 保温板与基层及各构造层之间的粘结或连接必须牢固。粘结强度和连接方式应符合设计要求和相关标准的规定。保温板材与基层的粘接强度应做现场拉拔试验，试验结果应符合要求。

3 保温浆料应分层施工。当外墙采用保温浆料做外保温时，保温层与基层之间及各层之间的粘结必须牢固，不应脱层、空鼓和开裂；

4 当墙体节能工程的保温层采用预埋或后置锚固件固定时，锚固件数量、位置、锚固深度和拉拔力应符合设计要求。后置锚固件应进行现场拉拔试验，试验结果应符合要求。

检验方法：观察；手扳检查；保温材料厚度采用钢针插入或剖开尺量检查；粘接强度和锚固力核查试验报告；核查隐蔽工程验收记录。

检查数量：每个检验批抽查不少于 3 处。

本条为强制性条文。

1. 对于保温板材，在采购材料时就应对板厚和密度等进行检验。如果不是保温板材，则施工的厚度必须达到设计要求。本规范第 14 章还规定了钻芯实体检验，严格检查控制。

2. 保温板材与基层的连接有多种方式，主要有粘接、机械锚固等。现场拉拔试验可采用相关标准规定的方法，如 JGJ 144。当设计给出粘结强度时应遵守设计要求，当设计无要求时，可参照《外墙外保温工程技术规程》（JGJ 144）的规定，其粘结强度不应小于 0.1MPa。

3. 保温浆料应分层施工，类似普通抹灰的要求。

4. 预埋件锚固效果好，通常可以不作拉拔力检验（常用于现浇结构）。后置埋件应做现场拉拔试验。

对于粘结强度试验和锚固拉拔力试验，本条规定了最少检查数量，即每个检验批不应少于 3 处，具体抽样可按所选用的标准执行。当标准未规定抽样数量或规定的抽样数量少于本规定时，应按本规定执行。例如 JGJ144 要求是 5 处。

拉拔力应符合设计或相关标准的要求，相关标准主要指外墙外保温节能系统的相关标准。

4.2.8 外墙采用预置保温板现场浇筑混凝土墙体时，保温板的验收应符合本规范第 4.2.2 条的规定；保温板的安装应位置正确、接缝严密，保温板在浇筑混凝土过程中不得移位、变形，保温板表面应采取界面处理措施，与混凝土粘结应牢固。

混凝土和模板的验收，应执行《混凝土结构工程施工质量验收规范》（GB 50204）的相关规定。

检验方法：观察检查，核查隐蔽工程验收记录。

检查数量：全数检查。

4.2.9 当外墙采用保温浆料做保温层时，应在施工中制作同条件试件，检测其导热系数、干密度和压缩强度。保温浆料同条件试件应见证取样送检。

检验方法：检查试验报告。

检查数量：每个检验批抽样制作同条件试块不少于 3 组。

制作同条件试件的目的，是为了检测保温砂浆的导热系数、干密度和压缩强度等参数，而各个参数的试验要求不同，因此制作的同条件试块也不相同。

测试干密度用的同条件试块的尺寸为 300mm×300mm×300mm，养护时间为 28 天。试块数量为每个检验批至少 1 组，每组 3 块。测试干密度后的试块，按《绝热材料稳态热阻及有关特性的测定》（GB/T 10294）的规定测试导热系数。测试压缩强度用的同条件试块的尺寸为 100mm×100mm×100mm，养护时间为 28 天，试块数量为每个检验批至少制作 1 组。

4.2.10 墙体节能工程各类饰面层的基层及面层施工，应符合设计和《建筑装饰装修工程质量验收规范》（GB 50210）的要求，并应符合下列规定：

1 饰面层施工的基层应无脱层、空鼓和裂缝，基层应平整、洁净，含水率应符合饰面层施工的要求。

2 外墙外保温工程不宜采用粘贴饰面砖做饰面层。当采用时，其安全性与耐久性必须符合设计要求。饰面砖应做粘结强度拉拔试验，试验结果应符合设计和有关标准的规定。

3 外墙外保温工程的饰面层不得渗漏。当外墙外保温工程的饰面层采用饰面板开缝安装时，保温层表面应具有防水功能或采取其他相应的防水措施。

4 外墙外保温层及饰面层与其他部位交接的收口处，应采取密封措施。

检验方法：观察，核查试验报告和隐蔽工程验收记录。

检查数量：全数检查。

外墙外保温工程中的保温层强度一般较低，如果表面粘贴较重的饰面砖，使用年限较长后容易变形脱落，高层建筑这种危害更为严重，故不宜采用。当一定要采用饰面砖时，则必须有保证保温层与饰面砖安全性和耐久性的措施。这些措施的有效性应通过做"粘结强度拉拔试验"来加以验证。

粘结强度拉拔试验方法、抽样数量、评定标准应符合《建筑工程饰面砖粘结强度检验标准》(JGJ 110—2008)的要求。

外墙外保温的饰面层一旦渗漏，水分进入保温层内，将明显降低保温效果。加之水分滞留在保温层内难以散发，可能出现内墙结露、发霉等问题。如果经过冻融还可能造成安全问题。特别是外墙外保温工程的饰面层，如果采用饰面板开缝安装时，雨水很容易进入板后的保温层表面，故特别规定保温层表面应具有防水功能或采取其他相应的防水措施，以防止保温层浸水失效。在施工中如果遇到设计无要求，应提出洽商解决。

此款强调了饰面层的防水要求，却没能给出具体的做法，具体的做法应设计考虑，施工操作标准来控制。

4.2.11 采用保温砌块砌筑的墙体，应采用具有保温功能的砂浆砌筑。砌筑砂浆的强度等级应符合设计要求。砌体的水平灰缝饱满度不应低于90%，竖直灰缝饱满度不应低于80%。

检验方法：对照设计核查施工方案和砌筑砂浆强度试验报告。用百格网检查灰缝砂浆饱满度。

检查数量：每楼层每施工段至少抽查一次，每次抽查5处，每处不少于3个砌块。

保温砌块砌筑的墙体：

1. 宜使用专用砂浆。

2. 砌筑砂浆的强度等级的评定应符合《砌体工程施工质量验收规范》(GB 50203—2011)的规定。

3. 灰缝饱满度应在施工过程中根据本条进行检查，不是等施工结束或验收时检查，现场应做好检查和监督工作，检查完后做好记录。

4.2.12 采用预制保温墙板现场安装的墙体，应符合下列规定：

1 保温墙板应有型式检验报告，型式检验报告中应包括安装性能的检验；

2 保温墙板的结构性能、热工性能及与主体结构的连接方法应符合设计要求，与主体结构连接必须牢固；

3 保温墙板的板缝处理、构造节点及嵌缝做法应符合设计要求；

4 保温墙板板缝不得渗漏。

检验方法：核查型式检验报告、出厂检验报告、对照设计观察和淋水试验检查。核查隐蔽工程验收记录。

检查数量：型式检验报告、出厂检验报告全数检查；其他每个检验批抽查5%，并不少于3块（处）。

预制保温墙板本身的质量包括结构性能、热工性能、安装性能等。这些均由生产厂家负责，故厂家出具的型式检验报告中应有相应的数据。本条明确要求型式检验报告中尚应包含安装性能检验的信息。

检查安装好的保温墙板板缝不得渗漏，可采用现场淋水试验的方法，对墙体板缝部位连续淋水1h不渗漏为合格。

4.2.13 当设计要求在墙体内设置隔汽层时，隔汽层的位置、使用的材料及构造做法应符合设计要求和相关标准的规定。隔气层应完整、严密，穿透隔汽层处应采取密封措施。隔汽层冷凝水排水构造应符合设计要求。

检验方法：对照设计观察检查，核查质量证明文件和隐蔽工程验收记录。

检查数量：每个检验批应抽查5%，并不少于3处。

墙体内隔汽层的作用，主要防止空气中的水分进入保温层造成保温效果下降，进而形成结露等问题。

露点温度——湿空气容纳水蒸气的限值与温度有关，温度越高，空气能容纳的水蒸气量也大。因此，若保持空气中水蒸气的含量不变，而降低空气的温度，将使空气逐渐饱和。当温度降低到某一数值时，空气就将达到饱和状态。这时，若让空气继续冷却，便会有部分水蒸气凝结为露滴从湿空气中析出。这一与给定的含湿量相对应湿空气达到饱和时的温度，称为露点温度。通俗地讲，露点温度就是空气开始结露的温度。

露点温度与含湿量有着一一对应的关系。这就是说，一个露点温度对应一个含湿量；反之，一个含湿量对应一个露点温度。因此，露点温度与含湿量不能同时作为湿空气的两个独立参数。

4.2.14 外墙或毗邻不采暖空间墙体上的门窗洞口四周的侧面，墙体上凸窗的侧面，应按设计要求采取节能保温措施。

检验方法：对照设计观察检查，必要时抽样剖开检查。核查隐蔽工程验收记录。

检查数量：每个检验批抽查5%，并不少于5个洞口。

本条所指的门窗洞口四周墙侧面，是指窗洞口的侧面，即与外墙面垂直的4个小面。可以采用镶贴保温板或采用保温砂浆等做法，具体应符合设计规定。施工前门窗框或附框应安装完毕。

4.2.15 严寒、寒冷和夏热冬冷地区外墙热桥部位，应按设计要求采取节能保温等隔断热桥措施。

检验方法：对照设计和施工方案观察检查。核查隐蔽工程验收记录。

检查数量：按不同热桥种类，每种抽查20%，不少于5处。

本条为强制性性条文。

热桥：是指外围护结构上有热工缺陷的部位。在室内外温差的作用下，这些部位会出现局部热流密集的现象。在室内采暖的情况下，该部位内表面温度较其他部位低；而在室内空调降温的情况下，该部位的内表面温度又较其他部位高。具有这种特征的部位，称为"热桥"。

4.3 一般项目

4.3.1 进场节能保温材料与构件的外观和包装应完整无破损，符合设计要求和产品标准的规定。

检验方法：观察检查。

检查数量：全数检查。

4.3.2 当采用加强网作为防止开裂的措施时，加强网的铺贴和搭接应符合设计和施工方案的要求。表层砂浆抹压应密实，不得空鼓，加强网不得皱褶、外露。

检验方法：观察检查；核查隐蔽工程验收记录。

检查数量：每个检验批抽查不少于 5 处，每处不少于 $2m^2$。

加强网按照制作材料可以分为金属网、耐碱玻璃纤维网格布两类。保温工程中使用的玻璃纤维网格布因为其长期处于水泥基砂浆的碱性环境中，故应采用耐碱型的，否则极易受到侵蚀腐烂。

铺设玻纤网时应注意以下几点：

1. 不得在雨中铺设；

2. 标准网间相互搭接≥100mm，分段施工时应留出搭接长度；加强网间须对接，其对接处应紧密对接；

3. 在转角部位，标准网应是连续的，并从每边双向绕角后包墙的宽度不小于 200mm，加强网应顶角对接布置；

4. 铺设玻纤网时，玻纤网的弯曲面朝向墙面（玻纤网是成卷的，内曲的一面朝里），并从中央向四周用抹子抹平，直至玻纤网完全嵌入抹面胶浆内；

5. 抹面胶浆和玻纤网铺设完毕后，不得挠动，静置养护不少于 24 小时，才可进行下一道工序。在寒冷潮湿气候条件下，还应适当延长养护时间。

4.3.3 设置空调房间，其外墙热桥部位，应按设计要求采取隔断热桥措施。

检验方法：对照设计和施工方案观察检查。核查隐蔽工程验收记录。

检查数量：按不同热桥种类，每种抽查 10%，不少于 5 处。

本条要求的内容与 4.2.15 条要求相同，所不同的是本条针对的不是严寒和寒冷地区，而是所有设置空调的房间。

4.3.4 施工产生的墙体缺陷，如：穿墙套管、脚手眼、孔洞等，应采取隔断热桥措施，不得影响墙体热工性能。

检验方法：对照施工方案观察检查。

检查数量：全数检查。

4.3.5 墙体保温板材接缝方法应符合施工方案要求。保温板接缝应平整严密。

检验方法：观察检查。

检查数量：每个检验批抽查 10%，并不少于 5 处。

墙体保温板材的接缝方法，各地做法有所不同。部分地区要求接缝处使用胶粘剂粘接；另外一些地区则要求保温板接缝处不粘接，只要将接缝挤严即可。工程实践证明上述两种做法均可，其效果相同。对保温板的接缝来说，最主要的是要挤紧、可靠固定并使接缝处平整严密，以免在抹灰或浇筑混凝土砂浆或水泥浆进入缝隙内。

4.3.6 墙体采用保温浆料时，保温浆料层宜连续施工；保温浆料厚度应均匀、接茬应平顺密实。

检验方法：观察、尺量检查。

检查数量：每个检验批抽查 10%，并不少于 10 处。

从施工工艺角度看，除配合比外，保温浆料的抹灰与普通装饰抹灰基本相同。

4.3.7 墙体上容易碰撞的阳角、门窗洞口及不同材料基体的交接处等特殊部位，其保温层应采取防止开裂和破损的加强措施。

检验方法：观察；核查隐蔽工程验收记录。

检查数量：按不同部位，每类抽查 10%，并不少于 5 处。

保温层防止开裂和破损的加强措施应由设计和施工技术方案确定。

4.3.8 采用现场喷涂或模板浇注有机类保温材料做外保温时，有机类保温材料应达到陈化时间后方可进行下道工序施工。

检查方法：对照施工方案和产品说明书检查。

检查数量：全数检查。

有机类保温浆料的陈化，也称"熟化"。由于有机类保温材料的体积需经过一段时间才趋于稳定，故提出陈化时间的要求。保温材料的具体陈化时间由产品标准规定，产品说明书明确，核查该材料喷涂或浇筑日期。

12.5 幕墙节能工程

5.1 一般规定

5.1.1 本章（节）适用于透明和非透明的各类建筑幕墙的节能工程质量验收。

玻璃幕墙属于透明幕墙，节能设计标准中对其有遮阳系数、传热系数、可见光透射比、气密性能等相关要求，与建筑外窗在节能方面有着共同的指标要求。金属幕墙、石材幕墙、人造板材幕墙等属于非透明幕墙，建筑节能指标要求主要是传热系数，与墙体有着一样的节能指标要求。

由于建筑幕墙的设计施工往往是另外进行专业分包，施工质量验收除按照《建筑装饰装修工程质量验收规范》进行验收外，还应按本规范对幕墙的节能工程进行验收。

5.1.2 附着于主体结构上的隔汽层、保温层应在主体结构工程质量验收合格后施工。施工过程中应及时进行质量检查、隐蔽工程验收和检验批验收，施工完成后应进行幕墙节能分项工程验收。

有些幕墙的非透明部分的隔汽层附在建筑主体的实体墙上，如在主体结构上涂防水涂料，喷涂防水剂，铺设防水卷材等。有些幕墙的保温层也附在建筑主体的实体墙上。这类建筑幕墙，隔汽层和保温材料需要在实体墙的墙面质量满足要求后才能进行施工作业。应做好交接验收。

5.1.3 当幕墙节能工程采用隔热型材时，隔热型材生产厂家应提供型材所使用的隔热材料的力学性能和热变形性能试验报告。

5.1.4 幕墙节能工程施工中应对下列部位或项目进行隐蔽工程验收，并应有详细的文字记录和必要的图像资料：

1 被封闭的保温材料厚度和保温材料的固定；

2 幕墙周边与墙体的接缝处保温材料的填充；

3 构造缝、结构缝；

4 隔汽层；

5 热桥部位、断热节点；

6 单元式幕墙板块间的接缝构造；

7 冷凝水收集和排放构造；

8 幕墙的通风换气装置。

本条明确了幕墙工程施工中的隐蔽工程验收项目，在非透明幕墙中，幕墙保温材料的固定是否牢固，可以直接影响到节能效果。如果固定不牢固，保温材料可能会脱离，从而造成部分部位无保温材料。另外，如果采用彩釉玻璃一类的材料作为幕墙的外饰面板，保温材料直接贴到玻璃很容易使得玻璃的温度不均匀，从而玻璃更加容易自爆。

幕墙的隔汽层、凝结水收集和排放构造等都是为了避免非透明幕墙部位结露。结露水渗到室内。一般如果非透明幕墙保温层的隔汽好，幕墙与室内侧墙体之间的就不会有凝结水，但为了确保凝结水不破坏室内的装饰，许多幕墙设置了冷凝水收集、排放系统。

《金属与石材幕墙工程技术规范》（JGJ 133）和《玻璃幕墙工程技术规范》（JGJ 102）、《建筑装饰装修工程质量验收规范》（GB 50210）对幕墙的隐蔽工程质量验收内容都有专门的规定，本规范是从节能的角度规定了隐蔽验收项目。

5.1.5 幕墙节能工程使用的保温材料在安装过程中应采取防潮、防水等保护措施。

幕墙节能工程的保温材料常用的岩棉板、玻璃棉板容易受潮而松散，膨胀珍珠岩板受潮后导热系数会增大等。所以在安装过程中，应采取防潮、防水等保护措施。一般在施工工地，保温材料安装以后，应及时安装面板，并及时密封面板之间的缝隙。如果面板一时无法封闭，则应采用塑料薄膜等材料覆盖保护保温材料，确保雨水不渗入保温材料中。

5.1.6 幕墙节能工程检验批划分，可按照《建筑装饰装修工程质量验收规范》（GB 50210）的规定执行。

《建筑装饰装修工程质量验收规范》第9.1.5条规定，建筑幕墙检验批应按下列规定划分：

1. 相同设计、材料、工艺和施工条件的幕墙工程每500～1000m² 应划为一个检验批，不足500m² 也应划分为一个检验批；

2. 同一单位工程的不连续幕墙工程应单独划分为检验批；

3. 对于异形或有特殊要求的幕墙，检验批的划分应根据幕墙的结构、工艺特点及幕墙工程规模。由监理单位（或建设单位）和施工单位协商确定。

5.2 主控项目

5.2.1 用于幕墙节能工程的材料、构件等，其品种、规格应符合设计要求和相关标准的规定。

检验方法：观察、尺量检查；核查质量证明文件。

检查数量：按进场批次，每批随机抽取3个试样进行检查；质量证明文件应按照其出厂检验批进行核查。

5.2.2 幕墙节能工程使用的保温隔热材料，其导热系数、密度、燃烧性能应符合设计要求。幕墙玻璃的传热系数、遮阳系数、可见光透射比、中空玻璃露点应符合设计要求。

检验方法：核查质量证明文件和复验报告。

检查数量：全数核查。

本条为强制性性条文。

对幕墙节能工程使用的保温隔热材料、幕墙玻璃的主要节能指标应该满足设计要求。结合第5.2.3条看出，在所列指标中，除保温隔热材料的"燃烧性能"未要求复验，只检查质量证明文件外，其他指标均要求现场抽样复验。

5.2.3 幕墙节能工程使用的材料、构件等进场时，应对其下列性能进行复验，复验应为见证取样送检：

　　1 保温材料：导热系数、密度；

　　2 幕墙玻璃：可见光透射比、传热系数、遮阳系数、中空玻璃露点；

　　3 隔热型材：抗拉、抗剪强度。

　　检验方法：进场时抽样复验，验收时核查复验报告。

　　检查数量：同一厂家的同一种产品抽查不少于一组。

幕墙保温隔热材料比墙体外墙外保温材料少了一项"强度"复验要求。

5.2.4 幕墙的气密性能应符合设计规定的等级要求。当幕墙面积大于3000m²或建筑外墙面积的50%时，应现场抽取材料和配件，在检测试验室安装制作试件进行气密性能检测，检测结果应符合设计规定的等级要求。

　　密封条应镶嵌牢固、位置正确、对接严密。单元幕墙板块之间的密封应符合设计要求。开启扇应关闭严密。

　　检验方法：观察及启闭检查。核查隐蔽工程验收记录、幕墙气密性能检测报告、见证记录。

　　气密性能检测试件应包括幕墙的典型单元、典型拼缝、典型可开启部分。试件应按照幕墙工程施工图进行设计。试样设计应经建筑设计单位项目负责人、监理工程师同意并确认。气密性能的检测应按照国家现行有关标准的规定执行。

　　检查数量：核查全部质量证明文件和性能检测报告。现场观察及启闭检查按检验批抽查30%，并不少于5件（处）。气密性能检测应对一个单位工程中面积超过1000m²的每一种幕墙均抽取一个试件进行检测。

　　试件的宽度最少应包括一个承受设计荷载的竖向承力构件，试件高度一般应最少包括一个层高，并在竖向上要有两处或两处以上和承重结构相连接，试件的安装和受力应和实际相符。

　　检测应在具有相应资质的检测机构进行，检测试件的设计制作，应满足下列要求：

　　1. 试件应与设计图一致，不加设任何附件、措施，试件应干燥。

　　2. 试件的安装和受力状况应和实际相符。

　　3. 单元式幕墙应有一个单元的四边形成与实际工程相同的接缝。

　　4. 试件应包括典型的垂直接缝、水平接缝和可开启部分，并使试件上可开启部分占试件总面积的比例与实际工程接近。

5.2.5 幕墙节能工程使用的保温材料，其厚度应符合设计要求，安装应牢固，不得松脱。

　　检验方法：对保温板或保温层采取针插法或剖开法，尺量厚度；手扳检查。

　　检查数量：按检验批抽查30%，并不少于5处。

由于幕墙中节能材料一般比较松散，采取针插法即可检测厚度。有些板材比较硬，可采用剖开法检测厚度。厚度的测量应在保温材料铺设后及时进行。

5.2.6 遮阳设施的安装位置应满足设计要求。遮阳设施的安装应牢固。

检验方法：观察；尺量；手扳检查。

检查数量：检查全数的10%，并不少于5处；牢固程度全数检查。

遮阳装置按照太阳的高度角和方位角来设计，只有安装在合适位置、合适尺寸，才满足节能要求。

遮阳设施很容易受到风荷载的吹袭。大型的遮阳设施的抗风需进行专门研究，应合理设计，牢固安装。

遮阳设施不能有松动现象，紧固件应符合要求，牢固问题全数检查。

5.2.7 幕墙工程热桥部位的隔断热桥措施应符合设计要求，断热节点的连接应牢固。

检验方法：对照幕墙节能设计文件，观察检查。

检查数量：按检验批抽查30%，并不少于5处。

主要看固体的传热路径是否被有效隔断，这些路径包括：金属型材截面、金属连接件、螺丝等紧固件、中空玻璃边缘的间隔条等。

隔热断桥措施由设计提出，一般采用隔热型材或隔热垫。

5.2.8 幕墙隔汽层应完整、严密、位置正确，穿透隔汽层处的节点构造应采取密封措施。

检验方法：观察检查。

检查数量：按检验批抽查30%，并不少于5处。

非透明幕墙的隔汽层是为了避免幕墙部位内部结露，结露的水很容易使保温材料发生形状改变，如果结冰，则问题更加严重。如果非透明幕墙保温层的隔汽性好，幕墙与墙体之间就不会有凝结水。因此，隔汽层必须完整，隔汽层必须在靠近水蒸汽气压较高一侧（冬季为室内）。一般冬季比较容易结露，所以隔汽层应放在保温材料靠近室内的一侧。

穿透隔汽层的部件节点构造采取密封措施很重要，应该进行密封处理，以保证隔汽层的完整。

5.2.9 冷凝水的收集和排水应通畅，并不得渗漏。

检验方法：通水试验、观察检查。

检查数量：按检验批抽查30%，并不少于5处。

凝结水收集和排放构造是为避免幕墙结露的水渗漏到室内。系统应包括收集槽、集流管和排水口等。往室外的排水口应进行必要的保温处理。

检验：对照幕墙设计文件观察检查，辅以通水试验：

1. 是否按照设计要求正确设置冷凝水的收集槽；

2. 集流管和排水管连接是否符合要求；

3. 排水口的设置是否符合要求。

5.3 一般项目

5.3.1 镀（贴）膜玻璃的安装方向、位置应正确。中空玻璃应采用双道密封。中空玻璃的均压管应密封处理。

检验方法：观察，检查施工记录。

检查数量：每个检验批抽查10%，并不少于5件（处）。

镀（贴）膜玻璃的作用：一是遮阳，二是降低传热系数。

中空玻璃应采用双道密封：聚硫密封胶及丁基密封胶；硅酮结构密封胶及丁基密封

胶；有些暖边间隔条将密封和间隔两个功能置于一身。间隔铝框可连续折弯型或插角型，不得使用热熔型间隔胶条。间隔铝框中的干燥剂宜采用专用设备装填。

中空玻璃在长途（尤其是海拔高度、温度相差悬殊）运输中易损坏，因生产环境和使用环境相差甚远而损坏或变形，设有均压管。均压管应密封处理。

5.3.2　单元式幕墙板块组装应符合下列要求：

1　密封条：规格正确，长度无负偏差，接缝的搭接符合设计要求；

2　保温材料：固定牢固，厚度符合设计要求；

3　隔汽层：密封完整、严密；

4　冷凝水排水系统通畅，无渗漏。

检验方法：观察检查；手扳检查；尺量；通水试验。

检查数量：每个检验批抽查10％，并不少于5件（处）。

冷凝水系统可通水试验。

单元板块在工厂组装，将密封条、保温材料、隔汽层、冷凝水收集装置都安装好了（或者在吊装前安装好），现场应检查。

5.3.3　幕墙与周边墙体间的接缝处应采用弹性闭孔材料填充饱满，并应采用耐候密封胶密封。

检查方法：观察检查。

检查数量：每个检验批抽查10％，并不少于5件（处）。

幕墙边缘多是金属，存在热桥，应采用弹性闭孔材料（如泡沫棒）填充饱满，填塞后用密封胶密封。

幕墙有气密、水密性要求，应采用耐候胶密封。

5.3.4　伸缩缝、沉降缝、抗震缝的保温或密封做法应符合设计要求。

检验方法：对照设计文件观察检查。

检查数量：每个检验批抽查10％，并不少于10件（处）。

5.3.5　活动遮阳设施的调节机构应灵活，并应能调节到位。

检验方法：现场调节试验，观察检查。

检查数量：每个检验批抽查10％，并不少于10件（处）。

活动遮阳是幕墙上采用较多的一种遮阳形式。调节机构是保证活动遮阳设施发挥作用的重要部件。应灵活，能够将遮阳板、百叶等调节到位，使遮阳设施发挥最大的作用。

12.6　门窗节能工程

6.1　一般规定

6.1.1　本章（节）适用于建筑外门窗节能工程的质量验收，包括金属门窗、塑料门窗、木质门窗、各种复合门窗、特种门窗、天窗以及门窗玻璃安装等节能工程。

节能关系最大的是与室外空气接触的门窗。一方面，由于门窗的传热系数大大高于墙体，所以门窗的面积的增加肯定会增加采暖能耗；另一方面，太阳可以通过门窗玻璃直接进入室内，从而增加夏季空调的负荷，增大空调能耗，所以门窗工程是建筑工程外围护结构节能工程中的重要部分。

6.1.2 建筑门窗进场后，应对其外观、品种、规格及附件等进行检查验收，对质量证明文件进行核查。

主要包括门窗的品种、规格及附件，玻璃种类，遮阳形式等。

按照设计文件核查门窗质量证明文件，核对门窗品种、性能参数等。

6.1.3 建筑外门窗工程施工中，应对门窗框与墙体接缝处的保温填充做法进行隐蔽工程验收，并应有隐蔽工程验收记录和必要的图像资料。

保温处理多采用现场注发泡胶，然后采用密封胶密封防水。发泡聚苯乙烯等弹性材料分层填塞不宜过紧。

随着工艺的不断发展，建筑节能一体化门、窗已应用于工程，将从根本上解决门窗框与墙体之间的接缝问题。

6.1.4 建筑外门窗工程的检验批应按下列规定划分：

1 同一厂家的同一品种、类型、规格的门窗及门窗玻璃每100樘划分为一个检验批，不足100樘也为一个检验批。

2 同一厂家的同一品种、类型和规格的特种门每50樘划分为一个检验批，不足50樘也为一个检验批。

3 对于异型或有特殊要求的门窗，检验批的划分应根据其特点和数量，由监理（建设）单位和施工单位协商确定。

6.1.5 建筑外门窗工程的检查数量应符合下列规定：

1 建筑门窗每个检验批应抽查5%，并不少于3樘，不足3樘时应全数检查；高层建筑的外窗，每个检验批应抽查10%，并不少于6樘，不足6樘时应全数检查。

2 特种门每个检验批应抽查50%，并不少于10樘，不足10樘时应全数检查。

6.2 主控项目

6.2.1 建筑外门窗的品种、规格应符合设计要求和相关标准的规定。

检验方法：观察、尺量检查；核查质量证明文件。

检查数量：按本规范第6.1.5条执行；质量证明文件应按照其出厂检验批进行核查。

门窗和品种应包括型材、玻璃、配件、胶条等，门窗的质量证明文件至少包括：产品合格证、三性性能（抗风压性能、水密性、气密性）和保温性能、中空玻璃露点、玻璃遮阳系数和可见光透射比检测报告。

6.2.2 建筑外窗的气密性、保温性能、中空玻璃露点、玻璃遮阳系数和可见光透射比应符合设计要求。

检验方法：核查质量证明文件和复验报告。

检查数量：全数核查。

本条为强制性条文。

玻璃遮阳系数——实际透过窗玻璃的太阳辐射得热与相同入射条件下透过3mm厚玻璃的太阳辐射得热之比值。无因次。遮阳系数应该是越小越好。

可见光透射比——透过玻璃（或其他透明材料）的可见光光通量（类似光的强度）与投射在其表面上的可见光光通量之比。可见光透射比应该是越大越好。

6.2.3 建筑外窗进入施工现场时，应按地区类别对其下列性能进行复验，复验应为见证取样送检。

1 严寒、寒冷地区：气密性、传热系数和中空玻璃露点；

2 夏热冬冷地区：气密性、传热系数，玻璃遮阳系数、可见光透射比，中空玻璃露点；

3 夏热冬暖地区：气密性，玻璃遮阳系数、可见光透射比，中空玻璃露点。

检验方法：随机抽样送检；核查复验报告。

检查数量：同一厂家同一品种同一类型的产品各抽查不少于3樘（件）。

为保证进入工程门窗质量达到标准，保证门窗的性能，进行复验。

严寒、寒冷、夏热冬冷地区，保温要求高，所以需要对门窗的气密性能、传热系数进行复验。

《建筑装饰装修工程质量验收规范》（GB 50210—2001）第5.1.3条要求：门窗工程应对下列材料及其性能指标进行复验：

1. 人造木板的甲醛含量。

2. 建筑外墙金属窗、塑料窗的抗风压性能、空气渗透性能和雨水渗漏性能。

第二款中的空气渗透性也就是气密性，在制定检测方案时应一并考虑，不必做两次试验。

6.2.4 建筑门窗采用的玻璃品种应符合设计要求。中空玻璃应采用双道密封。

检验方法：观察检查；核查质量证明文件。

检查数量：按本规范第6.1.5条执行。

门窗节能很大程度上取决于玻璃形式（如单玻、双玻、三玻等）、种类、加工工艺（如单道密封、双道密封等）。

6.2.5 金属外门窗隔断热桥措施应符合设计要求和产品标准的规定，金属副框的隔断热桥措施应与门窗框的隔断热桥措施相当。

检验方法：随机抽样，对照产品设计图纸，剖开或拆开检查。

检查数量：同一厂家同一品种、类型的产品各抽查不少于1樘。金属副框的隔断热桥措施按检验批抽查30%。

6.2.6 严寒、寒冷地区的建筑外窗采用推拉窗或凸窗时，应对气密性做现场实体检验，检测结果应满足设计要求。

检验方法：随机抽样现场检验。

检查数量：同一厂家同一品种、类型的产品各抽查不少于3樘。

推拉窗气密性能一般比较差，而凸窗面积太大，严寒、寒冷地区很不利。为了保证产品质量，要求对气密性做现场实体检验，该检验由有资质的检测单位进行。

6.2.7 外门窗框或副框与洞口之间的间隙应采用弹性闭孔材料填充饱满，并使用密封胶密封；外门窗框与副框之间的缝隙应使用密封胶密封。

检验方法：观察检查；核查隐蔽工程验收记录。

检查数量：全数检查。

6.2.8 严寒、寒冷地区的外门安装，应按照设计要求采取保温、密封等节能措施。

检验方法：观察检查。

检查数量：全数检查。

6.2.9 外窗遮阳设施的性能、尺寸应符合设计和产品标准要求；遮阳设施的安装应位置正确、牢固，满足安全和使用功能的要求。

检验方法：核查质量证明文件；观察、尺量、手扳检查。

检查数量：按本规范第6.1.5条执行；安装牢固程度全数检查。

室外有较大的风荷载，所以遮阳设施的牢固问题非常重要。

6.2.10 特种门的性能应符合设计和产品标准要求；特种门安装中的节能措施，应符合设计要求。

检验方法：核查质量证明文件；观察、尺量检查。

检查数量：全数检查。

特种门与节能有关的性能主要是密封性能和保温性能。特种门安装后应保证门的密封性能和启闭的灵活性。最好是自动感应启闭。旋转门的节能效果优于平开门。

6.2.11 天窗安装的位置、坡度应正确，封闭严密，嵌缝处不得渗漏。

检验方法：观察、尺量检查；淋水检查。

检查数量：按本规范第6.1.5条执行。

对渗漏的验收，进行淋水测试。

6.3 一般项目

6.3.1 门窗扇密封条和玻璃镶嵌的密封条，其物理性能应符合相关标准中的要求。密封条安装位置应正确，镶嵌牢固，不得脱槽，接头处不得开裂。关闭门窗时密封条应接触严密。

检验方法：观察检查。

检查数量：全数检查。

密封条的质量直接影响门窗的气密性能，经调查，不少门窗经现场检测气密性达不到要求，主要原因是密封条存在问题，使用不符合质量的产品，铝合金门窗密封条常采用三元乙丙橡胶、氯丁橡胶条、硅橡胶条等。

平开窗采用各种空心橡胶条，推拉窗用带胶片毛条或空心胶条。

关闭时密封条应能保持被压缩的状态。毛条的压缩应超过10%，橡胶密封条应保持与铝型材紧密接触。

6.3.2 门窗镀（贴）膜玻璃的安装方向应正确，中空玻璃的均压管应密封处理。

检验方法：观察检查。

检查数量：全数检查。

镀（贴）膜玻璃在节能方面作用，一是遮阳，另一是降低传热系数。方向、位置应正确。《建筑装饰装修工程质量验收规范》第5.6.9条规定：单面镀膜玻璃的镀膜层应朝向室内，中空玻璃的单面镀膜玻璃应在最外层，镀膜层应朝向室内。

为了保证中空玻璃长途运输，或者保证中空玻璃不至于因生产环境和使用环境相差甚远而出现损坏或变形，许多中空玻璃设有均压管。在玻璃安装完成之后，为了确保中空玻璃的密封，均压管应进行密封处理。

6.3.3 外门、窗遮阳设施调节应灵活、能调节到位。

检验方法：现场调节试验检查。

检查数量：全数检查。

调节机构是保证活动遮阳设施发挥作用的重要部件。应灵活，能够将遮阳板等调节到位。遮阳设施的调节机构种类繁多，各种机构的要求都不一样。调节遮阳设施有用手工的，也有电动的，无论什么方式调节应灵活并能调节到位。

12.7 屋面节能工程

7.1 一般规定

7.1.1 本章（节）适用于建筑屋面节能工程，包括采用松散保温材料、现浇保温材料、喷涂保温材料、板材、块材等保温隔热材料的屋面节能工程的质量验收。

7.1.2 屋面保温隔热工程的施工，应在基层质量验收合格后进行。施工过程中应及时进行质量检验、隐蔽工程验收和检验批验收，施工完成后应进行屋面节能分项工程验收。

　　检查各种质量证明文件和对进场材料进行复验。核查质量证明文件包括材料的出厂合格证、性能检测报告、型式检验报告等。除材料的燃烧性能外，均应进行进场复验，应核查复验报告。进场复验报告的参数应符合表 12.3.1 "建筑节能工程进场材料和设备的复验项目"的要求。

7.1.3 屋面保温隔热工程应对下列部位进行隐蔽工程验收，并应有详细的文字记录和必要的图像资料：

　　1 基层；

　　2 保温层的敷设方式、厚度；板材缝隙填充质量；

　　3 屋面热桥部位；

　　4 隔汽层。

　　屋面热桥部位如女儿墙、檐沟等。如果处理不当，将会在热桥部位产生结露，这不仅影响节能保温效果，而且因结露发霉变黑，影响使用效果。

　　保温层与结构层之间的隔汽层的施工质量对于上部保温层的保温效果非常重要，如果隔汽层所采用材料达不到设计要求，将不仅影响效果，而且可能造成保温层因结冻或湿汽膨胀而造成破坏。

　　隐蔽验收时主要检查其构造是否符合设计文件要求，质量是否符合验收标准的要求，前道工序是否完成。

7.1.4 屋面保温隔热层施工完成后，应及时进行找平层和防水层的施工，避免保温层受潮、浸泡或受损。

　　含水率对导热系数有较大的影响，特别是负温度下更使导热系数增大，影响保温隔热效果，在保温隔热层施工完成后，应尽快进行防水层施工，在施工过程中防止保温层受潮。

7.2 主控项目

7.2.1 用于屋面节能工程的保温隔热材料，其品种、规格应符合设计要求和相关标准的规定。

　　检验方法：观察、尺量检查；核查质量证明文件。

　　检查数量：按进场批次，每批随机抽取 3 个试样进行检查；质量证明文件应按照其出厂检验批进行核查。

　　保温隔热材料的几何尺寸重点测量板块状保温隔热材料的厚度。对照实物，检查每一种材料的技术资料和性能检测报告等质量文件是否齐全，内容是否完整。检查产品出厂合格证、质量检测报告等质量证明文件与实物是否一致，核查有关质量文件是否在有效期之内。

7.2.2 用于屋面节能工程的保温隔热材料，其导热系数、密度、抗压强度或压缩强度、燃烧性能必须符合设计要求和强制性标准的规定。

　　检验方法：核查质量证明文件及进场复验报告。

　　检查数量：全数检查。

本条为强制性条文。

对照标准和设计文件要求核查产品质量证明文件，质量证明文件主要指新产品合格证书、出厂检验报告、产品型式检验报告。

检查质量证明文件时重点检查保温隔热材料的导热系数（热阻）、密度、抗压强度或压缩强度、燃烧性能是否符合设计要求和相关产品标准要求。

现场抽样复验的参数应符合表 12.3.1 "建筑节能工程进场材料和设备的复验项目" 的要求，复验结果应符合设计和标准要求。

7.2.3　屋面保温隔热工程采用的保温材料，进场时应对其导热系数、密度、抗压强度或压缩强度、燃烧性能进行复验，复验应为见证取样送检。

　　检验方法：随机抽样送检，核查复验报告。

　　检查数量：同一厂家同一品种的产品各抽查不少于 3 次。

　　1. 板材、块材及现浇等保温材料的导热系数、密度、压缩（10％）强度；

　　2. 松散保温材料的导热系数、干密度。

关于燃烧性能一般由型式检验报告反映，由于燃烧性能的检测机构较少，不能满足检测市场的，而且燃烧性能的检测方法较复杂，检测费用较高，又没有一个简便和适宜方法，所以燃烧性能基本上未复验。

7.2.4　屋面保温隔热层的敷设方式、厚度、缝隙填充质量及屋面热桥部位的保温隔热做法，必须符合设计要求和有关标准的规定。

　　检验方法：观察、尺量检查。

　　检查数量：每 100m² 抽查一处，每处 10m²，整个屋面抽查不得少于 3 处。

保温隔热层的厚度可采用钢针插入后用尺测量，也可采用将保温切开用尺直接测量。

对于屋面热桥部位如天沟、檐沟、女儿墙以及凸出屋面结构部位，均应按设计要求作保温处理。如果处理不当，可能会引起屋顶结露，这不仅将降低室内环境的舒适度，破坏室内装饰，严重时还将对人们正常的居住生活带来影响。

7.2.5　屋面的通风隔热架空层，其架空高度、安装方式、通风口位置及尺寸应符合设计及有关标准要求。架空层内不得有杂物，架空面层应平整，不得有断裂和露筋等缺陷。

　　检验方法：观察、尺量检查。

　　检查数量：每 100m² 抽查一处，每处 10m²，整个屋面抽查不得少于 3 处。

在屋顶设置通风层，一方面利用通风间层的外层遮挡阳光，使屋顶变成两次传热，避免太阳辐射直接作用在围护结构上；另一方面利用风压和热压的作用，尤其是自然通风，将遮阳板与空气接触的上下两个表面所吸收的太阳辐射转移到空气随风带走，从而减少室外热作用对内表面的影响。比实体材料隔热屋顶降温效果好。

在对屋面工程进行验收时，隔热加空层是一个分项工程，应和建筑节能工程一起验收。

7.2.6 采光屋面的传热系数、遮阳系数、可见光透射比、气密性应符合设计要求。节点的构造做法应符合设计和相关标准的要求。采光屋面的可开启部分应按本规范第6章的要求验收。

核查采光屋面供应商提供的出厂检验报告、型式试验报告以及进场复检报告。采光屋面的传热系数、遮阳系数、可见光透射比以及气密性既要符合设计要求，采光屋面的传热系数、可见光透射比及气密性按本规范第6章的要求进行复检。

7.2.7 采光屋面的安装应牢固，坡度正确，封闭严密，嵌缝不得渗漏。

检验方法：观察、尺量检查；淋水检查，核查隐蔽工程验收记录。

检查数量：全数检查。

通过淋水试验检查其严密性能，并核查其隐蔽验收记录。

7.2.8 屋面的隔汽层位置应符合设计要求，隔汽层应完整、严密。

检验方法：对照设计观察检查；核查隐蔽工程验收记录。

检查数量：每100m²抽查一处，每处10m²，整个屋面抽查不得少于3处。

对于室内湿度大于75%的建筑屋面应重点检查其隔汽性能；隔汽层应完整无损，封闭严密，隔汽层的位置应符合设计要求，具有隔断湿空气进入保温层的功能。

7.3 一般项目

7.3.1 屋面保温隔热层应按施工方案施工，并应符合下列规定：

1 松散材料应分层敷设、按要求压实、表面平整、坡向正确；

2 现场采用喷、浇、抹等工艺施工的保温层，其配合比应计量准确、搅拌均匀、分层连续施工，表面平整，坡向正确。

3 板材应粘贴牢固、缝隙严密、平整。

检验方法：观察、尺量、称重检查。

检查数量：每100m²抽查一处，每处10m²，整个屋面抽查不得少于3处。

对于平整度、坡向和保温层厚度采用尺量检查。

对于压实性能采用取样称重检查。

7.3.2 金属面保温夹芯板材屋面应铺装牢固、接口严密、表面洁净、坡向正确。

检验方法：观察、尺量检查；核查隐蔽工程验收记录。

检查数量：全数检查。

板缝接口处必须严密，缝隙应按要求填充密实，接口搭接正确，不透水，不透气；屋面板的坡向正确，利于雨水排放，屋面板安装牢固、可靠。

7.3.3 坡屋面、内架空屋面当采用敷设于屋面内侧的保温板材做保温隔热层时，保温隔热层应有防潮措施，其表面应有保护层，保护层的做法应符合设计要求。

检验方法：观察检查；核查隐蔽工程验收记录。

检查数量：每100m²抽查一处，每处10m²，整个屋面抽查不得少于3处。

当屋面的保温层敷设于屋面内侧时，如果保温层未进行密封防潮处理，室内空气中湿气将渗入保温层，并在保温层与基层之间结露，这不仅增大了保温材料导热系数，降低节能效果，而且由于受潮之后还容易产生细菌，最严重的可能会有水溢出，因此必须对保温材料采取有效防潮措施，使之与室内的空气隔绝。

12.8 地面节能工程

8.1 一般规定

8.1.1 本章（节）适用于建筑室内地面节能工程的质量验收。包括底面接触室外空气、土壤或毗邻不采暖空间的地面节能工程。

楼、地面保温隔热分三类：

1. 不采暖地下室顶板作为首层的保温隔热；
2. 楼板下方为室外气温情况的楼、地面的保温隔热；
3. 上下楼层之间的楼面的保温隔热。

楼、地面的保温隔热方案由设计确定，检查验收时核查现场构造是否符合设计要求。

8.1.2 地面节能工程的施工，应在主体或基层质量验收合格后进行。施工过程中应及时进行质量检查、隐蔽工程验收和检验批验收，施工完成后应进行地面节能分项工程验收。

因基层的质量不仅影响地面工程质量，而且对保温隔热的质量也有直接的影响，保温隔热敷设后已无法对基层再处理。故要求敷设保温隔热层前，基层质量必须达到合格。

保温层施工过程中，应对每道工序每个施工环节，特别是关键工序的质量控制点进行认真严格的检查，在进行隐蔽之前，应按检验批进行隐蔽验收。

整个地面保温工程完成后应按分项工程进行验收。

8.1.3 地面节能工程应对下列部位进行隐蔽工程验收，并应有详细的文字记录和必要的图像资料：

1 基层；
2 被封闭的保温材料厚度；
3 保温材料粘结；
4 隔断热桥部位。

地面的构造层有结构层、保温层、防潮层以及保护层等。对于常规保温地面，基层是指结构层上部的找平层，在进行保温层施工前，基层应平整，表面要干燥。

在隐蔽工程验收时，按照设计文件核查保温系统的构造和所用材料的规格、品种，设计、质量证明文件、实体应相一致。

8.1.4 地面节能分项工程检验批划分应符合下列规定：

1 检验批可按施工段或变形缝划分；
2 当面积超过200m² 时，每200m² 可划分为一个检验批，不足200m² 也为一个检验批；
3 不同做法的地面节能工程应单独划分检验批。

每一楼层或按照每层的施工段或变形缝可划分为一个检验批，高层建筑的标准层每三层作为一个检验批。

地面节能工程检验批划分的原则和地面验收规范是一致的，工程验收时施工质量和建筑节能一起验收可提高验收效率。

8.2 主控项目

8.2.1 用于地面节能工程的保温材料，其品种、规格应符合设计要求和相关标准的规定。

检验方法：观察、尺量和称重检查；核查质量证明文件。

检查数量：按进场批次，每批随机抽取 3 个试样进行检查；质量证明文件应按照其出厂检验批进行核查。

对照实物，检查每一种材料的技术资料和性能检测报告等质量文件是否齐全，内容是否完整，是否符合设计要求。检查产品出厂合格证、质量检测报告等质量证明文件与实物是否一致，核查有关质量文件是否在有效期之内。

8.2.2 用于地面节能工程的保温材料，其导热系数、密度、抗压强度或压缩强度、燃烧性能必须符合设计要求和强制性标准的规定。

检验方法：核查质量证明文件和复验报告。

检查数量：全数核查。

本条为强制性条文。

地面节能工程验收时应检查节能材料的质量证明文件及进场验收记录，并核对其的规格、型号和性能参数是否与设计要求和有关标准相符，并重点检查进场复验报告，复验报告必须是第三方见证取样，检验样品必须是按批量随机抽取。

8.2.3 地面节能工程采用的保温材料，进场时应对其导热系数、密度、抗压强度或压缩强度、燃烧性能进行复验，复验应为见证取样送检。

检验方法：随机抽样送检，核查复验报告。

检查数量：同一厂家同一品种的产品各抽查不少于 3 次。

1. 板材、块材及现浇等保温材料的导热系数、密度、压缩（10%）强度；

2. 松散保温材料的导热系数、干密度。

燃烧性能的检测机构较少，试验复杂且费用高，又没有简便方法，应检查型式检验报告，一般不进行现场抽样检测。

8.2.4 地面节能工程施工前，应对基层进行处理，使其达到设计和施工方案的要求。

检验方法：对照设计和施工方案观察检查。

检查数量：全数检查。

8.2.5 建筑地面保温层、隔离层、保护层等各层的设置和构造做法应符合设计要求，并应按施工方案施工。

检验方法：对照设计和施工方案观察检查。

检查数量：全数检查。

为了防止保温材料因受土壤潮气而受潮，在保温层与结构层之间增加了隔离层，施工过程中材料接缝密封不严，潮气将进入保温层，不仅将影响效果，而且可能造成保温层因结冻或湿汽膨胀而造成破坏。

建筑节能工程的检查验收应和施工质量一起检查验收。

8.2.6 地面节能工程的施工质量应符合下列规定：

1 保温板与基层之间、各构造层之间的粘结应牢固，缝隙应严密；

2 保温浆料应分层施工；

3 穿越地面直接接触室外空气的各种金属管道应按设计要求，采取隔断热桥的保温措施。

检验方法：观察检查；核查隐蔽工程验收记录。

检查数量：每个检验批抽查 2 处，每处 10m²；穿越地面的金属管道处全数检查。

8.2.7 有防水要求的地面，其节能保温做法不得影响地面排水坡度，保温层面层不得渗漏。

检验方法：用长度 500mm 水平尺检查；观察检查。

检查数量：全数检查。

保温层面层不得渗漏用观察检查的方法进行检查，有时很难观察到位，建议必要时借助仪器（热成像）进行检查。

8.2.8 严寒、寒冷地区的建筑首层直接与土壤接触的地面、采暖地下室与土壤接触的外墙、毗邻不采暖空间的地面以及底面直接接触室外空气的地面（比如架空层）应按设计要求采取保温措施。

检验方法：对照设计观察检查。

检查数量：全数检查。

本条明确提出了严寒、寒冷地区几个部位应按设计要求做好保温工作，毗邻不采暖空间的地面如地下室顶棚，底面直接接触室外空气的地面比如架空层。

8.2.9 保温隔热层的表面防潮层、保护层应符合设计要求。

检验方法：观察检查。

检查数量：全数检查。

对保温层表面必须采取有效措施进行保护，其目的之一是防止保温材料吸潮，保温材料吸潮含水率增大后，将显著影响保温效果；其二是提高保温层表面的抗冲击力，防止保温层受到外力的破坏。

8.3 一般项目

8.3.1 采用地面辐射采暖的工程，其地面节能做法应符合设计要求，并应符合《地面辐射供暖技术规程》（JGJ 142）的规定。

检验方法：观察检查。

检查数量：全数检查。

12.9 建筑节能工程现场实体检验

本节的内容主要是《建筑节能工程施工质量验收规范》（GB 50411—2007）第 14 章的内容，第九章到第十三章是安装部分内容，在《质量员专业管理实务（设备安装）》（第二版）中介绍，本节序号仍按原标准的序号编排。

14.1 围护结构现场实体检验

14.1.1 建筑围护结构施工完成后，应对围护结构的外墙节能构造和严寒、寒冷、夏热冬冷地区的外窗气密性进行现场实体检测。当条件具备时，也可直接对围护结构的传热系数进行检测。

对已完工的工程进行实体检测，是验证工程质量的有效手段之一。通常只有对涉及安全或重要功能的部位采取这种方法验证。

规定了建筑围护结构现场实体检验项目为外墙节能构造和建筑外窗两项内容。

关于建筑节能性能现场检验中应对围护结构节能性能检验，其中墙体传热系数检测受建筑物交工季节和墙体含水率的影响，准确性不高，误差大，容易造成误判，所以将"性能"检验改为现场实体检验，方法采用"围护结构钻芯法检验节能做法"。也就是说，规范本身未强调进行围护结构传热系数的检测，一是费用高、试验周期长，二是准确性不高，易造成误判。

14.1.2 外墙节能构造的现场实体检验方法见本规范附录C。其检验目的是：

1 验证墙体保温材料的种类是否符合设计要求；

2 验证保温层厚度是否符合设计要求；

3 检查保温层构造做法是否符合设计和施工方案要求。

附录C：外墙节能构造钻芯检验方法

C.0.1 本方法适用于检验外墙有保温层的节能构造是否符合设计要求。

C.0.2 钻芯检验外墙节能构造应在外墙施工完工后、节能分部工程验收前进行。

C.0.3 钻芯检验外墙节能构造的取样部位和数量，应遵守下列规定：

1 取样部位应由监理（建设）与施工双方共同确定，不得在外墙施工前预先确定；

2 取样位置应选取节能构造有代表性的外墙上相对隐蔽的部位，并宜兼顾不同朝向和楼层；取样位置必须确保钻芯操作安全，且应方便操作。

3 外墙取样数量为一个单位工程每种节能保温做法至少取3个芯样。取样部位宜均匀分布，不宜在同一个房间外墙上取2个或2个以上芯样。

C.0.4 钻芯检验外墙节能构造应在监理（建设）人员见证下实施。

C.0.5 钻芯检验外墙节能构造可采用空心钻头，从保温层一侧钻取直径70mm的芯样。钻取芯样深度为钻透保温层到达结构层或基层表面，必要时也可钻透墙体。

当外墙表层坚硬不易钻透时，也可局部剔除坚硬面层后钻取芯样。但钻芯后应恢复剔除前原有外墙的表面装饰层。

C.0.6 钻取芯样时应尽量避免冷却水流入墙体内及污染墙面。从空心钻头中取出芯样时应谨慎操作，以保持芯样完整。当芯样严重破损难以准确判断节能构造或保温层厚度时，应重新取样检验。

C.0.7 对钻取的芯样，应按照下列规定进行检查：

1 对照设计图纸观察、判断保温材料种类是否符合设计要求；必要时也可采用其他方法加以判断；

2 用分度值为1mm的钢尺，在垂直于芯样表面（外墙面）的方向上量取保温层厚度，精确到1mm；

3 观察或剖开检查保温层构造做法是否符合设计和施工方案要求。

C.0.8 在垂直于芯样表面（外墙面）的方向上实测芯样保温层厚度，当实测厚度的平均值达到设计厚度的95%及以上，且最小值不小于设计厚度的90%时，应判定保温层厚度符合设计要求；否则，应判定保温层厚度不符合设计要求。

C.0.9 实施钻芯检验外墙节能构造的机构应出具检验报告。检验报告的格式可参照表C.0.9（本书表12.9.1）样式。检验报告至少应包括下列内容：

1 抽样方法、抽样数量与抽样部位；

2 芯样状态的描述；

3 实测保温层厚度，设计要求厚度；

4 按照本规范14.1.2条的检验目的给出是否符合设计要求的检验结论；

5　附有带标尺的芯样照片并在照片上注明每个芯样的取样部位；

6　监理（建设）单位取样见证人的见证意见；

7　参加现场检验的人员及现场检验时间；

8　检测发现的其他情况和相关信息。

外墙节能构造钻芯检验报告　　　　　　　　表 12.9.1

外墙节能构造检验报告		报告编号	
		委托编号	
		检测日期	
工程名称			
建设单位		委托人/联系人电话	
监理单位		检测依据	
施工单位		设计保温材料	
节能设计单位		设计保温层厚度	
检验项目	芯样1	芯样2	芯样3
取样部位	轴线/层	轴线/层	轴线/层
芯样外观	完整/基本 完整/破碎	完整/基本 完整/破碎	完整/基本 完整/破碎
保温材料种类			
保温层厚度	mm	mm	mm
平均厚度	mm		
围护结构 分层做法	1 基层； 2 3 4 5	1 基层； 2 3 4 5	1 基层； 2 3 4 5
照片编号			
结论：		见证意见： 1 抽样方法符合规定； 2 现场钻芯真实； 3 芯样照片真实； 4 其他： 见证人：		
批　准		审　核		检　验	
检验单位		（印章）		报告日期	

注：本表摘自《建筑节能工程施工质量验收规范》（GB 50411—2007）附录 C 表 C.0.9。

C.0.10　当取样检验结果不符合设计要求时，应委托具备检测资质的见证检测机构增加一倍数量再次取样检验。仍不符合设计要求时应判定围护结构节能构造不符合设计要求。此时应根据检验结果委托原设计单位或其他有资质的单位重新验算房屋的热工性能，提出技术处理方案。

C.0.11　外墙取样部位的修补，可采用聚苯板或其他保温材料制成的圆柱形塞填充并用建筑密封胶密封。修补后宜在取样部位挂贴注有"外墙节能构造的钻芯检验点"的标志牌。

实际操作中应注意填塞密实并封闭严密，不允许使用混凝土或碎砖加砂浆等材料填塞，以避免产生热桥。

14.1.3 严寒、寒冷、夏热冬冷地区的外窗现场实体检测应按照国家现行有关标准的规定执行。其检验目的是验证建筑外窗气密性是否符合节能设计要求和国家有关标准的规定。

外窗气密性的实体检验，是指对已经完成安装的外窗在其使用位置进行的测试。这项检验实际上是在进场验收合格的基础上，检验外窗的安装（含组装）质量。能够防止"送检窗合格，工程用窗不合格"的行为，在工程实践中，确实存在这种情况，因此对窗进行现场气密性检测是必要的，经调查，某市对工程现场已安装的外窗进行气密性抽检，检测结果大多达不到设计要求，经分析，主要原因是密封条存在问题，密封条的质量直接影响门窗的气密性能，使用质量差的密封条极易导致门窗气密性不合格。

14.1.4 外墙节能构造和外窗气密性的现场实体检验，其抽样数量可以在合同中约定，但合同中约定的抽样数量不应低于本规范的要求。当无合同约定时应按照下列规定抽样：

1 每个单位工程的外墙至少抽查 3 处，每处一个检查点。当一个单位工程外墙有 2 种以上节能保温做法时，每种节能做法的外墙应抽查不少于 3 处；

2 每个单位工程的外窗至少抽查 3 樘。当一个单位工程外窗有 2 种以上品种、类型和开启方式时，每种品种、类型和开启方式的外窗均应抽查不少于 3 樘。

14.1.5 外墙节能构造的现场实体检验应在监理（建设）人员见证下实施，可委托有资质的检测机构实施，也可由施工单位实施。

14.1.6 外窗气密性的现场实体检测应在监理（建设）人员见证下抽样，委托有资质的检测机构实施。

14.1.7 当对围护结构的传热系数进行检测时，应由建设单位委托具备检测资质的检测机构承担；其检测方法、抽样数量、检测部位和合格判定标准等可在合同中约定。

14.1.8 当外墙节能构造或外窗气密性现场实体检验出现不符合设计要求和标准规定的情况时，应委托有资质的检测机构扩大一倍数量抽样，对不符合要求的项目或参数再次检验。仍然不符合要求时应给出"不符合设计要求"的结论。

对于不符合设计要求的围护结构节能构造应查找原因，对因此造成的对建筑节能的影响程度进行计算或评估，采取技术措施予以弥补或消除后重新进行检测，合格后方可通过验收。

对于不符合设计要求和国家现行标准规定的建筑外窗气密性，应查找原因进行修理，使其达到要求后重新进行检测，合格后方可通过验收。

14.2 系统节能性能检测

《建筑节能工程施工质量验收规范》（GB 50411—2007）第 14.2 节介绍的是系统节能检测，为安装部分内容，在《质量员专业管理实务（设备安装）》（第二版）进行介绍。

12.10 建筑节能分部工程质量验收

本节的内容主要是《建筑节能工程施工质量验收规范》（GB 50411—2007）第 15 章的内容，第九章到第十三章是安装部分内容，在《质量员专业管理实务（设备安装）》（第二版）中介绍，本节序号仍按原标准的序号编排。

15.0.1 建筑节能分部工程的质量验收，应在检验批、分项工程全部验收合格的基础上，进行外墙节能构造实体检验、严寒、寒冷地区的外窗气密性现场检测、以及系统节能性能检测和系统联合试运转与调试，确认建筑节能工程质量达到设计要求和本规范规定的合格水平。

通过外墙构造实体检验、外窗气密性现场检测、系统节能性能检验和系统联合试运转与调试，确认节能分部工程质量达到设计要求和验收规范规定的合格水平方可验收。

15.0.2 建筑节能工程验收的程序和组织应按《建筑工程施工质量验收统一标准》（GB 50300）的要求，并应符合下列规定：

1 节能工程的检验批验收和隐蔽工程验收时，应由监理工程师主持，施工单位相关专业的质量检查员与施工员参加；

2 节能分项工程验收时，应由监理工程师主持，施工单位项目技术负责人和相关专业的质量检查员、施工员参加；必要时可邀请设计单位相关专业的人员参加；

3 节能分部工程验收时，应由总监理工程师（建设单位项目负责人）主持，施工单位项目经理、项目技术负责人和相关专业的质量检查员、施工员参加；主要节能材料、设备、成套产品或技术的提供方应参加；设计单位节能设计人员应参加。

验收的程序和组织与《建筑工程施工质量验收统一标准》（GB 50300—2013）的规定不太一致，《建筑工程施工质量验收统一标准》（GB 50300—2013）的规定见第2章。

15.0.3 建筑节能工程的检验批质量验收合格，应符合下列规定：

1 检验批应按主控项目和一般项目验收；

2 主控项目应全部合格；

3 一般项目应合格；当采用计数检验时，至少应有90%以上的检查点合格，且其余检查点不得有严重缺陷；

4 应具有完整的施工操作依据和质量验收记录。

只有当难以修复时，对于采用计数检验的验收项目，才允许适当放宽，即至少有90%以上的检查点合格即可通过验收，同时规定其余10%的不合格点不得有"严重缺陷"。

15.0.4 建筑节能分项工程质量验收合格，应符合下列规定：

1 分项工程所含的检验批均应合格；

2 分项工程所含检验批的质量验收记录应完整。

15.0.5 建筑节能分部工程质量验收合格，应符合下列规定：

1 分项工程应全部合格；

2 质量控制资料应完整；

3 外墙节能构造现场实体检验结果应符合设计要求；

4 严寒、寒冷和夏热冬冷地区的外窗气密性现场实体检测结果应合格；

5 建筑设备工程系统节能性能检测结果应合格。

本条为强制性条文。

建筑节能工程分部工程质量验收，除了应在各相关分项工程验收合格的基础上进行技术资料检查外，增加了对主要节能构造、性能和功能的现场实体检验。用强条明确了建筑节能工程的3项现场检验必须执行。

15.0.6 建筑节能工程验收时应对下列资料核查，并纳入竣工技术档案：

1 设计文件、图纸会审记录、设计变更和洽商；

2 主要材料、设备、构件和部品的质量证明文件、进场检验记录、进场核查记录、进场复验报告、见证试验报告；

3 隐蔽工程验收记录和相关图像资料；

4 分项工程质量验收记录；必要时应核查检验批验收记录；

5 建筑围护结构节能构造现场检验记录；

6 严寒、寒冷和夏热冬冷地区外窗气密性现场检测报告；

7 风管及系统严密性检验记录；

8 现场组装的组合式空调机组的漏风量测试记录；

9 设备单机试运转及调试记录；

10 系统联合试运转及调试记录；

11 系统节能性能检验报告；

12 其他对工程质量有影响的重要技术资料。

15.0.7 建筑节能工程分部、分项工程和检验批的质量验收表见本规范附录 B。

1 分部工程质量验收表见本规范附录 B 中表 B.0.1；

2 分项工程质量验收表见本规范附录 B 中表 B.0.2；

3 检验批质量验收表见本规范附录 B 中表 B.0.3。

本条给出了建筑节能工程分部、子分部、分项工程和检验批的质量验收记录格式，虽然《建筑工程施工质量验收统一标准》（GB 50300—2013）规定分部、子分部、分项工程和检验批的质量验收记录可按其规定填写，未作强制按《建筑工程施工质量验收统一标准》（GB 50300—2013）规定的表格填写要求，两者格式基本一致，没有实质性的差异，因此建议按《建筑工程施工质量验收统一标准》（GB 50300—2013）规定的分部、子分部、分项工程和检验批的质量验收记录填写，表格的格式见第 2 章。

参 考 文 献

[1]　中华人民共和国国家标准.建筑工程施工质量验收统一标准 GB 50300—2013 [S].

[2]　中华人民共和国国家标准.地基基础工程施工质量验收规范 GB 50202—2002 [S].

[3]　中华人民共和国国家标准.工程施工质量验收规范 GB 50203—2011 [S].

[4]　中华人民共和国国家标准.混凝土结构工程施工质量验收规范 GB 50204—2015 [S].

[5]　中华人民共和国国家标准.钢结构工程施工质量验收规范 GB 50205—2001 [S].

[6]　中华人民共和国国家标准.木结构工程施工质量验收规范 GB 50206—2012 [S].

[7]　中华人民共和国国家标准.屋面工程质量验收规范 GB 5207—2012 [S].

[8]　中华人民共和国国家标准.地下防水工程质量验收规范 GB 50208—2011 [S].

[9]　中华人民共和国国家标准.建筑地面工程施工质量验收规范 GB 50209—2010 [S].

[10]　中华人民共和国国家标准.建筑装饰装修工程质量验收规范 GB 50210—2001 [S].

[11]　中华人民共和国国家标准.建筑节能工程施工质量验收规范 GB 50411—2007 [S].